D1721285

Kükenthal
Zoologisches Praktikum
27. Auflage

Kükenthal Zoologisches Praktikum

27. Auflage

Volker Storch und Ulrich Welsch

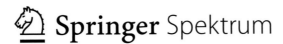

Autoren
Prof. Dr. Dr. h. c. Volker Storch
Centre for Organismal Studies (COS)
Im Neuenheimer Feld 230
69120 Heidelberg

Prof. Dr. Dr. Ulrich Welsch
Institut für Zellbiologie
Schillerstraße 42
80336 München

ISBN 978-3-642-41936-2   ISBN 978-3-642-41937-9 (eBook)
DOI 10.1007/978-3-642-41937-9

Die Deutsche Nationalbibliothek verzeichnet diese Publikation in der Deutschen Nationalbibliografie; detaillierte bibliografische Daten sind im Internet über http://dnb.d-nb.de abrufbar.

Springer Spektrum

Planung und Lektorat: Dr. Ulrich G. Moltmann, Merlet Behncke-Braunbeck, Martina Mechler
Satz: TypoStudio Tobias Schaedla, Heidelberg
Einbandabbildung: *Aurelia aurita*, Ohrenqualle
Einbandentwurf: deblik, Berlin

Gedruckt auf säurefreiem und chlorfrei gebleichtem Papier

Springer Spektrum ist eine Marke von Springer DE. Springer DE ist Teil der Fachverlagsgruppe Springer Science+Business Media.
www.springer-spektrum.de

Für Sabine

Vorwort zur 27. Auflage

Der KÜKENTHAL ist seit über einem Jahrhundert als begleitendes Werk in Praktika der Zoologie im Gebrauch. Die ersten acht Auflagen (1898-1920) verfasste Willy Kükenthal, ein Schüler von Ernst Haeckel, der insbesondere über Octocorallia und Wale gearbeitet hat und mit Fridtjof Nansen kooperierte. Seit der 9. Auflage (1928) betreute Ernst Matthes den Leitfaden, von der 15. Auflage an (1967) übernahm Maximilian Renner die weitere Bearbeitung. Mit ihm gestalteten wir die 20. Auflage, die 1991 erschien, bevor wir den KÜKENTHAL in weiteren Auflagen zu zweit intensiv bearbeiteten, auch den Wünschen zahlreicher Kollegen Rechnung tragend.

Jetzt legen wir unsere 8., insgesamt die 27. Auflage vor. Was wurde in diesen acht Auflagen verändert?

Generell haben wir viele neue Erkenntnisse aufgenommen und verstärkt funktionelle Aspekte berücksichtigt. Mehrere Kurse wurden gestrichen oder durch andere ersetzt. Neu sind diejenigen über *Brachionus plicatilis, Loligo vulgaris, Periplaneta americana, Lampetra fluviatilis/planeri, Xenopus laevis,* Histologie und mikroskopische Anatomie von *Rattus norvegicus* sowie – zum ersten Mal in dieser Auflage – das Kapitel „Zellen und Gewebe", das mit Farbtafeln lichtmikroskopischer Präparate ausgestattet wurde. Weitere Ergänzungen betreffen leicht zu erhaltende Larven, die vielfach lebend untersucht werden können.

Seit der 25. Auflage enthält der KÜKENTHAL in blauer Farbe gehaltene Doppelseiten am Beginn einer jeden großen Tiergruppe. Sie bestehen aus einer Bildtafel mit Farbfotos und einer Textseite. Auf ihnen wird die Bedeutung der jeweiligen Tiergruppe für die Entwicklung der Erde, die Biosphäre (einschließlich der Menschheit), die Landwirtschaft und die Kultur des Menschen dargestellt. Diese BLAUEN SEITEN sollen die Lernenden zuerst lesen, um einen Eindruck von der allgemeinen Bedeutung der Untersuchungsobjekte zu gewinnen.

Ebenfalls in Farbe erscheinen seit der 26. Auflage mehrere komplizierte Situs-Abbildungen und – in dieser Auflage zum ersten Mal – auch die Abbildungen der Tierformen in der „Systematischen Gliederung des Tierreiches". Letztere wird in Teilbereichen Streitobjekt bleiben, was aber die Freude an der biologischen Vielfalt nicht trüben und das Kennenlernen der existierenden und vergangenen Biodiversität nicht beeinträchtigen sollte.

Schließlich danken wir all jenen, die in einem Vierteljahrhundert (!) konstruktive Ratschläge gegeben haben, um den KÜKENTHAL zeitgemäß umzugestalten, und denjenigen, die mit viel Liebe und Geschick neue Illustrationen hergestellt haben. Über die Hälfte aller Abbildungen wurden neu gestaltet.

Volker Storch, Ulrich Welsch,
Heidelberg und München, im Sommer 2014

Vorrede zur ersten Auflage

Das zoologische Praktikum, wie es gegenwärtig an den meisten Hochschulen gehandhabt wird, beschränkt sich nicht auf zootomische Übungen an einigen wenigen einheimischen Typen, sondern stellt ein *praktisches Repetitorium der Grundtatsachen der Zoologie* dar, indem das zu untersuchende Material allen Tierstämmen entnommen und auch das *Mikroskop* als Hilfsmittel herangezogen wird. Die Anfertigung leichter mikroskopischer Präparate wird dem Praktikanten überlassen, während schwierigere, wie z.B. Schnitte, als fertige Präparate gegeben werden. Was die Beschaffung des Materials betrifft, so sind *marine Formen* von den zoologischen Stationen in Neapel, Rovigno, Helgoland usw. jederzeit zu billigen Preisen erhältlich.

Wohl überall dürfte es sich als zweckmäßig herausgestellt haben, diesen für Anfänger bestimmten praktischen Übungen in einem kurzen Vortrage eine zusammenfassende Übersicht über das zu behandelnde Thema vorauszuschicken, denn in den meisten Fällen wird der Anfänger bei der Kürze der zu Gebote stehenden Zeit und der mangelnden Übung nur einzelne, leichter präparierbare Organsysteme in oft sehr verschiedener Reihenfolge sich zur Anschauung bringen können.

Von diesen Gesichtspunkten aus ist vorliegender „Leitfaden" geschrieben worden. In zwanzig Kapiteln habe ich den Stoff derart angeordnet, dass jedem *speziellen Kurse* eine *allgemeine Übersicht* vorausgeht. Zahlreiche eingestreute *Notizen technischen Inhaltes* sollen das Buch auch für das *Selbststudium* geeignet machen, natürlich nur in Verbindung mit einem der modernen Lehrbücher der Zoologie. Als Hilfsmittel zur sofortigen Orientierung sollen die kurzen, klein gedruckten „*Systematischen Überblicke*" der Stämme des Tierreiches dienen.

Besonderen Wert habe ich auf die Abbildungen gelegt, welche, soweit sie neu sind, sämtlich nach eigenen Präparaten gezeichnet worden sind, einige von mir selbst, der größte Teil aber von meinem Schüler Herrn Th. Krumbach und Herrn A. Giltsch. Beiden Herren bin ich für das Interesse und die Sorgfalt, welche sie auf ihre Aufgabe verwandten, zu großem Dank verpflichtet.

Manchen wertvollen Wink gab mir die langjährige praktische Erfahrung meines verehrten Lehrers Prof. Haeckel, und auch meine anderen Jenenser Kollegen haben mich verschiedentlich unterstützt. Ganz besonderen Dank schulde ich meinem Freunde Prof. A. Lang in Zürich für die kritische Durchsicht der Korrekturbogen, und schließlich möchte ich auch nicht verfehlen, das liebenswürdige Entgegenkommen des Verlegers, Herrn Dr. Fischer, dankend hervorzuheben.

Vielleicht darf ich mich der Hoffnung hingeben, dass auch die Herren Fachgenossen mir ihre Ausstellungen und Vorschläge zu Verbesserungen werden zukommen lassen.

Jena, den 20. Juni 1898   W. Kükenthal

Inhaltsverzeichnis

Einleitung

Der Arbeitsplatz

Erfolgreiche Arbeit im Praktikum setzt die Ausstattung des Arbeitsplatzes mit geeigneten Instrumenten und Chemikalien voraus. Für jeden Studenten steht neben einem Mikroskop ein Stereomikroskop (Stereolupe, „Binokular") zur Verfügung. Es genügen Geräte mittlerer Leistungsfähigkeit, so genannte Kursmikroskope und Kursbinokulare.

Ein **Kursmikroskop** ist in der Grundausrüstung ein Gerät mit Grob- und Feintrieb, festem Tisch, mon- oder binokularem Tubus mit Schrägeinblick, 4fachem Revolver, in der Höhe verstellbarem Kondensor mit Irisblende und Filterhalter sowie eingebauter Niedervoltleuchte. Als optische Ausstattung genügen achromatische Objektive mit den Eigenvergrößerungen 2,5×, 10× und 45× und zwei Huygens-Okulare mit 6- bzw. 12facher Eigenvergrößerung. Immersionsobjektive werden von Fall zu Fall ausgegeben.

Unter den **Stereomikroskopen** sind Instrumente mit seitlichem Tragarm vielseitiger verwendbar als solche mit Stativfuß. Mit den durch Okular- oder Objektivwechsel erzielbaren Vergrößerungen von 10×, 20× und 30× wird man meist auskommen. Als Lichtquelle verwende man regelbare Niedervoltleuchten.

Für Demonstrationen sollten in jedem Praktikum wenigstens ein leistungsfähiges (Forschungs-)Mikroskop mit Dunkelfeld- und Phasenkontrasteinrichtung und ein Stereomikroskop, das bis etwa 100fach vergrößert, verfügbar sein.

Die meisten Präparationen werden in flachen **Präparierwannen** ausgeführt. Es empfiehlt sich, zwei Größen anzuschaffen, runde von etwa 25cm Durchmesser und 5cm Höhe und kleinere, quadratische von etwa 12cm Seitenlänge und 3cm Höhe. Beide werden mit einer Mischung aus 50% Paraffin, 25% Bienenwachs und 25% Hammeltalg, die mit Ruß schwarz gefärbt wurde, etwa 1cm hoch ausgegossen.

An **Chemikalien** sind erforderlich: destilliertes Wasser, Alkohol 70%, 96% und 100%, Xylol, Boraxkarmin, HCl-Alkohol, Glycerin und Glyceringelatine. Außerdem werden weitere Chemikalien aufgestellt (z.B. Formol 40%, konzentrierte, wässrige Pikrinsäurelösung und Eisessig zum Ansetzen von Bouinscher Flüssigkeit), weitere Fixierungsgemische bzw. die zu ihrem Ansetzen nötigen Stoffe, außerdem Natriumchlorid und Kaliumchlorid zum Ansetzen physiologischer Lösungen und, je nach Bedarf, Farbstoffe wie Neutralrot und Farblösungen wie Eosin und Hämatoxylin.

Schließlich ist jeder Arbeitsplatz noch mit einem **Bunsenbrenner** oder einem elektrischen Erhitzungsgerät ausgestattet. Außerdem werden benötigt: Bechergläser, Erlenmeyerkolben, Messzylinder, Uhrschälchen, Boverischälchen und ein Arkansas-Schleifstein.

Als **Präparierbesteck** (Abb. 1) sind folgende Instrumente erforderlich: eine feine Pinzette von etwa 10cm Länge, eine gröbere Pinzette von etwa 13cm Länge, zwei sehr spitz auslaufende, so genannte Uhrmacherpinzetten (Fa. Dumont), zwei Präpariernadeln (in Nadelhalter auswechselbar eingesteckt), eine feine Schere von etwa 11cm und eine stärkere von etwa 14cm Länge (beide sollen einen spitzen und einen stumpfen Scherenast haben), ein Skalpell bzw. ein Skalpellhalter mit auswechselbaren Klingen und zwei Sonden von 1 und 1/2mm Spitzendurchmesser. Schließlich benötigt man noch: Stecknadeln mit Kugelköpfen, ein paar einseitig schneidende Rasierklingen, Objektträger, Deckgläser und einige Pipetten mit Gummisauger.

Für feinere Präparationen kann man sich ausgezeichnet geeignete Präpariermesser aus Rasierklingen selbst herstellen. Dazu bricht man von den Klingenschneiden mithilfe von zwei Zangen (Achtung: Augen schützen!) dreieckige, rauten- oder sensenförmige Stücke ab, natürlich ohne die Schneide zu beschädigen. Die so erhaltenen Splitter-Messer werden mit Siegellack in Glasröhrchen von geeignetem Durchmesser befestigt. Man kann sich leicht ein Sortiment derartiger Präpariermesser zulegen und nach Bedarf erneuern. Weitere, sehr feine Kleinskalpelle, wie sie für die Präparation von Wirbello-

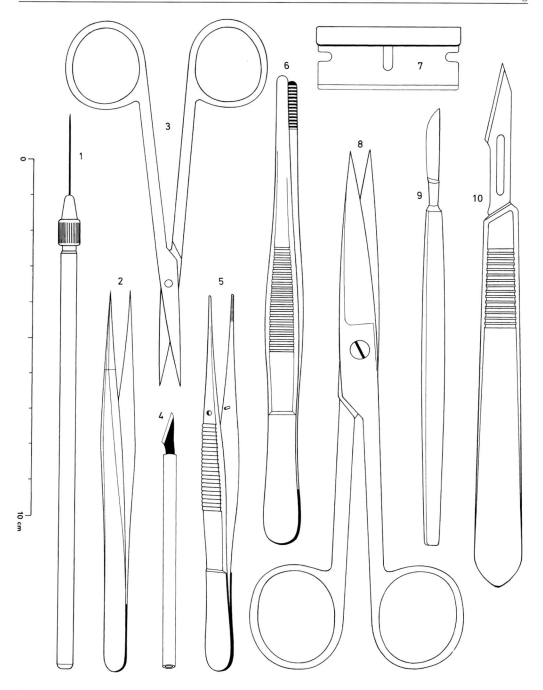

Abb. 1 Präparierinstrumente: 1 Präpariernadel; 2 Uhrmacherpinzette; 3 kleine Schere, 4 Splittermesserchen; 5feine, spitze und 6 große, stumpfe Pinzette; 7 Rasierklinge; 8 große Schere; 9 Skalpell und 10 Skalpellhalter mit Wechselklinge. Originalgröße

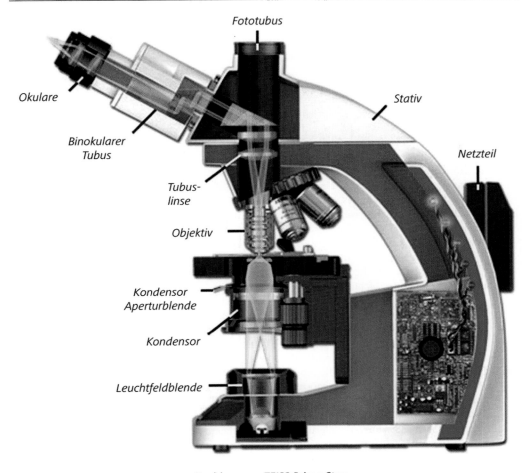

Fototubus

Okulare

Stativ

Binokularer Tubus

Netzteil

Tubus-linse

Objektiv

Kondensor Aperturblende

Kondensor

Leuchtfeldblende

Strahlengang ZEISS Primo Star

Abb. 2 Modernes Lichtmikroskop

sen bisweilen erforderlich sind, schleift man sich auf einem Arkansas-Schleifstein aus Nadeln zurecht.

Der Gebrauch des Mikroskops und die Anfertigung mikroskopischer Präparate

So verschieden moderne Mikroskope auch gestaltet sein mögen, ihre Hauptbestandteile sind immer: das Stativ, der Objekttisch, der Tubus mit Revolver, die Triebvorrichtungen, die Ansteckleuchte, der Kondensor mit Blende, die Objektive und die Okulare (Abb. 2).

Das **Objektiv** entwirft vom Objekt in der Ebene der Okularblende ein reelles, vergrößertes, auf dem Kopf stehendes und seitenverkehrtes Bild, das durch das **Okular** wie mit einer Lupe betrachtet wird. Jedes Objektiv und jedes Okular besitzt eine bestimmte Eigenvergrößerung. Sie ist in die Fassung eingraviert. Die von einer gegebenen Objektiv-Okular-Kombination gelieferte **Gesamtvergrößerung** ergibt sich durch

Multiplikation der Eigenvergrößerungen. Ein 40fach vergrößerndes Objektiv liefert, kombiniert mit einem 12fachen Okular, eine 480fache Gesamtvergrößerung.

Neben der Eigenvergrößerung ist bei den Objektiven eine weitere Zahl, die **numerische Apertur** (A), eingraviert. Sie entspricht der Lichtstärke der Fotoobjektive und ist ein Maß für die Leistungsfähigkeit des Objektivs. Die Zahlen 40/0,65 zum Beispiel besagen, dass das Objektiv eine Eigenvergrößerung von 40 und eine Apertur von 0,65 besitzt. Von der Apertur – und von der Wellenlänge (λ) des verwendeten Lichtes – hängt das **Auflösungsvermögen** eines Mikroskopobjektivs ab. Das Auflösungsvermögen ist charakterisiert durch den kleinsten Abstand (d) zweier Objektpunkte, die im Mikroskop gerade noch getrennt abgebildet werden. Für geradlinig einfallendes Licht ist

$$d = (\lambda / A)$$

d.h., der Abstand, den zwei Objektpunkte mindestens haben müssen, um getrennt abgebildet zu werden, ist umso geringer, je kürzer die Wellenlänge des Lichtes und je größer die Apertur des Objektivs ist. Das Auflösungsvermögen ist umso größer, je kleiner d ist.

Von der Apertur hängt außerdem die nutzbare oder förderliche Gesamtvergrößerung ab. Sie liegt im Bereich des 500- bis 1000fachen der numerischen Apertur. Die mit dem Objektiv 40/0,65 erzielbare, förderliche Gesamtvergrößerung umfasst demnach den Vergrößerungsbereich von 325- bis 650fach. Da die Eigenvergrößerung des Objektivs 40 beträgt, ist es, wenn man im Bereich der förderlichen Gesamtvergrößerung mikroskopieren will, zweckmäßigerweise mit Okularen der Eigenvergrößerung

$$\frac{325}{40} \approx 8\text{-mal bis maximal } \frac{325}{40} \approx 16\text{-mal}$$

zu kombinieren. Ein Okular mit mehr als 16facher Eigenvergrößerung liefert zwar ein größeres Bild, jedoch nicht mehr Einzelheiten; es führt lediglich zu einer „leeren" Nachvergrößerung. Die Auflösungsgrenze ist in diesem Fall mit einem 16fachen Okular erreicht (Grenzokular).

Man merke sich: Maximale Auflösung ist erreicht bei einer Gesamtvergrößerung, die dem 1000fachen Wert der Objektivapertur entspricht.

Sehr leicht lässt sich daraus die Eigenvergrößerung des jeweiligen Grenzokulars errechnen:

Eigenvergrößerung des Grenzokulars

$$= \frac{\text{Objektivapertur} \cdot 1000}{(\text{Eigenvergrößerung des Objektivs})}$$

Der in der Höhe verstellbare **Kondensor** ist optisch ähnlich aufgebaut wie ein Objektiv. Er hat die Aufgabe, das von der **Niedervolt-Leuchte** gelieferte Licht gerichtet dem Präparat zuzuführen. Im Gegensatz zu der (meist) unveränderlichen Apertur der Objektive ist die der Kondensoren durch eine eingebaute Irisblende (Aperturblende) – manchmal außerdem durch eine ausklappbare Frontlinse – regelbar. Sie ist der Apertur des jeweiligen Objektivs und den Erfordernissen des Präparats durch Verändern der Blendenweite (bzw. durch Ein- oder Ausklappen der Frontlinse) in jedem Fall anzupassen. Von der richtigen Einstellung der Aperturblende hängt die Bildqualität in hohem Maße ab; ist sie zu weit geöffnet, so zeigt das Bild wegen Überstrahlung nur geringe Auflösung. Auch eine zu geringe Öffnung der Aperturblende setzt die Bildqualität und die Auflösung merklich herab. Die optimale Einstellung ist dann erreicht, wenn sich das Bild bei langsamem Zuziehen der zuvor maximal geöffneten Blende deutlich zu verdunkeln beginnt.

Nach der theoretischen Einführung wird das Mikroskop zuerst mit schwacher Vergrößerung auf ein Objekt eingestellt. Man wähle bei diesem ersten Versuch ein Präparat, das geeignet ist, die Wirkung des Abblendens und der Höhenverstellung des Kondensors klarzumachen (z.B. eingedeckte Totalpräparate von Radiolarien).

Die spektrale Zusammensetzung des Lichtes der Ansteckleuchte ist durch ein Blaufilter zu verbessern, das in den ausklappbaren, am Kondensor befestigten Ring eingelegt wird.

Stets ist das Objekt zunächst mit einem schwach vergrößernden Objektiv ($2,5\times$ bis $10\times$) zu betrachten, eine Regel, die der Ungeübte fast immer zu wenig beachtet. Erst dann, wenn man sich orientiert und die günstigste Stelle des Präparates ausgesucht hat, sind stärkere Objektive zu wählen. Die Meinung, dass man bei starker Vergrößerung „besser" sieht, ist ebenso verbreitet wie irrig. Die Regel sei: Verwende die schwachen Objektive, solange sie noch ausreichen! Sie haben den großen Vorteil, ein ausgedehnteres Bildfeld zu liefern und zudem eine größere Tiefenschärfe.

Um zu vermeiden, dass beim Senken des Tubus oder beim Heben des Tisches das Objektiv das Präparat zerdrückt und womöglich selbst Schaden leidet, muss die Grobeinstellung stets von der Seite her kontrolliert werden. Besondere Vorsicht ist bei stärkerer Vergrößerung geboten, da die Frontlinse des Objektivs dem Präparat dann bis auf weniger als 1mm genähert werden muss. Am sichersten geht, wer das Objektiv bei seitlicher Kontrolle bis fast zur Berührung an das Objekt herandreht, dann durch das Okular schaut und so lange den Tubus aufwärts bewegt (bzw. den Tisch senkt), bis das Bild erscheint. Zur Scharfeinstellung dient die Mikrometerschraube. Bei manchen modernen Mikroskopen verhindert eine Sperre den Kontakt der Frontlinsen mit dem Objekt.

Man gewöhne sich gleich von Anfang an daran, beim Mikroskopieren beide Augen geöffnet zu haben. Das mit dem freien Auge Gesehene zentralnervös „abzuschalten", bereitet nur kurzfristig Schwierigkeiten. Der Rechtshänder wird mit dem linken Auge ins Mikroskop sehen. Er kann dann, ohne den Kopf heben zu müssen, beim Zeichnen den Blick rasch zwischen Objekt und Zeichenblatt wechseln.

Zumindest der Anfänger soll so viel wie möglich zeichnen, und zwar nicht nur um das Gesehene festzuhalten, sondern um zu lernen, die Einzelheiten eines mikroskopischen Präparates auch tatsächlich zu sehen. Wer zeichnet, wird gezwungen, genau hinzuschauen. Mit Sorgfalt und Übung kann es auch der zeichnerisch Unbegabte dazu bringen, einfache, aber richtige und klare Skizzen zu entwerfen. Man lege den Zeichenblock rechts vom Mikroskop auf den Tisch und versuche, abwechselnd mit dem linken Auge mikroskopierend und mit dem rechten auf das Papier schauend, das Gesehene wiederzugeben, indem man zunächst die Umrisse mit zarten Bleistiftstrichen entwirft, wobei besonders auf die genaue Einhaltung der Proportionen zu achten ist. Dann werden die Einzelheiten eingetragen. Man sollte sich daran gewöhnen, große Zeichnungen zu entwerfen; Anfänger zeichnen fast immer alles in viel zu

kleinem Maßstab. Von Teilen des Objekts, die einer stärkeren Vergrößerung bedürfen, werden Teilabbildungen angefertigt. Man zeichne das Bild möglichst in die Mitte des Blattes, um Platz zu haben für erläuternde Hinweise. Periodisch sich wiederholende Strukturen werden im Allgemeinen nur einmal genau ausgeführt, sonst aber nur skizzenhaft angedeutet.

Das Mikroskop sauber zu halten, ist eine Forderung, die eigentlich selbstverständlich sein sollte. Ein verunreinigter Objekttisch ist in jedem Fall – selbst wenn es sich nur um Wasser handelt – sofort zu reinigen.

Niemals schraube man Objektive und Okulare auseinander, niemals berühre man die Linsen mit den Fingern. Staub wird mit einem trockenen Haarpinsel, fest haftender Schmutz mit einem weichen, reinen (möglichst oft gewaschenen) Leinenlappen – oder besser mit Linsenreinigungspapier – die erforderlichenfalls mit Wasser angefeuchtet werden, entfernt. Sehr bewährt hat sich die Verwendung eines Stückchens Styropor, das man – gegebenenfalls nach Anfeuchten – leicht auf die Linse drückt und drehend bewegt. Um wasserunlösliche Eindeckungsmittel zu beseitigen, wird der Lappen bzw. das Papier mit wenig Xylol benetzt; sofort danach Reste des Lösungsmittels abtupfen. Unter keinen Umständen darf Alkohol verwendet werden, da der Kitt, mit dem die Linsen in der Fassung befestigt sind, alkohollöslich ist.

Zur Aufnahme der Präparate dienen **Objektträger**; zum Abdecken der Objekte, die sich in einem Tropfen Wasser, physiologischer Kochsalzlösung oder Glycerin befinden oder in Eindeckmittel eingeschlossen sind, werden **Deckgläser** verwendet. Nur wenige Objekte werden trocken (in Luft) untersucht.

Die Präparate müssen lichtdurchlässig sein. Bei kleineren Objekten, wie z.B. Protozoen, ist das von vornherein der Fall, andere, größere, werden durch geeignete Mittel durchsichtig gemacht. Von Geweben fertigt man Mazerationspräparate oder – häufiger – histologische Schnitte an.

Bei der Herstellung histologischer Präparate kann man routinemäßig folgendermaßen vorgehen:

1. Fixierung lebensfrischen Gewebes in phosphatgepuffertem Formalin oder mit dem Bouin'schen Gemisch,
2. Einbetten in Paraplast oder Metacrylat,

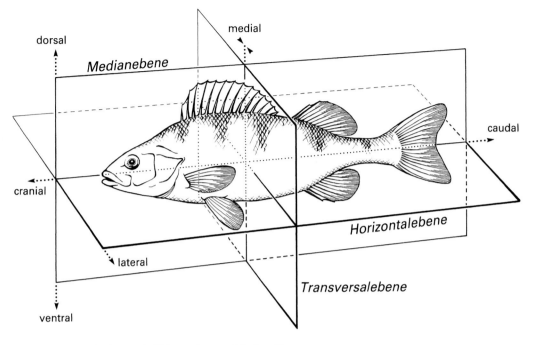

Abb. 3 Symmetrieebenen bei bilateralsymmetrischen Tieren

3. Herstellen 3–5µm dicker Schnitte, bei Metacrylateinbettung 1–2µm dicker Schnitte.
4. Färben mit Hämatoxylin/ Eosin und Azan, bei Metacrylatschnitten lohnt auch ein Versuch, mit Goldner zu färben.

Beim Mikroskopieren kleiner Wassertiere (Protozoen, *Hydra*, *Cyclops* u. a.) ist durch untergelegte Haare oder Glasfäden oder durch Anbringen von **Wachsfüßchen** zu verhindern, dass das Deckglas die Tiere durch seine Schwere, oder weil es kapillar angezogen wird, zerdrückt. Wachsfüßchen werden aus Baumwachs hergestellt, indem man mit den vier Ecken des sauber geputzten und vorsichtig zwischen Daumen und Zeigefinger gehaltenen Deckglases aus dem durch Kneten weich gemachten Wachs kleine Portionen aussticht. Nach dem Auflegen wird durch leichten Druck auf die Ecken des Deckglases der Abstand vom Objektträger so weit wie erforderlich verringert. Das überschüssige Wasser wird seitlich mit Filtrierpapier abgesaugt.

Lebende Gewebe werden in physiologischer NaCl-Lösung untersucht. Als Aufhellungsmittel für manche tote Objekte wird Glycerin, meist mit Wasser verdünnt oder bei Alkoholpräparaten auch Nelkenöl, das sich mit 75–100%igem Alkohol mischt, verwendet.

Das Präparieren größerer Tiere

Bei den im Rahmen dieses Leitfadens durchzuführenden Präparationen werden die toten Tiere in Wachsbecken gelegt und – fast immer – mit Wasser oder physiologischer Kochsalzlösung bedeckt, wodurch ein Austrocknen und Verkleben der Organe verhindert wird. Bei Unterbrechung der Tätigkeit sind die Präparate abzudecken und durch Zugabe von Alkohol oder indem man die Schalen in den Kühlschrank stellt, vor bakterieller Zersetzung zu schützen. Über im späteren Text immer wieder gebrauchte Lagebezeichnungen informiert Abb. 3.

Im Kopfbereich gelegene Strukturen werden auch als **rostral, anterior** oder **oral** bezeichnet, am Körperende gelegene als **anal** oder **posterior**. Sagittalebene bedeutet parallel zur Medianebene. **Proximal** liegen Teile, die näher am Mittelpunkt des Körpers oder zu einem wichtigen Bezugspunkt liegen, **distal** Teile in eher randlicher Position. In der Histologie bezeichnet man v. a. in Epithelien Strukturen, die in der Nähe von Oberflächen liegen, als **apikal** (z. B. Bürstensaum in Darmepithelzellen), solche, die in der Nähe der Basalmembran liegen, als **basal**.

Die Durchführung einer guten Präparation verlangt theoretische Vorbereitung, Sorgfalt und Geduld. Man gehe in Etappen vor. Ein neuer Präparationsschritt hat erst dann zu erfolgen, wenn man sich über die Einzelheiten des bis dahin Erreichten im Klaren ist. Vom Skalpell und der Schere mache man nur da Gebrauch, wo es unumgänglich ist, ansonsten versuche man Organe und Gewebe entlang ihrer natürlichen Grenzen zu separieren. Dazu verwende man Pinzetten, die stumpfen Griffe der Instrumente, einen geeigneten Holzspatel oder auch die Finger. Häufig ist es angebracht, die einzelnen Präparationsschritte in klaren Zeichnungen festzuhalten. Die sorgfältige bildliche Darstellung auch mikroskopischer Präparate ist eine Lernhilfe, die nicht zu unterschätzen ist. Ihr muss eine klare Analyse vorausgehen, und sie gibt eine Gewähr dafür, dass die am Objekt erarbeiteten Kenntnisse nicht sogleich wieder vergessen werden.

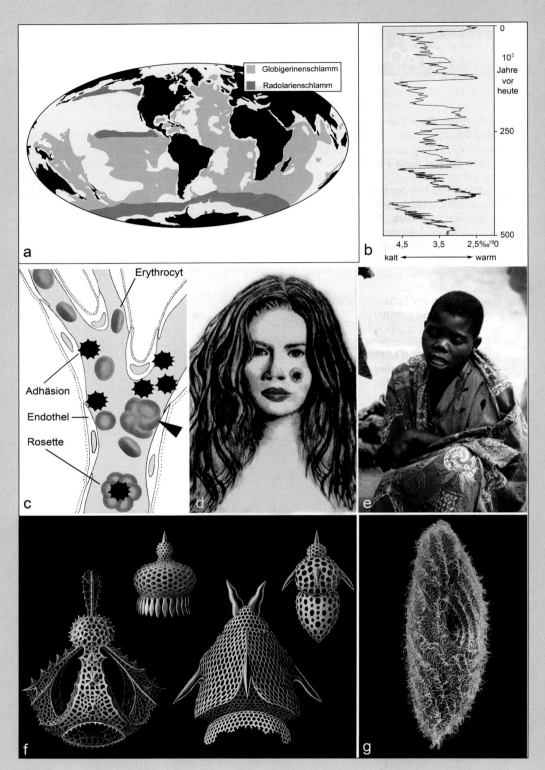

Globigerinenschlamm

Radolarienschlamm

a

b

10³
Jahre
vor
heute

0

250

500

4,5   3,5   2,5‰¹⁸O

kalt ◄——————► warm

Erythrocyt

Adhäsion

Endothel

Rosette

c   d   e

f   g

Abb. 4

Protozoa, Einzellige Tiere

Protozoa (**Einzellige Tiere**) kommen in allen Lebensräumen in hohen Populationsdichten und in großer Artenzahl vor. Ihre Bedeutung ist mannigfaltig: Sie haben das Erscheinungsbild der Erde wesentlich mitgestaltet, leben symbiotisch mit zahlreichen Tieren, deren Existenz sie sichern, und stellen viele Parasiten. Letztere beeinflussen seit Jahrtausenden die Entwicklung des Menschen.

Ein erheblicher Teil der Meeressedimente wird von Kalkschalen einzelliger Tiere (planktischen Foraminiferen: Globigerinen) aufgebaut; großflächig treten auch die Silikatgehäuse von Radiolarien in Erscheinung (**Abb. 4a**). Foraminiferen-Sedimente sind wichtige Klima-Archive: Abhängig von herrschenden Temperaturbedingungen haben sie das schwere Sauerstoffisotop ^{18}O in unterschiedlichem Maße in ihre Schalen eingebaut. Viel ^{18}O weist auf kälteres Klima hin, wenig auf wärmeres. Die O_2-Isotopenkurve (**Abb. 4b**), basierend auf der Analyse der sedimentierten Gehäuse planktischer Foraminiferen (Globigerinen) früherer Zeiten, ermöglicht so einen Einblick in das Paläoklima. Auch bei der Aufklärung der Plattentektonik spielen Foraminiferen eine wichtige Rolle. In der industriellen Mikropaläontologie werden sie seit Jahrzehnten wegen ihrer extremen Häufigkeit genutzt. Für diagnostische Zwecke kann man 200 000 fossile und rezente Formen unterscheiden. In vielen Gesteinen stellen ihre Gehäuse den Hauptanteil.

Ein Viertel aller Protozoen-Arten sind Parasiten, darunter auch viele humanpathogene. Man schätzt, dass über 500 Millionen Menschen, also etwa 10% aller Erdenbürger, die Amöbe *Entamoeba histolytica* beherbergen, welche die Amöbenruhr hervorrufen kann. 300 Millionen Menschen sind Träger des Malaria-Parasiten *Plasmodium*, bis zu 3 Millionen sterben jährlich an dieser Tropenkrankheit, vor allem Kinder. Besonders gefährlich ist die Malaria tropica, in deren Verlauf es in Blutgefäßen des Gehirns zur Adhäsion befallener Blutzellen an Endothelien, zur Rosettenbildung von befallenen und nichtbefallenen Erythrocyten und schließlich zur Blockade des Blutflusses kommt (**Abb. 4c**; Pfeilkopf). Das Resultat ist die cerebrale Malaria. Ebenfalls in die Millionen gehen die Infektionen mit *Leishmania* in den warmen Gebieten der Erde (**Abb. 4d**); die Chagas-Krankheit (in Lateinamerika) und die Schlafkrankheit (in Afrika, **Abb. 4e**) betreffen ebenfalls Millionen. Der Einsatz von Forschern, diese Krankheiten zu bändigen, ist seit über einem Jahrhundert enorm, abschließender Erfolg steht jedoch noch aus. Auch Haustiere werden von Protozoen-Parasiten befallen und rufen bisweilen Epidemien hervor (z.B. Coccidiosen).

Zahlreiche Protozoen-Arten (Flagellata: Hypermastigida) leben symbiotisch in Termiten und sind an deren erfolgreichem Aufschluss von Holz beteiligt. Ohne ihre Symbionten sterben die Termiten. Auch Wiederkäuer beherbergen große Mengen von Protozoen (Ciliaten) in ihrem Magen-Darm-Trakt, insbesondere im Pansen.

Zwar sind Protozoen im Prinzip wasserlebende Organismen, aber sie besiedeln auch Böden, sogar in Wüstenregionen, wo sie oft längere Zeit encystiert überdauern und bei kleinstem Wasserangebot schlüpfen.

Im Mikroskop erweisen sich viele Protozoen als „Kunstformen der Natur". Der Jenaer Zoologe Ernst Haeckel, Lehrer von Willy Kükenthal, nannte so sein zu Beginn des 20. Jahrhundert herausgebrachtes, reich bebildertes Werk, welches derzeit eine Renaissance erlebt. **Abb. 4f** zeigt einige Radiolarien-Gehäuse aus diesem Buch.

Bestimmte Protozoen werden in der Biologie als Modellorganismen verwendet, z.B. das Pantoffeltierchen (*Paramecium*, **Abb. 4g**), zu dem bisher über 10 000 wissenschaftliche Publikationen vorliegen. Eine besondere Bedeutung haben einzellige Tiere auch für die Evolutionsbiologie und letztlich für uns selbst: Auf ihrem Niveau lässt sich bisher das Phänomen des horizontalen Gen-Transfers besonders gut studieren, und in der Tat haben sich viele von ihnen als Chimären herausgestellt. Sie sind weder Tier noch Pflanze, sondern haben oft Anteile von beiden. Insbesondere darauf beruhen auch moderne, komplexe und zum Teil widersprüchliche Systeme.

Technische Vorbereitungen

- Die benötigten Protozoen werden, soweit sie nicht Institutszuchten entstammen, im Labor angesetzten **Aufgüssen** („**Infusionen**") entnommen oder aus Tümpeln, Wassergräben, Regentonnen usw. (s. unten) beschafft. Fixierte Foraminiferen und Radiolarien sind von biologischen Meeresstationen zu beziehen. Parasitische Protozoen gewinnt man aus ihren Wirtstieren.
- Die Infusionen werden 2–4 Wochen vor Beginn des Praktikums angesetzt: Man gibt in größere Petrischalen Proben von Laubstreu, mehr oder weniger zersetztes, zerkleinertes Pflanzenmaterial von Komposthaufen, Strandanwurf oder in Ställen zusammengefegten Staub und fügt Leitungswasser hinzu. Besonders ergiebig sind Moospolster, die man von (auch trockenen) Mauern abkratzt und, wie alle Proben, nicht völlig mit Wasser beschichtet. Alle Schalen deckt man ab und stellt sie im Schatten bei Zimmertemperatur auf. Von Zeit zu Zeit entnimmt man mit sauberen Pipetten zur mikroskopischen Kontrolle kleine Proben. In vielen Fällen werden schon nach wenigen Tagen die ersten Protozoen auftreten, meist winzige Flagellaten und Ciliaten.
- Nach etwa 14 Tagen wird sich eine reiche Protozoenfauna entwickelt haben. Oft treten zunächst Bodoniden, farblose Euglenoiden, *Colpoda* und hypotriche Ciliaten, danach *Vorticella* und schließlich Amöben und räuberische Gymnostomata auf. Bei den mikroskopischen Kontrollen sind das Wasser der Oberfläche, der tieferen Schichten und der Bodensatz gesondert zu prüfen.
- Welche Protozoen auftreten, ist nicht genau vorhersagbar; jeder Aufguss wird seine besondere Fauna und Faunenfolge aufweisen. Amöben können in allen Infusionen auftreten. Wenn man sichergehen will, dass zur rechten Zeit die erforderlichen Arten zur Verfügung stehen, ist es notwendig, zu Beginn mehrere und jede Woche weitere Infusionen anzusetzen.
- Ein reiches Protozoenleben entwickelt sich auch auf zerzupften oder zerschnittenen, halbzersetzten und untergetauchten Pflanzenteilen (z.B. *Typha*- und *Iris pseudacorus*-Blattscheiden, die man an Teichufern sammelt und mit Standortwasser in Petrischalen eine oder zwei Wochen stehen lässt. Aus Rasen von Torfmoosarten (*Sphagnum*) kann man durch Auspressen oder Durchspülen Thekamöben gewinnen.
- Die Zucht von *Amoeba proteus* erfolgt bei Zimmertemperatur in abgedunkelten Petrischalen von ca. 10cm Durchmesser in einer Kulturflüssigkeit aus (doppelt) destilliertem Wasser, dem pro 100ml etwa 2ml einer Erdabkochung (siehe unten) zugesetzt sind. Ein- bis zweimal wöchentlich mit Paramecien füttern. Auf Reinhaltung der Kultur ist – besonders bei Zugabe der Futtertiere – zu achten. Es empfiehlt sich, die Paramecien abzuzentrifugieren, die Kulturflüssigkeit durch kohlensäurefreies Mineralwasser zu ersetzen und dann nochmals zu zentrifugieren. Alle 2 bis 3 Wochen die Amöben unter dem Binokular unter Verwendung einer dünn ausgezogenen Pipette in ein frisches Kulturmedium umsetzen. Der pH-Wert soll im leicht sauren Bereich, etwa bei 6 bis 6,5, liegen.
- Die **Erdabkochung** wird folgendermaßen hergestellt: Einen Brei aus 2 l Wasser und 1kg ungedüngter Gartenerde in einem Glasgefäß im Wasserbad eine Stunde lang auf Siedetemperatur halten. Nach dem Erkalten den Sud vorsichtig abgießen, auf die Hälfte einkochen und bis zur Verwendung im Kühlschrank aufbewahren.
- *Actinosphaerium* lebt in schattigen Tümpeln und kleineren Seen mit klarem, sauberem Wasser. Zum Sammeln Wasser aus dem Uferbereich zwischen Wasserpflanzen in ein größeres Glasgefäß schöpfen und in Augenhöhe gegen das Licht halten. Die schwebenden Actinosphärien sind dann als milchigweiße Kugeln von etwa 0,5mm Durchmesser leicht zu erkennen. Da sie allmählich zu Boden sinken, das Wasser von Zeit zu Zeit vorsichtig aufrühren. Die Actinosphärien einzeln herauspipettieren und in das Transportglas überführen. Die Zucht gelingt in flachen Schalen, die kühl und vor direktem Lichteinfall geschützt aufgestellt werden. Als Kulturflüssigkeit eine Blumendüngerlösung (Substral®; 1ml auf 100ml Aqua bidest.) verwenden, der pro 100ml etwa 2ml einer Erdabkochung zugesetzt sind. Die Kulturflüssigkeit alle

2–3 Wochen erneuern. Mit *Colpidium, Paramecium* und *Stentor* füttern.

- *Euglena* findet man in seichten Gräben mit stehendem, fauligem Wasser und im Plankton eutropher Teiche. Pfützen und kleinere Teiche in Dörfern sind oft so reich an Euglenen, dass das Wasser grün gefärbt ist. Die Zucht gelingt bei guter Beleuchtung in der Nährlösung Substral®.

- Ein einfach herzustellender Käseabsud hat sich als Nährmedium besonders bewährt: 2 g Edamer Käse in 400-ml-Bechergläsern mit 250 ml Quarzsand bedecken, mit Wasser auffüllen und im Wasserbad 1/2 Stunde kochen. Nach dem Abkühlen mit Euglenen impfen. Die Kulturen dicht (etwa 15 cm) unter einer Leuchtstoffröhre aufstellen und 12 Stunden pro Tag beleuchten. Alle 2–3 Wochen erneut überimpfen.

- Um eine möglichst dichte Euglenen-Suspension zu erhalten, die Kulturgefäße allseitig mit schwarzem Papier, in das an einer Stelle eine kleine Öffnung geschnitten ist, umhüllen und sie so aufstellen, dass die Fenster dem Licht zugewendet sind. Im Verlauf von einigen Stunden sammeln sich die Euglenen positiv phototaktisch hinter dem Fenster an und können mit einer Pipette abgesaugt werden.

- Zur Kultur von *Paramecium caudatum* dient ein Steckrüben-Aufguss. Man schneidet einen Teil einer Steckrübe in kleine Würfel, die man vollständig trocknet. Aus diesem Vorrat gibt man drei oder vier Würfel in einen mit Leitungswasser gefüllten Standzylinder (1 l), den man geöffnet stehen lässt. Sobald sich eine durch Trübung erkennbare Bakterienpopulation entwickelt hat, pipettiert man möglichst viele Paramecien hinzu, die man aus natürlichen Proben gewonnen hat, andere Protozoen sterben in diesem Milieu meist ab. Am Ende der Wachstumsphase überimpft man in eine rechtzeitig vorbereitete Bakteriensuspension.

- Zur Demonstration lebender Trypanosomen von einem parasitologischen oder tropenmedizinischen Institut mit *Trypanosoma brucei, T. congolense* oder *T. lewisi* infizierte weiße Mäuse besorgen. Außerdem werden gefärbte Ausstrichpräparate benötigt.

- Gregarinen dem Darm der Mehlwürmer (Larven des Mehlkäfers *Tenebrio molitor*) entneh-

men. Bei guter Infektion enthält jeder oder doch jeder zweite Mehlwurm Gregarinen. Zur Herstellung der Präparate dem Mehlwurm Kopf und Hinterleibspitze abschneiden, dann den zwischen dem Fettkörper bräunlich hervortretenden Darm mit der Pinzette erfassen, herausziehen und auf dem Objektträger in physiologischer NaCl-Lösung (von 0,9%) zerzupfen. Man kann Gregarinen auch aus dem Darm von Küchenschaben entnehmen, doch sind diese meist nicht so reich infiziert wie die Mehlwürmer. Auch der Darm der Ohrwürmer *(Forficula)* und der der Wanderheuschrecke *Locusta migratoria* beherbergt große, schon mit bloßem Auge sichtbare Gregarinen.

- Für Zygoten und Sporen der Gregarinida sind *Monocystis* und andere Gattungen, die in den Samenblasen von Regenwürmern *(Lumbricus)* leben, günstiger. Einen großen mit Chloroform narkotisierten Regenwurm dorsal durch einen Längsschnitt im Bereich der Segmente 9 bis 12 öffnen. An den herausquellenden, auffallenden, weißen oder weißgelben Samenblasen (s. S. 191) kann man schon mit bloßem Auge feststellen, ob sie infiziert sind: Sie weisen dann hellere, kugelige Einschlüsse verschiedener Größe auf, die Sporocystencysten, daneben freie Gamonten. Infizierte Samenblasen samt Inhalt in einem Boverischälchen in 0,43%iger NaCl-Lösung zerzupfen.

- Haemosporidia: Von einem parasitologischen Institut Ausstriche plasmodienhaltigen Blutes besorgen und nach Giemsa oder Pappenheim färben. Ungefärbte Präparate können – vor Staub und Feuchtigkeit geschützt – jahrelang aufbewahrt werden.

- *Vorticella* findet man am leichtesten auf den oben beschriebenen, halb zersetzten Pflanzenteilen aus dem flachem Wasser von Teichufern, häufig aber auch an lebenden oder toten Wasserinsekten und Krebsen und an Schneckenschalen. Als weißer, schimmelartiger Besatz heben sie sich gut von einer dunklen Unterlage ab.

Allgemeine Übersicht

Fast alle Protozoen sind mikroskopisch klein. Wie jede Zelle werden sie von einer Zellmembran (Plasmalemm) umschlossen und enthalten mindestens einen Zellkern und andere Organellen.

Häufig kann man im Cytoplasma der Protozoen eine Außenschicht, ein **Ectoplasma**, von einem inneren **Endoplasma** unterscheiden. Das Ectoplasma ist homogen und hyalin (strukturlos und klar), während das Endoplasma geformte Einschlüsse enthält und daher körnig strukturiert erscheint. Die Dicke des Ectoplasmas kann sich (bei gewissen Rhizopoden) rasch ändern (**Ecto-Endoplasma-Transformation**). Hier wird durch ein oberflächennahes, mehr oder weniger dickes Geflecht aus Actin- und Myosinfilamenten (s. S. 15) verhindert, dass bei der Ausbildung eines Ectoplasmas geformte Zellbestandteile die Grenzzone zwischen Endo- und Ectoplasma passieren können.

Elektronenmikroskopische Aufnahmen lassen erkennen, dass das Cytoplasma von einem reichverzweigten, flächigen und/oder röhrenförmigen System von Zisternen, dem Endoplasmatischen Reticulum (ER), durchzogen ist; die Kernhülle ist ein Teil dieses Systems. Häufig sind den Membranen des ER Ribosomen aufgelagert (rauhes ER). Weitere membranbegrenzte Zellorganellen sind Mitochondrien, Lysosomen, Golgi-Apparat (= Dictyosom) und Peroxisomen. Nicht membranös sind Mikrofilamente, Mikrotubuli und Centriolen.

Der Fortbewegung dienen im einfachsten Fall (bei nackten und beschalten Amöben) Ausstülpungen des Cytoplasmas, die **Scheinfüßchen** oder **Pseudopodien**. Sie gestatten ein nur langsames „Vorwärtsfließen", wobei die Zelle ihre Körperform dauernd verändert („Wechseltierchen"). Die Pseudopodien der Heliozoa und Radiolaria sind fadenartig dünn. Bei Ciliaten und Flagellaten wirken **Wimpern** und **Geißeln** als dauernd vorhandene Bewegungsorganellen. Durch ihren Schlag werden die Einzeller schnell vorangetrieben.

Die Art und Weise der Ernährung ist mannigfaltig. Viele Flagellaten sind in der Lage, sich wie Pflanzen **autotroph** zu ernähren: Sie bauen mithilfe der Energie des Sonnenlichtes aus Wasser, anorganischen Salzen und CO_2 organische Substanzen auf. Die meisten Einzeller jedoch ernähren sich wie Tiere **heterotroph**. Für sie ist die Aufnahme organischen Materials lebensnotwendig. Manche Flagellaten ernähren sich zur gleichen Zeit sowohl heterotroph als auch autotroph (**mixotroph**). Bei den Apicomplexa gelangen Nahrungsstoffe auch durch Mikroporen (Abb. 14a), winzige, von nur einer Membran begrenzte Stellen der Pellicula, die wie Mikrocytostome (Cytostom = Zellmund) funktionieren, in den Zelleib. In wässrigem Medium gelöste Nahrung wird häufig durch **Pinocytose** einverleibt.

Die Aufnahme geformter Nahrung erfolgt bei den Protozoen, die nicht von einer komplizierten Pellicula umschlossen sind, an beliebiger Stelle der Körperoberfläche, indem die Nahrungspartikel vom Cytoplasma umflossen werden (**Phagocytose**). Bei den Formen mit verfestigter Körperoberfläche (Cortex) dient meist eine bestimmte Körperstelle als **Zellmund** (**Cytostom**), eine andere als **Zellafter** (**Cytopyge**). Oft ist der Bereich des Zellmundes mit Cilien versehen, die das Hineinstrudeln der Nahrung besorgen. In anderen Fällen wird verhältnismäßig große Beute verschlungen (Schlinger).

Die von den Protozoen zusammen mit einem Tröpfchen Wasser aufgenommenen geformten Nahrungsbestandteile liegen im Zellplasma in **Nahrungsvakuolen**. In deren Lumen entleeren Lysosomen Verdauungsenzyme. Verdautes wird mittels Pinocytose in das Cytoplasma transportiert. Unverdauliches wird in einer Defäkationsvakuole zur Zellmembran bzw. zum Zellafter befördert und dort nach außen entleert.

Ganz andere Funktionen haben die – ebenfalls von nur einer Membran umhüllten – **pulsierenden (kontraktilen) Vakuolen**, von Flüssigkeit erfüllte Bläschen, die rhythmisch anschwellen (Diastole) und, sich nach außen entleerend, zusammenfallen (Systole). Sie dienen dem Austreiben überschüssigen Wassers, das durch Diffusion oder zusammen mit der Nahrung ins Körperinnere gelangte, sind also Regulatoren des osmotischen Druckes. Kontraktile Vakuolen kommen, in Ein- oder Mehrzahl, bei fast allen das Süßwasser bewohnenden Protozoen vor. Sie liegen dicht unter der Zelloberfläche, oft an bestimmten Stellen. Den parasitischen Protozoen fehlen sie meist.

Die Protozoen leben im Wasser oder in wässrigen Flüssigkeiten. Ungünstige Lebensbedingungen, wie Nahrungsmangel und besonders

Trockenheit, vermögen viele von ihnen als **Cysten** zu überdauern, indem sie eine mehrschichtige, widerstandsfähige Schutzhülle abscheiden. Den Cysten kommt für die Verbreitung der Protozoen eine große Bedeutung zu. Auch Fortpflanzungs- und Befruchtungsvorgänge spielen sich häufig innerhalb von Cystenhüllen ab.

Außer diesen nur zeitweise auftretenden Schutzhüllen sind bei sehr vielen Protozoen auch dauernde Schutzgebilde vorhanden, die aus gallertiger oder – häufiger – mit Fremdkörpern inkrustierter Masse (aus Proteinen oder Mucopolysacchariden sowie Chitin) oder aus Calciumcarbonat oder Kieselsäure bestehen.

Der **Zellkern** ist wie der der Metazoen aufgebaut. Neben Arten mit nur einem Kern gibt es solche mit zwei oder – sogar häufig – mit zahlreichen Kernen. Ciliaten (und einigen Foraminiferen) ist ein **Kerndualismus** eigen: Neben einem großen **Makronucleus** ist ein (viel) kleinerer **Mikronucleus** vorhanden. Sie werden, entsprechend ihrer unterschiedlichen Funktion, auch als somatischer und generativer Kern bezeichnet.

Die **Fortpflanzung** und Vermehrung, also die Erzeugung neuer Zellindividuen, erfolgt durch Teilungen. Diese können als halbierende Zweiteilungen, als Knospung oder als multiple Teilungen (= Vielteilung) ablaufen. Die halbierende Zweiteilung kann eine Längs- oder Querteilung sein, Knospung liegt vor, wenn sich kleine Teilstücke von der Mutterzelle abschnüren. Bei der multiplen Teilung zerfällt die Mutterzelle nach einer Vervielfachung der Kerne simultan in viele, der Zahl der Kerne entsprechende Tochterzellen. Entstehen bei derartigen Teilungen keine Geschlechtszellen, so spricht man von **ungeschlechtlicher Fortpflanzung (Agamogonie)**. Die sich so fortpflanzenden Zellen werden als Agamonten bezeichnet, wenn sie in einem Entwicklungszyklus mit Gamonten abwechseln.

Führen die Teilungen jedoch zur Bildung von geschlechtlich differenzierten, haploiden Zellen, also zur Bildung von Gameten, so liegt **geschlechtliche Fortpflanzung (Gamogonie)** vor. Die die Gameten liefernden Zellen nennt man Gamonten. Die Gameten sind nicht mehr teilungsfähig; sie gehen bald zugrunde, wenn sie nicht mit einem sexuell komplementär differenzierten Partner verschmelzen. Der vollständigen Verschmelzung der Gameten folgt die Vereinigung der haploiden Gametenkerne zum diploiden Synkaryon. Die so entstandene, diploide Zelle, die **Zygote**, ist Ausgangsindividuum eines neuen Zyklus der betreffenden Art. Neue Gameten können erst nach einer Meiose entstehen. Da bei ihr allein eine Neukombination genetischen Materials möglich ist, stellt sie den wesentlichen Teil der Geschlechtsvorgänge dar.

Die Gameten können nach Form und Größe gleich (Isogameten) oder ungleich (Anisogameten) sein. Auch in den Fällen, bei denen sie sich weder in der Gestalt noch in der Struktur unterscheiden, also bei den Isogameten, liegt (wohl) immer eine Geschlechtsdifferenzierung, eine physiologische Anisogamie vor.

Anders als bei den Metazoen sind bei den Protozoen Geschlechtsvorgänge nicht immer mit Vermehrung verknüpft. Bei dem als **Autogamie** und bei dem als **Konjugation** bezeichneten Sexualgeschehen erfolgt keine Vermehrung (s. unten).

Eine einfache, klare und voll befriedigende Gliederung des Sexualgeschehens bei den Protozoen scheitert an der großen Vielfältigkeit dieser Prozesse. Herkömmlicherweise unterscheidet man Gametogamie, Gamontogamie und Autogamie.

Von **Gametogamie** spricht man dann, wenn Gameten als frei schwimmende Zellindividuen kopulieren.

Als **Gamontogamie** werden geschlechtliche Vorgänge zusammengefasst, bei denen bereits die Gamonten zusammenfinden. Hier gibt es zwei Formen.

Bei der einen entstehen zwar Gameten, aber sie werden nicht völlig frei, sondern verbleiben in einem von den Gamonten bzw. deren Gehäusen umschlossenen Raum (bei manchen Foraminiferen) oder in einer von den Gamonten gebildeten Cystenhülle (bei den Gregarinen) und verschmelzen dort miteinander zu Zygoten.

Bei der zweiten Form, der **Konjugation**, verwachsen die Partner (Konjuganten) an einer bestimmten Stelle ihres Zellleibes unter Fusion der Zellmembranen vorübergehend miteinander und tauschen dann über die Plasmabrücke Geschlechtskerne miteinander aus. Die Konjugation ist der typische Befruchtungsprozess der Ciliaten.

Die **Autogamie** (Pädogamie) ist dadurch gekennzeichnet, dass durch Teilung entstandene Gameten oder Gametenkerne eines Gamonten in diesem miteinander verschmelzen. Autogamie ist von Foraminifera, von in Termiten lebenden Flagellata und Ciliata bekannt.

Wechseln geschlechtliche und ungeschlechtliche Fortpflanzungsweisen und somit geschlechtlich entstandene und ungeschlechtlich entstandene Generationen miteinander ab, so spricht man von einem **Generationswechsel.**

Die Gameten sind immer haploid, die Zygoten immer diploid, die übrigen Individuen des Generationenzyklus können wie die Zygoten alle diploid sein (Reduktionsteilung bei der Gameten- oder Gametenkernbildung, z.B. bei Heliozoen; S. 20), oder sie sind wie die Gameten alle haploid (Reduktionsteilung ist die erste Teilung der Zygote, bei vielen Sporozoa). Schließlich kann mit dem Wechsel der Generationen ein **Kernphasenwechsel** einhergehen, dergestalt, dass die eine Generation diploid, die andere dagegen haploid ist (heterophasischer Generationswechsel; Reduktionsteilung bei der Agametenbildung; bei Foraminifera; S. 18).

Spezieller Teil

Ihrer geringen Größe wegen sind die Protozoen fast nur mikroskopisch zu untersuchen.

- Aus einem der Aufgüsse oder aus einer der Reinkulturen einen Tropfen auf den Objektträger bringen und ein Deckglas mit Wachsfüßchen auflegen. Zuerst schwache Vergrößerung anwenden.

I.   Rhizopoda, Wurzelfüßer

Charakteristisch für die Rhizopoda ist ihre Fähigkeit, **Pseudopodien** (Scheinfüßchen) auszubilden. Es handelt sich dabei um Organellen der Fortbewegung und Nahrungsaufnahme, die als cytoplasmatische Fortsätze oder Ausstülpungen an beliebiger Stelle oder in einem bestimmten Bereich des Zellkörpers entstehen und jederzeit wieder eingezogen werden können. Ihre Mannigfaltigkeit ist groß, doch lassen sich vier Hauptformen von Pseudopodien unterscheiden: **Lobopodien** sind zungen- oder fingerförmige Zellfortsätze, die relativ rasch gebildet und wieder rückgebildet werden können. Sie sind typisch für viele nackte Amöben und Testacea. Die **Filopodien** sind viel feiner, fadenartig dünn und bisweilen verzweigt. Sie bestehen größtenteils aus hyalinem Ectoplasma. Man findet sie bei manchen Testacea. Ebenfalls fadenartig dünn sind die **Axopodien** bei Heliozoen und Radiolarien. Sie sind unverzweigt und stehen radial vom Körper ab. Ihre Steifheit erhalten sie von einem zentralen Achsenstab, der aus Mikrotubuli besteht und von dünnflüssigem Cytoplasma umgeben ist. Die **Reticulopodien** sind beispielsweise für die Foraminiferen charakteristisch. Sie sind verzweigt und bilden miteinander Querverbindungen (Anastomosen) (s. Abb. 6b).

1. Amoebina, Amöben
Amoeba proteus, Amöbe

- Einen Tropfen Amöbenkultur auf den Objektträger geben und ein Deckglas mit etwa $^1/_2$ mm hohen Wachsfüßchen auflegen. Die Tiere haben sich infolge der Störung abgekugelt. Wenn man Erschütterungen vermeidet, beginnen sie jedoch schon nach wenigen Minuten sich wieder zu bewegen. Die Beleuchtung sollte möglichst schwach sein.
- Um zu verhindern, dass die Präparate zu warm werden, empfiehlt sich (hier und auch sonst immer, wenn man lebende Protozoen mikroskopiert) die Verwendung eines Wärmeschutzfilters.
- Mit Borax-Karmin gefärbte Präparate dienen zur Demonstration des Zellkerns.

Bei etwa 80facher Gesamtvergrößerung übt man – bei stark verengter Aperturblende – zunächst das Auffinden der Amöben und studiert dann ihren Bau und ihre **Bewegungsformen.**

Das Wechselspiel der Pseudopodienbildung und -rückbildung zu verfolgen und vor allem die immer wieder die Richtung wechselnden und erstaunlich raschen Cytoplasmaströmungen zu

beobachten, die Möglichkeit in eine Zelle hinein-
sehen zu können, fasziniert. Die Amöbe ist erfüllt von Endoplasma (Abb. 5) mit seinen zahlreichen Granula und Kristallen. Am Rand und vor
allem im Apikalbereich sich bildender Pseudopodien ist das hyaline Ectoplasma zu sehen. Man
sieht die Pseudopodien bald an dieser, bald an jener Stelle des Körpers entstehen, wodurch sich die
Gestalt des Tieres ständig ändert. Dabei bewegt
sich die Amöbe, häufig die Richtung wechselnd,
vorwärts. Es ist ein Kriechen, manchmal auch ein
Schreiten, bei bestimmten anderen Amöbenarten
ein Rollen. Auch an der Unterseite des Wasserober-
flächenhäutchens können sie entlangkriechen.

- Bei einem Tier die verschiedenen Phasen der
  Bewegung durch eine Serie von Skizzen – mit
  Zeitangaben – festhalten.

Die Form der Pseudopodien ist bei den einzelnen
Amöbenarten verschieden. Häufig haben sie das
Aussehen von breiteren oder schmaleren Lap-
pen (Abb. 5), sind finger- oder auch strahlenför-
mig. Der Mechanismus der Pseudopodien- und
Plasmabewegung wurde für *A. proteus* in seinen

Grundzügen geklärt. Die Bewegungen kommen,
ebenso wie bei der Kontraktion und Erschlaffung von Muskelzellen, durch das Aneinandergleiten von dünnen (4nm) Actin- und dickeren (10–30nm) Myosinfilamenten zustande.
Sie sind vornehmlich in der Grenzschicht
zwischen hyalinem Ecto- und granulärem Endoplasma in Form eines dichten, die gesamte
Zelle umfassenden Netzwerkes angeordnet,
durch dessen feine Maschen zwar das homogene Grundplasma, nicht aber die im Endoplasma suspendierten Granula passieren können. Myosin- und Actinfilamente ziehen aber
auch quer durch das Cytoplasma und stehen in
Kontakt mit anderen Bereichen des corticalen
Filamentnetzes. Bei bewegungsaktiven Amöben
wird durch das Aneinandergleiten und Anein-
anderhaften der Actin- und Myosinfilamente in
einem bestimmten Bereich eine relative Steifheit
und Festigkeit hergestellt, während andere Teile
des Netzes erschlafft bleiben. Der Überdruck
in der Kontraktionszone treibt das Cytoplasma
in Bereiche geringeren Druckes. Entsprechend
der differenziert regulierbaren Kontraktionszu-

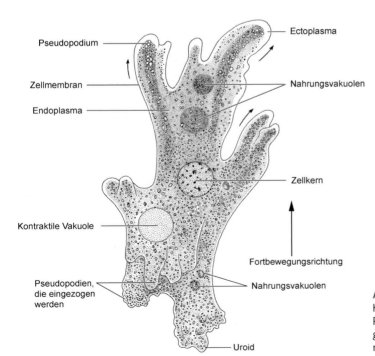

Pseudopodium

Zellmembran

Endoplasma

Kontraktile Vakuole

Pseudopodien,
die eingezogen
werden

Uroid

Ectoplasma

Nahrungsvakuolen

Zellkern

Fortbewegungsrichtung

Nahrungsvakuolen

Abb. 5 *Amoeba proteus.*
Kleine Pfeile: Fließrichtung der
Pseudopodien. Großer Pfeil: au-
genblickliche Fortbewegungsrichtung der Amöbe. 350×

stände der verschiedenen Teile des Netzwerkes kommt es am jeweiligen physiologischen Hinterende der Amöbe, am Uroid, zum Einziehen der Pseudopodien und dabei zur Faltenbildung der Zellmembran, in anderen Bereichen aber zur Ausbildung von Pseudopodien. Diese sind nach Form und Bewegungsweise den Erfordernissen angepasst: Mehr oder weniger lange, manchmal leicht gebogene Pseudopodien dienen der Kontaktaufnahme und der Fortbewegung, breit lappenförmige, gewölbte der Phagocytose (s. unten).

Bei *Amoeba proteus*, wie bei allen Protozoen, trägt die Zellmembran außen eine kohlenhydratreiche Schicht (Glykocalyx), die bei der Nahrungsbeschaffung (z.B. beim Einfangen von Pantoffeltierchen) und vielleicht auch bei der Haftung an der Unterlage eine Rolle spielt.

- Eine besonders große und durchsichtige Amöbe bei etwa 400facher Vergrößerung betrachten – wenn möglich – mit der Phasenkontrastoptik.

Die Pseudopodien dienen auch der Nahrungsaufnahme. Manchmal kann man beobachten, wie sie einen Einzeller oder einen kleinen vielzelligen Organismus (z.B. ein Rädertierchen) von allen Seiten umfließen und in eine Nahrungsvakuole einschließen, indem sich die distalen Zonen der Pseudopodien erst überlappen, um dann – aber das ist nicht zu erkennen – unter Fusion der Zellmembran miteinander zu verschmelzen. Ältere Nahrungsvakuolen mit mehr oder weniger verdauten Einschlüssen werden wir fast stets im Cytoplasma sehen. Die unverdaulichen Reste werden entfernt, indem die Verdauungsvakuole zur Zelloberfläche wandert und dort ihren Inhalt nach außen entleert.

Eine derartige Aufnahme geformter Nahrungspartikel nennt man **Phagocytose**, während das Einverleiben gelöster Stoffe in kleinsten Flüssigkeitstropfen als **Pinocytose** bezeichnet wird. Bei ihr werden winzige, schlauchförmige und mit der Flüssigkeit des Außenmediums erfüllte Einstülpungen der Zellmembran als membranumhüllte Bläschen nach innen abgeschnürt. Phagocytose und Pinocytose werden unter dem Begriff **Endocytose** zusammengefasst.

Das Endoplasma ist erfüllt von zahlreichen kleinen – ebenfalls in Membranen eingeschlossenen – Granula und Kristallen, die nach Form und Größe und vor allem auch stofflich sehr verschieden sind. Zum Teil konnten sie als Speicherstoffe erkannt werden (Fette, Glykogen, Eiweißkristalle).

Dank der Anwesenheit der Granula und der Nahrungsvakuolen kann man die Strömungen im Endoplasma gut beobachten. Der Saum hyalinen Ectoplasmas ist unterschiedlich dick. Die neu gebildeten Nahrungsvakuolen sind erst kurze Zeit von Ectoplasma, dann aber von Endoplasma umschlossen.

Bei aufmerksamer Beobachtung wird man im Cytoplasma ein helles Bläschen entdecken, das allmählich an Größe gewinnt, um dann plötzlich zu verschwinden. Es ist die sich periodisch entleerende **kontraktile (pulsierende) Vakuole**, das Organell der Osmoregulation. In ihrer Umgebung befinden sich im Cytoplasma submikroskopisch kleine Bläschen, die nach der Systole ihren Inhalt in die dadurch erneut anwachsende Vakuole entleeren. Die kontraktile Vakuole hat bei den meisten Amöben keine feste Lage.

Das Gleiche trifft für den **Zellkern** zu. Da er annähernd das gleiche Lichtbrechungsvermögen hat wie das Cytoplasma, ist er bei lebenden Amöben nur schwer als ein etwas dunklerer Fleck oder auch eine etwas lichtere Aussparung erkennbar. Manche Amöbenarten sind mehrkernig.

Amöben reagieren auf taktile, chemische und optische Reize, die über die Zellmembran aufgenommen werden.

Die **Fortpflanzung** einer Amöbe durch Zweiteilung erst des Kerns, dann des Plasmaleibes, wird man nur selten beobachten können. Geschlechtsvorgänge sind nicht nachgewiesen.

- Zur Beobachtung der Phagocytose hungrige und bewegungsaktive Amöben mit einem Tropfen einer dichten Parameciensuspension, an einer Seite des Deckglases aufgebracht, füttern.

Die Amöben werden sich zunächst abkugeln, gehen aber bald wieder zur Pseudopodienbildung über. Beim Einfangen der rasch beweglichen Ciliaten spielt die Glykocalyx der Amöbenoberfläche eine Rolle.

2. Testacea, Thekamöben

Arcella spec., *Difflugia* sp. und *Euglypha* sp. (Abb. 6)

Die 10μm bis 0,5mm großen Thekamöben besitzen einkammerige **Schalen** mit meist einer, selten zwei Öffnungen, aus denen die **Pseudopodien** vorgestreckt werden können. Das Schalenmaterial besteht aus einer organischen Grundsubstanz, in die von der Zelle gebildete Bröckchen oder Plättchen aus Kieselsäure (selten aus Kalk) oder Fremdmaterial (Sandkörner, Diatomeenschalen, auch Schalenteile erbeuteter Thekamöben) eingelagert und verkittet sein können. Bei Fortpflanzung durch Zweiteilung wird die Schale für eines der Tiere neu gebildet.

Bei *Arcella* besteht die Schale aus selbstproduziertem Gerüsteiweiß. Sie ist, je nach Alter, von hellgelber bis dunkelbrauner Farbe, etwa linsenförmig und zeigt bei starker Vergrößerung eine feine hexagonale Felderung (Abb. 6a). Im Zentrum der konkaven Unterseite befindet sich die Öffnung, aus der die fingerförmigen Pseudopodien austreten. Sie dienen der Fortbewegung und dem Nahrungserwerb. Für die Fortbewegung werden Pseudopodien ausgestreckt, an der Unterlage angeheftet, dann kontrahiert und so der Hauptteil des Körpers nachgezogen. Die Nahrungsaufnahme geschieht durch Phagocytose. Das Cytoplasma ist mit spitz ausgezogenen Pseudopodien innen an der Gehäusewand befestigt. Vom inneren Bau, z.B. von den kontraktilen Vakuolen oder von den beiden Kernen und dem ihnen benachbarten, wegen

seines Ribosomenreichtums basophil färbbaren endoplasmatischen Reticulum ist wegen der Undurchsichtigkeit der Schale nur selten etwas zu sehen.

Bei *Difflugia* (Abb. 6b), einer anderen Gattung, besteht die Schale aus kleinen Fremdkörpern, meist Sandkörnchen, daneben Diatomeenschalen und Schwammnadeln. Organische Grundsubstanz verbindet die Schalenbausteine. Das Fremdmaterial wird phagocytiert und später bei der Teilung in die Tochterzelle eingebaut. Aus der Gehäuseöffnung treten unter günstigen Bedingungen (Ruhe) die fingerförmigen Pseudopodien heraus. Bei starker Vergrößerung ist die Plasmaströmung zu beobachten.

Besonders schön sind die tannenzapfenförmigen, durchsichtigen Gehäuse von *Euglypha* (Abb. 6c). Sie bestehen aus Kieselsäureplättchen, die wie Dachziegel sich überdeckend sehr regelmäßig angeordnet sind. Sie werden zwischen den Zellteilungen in kernnahen Vesikeln gebildet und dort bis zur Verwendung gespeichert. Bei der Gehäusebildung gelangen sie – von Anfang an richtig orientiert – in die aus der Schalenöffnung knospenartig hervortretende Anlage der neuen Zelle. Nach ihrer Einfügung in die Oberfläche der neuen Gehäusewand werden die Plättchen durch die organische Schalengrundsubstanz, die auch hier das Gehäuse innen auskleidet, befestigt und miteinander verkittet.

Die Testacea leben vorwiegend im Süßwasser und im Waldboden; besonders häufig findet man sie in *Sphagnum*-Polstern der Hochmoore und in Moosrasen.

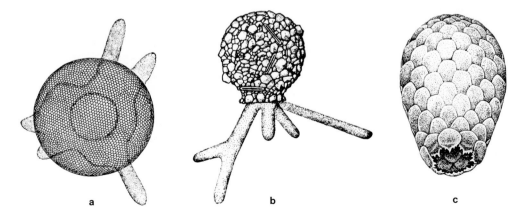

a   b   c

Abb. 6 Testacea. **a** *Arcella vulgaris*, **b** *Difflugia urceolata*, **c** *Euglypha rotunda*. (Nach KÜHN, NETZEL, VERWORN)

3. Foraminifera

Foraminiferen sind fast ausschließlich Meeresprotozoen, die durch ihr Gehäuse, Reticulopodien und teilweise einen Generationswechsel gekennzeichnet sind. Die Gehäuse bestehen aus aufgenommenen Sandkörnern (Sandschaler) oder selbst hergestelltem Calcit (Kalkschaler). Unter den Sandschalern agglutinieren die Astrorhizida, Lituolida und Trochamminida Sandkörner mit Glykoproteinen, die Textulariida mit Calcit.

Entsprechend ihrer feinkristallinen Struktur unterteilt man die Kalkschaler in die Rotaliida, Lagenida, Buliminida und Globigerinida, deren Gehäuse Poren besitzen, und die Miliolida, die man wegen ihres porzellanartigen Glanzes auch Porzellanschaler nennt. Es gibt einkammerige (monothalame) Gehäuse und solche, die im Laufe einer oft langen Entwicklung sukzessive aus vielen Kammern aufgebaut werden (polythalame Gehäuse). Die Kammerlumina sind durch Öffnungen, die Foramina, miteinander verbunden. Diese Foramina, nicht die feinen Poren, die bei vielen Kalkschalern die Gehäusewand durchset-

zen (Abb. 7d, sie dienen dem Durchtritt der Atemgase), waren für die Foraminiferen namengebend.

Die Formenvielfalt der Foraminiferen kommt durch die unterschiedliche Anordnung der Kammern des Gehäuses zustande. Schon einkammerige Gehäuse können sehr vielgestaltig sein: kugel-, röhren-, stern- oder bäumchenförmig (Abb. 7a). Auch bei den vielkammerigen Foraminiferen lassen sich zahlreiche Baupläne unterscheiden, von denen hier die fünf häufigsten beschrieben werden.

1. **Uniserialer Bau.** Die Kammern bilden eine gerade oder gebogene Reihe (z.B. *Reophax*).
2. **Biserialer Bau.** Zwei Reihen von Kammern liegen versetzt nebeneinander, sodass die Verbindungslinie der Kammern im Zickzack verläuft (z.B. *Textularia*, Abb. 7b).
3. **Spiraliger Bau.** Die Kammern bilden eine Spirale. Diese kann in einer Ebene liegen (planspiraler Bau, z.B. *Elphidium*, Abb. 7c) oder mehr oder weniger erhoben sein (trochospiraler Bau, z.B. *Globigerinoides*, Abb. 7d). Ist die Spirale hoch und turmförmig schlank, so

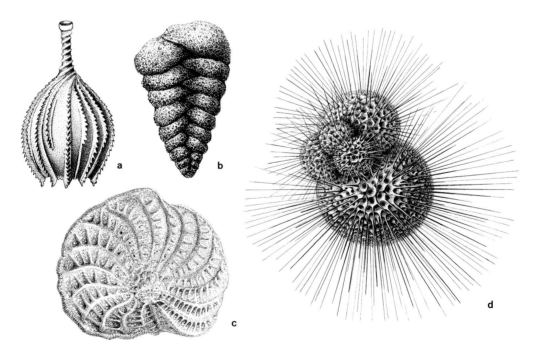

Abb. 7 Gehäuse (Schalen) von Foraminiferen. **a** *Lagena* (Länge knapp 1 mm), **b** *Textularia* (Länge knapp 3 mm), **c** *Elphidium* (Durchmesser etwa 0,3 mm), **d** *Globigerinoides* (Durchmesser ohne Stacheln etwa 0,3 mm)

spricht man auch von triserialem Bau. Die erste, älteste Kammer eines solchen Gehäuses, der Proloculus, liegt an der Turmspitze (z.B. *Eggerella*).

4. **Miliolider Bau.** Immer nur zwei (lang gestreckt röhrenförmige und bananenartig gekrümmte) Kammern bilden jeweils einen Umgang einer Spirale (z.B. *Quinqueloculina*).

5. **Annulärer Bau.** Jede Kammer ist ringförmig, und zahlreiche, in ihrem Durchmesser stetig zunehmende Ringe bilden eine flache Scheibe (z.B. *Marginopora*).

Es gibt auch Bauplanwechsel während der Entwicklung. So folgt *Peneroplis* zunächst dem Spiraltypus und geht später zu uniserialer Anordnung über. Bei *Marginopora* ist der älteste Gehäuseteil ebenfalls spiralig, der jüngere, größere, dann annulär.

Die Pseudopodien sind immer ein Netzwerk feinster Fäden, in denen eine bidirektionale „Körnchenströmung" zu beobachten ist (Abb. 8; Dunkelfeld, Phasenkontrast). Die Körnchen sind unter anderem Mitochondrien, die für Foraminiferen typischen elliptischen Vesikel und Nahrungsteilchen. Die Nahrung (vor allem Bakterien und Diatomeen) wird durch Pseudopodien zur Apertur transportiert, der Gehäuseöffnung an der jüngsten Kammer zum Meerwasser. Die millimeter- und zentimetergroßen Großforaminiferen tropischer Flachmeere leben ausschließlich oder teilweise von den Photosyntheseprodukten ihrer endosymbi-

otischen einzelligen Algen (vor allem schalenlosen Diatomeen und Dinoflagellaten, Grün- und Rotalgen), oder sie verdauen sukzessive einen Teil ihrer Symbionten.

Bei der sehr langsamen Ortsbewegung ziehen die in Bewegungsrichtung ausgestreckten Pseudopodien die Zelle hinter sich her. Beim Gehäusewachstum bauen Pseudopodien jeweils die Anlage einer neuer Kammer, auf der dann die Verkittung der Fremdpartikel oder die Verkalkung stattfindet.

Die Fortpflanzung der Foraminiferen ist mit einem heterophasischen **Generationswechsel** verbunden. Eine haploide geschlechtliche Generation, der **Gamont**, wechselt regelmäßig mit einer diploiden ungeschlechtlichen Generation, dem **Agamonten**. Die beiden Generationen sich auch in ihrer Kernzahl zu unterscheiden, Gamonten sind stets einkernig, Agamonten mehrkernig. Außerdem sind die geschlechtlich entstandenen Agamonten meist größer, weisen jedoch eine kleinere Anfangskammer auf (daher auch mikrosphärische Generation genannt), die ungeschlechtlich gebildeten Gamonten haben meist ein kleineres Gehäuse, aber eine größere Anfangskammer (megalosphärische Generation; Gehäusedimorphismus). Der Gamont bildet Gameten, die mit je einem Gameten des gleichen Gamonten (**Autogamie**) oder eines anderen Gamonten (**Amphimixis**) zur Zygote verschmelzen (**Gamogonie**). Aus der Zygote wächst der Agamont heran. Dieser bildet durch Vielteilung, verbunden mit Meiose, die jungen Gamonten (auch Agameten genannt) (**Agamogonie**). Bei der Vielteilung kann das Cytoplasma das Agamontengehäuse verlassen und sich außerhalb in die Gamonten teilen, die jeweils ein neues Gehäuse bilden, oder die Vielteilung geschieht innerhalb des Agamontengehäuses, das anschließend aufbricht und die Tochterzellen entlässt.

Die Foraminiferen leben benthisch im Meer und im Brackwasser, am und im Meeresboden oder auf Algen; etwa 40 der 10 000 rezenten Arten leben planktisch in der Hochsee. Die Mehrzahl der Arten misst zwischen 200 und 500 µm, unter den rezenten Großforaminiferen wird der Agamont von *Cycloclypeus carpenteri* (Nummulitidae) 3–13 cm, der Gamont 1 cm groß. Ebenso groß wurden die Nummulitiden, die im Alttertiär tropische Flachmeere besiedelten und fossil

Abb. 8 *Elphidium crispa*. Lebendes Tier mit Reticulopodien. Bis 4 mm groß. (Nach Jahn)

in den Nummulitenkalken erhalten sind. Die
Gehäuse abgestorbener planktischer Foraminiferen, vor allem der Gattungen *Globigerina* und
Globigerinoides, bilden den Globigerinensand
oder Globigerinenschlamm der Tiefsee.

4. Heliozoa, Sonnentierchen

Actinosphaerium eichhorni, Sonnentierchen

- Die Einzeller mit weitlumigen Pipetten den
  Zuchten entnehmen und vorsichtig auf den
  Objektträger geben. Deckglas mit 1mm hohen Wachsfüßen. Erschütterungen vermeiden, da sonst die Axopodien rasch abgebaut
  werden.
- Betrachten mit dem Mikroskop, erst bei
  schwacher, später bei starker Vergrößerung,
  oder (Einzeller in planparallelen Küvetten)
  mit dem Binokular bei ca. 50facher Vergrößerung vor dunklem Hintergrund bei Seitenbe-
  leuchtung (möglichst mit Glasfaserlampen).

Vom kugeligen Leib des Sonnentierchens strahlen – es zeigt sich dies bei Dunkelfeldbeleuch-
tung besonders eindrucksvoll – radiär zahlrei-

che feine Axopodien ab. Der Zellkörper besteht
aus zwei Zonen, einer helleren **Rindenschicht**
(Ectoplasma) mit – nach Nahrungsaufnahme –
großen Vakuolen, und einer dunkleren, dichteren **Markschicht** (Endoplasma) (Abb. 9). In der
Rindenschicht pulsieren die beiden Vakuolen,
in der Markschicht erkennt man als dunklere
Gebilde die Kerne. *Actinosphaerium* ist vielkernig, die meisten Heliozoen haben jedoch nur
einen Kern.

Die Pseudopodien der Heliozoen sind **Axopodien.** Der Achsenstab (Axonem) ist bei starker Vergrößerung gut zu erkennen und lässt sich
bis zur Markschicht verfolgen. Auf dieser
Achse aus Mikrotubuli fließt ein an Mitochondrien, Eiweißgranula, Lysosomen, Extrusomen
(s. unten) und anderen Einschlüssen reiches
Cytoplasma auf und ab. Die Strömungsrichtung
lässt sich an den Grana gut beobachten. Nicht
selten bewegen sich unmittelbar benachbarte
Körnchen in entgegengesetzte Richtungen (**bidirektionale Strömung**). Die Axopodien können
verlängert, verkürzt oder auch vorübergehend
abgebaut werden. Kurz dauernde mechanische
Störungen – Erschütterungen des Objektträgers
z.B. – bewirken ein ziemlich rasches Umkni-

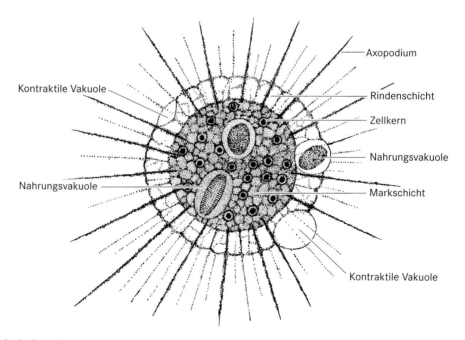

Abb. 9 *Actinosphaerium eichhorni.* 50×

cken; das Wiederaufrichten erfolgt langsam. Die Mikrotubuli enden basal an der Kernhülle oder – bei bestimmten einkernigen Arten – an einem inmitten der Zelle liegenden **Zentralkorn.**

Die Axopodien dienen als Schwebefortsätze, zum Schreiten auf Wasserpflanzen und anderen festen Unterlagen und zum Fangen und Festhalten der Beute. Sie scheinen nur auf bestimmte Reize hin klebrige Stoffe abzusondern. Festgehaltene Beute wird durch die Plasmaströmung oder durch Einziehen der Axopodien zur Rindenschicht gebracht und dort phagocytiert. Die Verdauung der in Nahrungsvakuolen eingeschlossenen Nahrung erfolgt im Endoplasma. Unverdauliches wird wieder ausgeschieden.

Bei manchen Heliozoen, nicht aber bei *Actinosphaerium*, gibt es besondere **Extrusome,** die Kinetocysten und Mucocysten. Die Kinetocysten sind winzige, membranumhüllte, lichtbrechende Organellen, die in großer Zahl im corticalen Cytoplasma und auf den Axopodien liegen und wahrscheinlich dem Beutefang dienen. Eine ähnliche Funktion haben die Schleim bildenden Mucocysten.

Als Nahrung dienen Bakterien, Einzeller, Algen, Rädertiere und andere kleine Metazoen. Größere Beutetiere werden von mehreren Individuen, die dazu vorübergehend verschmelzen, in einer gemeinsamen Nahrungsvakuole verdaut (Fressgemeinschaft).

Die meisten Heliozoen leben in Seen und Teichen, wenige Arten im Meer. Selten schweben sie frei im Wasser, einige sind gestielt festsitzend. Meist bewegen sie sich auf ihren Axopodien rollend oder schwebend im Lückensystem von Detritus der bodennahen Wasserschicht.

- Im Uhrschälchen *Actinosphaerium* mit einer feinst ausgezogenen Pipette in zwei Teile zerlegen.

Bereits nach etwa einer Stunde kann man erkennen, dass diese Teilstücke sich zu vollständigen, aber zunächst natürlich kleineren Tieren ergänzen, indem ihr Cytoplasma sich in Rinden- und Markschicht sondert und ringsherum Axopodien ausstrahlen lässt.

Geschlechtliche Vorgänge (sie sind nur bei *Actinosphaerium* und *Actinophrys sol*, einer verwandten, einkernigen Art bekannt geworden) laufen in Form einer **Autogamie** (s. S. 14) ab. Bei *Actinosphaerium* wird nach Einziehen der Pseudopodien und Abscheiden einer Gallerthülle ein Teil der Kerne aufgelöst. Der Rest des Zellkörpers zerteilt sich multipel in mehrere einkernige Individuen, die sich innerhalb der Gallerthülle jeweils mit einer eigenen Cystenhülle umgeben und noch einmal teilen, sodass schließlich in jeder dieser Cysten zwei diploide Gamonten nebeneinander liegen. Es folgen zwei Kernteilungen; die Zellen teilen sich nicht mehr. Von den bei jeder der beiden Reifeteilungen entstehenden zwei Kernen geht je einer zugrunde und wird resorbiert. In jeder Zelle bleibt ein haploider Kern erhalten; die Zellen sind zu Gameten geworden. Die beiden Geschwistergameten verschmelzen schließlich wieder miteinander zur Zygote, die später auskriecht und Axopodien bildet. Zu Beginn der Verschmelzung wird eine geschlechtliche Differenzierung der beiden Gameten erkennbar: Nur einer von ihnen streckt pseudopodienartige Fortsätze in Richtung des Partners aus.

- Da die Kerne im Leben oft nur schwer zu erkennen sind, dem Präparat schließlich ein wenig Jodtinktur zusetzen. Die Kerne treten dann deutlich hervor.

5. Radiolaria

- Zum Studium der Organisation dienen mikroskopische Präparate von Radiolarienskeleten.

Die Radiolarien haben in der Regel einen kugel- oder ampelförmigen Körper, von dem, wie bei den Heliozoen, die Pseudopodien (**Axopodien**) radiär abstrahlen. Charakteristisch für sie ist das **Skelet** aus Kieselsäure oder, bei den Acantharia, aus Strontiumsulfat.

Meist sind die Skelete kompliziert gebaut. Neben den radiären Stacheln oder Nadeln treten besonders häufig eine oder mehrere, konzentrisch angeordnete Gitterkugeln auf, aber auch scheiben- oder helmförmige Gerüst- und Plattenkonstruktionen kommen vor. Sämtliche Skeletteile, auch die weit herausragenden Stacheln, sind von einer dünnen cytoplasmatischen Hülle umgeben.

Das Cytoplasma der Radiolarien ist durch eine Polysaccharidmembran, die **Zentralkapsel,** in einen äußeren und einen inneren Bezirk, in ein extra- und ein intracapsuläres Cytoplasma geteilt. Zahlreiche feine oder auch einige größere Öffnungen der Kapselwand (Abb. 10) ermöglichen den Stoffaustausch zwischen den beiden Zellbereichen. Im intracapsulären Cytoplasma liegt der Kern oder liegen die polyploiden Kerne. Das Extracapsulum ist grob vakuolisiert. Je nach dem Grad ihrer Füllung schweben, sinken oder steigen die Tiere. Bei anderen Formen sind im Intracapsulum eingeschlossene Öltropfen oder Gasbläschen (CO_2) von Bedeutung.

An weiteren Einschlüssen kommen sowohl im intra- als auch im extracapsulären Plasma Fetttröpfchen, Eiweißkristalle, Pigmente u. dgl. vor; außerdem – im Extracapsulum – natürlich Nahrungsvakuolen. Es fehlen dagegen kontraktile Vakuolen. Sehr häufig findet man im Extracapsulum von Radiolarien Zooxanthellen. Es handelt sich dabei um autotrophe Flagellaten, die den Radiolarien den bei der Photosynthese ausgeschiedenen Sauerstoff und einen Überschuss von Assimilaten zur Verfügung stellen, selbst

aber Schutz und Nährstoffe von der Wirtszelle erhalten.

Die Bildung des Skelets erfolgt im extracapsulären Cytoplasma, doch wächst bei Formen mit konzentrisch angeordneten Gitterkugeln die Zentralkapsel (und auch der Kern) nicht selten über die inneren Skeletteile hinaus. Der Kapselmembran wird dabei vermutlich durch Intussuszeption Material eingelagert, das in Form von Stäbchen im Golgi-Apparat gebildet wird.

Die **Fortpflanzung** der Radiolarien erfolgt durch Zweiteilung. Die Bedeutung der zweigeißligen Schwärmsporen, die durch multiple Teilung entstehen, ist unbekannt. Bei der Zweiteilung werden Zentralkapsel und Skeletelemente häufig auf beide Tochterindividuen verteilt. Festgefügte Gittergehäuse dagegen werden von einem Tochtertier verlassen, das dann ein neues Skelet ausscheidet. Geschlechtsvorgänge konnten bisher nicht zweifelsfrei nachgewiesen werden.

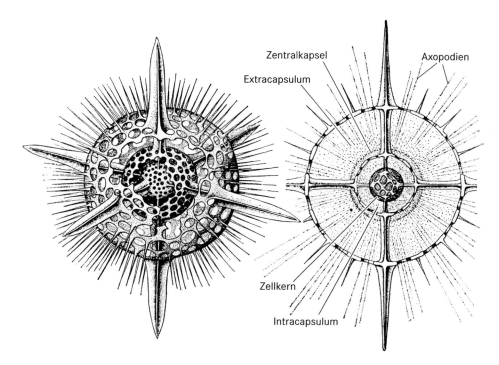

Abb. 10 *Hexacontium asteracanthion*. Links: Skelet aus drei Gitterkugeln. Die beiden äußeren Gitterschalen aufgebrochen. Rechts: optischer Schnitt durch ein lebendes Tier. (Nach E. HAECKEL und R. HERTWIG)

Die koloniebildenden Radiolarien werden am besten durch Präparate von *Collozoum inerme* veranschaulicht. Die Zentralkapseln dieser skelettlosen Form sind von einem gemeinsamen Extracapsulum umgeben. In jeder Zentralkapsel findet sich beim lebenden Tier eine Ölkugel. Deutlich sind an den Präparaten die die Zentralkapseln umgebenden Zooxanthellen zu bemerken.

Die Radiolarien sind planktische Bewohner vor allem tropischer und subtropischer Meere. Die abgesunkenen Skelete toter Tiere bilden am Meeresboden den Radiolarienschlamm.

II. Flagellata

Die Flagellaten sind eine polyphyletisch entstandene Organisationsform, die sich sowohl unter Protozoen als auch bei Pflanzen findet. Sie besitzen eine, mehrere oder auch viele **Geißeln**, mit denen sie sich fortbewegen und auch Nahrung herantransportieren. Geißeln sind relativ lange **Kinocilien**, die meist am Vorderende der Zelle oder in einer Vertiefung, einem Geißelsäckchen, entspringen. In ihrem submikroskopischen Feinbau stimmen sämtliche bei Protozoen, Spermien und bei vielzelligen Tieren vorkommende Geißeln weitgehend überein: Der Geißelschaft ist von der Zellmembran überzogen. In seinem Inneren befinden sich 2 zentrale Mikrotubuli und, um sie kreisförmig angeordnet, 9 Doppelmikrotubuli. Mikrotubuli sind röhrenförmige Strukturen von 25nm Außendurchmesser. Ihre Wände sind aus Längsreihen globulärer Tubulinmoleküle aufgebaut.

Die beiden zentralen Tubuli sind nur im Schaft der Geißel ausgebildet. Die peripheren Doppeltubuli dagegen setzen sich in den Zellleib hinein fort. Zu jedem Doppeltubulus tritt dort ein weiterer Mikrotubulus hinzu, sodass die tubuläre Basis jeder Geißel aus einem Kranz von neun Dreifachtubuli besteht. Zusammen mit anderen (in Einzelheiten variierenden) Strukturen der Geißel- oder Cilienbasis bilden sie den zylinderförmigen Basalkörper (das Kinetosom).

An den Bewegungen der Geißeln sind u.a. Struktur- und Motorproteine sowie ATP beteiligt. Die Bewegungen sind schnell (bis zu etwa 200 Schlagzyklen/sec), ihre Bewegungsform ist oft sehr kompliziert (s. S. 25). – Manche Flagellaten können sich außer durch Geißelschlag auch durch Pseudopodien oder durch Veränderung der Körpergestalt fortbewegen.

Besonders interessant ist die **Ernährungsweise** der Flagellaten. Sehr viele von ihnen sind **autotroph**, d. h. sie ernähren sich nach Art der grünen Pflanzen durch Photosynthese und sind mit Chloroplasten ausgestattet. Diese enthalten Chlorophyll, daneben oft noch Xanthophylle und Carotinoide, und sind daher nicht nur nach Form, sondern auch nach Farbe (grün, gelb, braun) verschieden. Diesen Phytomastigophora (Phytoflagellata) stehen zahlreiche Zoomastigophora (Zooflagellata) gegenüber, die sich rein tierisch (**heterotroph**) durch Aufnahme organischer Stoffe in fester oder flüssiger Form ernähren. Die Nahrungsstoffe werden durch Pseudopodien, an einer besonders dazu differenzierten Körperstelle mit dem Cytostom (Zellmund) oder wohl auch mit der ganzen Körperoberfläche aufgenommen. Als **mixotroph** werden Phytoflagellaten bezeichnet, die Chloroplasten haben, zusätzlich aber auch noch heterotroph Nahrung aufnehmen müssen. Schließlich gibt es Arten, die sich je nach Ernährungs- und Lichtbedingungen sowohl auto- als auch rein heterotroph ernähren können (**amphitrophe** Ernährungsweise).

Kontraktile Vakuolen – sie kommen bei vielen Flagellaten vor – haben im Zellkörper eine feste Position im Bereich des Geißelsäckchens, in das sie ihren Inhalt durch einen Porus entleeren.

Die ungeschlechtliche **Vermehrung** der Flagellaten läuft meist als Längsteilung ab. Geschlechtliche Vorgänge (Isogamie und Anisogamie) sind bei Polymastiginen beobachtet worden. Viele Flagellatenarten leben parasitisch. Eine

Reihe von ihnen sind für den Menschen sehr bedeutungsvolle Krankheitserreger (s. S. 26).

1. *Euglena viridis*

Zu den häufigsten Flagellaten zählen die Angehörigen der Gattung *Euglena*. Sie kommen in Pfützen und Gräben mit nährstoffreichem, oft auch ammoniakhaltigem Wasser bisweilen in so großer Menge vor, dass das Wasser dadurch grün gefärbt wird. Die grüne Farbe, die auch im Präparat auffällt, verdanken sie großen, bei *Euglena viridis* sternförmig angeordneten **Chloroplasten** (Abb. 11). Das Assimilationsprodukt, das stärkeähnliche Paramylon, wird in Form zahlreicher Körner im Cytoplasma gespei-

chert. Wenn durch andauernden Lichtmangel die Photosynthese über längere Zeit unmöglich ist, ernähren sich die Euglenen heterotroph von gelösten organischen Stoffen.

Der spindelförmige Zellkörper erhält Form und Stütze durch eine feste Zellhülle, die **Pellicula** (der Begriff Zell„hülle" ist mißverständlich, da es sich dabei im Wesentlichen um eine spezialisierte periphere Cytoplasmaschicht handelt). Sie zeigt eine feine, enge Streifung (in Abb. 11 nur angedeutet). Sie wird hervorgerufen durch leistenförmige Erhebungen, zwischen denen sich relativ tiefe Furchen befinden. Jeder Leiste sind einige im Cytoplasma nahe der Oberfläche furchenparallel verlaufende Mikrotubuli zugeordnet. Durch feinste Poren in den Furchen wird aus Sekretvakuolen, die im oberflächennahen Cytoplasma lie-

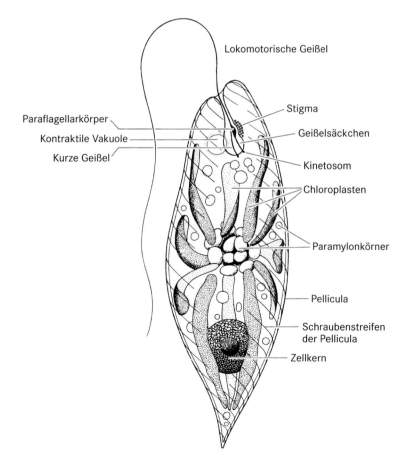

Lokomotorische Geißel

Paraflagellarkörper

Kontraktile Vakuole

Kurze Geißel

Stigma

Geißelsäckchen

Kinetosom

Chloroplasten

Paramylonkörner

Pellicula

Schraubenstreifen der Pellicula

Zellkern

Abb. 11 *Euglena viridis*. Etwa 1000×. (Nach Fott, verändert)

gen, eine schleimige Substanz nach außen abgeschieden. Sie überzieht die Zelle als feiner Film.

Trotz der ziemlich festen Pellicula vermag *Euglena* in beträchtlichem Maß seine Gestalt zu verändern („euglenoide Bewegung"). Auch kann sie sich unter ungünstigen Lebensbedingungen abkugeln und durch Abscheiden einer Gallerthülle schützen (Palmella-Stadium). Da sich die zwischen Objektträger und Deckglas eingeschlossenen Euglenen unter recht ungünstigen Bedingungen befinden, haben wir Gelegenheit, Formveränderlichkeit und Abkugelung zu beobachten.

Normalerweise dient als Bewegungsorganell die lange Geißel (Flagellum), die am Vorderende am Boden einer Vertiefung, dem Geißelsäckchen, entspringt (Abb. 12). Die Geißel (Durchmesser des Schaftes etwa 0,4µm) trägt – für uns nicht erkennbar – einen Besatz fadenförmiger Fortsätze (Mastigonemen).

- Dem Präparat von der Seite etwas schwarze Wasserfarbe zusetzen.

Dabei erkennt man, dass die Geißel beim Schwimmen meist nach hinten gerichtet ist. Ihr Schlag bewirkt neben der in lang gestreckten Schraubenlinien erfolgenden Vorwärtsbewegung eine Rotation des Körpers.

- Man kann die Bewegung verlangsamen, wenn man die Tiere einer niedrigeren Temperatur, etwa 12°C, aussetzt.
- Besonders bewährt hat sich folgende Methode: Eine etwa 1%ige Lösung von Agar in Wasser bereiten und bei 40°C flüssig halten. Einen kleinen Tropfen der Kulturflüssigkeit, der frei von Schmutzpartikeln sein soll, auf den Objektträger geben und einen ebenso großen Tropfen der Agarlösung auf ein Deckglas, dieses rasch umdrehen und auf den Objektträger fallen lassen. Die Temperatur des Gemisches sinkt augenblicklich unter 30°C; es geliert zu einem inhomogenen Medium, in dem in einem Gelatinenetz viele Mikroaquarien eingeschlossen sind, die den Protozoen nur geringe Bewegungsfreiheit erlauben.

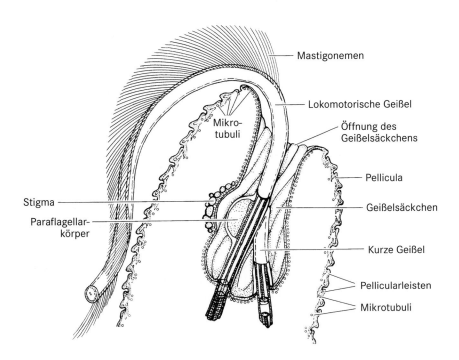

Abb. 12 *Euglena viridis.* Vorderende mit Geißelsäckchen. Etwa 3000×. (Nach verschiedenen Autoren)

Nicht auf das Deckglas drücken oder es seitlich verschieben. Diese Methode eignet sich auch für Lebendbeobachtung anderer kleiner Organismen.

Euglena viridis hat, wie alle Arten der Gattung, neben der langen, lokomotorischen eine weitere, kurze Geißel. Sie entspringt ebenfalls im Geißelsäckchen, ragt aber nicht daraus hervor.

Den **Paraflagellarkörper**, eine Anschwellung am Schaft der lokomotorischen Geißel, werden wir mit unseren Hilfsmitteln nicht sehen können, wohl aber das Stigma, das als kleiner, leuchtend orangeroter Fleck am Vorderende des Einzellers auffällt. Es besteht aus einer Ansammlung carotinoidhaltiger Lipideinschlüsse, die einer schüsselförmigen Eindellung der Geißelsäckchenwand, in die sich der Paraflagellarkörper schmiegt, unmittelbar anliegen (Abb. 12).

Neben dem Geißelsäckchen liegt eine **kontraktile Vakuole**, konzentrisch umgeben von kleinen Bildungsvakuolen. Sie ergießt ihren Inhalt in das Geißelsäckchen, das man deswegen auch als Reservoir bezeichnet. Aus den Bildungsvakuolen wird die kontraktile Vakuole dann wieder aufgefüllt.

Weiter hinten im Körper liegt der helle **Zellkern** mit großem, zentralem Nucleolus.

Die ungeschlechtliche **Fortpflanzung** beginnt mit der Mitose des Kernes, schreitet fort mit der Verdoppelung der Organellen des Bewegungsapparates und findet ihren Abschluss in der von vorn nach hinten fortschreitenden Längsteilung der Zelle bei gleichzeitiger Ergänzung der zunächst fehlenden Pelliculaleisten. Geschlechtliche Vorgänge wurden zwar bei anderen Flagellaten, bisher aber nicht bei den Euglenida nachgewiesen.

2. *Trypanosoma brucei*

Die Trypanosomen sind eine Gruppe von Flagellaten, die im Blut zahlreicher Wirbeltiere leben; sie können schwere **Krankheiten** hervorrufen (*Trypanosoma brucei gambiense* und *T. b. rhodesiense* sind die Erreger der **Schlafkrankheit**). *Trypanosoma brucei brucei* kommt im Blut fast aller Großsäuger Afrikas vor, lässt sich aber z.B. auch auf Mäuse überimpfen. Es ruft die **Naganaseuche** hervor. Die Übertragung erfolgt durch die Tsetsefliegen (*Glossina*), die auch die Erreger

der Schlafkrankheit des Menschen übertragen. Die Stechfliegen werden erst 20 Tage nach der Aufnahme trypanosomenhaltigen Blutes infektiös, da die Parasiten im Darm und in den Speicheldrüsen der Fliege einen Formwechsel vollziehen, der mit einer starken Vermehrung verbunden ist. Erst in den Speicheldrüsen werden sie nach weiteren Vermehrungsteilungen zu infektionsfähigen Trypanosomen von typischer trypomastigoter Gestalt.

- Zunächst lebende Trypanosomen mikroskopieren. Eine stark infizierte Maus mit Chloroform töten und Blut mit einer nicht zu feinen Pipette direkt aus dem Herzen entnehmen.

Einen möglichst kleinen Tropfen auf einen entfetteten Objektträger bringen, ein Deckglas auflegen und vorsichtig andrücken.

Zwischen den dicht gedrängten roten Blutkörperchen, die im Präparat blassgelb aussehen, bewegen sich zahlreiche Trypanosomen lebhaft hin und her. Nach Gestalt und Lage der Geißel handelt es sich um so genannte trypomastigote Stadien. Bei stärkerer Vergrößerung sind auch hier schon einige Einzelheiten wie die undulierende Membran und der Kern zu erkennen (Abb. 13). In erster Linie soll das Präparat jedoch eine Vorstellung von der großen Zahl der Parasiten im Blut und von ihrer Bewegungsweise vermitteln.

Mehr Einzelheiten sind an nach Pappenheim gefärbten Ausstrichpräparaten, besonders bei starker Vergrößerung (Ölimmersion!) zu erkennen. Die roten Blutkörperchen sind blassrosa, die viel spärlicheren weißen Blutkörperchen blassviolett gefärbt, ihr Kern dunkelviolett. Die Trypanosomen sind nach Form und Färbung, vor allem da, wo die Erythrocyten nicht zu dicht lagern, leicht zu finden.

Das Vorderende der lanzettförmigen, mehr oder weniger stark geschlängelten Parasiten ist zugespitzt und an der freischwingenden Geißel zu erkennen, das Hinterende stumpfer.

Das Cytoplasma ist bläulich getönt und zeigt eine helle Fleckung. Der Kern ist im gefärbten Präparat lebhaft rot. Er liegt etwa in der Mitte des Körpers. Die bandförmige Geißel entspringt nahe dem Hinterende an einem Basalkörper (Kinetosom) und in einem Geißelsäckchen (Flagellartasche), läuft außen nach vorn und wird erst am Vorderende frei; im übrigen Teil ist sie mit

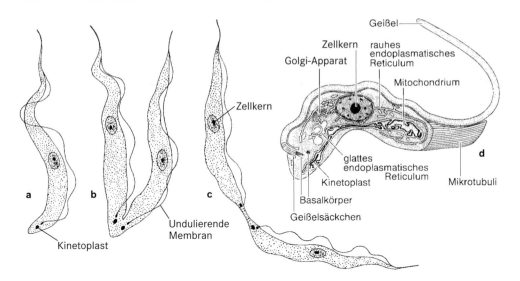

Abb. 13 *Trypanosoma brucei.* **a–c** Trypomastigote Form aus dem Säugerblut; **b** und **c** Teilungsstadien, **d** nach elektronenmikroskopischen Befunden. Länge etwa 30 μm. (Nach VICKERMAN)

einer wechselnd hohen, flossensaumförmigen Erhebung mit der Zellmembran des Zellkörpers durch desmosomenähnliche Strukturen verbunden. Durch ihr Schlängeln wird der Saum, die **undulierende Membran**, wellenförmig bewegt. Neben dem Kinetosom liegt, ebenfalls rot gefärbt, der **Kinetoplast**. Dieser ist ein Bereich in dem durch die ganze Zelle ziehenden Mitochondriums, in dem die mitochondriale DNA in Form besonders gestalteter Ringe dicht gedrängt vorliegt. Wie die übrigen Teile des Mitochondriums entsteht er bei der Zellteilung durch Selbstverdoppelung (er repliziert sich autonom).

Die Zellmembran – auch das ist an dem Präparat nicht zu erkennen – ist innen durch schraubig verlaufende Mikrotubuli verstärkt. An der Stelle der Nahrungsaufnahme, die durch Pinocytose am Boden des Geißelsäckchens erfolgt, fehlen die Festigungsstrukturen (Abb. 14). Außen trägt die Zellmembran eine relativ dicke Glykocalyx, auf die als Antigene das Immunsystem des Wirts mit der Bildung entsprechender Antikörper reagiert. Ein von Zeit zu Zeit durch Aktivierung bzw. Inaktivierung von Genen erfolgender Wechsel der Aminosäuresequenz des Glykoproteinmantels macht die Immunabwehr jedoch immer wieder wirkungslos (Antigenvarianz).

Die ungeschlechtliche **Vermehrung** erfolgt bei *T. brucei* durch Längsteilung.

● Die einzelnen Stadien des Teilungsvorgangs im Präparat aufsuchen und skizzieren.

Ausstrich und Färbung werden folgendermaßen ausgeführt.

● Aus der Pipette auf einen entfetteten Objektträger, etwa 1cm von der Schmalseite entfernt, einen kleinen Tropfen Blut geben, dann auf die Mitte des Objektträgers unter einem Winkel von etwa 45° hochkant einen zweiten aufsetzen und in Richtung des Bluttropfens bis zur Berührung ziehen.
● Einen Augenblick warten, bis der Tropfen sich in dem Winkel zwischen beiden Gläsern breit ausgezogen hat. Schließlich den Objektträger in umgekehrter Richtung, also wieder zur Mitte hin und darüber hinaus, immer unter Wahrung des Winkels von ungefähr 45°, in gleichmäßigem Zuge über den Objektträger hinwegbewegen. Dadurch breitet sich der Bluttropfen in gleichmäßig dünner Schicht fast über den ganzen Objektträger aus. Schnelles Hin- und Herfächeln lässt den Ausstrich in kurzer Zeit trocknen, und dann kann die Färbung beginnen.

● Die empfehlenswerteste Methode ist die nach Pappenheim. 1. Der horizontal gelegte Objektträger wird mit einigen Tropfen May-Grünwald-Lösung bedeckt und so 3 Minuten stehen gelassen. 2. Man fügt die gleiche Menge destillierten Wassers hinzu und bewegt den Objektträger zur besseren Durchmischung leicht hin und her (1 Minute). 3. Die verdünnte Farblösung wird abgegossen und durch verdünnte Giemsa-Lösung (0,3ml Lösung auf 10ccm Aqua dest.) ersetzt; 12–15 Minuten so liegen lassen. 4. Die Farblösung abfließen lassen, mit destilliertem Wasser kräftig abspülen. Trocknen durch Fächeln. Der so gefärbte Ausstrich wird am besten sofort, ohne Deckglas, aber mit Immersion untersucht.

III. Apicomplexa (= Sporozoa i.e.S)

Die Apicomplexa (Sporozoa) umfassen parasitische Protozoen, deren Infektionsstadien (Sporozoit, Merozoit) am vorderen Zellpol (Apex) komplexe Strukturen aufweisen (Abb. 14a), die allerdings nur elektronenmikroskopisch darstellbar sind. Die wesentlichen Organellen in diesem apikalen Zellbereich sind ein **Conoid** (ein hohles, kegelförmiges Gebilde, das der Penetration der Wirtszellen dient), keulenförmige **Rhoptrien** (lytische Enzyme enthaltend) und mit diesen in Verbindung stehende, enzymbeladene **Mikronemen**. Die nur von der Zell-

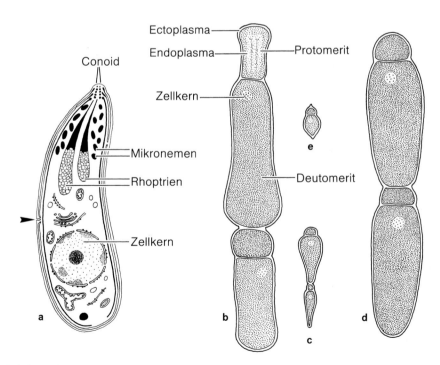

Abb. 14 Apicomplexa. **a** Infektionsstadium mit Penetrationsapparat (elektronenmikroskopisches Schema); der Pfeilkopf zeigt auf eine Mikropore. **b–d** Gregarinen aus dem Mehlwurmdarm, **b** *Gregarina cuneata*, **c** *Gregarina steini*, **d** *Gregarina polymorpha*, **e** junges Individuum der letzten Art. Etwa 200×

membran begrenzten **Mikroporen** dienen der Nahrungsaufnahme.

Die Apicomplexa sind Endoparasiten, die im Darm oder in der Leibeshöhle extrazellulär oder in Zellen (intrazellulär) leben. Ihr Lebenszyklus hat sich gegenüber vielen freilebenden Protozoen kompliziert. **Multiple Teilung**, sonst relativ selten, ist bei ihnen häufig. Sie dient der Vermehrung des Parasiten innerhalb eines Wirtes (**Schizogonie**) oder auch der Übertragung auf einen neuen Wirt (**Sporogonie**), wobei die Teilungsprodukte in feste, als Sporocysten („Sporen") bezeichnete Kapseln eingeschlossen sind. Wenn die Verbreitung durch einen Überträger (= Vektor) erfolgt, fällt mit der Notwendigkeit eines Schutzes gegen das Vertrocknen die Sporenbildung weg. Zwischen Schizogonie und Sporogonie kommt es zur **Gamogonie**, wobei von Gamonten gebildete Geschlechtszellen (Isogameten oder Anisogameten) entstehen. Je zwei Gameten verschmelzen zu einer Zygote. Der Wechsel zwischen geschlechtlicher und ungeschlechtlicher Fortpflanzung ist regelmäßig, die Sporozoa weisen somit einen obligatorischen Generationswechsel auf (nicht bei *Gregarina* und *Monocystis*).

Die Art der **Fortbewegung** ist mannigfach. Viele Formen zeigen ein eigenartiges Gleiten (z.B. bei Gregarinen), andere bewegen sich mit Hilfe kräftiger Kontraktionswellen fort. Wieder andere vermögen sich wie Nematoden (s. S. 120) hin und her zu schlängeln. Die meisten Mikrogameten besitzen Geißeln.

Nahrung wird in aufbereiteter und flüssiger Form dem Wirt entzogen und durch Permeation oder auch durch **Mikroporen** (= Mikrocytostome) aufgenommen. Da die Sporozoen in einem isotonischen Medium leben, entfällt die Notwendigkeit der Ausbildung kontraktiler Vakuolen.

1. Gregarinida, Gregarinen

Die Gregarinen sind Parasiten, die im Darm und anderen Körperhöhlen wirbelloser Tiere leben (Abb. 14b–d, 15). Sie erreichen eine für Protozoen ungewöhnliche Größe von einigen µm bis maximal 15mm.

Bei der **Fortpflanzung** wechseln geschlechtliche und ungeschlechtliche Vorgänge miteinander ab. Die geschlechtliche Fortpflanzung ist eine **Gamontogamie:** Je zwei Gamonten legen sich aneinander und umgeben sich mit einer gemeinsamen Cystenwand (Gamontencyste, Abb. 16). In der Cyste macht jeder der beiden – ursprünglich einkernigen – Gamonten eine starke Kernvermehrung durch. Die Kerne wandern an die Peripherie, worauf sich beide Gamonten in eine der Zahl der Kerne entsprechende Anzahl von Gameten teilen. Ein großer, mittlerer Plasmakomplex der Gamonten, der sog. Restkörper, bleibt von der Teilung unberührt; er geht zugrunde. Die Gameten, Iso- oder Anisogameten (s. S. 13) verschmelzen paarweise miteinander. Die Verschmelzungsprodukte, die Zygoten, umgeben sich – immer noch innerhalb der Gamontencyste und jede für sich – mit einer festen Hülle und werden dadurch zu spindelförmigen Sporen oder Sporocysten. Der Inhalt jeder Sporocyste teilt sich simultan in 8 **Sporozoiten**. Bei dieser Sporogonie findet, und zwar bei der ersten Teilung des Zygotenkernes, die Reduktion der Chromosomen statt. Diploid ist also nur die Zygote. Gelangen die reifen Sporocysten ins Freie und werden dann von einem neuen Wirtstier mit der Nahrung aufgenommen, so kriechen die Sporozoiten aus einer vorgebildeten Öffnung der Spore heraus oder werden durch ihr Auseinanderklappen frei und wachsen allmählich als vegetative Formen (**Trophozoiten** genannt) zu Gamonten (generativen Formen) heran, von denen wir ausgegangen sind.

- Die vegetativen Formen von Gregarinen aus dem Darm des Mehlwurmes, *Gregarina polymorpha* und *G. cuneata* sowie die seltenere *G. steini* mikroskopieren.

Der Körper von *Gregarina* gliedert sich in zwei Abschnitte, einen vorderen, **Protomerit** genannt, und einen hinteren Hauptabschnitt, den **Deutomeriten**. Bei jungen Individuen setzt sich überdies der vordere Abschnitt des Protomeriten noch als besonderer **Epimerit** ab, der bei anderen Gregarinen-Arten mannigfache Hafteinrichtungen besitzt. Mit ihnen sind die jungen Gregarinen in Zellen der Darmwand verankert.

Die Oberfläche des Zellkörpers lässt manchmal im Lichtmikroskop eine feine Längsstreifung erkennen. Sie kommt, wie elektronenmikroskopische Aufnahmen zeigen, durch längsparallele, faltenartige Erhebungen der aus drei eng benachbarten Membranen aufgebauten

Körperwand zustande. Diese drei Grenzschichten stellen mitsamt dem die Falten erfüllenden Ectoplasma die aufgrund lichtmikroskopischer Untersuchungen als **Pellicula** bezeichnete Außenschicht dar. Im Ectoplasma unter und in den Falten finden sich zahlreiche Mikrofilamente sowie Mikrotubuli. Das Endoplasma ist reich an Reservestoffen (Amylopektin, Fett, Eiweiße) und anderen granulären Gebilden. Die zu **Myonemen** gebündelten Filamente, die sich vor allem in der Außenschicht des Endoplasmas befinden, macht man für die Gestaltsveränderungen, zu denen die verschiedenen Gregarinida befähigt sind, verantwortlich.

Zwischen dem Protomerit und dem Deutomerit ist ein lichtmikroskopisch hell erscheinendes Septum quer ausgespannt. Zellmund, Zellafter, kontraktile Vakuolen und Nahrungsvakuolen fehlen den Gregarinen. Am Grunde der Pelliculafalten liegen zahlreiche Mikroporen. Der **Zellkern** liegt im Deutomeriten und ist bei lebenden Individuen als hellere Stelle inmitten des durch die Reservestoffe getrübten Endoplasmas zu erkennen.

Fast stets wird man im Präparat paarweise aneinander liegende Gregarinen finden, wobei sich die eine mit ihrem Vorderende am Hinterende der anderen angehängt hat. Es handelt sich dann um zwei Gamonten, die sich später in eine gemeinsame Cyste zur Bildung der Gameten einschließen werden. Bisweilen machen sich an den beiden vereinten Individuen morphologische oder färberische Unterschiede bemerkbar, die man als Zeichen einer geschlechtlichen Differenzierung auffasst. Dieses Stadium wird als **Syzygie** bezeichnet.

- Überaus eigenartig ist die **Fortbewegung** der Gregarinen. Man erkennt sie als ein gleichmäßiges Vorwärtsgleiten bei regungslos erscheinender Zelloberfläche. Diese und alle anderen Bewegungsformen sind wohl auf die Aktion subpelliculärer Mikrofilamente und Mikrotubuli zurückzuführen.

Gamogonie und Sporogonie werden am besten an Regenwurmgregarinen der Gattung *Monocystis* studiert. Sie leben in den Samenblasen der Regenwürmer. Entnahme daraus siehe S. 11. Einen Tropfen der milchigen Suspension samt einigen Stücken Samenblasenwand auf den Objektträger geben. Deckglas mit Wachsfüßchen.

Mikroskopieren am besten mit dem Phasenkontrastmikroskop. Anschließend Studium gefärbter Schnittpräparate durch Samenblase und Samenblasenwand.

Zunächst werden im Präparat kugelige Gebilde von verschiedener und oft ansehnlicher Größe auffallen. Es handelt sich um die von je einem Gamontenpaar abgeschiedenen Cysten, jetzt Sporocystencysten genannt. Sie sind dicht mit spindelförmigen Sporocysten voll gepackt, die in ihrem Inneren bei starker Vergrößerung 8 lanzettförmige Sporozoiten erkennen lassen. Werden die Sporocysten nach dem Tode ihres Wirtes frei (das geschieht meist, wenn ein Regenwurm von einer Amsel oder Elster gefressen wurde, mit deren Kot die Sporocysten verbreitet werden) und gelangen mit der Nahrung in den Darm eines anderen Regenwurmes, so wird ihre Wandung von den Verdauungsenzymen aufgelöst. Die von der Hülle befreiten Sporozoiten wandern, die Gewebe durchdringend, in die Samenblasen, die – bei geschlechtsreifen Regenwürmern – mit einer Suspension der verschiedensten Entwicklungsstadien der Spermien erfüllt sind.

Die Sporozoiten dringen oft in junge Follikel ein und wachsen in Cytophoren (Cytoplasmakörpern, die mit Keimzellen in Verbindung stehen; Abb. 15) heran. Dabei wird der sie umhüllende Cytoplasmamantel, in dem die Spermien mit ihren Köpfen befestigt sind, immer dünner, und die erwachsenen Gregarinen (Gamonten) sehen zunächst wie Ciliaten aus. Schließlich verlassen sie den Cytophor. Sie sind nun von länglich lanzettförmiger Gestalt und fallen außer durch ihre Größe nicht selten durch ihre Beweglichkeit auf. Der Kern ist meist gut sichtbar. Die bei *Gregarina* beobachtete Zweiteilung in Protomerit und Deutomerit fehlt bei der Gattung *Monocystis*.

Je zwei erwachsene Gregarinen (Gamonten) legen sich aneinander, runden sich halbkugelförmig ab und scheiden die gemeinsame Cystenhülle (Gamontencyste) aus. Durch fortgesetzte und rasch hintereinander ablaufende Mitosen werden die beiden Gamonten erst vielkernig, um schließlich unter Hinterlassung des Restkörpers durch simultane Teilungen in Gameten zu zerfallen, die innerhalb der Gamontencyste paarweise verschmelzen. Jede Zygote umgibt sich mit einer Sporocystenhülle. In ihr

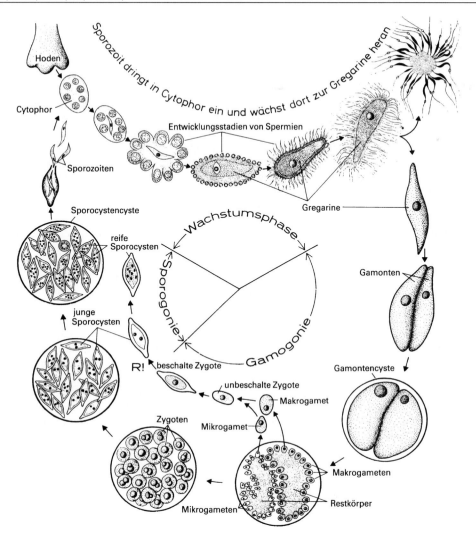

Abb. 15 Entwicklungszyklus von *Monocystis spec.* Die reifen Sporocysten enthalten 8 Sporozoiten, auf Schnittpräparaten sind jedoch nicht immer alle 8 Kerne zu sehen. R! Reifeteilung. Die einzelnen Entwicklungsstadien sind zum Teil verschieden stark vergrößert

entstehen – nach Reifeteilung und Mitose – acht haploide, infektionsfähige Sporozoiten.

2. Coccidia

Die zur zweiten Ordnung der Apicomplexa, zu den Coccidia, gehörenden Haemosporidia sind, wie schon ihr Name zu erkennen gibt, Blutparasiten. Sie leben in den roten Blutkörperchen

(Erythrocyten) von Wirbeltieren. Die für den Menschen wichtigste Gattung *Plasmodium* mit den vier Arten *Plasmodium malariae, P. vivax, P. falciparum* und *P. ovale* ruft die **Malaria** hervor. *Plasmodium malariae* ist der Erreger der Malaria quartana (Viertagefieber; Fieberanfälle alle 72 Stunden, also jeden vierten Tag, wenn man den Anfallstag als ersten Tag bezeichnet). *P. vivax* und *P. ovale* verursachen die Malaria tertiana (Dreitagefieber, Fieberanfälle alle 48 Stunden, also jeden dritten Tag) und *P. falciparum* die Malaria tropica (Fieberanfälle unregelmäßig). Auch Mischinfektionen kommen vor. Als Überträger von Mensch zu Mensch fungieren Stechmücken der Gattung *Anopheles*, die beim Blutsaugen die Parasiten aufgenommen haben. Die Mückenweibchen übertragen Sporozoiten, die in der Leber zu einer **präerythrocytären Schizogonie** mit Merozoitenbildung führt.

Ein bis zwei Wochen nach dem infizierenden Stich der Mücke findet man die Merozoiten dann innerhalb von roten Blutkörperchen (vgl. Abb. 16). Sie wachsen schnell heran, werden kugelig und vielkernig und teilen sich dann in eine entsprechende Zahl von Tochterindividuen (Merozoiten), die durch Zerfall des Blutkörperchens frei werden und sofort wieder neue Erythrocyten befallen. Dieser als **erythrocytäre Schizogonie** bezeichnete Vermehrungsvorgang beansprucht 3 Tage bei *P. malariae* und 2 Tage bei *P. vivax*, *P. ovale* sowie *P. falciparum*. Er wiederholt sich immer von neuem, bis die Zahl der Schizonten so groß ist, dass die Wirtskörper mit Fieberanfällen auf die giftigen Zerfallsprodukte der Erythrocyten und Schizonten-Restkörper reagieren.

Nach einer gewissen Zeit setzt die Bildung von Geschlechtsformen ein (**Gamogonie**), die innerhalb der roten Blutkörperchen beginnt, aber nur im Darm der Mücke zum Abschluss kommen kann. Im Blut des Menschen finden sich daher nur Vorstadien der Geschlechtsformen, die weiblichen **Makrogamonten** und die männlichen **Mikrogamonten**. Aus ihnen entstehen im Darm der Mücke die Gameten: Der Makrogamont nimmt eine kugelige Form an und wird dann als Makrogamet bezeichnet; der Mikrogamont bildet 4–8 fadenförmige und sich schlängelnd bewegende Mikrogameten aus (Exflagellation). Männliche und weibliche Geschlechtszellen verschmelzen paarweise zu Zygoten, die zu beweglichen so genannten **Ookineten** werden. Diese durchdringen das Darmepithel der Mücke und wachsen, von einer dünnen Hülle des Wirtes umgeben, an der Darmaußenwand zu 60 µm großen Oocysten heran. In den Oocysten entstehen Tausende von beweglichen, fadenförmigen Sporozoiten (**Sporogonie**). Nach etwa 14 Tagen werden sie durch Platzen der Oocysten frei, gelangen in die Leibeshöhle, schwimmen zur Speicheldrüse,

durchbohren deren Zellen und sammeln sich schließlich in den Drüsenkanälen. Beim Stich werden sie mit dem gerinnungshemmenden Speichel der Mücke in die Blutbahn des Menschen injiziert.

Über das Blut gelangen die Sporozoiten in die Leber, durchdringen das Endothel der Sinusoide bzw. die von Kupfferschen Sternzellen (S. 445) und gelangen in die Hepatocyten (Leberzellen). In diesen wachsen sie heran und vermehren sich durch Schizogonie. Erst die hier gebildeten Merozoiten begeben sich in die Blutbahn, um dort die roten Blutkörperchen zu befallen, womit sich der Entwicklungskreis schließt. Bei der Penetration der Erythrocyten legen sich die Parasiten erst mit beliebiger Stelle an der Oberfläche der Blutzellen an, dann nehmen sie mit ihrem Vorderende Kontakt mit der Zellmembran auf. Von der nun dort entstehenden Verbindungsschicht wird der Parasit umwachsen und schließlich in die Zelle geschleust.

Bei *P. vivax* und *P. ovale* können sich in der Leber aus Sporozoiten **Hypnozoite** bilden, welche bis zu Jahrzehnten überdauern, bevor sie sich weiterentwickeln.

Im Fortpflanzungszyklus der Haemosporidia wechseln 2 verschiedene ungeschlechtliche Vermehrungsteilungen, die Sporogonie und die Schizogonie, mit geschlechtlichen Vorgängen, einer Gamogonie, ab. Diploid ist nur die Zygote, alle übrigen Stadien haben einen haploiden Chromosomensatz: haplohomophasischer Generationswechsel.

- Nach Pappenheim gefärbte Ausstriche von Blut, das mit *P. vivax* infiziert ist, mikroskopieren. Immersionsobjektiv! Außerdem Demonstration verschiedener Entwicklungsstadien.
- Eine Stelle des Präparates suchen, an der die blassrosa gefärbten Erythrocyten in einfacher Schicht, aber möglichst dicht nebeneinander liegen und zum Immersionsobjektiv wechseln.

Die Plasmodien liegen in roten Blutkörperchen. Ihr Cytoplasma ist blau angefärbt; es beherbergt einen oder mehrere deutlich rot gefärbte Kerne. Man darf sich nicht durch Thrombocyten (Blutplättchen) täuschen lassen, die zufällig auf einen Erythrocyten zu liegen kamen. Sie zeigen eine rotviolette Färbung.

Die jüngsten Stadien des Parasiten sind recht klein, mehr oder weniger rundlich und ent-

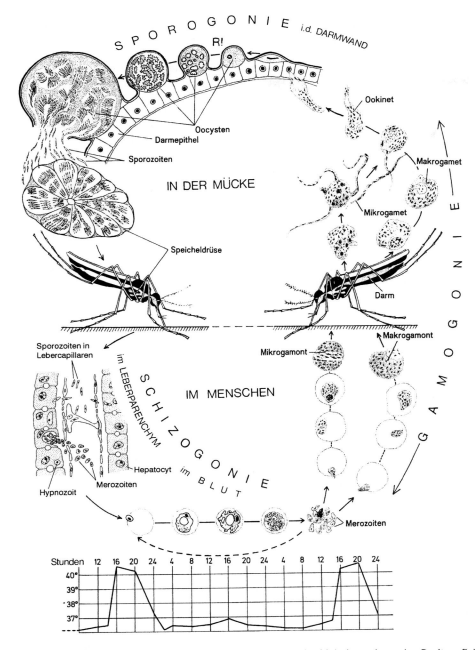

Abb. 16 Entwicklungszyklus von *Plasmodium vivax*, des Erregers der Malaria tertiana, des Dreitagefiebers; R = Reduktionsteilung. Unten Fieberkurve

halten jeweils einen Kern und eine Vakuole (Ringstadium, Abb. 17a). Bei *P. vivax* (Name!) sind sie innerhalb des Erythrocyten besonders lebhaft gefärbt.

- Falls kein solches Stadium im Präparat zu finden ist, die etwas weiter entwickelten Stadien des Parasiten betrachten, die durch ihre eigenartige Ringform unverkennbar sind (Abb. 17a; Siegelringstadium).

Sie kommt dadurch zustande, dass im Zentrum des Plasmodiums eine große Vakuole auftritt, die das gesamte Cytoplasma randwärts drängt. Innerhalb des blauen Ringes hebt sich der rote Kern gut ab. Bei weiterem Wachstum wird der Umriss des Parasiten sehr unregelmäßig (Abb. 17b); bisweilen erscheint er in mehrere Stücke zerrissen. In seinem Inneren häuft sich zunehmend schwarzbraunes Pigment (Hämozoin) an, das aus abgebautem Häm gebildet wird, welches beim Abbau von Hämoglobin freigesetzt wird. Schließlich nimmt der Parasit den größten Teil des Blutkörperchens ein. Jetzt hat auch die Kernteilung eingesetzt, sodass zwei, vier oder mehr Tochterkerne zu erkennen sind, deren Zahl bei *P. vivax* auf 12 bis 24 ansteigt (Abb. 17c, d).

Das befallene rote Blutkörperchen zeigt eine auffallende Größenzunahme und ein Verblassen der Farbe; außerdem tritt in ihm in zunehmendem Maße eine feine Punktierung, die „Schüffnersche Tüpfelung" auf. Kurz darauf würde das Blutkörperchen zerplatzen und der Parasit sich in eine der Zahl der Tochterkerne entsprechende Zahl von Merozoiten aufteilen, während das jetzt in seiner Mitte zusammengeballte Pigment als „Restkörper" übrig bleibt (Abb. 17e). Damit endet der sich bei dieser Art in 48 Stunden abspielende Zyklus der Schizogonie.

Etwa 8–10 Tage nach dem ersten Fieberanfall treten auch Gamonten (= Gametocyten) im peripheren Blut auf. Jüngere Stadien können leicht mit Schizonten verwechselt werden, doch zeigen sie, da eine Vakuole fehlt, nie Ringform. Die erwachsenen Gamonten sind große, kugelige, im Präparat jedoch scheibenförmig erscheinende Gebilde, die den Raum des stark vergrößerten Erythrocyten bis auf einen schmalen Randsaum ausfüllen. Sie sind reich an groben Pigmentkörnchen. Eine Verwechslung dieser Stadien mit Schizonten ist schon deshalb nicht möglich,

weil Schizonten bei entsprechender Größe bereits vielkernig wären. Der Kern liegt bei den Makrogamonten (Abb. 17f) randständig, bei den Mikrogamonten (Abb. 17g) mehr zentral, oft bandförmig und wirkt dann bedeutend größer. Um auch die ganz anders gestalteten Gamonten von *P. falciparum* kennen zu lernen, wollen wir uns jetzt noch Ausstriche von Blut ansehen, das damit infiziert ist. Die ausgewachsenen Gamonten (Abb. 17l) haben hier eine so charakteristische Form, dass man sie unschwer auffinden kann. Die Gamonten haben eine längsovale Gestalt, können aber, da sie an Länge (9–14 μm) den Durchmesser der Erythrocyten (8 μm) übertreffen, nur eingekrümmt in ihnen Platz finden, was ihnen die typische Sichelform (daher der Artname *falciparum*) gibt. Im Innern finden sich neben dem relativ großen Kern zahlreiche Pigmentkörnchen. Das Pigment ist bei den Makrogamonten in der Mittelpartie um den Kern herum angehäuft (Abb. 17l), während es bei den (übrigens selteneren) Mikrogamonten gleichmäßig fast über das ganze Cytoplasma verteilt ist (Abb. 17m).

Man wird wahrscheinlich in den gleichen Ausstrichen auch junge Formen antreffen, die den entsprechenden Stadien des *Vivax*-Parasiten sehr ähneln, da auch sie typische Ringgestalt aufweisen (Abb. 17i). Doch sind sie anfangs erheblich kleiner ($^1/_6$ Erythrocytendurchmesser), und der Plasmaring ist so dünn, dass der Kern vorspringt. Oft liegen sie ganz oberflächlich im Blutkörperchen, das nicht selten von zwei oder mehr Parasiten befallen ist. Später nehmen die Schizonten amöboide Gestalt an (Abb. 17k). Diese Schizonten treten aber nur in der prätetalen Phase im peripheren Blut auf. Größe und Farbe der Erythrocyten werden durch *P. falciparum* im Gegensatz zu *P. vivax* nicht verändert, wohl aber tritt in ihnen gelegentlich eine großschollige Fleckung („Maurersche Fleckung") auf.

Für das Studium der Schizogonie sind diese Präparate nicht geeignet. Zwar kann man bisweilen einen Ring mit zweigeteiltem Kern beobachten, alles Weitere aber spielt sich in den Capillaren innerer Organe ab. Die Neigung der Schizogoniestadien, sich in den Capillaren anzuhäufen und diese zu verstopfen, bedingt übrigens den besonders gefährlichen Charakter der von *P. falciparum* hervorgerufenen bösartigen Malaria.

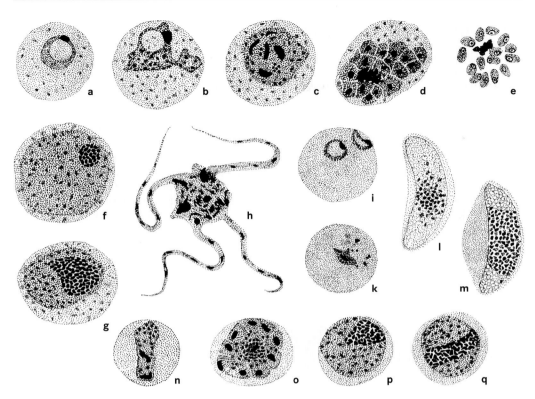

Abb. 17 Die drei häufigsten Malaria-Erreger im Ausstrich des peripheren Blutes. Kerne bzw. Chromatinbrocken der Kerne schwarz, Pigment sehr dicht punktiert, etwas heller das Plasma des Parasiten, am hellsten die roten Blutkörperchen. Etwa 2800×. (Nach DOFLEIN-REICHENOW). a bis k: *Plasmodium vivax* (Tertiana-Erreger). **a** Ringstadium; Schüffnersche Tüpfelung der Wirtszelle; **b** ältere, amöboide Form mit großer Vakuole; **c** junger Schizont; **d** ausgewachsener Schizont kurz vor Zerfall in Merozoiten; mit zentraler Pigmentanhäufung; **e** Zerfall in Merozoiten; in der Mitte der Restkörper; **f** Makrogamont; **g** Mikrogamont; **h** Mikrogametenbildung. i bis m: *Plasmodium falciparum* (Erreger der Malaria tropica), **i** kleine Ringform, Doppelinfektion; **k** etwas älteres Stadium; Maurersche Fleckung der Wirtszelle; **l** Makrogamont; **m** Mikrogamont. n bis q: *Plasmodium malariae* (Quartana-Erreger). **n** halberwachsener, bereits zweikerniger Schizont von typischer Bandform; **o** reifer Schizont; **p** Makrogamont; **q** Mikrogamont

Beim Erreger des Viertagefiebers, *Plasmodium malariae*, nehmen die Schizonten, die zuerst gleichfalls ringförmig sind, bald eine wenig gegliederte, amöboide Form an; stärker herangewachsen zeigen sie oft eine rechteckige Gestalt, indem sie bandförmig das ganze Blutkörperchen durchziehen (Abb. 17n). Die Erythrocyten selbst bleiben nach Größe und Farbe unverändert; eine Vergrößerung, wie sie für *P. vivax* so charakteristisch ist, tritt jedenfalls nicht ein, ebenso wie eine Tüpfelung oder Fleckung fehlt. Die reifen Schizogoniestadien zeigen in der Regel acht Kerne, die nicht wie bei *P. vivax* über den ganzen Zellkörper verstreut, sondern peripher angeordnet sind, sodass das typische Bild einer Rosette entsteht, in deren Mitte ein großer Pigmenthaufen zu sehen ist (Abb. 17o).

Die Gamonten von *P. malariae* ähneln denjenigen von *P. vivax*. Es sind große, kugelige, grob pigmentierte Gebilde, die das Blutkörperchen fast ausfüllen, es jedoch nicht ausdehnen. Makro- und Mikrogamonten lassen sich durch Größe und Lage des Kerns in der gleichen Weise unterscheiden, wie es für *P. vivax* angegeben wurde (Abb. 17p, q).

IV. Ciliata, Wimpertierchen

Die Ciliaten sind die am höchsten differenzierten Protozoen. Sie unterscheiden sich außerdem durch ihre Kernverhältnisse von ihnen (Abb. 18).

Als Bewegungsorganellen dienen allgemein **Wimpern (Cilien)**. Sie sind kürzer als Geißeln, weisen aber einen mit diesen übereinstimmenden Feinbau auf (s. S. 23). Im einfachsten Fall sind alle Cilien von gleicher Länge und Stärke und in regelmäßiger Reihung über den ganzen Körper verteilt. In anderen Fällen sind sie ungleich lang und/oder auf bestimmte Zonen der Körperoberfläche beschränkt. Ihre Bewegungsform ist ein kräftiger, rückwärts gerichteter Schlag und ein langsameres, mit einer seitlichen Einkrümmung verbundenes Zurückkehren zur Ausgangsstellung. Dort wo sie in (geraden oder spiraligen) Reihen angeordnet sind, schlagen die Cilien einer Reihe metachron. Umkehr des Cilienschlages ist eine normale und häufige Erscheinung. Bei bestimmten Gruppen bilden

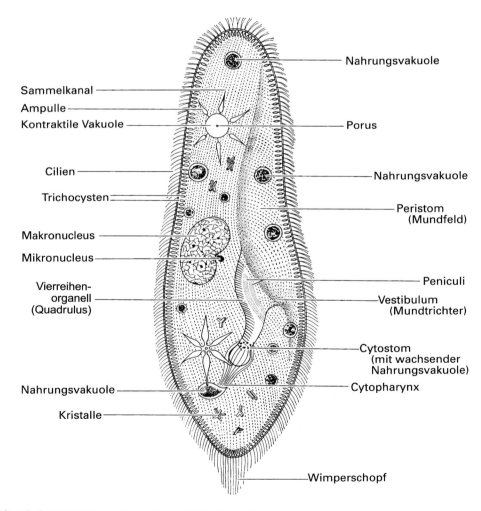

Abb. 18 *Paramecium caudatum.* (Nach GRELL) Etwa 500×

Nahrungsvakuole

Sammelkanal
Ampulle
Kontraktile Vakuole

Porus

Cilien

Nahrungsvakuole

Trichocysten

Peristom
(Mundfeld)

Makronucleus

Mikronucleus

Peniculi

Vierreihen-
organell
(Quadrulus)

Vestibulum
(Mundtrichter)

Cytostom
(mit wachsender
Nahrungsvakuole)

Nahrungsvakuole

Cytopharynx

Kristalle

Wimperschopf

sehr dicht nebeneinander stehende Cilien stärkere Borsten (Cirren) oder dreieckige Membranellen.

Die elastisch feste **Pellicula** von kompliziertem Feinbau (s. S. 39) wird bei den Ciliaten **Cortex** genannt. Bestandteile des Cortex sind außer den Wimpern ein System von Mikrofilamenten, Mikrotubuli und **Alveolen**, die parasomalen Säcke und die **Extrusome** (Abb. 19). Die gattungsspezifische Körperform ist weitgehend konstant; sie kann passiv – beim Passieren von Engstellen – oder aktiv verändert werden. Im Ectoplasma, mehr oder weniger dicht unter der Pellicula, liegt ein meist recht kompliziertes System von Mikrofilamenten und Mikrotubuli (Abb. 19).

Die Nahrung wird durch den **Zellmund** (**Cytostom**) aufgenommen. Er liegt bei den von größerer Beute lebenden Ciliaten, den „Schlingern", vorn oder seitlich. Bei den von Bakterien und anderer Kleinnahrung lebenden Formen, den „Strudlern", ist er meist nach hinten an den Grund eines Mundtrichters (Vestibulum) verlagert (Abb. 18). Vom Cytostom gelangt die Nahrung über den mit Mikrotubuli ausgestatteten **Cytopharynx** – in Nahrungsvakuolen eingeschlossen – ins Körperinnere. Nach der Verdauung des verwertbaren Materials werden die Nahrungsvakuolen zur **Cytopyge** (= **Cytoproct**), einer speziellen Differenzierung der Pellicula, transportiert, wo sie sich nach außen öffnen und die unverdaulichen Nahrungsreste entleeren.

Der Wasserausscheidung und somit der Osmoregulation dienende **kontraktile Vakuolen** (s. S. 40) sind in der Ein- oder Mehrzahl bei allen im Süßwasser lebenden (und einem Teil der marinen) Ciliaten an bestimmter Stelle vorhanden. Sie können von längs oder radiär gestellten Sammelkanälen gespeist werden, die vor ihrer Mündung in die Vakuole zu erweiterungsfähigen Ampullen werden (Abb. 18). Das Blase und Ampullen umgebende Cytoplasma (als Spongiom bezeichnet) ist durchsetzt von einem dichten Flechtwerk feinster (∅ 40 nm), anastomosierender Röhrchen, die mit den Sammelkanälen dauernd in offener Verbindung stehen. Peripher von diesem anastomosierenden Röhrengeflecht liegen im Cytoplasma Bündel von geraden, an ihren Enden blind geschlossenen, starren Tubuli (∅ 50 nm).

Hochorganisierte Organellen sind auch die bei vielen Ciliaten vorkommenden **Trichocys-**ten. Sie stehen, senkrecht zur Zelloberfläche orientiert, als einige µm lange, membranumhüllte spindelförmige Gebilde zu Tausenden im Corticalplasma. Ihre bisweilen mit einer Kappe versehene Spitze erreicht die Zelloberfläche (Abb. 19). Trichocysten bestehen aus Proteinen; ihre Spitze ist oft calcifiziert. Bei Reizung werden sie ausgeschleudert, indem sich der Schaft blitzschnell auf das 8fache verlängert. Er weist dann eine deutliche Querstreifung auf. Trichocysten dienen der Abwehr und, bei räuberischen Ciliaten, dem Beutefang. Ob sie darüber hinaus noch andere Funktionen erfüllen, ist ungewiss. Sie entstehen in Vesikeln im Verlauf von einigen Stunden im Cytoplasma. Ausgestoßene Trichocysten werden durch neue ersetzt.

Ciliaten sind durch **Kerndualismus** gekennzeichnet. Die Zellkerne werden dem Größenverhältnis nach als **Makronucleus** und **Mikronucleus** bezeichnet, der physiologischen Bedeutung nach als **somatischer** und **generativer Kern**. Der Makronucleus ist durch Amplifikation bestimmter Gene ausgezeichnet; er steuert Stoffwechsel- und Bewegungsvorgänge. Der diploide Mikronucleus spielt insbesondere bei Geschlechtsvorgängen eine Rolle, hat aber auch Funktionen bei der Morphogenese. Mikronucleuslose Formen leben und teilen sich, können aber nicht mehr konjugieren. Individuen ohne Makronucleus gehen zugrunde.

Die Vermehrung erfolgt in den meisten Fällen durch **Querteilung**. Der Durchschnürung der Zelle geht die Vervielfältigung der für die zwei Tochterzellen notwendigen Organellen und die Teilung von Mikro- und Makronucleus voraus. Der Mikronucleus teilt sich mitotisch. Beim Makronucleus erfolgt keine dem Bild der Mitose vergleichbare Ordnung des chromosomalen Materials; er streckt sich, wird etwa sanduhrförmig und teilt sich schließlich in zwei (meist) gleich große Stücke. Diesem Teilungsvorgang geht eine Verdopplung des DNA-Gehalts voraus.

Die geschlechtliche Fortpflanzung der Ciliaten ist eine Form der Gamontogamie (s. S. 13), eine **Konjugation**. Im typischen Fall verbinden sich die Konjuganten in der Mundregion miteinander. Während der Makronucleus zerfällt und schließlich aufgelöst wird, führt der Mikronucleus in rascher Folge die beiden meiotischen Teilungen durch. Drei der Kerne werden aufgelöst. Der bleibende macht eine weitere Teilung,

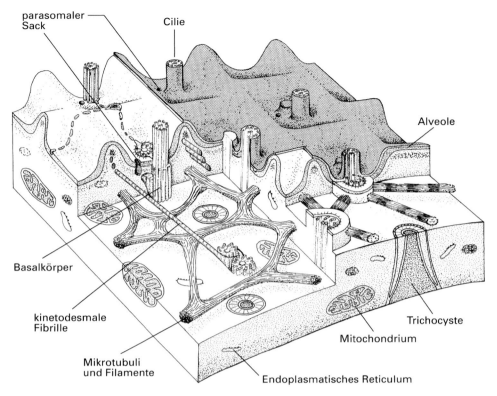

parasomaler Sack

Cilie

Alveole

Basalkörper

kinetodesmale Fibrille

Mikrotubuli und Filamente

Trichocyste

Mitochondrium

Endoplasmatisches Reticulum

Abb. 19 Aufbau des Cortex von *Paramecium caudatum*, basierend auf elektronenmikroskopischen Untersuchungen. (Nach ALLEN)

eine Mitose, durch, sodass schließlich jeder der Konjuganten zwei (haploide) Gametenkerne besitzt. Einer der beiden Kerne bleibt stationär, während der andere über die Verwachsungsbrücke zum Konjugationspartner hinüberwandert (**Wanderkern**) und dort mit dem stationären Kern zum diploiden **Synkaryon** verschmilzt. Es findet also eine wechselseitige Befruchtung und somit ein Austausch genetischen Materials statt. Danach trennen sich die beiden Partner wieder.

In den Exkonjuganten laufen nun in rascher Folge mehrere mitotische Kern- und (bei *Paramecium caudatum*) zwei Zellteilungen ab, wobei 4 Zellen mit je zwei diploiden Kernen entstehen. Einer der beiden bleibt diploid, wird zum Mikronucleus, der am Stoffwechselgeschehen der Zelle nicht teilnimmt, der andere wird durch Amplifikation bestimmter Gene zum Makronucleus. Die Mikronuclei der Ciliaten sind somit immer diploid; haploid sind nur die Gametenkerne.

1. *Paramecium caudatum*, Pantoffeltierchen

Als Vertreter der Ciliaten wird zunächst *Paramecium caudatum* mikroskopiert.

● Einen Tropfen aus der Paramecienkultur (s. S. 11) auf den Objektträger bringen und ein Deckglas mit Wachsfüßchen auflegen. Zunächst die schwache Vergrößerung verwenden.

P. caudatum hat eine spindelförmige Gestalt. Eine schraubig verlaufende Einwölbung der Körperoberfläche, die sich von dem etwas schlankeren Vorderende bis etwa zur Mitte des Körpers hinzieht, lässt das Tier ausgesprochen asymmetrisch erscheinen. Die Einwölbung ist das **Mundfeld** (**Peristom**), das sich nach hinten über den **Mundtrichter** (**Vestibulum**) zum Zellmund (**Cytostom**) verengt. Das Peristom kennzeichnet die Ventralseite (Abb. 18).

Die **Fortbewegung** der Paramecien wird durch den rhythmischen Schlag der zahlreich über den ganzen Körper verteilten Cilien bewirkt. Es handelt sich dabei, wie man bei genauerem Beobachten erkennt, um eine recht komplizierte Bewegungsart: Das Tier beschreibt eine lang gestreckte Wendel und rotiert gleichzeitig um seine Längsachse. Stößt es auf ein Hindernis, so schwimmt es zunächst, durch Umkehr des Cilienschlages, ein Stück zurück, hält an, beschreibt mit dem Vorderende einen kleinen Kreisbogen und schwimmt in der so gewonnenen neuen Richtung wieder vorwärts. Kommt es trotzdem an dem Hindernis nicht vorbei, wiederholt sich die gleiche Reaktion. Dasselbe Verhalten kann man beobachten, wenn das Tier bei der Vorwärtsbewegung in ein Reizfeld gerät, das ihm nach Art oder Stärke nicht zusagt.

- Um die Organisation von *Paramecium* im Einzelnen bei starker Vergrößerung studieren zu können, ist es erforderlich, seine Bewegung zu verlangsamen. Das kann man durch Zusetzen einer vorher in der richtigen Konsistenz angesetzten Gelatinelösung (oder durch Zusetzen von etwas Agar-Agar, Traganth usw., vgl. S. 25) erreichen, oder man bringt zerfasertes Filtrierpapier unter das Deckglas: auf den Berührungsreiz hin legen sich die Paramecien oft mit den still stehenden Cilien der berührenden Körperseite an den Papierfasern fest.
- Eine andere Methode besteht darin, durch Druck auf die Wachsfüßchen den Abstand zwischen Objektträger und Deckglas so zu verringern, dass sich die Tiere nur noch ganz langsam von der Stelle bewegen können. Das hat äußerst behutsam und unter ständiger Kontrolle bei schwacher Mikroskopvergrößerung zu erfolgen. Das überschüssige Wasser ist abzusaugen.

Der ganze Körper wird von einer elastisch festen **Pellicula**, dem **Cortex**, begrenzt (Abb. 19). Unter der Zellmembran liegen membranbegrenzte, blasenförmige Räume (Alveolen). Diese prägen das kennzeichnende Oberflächenrelief des Cortex, das aus einem Mosaik hochgeordneter Gruben (den Wimperfeldern) besteht. In der Mitte eines jeden Wimperfeldes entspringen eine oder zwei Cilien. An deren Basalkörpern inserieren die quergestreiften kinodesmalen Fibrillen. Ein weiteres System von Bündeln aus Mikrotubuli

und Filamenten bildet ein Netzwerk im Cytoplasma des Cortex. Neben jeder Cilie befindet sich eine Einsenkung der Plasmamembran, der parasomale Sack. Des Weiteren liegen im Cortex die Trichocysten. Im Endoplasma finden sich die Nahrungsvakuolen und oft recht ansehnliche Kristalle von mannigfacher Gestalt.

Mundfeld (Peristom) und Mundtrichter (Vestibulum) sind bewimpert. Letzterer trägt aus 2×4 parallelen Cilienreihen aufgebaute Wimperfelder (Peniculi) und ein weiteres Wimperfeld aus 4 Reihen langer Cilien, den Quadrulus (Vierreihenorganell). Die nebeneinander inserierenden Wimpern aller dieser Organellen sind funktionell, jedoch nicht strukturell, zu undulierenden Membranen verbunden. Anschließend folgt der Zellmund, das Cytostom und der Cytopharynx.

Das Pantoffeltierchen gehört nach der Art seiner **Nahrungsaufnahme** zu den Strudlern: Durch den Schlag der Cilien des Peristoms werden die Nahrungspartikel zum Vestibulum gestrudelt. In ihm übernehmen die Cilien der Peniculi und des Quadrulus ihre Weiterbeförderung, bevor sie schließlich am Cytostom in eine Nahrungsvakuole eingeschlossen werden.

- Um die Bildung der Nahrungsvakuolen zu beobachten, einem frischen Tropfen mit Paramecien etwas Karmin (Wasserfarbe) oder chinesische Tusche beimischen und nach etwa einer halben Minute das Deckglas auflegen. Sehr informativ ist die Fütterung der Pantoffeltierchen mit Hefezellen, die mit einem Indikatorfarbstoff gefärbt sind.
- Zu 15g Bäckerhefe 30mg Neutralrot und 30ml destilliertes Wasser geben, gut durchrühren und etwa 15 Minuten lang kochen. Von der erkalteten Suspension eine winzige Menge – soviel wie an einer in die Hefeaufschwemmungen getauchten Präpariernadel hängen bleibt – einer Objektträgerkultur zumischen. Neutralrot ist im sauren Bereich bis zum pH 6,8 rot, im neutralen und basischen goldgelb. Die Hefesuspension wird fast immer schwach sauer und somit rot angefärbt sein, während (vor allem ältere) Paramecienkulturen meist leicht basisch reagieren. Die erst roten Hefezellen werden also nach Zugabe zum Kulturtropfen eine blassgelbe Färbung aufweisen.

Man sieht, dass die Paramecien die Hefezellen nach Art von Nahrungspartikeln – als solche kommen in erster Linie Bakterien in Frage – ein-strudeln. Nach kurzer Zeit wird man im vorliegenden Präparat zahlreiche Tiere, deren Nahrungsvakuolen gefärbte Hefezellen enthalten, antreffen und kann die allmähliche Bildung einer Nahrungsvakuole, ihre Ablösung und Formveränderung deutlich verfolgen. Die abgelöste Nahrungsvakuole wird in einer regelmäßigen Bahn durch den ganzen Körper geführt (Cyclose der Nahrungsvakuole). Währenddessen laufen Verdauungsvorgänge in ihr ab (s. S. 12). Sie sind von einem Wechsel des pH-Wertes der Nahrungsvakuole begleitet. An der Färbung der Hefezellen erkennen wir, dass der pH-Wert nach Abschnürung der Nahrungsvakuole für kurze Zeit dem des aufgenommenen Mediums entspricht. Er wird dann immer sauer (deutliche Rotfärbung der Hefe) und erreicht ein pH von 4 bis 1,4. Gleichzeitig nimmt das Volumen der Nahrungsvakuole ab. Später wird ihr Inhalt neutral bis leicht basisch und somit erneut blassgelb. Die unverdaulichen Reste der Nahrung werden schließlich am Zellafter (Cytopyge) nach außen entleert.

- Statt Neutralrot kann man auch Kongorot zur Anfärbung der Hefe verwenden, Kongorot-Hefezellen sind im neutralen oder schwach alkalischen Kulturmedium kräftig rot. Sie lassen die Entstehung der Nahrungsvakuolen daher weit besser verfolgen als die anfangs blassgelben Neutralrothefezellen. Da ihre Färbung jedoch erst bei pH 3 deutlich in Blau umschlägt, ist der Wechsel der H-Ionenkonzentration dann nicht nachzuweisen, wenn das Kulturmedium alkalisch reagierte. Erforderlichenfalls vorher bis zu einem pH von 7 ansäuern.

Ganz vorzüglich in ihrer Tätigkeit zu beobachten sind bei *Paramecium* die beiden **kontraktilen Vakuolen**, von denen die eine im vorderen, die andere im hinteren Drittel des Körpers dicht unter der dorsalen Oberfläche liegt. Sie ziehen sich in regelmäßigen Abständen zusammen (Systole) und geben ihren Inhalt durch den Porus nach außen ab. Damit verschwinden sie für das Auge, werden aber bald wieder sichtbar, schwellen allmählich an (Diastole), um sich schließlich in einer neuen Systole zu entleeren. Man zählt etwa 3–10 Entleerungen pro Minute. Die Frequenz ist von der Temperatur und der mit der Nahrung aufgenommenen Wassermenge abhängig. Um die Vakuolen

herum erkennt man die Zuführungskanäle in radiärer Anordnung. Die allmähliche Füllung und Leerung der Kanäle lässt sich bei starker Vergrößerung gut beobachten.

- Dem Präparat etwas Tusche zusetzen.

Dadurch wird das Ausstoßen des Wassers besser erkennbar.

- Um jetzt auch die (im Leben kaum sichtbaren) Kerne hervortreten zu lassen, auf einem sauberen Objektträger einen Tropfen Paramecien-Kultur mit einem ebenso großen Tropfen des Fixier-Farb-Gemisches Methylgrünessigsäure (0,1%) vermischen. Deckglas mit kleinen Wachsfüßchen.
- Natürlich können zur Demonstration des Makro- und Mikronucleus auch mit Boraxarmin gefärbte Präparate ausgegeben werden.

Die **Zellkerne** der getöteten und fixierten Tiere nehmen im Verlauf von ein bis zwei Minuten eine hellgrüne Färbung an. Der Makronucleus ist etwa bohnenförmig gestaltet, der sehr viel kleinere Mikronucleus schmiegt sich ihm in einer kleinen Vertiefung an.

Durch den starken chemischen Reiz ist bei diesen Tieren auch die Mehrzahl der **Trichocysten** ausgeschleudert worden. Sie umgeben als lange Fäden das ganze Tier wie ein Haarkleid.

- Besser sichtbar zu machen sind die Trichocysten, wenn man vom Deckglasrand her einen kleinen Tropfen Tinte oder etwas Presssaft aus Geraniumblättern zufügt.

2. *Vorticella* sp., Glockentierchen

- Von dem weißen Überzug alter, ins Wasser hängender Zweige, Wurzeln usw. der aus Vorticellen besteht, etwas Material abschaben und mit einem Tropfen Wasser auf den Objektträger bringen.

Vorticella hat die Gestalt eines Glöckchens, dessen Öffnung durch eine Art Deckel, die **Peristomscheibe**, fast völlig geschlossen ist (Abb. 20) und das mit seinem entgegengesetzten Ende einem langen Stiel aufsitzt, mit dem sich das Tier festheftet. Die Gattung gehört zu den peritrichen Ciliaten (Peritricha), die durch eine adorale Wimperspirale charakterisiert sind. Die aus drei Wimperreihen bestehende, in der Aufsicht linksgewundene Spirale zieht zunächst am Rand der Peristomscheibe entlang, geht dann auf den Rand des Bechers selbst über und endet im trichterförmigen Vestibulum. Der äußere, saumartig vorspringende Wimperstreifen hält die Nahrungspartikel zurück, die der Wasserstrom heranträgt, den die zwei inneren Wimperbänder erzeugen (Strudler, Suspensionsfresser).

Das **Cytostom** ist auch bei *Vorticella* durch Ausbildung eines Vestibulums in die Tiefe versenkt worden. Die an der Vestibulumwand entspringenden Cilien sind zu einer undulierenden Membran zusammengeschlossen, deren lebhaftes Schwingen deutlich erkennbar ist. Die Bildung und Ablösung der Nahrungsvakuolen ist auch bei *Vorticella*, besonders nach Karminzusatz, sehr gut zu beobachten.

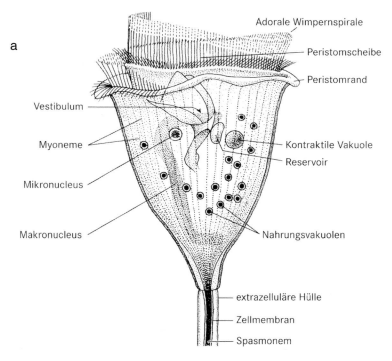

a

Adorale Wimpernspirale
Peristomscheibe
Peristomrand
Vestibulum
Myoneme
Kontraktile Vakuole
Reservoir
Mikronucleus
Makronucleus
Nahrungsvakuolen
extrazelluläre Hülle
Zellmembran
Spasmonem

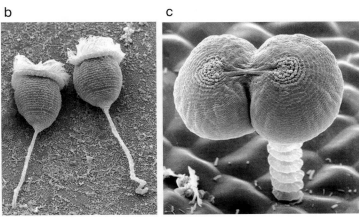

b   c

Abb. 20 *Vorticella* (Glockentierchen). **a** *Vorticella nebulifera.* 900× (Nach Bᴜᴛꜱᴄʜʟɪ aus Gʀᴇʟʟ), **b** *Pseudovorticella,* **c** *Vorticella* in Teilung. Rasterelektronenmikroskopische Aufnahmen (b,c): Klaus Hᴀᴜꜱᴍᴀɴɴ, Berlin

Die **kontraktile Vakuole** ergießt ihren Inhalt durch Vermittlung eines oft auch als Reservoir beschriebenen Ausführungsganges in das Vestibulum, in das sich auch der Zellafter öffnet.

Bei jeder Erschütterung oder auch spontan schnellen die Vorticellen sehr rasch zurück, wobei sich der **Stiel** korkenzieherartig aufrollt, die Peristomscheibe sich deckelartig schließt und der Peristomrand sich sphinkterartig zusammenzieht, sodass der Körper kugelförmig wird. Nach kurzer Zeit streckt sich der Stiel wieder, das Glöckchen öffnet sich, und die Wimperspirale beginnt von neuem ihre Tätigkeit. Diese schnellen Bewegungen werden durch zahlreiche kontraktile Fibrillen (**Myoneme**) ermöglicht, die vom Stiel her in die Wandung des Glöckchens aufwärts strahlen und teilweise auch auf die Peristomscheibe übergreifen, während andere den Peristomrand ringförmig durchziehen. Im Stiel vereinigen sich die Myoneme zu einem Bündel (Spasmonem). Es verläuft bis zur Basis des Stieles. Dieser axiale Strang ist umgeben von einem peripheren, flüssigkeitserfüllten Mantel, der von achsenparallel angeordneten elastischen Fibrillen durchzogen wird. Sie sind die Gegenspieler der Stielmyoneme.

Der große, wurstförmige **Makronucleus** ist bisweilen schon im Leben gut zu erkennen. Ihm liegt ein sehr kleiner **Mikronucleus** an.

● Jodlösung zusetzen.

Dadurch treten die Kerne besser hervor.

3. *Stentor* sp., Trompetentierchen, *Blepharisma* sp. und *Stylonychia* sp.

Außer den beschriebenen wird man in den meisten Präparaten noch eine Anzahl anderer Ciliaten vorfinden. Eines der größten und schönsten, *Stentor* (Abb. 21a), hat, wenn es sich mit seinem Hinterende festheftet, die Gestalt eines schlanken Trichters oder einer Trompete. Das Tier kann sich aber auch vom Substrat ablösen und frei umherschwimmen, wobei es eine mehr abgerundete, etwa ovale Körperform annimmt. Die Gattung *Stentor* gehört zu den Spirotricha, die durch ein **adorales Membranellenband** gekennzeichnet sind. Die einzelnen Membranellen sind aus zahlreichen Cilien bestehende Plättchen, die in einer im Uhrzeigersinn verlaufenden Schraube zum Cytostom führen. Das adorale Membranellenband dient zum Einstrudeln der Nahrung und als Bewegungsorganell. Daneben findet sich eine feine, in Längsreihen angeordnete Bewimperung, und zwar am ganzen Körper, was die Unterordnung Heterotricha, zu der *Stentor* gehört, von den beiden anderen Unterordnungen Oligotricha und Hypotricha unterscheidet.

Für schnelle Veränderungen der Körperform verfügt *Stentor* über ein System von kontraktilen Fibrillen (**Myonemen**).

Die **kontraktile Vakuole** ist mit zwei Zuführungskanälen ausgestattet, einem vorderen kürzeren und einem sehr langen hinteren, der sich bis zum Körperende erstreckt.

Der **Makronucleus**, der bei der abgebildeten Art *Stentor polymorphus* (Abb. 21a) wie eine Perlschnur aussieht, ist oft schon beim lebenden Tier erkennbar. Ihm sind mehrere rundliche **Mikronuclei** angelagert.

Stentor polymorphus ist meist durch **Zoochlorellen** (symbiotische Algen der Gattung *Chlorella*) grün gefärbt, während eine andere, gleichfalls häufige Art, *Stentor coeruleus*, ihre blaugrüne Farbe Pigmentgranula verdankt, die in längs verlaufenden Streifen im Corticalplasma liegen. In den unpigmentierten, hellen „Zwischenstreifen" entspringen die Cilien, im Corticalplasma darunter verlaufen die kontraktilen (Längs-)Fibrillen. Die unpigmentierten *Stentor*-Arten weisen die gleichen Baueigentümlichkeiten auf, nur sind bei ihnen die Körnchen pigmentfrei und die Streifen daher weniger deutlich.

Ebenfalls zu den Spirotricha zählt *Blepharisma* (Abb. 21b). Diese rosafarbene Form ist ausgesprochen polymorph: Bei Nahrungsmangel entstehen auf ein Hundertstel verkleinerte Zwergformen. Auch Cysten können ausgebildet werden, wenn die Nahrung erschöpft ist. In normalen Kulturen können andererseits „Giganten" entstehen, die als Kannibalen von ihresgleichen leben. Gut zu erkennen sind im Zellinneren der Makronucleus, Nahrungsvakuolen und die endständige kontraktile Vakuole.

Auch die zu den Spirotricha gehörenden Hypotricha sind in den Aufgüssen durch die eine oder andere Gattung, besonders durch *Stylonychia* (Abb. 21c) und *Oxytricha*, vertreten. Der Körper der Hypotricha ist abgeflacht. Die Dorsalseite ist leicht gewölbt und trägt Reihen kurzer Cilien, die vielleicht als Organellen des Tast- sinnes dienen; die Ventralseite ist mit Cirren besetzt. Die **Cirren** sind kräftige, aus Cilien bestehende Bewegungsorganellen, die diese Ci-

liaten zu schnellem Lauf befähigen. Daneben ist, wie bei allen Spirotricha, eine adorale Membra- nellenzone vorhanden, während im übrigen die Bewimperung stark rückgebildet ist.

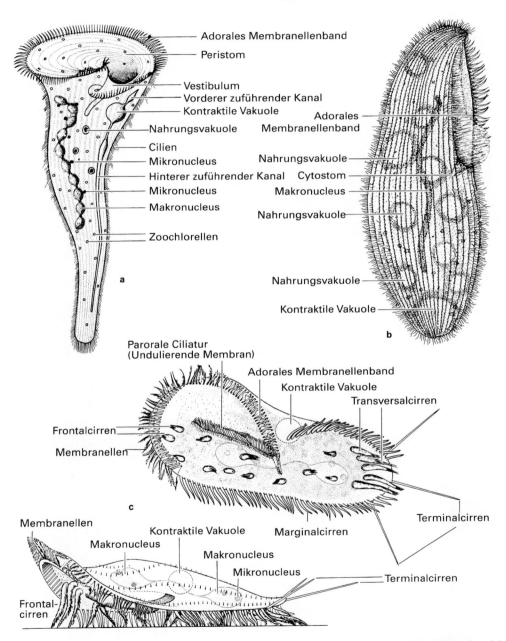

Abb. 21 a *Stentor polymorphus*. 200×. **b** *Blepharisma*. 230×. **c** *Stylonychia mytilus*. Oben Ventralansicht, unten von der Seite. 400×. (Nach Bardele, Machemer, Kudo)

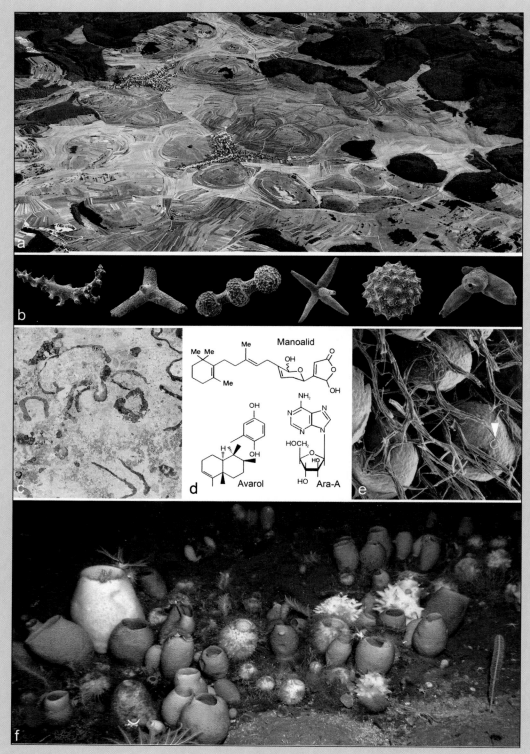

Abb. 22

Porifera, Schwämme

Porifera (**Schwämme**) sind aquatische, sessile Tiere, die insbesondere in Meeren verbreitet sind. Bezüglich ihrer Biomasse zählen sie zu den „gewichtigsten" Tieren der Meeresböden.

Sie gehören zu den ersten Riffbildnern in der Erdgeschichte. Da verschiedene Landschaften in Mitteleuropa, zum Beispiel die Fränkische und die Schwäbische Alb mit ihren Schwammriffkuppen (**Abb. 22a**), von ehemals schwammbesetzten Meeresböden geprägt werden, kann man die Reste der Porifera hier in großen Mengen finden. Besonders gut erhalten sind ihre aus Siliciumdioxid bestehenden Skeletelemente (Spicula, Skleren; auf **Abb. 22b** im rasterelektronenmikroskopischen Bild) in den mesozoischen Gebirgszügen Süddeutschlands, der Schweiz und Frankreichs. In den Weißjurasedimenten der Schwäbischen Alb - von hier stammen die abgebildeten Spicula - findet sich eine Fülle von Skeletelementen ganz unterschiedlicher Gestalt. Gleiches gilt für Gebäude, Fassaden, Treppen, Fensterbänke und weitere Bauelemente, die aus Weißjurasedimenten hergestellt wurden und wie sie in Mitteleuropa landauf, landab zu sehen sind. Während man bei der Sichtbarmachung der Spicula optische Hilfsmittel benötigt, reicht für das Erkennen der makroskopischen Schwammreste (= Schwamm-Mumien, **Abb. 22c**) ein aufmerksamer Blick. Das etwa 150 Millionen Jahre alte Sedimentgestein wird insbesondere in Steinbrüchen der Fränkischen Alb abgebaut und kommt z.B. als Treuchtlinger Marmor in den Handel.

Rezente Schwämme sind bevorzugte Untersuchungsobjekte der marinen Naturstoff-Forschung. Aus keiner anderen Tiergruppe hat man bislang auch nur annähernd so viele bioaktive Substanzen gewinnen können wie aus Schwämmen. **Abb. 22d** zeigt einige Beispiele: Manoalid hemmt grampositive Bakterien und wirkt schmerzlindernd, Avarol wirkt in der Zellkultur auf HIV, Ara-A hemmt Herpesviren. Es ist nicht verwunderlich, dass Schwämme solche Stoffe enthalten, denn sie leben in einer artspezifischen Symbiose mit Mikroorganismen und produzieren eine Fülle von Substanzen, die andere Mikroorganismen abtöten. Dabei handelt es sich um niedermolekulare Sekundärmetabolite. Vielleicht hängt es damit zusammen, dass Schwämme schon in der Antike und im Mittelalter in der Heilkunde eingesetzt wurden. Bereits Homer und Galen wiesen auf ihre Bedeutung hin.

In verschiedenen warmen Meeren, z.B. im Mittelmeer, werden Schwämme (z.B. *Euspongia officinalis*) gesammelt bzw. gezüchtet und kommen als Badeschwamm in den Handel. Ihr Gebrauchswert beruht auf ihrer sehr großen inneren Oberfläche. Ein Badeschwamm kann das 50fache seines Gewichts an Wasser aufnehmen. Schwämme wurden schon in der Antike in der Körperhygiene und auch zur Reinigung von Hausrat eingesetzt. In der Medizin nutzte man ihre physikalischen Eigenschaften bei Operationen und zum Stillen von Blutungen. Schwammstücke waren in der Tat Vorläufer von Tupfer, Watte und Verbandmull. Schwammpessare wurden zur Empfängnisverhütung eingesetzt.

Schwämme können in vielen marinen Lebensräumen den Hauptteil der bodenbewohnenden (benthischen) Organismen ausmachen. Insbesondere trifft das für antarktische Gewässer („Königreich der Schwämme") zu, in denen sie in dichten Populationen auftreten (**Abb. 22f**) und Jahrhunderte alt werden können. Für viele Tiere, insbesondere Haarsterne, Schlangensterne und Seegurken bilden sie das Substrat. Nach ihrem Tod bleiben ihre Skeletelemente erhalten und bauen bis zu 2 m dicke Spicula-Schichten auf, die an Glaswolle erinnern.

Die wenigen im Süßwasser lebenden (limnischen) Schwämme machen in der heimischen Fauna jahresperiodisch einen dramatischen Formwandel durch: Im Sommer leben sie in der bekannten Gestalt auf Steinen und am Schilf, den Winter überdauern sie in Form von 0,4–1 mm großen „Knospen" (Gemmulae, **Abb. 22e**), aus denen im Frühjahr je ein Schwamm schlüpft. Der Pfeilkopf auf Abb. 22e zeigt auf den Keimporus einer Gemmula von *Spongilla lacustris*. Süßwasserschwämme hat man für verschiedene Zwecke genutzt. In der Herstellung von Keramik spielten sie in Afrika und Südamerika schon vor über 2000 Jahren eine Rolle.

Allgemeine Übersicht

Die Porifera (Schwämme) sind sessile Tiere, die besonders Hartböden der Meere besiedeln. Die folgenden Ausführungen beziehen sich im Wesentlichen auf Calcarea und Demospongiae. Nur sie werden im speziellen Teil behandelt.

Schwämme sind Strudler, die einen Wasserstrom durch ein den Körper durchsetzendes Kanalsystem befördern. Ihre Oberfläche wird von einem geschlossenen, epithelähnlichem Zellverband (**Pinakoderm**) aufgebaut, dessen Einzelzellen durch desmosomenähnliche Zellkontakte verbunden sind. Der Wasserstrom wird durch Kragengeißelzellen (**Choanocyten**; Abb. 23) hervorgerufen. Den Binnenraum des Körpers nimmt ein umfangreiches Bindegewebe (**Mesohyl**) ein, das verschiedene Zelltypen enthält. Obwohl sich Schwämme kontrahieren und auf Reize koordiniert reagieren können, gibt es weder Muskel- noch Nervenzellen. Allerdings sind molekulare Receptorsysteme gefunden worden, die für Nervenzellen typisch sind, weswegen auch von einem „prä-nervösen System" gesprochen wird. Kennzeichnend ist die starke Umwandlungsfähigkeit vieler Zellen der Schwämme.

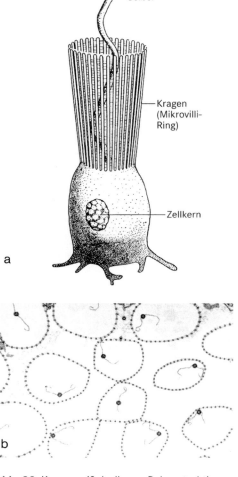

Abb. 23 Kragengeißelzellen. **a** Rekonstruktion einer Zelle nach elektronenmikroskopischen Aufnahmen. (Nach BRANDENBURG), **b** Querschnitte durch Kragen (Durchmesser 3 - 4 μm) und Geißeln (mit fahnenartigen Fortsätzen) mehrerer Kragengeißelzellen. (Transmissionselektronenmikroskopisches Foto: Dörte JANUSSEN, Frankfurt am Main)

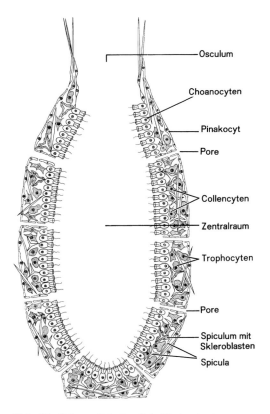

Abb. 24 Schematisierter Schnitt durch einen Schwamm vom Ascon-Typ. (Nach HYMAN, verändert)

Das im Pinakoderm mit Dermalporen beginnende, von Pinakocyten ausgekleidete **Wasserleitungssystem** führt zu einer bis zahlreichen **Geißelkammern**, dann in einen Zentralraum und mündet über eine Egestionsöffnung (**Osculum**) wieder nach außen (Abb. 24 und Abb. 25). Den Durchtrieb des Wassers, das u.a. Atmung, Ernährung und Abtransport gewährleistet, besorgen die Choanocyten der Geißelkammern. Die Aufnahme partikulärer Nährstoffe erfolgt sowohl durch den Zellkörper der Choanocyten als auch durch das Endopinakoderm hindurch, das die Kanäle auskleidet, die die Kragengeißelkammern versorgen.

Die Porifera weisen unterschiedliche Baupläne auf (**Ascon-, Sycon- und Leucon-Typ;** Abb. 25). Der Ascon-Typ kommt, ebenso wie der Sycon-Typ mit den um einen zentralen Sammelraum angeordneten Radialtuben, nur bei manchen Kalkschwämmen vor. Alle übrigen Porifera sind nach dem Leucon-Typ angelegt.

Die Porifera sind fast ausschließlich Meeresbewohner. Einige Familien leben allerdings im Süßwasser. Groß ist die Vielfalt der Wuchsformen. In der Größe schwanken sie von knapp 1mm dicken, mehr oder weniger großflächigen Krusten bis zu fladen-, kugel-, becher-, röhren- und baumartigen Gebilden von maximal 3 m Größe.

Die Porifera sind getrenntgeschlechtig oder zwittrig. Sie können sich geschlechtlich und ungeschlechtlich vermehren. Ihre Oocyten entwickeln sich in der Regel aus großen Archaeocyten (s.u.), die Spermien aus Choanocyten. **Geschlechtsorgane** im eigentlichen Sinne gibt es nicht. Die Spermien werden ins Wasser abgegeben und von benachbarten Schwämmen in die Kragengeißelkammern eingestrudelt; von

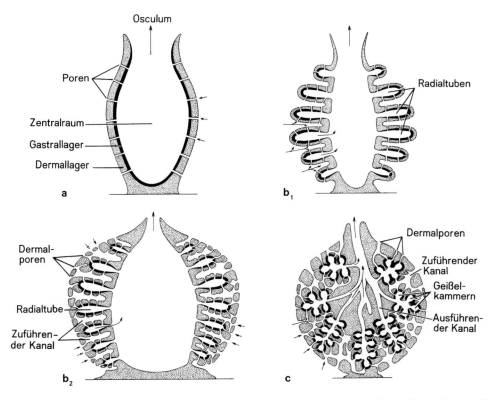

Abb. 25 Schematischer Längsschnitt durch Schwämme von **a** Ascon-Typ, **b** Sycon-Typ, **c** Leucon-Typ. Pinakoderm: dünne schwarze Linie, Mesogloea: punktiert, Choanocytenverband: dick schwarz. Die Pfeile geben die Richtung des Wasserstroms an. (Nach Hyman, verändert)

dort gelangen sie dann in die Mesogloea, wo die Befruchtung der Eier stattfindet.

Bei Schwämmen kommen verschiedene frei schwimmende Larven-Typen vor, z.B. **Amphiblastula-**, **Coeloblastula-** und **Parenchymula-Larven**. Diese stimmen in ihrer Entstehungsgeschichte nicht überein, und auch ihre Entwicklung zum jeweiligen Adultus ist sehr unterschiedlich.

Bei den Süßwasser- und einigen Meeresschwämmen entstehen gegen Ende der Wachstumsperiode im Mesohyl beschalte Überlebensformen (**Gemmulae**; Abb. 22e), die ungünstige Umweltphasen überdauern und zur Verbreitung beitragen. Aus ihnen entwickeln sich bei wiedergewonnenen günstigen Lebensbedingungen neue Individuen. Einige Porifera bilden äußere Knospen, die sich ablösen und wieder heranwachsen.

Die meisten Porifera werden von einem einschichtigen epithelähnlichem Verband aus sehr flachen Zellen, den **Exopinakocyten**, begrenzt (Abb. 24). **Endopinakocyten** bilden die Wandung des den Schwamm durchziehenden wasserführenden Kanalsystems mit seinen ein- und ausführenden Anteilen. Den Übergang zwischen den ein- und ausführenden Kanälen bilden die **Kragengeißelkammern**. Sie dienen als Antriebsaggregate für den Wasserfluss durch den Schwamm und als Nahrungsreusen. Sie bestehen im Wesentlichen aus **Choanocyten** (Abb. 23, 27) und besitzen in Verbindung mit zwei weiteren Zellarten, nämlich wenigen Conuszellen (Choanocyten-Abkömmlingen) und einer Poruszelle (Pinakocyten-Abkömmling der Wandung des ausführenden Kanalsystems), beim Leucon-Typ Organcharakter. Das Wasser tritt durch Lücken (**Prosopylen**) zwischen Choanocyten in die Kragengeißelkammer ein.

Das von Exo- und Endopinakocyten allseits umgebene Mesohyl der Porifera enthält in einer Matrix u.a. Zellen mit speziellen cytoplasmatischen Differenzierungen zur Erzeugung der Grundsubstanz, des Spongins und der Nadeln. Viele Zellen können sich amöboid fortbewegen und werden mit dem allgemeinen Begriff **Amoebocyten** belegt. Von besonderer Bedeutung sind die amöboid beweglichen, totipotenten **Archaeocyten**, und zwar für den Nahrungstransport und die Defäkation sowie für das Schwammwachstum, die Regeneration und Oogenese. Die von Archaeocyten abstammenden **Skleroblasten** sind ebenfalls amöboid beweglich. Sie produzieren entweder Kalk- oder Kieselnadeln jeweils von verschiedener Gestalt und Größe. Begleitzellen können bei Fertigstellung der Kieselnadeln mit den Skleroblasten in engen Kontakt treten und sie zu den Bestimmungsorten im Schwammkörper geleiten, wo die Nadeln in ihrer Funktionsstellung freigesetzt werden. **Spongioblasten**, sofern vorhanden, bilden die Kittsubstanz **Spongin**, die den Zusammenhalt der Nadeln im Skelet gewährleistet. Die **Collencyten** unterscheiden sich von den anderen Zellarten durch ihre extrem dendritische Form. Sie können einzeln und in netzartiger Formation innerhalb des Mesohyls als Antagonisten des stützenden Nadelskelets Spannfunktion ausüben. Die ebenfalls dendritischen **Lophocyten** hinterlassen bei ihrer gerichteten Bewegung durch das Mesohyl parallel verlaufende **Kollagenfasern**. Die **Trophocyten** stammen von Archaeocyten ab. Sie bilden Lipideinschlüsse und haben zur Zeit der Gemmulation und bei der Oogenese Ernährungsfunktion. Sie werden von den Archaeocyten der jungen Gemmula-Anlagen und den heranwachsenden Oocyten portionsweise phagocytiert und dabei quantitativ vertilgt. Die daraus resultierenden dotterreichen Zellen in der Gemmula nennt man **Thesocyten**. Einige weitere Zelltypen des Schwamm-Mesohyls bleiben hier unerwähnt, weil sie zahlenmäßig zurücktreten, nicht bei allen Schwammarten vorkommen oder hinsichtlich ihrer Funktion kaum erforscht sind. Die meisten Zellarten lassen sich von den Archaeocyten ableiten.

Spezieller Teil

1. *Sycon raphanus*

- Konservierte Exemplare dieses Kalkschwammes demonstrieren und Präparate – Längs- und Querschnitte von entkalkten und nichtentkalkten Stücken – mikroskopieren.

Sycon raphanus ist schlank, becher- bis nahezu schlauchförmig. Die meist ziemlich weite Öffnung am freien Ende ist die Ausströmöffnung, das **Osculum**. Es ist von einem Kranz sehr langer, dünner, einstrahliger Kalknadeln umgeben, die langsam bewegt werden können. Die Ober-

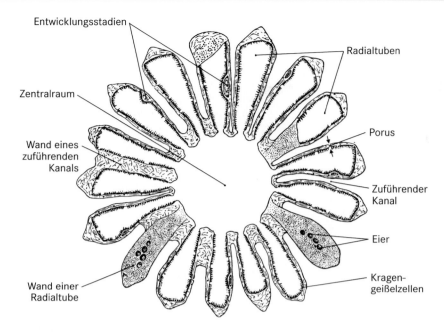

Entwicklungsstadien

Zentralraum

Wand eines
zuführenden
Kanals

Wand einer
Radialtube

Radialtuben

Porus

Zuführender
Kanal

Eier

Kragen-
geißelzellen

Abb. 26 Querschnitt durch einen entkalkten *Sycon raphanus*. 40×

fläche ist mit zahlreichen Papillen besetzt, die aber kaum zu erkennen sind, da sich zwischen den aus jeder Papille herausragenden Büscheln von Kalknadeln zahlreiche Fremdkörper ansammeln.

Auf einem Querschnitt durch einen entkalkten Schwamm (Abb. 26) sieht man bei schwacher Vergrößerung in der Mitte den kreisrunden **Zentralraum**, von dem eine Anzahl kleinerer, lang gestreckter Hohlräume, die **Radialtuben**, ausstrahlt. Sie sind mit ihren zentralen Teilen untereinander verwachsen, während sie peripher frei vorragen und so die Papillen der Außenfläche hervorrufen. Die Mündungen der Radialtuben in den Zentralraum sind nicht immer zu sehen, da sie ziemlich eng sind und die Schnitte zudem meist etwas schräg durch die Radialtuben gehen. Dadurch erklärt es sich auch, dass in Abb. 26 nicht alle Radialtuben in ihrer vollen Längsausdehnung getroffen sind. Zwischen den Radialtuben bleiben ziemlich breite zuführende Kanäle ausgespart, die das Wasser von außen aufnehmen und den Radialtuben durch feine Poren zuführen. Man wird diese Poren nur selten finden, da sich die meisten beim Fixieren geschlossen haben.

Längsschnitte durch den Schwamm lassen, besonders wenn sie durch die Mitte geführt sind, seine kelchförmige Gestalt deutlich erkennen. Die Radialtuben im unteren Teil eines derartigen Präparats erscheinen infolge ihrer schrägen Lage und gegenseitiger Abplattung meist als sechseckige Felder. Tangentiale Schnitte durch die Wand zeigen sehr schön die Anordnung der (quergetroffenen) Radialtuben und der zuführenden Kanäle in regelmäßig alternierenden Reihen.

Stärkere Vergrößerung (Abb. 27) lässt bisweilen erkennen, dass die Radialtuben von **Kragengeißelzellen** ausgekleidet sind, die einen deutlich sichtbaren, randständigen Kragen von etwa der halben Höhe der Zelle haben. Zwischen den Radialtuben finden sich im Mesohyl amöboid bewegliche **Geschlechtszellen.** Sie sind bei den vorwiegend weiblichen Tieren oft bereits befruchtet, sodass sie als Furchungsstadien erscheinen. Später würden sie als zur Hälfte bewimperte Larven – als **Amphiblastulae** – die Wanderung der Radialtuben durchbrechen und durch das Osculum nach außen gelangen.

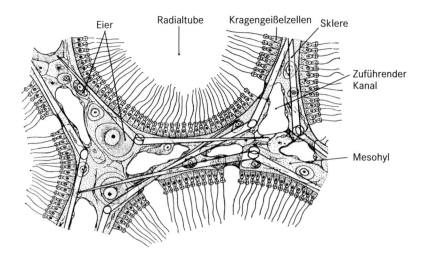

Abb. 27 Querschnitt durch vier Radialtuben von *Sycon raphanus*. Schematisiert. (Nach Schulze)

2. Süßwasserschwämme

Ausgangspunkt der Untersuchungen sind Gemmulae (Abb. 22e). Sie entstehen gegen Ende der Wachstumsperiode im Mesohyl, überdauern nach Absterben des Herkunftsschwammes den Winter und keimen im Frühjahr nach Überschreitung von 10°C Wassertemperatur wieder aus.

• Gemmulae verschiedener Arten werden im Spätherbst an den Ufern von Bächen, Flüssen, Teichen und Seen an schattigen Standorten von Wurzeln, Ästen oder Steinen (Unterseite) mit einem Messer abgehoben und im Herkunftswasser, nach Fundorten gesondert, rasch in einen Kühlschrank des Laboratoriums gebracht. Um Fäulnis zu vermeiden, zuvor restliches Schwammgewebe entfernen und Gemmulae nach mehrmaliger Spülung in sauberem Gefäß bei maximal 4°C aufbewahren. Zwischenzeitliche Erwärmung unbedingt vermeiden. Haltbarkeit der Gemmulae: Mehrere Jahre mit abnehmender Keimungsrate.

Ansatz der Schwammkulturen

• Die dem Kühlschrank entnommenen Gemmulae werden in eine kleine Schale mit Leitungswasser gegeben, unter dem Stereomikroskop gesäubert und mehrmals gewaschen. Glas- oder Klarsichtschalen (5cm Durchmes-ser und 1,3cm Höhe) zur Hälfte mit Leitungswasser füllen und etwa 3 Gemmulae bzw. eine kleine Gemmula-Kruste pro Schale überpipettieren.

• Kulturschalen in „feuchter Kammer" bei Zimmertemperatur an ruhiger Stelle möglichst dunkel unterbringen. Zuvor Lage der Gemmula in den Schalen korrigieren. Nach 3 Tagen sind die keimenden Gemmulae auf dem Schalenboden durch den auswachsenden Jungschwamm angeheftet, sodass ab dem 7. Tag (und dann täglich) das Wasser gewechselt werden kann. Da die Thesocyten der Gemmulae dotterreich sind, ist eine Fütterung nicht notwendig.

Verwendung der Schwammkulturen

Die Süßwasserschwämme stellen sich ohne optische Hilfsmittel als wenig gegliederte Gebilde dar. Bei 8 bis 12 Tage alten Jungschwämmen, die sich für einen Kurs am besten eignen, sieht man unter dem Stereomikroskop rings um die Gemmula-Schale (bzw. -Kruste) das locker strukturierte Mesohyl. Im Durchlicht treten die kugeligen Kragengeißelkammern, im Auflicht vor schwarzem Untergrund die wohl umschriebenen einführenden Kanäle und rings um die Gemmula-Schale parallel zur Schwammbasis das weniger scharf konturierte ausführende Kanalsystem in Erscheinung. Das Pinakoderm mit seinen Poren und die Egestionsöffnung (Oskularrohr) sind sehr dünnhäutige Gebilde, die man nur im schräg einfallenden Licht sehen kann.

- Tusche bzw. Karmin-Partikel oder auch kleinzellige Grünalgen (*Chlorella*, *Chlamydomonas*) verfüttern.

Damit lässt sich die Strudeltätigkeit eindrucksvoll belegen. Es kommt bei diesem Versuch innerhalb weniger Minuten zur Schwarz- bzw. Rot- oder Grünfärbung der Choanocyten in den Kragengeißelkammern, die nach Wasserwechsel langsam schwächer wird und nach Stunden wieder verschwindet.

- Tuscheversuch: 1 Tropfen Tusche (Skriptol) zu 10 ml Leitungswasser geben, diese Suspension erneut 1:10 mit Leitungswasser verdünnen und hiervon 1 ml den 10 ml Wasser der Kulturschale zusetzen, die über weißem Grund unter dem Stereomikroskop unbeleuchtet in Bereitschaft steht. Vorzeitig dem grellen Licht ausgesetzte Schwämme nehmen wegen Verschluss ihrer Dermalporen vorerst kein Wasser und somit auch keine Tusche auf!
- Wenn 5 Minuten später die Schwärzung der Schwämme mit bloßem Auge erkennbar ist, beginnt bei schwacher Beleuchtung die mikroskopische Beobachtung der rasch fortschreitenden Filtration der Tuschepartikelchen in den Kragengeißelkammern und die fast selektive Schwärzung der Choanocyten.
- Nach Abschluss der ersten ausgiebigen Beobachtung und Anfertigung einer Detailzeichnung das Kulturwasser der beiseite gestellten Schwämme wechseln. Deren Untersuchung wird zwei Stunden später unter den gleichen optischen Bedingungen fortgesetzt.

Mit etwas Geduld kann man nun die Ausstoßung größerer Tuschepartikel via Egestionsrohr (Oskularrohr) erkennen.

Gleichzeitig nimmt die Schwärzung der Kragengeißelkammern kontinuierlich ab. Stattdessen erscheinen relativ große schwarze Partikel im Mesohyl. Hierbei handelt es sich um Archaeocyten, die von den Choanocyten abgegebene Tusche phagocytiert haben und auf dem Weg zur Pinakocyten-Wandung des ausführenden Kanalsystems sind. Nach Abgabe der Tuschepartikel an die Pinakocyten und deren anschlie-

ßende Transcytose ist der Weg nach außen freigegeben. Dem Modellversuch entsprechend verläuft bei den Schwämmen die Aufnahme und Anreicherung von partikulärer, vorwiegend aus Detritus bestehender Nahrung, die im Tusche-Versuch simuliert wird. Die Defäkation unverdaulicher Nahrungsreste verläuft wie bei den Tuschepartikeln, die als kleine Konglomerate aus dem Schwamm ausgestoßen werden.

- Zwischen der ersten und zweiten Beobachtungsphase die Arten der zum Einsatz gekommenen Spongilliden bestimmen.

Dies ist u.a. anhand der Skeletnadeln möglich, deren Charakterisierung nach ihrer Form und Größe erfolgt.

Die Makroskleren bilden das eigentliche feste Skelet, die Mikroskleren treten anderweitig im Schwammkörper auf, insbesondere mit den Schalen der Gemmulae, die zur Zeit im Labor-Kühlschrank vorliegen.

- **Nadelpräparation:** Die für die Artbestimmung vorliegenden Gemmulae werden in Zentrifugenröhrchen eingebracht, die mit Chlorbleichlauge (Natriumhypochlorid) zwei Drittel gefüllt sind. Über Nacht lösen sich die sponginösen Bestandteile der Probe auf, und die verbleibenden Gemmula-Mikroskleren setzen sich am Boden der Zentrifugenröhrchen ab. Der Überstand wird abpipettiert. Es folgt eine Nachbehandlung mit 25%iger Salpetersäure über 30 Minuten. Anschließend werden die Nadeln mehrmals in Aqua dest. durch Zentrifugieren gewaschen und schließlich in gereinigtem Zustand mittels einer dünnen Pipette auf Objektträger übertragen und später im trockenen Zustand durch Zugabe eines Einschlussmittels und eines Deckglases für die mikroskopische Untersuchung zugänglich gemacht.
- Im Laufe einer Stunde können unterschiedliche Kontraktionszustände beobachtet werden. Dabei verändern sich die Erscheinungsbilder des Mesohyls und die Lumenweite der Kanäle.

Mikroskopische Anatomie

Es werden Schnitte des Spongilliden *Spongilla lacustris* verwendet. Im von apikal nach basal

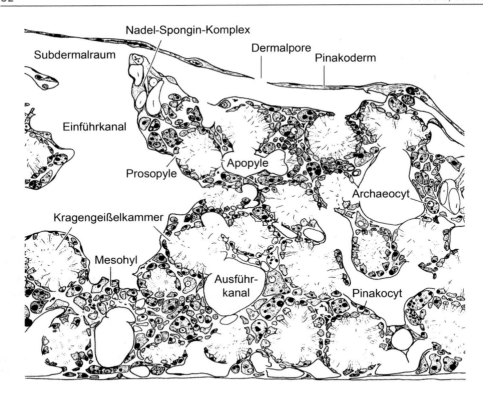

Abb. 28 Zeichnung eines mit Toluidinblau gefärbten Schnittes von *Spongilla lacustris*. 780×. (Nach Weis-
senfels)

verlaufenden Schnitt dominieren die aus Choanocyten aufgebauten Kragengeißelkammern.
Diese haben einen Durchmesser von ca. 40μm
und werden von Choanocyten begrenzt. Ihr
Kragen besteht aus ca. 40 Mikrovilli (Abb. 23).
Am Apex der Choanocyten entspringt inmitten
des Kragens eine Geißel. Die Kragengeißelkammern liegen innerhalb einem nicht sonderlich
zellreichen Mesohyl. Sie stehen in enger Beziehung zu Kanälen mit einer dünnen Pinakocyten-Wandung, die durch eine im Tierreich sonst
nicht übliche, schindelförmige Anordnung der
Zellen gekennzeichnet ist. Im einführenden
Teil des Kanalsystems gewährt die Pinakocy-
tenwandung den Einfluss des Wassers in die
sog. Prosopylen der Kragengeißelkammern.
Letztere sind über modifizierte Choanocyten,
die Conuszellen, in Verbindung mit Porocyten,
modifizierten Pinakocyten, in das ausführende
Kanalsystem integriert.

Auffällig sind die Dermalporen im Pinakoderm
der Süßwasserschwämme. Sie werden von Porocyten gebildet, die Anschluss an Exo- und Endopinakocyten des Pinakoderms finden. Das durch
die Dermalporen eintretende, für die Ernährung
und Atmung der Schwämme notwendige Wasser gelangt durch den Subdermalraum über die
einführenden Kanäle zu den Prosopylen, schmalen Eingängen in die Kragengeißelkammern.
Diese leiten das Wasser durch ihre Ausgänge,
die Apopylen, in ausführende Kanäle zu einem
Sammelraum (Atrium) und von dort durch das
Oscularrohr nach außen. Im Mesohyl treten Zellen verschiedener Art auf. Hier sind die Archaeocyten mit relativ großem Kern und Nucleolus
zu nennen. Sie weisen in der Regel Verdauungs-
vakuolen auf. Bemerkenswert sind auch noch
die Nadel-Spongin-Komplexe. Die Nadeln, im
Präparationsgang herausgelöst, lassen einen organischen Achsenfaden erkennen. Benachbarte

Nadeln sind durch Spongin verkittet, das von Spongioblasten, modifizierten Exopinakocyten, zu den Nadeln hin ausgeschieden wird.

In den Monaten Juni bis August aus freien Gewässern gesammelte Spongilliden liefern Stadien der geschlechtlichen Fortpflanzung. Im Spätsommer bzw. Herbst weisen die Spongilliden in der Regel Gemmula-Entwicklungsstadien auf.

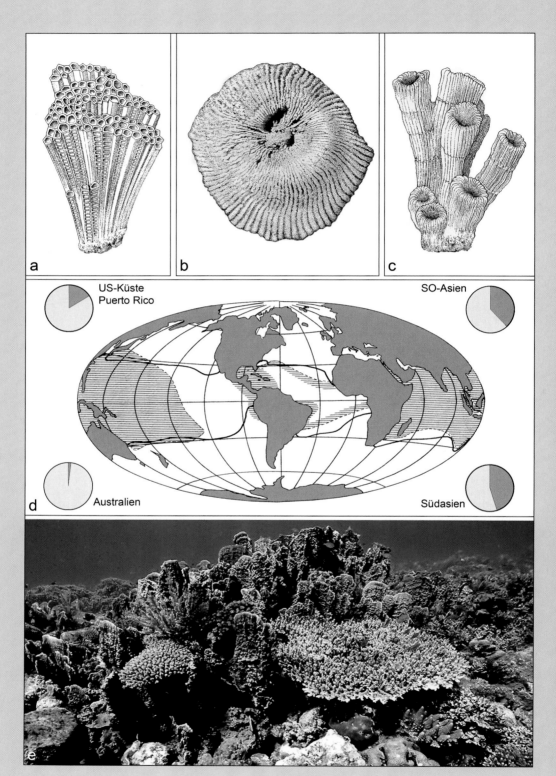

Abb. 29

Cnidaria, Nesseltiere

Cnidaria (**Nesseltiere**) haben die Oberfläche der Erde in einem besonders starken Ausmaß geformt. Gesteinsbildend treten sie seit über 400 Millionen Jahren als „Korallen" (ein etwas unpräziser Begriff) in Erscheinung. In dieser langen Zeit lebten sie immer vorwiegend marin, und als bleibende Reste dominieren die Kalkskelete der bodenlebenden Polypen einer Gruppe, der „Blumentiere" (Anthozoa). Bis ins 18. Jahrhundert wurden diese als Gestein interpretiert oder als „Lithophyta" (Steinpflanzen) dem Pflanzenreich zugeordnet. Die im freien Wasserkörper lebenden Medusen (Quallen) treten fossil kaum in Erscheinung; ihr Körper kann bis zu 99% aus Wasser bestehen, so bei unserer einzigen Süßwassermeduse (*Craspedacusta sowerbii*).

Korallenriffe wurden im Paläozoikum von Tabulata (**Abb. 29a**) und Rugosa (**Abb. 29b**) aufgebaut. Erstere sind mehrheitlich koloniebildend, letztere einzellebend. Im Devon kamen sie z.B. im heutigen Rheinischen Schiefergebirge vor. Ende des Perm starben sie im Rahmen der größten Katastrophe in der Geschichte der Tiere aus. Über 90% der marinen Fauna wurden damals ausgelöscht. Was uns blieb, sind die paläozoischen Riffe, z.B. der schwedischen Ostseeinsel Gotland (Silur) und im Rheinland (Devon).

Im Mesozoikum (Erdmittelalter) entfalteten sich die Scleractinia, zu denen auch die Baumeister heutiger Riffe zählen. Auf der Schwäbischen Alb hat man aus der Zeit des Jura mehr fossile Scleractinia-Arten gefunden als an irgendeinem anderen Ort in Europa. **Abb. 29c** zeigt die besonders häufige Koralle *Thecosmilia* aus dem Jura.

Heutige Riffe stellen den artenreichsten und am stärksten strukturierten marinen Lebensraum dar. Die Verbreitungskarte rezenter Riffe (**Abb. 29d**) täuscht darüber hinweg, dass die eigentliche Fläche, die von lebenden Korallenriffen eingenommen wird, nur etwa 600 000 km^2 groß ist. Auf dieser Fläche liegen jedoch zahlreiche Nationen, deren Grund und Boden ausschließlich biogen ist und im Wesentlichen von Korallen hergestellt wurde. Über 100 Staaten besitzen auf ihrem Territorium Riffe.

Viele Korallen leben in Symbiose mit einzelligen Algen (Zooxanthellen: *Symbiodinium*). Da deren Photosynthese rhythmisch abläuft und sich dieser diurnale und annuelle Rhythmus in der Ausbildung des Kalkskelets niederschlägt, kann man heute z.B. auf die Anzahl der Tage in einem devonischen Jahr schließen. Damals rotierte die Erde noch rascher als heute, und ein Jahr bestand aus 400 Tagen.

Riffe vergangener Jahrmillionen wurden im Rahmen von Meeresbodenhebungen und Gebirgsbildungen zu Land und sind heute wesentlich am Aufbau von Gebirgen beteiligt. In den Kalkalpen kann man mancherorts noch Einzelheiten fossiler Riffe erkennen (Dachstein-Massiv, Dolomiten).

Die Entstehung moderner Riffe (**Abb. 29e**) hat der junge Charles Darwin in einem Geniestreich erklärt. In einer knappen Darstellung beschrieb er die Genese von Atollen, Barriere- und Saumriffen.

Eine Tragödie unserer Tage ist die großflächige Zerstörung von Riffen, die vielfältige Gründe hat, z.B. Überfischung, Meeresverschmutzung und Klimaerwärmung. Die dunklen Sektoren auf **Abb. 29d** zeigen, in welchem Umfang Riffe beeinträchtigt sind.

Mehrere Gattungen der Cnidaria, insbesondere der Süßwasserpolyp *Hydra*, sind weit verbreitete Modellorganismen, aus deren Analyse man sich Verallgemeinerungen für das gesamte Tierreich einschließlich des Menschen erhofft.

Gemischte Gefühle rufen bei vielen Menschen Medusen hervor. Die australische Cubomeduse *Chironex fleckeri* wird als das giftigste Meerestier angesehen. Die verbreitete Ohrenqualle (*Aurelia aurita*) wird von vielen Badenden, z.B. an der Ostsee, als störend empfunden, kann bei Massenvorkommen auch Fischernetze verstopfen und als Nahrungskonkurrent von Fischen auftreten. Im Fernen Osten werden Medusen, z.B. *Rhopilema esculenta*, in Tausenden von Tonnen alljährlich gefangen und bereichern dort die Speisekarte.

Cnidaria treten in zwei Erscheinungsformen auf, als festsitzende Polypen und frei schwimmende Medusen. An ihrem Aufbau sind zwei Epithelien beteiligt. Das äußere, das **Ectoderm** (die **Epidermis**), bildet die Körperdecke, das innere, das **Entoderm** (die **Gastrodermis**), umkleidet den Gastralraum. Beide sind stets einschichtig. Im einfachsten Fall befindet sich zwischen ihnen eine dünne, extrazelluläre **Mesogloea** (auch Stützlamelle genannt), die in ihrer Grundsubstanz aus Glykoproteinen (z.B. Fibrillin und Laminin) und Proteoglykanen besteht, in die Kollagen eingelagert ist. Aufgrund ihrer Faserstruktur verleiht die Mesogloea dem Körper eine beträchtliche Zugfestigkeit bei gleichzeitiger hoher Elastizität und Dehnbarkeit. Dieses einfache Schema vom Aufbau der Cnidaria trifft für die Planula-Larven und Polypen zu, die Medusen sind komplexer aufgebaut. Bei Medusen und Anthozoen ist die Mesogloea durch Wassereinlagerung oft sehr voluminös. Sie kann durch Einwandern von Zellen aus dem Ectoderm den Charakter eines Bindegewebes erlangen. Bei vielen Medusen findet sich in der Mesogloea epithelähnliches Gewebe, aus dem quergestreifte Muskelzellen und Nervenzellen hervorgehen, und das Mesotheca, Glockenkern oder Entocodon genannt wurde. Die Epithelzellen von Ectoderm und Entoderm sind basal mit fingerförmigen Fortsätzen in der Mesogloea verankert und apikal durch septierte Junktionen miteinander verbunden.

Der Gastralraum ist nur selten ein einfacher Sack, meist ist er ein durch Taschen oder Kanäle kompliziertes Hohlraumsystem, das – da es nicht nur der Verdauung, sondern auch der Verteilung der Nährstoffe dient – als **Gastrovaskularsystem** bezeichnet wird. Eine zweite Körperöffnung fehlt; der Mund dient auch zum Ausstoßen unverdaulicher Nahrungsreste und partikulärer Stoffwechselprodukte.

Das **Muskelsystem** besteht aus längsparallelen und aus ringförmig angeordneten Elementen. Die für die Kontraktion verantwortlichen glatten Myofibrillen liegen oft in den spindelartig ausgezogenen Basen der Ectoderm- und Entodermzellen (**Epithelmuskelzellen**). Quergestreifte Myofibrillen finden sich bei Medusen in Muskelzellen der Mesogloea.

Das **Nervensystem** besteht aus Sinnesnervenzellen (sensorischen Neuronen), die zwischen den Epithelzellen liegen und mit einem cilienbesetzten Fortsatz die Epitheloberfläche erreichen, und einem Netzwerk von bi- und multipolaren Nervenzellen in der Tiefe des Epithels. Es durchzieht die netzförmigen Zwischenräume, die zwischen den Epithelzellen ausgespart sind. Konzentrationen von Neuronen gibt es insbesondere bei Medusen, bei denen Nervenzellen und ihre Fasern häufig zu strangartigen Bahnen, die Schrittmacherneurone bei Scyphomedusen sogar ganglienartig angeordnet sind. Auch bei *Polypen* findet sich im „Kopf" (so wird die Region der Tentakel und des Hypostoms oft bezeichnet) und im Bereich der Fußscheibe eine Häufung von Nervenzellen. Ein Zentrum des Nervensystems, das man als Gehirn bezeichnen könnte, gibt es bei den Cnidariern als radiärsymmetrisch organisierte Tiere jedoch nicht.

Neben den zwischen den Epithelzellen eingestreuten sensorischen Neuronen, deren Cilium aus der Oberfläche der Epithelien hervorragt, befinden sich zu Sinnesorganen zusammengefasste Gruppen sensorischer Neurone. Schweresinnesorgane und Augen findet man bei Medusen, auf Berührung und Vibrationen ansprechende Mechanoreceptoren auch bei Polypen.

Die **Verteilung der Nährstoffe** im Gastrovaskularsystem erfolgt durch den koordinierten Schlag der Cilien der Gastroderm(muskel) zellen und durch die rhythmische Kontraktion und Expansion der Gastrodermkanäle. Die Ausbildung spezieller Atmungs- und Exkretionsorgane erübrigt sich, da die beiden einschichtigen Epithelien direkt bzw. über die Mundöffnung mit dem umgebenden Wasser Kontakt haben, wodurch die Versorgung mit Sauerstoff ebenso leicht vonstatten geht wie die Ausscheidung von CO_2 und löslichen stickstoffhaltigen Endprodukten des Stoffwechsels.

Die Cnidaria zeichnen sich durch den Besitz von hoch differenzierten **Nematocyten** (synonym: **Cnidocyten**, Nesselzellen) aus. Diese formen in ihrem Inneren mithilfe ihres Golgi-Apparates das komplizierteste Sekretionsprodukt, das wir kennen: die **Nematocyste** (synonym: **Cnide**, Nesselkapsel). Diese schleudert bei Reizung explosionsartig einen langen, dünnen Schlauch aus. Die Nematocysten dienen dem Beutefang, der Abwehr von Fraßfeinden und bisweilen dem vorübergehenden Haften auf einem Substrat. Gemäß ihrer dominanten Funktion als Waffen zum Beutefang sind die meisten abschussbereiten Nematocysten in den Fangarmen der Polypen oder Medusen lokalisiert.

Nematocyten werden nicht am Ort ihres Verbrauchs hergestellt, sondern in entfernten Körperregionen, und wandern, voll entwickelt, von dort auf die Tentakel. Da sie nur einmal gebrauchsfähig sind, müssen die Cnidarier zeitlebens neue herstellen. Sie gehen bei den Hydrozoen aus kleinen, teilungsfähigen Stammzellen (**Nematoblasten**) hervor, die sich in den Zwischenräumen zwischen den Epithelzellen des Ectoderms befinden und daher **interstitielle Stammzellen** heißen.

Die an ihrem Zielort aufgestellte Nematocyte weist mit ihrem sensorischen Apparat (**Cnidocil**), einem Cilium, das von einem Kranz von Mikrovilli umstellt ist, über die Körperoberfläche in die Außenwelt; bisweilen ist die Nematocyte von weiteren sensorischen Zellen umgeben oder steht in synaptischem Kontakt zu Nervenzellen. In ihrem Inneren beherbergt die Nematocyte die ovale, flüssigkeitserfüllte Nesselkapsel, in der sich – präzise aufgewunden – ein feiner Schlauch befindet. Bei Reizung des Cnidocils „explodiert" die Kapsel, d.h. der Hohlfaden wird blitzschnell, indem er sich handschuhfingerartig umstülpt, durch den Innendruck ausgeschleudert. Wir kennen etwa 30 Nematocystentypen. Bei einigen der Kapseltypen wird ein – vermutlich im Schlauchinneren eingelagertes – Gift frei, das die Beutetiere rasch lähmt und schließlich tötet (s. S. 62). Neben mehr oder weniger hochmolekularen Peptiden, die für die Toxizität verantwortlich sind und die Hauptmasse des Giftes ausmachen, wurden Histamin, Serotonin und Prostaglandine gefunden. Die Cniden der meisten Nesseltiere können die menschliche Haut nicht durchdringen, doch gibt es Arten, die äußerst schmerzhaft nesseln und deren Gift zu Ausschlägen, Geschwüren und zum Gewebezerfall führt. Der Kontakt mit den Tentakeln der Seewespe (*Chironex fleckeri*), einer Cubomeduse, die an den Küsten Nordaustraliens vorkommt, kann innerhalb von wenigen Minuten zum Tod durch Herzstillstand führen.

Die zwei Hauptformen der Cnidaria, der festsitzende **Polyp** und die meist frei bewegliche **Meduse** (Qualle) wechseln bei Hydrozoen und den Scyphozoen häufig regelmäßig miteinander ab: An den Polypen entstehen ungeschlechtlich Medusen, die, sich geschlechtlich fortpflanzend, wieder Polypen hervorbringen (Generationswechsel: **Metagenese**). Die meist kleinen Medusen der Hydrozoa (Hydromedusen) entstehen normalerweise durch Knospung an einer Polypenkolonie. Die Polypen der Scyphozoa sind größer als die der Hydrozoa, die Medusen (Scyphomedusen) ebenfalls und bisweilen sehr differenziert. Die Anthozoen treten nur als Polypen auf. Oft leben bei Hydro- und Scyphozoa die Polypen nach der Medusenknospung weiter. Daher wird die Meduse mitunter auch als das letzte Stadium einer Normalentwicklung angesehen.

Ungeschlechtliche Fortpflanzung ist bei den Polypen weit verbreitet; sie führt, meist in der Form einer Knospung, zur Entstehung neuer, sich ablösender Polypen. Häufig bleibt der Zusammenhang bewahrt und führt zur Bildung von Tierstöcken oder Kolonien. In den Tierstöcken, insbesondere der Anthozoen, kommt es meist zu **Skeletbildung**. Das Skelet kann als Exo- oder Endoskelet ausgebildet sein und mächtige Ausmaße erreichen (Riffkorallen).

Die Eier entwickeln sich nach (meist) totaler Furchung zu einer bewimperten **Blastula**, die sogleich oder nach ihrer Weiterentwicklung zur **Planula-Larve** freigesetzt werden kann. Oft erfolgt die Planula-Entwicklung im freien Wasser, wo auch die Befruchtung stattfindet. Während sich die Blastula zur längsovalen Planula streckt, gliedert sie sich durch Sonderung der Zellen in eine äußere und eine innere Schicht (Delamination, Kompaktation) oder durch Einwanderung von Zellen aus der Außenschicht (unipolare oder multipolare Ingression), selten auch durch Einstülpung (Invagination, bei einigen Anthozoen beobachtet) in Ectoderm und Entoderm. Außerdem entsteht während dieses Prozesses die Mesogloea. Die bewimperte Planula kann im Entoderm bereits interstitielle Zellen und Nematoblasten enthalten, welche später an unterschiedliche Orte im Ectoderm einwandern. Die Planula setzt sich mit ihrem Vorderpol fest und wandelt sich zum Polypen um. Dessen Mund und Tentakel werden aus der hinteren Region der Larve geformt. *Hydra* entwickelt sich untypischerweise unter Umgehung des Larvenstadiums direkt zum Polypen.

I. Hydrozoa: Hydroidpolypen

Technische Vorbereitungen

- Benötigt werden lebende Individuen von wenigstens einer der folgenden Arten: *Hydra viridissima* (durch Symbionten grün), *H. oligactis* (= *Pelmatohydra oligactis*, braun, deutlich abgesetzter Stiel, Tentakel ausgestreckt mit Mehrfachem der Körperlänge) oder *H. vulgaris* (braun, Stiel nicht sehr ausgeprägt, Tentakel mehr oder weniger körperlang; in der entwicklungsbiologischen Literatur bis 1989 *H. attenuata* genannt). Die Süßwasserpolypen sind weit verbreitet, aber nicht immer leicht zu finden. Am besten ist es, wenn man Schilfstängel, Tausendblatt *(Myriophyllum)*, Wasserpest *(Elodea)*, Wasserlinse *(Lemna)* usw. von verschiedenen Fundorten ein paar Tage ruhig in Wasser stehen lässt und dann unter Vermeidung von Erschütterungen auf Polypen hin untersucht. Sie sitzen dann, gut sichtbar, an den Wänden wie am Boden des Aquariums, besonders an der dem Licht zugekehrten Seite. Hat man einmal einen Fundort entdeckt, so kann man ziemlich sicher sein, alljährlich dort Hydren wiederzufinden.
- Die mindestens acht Tage vor der Verwendung gesammelten Hydren werden auf zwei Gläser verteilt. In eines gibt man kleine Süßwasserkrebse, Cyclopiden und Daphniden, die den Hydren als Futter dienen. Die so reichlich genährten Tiere treiben innerhalb dieser Zeit zahlreiche Knospen. Die in dem anderen Glas befindlichen erhalten keinerlei Nahrung. Knospung unterbleibt bei ihnen.
- Man kann Hydren das ganze Jahr über im Aquarium züchten, wenn man sie zusammen mit Wasserpflanzen hält und gelegentlich mit Daphnien füttert. Zum Füttern eignen sich auch frisch geschlüpfte Nauplien von *Artemia* (Eier und Zuchtanleitung in Zoogeschäften erhältlich). Sie werden vor dem Verfüttern abgesiebt und in Süßwasser aufgeschwemmt.
- Außerdem sind mit Boraxkarmin gefärbte Präparate verschiedener Arten mariner Hydroidpolypen erforderlich: *Tubularia larynx*

als Vertreter der Athecata, *Laomedea flexuosa* als Vertreter der Thecata.

Allgemeine Übersicht

Der Körper der Hydroidpolypen ist in seiner einfachsten, auf die Gastrula zurückführbaren Form ein zylindrischer Schlauch, der mit dem **aboralen Pol** festsitzt und am **oralen Pol** eine Mundöffnung trägt. Die Mundöffnung – sie führt in einen einheitlichen Gastralraum – liegt im Zentrum des Mundfeldes (Peristom), das häufig zu einem Mundkegel (Hypostom) oder **Rüssel** (**Proboscis**) ausgezogen ist. Das Mundfeld ist umgeben von **Tentakeln**. Diese sind entweder schlauchförmig hohl (zum Beispiel bei *Hydra*) oder solide und fadenförmig. Sie sind reichlich mit Nematocyten besetzt, sehr beweglich und kontraktil. Die Tentakel sind bisweilen auf zwei Kränze verteilt, einen Kranz von Oraltentakel in Höhe der Mundöffnung und einen Kranz von Aboraltentakel, etwas basal davon. Auch eine unregelmäßige Verteilung der Tentakel kommt vor. Der Körper, der unten zu einer **Fußscheibe** verbreitet sein kann, ist fast immer in einen schmäleren und in der Regel erheblich längeren Stiel (**Hydrocaulus**) und in einen erweiterten oberen Abschnitt, das **Polypenköpfchen** (**Hydranth**) gegliedert.

Die **Körperwand** des Polypen ist zweischichtig. Die beiden Epithelschichten, das **Ectoderm** (**Epidermis**) und das **Entoderm** (**Gastrodermis**) entsprechen den zwei Körperschichten der bei vielen Metazoen während der Entwicklung auftretenden Gastrula. Zwischen Ectoderm und Entoderm liegt die von beiden Epithelien erzeugte dünne, im Lichtmikroskop strukturlose **Mesogloea**.

Die Basis der Ectodermzellen ist in der Längsrichtung ausgezogen; in diesem, der Stützlamelle anliegenden Fortsatz, verlaufen die kontraktilen Fibrillen. Ihrer Doppelfunktion entsprechend bezeichnet man Zellen dieser Art auch als **Epithelmuskelzellen**. In den Verband der ectodermalen Epithelmuskelzellen sind schlanke Sinnesnervenzellen, in bestimmten Bereichen auch Drüsenzellen eingefügt. Oberhalb ihres kontraktilen Fortsatzes sind die Epithelzellen taillenartig eingeschnürt und lassen so Räume zwischen sich frei: In diese Zwischenräume – Interstitien – sind verschiedene Zellen eingelagert: (1) die Nervenzellen, (2) die interstitiellen Zellen (s. S. 61), (3) die noch teilungsfähigen Nematoblasten, aus denen durch Differenzierung die Nematocyten hervorgehen, und (4) die Urkeimzellen, Gametogonien. Oft scheidet das Ectoderm eine **Cuticula** (**Periderm, Perisark**) ab, die den Stiel stützt und vielfach auch das Köpfchen schützend umfasst. Die Cuticula ermöglicht aufgrund ihrer Festigkeit den Aufbau von Polypenstöcken (Kolonien).

Die begeißelten Entodermzellen besorgen als Drüsen- und Fresszellen (**Nährzellen**, phagocytierende Epithelmuskelzellen) die Verdauung der aufgenommenen Nahrung; auch in ihrer Basis liegen meist kontraktile Fibrillen, die ringförmig um den Körperzylinder verlaufen.

Geschlechtliche und ungeschlechtliche **Fortpflanzung** kommen nebeneinander vor. Wenn sich, wie es die Regel ist, bei der ungeschlechtlichen (vegetativen) Fortpflanzung die Knospen nicht loslösen, sondern mit dem Muttertier verbunden bleiben, entstehen Tierstöcke.

Auch die Medusen entstehen in der Regel durch Knospung am Polypenstock. Die Geschlechtszellen werden immer im Ectoderm gebildet. Ihre endgültige Differenzierung wird bei den meisten Hydroidpolypen (nicht bei *Hydra*) in besonders gestaltete Individuen des Stöckchens verlegt, die sich entweder loslösen und als Medusen frei umherschwimmen oder als sessile **Gonophoren** am Stock verbleiben. Abb. 30 zeigt eine Reihe Rückbildungsstadien, bei denen die Medusengeneration schließlich bis zur Unkenntlichkeit reduziert ist.

Aus den befruchteten Eizellen, gleichgültig ob sie von Medusen oder sessilen Gonophoren stammen, entwickeln sich Planulalarven (außer bei *Hydra*), die sich im Zuge einer Metamorphose zum Primärpolypen umwandeln. Auf vegetativem Weg entstehen aus den Primärpolypen Polypenstöcke und – ebenfalls vegetativ – an den Polypenstöckchen wiederum die Geschlechtsindividuen, Medusen oder Gonophoren.

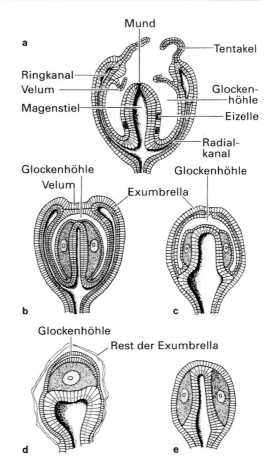

Abb. 30 Schematische Darstellung verschiedener Rückbildungsstufen von Gonophoren. Ectoderm ohne, Entoderm mit eingezeichneten Zellkernen; Gastrovaskularsystem plastisch; Eizellen punktiert. **a** Meduse, **b** Eumedusoid mit Radialkanälen und Magenstiel, **c** Cryptomedusoid mit einfacher Entodermlamelle (keine Radialkanäle mehr) und gut ausgebildeter Glockenhöhle, **d** Heteromedusoid ohne Entodermlamelle, Glockenhöhle nur angedeutet, **e** styloider Gonophor, einfache Ausstülpung aus Ectoderm und Entoderm. (Nach Kühn, verändert)

Spezieller Teil

1. *Hydra* sp., Süßwasserpolyp

- Eine *Hydra* wird mit ziemlich viel Wasser auf den Objektträger gebracht und mit einem

Deckgläschen zugedeckt, das mit 1–2 mm hohen Wachsfüßchen versehen ist. Zunächst nur die schwache Vergrößerung einsetzen.

Die Körpergestalt gleicht einem unten geschlossenen Schlauch, der am oberen Ende eine Tentakelkrone trägt (Abb. 31). Die Zahl der Tenta-

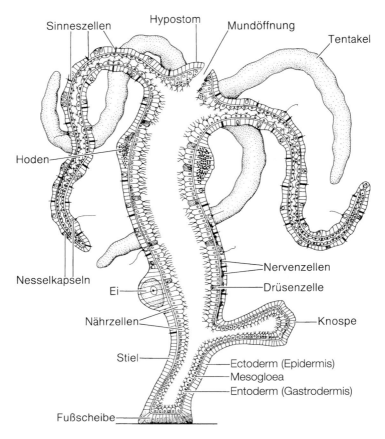

Abb. 31 Längsschnitt durch *Hydra viridissima*, schematisch. Zellkerne im Ectoderm nicht eingezeichnet

kel schwankt bei den verschiedenen Arten, aber auch je nach Ernährungs- und Umweltbedingungen zwischen 4 und 12.

Am entgegengesetzten Pol heftet sich der Polyp mit einem von den Zellen der **Fußscheibe** abgeschiedenen, klebrigen Sekret an Wasserpflanzen fest. Das innerhalb der Tentakelkrone gelegene Mundfeld ist zu einem kleinen Hügel emporgewölbt, dem **Hypostom**, auf dessen Spitze die meist fest verschlossene und daher schwer erkennbare Mundöffnung liegt; sie erweist sich beim Schlingakt als erstaunlich erweiterungsfähig. Das Innere des Schlauches wird von einem einzigen großen Hohlraum, dem **Gastralraum**, eingenommen; er sendet Ausläufer in die Tentakel. Der Abschnitt des Körpers unterhalb der Knospungsregion kann als ein dünner Stiel gegen den oberen Abschnitt, die Magen- oder Gastral-

region, abgesetzt sein. Bei *Hydra oligactis* ist die Stielbildung besonders ausgeprägt, bei *Hydra vulgaris* ist der Durchmesser des Körperschlauchs in der Stielregion lediglich geringfügig verringert.

Aus morphologischen und entwicklungsgeschichtlichen Gründen unterscheidet man fünf Regionen am Körper von *Hydra*: Die „Kopf"-region mit Hypostom und Tentakeln, die Gastralregion (sie nimmt den größten Raum ein), die Knospungszone, den Stiel und die Fußregion. In der Gastralregion vermehren sich die interstitiellen Stammzellen. Sie liefern zu 10% interstitielle Zellen, die sich zu Nervenzellen differenzieren, und zu 30% solche, die zu Nematoblasten und schließlich zu Nematocyten werden. Die restlichen 60% ergeben wieder interstitielle Stammzellen. In der Gastralregion findet auch die Nematocytendifferenzierung statt. In der

Kopf- und in der Fußregion differenzieren sich aus den interstitiellen Stammzellen ausschließlich Nervenzellen. Die Dichte des Nervennetzes ist dort besonders hoch.

Hydra kann in hohem Maße ihre **Körpergestalt** verändern.

- Leicht auf das Deckglas klopfen. Bei jeder Erschütterung zieht sie sich schnell auf einen Bruchteil ihrer Länge, bis zur Kugelform, zusammen, um sich dann langsam wieder auszustrecken, eine Bewegung, an der auch die Tentakel gleichsinnig teilnehmen. Außerdem sind ein gelegentliches Abbiegen des Körpers und Einkrümmen der Tentakel zu beobachten.
- Um die zwei Formen des aktiven Ortswechsels von *Hydra* zu studieren, diese in Blockschälchen unter dem Stereomikroskop beobachten.

(1) Sie kann durch Überschlag („Salto") einen neuen Standort aufsuchen. Kopf und Tentakel biegen sich zur Seite und zum Substrat herab. Die Tentakel haften durch Ausschleudern klebriger Fäden aus den Kapseln eines besonderen Nematocystentyps (Isorhizen, Abb. 34) am Substrat, während sich die Fußscheibe umgekehrt vom Substrat löst. Nun biegt sich der Körper zur Seite und heftet den Fuß an anderer Stelle wieder an. Dann werden durch Ausstoßen der Nesselkapseln die Tentakel wieder vom Substrat gelöst, und der ganze Vorgang kann von neuem beginnen.

(2) Hungernde Hydren lösen sich oft vom Untergrund und schweben zur Wasseroberfläche empor. Dort biegen sie ihren Fuß hoch und kleben sich mit ihren Drüsen an der Unterseite der Wasseroberfläche fest. Sie lassen sich dann kopf-unter, an der Wasseroberfläche schwimmend, umhertreiben und ihre Tentakel als Angelschnüre herabhängen. Stößt man die Polypen unter die Wasseroberfläche, bleibt am Fuß eine Luftblase hängen, die als Gasballon den Körper sogleich wieder an die Wasseroberfläche zurückträgt. Weil sich unter der Gasblase inmitten der Fußscheibe ein in den Gastralraum führender Porus befindet, gibt es die Vorstellung, *Hydra* könne durch aktives Ausscheiden von CO_2 aus dem Gastralraum selbst eine Gasblase erzeugen und so durch Senken des spezifischen Gewichts Auftrieb erzeugen. Unterstützt wird das Hochschweben durch gelegentliches langsames Schlagen der Tentakel.

Gut kann man die beiden Körperschichten unterscheiden: Das Ectoderm ist heller, durchsichtiger, das Entoderm durch Nahrungs- und Sekreteinschlüsse getrübt. Besonders deutlich ist der Unterschied bei *Hydra viridissima*, wo nur das Entoderm die namengebende, durch symbiotische **Zoochlorellen** bedingte Grünfärbung aufweist. Abb. 32 zeigt den zellulären Aufbau der Körperwand von *Hydra*.

An der Oberfläche stoßen die einzelnen Ectodermzellen dicht aneinander und rufen dadurch eine aus unregelmäßigen Vielecken bestehende Felderung hervor (Abb. 35). Etwas unter der Oberfläche sind sie pfeiler- oder wurzelartig ausgezogen, sodass zahlreiche, miteinander kommunizierende Hohlräume, die interstitiellen Räume, ausgespart bleiben. In ihnen liegen in großer Zahl kleine, amöboid bewegliche Zellen, die **interstitiellen Zellen**; sie entstehen während der Entwicklung früh aus embryonalen Entodermzellen und weisen embryonalen Charakter auf. Sie durchqueren in der späten Embryonalentwicklung (bei anderen Hydrozoen während der Metamorphose der Planula zum Primärpolypen) die Mesogloea und siedeln sich in den Interstitien des Ectoderms an. Sie können sich zu Nematocyten, Nervenzellen und auch zu Geschlechts-, nicht aber zu Epithelmuskelzellen differenzieren.

Der Teil der Nematocyte, in dem die Kapsel (Nematocyste) liegt, wird von einer Epithelmuskelzelle umhüllt; die apikale Oberfläche der Nematocyte trägt nur das Cnidocil.

Die Kapsel ist ein relativ großes Bläschen von eiförmiger oder zylindrischer Gestalt. Sie liegt im Inneren der Nematocyte und wird von einer äußeren stärkeren und elastischen sowie einer zarten, inneren Wand umschlossen. Die äußere Wand bildet oben einen Deckel, die innere schlägt sich hier in Gestalt eines langen, mehr oder weniger aufgerollten, dünnen Schlauches ins Innere um. Struktur und Länge des Schlauches sind für die verschiedenen Kapseltypen charakteristisch. Er kann an seiner Basis mit Stiletten und Lamellen oder entlang seiner ganzen Länge mit feinen Fortsätzen bewehrt sein.

Das im Lichtmikroskop als feine Borste erkennbare **Cnidocil** erweist sich im Elektronenmikroskop als hochdifferenziert: Eine starre Cilie mit 9 + 2-Muster der Mikrotubuli steht im Zentrum zahlreicher, regelmäßig angeordneter Stereocilien. Bei letzteren handelt es sich um

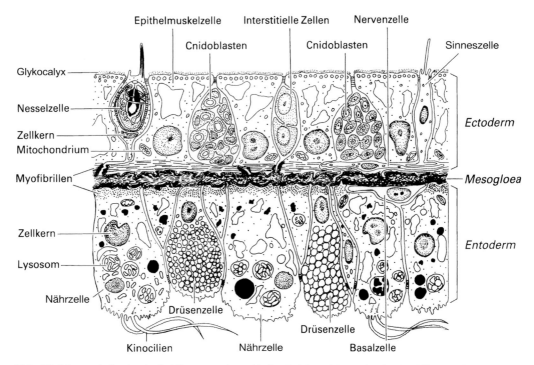

Abb. 32 Längsschnitt durch die Körperwand von *Hydra*. Bei den vielen subapikalen Bläschen im Ectoderm handelt es sich um Vesikel, welche die Glykocalyx absondern. (Nach Tardent)

Mikrovilli, die in ihrem Inneren Mikrofilamente enthalten.

Man findet bei *Hydra* verschiedene Nematocysten (Abb. 33–35):

Die größten, die **Durchschlagskapseln**, die **Stenotelen** (**Penetranten**; Abb. 33, 35) werden vor allem gegenüber Beutetieren mit glatter, fester Cuticula eingesetzt. Die Wand ihrer Schlauchbasis ist verstärkt und im Inneren mit drei spitzen Stiletten bewehrt und außerdem mit drei Reihen schraubig angeordneter Lamellen ausgestattet. Bei Anwesenheit von Stoffen, die von den Beutetieren in das Wasser diffundieren und auf die Chemoreceptoren ansprechen, führt mechanische Reizung des Cnidocils zur Explosion der Kapsel: Der Deckel springt auf, der Schlauch stülpt sich nach außen um, und die vorschnellenden und sich spreizenden Stilette reißen ein Loch in die Cuticula, durch das dann der Rest des Schlauches eindringt und sein Gift entleert. Der gesamte Entladungsvorgang dauert nur 3 Millisekunden. Das Gift der Stenotelen führt zur raschen Lähmung und schließlich zum Tod der Beutetiere.

Der zweite Typ sind die **Wickelkapseln**, die **Desmonemen** (**Volventen**; Abb. 34, 35). Sie sind eiförmig; der kurze Faden ist nur wenig aufgewunden. Nach der Explosion umwinden ihre ausgeschleuderten Fäden Haare und Borsten der Beutetiere und halten sie so fest, bis sie der Wirkung der Stenotelen erlegen sind. Die Desmonemen sind die kleinsten Nematocysten.

Beim dritten Typ handelt es sich um **Haftkapseln** (**Glutinanten** oder **Isorhizen**), die in zwei Formen vorkommen (als sog. holotriche und atriche Isorhizen, Abb. 34, 35). Sie sind schlank zylindrisch; der sehr lange Faden ist in der Kapsel stark geknäuelt. Nach dem Ausschleudern ist er gestreckt. Die Isorhizen sondern ein klebriges Sekret ab und spielen weniger beim Beutefang als bei der Ortsbewegung von *Hydra* eine Rolle (wie zuvor auf S. 61 beschrieben).

Die einzelnen Kapselformen sind über den Körper und die Tentakel ungleichmäßig verteilt. Die besonders stark bewehrten Tentakel enthalten in jeder Ectodermzelle („Batteriemutterzelle") eine ganze Batterie von Nematocysten

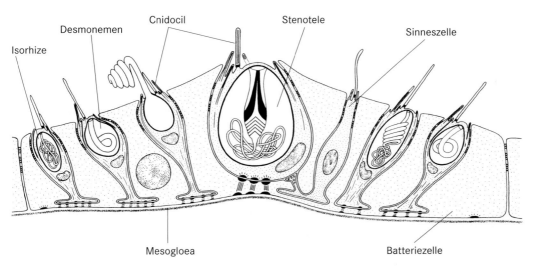

Isorhize Desmonemen Cnidocil Stenotele Sinneszelle Mesogloea Batteriezelle

Abb. 33 Ectoderm (Epidermis) von *Hydra*, basierend auf elektronenmikroskopischen Untersuchungen. (Nach HOLSTEIN)

(Abb. 35), wobei die hochgewölbte Mitte von 1–2 Stenotelen eingenommen wird, die von einigen Isorhizen und zu äußerst von einem ganzen Kranz von Desmonemen umgeben werden. Bei der Art *Hydra vulgaris* zählt man beispielsweise 1–2 Stenotelen, 2–3 Isorhizen und 14–18 Desmonemen in jeder Batteriemutterzelle.

Der Entstehungsort der Nematocyten ist das Ectoderm der mittleren Körperregion. Hier bilden sie sich aus interstitiellen Zellen. Diese teilen sich und bilden Nester von bis zu 32 Nematoblasten, die zunächst noch mittels cytoplasmatischer Brücken miteinander verbunden bleiben. Nach Abschluss der Teilungen bilden die Zellen in ihrem großen Golgi-Apparat in der Nachbarschaft zu zwei Centriolen und unter dem Dach von Mikrotubuli die Nesselkapsel. Während die Kapsel fertig gestellt wird, trennen sich die – nun Nematocyten genannten – Zellen und begeben sich in die Tentakel.

In den Tentakeln werden die Nematocyten bei *Hydra* in ganz eigenartiger Weise in Schussposition gebracht: Sie lassen sich von ectodermalen Epithelzellen, den Batteriezellen, in Einstülpungen der Zellmembran aufnehmen. Neurone können synaptische Kontakte zu Nematocyten bilden. Nematocyten sind unabhängige Effektoren und können selbst auf Reize reagieren. Damit dies möglich wird und der Faden ausgeschleudert werden kann, rücken sie in den api-

kalen Bereich der Zellmembraneinstülpungen, sodass sie wie in einer Schießscharte die Oberfläche des Epithels erreichen. Jede Nematocyste funktioniert nur einmal. Die Nematocyte stirbt, wenn die Kapsel ausgerissen ist, ab oder gelangt nach der Explosion ihrer Kapsel in den Gastralraum und wird vom Entoderm verdaut; an ihre Stelle wandert eine neu gebildete ein.

Die Ectodermzellen sind, ebenso wie die Zellen des Entoderms, basal in der **Mesogloea** verankert. An ihrer Oberfläche sezernieren sie schleimige Glykoproteine, die sie schützend überziehen. Die Drüsenzellen der Fußscheibe sondern klebrige Glykoproteine ab, die ein Haften an der Unterlage oder der Oberflächenhaut des Wassers ermöglichen.

Zwischen den Epithelmuskelzellen sind, was an unserem Präparat aber nicht erkennbar ist, schlanke **Sinneszellen** in Form sensorischer Neurone eingestreut. Sie sind mit einem Kinocilium als receptorischem Fortsatz ausgerüstet und stehen an ihrer Basis mit dem Nervennetz in Verbindung. Die kleinen bi- und multipolaren **Nervenzellen** liegen mitsamt ihren Fortsätzen, den Axonen und Dendriten, den muskulären Teilen der ectodermalen Epithelmuskelzellen auf. Die Axone enden an den Basen der Nematocyten und an den kontraktilen Fortsätzen der Epithelmuskelzellen beider Keimblätter. Im Bereich der Gastrodermis finden sich nur wenige Nervenzellen.

a

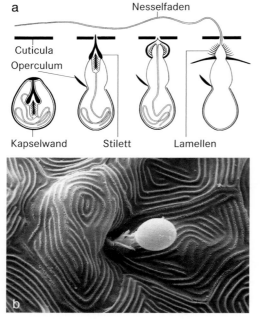

Nesselfaden

Cuticula
Operculum

Kapselwand   Stilett   Lamellen

Abb. 34 Cniden **a** Phasen der Entladung einer Stenotele, deren Stilettapparat ein Loch in die Cuticula eines Beutetieres schlägt. Das Vorschnellen der Stilette nach Öffnen des Operculums erfolgt in weniger als 10 Mikrosekunden. Durch die entstandene Öffnung wird der giftführende Nesselfaden in das Beutetier gestülpt. (Nach HOLSTEIN). **b** Rasterelektronenmikroskopisches Bild: Die abgeschossene Cnide ist in die Epidermis eines Fisches eingeschlagen (Foto: Thomas HEEGER, Cebu City, Philippinen)

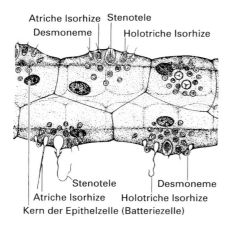

Atriche Isorhize   Stenotele
Desmoneme
Holotriche Isorhize

Stenotele   Desmoneme
Atriche Isorhize   Holotriche Isorhize
Kern der Epithelzelle (Batteriezelle)

Abb. 35 Stück eines Tentakels von *Hydra* mit Nematocystenbatterien. Die Zellmembranen der Nematocyten sind nicht eingezeichnet. Oben: Cniden im Ruhezustand; unten: ausgeschleudert. (Nach KÜHN und GELEI).

Die Zellen der **Gastrodermis** sind von zweierlei Art: **Nährzellen** und **Drüsenzellen**. Die Nährzellen sind durch den Reichtum an Nahrungsvakuolen und durch ein Geißelpaar ausgezeichnet. An der Basis bilden auch sie Muskelfibrillen aus, die aber zirkulär verlaufen, bei Kontraktion somit den Körper schlank und lang werden lassen. Die Drüsenzellen sind weniger zahlreich, schlanker und entbehren zum Teil der Geißeln. Von ihnen gibt es zwei Typen: Die einen produzieren schleimige Sekrete, die das Darmepithel vor Verletzungen und vor den Verdauungsenzymen schützen, die vom zweiten Drüsentyp sezerniert werden. Die Verdauung der aufgenommenen Nahrung findet zunächst extrazellulär, im Inneren des stark erweiterungsfähigen Gastralraumes unter der Einwirkung der protein-, fett- und chitinspaltenden Enzyme statt, die das Gewebe der Beutetiere zersetzen. Bereits gelöste Nahrungsstoffe werden von den Nährzellen resorbiert, Partikel phagocytiert. Die Verdauung wird also intrazellulär zum Abschluss gebracht. Die unverdaulichen Reste werden durch die Mundöffnung ausgestoßen. Die Nährzellen vermögen auch Reservestoffe (Glykogen, Lipide, Proteine) zu speichern. Zur Deckung des Stoffwechsels aller übrigen Zellen geben sie Grundbausteine der Nahrungsstoffe in den Interzellularraum ab.

● Hungrige Hydren unter dem Deckglas mit Daphnien füttern.

Das Verschlingen der großen Beutetiere ist dann besonders gut zu beobachten.

Die **Fortpflanzung** von *Hydra* kann geschlechtlich oder ungeschlechtlich sein. Bei der ungeschlechtlichen – sie ist viel häufiger als die geschlechtliche – kommt es an der Grenze von Stiel und Rumpf zur Ausbildung einer oder mehrerer **Knospen**, in die interstitielle Zellen einwandern, aus denen beispielsweise Nervenzellen werden. Es formt sich erst ein Hypostom, zuletzt ein ringförmiger Fuß, der sich wie eine Blende schließt und so die Ablösung des jungen Polypen bewerkstelligt. Der ganze Vorgang, von der ersten Andeutung einer Knospe bis zum Ablösen der jungen *Hydra*, kann in zwei Tagen beendet sein. Daher wird man im Sommer und bei guter Fütterung der in Kultur genommenen Hydren oft Individuen mit 3–4 verschieden weit entwickelten Knospen antreffen.

Es gibt unter den Süßwasserpolypen getrennt-geschlechtliche und hermaphroditische Arten. Bei den zwittrigen – sie sind meist protandrisch, d.h. die **Hoden** treten (bis zu mehreren Wochen) früher auf als die **Ovarien** – entwickeln sich die Hoden im oberen Abschnitt der Magenregion, die Ovarien im unteren. Der Stiel ist in jedem Fall gonadenfrei. Die Gonaden bestehen aus lokalen Anhäufungen interstitieller Zellen des Ectoderms, die sich vergrößern und zu Oogonien bzw. Spermatogonien werden. Dies trägt zur Auswölbung der Gonaden bei. Die Spermatogonien der Hodenanlagen entwickeln sich zu einer großen Zahl von Spermien. Oocyten phagocytieren zu Nährzellen umgestaltete interstitielle Zellen und nehmen amöboide Gestalt an. Das reife, kugelige Ei durchbricht die Ectodermzellen, wird aber von ihnen wie in einer kleinen Schüssel festgehalten. Befruchtung und totale Furchung erfolgen am Körper des Muttertieres. Nach der Gastrulation entsteht eine kräftige Schale (Embryothek), und der Keim löst sich ab und fällt zu Boden. Nach einiger Zeit platzt die Schale und gibt einen nahezu vollständig entwickelten Polypen frei.

● Bei Hydren mit reifen Hoden die Spermien durch vorsichtiges Zerzupfen freilegen.

Sie bestehen aus einem stark lichtbrechenden Köpfchen und einer sehr zarten, langen Geißel.

Häufig wird man bei *Hydra* auf der Körperoberfläche Ciliaten herumkriechen sehen, ohne dass dadurch eine Explosion der Nematocysten ausgelöst wird. Es handelt sich um Arten, die fast ausschließlich auf *Hydra* leben. Eine von ihnen ist die „Polypenlaus", *Trichodina pediculus*. Eine andere häufig anzutreffende Art ist *Kerona polyporum* (Abb. 36b).

Bemerkenswert ist die große Regenerationsfähigkeit von *Hydra*. Man kann ein Individuum in mehrere Stücke zerschneiden, jedes regeneriert wieder zu einem vollständigen Tier.

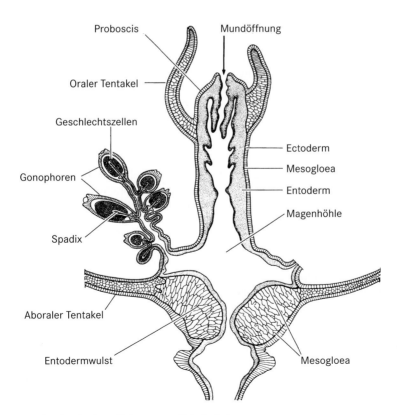

Abb. 36 Längsschnitt durch einen Polypen von *Tubularia larynx*

- Zum Schluss dem Präparat 0,2%ige, mit Methylgrün angefärbte Essigsäure zusetzen, wodurch die Nematocysten zur Explosion kommen.
- Die Mazeration kann in Bela-Hallerscher Flüssigkeit vorgenommen werden, einem Gemisch aus Eisessig (1 Teil), Glycerin (1) und Wasser (13). Man geht folgendermaßen vor: eine *Hydra* wird auf einen sauberen Objektträger gegeben, das Wasser entfernt und durch 2 bis 3 Tropfen der Bela-Hallerschen Flüssigkeit ersetzt. Nach 30–60 Sekunden wird die Mazerationsflüssigkeit mit Zellstoff sorgfältig abgesaugt. Nun überschichtet man das Präparat mit einer wässerigen Methylgrün- oder Methylviolettlösung, lässt den Farbstoff einige Minuten lang einwirken, saugt wiederum ab und gibt frisches Wasser zu. Schließlich wird sehr vorsichtig ein Deckglas aufgelegt und, wenn die *Hydra* nicht schon jetzt in Zellen und Zellgruppen zerfallen ist, mit der Spitze der Präpariernadel auf das Deckglas getupft. Das Ergebnis ist überraschend: Man kann meist alle Zelltypen identifizieren.
- Zum Verständnis des mikroskopisch-anatomischen Aufbaus empfiehlt es sich ferner, gefärbte Querschnitte von Hydren, die mit Rußgelatine gefüttert wurden, zu mikroskopieren.

2. *Tubularia larynx*

- Mit Boraxkarmin gefärbte Präparate von ganzen Polypenköpfchen sowie Längsschnitte durch die Köpfchen mikroskopieren.

Diese auch in der Nordsee vorkommende Form bildet individuenreiche, durch Knospung entstandene Stöckchen von etwa 7 cm Höhe. An den Totalpräparaten erkennt man, dass die Gliederung der Einzelpolypen in **Köpfchen** (**Hydranth**) und **Stiel** (**Hydrocaulus**) deutlich ausgebildet ist und dass der Stiel von einer vom Ectoderm abgeschiedenen, röhrenförmigen **Hülle** (**Periderm**, **Perisark**) aus chinongegerbten Glykoproteinen und Chitinmikrofibrillen umgeben und gestützt wird. Sie wird von innen laufend verstärkt und endet unterhalb des Köpfchens, das also nicht geschützt wird (Athecata). Das rundliche Köpfchen sitzt dem Stiel breit auf und zieht sich nach oben in eine Art Rüssel (Proboscis) aus, der

mit der Mundöffnung endet. Die Tentakel sind in zwei Kränzen angeordnet, der eine – tiefer gelegene – mit etwa 20 größeren, der andere mit ebenso vielen oder etwas weniger, kleineren Tentakeln um die Mundöffnung herum; sie werden aborale und orale Tentakel genannt.

Bei adulten Exemplaren entspringen etwas oberhalb vom aboralen Tentakelkranz als traubenförmige Bildungen an kurzen Stielen sitzende Gonophoren (s. S. 59), abweichend gestaltete Individuen, die die Geschlechtszellen bilden (Abb. 36).

Die Gonophoren der vorliegenden Art bleiben am Polypen sitzen, sind also sessil. Durch Vergleich verschiedener Präparate lässt sich die Ausbildung der Gonophoren verfolgen: Die kurzen Stiele treiben zunächst kleine Seitenknospen aus, die Anlagen der künftigen Gonophoren, deren Wandung, wie die des Polypen und des Stiels, aus Ectoderm, Mesogloea und Entoderm besteht. Am freien Ende drängen aus interstitiellen Zellen hervorgegangene Gametogonien nach innen und bilden eine Masse, die sich kappenförmig um den als **Spadix** bezeichneten Entodermkegel herumlegt. Aus dieser abgeschnürten Gametogonienmasse entwickeln sich die Geschlechtszellen, und zwar in einem Polypen entweder nur männliche oder nur weibliche. Die weiblichen Gonophoren enthalten einige Eier, die in der Weise entstehen, dass eine Anzahl von Keimzellen verschmelzen, aber nur ein Kern bestehen bleibt, der zum Eikern wird. Das befruchtete Ei lässt noch innerhalb des Gonophors eine kleine, mit einigen Tentakeln ausgestattete Larve entstehen, die **Actinula**, die aus der von drei oder vier Höckern umstellten Öffnung am freien Ende des Gonophors ausschlüpft. Die Larve setzt sich bald darauf fest und wandelt sich in einen Polypen um, den Primärpolypen einer künftigen Kolonie.

- Den feineren Bau von *Tubularia larynx* am besten an Längsschnitten einzelner Polypenköpfchen untersuchen (Abb. 36).

An den Präparaten fällt zunächst ein ringförmiger Wulst auf, der in Höhe der aboralen Tentakel den inneren Hohlraum zu einem schmalen Kanal verengt. Der Wulst, eine Besonderheit der Gattung *Tubularia*, entsteht durch Umbildung, vor allem Vakuolisierung von Entodermzellen. Er ist allseitig von der Mesogloea umschlossen und sowohl gegen das axiale Entoderm der Tentakel als auch gegen das den Gastralraum auskleidende Entoderm abgegrenzt.

Die Tentakel werden von großen, unregelmäßig in mehreren Reihen angeordneten Entodermzellen erfüllt. Nach außen folgen die Stützlamelle und das Ectoderm mit seinen zahlreichen Nesselzellen.

Im oberen Abschnitt des Gastralraumes erhebt sich das Entoderm zu Längsfalten. Der Kanal, der die Magenhöhle des Hydranthen mit dem den ganzen Stiel durchsetzenden Hohlraum verbindet, erweitert sich unmittelbar unterhalb des Entodermwulstes, was äußerlich in einer ringförmigen Anschwellung, dem „Knopf", zum Ausdruck kommt.

Die von den einzelnen Hydranthen aufgenommene und zu Partikeln vorverdaute Nahrung wird – bei allen stockbildenden Hydrozoen – durch starke Kontraktionen der Polypen in den Hydrocaulus gepumpt und so den Epithelien der Röhren und auch anderen Hydranthen zugänglich gemacht.

3. *Laomedea flexuosa*

Diese in der Nord- und Ostsee häufige Form gehört zu den Thecata: Die Peridermhülle des Stieles erweitert sich zu Bechern (**Hydrothecae**), die die Hydranthen umgeben.

Laomedea flexuosa bildet aufrecht stehende Kolonien, die sympodial wachsen. Bei sympodialem Wachstum bildet die Spitze der Kolonie einen Hydranthen. Dann entsteht proximal am Hydranthenstiel eine Knospenspitze, die ein Stück weit das Längenwachstum übernimmt und sich dann zu einem Hydranthen differenziert. Monopodiales Wachstum findet man z.B. bei *Dynamena pumila* (Thecata). Dabei bleibt die wachsende Spitze der Kolonie stets undifferenziert, während proximal in regelmäßigen Abständen Hydranthenknospen gebildet werden. Bei *Laomedea* enden alle Seitenzweige entweder in Hydranthen oder in **Gonangien**, das sind von Periderm, von einer Gonotheca, umhüllte Kapseln, die eine Anzahl von Geschlechtsindividuen (Gonophoren) einschließen. Gonotheca und Hydrotheca stellen eine unmittelbare Fortsetzung des den Hydrocaulus umgebenden Peridermrohres dar, das im Bereich ihrer Stiele

eine sehr charakteristische Ringelung aufweist. Die Hydrotheca gewährt dem zurückziehbaren Polypenköpfchen Schutz. Im Präparat sind mutmaßlich einige der Köpfchen gänzlich in sie eingezogen, während andere mit ausgestreckten Tentakeln aus der Hydrotheca hervorragen.

Bei stärkerer Vergrößerung erkennt man innerhalb der Hydranthenstiele, den von einschichtigem Entoderm ausgekleideten Kanal, der die ganze Kolonie durchzieht und sich innerhalb eines jeden Polypenköpfchens zum Magenraum erweitert, in dessen Bereich die Entodermzellen besonders hoch sind. Außen liegt, durch die Mesogloea vom Entoderm getrennt, das Ectoderm, das sich manchmal bereits im Leben, regelmäßig aber im Zuge der Fixierung, vom Periderm zurückzieht; es bleibt nur hier und da durch seitliche Ausläufer mit dem Periderm in Verbindung. Im untersten Abschnitt einer jeden Hydrotheca bildet das Periderm eine ringförmige Querwand (Diaphragma), auf der die durch einen Ectodermwulst verbreiterte Basis des Polypenköpfchens aufsitzt (Abb. 37).

Der obere, die Mundöffnung tragende Abschnitt des Hydranthen ist zu einem typischen Rüssel verschmälert, der von drüsigen, ein Gleitmittel absondernden Entodermzellen ausgekleidet wird. Dem unteren, erweiterten Abschnitt des Hydranthen sitzt ein einfacher Kranz fingerförmiger Tentakel auf. Im Ectoderm der Tentakel sieht man zahlreiche, etwas vorspringende Nematocyten; die solide Achse wird von in einer Reihe geldrollenartig angeordneter Entodermzellen gebildet.

Die **Gonophoren** entstehen als seitliche Ausbuchtungen an einem aus Ecto- und Entoderm bestehenden Stiel, dem sog. **Blastostyl**. Oben erweitert sich das Blastostyl und schließt mit einer breiten, ectodermalen Endplatte ab. Die Gonophoren von *L. flexuosa* sind als stark rückgebildete Medusen zu betrachten, und zwar die weiblichen als **heteromedusoide**, die männlichen als **styloide Gonophoren** (vgl. Abb. 30 und 37). Die Kolonien sind getrenntgeschlechtlich. Die weiblichen Gonophoren enthalten je ein großes Ei, aus dem sich eine Planula-Larve entwickelt.

Eine andere, auf Braunalgen (*Laminaria*) sehr häufige Art einer nahe verwandten Gattung, *Obelia geniculata*, bildet wenig verzweigte Kolonien. Das Periderm zeigt bei ihr unterhalb

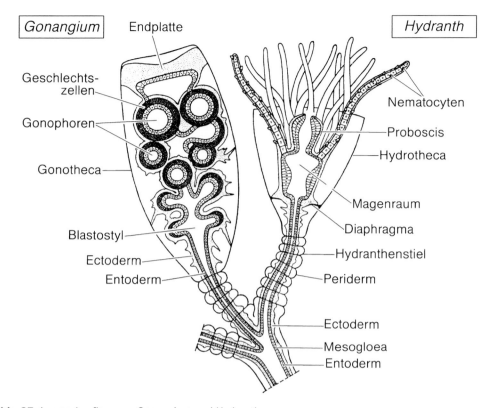

Abb. 37 *Laomedea flexuosa*, Gonangium und Hydranth

der Polypenstiele sehr charakteristische, nach innen gerichtete Verdickungen und bildet an der Spitze der Gonotheca einen Kragen, der ihre enge Öffnung umfasst. Der auffallendste Unterschied betrifft jedoch die Gonophoren: Es sind hier echte, 16–20 Tentakel tragende Medusen, die aus der Öffnung der Gonothek ausschlüpfen. Man kann in den Präparaten neben den fertigen Medusen (s. S. 73) auch verschiedene Stadien ihrer Entwicklung auffinden.

II. Hydrozoa: Hydromedusen

Technische Vorbereitungen

● Für das Studium der Hydromedusen sind mit Boraxkarmin, Hämalaun oder Eisenhämatoxylin gefärbte mikroskopische Präparate

erforderlich. Als Untersuchungsobjekt wurde *Obelia* gewählt.

Allgemeine Übersicht

Bei den Hydroidpolypen hatten wir diejenigen Formen von Geschlechtstieren näher kennen gelernt, die sich nicht ablösen, um als Hydromedusen frei beweglich zu sein, sondern am Stock verbleiben: die sessilen Gonophoren. Die freiwerdenden Hydromedusen erreichen in Übereinstimmung mit der schwimmenden Lebensweise eine höhere Organisationsstufe. Ihre Form ist die einer flachen Schale oder einer hochgewölbten Glocke, aus der, von der Mitte der Unterseite entspringend, ein verschieden langes Rohr herabhängt. Die Glocke wird als **Umbrella**, ihre gewölbte Oberseite als **Exumbrella**, ihre konkave Unterseite als **Subumbrella** und das herabhängende, die Mundöffnung aufweisende Rohr, als

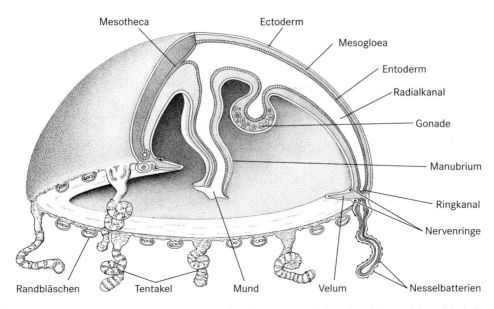

Abb. 38 Hydromeduse, der etwas mehr als ein Quadrant ausgeschnitten ist. Schematisiert. (Nach PARKER und HASWELL, verändert)

Magenstiel oder **Manubrium** bezeichnet. Der **Gastralraum** gliedert sich in einen Magen, der sich entweder auf den Magenstiel beschränkt oder bis in den Schirm hinaufzieht und sich hier sackartig erweitert, und in die von seinem oberen Ende zur Peripherie des Schirmes ziehenden **Radialkanäle** (ursprünglich 4 an Zahl) samt dem sie verbindenden, in der Peripherie des Schirmes liegenden Ringkanal (Abb. 38, 39).

Die **Glocke** der Meduse ist meistens aus 4 zellulären und 3 azellulären Schichten aufgebaut.

Den äußeren Abschluss bildet das Ectoderm der Exumbrella. Es besteht aus stark abgeplatteten Zellen, die keine kontraktilen Fibrillen enthalten, und Nematocyten. Es folgt die nichtzelluläre äußere Mesogloea, eine recht massige, aus Proteoglykanen, Glykoproteinen, verschiedenen Kollagenen und viel Wasser bestehende Gallerte. Als mittlere, zelluläre Schicht folgt die Mesotheca, die mit den Radialkanälen verbunden ist. Darauf folgt eine azelluläre innere Mesogloea, die nicht so stark wie die äußere Mesogloea ist. In der Nähe der inneren Oberfläche und von ihr durch eine schmale Mesogloea-Schicht getrennt befindet sich bei vielen Medusen eine Schicht quergestreifter Muskelzellen. Die innere Begrenzung der Glocke bildet eine zelluläre

Schicht, die aus flächig abgeplatteten Epithelzellen besteht. Die quergestreiften Muskelzellen vollführen die rhythmischen Schwimmbewegungen der Glocke und sind bei entsprechender optischer Ausrüstung des Mikroskops (Phasenkontrast oder Interferenzkontrast) auch in lebenden, ungefärbten Medusen zu sehen.

Die Kanäle des **Gastrovaskularsystems** sind von entodermalem Geißelepithel ausgekleidet.

Wie bei den Hydroidpolypen an der Grenze von Körperwand und Peristom, so finden sich auch bei den Hydromedusen an entsprechender Stelle, also am Schirmrand, hohle oder solide, mit Nematocyten ausgerüstete Tentakel. Nematocyten finden sich bei den Medusen nicht nur an den Tentakeln, sondern auch im gesamten Bereich der Glocke und an der Mundöffnung.

In Übereinstimmung mit dem frei beweglichen Leben entwickelte Strukturen sind das **Velum** und die an der Peripherie des Schirmes sitzenden **Sinnesorgane**. Das Velum ist ein irisblendenartiger Vorsprung des Schirmrandes. Es dient zusammen mit der Subumbrella als Bewegungsorgan und hat wie diese eine gut ausgebildete Muskulatur. Durch eine kräftige Kontraktion der subumbrellaren, quergestreiften Muskulatur wird das Wasser aus der Glockenhöhle bei gleichzeitiger Verengung der zentralen Öffnung des Velums ausgestoßen. Durch den Rückstoß schwimmt die Meduse mit der Exumbrella voran. Wenn die Muskulatur erschlafft, nimmt die Glocke, dank der Elastizität der Mesogloea, wieder ihre frühere Form an.

Als **Lichtsinnesorgane** dienen an der Basis der Tentakel sitzende Augen, die einfache Ocellen aber auch hochentwickelte Linsenaugen sein können. Neben ihnen oder statt ihrer findet man nicht selten **Schweresinnesorgane** (**Statocysten**), vom Ectoderm gebildete offene Grübchen oder geschlossene Randbläschen, in denen ein frei beweglicher Statolith den Cilien von Sinneszellen aufliegt.

Auch das **Nervensystem** steht bei den Medusen auf einer höheren Organisationsstufe als bei den Polypen. Die Nervenzellen mit ihren Fasern sind zu zwei Ringen am Schirmrand angeordnet, von denen der eine oberhalb, der andere unterhalb der Basis des Velums liegt (vgl. Abb. 38 und 39). Der obere Ring ist den Tentakeln und Ocellen zugeordnet, der untere den Statocysten sowie der Muskulatur des Velums und der Subumbrella. Daneben ist aber auch bei den Leptomedusen ein diffuser Nervenplexus erhalten, der sich an der ganzen Subumbrella, dem Magenstiel und den Tentakeln ausbreitet. Der Exumbrella fehlt generell so ein Plexus. Die Epithelzellen der Exumbrella und Subumbrella können selbst Aktionspotentiale leiten. Sie sind mittels Gap Junctions elektrisch gekoppelt.

Die Hydromedusen entstehen meist ungeschlechtlich als seitliche Ausknospung eines Polypenstöckchens. Die von athecaten Polypen abstammenden Medusen werden als **Anthomedusen** bezeichnet, die von thecaten als **Leptomedusen**. Hydromedusen können auch ungeschlechtlich aus Medusen hervorgehen.

Die Anthomedusen sind fast stets stark gewölbt und besitzen in der Regel Ocellen, die Leptomedusen sind meist scheibenförmig und mit Statocysten ausgestattet.

Die **Geschlechtsprodukte** entwickeln sich bei *Hydra*, wie bei den sessilen Gonophoren, aus interstitiellen, im Ectoderm lokalisierten Stammzellen, und zwar entweder am Magenstiel (Anthomedusen) oder an den Radialkanälen (Leptomedusen). Sie liegen zwischen Mesogloea und Ectodermzellen. Es gibt Hydrozoa, die keine Stammzellen (interstitielle Zellen) besitzen und

bei denen die Keimzellen vielleicht aus Epithelmuskelzellen entstehen. Die Hydromedusen sind meist getrenntgeschlechtlich.

Spezieller Teil

Obelia geniculata

Diese nur wenige Millimeter große Meduse ist an den atlantischen Küsten Europas sehr verbreitet und gehört zu den von thekaphoren Hydroidpolypen abstammenden, flachen Leptomedusen. Diese bilden ihre Geschlechtsprodukte an der Wandung der Radialkanäle aus (Abb. 39).

● Die Präparate zunächst mit schwacher, dann mit stärkerer Vergrößerung betrachten.

Der **Schirm** ist kreisrund und flach scheibenförmig. Die **Mundöffnung** erscheint als ein Quadrat, dessen Ecken zipfelförmig ausgezogen sind. Sie liegt an der Spitze eines Mundrohres (**Manubrium**), das man nur bei solchen Präparaten sehen kann, bei denen es in die Ebene der Scheibe umgeklappt ist. Das Manubrium ist ein weites, kurzes Rohr, das von einer viereckigen Erweiterung im Zentrum der Scheibe kommt und sich nach unten zu ausweitet, wo es mit vier zungenförmigen, die Mundöffnung umstellenden Lappen endet. Im Inneren des Manubriums liegt der Magen. Oberhalb gehen von ihm vier rechtwinklig gestellte **Radialkanäle** ab, die in den unmittelbar am Scheibenrand verlaufenden **Ringkanal** einmünden. Im äußeren Bereich der Radialkanäle sind die **Gonaden** als kugelige Anschwellungen wahrzunehmen.

Die ziemlich langen **Tentakel** stehen sehr zahlreich am Schirmrand; auf jeden Quadranten entfallen etwa 14 bis 18, doch ist ihre Zahl nicht konstant. Sie sind solid, aus einer Achse von geldrollenartig aneinander gereihten Entodermzellen und dem mit großen Nematocyten versehenen Ectoderm bestehend. An der Basis der meisten Tentakel sind kleine Anschwellungen zu erkennen, die halbkugelförmig über den Schirmrand vorspringen; einigen Tentakeln, so namentlich den noch nicht zu voller Länge entwickelten, fehlen diese Basalknöpfe. Im Bereich des Basalknopfes kann man bei bestimmten Tentakeln bei starker Vergrößerung als kleines, helles, scharf umrandetes Bläschen

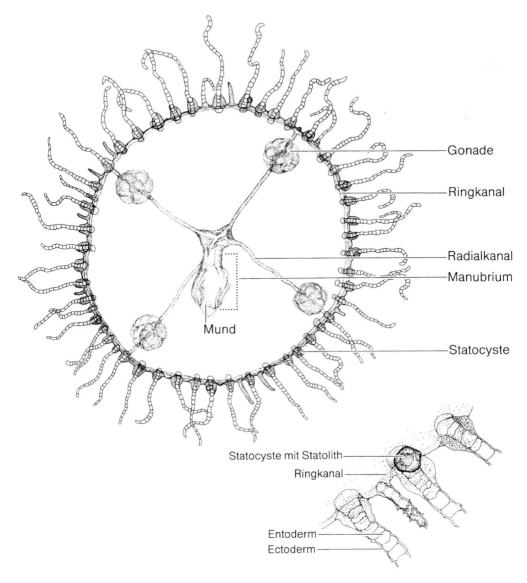

Gonade

Ringkanal

Radialkanal
Manubrium

Statocyste

Mund

Statocyste mit Statolith

Ringkanal

Entoderm
Ectoderm

Abb. 39 Meduse von *Obelia geniculata*. Oben von oral. 25×. Unten ein Stück Schirmrand mit Statocyste, den Basen eines sprossenden und dreier entwickelter Tentakel. 60×

eine **Statocyste** erkennen (Abb. 39). Im Ganzen sind acht Statocysten – zwei pro Quadrant – in ziemlich regelmäßiger, adradialer Anordnung vorhanden. Man verwechsle sie nicht mit den Basalknöpfen.

Die Statolithen selbst sind nur dann noch vorhanden, wenn die Tiere mit neutralem For-

mol fixiert wurden. Ocellen kommen bei *Obelia* nicht vor. Die Nematocyten sind als dunkle Pünktchen an den Tentakeln gut zu erkennen; sie zeigen eine ringförmige Anordnung.

Ein Velum, wie es für die große Mehrzahl der Hydromedusen so charakteristisch ist (craspedote Medusen), fehlt bei *Obelia*.

III. Scyphozoa

Technische Vorbereitungen

• Als Beispiel der Scyphomedusen wurde *Aurelia aurita* gewählt, die in der Nord- und Ostsee im Sommerhalbjahr in gewaltigen Schwärmen auftritt. – Außerdem werden mikroskopische Präparate von sehr jungen Exemplaren von *Aurelia aurita* mikroskopiert (Durchmesser bis etwa 1cm), ferner Ephyren derselben Art sowie schließlich Polypen, nach Möglichkeit polydiske Strobilae.

Allgemeine Übersicht

Die Scyphomedusen, die Medusenform der Scyphozoa, werden von den Scyphopolypen durch **Querteilung** gebildet. Dabei wird die Mundscheibe des Polypen nach Reduktion der Tentakel durch eine ringförmige Furche als junge Meduse abgeschnürt, oder es entsteht durch übereinander liegende, ringförmige Einschnürungen gleich ein ganzer Satz von frei beweglichen Jungmedusen (**Strobilation**; Abb. 42). Bei den meisten Scyphozoen wechselt eine sich ungeschlechtlich fortpflanzende Polypengeneration mit einer Medusengeneration ab, die Gonaden entwickelt und sich geschlechtlich fortpflanzt (Metagenese). Etwas einschränkend hierzu ist zu sagen, dass nach der Epyhra-Strobilation noch genügend Zellmaterial erhalten bleiben kann, so dass daraus wieder ein typischer Polyp entstehen kann. An der Rumpfwand der Polypen oder auch an kurzen Stolonen können außerdem Tochterpolypen entstehen, die sich bald ablösen. Bei manchen Arten fehlt das Polypenstadium völlig; aus den befruchteten Eiern der Medusen entstehen dann wieder über **Planula-Larven** junge, frei schwimmende Medusen. Andererseits gibt es aber auch polypenförmige, festsitzende Scyphomedusen ohne Polypengeneration (Stauromedusae).

Der kleine, nur 1–7mm große Scyphopolyp wird bei Rhizostomeae und Semaeostomeae **Scyphistoma** genannt. Er unterscheidet sich vom Hydroidpolypen vor allem durch vier entodermale, an Drüsenzellen reiche Längsfalten (**Gastralwülste**, **Septen**, **Täniolen**, Abb. 40),

die weit in den Gastralraum vorspringen und seine Peripherie in vier Gastraltaschen unterteilen. Zwar springen auch bei Hydropolypen im Bereich des Mundes 4 entodermale Falten vor, doch sind diese Falten strukturell viel einfacher als die Septen der Scyphozoen. Diese sind von Mesogloea erfüllt, die Zellen enthalten kann und von Längsmuskelsträngen durchsetzt wird, die Teile der Epithelzellen sind und an trichterförmigen Einsenkungen des Mundscheibenectoderms (**Septaltrichter**) ihren Anfang nehmend bis zur Basis des Polypen ziehen. Durch Öffnungen (**Septalostien**) im oberen Bereich der Septen sind die Gastraltaschen miteinander verbunden. Die Mundscheibe erhebt sich zu einem vierkantigen Rüssel; die an ihrem Rand entspringenden Tentakel sind mit einer einreihigen Achse von Entodermzellen ausgefüllt. Die Basis des Polypen scheidet einen Peridermbecher ab.

Die **Scyphomeduse** ist von glocken- oder scheibenförmiger Gestalt. Die Mesogloea ist stark entwickelt, in der Exumbrella wie auch in der Subumbrella (Abb. 41). Sie enthält bei manchen Formen (z.B. *Aurelia* und *Rhizostoma*) neben zahlreichen Fibrillen auch Zellen, sodass sie bei den Scyphomedusen den Charakter eines Bindegewebes annehmen kann. Die Zellen in der Mesogloea entstammen sowohl Ecto- als auch Entoderm. Sie beteiligen sich wahrscheinlich am Aufbau der Mesogloea, deren chemische Komponenten noch nicht völlig bekannt sind. Neben stark glykosyliertem Kollagen sind Proteoglykane nachgewiesen. Auf der Unterseite hängt ein Magenstiel herab. Am Rand fehlt ein echtes Velum (daher acraspede Medusen!), dagegen finden sich hier mindestens 8 paarige, lappenförmige Ausbuchtungen der Scheibe, die Randlappen. Die Mundöffnung ist – wenn ausgebildet – kreuzförmig gestaltet, ihre Ecken sind zu Zipfeln ausgezogen, die zu mächtigen Mundarmen auswachsen können. Die die Ecken des Mundkreuzes verbindenden Achsen werden als Perradien bezeichnet. Mit ihnen alternieren die vier Interradien. Zwischen diesen acht Hauptradien (Perradien + Interradien) kann man noch acht Adradien ziehen.

Das **Gastrovaskularsystem** ist bei den einzelnen Ordnungen recht verschieden, es kann sehr kompliziert sein. Sein innerhalb des Magenstiels gelegener Abschnitt, das Mundrohr, ist wie das ganze Gastrovaskularsystem von Entoderm ausgekleidet. Innerhalb des Schirmes

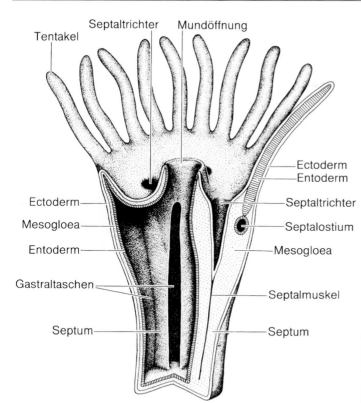

Tentakel Septaltrichter Mundöffnung

Ectoderm
Entoderm
Septaltrichter
Septalostium
Mesogloea

Ectoderm
Mesogloea
Entoderm
Gastraltaschen
Septum

Septalmuskel
Septum

Abb. 40 Scyphopolyp, dem ein Sektor von etwa 120° herausgeschnitten wurde. Links ist eine Gastraltasche aufgeschnitten, rechts wurde ein Septum halbiert. Schematisiert. Etwa 20×

erweitert sich der Hohlraum beträchtlich; er kann durch vier interradiale Septen, die denen des Scyphopolypen entsprechen, in einen Zentralmagen und vier perradiale Magentaschen (Gastraltaschen) gegliedert werden. Vom freien Rand der Septen entspringen tentakelförmige, als Gastralfilamente bezeichnete Fortsätze. Sie sind sehr reich an Entodermzellen, die verdauende Enzyme produzieren. Die Septen gehen in der Mehrzahl der Fälle in der weiteren Entwicklung verloren, sodass nur die Gastralfilamente bestehen bleiben und der Magenraum sich wieder einheitlich gestaltet. Er bringt zahlreiche Radialkanäle hervor, die einfach bleiben oder sich vielfach verzweigen und an der Peripherie in einen Ringkanal münden können.

Neben der Mundrohrbasis liegen interradial in der Subumbrella meist vier ectodermale Einbuchtungen, die **Subgenitalhöhlen**, die bei manchen Arten zusammenfließen können. Unmittelbar über ihnen entstehen im Entoderm des Zentralmagens die nach innen vorsprin-

genden Gonaden. Magentasche und Subgenitalhöhle bleiben aber durch eine zarte Gastrogenitalmembran geschieden; die Geschlechtsprodukte treten durch den Schlund aus.

Die **Sinnesorgane** der Scyphomedusen finden sich meist in der Achtzahl am Rand der Scheibe oder Glocke. Sie werden als **Rhopalien** (Rand- oder Sinneskörper) bezeichnet und haben die Form hohler und von Entoderm ausgekleideter, kleiner Tentakel oder Keulen, die durch einen Vorsprung der Exumbrella, den Decklappen, geschützt werden. In den Entodermzellen der Spitze der Keule bilden sich zahlreiche Statolithen aus. An den Rhopalien finden sich häufig **Lichtsinnesorgane** (Ocellen, Becheraugen) mit ciliären Lichtsinneszellen und zwei mit Sinnesepithel ausgekleidete Gruben.

Das **Nervensystem** der Subumbrella verdichtet sich an der Basis eines jeden Rhopaliums zu ganglionartigen Aggregationen von Nervenzellen, die sich durch ihren Gehalt an Neuropeptiden unterscheiden. Eine Konzentration des

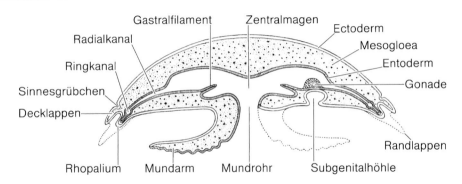

Gastralfilament Zentralmagen Ectoderm
Radialkanal   Mesogloea
Ringkanal   Entoderm
Sinnesgrübchen   Gonade
Decklappen
                                                     Randlappen
Rhopalium Mundarm Mundrohr Subgenitalhöhle

Abb. 41 Schematischer Schnitt durch eine Scyphomeduse, links perradial, rechts interradial geführt

Nervensystems in Form zweier dem Schirmrand parallel laufender Ringe, wie man das bei den Hydromedusen findet, ist bei den Scyphomedusen nur wenig angedeutet oder fehlt vollkommen.

Spezieller Teil

Aurelia aurita, Ohrenqualle

Aurelia aurita ist die häufigste Scyphomeduse der europäischen Küsten. Sie gehört zu den **Semaeostomeae (Fahnenquallen)**, deren Mundrohr in vier faltige Mundarme ausgezogen ist.

Ihre etwa $^1/_4$ mm lange **Planula-Larve** kann in heimischen Meeren in den Monaten Juli bis Oktober im Plankton gefunden werden. Sie setzt sich mit ihrem Aboralpol bevorzugt an der Unterseite von Hartsubstraten fest und wächst zu einem mit langen Tentakeln ausgestatteten Scyphistoma-Polypen aus. Dieser kann sich ganzjährig durch Knospung vermehren, wird mehrere Jahre alt und produziert in heimischen Meeren bei niedrigen Temperaturen durch Strobilation Ephyren (Abb. 42). Vor allem Ende Dezember bis Ende März und von Ende April bis Ende Mai findet dieser Vorgang in großem Maße statt. Die **Strobilation** beginnt apikal und setzt sich zur Basis fort, die in einem Peridermbecher ruht. Nach erfolgter Strobilation entsteht aus dem basalen Restkörper wiederum ein Polyp.

Die **Ephyra** (Abb. 43), das Jugendstadium der Meduse, hat die Gestalt einer flachen Scheibe, von deren Rand acht Stammlappen (Randlap-

pen) ausgehen. Jeder teilt sich an seinem Ende in zwei Flügellappen (Okularlappen). Zwischen diesen erkennen wir als kleinen, kolbenförmigen Vorsprung einen Sinneskörper. Zwischen den Stammlappen entwickeln sich später acht Velarlappen, die rascher wachsend schließlich dieselbe Länge erreichen.

Am Ende des kurzen, vierkantigen Magenstieles liegt die kreuzförmige Mundöffnung. Der

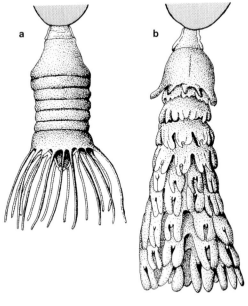

a   b

Abb. 42 Strobilation von *Aurelia aurita*. **a** Anfangsstadium einer polydisken Strobila mit langen Tentakeln; Länge 3 mm. **b** Fortgeschrittene Strobila mit fast fertigen Ephyren; Länge 4 mm. (Nach HOLTMANN, YASUDA)

Magenstiel führt in den flachen Magen, an dessen unterer Wand vier Gruppen von Gastralfilamenten durch ihre stärkere Färbung leicht erkennbar sind.

Vom Magen gehen acht größere, taschenförmige Ausstülpungen in die Stammlappen hinein (**Lappentaschen**). Zwischen ihnen, also adradial, stülpen sich acht kleinere Taschen gegen die Basis der Velarlappen vor (**adradiale Taschen**).

Bei stärkerer Vergrößerung kann man die parallel zum Schirmrand ziehende Ringmuskulatur der Subumbrella erkennen und außerdem die feineren Längsmuskelzüge, die in die Flügellappen hineinziehen.

- Um den Bau der Scyphomedusen kennen zu lernen, werden jetzt entweder mikroskopische Präparate kleiner Aurelien von etwa 1 cm Scheibendurchmesser mikroskopiert oder in Formol konservierte, ausgewachsene, am besten weibliche Tiere mit voll entwickelten Gonaden und Furchungsstadien der Eier an den Mundarmen untersucht.

Der Körperumriss der adulten Meduse ist gleichmäßiger und weniger gelappt als der der Ephyra, da die tiefen Einschnitte zwischen je zwei Stamm- oder Randlappen von den breiten Velarlappen ausgefüllt werden (Abb. 44). An der Peripherie finden sich zahlreiche kurze Tentakel, die den Velarlappen aufsitzen. Das Mundrohr ist in vier einfache, fahnenartige Mundarme mit gekräuselten Rändern ausgezogen.

Stark umgewandelt ist das **Gastrovaskularsystem**. Aus den 16 peripheren Taschen der Ephyra sind 16 schmale, lang gestreckte Radiärkanäle geworden, die am Rand in einen Ringkanal einmünden. Von ihnen sind die adradialen einfach, die per- und interradialen reich verzweigt, hier und da durch Anastomosen verbunden. Zwischen den einzelnen Kanälen ist das Entoderm zu einer Platte (**Kathammalplatte**) verwachsen. Die Zahl der Gastralfilamente ist stark vermehrt.

Peripher von ihnen, also gleichfalls interradial, sehen wir die hufeisenförmigen, im Leben durch blaue oder rote Färbung auffallenden **Gonaden**. Sie bilden sich als Falten des Entoderms, die sich in den Zentralmagen vorstülpen und im Innern die Geschlechtszellen entstehen lassen. Im Bereich der Gonaden ist die Gallertschicht der Subumbrella unterdrückt (Abb. 41), sodass sich an der Unterseite der Scheibe eine Vertiefung, die **Subgenitalhöhle**, bildet, die nur durch eine zarte Gastrogenitalmembran vom Zentralmagen geschieden ist.

Die reifen Eier werden in den Magen entlassen und dort befruchtet. Durch den Mund werden sie dann zwischen die zusammengefalteten Mundarme geleitet, an denen sie, von einem schleimigen Sekret umhüllt, ihre Embryonalentwicklung bis zur **Planulalarve** durchmachen.

- Findet man am untersuchten Tier überhaupt Entwicklungsstadien, so kann man den ganzen Entwicklungsgang von der Furchung bis zur Larve verfolgen, indem man an verschiedenen Stellen kleine Stücke des angeschwollenen Randes eines Mundarmes entnimmt und auf dem Objektträger zerzupft.

Die Furchung ist total und äqual. Die elliptische bis birnenförmige Planula zeigt außen ein einschichtiges Ectoderm, innen wird sie zunächst von einem kompakten Entoderm ausgefüllt. Erst später bildet sich im Inneren des Entoderms der Gastralraum. Die bewimperte Planula schwärmt dann aus, setzt sich nach einiger Zeit mit dem verbreiterten Vorderpol fest und wird zum Scyphopolypen.

Die acht **Rhopalien** (Sinneskörper, Randkörper; Abb. 43, 44) bezeichnen durch ihre Lage die Spitzen der Stammlappen der Ephyra. Schneidet man einen dieser Sinneskörper mit seiner Umgebung heraus und betrachtet ihn mit der Stereo-

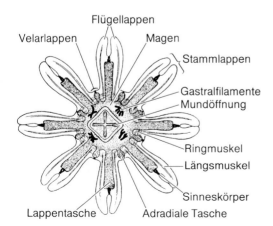

Flügellappen
Velarlappen
Magen
Stammlappen
Gastralfilamente
Mundöffnung
Ringmuskel
Längsmuskel
Sinneskörper
Lappentasche
Adradiale Tasche

Abb. 43 Ephyra von *Aurelia aurita*. 28 ×. (Nach Claus und Friedemann)

a

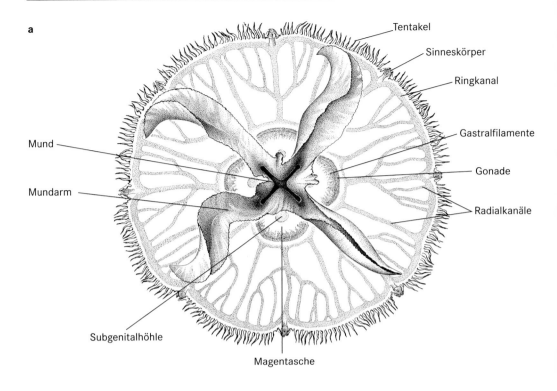

Tentakel

Sinneskörper

Ringkanal

Gastralfilamente

Mund

Gonade

Mundarm

Radialkanäle

Subgenitalhöhle

Magentasche

b

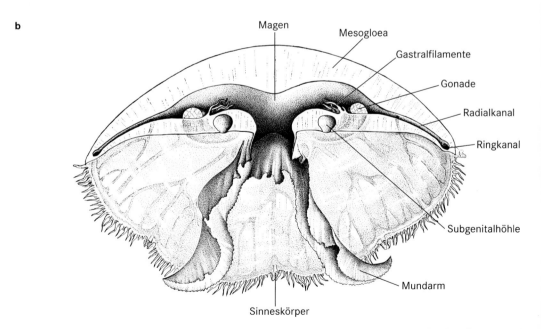

Magen

Mesogloea

Gastralfilamente

Gonade

Radialkanal

Ringkanal

Subgenitalhöhle

Mundarm

Sinneskörper

Abb. 44 *Aurelia aurita*, junges Tier. **a** Ansicht von unten; **b** Ansicht eines Tieres, das in der Mitte in zwei Hälften geschnitten wurde

lupe, so erkennt man einen kleinen Kolben, der vom Schirmrand horizontal nach außen absteht und von einer Deckplatte helmartig überwölbt wird. Die kolbenförmige Endanschwellung birgt zahlreiche prismatische Kristalle, die Statolithen, die aus Entodermzellen hervorgegangen sind. An der Unterseite des Randkörperstieles stehen im Verband mit Stützzellen zahlreiche Tastsinneszellen (mit unbeweglichen Cilien ausgestattete sensible Neurone). Zwei Grübchen, das eine an der Basis des Rhopaliums, das andere an der Deckplatte, werden zuweilen als Riechgruben gedeutet. Ihre Funktion ist jedoch noch nicht überprüft und daher die Bezeichnung „Sinnesgruben" besser. Zwei dunkle Flecke geben sich als Lichtsinnesorgane zu erkennen. Das eine, an der Außenseite, ist ein flacher Ocellus, dessen Sinneszellen zwischen Pigmentzellen liegen, das andere liegt im Inneren des Randkörpers unter einer ectodermalen Deckschicht. Es ist als Becherauge ausgebildet: Ein Becher aus entodermalen Pigmentzellen umhüllt eine Gruppe ectodermaler Sehzellen.

IV. Anthozoa, Korallentiere

Technische Vorbereitungen

- Material: Gefärbte Längs- und Querschnitte durch ein Stück einer Kolonie von *Alcyonium digitatum*, gefärbte oder ungefärbte Präparate von einzelnen Polypen und Skleriten. Außerdem in Alkohol konservierte Seeanemonen, z.B. *Anemonia sulcata* aus dem Mittelmeer. Um zu vermeiden, dass sich die Tiere kontrahieren, was das Studium der inneren Organisation sehr erschweren würde, ist es unerlässlich, die Seeanemonen vor dem Fixieren zu betäuben. Man setzt einige Exemplare in ein kleines Aquarium und fügt, sobald sich die Tiere ausgestreckt haben, dem Wasser etwas Magnesiumsulfat oder Menthol zu.

Allgemeine Übersicht

Anthozoen treten lediglich in der Polypenform auf (Anthopolyp).

Am Polypen unterscheidet man **Fußscheibe**, **Körperwand** (bei Aktinien **Mauerblatt** genannt) und **Mundscheibe**. Besonders kennzeichnend für die Anthopolypen ist das **Schlundrohr** (**Pharynx**), eine zentrale Einstülpung der Mundscheibe, die als Rohr weit in den Gastralraum hineinhängt und die – ihrem Ursprung gemäß – von Ectoderm ausgekleidet ist. Von der Körperwand gehen wie bei den Scyphozoen **Septen** („Mesenterien") aus, deren Innenränder am Schlundrohr ansetzen und so die **Gastrovaskularhöhle** in einen zentralen **Gastralraum** und in **Radialkammern** (**Gastraltaschen**) gliedern, deren Zahl der der Septen entspricht. Unterhalb des Schlundrohres ragen die Septen mit freien Rändern in den Gastralraum hinein, sodass hier die Radialkammern („Fächer") gegen den Zentralraum hin offen sind. Die Kammern können außerdem durch Öffnungen kommunizieren, die die Septen in Höhe des Mundes durchsetzen (**Septalostien**). Die Unterschiede im Bau des Gastrovaskularraumes von Hydro-, Scypho- und Anthopolypen werden besonders deutlich bei einem Vergleich ihrer Querschnitte (Abb. 45).

Die zwischen Ectoderm und Entoderm eingeschaltete **Mesogloea** enthält außer extrazellulären Fasern auch zahlreiche Zellen, die aus dem Ectoderm eingewandert sind und nun in der gallertigen Masse liegen, die den Hauptbestandteil dieses Gewebes ausmacht. Die Gewebeverbindung zwischen den Polypen koloniebildender Anthozoen wird bei Octocorallia **Coenenchym** genannt (Abb. 48).

Die in der Mitte der Mundscheibe gelegene Mundöffnung ist meist spaltförmig. Der Körper erhält dadurch, wie auch durch die Anordnung der Muskelfahnen (s. unten), eine bilaterale Symmetrie. Die durch den großen Durchmesser der Mundöffnung gehende Ebene (Sagittalebene) teilt den Körper in zwei spiegelbildlich gleiche Hälften. Ansonsten erscheinen die Anthozoen äußerlich meist radiär gebaut. Das Schlundrohr ist im Querschnitt oval bis spaltförmig, seltener kreisrund. Es ist an beiden oder nur an einer Schmalseite mit einer **Flimmerrinne** (**Siphonoglyphe**) versehen. Die Zellen der Siphonoglyphe haben Geißeln, die Wasser und damit Sauerstoff in die Gastrovaskularhöhle hineintreiben. Die freien Ränder der Septen tragen an Resorptions- und Drüsenzellen sowie Nematocytenreiche, teilweise flimmernde **Sep-**

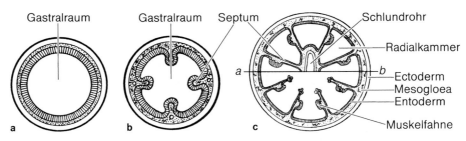

Abb. 45 Schematische Querschnitte durch Hydropolyp (**a**), Scyphopolyp (**b**) und Anthopolyp (**c**). Der Anthopolyp ist oberhalb der Linie a–b im Bereich des Schlundrohres, unterhalb dieser Linie unter dem Schlundrohr durchschnitten

tal- oder **Mesenterialfilamente**, hier kommen Nematocyten also auch im Entoderm vor. Unterhalb der Septalfilamente finden sich mitunter (bei Aktinien) fadenförmige, mit Nesselzellen bestückte **Akontien**, die durch den Mund oder durch seitliche, das Mauerblatt durchsetzende Poren herausgeschleudert werden können (Abb. 46). Zwischen den Septen, die das Schlundrohr erreichen, entwickeln sich oft kürzere, die es nicht erreichen, wodurch sich das Querschnittsbild komplizieren kann.

Vom Rand der Mundscheibe gehen die **Tentakel** ab, deren Zahl acht (**Octocorallia**), eine Vielzahl von sechs (viele **Hexacorallia**), selten sechs (Antipatharia) beträgt. Sie sind hohl und stehen in offener Verbindung mit den Radialkammern. Bei manchen Anthozoen (Aktinien) haben die Spitzen der Tentakel feine Öffnungen, die vermutlich bei der Kontraktion der Tiere zur schnellen Entleerung der in den Tentakeln befindlichen Flüssigkeit dienen.

Die **Muskulatur** der Anthozoen ist hoch entwickelt. In den Tentakeln, vor allem an deren Innenseite, und im Mauerblatt findet sich Längsmuskulatur, auf der Mundscheibe radiäre, beide ectodermalen Ursprungs. Die Muskulatur der Septen leitet sich vom Entoderm ab. Sie erscheint auf der einen Seite schwach ausgebildet als transversale Muskulatur, auf der anderen Seite in starker Ausbildung („Muskelfahnen") als Längsmuskulatur. Auch die Anordnung der Muskelfahnen an den Septen bewirkt eine bilaterale Symmetrie (Abb. 46). Weitere entodermale Muskulatur findet sich in Form von Ringmuskeln der Mundscheibe, der Fußscheibe, der Tentakel und des Schlundrohres. Am oberen Ende des Mauerblattes entwickelt sich zudem oft ein besonders kräftiger Ringmuskel, der als Schließmuskel dient.

Sinneszellen befinden sich verstreut in den Epithelien. Das **Nervensystem** ist als intraepithelialer Plexus über den ganzen Körper verbreitet, sowohl dem Ectoderm als auch dem Entoderm angeschlossen; das entodermale System ist im Allgemeinen schwächer entwickelt. Eine Verdichtung des Netzes pflegt an Mundscheibe, Schlundrohr und Tentakeln aufzutreten.

Die Mehrzahl der Anthozoen bildet durch **Teilung** der Polypen oder seitliche Knospung ohne nachfolgende Trennung „Stöcke". Das Gewebe zwischen den Polypen hat bei den Anthozoengruppen unterschiedliche Herkunft und unterschiedlichen Bau. Es ist in jedem Fall von Kanälen (Solenien) durchzogen, die die Gastralräume der Polypen verbinden. Schmale Gewebeverbindungen werden als Stolonen bezeichnet.

Die meisten Anthozoen weisen **Skeletbildungen** auf, die entweder nach außen, vom Ectoderm, oder im Inneren, von Ectodermzellen, die in die Mesogloea eingewandert sind, abgeschieden und danach als **Außenskelet** oder **Innenskelet** bezeichnet werden. Skeletbildende Substanzen sind eine im chemischen Aufbau dem Kollagen der Wirbeltiere ähnelnde, hornartige Substanz, $CaCO_3$ und Calciumsalze nach Art des Apatits. Das Außenskelet der Antipatharia (die tragende Achse des Polypenstocks) besteht aus einer Hornsubstanz, das der Steinkorallen aus Kalk.

Die kompliziertesten Skelete haben die Oktokorallen. In der Mesogloea werden einzelne Skeletelemente aus Kalk gebildet, die Sklerite. Sie können zu großen, fest verbundenen Massen zusammentreten, die den Polypenstock stützen

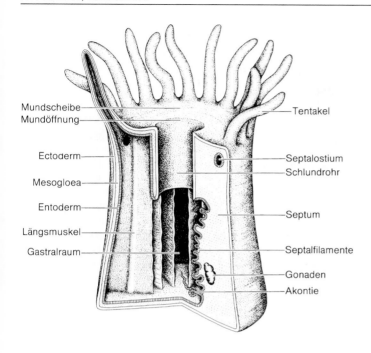

Mundscheibe
Mundöffnung
Ectoderm
Mesogloea
Entoderm
Längsmuskel
Gastralraum

Tentakel
Septalostium
Schlundrohr
Septum
Septalfilamente
Gonaden
Akontie

Abb. 46 Organisation eines Anthopolypen. Aus der Körperwand wurde ein Sektor von 120° herausgeschnitten, Schnitt links durch eine Radialkammer, rechts durch ein Septum geführt. Schematisiert, Längsmuskeln, Septalfilamente, Akontien und Gonaden wurden nur einmal eingezeichnet

und damit erhebliches Größenwachstum erlauben. Die Gorgonaria (Hornkorallen) bauen zudem als Außenskelet eine im Inneren des Polypenstocks liegende Achse aus Hornsubstanz, in die Kalk eingelagert sein kann. Die Seefedern haben ebenfalls eine zusätzliche, im Inneren liegende Hornachse. Ausnahmen sind nur die Blaue Koralle *Heliopora*, die nur ein Außenskelet aus Kalk bildet, ähnlich dem der Steinkorallen, und die kleinen Polypen von Cornularia, die eine Umhüllung aus Horn ähnlich der vieler Hydrozoen haben.

Bei den **Steinkorallen (Scleractinia)** erfolgt die Skeletbildung nur im unteren Teil des Korallenpolypen. Zunächst scheidet das Ectoderm der Fußscheibe eine kreisrunde, ebene Kalkplatte, die sog. **Basalplatte**, ab. Auf dieser werden dann 12 radiär angeordnete Kalklamellen (**Sklerosepten**) gebildet, die in die Gastralkammern zwischen den weich bleibenden Sarkosepten hineinragen. Schließlich wächst peripher, nahe der Körperwand, eine die Sklerosepten verbindende, ringförmige **Mauerplatte (Theca)** in die Höhe, im Zentrum der Basalplatte oft auch noch eine säulenartige Erhebung, die **Columella**. Da das Skelet vom ectodermalen Epithel gebildet wird, tritt es nirgends in den Kör-

per ein; es ist stets von allen drei Schichten der Fußscheibe, dem Ectoderm, der Mesogloea und dem Entoderm umkleidet.

Die **Geschlechtszellen** entstehen im Entoderm der Septen zwischen den Filamenten und den Muskelfahnen. Reif geworden, werden sie in die Gastraltaschen entleert. Aus den befruchteten Eiern entwickeln sich, häufig schon vor dem Ausstoßen, also noch im Polypengastralraum, bewimperte, anfangs tentakellose Larven (**Planulae**), die frei umherschwimmen und sich dann auf einem geeigneten Untergrund festsetzen.

Spezieller Teil

1. *Alcyonium digitatum,* Tote Mannshand

Als Vertreter der **Octocorallia**, die durch den Besitz von acht Septen und acht gefiederten Tentakeln gekennzeichnet sind, wird *Alcyonium digitatum*, eine in den nördlichen Meeren sehr häufige Form, untersucht. *Alcyonium* bildet rötliche, gelbe oder weißliche, klumpige, in einige stumpfe, fingerförmige Fortsätze ausstrahlende Körper, auf denen die kleinen, durchscheinenden, weißen Polypen teils ausgestreckt, teils ins Innere eingezogen sitzen.

- Es werden zunächst Präparate von gefärbten oder ungefärbten Einzelpolypen mikroskopiert.

Man sieht einen schlauchförmigen, zarten Körper, dessen freies Ende mit acht gefiederten **Tentakeln** besetzt ist (Abb. 47). Vom Mund zieht sich das etwa 1mm lange, längsgefaltete **Schlundrohr** herab, an dem die acht an diesem Präparat schwer sichtbaren Septen ansitzen. Dagegen lassen sich sehr deutlich die acht Septalfilamente wahrnehmen, von denen sechs stark gewunden und kurz sind und zwei lang gestreckt. An einzelnen geschlechtsreifen Polypen wird man auch die Gonaden sehen, ansehnliche, gelbrote Eier bergende Ovarien oder milchweiße Hoden, die seitlich an den ventralen und lateralen, entodermal bekleideten Septen sitzen.

Bei etwas stärkerer Vergrößerung werden an der Basis sowie unterhalb der Tentakel der Polypen kleine, aus Kalk bestehende Skeletteile, die **Sklerite**, sichtbar.

- Zur Untersuchung des Coenenchyms werden gefärbte Querschnitte verwendet. Sie müssen parallel der Oberfläche und nicht zu tief geführt sein.

Auf den Querschnitten erkennt man zunächst einige größere, kreisrunde Hohlräume, die **Ga-**

stralräume der Polypen, die in verschiedener Höhe getroffen sind.

- Zu Beginn einen tief unterhalb des Schlundes liegenden Querschnitt (Abb. 48, rechts oben) betrachten.

In den von Entoderm ausgekleideten, kreisrunden Hohlraum springen acht **Septen** (Mesenterien) vor. Man sieht die von der Mesogloea der Körperwand ausgehende, strukturlose Lamelle als Achse des Septums und beiderseits davon Muskulatur. Die Muskulatur einer Seite ist stets stark entwickelt und bildet die so genannte **Muskelfahne**. Sie ist im Präparat quer durchschnitten, d.h. dass die Muskelzellen längs verlaufen. Die der anderen Seite ist dagegen eine sehr schwach entwickelte transversale Muskulatur, die vom Mauerblatt schräg abwärts zur Fußscheibe sowie schräg aufwärts zur Mundscheibe zieht. Die Anordnung der Septenmuskulatur ist sehr regelmäßig, indem die beiden in der Sagittalachse liegenden Fächer die gleiche Muskelart einander zugekehrt haben. Auf jeder Seite der Sagittalachse bleiben nunmehr noch zwei Septen übrig, die ihre Muskulatur gleichsinnig mit den beiden anderen Septen derselben Körperhälfte angeordnet zeigen. Am freien Ende jedes Septums sitzt eine oft krausenartig eingefaltete, stärker gefärbte Zellmasse, der Querschnitt durch ein Septalfilament. Zwei Septen sind länger als die anderen und fallen

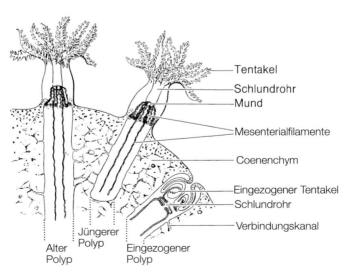

Tentakel
Schlundrohr
Mund

Mesenterialfilamente

Coenenchym

Eingezogener Tentakel
Schlundrohr

Verbindungskanal

Alter Polyp   Jüngerer Polyp   Eingezogener Polyp

Abb. 47 Längsschnitt durch *Alcyonium digitatum*

auch im Querschnitt als abweichend auf: Sie tragen Geißeln, die das Wasser zur Mundöffnung heraustreiben, während die übrigen Septen besonders reich an Drüsenzellen sind, die Verdauungsenzyme absondern. Die sechs kurzen Septen bilden Gonaden, welche an langen Stielen in die Gastralhöhle hineinragen.

- Einen Querschnitt durch einen Polypen suchen, der in einer höheren Lage geführt worden ist und das Schlundrohr getroffen hat (Abb. 48, links).

Hier erreichen die Septen das Schlundrohr und teilen so den Gastrovaskularraum in acht **Radialkammern**. Das Schlundrohr zeigt im Querschnitt innen das Ectoderm, dann folgen eine Mesogloeaschicht mit einzelnen eingestreuten Kalkskleriten und das Entoderm. Eine breite Rinne des Schlundrohres, die von geißeltragenden Zellen ausgekleidet wird, ist die **Siphonoglyphe.** In dem ihr zugeordneten Fach sind die Muskelfahnen einander zugekehrt.

Bei diesem und noch höher geführten Schnitten ist zu beachten, dass das Bild dadurch kompliziert werden kann, dass sich die Polypen in das Innere des **Coenenchyms** zurückgezogen haben.

Die Tentakel sind dann auf die Mundscheibe eingeschlagen und mit ihr in die Tiefe gesunken. Ferner weist auch das Schlundrohr starke Faltungen auf.

Sehr viel schwieriger wird die Deutung folgender, sehr häufig anzutreffender Bilder. Man sieht die **Gastrovaskularhöhle** in zwei konzentrischen Ringen das Schlundrohr umgeben, sodass also

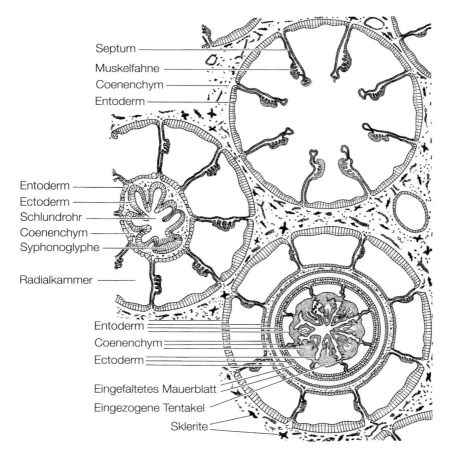

Abb. 48 Querschnitt durch das Coenenchym und durch drei in verschiedener Höhe getroffene Polypen von *Alcyonium digitatum*

ein innerer und ein äußerer Kranz von Septen sichtbar werden (Abb. 48, rechts unten). Die Erklärung ist die, dass der obere Teil des Polypen handschuhfingerartig in den unteren eingestülpt ist. Der innere Kranz entspricht dem oberen Abschnitt des Polypen, der äußere dem unteren.

- **Sklerite** werden als Dauerpräparate mikroskopiert oder indem man eine möglichst feine Scheibe von *Alcyonium* mit etwas Eau de Javelle übergießt. Nach einigen Minuten sind die Weichteile gelöst und die Skleriten übrig geblieben.

Man sieht, dass die Sklerite unregelmäßige, vielzackige Gebilde sind. Sie haben bei jeder Art eine bestimmte Form und sind daher für die Systematik der Alcyonarien von großem Wert. Sie bestehen aus $CaCO_3$ und sind daher in verdünnten Säuren unter Kohlendioxidbildung löslich.

2. *Anemonia sulcata,* Wachsrose

Anemonia sulcata, eine an den Küsten des Mittelmeeres häufige Art, gehört zu den Hexacorallia, und innerhalb dieser zu der unter dem deutschen Namen Seerosen oder Seeanemonen allgemein bekannten Ordnung Actiniaria.

- Es werden in Alkohol konservierte Tiere untersucht.
- Zunächst die äußere Form dieser Seerose mit dem Stereomikroskop betrachten.

Die breite, stark gefaltete **Fußscheibe**, mit der das Tier dem Untergrund aufsitzt, lässt deutlich Ring- und Radiärmuskulatur erkennen. Die Körperwand, bei Aktinien **Mauerblatt** genannt, zeigt starke, ringförmige Einschnürungen, die zumeist auf die Kontraktion des Tieres beim Abtöten zurückzuführen sind. Die die Kontraktion bedingende Längsmuskulatur ist in Form von parallelen Streifen deutlich von außen wahrnehmbar. Die **Mundscheibe** wird von 4–5 Kränzen dicht gestellter, ungefiederter Tentakel umgeben.

- Einige Tentakel dicht über der Basis abschneiden, um ihre Anordnung anschaulich zu machen.

Dabei sieht man, dass die Hohlräume der Tentakel mit den Radialkammern kommunizieren. An der Spitze der Tentakel sind feine Öffnungen sichtbar. Die Tentakel der Wachsrose sind nicht

rückziehbar, während dies bei den meisten anderen Aktinien der Fall ist.

Die Mundscheibe ist flach ausgebreitet; in ihrer Mitte liegt die ovale Mundöffnung. Außerhalb des Tentakelkranzes findet sich am oberen Rand des Mauerblattes eine vorspringende Falte (Randfalte), auf der kleine, warzenförmige Erhebungen in dichter Anordnung sitzen, die so genannten **Randsäckchen (Acrorhagen)**, die in ihrem Inneren zahlreiche Nesselkapseln bergen und so als Nesselbatterien dienen.

- Mit einem scharfen Messer wird die Aktinie in der Sagittalebene durchschnitten.

Von der Mundöffnung aus führt das **Schlundrohr** ins Körperinnere hinein, das durch die zahlreichen **Septen** in Fächer gegliedert wird. Nur ein Teil der Septen erreicht das Schlundrohr, die anderen endigen frei in der Gastrovaskularhöhle. Die Septen tragen an einer Fläche eine Längsmuskelfahne, ihr freier Rand ist zu den Septalfilamenten verdickt.

Bei geschlechtsreifen Tieren wird man die Septen durch die in die Mesogloea eingebetteten, oft mächtig entwickelten **Gonaden** aufgetrieben finden. Sie nehmen den mittleren Abschnitt des Septums zwischen Gastralfilament und Muskelfahne ein, doch tragen nicht alle Septen Geschlechtsorgane.

- Um einen Überblick über die Anordnung der Septen zu erhalten, wird ein zweites Exemplar durch Querschnitte, deren erster dicht über der Fußscheibe geführt wird, in einzelne Scheiben zerlegt.

Die Septen sind paarweise angeordnet. Der Raum zwischen den beiden Septen eines Paares wird als **Binnenfach** bezeichnet, der zwischen zwei Paaren als **Zwischenfach**. Die unvollständigen Septen entstehen paarweise in den Zwischenfächern. Im Allgemeinen liegen die Muskelfahnen eines Paares im Binnenfach, sind also einander zugewandt. Nur die beiden Paare, die an die Schlundrinnen angrenzen, machen hiervon eine Ausnahme, indem sie die Muskelfahnen nach außen gekehrt tragen; sie werden als **Richtungsfächer** bezeichnet, weil sie die bilaterale Symmetrieachse kennzeichnen.

Ctenophora, Rippenquallen

Technische Vorbereitungen

- Für die Untersuchung der Ctenophoren sind in 4%igem Formol aufbewahrte Exemplare von *Pleurobrachia pileus* geeignet.

Allgemeine Übersicht

Die Ctenophora bilden einen etwa 100 Arten umfassenden, rein marinen Tierstamm. Wie die Cnidaria sind sie aus zwei Keimblättern aufgebaut; der Raum zwischen ectodermalem (Epidermis) und entodermalem Epithel (Gastrodermis) wird von einer voluminösen, wasserreichen Mesogloea eingenommen.

Die formenreiche Gruppe erinnert durch die gallertige Beschaffenheit ihres Körpers und durch ihre meist planktische Lebensweise und Transparenz an Medusen, was ihnen den Namen „Rippenquallen" eingetragen hat.

Nach dem Verlassen der Eihülle sind alle Ctenophoren kugelig. Diese Form bleibt nur bei der Ordnung der Cydippea erhalten, die übrigen ändern sie postembryonal ab. Dabei kann sich der Körper durch die Ausbildung breiter Schwimmlappen komplizieren oder durch Kompression zu einem langen Band werden. Bei den wenigen zu kriechender Lebensweise übergegangenen Gattungen ist er dagegen abgeflacht. Immer jedoch ordnen sich die Einzelteile so um die Hauptachse an, dass der Körper durch zwei durch diese Achse gelegte Symmetrieebenen in spiegelbildlich gleiche Hälften zerlegt werden kann: Die Ctenophoren sind **zweistrahlig-symmetrisch** (biradial oder disymmetrisch) gebaut. Die Hauptachse verbindet die Mundöffnung mit dem gegenüberliegenden apikalen Pol, der durch ein Sinnesorgan, das Scheitelorgan, gekennzeichnet ist (Abb. 49). Die beiden Symmetrieebenen werden als Schlund- und Tentakelebene bezeichnet.

Charakteristisch ist der **Bewegungsapparat**, der in dieser Form nur bei Ctenophoren vorkommt. Er besteht aus den acht „Rippen", das sind in Meridianebenen verlaufende Reihen quer gestellter Ruderplättchen („Kämme"), die

dicht am apikalen Pol beginnen und sich an der Körperaußenwand mehr oder weniger weit gegen die Mundöffnung hinabziehen. Der Schlag der Plättchen, die aus funktionell verbundenen Kinocilien bestehen, ist normalerweise gegen den apikalen Pol gerichtet, sodass das Tier mit der Mundöffnung voran schwimmt.

Die Mehrzahl der Ctenophoren besitzt zwei **Tentakel**, die in der Tentakelebene vom Körper abgehen. Meist sind sie mit zahlreichen Neben- oder Senkfäden versehen und entspringen aus einer tiefen ectodermalen Tentakeltasche, in die sie zurückgezogen werden können. Sie sind außerordentlich verlängerungsfähige Fangapparate und bestehen aus einer mesogloealen, an Muskelzellen reichen Achse und einem Epithel, das fast völlig von den eigenartigen **Klebzellen** (**Kolloblasten**, S. 87 und Abb. 51) gebildet wird. Die Kolloblasten sind auf die Tentakel beschränkt, fehlen also den tentakellosen Formen und sind innerviert.

Das **Gastrovaskularsystem** ist reich gegliedert. Der Mund führt in einen röhren- oder sackförmigen, stark erweiterungsfähigen Abschnitt (Schlund), der durch Einwachsen des Ectoderms entsteht. Seine Wand ist reich an Drüsenzellen. Sie sondern Verdauungssekrete ab.

Der Schlund kann wenig oder stark abgeflacht sein, die Mundöffnung ist in diesem Fall schlitzförmig, und der größte Durchmesser von Mund und Schlund fallen in die Schlund- oder Sagittalebene. Oben schließt sich an den Schlund der eigentliche, transversal gestellte Magen an. Er ist nur wenig geräumig, stellt aber den zentralen Abschnitt des ganzen Gastrovaskularsystems dar, da von ihm aus die als „Gefäße" bezeichneten kanalartigen Teile des Systems abgehen. Von ihnen seien hier nur die acht Rippengefäße genannt, die dicht unter den Ruderplättchen entlangziehen. Sie können sich reich verzweigen und durch Anastomosen ein Netzwerk bilden. Die Verdauung beginnt extrazellulär, wird dann aber in den Gefäßen und im Magen intrazellulär zu Ende geführt.

Die zwischen Ectoderm und Entoderm liegende gallertige **Mesogloea** macht die Haupt-

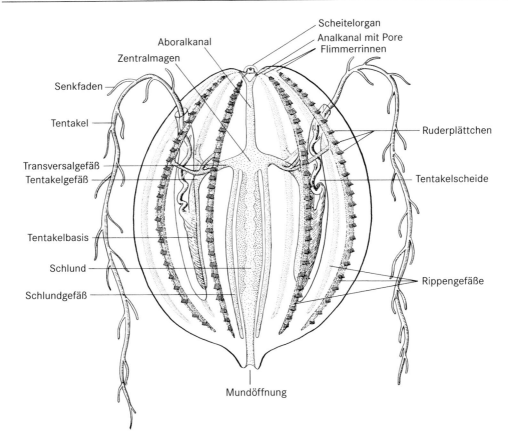

Abb. 49 *Pleurobrachia pileus*

masse des Körpers aus. Sie ist sehr wasserreich – der Körper der Ctenophoren besteht zu mehr als 99% aus Wasser – und von einem System von Fasern (darunter Kollagen) und bandförmigen Membranen (Laminae) mit elastischen Eigenschaften durchzogen, die mit den Basalmembranen von Epi- und Gastrodermis in Verbindung stehen und so eine Art Skelet darstellen. Die Laminae umschließen Kammern, die mit gallertiger Grundsubstanz gefüllt sind. Zwischen den Membranen und zwischen ihnen und den Basen der Zellen der Epidermis und der Gastrodermis sind glatte Muskelzellen ausgespannt. Außerdem befinden sich in der Mesogloea noch weitere Zellen.

Das **Nervensystem** besteht aus einem basal zwischen den Epidermiszellen liegenden, polygonalen Netzwerk meist multipolarer Ner-

venzellen. Im Verlauf der acht Rippen ordnen sich die hier bipolaren Nervenzellen zu je zwei Längssträngen an, die zwischen den Ruderplättchen quer miteinander verbunden sind. Ein ähnlicher Nervenstrang umzieht ringförmig die Mundöffnung. Bei den Arten, die Tentakel besitzen, verbinden zwei Stränge aus Nervenzellen und Fasern das Scheitelorgan und die Tentakel. Eine besondere Konzentration von Nervenzellen findet sich im Bereich des Scheitelorgans.

Das den apikalen Pol der Rippenquallen einnehmende **Scheitelorgan** (**Apikalorgan**) ist von sehr kompliziertem Bau (S. 86). Es ist ein Organ des statischen Sinnes, das den Wimperschlag koordiniert und so die Lage im Raum reguliert.

Fast alle Ctenophoren sind Zwitter. Die **Geschlechtsorgane** entwickeln sich in der den

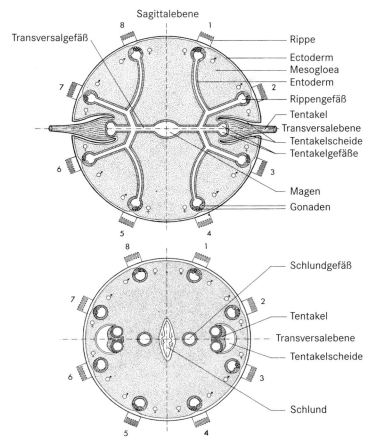

Abb. 50 *Pleurobrachia pileus.* Oben: Querschnitt in der Höhe der Mündung der Tentakelscheiden. Unten: Querschnitt in der Höhe der Schlundgegend

Rippen zugewandten Wand der Rippengefäße als einheitliche oder unterbrochene Bänder. Männliche und weibliche Gonaden sind regelmäßig verteilt (Abb. 50). Eier und Spermien gelangen durch das Gastrovaskularsystem und den Mund ins Freie.

Spezieller Teil

Pleurobrachia pileus

Die euryhaline Art *Pleurobrachia pileus* ist weit verbreitet, kommt in der Nordsee häufig vor und dringt in der Ostsee bis Gotland und zur Danziger Bucht vor.

- Jeder Praktikant erhält ein Exemplar in einem Glasschälchen mit Wasser zur Betrachtung unter dem Stereomikroskop auf schwarzem Untergrund.

Der zweistrahlig-symmetrische Körper hat etwa die Form einer Stachelbeere (Abb. 49) und besteht größtenteils aus der mächtig entwickelten, weichen, beim lebenden Tier glasklaren **Mesogloea**.

An einem Pol des Körpers ist die Mundöffnung erkennbar, am entgegengesetzten liegt das Scheitelorgan.

Auf der Oberfläche liegen in gleichem Abstand acht meridional verlaufende Bänder, die **„Rippen"** (**Pleurostichen**), die aus zahlreichen, quer gestellten Wimperplättchen oder „Kämmen" bestehen. Sie lassen durch ihre streifige Struktur erkennen, dass sie aus funktionell verbundenen Kinocilien entstanden sind. Die Wimperplättchen schlagen beim lebenden Tier in rhythmischer Folge, wobei sie ein irisierendes Farbenspiel erzeugen. In der Ruhelage überdecken sich die Plättchen dachziegelartig, dem Körper anliegend und den freien Rand dem Mundpol zugekehrt. Der Anstoß zur Bewegung geht immer von dem dem Scheitelpol nächsten Plättchen aus. Hört es zu schlagen auf, kommen auch die anderen Plättchen zur Ruhe. Dadurch, dass nur die Rippen einer Körperseite schlagen (oder mit voller Kraft schlagen), kann sich das Tier, mit dem Mund voran, in jeder beliebigen Richtung fortbewegen. Umkehr des Schlages – und als Folge davon eine Bewegung mit dem Scheitelpol voran – tritt nur auf starke Reizung hin auf. Es ist verständlich, dass ein auf Cilienschlag aufgebauter Bewegungsapparat keine große Kraft entfalten kann. Die passive Ortsveränderung durch Meeresströmungen spielt daher eine überlegene Rolle.

Am Aufbau des **Scheitelorgans** (s. Abb. 49) sind mehrere, meist bewimperte Zelltypen beteiligt. Der konkave Boden des Organs besteht aus einer dicken, bilateral symmetrischen Ansammlung von unterschiedlich differenzierten Zellen. Von seinem Rand erhebt sich eine durchsichtige Wand aus durch Glykoproteine verklebten Cilien, die das Zentrum des Organs kuppelartig überdacht. Innerhalb dieser Kuppel entsenden vier randständige Zellgruppen lange, ebenfalls miteinander verklebte, S-förmig gebogene Cilien, die sog. Federn, nach oben zur Mitte; sie sind dort verbunden mit einer kugelförmigen Ansammlung von Zellen, die Kalkkonkremente enthalten. Die Gesamtheit dieser Statocyten stellt den Statolithen dar; er ermöglicht die Orientierung im Schwerefeld. Im Bereich des Ursprungs der Federn beginnt je eine Flimmerrinne, die durch eine Öffnung an der Kuppelbasis nach außen zieht, sich gabelt und zu den beiden Wimperplättchenreihen eines Quadranten führt. Zwei weitere Öffnungen führen zu zwei sich in der Sagittalebene erstreckenden, bewimperten Feldern, die vom Sinnesepithel der Grube abgehen. Sie werden als Polplatten bezeichnet. Ihre Funktion ist unbekannt. Zellen im Zentrum des Bodens weisen Differenzierungen auf, die es wahrscheinlich

machen, dass sie zur Wahrnehmung von Licht befähigt sind. Die fixierten Tiere lassen von den Strukturen des Scheitelorgans nur wenig erkennen: An vertikal aufgestellten Pleurobrachien erkennt man den Rand der Kuppel als Kreis; vier milchig getrübte Stellen peripher in ihm lassen die Wimperfedern ahnen, die den Statolithen tragen. Sehr gut sind dagegen die lang gestreckten Polplatten zu sehen.

Der schlitzförmige **Mund** ist sehr erweiterungsfähig, sodass auch größere Beutetiere verschlungen werden können. Seine an Sinneszellen reichen Ränder können sich lippenartig vorstülpen und wieder einziehen. Auf den Mund folgt als langes, abgeflachtes, gleichfalls sehr erweiterungsfähiges Rohr, der **Schlund** (**Pharynx**), der vom Ectoderm ausgekleidet wird. Durch seine milchweiße Färbung hebt er sich gut von der Umgebung ab, und man sieht, dass er senkrecht bis zu zwei Drittel der Körperhöhe aufsteigt. Sein größter Durchmesser liegt in der Sagittalebene. Auf den Schlund folgt der entodermale **Magen**. Er ist ein zarthäutiger Sack, dessen größter Durchmesser senkrecht zu dem des Schlunds steht. Der Schlund ragt von unten her in ihn hinein und steht mit ihm nur durch eine enge, durch Muskeln verschließbare Schlundpforte in Verbindung. Der Magen setzt sich nach oben zu im **Aboralkanal** fort, den wir fast bis zum Scheitelpol verfolgen können.

Während Schlund, Magen und Aboralkanal schon bei äußerer Betrachtung gut erkennbar sind, wird man, da die Tiere durch die Fixierung an Transparenz eingebüßt haben, die von diesem zentralen Abschnitt des Gastrovaskularsystems ausgehenden weiteren „Gefäße" meist nicht deutlich wahrnehmen können.

● Mit einer feinen Schere einen Sektor der Haut mit darunterliegender Mesogloea herausschneiden. Die Schnitte werden am besten entlang der Innenseite der in Abb. 50 mit 3 und 6 bezeichneten Rippen geführt. Es ist zweckmäßig, das Tier vorher festzulegen, wofür kleine Metallwinkel, wie sie zum Einbetten in Paraffin benutzt werden, gut geeignet sind.

Von dem gegen den Aboralkanal nicht deutlich abgesetzten Magen gehen zunächst zwei kurze, weite, radiale Kanäle ab, die in der Transversalebene leicht abwärts ziehen (**Trans-**

versalgefäße). Sie gabeln sich zweimal und geben dadurch je vier engeren, schräg nach oben und gegen die Peripherie gerichteten Gefäßen den Ursprung, die in die unter den Wimperplättchenreihen verlaufenden **Rippengefäße** einmünden. Von der Verzweigungsstelle der Transversalgefäße entspringt jederseits ein **Tentakelgefäß**, das sich gabelnd die Tentakelbasis nach unten begleitet. Unmittelbar vom Magen geht außerdem jederseits ein Gefäß ab, das in der Transversalebene neben dem Schlund hinabzieht (**Schlundgefäße**). Der axial verlaufende Aboralkanal gabelt sich unter dem Apikalpol in vier kurze, zu kleinen Ampullen anschwellende Äste, von denen zwei dicht neben dem Scheitelorgan blind enden, während die anderen beiden hier durch Analporen nach außen münden. Die Poren sind deutlich zu erkennen, wenn das Tier vom apikalen Pol aus betrachtet wird. Durch sie werden, ebenso wie durch den Mund, unverdauliche Nahrungsreste ausgeleitet.

Das ganze Gastrovaskularsystem ist von einem Wimperepithel ausgekleidet, dessen Schlag streifenweise gegensinnig ist und so Strömungen in beide Richtungen hervorbringt. In die nach außen gerichtete Wandung der Rippengefäße sind außerdem die **Gonaden** eingebettet. Ovarien und Hoden sind in zwei Längsstreifen so angeordnet, dass auf den einander zugewandten Seiten zweier Rippengefäße stets gleichgeschlechtliche Gonaden liegen (Abb. 50). Die reifen Geschlechtszellen gelangen durch das Gastrovaskularsystem und den Mund nach außen.

Auch die **Tentakel**, die sich durch die gelbe Farbe gut abheben, sind jetzt besser als vor der Präparation zu erkennen. Sie entspringen mit stark verbreiterter Wurzel an der Innenwand einer geräumigen Ectodermeinstülpung, der Tentakelscheide. In voll ausgestrecktem Zustand sind sie bis über einen Meter lange, einreihig mit zahlreichen kürzeren Seitenfäden besetzte Fangleinen. Bei unseren Exemplaren sind sie entweder ganz eingezogen oder ragen nur wenig aus den gut sichtbaren Öffnungen der Tentakelscheiden hervor. Die Nebenfäden sind dicht mit **Klebzellen** (**Kolloblasten**, Abb. 51) besetzt. Es handelt sich um hochdifferenzierte Zellen, deren glockenförmiges Kopfstück durch einen zentralen Stiel und einen diesen umwindenden

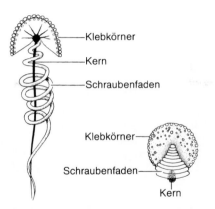

Abb. 51 Rechts junge, links funktionierende Klebzelle (Kolloblast). (Nach KOMAI, verändert nach STORCH)

Schraubenfaden fest an der Basis des Deckepithels verankert ist. Die Oberfläche des Kopfstücks ist mit Körnern eines sehr klebrigen, aber nicht giftigen Sekrets dicht besetzt. Die Klebzellen sind Epidermiszellen und wandern zunächst an die Tentakelbasis, um sich hier zu differenzieren, wobei der den Kern enthaltende Teil zum Stiel wird; der Schraubenfaden ist aus einer Kinocilie hervorgegangen. Beutetiere, die mit den Klebzellen in Berührung kommen, bleiben an ihnen haften, und der Schraubenfaden sorgt dafür, dass sie immer wieder an den Tentakel herangezogen werden. Die sehr langen Tentakel werden als Angelleinen hinter dem Tier hergeschleppt. Sobald Beutetiere festgeklebt sind, werden sie eingezogen und zum Mund geführt. In der Ruhe oder bei schneller Bewegung sind die Tentakel ganz in ihre Taschen zurückgezogen.

Zum Schluss kann man noch folgende Zupfpräparate machen.

- Hierfür einige Tentakelfäden auf dem Objektträger in einem Tropfen Wasser mithilfe von zwei Präpariernadeln fein zerzupfen.

Nach Auflegen eines Deckgläschens kann man meist – bei starker Mikroskopvergrößerung – einige Kolloblasten in ausgestrecktem Zustand finden, an denen deutlich der größere Schraubenfaden und das Köpfchen mit seinen Klebkörnern zu erkennen sind (Abb. 51).

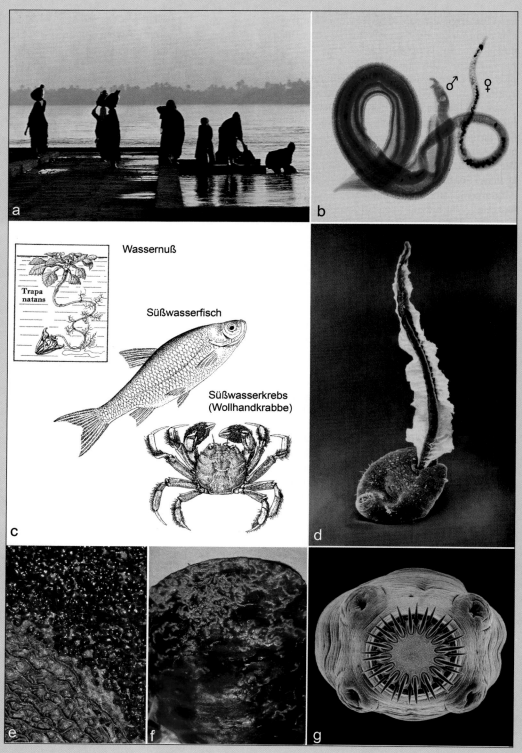

Wassernuß

Trapa natans

Süßwasserfisch

Süßwasserkrebs
(Wollhandkrabbe)

a

b

c

d

e

f

g

Abb. 52

Plathelminthes, Plattwürmer

Die **Plathelminthes** (**Plattwürmer**) sind mehrheitlich Endo- oder Ectoparasiten von Wirbeltieren.

Nach der Malaria ist die Bilharziose (Schistosomiasis) die zweithäufigste tödlich verlaufende Krankheit des Menschen, die von Tieren hervorgerufen wird. Man benannte sie nach dem deutschen Arzt Theodor Bilharz, der den Erreger (*Schistosoma*) in Ägypten (**Abb. 52a**) entdeckte. Was Bilharz Mitte des 19. Jahrhunderts mitteilte, erschien den Lesern in seiner Heimat wie ein Märchen aus tausendundeiner Nacht, erwies sich aber als Realität: Im Unterschied zur überwältigenden Mehrheit der zwittrigen (hermaphroditischen) Plathelminthes ist *Schistosoma* getrenntgeschlechtig. Männchen und Weibchen leben in permanenter Kopulation (**Abb. 52b**; gefärbtes Präparat) in Blutgefäßen und produzieren über mehrere Jahre hinweg befruchtete Eier. Von diesen verlassen viele den Körper über Harnblase oder Enddarm, viele bleiben jedoch auch im Menschen, können sich dort massenhaft in der Blasenwand ansammeln und sterben schließlich ab. Blutharn (Blasenbilharziose) und Blutstuhl (Darmbilharziose) sind die Folge; daneben treten Schädigungen von Leber und Milz auf. 200 Millionen Menschen in 70 Ländern der warmen Klimazonen leiden an Bilharziose. Neuinfektion erfolgt durch freischwimmende Larvenstadien (Cercarien), die sich im Süßwasser in die Haut einbohren. **Abb. 52d** zeigt eine Cercarie eines Trematoden im rasterelektronenmikroskopischen Bild.

Auch in Mitteleuropa kommt es immer wieder zu Cercarien- oder Badedermatitis nach Kontakt mit Schistosomatiden-Cercarien, deren Endwirte allerdings nicht der Mensch, sondern Wasservögel hätten sein sollen. Die geröteten Papeln an Oberkörper und Armen zeigen an, wo die Cercarien schließlich resorbiert wurden. Eine Weiterentwicklung im Menschen ist allerdings nicht möglich.

Weitere humanpathogene Plathelminthes leben in vielen Millionen Menschen. Mit detailliertem Wissen und dem daraus abgeleiteten angemessenen Verhalten kann man Infektionen jedoch vermeiden: Der Darmegel (*Fasciolopsis buski*) gelangt über rohe Wassernüsse in den Menschen, der Chinesische Leberegel (*Clonorchis sinensis*) über rohen Süßwasserfisch, der Lungenegel (*Paragonimus westermani*) über rohes Krebsfleisch. **Abb. 52c** zeigt, was man – roh – meiden sollte, wenn man sich in den Befallsgebieten aufhält. Alle bisher genannten Formen gehören zu den Trematoda (Saugwürmern).

Ebenfalls als Endoparasiten des Menschen kommen Cestoda (Bandwürmer) in Frage. Auch hier gibt es klare Handlungsanweisungen, wenn man eine Infektion verhindern will. Den Fischbandwurm (*Diphyllobothrium latum*) zieht man sich durch Verzehr von rohem Fisch zu, den Schweinebandwurm (*Taenia solium*) über rohes Schweinefleisch, den Rinderbandwurm (*Taenia saginata*) über rohes Rindfleisch. Alle drei Arten leben als adulte Würmer bevorzugt im Darm des Menschen. Der Hundebandwurm (*Echinococcus granulosus*) gelangt durch zu engen Kontakt mit einem (infizierten) Hund in den Fehlwirt Mensch, den Fuchsbandwurm (*E. multilocularis*) zieht man sich ebenfalls als Fehlwirt zu, z.B. über Beeren, an denen Proglottiden haften. Letzterer verdient bei uns besonderes Interesse, weil sich seine Larve (die Finne) in der Leber entwickelt und zum Tode führen kann.

Außer dem Menschen werden Haustiere von Trematoden und Cestoden befallen. In Einzelfällen können Trematoden große Teile des Magens auskleiden (**Abb. 52e**; Magen eines Wasserbüffels). Erheblicher wirtschaftlicher Schaden (Leberfäule, **Abb. 52f**) ging lange vom Großen und Kleinen Leberegel aus, die beide im folgenden Text behandelt werden. Bandwürmer können in größerer Zahl im Darm leben, an dessen Wandung sie sich mit Hakenkranz und Saugnäpfen befestigen (**Abb. 52g**).

Einzelne Trematoden und Cestoden gehören zu den längsten Tieren überhaupt: Der Fischbandwurm kann im Darm des Menschen 15 m lang werden (nach manchen Autoren sogar 30 m), der längste Trematode (*Nematobibothrioides*) aus der Muskulatur des Mondfisches (*Mola mola*) erreicht 12 m.

Die freilebenden Turbellarien – etwa 20% der Plathelminthen-Arten – sind dagegen mehrheitlich weniger auffällig; einige stellen in Fließgewässern gute Indikatoren für die Wasserqualität dar.

Die Plathelminthes sind in der Regel dorsoventral abgeflacht. Das Körperinnere ist von **mesodermalem Bindegewebe („Parenchym")** erfüllt, in das die übrigen Organe eingebettet sind. Eine Leibeshöhle fehlt. Die Zellen des Bindegewebes bilden u.a. Kollagenfasern und Proteoglykane. Dieses Bindegewebe hat Stützfunktion und bildet wasserreiche Diffusionsräume für Metabolite und Nährstoffe. Ein Teil der Zellen speichert Glykogen und Lipide.

Die **Körperdecke** ist bei den Turbellarien ein bewimpertes Epithel. Bei Trematoda und Cestoda besteht sie aus einer syncytialen, kernlosen Außenlage (**Tegument**) und kernhaltigen Teilen (Perikaryen), die unterhalb der Muskulatur im Parenchym liegen und über cytoplasmatische Fortsätze mit der Außenlage verbunden sind. Die Perikaryen wandern während der Entwicklung aus dem Bindegewebe in den Bereich der Muskulatur und nehmen von dort aus Verbindung mit der vorhandenen Epidermis auf, dringen in diese ein und ersetzen sie schließlich (**Neodermis**). Unter dem Tegument liegt eine Schicht aus glatten Ring-, Längs- und Dorsoventralmuskeln. Eine derartige, bei Wirbellosen nicht seltene, funktionelle Einheit aus Körperdecke und Muskulatur wird als **Hautmuskelschlauch** bezeichnet.

Das **Nervensystem** besitzt ein im Vorderkörper über dem Darm liegendes Gehirn (Cerebralganglion). Von ihm aus ziehen längsparallel verlaufende **Markstränge** (s. S. 92) mehr oder weniger nahe der Oberfläche durch den Körper. Sie sind von vorn bis hinten durch ringförmige Nervenbahnen (**Kommissuren**) miteinander verbunden. Außerdem liegt ein Maschenwerk von Nervenzellen und -fasern, ein Nervenplexus, zwischen Epithel- und Muskelzellen des Hautmuskelschlauches. Ein weiterer derartiger Plexus findet sich im Bereich des Verdauungstraktes (stomatogastrisches Nervensystem). Beide Plexus sind zwar durch Markstränge mit dem Cerebralganglion verbunden, funktionieren jedoch schon weitgehend unabhängig (autonomes Nervensystem).

Sinneszellen mit Cilien finden sich eingestreut in der Epidermis; Sinnesorgane (Pigmentbecherocellen, Wimpergruben und Statocysten) kommen nur bei freilebenden, allenfalls noch bei den Larven der parasitischen Arten vor.

Der **Darm** ist, soweit vorhanden, fast immer blind geschlossen. Er ist ein gerades oder gegabeltes, bisweilen auch verzweigtes Rohr. Er funktioniert, da er die Nahrung nicht nur verdaut und resorbiert, sondern auch verteilt, als Gastrovaskularsystem. An der Verteilung von aufgeschlossenen Nährstoffen, aber auch an der von O_2, Wasser, Salzen und am Transport von Stoffwechselendprodukten, ist außerdem die Flüssigkeit beteiligt, die das System der Interzellularräume erfüllt.

Als exkretorisch-osmoregulatorische Organe fungieren die **Protonephridien**. Sie sind im Bindegewebe liegende, oft reich verzweigte, feine Röhren, die zur Leibeshöhle blind geschlossen sind und in der Regel in zwei stärkere, laterale Längskanäle münden, welche mit einem gemeinsamen Porus oder – häufiger – mit paarigen Poren nach außen münden.

Ein Protonephridium besteht zumindest aus drei Zellen: Terminal-, Kanal- oder Gangzelle und Nephroporuszelle. Die **Terminalzelle** bildet allein oder im Verbund mit der anschließenden **Kanalzelle** eine **Filtrationsstruktur**: Durch extrazelluläre Bestandteile, z.B. die Basalmembran, wird Leibeshöhlenflüssigkeit beim Eintritt in das Ganglumen filtriert (Abb. 53). Motor für diesen Transport sind eine oder mehrere Geißeln bzw. Cilien der Terminalzelle, die Flüssigkeit in dem Kanalsystem nach distal treiben. Dadurch entsteht im proximalen Teil des Kanalsystems ein Unterdruck. Kommt der Cilienschlag zum Stillstand (z.B. durch Applikation von Glutaraldehyd oder Nickelchlorid), fällt das Kanallumen des Protonephridialkanals zusammen. Der Filtrationsprozess ist eine **Ultrafiltration**. Das Ultrafiltrat, der Primärharn, wird durch Reabsorption der Kanalzellen modifiziert und schließlich zum Endharn, der über den **Nephroporus** abgegeben wird.

Nur aus drei Zellen bestehende Protonephridien sind von Plathelminthes nicht bekannt. Bei ihnen können Protonephridien sehr groß und vielzellig sein, insbesondere bei großen Arten.

Die Funktion der Protonephridien ist mannigfalt: Durch sie wird die Interzellularflüssigkeit in Bewegung gehalten, sie dienen der Osmo- und der Ionenregulation, der Exkretion von Endprodukten des Proteinstoffwechsels (Ammoniak, Harnstoff) und – bei den Endoparasiten – der von Carbonsäuren und Alanin, die beim anaeroben Abbau der Glucose anfallen.

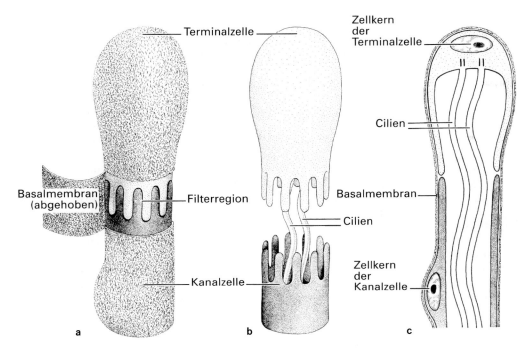

Abb. 53 Terminal- und Kanalzelle eines Protonephridiums. **a** Außenansicht mit aufgeschnittener und abgehobener Basalmembran, um die Filterregion zwischen Terminalzelle (hell) und Kanalzelle (dunkel) zu zeigen, **b** Beide Zellen ohne Basalmembran und voneinander getrennt, um die Cilien (Kinocilien) zu zeigen, **c** Längsschnitt

Die **Geschlechtsorgane** sind, ganz im Gegensatz zur im Übrigen relativ einfachen Organisation der Plathelminthes, auch bei vielen nicht parasitischen Formen außerordentlich komplex. Bis auf wenige Ausnahmen, z.B. die humanpathogene Gattung *Schistosoma*, sind die Plattwürmer Zwitter.

I. Turbellaria, Strudelwürmer

Technische Vorbereitungen

- Sehr gut zur Lebendbeobachtung eignen sich *Dugesia gonocephala*, *Dendrocoelum lacteum* und *Mesostoma ehrenbergi*. Man sammelt die Tiere in Bächen, Flüssen und Teichen, in denen sie an der Unterseite von Steinen, Holzstücken und Blättern zu finden sind. Mit angefeuchtetem Pinsel (auf keinen Fall mit einer Pinzette) werden sie vorsichtig aufgenommen und zum Schutz vor Erwärmung in eine Thermosflasche, die mit Wasser vom Herkunftsort gefüllt ist, überführt. Gehalten werden sie in abgestandenem Leitungswasser zu 20 Tieren in Boverischalen von etwa 6cm Durchmesser. Einige Turbellarien lässt man hungern, die anderen werden 1–2-mal wöchentlich mit Daphnien, kleinen Schnecken oder Fisch-Trockenfutter gefüttert. Die Haltungstemperatur soll 20°C nach Möglichkeit nicht überschreiten; direkte Beleuchtung ist zu vermeiden.

- Besonders *Mesostoma ehrenbergi* lässt sich (bei 16–20°C in neutralem Quellwasser) leicht züchten. Ansetzen der Eier in Schalen von ca. 12cm Durchmesser und 5cm Höhe. Dauer bis zum Schlüpfen 2–8 Tage. Zur ersten Fütterung wird ein Futterbrei aus in einem Teesieb zerquetschten Daphnien in das Wasser gegeben. Nach 5–6 Stunden die *Mesostoma* abpipettieren und in frische Wasserschalen geben.

Im Weiteren wird – 3-mal wöchentlich – mit lebenden Daphnien gefüttert. Die nach etwa 6–8 Wochen abgelegten Dauereier abpipettieren und bis zum Neuansatz in Wasser im Kühlschrank bei 4 °C aufbewahren. Die Zuchtansätze sind ca. 8 Wochen vor dem geplanten Einsatz zu starten.

- Außer den lebenden Tieren werden in Eukitt eingedeckte, in gut ausgestrecktem Zustand fixierte Arten benötigt. Für *Dugesia* ist es günstiger, Hungertiere zu verwenden, für *Dendrocoelum* Tiere mit gefülltem Darm.

Allgemeine Übersicht

Die bisweilen prächtig bunt gefärbten Turbellarien sind meist freilebende Plattwürmer, die im Meer und Süßwasser, aber auch in wassergefüllten Spalträumen des Bodens und in feuchten Landbiotopen leben. Nicht wenige sind Kommensalen, jedoch nur einige Arten Parasiten.

Der längsovale bis bandförmige Körper ist häufig abgeplattet, wobei die Bauchseite eine ebene Kriechsohle bildet, während die Rückenseite etwas gewölbt ist. Ein **Kopf** kann mehr oder weniger deutlich abgesetzt sein; seine Seiten sind nicht selten zu Tentakeln oder **Aurikeln** („Öhrchen") ausgezogen. Er birgt das Gehirn und Sinnesorgane, ist aber nur selten Träger der Mundöffnung.

Die **Epidermis** besteht aus flachen, kubischen oder prismatischen Zellen, die einer Basalmembran aufsitzen und außen – wenigstens auf der Bauchseite – dicht mit Wimpern besetzt sind (Strudelwürmer). Ihre Kerne befinden sich oft in schlauchartigen Zellausstülpungen, die, den Hautmuskelschlauch durchsetzend, bis in das Bindegewebe hineinragen. Viele Epidermiszellen beherbergen stark lichtbrechende Stäbchen (**Rhabditen**), die, ins Wasser ausgestoßen, zu einem klebrigen Schleim aufquellen. Ebenso wie das Sekret anderer Epidermiszellen dient er dem Beutefang, zum Abseilen, der Abwehr von Fressfeinden, dem Schutz vor Bakterien- und Pilzbefall und – bei landbewohnenden Arten – der Cystenbildung.

Der **Hautmuskelschlauch** setzt sich aus Epidermis, unterlagerndem Bindegewebe und glatter Ring-, Diagonal- sowie Längsmuskulatur zusammen. Einzelne Muskelzellen durchsetzen den Körper dorsoventral. Das Körperinnere ist erfüllt von dreidimensional miteinander vernetzten Bindegewebszellen und Bindegewebsmatrix. Dazwischen eingestreut liegen die noch undifferenzierten Neoblasten und die Zellen und Kanäle des Protonephridialsystems.

Das **Nervensystem** entspricht meist dem Schema (S. 90): Gehirn und Längsbahnen sind in das Bindegewebe eingebettet, das paarige **Cerebralganglion** liegt im Vorderkörper. Von ihm aus ziehen Nerven zum sinneszellreichen Vorderende und mehrere Paare von Marksträngen parallel zur Körperlängsachse nach hinten. Die Markstränge sind durch Kommissuren ringförmig miteinander verbunden.

Von **Sinnesorganen** sind unter der Haut gelegene, aus Pigmentbecher und Sinneszellen zusammengesetzte Augen (Pigmentbecherocellen) in einem oder mehreren Paaren fast stets vorhanden. Organe des chemischen und des Strömungssinnes sind in Form von bewimperten Gruben besonders am Kopf entwickelt, während mit Cilien versehene Tastsinneszellen vornehmlich an den Körperrändern anzutreffen sind. Alle Turbellarien können sich im Schwerefeld orientieren, Statocysten findet man bei vielen Arten als kleine, dem Gehirn aufliegende Bläschen.

Der **Mund** kann an irgendeinem Punkt der ventralen Mittellinie, vom Vorder- bis zum Hinterende, liegen. Er führt in einen muskulösen, drüsenreichen und bewimperten **Pharynx**, der häufig rüsselartig aus einer Pharyngealtasche vorgestülpt werden kann. Der Pharynx ist ectodermaler, der daran anschließende **Mitteldarm** entodermaler Herkunft. Der Mitteldarm endigt blind, ist aber sonst recht verschieden gestaltet: stabförmig gerade, dreiästig oder vielästig und jeweils mit oder ohne seitliche Divertikel. Bei den Acoelen besteht er meist aus einem soliden Gewebsstrang, in dem Zellgrenzen ebenso wie in der Epidermis nur elektronenmikroskopisch nachzuweisen sind. Die Nahrung wird in diesem Fall in temporären Nahrungsvakuolen der Strangzellen verdaut. Kleine Turbellarien (bis ca. 3 mm) sind **Mikrophage**, sie ernähren sich von Bakterien, Kieselalgen und Protozoen, die größeren sind **Räuber**, die oft erstaunlich große Beute überwältigen und fressen.

Die **Protonephridien** sind bei marinen Formen nur schwach entwickelt oder fehlen. In der Regel sind zwei oder vier Paar Längskanäle vorhanden, die durch eine oder zwei hinter dem Mund gelegene Öffnungen oder durch sehr viele und dann in zwei Reihen angeordnete Rückenporen ausmünden.

Die Turbellarien sind **Zwitter**. Viele besitzen neben den **Keimstöcken** noch **Dotterstöcke**, Kopulationsapparate und eine Reihe weiterer Hilfseinrichtungen. Männliche und weibliche Geschlechtsöffnungen münden getrennt oder liegen in einer gemeinsamen Tasche, dem Atrium genitale. Den Eizellen werden, falls sie nicht selbst dotterreich sind, eine größere Zahl von Dotterzellen beigefügt (zusammengesetzte Eier). Die **Entwicklung** ist meist direkt; bei marinen Turbellarien kommen frei schwimmende, mit bewimperten Lappen ausgerüstete Larven (Müllersche Larve) vom **Trochophora-Typ** vor. Manche Arten, auch solche der Gattung *Dugesia*, vermehren sich durch Teilung ungeschlechtlich.

Spezieller Teil

Dugesia gonocephala

Dugesia gonocephala ist ein häufiger Bewohner des Süßwassers; sie findet sich vor allem in sauberen Fließgewässern.

● Das Tier in einem flachen Schälchen mit Wasser bei schwacher Vergrößerung betrachten.

Der Körper ist lang gestreckt (Abb. 54a). Der **Kopf** setzt sich deutlich ab. Er ist vorn zugespitzt und zieht sich seitlich in die Aurikel („Öhrchen") aus, sodass er im ganzen einen dreieckigen Umriss hat, wodurch *D. gonocephala* leicht von anderen Arten der Familie zu unterscheiden ist. Doch ändert sich die Form des Kopfes beim kriechenden Tier dauernd, indem er bald spitzer, bald stumpfer wird; bisweilen hebt das Tier das Vorderende und bewegt die Aurikel.

Vor allem wird zunächst die **Bewegungsweise** des Turbellars auffallen. Es ist ein gleichmäßiges Dahingleiten, so charakteristisch für die Turbel-

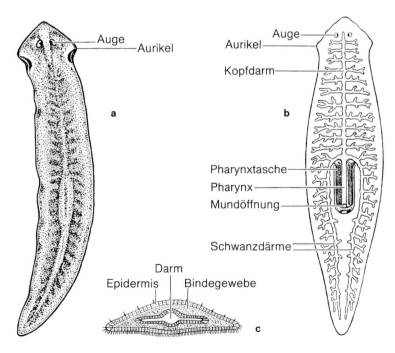

Abb. 54 *Dugesia gonocephala*. **a** Dorsalansicht eines lebenden Tieres (aus ENGELHARDT), **b** Organisationsschema, **c** Querschnitt durch den vorderen Bereich des Körpers

larien, dass es auf den ersten Blick gestattet, sie als solche zu erkennen. Da man keine Muskelarbeit wahrnimmt, möchte man zunächst annehmen, dass diese Fortbewegung auf der Tätigkeit des dichten Wimperkleides beruht. Das ist aber nur für sehr kleine Turbellarien (< 2,5mm) zutreffend, die auf diese Weise nicht nur kriechen, sondern auch schwimmen können. Bei allen etwas größeren Arten reicht das Wimperkleid nicht aus, um den Körper von der Stelle zu bewegen. Hier treten in immer stärkerem Maße kleinste Muskelkontraktionen hinzu, die als Wellen mit kurzen Abständen und so rasch, dass man sie mit bloßem Auge nicht erkennen kann, von vorn nach hinten über die Bauchfläche laufen. Die überaus mannigfaltige Beweglichkeit, zu der die Turbellarien darüber hinaus fähig sind, kann man leicht demonstrieren.

- Hierfür das Tier mit einem Pinsel reizen oder auf den Rücken drehen.

Am Kopf fallen die **Augen** als tiefschwarze Flecken auf, an die sich nach außen zu ein heller Bereich anschließt. Normalerweise ist ein Paar solcher Augen vorhanden, nicht selten aber finden sich vor einem größeren Augenpaar noch zwei weitere, kleinere Augen. Bei anderen süßwasserbewohnenden Turbellarien finden sich Augen in großer Zahl entlang des Vorder- und Seitenrandes (Gattung *Polycelis*). Jeder der schwarzen Flecken ist ein von Pigmentzellen gebildeter Becher, in den die den hellen Hof einnehmenden Sinneszellen mit ihren reizaufnehmenden Teilen hineinragen. Augen dieser Bauart werden als **Pigmentbecherocellen** bezeichnet. Durch die verschiedene Ausrichtung der Öffnungen der Pigmentbecher wird ein Richtungssehen ermöglicht. Das Bindegewebe vor den Öffnungen ist – man erkennt das unschwer – pigmentfrei. Die reizaufnehmenden Teile der Lichtsinneszellen, ihre **Rhabdomere**, sind vom Licht abgewandt, die ableitenden Nerven verlassen den Pigmentbecher durch die Öffnung. Die Lichtstrahlen müssen also erst die Nerven und die Zellkörper durchdringen, ehe sie die erregbaren Teile der Lichtsinneszelle erreichen. Augen dieses Konstruktionsprinzips werden als **inverse Augen** bezeichnet.

Unmittelbar hinter den Aurikeln fallen zwei weitere pigmentfreie Stellen auf. Sie geben den Sitz kleiner Wimpergruben an, die als **Auricu-** **larsinnesorgane** bezeichnet werden und als Organe des chemischen Sinnes funktionieren. Mit ihrer Hilfe können die Planarien Beutetiere bis zu einer Entfernung von einigen Zentimetern lokalisieren. Auch die Öhrchen selbst sind besonders reich an Sinneszellen.

Im übrigen verdeckt das reich entwickelte Pigment, das lediglich einen schmalen Außensaum freilässt, fast völlig den Anblick der inneren Organe. Nur in der Mittellinie und etwa in der Körpermitte sieht man ein Organ hell durchschimmern. Es ist der muskulöse **Pharynx**, der hinten mit der Mundöffnung beginnt und vorn in den Darm übergeht (Abb. 54b). Er ist in eine Pharynxtasche eingesenkt und kann, mithilfe spezieller Muskulatur, weit aus dem Körper ausgestülpt werden. Bei geschlechtsreifen Exemplaren ist hinter dem Pharynx als weitere hellere Region bisweilen der Penis erkennbar.

Auf der Bauchseite ist die Mundöffnung deutlich zu sehen und wenig dahinter als weißlicher Punkt auch die Öffnung des **Atrium genitale**, in das männlicher und weiblicher Sexualapparat einmünden. Von den Geschlechtsorganen selbst ist, auch wenn sich die Tiere in der Fortpflanzungsperiode (Frühjahr und Sommer) befinden, nichts zu erkennen, es sei denn, dass das eine oder andere Tier eine der großen, braunen und kugeligen Eikapseln im Atrium genitale birgt. In den Eikapseln (sie werden an Pflanzenteilen oder Steinen mit einem kleinen Stiel befestigt) ist neben mehreren Eizellen eine größere Zahl den Embryonen als Nahrung dienende Dotterzellen eingeschlossen.

- Um den Pharynx beobachten zu können, werden Planarien beobachtet, die einige Tage gehungert haben. Als Futter dienen kleine Fleischbrocken, Regenwurmstückchen oder – und das lässt den Darm ganz besonders deutlich werden – mit Aktivkohle gefärbtes Eigelb. (Rohes Eigelb mit Aktivkohle versetzen, bis die Mischung schwarz erscheint. Einen Tropfen dieser halbflüssigen Masse in eine Petrischale geben und mäßig antrocknen lassen, dann ein bis drei Planarien in einem Tropfen Wasser zusetzen. Nach etwa einer Stunde haben die Tiere (meist) genügend Futter aufgenommen, sodass der Darm mit seinen Verzweigungen schwarz hervortritt.) Es ist von Vorteil, für diesen Versuch ein größeres Schälchen zu verwenden.

Einige Minuten nach der Zugabe des Futters beginnen die hungrigen Planarien zu kriechen. Dort angelangt wird aus einer ringförmigen Tasche der innen bewimperte, schlauchförmige Pharynx ausgestülpt. Er kann kleine Nahrungsbrocken ganz in sich hineinschlingen, während er sich in größere, unterstützt durch verdauende Enzyme, allmählich hineinarbeitet. Durch die Peristaltik des Pharynx wird die Nahrung in den Darm gepumpt und dort enzymatisch in winzige Teilchen zerlegt, die dann von den Nährzellen phagozytiert werden.

Mesostoma ehrenbergi ist so durchsichtig, dass das Nervensystem, die Geschlechtsorgane und die Wimperflammen der Protonephridien am lebenden Tier mikroskopiert werden können.

- Es werden ungefärbte Dauerpräparate gut gestreckter Planarien mikroskopiert. Steht anstelle von *D. gonocephala* das milchweiße *Dendrocoelum lacteum* zur Verfügung, so erübrigt es sich, Präparate zu verwenden, da bei dieser pigmentarmen Art der (gefüllte) Darm schon im Leben deutlich durch die Körperwand hindurchschimmert.

Der **Darm** geht unter plötzlicher Verschmälerung aus dem Pharynx hervor und gabelt sich fast unmittelbar in drei Äste (Abb. 54b), von denen einer nach vorn zieht (Kopfdarm), während die beiden anderen nach hinten umbiegend parallel zu den Körperseiten bis an die Schwanzspitze verlaufen ("Schwanzdärme"). Man kann sie als Linien gut verfolgen. Alle drei Äste entsenden Blindsäcke, die sich gabeln oder verzweigen. Da ein After fehlt, muss Unverdauliches durch den Mund ausgeschieden werden.

II. Trematoda, Saugwürmer

Technische Vorbereitungen

- Es werden mit Boraxkarmin gefärbte mikroskopische Präparate des Kleinen Leberegels (*Dicrocoelium dendriticum*) mikroskopiert. Von *Fasciola hepatica*, dem Großen Leberegel, sind gefärbte mikroskopische Präparate von jungen, höchstens 1 cm langen Egeln

(Darm) und von voll entwickelten Tieren (Geschlechtsapparat) erforderlich.

- Sehr informativ ist die Demonstration von Tieren mit angefärbtem Exkretionssystem. Zur Färbung bringt man die Tiere einen Tag in Boraxkarmin; differenziert wird mindestens 14 Tage in HCl-Alkohol. Fügt man dem Alkohol, in dem man die Tiere nach dem Fixieren (mit Bouinscher Flüssigkeit) aufbewahrt, einige Tropfen Karbolsäure zu, so stellt sich nach einigen Tagen eine haltbare Dunkelfärbung der Dotterstöcke und Dottergänge ein, die auch in gefärbten Präparaten diese Organe gut hervortreten lässt.

- Wo es sich ermöglichen lässt, sollte eine frisch vom Schlachthof bezogene, stark befallene Rinderleber im Kurs eröffnet werden, sodass die noch lebenden Parasiten in den Gallengängen demonstriert werden können. An so gewonnenen Großen Leberegeln kann man den dunkel angefüllten Darm mit all seinen Verzweigungen gut erkennen, vor allem, wenn man die Tiere zwischen zwei Objektträgern vorsichtig quetscht. – Außerdem werden mit Hämatoxylin-Eosin gefärbte Querschnitte von *Fasciola hepatica* mikroskopiert. Um die Deutung des Präparates nicht zu schwierig zu gestalten, ist es angebracht, Schnitte hinter der Körpermitte, bei denen Uterus und Keimstock nicht mehr getroffen sind, zu verwenden.

- Um Entwicklungsstadien von Trematoden zeigen zu können, sammle man schon einige Tage vorher reichlich Wasserschnecken (besonders *Lymnaea*-Arten, aber auch *Bithynia* und *Planorbis*) und stelle sie einzeln in Wassergläser an ein sonniges Fenster. Aus einigen der Schnecken wird man dann die Cercarien in großen Mengen herauskommen sehen. Das Ausschwärmen der Cercarien lässt sich hervorrufen, wenn man befallene Schnecken rasch aus kaltem (5°C) in warmes (22°C) Wasser oder umgekehrt aus warmem in kaltes Wasser bringt.

- Präpariert man die infizierten Schnecken, so findet man die Leibeshöhle und/oder die Mitteldarmdrüse mit Sporocysten und Redien (oft verschiedener Trematodenarten) durchsetzt. Das so gewonnene Material wird etwas zerzupft und zur Lebenduntersuchung verwendet. Befallene Schnecken sind übrigens oft an dem stark aufgetriebenen letzten Schalenumgang leicht zu erkennen.

- Findet man keine infizierten Schnecken, so muss man auf gefärbte Präparate von Sporocysten, Redien und Cercarien zurückgreifen.

Allgemeine Übersicht

Die Trematoden sind meist kleine (0,5 bis 70mm), blatt- oder zungenförmige Plattwürmer, die ausschließlich als Endoparasiten im Inneren anderer Tiere leben. Ihre **Körperwand** ist eine **Neodermis** (s. S. 90). Die Oberfläche der Körperdecke ist oft mit Höckern, Dornen, Stacheln oder Haken aus Proteinen besetzt. Ein Teil von ihnen dient, ebenso wie die **Saugnäpfe**, als Haftapparat. Fast stets ist ein vorderer Mundsaugnapf vorhanden, der die Mundöffnung umfasst; dazu tritt oft ein in der Mittellinie der Bauchfläche liegender Bauchsaugnapf.

Der **Hautmuskelschlauch** ist stark entwickelt und besteht aus Ring- und Längsmuskulatur. Ferner finden sich dorsoventrale Muskeln sowie die Saugnapfmuskulatur: einerseits meridian verlaufende, die den Saugnapf abflachen, andererseits äquatoriale und radiäre, die sein Lumen vertiefen und erweitern und dadurch das Ansaugen des Saugnapfes bewirken.

Das **Nervensystem** besteht aus einem paarigen, hinter dem Mundsaugnapf liegenden Cerebralganglion (Gehirn), von dem Markstränge, zwei relativ dicke ventrale und zwei laterale nach hinten und drei Paar kürzere nach vorn ziehen. Ringförmige Kommissuren stellen Querverbindungen her.

Im Zusammenhang mit der parasitischen Lebensweise sind **Lichtsinnesorgane** nur bei frei schwimmenden Larvenstadien (Miracidien) ausgebildet. Es sitzen dann zwei oder vier Paar Pigmentbecherocellen dem Gehirn auf.

Der **Darmkanal** beginnt mit dem vorn und etwas bauchwärts gelegenen Mund, auf den ein kurzer Vorderdarm (Oesophagus) folgt, dessen Anfangsstück zu einem muskulösen Pharynx entwickelt ist. Dann gabelt sich der Darm in zwei einfache, nach hinten ziehende, blinde Schenkel. Beim Großen Leberegel (*Fasciola hepatica*) ist der Darm reich verzweigt. Der Mund dient (fast immer) auch als After. In den Vorderdarm münden Speicheldrüsen, meist in Form

einzelner Drüsenzellen. – Der Raum zwischen Darmkanal und Haut wird von zellreichem, mesodermalem Bindegewebe ausgefüllt.

Die **Protonephridien** bestehen aus zwei großen Längskanälen, von denen zahlreiche Seitenkanäle abgehen, die sich im Bindegewebe ausbreiten und mit **Reusengeißelzellen** (S. 90) beginnen. Die beiden Hauptkanäle können getrennt rechts und links am Vorderende dorsal ausmünden, in anderen Fällen vereinigen sie sich hinten in einer kontraktilen Blase.

Der **Geschlechtsapparat** ist, wie sehr oft bei Parasiten, mächtig entwickelt. Fast alle Saugwürmer sind Zwitter. Die männlichen Geschlechtsorgane bestehen aus zwei ovalen oder lappigen, gelegentlich aber auch stark verzweigten Hoden. Ihre Ausführgänge und ableitenden Gefäße (**Vasa efferentia**) vereinigen sich zum Samenleiter (**Vas deferens**), dessen zur **Samenblase** erweiterter Endabschnitt in ein vorstreckbares Begattungsorgan mündet. Der weibliche Geschlechtsapparat ist komplizierter gebaut. Neben Eizellen, die der **Keimstock** (das **Germarium**) der weiblichen Gonade liefert, werden von einem von der Ovaranlage abgespaltenen Teil, vom **Dotterstock** (**Vitellarium**), Dotterzellen gebildet. Bei den meisten Trematoden gelangen die Eizellen über einen kurzen **Oviduct** in eine Erweiterung des Ausführganges, in den **Ootyp**. Kurz vorher hat der Oviduct den vereinigten Ausführgang der seitlich gelegenen Dotterstöcke aufgenommen. Im Ootyp werden jeder Eizelle eine Anzahl Dotterzellen (bei *Fasciola hepatica* etwa 30) beigegeben. Dort finden außerdem die Befruchtung und danach die Bildung der Eischalen aus langsam sklerotisierenden Proteinen statt, die von den Dotterzellen abgeschieden werden. Der Ootyp wird von Drüsenzellen umgeben (**Mehlissche Drüse**). Ihr Lipoproteinsekret soll die feine innere und äußere Membran der Eischale bilden. Zusammengesetzte Eier dieser Art, die neben der Eizelle eine oder mehrere, der Ernährung des Embryos dienende Dotterzellen beherbergen, werden **ectolecithal** genannt.

Aus dem Ootyp werden die Eier durch eine als Ventil funktionierende Ringfalte in den Uterus befördert, der – oft mit Eiern gefüllt – als vielfach geschlängeltes Rohr den Körper durchzieht und neben der männlichen Geschlechtsöffnung oder im gemeinsamen Atrium mündet.

Die Spermien gelangen bei den Digenea meist durch den Uterus zu den Eiern. Das bei der Begattung aufgenommene Sperma wird in einem bläschenförmigen Organ, das über einen kurzen Schlauch mit dem Oviduct verbunden ist, oder in einer ootypnahen Erweiterung des Uterus gespeichert (**Receptaculum seminis**). Ein bei den Trematoda nicht selten vorkommender, vom Ootyp zur Rückenfläche führender Gang, der **Laurersche Kanal**, dient vermutlich der Ausleitung von überschüssigem Sperma und Zelltrümmern.

Die Trematoden machen einen mit einem **Wirtswechsel** verknüpften **Generationswechsel** durch. Dabei treten nacheinander mehrere typische Larvenformen auf. Wir wollen uns eingehender mit zwei Arten, dem Großen und dem Kleinen Leberegel befassen. Beide leben in den Gallengängen von Pflanzen fressenden Säugetieren, der Große vornehmlich im Rind, der Kleine im Schaf. Aus den mit dem Kot ausgeschiedenen Eiern des Großen Leberegels (*Fasciola hepatica*) schlüpfen, wenn die Weiden nach Regengüssen oder durch Hochwasser überschwemmt sind, bewimperte Larven, **Miracidien**, die sich in die Haut der amphibisch lebenden kleinen Schlammschnecke *Lymnaea truncatula* einbohren. Beim Eindringen in Leibeshöhle und Mitteldarmdrüse bildet das Miracidium das Wimperkleid und die Pigmentbecherocellen (S. 90) zurück und wächst zu einem fast organlosen Keimschlauch, der **Sporocyste**, heran, die über die Körperoberfläche Nahrung aufnimmt. In ihrem Inneren entwickelt sich aus diploiden Keimzellen eine zweite, abweichend gebaute Generation, die **Redien**. Sie sind gegenüber den Sporocysten durch den Besitz von Mund, Darm, Zentralnervensystem, Speicheldrüsen und Geburtsöffnung ausgezeichnet und haben, wie übrigens sämtliche Larvenstadien, Protonephridien. Außerdem besitzen sie stummelförmige Fortbewegungsorgane, mit deren Hilfe sie zur Mitteldarmdrüse der Schnecke wandern, wo sie sich festsetzen und stark heranwachsen. In den Redien entwickeln sich – wiederum aus Keimzellen – die **Cercarien**. Sie haben Darm, Saugnäpfe und Nervensystem der erwachsenen Formen, dazu einen Ruderschwanz, es fehlen aber die Geschlechtsorgane. Die Cercarien verlassen 6–10 Wochen nach der Infektion, die Haut durchbohrend, die Schne-

cke, schwimmen bis maximal 24 Stunden umher, runden sich dann unter Verlust des Ruderschwanzes ab und schließen sich, an eine Pflanze festgeheftet, in eine **Cyste** ein. Gelangen diese nun **Metacercarien** genannten Larven mit dem Gras von Überschwemmungswiesen in den Darm eines Wiederkäuers, so verlassen sie die Cystenhülle, durchbohren die Darmwand und wandern durch die Leibeshöhle in die Leber und dort in die Gallengänge, wo sie innerhalb von zwei bis drei Monaten zu geschlechtsreifen Tieren heranwachsen und dann täglich zehn- bis zwanzigtausend Eier legen.

Auch beim Kleinen Leberegel (*Dicrocoelium dendriticum*) werden die embryonierten Eier mit dem Kot des Wirtstieres im Gelände verstreut. Als Zwischenwirte fungieren zunächst Landlungenschnecken der Gattungen *Zebrina* und *Helicella*, die sich zersetzende Blätter aufnehmen und daher auch die unvollkommen verdauten Pflanzenteile im Kot der Wirtstiere fressen. Dabei infizieren sie sich mit den Eiern, aus denen kurz darauf im Darm der Schnecke das **Miracidium** schlüpft. Die Miracidien wandern zur Mitteldarmdrüse, setzen sich dort fest und wachsen zu unregelmäßig gestalteten **Sporocysten I. Ordnung** heran, in deren Leibeshöhle sich die 2–3mm großen **Sporocysten II. Ordnung** entwickeln. Die Muttersporocyste degeneriert, in den Tochtersporocysten entstehen die mit einem langen Schwanz ausgestatteten **Cercarien**, die – ihre Mutter durch die Geburtsöffnung verlassend – über das Venensystem zur Atemhöhle der Schnecke wandern. Dort werden sie etwa vier Monate nach der Infektion der Schnecke, in Gruppen von bis zu mehreren tausend in Schleimballen gehüllt, ausgestoßen. Diese Schleimballen werden von Ameisen der Gattung *Formica* gefressen. Die Cercarien (im Durchschnitt etwa 50) gelangen dabei in den Kropf der Tiere, durchbohren dessen Wand und encystieren sich – nachdem sie im Verlauf von zwei Monaten über den Thorax bis in den Kopf der Ameisen und wieder zurückgewandert sind – als schwanzlose **Metacercarien** in der Leibeshöhle des Abdomens. Stets dringt jedoch eine Cercarie in das Unterschlundganglion ein und encystiert sich dort. So befallene Ameisen zeigen ein eigenartiges und auffallendes Verhalten: Sie erklettern Pflanzen und verbeißen sich mit ihren Mandibeln vornehmlich in den kühleren

Abendstunden in Blätter oder Blüten. Die Pflanzen fressenden Endwirte (Schaf, Rind) nehmen sie mit dem Futter auf und infizieren sich mit den in der Leibeshöhle der Ameise encystierten Parasiten. Sie werden im Wirt nach 7 Wochen geschlechtsreif und beginnen etwa 4 Wochen danach mit der Eiablage.

Auch bei zahlreichen anderen Trematodenarten gelangen die Cercarien in einen zweiten Zwischenwirt (Mollusk, Arthropode, Fisch oder Frosch), in dem sie sich einkapseln, um erst dann, wenn sie samt diesem von einem dritten Wirt gefressen werden, zu geschlechtsreifen Saugwürmern heranzuwachsen. Die endoparasitischen Trematoden weisen also einen durch Metamorphose und Wirtswechsel komplizierten **Generationswechsel** auf. Ob dabei die Redien und Cercarien auf jeden Fall parthenogenetisch (aus geschlechtlich differenzierten, aber unbefruchteten Zellen) entstehen oder ob sie bei manchen Formen, wie behauptet wird, durch Polyembryonie (also ungeschlechtlich) gebildet werden, muss vorerst noch offen bleiben.

Spezieller Teil

1. *Dicrocoelium dendriticum,* Kleiner Leberegel

Dicrocoelium dendriticum, der Kleine Leberegel oder Lanzettegel, findet sich in den Gallengängen zahlreicher Säugetiere, vor allem bei Schaf und Rind, aber auch beim Menschen.

- Es werden die mikroskopischen Totalpräparate zunächst mit schwacher Vergrößerung betrachtet.

Der bis zu 10mm lange Körper des Tieres ist lanzettförmig (Abb. 55). Deutlich lassen sich die beiden **Saugnäpfe** erkennen, von denen der Bauchsaugnapf der größere ist. An den Mundsaugnapf schließt sich der kurze, muskulöse **Schlund** (**Pharynx**) an, der sich zur dünnen **Speiseröhre** (**Oesophagus**) verlängert. Über dem Beginn der Speiseröhre liegen dorsal die beiden durch eine Kommissur verbundenen, oft schwer sichtbaren **Cerebralganglien**. Der Darm gabelt sich, die beiden einfachen, unverästelten Schenkel enden blind am Anfang des letzten Körperviertels.

Vom **Protonephridialsystem** ist an den Präparaten fast nichts wahrzunehmen; alles, was man an Organen sonst noch sieht, gehört zu den beiden **Geschlechtsapparaten**. Hinter dem Bauchsaugnapf liegen zwei große, etwas gelappte Hoden, und vor dem Bauchsaugnapf sieht man den in einem Cirrusbeutel eingeschlossenen **Cirrus** sich bis zur Gabelung des Darmes erstrecken. Die Mündung des Cirrusbeutels, d.h. die männliche Geschlechtsöffnung, liegt unmittelbar hinter der Gabelung des Darmes. Von den Hoden gehen die mit stärkerer Vergrößerung erkennbaren Ausführgänge (**Vasa efferentia**) ab, die sich zu einem kurzen, in den Cirrus übergehenden, unpaaren Samenleiter vereinigen.

Vom weiblichen Geschlechtsapparat fällt zuerst der meist in ganzer Länge von Eiern erfüllte Uterus auf. Er beginnt in der Mitte des Körpers, zieht bis zum hinteren Körperende, wendet sich dann wiederum nach vorn und mündet schließlich unmittelbar neben der männlichen Öffnung aus. Er windet sich in zahlreichen, quer laufenden Schlingen, was im Präparat oft eine reiche seitliche Verzweigung vortäuscht. Die jüngsten, im Anfangsteil des Uterus liegenden Eier haben eine hellgelbe, durchsichtige Schale; diese wird mit fortschreitender Sklerotisierung der sie aufbauenden Proteine braun. Die ältesten, in den Endabschnitt des Uterus vorgeschobenen Eier sind undurchsichtig und schwarzbraun.

Das **Germarium** liegt hinter dem zweiten Hoden und erscheint als rundlicher Körper von geringerer Größe, in dem bei starker Vergrößerung die kleinen Eier sichtbar sind. Stets werden die Eier später reif als die Spermien. Von hier gelangen die Eier in den **Ootyp** (Abb. 56). Dieser ist umgeben von der nur schwach sichtbaren **Mehlisschen Drüse**. Ebenfalls nur schwer, wenn überhaupt, erkennbar ist der **Laurersche Kanal**, der als feiner Gang vom Ootyp zur Rückenfläche zieht. Sehr gut zu erkennen ist dagegen, falls es mit Sperma gefüllt ist, das ihm anhängende **Receptaculum seminis**. Es liegt als scharf konturierte Blase mit lebhaft gefärbtem Inhalt unmittelbar hinter dem Germarium.

Die beiden **Vitellaria** (Dotterstöcke) nehmen im Bereich der Körpermitte die rechte und linke Seite ein und fallen wegen ihrer abweichenden Färbung auf. Sie bestehen aus Gruppen von meist kurzen, keulenförmigen, oft verzweigten Dottersäckchen, die jederseits in einen oft nur

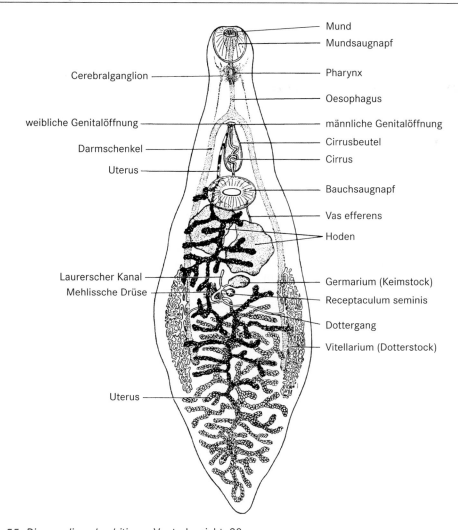

Abb. 55 *Dicrocoelium dendriticum*, Ventralansicht, 28×

undeutlich sichtbaren Längskanal münden. Von der Mitte des Längskanals führt ein quer verlaufender Dottergang zum Ootyp.

2. *Fasciola hepatica,* Großer Leberegel

Fasciola hepatica, der Große Leberegel, lebt gleichfalls in den Gallengängen von Schafen und anderen Säugetieren, oft vergesellschaftet mit dem Kleinen Leberegel. Er erreicht eine Länge von etwa 3 cm und eine Breite von etwa 1 cm. Auch beim Menschen wird er, allerdings

selten, angetroffen. Früh auftretende Symptome stehen in Beziehung zur Wanderung der Larven zur und innerhalb der Leber: Oberbauchschmerzen, Fieber, Durchfälle, Gelbsucht, Hautquaddeln, Juckreiz, Gelenkschmerzen und im Blut Eosinophilie. Wenn viele adulte Würmer lange Zeit in den Gallenwegen leben, kann es zu Leberzirrhose kommen; Verstopfung der Gallenwege tritt öfter auf.

● Es werden mit Boraxkarmin gefärbte mikroskopische Totalpräparate sowohl junger als auch voll entwickelter Tiere mit dem Ste-

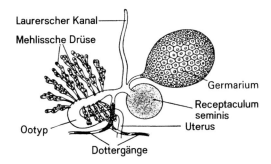

Abb. 56 Weibliche Geschlechtsorgane von *Dicrocoelium dendriticum.* Etwa 300×. (Aus Braun, nach Leuckart)

reomikroskop oder schwacher Mikroskopvergrößerung studiert; stärkere Vergrößerung führt bei diesen dicken Präparaten zu nichts – außer zur Zertrümmerung des Präparates.

Der Körper ist stark abgeflacht, fast blattförmig, sein vorderster Abschnitt als „Kopfzapfen" deutlich abgesetzt. Etwas dahinter liegt die breiteste Stelle des Tieres, das sich dann nach hinten zu allmählich verjüngt. Die Körperoberfläche ist dicht mit kleinen, schuppen- oder stachelartigen Bildungen besetzt, die in Querreihen angeordnet sind. Sie sind besonders gut an den Seitenrändern des Kopfzapfens zu erkennen und bestehen aus stark lichtbrechenden Proteinen. Sie spielen, da ihre Spitzen alle nach hinten gerichtet sind, zweifellos eine Rolle bei der Verankerung der Tiere in den Gallengängen des Wirtes.

Bei den noch nicht geschlechtsreifen Leberegeln kann man den **Darm** in ganzer Ausdehnung gut überblicken, während er bei den herangewachsenen durch die mächtig entwickelten Geschlechtsorgane größtenteils verdeckt wird. Der Darmkanal beginnt in der Tiefe des endständigen Mundsaugnapfes. Der Bauchsaugnapf liegt nur wenig hinter dem Mundsaugnapf und damit sehr weit vorn. An den Mundsaugnapf schließt sich ein kräftiger **Pharynx** an, dem ein sehr kurzer **Oesophagus** folgt. Der Pharynx kann durch eine besondere Muskulatur zurückgezogen oder auch, wie es Abb. 57 zeigt, bis in den Mundsaugnapf hinein vorgeschoben werden. Da er sich einerseits gegen den Oesophagus, andererseits gegen den Mundsaugnapf abschließen kann, arbeitet er abwechselnd als Saug- und Druckpumpe. Der Oesophagus ist sehr kurz und

gabelt sich noch im Gebiet des Kopfzapfens in die beiden Darmschenkel, die fast bis zum Hinterende des Tieres ziehen. Sie sind sehr reich mit verzweigten Blindsäcken ausgestattet. Da die Wandung der Blindsäcke sehr dehnungsfähig ist, erscheinen sie je nach dem Füllungsgrad des Darmes bald als feine Kanäle, bald als breite, einander fast berührende Räume.

Am hinteren Körperpol öffnet sich das **Protonephridialsystem**, das mit einer lang gestreckten, in der Medianlinie verlaufenden Blase beginnt und sehr reich verästelt ist, doch kann man das im Allgemeinen nur an Präparaten sehen, bei denen das Protonephridialsystem mit injizierter Tusche angefärbt wurde.

Vom **Geschlechtsapparat** fällt an erwachsenen *Fasciola*-Exemplaren im vorderen Körperdrittel der **Uterus** auf. Er zieht, dicht mit gelb bis gelbbraunen Eiern gefüllt, in Windungen nach vorn und mündet hier in die weibliche Geschlechtsöffnung, die vor dem Bauchsaugnapf liegt. Unmittelbar hinter dem Uterus befindet sich, durch kräftigere Färbung auffallend, die den **Ootyp** umgebende **Mehlissche Drüse**. Ein wenig caudal davon sind die mehr oder weniger bräunlich gefärbten, von den Seiten zur Mitte ziehenden und dort zusammenmündenden Dottergänge zu erkennen. Kurz vor dem Ootyp vereinigt sich der nun unpaare Dottergang mit dem vom **Germarium** kommenden Eileiter, der sich zum Ootyp erweitert und dann in den Uterus übergeht. Als **Receptaculum seminis** funktioniert eine ootypnahe Erweiterung des Uterus. Der **Laurersche Kanal** zieht im Bereich der Mehlisschen Drüse dorsalwärts.

Eileiter, unpaarer Dottergang und Anfangsteil des Uterus sind recht feine Kanäle, und da sie zudem noch in der Mehlisschen Drüse verpackt sind, werden sie nur selten klar zu erkennen sein, im Gegensatz zum Germarium, das die Gestalt verzweigter Schläuche hat; es ist im Präparat lebhaft rot gefärbt.

Die mächtig entwickelten Dotterstöcke erstrecken sich an den Körperseiten von vorn bis hinten. Sie setzen sich aus einer Unzahl kleiner, bräunlicher Bläschen, den **Dotterfollikeln**, zusammen. Die Ausführgänge der Follikel münden jederseits in einen der meist gut sichtbaren seitlichen Längskanäle.

Ein Großteil des Körpermittelfeldes wird von den außerordentlich stark entwickelten Hoden

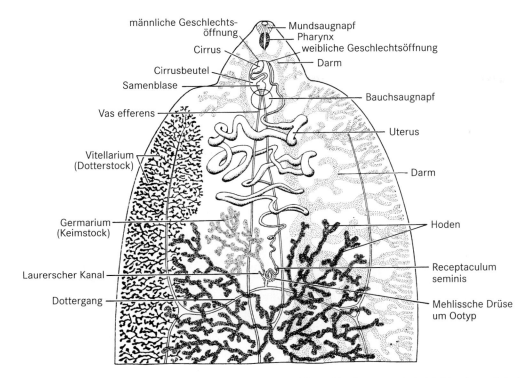

männliche Geschlechts-
öffnung
Cirrus
Cirrusbeutel
Samenblase
Vas efferens
Vitellarium
(Dotterstock)
Germarium
(Keimstock)
Laurerscher Kanal
Dottergang

Mundsaugnapf
Pharynx
weibliche Geschlechtsöffnung
Darm
Bauchsaugnapf
Uterus
Darm
Hoden
Receptaculum
seminis
Mehlissche Drüse
um Ootyp

Abb. 57 Großer Leberegel, *Fasciola hepatica*. Vorderes Körperdrittel von ventral; leicht schematisiert. Dotterstock nur links, Darmschenkel nur rechts eingezeichnet. 8×

eingenommen. Es sind reich verzweigte Schläuche, die sich in je ein Vas efferens vereinigen. Die beiden Vasa efferentia ziehen seitlich der Mittellinie nach vorn und vereinigen sich in der Gegend des Bauchsaugnapfes zum unpaaren Samenleiter (Vas deferens), der sich unmittelbar danach zur Samenblase (**Vesicula seminalis**) erweitert, die ihrerseits in den muskulösen, ausstülpbaren Cirrus übergeht. Der Cirrus, der unmittelbar neben der weiblichen Geschlechtsöffnung mündet, und die Samenblase sind meist gut erkennbar.

- Es werden nun mit Hämatoxylin-Eosin gefärbte Querschnitte durch die Körpermitte geschlechtsreifer Exemplare von *Fasciola hepatica* mikroskopiert.

Die Form des **Querschnitts** (Abb. 58) und das die Leibeshöhle erfüllende Bindegewebe sind für Plathelminthes typisch. Die syncytiale, kernfreie Außenlage der Epidermis (das **Tegument**) zeigt eine vertikale Streifung. Die meist nicht in voller Länge getroffenen Hautdornen sind auch da, wo sie über die Körperoberfläche vorragen, von Cytoplasma überzogen, liegen also intraepidermal. Die **Perikaryen** liegen einzeln oder zu traubigen Gruppen vereint tief im Bindegewebe. Man kann sie an den großen, blau angefärbten Kernen zwischen den Muskelzellen erkennen. Die feinen, halsartig dünnen Verbindungsstücke zwischen kernloser Außenlage und Perikaryen sind dagegen nur selten zu erkennen (Abb. 59).

In die Außenzone des Bindegewebes ist die Muskulatur des **Hautmuskelschlauches** eingebettet. Oberflächennah verlaufen parallel zur Schnittebene die Zellen der Ringmuskulatur. Etwas tiefer im Bindegewebe liegen die quer getroffenen Zellen der Längsmuskelschicht. Sie sind in senkrecht orientierten Reihen oder schmalen Gruppen angeordnet und heben sich durch ihre rötliche Färbung gut ab. Noch tiefer im Bindegewebe erkennt man – weniger gut – die Dorsoventralmuskulatur, die ihrem Verlauf entsprechend in kurzen, schrägen Anschnitten getroffen ist.

Vor der Betrachtung und Diagnose der inneren Organe ist es gut, sich noch einmal den Bauplan des Tieres ins Gedächtnis zu rufen und sich zu vergegenwärtigen, dass der Schnitt – hinter der Mehlisschen Drüse – durch die Körpermitte geführt wurde. Vom **Darm** sind die gleich rechts und links der Mitte liegenden Hauptschenkel am größten. Nach den Seiten zu wird ihr Lumen mit fortschreitender Verzweigung immer geringer. Bisweilen wird ein

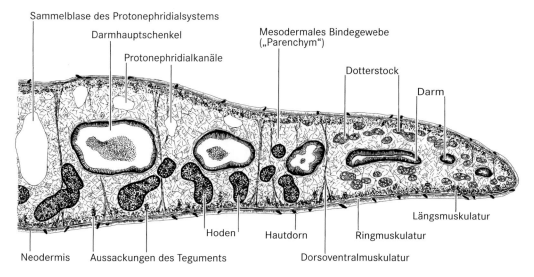

Abb. 58 *Fasciola hepatica.* Eine Hälfte eines Querschnitts durch die Körpermitte. 20×

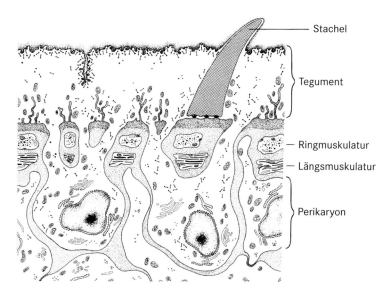

Abb. 59 Feinstruktur der Körperwand von *Fasciola hepatica* mit im Bindegewebe liegenden Perikaryen der syncytialen Neodermis. Längsschnitt. Etwa 1300×

in der Querrichtung verlaufender Ast in größerer Länge getroffen oder die Stelle einer Verzweigung angeschnitten sein. Die Darmschenkel können von einer homogenen, bräunlichen Masse, der aufgenommenen Nahrung (Blut und Zellen des Epithels der Gallengänge), erfüllt sein. Das Epithel des Darmes erscheint auf den Schnitten bisweilen sternförmig gefaltet oder in einzelne Keile zerspalten, tatsächlich aber ist es ein geschlossenes, einschichtiges Epithel, dessen große Kerne im Gegensatz zu den Zellgrenzen leicht erkennbar sind.

Das Epithel des **Protonephridialsystems** ist sehr flach und kaum zu sehen; Blase und Kanäle erscheinen daher wie Lücken innerhalb des Bindegewebes. Die Reusengeißelzellen und ihre Wimperflammen sind nur an mit Eisenhämatoxylin gefärbten Schnitten bei Verwendung eines Immersionsobjektivs deutlich zu erkennen.

Die Anschnitte der verzweigten **Hoden** fallen wegen ihres Kernreichtums durch ihre sattblaue Färbung auf. Die männlichen Keimzellen befinden sich in den verschiedensten Entwicklungsstadien. Man erkennt zahlreiche Zellteilungsstadien und an vielen Stellen ganze Bündel ausdifferenzierter, fadenförmiger Spermien, deren lang gestreckte Kopfabschnitte sich nur wenig absetzen.

Die von den Verzweigungen des Hodens freigelassenen Seitenfelder werden von den **Dotterstöcken** eingenommen. Die Dotterzellen sind großkernig; ihr Cytoplasma ist erfüllt von Dottertröpfchen, die zur Schalenbildung verwendet werden.

3. Sporocysten, Redien, Cercarien

- Gefärbte, mikroskopische Totalpräparate von Sporocysten und Redien verwende man nur dann, wenn kein Lebendmaterial, an dem die Einzelheiten der Organisation dieser Larvenstadien viel besser zu erkennen sind, zur Verfügung steht. Lebende Larven entnimmt man aus der Leibeshöhle und/oder Mitteldarmdrüse (unter Wasser zerzupfen) einer *Lymnaea*-Art. Die Larven von *Fasciola hepatica* leben nur in *Lymnaea truncatula*; in anderen Lymnaeen wird man Entwicklungsstadien (oft verschiedener) anderer Trematodenarten finden. Sie unterscheiden sich meist nur geringfügig von den Larven des Großen Leberegels.

Die Sporocysten und Redien sind wenig bewegliche, sack- oder schlauchartige Gebilde, angefüllt mit Tochterstadien, die sich in ihrem Inneren aus Keimzellen entwickeln. Die Entscheidung, ob eine Sporocyste oder eine Redie vorliegt – nicht immer ist beides vorhanden –, gelingt meist leicht (vgl. Abb. 60). Die **Sporocysten** sind sehr einfach gebaut. Es sind lediglich dünnwandige, mit zarter Muskulatur versehene Säcke, die außer Protonephridien und Keimzellen keine Organe haben. Die Keimzellen im Inneren der Sporocysten entwickeln sich in der Regel zu Redien (bei manchen Arten aber wiederum zu Sporocysten oder auch direkt, unter Überspringen der Rediengeneration, zu Cercarien), die Keimzellen in den Redien zu Cercarien. Die **Redien** sind in der Regel schlanker, haben oft einen durch einen Ringwulst abgesetzten „Kopfteil" und zwei stumpfe, zum Vorwärtsstämmen dienende Fortsätze am Hinterkörper; vor allem aber sind sie durch den Besitz eines Pharynx mit anschließendem, kurzem oder längerem, nicht gegabelten Darm und einer Geburtsöffnung im vorderen Körperdrittel gekennzeichnet.

- Nun werden Cercarien, wenn möglich frisch mit der Pipette einem Schneckenglas entnommen und (vgl. S. 95) mikroskopiert.

An den **Cercarien** kann man meist einen ovalen Körper und einen kräftigen Ruderschwanz unterscheiden. Mund- und Bauchsaugnapf, Pharynx und gegabelter Darm sind vorhanden; sogar die Protonephridialorgane mit ihren Endzellen samt schlagenden Wimperflammen sind gut zu erkennen. Der Bau der adulten Trematoden ist im Wesentlichen schon erreicht, nur sind die Geschlechtsorgane noch nicht entwickelt. Oft finden sich zwei große, seitliche Drüsenpakete, die bei der späteren Encystierung der Cercarie eine Hülle aus sklerotisierenden Proteinen und Mucopolysacchariden um das Tier bilden. In der dorsalen Lippe des Mundsaugnapfes liegt bei einigen Arten ein kleiner Bohrstachel. Der Ruderschwanz ist bei manchen Arten gegabelt. Er wird kurz vor der Encystierung (in den Präparaten oft schon früher) abgeworfen.

- Es empfiehlt sich, den Cercarienpräparaten einen Tropfen einer sehr schwachen Neutralrotlösung zuzusetzen und das Deckgläschen durch Absaugen des Wassers anzupressen. In

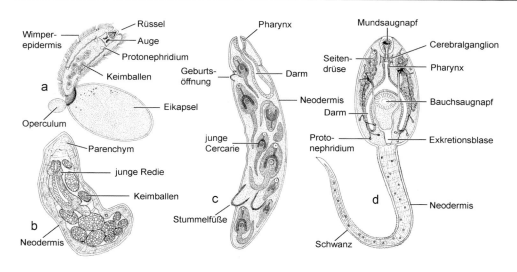

Abb. 60 Entwicklungsstadien von Trematoden. **a** Miracidium aus dem Ei schlüpfend, **b** Sporocyste, **c** Redie, **d** Cercarie von *Fasciola hepatica*

den Minuten vor dem Absterben der gepressten Tiere treten die einzelnen Organe, vornehmlich das Protonephridialsystem, besonders deutlich hervor.

III. Cestoda, Bandwürmer

Technische Vorbereitungen

- Man besorge sich finniges Rindfleisch vom Schlachthof, das entweder frisch oder mit Formol fixiert und in 70%igem Alkohol konserviert untersucht wird. Ferner werden in Alkohol konservierte Proglottiden von *Taenia solium*, *Taenia saginata* und *Diphyllobothrium latum* mikroskopiert.
- An mikroskopischen Dauerpräparaten sind erforderlich: 1. Reife Proglottiden dieser drei wichtigsten im Menschen vorkommenden Bandwürmer, gefärbt oder ungefärbt. 2. Mittlere Proglottiden mit vollständig entwickelten Geschlechtsapparaten, gefärbt. 3. Gefärbte Ganzpräparate von *Echinococcus granulosus*. 4. Gefärbte Präparate von Wandstücken einer *Echinococcus*-Cyste.

- Als Demonstrationsmaterial sind vollständige, konservierte Exemplare der häufigeren Bandwürmer, eine *Echinococcus*-Cyste sowie, unter dem Mikroskop, einige Bandwurmköpfe aufzustellen.

Allgemeine Übersicht

Die Bandwürmer sind ausnahmslos Parasiten. Die mit dieser **Lebensweise** einhergehende Umgestaltung des Körpers ist noch einschneidender als bei den Trematoden. So fehlt ihnen ein Darm; die Nahrungsstoffe werden in gelöster Form und durch Pinocytose über die Körperwand aufgenommen, im Bindegewebe in Form von Glykogen (und Lipiden) gespeichert und anaerob abgebaut.

Der Körper der meisten Cestoden besteht aus einem mit Haftorganen versehenen, häufig deutlich abgesetzten Vorderende (Kopf oder **Scolex**) und hintereinander angeordneten und durch Querfurchen voneinander abgesetzten Abschnitten, den **Proglottiden** (Abb. 61). Unmittelbar hinter dem Scolex, wo sich die Proglottiden in einer **Wachstumszone** differenzieren, sind sie klein und schmal; in dem Maße, in dem sie durch neu entstehende nach hinten abgedrängt werden, wachsen sie heran.

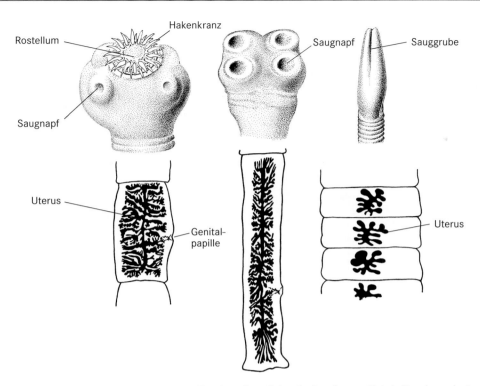

Rostellum — Hakenkranz — Saugnapf — Sauggrube

Saugnapf

Uterus

Genital-papille

Uterus

Abb. 61 Köpfe und reife Proglottiden von *Taenia solium*, Schweinebandwurm (links), *Taenia saginata*, Rinderbandwurm (Mitte) und *Diphyllobothrium latum*, Fischbandwurm (rechts)

Die **Entwicklung** der Cestoden ist eine **Metamorphose**, die bei wenigen Arten mit einem **Generationswechsel**, aber fast immer mit einem **Wirtswechsel** verknüpft ist. Die Larve setzt sich im Bindegewebe, den Muskeln, der Leber und in anderen Organen des Zwischenwirtes fest, das geschlechtsreife Endstadium lebt in der großen Mehrzahl der Fälle als Parasit im Darm von Wirbeltieren. Beim Menschen können dementsprechend Bandwurminfektionen in drei Gruppen eingeteilt werden: 1) Der Mensch ist der Endwirt (*Taenia saginata, Diphyllobothrium latum, Hymenolepis nana*). 2) Der Mensch ist Zwischenwirt (*Echinococcus*). 3) Für *Taenia solium* kann der Mensch End- und Zwischenwirt sein.

Die befruchteten Eier vieler Bandwürmer entwickeln sich zunächst zur „Sechshaken-Larve" (**Oncosphaera**), die, um zur 2. Larve zu werden, von einem Zwischenwirt aufgenommen werden muss. Bei *Taenia solium* (Schweinebandwurm)

ist es das Schwein, das die Oncosphaeren mit der Nahrung aufnimmt. Die Oncosphaeren werden im Dünndarm frei, dessen Enzyme die Eischale auflösen, durchbohren dann das Darmepithel und gelangen mit dem Blutstrom in das Bindegewebe der Muskeln und anderer Organe, wo sie sich zu **Finnen** (s. unten) umwandeln. Durch Verzehr „finnigen" Fleisches kommen die Finnen in ihren Endwirt (bei *Taenia solium* den Menschen). In seinem Darm wächst der in der Finne enthaltene Scolex hervor, an dessen Hinterende sich die Proglottiden differenzieren, in denen Eier in sehr großer Zahl ausgebildet werden. Durch stück- oder gruppenweise Ablösung der endständigen, reifen Proglottiden gelangen die darin eingeschlossenen befruchteten und in der Regel schon zu Embryonen entwickelten Eier mit dem Kot ins Freie.

Die Finne ist ein Bläschen (**Cysticercus, Blasenwurm**). In einer Einsenkung der Wandung sprosst der künftige Scolex nach innen (Abb. 62).

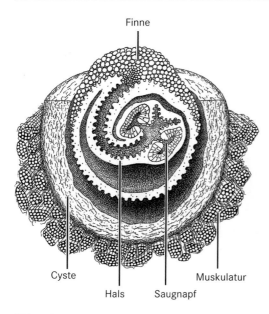

Finne

Cyste Muskulatur

Hals Saugnapf

Abb. 62 Finne von *Taenia saginata* in Cyste und Wirtsmuskulatur; teilweise aufgeschnitten. Die Finne erreicht einen Durchmesser von 10 mm, die Cyste (= vom Rind gebildetes Bindegewebe) bis 15 mm. Die Oberfläche der Finne ist typisch skulpturiert; die Außenseite der Cyste steht in enger Verbindung mit den Kollagenfasern, welche die Muskelbündel umhüllen. Zwischen Finne und Cyste liegt ein flüssigkeitsgefüllter Hohlraum. (Nach BÖCKELER, PISOT)

Der Wirt umgibt die Finne mit einer bindegewebigen Cyste. Im Darmkanal des Endwirts wird die Cyste verdaut und der Scolex ausgestülpt. Spezielle Organe sichern seine Festheftung an der Darmwand. Sehr häufig sind mit besonderer Muskulatur ausgebildete Saugnäpfe, aber auch einfachere, grubenartige Vertiefungen, die dem gleichen Zweck dienen, kommen vor. Nicht selten sitzen Haken an der Außenfläche eines durch Muskeln beweglichen vorderen Teiles (**Rostellum**) des Scolex.

Bei manchen Arten werden viele Scolices von der einzelnen Blase erzeugt, bisweilen in der Weise, dass sich von der Wand der großen Finnenblase zunächst Tochterblasen (und von diesen eventuell Enkelblasen) abschnüren, die dann erst in „Brutkapseln" eine Reihe von Scolices ausbilden (z.B. *Echinococcus granulosus*, Hundebandwurm, s. S. 110).

Anders verläuft der Entwicklungsgang von *Diphyllobothrium latum*, dem Fischbandwurm. Hier treten vier Larven auf, die sehr verschieden gestaltet sind.

Die durch eine langbewimperte Embryonalhülle schwimmfähigen, die Oncosphaeren enthaltenden **Coracidium-Larven** gelangen zunächst in einen kleinen Süßwasserkrebs (*Cyclops* oder *Diaptomus*), in dem sie sich zum ersten parasitischen Larvenstadium, dem **Procercoid**, entwickeln. Das Procercoid ist keine Blase, sondern lang gestreckt und trägt auf einem kugeligen Anhang des Hinterendes die Embryonalhaken der Oncosphaera. Werden die Krebse von einem Fisch gefressen, so bilden sich die Parasiten in der Muskulatur oder anderen Organen des Fisches zum zweiten parasitischen Larvenstadium, dem **Plerocercoid**, um. Dieses ist ein bereits wurmähnliches Entwicklungsstadium mit wohlausgebildetem Scolex am Vorderende. Durch Verzehr von Fisch in den Darm des Endwirts, des Menschen, gelangt, wächst das Plerocercoid zum reifen Bandwurm heran.

Die **Körperdecke** der Cestoden ist wie die der Trematoden eine Neodermis (s. S. 90). Ihrer Funktion als Organ der Nahrungsaufnahme entsprechend, zeigt die Außenschicht der Epidermis eine Oberflächenvergrößerung durch Mikrovilli mit elektronendichten Spitzen (**Mikrotrichen**). Die Körperwand scheidet außerdem Stoffe aus, die verhindern, dass der Wurm verdaut wird.

Der Ring- und Längsmuskulatur enthaltende **Hautmuskelschlauch** ist verhältnismäßig schwach entwickelt. Dafür ist eine kräftige Binnenmuskulatur vorhanden, die in das Parenchym eingebettet ist und aus Muskelzügen oder -platten besteht. Das Parenchym, das wie bei den anderen Plathelminthes den Raum zwischen Haut und inneren Organen völlig ausfüllt, lässt eine Mark- von einer Rindenschicht unterscheiden, die durch transversal verlaufende Muskelfaserzüge getrennt werden. In der Rindenschicht verläuft eine kräftige Längsmuskulatur; dorsoventral verlaufende Zellen durchsetzen den ganzen Körper.

Das **Nervensystem** besteht außer aus einem unter dem Hautmuskelschlauch gelegenen Plexus aus einer Reihe von längs verlaufenden Marksträngen (s. S. 90), von denen die beiden seitlich gelegenen meist am stärksten entwickelt sind. Die Stränge durchziehen den Bandwurm in ganzer Länge. Sie beginnen im Kopf in einem kräftig entwickelten, paarigen Gehirn und sind dort außerdem in jedem Glied durch Kommissuren miteinander verbunden. Vom Gehirn ziehen Nerven zu den Haftorganen. Sinnesorgane fehlen, freie Sinnesnervenendigungen finden sich zahlreich in der Epidermis.

Das **Protonephridialsystem** umfasst meist vier Längskanäle (darunter zwei sehr schwach entwickelte), von denen kleinere Seitengefäße in den Körper gehen, die mit Reusengeißelzellen (s. S. 90) beginnen. Die Längskanäle münden am Hinterrand der jeweilig letzten Proglottis aus; sie sind in jedem Glied durch einen Querkanal, im Kopf durch ein Schleifensystem miteinander verbunden.

Die **Geschlechtsorgane**, männliche und weibliche in jeder Proglottis, sind sehr stark entwickelt. Nur die jüngsten, dem Kopf am nächsten stehenden Glieder haben noch keine Geschlechtsorgane, bei den mittleren sind sie am vollständigsten entwickelt, während bei den letzten und ältesten Gliedern, den „reifen", fast nur der mit Eiern bzw. Embryonen gefüllte Uterus übrig bleibt.

Bei vielen Cestoden (z.B. beim Fischbandwurm) existieren **drei Geschlechtsöffnungen**, eine männliche und zwei weibliche, von denen die eine die Mündung der Vagina, die andere die des Uterus darstellt; bei den meisten Arten fehlt jedoch die Uterusmündung (so bei *Taenia*). Die Genitalöffnungen sind rand- oder flächenständig.

Die **männlichen Geschlechtsorgane** bestehen meist aus zahlreichen Hodenbläschen im Parenchym, deren Vasa efferentia sich zu einem muskulösen Vas deferens vereinigen. Das Ende dieses Samenleiters, der Cirrus, liegt in einem gleichfalls muskulösen Beutel, dem Cirrusbeutel. Er ist ausstülpbar und wird bei der Paarung in die weibliche Geschlechtsöffnung eingeführt.

Die **weiblichen Geschlechtsorgane** beginnen mit dem im unteren Bereich jeder Proglottis liegenden Keimstock (Germarium). Der davon ausgehende Eileiter vereinigt sich mit dem Ausführgang des Dotterstockes, der unpaar oder paarig sein kann. Im Umkreis der als Ootyp bezeichneten Vereinigungsstelle liegt die Mehlissche Drüse. Im Ootyp werden jeder Eizelle eine (bei den Taeniidae), wenige oder viele (*Diphyllobothrium*) Dotterzellen, die u.a. dem sich

entwickelnden Embryo als Nahrung dienen, beigegeben. Das nunmehr zusammengesetzte Ei wird im Ootyp oder Uterus von einer Schale umhüllt. Das Schalenmaterial stammt ebenfalls zum Teil von den Dotterzellen oder von dem sich bereits im Uterus entwickelnden Embryo. So auch bei der Gattung *Taenia*. Das Sekret der Mehlisschen Drüse bildet höchstens eine feine Grundlamelle um Ei und Dotterzellen, an die das Schalenmaterial von innen angelagert wird. Der Ootyp nimmt vor seinem Eintritt in die Mehlissche Drüse noch einen anderen Kanal auf, die nach außen führende Vagina, die dicht neben dem Cirrus in einer gemeinsamen Grube, dem Genitalatrium, mündet. Nach seinem Austritt aus der Mehlisschen Drüse wird der Eileiter zum Uterus; er enthält die fertigen Eier und mündet entweder ebenfalls – jedoch ventral – nach außen (*Diphyllobothrium*) oder endigt blind (*Taenia*), vorher zahlreiche Seitenäste aussendend.

Spezieller Teil

1. *Taenia solium,* Schweinebandwurm, *Taenia saginata,* Rinderbandwurm, *Diphyllobothrium latum,* Fischbandwurm

- Aus einem Stück finnigen Fleisches die einzelnen Finnen – ohne sie anzustechen – herauslösen und in ein mit Wasser gefülltes Schälchen bringen. Schon mit bloßem Auge lässt sich der meist ins Innere der Blase eingestülpte Scolex als weißlicher Fleck erkennen. Um ihn besser zur Anschauung zu bringen, kann man ihn entweder durch vorsichtiges Quetschen der Blase zwischen zwei Fingern zur Ausstülpung bringen, oder man hebt ihn mittels einer Nadel aus der Blase heraus, oder man schneidet ihn samt einem Stück der Umgebung aus der Blasenwand aus, bringt ihn dann mit reichlich Wasser auf einen Objektträger und legt unter leichtem Druck einen zweiten Objektträger auf das dann fertige Präparat.
- Falls finniges Fleisch nicht beschafft werden kann, werden gefärbte Dauerpräparate ausgestülpter Scolices mikroskopiert.

Bei schwacher Vergrößerung wird sichtbar, dass der **Scolex** einen fast rechteckigen Umriss hat.

Deutlich treten an den vier Ecken die halbkugeligen Saugnäpfe hervor. Charakteristisch für den
Schweinebandwurm ist der Besitz eines Haken-
kranzes von meist 26 bis 28 Haken an der Vorderfläche des Kopfes. Man erkennt zweierlei Haken, größere und kleinere, die in zwei konzentrischen Kreisen stehen. Im inneren Kreis befinden
sich die größeren Haken, im äußeren Kreis, mit
ihnen wechselständig, die kleineren. Die Spitzen
der Haken beider Kreise liegen vom Zentrum
gleich weit entfernt. Die genauere Betrachtung
der Haken zeigt deren einzelne Teile: eine etwas
nach außen gekrümmte Spitze, einen in das Integument eingesenkten Stiel und eine seitliche Zacke. Der Hakenkranz sitzt auf dem beweglichen
Rostellum, einem Muskelpolster, das die Haken
aufrichten bzw. nach außen umschlagen kann.
Seine Wirkungsweise lässt sich durch verminder-
ten oder verstärkten Druck auf den dem Objekt
aufliegenden Objektträger demonstrieren.

- Um die wesentlichen Unterschiede der drei
  beim Menschen vorkommenden Bandwürmer zu zeigen, werden möglichst reife Glieder von *Taenia solium*, *Taenia saginata* und
  Diphyllobothrium latum verglichen. Die Proglottiden in Glycerin zwischen zwei Objektträgern leicht pressen, das Präparat dann gegen das Licht halten und mit einer schwachen
  Lupe betrachten. Außerdem gefärbte Dauerpräparate mikroskopieren.

Die **Proglottiden** der beiden *Taenia*-Arten unterscheiden sich dadurch von denen des *Diphyllobothrium*, dass ihre auf einer leichten
Erhebung ausmündenden Ausführgänge der
Geschlechtsorgane randständig sind und leicht
wahrgenommen werden können, während sie
bei *Diphyllobothrium* flächenständig und bei
diesen Präparaten kaum erkennbar sind. Einzelne Proglottiden der beiden *Taenia*-Arten lassen sich nicht immer mit Sicherheit bestimmen,
da die als Bestimmungsmerkmal herangezogene
Anzahl der Uterusseitenäste erheblich variieren
kann. Sie beträgt bei *Taenia solium* (Schweinebandwurm) jederseits 7–16 und bei *Taenia
saginata* (Rinderbandwurm) 14–32. Bei *Diphyllobothrium latum* bildet der in der Mitte der
Proglottis liegende Uterus eine dunkel erscheinende, rosettenförmige Figur; zudem sind hier
die reifen Proglottiden erheblich breiter als lang,
bei *Taenia* dagegen länger als breit.

Die Unterschiede der **Köpfe** der drei Formen
ergeben sich aus Abb. 61: *Taenia solium* hat vier
Saugnäpfe und einen Hakenkranz, *Taenia saginata* vier besonders kräftige Saugnäpfe, aber
keinen Hakenkranz, *Diphyllobothrium latum* einen gestreckten, abgeflachten Scolex mit zwei tief
einschneidenden, länglichen Sauggruben (**Bo-
thrien**). An den gefärbten Präparaten von *Taenia* sieht man bei mikroskopischer Betrachtung,
dass der Uterus dicht von derbschaligen Eiern erfüllt ist; sie enthalten bereits Oncosphaeren. Hoden und Ovarien sind in den reifen Proglottiden
vollkommen zurückgebildet, vom ganzen Geschlechtsapparat sind außer dem Uterus nur noch
Vagina und Vas deferens übrig geblieben. Sie sind
leicht zu unterscheiden, da das Vas deferens vor
der Vagina liegt und bedeutend stärker ist.

- Zum Studium der Geschlechtsorgane dienen
  mikroskopische Präparate mittelreifer Proglottiden (evtl. auch Flächenschnitte) von *Taenia saginata*.

Die männlichen und weiblichen **Geschlechtsöffnungen** liegen, wie bereits erwähnt, am
Rande der Proglottis, und zwar dicht beieinander und in der Tiefe einer kraterförmig aus-
gehöhlten Erhebung, der **Genitalpapille**. Die
Hoden setzen sich aus sehr zahlreichen, im Parenchym verstreuten Bläschen zusammen, von
denen Sammelgänge (Vasa efferentia) ausgehen, die mehr und mehr zusammenfließen, um
schließlich in das weite und stark gewundene
Vas deferens einzumünden. Sein Endabschnitt,
der Cirrus, liegt in einer besonderen Hülle, dem
Cirrusbeutel, kann hervorgestülpt werden und
dient als Begattungsorgan (Abb. 63).

Die Vagina zieht als feiner Kanal in flachem
Bogen von der weiblichen Geschlechtsöffnung
gegen den Hinterrand der Proglottis, schwillt
zu einem kleinen Receptaculum seminis an und
vereinigt sich mit einem Gang, der vom zwei-
teiligen Eierstock herkommt, dem Eileiter. Kurz
darauf nimmt der vereinigte Gang, jetzt „Be-
fruchtungsgang" genannt, noch den Ausführgang des Dotterstocks auf, biegt dann nach vorn
um und erweitert sich zu dem in der Mittellinie
verlaufenden, geraden, blind endenden Uterus.
An der Umbiegungsstelle münden zahlreiche,
radiär gestellte, einzellige Drüsen in den Gang
ein, in ihrer Gesamtheit als Mehlissche Drüse
bezeichnet. In dem von ihr umhüllten, etwas

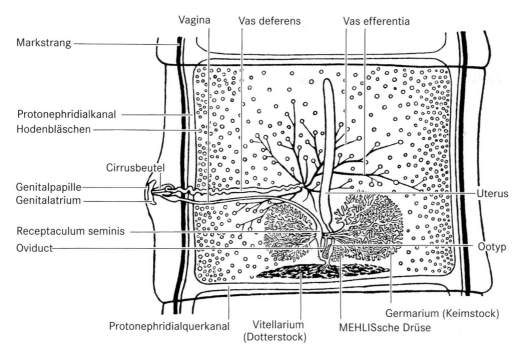

Abb. 63 Proglottis mittleren Reifegrades vom Rinderbandwurm, *Taenia saginata*

erweiterten Abschnitt des Ganges, dem Ootyp, werden die Eier von der Grundlamelle umgeben (s. S. 107) und in den Uterus geschoben. Der Uterus ist, je nach Reifegrad, noch unverzweigt oder zeigt bereits einige aussprossende Seitenzweige. Diese Verzweigung wird später sehr viel reicher, entsprechend der wachsenden Zahl der im Uterus unterzubringenden Eier.

Außer dem Geschlechtsapparat sind an diesen Präparaten lediglich noch die beiden starken seitlichen Kanäle des Protonephridialsystems mit dem sie am Hinterrand jeder Proglottis verbindenden Querkanal zu erkennen.

● An aufgestelltem Demonstrationsmaterial ganzer Taenien ist die verschiedene Form der Proglottiden zu beachten.

Die reifen Endglieder sind lang gestreckt, nach vorn zu werden die Glieder quadratisch, noch weiter vorn quer gestreckt. Die randständigen Genitalpapillen aufeinander folgender Glieder alternieren, bei *T. solium* ziemlich regelmäßig, bei *T. saginata* unregelmäßig.

● Nun werden Präparate halbreifer Proglottiden von *Diphyllobothrium latum* betrachtet.

Diphyllobothrium zeigt einen stark abweichenden, mehr trematodenähnlichen Bau der Geschlechtsorgane (Abb. 64). Der männliche Geschlechtsapparat, der sonst ähnlich wie bei *Taenia* gebaut ist, mündet in der Mittellinie, dem Vorderrand der Proglottis genähert, nach außen. Im weiblichen Geschlechtsapparat treten zwei große Dotterstöcke auf. Der vom Ootyp abgehende Uterus zieht in vielen Windungen, also ähnlich wie bei *Dicrocoelium dendriticum*, nach vorn, enthält in reifem Zustand sehr große, derbschalige, zusammengesetzte Eier und mündet ebenfalls in der Mittellinie, ein Stück hinter der männlichen Geschlechtsöffnung nach außen (im Gegensatz zum blind endenden Uterus von *Taenia*). Außerdem ist eine Vagina vorhanden, deren Mündung unmittelbar hinter derjenigen des Vas deferens liegt.

Die reifen Proglottiden des Fischbandwurmes entleeren die Eier bereits im Darm; danach verkümmern sie und gehen mit dem Stuhl ab. Die

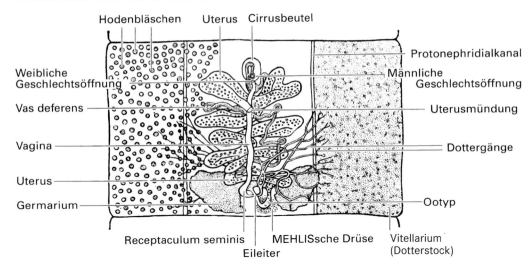

Abb. 64 Proglottis mittleren Reifegrades vom Fischbandwurm, *Diphyllobothrium latum*. Rechts nur der Dotterstock, links nur die Hoden eingezeichnet

Eier des Schweine- und die des Rinderbandwurmes werden erst frei, nachdem die reifen Glieder den Darm verlassen haben. Beim Schweinebandwurm gehen kleine Ketten aus einigen Proglottiden mit den Exkrementen ab, während beim Rinderbandwurm die längere Zeit zu kriechender Fortbewegung befähigten Glieder einzeln und unabhängig von der Stuhlentleerung den Darm durch die Afteröffnung verlassen. – *Taenia saginata* kann im Darmlumen des Menschen bis zu 25 Jahre alt werden. Selten treten gravierende Symptome auf. Öfter kommt es zu Diarrhoe, Reizbarkeit, Appetitzunahme, vereinzelt auch zu Gewichtsverlust. Selten dringen die Tiere in Gallen- und Pankreasgang ein. *Taenia solium* kann jahrzehntelang im Darm des Menschen leben und ruft ähnliche Symptome wie *Taenia saginata* hervor. Bei starkem Befall kann Darmverschluss erfolgen. Die klinischen Symptome einer **Cysticerkose** sind je nach befallener Körperregion verschieden; gefährlich sind besonders Befall von Augen und Gehirn. Eine *Diphyllobothrium*-Infektion ist oft symptomlos, mitunter kommt es zu leichtem Unwohlsein und Bauchbeschwerden. Bei 0,1–2% der Befallenen tritt Anämie auf, da der Wurm Vitamin B12 resorbiert. Mitunter kann die Anämie mit neurologischen Symptomen (Taubheitsgefühl, Schwäche, Opticusatrophie) verbunden sein.

2. *Echinococcus granulosus,* Hundebandwurm

● Gefärbte Präparate ganzer Tiere werden mikroskopiert.

Echinococcus granulosus lebt im Dünndarm von Hund, Wolf, Fuchs, anderen Hundeartigen, Katzen und im Dachs, meist in sehr großer Zahl. Er ist sehr klein und wird nur 3–6mm lang. Der Scolex trägt ein vorstülpbares Rostellum und einen zweireihigen Hakenkranz. Von den drei, höchstens vier Proglottiden ist die vorletzte geschlechtsreif, während die etwa 2mm lange und 0,6mm breite, letzte Proglottide einige hundert Eier mit bereits reifen Larven (sechshakigen Oncosphaeren) enthält. Die Proglottiden gelangen mit dem Kot ins Freie bzw. in die Analregion ihrer Wirte.

Während der im Hundedarm parasitierende, geschlechtsreife Wurm seinen Wirt nicht nennenswert schädigt, hat die Infektion mit Eiern des *Echinococcus granulosus* für den Zwischenwirt (Pflanzenfresser, vor allem wild lebende Wiederkäuer, aber auch Rind, Schaf, Ziege, Schwein, Pferd, Esel, Kamel, Kaninchen, Affe und Mensch) schwere, beim Menschen fast immer katastrophale Folgen. Die Larvenstadien des *Echinococcus granulosus*, die sich vornehmlich in der Leber, aber auch in der Lunge, in Herz, Gehirn und anderen Organen ansiedeln, wachsen nämlich im Verlauf von Monaten oder Jahren unter schweren, letztlich oft tödlichen Zerstörungen des befallenen Organs zu apfel-, beim Menschen sogar bis kopfgroßen, flüssigkeiterfüllten Blasen (Echinococcusblase, Hydatide) heran. Aus ihr entstehen Hunderttausende von Brutkapseln, winzige, etwa $^1/_3$ mm große Gebilde mit einem tegumentumkleideten Binnenraum und einer äußeren Keimschicht, die so genannte Protoscolices erzeugt. Häufig werden von der Hydatide nach innen Tochterblasen gebildet, die ihrerseits Brutkapseln oder auch Enkelblasen aus sich hervorgehen lassen. Bei Ruptur der Hydatide kommt es zur „Aussaat" der Protoscolices, die sich dann andernorts weiterentwickeln. Frisst ein Hund finniges Fleisch, so wächst in seinem Darm jeder Protoscolex zu einem Bandwurm heran. Die Infektion der Zwischenwirte erfolgt durch die mit *Echinococcus*-Eiern verunreinigte Nahrung. Die Oncosphaeren verlassen im Darm des Zwischenwirts die Eihülle, durchbohren das Darmepithel und gelangen über die Pfortader in die Leber oder, wenn sie diese passieren, in andere Organe. – *Echinococcus* ist einer der wenigen Bandwürmer, bei denen der Wirtswechsel mit einem Generationswechsel, einer **Metagenese**, gekoppelt ist.

● Es werden gefärbte Präparate von Wandstücken einer *Echinococcus*-Hydatide mikroskopiert.

Es ist zu erkennen, dass sich an der Wand der Brutkapseln einige Scolices ausgebildet haben. Im Ganzen können durch diese ungeschlechtliche Fortpflanzung im Larvenzustand aus einer Oncosphaera Millionen von Scolices hervorgehen.

Ein naher Verwandter von *E. granulosus* ist der Fuchsbandwurm *Echinococcus multilocularis*. Endwirt ist der Fuchs (selten auch Katze und Hund), Zwischenwirte sind Wühl-, Feld- und Hausmäuse sowie der Mensch. Das Finnenstadium ist nicht unilokulär-blasig, sondern bildet mehrere kleine Kammern und ist somit multilokulär bzw. alveolär. Es wuchert und breitet sich wie eine Krebsgeschwulst im Gewebe aus. Beim Menschen wird besonders häufig die Leber befallen. Der Verlauf dieser als **Alveolar-Echinococcose** bezeichneten Wurmerkrankung ist unbehandelt bei 70% der Betroffenen tödlich.

Eine wirkungsvolle Therapie der Echinococcose durch Medikamente beim Menschen gibt es derzeit noch nicht. Durch regelmäßige Entwurmungen von Hund und Katze (vor allem in den Verbreitungsgebieten der Hundebandwürmer) und durch strenge Beachtung hygienischer Normen kann die Gefahr einer Infektion verringert werden. Zur Bekämpfung von *E. multilocularis* werden in Süddeutschland Köder zur Entwurmung der Füchse ausgelegt.

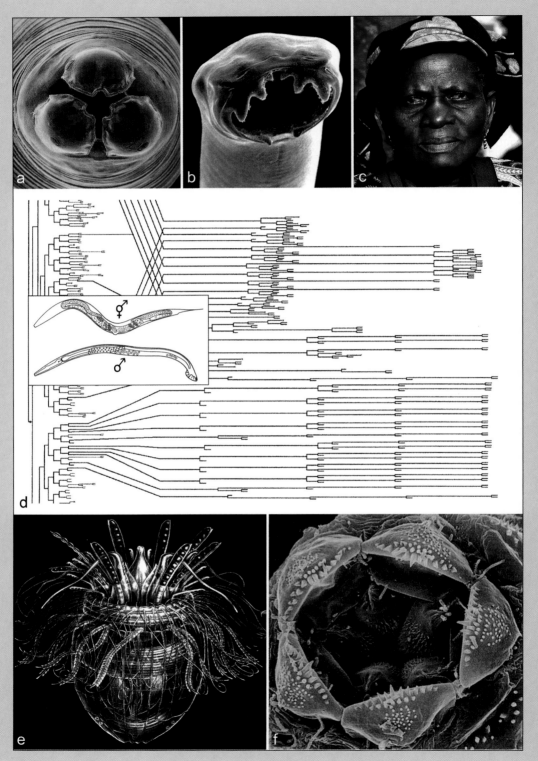

Abb. 65

Aschelminthes, Rundwürmer

Die **Aschelminthes** (**Rundwürmer**) sind mit ihren beiden größten Gruppen, den Rotatoria (Rädertieren) und den Nematoda (Fadenwürmern), besonders weit verbreitet.

Etwa 90% aller Menschen beherbergen im Laufe ihres Lebens irgendwann einmal Nematoden; über eine Milliarde ist derzeit mit dem Spulwurm (*Ascaris*, **Abb. 65a**: Vorderende im REM) infiziert (d.h. die Jugendstadien wandern gerade durch die Blutbahn und/oder die Adulten leben im Darm), bei etwa einer Milliarde saugt der Hakenwurm *Ancylostoma* (**Abb. 65b**: Vorderende im REM) Blut aus der Darmschleimhaut. Bis zu 500 Millionen Menschen sind an Filariosen erkrankt (durch Insekten übertragene Nematoden, die Elephantiasis und Flussblindheit (**Abb. 65c**) hervorrufen können). 300 Millionen beherbergen den kleinen Madenwurm *Enterobius*, den auch viele Leser/Leserinnen dieser Zeilen in ihrer Kindheit in sich hatten. 40 Millionen leiden an einer Trichinen-Infektion; sie geht im Allgemeinen auf Verzehr von ungenügend zubereitetem Schweinefleisch zurück.

Nicht nur Menschen leiden an Nematoden-Infektionen, auch Haustiere und Kulturpflanzen sind betroffen. Allein an der Sojabohne kennt man etwa 100 Nematoden-Arten (Phytonematoden), unter europäischen Feldfrüchten sind beispielsweise Zuckerrübe und Kartoffel betroffen. Phytonematoden sind weltweit eine Problemgruppe ersten Ranges. Manche sind Virusüberträger, manche induzieren in Pflanzen Gallen und vielkernige Syncytien. Bei Rüben- und Kartoffelcystenälchen (*Heterodera, Globodera*) kann das Volumen der Weibchen das der Männchen um den Faktor 100 übertreffen. Die Weibchen investieren bis 90% ihres Gesamtumsatzes in die Eiproduktion und werden selbst zu einem Eibehälter (Cyste), der mehrere Jahre im Boden überdauern kann. Das kann zu erheblichen Belastungen von Böden führen, und Ernteerträge können wesentlich reduziert werden.

Weitgehend unverstanden ist die Bedeutung der Nematoden im Benthos der Meere, in Sedimenten von Süßgewässern sowie im Boden terrestrischer Lebensräume. Unter einem Quadratmeter Ackerboden können in Mitteleuropa bis zu 40 Millionen Nematoden-Individuen leben, Wiesen- und Waldböden enthalten weniger.

Vergleichbare Populationsdichten erreichen Rädertiere im marinen und limnischen Plankton, aber auch als Bewohner von Moospolstern, selbst zwischen Steinen von Gehwegen. Sie trotzen hohen und niedrigen Temperaturen und können lange Trockenperioden überdauern. Sie gehen, wie auch viele Nematoden, in ein Stadium des latenten Lebens (Kryptobiose) über.

Rotatorien wurden in neuerer Zeit zu bevorzugten Fischnährtieren. Insbesondere die auch in diesem Buch behandelte Gattung *Brachionus* wird weltweit in Aquakulturen gezüchtet und stellt eine ideale Nahrung für Fischlarven dar.

Eine Besonderheit vieler Aschelminthes ist die Zellkonstanz (Eutelie), d.h. jedes Individuum einer Art und eines Geschlechts entwickelt eine bestimmte Zahl von Zellen, die nahe 1000 liegt. Regeneration gibt es praktisch nicht. Hier setzten schon im frühen 20. Jahrhundert Forschungsaktivitäten ein, und in den letzten Jahrzehnten wurde der Nematode *Caenorhabditis elegans* (**Abb. 65d**) zum besonders genutzten Modellorganismus von Genetikern, Molekular-, Neuro- und Zellbiologen. Mittlerweile kennt man die Zellgenealogie (cell lineage, **Abb. 65d**), und 1998 gelang die Sequenzierung der Gesamt-DNA.

Die Aschelminthes wurden in den letzten Jahrzehnten durch Entdeckungen neuer Taxa erweitert: Loricifera (1983), auf **Abb. 65e** zu sehen, und Micrognathozoa (2000).

Die ältesten Repräsentanten der Aschelminthes, die Priapulida, sind aus dem Kambrium bekannt und haben sich in über 500 Millionen Jahre kaum verändert. Sie stellen somit die ältesten „lebenden Fossilien" unter den vielzelligen Tieren dar. **Abb. 65f** zeigt das pentaradiärsymmetrische Vorderende einer Larve von *Priapulus*.

Die Aschelminthes enthalten äußerlich sehr verschiedene Gruppen. Ihr bilateral-symmetrischer Körper ist meist wurmförmig und unsegmentiert. Ihre **Leibeshöhle** ist einheitlich; ihr fehlt ein auskleidendes Epithel („Pseudocoel") (s. S. 120). Bindegewebe ist im Gegensatz zu den Plathelminthes – mit Ausnahme der Nematomorpha – höchstens schwach entwickelt, meist fehlt es. Oft wird die Leibeshöhle von den Organen fast ganz ausgefüllt, Flüssigkeit findet sich dann nur spärlich zwischen den dicht gepackten Organen. Bei anderen Arten ist in der Leibeshöhle der Anteil von Flüssigkeit beträchtlich.

Die **Epidermis** kann zellig oder syncytial sein. Oft wird sie von einer proteinhaltigen **Cuticula** bedeckt. Bei den Gastrotrichen sind ventral Wimperstreifen, bei den Rotatorien am Kopf Räderorgane ausgebildet. Der **Darm** ist ein durchgehendes Rohr, hat also einen After. Als **Exkretionsorgane** finden sich in mehreren Gruppen Protonephridien; in anderen Fällen haben die Exkretionsorgane die Form von Drüsen oder Hautkanälen oder fehlen ganz. Respirationsorgane und Blutgefäßsystem fehlen immer. Die **Geschlechtsorgane** sind einfach gebaut, oft sind sie schlauchförmig, bei den Weibchen nur selten in Keim- und Dotterstock geschieden. Die Geschlechter sind fast stets getrennt. Ungeschlechtliche Fortpflanzung kommt nirgends vor. Die Befruchtung ist meistens eine innere. Ein vielen Aschelminthes zukommendes Merkmal ist die Neigung zur Bildung von Syncytien. Der Körper vieler, vor allem kleinerer Arten, wird aus verhältnismäßig wenigen Zellen von für jede Art charakteristischer Anzahl und Anordnung aufgebaut. Diese **Zellkonstanz** (= **Eutelie**) geht mit einem extrem schwach ausgebildeten Regenerationsvermögen einher, das höchstens zum Wundverschluss reicht.

Es werden hier Rotatoria (Rädertiere) und Nematoda (Fadenwürmer) behandelt, die beiden größten Gruppen der Aschelminthes.

I. Rotatoria, Rädertiere

Technische Vorbereitungen

- Als Untersuchungsobjekt dient das Rädertier *Brachionus plicatilis*, das für den Kurs in Kultur zu nehmen ist. Es kann jedoch auch zu allen Jahreszeiten aus Brackwasser und Binnensalzgewässern beschafft werden. *Brachionus plicatilis* wird in verschiedenen Ländern in der marinen Aquakultur gezüchtet und als Larvenfutter eingesetzt, z.B. in der Zucht des Steinbutts und anderer Fische und in der Zucht verschiedener Krebse (Decapoda).

Proben aus limnischen Gewässern enthalten neben der verbreiteten Gattung *Brachionus* zum Beispiel Arten aus den Gattungen *Keratella*, *Synchaeta* und *Filinia*. Alle gehören der Gruppe der **Monogononta** an, die durch eine unpaare Gonade ausgezeichnet ist. Man findet in den Proben üblicherweise nur Weibchen, zu bestimmten Zeiten treten jedoch auch Zwergmännchen auf. Moosproben sind besonders günstig zum Erhalt von **Bdelloidea**. Diese Gruppe umfasst nur Weibchen, die paarige Gonaden aufweisen.

Bezugsquelle von *Brachionus plicatilis*: PREIS-AQUARISTIK, Hauptstraße 7, D-67808 Bayerfeld

- **Kultur:** Seewasser (Salzgehalt 31–35‰) einige Tage bei 22–24°C und Dauerbeleuchtung belüften (Ausströmer). Dann nur noch ohne Ausströmer blasenweise belüften und *Brachionus*-Zuchtansatz dazugeben. Füttern mit Preis-Microplan (Preis-Aquaristik, s. o.). Die Entwicklungsdauer ist temperaturabhängig und währt bei 15°C etwa 3 Tage, bei 25°C 1,5 Tage vom Schlüpfen bis zum Erreichen der Geschlechtsreife. Die Lebensdauer beträgt bei 25°C etwa 3–4 Tage, bei etwas geringeren Temperaturen können 10 Tage erreicht werden. Ein Weibchen kann über 20 Eier produzieren. Über längere Zeit lässt sich in der Kultur eine Dichte von 500 Individuen/ml (500 000 Individuen/l) aufrechterhalten, aber auch Werte von 2000 Individuen/ml (2 Millionen Individuen/l) sind erreichbar. Im Freiland kann man in stehenden Gewässern bis 1000 Tiere pro Liter Wasser erwarten, Maximalwerte liegen jedoch wesentlich höher.

- Die **Immobilisierung** der Rotatorien lässt sich auf verschiedene Weise erreichen:
1. Im einfachsten Fall werden Rädertiere nach der Anreicherung in einem Wassertropfen auf einen Objektträger gebracht. Dann gibt man einige Wattefasern hinzu. Darauf

setzt man vorsichtig ein mit Plastilin- oder Knetfüßchen (nicht zu groß!) versehenes Deckglas und drückt dieses unter dem Mikroskop vorsichtig an. Wenn die Tiere an die Wattefasern stoßen, stoppen sie für kurze Zeit und ermöglichen einige Beobachtungen. Der Nachteil dabei ist, dass die Tiere verformt werden können und ihr natürlicher Bewegungsablauf stark verändert wird.

2. Will man den natürlichen Bewegungsablauf nur einschränken oder weitgehend hemmen, setzt man stark viskose Lösungen aus Gelatine oder Methylcellulose zu. Die Konzentration der Lösung sollte 1%–2% betragen. Aus einer vorher angesetzten Lösung wird ein Tropfen zusammen mit der Rotatorienprobe auf den Objektträger gegeben. Dabei ist darauf zu achten, dass die Rädertiere mit möglichst wenig Wasser zuzugeben sind, da sonst der Verdünnungseffekt zu groß ist und die Tiere wieder beweglicher werden. Dann Deckglas mit Füßchen aufsetzen. Bei Färbungen (s. u.) ist die Färbelösung vor der viskosen Flüssigkeit aufzubringen, da sonst der Mischungseffekt gering ist und die Anfärbung sehr lange dauert.

3. Acrylamid: Giftklasse 2; giftig beim Einatmen, Verschlucken und bei Berührung mit der Haut; kann Krebs erzeugen.
Aufbewahrung: Kühlschrank unter +15°C. Acrylamid als möglichst frisch angesetzte 1-molare Lösung in destilliertem oder entmineralisiertem Wasser verwenden (7,1g Acrylamid in 10ml Wasser). Die Lösung kann im Kühlschrank abgedunkelt einige Zeit aufbewahrt werden. *Brachionus* anreichern (kleines Sieb mit Planktongaze), im Seewasser in kleines Gefäß geben und tropfenweise (Pipette) Acrylamid zugeben, bis eine 0,7–1-molare Lösung entsteht. Nach 1–5 Minuten wird der Fuß ausgestreckt und heftig bewegt. Danach kann man an den ausgestreckten Tieren sehr schön den Cilienschlag beobachten.

- **Färbung:** Um bestimmte Strukturen besser sichtbar zu machen, haben sich Vitalfärbungen bewährt. Es müssen starke Verdünnungen angewendet werden, da zu hohe Konzentrationen letal sind.
1. Neutralrot. Ausgangslösung: 6mg auf 50ml aqua dest. Davon 3–4 Tropfen auf vorbereitete Objektträger, bis leichte Rotfärbung der Lösung eintritt, dann Deckglas auflegen. Bei eingeklemmten Tieren Lösung mit Filterpapier durchziehen. Die Färbung entwickelt sich langsam. Zunächst werden die großen Zellen des Magens sowie Teile im Kopfbereich (Retrocerebralorgan) gefärbt, später auch Magendrüsen, eventuell Muskulatur und verschiedene Ausführgänge.

2. Brillantkresylblau. Ausgangslösung: 4–5mg auf 100ml aqua dest. Davon 1–3 Tropfen auf Probe. Der Farbstoff färbt Gehirn und andere Teile im Kopfbereich sowie Magenzellen. Vorsicht, überfärbt leicht. Es kann bis zu 15 min dauern, bis die Färbung eintritt.

Es ist sinnvoll, einen Teil der Probe abzutöten. Dabei kontrahieren sich die Tiere, und der Panzer wird sichtbar. Die Tötung erfolgt am einfachsten durch Zugabe einiger Tropfen Formalin.

Allgemeine Übersicht

Die Rädertiere sind mikroskopisch kleine Aschelminthes und gehören zu den kleinsten Metazoen. Die Mehrzahl ist wesentlich kürzer als 1mm, die größten erreichen knapp 3mm Länge. Die bei den Monogononta vorkommenden Zwergmännchen werden nur 40–130µm lang. Rädertiere sind vor allem im Süßwasser verbreitet, wo sie oft in großer Arten- und Individuenzahl auftreten, sogar in kleinen Wasseransammlungen und Moospolstern (Bdelloidea). Sie besiedeln aber auch Brackgewässer und das Meer.

Rädertiere bestehen aus etwa 1000 Zellen, ihre Zell- bzw. Zellkernzahl ist innerhalb der Arten weitgehend konstant (**Eutelie**). In verschiedenen Geweben kommt es zur Ausbildung von **Syncytien**. Trockenperioden können viele Rotatorien unbeschadet als ganze Tiere in **Kryptobiose** (Bdelloidea) oder als **Dauereier** (Monogononta) überstehen.

Der Körper der Rädertiere besteht aus einem Vorderende mit dem Räderorgan, dem Rumpf sowie einem Fuß (Abb. 66).

Das **Räderorgan** ist ein vielgestaltiges Wimperfeld mit Cilien, die den Mund umgeben (Mund- oder **Buccalfeld**) und als **Ringband** (**Circumapicalband**) das Vorderende umgürten. Dabei fallen besonders ein vorderer (**Trochus**)

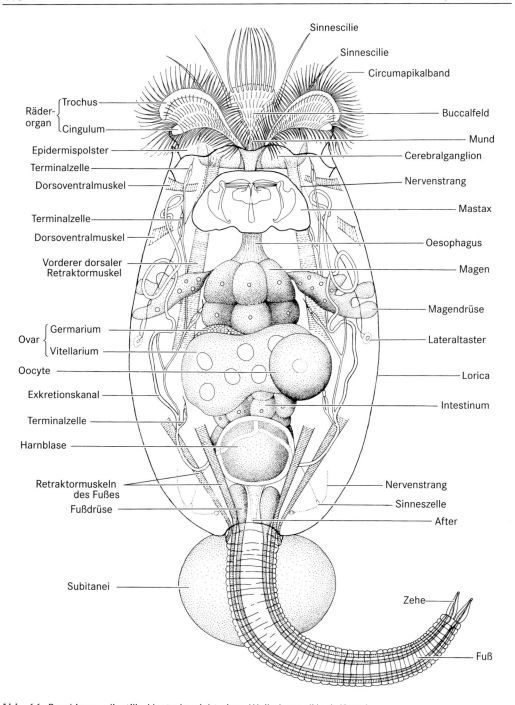

Abb. 66 *Brachionus plicatilis.* Ventralansicht eines Weibchens. (Nach KOSTE)

und ein hinterer Ring (**Cingulum**) mit langen Cilien auf. Durch verschiedene Ausgestaltung dieser Grundelemente entsteht eine große Mannigfaltigkeit. Das Räderorgan dient der Fortbewegung und dem Nahrungserwerb.

Die **Epidermis** ist größtenteils syncytial und enthält eine im Cytoplasma gelegene Verdichtung (**Lorica**) aus keratinartigen Proteinen, die zu einem dornenbewehrten Panzer verstärkt sein kann, in besonderem Maße bei *Keratella*, aber auch bei *Brachionus*. In den Rumpf können oft Vorderende (Räderorgan) und Fuß eingezogen werden. Die Epidermis ist im Bereich des Räderorgans verdickt und wölbt sich hier in die Leibeshöhle vor (Epidermispolster). Rädertiere häuten sich nicht, ihnen fehlt fast vollständig die Fähigkeit zur Regeneration; nach dem Schlüpfen aus dem Ei werden keine Mitosen mehr durchgemacht.

Der sehr bewegliche **Fuß** trägt terminal meist zwei Zehen, auf deren Spitzen **Klebdrüsen** (Fußdrüsen) münden. Er dient dem Steuern beim Schwimmen und dem Festhalten am Substrat, wobei das Drüsensekret eine Rolle spielt. Bei manchen pelagischen Formen ist der Fuß zurückgebildet (*Asplanchna*, *Keratella*). Auch das Vorderende kann Klebdrüsen tragen, insbesondere bei kriechenden Formen. Es handelt sich um das **Retrocerebralorgan**, das über oder hinter dem Cerebralganglion liegt und sein Sekret in den Bereich des Wimperapparates entlässt.

Das **Nervensystem** besteht aus dem dorsal über dem Vorderdarm liegenden Cerebralganglion und zahlreichen in den Körper ziehenden Nerven sowie verschiedenen Ganglien, z.B. dem Mastax- und Caudalganglion.

Sinnesorgane sind oft einfache Sensillen mit cilienbesetzten bipolaren Receptorzellen (sog. Taster). Augen sind oft ausgebildet, auch bei *Brachionus*.

Der **Verdauungstrakt** beginnt mit dem subterminal gelegenen Mund. Kompliziert ist der Pharynx, der ventral eine kropfartige, muskulöse Erweiterung aufweist, den **Mastax**, Kauer oder Kaumagen, der besondere Hartteile (Trophi) entwickelt hat. Der Mastax dient dem Zerkleinern von Nahrung und bei räuberischen Formen auch dem Ergreifen von Beute. Es schließt sich der bewimperte Oesophagus an, der in den geräumigen und mit Drüsen verbundenen Magen mündet. Dann folgt das **Intestinum** (**Mitteldarm**); der

Enddarm mündet meist über einen After (bei *Asplanchna* fehlend). Die Hartteile des Mastax gliedern sich im einfachsten Fall folgendermaßen: Ein ventrocaudaler Teil, **Incus** (= **Amboss**) genannt, wird von den beiden Rami und dem Fulcrum gebildet (Abb. 67). Zu beiden Seiten des Incus liegt je ein **Malleus** (= **Hammer**). Dieser setzt sich aus Manubrium und Uncus (Haken) zusammen. Der Uncus kann z.B. bei *Brachionus* aus mehreren Zähnen zusammengesetzt sein. Diese Teile sind in den einzelnen Gruppen sehr verschieden ausgebildet und variieren auch in ihren Funktionen. Andere Teile können hinzutreten, auch Reduktionen und Verschmelzungen kommen vor. Man kann aufgrund der Form und Funktion dieser Hartteile verschiedene Kauertypen unterscheiden.

Die **Muskulatur** besteht im Wesentlichen aus quergestreiften Strängen, welche als Rückzieher von Räderorgan und Fuß fungieren, und aus Ringmuskelbändern.

Rädertiere haben ein Paar **Protonephridien**, deren Terminalzellen mehrere Cilien tragen. Ihr Schlag lässt sich am lebenden Tier gut beobachten. Eine unpaare Harnblase liegt nahe dem Hinterrand des Rumpfes.

Die **Gonaden** sind paarig (Seisonidea, Bdelloidea) oder unpaar (Monogononta). Die Geschlechter sind getrennt. Bei den Monogononta kommt **Generationswechsel** (Heterogonie) vor: Aus hartschaligen Dauereiern schlüpfen Weibchen, die in rascher Folge dünnschalige, diploide **Subitaneier** hervorbringen, aus denen nach kurzer Zeit parthenogenetisch sich fortpflanzende (= amiktische) Weibchen schlüpfen. Diese Art der **Fortpflanzung** ermöglicht rasches Populationswachstum. Nach einer Reihe von Generationen entstehen miktische Weibchen, die sich von amiktischen nur dadurch unterscheiden, dass sie haploide Eier produzieren. Auslöser hierfür können Salzgehalts- und Temperaturschwankungen, hohe Populationsdichte oder unzureichendes Nahrungsangebot sein. Aus den haploiden Eiern gehen haploide Männchen hervor, wenn sie nicht befruchtet werden, oder hartschalige **Dauereier**, wenn sie befruchtet wurden. Diese können im Falle unseres Untersuchungsobjektes, *Brachionus plicatilis*, fast 60% des Volumens des Weibchens erreichen. Die Dauereier überwintern oder überstehen Trockenperioden.

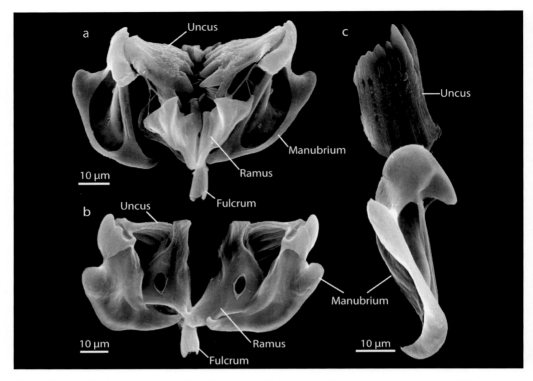

Abb. 67 Hartteile des Mastax von *Brachionus plicatilis* im rasterelektronenmikroskopischen Bild **a** Trophi, Ventralansicht **b** Trophi, Dorsalansicht **c** Uncus und Manubrium. (Rasterelektronenmikroskopisches Foto: Martin SÖRENSEN, Kopenhagen)

Spezieller Teil

Brachionus plicatilis

Der sehr dünne und durchsichtige **Panzer** (die Lorica) von *Brachionus plicatilis* erlaubt eine mikroskopische Analyse der inneren Organe bis in Einzelheiten. Dabei lässt sich oft feststellen, dass Gestalt und Länge (100–340μm) des Panzers Variationen unterliegen, was zum Teil auf die abiotischen Verhältnisse des Gewässers bzw. in unserem Fall auf die Kulturbedingungen, zum Teil aber auch auf andere Rotatorien zurückgeht. Der Panzer ist meist dorsoventral abgeflacht. Auf seiner Oberfläche sind verschiedenartige Musterungen, Körnelungen und Skulpturierungen zu erkennen. Am Vorderrand trägt er eine Reihe von Vorder- oder Apikaldornen. Interessant ist die Abwandlung der Lorica-Struktur im Rahmen einer spezifischen Räuber-Beute-Beziehung

zwischen den Gattungen *Asplanchna* und *Brachionus/Keratella*. *Asplanchna*-Arten sind räuberische Rädertiere, die Fuß und After weitgehend reduziert haben und die meist von sack- oder birnenförmiger Gestalt sind. Ihr Mund und Pharynx sind stark dehnbar, sodass sie in der Lage sind, ihre Beute, zum größten Teil andere Rotatorien, zu verschlingen. Viele Rotatorien, wie *Brachionus* oder *Keratella*, bilden bei Anwesenheit dieser Räuber pränatal lange Apikaldornen an ihrem Panzerrand aus, die verhindern, dass sie verschlungen werden können. Die Ausbildung dieser Dornen wird durch bestimmte Stoffwechselprodukte von *Asplanchna* ausgelöst.

● Zunächst das **Räderorgan** betrachten.

Am auffälligsten sind zwei Kreise langer Cilien: der **Trochus** (der Nahrung zum Mund transportiert) und das **Cingulum** (das der Fortbewegung dient). Ein Teil der Trochus-Cilien ist in Form von Cirren organisiert (Sinnesborsten). Das Mund- oder **Buccalfeld** liegt in direkter Nähe der Mundöffnung und ist durch kurze Cilien gekennzeichnet.

- Nahrung hinzufügen, z.B. Blaualgen (*Chroococcus*, *Coelosphaerium* oder *Merismopedia*), Dinoflagellaten (*Gymnodinium*), Grünalgen (*Dunaliella*) oder Hefe.

Dabei kann man beobachten, wie diese eingestrudelt wird. *Brachionus* nimmt die Nahrung selektiv auf, die Menge hängt von der Größe der Nahrungsobjekte ab. Bevorzugt werden Partikelgrößen von 12–15µm Durchmesser. Partikel von 30µm Durchmesser können noch aufgenommen werden.

Etwas weiter hinten liegt der **Mastax** mit seinen Hartteilen. Man unterscheidet das Fulcrum, die siebenzähnigen Unci und die kräftigen Manubrien sowie die mit stumpfen Innenzähnen besetzten Rami. *Brachionus* besitzt einen so genannten malleaten Typ (Abb. 67): Das Fulcrum ist kurz. Die Rami laufen nach vorne spitz zu und sind nach hinten stark verbreitert. Die gegenüber liegenden Kanten sind mit stumpfen Zähnchen besetzt. Rami und Fulcrum bilden einen stumpfen bis rechten Winkel. Die Unci bestehen jeweils aus sieben Zähnen. Die Manubrien sind kräftig gebaut. Der Mastax arbeitet mahlend-greifend.

Ein kurzer, mit Wimperepithel ausgekleideter **Oesophagus** verbindet den Mastax mit dem **Magen**, der mit paarigen Magendrüsen ausgestattet ist. Diese sind in ihrer Gestalt recht variabel. Sie können zugespitzt oder abgerundet sein, ein- oder zweizipfelig und variieren auch in der Größe. Die Wand des Magens wird von großen bewimperten Epithelzellen gebildet, die bei Vitalfärbungen den Farbstoff stark annehmen.

Auf den Magen folgt das bewimperte **Intestinum**, das in Abb. 66 teilweise von der Blase verdeckt wird. Der After mündet dorsal über der Fußbasis.

Die Cilienaktivität kann man besonders deutlich im Oesophagus immobilisierter Tiere beobachten.

Der oberflächlich geringelte **Fuß** endet mit zwei Zehen, an deren röhrenförmigen Spitzen die Fußdrüsen (Klebdrüsen) ausmünden, mit denen sich die Tiere am Substrat festheften können.

Die in den Rumpf einstrahlende Fußmuskulatur vermittelt eine lebhafte Bewegung des Fußes. Im Vorderteil des Rumpfes sieht man Retraktoren für das Räderorgan.

Das **Exkretionssystem** besteht aus paarigen Protonephridien, die beiderseits des Mastax beginnen und dorsal in die unpaare Blase münden, welche über den Enddarm entleert wird. Insbesondere bei immobilisierten Tieren lässt sich unter mittlerer Mikroskopvergrößerung der Schlag der Wimperflamme der Terminalzellen beobachten. Bei *Brachionus* treten jederseits vier Terminalzellen auf.

Der weibliche **Geschlechtsapparat** besteht aus einem achtkernigen Syncytium, dem Dotter bereitenden Vitellarium (Dotterstock), und dem darauf sitzenden, Eier produzierenden Germarium (Keimstock), das eine konstante Anzahl von Oocyten enthält. Die Eier werden über den Enddarm abgegeben, der somit eine **Kloake** darstellt (Abgabe von Faeces, Exkreten und Geschlechtsprodukten).

Die **Subitaneier** werden nach der Ablage durch die Kloake mithilfe eines Sekretes am Panzer angeheftet, wo sie bis zum Schlüpfen der Jungtiere verbleiben. Sie sind in der Regel 135×105µm groß (haploide Eier: 52×50µm).

Vom **Nervensystem** ist insbesondere das umfangreiche Cerebralganglion zu sehen; in Dorsalansicht erkennt man an dessen Hinterrand ein großes, rotes **Auge** (auf Abb. 66 verdeckt; Ventralansicht!). Des Weiteren kann man im ganzen Rumpfbereich Nervenbahnen und kleine Ganglien sehen. Als auffällige Sinnesorgane sind noch die **Lateraltaster** zu nennen. Bei der Artbestimmung ist oft eine Analyse der Hartteile des Mastax nötig.

- Hierzu einen Tropfen Natronlauge (4%) oder Natriumhypochlorid („Eau de Javelle") an den Deckglasrand geben und ihn mit Filterpapier so vorsichtig unter dem Deckglas hindurchziehen, dass ein Herausschwemmen des Rädertieres verhindert wird.

In wenigen Minuten wird das Tier mit Ausnahme der Hartteile des Kauapparates aufgelöst.

- Leicht auf das Deckglas klopfen (Mastax dabei beobachten!) oder das Deckglas sehr vorsichtig verschieben. Dabei lösen sich die Teile des Mastax etwas voneinander und werden in eine überschaubare Position gebracht.

II. Nematoda, Fadenwürmer

Technische Vorbereitungen

- Es wird der Schweinespulwurm (*Ascaris suum*) präpariert, der dem Spulwurm des Menschen (*Ascaris lumbricoides*) sehr ähnlich ist. Auch der Rinderspulwurm (*Toxocara vitulorum*) ist gut geeignet; er kommt häufig bei Kälbern vor. Spulwürmer leben oft in großer Zahl im Dünndarm ihrer Wirte. Die in Formol fixierten und in Alkohol aufbewahrten Tiere werden im Wachsbecken präpariert. Kurz vorher werden sie durch Kochen in Wasser erweicht.
- Besser ist es, die lebendfrischen Ascariden in 80%iges Isobutanol einzulegen, weil sie dann weich und elastisch bleiben und sich besonders gut präparieren lassen. Nach 48 Stunden sind sie über 60%iges in 40%iges Isobutanol zu überführen, in dem sie dann aufbewahrt werden. Vor der Präparation einen Tag wässern.
- Von mikroskopischen Präparaten sind gefärbte Querschnitte durch die Körpermitte eines weiblichen Tieres sowie durch die Pharynxregion nötig.
- Die zur mikroskopischen Lebendbeobachtung vorzüglich geeignete *Rhabditis maupasi* kann man leicht züchten, indem man mit Wasser abgespülte, lebend in Stücke zerschnittene Regenwürmer in Petrischalen überträgt, in die man je einen Esslöffel mit rohem Fleisch gegeben hat. Die Schale wird geschlossen im Dunkeln aufbewahrt. Schon nach wenigen Tagen haben sich reichlich Nematoden entwickelt, die man mit der Pipette abnimmt und in einem Tropfen Wasser untersucht. *Caenorhabditis elegans* kann man in vielen entwicklungsbiologischen Labors erhalten.
- Für das Studium von *Trichinella spiralis* sind mikroskopische Präparate von trichinösem Fleisch erforderlich, die ungefärbt oder mit Boraxkarmin gefärbt sein können, außerdem gefärbte Totalpräparate männlicher und weiblicher Darmtrichinen.

Allgemeine Übersicht

Die Nematoden sind eine artenreiche Gruppe, die fast sämtliche Lebensräume erobert und

teilweise in großer Individuenzahl besiedelt hat. Viele Arten sind Parasiten von Pflanze, Mensch und Tier. Im Gegensatz zur Vielgestaltigkeit ihrer Lebensweise steht die Einheitlichkeit ihres Körperbaues. Die Nematoden sind drehrund, manchmal fadenartig, sehr oft spindelförmig. Die meisten sind unter 1cm lang. Nur manche Parasiten werden viel größer, z. T. mehrere Meter lang. Den Körper umgibt fast immer eine biegsame, oft geringelte, oft aber auch glatte, elastische, jedoch nur beschränkt dehnbare Cuticula. Sie wird von der darunter liegenden Epidermis gebildet. Ihre Struktur ist häufig sehr komplex (s. auch S. 126). Die Proteine, aus denen sie aufgebaut ist, sind zum Teil Kollagene. Sie können durch Polyphenole oder auch durch Chinone gegerbt sein. In der Jugend ist die Epidermis ein einschichtiges Epithel, dessen Zellen häufig in 8 Längsreihen angeordnet sind. Später verschwindet ein Teil der Zellgrenzen: Die Epidermis wird größtenteils zu einem Syncytium. Die Kerne sind unregelmäßig verstreut oder liegen in vier nach innen vorragenden leistenförmigen Verdickungen (Epidermisleisten), von denen zwei kräftigere lateral und je eine schwächere dorsal und ventral den Wurm der Länge nach durchziehen.

Zwischen den Epidermisleisten befindet sich eine einschichtige Lage großer Längsmuskelzellen. Sie ragen bei größeren Formen mit keulenförmigen Anschwellungen weit in die Leibeshöhle hinein (Abb. 69). Der periphere, der Epidermis ansitzende Abschnitt der Muskelzellen enthält kontraktile Myofibrillen, die peripher liegen und an die Zellmembran grenzen. Der keulenförmige Teil – in ihm liegt der Kern – ist reich an Glykogen; von ihm aus ziehen zum dorsalen und ventralen Markstrang ein bis mehrere Fortsätze, die Kontakt zu den Nervenfasern aufnehmen (Abb. 67, 70b). Ringmuskulatur fehlt; Epidermis, Cuticula und Längsmuskulatur bilden eine funktionelle Einheit, den Hautmuskelschlauch.

Der Raum zwischen Körperwand und Darm, das Pseudocoel, beherbergt die Gonaden. Bei Ascariden und einigen anderen größeren Arten ist er prall gefüllt mit einer Flüssigkeit, die Proteine, Kohlenhydrate, Fette und anorganische Ionen enthält. Bei den meisten Nematodenarten ist der Flüssigkeitsanteil viel geringer, das Pseudocoel wird dann mehr oder weniger vollständig von den Organen ausgefüllt. Im vorderen Viertel des Körpers fallen bei parasitischen Nematoden zwischen den Bauch- und Seitenleisten 2 Paar große, büschelförmige Zellen auf (Abb. 68), die mit ihren amöboid beweglichen Fortsätzen mehr oder weniger weit in die Leibeshöhle hineinragen. Sie sind selbst bei ein und demselben Individuum unterschiedlich gefärbt, ockerfarben, bräunlich oder lachsrot. Ihre Funktion ist unbekannt.

Der **Darm** ist in drei Abschnitte gegliedert. Auf den mit einer kräftigen Muskulatur ausgerüsteten und nach Art einer Pumpe arbeitenden **Pharynx** folgt der geradlinig nach hinten verlaufende **Mitteldarm** (oft ohne Muscularis) und schließlich ein kurzer, wieder mit Muskulatur versehener **Enddarm**. Zwischen Mittel- und Enddarm befindet sich ein Klappenventil, das bei Darmentleerungen durch Muskelzug geöffnet wird. Pharynx und Enddarm sind ectodermal und dementsprechend mit einer Cuticula ausgekleidet. Der oft von Lippen oder Papillen umstellte Mund liegt terminal, der After ventral, unweit vom hinteren Körperende.

Das **Zentralnervensystem** besteht aus einer ringförmig den Schlund umgebenden so genannten **Commissura cephalica** und ihr zugeordneten Ganglien, darunter den zwei neuronenreichen Lateralganglien. Dem zentralen Nervensystem ist auch der **Ventralnerv** zuzuordnen, in dessen Verlauf ganglienähnliche Regionen eingeschaltet sind und der am Hinterende in den Analganglien endet. Vor diesen Ganglien bildet sich die hintere ringförmige sog. Rectalcommissur aus. Der **Dorsalnerv** entspringt vom Dorsalganglion am Hinterrand des Schlundnervenringes. Er besteht bei vielen Nematodenarten nur aus Nervenfasern; Perikaryen von Neuronen sind in seinem Verlauf bisher nur bei wenigen Arten gefunden worden. Weitere, dorso- und ventrolateral in der Epidermis längs verlaufende sowie asymmetrisch verteilte, z. T. nur halbringförmige Kommissuren sind schwächer als der Ventral- und der Dorsalnerv, die in der ventralen bzw. dorsalen Epidermisleiste verlaufen. **Sinnesorgane** – es handelt sich durchweg um wenigzellige, borsten- oder papillenförmige Sensillen – sind vor allem am Vorderende und im Bereich des Mundes ausgebildet. Es handelt sich um Chemo- und Mechanoreceptoren, die apikal je eine Cilie tragen.

Chemoreceptoren sind außerdem die Seitenorgane oder Amphiden, die an den Kopfseiten in grubenförmigen Vertiefungen untergebracht sind. Einige in flachen Gewässern freilebende Formen haben Pigmentbecherocellen.

Ein **Blutgefäßsystem** fehlt, die **Atmung** erfolgt durch die Haut. Die das Pseudocoel erfüllende Flüssigkeit und die Körperwand enthalten bei den Ascariden Hämoglobin. Darmparasiten bauen die Nahrungsstoffe durch Glykolyse anaerob ab, sind aber auch zu aerobem Stoffwechsel befähigt.

Das **Exkretionssystem** der Nematoden ist einzigartig im Tierreich. Es besteht aus einer oder einigen **Drüsenzellen** (**Ventraldrüse**), die im Bereich des Pharynx liegen und über einen kurzen Gang ventromedian ausmünden. Bei den Secernentea, und somit auch bei den Ascariden, bildet (meist nur) eine Zelle ein H- oder auch stimmgabelförmiges Röhrensystem aus. Die langen Schenkel des H verlaufen als Röhren in den lateralen Epidermisleisten, der Querbalken stellt die Verbindung der lateralen Kanäle dar. Dort liegt das Perikaryon der Zelle. Vom Querbalken zieht ein kurzer Ausführgang zum ventralen Exkretionsporus. Die Funktion dieser H-förmigen Organe ist noch nicht voll geklärt. Endprodukte des Eiweißstoffwechsels scheinen sie nicht auszuscheiden; dies geschieht durch den Darm. Vorerst ist nur ihre Funktion als Ionenregulatoren (Na^+, K^+) und als Ausscheider von überflüssigem Wasser nachgewiesen. Bei einigen zooparasitischen Nematoden produzieren sie Enzyme, die für die extraintestinale Verdauung von Bedeutung sind.

Nematoden sind meist getrenntgeschlechtig. Der **Geschlechtsapparat** ist sehr einfach gebaut. Beim Weibchen besteht er meist aus zwei Schläuchen, die bei größeren Formen sehr lang und dünn werden und in zahlreichen Windungen auf- und abziehen. Das blinde Ende der Schläuche liefert die Eizellen, stellt also das Ovarium dar; von hier aus gelangen die Eizellen in einen etwas weiteren Abschnitt, den Eileiter, der seinerseits in einen wiederum erweiterten Uterus übergeht. Die beiden Uteri vereinigen sich zu einem kurzen Gang (Vagina), der in der Ventrallinie nach außen mündet. Diese Öffnung liegt etwa in der Mitte des Körpers. Der männliche Geschlechtsapparat ist primär paarig, bei den Secernentea jedoch unpaar. Der terminale, vorn gelegene Hauptabschnitt entspricht dem

Hoden, während der hinten im Körper gelegene Abschnitt als Samenleiter dient. Er mündet in den Enddarm ein, der demnach als Kloake zu bezeichnen ist. Fast ausnahmslos haben die Männchen als Begattungsorgane zwei **Spicula**, gekrümmte, vorstreckbare Nadeln, die als Haftorgane und zur Erweiterung der Vagina dienen.

Die **Befruchtung** der zunächst noch schalenlosen Eizellen erfolgt im Uterus, in den die geißellosen, amöboid beweglichen Spermien aus der Vagina eingewandert sind. Danach werden die befruchteten Eizellen von einer mehr oder weniger dicken Schale umschlossen, die oft Chitin enthält. Die Ablage der Eier erfolgt vor (*Ascaris*, *Parascaris*) oder während der Furchung oder erst, nachdem in ihnen bereits die Jugendstadien ausgebildet sind. In seltenen Fällen sprengen die Jungtiere die Eischale noch im Uterus der Mutter (*Trichinella*). Parthenogenese kommt vor, ist jedoch selten.

Die **Furchung** ist weitgehend determiniert. Die Entwicklung ist direkt; trotzdem werden die Jugendstadien herkömmlich als „Larven" bezeichnet. In den Entwicklungsgang sind vier **Häutungen** eingeschaltet.

Spezieller Teil

1. *Ascaris suum,* Schweinespulwurm

Der 20–30cm lange, spindelförmige Körper der weiblichen Tiere läuft nach beiden Enden spitz aus, doch ist das Vorderende durch die drei Lippen, die den terminal liegenden Mund umstellen, leicht zu diagnostizieren. Dicht vor dem Hinterende liegt ventral der quergestellte After. Etwa am Ende des ersten Körperdrittels findet sich eine ringförmige Einschnürung und ventral in ihr als feiner Porus die Geschlechtsöffnung. Bauch- und Rückenleisten schimmern an konservierten Exemplaren nur undeutlich durch, dagegen sind die beiden Seitenleisten sehr deutlich. Außerdem sieht man als gewundene, weiße Schläuche einen Teil der Geschlechtsorgane.

Der Körper ist relativ fest und prall mit Flüssigkeit gefüllt. Der Druck der Leibeshöhlenflüssigkeit beträgt 70mmHg, die Cuticula ist nur wenig dehnbar. Festigkeit und Form des Körpers beruhen auf einem hydrostatischen Druck; es liegt ein **Hydroskelet** vor. Die unter Druck

stehende Leibeshöhle und die Cuticula sind auch Antagonisten der Längsmuskulatur.

- Sofern nicht durch Verletzungen beim Sammeln der Würmer oder durch Aufplatzen bei der Fixation schon ein Druckausgleich zwischen Leibeshöhlenflüssigkeit und Umgebung stattgefunden hat, sticht man die Ascariden zweckmäßigerweise vor Beginn der Präparation im Wachsbecken unter Wasser mit einer kräftigen Nadel im Bereich der Körperenden an, dabei die Einstichstelle mit der Hand abdeckend, um zu verhindern, dass herausspritzende Flüssigkeit in die Augen gelangt.
- Der Wurm wird nun mit der feinen Schere etwas seitlich von der Rückenlinie bei sehr flacher Scherenführung aufgeschnitten, wieder in das Wachsbecken unter Wasser gebracht, auseinander gebreitet und mit Nadeln festgesteckt.
- Da beim Zerschneiden frischer Ascariden flüchtige Stoffe entweichen, die heftiges Hautjucken, Augenstechen und Erbrechen hervorrufen können, empfiehlt es sich, nur konservierte Exemplare zu verwenden oder die frischen Tiere vor der Präparation für mehrere Stunden in 0,9%ige Kochsalzlösung zu legen.

Der **Darm** durchzieht den Körper geradlinig (Abb. 68). Er bildet vorne einen muskulösen Pharynx. Der darauf folgende Mitteldarm ist wegen des hohen hydrostatischen Druckes der Leibeshöhlenflüssigkeit nicht rund, sondern flach und bandförmig. Er ist größtenteils von den weißen Gonadenschläuchen umgeben. Der letzte Darmabschnitt ist der muskulöse Enddarm.

Die **Geschlechtsorgane** sind am besten vom Geschlechtsporus aus zu verfolgen. Sie beginnen beim Weibchen mit einer kurzen, sich allmählich erweiternden Vagina, die sich in zwei dicke Röhren aufgabelt. Die beiden Röhren ziehen nebeneinander weit nach hinten, biegen dann, erheblich dünner werdend, nach vorn um, wenden sich darauf, immer feiner werdend, wieder nach hinten, und so fort, bis schließlich jeder dieser langen Schläuche als zarter Faden endet. Hier liegt jeweils eine große Terminalzelle, die einen zellteilungsstimulierenden Faktor abgibt. Die langen, dünnen Endabschnitte sind die Ovarien, in denen sich die außerordentlich zahlreichen Eier bilden und heranwachsen. Die darauf folgenden, stärkeren Abschnitte dienen als Eileiter;

die zur unpaaren Vagina führenden, mächtig anschwellenden Schläuche sind die beiden Uteri, in denen die Eier befruchtet und beschalt werden.

- Aus dem Uterus, dicht vor der Vagina, ein kleines Stück herausschneiden, mit einem Längsschnitt eröffnen und auf dem Objektträger in einem Tropfen Glycerin zerzupfen.

Der Uterus ist dicht gefüllt mit befruchteten, aber noch ungefurchten Eiern. Das Ei von *Ascaris suum* ist – wie auch das Ei des Menschenspulwurms (*A. lumbricoides*) – ovoid, ca. 60×50μm groß und mit runzeliger Schale versehen. Bei fixierten Spulwürmern findet man die Eier häufig in verschiedenen Stadien der Furchung, bisweilen auch bereits wurmförmige Embryonen innerhalb der Eischale. Durch die Fixation wird auf eine noch unbekannte Art und Weise die Entwicklung der Eier, die sonst erst nach der Ablage in Gang kommt, induziert. Durch das langsam eindringende Fixiermittel werden sie schließlich in unterschiedlich fortgeschrittenen Furchungsstadien abgetötet und fixiert.

- Uterus weiter nach caudal verfolgen.

Man findet in dem Abschnitt nach der ersten scharfen Umbiegung nach vorn noch unbeschalte Eier. Hier findet die Befruchtung statt. Zwischen den apikalen Zellkuppen der Uteruswandzellen liegen hier i. A. die keilförmigen und aflagellaten Spermien.

- Geschlechtsorgane entfernen und den Darm vorsichtig abheben.

Die lateralen **Epidermisleisten** (Seitenleisten), in die die längs verlaufenden Kanäle der H-förmigen Zelle (die sog. Exkretionskanäle) eingebettet sind, werden deutlich. Außerdem wird die ventrale Epidermisleiste (Bauchleiste) sichtbar und lässt den Verlauf des ventralen Markstranges erkennen. Etwas hinter dem Pharynx sind an den Seitenleisten die büschelförmigen Zellen befestigt (s. S. 121).

Zwischen den längs verlaufenden Epidermisleisten sitzen der Körperwand als samtartiger Besatz die **Längsmuskelzellen** auf.

- Diese mit der feinen Pinzette, indem man tief angreift und in Längsrichtung zieht, ablösen.

Unter dem Mikroskop sind an den Muskelzellen deutlich die weit in die Leibeshöhle hineinra-

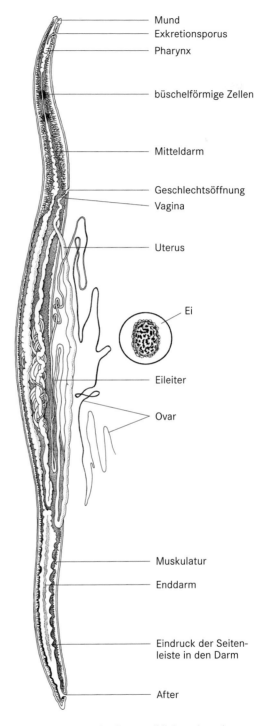

Abb. 68 Anatomie eines weiblichen *Ascaris suum*. Ei (lichtmikroskopisch)

genden Kolben und die schmalen Myofibrillen enthaltenden Anteile zu unterscheiden. Manchmal sind auch die Anfangsstücke der zu den Nerven ziehenden Fortsätze gut zu erkennen. Im kolbenartigen Teil der Zellen ist viel Glykogen eingelagert (bis zu 24% des Trockengewichts der Würmer).

Die **Exkretionskanäle** sind innerhalb der Seitenleisten zu verfolgen und vereinigen sich etwa 2–3mm hinter der Mundöffnung durch eine Brücke. Von hier aus zieht der kurze, unpaare Ausführgang zum ventral gelegenen Exkretionsporus.

- Mit einem Scherenschnitt die drei den Mund umgebenden Lippen abschneiden und unter Glycerin auf den Objektträger bringen. Das Präparat mit einem Deckglas bedecken und bei schwacher Vergrößerung unter dem Mikroskop betrachten.

Die Gestalt der Lippen ist artcharakteristisch. Erkennbar sind eine dorsale und zwei ventrale, deutlich voneinander abgesetzte Lippen, von denen jede ein Kreissegment von etwa 120° einnimmt. An ihren lateralen und zentralen Rändern sind sie mit zahlreichen, winzigen

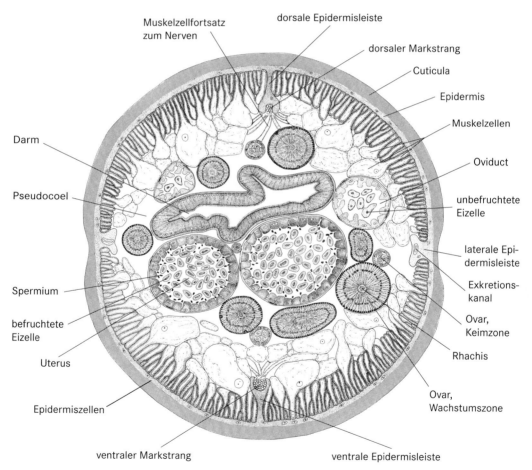

Abb. 69 *Ascaris suum.* Histologischer Querschnitt durch ein erwachsenes weibliches Tier. Uterus und Oviduct besitzen unter dem Epithel glatte Muskelzellen; die Wand des Ovars besitzt außen kleine, lang gestreckte Epithelzellen; die Rhachis ist ein zentraler Cytoplasmastrang, der mit den Eizellen kontinuierlich verbunden sein kann. 40×

Zähnchen besetzt. Die dorsale Lippe hat, dem Außenrand nahe, seitlich je eine Doppelpapille, während die beiden ventralen Lippen, ebenfalls seitlich und ihrem oberen Rand genähert, mit je einer einfachen Papille und einem Seitenorgan (Amphide) ausgestattet sind.

● Es werden jetzt mit Hämatoxylin-Eosin gefärbte Querschnittspräparate durch die Mitte eines weiblichen Wurmes mikroskopiert; vergleiche dazu die Abbildungen 69 und 70.

Zu äußerst liegt die transparente **Cuticula**. Sie ist hoch differenziert und besteht aus vier Hauptschichten: Epicuticula, Cortexschicht, Medianschicht und Basalschicht. Die Fasern der einzelnen Lagen sind parallel zueinander angeordnet, überkreuzen sich aber von Lage zu Lage in einem Winkel von 150°, sodass eine Art Korbgeflecht von sich überkreuzenden Fasern entsteht. Im Schnitt ist von diesem Feinbau außer einer Schichtung nichts erkennbar. Die Cuticula wurde von der **Epidermis** gebildet. Diese ist deutlich dünner als die Cuticula. Die Kerne sind unregelmäßig verteilt, auch zu Reihen angeordnet und von unterschiedlicher Größe. Die Epidermisleisten sind als nach innen vorspringende Verdickungen zu erkennen. Die Seitenleisten sind bedeutend breiter als die beiden anderen; in ihnen sind die Querschnitte durch die Kanäle des H-förmigen Organs zu sehen. In der Mitte der Seitenleisten ist, mit ihrer Basis der Cuticula aufsitzend, auch bei erwachsenen Tieren eine sich nach oben verbreiternde Zelle zu erkennen. Es handelt sich um eine der Zellen der sog. medialen Zellreihe. Zu beiden Seiten ihres oberen Endes finden sich häufig zwei Nester unterschiedlich großer und meist stark angefärbter Kerne (Abb. 70a). Die die beiden Seitenleisten durchziehenden Nervenfasern sind nur schwer zu erkennen. Die

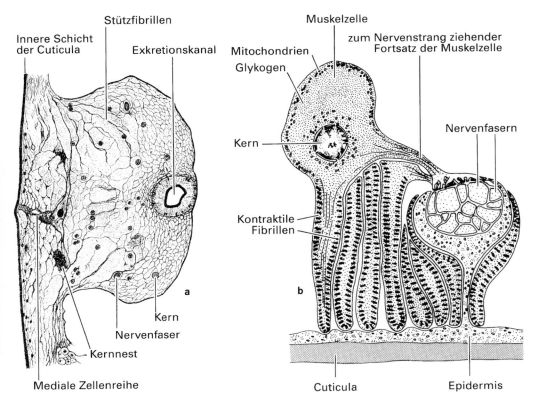

Abb. 70 **a** *Ascaris suum.* Querschnitt durch eine laterale Epidermisleiste. Etwa 170×. (Nach C. Schneider) **b** *Ascaris lumbricoides.* Querschnitt durch Muskelzellen und ihre myoneuralen Fortsätze. (Nach Rosenbluth)

Rücken- und die Bauchleiste sind, vor allem basal, viel schlanker als die Seitenleisten, ragen aber weiter nach innen vor. In der Rückenleiste verläuft ein kräftiger motorischer Nerv, in der Bauchleiste ein noch dickerer, motorischer und sensorischer Markstrang.

Unter der Epidermis liegt die **Längsmuskulatur**. Sie besteht aus den mächtigen, keulenförmig in die Leibeshöhle vorspringenden Zellen, die in ihrem peripheren Teil quer getroffen, also längs laufende, kontraktile, schräg gestreifte Myofibrillen aufweisen (Abb. 70b). Die langen, zum dorsalen und ventralen Nervenstrang ziehenden Fortsätze der Zellen werden nur sehr selten in voller Ausdehnung getroffen sein. An den Nervenbahnen nehmen immer mehrere Muskelzellen Verbindung mit einem einzelnen Axon auf.

Inmitten der geräumigen Leibeshöhle liegt, quer angeschnitten, der **Darm**, dessen Lumen oft kollabiert ist und dessen Epithel von sehr langen, schmalen Zylinderzellen gebildet wird. Ihre Kerne liegen in sehr regelmäßiger Anordnung nahe der Zellbasis; die dem Darmlumen zugekehrte Oberfläche der Zellen ist mit einem im Lichtmikroskop fein gestreift erscheinenden Mikrovillisaum besetzt. Den Abschluss der Darmzellen zur Leibeshöhle hin bildet eine Basalmembran. Eine Muskulatur fehlt dem Mitteldarm. Beim Weitertransport des Darminhaltes spielt der bei der schlängelnden Bewegung auftretende wechselnde Binnendruck eine Rolle. Zur Darmentleerung wird ein Klappenventil zwischen Mittel- und Enddarm geöffnet; gleichzeitige Kontraktion aller Muskeln des Hautmuskelschlauches führt wegen der damit verbundenen Druckerhöhung in der Leibeshöhle zum Ausspritzen des Kotes.

Neben dem Darm sieht man in der Leibeshöhle noch zahlreiche, meist quer, zuweilen aber auch längs getroffene Röhren von verschiedenem Durchmesser: Sie alle stellen Abschnitte des **Geschlechtsapparates** dar. Bei zwei von ihnen, die besonders weit und mit Eiern gefüllt sind, handelt es sich um die beiden Uterusschenkel. Die Uteruswand ist ein einschichtiges Epithel aus großen, kolbenförmigen Zellen. Sie wird außen von einer aus extrazellulärer Substanz bestehenden Grenzlamelle, in die Muskelzellen eingelagert sind, umgeben. In den Lücken zwischen den apikalen Vorwölbungen der Epithelzellen liegen oft stark angefärbte Spermien.

Auch die Eileiter besitzen Muskelzellen in der kräftigen Grenzlamelle. Ihr Epithel ist unterschiedlich hoch, es fallen schlanke apikale Vorwölbungen der Epithelzellen auf; die Kerne sind kleiner als die des Uterusepithels. Im Lumen befinden sich schlank-ovale Eizellen, die noch nicht beschalt sind. Alle anderen Anschnitte der Gonaden gehören zum Ovar, in dem zwei Zonen zu unterscheiden sind; recht kleine Anschnitte gehören zur Keimzone, die größeren Anschnitte zur Wachstumszone. In der Keimzone liegen die Eizellen gleichmäßig im Inneren verteilt, außen liegen mehr oder weniger flache Wandzellen. In der Wachstumszone befinden sich die schlanken mit vielen Dottertröpfchen versehenen Eizellen radiär angeordnet und sitzen mit ihrem spitzen Ende an einem cytoplasmatischen zentralen Strang, der **Rhachis**. Diese enthält auch Dottertröpfchen, ihre Funktion ist nicht sicher bekannt. Ultrastrukturell ist zu erkennen, dass zwischen Rhachis und Eizellen cytoplasmatische Kontinuität – zumindest zeitweise – besteht. Die schlanken längs verlaufenden Wandzellen sind reich an Mitochondrien; ihre Kerne sind gelegentlich bei höherer Vergrößerung erkennbar. Erst im Eileiter werden die Eizellen frei und runden sich langsam ab. Im Uterus findet die Befruchtung statt, worauf sich die Eier mit einer Schale umgeben.

- Um die Struktur des **Pharynx** kennen zu lernen, einen zweiten, durch die vorderste Körperregion gelegten Querschnitt betrachten.
- Mit einem scharfen Skalpell kann man sich von einem fixierten Tier auch selbst Querschnitte der Pharynxregion herstellen.

Man sieht, dass das Pharynxlumen durch kräftige, intraepitheliale Myofibrillenbündel eingeengt wird, die radiär verlaufen. Durch Kontraktion dieser Muskulatur kann sich das Lumen stark erweitern und so eine Saugwirkung ausüben. Als Gegenspieler der Muskulatur wirkt die starke, gelbliche Cuticula. Sie verringert bei Erschlaffung der Radiärmuskeln dank ihrer hohen Elastizität das Pharynxlumen und pumpt so den angesaugten Nahrungsbrei in den langen Mitteldarm.

Die männlichen Würmer sind bedeutend kleiner als die Weibchen und an der ventralen Einkrümmung oder gar spiraligen Einrollung des Hinterendes zu erkennen. Sie haben keine gesonderte Geschlechtsöffnung, sondern eine Kloake, die dicht vor dem Körperende liegt. Das unpaare Genitalrohr, das aus einem fadendünnen Hoden, einem sich daran anschließenden Samenleiter und einem als Ductus ejaculatorius funktionierenden Endstück besteht, mündet in den Enddarm. In der Wand des Enddarmes liegen in muskulösen Säcken zwei gekrümmte, cuticulare Nadeln, die **Spicula**. Sie werden bei der Paarung zur Erweiterung und zum Festhalten in die weibliche Geschlechtsöffnung eingeführt.

Spulwürmer leben im Dünndarm ihrer Wirte und ernähren sich vom Darminhalt. Die abgelegten, ungefurchten Eier gelangen mit dem Kot ins Freie. Erst dort, in sauerstoffhaltiger Umgebung, entwickeln sie sich weiter. Im Ei entsteht nach zwei Häutungen ein sehr kleines, etwa 200μm langes Jugendstadium (oft Larve genannt), das frei wird, wenn das Ei in den Darm des Wirtes gelangt. Es durchbohrt das Darmepithel und wandert in das Blutgefäßsystem ein, wo es in der Leber in etwa 10 Tagen auf 2mm Länge heranwächst und dann vom Blutstrom weiter befördert wird. In der Lunge verlässt es schließlich, aus Capillaren in Alveolen durchbrechend, die Blutbahn, häutet sich abermals und wird vom Flimmerepithel der Trachea in den Rachen befördert. Wird es jetzt mit dem Speichel verschluckt, so wächst es, zum zweitenmal im Dünndarm angekommen, nach einer weiteren Häutung zum geschlechtsreifen Tier heran.

2. *Caenorhabditis elegans*

Dieser etwa 1mm lange Nematode wurde in den letzten Jahrzehnten zu einem Modellorganismus der modernen Biologie (S. 113). Er ist in feuchten Böden mit reicher Bakterienflora verbreitet und lässt sich in großer Menge in Petrischalen auf Agar züchten. Er frisst Bakterien, z.B. *Escherichia coli*.

Caenorhabditis elegans ist durchsichtig und eignet sich zur Lebendbeobachtung: Mund, Pharynx, Oesophagus, Darm und After sowie Gonaden sind leicht zu identifizieren, ebenso Bewegung, Nahrungsaufnahme und Reaktion auf mechanische Reize.

Die meisten Individuen sind Hermaphroditen (Zwitter, Abb. 65d) mit Selbstbefruchtung. Die abgelegten „Eier" sind in die Eihülle eingeschlos-

sene Embryonen oder Jugendstadien. Die Embryonalentwicklung dauert bei 25°C 12 Stunden; der Embryo nimmt in dieser Zeit nicht an Masse zu; vielmehr werden die Zellen durch Teilung immer kleiner. Die Jungtiere durchlaufen vier, durch Häutung getrennte Juvenilstadien („Larven", L1–L4), bevor sie adult werden. Geschlechtsreife wird nach drei bis vier Tagen erreicht; die Lebensdauer beträgt etwa drei Wochen.

Zwittrige Individuen von *Caenorhabditis elegans* haben zwei X-Chromosomen. Gelangt ein Spermium ohne X-Chromosom zur Befruchtung, entsteht ein Männchen (XO); das gilt für ein Individuum unter Hunderten von Nachkommen. Männchen paaren sich mit Hermaphroditen, die dann als Weibchen fungieren.

Wie viele andere Nematoden ist auch *Caenorhabditis elegans* durch Zellkonstanz ausgezeichnet. Nur etwa 10% der 558 Zellen eines Jungtieres teilen sich postembryonal. Geschlechtsreife zwittrige Tiere bestehen aus 959 somatischen Zellen und etwa 2000 Keimzellen, geschlechtsreife Männchen aus 1031 somatischen und etwa 1000 Keimzellen.

Die gesamte zelluläre Genealogie einschließlich programmiertem Zelltod, Ultrastruktur und Basensequenz des Genoms sind bekannt.

3. *Trichinella spiralis,* Trichine

Trichinella spiralis, die Trichine, ist ein gefährlicher Parasit. Man unterscheidet nach dem Ort ihres Vorkommens **Muskeltrichine** (Jugendstadium) und **Darmtrichine** (Adultstadium). Die Darmtrichinen leben, in die Darmwand eingebohrt, im Dünndarm von Mensch, Schwein, Hund, Fuchs, Braunbär, Schwarzbär, Katze, Kaninchen, Ratte, Robben u. v. a. Säugern. Nach der Begattung, die im Darmlumen stattfindet, sterben die Männchen innerhalb einer Woche ab. Die Weibchen leben 4–6 Wochen, bohren sich in die Darmschleimhaut ein und gebären schubweise bis zu 1500 100μm lange Jugendstadien („Larven"), die mit Hilfe ihres Mundstachels in Gefäße der Darmwand eindringen. Mit dem Lymph- und Blutstrom gelangen sie über das Herz in die Muskulatur, dringen in eine Muskelzelle ein, wachsen heran, rollen sich schraubig auf und werden von einer von der Wirtszelle erzeugten Kapsel umschlossen, die schließlich verkalken kann. In diesen Cysten können die Muskeltrichinen vermutlich 5–10 Jahre lebensfähig bleiben. In anderen Geweben des Wirtes gehen die Larven zugrunde. Erst in der Kapsel der Muskelzelle sind die Larven nicht mehr dem Abwehr- und Immunsystem zugänglich. Beim Menschen sind vor allem folgende Muskeln befallen: Diaphragma, Zunge, Augenbewegungsmuskeln, Deltoideus, Pectoralis, Gastrocnemius, Intercostalmuskeln. Gelangen die Kapseln bei Verzehr trichinösen Fleisches in den Magen eines neuen Wirtes (Mensch, Schwein usw.), werden sie aufgelöst; die Trichinen werden frei, erlangen im Dünndarm Geschlechtsreife und begatten sich, womit der Kreis geschlossen ist. Vor allem die Schädigung der Darmschleimhaut durch die Darmtrichinen, aber auch der Befall der Muskulatur durch die Muskeltrichinen kann in schweren Fällen, vor allem bei immunsupprimierten Patienten, zu tödlichen Erkrankungen führen.

Oft verläuft die Infektion symptomlos. An Symptomen können während der Entwicklung der Adulten im Darm Durchfälle im Vordergrund stehen. Während der Wanderung der Larven im Gewebe kann es zu Fieber, Abgeschlagenheit, Muskelentzündung, periorbitalem Ödem, eosinophiler Leukocytose und gelegentlich zu Myocarditis, Pneumonie oder Encephalitis kommen. Der Mensch infiziert sich in über 90% der Fälle über Schweinefleisch. In Nordamerika sind ca. 1,5 Millionen Menschen von Muskeltrichinen befallen. Die Ursache ist fast immer ungenügend erhitztes Schweinefleisch (unter 77°C).

● Es werden Präparate männlicher und weiblicher Darmtrichinen mikroskopiert.

Die weibliche Darmtrichine ist 3–4mm lang und 60μm dick, das Männchen wird bei einem Durchmesser von 40μm nur etwa 1,5mm lang und ist außerdem durch zwei kegelförmige Zapfen am Hinterende gekennzeichnet (Abb. 71). Der Oesophagus nimmt fast die ganze vordere Körperhälfte ein. Er wird von vielen drüsenartigen Zellen (**Stichosomzellen**) umfasst.

Der unpaare weibliche Genitalschlauch gliedert sich in Ovarium und Uterus, die Geschlechtsöffnung liegt am Ende des vordersten Körperfünftels. Der Uterus ist mit Larven verschiedener Entwicklungsstufen angefüllt.

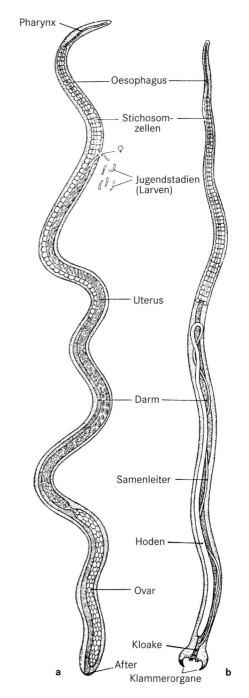

Abb. 71 *Trichinella spiralis*, **a** Weibchen, 70 ×; **b** Männchen, 120 ×. (Nach Csokor und Matthes)

Skeletmuskulatur intrazelluläre Kapsel

Muskeltrichine Zellkern der befallenen
Muskelzelle

Fettgewebe Leukocyten Blutcapillaren

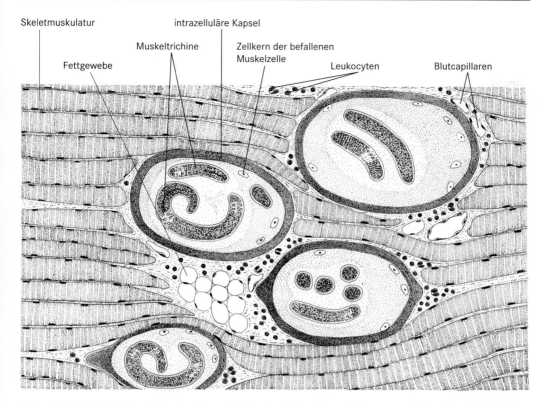

Abb. 72 Muskeltrichinen. Histologischer Schnitt durch Zungenmuskulatur vom Schwein mit vier ange-schnittenen Muskeltrichinen. Die Trichinen dringen in Skeletmuskelzellen ein, die dann die Kapsel ausbil-den. In der Umgebung der eingeschlossenen Trichinen sind vermehrt Leukocyten (Eosinophile und Lym-phocyten) zu finden

Der schlauchförmige Geschlechtsapparat des Männchens mündet kurz vor dem Hinterende in den Enddarm (**Kloake**). Er zieht von hier bis etwa zur Mitte des Körpers, biegt um und zieht wieder bis fast zum Hinterende zurück, wo er blind endet. Dieser rückläufige Schenkel ist dicker, er stellt den Hoden dar, der andere Abschnitt den Samenleiter.

● Es werden histologische Präparate von trichi-nösem Fleisch mikroskopiert.

In ihnen sind schon bei schwacher Vergrößerung unschwer die Trichinen innerhalb der Muskula-tur zu finden, und zwar in der Regel bereits ein-gekapselt (Abb. 72). Die Kapselwand ist – in Ab-hängigkeit von der Zeit, die seit dem Eindringen in die Muskelzelle vergangen ist – unterschiedlich dick. Die befallene Muskelzelle ist stark erweitert und enthält zahlreiche vergrößerte Kerne, ihre Myofibrillen haben sich aufgelöst. Die Kapseln haben Zitronenform und enthalten den aufge-rollten Parasiten. Gelegentlich kann man zwei von einer gemeinsamen Kapsel eingeschlossene Trichinen finden. In der Umgebung der Kapsel sind i. A. zahlreiche Zellen eines entzündlichen Infiltrats, v. a. Lymphocyten und Eosinophile, zu erkennen. Die Verkalkung der Kapsel beginnt nach 6–18 Monaten von den Polen her.

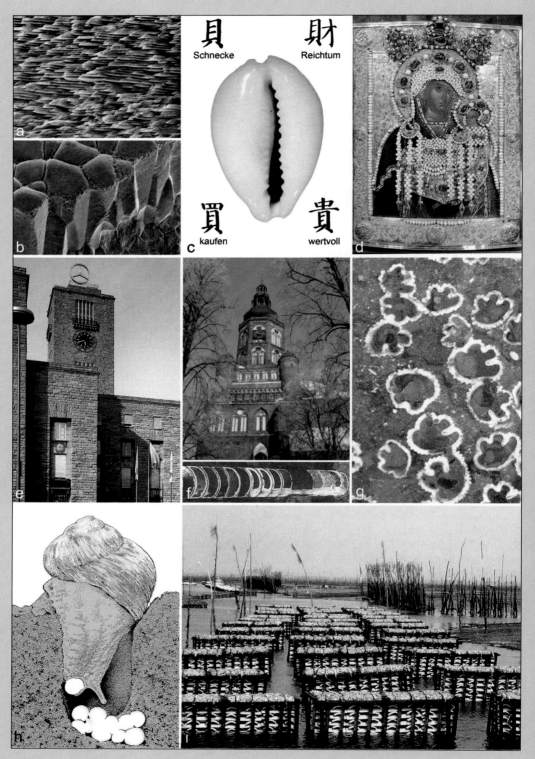

貝
Schnecke

財
Reichtum

買
kaufen

貴
wertvoll

Abb. 73

Mollusca, Weichtiere

Die **Mollusca** (**Weichtiere**) haben eine besondere Bedeutung für menschliche Kulturen erlangt. Diese beruht vor allem auf den Schalen, die von den meisten Mollusken gebildet werden (**Abb. 73a, b**: elektronenmikroskopische Aufnahmen von Perlmutt- (a) und Prismenschicht (b)). Schneckengehäuse haben länger als jede andere Währung als Zahlungsmittel gedient, andere Schalen wurden und werden als Schmuck verwendet, sind am Aufbau von Bausteinen beteiligt und können Speichergestein für Erdöl darstellen.

Schon seit 1500 v. Chr. fand die marine Porzellanschnecke (Kauri), insbesondere *Cypraea moneta* (**Abb. 73c**), in China und später auch anderswo als Zahlungsmittel Verwendung. Bis zur Mitte des 19. Jahrhunderts konnte man in manchen Gebieten der Südsee und in Afrika mit Kauris einkaufen. Dann setzte eine Inflation ein. Allein im 19. Jahrhundert hat man schätzungsweise 75 Milliarden Kauris aus dem Indopazifik nach Westafrika transportiert. Noch heute zeigt die chinesische Schrift den engen Zusammenhang von Schnecke und Reichtum, kaufen und wertvoll (**Abb. 73c**).

Als Schmuck und für Einlegearbeiten werden seit langem Perlen geschätzt (**Abb. 73d**), die aus der inneren Schicht der Schalen bestimmter Schnecken, Muscheln und Kopffüßer (dem Hypostracum, der Perlmuttschicht; **Abb. 73a**) gebildet werden. Bis ins frühe 20. Jahrhundert wurden Perlen insbesondere im Persisch-Arabischen Golf ertaucht. Dann produzierte Japan Zuchtperlen, derzeit übernimmt China die Führung. Der Großteil der Perlen stammt aus marinen Muscheln (*Pinctada*), aber auch im Süßwasser gibt es Perlmuscheln (bei uns die inzwischen vom Aussterben bedrohte *Margaritifera*); in China werden in besonderem Umfang Süßwasserperlen hergestellt (*Hyriopsis*).

Verschiedene Landschaften werden von Gesteinen dominiert, die in großem Umfang aus Mollusken-Schalen bestehen. In Deutschland ist der triassische Muschelkalk sogar danach benannt; in vielen Landstrichen wurden ganze Ortschaften und bekannte Gebäude aus Muschelkalk hergestellt, z.B. das Berliner Olympiastadion und der Stuttgarter Hauptbahnhof (**Abb. 73e**). Im Ostseeraum sind oft silurische Cephalopoden in Bausteinen zu sehen (**Abb. 73f** zeigt den Greifswalder Dom und ein Cephalopoden-Gehäuse aus dem Bodenbelag).

In anderen Gebieten, den ehemaligen küstennahen Regionen des Tethys-Meeres, welches einmal die Erde umspannte, sind Rudisten-Kalke (**Abb. 73g**) verbreitet. Rudisten sind im Mesozoikum vorkommende, bis 1 m hohe Muscheln, die riffartige Strukturen bildeten. Heute sind sie wichtige Erdölspeichergesteine. Der letzte Meeresvorstoß in Mitteleuropa vor etwa 21–16 Millionen Jahren hat in manchen Gebieten, z.B. in der Oberrheinebene südlich von Mainz, umfangreiche Mollusken-Ansammlungen zurückgelassen, die als Baustein oder als Zementrohstoff abgebaut werden (z.B. Hydrobienkalk).

Auch die Weichteile der Mollusken haben Kulturen beeinflusst und werden bis heute sehr geschätzt. Lange galt Purpur als Symbol der Macht. Purpur wird aus dem Sekret der Hypobranchialdrüse insbesondere der Meeresschnecke *Murex* (Purpurschnecke) hergestellt. Für die Färbung eines Gewandes brauchte man bis 12 000 Schnecken. Purpurgewänder waren über lange Zeit weltlichen Führern und kirchlichen Würdenträgern vorbehalten, heute uniformieren sich Millionen Menschen mit einer ähnlichen, synthetisch hergestellten Farbe (Blau von Genua, Bleu de Gêne, verballhornt zu Blue Jeans).

Schließlich sind Mollusken eine verbreitete Nahrungsgrundlage. Weinbergschnecken (*Helix*, **Abb. 73h**) werden (insbesondere in Frankreich) wie auch andere Schnecken gezüchtet und gegessen, ebenso viele Muscheln (insbesondere Miesmuscheln (*Mytilus*) und Austern (*Ostrea*, **Abb. 73i**) sowie zahlreiche Kopffüßer (Tintenfische, „Calamares").

Wissenschaftliche Bedeutung erlangten insbesondere die Cephalopoden. Sie besitzen in ihrem Nervensystem Riesenaxone, an denen wesentliche Grundlagen der Neurophysiologie erarbeitet wurden.

Die Mollusken sind nach den Arthropoden der zweitgrößte Tierstamm und besiedeln im Meer, im Süßwasser und auf dem Land die verschiedensten Biotope. Die Kopffüßer haben eine besondere Organisationshöhe erreicht.

Am Körper der Mollusken lassen sich häufig **Kopf, Fuß** und **Eingeweidesack** unterscheiden. Der Kopf enthält das Cerebralganglion, trägt Sinnesorgane (Fühler, Augen) und umfasst die Mundöffnung. Der Fuß ist der mit einer besonders kräftigen Muskulatur ausgestattete ventrale Teil des Hautmuskelschlauches, der Eingeweidesack eine von einer dünnen Haut umschlossene Vorwölbung der Rückenseite. Als **Mantel (Pallium)** bezeichnet man meist jene Region der Körperdecke, die die Schale abscheidet. Das Mantelepithel bildet, von der Basis des Eingeweidesackes ausgehend, eine Hautduplikatur, die **Mantelfalte** (oft allein als Mantel bezeichnet). In den überdachten Räumen, der **Mantelrinne** oder **Mantelhöhle**, liegen die Atmungsorgane, die Osphradien (Sinnesorgane) und die Hypobranchialdrüsen, in die Mantelhöhle münden der After und die Ausführungsgänge der Exkretions- und Genitalorgane.

Die **Haut** ist vielfach reich an großen Drüsenzellen, daher schlüpfrig und weich (Weichtiere). Sie besitzt am Fuß oft Cilien und scheidet am Mantel entweder Cuticula und Kalksklerite (Schuppen, Stacheln) oder zumeist großflächigen Kalk ab (Platten, Schale). Die **Schale** besteht aus mindestens drei Lagen, aus dem äußeren, organischen **Periostracum** und zwei (bis 4) **Kalkschichten**. Das Periostracum – es wird in einer Einfaltung des Mantelrandes abgeschieden, wächst vom Rand her und besteht aus **Conchin**, einem durch Chinone gegerbten und sklerotisierten Proteingemisch. Auch am Aufbau der Kalkschichten ist Conchin beteiligt. Es bildet feinste Umhüllungen für die Kalkprismen (aus Aragonit oder Calcit), die in der äußeren Kalklage senkrecht, in der oder den inneren Lagen dagegen mehr oder weniger parallel zur Oberfläche abgeschieden werden. Das innerste, also an das Mantelepithel angrenzende Schalenmaterial kann als **Perlmutt** ausgebildet sein. In ihm sind feinste Aragonitplättchen oberflächenparallel angeordnet. Das herrliche Farbenspiel kommt durch Interferenz zustande. Das Flächenwachstum der Schale erfolgt also am Mantelrand; dort werden in einer schmalen Zone die Prismen der äußeren Kalkschicht gebildet. An der Bildung der übrigen Schalenschichten, am

Dickenwachstum, ist das gesamte übrige Mantelepithel beteiligt. Zwischen Mantel und Schale befindet sich, außer an Muskelinsertionen, ein feiner, flüssigkeitserfüllter, extrapallialer Raum. Verlagerung der Schale ins Innere des Körpers und Rückbildung sind nicht selten.

Das **Coelom** der Mollusken ist im Allgemeinen auf einen Raum beschränkt, der die Gonaden und das Herz einschließt (Gonoperikardhöhle). Bei Adulten sind Gonaden und Herzbeutel meist getrennt; letzterer umfasst oft den Darm.

Sehr charakteristisch für die Mollusken ist die Organisation des **Zentralnervensystems**. Es zeigt zwar bei den verschiedenen Klassen, zum Teil auch bei den verschiedenen Ordnungen, unterschiedliche Differenzierungen, doch ist die Ableitung von der ursprünglichen Organisation immer möglich. Von dem über dem Schlund gelegenen, paarigen **Cerebralganglion** ziehen zwei Paar Nervenbahnen nach hinten: ventral die Pedalstränge, seitlich die Lateral- oder Pleuralstränge. Bei den Polyplacophora haben sie den Charakter von Marksträngen, d.h., es sind Perikaryen von Neuronen über ihre gesamte Länge verteilt. Bei anderen Molluskenklassen sind letztere meist zu Ganglien zusammengefasst. Die Pedalstränge bilden die **Pedalganglien** aus, die Pleuralstränge bei Gastropoden, **Pleural-**, **Parietal-** und **Visceralganglien**. Die Pedalganglien sind untereinander durch die Pedalkommissur und mit den Cerebralganglien durch die Cerebropedalkonnektive verbunden. Auch die Visceralganglien haben eine Kommissur ausgebildet. Von den Ganglien der Cerebrovisceralkonnektive der Gastropoden können die Pleuralganglien mit dem Gehirn, die Parietalganglien mit den Visceralganglien verschmolzen sein. Schließlich können sich alle Ganglien zu einem umfangreichen Zentralorgan um den Schlund herum vereinigen (Gastropoda, Cephalopoda).

An **Sinnesorganen** sind **Augen, Statocysten** und die in der Mantelhöhle liegenden **Osphradien**, die der Chemoreception dienen, weit verbreitet. Häufig sind **Tast-** und **Chemoreceptoren** und auch die Augen auf Tentakeln untergebracht. Die Entwicklungshöhe der Lichtsinnesorgane ist überaus unterschiedlich. Von flachen Gruben- über Becher- und Blasenaugen bis zu komplizierten Linsenaugen kommen alle Augentypen vor.

Das **Herz** liegt dorsal, ist meist kurz und empfängt das von den Atmungsorganen kommende, sauerstoffreiche Blut. Es besteht aus einer Kammer (Ventrikel) und aus einer meist der Zahl der Kiemen entsprechenden Anzahl von Vorkammern (Atrien). Das **Gefäßsystem** ist, obwohl Arterien, Venen und zum Teil auch Capillaren reich entwickelt sein können, stets „offen"; bei Cephalopoden ist es besonders differenziert. **Respiratorischer Blutfarbstoff** ist bisweilen das Hämocyanin, seltener Hämoglobin, meist fehlen Blutfarbstoffe.

Die für die Mollusken charakteristischen **Atmungsorgane** sind **Kammkiemen (Ctenidien)** oder davon ableitbare Faden- oder Blattkiemen. Sie liegen in der Mantelhöhle. Die typischen Ctenidien bestehen aus einer medianen Achse, in der die zu- und abführenden Gefäße verlaufen, und ihr beidseits oder auch nur an einer Seite ansitzenden dreieckigen Kiemenplättchen. Die meisten rezenten Mollusken haben ein Paar oder auch nur eine Kieme. Beim Übergang zum Landleben werden die Kiemen funktionell durch reiche Blutgefäßverzweigungen in der Decke der Mantelhöhle, die dann als **Lunge** fungiert, ersetzt. Manche amphibischen Schnecken haben Kieme und Lunge. Sehr kleine Schnecken haben oft keine Atmungsorgane. Der Gaswechsel erfolgt dann über die Haut (**Hautatmung**).

Der vorderste Abschnitt des **Darmes** wird durch Entwicklung einer kräftigen Muskulatur zum Schlundkopf. An seinem Boden liegt sehr oft eine mit nach hinten gerichteten Zähnchen besetzte **Radula** (Reibzunge, Abb. 74a), die Nahrung abraspelt. Sie ist ein Organ, das auf die Mollusken beschränkt ist. Der Mitteldarm ist fast immer mit einer umfangreichen, meist paarigen, aus einer großen Anzahl von Drüsenschläuchen bestehenden **Mitteldarmdrüse** ausgestattet. Der oft nach vorn verlagerte After mündet in die Mantelhöhle.

Die meist paarigen **Exkretionsorgane** sind umgebildete Perikardialgänge, spezielle Metanephridien (S. 183), die den Sekundärharn bilden. Zunächst erfolgt zumeist am Herzatrium durch Blutdruck vermittels Podocyten Ultrafiltration von Primärharn in den Herzbeutel; auch die Wand der Perikardhöhle selbst kann exkretorisch aktiv sein. Beginnend mit einer Öffnung (ohne Wimpertrichter) führt ein mehr oder weniger langer Gangabschnitt (Renoperikardialgang) vom Herzbeutel zum eigentlichen Exkretionsorgan, das von kompliziertem Bau und reich durchblutet ist. Die Ausleitung des gebildeten Sekundärharns erfolgt direkt oder über einen Gang (Ureter) in die Mantelhöhle.

Die paarigen oder unpaaren **Gonaden** entwickeln sich in der Wand des Coeloms. Zur

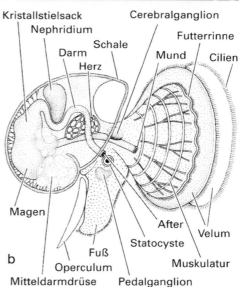

Abb. 74 a Radula eines Cephalopoden im rasterelektronenmikroskopischen Bild, **b** Veligerlarve von *Crepidula* (Prosobranchia)

Ableitung der Geschlechtsprodukte dienen Ausführkanäle (Gonodukte). **Hermaphroditismus** ist häufig; die Fortpflanzungsorgane sind dann recht kompliziert gebaut.

Die bei vielen Mollusken auftretende, freischwimmende **Larve** stimmt mit der Trochophora der Anneliden (s. S. 183) durch ihren präoralen Wimperkranz, die Scheitelplatte, Exkretionsorgane und das Auftreten paariger, wenigzelliger Mesodermanlagen überein. Der Wimperkranz wächst bei ihr zu Lappen aus, die als Velum (Segel) bezeichnet werden, und die ihr den Namen **Veliger** eintrugen (Abb. 74).

I. Polyplacophora, Käferschnecken

Technische Vorbereitungen

- Bei der Untersuchung der Käferschnecken wird von einer Präparation abgesehen. Zum Studium der äußeren Anatomie werden möglichst große, in Alkohol konservierte Exemplare von *Chiton* oder einer verwandten Gattung verwendet, während der innere Bau an mikroskopischen Querschnitten durch kleinere Exemplare studiert wird.

Allgemeine Übersicht

Die Polyplacophora oder Käferschnecken stehen der mutmaßlichen Stammform der Mollusken nahe, weisen aber in ihrer Organisation neben primitiven Merkmalen auch Abweichungen auf, die als Anpassungserscheinungen an das Leben in der Brandungszone zu betrachten sind.

So sind die Ausbildung eines breiten Saugfußes und die abgeflachte Körpergestalt sicher als sekundäre Anpassung aufzufassen, vielleicht auch die **Gliederung der Schale** in acht aufeinander folgende, gegeneinander verschiebbare Stücke, die dem Tier ein Einrollen gestatten.

Unter den primitiven Merkmalen ist an erster Stelle die **bilaterale Symmetrie** zu nennen, die sich nicht nur in der äußeren Gestalt, sondern auch im inneren Bau zeigt.

Das **Nervensystem** ist noch nicht in Ganglien und Nerven gesondert, vielmehr sind **Markstränge** vorhanden: ein quer liegender Cerebralstrang, der durch eine ventrale Commissur zu einem den Schlund umgebenden Ring vervollständigt ist, und zwei Paar von ihm aus nach hinten ziehende Längsstränge, die Pedalstränge (die der Mitte genähert im Fuß verlaufen) und die Lateralstränge (die in den Körperseiten nach hinten ziehen). Alle 4 Längsstränge sind durch zahlreiche Commissuren miteinander verbunden.

Die **Mantelhöhle** wird von einer Kopf und Fuß ringförmig umgebenden Rinne dargestellt. In ihr liegen zu beiden Seiten zahlreiche – bis zu 88 – gefiederte Kiemen.

Die bilaterale Symmetrie prägt sich außerdem in der medianen Lage des Afters und in der paarigen Ausbildung von Mitteldarmdrüse, Niere und Herzvorkammer aus. Die rechte Hälfte der Mitteldarmdrüse ist kleiner als die linke. Die **Nieren** sind reich verzweigte, etwa U-förmige Gänge, die im Perikard beginnen und auf der Höhe der 7. Schalenplatte beidseits in die Mantelrinne münden. Die meist unpaare **Gonade** hat paarige Ausführungsgänge; sie öffnen sich dicht vor den Nierenmündungen.

Die **Perikardhöhle** und in ihr das kurze **Herz** liegen unter der 7. und 8. Schalenplatte. Zwei seitliche Vorkammern empfangen das sauerstoffreiche Blut aus den Kiemenvenen und leiten es durch eine oder zwei seitliche Öffnungen in die Herzkammer, die es über eine unpaare, dorsomedian gelegene Aorta in Gefäße und Lakunen pumpt.

Die Mundhöhle ist mit einer sehr langen **Radula** ausgestattet. In den Pharynx münden ein Paar Drüsen, in den Oesophagus die so genannten **Zuckerdrüsen** (sie liefern Glykogenase) und in den langen und gewundenen Mitteldarm zwei **Mitteldarmdrüsen**.

Die Ausstattung mit **Sinnesorganen** ist, der fast sessilen Lebensweise der Tiere entsprechend, nicht besonders mannigfaltig. Tastborsten finden sich an verschiedenen Stellen. Auf chemische Reize reagierende Sinneszellen treten besonders im Bereich des Mundes gehäuft auf. Im Mundboden befindet sich außerdem eine ausstülpbare Tasche, in deren Epithel ebenfalls Chemoreceptoren liegen. Die obere Schicht der Schalenplatten wird von eigenartigen Sinnesorganen, den **Ästheten** durchsetzt. Sie enthalten neben Sehzellen Drüsenzellen, deren Funktion unklar ist. Bei einigen Arten ist ein Teil der Ästheten zu so genannten Schalenaugen umgebildet.

Spezieller Teil

Chiton sp.

- Es werden zunächst möglichst große Exemplare einer *Chiton*-Art untersucht.

Auf dem Rücken der ovalen, oben gewölbten, unten abgeflachten Tiere liegen hintereinander, sich dachziegelartig bedeckend, acht verkalkte

Schalenstücke. Die von der Schale unbedeckte Randpartie des Körpers, das **Perinotum**, ist durch eine starke Cuticula geschützt, in der kurze Kalkstacheln, -schuppen oder -borsten sitzen.

Die Bauchseite (Abb. 75) zeigt in der Mitte den breiten, äußerst muskulösen Fuß und vorn den deutlich davon abgesetzten, etwas tiefer liegenden Kopf mit der quer stehenden Mundspalte in der Mitte.

Von dem oft als Mantelfalte (oder Gürtel) bezeichneten Perinotum, das ziemlich breit und muskulös ist und ebenso wie der breite, als Saugscheibe wirkende Fuß zum Festheften des Tieres dient, werden Fuß und Kopf durch eine tiefe Rinne getrennt, die sich ringsherum zieht und der Mantelhöhle anderer Molluscen entspricht. In dieser Rinne liegen zu beiden Seiten die dicht aneinander gelagerten, doppelfiedrigen Kiemen; bei manchen Arten sind sie auf den hinteren Teil des Körpers beschränkt.

- Mit der feinen Schere eine einzelne Kieme ausschneiden, auf einen Objektträger legen und unter Wasser bei schwacher Vergrößerung betrachten.

Es zeigt sich, dass die breite, oben spitz zulaufende Kieme aus einer Achse besteht mit zahlreichen zarten Fiederchen auf jeder Breitseite, die lamellenartig dicht nebeneinander liegen.

Im hinteren Abschnitt der Mantelrinne liegen rechts und links die Geschlechtsöffnungen, dicht dahinter die Nierenöffnungen und ganz hinten median der After.

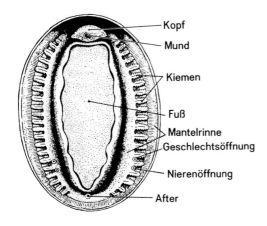

Abb. 75 *Chiton*, Ventralansicht. (Nach BOAS)

- Es werden jetzt Querschnitte durch die mittlere Körperregion einer kleineren, vorher entkalkten Form mikroskopiert.

Die Rückenseite ist gewölbt, die Bauchseite durch den breiten, muskulösen Fuß leicht kenntlich (Abb. 76). Zu beiden Seiten des Fußes verläuft das Perinotum, mit einer nach innen vorspringenden Lateralleiste und von einem inneren und einem äußeren Mantelmuskel durchzogen. Zwischen Mantelfalte und Fuß liegt jederseits die Mantelhöhle, eine tiefe Rinne, in die von oben die Kiemen hineinragen, deren einzelne, transversal gelagerte Blättchen deutlich sichtbar sind.

Im Integument des Perinotums erkennt man tief eingesenkte Becher; in ihnen saßen Kalkstacheln, die aber bei der der histologischen Aufarbeitung vorausgehenden Entkalkung herausgelöst worden sind.

Der mittlere Teil des Rückens wird von der **achtteiligen Schale** bedeckt. Sie ist aus zwei mächtigen Schichten aufgebaut. Proximal liegt eine kalkreiche, von der Rückenepidermis sezernierte Lage, das **Articulamentum**. Auch hier wurde der Kalk herausgelöst; die Zone des Articulamentums, die sich von der Epidermis bis zur äußeren Schalenschicht erstreckt, erscheint daher im Präparat leer. Die äußere Schicht, das zu etwa 60% aus organischem Material und zu 40% aus Kalk bestehende, pigmentierte **Tegmentum**, ist im Präparat erhalten. Sie wird von Poren durchsetzt, in denen Nerven zur Oberfläche, zu den Ästheten, ziehen. Jeder Ästhet besteht aus einem mehrzelligen Hauptstamm, von dem kleine, einzellige Fortsätze abzweigen. Hauptstamm und Fortsätze enden an der Schalenoberfläche mit je einer Kappe. Das Tegmentum wird von der medialen Wand einer schienenförmigen Epidermisaufwölbung gebildet, die die Schale seitlich begrenzt. Über das Tegmentum legt sich eine dünne, organische Membran, das **Periostracum**, das von der lateralen Wand der Epidermisschienen produziert wird. Eine weitere Kalkschicht, das **Hypostracum**, findet sich – innen vom Tegmentum – nur an den Ansatzstellen der Retraktormuskeln.

Von den inneren Organen fällt der wegen seines geschlängelten Verlaufs mehrfach angeschnittene Darm auf. Das stark entwickelte, lappig gebaute Organ in der Mitte ist die paarige **Mitteldarmdrüse**.

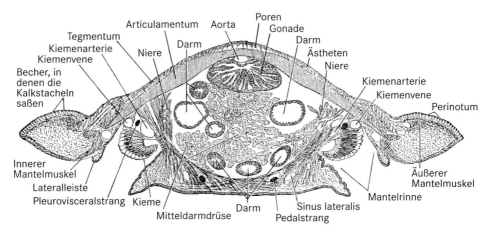

Abb. 76 Querschnitt durch *Chiton*

Dorsal davon liegt in der Medianen die **Gonade** (Hoden oder Eierstock), darüber die Aorta. Die stark verästelten **Nieren** sind im Bereich der lateralen Leibeshöhlenwand zu finden. Über den **Kiemen** sind zwei Blutgefäße; das innere ist die Kiemenarterie, das äußere die Kiemenvene. Zwischen beiden erkennt man den lateralen Markstrang (**Pleuroviscerlastrang**); die beiden ventralen Nervenstränge (**Pedalstränge**) sind nahe der Mittellinie in die Muskulatur des Fußes eingebettet. Lateral davon findet sich jederseits ein Blutsinus (Sinus lateralis).

- Einen Schnitt weiter hinten führen.

Er zeigt das vom **Perikard** umhüllte **Herz** mit seinen beiden seitlich gelegenen Vorkammern, in die die Kiemenvenen münden, oder die Aorta.

Die Eier entwickeln sich nach **Spiralfurchung** (über Coeloblastula und Gastrula) zu einer Larve, die der Trochophora der Anneliden ähnlich ist, der jedoch Protonephridien fehlen. Schon nach wenigen Tagen pelagischen Daseins erfolgt die Metamorphose zur Adultform.

Die Käferschnecken sind ausschließlich marin. Die meisten leben in der Brandungszone von Felsböden und in Korallenriffen, wo sie, langsam kriechend, den Bewuchs (Algen, Hydrozoen, Bryozoen) von den Hartböden abweiden. Nur wenige Arten leben in der Tiefsee.

II. Gastropoda, Schnecken

Technische Vorbereitungen

- Von Schnecken eignet sich die Weinbergschnecke, *Helix pomatia*, gut zur Präparation. Es ist sehr wichtig, die Tiere in ausgestrecktem Zustand zu untersuchen. Um dies zu erreichen, werden sie in eine 0,5–1%ige Lösung von Hydroxylamin eingelegt, in der sie rasch betäubt und nach 10–20 Stunden abgetötet sind. Schneller tötet sie eine Injektion von Chlorethan; sie sind dann zudem ausgestreckt.
- Außerdem halte man einige lebende Schnecken und eine saubere Glasplatte bereit, um die wellenförmig über den Fuß laufenden Muskelkontraktionen zeigen zu können.

Allgemeine Übersicht

Bei den meisten Schneckenarten sind Kopf, Fuß und Eingeweidesack gut entwickelt und leicht abgrenzbar.

Am **Kopf** sitzt ein Paar dem Tastsinn und chemischen Sinn dienende Fühler. An ihrer Basis können mehr oder weniger hochentwickelte Augen liegen, oft aber ist als Träger für sie ein zweites, hinteres Fühlerpaar vorhanden.

Der **Fuß** ist sehr muskulös, reich an Bindegewebe und Blutlakunen und schwellbar. Seine Unterseite ist sohlenartig abgeflacht. Muskelkontraktionen, die in kurzen Abständen wellenartig von hinten nach vorn über die Sohle laufen, bedingen ein langsames Vorwärtskriechen, das durch das Sekret einer großen, vorn am Fuß mündenden Schleimdrüse erleichtert wird. Bei frei schwimmenden Schnecken bildet der Fuß lappenartige Flossen aus. Das einschichtige Epithel der **Körperdecke** ist wenigstens an der Sohlenfläche des Fußes bewimpert; es ist überall reich an Drüsenzellen. Bei sehr kleinen Formen erfolgt die Fortbewegung wie bei kleinen Turbellarien durch das Wimperepithel.

Der **Eingeweidesack** ist eine umfangreiche dorsale Vorwölbung. Von ihm aus erstreckt sich die **Mantelfalte** (s. S. 132) nach unten, seine Basis mehr oder weniger geräumig umhüllend. In dem von der Mantelfalte überdachten Hohlraum, der **Mantelhöhle**, liegt der palliale Organkomplex, das sind die Kiemen, die Osphradien, der After und die Ausmündungen der Nieren- und Geschlechtsorgane.

Der schalenbedeckte Eingeweidesack wird schon während der Embryonal- bzw. Larvenentwicklung angelegt. Dann wächst aber die Rückenseite der Larve viel schneller als die Bauchseite (also positiv allometrisch), sodass er mehr und mehr nach hinten, in Richtung der Längsachse, verlagert wird. Das führt dazu, dass der Eingeweidesack schließlich ganz in die Verlängerung der ursprünglichen Längsachse der Larve zu liegen kommt und der After der Mundöffnung stark genähert ist. Die Dorsoventralachse des Tieres ist also nach hinten gekippt und stellt nun die Fortsetzung der Längsachse dar. Schon vorher begann als kragenartige Ringfalte am Eingeweidesack die Mantelbildung. Sie schreitet vor allem ventral rasch voran und führt zur Bildung der Mantelhöhle, die unten weit nach vorn reicht, sodass sogar die mundwärts gewanderte Afteröffnung von ihr umhüllt wird.

Außerdem – und das führt nun zu charakteristischen anatomischen Eigenheiten – erfährt der Eingeweidesack eine Drehung (**Torsion**) um seine Längsachse. Dabei wird die ursprünglich hinten angelegte Mantelhöhle samt den Kiemen und den übrigen Teilen des pallialen Organkomplexes mehr oder weniger weit nach rechts, im Extremfall – bei einer Torsion um 180° – sogar nach vorn verlagert. Die Kiemen und mit ihnen die Herzvorkammern liegen dann vor dem Herzen (Vorderkiemer, Prosobranchia). Sehr oft geht die Torsion jedoch nicht so weit. Die dann allein erhaltene Kieme und die dazugehörige Vorkammer bleiben hinter dem Herzen (Hinterkiemer, Opisthobranchia).

Etwa gleichzeitig mit der Torsion entsteht als ventraler Auswuchs in der Nähe des Kopfes der Fuß. Er wächst nach hinten, schiebt sich unter den Eingeweidesack und drückt ihn aus der Längsachse des Tieres heraus nach oben. Der stark in die Länge gewachsene Eingeweidesack aber hat sich inzwischen zu einer seitlich (meist nach rechts) herausgezogenen, also asymmetrischen Schraube eingerollt. Die **asymmetrische** Architektur des Schneckenkörpers wird dadurch vervollständigt, dass ursprünglich links angelegte Teile paariger Organe (Nieren, Kiemen und Herzvorkammern) in der Entwicklung zurückbleiben oder vollständig fehlen. Nur einige primitive Prosobranchier sind davon ausgenommen.

Die **Schale**, die vom Mantel abgeschieden wird, gibt die Form des Eingeweidesackes genau wieder, ist also gleichfalls meist schraubig aufgerollt. Ein Periostracum ist immer vorhanden, eine Perlmutterschicht selten. In der Regel verschmelzen die inneren Wandungen der Schraube zu einer Kalkspindel, der **Columella**. Von der engsten Windung der Columella entspringt der Spindelmuskel, der in Fuß und Kopf einstrahlt und diese Teile in die Schale zurückzuziehen vermag. Die Muskeln sind nicht unmittelbar an der Schale befestigt, sondern enden an der verdickten Basalmembran der hier zu einem Anheftungsepithel spezialisierten Epidermis. Die Zellen dieses Epithels sind mit füßchenartigen Fortsätzen in der Basalmembran verankert, ihre der Schale zugewandten Oberflächen sind mit kurzen, am Ende verbreiterten Mikrovilli besetzt, die eine Haftsubstanz aus Proteinen und Mucopolysacchariden absondern. Im übrigen liegt die Schale dem Weichkörper frei auf; sie ist von ihm durch den sehr feinen, flüssigkeitserfüllten extrapallialen Raum getrennt. Die Mehrzahl der Schnecken, die meisten Prosobranchia (aber auch einige ursprüngliche Opisthobranchia und wenige Pulmonata), scheidet auf der Oberseite des hinteren Fußteiles eine aus Conchin und Kalk bestehende Platte ab, das **Operculum**, das die Schalenöffnung hinter dem zurückgezogenen Tier zu verschließen vermag. Viele Landschnecken verschließen zu Beginn der Überwinterung oder bei anhaltender Trockenheit die Schalenmündung durch einen Kalkdeckel, das **Epiphragma**, das später wieder abfällt.

Der **Darm** ist nahezu in seinem gesamten Verlauf von der Torsion betroffen. Der ursprünglich endständig gelegene After ist nach rechts vorn hinter den Kopf gerückt. Der vorderste Abschnitt des Darmes ist als muskelkräftiger Schlundkopf (Pharynx) entwickelt. Von seinem Boden erhebt sich die **Radula**, eine mit Zähnchen dicht besetzte Reibezunge. Die Anordnung der Zähnchen ist artspezifisch und daher für die Taxonomie wichtig. Die Radula wird in ihrer Tätigkeit oft von chitinigen Kiefern unterstützt, die zu einer unpaaren dorsalen Platte verschmelzen können. In den Schlundkopf mündet ein Paar Speicheldrüsen. Der stark gewundene Darm wird von einer mächtigen **Mitteldarmdrüse** umhüllt. Ihre Aufgabe besteht in der Absonderung verdauender Sekrete, in der Resorption und Phagocytose enzymatisch gelöster bzw. in kleine Partikel zerlegter Nahrungsstoffe, in der Speicherung von Reservestoffen (Glykogen und Lipide) und in der Exkretion.

Das **Nervensystem** erinnert mit dem paarigen Cerebralganglion und den zwei von ihm ausgehenden Längssträngen jederseits an dasjenige der Polyplacophora. Nur sind die Perikaryen der Nervenzellen meist zur Bildung von Ganglien zusammengetreten, während ihre Fortsätze, die Nervenfasern, die als Konnektive bezeichneten Längsverbindungen zwischen den Ganglien

herstellen. Die ehemaligen Pedalstränge sind so zu den Cerebropedalkonnektiven zwischen Cerebral- und Pedalganglion geworden. An den lateralen Pleurovisceralkonnektiven befinden sich zwischen Cerebralganglion (vorn) und Visceralganglion (hinten) noch zwei weitere Ganglien, die Pleural- und Parietalganglien (Abb. 77,1). Pleural- und Pedalganglion sind durch ein Konnektiv verbunden. Der kräftig entwickelte Schlund wird von den zwei ventral von ihm liegenden Buccalganglien versorgt. Während die Cerebralganglien ihre Lage über dem Vorderdarm stets beibehalten, können die Pleural- und Parietalganglien sich dem Visceralganglion eng anschließen. Nicht selten sind diese drei hinteren Ganglienpaare weit nach vorn verlagert, sodass das ganze Zentralnervensystem um den Vorderdarm herum konzentriert ist. – Auch das Nervensystem ist unter den Einfluss der Torsion geraten (Abb. 77, 4), und zwar in der Weise, dass das Parietalganglion der rechten Seite über den Darm hinweg nach links, das der linken Seite unter dem Darm hindurch nach rechts rückt, woraus sich eine als **Chiasto-** oder **Streptoneurie** bezeichnete Überkreuzung der Pleurovisceralkonnektive ergibt. Sie kann wieder rückgängig gemacht werden oder durch Vorverlagerung der hinteren Ganglien von vornherein unterbleiben (Euthyneurie).

Receptoren des mechanischen und chemischen Sinnes sind über die gesamte Körperoberfläche verstreut, auf den Tentakeln und den Fußrändern sind sie besonders zahlreich. Die Augen liegen an der Basis oder der Spitze von Tentakeln und sind bei den verschiedenen Gattungen unterschiedlich hoch differenziert. Die Osphradien kommen, wie die Kiemen, meist

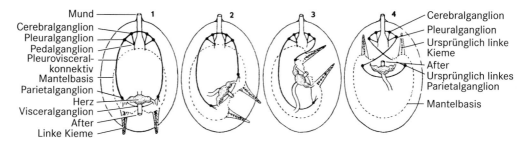

Abb. 77 Schematische Darstellung der Entstehung der Streptoneurie. (Nach Lang)

nur unpaar vor, sind flächige oder fadenförmige, in der Mantelhöhle gelegene Chemoreceptororgane. Die paarigen Statocysten sind den Pedalganglien an- oder aufgelagert. Sie werden vom Cerebralganglion innerviert.

Der **Atmung** dienen neben der Haut **Kiemen** oder **Lungen**. Kammkiemen (Ctenidien) mit Schaft und zwei Reihen von Fiederblättchen haben nur noch primitive Prosobranchia. Bei den übrigen Schnecken trägt der Schaft der einen erhalten gebliebenen Kieme nur noch auf einer Seite Blättchen, mit der anderen ist er an der Decke der Mantelhöhle verwachsen. Liegt die Kieme vorn (Prosobranchia), so fließt das Blut von der Kieme nach hinten zum Herzen ab und die Vorkammer liegt dementsprechend vor der Herzkammer; liegt die Kieme hinten (Opisthobranchia), so liegt auch die Vorkammer hinter der Herzkammer. Oft wird die typische Kammkieme durch sekundäre Kiemen ersetzt. Bei den Lungenschnecken fehlen Kiemen vollständig. Als Atemorgan dient das zur Lunge gewordene, reich durchblutete Dach der Mantelhöhle. Viele kleine marine Schnecken sind Hautatmer; sie haben die Kiemen vollständig zurückgebildet. Das in den Atemorganen oxygenierte Blut gelangt meist über Venen in das Herz. Von hier aus wird es über eine gegabelte Aorta durch Arterien, die sich stark aufteilen, in Lücken zwischen den Geweben und Organen gepumpt. Ein besonders geräumiger Blutraum umgibt die Eingeweide, ein anderer befindet sich im Fuß. In ihn wird beim Ausstrecken des Fußes Blut gepresst. Da gleichzeitig der Abfluss gesperrt wird, erlangt der Fuß durch dieses hydrostatische Skelet die zu seiner Funktion erforderliche Rigidität. – Als respiratorischer Farbstoff kommen Hämocyanin und Hämoglobin vor.

Die **Niere** beginnt im Perikard mit einem kurzen Renoperikardialgang. Der übrige, größere Teil des Exkretionsorganes gliedert sich in einen sackartigen Abschnitt, dessen Wand von Blutlakunen erfüllte Falten bildet, die – ebenso wie auch die Herzwand (Druckfiltration) – an der Exkretion beteiligt sind, und in den Ausführgang (Ureter), der sich in die Mantelhöhle öffnet.

Die **Gonade** ist stets nur in Einzahl vorhanden. Die Vorderkiemer sind meist getrenntgeschlechtlich, die Hinterkiemer und Lungenschnecken dagegen Zwitter. Die Gonade kann in die Niere münden, besitzt meist aber einen eigenen Ausführgang. Durch Ausbildung zahlreicher Anhangsdrüsen und anderer Hilfsorgane kann der Geschlechtsapparat, insbesonders bei Zwittern, einen recht komplizierten Bau aufweisen.

Bei den im Meer lebenden Schnecken, vor allem bei Vorder- und Hinterkiemern, **entwickelt** sich aus dem Ei eine **Veligerlarve**. Die besonderen Gastropoden- bzw. Molluskenmerkmale, wie Schale, Mantel und Einrollung, treten schon während der Larvenzeit auf, also bevor die junge Schnecke zum Leben am Boden übergeht. Die Süßwasser- und Landschnecken entwickeln sich im Ei bis zur Jungschnecke.

Die meisten Schnecken leben im Meer (Hinterkiemer, die meisten Vorderkiemer), manche auf dem Land (die meisten Lungenschnecken und einige Vorderkiemer), andere im Süßwasser (einige Lungenschnecken und einige Vorderkiemer).

Spezieller Teil

Helix pomatia, Weinbergschnecke

● Bei der Weinbergschnecke wird zunächst die Körperform betrachtet.

Der große **Fuß** ist auf der Unterseite sohlenartig abgeplattet, vorn geht er allmählich in den rundlichen **Kopf** über, der die beiden Fühlerpaare trägt. Das hintere, etwas größere trägt distal die Augen. Meist sind die Fühler bei den getöteten Tieren mehr oder weniger eingezogen. Der **Eingeweidesack** ist in der **Schale** verborgen, und das Gleiche gilt für die Mantelfalte, von der nur der wulstige Rand entlang der Schalenöffnung hervortritt (Abb. 78). Die Schale ist vom Periostracum bedeckt, das am Rand der Mantelfalte in eine Rinne abgeschieden wird. Am Mantelrand erfolgt auch das Flächenwachstum des kalkigen Teils der Schale. Am Dickenwachstum ist das gesamte Mantelepithel beteiligt (s. auch S. 132).

Von Körperöffnungen sieht man an der Ventralseite des Kopfes den Mund, der zwischen zwei bisweilen als Lippentakel bezeichneten Mundlappen liegt, dann das **Atemloch**, das auf

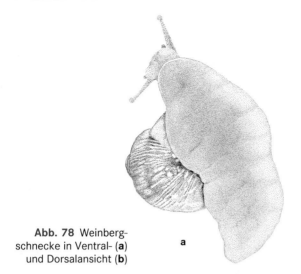
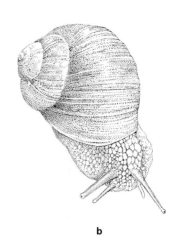

a   b

Abb. 78 Weinberg-
schnecke in Ventral- (**a**)
und Dorsalansicht (**b**)

der rechten Seite unter dem Mantelrand zutage tritt und auch den After und die Exkretionsöffnung umschließt. Die feine Geschlechtsöffnung ist schwer zu erkennen; sie liegt rechts unterhalb des hinteren Fühlers. Unter dem Mundspalt schließlich mündet die große **Fußdrüse** aus, deren Schleim in einer vertikalen Furche zur Vorderspitze der Kriechsohle gelangt.

- Mit einer starken Pinzette, besser noch mit einer kleinen Flachzange die Schale von der Mündung her vorsichtig Stück für Stück abtragen. Den Schleim mit schwachem Alkohol (ca. 10%) entfernen.

Das Mantelepithel, das den schraubig aufgerollten Eingeweidesack und die Mantelhöhle bedeckt, ist dünn und durchscheinend. Darunter sind verschiedene Organe zu erkennen. Ein von reich verzweigten Blutbahnen durchzogener Bezirk (Abb. 79a), er lag unter der letzten, großen Schalenwindung, ist die **Lunge**. Ihr respiratorisches Epithel ist die Decke der geräumigen Atemhöhle, die man vom Atemloch aus sondieren kann. Am hinteren Rand der Lunge schimmert links von der Medianlinie das Herz blass hindurch, in das von vorn her die Lungenvene mündet. Rechts vom Herzen erkennt man die gelblich gefärbte Niere. Die immer kleiner werdenden oberen Windungen werden in der Hauptsache von der bräunlichen Mittel-

darmdrüse eingenommen. Am oberen Rand der zweitgrößten Windung schimmert gelblich die **Eiweißdrüse** durch.

- Zu Beginn der Präparation die kleine Schere in die Atemöffnung einführen und den derben Mantelwulst nach oben durchschneiden.
- Den Schnitt hinter dem Mantelwulst und in einem Abstand von etwa 4mm parallel zu ihm in der Decke der Atemhöhle entlang führen, bis fast zu der Stelle, an der das Herz durchschimmert (Abb. 79b).
- Die Decke der Atemhöhle noch nicht aufklappen, sondern mit der Pinzette die dünne Körperhaut am hinteren (rechten) Ende der Niere anheben und vorsichtig einen weiteren Schnitt am hinteren Nierenrand entlang bis fast zum Ende des 1. Schnittes führen (Abb. 79b).
- Nachdem man sich davon überzeugt hat, dass an der geschonten Stelle ein Gefäß, die Aorta, aus dem Herzen austritt, Schnitt 1 und 2 verbinden und die Lungenhöhle aufklappen.
- Der Schnitt 3 der Abb. 79b unterbleibt vorläufig!

Man sieht, dass die Blutgefäße an der Decke der Lunge in eine in der Mittellinie von vorn nach hinten ziehende, große Lungenvene (Abb. 80) münden. Sie sind besonders im vorderen Abschnitt reich entwickelt und verlaufen zum Teil

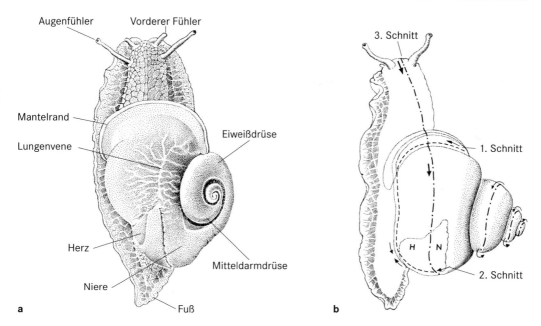

Abb. 79 *Helix pomatia* nach Entfernung der Schale. **b** Die drei Schnitte zur Präparation von *Helix pomatia*. H: Herz, N: Niere

in leistenartigen Erhebungen der Wand, den **Lungentrabekeln**.

Der Boden der Lungenhöhle ist zugleich die Decke eines Teils des Eingeweidesackes, d.h. die eigentliche Rückenwand des Körpers. Dieser Boden ist glatt, wölbt sich gegen die Atemhöhle vor und besitzt eine kräftige, in zwei gekreuzten Lagen angeordnete Muskulatur. Durch Kontraktion der Muskulatur flacht sich der Boden ab und bewirkt so, nach Art des menschlichen Zwerchfells, das Einströmen frischer Luft. Danach wird das Atemloch geschlossen und durch Aufwölben des Mantelhöhlenbodens der Druck gesteigert, was die O_2-Aufnahme fördert. Für das Erweitern und Schließen des Atemloches ist eine besondere Muskulatur entwickelt.

Auf der Grenze zwischen der respiratorischen Decke und dem glatten Boden der Atemhöhle verläuft der in die Atemöffnung ausmündende Enddarm.

Der Niere dicht angelagert liegt am hinteren Rand der respiratorischen Lungendecke der **Herzbeutel**.

● Diesen mit einem Längsschnitt aufschneiden.

Es wird das **Herz** mit seiner Kammer und der nach vorn gelegenen, kleineren und muskelschwächeren Vorkammer, in die die Lungenvene einmündet, sichtbar. Nach hinten gibt die Herzkammer die große Aorta ab, die wir durchschneiden mussten.

Seitlich führt aus dem Herzbeutel ein in die **Niere** mündender, kurzer Gang, die Nierenspritze (Renoperikardialgang). Die Niere selbst beginnt mit einem sackartigen, drüsigen Teil, dessen Wandung mit zahlreichen Falten nach innen vorspringt. In den Falten, die das exkretorische Epithel tragen, verlaufen zahlreiche arterielle Blutlakunen. Dieser Nierensack biegt vorn in einen weiten, röhrenförmigen, glattwandigen Teil der Niere um, der sich in den mit dem Enddarm parallel verlaufenden Harnleiter (Ureter) fortsetzt. Die Mündung liegt unmittelbar neben dem Atemloch. Landschnecken sind Wassersparer; Exkretionsprodukt ist die schwer wasserlösliche **Harnsäure**.

Mit den ersten zwei Schnitten wurde nur die Lungenhöhle eröffnet.

● Um die Eingeweide freizulegen, mit der Schere vom Kopf aus einen dicht über der Mundöffnung ansetzenden Medianschnitt durch die Körperdecke bis zum Mantelwulst führen und diesen durchschneiden.

- Immer in der Medianlinie weiterschneiden und dabei die Decke des Eingeweidesackes – den Boden der Atemhöhle – spalten.
- Weitergehend kommt man auf die zweite Windung. Mit dem Schnitt der Höhe der Windungen soweit wie möglich folgen (Abb. 79). Die Schere beim Schnitt unbedingt flach ansetzen, da sonst das Gewebe der Mitteldarmdrüse verletzt und der Zwittergang durchschnitten wird.
- Die aufgeschnittenen Hälften der Eingeweidehülle vorsichtig und möglichst nahe am Fuß abschneiden und das Tier im Wachsbecken unter Wasser feststecken. Hierfür eine starke Nadel durch die hintere Spitze des Fußes führen, zwei schwächere Nadeln durch seine vorderen Seitenlappen.
- Die zarten Bindegewebsbrücken, die die einzelnen Organe miteinander verbinden, durchschneiden und die Organe, wie Abb. 80 zeigt, auseinander legen.

Dicht hinter der Mundöffnung liegt als ansehnlicher, weißlicher Körper der **Schlundkopf**, von dem aus der **Oesophagus** nach hinten zieht, um ohne deutliche Grenze in den geräumigen, lang gestreckten **Magen** überzugehen. Auf dem erweiterten Abschnitt des Magens liegen flach ausgebreitet die zwei lang gestreckten, weißlichen **Speicheldrüsen**, die auf der uns zugekehrten, also dorsalen Seite ein Stück weit verschmolzen sind. Jede dieser beiden Drüsen geht in einen bandartig gewundenen Kanal über, der zu beiden Seiten der Speiseröhre nach vorn zieht und in den Schlundkopf einmündet. Der hintere Abschnitt des Magens verschmälert sich allmählich und geht in den eine Schlinge bildenden **Dünndarm** über. An der Grenze von Magen und Dünndarm liegt ein Blindsack, in den die beiden umfangreichen, braunen **Mitteldarmdrüsen** einmünden, die die oberen Windungen des Eingeweidesackes fast völlig erfüllen. An den Dünndarm schließt sich der **Enddarm** an, der am Rand der Atemhöhle zum After zieht.

Vom **Nervensystem** sind die beiden großen, dicht aneinander liegenden Cerebralganglien zu sehen, die den Oesophagus in Form eines breiten Bandes dorsal überbrücken. Von ihnen

gehen kopfwärts einige Nerven ab, von denen ein Paar als Tentakelnerven zur Basis der hinteren Fühler ziehen. Eine zweite Ganglienmasse findet sich ventral vom Oesophagus. In ihr sind dicht aneinander gerückt die Pleural-, Parietal- und Visceralganglien enthalten sowie am weitesten vorn und unten sitzend die Pedalganglien. Obere und untere Ganglienmasse werden rechts und links vom Oesophagus durch Nervenfaserzüge, die kurzen Cerebropleural- und Cerebropedalkonnektive, miteinander verbunden. Streptoneurie liegt in diesem Fall nicht vor.

Von den seitlich und unterhalb vom Oesophagus verlaufenden Muskeln fallen besonders die lateralen auf, die zu den hinteren Tentakeln ziehen und als deren Rückziehmuskeln dienen. Oft sind im Präparat die **Tentakel** eingestülpt und liegen im Inneren, fallen aber durch ihre schwärzliche Färbung sofort auf; das Auge schimmert durch die Wandung hindurch. Auch die zu den vorderen Tentakeln führenden, schwächeren Muskelbündel sind zu erkennen, sowie weitere, die als Retraktoren des Kopfes und der Schlundmasse dienen. Alle diese Muskelzüge gehören zu dem der unteren Hälfte der Spindel entspringenden Musculus columellaris, der sowohl in den Fuß einstrahlt als auch den Körper in zwei längs gerichteten, sich vorn aufspaltenden Hauptmuskelbündeln durchzieht. Er gewährleistet also ein Zurückziehen des Weichkörpers in die Schale. Das Ausstrecken erfolgt durch **hydrostatischen Druck**, indem Blut in die primären Leibeshöhlenräume des Fußes eingepresst wird. Der erforderliche Blutdruck wird durch Kontraktion der Muskulatur des Mantelhöhlenbodens erzeugt.

Mächtig entwickelt ist der **zwittrige Genitalapparat**. Die unpaare Gonade ist ein aus zahlreichen Follikeln zusammengesetzter, rundlicher Körper, der aus seinen Wandzellen sowohl Eier als auch Spermien entstehen lässt und daher als **Zwitterdrüse** bezeichnet wird. Die Zwitterdrüse ist in das Mitteldarmdrüsengewebe eingebettet, hebt sich von ihm aber durch ihre weißliche Färbung gut ab.

- Durch vorsichtiges Zerzupfen der Mitteldarmdrüse die Zwitterdrüse freilegen. Die Präparation gelingt am sichersten, wenn man zunächst ihren Ausführgang, den Zwittergang, aufsucht und diesen dann in die Mitteldarmdrüse hinein verfolgt, bis man auf die puderquastenförmige Gonade trifft.

Der **Zwittergang** führt als ein zunächst sehr feiner und daher bei der Präparation leicht abreißender, dann dickerer, gewundener Kanal von der Gonade quer hinüber zur Basis der umfangreichen, wurstförmigen **Eiweißdrüse**. Im Inneren der Eiweißdrüse ist an der Stelle, an der der Zwittergang eintritt, ein kleiner, länglicher Hohlraum ausgespart, der seiner Funktion

nach als **Befruchtungstasche** bezeichnet wird. Er liegt an der abgeflachten Seite der Drüse.

Von der Befruchtungstasche aus zieht als kräftiger, mit wulstigen Auftreibungen versehener Schlauch der **Eisamenleiter** kopfwärts. Der dickere Teil fungiert als Eileiter, der dünnere als Samenleiter. Beide haben eine drüsige Wand; die Lumina sind von Wimperepithel ausgekleidet. Im Vorderkörper trennen sich die Gonodukte. Der Samenleiter führt nun als **Vas deferens** unter dem Rückziehmuskel des rechten Augen-

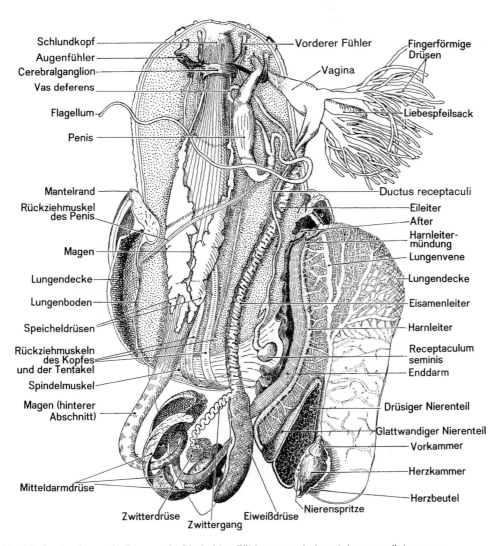

Abb. 80 Anatomie von *Helix pomatia*. Die beiden Fühlerpaare sind nach innen zurückgezogen

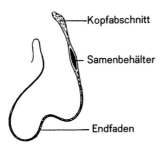

Abb. 81 Eine Spermatophore von *Helix pomatia*. Ca. 2× (Nach MEISENHEIMER)

tentakels hindurch zur Basis des muskulösen **Penis**. In den Penis mündet außerdem ein peitschenförmiger Anhang, das **Flagellum**, das als hohler Drüsenschlauch zur Bildung der Spermatophore (s. unten u. Abb. 81) dient. Von der Basis des männlichen Begattungsorgans zieht der dünne Rückziehmuskel (**Retractor penis**) zur linken Körperwand.

Der Eileiter geht kurz nach der Abspaltung des Samenleiters in die **Vagina** über. Vagina und Penis münden nebeneinander in einen gemeinsamen **Vorhof** (**Atrium, Vestibulum**), der in der äußeren Geschlechtsöffnung die Körperoberfläche erreicht.

Mit der Vagina kommunizieren noch drei weitere Anhangsorgane. Unmittelbar neben dem Eileiter mündet als langer, vom tief im Körperinneren liegenden Receptaculum seminis (= Bursa copulatrix im Englischen) kommender Schlauch, der **Ductus receptaculi**, in die Vagina. Im gleichen Bereich vereinigen sich mit der Vagina der **Liebespfeilsack** und die relativ großen Büschel der beiden **fingerförmigen Drüsen**.

● Mit einer spitzen Schere den Pfeilsack vorsichtig der Länge nach aufspalten.

Man findet in seinem Inneren meist den **Liebespfeil**, einen vierkantigen, distal scharf zugespitzten Kalkstachel von etwa 1 cm Länge. Er sitzt in der Tiefe des Sackes mit breiter Basis einer Papille auf, die ihn abgeschieden hat. Die Wandung des Sackes besteht aus einer sehr kräftigen Muskulatur, die den Pfeil bei der Begattung herauspresst und dem Partner tief in den Körper, meist in die Muskulatur des Fußes, hineintreibt. Dabei wird ein von den fingerförmigen Drüsen

stammendes Sekret injiziert. Es enthält neben sauren Mucopolysacchariden ein Kontakt-Pheromon, das das Ausstülpen der terminalen Teile der Genitalorgane bewirkt.

Bei der Kopulation, die sich ab Ende April über Stunden erstreckt, führt jedes der beiden kopulierenden Tiere nach Vorwölbung des Geschlechtsatriums den ausgestülpten Penis in die Vagina des Partners ein. Die Spitze des Penis dringt dabei weit in den Ductus receptaculi vor. Kurz vorher hat sich in Penis und Flagellum eine mehrere Zentimeter lange **Spermatophore** gebildet, indem eine große Menge von Spermien, die von der Zwitterdrüse her durch Zwittergang und Samenleiter bis in den Penisschlauch gelangt waren, von dem Sekret des Flagellums in eine gallertartige Masse eingeschlossen wurde. Man kann an einer solchen Spermatophore (Abb. 81) ein Kopfstück, den mit Spermien gefüllten Samenbehälter und einen langen, peitschenförmigen Endfaden unterscheiden. Sie stellt einen Ausguss von Penisrohr und Flagellum dar. Bei jeder Paarung kommt es zu wechselseitiger Spermatophorenübertragung. Drei bis sechs Stunden nach der Kopulation erreicht der Spermatophorenkopf die Receptaculumblase, wird aber erst Stunden später ganz von ihr aufgenommen. Von den Spermien hat vorher ein geringer Teil am offenen Ende des peitschenförmigen Endfadens die Spermatophore verlassen, um aktiv durch den proximalen Teil des Ductus in den Eisamenleiter zu wandern und in diesem hinauf bis in die Befruchtungstasche. Hier verbleiben sie etwa einen Monat lang. Dann erst gelangen inzwischen reif gewordene Eier von der Zwitterdrüse her durch den Zwittergang zu ihnen, und die Befruchtung kann stattfinden. Die Spermatophore und mit ihr der größte Teil ihres Spermiendepots werden nach der Paarung im Receptaculum seminis verdaut und resorbiert.

Die befruchteten **Eizellen** werden, von der Eiweißdrüse sehr reichlich mit Nährmaterial umgeben (sie erreichen dadurch einen Durchmesser von 5 mm), im Eileiter mit einer dünnen Kalkschale und außen mit einer vermutlich vor Bakterien- und Pilzbefall schützenden Schleimschicht versehen. Vier bis sechs Wochen nach der Paarung (in unseren Breiten zwischen Mitte Juni und Anfang August) werden in einer vom Muttertier gegrabenen Erdhöhle im Verlauf von

24 bis 36 Stunden vier bis sechs Dutzend Eier abgelegt. Danach verschließt es die Höhle mit eingeschleimter Erde. Etwa zwei Wochen später schlüpfen die Jungschnecken; sie haben gegen Ende ihrer Entwicklung den Kalk der Eischale resorbiert und zum Aufbau ihrer Schale verwendet. Zunächst bleiben sie in der Höhle, fressen Erde und ernähren sich von den damit aufgenommenen organischen Stoffen. Nach etwa vier Wochen ist die Höhle dadurch, vor allem oben, so erweitert, dass die nun 4–5mm großen Jungschnecken durch ein Loch ins Freie gelangen können. Nun fressen sie – bevorzugt nachts – Blätter der verschiedenen Pflanzen. Weinbergschnecken erreichen ein Alter von elf Jahren.

- Den Schlundkopf herauslösen und in einem Reagenzgläschen 2 bis 3 Minuten in starker Kalilauge kochen (Vorsicht!).
- Die nach dem Zersetzen der Weichteile übrig bleibenden Stücke, Radula und Oberkiefer, mit Wasser abspülen und mikroskopieren.
- Die Radula lässt sich übrigens auch herauspräparieren, indem man den Schlundkopf von oben aufschneidet; sie fällt durch ihre gelbliche Farbe auf und lässt sich leicht ablösen.

Der bräunliche **Oberkiefer** besteht aus mit Kalksalzen imprägniertem Chitin-Protein. Er liegt als breite, sichelförmige Platte quer in der Decke der vorderen Mundhöhle. Man sieht, dass sich seine Oberfläche in 6 bis 7 Leisten erhebt, die beim Anschneiden von Pflanzenteilen eine wichtige Rolle spielen.

Die gleichfalls chitinige **Radula** liegt einem bindegewebig-muskulösen Polster des hinteren Mundhöhlenbodens auf. Nach hinten senkt sie sich in eine taschenartige Vertiefung, die **Radulatasche**, ein, in der sie ständigen, der Abnutzung am freien Vorderende entsprechenden Zuwachs erfährt. Die Radula ist ein zartes, gelbliches Band, dem nach hinten gerichtete Zähnchen in großer Zahl (20 000–25 000) aufsitzen. Sie sind in regelmäßigen Längs- und Querreihen und symmetrisch zu einer Mittelreihe angeordnet. Die Zahnformeln der Radula sind für die Systematik der Schnecken, vor allem der Prosobranchia, von großem Wert.

III. Bivalvia, Muscheln

Technische Vorbereitungen

- Präpariert wird die Miesmuschel (*Mytilus edulis*). Miesmuscheln sind über den Handel oder von der Biologischen Anstalt Helgoland das ganze Jahr über zu beziehen. Zum Töten lege man die Tiere etwa 5 bis 10 Stunden, bis sie die Schalen permanent geöffnet halten, in eine 1%ige Lösung von Chloralhydrat in Seewasser. Die Präparation erfolgt an frisch getöteten Tieren.
- Außerdem werden Muscheln benötigt, die nach dem Abtöten wenigstens einige Tage lang in 4%igem Formol-Seewasser oder in einem Gemisch von einem Teil 4%igem Formol-Seewasser und 70%igem Alkohol gelegen haben.

Allgemeine Übersicht

Der **Körper** der Muscheln besteht aus einem den größten Teil der Eingeweide beherbergenden **Rumpf** (= **Eingeweidesack**) und einem ventralen muskulösen **Fuß**. Der **Kopf** ist zurückgebildet. Seine ursprüngliche Lage ist nur an der am Vorderende gelegenen Mundöffnung und an den Mundlappen erkennbar. Von dorsal umhüllen umfangreiche Hautduplikaturen, die **Mantelfalten** (= **Mantellappen**), fast den gesamten Körper (Abb. 82). Sie können nach hinten und vorn über den Rumpf hinaus verlängert sein und umschließen mit den beiden **Schalen** die ventrolateralen **Mantel- oder Atemhöhlen**. Rechts und links inseriert zwischen Mantellappen und Fußbasis je eine **Kieme** (Abb. 80).

Das innere Epithel der **Mantelfalten** ist bewimpert, das äußere scheidet die innere(n) Lage(n) der **Schale** ab; in dem zwischen den Epithelien liegenden Bindegewebe verlaufen Muskelzellen. Am freien, unteren Rand der Mantelfalten verlaufen zwei Rinnen, die durch drei **Mantelrandfalten** (= **Marginalfalten**) begrenzt sind. In der äußeren Mantelrinne wird das **Periostracum** gebildet, eine elastische, organische Schicht, die die Schale außen überzieht (s. S. 132 und 148). Die mittlere Marginalfalte ist mit Sinneszellen besetzt und trägt oft Sin-

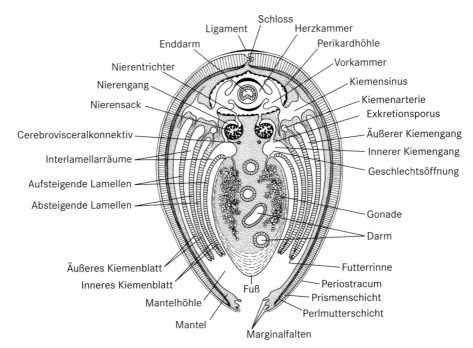

Schloss
Ligament   Herzkammer
Enddarm   Perikardhöhle
Nierentrichter   Vorkammer
Nierengang   Kiemensinus
Nierensack   Kiemenarterie
                                                   Exkretionsporus
Cerebrovisceralkonnektiv   Äußerer Kiemengang
Interlamellarräume   Innerer Kiemengang
                                                   Geschlechtsöffnung
Aufsteigende Lamellen
Absteigende Lamellen
                                                   Gonade
                                                   Darm
Äußeres Kiemenblatt   Futterrinne
Inneres Kiemenblatt   Fuß   Periostracum
Mantelhöhle   Prismenschicht
                                                   Perlmutterschicht
Mantel
                                 Marginalfalten

Abb. 82 Schematischer Querschnitt einer Muschel. (*Unio*)

nesorgane und Tentakel. Die inneren Falten der beiden Mantellappen sind muskulös und können die Mantelhöhle hermetisch abschließen. Manchmal sind sie sogar miteinander verwachsen. Ausgespart bleiben dann nur drei Öffnungen, eine ventrale zum Durchtritt des Fußes und zwei am Hinterende übereinander angeordnete. Durch die untere, die **Einströmöffnung** (= **Ingestionsöffnung**) gelangt frisches Wasser in die Mantelhöhle, die obere dient als **Ausströmöffnung** (**Egestions-** oder **Kloakenöffnung**) zum Ausstoßen von verbrauchtem Atemwasser, Kot und Exkreten. Nicht selten sind die Mantellappen am Hinterende zu mehr oder weniger langen, beweglichen und oft einziehbaren **Siphonen** differenziert, an deren Enden sich dann die beiden Öffnungen befinden.

Der **Fuß** ist zungenförmig, stark schwellbar und kann durch Einpressen von **Haemolymphe** vorgestreckt werden. Er dient der Fortbewegung und dem Graben und kann durch Muskeln, die in ihn einstrahlen, meist völlig zwischen die Schalen zurückgezogen werden.

Die beiden Hälften der zweiklappigen **Schale** sind dorsal durch ein straffes, elastisches **Li-**

gament aus Proteinen miteinander verbunden. In diesem Bereich befindet sich auch meist das **Schloss**, eine scharnierartige Struktur des Schalenrandes mit Erhebungen (Zähnen) und Vertiefungen. Der Zug des bei geschlossenen Schalenklappen gespannten Ligaments bewirkt deren Öffnung, sobald die beiden quer von Schale zu Schale ziehenden **Schließmuskeln** erschlaffen. Darum klaffen tote Muscheln. Nicht selten, und besonders bei Bivalvia, die durch rasches Öffnen und Schließen der Schale zu schwimmen vermögen, ist auch noch ein inneres Ligament (**Resilium**) vorhanden, das aus einem hochelastischen, Abductin genannten Protein besteht. Es ähnelt chemisch und funktionell dem Resilin der Insekten. Das Resilium liegt ventral der Drehachse, wird darum beim Schließen der Schale zusammengepresst und wirkt durch Druck gegen die Kraft der Schließmuskeln.

An der Innenseite trockener Schalen fallen die Insertionsstellen der Schließmuskeln durch ihre abweichende Färbung oder als leichte Eindellungen auf. Eine dem Schalenrand parallel ziehende Linie, die **Mantellinie**, rührt von den an der Schale befestigten Muskelzügen des

Mantelrandes her (Abb. 81). Bei den mit Siphonen versehenen Muscheln buchtet sich die Mantellinie hinten ein (Insertionsstellen der Sipho-Rückzieher). Die Schale besteht bei den Süßwasser- und manchen Meeresmuscheln aus drei Schichten: innen liegt die **Perlmutterschicht**, die aus sehr dünnen, schalenoberflächenparallelen Kristall-Lamellen besteht, nach außen zu folgt die **Prismenschicht** mit senkrecht zur Oberfläche gestellten Prismen und ganz außen das verschieden gefärbte **Periostracum**. Bei vielen marinen Muscheln ist die innere Schicht nicht perlmuttern, sondern porzellanartig.

Die **Kiemen** sind bei einigen ursprünglichen Muscheln noch typische **Ctenidien** (s. S. 133). Die meisten Arten haben jedoch entweder **Fadenkiemen** (= **Filibranchien**) oder **Blattkiemen** (= **Eulamellibranchien**). Der Schaft beider trägt eine äußere und eine innere Reihe langer Kiemenfäden (= Kiemenfilamente). Die Fäden einer Reihe sind meist durch Halterungen miteinander verbunden: Bei den Filibranchien stellen sehr häufig klettenartig miteinander verhakte Cilienbürsten die Verbindung her, während die Fäden der Eulamellibranchien durch Gewebsbrücken miteinander verwachsen sind. Die Kiemen sind also engmaschige Netze. Sie bestehen fast immer aus einem Doppelnetz, das dadurch entsteht, dass die Kiemenfäden ventral haarnadelförmig umbiegen – die lateralen nach außen, die medianen nach innen – und wieder zum Schaft aufsteigen. Der dadurch entstehende Kiemenbinnenraum (Interlamellarraum) wird bei den Eulamellibranchien immer, bei den Filibranchien häufig durch meist regelmäßig angeordnete, quer verlaufende Gewebsstränge überbrückt. Die Enden der Filamente sind auf der Höhe des Kiemenschaftes mit dem Rumpf verwachsen (Eulamellibranchien), durch Cilien mit ihm verbunden oder liegen ihm nur an (Filibranchien). Bei beiden Kiementypen erweitern sich die Interlamellarräume oben zu nach hinten ziehenden Kanälen, den Kiemengängen oder **Suprabranchialräumen**.

Die Kiemen dienen der **Atmung** und dem Nahrungserwerb. Ihre Oberfläche ist mit Flimmerepithel bekleidet, im Inneren sind sie von zahlreichen Blutbahnen durchzogen. Das Atemwasser wird durch die Tätigkeit des Flimmerepithels der Kiemen und der Mantellappen durch die Einströmöffnung angesaugt und gelangt durch die Spalten in den Kiemenraum, von dort nach oben und wird in den Kiemengängen zur terminalen Ausströmöffnung abgeleitet. Die aus kleinsten Organismen und organischen Abfallstoffen (Detritus) bestehende Nahrung wird dabei von einem die Kiemenfläche überziehenden Schleimmantel abgefangen, durch den Flimmerschlag in die Futterrinnen am ventralen Rand der Kiemen und dann nach vorn zum Mund befördert. Gröbere Partikel werden hier von den Mundlappen (s. unten) zurückgewiesen.

Die Kiemen überragen hinten – ebenso wie der Mantel – den Eingeweidesack. Die medialen, also aufsteigenden Lamellen der beiden inneren Kiemenblätter sind hier miteinander verbunden. Von der Mantelhöhle wird so ein Raum abgetrennt, dessen Boden von den oberen Randpartien aller Kiemenblätter gebildet wird. In diesen Raum münden also auch die lateralen Suprabranchialräume und außerdem der After; daher die Bezeichnungen: Kloakenraum, Egestionsraum oder dorsomedianer **Suprabranchialraum**.

Der quer gestellte Mund ist seitlich jederseits in zwei große, nach hinten gerichtete Lappen, die **Mundsegel** oder **Mundlappen**, ausgezogen. Bewimperte Furchen und Leisten an ihrer Innenseite treiben die Nahrungspartikel dem Mund zu. Speicheldrüsen, Radula und Kiefer fehlen. Eine sehr kurze Speiseröhre führt in den weiten, kompliziert gebauten Magen. In ihm oder im Anfangsteil des Darmes findet sich der **Kristallstiel**, eine gallertartige Sekretmasse, die verdauende Enzyme, vor allem Amylase, enthält. Er wird in einem Blindsack des Magens gebildet, durch die Darmbewimperung in langsame Rotation versetzt und in dem Maße, in dem er sich verbraucht, in den Magen nachgeschoben. In den Magen mündet die große, paarige **Mitteldarmdrüse**. Der Darm zieht in einer bis einigen Windungen, die häufig in den Fuß eintreten, nach hinten und mündet in den Kloakenraum. Um den Enddarm ist in der Regel die Herzkammer herumgewachsen, sodass der Darm das Herz zu durchbohren scheint.

Das **Nervensystem** der Muscheln ist dadurch ausgezeichnet, dass sich die Lateral- oder Pleuralganglien den Cerebralganglien meist angegliedert haben. Die beiden Pedalganglien liegen dicht aneinander; die Visceralganglien bleiben meist deutlich getrennt. Alle drei Ganglienkomplexe sind weit voneinander gerückt. Auf den Pedalganglien liegen die beiden von den Cerebralganglien innervierten **Statocysten**. Sind **Sehorgane** vorhanden, so sitzen sie in großer Zahl am Mantelrand oder an den Siphonen. Als Organe des chemischen Sinnes finden sich zwei in der Mantelhöhle hinter der Fußbasis gelegene, mit Wimperepithel versehene **Osphradien**.

Das **Herz** liegt in der Perikardhöhle, in die eine Drüse exkretorischer Funktion (**Perikardialdrüse**) mündet. Es besteht aus der Herzkammer (Ventrikel) und einer flügelförmigen Vorkammer (Atrium) jederseits. Die Vorkammern nehmen das sauerstoffreiche Blut von den Kiemen auf und leiten es in die Herzkammer. Diese pumpt es in die Arterien, die bei den meisten Muscheln mit einer vorderen und einer hinteren Aorta beginnen. Aus den Arterien gelangt das Blut in ein Lakunensystem und sammelt sich in einem unter dem Herzbeutel liegenden venösen Längssinus wieder an. Von ihm aus strömt es größtenteils zu den Nieren, um dann in je einem Kiemengefäß in die Kiemen einzutreten. Nachdem es in den Kiemen oxygeniert worden ist, fließt es in den beiden ableitenden Kiemengefäßen zu den Atrien des Herzens zurück. Nur bei wenigen Muschelarten enthält das Blut Hämoglobin oder Hämocyanin; bei den übrigen fehlt ein respiratorischer Farbstoff.

Die **Nieren** sind paarig. Sie differenzieren sich in der Wand des Ganges, der Perikard- und Mantelhöhle verbindet, als Nierensack. Dieser bildet gut durchblutete Gewebefalten aus und ist exkretorisch tätig. Der Teil des Ganges, welcher Perikardhöhle und Nierensack verbindet, heißt Renoperikardialgang und beginnt mit dem **Nierentrichter (= Nephrostom)**. Der Anteil des Ganges, der vom Nierensack zur Mantelhöhle führt, wird Nierengang oder Ureter genannt. Nicht selten münden die **Gonaden** in die Nierengänge, die dann auch als Gonodukte dienen. Meist aber münden die Ausführgänge der im Fuß oder in gewissen Bereichen des Eingeweidesackes oder auch im Mantel untergebrachten, stark verästelten Geschlechtsorgane mit besonderen Öffnungen neben den Exkretionsporen in den inneren Suprabranchialraum.

Die Muscheln sind fast immer **getrenntgeschlechtig**. Eier und Spermien werden durch die Kiemengänge und die Egestionsöffnung ins freie Wasser entleert. Bei den marinen Mu-

scheln tritt eine Larve mit vergrößertem Wimperkranz auf.

Alle Muscheln sind **Bodenbewohner**. Die meisten leben halb oder ganz eingegraben. Manche (z.B. Austern) sind mit einer Schalenhälfte festgewachsen und werden dadurch asymmetrisch; andere vermögen sich mit seidenartigen Fasern, den **Byssusfäden**, festzuheften. Diese werden von der im hinteren Teil des Fußes gelegenen Byssusdrüse ausgeschieden und mithilfe des vorn zu einem Spinnfinger ausgezogenen Fußes dem Untergrund angeheftet. Einige Arten vermögen durch rasches Auf- und Zuklappen der Schale kürzere Strecken zu schwimmen.

Spezieller Teil

Mytilus edulis, Miesmuschel

- Miesmuscheln verwenden, die wenigstens einige Tage in 4%igem Formol gelegen haben. Man kann dann den Weichkörper ohne Zuhilfenahme von Instrumenten und ohne Verletzung des den Schalenrand umfassenden Periostracums entfernen: Muscheln in Leitungswasser abspülen, Schalenklappen auseinanderdrücken und Weichkörper behutsam so entfernen, dass der Mantel möglichst unverletzt bleibt. Weichkörper für spätere Verwendung wieder in die Formollösung legen.

Das Zentrum des Wachstums der **Schalen** ist durch einen mehr oder weniger deutlichen Höcker, den **Wirbel (Umbo)** ausgezeichnet. Um ihn herum verlaufen konzentrisch und etwa randparallel die Zuwachsstreifen. Der Wirbel der Miesmuschelschale liegt am Vorderende der etwa dreieckigen Schale (Abb. 83).

Die „Hypotenuse" ist die Ventralseite. Der dorsale Schalenrand wird in der vorderen Hälfte von den **Ligamenten** eingenommen. Man unterscheidet ein äußeres, vom Periostracum gebildetes Ligament, und ein inneres, das in den beiden Schalen jeweils in einer Rinne liegt. Unter jeder Rinne sieht man eine Reihe länglicher Poren. Beim Schließen der Schale wird das äußere Ligament gespannt, das innere zusammengepresst. Beim Erschlaffen der Schließmuskeln bewirkt die Elastizität der Ligamente ein Klaffen der Schalen.

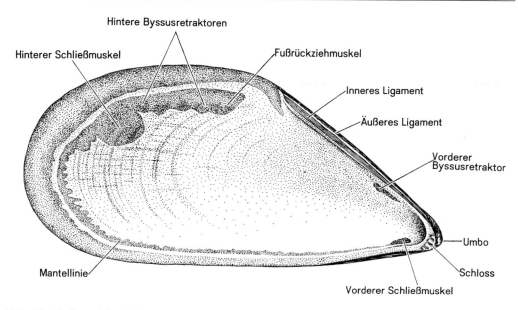

Abb. 83 *Mytilus edulis.* Linke Schale von innen mit Mantellinie und Muskelinsertionen

Am übrigen Bereich des Schalenrandes ist, oliv-bräunlich, glänzend und durchscheinend, der nach innen umgeschlagene Periostracum-Saum zu erkennen, der in der äußeren Mantelrinne, seinem Bildungsort, befestigt war. Nicht selten bleiben beim Herausnehmen der Muschel Teile des Mantelrandes dort hängen. Der Periostracum-Saum überzieht auch die 2 bis 5 kleinen Zähne des vorn liegenden Schlosses. Die Perlmutterschicht, die den größten Teil der Schale innen auskleidet, ist weißlich und irisiert höchstens schwach. Die Prismenschicht schimmert bläulich. Sie bleibt am Rand und an den Ansatzstellen der Muskeln der inneren Mantelrandfalte, der **Mantellinie**, und an den Insertionen der übrigen Muskeln von der Perlmutterschicht unbedeckt. Über die Insertionsstellen der Muskulatur an der Schale informiert Abb. 83, über die Muskulatur Abb. 87. Besonders auffallend sind im dorsalen, hinteren Schalenbereich die ineinander übergehenden Insertionsstellen des **hinteren Schließmuskels**, der hinteren **Byssusretraktoren** und des **Fußrückziehmuskels**. Sehr nahe beim Umbo befindet sich, weniger deutlich, die Ansatzstelle des relativ kleinen **vorderen Schließmuskels** und dorsal davon, ebenfalls nur schlecht zu erkennen, die längliche Insertionsstelle des **vorderen Byssusretraktors**. Bei

geschlossener Schale bleibt ventral eine schmale Öffnung zum Durchtritt des Byssus frei.

● Zur Information über den Bau des Körpers der Miesmuschel möglichst kurz vor der Präparation in Chloralhydrat getötete Tiere verwenden. Die Schalen klaffen.

Vom **Weichkörper** zu sehen sind nur der Mantelrand und seine Differenzierungen. Die inneren Mantelrandfalten sind streckenweise miteinander verwachsen. Am Vorderende reicht die Verwachsung vom Ligament um die Spitze herum bis wenig hinter den vorderen Schließmuskel. Am Hinterende lassen die Mantelrandverwachsungen eine deutlich erkennbare, glattwandige **Ausströmöffnung** (= Egestionsöffnung) frei (Abb. 84). Eine weitere Verwachsung der inneren Mantelrandfalten, die Branchialmembran, begrenzt die Ausströmöffnung ventral. Die **Einströmöffnung** (= **Ingestionsöffnung**) ist bei der Miesmuschel morphologisch vom umfangreichen, ventralen Mantelspalt nicht abgetrennt, tatsächlich aber funktioniert nur der hintere, unmittelbar unter der Ausströmöffnung liegende Teil des Mantelspalts als Einströmöffnung. Ihr Durchmesser wird bestimmt durch den Kontraktionszustand der **Branchialmem-**

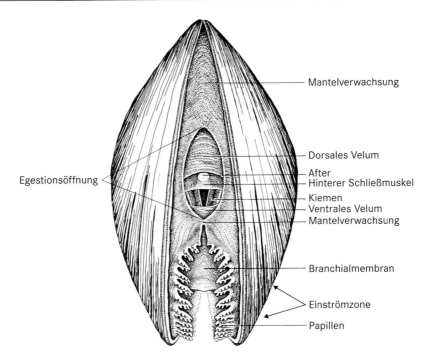

Mantelverwachsung

Dorsales Velum

After
Hinterer Schließmuskel

Kiemen
Ventrales Velum
Mantelverwachsung

Egestionsöffnung

Branchialmembran

Einströmzone

Papillen

Abb. 84 *Mytilus edulis.* Ansicht von hinten

bran, die, wenn sie weit nach unten ausgestreckt ist, die Einströmöffnung verschließen kann. Die Mantelränder in diesem Bereich sind mit Papillen besetzt, die Sinnesfunktionen erfüllen. Auch die Ausströmöffnung ist verschließbar. Sie wird innen quer überspannt von zwei muskulösen Bändern, dem dorsalen und ventralen Velum, die einen Spalt zwischen sich frei lassen. Im geschlossenen Zustand ist der Spalt im Präparat kaum zu sehen. Er befindet sich nahe dem unteren Rand der Ausströmöffnung (Abb. 84).

- Die rechte Schale entfernen. Dazu wird zunächst das Periostracum entlang dem Schalenrand mit der Schere aufgeschnitten. Gegen den Schalenrand schneiden.
- Dann werden mit einem kleinen, schmalen Skalpell, besser mit einem Iridektomiemesser, die Insertionen der Mantelrandmuskeln (entlang der Mantellinie) vorsichtig gelöst, indem man die Klinge zwischen Mantel und Schale etwa 1cm tief einführt und mit gegen die Schalenfläche angestellter Schneide um den gesamten freien Rand herumführt.

- Besondere Sorgfalt erfordert danach das Abtrennen des hinteren Schließmuskels. Man führt die Klinge von hinten dorsal ein, sucht den Kontakt mit der Muskelinsertion und durchtrennt sie schneidend und schabend. Sobald das geschehen ist, klaffen die Schalen etwas weiter als bisher.
- Das Ablösen der übrigen Muskeln ist weniger schwierig. Es werden nacheinander durchtrennt: die Insertion der hinteren Byssusretraktoren und die des Fußrückziehmuskels, dann die des vorderen Schließmuskels und schließlich die des vorderen Byssusretraktors.
- Nun rechte Schale weiter aufklappen und entfernen. Muschel in der wassergefüllten Präparierwanne mit Haftplast festlegen. Man sieht auf die Außenfläche des rechten Mantels (Abb. 85).
- Bei Formolmaterial gelingt das Ablösen der Muskeln ohne Schwierigkeiten; für die zunächst beschriebenen Präparationsschritte sind konservierte Muscheln wegen ihrer Brüchigkeit und auch wegen ihres veränderten Aussehens jedoch weniger gut geeignet.

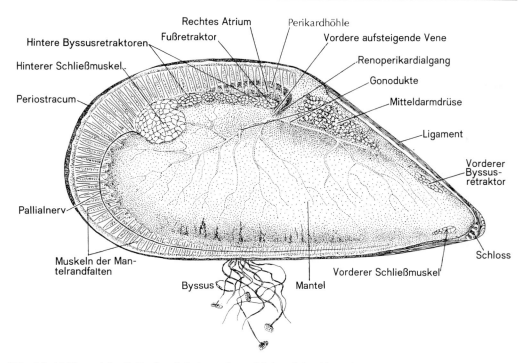

Abb. 85 *Mytilus edulis*, ♀. Rechte Schale entfernt. Blick auf den Mantel

Ein Großteil der **Gonaden** liegt bei *Mytilus* in den Mantelfalten. Deren Aussehen ist daher je nach Reifezustand sehr verschieden. Bei jungen Tieren sind sie dünnhäutig und opak-weißlich, bei reifen deutlich voluminös und undurchsichtig, bei den ♂♂ weiß oder hellgelb, bei den ♀♀ gelborange bis rötlich. Sie werden von den Gonodukten und den Mantelarterien durchzogen, die beide von dorsal nach ventral divergieren. Die Arterien sind als scharf begrenzte Linien am besten an reifen Tieren zu sehen, während die Genitalkanäle an Muscheln, deren Mantellappen nur mäßig mit Geschlechtsprodukten gefüllt sind, deutlich sichtbar sind (siehe S. 153).

Am Mantelrand fallen weiß und glänzend radiär ausgerichtete **Muskeln** auf. Deutlich zu erkennen sind hinten dorsal der hintere Schließmuskel und davor die Reihe der hinteren Byssusretraktoren und des Fußrückziehmuskels. Weniger gut zu sehen sind der vordere Schließmuskel und der vordere Byssusretraktor. Ein länglicher, sich dunkel vom übrigen Mantel abhebender Bereich dorsal von den Muskeln ist frei von Gonaden und durchsichtig. Hier erkennt man die

Perikardhöhle und in ihr die rechte Herzvorkammer. Sie empfängt Blut von der vorderen aufsteigenden Vene, die – zuletzt sehr oberflächlich verlaufend – bogig von ventral-caudal kommend (unmittelbar vor dem Fußrückziehmuskel) vorn in die Perikardhöhle eintritt. Unmittelbar davor – und ebenfalls oberflächennah – verlässt der Renoperikardialgang die Perikardhöhle. Er begleitet die Vene ein kurzes Stück und verschwindet dann im Mantelgewebe. Die von oben in das Perikardialfenster einstrahlenden weißen Streifen sind Muskeln des oberen Mantelrandes. Die zwischen Perikard, Ligament und vorderem Bereich der Mantellappenbasis (häufig) auffallende Fleckung rührt von der olivgrünen **Mitteldarmdrüse** her. Schließlich ist noch ein Teil des hinteren Pallialnerven zu erkennen. Er wird unten am rückwärtigen Rand des großen Schließmuskels sichtbar, zieht von da bogig in einiger Entfernung vom Hinterende der Muschel nach ventral und verläuft dann im Mantelrand nach vorn.

- Man durchtrenne die vordere, ventrale Mantelverwachsung bis zur Spitze und außerdem den vorderen Schließmuskel median, durchschneide dann ventral vom hinteren Schließmuskel den Mantelrand und führe den Schnitt der Basis der Mantelrandmuskeln entlang bogig nach oben bis zum Hinterrand des Schließmuskels (Abb. 85). Der caudal davon befindliche Mantelrand samt Branchialmembran und Egestionsöffnung bleibt unverändert.

- Die Muschel wird wieder festgelegt, der Mantel (zunächst nicht die Kiemen) nach oben umgeschlagen und festgesteckt. Bei Trübung durch Schleim und durch abgelöstes Pigmentepithel ist das Wasser zu erneuern.

Zunächst fallen die paarigen **Kiemen** auf. Es handelt sich um **Filibranchien** (S. 147). Ihr Schaft ist median der Mantelfalten und lateral vom Fuß mit dem Eingeweidesack verwachsen. Am Schaft entspringen zwei Reihen blutdurchströmter **Kiemenfäden** (= **Kiemenfilamente**), die parallel zueinander in die Mantelhöhle hängen. Sie sind V-förmig gestaltet: Die am Schaft entspringenden absteigenden Äste biegen ventral in spitzem Winkel nach dorsal um, die inneren nach median, die äußeren nach lateral, und erreichen als aufsteigende Äste fast die Höhe des Schaftes. Ihre Enden sind verdickt, miteinander verwachsen und von den efferenten Kiemenvenen durchzogen, die das oxygenierte Blut, das ihnen aus den Branchialgefäßen der Kiemenfäden zuströmt, zu den Herzvorkammern leiten. Die Enden der aufsteigenden Äste liegen der Mantelfalte bzw. dem Eingeweidesack an. Die ab- und aufsteigenden Äste der Kiemenfäden sind an mehreren Stellen durch Gewebsbrücken miteinander verbunden. Die Kiemenfäden jeder Reihe sind dagegen in regelmäßigen Abständen durch Cilienbüschel – wie mit winzigen, scheibenförmigen Klettverschlüssen – miteinander verbunden. Die Cilien schlagen, solange der Kontakt mit dem Nachbarbüschel unterbrochen ist, und verharren in Ruhe, sobald der Kontakt wieder gefunden ist. Durch die regelmäßige Anordnung der Kontaktstellen ergibt sich eine senkrecht zur Fadenrichtung verlaufende Streifung. Bei zu lange gekühlt aufbewahrten Muscheln ist die ciliäre Verknüpfung gelöst.

- Den Mantelrand mit der Pinzette anheben.

Hinter dem hinteren Schließmuskel wird das Hinterende der Kiemen zwischen Mantelrand und der median eingefalteten Branchialmembran gehalten.

- Den stehengebliebenen Mantel mit der Pinzette nach caudal ziehen und die freien Kiemenenden mit einem Pinsel nach unten wegdrücken.

Nur dann kann man die Einfaltung sehen. Zwei, an ihrer Basis miteinander verwachsene, zipfelartige Fortsätze des unteren Velums ragen genau in Höhe des Kiemenschaftes nach vorn bis zum Schließmuskel (s. unten u. Abb. 84 und 86). Sie trennen zusammen mit dem Kiemenschaft und den Enden der aufsteigenden Äste der Kiemenfäden den Egestionsraum von der Mantelhöhle. In diesen Egestionsraum mündet der Enddarm.

- Den Mantelrand der Egestionsöffnung nach hinten ziehen.

Die unpigmentierte und sich daher weiß von der dunkelbraunen Umgebung abhebende Afteröffnung ist dann leicht zu finden. Sie befindet sich in Höhe der Schließmuskelmitte auf dessen Rückseite und fällt durch die Aufwölbung ihres freien Randes auf. Der Enddarm liegt dem Schließmuskel dorsal auf und lässt sich vom After aus sondieren. Eine größere Öffnung dorsal vom After führt in die Mantelhöhle.

Die Vorderenden der Kiemen werden von je zwei beweglichen und in ihrer Größe sehr variablen **Mundlappen** (**Mundsegeln**) umfasst. Die beiden medianen sind zwischen Kiemenbasis und vorderem Byssusmuskel befestigt, während die lateralen am Mantel festgewachsen sind. Die Basen der Mundlappen setzen sich in den die Mundöffnung begrenzenden Lippen fort, und zwar bildet die Gewebsbrücke zwischen den lateralen Mundsegeln die obere und die zwischen den Basen der medianen Segel die untere Lippe. Die bewimperten Mundsegel übernehmen die von den Kiemen eingefangenen und eingeschleimten Nahrungspartikel, sortieren sie und führen sie dem Mund zu.

Im Winkel zwischen Mantellappen- und Kiemenschaft fällt in dem Bereich, der sich vom hinteren Schließmuskel etwa eine halbe Muschellänge nach vorn erstreckt, eine Reihe von merkwürdigen Säulchen auf. Es handelt sich um einen Teil der so genannten „gekräuselten Organe", in Abständen stark gefalteten, von Blutgefäßen durchzogenen Gebilden unklarer

Funktion. Bisweilen werden sie als akzessorische Kiemen gedeutet. Weitere gekräuselte Organe sind zwischen der Basis der inneren Kieme und der Körperwand (über dem vorderen Byssusmuskel) ausgespannt.

- Um sie sichtbar zu machen, die Kiemen nach oben umschlagen (Abb. 86).

Die olivgrüne Färbung des Eingeweidesacks in diesem Bereich rührt von der Mitteldarmdrüse her. Die **Nieren** liegen dorsal von den Kiemenbasen und zwar median sowohl als auch lateral und erstrecken sich etwa von der Höhe des Fußvorderrandes bis zum hinteren Schließmuskel. Sie sind nur an frisch getöteten Tieren an ihrer dunkel rotbraunen Färbung zu erkennen. Der Farbstoff bleicht rasch aus; eine Abgrenzung der Nieren vom übrigen Gewebe ist dann nicht mehr möglich. Immer zu erkennen ist in diesem Bereich, etwa in der Mitte zwischen Fuß und hinterem Schließmuskel, ein kleiner, vorragender Zapfen, die (rechte) **Genitalpapille**. Auf ihr mündet terminal mit breiter Öffnung der (rechte) Gonodukt. Nicht selten treten aus ihrer Mündung Eier oder Sperma oder ein orangefarbener Schleim aus. Der Gonodukt lässt sich ein Stück weit verfolgen: Er zieht, dem Nierengewebe aufliegend, parallel zur Kiemenbasis nach vorn und verschwindet dann im Gewebe des Eingeweidesacks. Die Ausmündung der Niere, der Exkretionsporus, ist selbst mit guten optischen Hilfsmitteln nur sehr schwer zu finden; er befindet sich auf einem winzigen Zapfen, der der Basis der Genitalpapille caudal aufsitzt. Die Niere ist durch den Renoperikardialgang und den nephridialen Trichter mit dem Herzbeutel verbunden.

Zwischen den Kiemen liegt der muskulöse zungenförmige **Fuß**. Er wird von einem sich sehr leicht ablösenden, dunkelbraunen Wimperepithel bedeckt. Von seiner Basis ziehen die paarigen Byssusrückziehmuskeln nach vorn. Die Rückseite des Fußes ist fast auf seiner gesamten Länge von einer tiefen Furche durchzogen. Sie beginnt proximal mit der Öffnung für den **Byssus** und endet unweit der Spitze mit einer rundlichen Vertiefung, die als Saugnapf zum Anheften an fester Unterlage und zum Befestigen der Byssusfäden dient. Der Fuß wird von paarigen Rückziehmuskeln durchzogen, deren Befestigung an der Schale die Reihe der dorsalen Muskelinsertionen vorn abschließt. Die sehr zugfesten Byssusfäden und der Byssusstamm, an dem sie befestigt sind, werden von vier Drüsen, die im Fuß liegen, gebildet. Es können über hundert Fäden erzeugt werden. Jeder Faden wird einzeln vom Fuß mit einem scheibenförmig erstarrenden Haftsekret auf der Unterlage festgeklebt. *Mytilus* kann sie mit dem Fuß, einen nach dem anderen, wieder abreißen.

Der Klebstoff besteht aus Proteinen, die in weniger als drei Minuten erhärten.

Hinter dem Fuß ragt von dorsal ein Anhang der Visceralmasse, das Mesosoma, in die Mantelhöhle. Es wird von Verästelungen der Gonaden durchsetzt und ist daher in Abhängigkeit vom Reifezustand der Muscheln unterschiedlich voluminös. Unmittelbar vor dem Vorderrand des Schließmuskels befindet sich in dem Winkel zwischen Mesosomabasis und Kiemenschaft ein länglicher Spalt, der ein Drittel der Mesosomalänge nach rostral reicht und vorn und seitlich vom hinteren Byssusretraktor begrenzt wird. Der Spalt führt in einen ausgedehnten, länglichen Hohlraum, der, oben überdacht von dem Gewebe, das den Herzbeutel ventral begrenzt, weit nach vorn reicht. Seitlich wird er von den Byssusretraktoren und vom Rückziehmuskel des Fußes, ventral von den Nieren begrenzt. Median zieht die Fortsetzung des Mesosomas nach dorsal und trennt so die rechte dieser paarigen Flankenhöhlen von seinem linken Pendant.

- Kiemen und rechten Mantel in die Ausgangslage zurückbringen und die Perikardhöhle öffnen und gleichzeitig wohl auch immer den flachen, dorsalen Mantelraum (den Hohlraum über dem Eingeweidesack, s. S. 161), da das Epithel, das ihn ventral gegen das Perikard abgrenzt, so dünn ist, dass ein anderes Vorgehen nur dem Geübten gelingt.

In der **Perikardhöhle** fällt zunächst die bräunlich gefärbte (rechte) **Herzvorkammer** (**Atrium**) auf. An ihren Enden scheint sie am Perikard befestigt zu sein, tatsächlich aber münden dort Venen in das Atrium, eine besonders kräftige am Vorderende. Rostral davon zieht der rechte **Renoperikardialgang** nach unten. Vene und Renoperikardialgang bilden in diesem Bereich die seitliche Begrenzung der rechten Flankenhöhle, die sich noch ein Stück weiter nach vorn fortsetzt. Die Braunfärbung des Atriums rührt

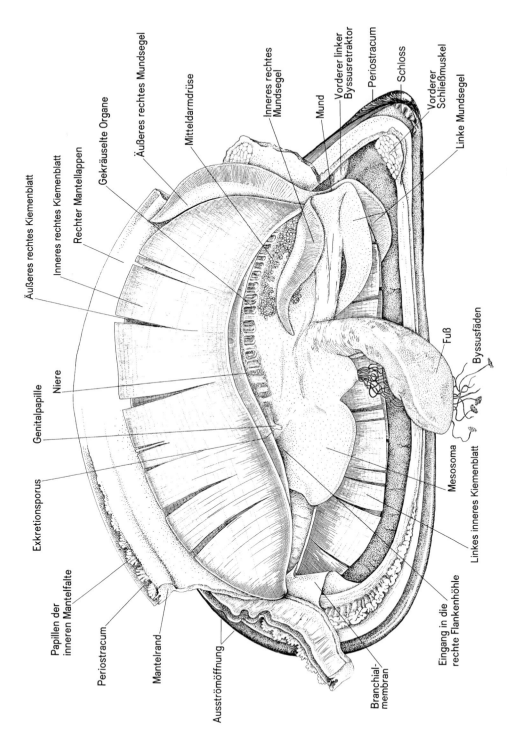

Abb. 86 Die Mantelhöhle der Miesmuschel. Rechte Schale entfernt, rechter Mantellappen und rechte Kiemen hochgeschlagen

von der exkretorisch tätigen Perikardialdrüse her, die ihm als feines Epithel aufliegt. Etwas vor seiner Mitte mündet das Atrium in den Ventrikel. Die Mündung ist weit. Ein zweiklappiges Faltenventil verhindert, dass Blut bei der Kontraktion der Ventrikelmuskulatur in die Vorkammer zurückgepumpt wird (s. Abb. 86). Der schlauchförmige Ventrikel durchzieht die Perikardhöhle in gerader Linie. Hinten ist er blind geschlossen, vorn mündet er in den Aortenbulbus, von dem mehrere Arterien und, mit gemeinsamer Wurzel, die vordere und die hintere Aorta ihren Ursprung nehmen.

- Die präparative Darstellung der Blutgefäße ist schwierig. Sie gelingt nur nach Injektion einer Farblösung in das Herz der narkotisierten Muschel.

Herz und **Perikardhöhle** umhüllen bei *Mytilus*, wie bei den meisten Muscheln, den Enddarm. Wenn die Muskelzellen der Herzwand beim Fixieren der Muscheln in kontrahiertem Zustand sterben, und das wird meist der Fall sein, liegt das Herz dem Enddarm sehr eng an.

- Die dorsale Mantelhöhle wird vom Herzbeutel bis zum Schließmuskelhinterrand eröffnet, indem man die Mantelrandmuskeln un-

mittelbar über der Reihe der Muskelstümpfe durchtrennt (s. Abb. 87, 88).

Der Verlauf des Enddarms lässt sich nun unschwer verfolgen. Er zieht nach dem Verlassen des Herzbereiches gerade und oberflächlich nach caudal, verläuft dann im Bogen über dem Schließmuskel und mündet schließlich in den Egestionsraum.

- Die übrigen Teile des Darmsystems sind ungleich schwieriger darzustellen. Die Präparation gelingt befriedigend nur an formolfixierten Tieren.
- Relativ leicht ist es, die beiden unter der Perikardhöhle verlaufenden Darmabschnitte (s. unten) freizulegen, die in die Mitteldarmdrüse eingebetteten Darmteile dagegen lassen sich nur schwierig von deren Gewebe trennen. Die Injektion einer Farbstofflösung (z.B. Methylenblau) durch den Mund erleichtert das Finden und Verfolgen des Darmkanals.
- Man trenne zunächst an der Verwachsungsstelle mit dem Rumpf den Mantellappen und die Kiemen der rechten Seite ab und präpariere dann im Bereich der Mitteldarmdrüse in die Tiefe, indem man ihr Gewebe mit der Pinzette und mit einem Pinsel entfernt.

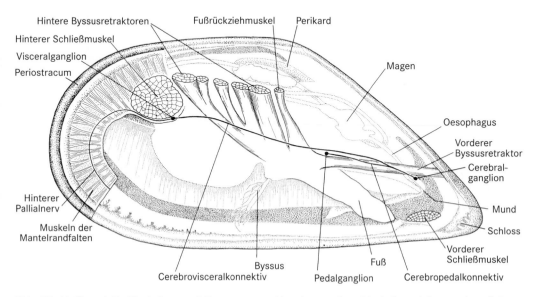

Abb. 87 *Mytilus edulis.* Muskulatur und Nervensystem. Von den paarigen Muskeln und den paarigen Bahnen des Nervensystems sind nur die der rechten Seite eingezeichnet

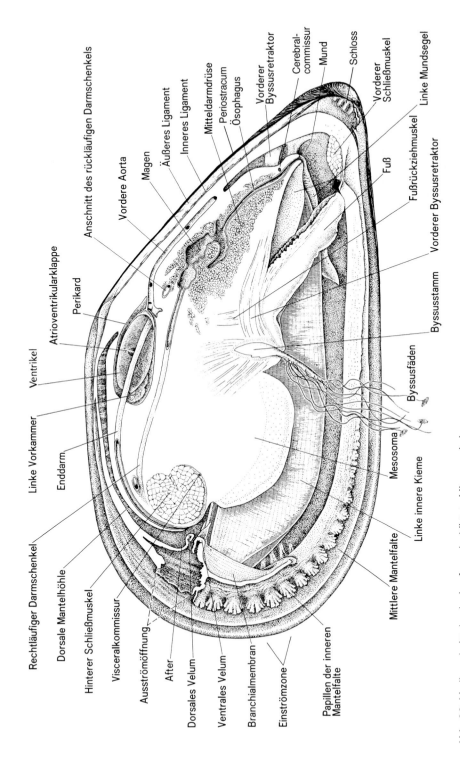

Abb. 88 Medianschnitt durch eine formolgehärtete Miesmuschel

• Dort, wo man schließlich ein Stück Darmwand freigelegt hat, lässt sich mit der spitzen Pinzette ihre bindegewebige Umhüllung aufreißen und mitsamt dem ihr anhaftenden Drüsengewebe abziehen. Wasser wechseln! Die Präparation verlangt Ausdauer, Geduld und Geschick. Abb. 85, 86.

Der **Darm** beginnt mit der Mundöffnung. Der wie der gesamte Darmtrakt bewimperte Oesophagus ist kurz. Er mündet in den erweiterten Magen, der inmitten der Mitteldarmdrüse liegt und mehrere Blindsäcke aufweist. Vom Magen verläuft der Darm in leichtem Bogen nach dorsal und zieht dann unter der Perikardhöhle gerade nach hinten bis über den Schließmuskel, wendet in spitzer Kehre um 180° und verläuft dann nach vorn. Diese beiden Abschnitte des Darmes bilden zusammen mit dem sie umgebenden Gewebe die Bodenlage der Perikardhöhle und gleichzeitig das Dach der beiden Flankenhöhlen. Der rückläufige Darmschenkel kreuzt ventral und wenig vor dem Aortenbulbus von der rechten zur linken Körperseite, zieht, eingebettet in das Gewebe der Mitteldarmdrüse, links vom Magen nach vorn, fast bis zum vorderen Byssusretraktor; hier wendet er wiederum zur Gegenrichtung, nimmt dann, immer noch links vom Magen, seinen Weg nach dorsal und wird schließlich, nachdem er knapp unter dem die Seite wechselnden Stück seines rückläufigen Schenkels die Mediane erreicht hat, von der Perikardhöhle umschlossen. An der Umkehrstelle über dem Schließmuskel befindet sich als Anhang des rechtläufigen Schenkels ein kurzer Blindsack. Von ihm aus nimmt der **Kristallstiel** seinen Ursprung. Der rechtläufige Schenkel ist durch zwei laterale Einfaltungen in einen kleinen ventralen und einen größeren dorsalen Bezirk unterteilt. Im größeren liegt der Kristallstiel (s. S. 147). Er reicht bis in den Magen hinein, ist aber nur an Tieren, die vor der Präparation nicht zu lange ungünstigen Bedingungen ausgesetzt waren, vollständig erhalten. Die reich verzweigten, blind endigenden Kanäle der Mitteldarmdrüse sind in reichlich Bindegewebe eingebettet. Sie kommunizieren über mehrere, weitlumige Gänge mit dem Magen, dessen Wand dadurch wie durchlöchert wirkt.

Nicht selten wird man im Darm der Miesmuscheln den parasitischen Copepoden *Mytili-* *cola intestinalis* finden. Die ♂♂ werden bis 3,5, die ♀♀ bis 8mm lang. Die ersten drei Larvenstadien leben frei, die folgenden 7, bei denen die Schwimmbeine schließlich bis zu Stummeln rückgebildet werden, und die Adulti sind bisweilen außerordentlich schädliche Endoparasiten.

• Die **Muskulatur** an fixierten Tieren freipräparieren (Abb. 87).

Sämtliche Byssusretraktoren und der Fußretraktor sind paarig; sie divergieren vom median gelegenen Fuß aus nach oben bzw. nach vorn.

• Zur Präparation des **Nervensystems** verwende man wiederum fixierte Muscheln. Tiere aus der Schale befreien (s. S. 150), Mantelverwachsung am Vorderende und vorderen Schließmuskel median durchschneiden.
• Muschel mit der Rückseite nach unten in das Becken legen, Vorderende vom Beschauer abgewandt.
• Feststecken: Eine Nadel durch die hintere Hälfte des großen Schließmuskels, jeweils zwei weitere zu beiden Seiten durch den Mantelrand.
• Fuß (vom Beschauer aus) wenig nach links drücken und feststecken. Das fixierte Gewebe ist spröde; man gehe bei der Präparation sehr behutsam vor.
• Am sichersten gelingt die Darstellung der Ganglien und der Konnektive, wenn man am caudalen Ende des Cerebroviszeralkonnektivs, kurz vor seinem Eintritt in das (im Tier) linke Visceralganglion beginnt. Der dicke Nerv verläuft dort sehr oberflächlich unmittelbar am Rand des Eingangs zum Flankenhohlraum.
• Man präpariere den Nerv erst nach rückwärts bis zum Visceralganglion und dann nach vorn bis zu den Cerebralganglien frei (Abb. 85).

Die kleinen Cerebralganglien liegen den vorderen Byssusretraktoren vor der Mundöffnung ventral auf. Die Cerebralkommissur ist dünn. Sie verläuft dorsal vom Oesophagus zum Ganglion der Gegenseite. Rostral nimmt von jedem Ganglion der vordere Pallialnerv seinen Ursprung, während das Cerebropedal- und das Cerebroviszeralkonnektiv jeder Seite als kräftiger, einheitlicher Nervenstrang das Ganglion caudal verlässt. Der Nerv zieht, ihm aufliegend, um den Byssusretraktor herum schräg nach hinten. An der dorsolateralen Fläche des Muskels trennen sich die beiden Konnektive. Das Cerebrovisceralkonnektiv tritt in das Mitteldarmdrüsengewebe ein, verläuft dort ziemlich oberflächennah leicht schräg nach lateral, zieht seitlich der Retraktormuskeln und neben den hinteren gekräuselten Organen parallel und median der Kiemenbasis (ebenfalls sehr oberflächennah) im Nierengewebe nach rückwärts, an der Genitalpapille vorbei zum linken Visceralganglion, das dem Schließmuskel ventral vorn aufliegt.

Die Visceralganglien sind die größten Ganglien der Miesmuschel; sie sind, wie die übrigen Ganglien, an frisch toten Tieren rötlich gefärbt. Die Kommissur ist kräftig. Von den Ganglien entspringen mehrere Nerven.

- Den gut erkennbaren Pallialnerv und den weniger dicken Branchialnerv freilegen.

Der hintere Pallialnerv tritt in den Mantel ein, zieht zum Mantelrand und verläuft dort nach vorn; er endet schließlich als vorderer Pallialnerv im Cerebralganglion.

- Nun den vorderen Byssusretraktor an der Nervengabelung und dann den Fußrückziehmuskel etwa 5mm proximal der Stelle, an der er in den Fuß eintritt, durchschneiden. Fuß samt Muskelstümpfen nach links biegen.

Das unpaar erscheinende Pedalganglion liegt den beiden Byssusretraktoren dort dorsomedian auf, wo sie lateral von den Fußretraktoren gekreuzt werden. Die Konnektive treten vorn in das Ganglion ein; ventral entspringen die beiden Pedalnerven und an der Rückseite 2 Paar von Nerven, die die Byssusretraktoren versorgen.

- Nach sorgfältiger Präparation an diesem Präparat von der Genitalpapille und dem Exkretionsporus aus nach rostral die Niere eröffnen.
- Außerdem die große Vene bis zu ihrer Einmündung in das Atrium verfolgen. Auch die gekräuselten Organe können nun genauer betrachtet werden.

Die Miesmuscheln sind – wie die meisten Bivalvia – getrenntgeschlechtig. Bei reifen Individuen findet man die mit Eiern oder Spermien gefüllten Verzweigungen der **Gonaden** in verschiedenen Bereichen des Körpers, vor allem in den dann verdickten Mantellappen im Mesosoma und dorsal der Nieren.

- Sehr informativ ist das Studium von Median- (Abb. 88) und von Transversalschnitten. Dazu in Formol fixierte Muscheln verwenden.
- Zur Anfertigung der Medianschnitte wird die in der Schale belassene Muschel mit der Ventralseite nach unten hochkant gestellt und dann median mit einem nicht zu kurzen, scharf schneidenden Messer halbiert.
- Für die Transversalschnitte ist die Schale entweder vorher zu entkalken – was zeitraubend ist – oder in der beschriebenen Weise (S. 150) zu entfernen.

Bedeutend anschaulicher als an toten Tieren ist es, die **Ein- und Ausströmöffnung** an einer lebenden Muschel zu betrachten (Abb. 84).

- Man stelle das Tier mit dem Hinterende nach oben in eine mit Seewasser gefüllte Küvette. Die Befestigung gelingt leicht mit Haftplast, das man vorher dem Boden des Gefäßes angedrückt hat. Das Wasser soll die Muschel nur knapp bedecken.
- Sehr gute Beleuchtung – am besten mit Glasfaserleuchten – von oben und von der Seite her in Richtung auf den ventralen Schalenspalt! Stereolupe.
- Wenn das Präparat ruhig steht, wird die Muschel schließlich die Schale öffnen. Das kann sehr bald aber auch erst nach einigen Stunden erfolgen. Ausgestrudelten Kot mit Pipette absaugen.

Nun kann man die Ausströmöffnung besser erkennen. Sie führt nur wenig in die Tiefe und ist dort von den beiden Vela begrenzt, die den Spalt völlig verschließen oder weit öffnen können. Man kann sie zu raschem Reagieren veranlassen.

- Hierfür die dorsale Membran mit der Nadel berühren, ohne vorher am Mantelrand anzustoßen.

Ist die Öffnung zwischen den beiden Vela weit, so erkennt man in der Tiefe dorsal als weiteren dunkelbraunen Bezirk die Rückseite des hinteren Schließmuskels und genau median den weißen Bereich der Afteröffnung, und ventral davon, durch die seitliche Beleuchtung wie hellglühend, die inneren Kiemen.

An herumwirbelnden Schmutz- und Kotpartikeln wird der durch die Wimpern der Kiemen und des Mantels erzeugte Wasserstrom eindrucksvoll demonstriert. Die Papillen des Mantelrandes, die Branchialmembran, die Begrenzung der Egestionsöffnung und die beiden Vela sind bei lebenden Muscheln dunkelbraun pigmentiert.

- Die Schärfenebene der Stereolupe senken.

Dadurch kann man in der Tiefe, wie Saiten aufgespannt, Teile der Gewebsbrücken erkennen, die die zwei Fadenbereiche der Kieme streckenweise miteinander verbinden (s. S. 152). Die Papillen um die Einströmöffnung sind nun ausgestreckt und viel größer als an konservierten Exemplaren. Sie strecken sich ungestört recht weit aus. Zwischen den Papillen der rechten und der linken Seite ragt die Branchialmembran von der Verwachsungsstelle mehr oder weniger weit nach ventral innen. Sie reguliert zusammen mit dem Mantelrand die Größe des Einströmbereiches. Die Mantelränder sind außerordentlich sensibel; schon nach feinem Berührungsreiz nähern sie sich rasch einander und schließen die Ingestionsöffnung ab. Wer geduldig beobachtet, kann sehen, wie die Branchialmembran vorher nahezu ruckartig ihre Ausdehnung maximal erweiterte. Bei stärkerer Reizung werden die Schalen geschlossen. Der Verschluss ist so gut, dass die Muscheln tagelang trockenfallen können, ohne Schaden zu leiden.

- Man kann reife Muscheln zum Ablaichen bringen, wenn man dem Aquariumwasser, in dem man sie hält, etwas H_2O_2 zufügt. Es gelingt nicht immer sofort; man habe Geduld. Spermien und Eier mikroskopieren!

IV. Cephalopoda, Kopffüßer

Technische Vorbereitungen

- In Alkohol oder Formol fixierte und aufbewahrte *Sepia officinalis* können von der Zoologischen Station Neapel, *Alloteuthis subulata* und *Loligo vulgaris* von der Biologischen Anstalt Helgoland bezogen werden. Sie eignen sich allerdings, wenn sie länger als einige Wochen konserviert waren, nur sehr bedingt zur Präparation.

- Man verwende darum, wenn es sich irgendwie ermöglichen lässt, unmittelbar vor der Präparation getötete Tiere.

Bei den frischen (auf Eis liegenden) oder tiefgefrorenen Tintenfischen, die in Fischhandlungen angeboten werden, sind fast immer die Eingeweide durch die auch einige Zeit nach dem Tod des Tieres noch aktiven Verdauungsenzyme angegriffen und mazeriert und somit für eine Präparation unbrauchbar.

Allgemeine Übersicht

Die Kopffüßer (Cephalopoda) sind eine Tiergruppe, deren Blütezeit der Vergangenheit angehört: mehr als 10 000 ausgestorbenen Arten stehen nur etwa 800 rezente gegenüber. Sie sind rein marine Tiere. In Körpergröße und Schnelligkeit ihrer Reaktionen überragen sie alle anderen Molluscen. Sie werden in ihrer Organisationshöhe nur von den Wirbeltieren übertroffen.

Die Cephalopoden haben einen **bilateralsymmetrischen** Körper, an dem sich zwei durch eine Einschnürung getrennte Hauptabschnitte unterscheiden lassen, der Kopf und der Rumpf (Abb. 89).

Der **Rumpf** entspricht im Wesentlichen dem Eingeweidesack; er wird, wie bei anderen Mollusken, von einem – hier allerdings sehr muskulösen und daher relativ dicken – Mantel umfasst, der ventral eine geräumige **Mantelhöhle** umschließt. Sie öffnet sich vorn unmittelbar hinter der Kopfbasis mit einem schmalen, verschließbaren Spalt. In der Mantelhöhle liegen die **Kammkiemen**, vier bei den Nautilidae mit den zwei Gattungen *Nautilus* und *Allonautilus*, zwei bei den anderen rezenten Cephalopoden, und die übrigen Organe des pallialen Komplexes: der After und die Ausmündungen der Nieren und der Gonaden. Osphradien fehlen den Cephalopoden mit Ausnahme der Nautilidae.

Eine tiefgreifende Umbildung hat der ursprüngliche **Molluskenfuß** erfahren. Er ist zu einem Paar ventralwärts gekrümmter Seitenlappen ausgezogen, die durch Übereinanderlagerung (Nautiloida) oder Verwachsung (alle übrigen Cephalopoda: Coleoida) zum **Trichter** werden, einem konischen Rohr, durch das das Atemwasser aus der Mantelhöhle ausgestoßen wird. Wegen

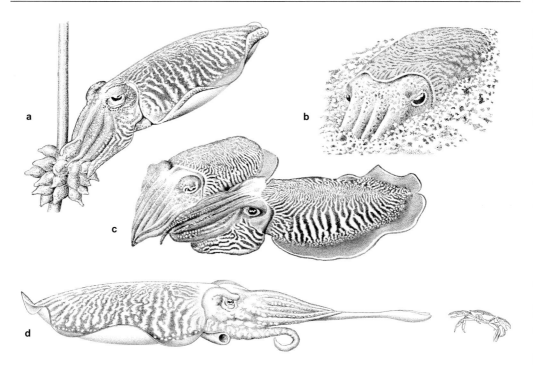

Abb. 89 *Sepia* bei verschiedenen Aktivitäten. **a** Eiablage, **b** Eingraben im Substrat, **c** Paarung, **d** Beutefang

dieser Umbildung wird für die Kopffüßer auch die Bezeichnung Siphonopoda vorgeschlagen. Wie jedoch der Name Cephalopoda (Kopffüßer) ausdrückt, bestand lange Zeit die Auffassung, dass die zehn oder acht um den Mund angeordneten und mit Saugnäpfen versetzten Arme, bzw. bei den Nautilidae die zahlreichen Tentakel, dem Vorderabschnitt des Fußes entsprechen. Innervierung und Entwicklung zeigen aber, dass alle *Nautilus*-Tentakel bzw. bei *Loligo* zumindest die acht oberen Arme Kopfbildungen darstellen, höchstens bei der Bildung der beiden ventralen Arme könnte Material aus dem vorderen Fußbereich einbezogen worden sein.

Eine äußere **Schale** findet sich unter den heute lebenden Cephalopoden nur bei den Nautilidae. Sie ist hier in der Medianebene spiralig eingerollt und im Innern durch quer angeordnete Septen gekammert. Alle anderen Gattungen (mit der Ausnahme von *Spirula*) haben eine innere, mehr oder weniger rückgebildete Schale, die meist unverkalkt bleibt und bis auf ein oder zwei chitinige Stützelemente ganz schwinden

kann. Während der frühen Keimesentwicklung wird der die Schale absondernde Bezirk des Mantelepithels, die so genannte Schalendrüse, durch Faltenbildung ins Innere des Körpers verlegt und zum Schalensack.

Die **Haut** vieler Cephalopoden hat in hohem Grade die Fähigkeit des Farbwechsels. Unter der einschichtigen prismatischen Epidermis liegt eine mesodermale, an Muskelzellen reiche, bindegewebige Cutis, in der sich große **Pigmentzellen** (**Chromatophoren**) finden. Diese sind mit radiär angeordneten Muskelzellen verknüpft. Die Größe der Pigmentzellen und damit das Farbmuster der Haut hängen vom Kontraktionszustand der Muskelzellen ab, die unter dem Einfluss des Nervensystems stehen. Tiefer in der Cutis liegen lichtreflektierende und irisierende Zellen (**Iridocyten**).

Zahlreiche Cephalopoden haben mehr oder weniger hochentwickelte **Leuchtorgane**. Das Licht wird von symbiotischen Bakterien oder von den Tieren selbst durch die Luciferin-Luciferase-Reaktion erzeugt.

Vielfach finden sich am seitlichen Körperrand Flossen, die durch wellenförmiges Schlagen ein langsames Schwimmen ermöglichen. Viel effektiver ist jedoch eine **Fortbewegung** nach dem Rückstoßprinzip. Es wird dabei nach Verschluss des Mantelspaltes das Wasser der Atemhöhle durch Kontraktion der kräftigen Muskulatur des Mantels und der beiden Musculi depressores infundibuli durch den Trichter ausgetrieben, sodass das Tier mit der Spitze des Eingeweidesackes voran oder – wenn es die Trichtermündung nach hinten umbiegt – vorwärts durch das Wasser schießt.

Der **Darm** ist U-förmig gebogen. Die von den Armbasen und einer ringförmigen Lippe umgebene Mundöffnung führt in den Pharynx, in dem zwei kräftige, hornartige **Kiefer** von der Gestalt eines Papageienschnabels liegen (Abb. 91b). Ventral im Pharynx befindet sich die mit kräftigen Zähnen bewehrte **Radula**. In diesem Bereich münden ein bis drei Paar Speicheldrüsen; ein Paar der Drüsen produziert bei den einzelnen Arten jeweils unterschiedliche Giftstoffe, die z.T. Beutetiere lähmen und töten können. Die Wand des Pharynx ist durch die kräftigen Muskeln, die den Kiefern ein sehr wirksames Zubeißen ermöglichen, sehr dick. Der gesamte Pharynxbulbus (Schlundkopf) ist sehr beweglich und in der Längsachse um nahezu 90° drehbar.

Der lange Oesophagus ist manchmal kropfartig erweitert und führt zum Magen, der aus drei Abschnitten besteht: Auf einen **Muskelmagen** (**Cardia**) mit cuticularer Intima und muskelreicher Wand folgt ein kleines **Vestibulum**, das einerseits die Verbindung zum Darm, andererseits die zum dritten Abschnitt, dem **Magenblindsack** (**Caecum**) herstellt. In das Caecum münden die paarigen Ausführgänge der tubulären Mitteldarmdrüse; diese sezerniert Verdauungsenzyme, speichert Fett, Glykogen und Exkrete. In sie eingebettet oder als Anhänge an ihre Ausführgänge entwickelt findet sich eine weitere Verdauungsdrüse, die sog. pankreatischen Anhänge, häufig als Bauchspeicheldrüse bezeichnet. Wie Mitteldarm- und Bauchspeicheldrüsen produziert auch das Caecum Verdauungsenzyme. Die Resorption der Nährstoffe erfolgt in der Mitteldarmdrüse, im Caecum und im Anfangsteil des Mitteldarms, bei manchen Arten auch in den pankreatischen Anhängen. Die Zellen der Mitteldarmdrüsen sind außer-

dem an der Exkretion beteiligt. Sie geben in das Lumen der Tubuli laufend membranumhüllte sog. **braune Körperchen** ab, die Reste der intrazellulären Verdauung und Kristalle, vermutlich Harnsäure, enthalten, und die schließlich mit dem Kot nach außen gelangen. Der kurze Enddarm öffnet sich in die Mantelhöhle.

Als eine Analdrüse ist der meist stark entwickelte **Tintenbeutel** zu betrachten. Sein Sekret, der Sepiafarbstoff, gelangt über Enddarm und After in die Mantelhöhle und wird von da durch den Trichter ausgespritzt.

Das **Nervensystem** zeichnet sich durch starke Konzentration der Ganglien aus, die ringförmig den Schlund umfassen. Es entsteht ein hochdifferenziertes **Gehirn**, das grob in eine Oberschlund- und eine Unterschlundmasse gegliedert werden kann und das aus ursprünglich getrennten Ganglien besteht. Die Oberschlundmasse besteht vor allem aus den Cerebralganglien. Im Verlauf der beiden Sehnerven sind mächtige Ganglia optica entwickelt. Oft sind umfangreiche Brachialganglien vorhanden, von denen die Armnerven ausgehen. Auch dem Mantel sind besondere Ganglien zugeordnet, die nach ihrer Gestalt Sternganglien (Ganglia stellata) genannt werden. Ein auf dem Magen liegendes Ganglion gastricum innerviert den Darmtrakt.

Der Ganglienkomplex um den Schlund wird von einer **Kopfkapsel** umfasst (Abb. 90) und geschützt, deren histologische Struktur stark an den Knorpel der Wirbeltiere erinnert.

Die hohe Organisation des Cephalopodenkörpers kommt auch in der Ausbildung der **Sinnesorgane**, besonders der Augen, zum Ausdruck. Am einfachsten gebaut sind sie bei *Nautilus*, wo sie mit dem umgebenden Wasser durch eine Öffnung in Verbindung bleiben (**Lochkamera-Augen**). Sie entwickeln sich als Einsenkung des Ectoderms. Die Augen der Coleoida sind geschlossen; ihre durchsichtige Vorderwand bildet zusammen mit dem äußeren Epithel die primäre Hornhaut (Cornea). Die Augen werden von einer Ringfalte, der Iris, umgeben, die in der Mitte eine Öffnung, die Pupille, freilässt. Weiterhin existiert eine äußere, zweite Ringfalte der Haut, die bei vielen Formen offen bleibt, bei anderen sich aber bis auf ein enges Loch schließt und eine sekundäre Cornea darstellt. Als dioptrischer Apparat erscheint vorn in der primären Cornea eine Linse, deren äußere Hälfte von

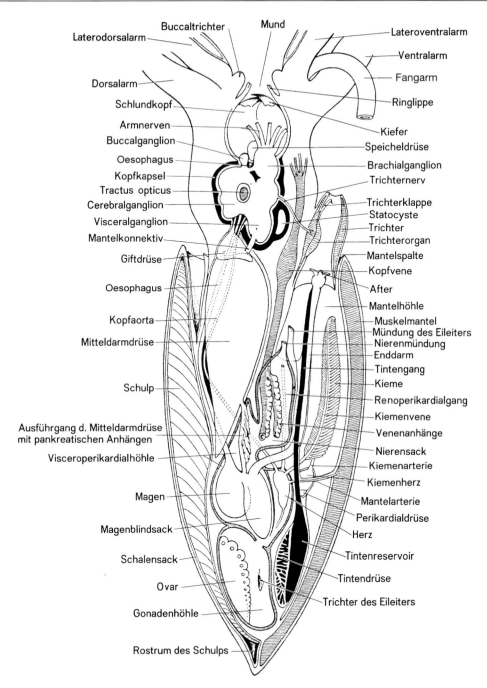

Abb. 90 Schema der Organisation eines zehnarmigen Tintenfisches (*Sepia*) im Längsschnitt. Die Nidamentaldrüsen sind weggelassen

der Epidermis und deren innere von dem Epithel der Augenblase geliefert wird. Ihrer Entwicklung aus Epidermiseinstülpungen gemäß sind beim Cephalopodenauge die apikalen Zellpole mit den Rhabdomeren dem Licht zugewandt, während die Nervenfasern die Retinazellen an der Zellbasis, also an der Augenaußenseite, verlassen (**everse Augen**).

Andere Sinnesorgane sind die so genannten „Riechgruben" der Coleoida, zwei an der mundfernen Peripherie der Augen gelegene Vertiefungen, die über eigene Ganglien verfügen, sowie zwei komplizierte Statocysten, die in ventralen Kammern der Kopfkapsel liegen. Am Kopf und an den Armen hat man erst in neuerer Zeit ein Receptorsystem entdeckt, das wie das Seitenliniensystem der Fische zur Wahrnehmung von Wasserbewegungen dient.

Das **Blutgefäßsystem** ist größtenteils geschlossen, bei einigen Arten sogar vollständig. Es erinnert (z.B. mit seinem Capillarsystem) an die Verhältnisse bei den Wirbeltieren. In das arterielle, etwa in der Körpermitte gelegene **Herz** (seine Muskelzellen sind quer und schräg gestreift) münden zwei (bei *Nautilus* vier) Kiemenvenen, die das Blut aus den zwei (bzw. vier) Kiemen heranführen; basale, spindelförmige Anschwellungen dieser Venen werden meist als „Vorkammern" (Atrien) bezeichnet. Aus der Herzkammer treiben nach vorn und hinten abgehende Arterienstämme (Aorta cephalica und Aorta abdominalis) das Blut in den Körper. Es wird, nachdem es ein wohl ausgebildetes Capillarsystem durchflossen hat, wieder durch das Venensystem gesammelt und gelangt größtenteils durch die sich in zwei (bei *Nautilus* vier) Schenkel gabelnde Hohlvene, die Vena cephalica, zu den beiden an der Basis der **Kiemen** liegenden, kontraktilen Kiemenherzen (die bei *Nautilus* fehlen). Diese pressen das Blut in die zuführenden Kiemengefäße, die – weil sie von den Kiemenherzen wegführen – Kiemenarterien heißen. An jedem Kiemenherz hängt eine Perikardialdrüse (s. u.). Blutfarbstoff ist **Hämocyanin**.

Das **Coelom** ist vor allem bei den Decabrachia (Sepioidea und Teuthoidea) – auf die sich die folgende Schilderung bezieht – umfangreich und in verschiedene Abteilungen gegliedert. Der das Herz umgebende Coelomraum, die Perikardhöhle, steht in Verbindung mit weiteren Coelomabschnitten, der Gonadenhöhle und

den Perikardialdrüsen. Die Einengung der von Hämolymphe ausgefüllten primären Leibeshöhle zugunsten eines Coeloms steht in Zusammenhang mit der Ausbildung des bei Cephalopoden nahezu geschlossenen Blutgefäßsystems.

Die Nautiloida haben zwei, die Coleoida ein Paar sackförmige **Nieren** (Nierensäcke). Sie stehen bei den Decabrachia über eine vordere Aussackung miteinander in Verbindung und kommunizieren jeweils über einen Renoperikardialgang mit der Perikardhöhle und umhüllen die beiden Schenkel der Vena cephalica von der Gabelung bis zu ihrem Eintritt in die Kiemenherzen. Die Wand der innerhalb der Nierensäcke verlaufenden Venenschenkel ist nicht glatt, sondern hat durch viele alveoläre Ausbuchtungen (Venenanhänge), die in das Nierenlumen hineinragen und es ausfüllen, eine starke Oberflächenvergrößerung erfahren. Sämtliche Venenanhänge sind von einer Fortsetzung des (mesodermalen) Nierensackwandepithels überzogen. Dieses hochspezialisierte Epithel ist zweifellos der Ort der nephridialen Sekretion und Rückresorption. Aus dem Nierenlumen gelangt der Harn in Ausführgänge, die mit einem Schlitz oder auf einer Papille in die Mantelhöhle münden. Als Exkretionsorgane tätig sind auch die beiden **Perikardialdrüsen** (Kiemenherzanhänge); in ihnen erfolgt die Ultrafiltration zu Primärharn. Sie werden vom jeweiligen Kiemenherz her mit einem kräftigen, sich in der Drüse aufzweigenden und das Blut in Lakunen leitenden Gefäß versorgt. Das mit spezialisiertem Coelomepithel (Mikrovillisaum) ausgekleidete Drüsenlumen hat durch starke Faltenbildung seiner Wand eine Oberflächenvergrößerung erfahren; es öffnet sich in die Perikardhöhle, die ihrerseits über die Renoperikardialporen mit dem Nierenlumen in Verbindung steht. Die Rückresorption wichtiger Stoffe wie Glucose und Aminosäuren erfolgt in den Renoperikardialgängen. Als Exkret wird in erster Linie **Ammonium** ausgeschieden, neben sehr wenig Harnsäure.

Die Cephalopoden sind stets **getrenntgeschlechtig**. Die **Gonade** liegt im Genitalcoelom (Gonadenhöhle) und ist immer unpaar, die Leitungswege sind dagegen bei den Weibchen vieler, bei den Männchen ganz weniger Arten paarig; meist ist der rechte geschwunden, bei *Nautilus* der linke. Ihre Ausmündung liegt in der Mantelhöhle auf einer Papille seitlich des

Afters. Der Samenleiter gliedert sich in mehrere Abschnitte. Er beginnt mit einem aufgewundenen Gang, an den sich ein erweiterter Teil, die Spermatophorendrüse, anschließt. In ihr werden die Spermien in längliche, kompliziert gebaute **Spermatophoren** eingeschlossen. Das Endstück des Gonoducts weitet sich erneut sackartig zur **Needhamschen Tasche** aus, in der die Spermatophoren aufbewahrt werden. Vor der Paarung gelangen sie in die Mantelhöhle.

Als Begattungsorgan dient ein für diesen Zweck besonders und für jede Art charakteristisch umgestalteter Arm, der **Hectocotylus**. Er entsteht erst beim geschlechtsreifen Männchen und überträgt die Spermatophoren, die am oder im Ovidukt, in der Mantelhöhle oder einfach außen am Weibchen befestigt werden.

Der weibliche Geschlechtsapparat besteht aus dem Ovarium, dem paarigen oder unpaarigen Ovidukt, den ihn umfassenden Eileiterdrüsen und zwei Paar großen, auf den Nierensäcken liegenden und unabhängig in die Mantelhöhle mündenden **Nidamentaldrüsen**, deren Sekret die äußeren Eihüllen liefert. Die so genannten vorderen oder akzessorischen Nidamentaldrüsen sind dagegen Symbiontenorgane; wahrscheinlich haben sich aus ihnen die bei manchen Arten vorkommenden Bakterien-Leuchtorgane entwickelt.

Die Eier sind meist groß und dotterreich und werden entweder einzeln in lederartigen Kapseln oder in größerer Zahl in Gallertschläuchen abgelegt. Bei den Hochseeformen sind die Gelege pelagisch und die Eier dann klein und dotterarm.

Spezieller Teil

1. *Sepia officinalis,* Sepia, Gemeiner Tintenfisch

- Das Tier so orientieren, dass es auf der dunkleren Körperseite liegt, mit dem Kopf vom Beschauer abgewandt (Abb. 91a).

Die dem Beschauer zugekehrte Seite soll im Folgenden als die untere (physiologische Bauchseite), die aufliegende als die obere (physiologische Rückenseite) bezeichnet werden, die nach dem Kopf zu liegende Region als Vorder-, die entgegengesetzte als Hinterende.

Der ovale, abgeplattete Rumpf wird von einer hinten unterbrochenen Hautfalte, der **Flosse**, umgeben. Aus dem Rumpf ragt, durch eine tiefe, ringsherum gehende Spalte getrennt, der Kopf heraus. Auf der dunkler gefärbten Seite des Rumpfes lässt sich der **Schulp**, die rudimentäre Schale, durchfühlen.

Am Kopf sieht man rechts und links zwei große Augen, ein Paar lange **Fangarme** oder **Tentakel** sowie vier Paar ziemlich kurze, aber kräftige **Arme**, die den Mund umgeben (Ventral-, Lateroventral-, Laterodorsal- und Dorsalarme). Die stärksten sind die beiden durch einen breiten Zwischenraum voneinander getrennten Ventralarme. Jeder Arm trägt an der Innenseite **Saugnäpfe**, die nach der Spitze zu an Größe abnehmen. Die Saugnäpfe sitzen an kurzen Stielen, sind zu viert in Querreihen angeordnet und werden von gezähnten, durch Chitin verstärkten Ringen gestützt. Die Tentakel werden in zwei tiefen Taschen zwischen den Ventral- und Lateroventralarmen verborgen getragen und beim Beutefang gleichzeitig mit großer Schnelligkeit vorgestoßen. Sie sind dünner als die anderen Arme und nur an ihrem keulenartig verdickten Ende mit Saugnäpfen besetzt, die hier in schiefen Achterreihen stehen. An der Basis des linken Ventralarmes finden sich beim Männchen von *Sepia* an Stelle der Saugnäpfe Hautfalten: Dieser Arm ist ein **Hectocotylus**.

In der Mitte des Armkranzes liegt auf einem kurzen Kegel der Mund.

- Mit dem Finger die verborgenen Kiefer fühlen.

Der **Trichter** tritt auf der uns zugekehrten Seite schornsteinartig zwischen Kopf und Rumpf hervor.

Um den Mundkegel herum liegt eine kranzförmige Tasche, die beim Weibchen als **Bursa copulatrix** bezeichnet wird. Bei der Begattung bildet der basale Teil des Hectocotylus eine Rinne, die den Trichter des Männchens mit der Bursa des Weibchens verbindet und der Überführung der Spermatophoren dient. Die **Spermatophoren**, deren Schläuche man hier nicht selten finden wird, entleeren ihren Inhalt in die Bursa des Weibchens. Zur Ablage der Eier schließt das Weibchen die Arme zusammen und führt in den so gebildeten Raum die Mündung des Trichters ein. Das aus dem Trichter austre-

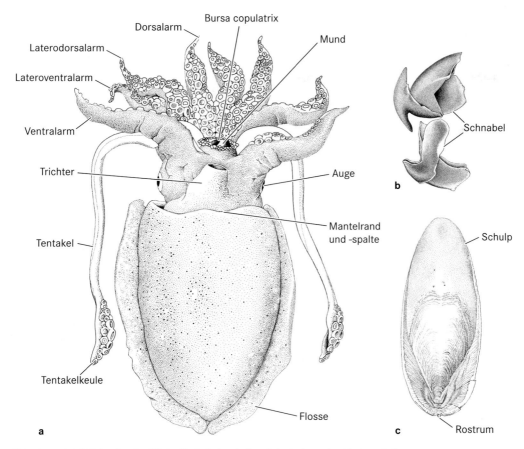

Abb. 91 **a** Weibliche *Sepia officinalis*, **b** Schnabel, **c** Schulp (von der Unterseite)

tende Ei wird bei seinem Vorübergleiten an der Bursa copulatrix befruchtet und mithilfe der Arme an einer geeigneten Stelle befestigt.

- Die Präparation erfolgt im Wachsbecken unter Wasser. Durch einen etwa 1 cm seitlich der Mittellinie mit dem Präpariermesser geführten Längsschnitt wird die hellere Rumpfseite (Bauchseite) aufgetrennt.
- Der Schnitt beginnt an dem den Trichter überdeckenden Mantelrand und muss weiter hinten, um ein Anschneiden des Tintenbeutels zu vermeiden, sehr flach geführt werden. Man halte mit den Fingern die beiden Schnittflächen oberhalb der Messerführung auseinander.
- Nun werden die beiden Mantelflächen vorsichtig zur Seite gebogen und mit kräftigen

Nadeln festgesteckt; gibt der Mantel (bei fixierten Exemplaren) nicht nach, so mache man einige tiefe Einschnitte in den Mantelrand.

- Ist Tinte ausgelaufen, wasche man das Präparat gründlich im fließenden Wasser.

Mit diesem Schnitt hat man den Mantel durchtrennt und damit die **Mantel- oder Atemhöhle** eröffnet (Abb. 92). Der Mantel ist links, rechts und hinten dem Körper angeheftet, sein Vorderrand zieht um den sich hier verjüngenden Kopf frei herum. An den Trichterflügeln ist rechts und links der **Mantelschließapparat** zu sehen, als eine längsovale, von Knorpel gestützte Grube, in die ein jederseits von der Innenfläche des Mantels vorspringender Knopf passt. Eine flachere

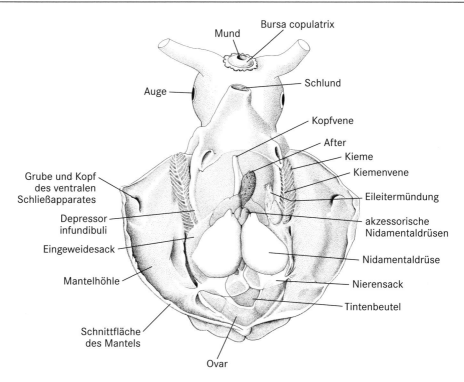

Abb. 92 Weibliche *Sepia officinalis*, nach Eröffnung der Mantelhöhle

Haftvorrichtung findet sich an der Oberseite zwischen Hals und Mantel. Vom Trichter ziehen zwei mächtige Muskeln nach hinten, die am Schulprand entspringen (Depressores infundibuli).

In der Mantelhöhle fallen vor allem die beiden gefiederten **Kiemen** auf, die zu beiden Seiten des Eingeweidesackes entspringen und sich nach der Mantelspalte erstrecken. Auf der in die Mantelhöhle ragenden Kante zieht die starke Kiemenvene entlang; auf der anderen Seite ist die Kieme durch ein schmales Band, in das die – Hämocyanin produzierende – **Branchialdrüse** eingebettet ist, am Mantel festgeheftet. Im hinteren Abschnitt des Eingeweidesackes erkennt man den metallisch-schwarzen **Tintenbeutel**. Er verjüngt sich nach vorn zum Tintengang, der unmittelbar vor dem After in den Enddarm mündet. Der After wird von einem Paar Anhänge flankiert (Abb. 93). Seitlich und etwas caudal vom After liegen auf zwei Papillen die Nierenmündungen. Auf der linken Seite des

Tieres sehen wir zwischen Kieme und Exkretporus den Ausführgang der Gonade. Durch ein häutiges Septum wird die Mantelhöhle hinten in eine rechte und linke Hälfte unterteilt.

● Mit der stumpfen Pinzette wird die den Eingeweidesack bedeckende, zarte Hülle vorsichtig entfernt. Man achte darauf, den Tintenbeutel nicht zu verletzen!

Man kann an **weiblichen** Exemplaren folgendes erkennen (Abb. 93): Hinten fällt der große Tintenbeutel auf, der einen Teil der übrigen Organe verdeckt. Ganz hinten liegt unter ihm, seitlich meist etwas hervortretend, der unpaare Eierstock, an den sich nach vorn der Eileiter anschließt, oft leicht kenntlich an den großen, gegeneinander abgeplatteten Eiern. Bei hochträchtigen Weibchen sind Ovar und Eileiter so dicht mit Eiern vollgepackt, dass die Grenze zwischen beiden Organen nicht auszumachen ist. Der Eileiter verläuft an der linken Körperseite nach vorn und wird vor seiner Ausmündung in die

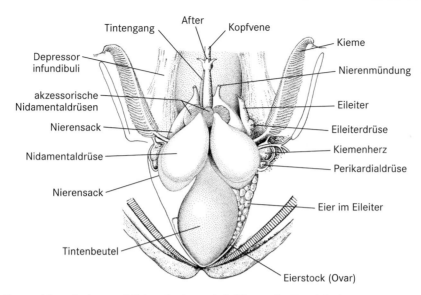

Abb. 93 Eingeweidesack einer weiblichen *Sepia*, nach Eröffnung der Bauchdecke

Mantelhöhle von der Eileiterdrüse umgeben, die Gallerthüllen für das Ei liefert.

Vor dem Tintenbeutel liegen rechts und links die großen, eine blättrige Struktur aufweisenden **Nidamentaldrüsen**. Sie sondern die Hauptmasse der Sekrete ab, die zur Herstellung der äußeren Eihülle dienen. Vor ihnen erkennt man die akzessorischen Nidamentaldrüsen, die Symbiontenorgane darstellen (vgl. S. 164).

- Die beiden großen Nidamentaldrüsen werden entfernt, indem man sie hinten erst mit dem Griff des Skalpells vom darunter liegenden Nierensack abhebt und dann mit den Fingern von hinten nach vorn ablöst.
- Um ein Ausfließen von Tinte zu verhindern, wird der Tintengang kurz vor seiner Mündung in den Enddarm abgebunden und dann vor der Schnürung durchtrennt.
- Nun kann man den Tintenbeutel samt Ausführgang auf gleiche Weise wie die Nidamentaldrüsen herausnehmen; bindegewebige Membranen werden mit der Pinzette entfernt.

Der Eierstock erweist sich als großes, etwa dreieckiges Organ, das den hintersten Teil des Eingeweidesackes einnimmt (Abb. 93). Weiter vorn, in Höhe der Kiemenbasen, liegen die beiden ansehnlichen Nierensäcke, die zu beiden Sei-

ten des Afters in die Mantelhöhle münden. Sie erstrecken sich weit auf die Oberseite und bilden dort einen unpaaren, geräumigen dorsalen Nierensack, der vorläufig aber von den paarigen Nierensäcken und dem Magen verdeckt wird.

- Die außerordentlich dünne Haut der Nierensäcke an der dem Betrachter zugewandten Seite aufschneiden.

Man findet in ihnen die traubigen **Venenanhänge**, die man schon vorher durchschimmern sah. Diese alveolären Ausbuchtungen der Venenwand ragen weit in das Nierenlumen hinein.

Im Präparat (Abb. 94 und 95) links liegt der **Magen** (Muskelmagen) und rechts davon ein Magenblindsack (Caecum) von je nach der Füllung verschiedener Form.

- Den Blindsack aufschneiden.

Seine Wandung ist mit zahlreichen vorspringenden Lamellen besetzt und im oberen Teil spiralig eingedreht, was zur Bezeichnung **Spiralcaecum** führte. Geformte Speisereste wird man in diesem Blindsack nie finden; er dient dazu, den Nahrungsbrei und die Sekrete der Mitteldarmdrüsen aufzunehmen, die ihm über das Vestibulum durch die beiden sich im Endabschnitt vereinigenden Ausführgänge zugeführt werden.

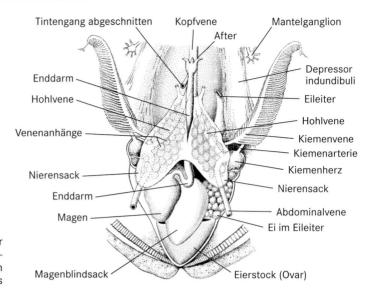

Tintengang abgeschnitten   Kopfvene   Mantelganglion

After

Enddarm

Hohlvene

Venenanhänge

Nierensack

Enddarm

Magen

Depressor
indundibuli

Eileiter

Hohlvene

Kiemenvene

Kiemenarterie

Kiemenherz

Nierensack

Abdominalvene

Ei im Eileiter

Abb. 94 Eingeweidesack einer
weiblichen *Sepia*, nach Entfernung der Nidamentaldrüsen
und des Tintenbeutels

Magenblindsack

Eierstock (Ovar)

● Mit Nadel und Pinzette die Venenanhänge
entfernen.

Dadurch lässt sich vom Magen aus der **Darm**
verfolgen, der mit einem etwas erweiterten Abschnitt beginnt, eine Schlinge durchläuft und,
geradlinig nach vorn ziehend, mit dem After
endet (Abb. 95).
Unter und links der Enddarmschlinge befindet sich das arterielle **Herz**, ein quer gestellter
Schlauch, der (im Präparat) von rechts hinten
nach links vorn aufsteigt; das von ihm nach vorn
abgehende Blutgefäß ist die Kopfaorta, das nach
hinten ziehende die Bauchaorta. Die Kiemenvenen münden rechts und links ins Herz und
sind vor der Mündung erweitert (Vorkammer).
Sie führen arterielles Blut zum Herzen, von dem
es dann durch die Aorten zu den Organen fließt.
Vom Venensystem sieht man Folgendes: Eine
starke Kopfvene, die zum Teil unter dem Enddarm und Trichtergang verborgen liegt, führt das
venöse Blut den Kiemen zu. Sie gabelt sich in die
beiden Hohlvenen, die wir zusammen mit den
Venenanhängen der Nierensäcke größtenteils
entfernt haben. Jede Hohlvene mündet in das an
der Basis der Kiemen liegende **Kiemenherz**, das
auch das Blut einiger anderer Venen aufnimmt.
Die Kiemenherzen sind kontraktil und treiben
das Blut durch die Kiemenarterien in die Kiemen, wo es oxygeniert wird, um dann durch die

Kiemenvenen dem Herzen zugeführt zu werden.
An der Hinterseite der Kiemenherzen sind die
Perikardialdrüsen zu erkennen.
Bei den **männlichen** Tieren fehlen die Nidamentaldrüsen, sodass man nach Wegnahme der
Eingeweidehülle gleich die Nierensäcke sieht.
Die übrige Anordnung ist etwa die gleiche: Anstelle des Eierstockes findet sich der Hoden
und anstelle des Eileiters der Samenleiter, an
dem man mehrere Abschnitte unterscheiden
kann. Er beginnt als stark aufgeknäuelter Kanal und erweitert sich dann plötzlich zu der
mit zwei Anhangdrüsen versehenen, sackförmigen Samenblase. Die in ihr gebildeten Spermatophoren gelangen durch den anschließenden, wieder kanalartigen Abschnitt in das zur
Needhamschen- oder **Spermatophorentasche**
angeschwollene Endstück, das ebenso wie der
Eileiter auf einer rechts gelegenen Papille in die
Mantelhöhle mündet.

● Durch einen medianen Längsschnitt wird
jetzt der Trichter aufgetrennt, sodass man in
seine Höhlung hineinsieht.

Man bemerkt innen an seiner dorsalen Wand
nahe der Mündung die als Ventil wirkende
Trichterklappe sowie das meist W-förmige,
große **Trichterorgan**, ein Schleimdrüsenpolster.
Der Trichter öffnet sich breit in die Mantelhöhle
und verjüngt sich nach vorn. Das in der Man-

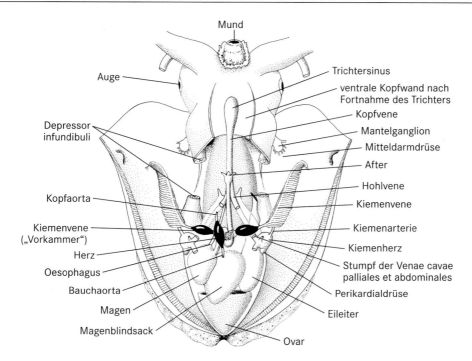

Mund

Auge

Trichtersinus

ventrale Kopfwand nach
Fortnahme des Trichters

Kopfvene

Depressor
infundibuli

Mantelganglion

Mitteldarmdrüse

After

Hohlvene

Kopfaorta

Kiemenvene

Kiemenvene
(„Vorkammer")

Kiemenarterie

Kiemenherz

Herz

Oesophagus

Stumpf der Venae cavae
palliales et abdominales

Bauchaorta

Perikardialdrüse

Magen

Eileiter

Magenblindsack

Ovar

Abb. 95 Situs (Anatomie der Eingeweide) von *Sepia*, nach Entfernung der Nieren, der Venenanhänge und
des Trichters

telhöhle die Kiemen umspülende Wasser wird
durch rhythmische und koordinierte Kontraktionen von Muskeln des Mantels und des Kopffußes
bewegt. Es tritt bei Erweiterung der Mantelhöhle
und geschlossenem Ventil durch die Mantelspalte in die Mantelhöhle ein. Zur Ausatmung
wird der Mantelspalt geschlossen, während sich
die Trichterklappe öffnet, sodass das Wasser bei
Verengung des Mantelhöhlenraumes durch die
Trichteröffnung ausströmt. Es kann – die Tiere
machen bei der Flucht davon Gebrauch – so kräftig ausgestoßen werden, dass die Sepien mit dem
Hinterende voran durch das Wasser schießen.

• Den Trichter entfernen: Zunächst die beiden
  großen Muskeln hinter dem Trichter durchschneiden, dann durch einen Flächenschnitt
  die dorsale Trichterwand abtragen, sodass sich
  der gesamte Trichterapparat abheben lässt.

In der Medianlinie der freigelegten Fläche erkennt man den vorderen Abschnitt der Kopfvene, die sich vorn zum Trichtersinus erweitert. Das venöse Blut des Kopfes und der Arme

sammelt sich zunächst in einem anderen, den
Schlundkopf umgebenden Sinus an und fließt
dann in die Kopfvene, die sich nach hinten
in die beiden die Nierensäcke durchziehenden
Hohlvenen gabelt (s. Abb. 95).

• Die Kopfvene samt Trichtersinus ablösen und
  die Decke der über dem Trichter freigelegten
  Fläche entfernen.

Es erscheint die von einer zarten Hülle umgebene, hellbraune bis olivfarbene **Mitteldarmdrüse**. Sie besteht aus zwei langen, dreieckigen,
in der Medianebene zusammenstoßenden Teilen (Abb. 96).

• Diese mit dem Griff des Präpariermessers
  auseinander drücken.

In der Tiefe erscheinen dann der geradlinig
verlaufende, dünne Oesophagus und neben ihm
die Kopfaorta.

• Mit einem Messerschnitt in der Medianlinie
  die Muskulatur zwischen den Ventralarmen
  durchtrennen und den Schnitt vorsichtig wei-

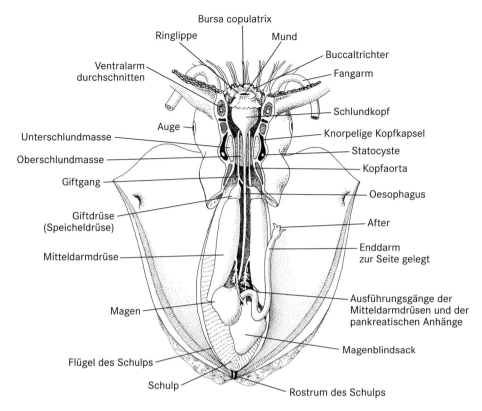

Bursa copulatrix

Ringlippe   Mund

Ventralarm   Buccaltrichter
durchschnitten   Fangarm

Auge   Schlundkopf

Unterschlundmasse   Knorpelige Kopfkapsel

Oberschlundmasse   Statocyste

                                                                    Kopfaorta
Giftgang
                                                                    Oesophagus

Giftdrüse
(Speicheldrüse)   After

Mitteldarmdrüse   Enddarm
                                                                    zur Seite gelegt

                                                                    Ausführungsgänge der
Magen   Mitteldarmdrüsen und der
                                                                    pankreatischen Anhänge

                                                                    Magenblindsack

Flügel des Schulps

Schulp   Rostrum des Schulps

Abb. 96 Anatomie von *Sepia*, ventrale Kopfwand median gespalten

ter nach vorn führen, bis man auf den großen, annähernd kugeligen Schlundkopf stößt.

Der muskulöse **Schlundkopf** ist vorn durch Muskeln mit den **Buccalpfeilern** verbunden, die zipfelartig nach vorn streben und ihrerseits außen an die Armbasen geheftet sind.

Hat man den Schnitt tief genug geführt, so sind auch der **Kopfknorpel** und die Ventralmasse (Unterschlundmasse) des Gehirns durchtrennt worden. Damit ist der Oesophagus in ganzer Länge sichtbar, dem seitlich, unmittelbar vor den Mitteldarmdrüsen, ein Paar kleiner Drüsen anliegt. Sie werden als hintere Speicheldrüsen oder **Giftdrüsen** bezeichnet. Sie sezernieren ein Gift, das beim Biß durch die sich in der Medianlinie zu einem unpaaren Kanal vereinigenden Ausführgänge in die Schlundhöhle gelangt.

Am Innenwinkel jeder Mitteldarmdrüse entspringt ein Ausführgang, der, mit den **Pank-**

reasanhängen besetzt, der Speiseröhre parallel zum Magen zieht. Die beiden Ausführgänge vereinigen sich kurz vor ihrer Einmündung in den Magen.

● Schließlich noch den Schlundkopf aufschneiden; das Messer wird bei einem Medianschnitt bald auf Widerstand stoßen, verursacht durch einen der beiden hornigen Kiefer. Seitlich vorbei präparieren und die beiden Kiefer herausziehen.

Dadurch wird die **Radula** frei, eine zahnbesetzte Platte, die einer vorspringenden, zungenartigen Leiste aufliegt. Unter dem Stereomikroskop lässt sich erkennen, dass die spitzen, nach hinten gerichteten Zähnchen in sieben Längsreihen angeordnet sind.

● Will man Kiefer und Radula unverletzt gewinnen, so empfiehlt sich eine Mazeration des Schlundkopfes in Kalilauge (Kochen in 5%iger Kalilauge [Vorsicht!] oder Einlegen in ca. 30%ige Kalilauge im Thermostat bei 37°C).

- Nun führt man in der Medianlinie der dunkel gefärbten Oberseite einen Schnitt durch das dünne Integument und kann dann leicht den in einer Tasche, dem Schalensack, liegenden Schulp freipräparieren und herausnehmen.

Der **Schulp** (Abb. 91c) ist ein ansehnlicher, ellipsoider Körper, dessen Ränder chitinig sind, während die Hauptmasse, wie auch das in einen spitzen Dorn, das **Rostrum**, auslaufende Hinterende im Wesentlichen aus Calciumcarbonat besteht. Die lamelläre Struktur des Schulps zeigt seine Herkunft von einer ursprünglich gekammerten Schale an. Die Hohlräume des Schulps sind z. T. mit Gas erfüllt. Der dadurch bedingte Auftrieb bewirkt die Stabilisierung der normalen Körperstellung.

Das **Zentralnervensystem** wird, da seine gesamte Unterschlundmasse durch den vorhin ausgeführten Medianschnitt gespalten wurde, besser an einem anderen Exemplar untersucht.

- Dabei von der Rückenseite ausgehend, kopfwärts von der Schulptasche die Muskulatur abpräparieren.

Man stößt so auf den Kopfknorpel, nach dessen schwieriger Eröffnung das Gehirn sichtbar wird. Es besteht im Wesentlichen aus der Ober- und Unterschlundmasse (Abb. 96).

- Die die Augengruben bildenden Seitenwände des Kopfknorpels abtragen.

Dadurch wird die Gesamtheit jener Ganglien freigelegt, die mit den Cerebralganglien einen Schlundring um den Oesophagus bilden. Die Cerebralganglien sind durch zwei Paar Konnektive mit der ventralen Hirnmasse verbunden, die aus der Verschmelzung von Brachial-, Pedal- und Visceralganglien hervorgegangen ist. Ein mächtiger Nervenstamm (Tractus opticus) führt zum Ganglion opticum im Augapfel. Von den Brachialganglien entspringen jederseits fünf starke Armnerven, von den Pedalganglien die Trichternerven.

Vom **peripheren Nervensystem** sind die beiden Mantelganglien ohne weiteres sichtbar (s. Abb. 94). Sie liegen vorn an der Innenseite des Mantels, seitlich von den Gruben des Schließapparates. Mit den Visceralganglien sind sie jederseits durch einen starken Nerven (Mantelkonnektiv) verbunden und senden strahlenförmig eine größere Anzahl Nerven aus, die in die Mantelmuskulatur eindringen und ihnen ein sternförmiges Aussehen geben, weshalb sie auch als **Sternganglien** (**Ganglia stellata**) bezeichnet werden.

- Das vorsichtig herausgenommene **Auge** durch einen äquatorial geführten Schnitt ringsum aufschneiden.

Man sieht dann die zarte Retina, die dunkle Pigmentschicht und die vom Ciliarkörper umgürtete, kugelrunde Linse, die aus einem kleineren, äußeren und einem größeren, inneren Abschnitt besteht.

- Von der Stelle aus, wo sich der Trichter befand, weiter in die Tiefe präparieren. Man stößt bald auf einen Knorpel, der zur Kopfkapsel gehört.
- Diesen vorsichtig abtragen.

Damit erhält man Einblick in die zwei geräumigen, in der Mittellinie durch eine Scheidewand getrennten **Statocysten**. In jeder Statocyste liegt ein Statolith, der sehr gut herauspräpariert werden kann.

- Zur Untersuchung der **Spermatophoren** bei einem erwachsenen männlichen Tier die Spermatophorentasche aufschneiden und einige der zahlreichen, etwa 2 cm langen, weißen Fäden entnehmen.
- Diese in Wasser auf einen Objektträger legen, das Präparat mit einem Deckglas bedecken und bei schwacher Vergrößerung betrachten (Abb. 97).

Die Fäden entpuppen sich als doppelwandige Röhren, deren hinterer Abschnitt mit Spermien gefüllt ist (Spermienbehälter). Der vordere Abschnitt, dessen Ende schraubig eingerollt ist, bildet einen kompliziert gebauten Ejakulationsapparat. Gelangen reife Spermatophoren ins Wasser, so stülpt sich infolge einer Quellung der Ejakulationsapparat mit dem Spermienbehälter aus.

- Von den **Chromatophoren** mikroskopische Präparate anfertigen (vgl. S. 179; *Loligo*).

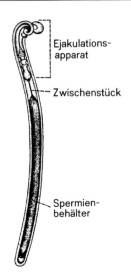

Ejakulations-apparat

Zwischenstück

Spermien-behälter

Abb. 97 Spermatophore von *Sepia*. (Nach EDWARDS)

2. *Loligo vulgaris*, Langflossenkalmar

Kalmare haben einen stromlinienförmigen Körper und nehmen im Pelagial des Meeres eine ähnliche Stellung ein wie Fische. Ihr Aktivitäts- und Leistungsniveau geht weit über das anderer Mollusen und auch über das der anderen Cephalopoden hinaus. Ihre Stoffwechselrate ist die höchste, die bei marinen Invertebraten gemessen wurde. Sie geht allerdings mit einem kurzen Leben einher (*Loligo vulgaris*: 1–2 Jahre).

Arten der Gattung *Loligo* kommen in der Regel küstennah in den Schelfmeeren vor, *Loligo vulgaris* auch in der Nordsee. In der Nordsee lebt außerdem die Art *Loligo forbesi*, die *Loligo vulgaris* ähnelt und oft mit ihr verwechselt wird. Die Anatomie ist fast identisch, so dass auch diese Art gut präpariert werden kann.

Durch funktionelle Integration der Flossenbewegung und des durch ausgestoßenes Wasser erzeugten Rückstoßes sind Kalmare in der Lage, sich sehr schnell vor- und rückwärts zu bewegen. Der Wasserausstoß erfolgt durch den hochbeweglichen **Trichter**. Garnelen und kleinere Fische können durch die zwei vorgeschleuderten **Fangarme** (**Tentakel**) blitzschnell ergriffen werden. Mit den Saugnäpfen auf den Tentakeln wird das Opfer festgehalten, dann in den Armkranz gezogen. Kleine Beutetiere werden durch

Biss, verbunden mit Giftinjektion, getötet. Größere Beutetiere z.B. Fische, werden einfach „abgeknabbert". Durch Farbwechsel (**Chromatophoren** in der Haut) passen sich Kalmare rasch der jeweiligen Umgebung an. Werden sie angegriffen, stoßen sie eine Tintenwolke aus, in deren Schutz sie fliehen.

- Vor der Präparation die äußere Gestalt untersuchen. Männliche Tiere erreichen eine Mantellänge von 54cm, Weibchen bleiben kleiner.
- Man orientiert das Tier so, dass es auf der durch Chromatophoren dunkler gefärbten Körperseite (physiologische Rückenseite) liegt.

Am Kopf lassen sich seitlich die großen **Linsenaugen** erkennen, dahinter jeweils eine faltenartige Riechgrube. Der Trichter ragt ventral zwischen Kopf und Rumpf hervor. Zwei der 10 Arme sind lange Fangarme (Tentakel) mit keulig verdickten Enden, acht Arme sind kürzer und kräftiger und umgeben den Mund. Die beiden stärksten Arme dieser vier Paare werden als Ventralarme bezeichnet. Darauf folgen beiderseits die Lateroventralarme, dann die Laterodorsalarme und schließlich die Dorsalarme. Die Stiele der Fangarme inserieren zwischen den Ventral- und Lateroventralarmen. Jeder Arm trägt auf der Innenseite 2 Reihen gestielter Saugnäpfe, die nach der Spitze zu an Größe abnehmen. Die Saugnäpfe werden von gezähnten, aus Keratochitin bestehenden Ringen gestützt.

Die **Fangarme** sind viel dünner als die übrigen Arme, fast kreisrund und tragen nur an ihren Enden 4 Reihen Saugnäpfe, wobei die Saugnäpfe der beiden mittleren Reihen am größten ausgebildet sind.

Die hinteren zwei Fünftel des abgeplatteten Rumpfes werden von **Flossen** umgeben. Auf der dunkler gefärbten Rückenseite lässt sich die rudimentäre, innere und kalkfreie Schale, der **Gladius**, ertasten.

- Zur Diagnose der Geschlechter den linken Ventralarm betrachten.

Er ist bei geschlechtsreifen Männchen zum Begattungsarm, dem **Hectocotylus** umgebildet. Auch er besitzt Saugnäpfe, diese sind aber im Bereich der Armspitzen teilweise reduziert und sitzen auf einem schmalen Stiel.

- Die Arme des Weibchens auseinander falten.

Auf diese Weise lässt sich die von zwei Lippen umgebene Mundöffnung erkennen, aus welcher die braune Spitze des Unterkiefers herausragt. Die innere Lippe (peristomale Membran) ist tentakellos, auf der äußeren Lippe (Buccalmembran) sitzen 7 kurze, reduzierte Ärmchen. Ventral bildet die Buccalmembran eine kranzförmige Tasche, die **Bursa copulatrix**.

- Die Präparation erfolgt in einer wassergefüllten Schale.
- Durch einen etwa 1cm seitlich der Mittellinie verlaufenden Schnitt wird der Mantel mit dem Präpariermesser ventral aufgetrennt. Der flache Schnitt beginnt an dem den Trichter überdeckenden Mantelrand und wird bis zum Hinterende des Eingeweidesacks geführt.
- Werden die beiden Mantelflächen nun vorsichtig auseinander gebogen, erkennt man ein medianes Septum, in dem die Mantelarterie verläuft.
- Dieses Septum muss durchtrennt werden, um den Mantel ausgebreitet feststecken zu können.
- Ist Tinte ausgelaufen, wasche man das Präparat unter fließendem Wasser.

Mit diesem Schnitt wurde die **Mantel-** oder **Atemhöhle** eröffnet. Der **Trichter** kann nun in seiner vollen Länge betrachtet werden. An ihm sind rechts und links zwei Knorpelrinnen zu sehen, die je in eine von der Innenseite des Mantels vorspringende Knopfleiste passen. Eine ähnliche Haftvorrichtung findet sich dorsal zwischen Hals und Mantel. Sie bilden den Mantelschließapparat (Abb. 98). Vom Trichterrand ziehen zwei Trichtermuskeln (Trichterretraktoren) nach hinten; sie enden etwa in der Mitte des Mantels. Dorsal davon verlaufen zwei weitere Muskeln, die Kopfrückziehmuskeln.

Der Trichter öffnet sich breit in die Mantelhöhle und verjüngt sich nach vorn. Das in der Mantelhöhle befindliche Wasser wird beim lebenden Tier durch rhythmische Kontraktionen des Mantels und leichte Retraktionen des Körpers bewegt. Es tritt bei Erweiterung der Mantelhöhle und geschlossener Trichterklappe über einen dorsalen Wasserstrom in die Mantelhöhle ein und wird so in je einem Strom den Kiemen zugeleitet. Bei der Ausatmung führt das ausströmende Wasser zur Erweiterung des Trichters, wodurch der Mantelspalt geschlossen wird, während sich die Trichteröffnung erweitert. Durch Verengung der Mantelhöhle strömt es über die Trichteröffnung nach außen. Mithilfe des ausgepressten Wasserstrahls ist ein Schwimmen nach dem Rückstoßprinzip möglich. Mittels der Trichtermuskulatur kann die Trichterstellung und damit die Schwimmrichtung variiert werden. Die Arme werden während des Schwimmens aneinander gepresst.

- Durch einen medianen Längsschnitt wird der Trichter ventral aufgetrennt, sodass man in seine Höhlung hineinsieht.

Man sieht an seiner dorsalen Wand, nahe der Mündung, die als Ventil wirkende Trichterklappe. Ventral und dorsal befinden sich paarige, mehr oder weniger W-förmige Schleimdrüsen (**Trichterorgan**), deren Sekrete wahrscheinlich beim Tintenausstoß mitwirken.

Median zwischen den Trichtermuskeln liegt der weißliche **Enddarm** (Abb. 98). Er hängt an einem dorsalen Septum. In direkter Nachbarschaft liegt die Kopfvene. Am Enddarm sitzt der **Tintenbeutel** an. Er besteht aus einem schwarzen Anfangsteil, der die melaninhaltige Tinte produziert, und dem silbrig glänzenden Tintenreservoir, das unmittelbar vor dem After in den Enddarm mündet.

- Die Trichtermuskeln zur Seite wenden.

Jederseits werden die sternförmigen Mantelganglien sichtbar.

In der Mantelhöhle fallen vor allem die beiden ansehnlichen, gefiederten **Kiemen** auf. Sie entspringen zu beiden Seiten des Eingeweidesacks und verjüngen sich in Richtung Mantelöffnung. Deutlich sieht man die dunkle Kiemenvene, deren Dunkelfärbung auf dem Gehalt an **Hämocyanin** beruht.

Der **Eingeweidesack** wird von einer zarten Haut bedeckt. Da bei Entfernung leicht Teile des Blutgefäßsystems zerstört werden, betrachtet man vor einer weiteren Präparation zuerst das Kreislaufsystem und die Exkretionsorgane. Dies ist bei männlichen Tieren sofort möglich. Bei weiblichen Exemplaren fallen in der Aufsicht dagegen relativ große, paarige, langovale Organe auf, die Teile des Darms und des Tintenbeutels überdecken, die **Nidamentaldrüsen**. Sie münden in die Mantelhöhle und sondern Sekrete ab, die zur Herstellung von Eihüllen dienen. Unter ihrem vorderen Abschnitt liegen bei geschlechtsreifen Tieren rote, ovale Gebilde, die paarigen akzessorischen Nidamentaldrüsen, die Symbiontenorgane darstellen und in einem Kanalsystem mit mehreren Mündungen enden.

- Um auch bei weiblichen Tieren das Blutgefäßsystem betrachten zu können, müssen die Nidamentaldrüsen entfernt werden.

- Dazu die beiden Drüsen vorn mit einer Pinzette leicht anheben und mit einem Skalpell von den darunter liegenden Nierensäcken ablösen.
- Es ist darauf zu achten, dass dabei die mediane Mantelarterie, die in der hinteren Hälfte zwischen den Drüsen ventral Richtung Mantel zieht, nicht abgetrennt wird.

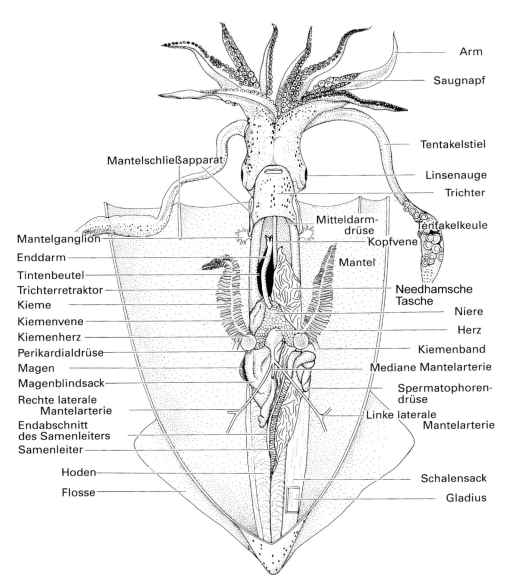

Abb. 98 Situs eines männlichen Tieres von *Loligo vulgaris*

Nach der Entfernung der Nidamentaldrüsen lässt sich nun, wie im eröffneten männlichen Tier direkt, das **Herz** mit den Nierensäcken erkennen. Das Herz ist als weißlich-gelbes, rhombisches, einkammeriges Gebilde fast in der Mitte des Eingeweidesacks zu erkennen. Es wird teilweise von den Nieren überdeckt. Aus der Herzkammer wird das sauerstoffreiche Blut in die laterale linke und rechte Mantelarterie sowie die mediane Mantelarterie gepumpt. Richtung Kopf ziehen die in diesem Präparationsstadium noch nicht zu erkennende, dorsal gelegene Kopfarterie und die nur unter der Stereolupe sichtbare, caudal ziehende, kleinere Genitalaorta. Das aus dem Mantelbereich und aus dem Kopf kommende Blut wird über die Mantelvenen bzw. über die Kopfvene (= vordere Hohlvene) den an der Basis der Kiemen liegenden weißlich-ovalen **Kiemenherzen** zugeführt. Eigene Herzen vor den Kiemen sind eine Besonderheit des Kreislaufes der Coleoida. Von den Kiemenherzen gelangt es in die Kiemenarterie, wird mit Sauerstoff beladen und über die Kiemenvenen, welche unter der Niere in das mediane Hauptherz münden, diesem zugeführt. Bevor das sauerstoffarme Blut aus der Kopfvene in die Kiemenherzen fließt, durchströmt es die Nieren. Dazu gabelt sich die teilweise vom Enddarm bedeckte Kopfvene auf dem Weg zu den entsprechenden Kiemenherzen in eine linke und rechte laterale Hohlvene.

Das Herz liegt in einer **Perikardhöhle**. Ein Renoperikardialgang verbindet die Perikardhöhle mit den Nierensäcken (Nieren), speziellen Coelomräumen. Die paarigen Nierensäcke werden von den beiden lateralen Hohlvenen durchzogen, die durch alveoläre Ausbuchtungen das Lumen der Nierensäcke einengen. Dadurch vergrößern Nierensackepithel und Hohlvene ihre gemeinsame Oberfläche. Hier finden Abgabe der Exkrete (z.B. Harnstoff) aus dem Blut in das Lumen der Nierensäcke und Rückresorption statt. Die Nierensäcke münden mit feinen, schwer sichtbaren, auf einer Papille stehenden Öffnungen in die Mantelhöhle.

Als Nierenorgane fungieren auch die beiden **Perikardialdrüsen**. Sie bilden einen in Richtung Eingeweidesack gelegenen Coelomfortsatz an den Kiemenherzen (Ultrafilter) und stehen mit der Perikardhöhle in offener Verbindung.

- Mit einem Schnitt oberhalb der Kiemenherzen die Gefäßverbindungen zwischen Kiemenherz und Niere sowie zwischen Kiemenvene und Herz durchtrennen.
- Das Kiemenherz in Richtung Mantel wegklappen und aus der Richtung des Eingeweidesacks betrachten.
- Mit einer Schere an der Basis der Kiemen vorsichtig einige Kiemenblätter entfernen, wodurch Kiemengefäße freigelegt werden.

Hinter dem Kiemenherz inseriert im Mantel und in Teilen des Eingeweidesacks ein weißes, breites Muskelband, das **Kiemenband**. Es zieht in die Kiemen hinein und dient deren Aufhängung. Unter dem Kiemenband liegt die laterale Mantelvene. Im Bereich der Kiemen ist es von zwei Blutgefäßen umgeben. Ventral liegt ihm die vom Kiemenherz kommende Kiemenarterie an, dazwischen findet sich das Branchialganglion mit parallel verlaufendem Kiemennerv. Dorsal führt ein Ast der vorderen Aorta in die **Branchialdrüse**. Das sauerstoffarme Blut der Kiemenarterie steigt in die Kiemenblätter, wird mit Sauerstoff angereichert und der ventral gelegenen Kiemenvene zugeführt, die es zum medianen Hauptherzen transportiert. Es enthält neben Leukocyten Hämocyanin. Dieses wird in der Branchialdrüse synthetisiert.

- Jetzt die den Eingeweidesack bedeckende, zarte Hülle mit einer stumpfen Pinzette entfernen. Darauf achten, den Tintenbeutel nicht abzuschneiden. Blutgefäße, Kiemen und Nieren können ebenfalls abpräpariert werden.
- Um später die nach dorsal ziehende Arterie des medianen Hauptherzens in ihrem Verlauf betrachten zu können, wird das jetzt freiliegende Herz noch nicht entfernt.

Am weiblichen Tier haben wir die Nidamentaldrüsen und die akzessorischen Nidamentaldrüsen schon betrachtet. Das **Ovar** nimmt bei geschlechtsreifen Tieren fast den gesamten Teil des hinteren Eingeweidesacks ein (Abb. 99a). Es wird von einem Coelomepithel umkleidet, das sich ventral in die Gonadenhöhle fortsetzt. In diese werden die reifen Eier abgegeben und über eine Öffnung in den unpaaren linken **Eileiter (Ovidukt)** aufgenommen. Das rechte Ovar und der rechte Eileiter sind reduziert. Der Eileiter entspringt auf der ventralen Ovarseite und zieht auf der linken Seite des Eingeweidesacks kopfwärts. Bei geschlechtsreifen Tieren

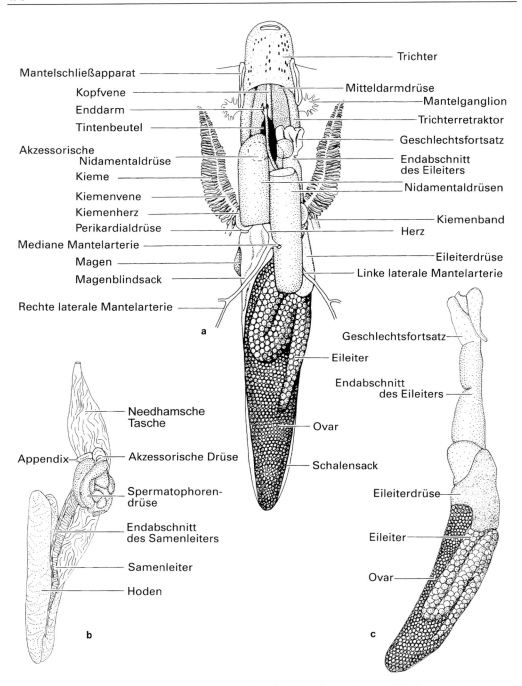

Trichter

Mantelschließapparat

Kopfvene

Enddarm

Tintenbeutel

Akzessorische
    Nidamentaldrüse

Kieme

Kiemenvene

Kiemenherz

Perikardialdrüse

Mediane Mantelarterie

Magen

Magenblindsack

Rechte laterale Mantelarterie

Mitteldarmdrüse

Mantelganglion

Trichterretraktor

Geschlechtsfortsatz

Endabschnitt
des Eileiters

Nidamentaldrüsen

Kiemenband

Herz

Eileiterdrüse

Linke laterale Mantelarterie

a

Geschlechtsfortsatz

Eileiter

Endabschnitt
des Eileiters

Ovar

Schalensack

Eileiterdrüse

Eileiter

Ovar

Needhamsche
Tasche

Appendix

Akzessorische Drüse

Spermatophoren-
drüse

Endabschnitt
des Samenleiters

Samenleiter

Hoden

b

c

Abb. 99 *Loligo vulgaris*. **a** Situs eines Weibchens, **b** Männlicher Genitaltrakt, **c** Weiblicher Genitaltrakt

mit prall gefülltem Ovar ist die Abgrenzung des Eileiters häufig nicht mehr auszumachen. Der mittlere Bereich des Eileiters bildet eine drüsige Erweiterung, die weiße **Eileiterdrüse**. Sie liefert Material für die Eihüllen. Der muskuläre Endteil des Eileiters mündet auf der linken Seite in die Mantelhöhle. Sein Endstück ist zu trompetenartigen Lappen umgebildet, dem **Geschlechtsfortsatz** (Abb. 99c).

Bei den männlichen Tieren fehlen die Nidamentaldrüsen, sodass man nach der Manteleröffnung gleich die Nierensäcke sieht. Die übrige Anordnung ist in etwa gleich. Anstelle des Ovars findet sich der **Hoden** und anstelle des Eileiters der **Samenleiter**. Dem unpaaren, tütenförmigen linken Hoden schließt sich der unpaare linke Samenleiter an. Er gliedert sich in ein Vas deferens, eine Spermatophorendrüse und das Vas efferens mit ausmündender Papille. Die Spermien gelangen durch einen länglichen, ventralen Schlitz in der Gonadenhöhle in den Anfangsteil des Samenleiters, das **Vas deferens**. Nach der Ausmündung aus der Gonadenhöhle zieht es als dicht geschlängeltes Band kopfwärts. In seinem mittleren Teil besitzt es verdickte Wände (**Spermatophorendrüse**). Dem cranialen Abschnitt der Spermatophorendrüse sitzen eine akzessorische Geschlechtsdrüse oder Rangierdrüse, die den Ejakulationsapparat an die Spermatophore anfügt, sowie ein Appendix auf. Das Endstück des männlichen Ausführganges, das **Vas efferens**, zieht parallel an der Innenseite des geknäuelten Anfangstücks des Samenleiters Richtung Hoden und kann Spermatophoren enthalten. Das Vas efferens mündet über eine **Needhamsche Tasche**, ein dünner, teilweise spiraliger Spermatophorensack, auf der linken Seite mit einer Papille in die Mantelhöhle (Abb. 99b).

- Lohnenswert ist die Betrachtung der Spermatophoren. Zu ihrer Untersuchung bei einem erwachsenen männlichen Tier die Spermatophorentasche aufschneiden und einige der zahlreichen, in Bündeln liegenden, etwa 1cm langen Fäden entnehmen.
- Diese ausgebreitet auf einem Objektträger bei schwacher Vergrößerung unter dem Mikroskop betrachten.

Die Fäden entpuppen sich als doppelwandige Röhren, deren hinterer Teil (Spermienbehälter) mit Spermien angefüllt ist. Der vordere Abschnitt besitzt eine komplizierte durchsichtige Innenstruktur. Deutlich ist der zum Teil schraubig aufgerollte Ejakulationsapparat zu erkennen. Er öffnet sich auf einer Anschwellung nach außen, daran sitzt ein Endfaden. Gelangen reife Spermatophoren ins Wasser, schleudert der Ejakulationsapparat infolge einer Quellung die Spermien aus.

- Für die Betrachtung des Verdauungstraktes den Trichter entfernen. Dazu werden die beiden großen Trichterretraktoren durchschnitten.
- Anschließend mit einem Flächenschnitt die dorsale Trichterwand abtrennen, wodurch sich der gesamte Trichterapparat abheben lässt.

Der **Verdauungstrakt** beginnt mit einem **Schlundkopf** (**Pharynxbulbus**). Dieser wird erst in einem späteren Stadium aufpräpariert, sodass man die in ihm gelegenen Kiefer und die Radula erkennen kann. Hier münden über einen unpaaren, parallel zum **Oesophagus** verlaufenden, median auf dem Schlundkopf ziehenden Kanal auch die paarigen, hinteren Speicheldrüsen, die ein starkes Gift (Alkaloid) sezernieren und daher auch als Giftdrüsen bezeichnet werden. In die Muskulatur des Pharynx eingebettet liegen die vorderen Buccalspeicheldrüsen. Nach Zerkleinern und Einspeicheln der teilweise schon angedauten Nahrung gelangt letztere aus dem Schlundkopf in den cuticularisierten Oesophagus. Über ihm verlaufen parallel die sehr großen, zwischen den Trichterretraktoren gelegenen, gelblichen, paarigen **Mitteldarmdrüsen**.

- Diese median auseinander drücken.

Dorsal lassen sich der Oesophagus und die Kopfarterie erkennen. Zwischen den cranialen Spitzen der Mitteldarmdrüsen findet man auch die kleinen, ovalen, hinteren Speicheldrüsen. Der Oesophagus mündet in den unter dem Magenblindsack gelegenen **Muskelmagen**. An diesen schließen sich ein Zwischenstück oder Vestibulum und der je nach Füllung verschieden ausgebildete **Magenblindsack** (**Caecum**) an, der länglich ausgezogen ist und einen Spiralteil nur vorn erkennen lässt. Er stellt ein dünnes, mit Lamellen besetztes Häutchen dar, das u.a. zur Speicherung von Sekreten der Mitteldarmdrüse dient. Den paarigen Ausführgängen der Mitteldarmdrüsen in den Magenblindsack sitzt das **Pankreas** (= pankreatische Anhänge) in Form einer weißlichen, schlauchförmigen Drüse an. Auf Höhe der Ausführgänge der Mitteldarmdrüse lässt sich auch der Durchtritt der vom Herzen kommenden Kopfarterie und des Oesophagus durch die Mitteldarmdrüsen erkennen.

Magen und Magenblindsack sind an der Verdauung beteiligt, unterscheiden sich aber dabei funktionell. Die mit dem Mundraum in Verbindung stehenden Speicheldrüsen besitzen keine wichtige Verdauungsfunktion. Der Verdauungsprozess beginnt mit der Aufnahme der Nahrung in den Magen (Kropffunktion). Ein enzymatischer Aufschluss ist über die aus Mitteldarmdrüsen, Pankreas oder Caecum eingeschleusten Sekrete möglich. Die eigentliche Verdauung findet im Magenblindsack statt, Mitteldarmdrüse und Pankreas steuern die Enzyme bei. Hier findet auch Resorption von Nährstoffen statt. Unverdaubare Reste wie Knochen, Chitin u.a. werden nur im Magen, nicht im Magenblindsack gefunden.

Direkt neben der Einmündung des Oesophagus in den Magen liegt die Ausmündung des Darms, der ventral mit dem Enddarm und dem bereits erwähnten Tintenbeutel in der Mantelhöhle endet.

- Mit einem Messerschnitt in der Medianlinie die Muskulatur zwischen den Ventralarmen durchtrennen und den Schnitt vorsichtig weiter nach vorn führen, bis man auf den großen, annähernd kugeligen muskulösen Schlundkopf stößt.
- Hat man den Schnitt tief genug geführt, so werden auch der Kopfknorpel mit den beiden Statocysten und die ventrale Gehirnmasse durchtrennt.

Damit ist der Oesophagus in ganzer Länge sichtbar. Parallel dazu verläuft ein dünner Speichelgang, der median auf dem Schlundkopf entlang zieht und in ihn einmündet.

- Schließlich den Schlundkopf median aufschneiden. Dabei stößt man auf den Widerstand der hornigen Kiefer. Seitlich vorbei präparieren und die beiden Kiefer herausziehen.

Die kräftigen **Kiefer** werden entsprechend ihrer Form auch als Schnabel bezeichnet. Der Oberkiefer beißt in den Unterkiefer. Tintenfische sind

Räuber und können mit diesen Kiefern Fleischstücke aus ihrer Beute heraustrennen. Kleine Beutestücke werden direkt heruntergeschluckt. Die bis zu 1 cm lange **Radula**, die ausschließlich Greiferfunktion hat, liegt auf einer zungenartigen Leiste im Schlundkopf.

- Die Radula mit einer Pinzette anheben und aus dem Schlundkopf heraustrennen.
- Die Betrachtung erfolgt bei geringer Vergrößerung unter dem Mikroskop.
- Will man Kiefer und Radula unverletzt erhalten, empfiehlt sich eine Mazeration des Schlundkopfes in Kalilauge.

Ohne entsprechende Präparation ist die Radula nicht in ihrer ganzen Länge sichtbar. Die spitzen, nach hinten gerichteten Zähne sind in sieben Längsreihen angeordnet. Eine unpaare Reihe dreispitziger Mittelzähne begleiten drei paarige Seitenreihen. Die Zähne nehmen nach außen an Länge zu und sind nach innen gerichtet. Die Radula ist auf ihrer ganzen Länge mit dem darunter gelegenen Stützpolster verwachsen und kann eingezogen und vorgestreckt werden.

Das große **Gehirn** der Cephalopoden gehört zu den höchstentwickelten Gehirnen der Wirbellosen. Seine makroskopische und mikroskopische Gliederung und Differenzierung sind außerordentlich komplex. Es entsteht durch die Verschmelzung der verschiedenen Ganglien. Vom Gehirn wurde die Unterschlundganglienmasse durch den zuvor ausgeführten Medianschnitt abgetrennt. Diese Masse ist aus der Verschmelzung der Brachial-, Pedal-, Pleural- und Visceralganglien hervorgegangen. Das gesamte Gehirn und die ventral gelegenen Statocysten sind von Kopfknorpel umgeben. In ventraler Aufsicht lassen sich die in der ventralen Knorpelmasse liegenden **Statocysten** erkennen.

- Aus ihnen blättchenartige Statolithen isolieren.

Unter den Statocysten befinden sich die Visceralganglien. Nach vorn schließen sich die Pedalganglien an, seitlich die Pleuralganglien sowie die dorsal gegenüber den Pedalganglien gelegenen Cerebralganglien, die durch zwei paarige Konnektive mit der ventralen Gehirnmasse verbunden sind. Sie bilden zusammen mit den anderen Ganglien einen **Schlundring** um den Oesophagus. Sehnerven ziehen vom Cerebralganglion zum Ganglion opticum am Augapfel. Eine Verdickung des Sehnerven wird als Lobus opticus bezeichnet. In der Nähe des Auges finden sich noch die blattartigen weißen Körperchen, ihre Funktion soll die Blutzellbildung sein. An den Brachialganglien entspringen jederseits die fünf Paar starken Armnerven, an den Pedalganglien die Trichternerven.

Vom peripheren Nervensystem sind die beiden **Mantelganglien** ohne weiteres sichtbar. Sie liegen an der Innenseite des Mantels nahe dem Trichtereingang. Strahlenförmige, in den Mantel ziehende Nerven geben ihnen ein sternförmiges Aussehen, weswegen sie auch als Sternganglien (Ganglia stellata) bezeichnet werden. Ihre Verbindung mit den Visceralganglien über die starken Mantelkonnektive kann man leicht verfolgen. Sie steuern die Kontraktion des Mantels und damit auch indirekt die Atemfrequenz.

- Das Auge herausnehmen und aufschneiden.

Man sieht dann die zarte Retina, die dunkle Pigmentschicht und die vom Ciliarkörper umgürtete, kugelrunde Linse, die aus einem kleineren äußeren und einem größeren inneren Abschnitt besteht.

Nun noch die Schale (**Gladius**) betrachten.

- Dazu die Eingeweide entfernen.

Man sieht ein elastisches Stützelement, das den gesamten Eingeweidesack durchzieht und in einem Schalensack liegt. Der Gladius ist ein Produkt einer ectodermalen, dorsalen Invagination, wodurch ein innerer Schalensack entsteht. Deswegen spricht man auch von einer inneren Schale.

Von den **Chromatophoren** lassen sich gut mikroskopische Präparate anfertigen.

- Ein rechteckiges Hautstück von etwa 5 mm Breite und ein bis zwei Zentimeter Länge an einer Schmal- und den beiden Längsseiten mit dem Skalpell umschneiden.
- Nach dem Entfernen der zarten, einschichtigen Epidermis versucht man, beginnend an einer angeschnittenen Schmalseite, einen möglichst dünnen Streifen der Cutis abzuziehen.
- Dieser wird mit Eisenhämatoxylin gefärbt und in Eukitt eingedeckt.

Die Chromatophoren und die sie radiär umgebenden Muskelzellen sind an dünnen Stellen gut zu erkennen. Je nach Kontraktionszustand der Muskelzelle ist die pigmentführende Zelle größer oder kleiner. Bei maximaler Pigmentkonzentration (Chromatophoren klein, kugelförmig) wirkt das Tier heller, bei flächiger Pigmentausbreitung dunkler. Wegen der engen Assoziation von Farbzellen und Muskelzellen spricht man auch von **Chromatophoren-Organen**. Am lebenden Tier ist ein sehr schneller Farbwechsel zu beobachten, der in Sekundenbruchteilen abläuft.

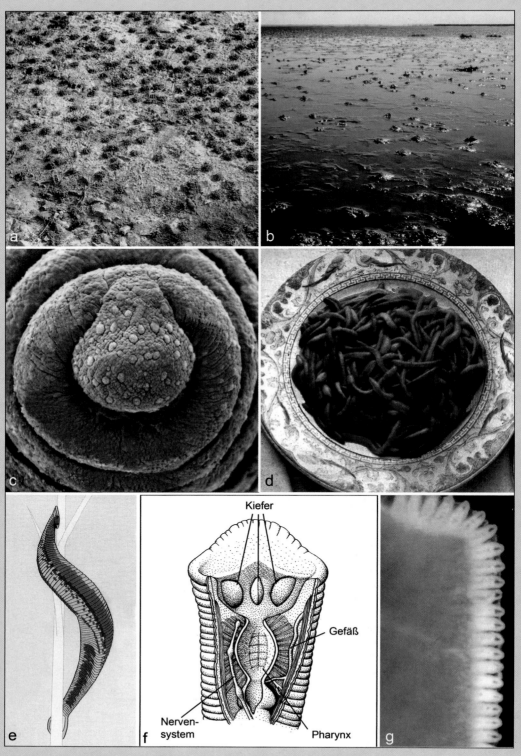

Kiefer

Gefäß

Nerven-
system

Pharynx

e　　f　　g

Abb. 100

Annelida, Ringelwürmer

Die **Annelida** (**Ringelwürmer**) beeinflussen terrestrische Böden und limnische sowie marine Sedimente in besonderem Maße. In Mitteleuropa hat sämtlicher oberflächlicher Boden schon den Darm von Anneliden, nämlich Regenwürmern, passiert und wird das alle paar Jahre wieder tun. Charles Darwin, der 1881 nach langjährigen Experimenten ein Buch über Regenwürmer herausbrachte, erkannte die große Bedeutung dieser Tiere „für Erd- und Kulturgeschichte".

Der heimische *Lumbricus terrestris* baut bis 3 m tiefe Gänge im Boden, die sich zur Oberfläche hin verzweigen. Als Nahrung bevorzugt er abgestorbene Pflanzenteile, die er in seine Gänge zieht. Kot wird an der Oberfläche abgegeben (**Abb. 100a**) und kann auf Weideland in Mitteleuropa bis 40 Tonnen je Hektar jährlich ausmachen; das entspricht einer 5 mm dicken Lage. Durch ihr umfangreiches Gangsystem ermöglichen Regenwürmer zudem eine bessere Belüftung des Bodens, Vergrößerung des Lebensraumes für aerobe Bakterien und eine Erhöhung der Wasserkapazität des Bodens. Die aktive Wühlarbeit der Tiere führt zu Bodenumschichtung und -vermischung (Bioturbation). In ihrem Darmtrakt werden anorganische und organische Komponenten zu Ton-Humus-Komplexen verbunden, wodurch die Stabilität des Bodens erhöht wird. Schließlich ist im Regenwurmkot die Mikroflora angereichert, die eine beschleunigte Zersetzung organischer Bestandteile bewirkt. Regenwürmer werden auch im Handel zur Bodenverbesserung angeboten. Sie deponieren ihre Eier in kleinen Kokons, aus denen alsbald Jungtiere schlüpfen. **Abb. 100c** zeigt das Vorderende eines gerade geschlüpften Tieres.

Regenwürmer gehören zu den Oligochaeta (den Wenigborstern), die insbesondere terrestrisch und limnisch vorkommen. Die Gruppe der Polychaeten (Vielborster) dagegen lebt vorwiegend im Meer. Besonders auffällig sind die Aktivitäten des Wattwurmes *Arenicola marina*, dessen Kothäufchen das Watt bei Ebbe geradezu übersäen (**Abb. 100b**). Auch dieser Annelide prägt seinen Lebensraum ganz erheblich: Er festigt ihn, lagert ihn um und transportiert mit seinem Atemwasserstrom Sauerstoff in das ansonsten anoxische Substrat.

Ein Großteil der Polychaeten lebt in marinen Sedimenten und erfüllt wichtige Aufgaben bei deren Festigung und Bioturbation; andere bewohnen selbstgebaute Röhren und können regional Riffe aufbauen (mit bis zu 60000 Individuen/m^2). In der Nordsee wurden diese Riffbildner („Sandkorallen") durch die moderne Fischerei zerstört.

Sowohl die artenreichen Oligochaeten als auch die noch größere Gruppe der Polychaeten stellen wichtige Nährtiere für andere Tiere, z.B. für Fische, dar. Von Menschen wird in der Südsee der Palolowurm (*Eunice viridis*) verzehrt. Versuche, Regenwürmer als Delikatesse in Ostasien einzuführen (**Abb. 100d**), sind gescheitert, auch in der Verarbeitung zu „Wormburgern".

Limnisch und terrestrisch kommen die Egel (Hirudinea) vor, von denen der Medizinische Blutegel (*Hirudo medicinalis*, **Abb. 100e**) zeitweise eine erhebliche Bedeutung erlangt hat. Im 19. Jahrhundert neigte man in Europa, insbesondere in Frankreich, zu einem übermäßigen Einsatz dieser blutsaugenden Anneliden, die Blut bis zum Fünffachen ihrer Körpermasse aufnehmen können. Bis zu 100 Tiere setzte man einem Menschen an, was bisweilen tödlich ausging. Man verwendete ihn u.a. zum Aderlass und gegen Fettsucht, allerdings wohl mit zweifelhaftem Erfolg. Der heutige Einsatz von *Hirudo* hat eine naturwissenschaftliche Basis: Das sezernierte Hirudin wirkt gerinnungshemmend und kann so die Gefahr einer Thrombose mindern. Calin ruft eine Nachblutung hervor und verlangsamt den Wundverschluss, Hyaluronidase wirkt schleimauflösend (und damit auch antibakteriell), Egline hemmen Entzündungen. Medizinische Anwendungsgebiete sind u.a. Verhinderung von Thrombenbildung und Schmerzlinderung. Verschiedentlich werden Blutegel auch in der Transplantationsmedizin eingesetzt.

Abb. 100f zeigt das aufpräparierte Vorderende eines Medizinischen Blutegels, **Abb. 100g** die Schneidekante eines Kiefers.

Die Anneliden sind Bewohner des Meeres, der Süßgewässer und des Bodens. Sie haben eine **sekundäre Leibeshöhle** (**Coelom**) in Form von oft zahlreichen, hintereinander angeordneten und durch Querwände (**Dissepimente**) voneinander getrennten Abschnitten. Diese **Segmentierung** oder **Metamerie** betrifft die Mehrzahl der Organe, sodass der Körper sich aus aufeinander folgenden Abschnitten (Segmenten, Metameren) von mehr oder weniger gleichförmigem Bau zusammensetzt. Diese Form der Metamerie prägt sich auch äußerlich durch die an den Segmentgrenzen verlaufenden Furchen aus, die auch für den Namen Ringelwürmer verantwortlich sind: Annelida (von lat. anellus, kleiner Ring).

Im typischen Fall sind die Coelomräume paarig und werden von einem einschichtigen Coelomepithel ausgekleidet. Die medianen **Septen** (**Mesenterien**) wie auch die Dissepimente sind daher aus zwei fest miteinander verwachsenen Epithelien aufgebaut, die nur dort auseinander treten, wo sie Organe wie z.B. den Darm überziehen. Wie der Darm werden auch alle anderen in der Leibeshöhle liegenden oder an sie angrenzenden Organe vom Coelomepithel bedeckt. Das periphere, die Körperwand innen auskleidende (parietale) Coelomepithel wird als **Somatopleura** bezeichnet, während man das zentrale, den Darm umhüllende (splanchnische) Coelomepithel (Coelothel) **Visceropleura** nennt. Die Leibeshöhlenflüssigkeit, in der Zellen flottieren, kann durch Öffnungen von einer Kammer zur anderen bewegt werden.

Der vorderste Körperabschnitt, das **Prostomium**, und der letzte, das **Pygidium**, sind keine Segmente. Ihnen fehlt zum Beispiel das Coelom.

Der Körper wird von einer kollagenhaltigen **Cuticula** bedeckt; die Epidermis enthält verschiedene Drüsenzellen. Für die meisten Anneliden charakteristische Bildungen der Epidermis sind die haar- oder hakenförmigen **Borsten**. Sie bestehen aus Proteinen und Chitin und werden in der Tiefe von epidermalen Einstülpungen (Borstensäckchen, Borstenfollikel) jeweils von einer einzigen Borstenbildungszelle erzeugt. Die Borsten sind nach Form und Größe sehr unterschiedlich; sie dienen der Fortbewegung und dem Schutz. Bisweilen sind sie reduziert. Bei den Hirudineen (Ausnahme: *Acanthobdella*) fehlen sie ganz.

Die Körpermuskulatur bildet zusammen mit dem Integument einen kräftigen **Hautmuskel-**

schlauch, an dem zumindest eine äußere Ring- und eine innere Längsmuskelschicht aus schräg gestreiften Muskelzellen zu unterscheiden sind. Er funktioniert zusammen mit der Leibeshöhlenflüssigkeit als **hydrostatisches Skelet**, dessen Wirksamkeit besonders grabende Arten, wie die Regenwürmer, demonstrieren.

Das Nervensystem der Anneliden ist ein **Strickleiternervensystem**. Es besteht aus dem im Prostomium über dem Schlund gelegenen Gehirn (Oberschlundganglion, Cerebralganglion) und dem paarigen Bauchmark. Die beiden Längsbahnen des Bauchmarks entspringen beiderseits am Gehirn, wenden sich links und rechts den Schlund umgreifend (als Schlundkonnektive) ventralwärts, um dann zwischen Darm und ventraler Körperwand eng nebeneinander den Körper von vorn bis hinten zu durchziehen. Die Perikaryen ihrer Nervenzellen sind in jedem Segment in einem Paar von **Ganglien** untergebracht, die durch quer verlaufende Nerven, die **Kommissuren**, miteinander verbunden sind. Die Nerven zwischen hintereinander liegenden Ganglien werden als **Konnektive** bezeichnet. Die beiden Ganglien der Segmente entsenden lateral jeweils drei oder vier Seitennerven zur Körperperipherie. Das Prostomium und, soweit vorhanden, die Antennen werden von Nerven des Oberschlundganglions versorgt, die Palpen von Nerven der Schlundkonnektive.

Die Ausstattung mit **Sinnesorganen** hängt von der Lebensweise ab. Vor allem die freibeweglichen (erranten) Polychaeten haben gut entwickelte Tast- und Chemoreceptoren. Charakteristische Sinnesorgane sind die Nuchalorgane, die am Hinterrand des Prostomiums als bewimperte Areale zu erkennen sind. Bei den Lichtsinnesorganen finden sich von einfachen, im Epithelverband stehenden, einzelligen Ocellen bis hin zu Linsen- und Komplexaugen alle Augentypen.

Die Ringelwürmer haben ein **geschlossenes Blutgefäßsystem**, dessen Lumen einen schlauchförmigen Restraum der primären Leibeshöhle darstellt und das überwiegend von der Basalmembran anschließender Coelomepithelzellen begrenzt wird. Es setzt sich aus zwei Hauptlängsstämmen zusammen, von denen der über dem Darm gelegene meist kontraktil ist und das Blut nach vorn treibt (**Rückengefäß**). Er steht mit dem unter dem Darm liegenden **Bauchgefäß** über Gefäße in der Darmwand und durch Ringgefäße, die in den Dissepimenten verlaufen, in Verbindung. Segmentale, den Längsgefäßen entspringende bzw. in sie mündende Seitengefäße versorgen mit reichen Capillarnetzen den Hautmuskelschlauch, die Nephridien und Gonaden und – bei den Polychaeten – Parapodien und Kiemen. Nicht selten sind einige der Seitengefäße kontraktil (**Lateralherzen**; s. S. 190). Bei den Hirudineen ist das Blutgefäßsystem fast immer, aber in unterschiedlichem Ausmaß rückgebildet. Seine Aufgabe wird dann vom röhrenförmig eingeengten Coelom übernommen. Als Blutfarbstoff fungieren **Hämoglobin** oder das grüne **Chlorocruorin** oder vereinzelt das violette **Hämerythrin**. Alle enthalten Eisen.

Vor allem bei Polychaeten sind **Kiemen** als Atmungsorgane entwickelt, während sonst der reich durchblutete Hautmuskelschlauch als Atmungsorgan dient.

Der **Darm** durchzieht den Körper meist als gerades Rohr. Die Mundöffnung liegt hinter dem Prostomium, der After im Pygidium. Differenzierungen von Darmabschnitten (Kropf, Kaumagen, Blindsäcke u.a.) kommen in Abhängigkeit von der Ernährungsweise vor.

Die **Exkretionsorgane** sind stark gewundene, reich mit Blutgefäßen versorgte Kanäle, von denen jedem Segment ursprünglich ein Paar zukommt (**Metanephridien**). Sie beginnen mit einem Wimpertrichter (**Nephrostom**), der, dem hinteren Dissepiment der Coelomräume vorne aufsitzend, sich in die Leibeshöhle öffnet. Das anschließende **Nephridialkanälchen** durchsetzt das Dissepiment, nimmt – von Coelothel überzogen – im folgenden Segment seinen windungsreichen Lauf und mündet dort durch einen seitlichen Porus nach außen. Die Coelomflüssigkeit kann als Primärharn betrachtet werden, auch weil im Coelomepithel Podocyten auftreten. Diesen Zellen legen sich außen Blutgefäße an. Durch Basallamina und Schlitzmembranen der Podocyten erfolgt eine Ultrafiltration. In den Nephridialkanälchen erfolgt Abscheidung von Endprodukten des Proteinstoffwechsels (meist NH_3), aber auch Osmoregulation und Rückresorption von verwertbaren organischen Verbindungen und von Wasser.

Die **Gonaden** werden metamer als flächenhafte Bildungen des Coelomepithels angelegt. Die Geschlechtszellen gelangen nach Platzen des Coelothels in die Leibeshöhle und werden entweder durch besondere trichterförmige Ausführgänge (Gonodukte) oder aber durch die Exkretionskanäle nach außen befördert. Bei manchen Polychaeten gelangen die Geschlechtsprodukte durch Aufreißen der Körperwand nach außen. Bei den Clitellata sind die Gonaden auf bestimmte, maximal vier Segmente beschränkt.

Die Polychaeten sind meist getrenntgeschlechtlich, die Clitellaten dagegen ausnahmslos proterandrische Zwitter.

Die Eier furchen sich nach dem **Spiraltyp**. Die Entwicklung erfolgt direkt oder über eine Metamorphose, bei der eine typische Larvenform, die **Trochophora** (Abb. 101a), durchlaufen wird. Sie ist von kugeliger, birnen- oder auch walzenförmiger Gestalt und mit durchgehendem Verdauungstrakt ausgestattet. Der Mund liegt ventral, der After terminal. Der Fortbewegung, und zum Teil auch der Nahrungsaufnahme, dienen Wimperringe. Der auffallendste, der Prototroch, umzieht den Körper äquatorial vor dem Mund, der schwächere Metatroch verläuft hinter dem Mund. Weniger häufig findet sich im Bereich des Afters als weiteres Wimperorgan der Telotroch. Der Prototroch gliedert den Körper in eine obere Episphäre und eine untere Hyposphäre. Die Episphäre trägt am Scheitel ein Wimperbüschel und eine Ansammlung von Sinnes- und Ganglienzellen (Scheitelplatte), die mit einem Nervennetz in Verbindung stehen. In der primären Leibeshöhle liegen paarige Protonephridien. Aus dieser frei schwimmenden Larve geht der Ringelwurm durch einen Sprossungsvorgang hervor. Die beiden links und rechts neben dem Anus liegenden Urmesodermzellen teilen sich und liefern zwei ventrale Zellstränge (Urmesodermstreifen), die sich nach vorn bis zum Mund schieben und sich dann oft synchron in drei bis sechs Coelomsackpaare gliedern. Die Bildung weiterer Coelomsackpaare erfolgt in einer Sprossungszone, die vor dem After liegt. Ein Teil der Episphäre wird als Prostomium und ein Teil der Hyposphäre als den After umgebender Endabschnitt (Pygidium) bei der weiteren Entwicklung zum adulten Tier übernommen. Vielfach findet man im Plankton Larven, die schon mehrere Segmente ausgebildet haben (**Nectochaeta**, Abb. 101b, c).

Daneben kommt, insbesondere bei Clitellata, eine **direkte Entwicklung** vor. Aus den Eiern schlüpfen Jungtiere; eine planktische Phase fehlt.

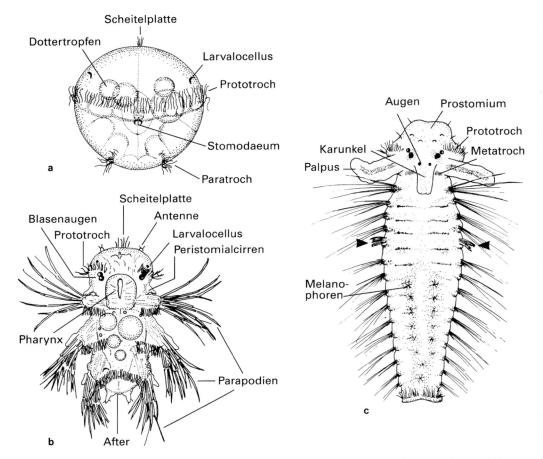

Abb. 101 Larven von Polychaeten. **a, b** *Platynereis*. **a** Trochophora, **b** Nectochaeta, **c** fortgeschrittene Nectochaeta von *Polydora*, die besonders lange im Plankton lebt. Die bodenbelebenden Adulten bohren sich mit speziellen Borsten, die schon bei der Larve zu sehen sind (Pfeile) in das Substrat, z.B. Schneckenschalen, ein. (Nach FISCHER, HUSEMANN, PLATE)

I. Oligochaeta, Wenigborster

Technische Vorbereitungen

- Präpariert wird *Lumbricus terrestris*.
- Tiere zum **Abtöten** wenigstens eine halbe Stunde vor der Verwendung in 10%igen Alkohol, dem etwas Chloroform hinzugefügt wurde, legen. Einzelheiten der Körperoberfläche lassen sich besonders gut an Würmern beobachten, die in wässeriger, konzentrierter Pikrinsäure fixiert und in Alkohol aufbewahrt wurden.
- Als **mikroskopische Präparate** sind mit Hämatoxylin-Eosin oder mit Azan gefärbte Querschnitte der mittleren Körperregion erforderlich. Dabei ist zu beachten, dass der Darm i. d. R. nicht schneidbare Erde enthält. Deshalb die zur Fixation vorgesehenen Tiere für einige Tage in ein Zylinderglas bringen, das mit angefeuchteten Filtrierpapierschnitzeln gefüllt ist. Die Regenwürmer fressen das Filtrierpapier, scheiden den erdigen Kot aus und erlangen so in einigen Tagen die erwünschte Schneidfähigkeit.

Allgemeine Übersicht

Die Oligochaeten, zu denen die Regenwürmer gehören, und die Hirudineen werden als **Clitellata** (Gürtelwürmer) zusammengefasst. Das diese Gruppe kennzeichnende **Clitellum** ist eine oft deutlich über die Körperoberfläche vorgewölbte drüsige Umbildung der Epidermis im Bereich bestimmter Segmente. Das Sekret der Drüsenzellen dient zur Bildung des Eikokons, liefert eine Nährflüssigkeit für die sich im Kokon entwickelnden Embryonen und spielt außerdem in einigen Taxa bei der Begattung eine Rolle. Von der Klasse der Polychaeten unterscheiden sich die Clitellaten außerdem durch das Fehlen von Parapodien und durch den **zwittrigen Geschlechtsapparat**.

Die Oligochaeten sind lang gestreckte, drehrunde oder leicht kantige Würmer mit deutlich ausgebildeter innerer und äußerer Segmentierung. Die Zahl der Segmente beträgt 7 bis 600. Die geräumige sekundäre Leibeshöhle ist durch Dissepimente in hintereinander liegende Kammern aufgeteilt. Das Mesenterium ist stark reduziert und meist nur ventral vom Darm ausgebildet. Die Leibeshöhle wird von einer Flüssigkeit erfüllt, in der mehrere Typen von Coelomocyten und abgelöste Chloragogzellen flottieren. Den Dissepimenten entsprechen meist genau die Intersegmentalfurchen, die außen die einzelnen „Ringel" voneinander abgrenzen; innere und äußere Segmentierung decken sich also. Die einzelnen Segmente sind ursprünglich gleichartig gebaut (**homonome Segmentierung**). Nervensystem, Blutgefäße und Exkretionsorgane können sich Segment für Segment in ihrem Aufbau wiederholen.

Die **Leibeswand** der Oligochaeten ist ein typischer **Hautmuskelschlauch**. Die Epidermiszellen sind zu einem einschichtigen Epithel angeordnet, in das Drüsen- und Sinneszellen eingestreut sind. Sie scheiden eine zarte (beim Regenwurm ca. 1μm dicke), oft irisierende Cuticula ab. Innen an die Epidermis schließt sich der aus schräg gestreiften Muskelzellen bestehende Muskelschlauch an, der sich aus einer äußeren Ring- und einer inneren, viel mächtigeren Längsmuskellage zusammensetzt. Manchmal ist auch noch Diagonalmuskulatur ausgebildet. Innen liegt das flache bis kubische Coelomepithel.

Das **Nervensystem** ist zwar der Anlage und auch dem mikroskopischen Aufbau nach ein typisches **Strickleiternervensystem**, jedoch sind die Bauchganglien und die Konnektive einander so genähert, dass das Bauchmark bei makroskopischer Präparation als zwar knotiger, aber einheitlicher Strang erscheint. Das Cerebralganglion liegt nicht im Prostomium, sondern etwas weiter hinten. Im Verband der Epidermis liegen freie Nervenendigungen und bisweilen zu Knospen zusammengefasste oder in Flimmergruben eingesenkte Sinneszellen. Sie dienen der Tast- und Chemoreception. Die ebenfalls in der Haut, oder auch darunter, im Verlauf von Nerven liegenden Lichtsinneszellen sind sowohl am Vorder- als auch am Hinterende gehäuft (s. S. 197). Pigmentbecherocellen kommen nur selten vor.

Der **Darmkanal** beginnt mit der meist etwas ventral verschobenen Mundöffnung, die vom Kopflappen (Prostomium) überdacht wird. Auf die mit der Cuticula ausgekleidete Mundhöhle folgt der muskulöse Pharynx, der seinerseits in den schlanken Oesophagus übergeht. Der erste Abschnitt des Oesophagus besitzt ein auffallendes, nach innen vorspringendes Faltensystem. Ein zweiter Abschnitt ist durch Längsfalten gekennzeichnet; hier liegen bei vielen landbewohnenden Arten die **Kalkdrüsen**. Sie entsprechen säckchenförmigen Ausstülpungen, die durch weiße Farbe und reiche Blutversorgung auffallen. Der Oesophagus kann sich zu kropf- und magenartigen Bildungen erweitern. Die Funktion der Kalkdrüsen ist noch nicht eindeutig geklärt. Sie stehen zweifellos im Dienst der Regulation des inneren Milieus. Durch sie wird sowohl der Calcium- als auch der CO_2-Spiegel im Blut und in der Coelomflüssigkeit kontrolliert. Bei landlebenden Arten wird ein Überschuss an Calcium und CO_2 von den Zellen als Kalk (in Form von Calcit) sezerniert und über den Darm ausgeschieden. Der Mitteldarm ist meist ein gerades und ziemlich weites Rohr. Bei den in der Erde lebenden Oligochaeten ist seine dorsale Wand median mehr oder weniger tief rinnenförmig nach innen eingefaltet. Durch diese **Typhlosolis** wird die Oberfläche erheblich vergrößert. Die Wand des Darmes baut sich aus dem bewimperten Darmepithel, einer inneren Ring- und äußeren Längsmuskelschicht sowie dem Peritonealepithel auf, dessen Zellen zum sog. **Chloragoggewebe** spezialisiert sein können. Die Chloragogzellen speichern Fette und synthetisieren Glykogen. Sie spielen außerdem eine Rolle beim Proteinabbau und bilden Harnstoff und Harnsäure. Sie sind am Eisenstoffwechsel beteiligt und enthalten das eisenreiche Ferritin und Hämoglobin. Viele Chloragogzellen lösen sich, auch im intakten Tier, ab, flottieren im Coelom, um später durch die **Rückenporen** ausgeschieden zu werden. Zwischen Darmepithel und Darmmuskulatur verlaufen Blutgefäße. Der Enddarm ist meist kurz und einfach gebaut, der After endständig.

Das nahezu völlig geschlossene **Blutgefäßsystem** entspricht dem des Annelidengrundplanes. Das median über dem Darm verlaufende **Rückengefäß** ist kontraktil und treibt das Blut von hinten nach vorn. Es steht über den Darmblutsinus, aus dem es Blut empfängt, mit dem **Ventralgefäß** in Verbindung. Im Vorderkörper können paarige, den Darm umfassende Gefäßschlingen eine besonders kräftige Muskulatur ausbilden und so zu **Lateralherzen** werden, die das Blut vom Dorsal- zum Ventralgefäß treiben. Weitere bogig verlaufende Adern, die vom Ventralgefäß entspringen, versorgen Metanephridien und Hautmuskelschlauch, andere führen – von dem unter dem Bauchmark den Körper axial durchziehenden Subneuralgefäß kommend – dem Rückengefäß Blut zu. In diese Dorsoparietalgefäße münden Venen aus den Nephridien und Gefäße, die, aus der Haut kommend, sauerstoffreiches Blut führen. Durch Ausbildung weiterer, sowohl längs als auch quer verlaufender Gefäße kann das System erheblich komplizierter werden. Meist ist das Blut durch gelöstes **Hämoglobin** rot gefärbt; es enthält nur wenige Blutzellen.

Atmungsorgane in Form von Kiemen kommen bei Oligochaeten nur vereinzelt vor; **Hautatmung** ist die Regel.

Die **Exkretionsorgane** sind meist typische **Metanephridien**. Sie können in einigen der vordersten und hintersten Segmente fehlen; im Übrigen kommt jedem Segment ein Paar zu.

Der **Geschlechtsapparat** der Oligochaeten ist zwittrig. Die Gonaden, ursprünglich zwei Paar Ovarien und zwei Paar Hoden, liegen in bestimmten Segmenten des Vorderkörpers, die Hoden stets vor den Ovarien. Ei- und Samenzellen, die sich unreif aus den Gonaden lösen, werden vorübergehend von Aussackungen der Dissepimente, von Samensäcken und Eisäcken, auch Samenblasen und Eihälter genannt, aufgenommen und später durch besondere Gänge abgeleitet. Diese Ausführgänge beginnen mit Wimpertrichtern in den die Gonaden beherbergenden Coelomkammern. Zum weiblichen Apparat gehören die Receptacula seminis (Spermathecae), kugelige Einstülpungen der Epidermis, die bei der wechselseitigen Begattung das Sperma des Partners aufnehmen und bis zur Eiablage aufbewahren.

Die **Entwicklung** der Oligochaeten erfolgt **direkt**, ohne freies Larvenstadium. Ungeschlechtliche Fortpflanzung kommt bei einigen Familien vor.

Die Oligochaeten **leben** teils im Süßwasser, teils im Schlamm oder in feuchter Erde; auch im Meer sind sie vertreten.

Spezieller Teil

Lumbricus terrestris, Regenwurm

Äußere Anatomie

Das Vorderende des Körpers ist zugespitzt, das Hinterende abgerundet und dorsoventral etwas abgeplattet. Die wegen der Cuticula schwach irisierende Haut ist auf der Dorsalseite dunkler gefärbt als auf der Ventralseite. Die vordere Hälfte des Körpers ist zylindrisch, die hintere flacht sich zunehmend ab.

Der bis 30cm lange Körper ist in ganzer Länge segmentiert. Die Zahl der – maximal 180 – Segmente nimmt mit dem Alter zu; die **Wachstumszone** (Segmentbildungszone) liegt nahe dem Hinterende. Man spricht daher von teloblastischer Erzeugung neuer Segmente. Die vorderen Ringel sind länger als die übrigen. Dorsal sieht man das meist etwas geschlängelte Rückengefäß durchschimmern, ventral – weniger deutlich – das Subneuralgefäß.

Das Vorderende des Körpers wird vom **Prostomium** (Kopflappen) eingenommen. Es durchsetzt dorsal das erste Segment, ventral befindet sich, nahe seinem Hinterrand, die je nach Kontraktionszustand unterschiedlich gut erkennbare Mundöffnung (Sondieren!). Am Hinterende liegt im **Pygidium** die senkrecht verlaufende Afterspalte.

Geschlechtsreife Tiere haben von Februar bis August im vorderen Körperabschnitt eine auch durch ihre hellere Färbung auffallende Verdickung, das **Clitellum**. Es umfasst Rücken und Flanken der Segmente 32 bis 37 und verdankt seine Entstehung der mächtigen Entwicklung von 2 Typen von Drüsenzellen, die Proteine und Mucopolysaccharide absondern. Das Sekret ist bei der gegenseitigen Begattung der zwittrigen Würmer und bei der Eiablage von Bedeutung. Die Seitenränder des Clitellums treten als sog. Pubertätsleisten besonders hervor. Papillenartige Vorwölbungen mit so genannten Kittdrüsen finden sich oft auch im 26. Segment, um die ventralen Borsten herum (Abb. 102).

Beim **Kriechen** streckt sich zunächst die vordere Körperregion infolge einer Kontraktion der Ringmuskulatur lang aus. Gleich darauf folgt eine von vorn nach hinten verlaufende Kontraktionswelle der Längsmuskulatur, die zu einer lokalen Verdickung führt und den Körper nach vorn zieht. Ein Zurückrutschen wird durch das Ausfahren der Borsten verhindert. Unmittelbar anschließend oder auch gleichzeitig streckt sich die vordere Körperregion erneut aus, es folgt eine zweite Kontraktionswelle der Längsmuskulatur und so fort. Die Festigkeit (Rigidität), die der Wurmkörper durch Kontraktion der Muskulatur des Hautmuskelschlauches erreichen kann, ist erheblich. Dieses **hydrostatische Skelet** spielt vor allem beim Graben eine wichtige Rolle.

An fixierten Tieren (Abb. 102) kann man die Borsten besser erkennen als am lebenden Tier. Jedem Segment kommen acht Borsten zu. Sie sind jederseits zu einem ventralen und einem lateralen Paar angeordnet.

An den fixierten Tieren lassen sich auch die Geschlechts- und Exkretionsöffnungen besser als am lebenden Wurm erkennen. Die **Geschlechtsöffnungen** liegen seitlich an der Bauchfläche, und zwar die weiblichen im 14., die männlichen im 15. Segment, unmittelbar lateral von den ventralen Borsten. Die männlichen Öffnungen werden von lippenförmigen Querwülsten eingefasst, die weiblichen sind sehr fein und daher schwerer erkennbar. Vom Außenrand der die männliche Geschlechtsöffnung einfassenden Lippen führt eine Rinne nach hinten bis zum Clitellum; sie dient dem Transport des Spermas und wird daher als Samenrinne bezeichnet. Eine ihr parallel laufende zweite Rinne unbekannter

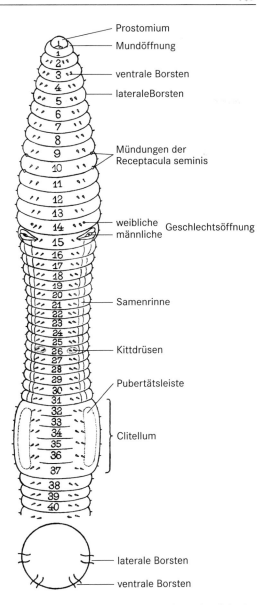

Abb. 102 *Lumbricus terrestris.* Ventralansicht des vorderen Körperabschnittes. Unten: Borstenstellung im Querschnitt. 4×

Funktion (Transport der Eier?) geht vom Innenrand der Lippen aus. Zur Zeit der Fortpflanzung wird man ferner in den beiden das 10. Segment begrenzenden Furchen jederseits die feinen Öffnungen der **Receptacula seminis (Spermathe-**

cae) finden. Die nicht immer wahrnehmbaren **Exkretionsporen** liegen ganz vorn im Segment, oft unmittelbar in seiner vorderen Grenzfurche, teils im Zuge der ventralen Borstenpaare, teils in dem der lateralen oder noch höher; sie fehlen den ersten drei Segmenten.

Auf der Rückseite sieht man bei gut gestreckten Würmern feine Poren in der Medianlinie, die durch ringförmige Muskulatur verschließbaren **Rückenporen**. Sie liegen in der Tiefe der die Segmente trennenden Furchen, fehlen nur den vordersten Segmenten und stellen Verbindungen der Leibeshöhle mit der Außenwelt dar, durch die Coelomflüssigkeit und in ihr enthaltene Zellen ausgestoßen werden können, was besonders als Folge einer Reizung (Zwicken mit der Pinzette, Erwärmung auf 35°C) eintritt.

Präparation

- Den Wurm im Becken unter Wasser (besser in 0,43%iger NaCl-Lösung) so aufstecken, dass die dunklere Rückenseite nach oben zu liegen kommt.
- Eine starke Stecknadel an der Grenze vom 1. zum 2. Segment, eine zweite etwas vor dem Hinterende einführen.
- Den Wurm allmählich so weit ausspannen, wie es ohne Zerreißen möglich ist.
- Den Hautmuskelschlauch mit einer feinen hochwertigen Schere von vorn her in der durch das Rückengefäß angegebenen Mittellinie eröffnen. Dabei den Hautmuskelschlauch mit einer Pinzette anheben, um nicht das Gefäß oder den unmittelbar darunter liegenden Darm anzuschneiden. Besonders vorsichtig beim 3. Segment (Cerebralganglion!) und vom 20. Segment nach hinten sein, da hier der Darm dem Hautmuskelschlauch dicht anliegt. Es ist von Vorteil, den Schnitt in der hinteren Körperhälfte etwas seitlich zu führen.
- Alternativ folgendermaßen vorgehen: im Bereich des 40. Segmentes dorsal einen kleinen Schnitt quer durchführen und von dort aus den Wurm dorsomedial nach vorn und hinten eröffnen. Diese Vorgehensweise ermöglicht fast immer eine schöne Ansicht des Cerebralganglions.
- Die zwei Körperseiten vorsichtig auseinander biegen und sie seitlich durch schräg eingeführte feinere Nadeln feststecken (Abb. 103).

Dazu, soweit erforderlich, die die einzelnen Segmente trennenden Dissepimente durchschneiden. Den Hautmuskelschlauch **keinesfalls** so weit auseinanderziehen, dass er platt wie ein Brett dem Boden des Präparierbeckens aufliegt, da manche Organe dadurch eine unnatürliche Lage erhalten oder auch zerrissen werden. Man verwende das Stereomikroskop.

Die nach unten gerichtete Mundöffnung führt in die Mundhöhle, die nach hinten in den bauchigen, muskulösen **Pharynx** übergeht. Seinem Vorderrand liegt dorsal das wegen seiner weißen Farbe auffallende, paarige **Cerebralganglion** auf. Zahlreiche Muskelfaserzüge ziehen vom Pharynx zur Körperwand. Die vorderen sind kurz und seitlich gerichtet, die folgenden werden zunehmend länger und ziehen schräg nach hinten, wobei sie mehrere Dissepimente durchsetzen. Durch ihre Kontraktion wird der Pharynx erweitert und nach hinten gezogen. Die Wand des Pharynx ist außerdem dicht mit kurzen Büscheln von Drüsenzellen besetzt. Ihr Sekret ist reich an Schleim (Erleichterung des Schlingaktes), enthält aber auch Amylase und Proteasen zur Verdauung.

An den Pharynx schließt sich der schlankere **Oesophagus** an, der etwa vom 7. bis zum 13. Segment reicht. Sein hinterer Abschnitt (10. bis 12. Segment) ist beiderseits zu drei Paar weißen, reich durchbluteten **Kalksäckchen** ausgebuchtet, von denen die beiden hinteren die eigentlichen, Calciumcarbonat ausscheidenden Drüsen, die vorderen, die sich in den Darm öffnen, lediglich Reservoire sind. Das Innere der Kalkdrüsen ist durch Gewebelamellen stark untergliedert. Die Lamellen werden von Ionen transportierendem Epithel bedeckt. Der Kalk gelangt in den Darm und wird mit dem Kot ausgeschieden. Die physiologische Bedeutung der Kalkdrüsen ist noch nicht völlig geklärt, auf alle Fälle aber sind sie an der Einregulierung eines bestimmten pH-Wertes im Blut und in der Coelomflüssigkeit beteiligt (s. S. 185). Auf den Oesophagus folgen der rundliche **Kropf** und, unmittelbar daran anschließend, der mit einer sehr kräftigen Muskulatur und einer starken Cuticula ausgestattete **Muskelmagen**, in dem die aus alten Blättern und anderen Pflanzenteilen bestehende Nahrung mithilfe der gleichzeitig aufgenommenen Sandkörnchen zerrieben wird. Der **Mitteldarm**, dessen Anfangsteil

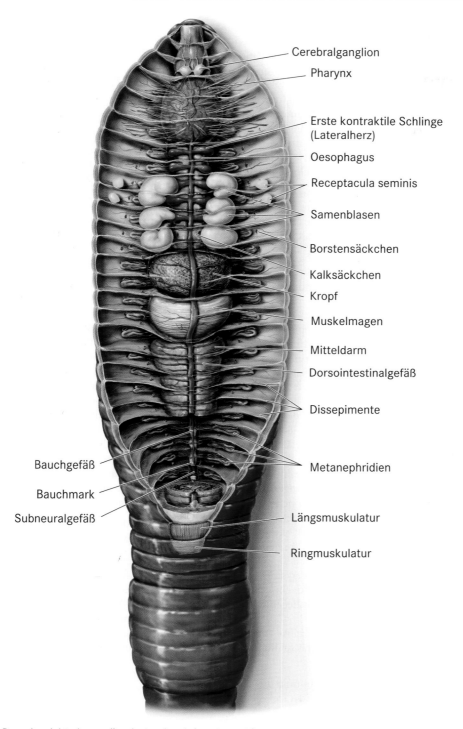

Abb. 103 Dorsalansicht eines präparierten *Lumbricus terrestris*

an Breite den Magen übertrifft, läuft geradlinig, sich allmählich verschmälernd nach hinten. Er wird durch die sich ansetzenden Dissepimente segmental eingeschnürt und ist von einer gelbbraunen Masse bedeckt, die sich besonders im Zuge des Rückengefäßes anhäuft und, wie wir mit dem Stereomikroskop erkennen können, aus keulenförmigen, zelligen Anhängen besteht. Es handelt sich um die so genannten **Chloragogzellen**, das sind stark vergrößerte und umgewandelte Zellen des visceralen Coelomepithels.

- Den Mitteldarm seitlich eine Strecke weit aufschneiden, man erkennt die als Längsfalte in sein Lumen hineinragende **Typhlosolis**, die im hinteren Mitteldarm fehlt.

Sie wird von Gefäßen durchzogen, ist von Chloragogzellen erfüllt und bewirkt eine bedeutende Vergrößerung der sezernierenden und resorbierenden Darmfläche.

Das starke **Rückengefäß** liegt dorsal dem Darm auf; es ist bis in die Region des Pharynx zu verfolgen. Es ist kontraktil und treibt das Blut nach vorn. Ein Nach-hinten-Fließen des Blutes bei der Diastole (Erweiterung von Gefäßabschnitten) wird durch Ventilklappen verhindert. Bei frisch getöteten Würmern sind die rhythmischen Kontraktionen des Gefäßes gut zu beobachten. Im 7. bis 11. Segment gehen vom Rückengefäß jederseits Gefäßschlingen ab, die den Oesophagus umfassend in das ventral vom Darm verlaufende Bauchgefäß einmünden. Die Wandung dieser Gefäßschlingen, die gleichfalls im Inneren mit Ventilklappen ausgestattet sind, ist besonders muskelzellreich. Peristaltische Kontraktionen dieser als **Lateralherzen** bezeichneten Gefäßschlingen treiben das Blut vom Rücken- in das Bauchgefäß. Im 12. Segment münden in das Rückengefäß zwei von vorn kommende Längsgefäße ein, die rechts und links dem Oesophagus anliegen (Oesophagusgefäße).

Im Bereich des Darmes selbst münden in jedem Segment drei Paar Gefäßschlingen in das Rückengefäß ein.

- Gefäßschlingen durch Abpinseln der sie dicht bedeckenden Chloragogzellen freilegen.

Die vorderste Schlinge ist sehr zart und daher nicht immer gut erkennbar; sie wurde in Abb. 103 nicht dargestellt. Sie verläuft dicht an dem

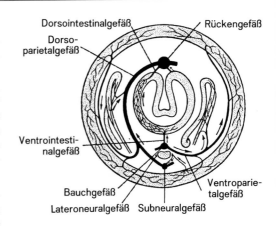

Abb. 104 *Lumbricus*. Schema des Gefäßsystems im Querschnitt

das betreffende Segment vorn abschließenden Dissepiment, wird als Dorsoparietalgefäß bezeichnet und kommt (Abb. 104 und 105) von dem unterhalb des Bauchmarks gelegenen Subneuralgefäß her, wobei sie Seitenzweige von der Körperwand und den Nephridien aufnimmt. Deutlich sichtbar sind stets die beiden hinteren Schlingen (Dorsointestinalgefäße), die das Blut aus dem Capillarnetz der Darmwand (s. S. 196) ableiten, das seinerseits von dem zwischen Darm und Bauchmark gelegenen **Bauchgefäß** (**Subintestinalgefäß**) gespeist wird. Diese ventralen Abschnitte des Gefäßsystems können besser in jener Region erkannt werden, in der die Körperwand seitlich aufgeschnitten wurde.

- Eventuell den Darm noch etwas zur Seite ziehen und feststecken.

Man sieht jetzt noch ein weiteres segmentales Gefäßpaar, die **Ventroparietalgefäße**, die vom Bauchgefäß zur Körperwand ziehen.

Insgesamt kann man vom Gefäßsystem folgendes Schema entwerfen (Abb. 104 und 105): Einem dorsalen Hauptgefäß (Rückengefäß), in dem das Blut von hinten nach vorn getrieben wird, stehen zwei ventrale Gefäße gegenüber, das subintestinale (Bauchgefäß) und das subneurale, in denen das Blut von vorn nach hinten fließt. Das Rückengefäß ist mit den beiden ventralen in jedem Segment durch zwei Gefäßbogen verbunden. Der eine, als splanchnischer Bogen bezeichnet, entspringt mit mehreren Wurzeln

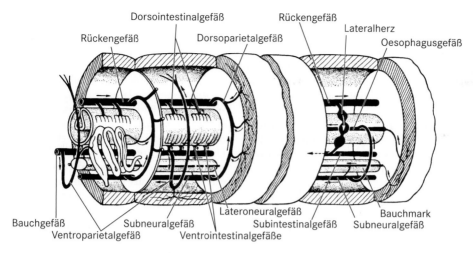

Rückengefäß
Dorsointestinalgefäß
Dorsoparietalgefäß
Rückengefäß
Lateralherz
Oesophagusgefäß
Lateroneuralgefäß
Bauchmark
Bauchgefäß
Subneuralgefäß
Subintestinalgefäß
Subneuralgefäß
Ventroparietalgefäß
Ventrointestinalgefäße

Abb. 105 *Lumbricus.* Schema des Gefäßsystems, links im Bereich des Darmes, rechts im Bereich des Oesophagus

(Ventrointestinalgefäße) aus dem subintestinalen Gefäß, teilt sich zum Capillarnetz der Darmwand auf und mündet durch die Dorsointestinalgefäße ins Rückengefäß. Der zweite Gefäßbogen, als somatischer bezeichnet, breitet sich mit seinen capillaren Verzweigungen vor allem in der Körperwand aus, steht also unter anderem im Dienst der Hautatmung. Sein zuführendes Gefäß ist das ventroparietale, das vom Bauchgefäß entspringt, seine abführenden Gefäße sind die vom subneuralen zum Rückengefäß ziehenden Dorsoparietalgefäße und die aus der Haut zu den Lateroneuralgefäßen ziehenden Adern. Die vordere Körperregion weicht von diesem Schema ab, einmal durch Ausbildung der beiden seitlichen Oesophagusgefäße, besonders aber durch die Einschaltung der Lateralherzen als direkte Verbindungen zwischen Rücken- und Bauchgefäß.

Die **Dissepimente** sind zarte, gefensterte und daher die Körpersegmente nur unvollkommen trennende Wände, die sich am Darm und an der Leibeswand anheften und nur den vordersten Segmenten fehlen. Sie entwickeln sich als Duplikaturen des Peritoneums, das die ganze Leibeshöhle auskleidet. In einigen Segmenten der Oesophagusregion werden sie zu dicken, nach hinten geneigten, muskulösen Scheidewänden.

In jeder Coelomkammer findet man rechts und links vom Darm als opake, in Querschlingen liegende Kanälchen die **Metanephridien** (Segmentalorgane). Sie sind vom Peritoneum überzogen und durch eine Peritonealfalte an der vorderen Dissepimentwand befestigt; sie fehlen nur den ersten drei und den letzten Segmenten. Jedes Nephridium beginnt mit einem **Wimpertrichter** (**Nephrostom**), der jedoch nicht in demselben Segment wie das zugehörige Exkretionskanälchen, sondern in dem davor liegt. Die sehr kleinen und flachen Nephrostome sitzen mit kurzem, verdicktem Hals den rückwärtigen Dissepimentwänden der Coelomkammern im Bereich zwischen Darm und ventraler Leibeshöhlenbegrenzung vorn auf; ihre zum Nephridium führenden Kanälchen durchbrechen das Dissepiment.

Die Wimpertrichter muss man bei 20- bis 30facher Vergrößerung des Stereomikroskops und guter Beleuchtung (Mikroskopierlampe) im Gebiet des Mitteldarms in den Segmenten suchen, deren Dissepimente wenigstens im basalen Teil nicht zerstört sind. Man findet die sehr kleinen Nephrostome (⌀ 0,1mm) im Winkel zwischen Darm- und ventraler Körperwand den Dissepimenten vorn aufsitzend.

- Hierfür den Darm vorsichtig zur Seite schieben und mit zwei Nadeln fixieren.
- Abgelöste Chloragogzellen mit feinem Pipettenstrahl wegspülen.

Der muskulöse Endabschnitt der **Nephridialkanälchen** ist erweitert und wird als Harnblase bezeichnet. Sie mündet mit dem Exkretionsporus nach außen.

Vom **Geschlechtsapparat** fallen gleich bei der Eröffnung der Leibeswand die drei Paar großen, gelblich-weißen **Samenblasen** auf; es sind sackförmige Ausstülpungen der Dissepimente in den Segmenten 9 bis 13; sie umgreifen, wenn sie stark entwickelt sind, dorsal den Oesophagus.

- Oesophagus hinter dem Pharynx durchschneiden, mit der Pinzette anheben und sehr vorsichtig bis zum 12. Segment von seiner Unterlage trennen und abschneiden.

Die Samenblasen gehen von taschenförmigen Räumen aus, von denen der eine im 10., der andere im 11. Segment unter dem Oesophagus liegt. Es sind dies die sog. Samenkapseln, Coelomräume, die völlig von den segmentalen Coelomkammern „abgekapselt" sind. In ihnen liegen die Hoden und die grellweiß durch die Kapselwand schimmernden Samentrichter. Das erste und zweite Samenblasenpaar gehen von der vorderen Samenkapsel aus (Abb. 106 und 107), wobei das erste Paar eine nach vorn gerichtete Aussackung des Dissepiments 9/10 ist, das zweite eine nach hinten gerichtete des Dissepiments 10/11. Von der hinteren Samenkapsel stülpt sich das dritte Paar von Samenblasen nach hinten zu als Aussackung des Dissepiments 11/12 aus; es kann so groß werden, dass es noch das ganze Segment 13 durchsetzt.

- In die Decke der Samenkapseln ein Fenster schneiden und die trübe Spermiensuspension mit der Pipette ausspülen.

Man findet mit dem Stereomikroskop die wie kurzfingerige Handschuhe aussehenden **Hoden**. Sie sitzen der Basis der die Kapsel vorne begrenzenden Dissepimentwand an. Es sind insgesamt zwei Paar Hoden vorhanden, je eines im 10. und 11. Segment. Hinter jedem Hoden liegt einer der großen, flimmernden **Samentrichter**. Sie sehen wie Faltenfilter aus und setzen sich nach hinten in den Samenleiter fort. Die Samentrichter fallen durch ihr grelles Weiß auf. Es kommt durch den dichten Besatz ihrer Oberfläche mit stark lichtbrechenden, reifen Spermien zustande. Der **Samenleiter** durchbricht die gleichfalls von einem Dissepiment gebildete Hinterwand der Samenkapsel und zieht zunächst schräg, dann geradlinig nach hinten. Die beiden Samenleiter einer Seite vereinigen sich zu einem Kanal, der im 15. Segment den Hautmuskelschlauch durchsetzt und mit der männlichen Geschlechtsöffnung ausmündet.

Die **männlichen Geschlechtszellen** lösen sich unreif, in Form mehrkerniger, kugeliger Follikel von den Hoden ab, geraten in die Samenkapsel, dann in die Samenblasen, wo sie Teilungen und ihre Enddifferenzierung durchmachen. Im Zuge der Teilungen entsteht eine zentrale Cytoplasmamasse (**Cytophor**), an der

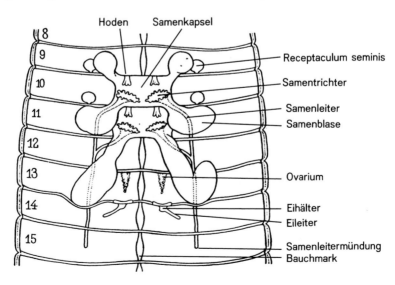

Abb. 106 Geschlechtsorgane des Regenwurmes, *Lumbricus terrestris*

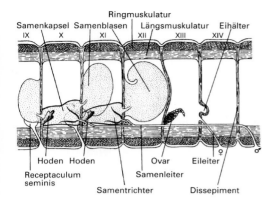

Ringmuskulatur

Samenkapsel Samenblasen   Längsmuskulatur   Eihälter
IX   X   XI   XII   XIII   XIV

Hoden Hoden   Ovar   Eileiter
Receptaculum   Samenleiter
seminis
            Samentrichter   Dissepiment

Abb. 107 Schematischer Längsschnitt durch die Genitalsegmente von *Lumbricus terrestris*. (Nach Hesse)

letztlich Spermien ausgebildet werden, die in die Samenkapseln zurückwandern, aus denen sie durch die Samentrichter abgeleitet werden.

- Mit dem Phasenkontrastmikroskop einen Tropfen des mit 0,43%iger NaCl-Lösung verdünnten Samenblaseninhalts mikroskopieren.

In der Suspension erkennt man neben den Entwicklungsstufen von *Monocystis* (Gregarinen) die verschiedenen Stadien der Spermienentwicklung.

Die **weiblichen Geschlechtsorgane** bestehen aus einem Paar sehr kleiner, wie Zipfelmützen aussehender opak-weißlicher **Ovarien**, die vorn im 13. Segment, rechts und links neben dem Bauchmark der Basis des Dissepiments 12/13 angeheftet sind, und zwei kurzen, schräg nach hinten und außen gerichteten **Eileitern**, die im 14. Segment ausmünden. Die Eileiter beginnen mit einem Flimmertrichter, der mit nach vorne gerichteter Öffnung flach im Dissepiment 13/14 liegt.

Unmittelbar darüber bildet das Dissepiment häufig je eine kleine, den Samenblasen entsprechende Aussackung, die **Eihälter**, in denen sich die zur Ablage bereiten Eier ansammeln.

- Die Samenblasen und den Oesophagus im 13. Segment seitlich verschieben und mit Nadeln fixieren. Wurde bei der Präparation der männlichen Geschlechtsorgane der Oesophagus nicht nur bis zum 12. Segment, sondern ganz entfernt, so sind die Ovarien nur dann

noch erhalten, wenn man sehr umsichtig präpariert hat. Im anderen Fall wurden sie mit dem Dissepiment 12/13 herausgerissen.

Zum Geschlechtsapparat gehören außerdem noch zwei Paar **Receptacula seminis (Spermathecae)**, Einstülpungen des Integuments, die zur Leibeshöhle hin geschlossen sind und als weiße, kugelrunde Körper auffallen, die lateral im 9. und 10. Segment liegen. Man kann sie leicht finden und, von hier aus die Segmente zählend, zur Orientierung benutzen.

Bei der gegenseitigen **Begattung** legen sich zwei Würmer mit der Bauchfläche aneinander, und zwar so, dass das Clitellum des einen Wurmes den Segmenten 9 bis 15 und damit den Öffnungen der Receptacula seminis des anderen anliegt. Drüsen scheiden nun schleimige Sekrete ab, welche die Genitalregionen wie mit einer Manschette umhüllen. Das aus der männlichen Öffnung austretende Sperma wird in der sich durch Muskelkontraktion zu einem Rohr schließenden Samenrinne bis zu den Receptacula seminis des Partners geleitet und dort gespeichert. Dann trennen sich die Würmer. Zur Eiablage bildet der Wurm erneut einen Sekretgürtel um die Region des Clitellums herum. Dieser Gürtel wird durch peristaltische Bewegungen des Hautmuskelschlauches langsam kopfwärts verschoben. Während er an den beiden weiblichen Geschlechtsöffnungen vorbeigleitet, werden in ihm ein (bei *Lumbricus terrestris*) oder einige Eier abgelegt. Dann zieht sich der Wurm allmählich nach rückwärts aus dem Gürtel heraus; beim Passieren der Receptacula seminis wird Sperma zu den Eiern gegeben. Ist der Gürtel ganz abgestreift, so schließt er sich vorn und hinten und wird so zu einem zitronenförmigen, Eier, Sperma und eine eiweißreiche Flüssigkeit enthaltenden **Kokon**. Der Keim ernährt sich mithilfe einiger zum Munde führenden Wimperorganellen vom Eiweiß der Kokonflüssigkeit. Die Entwicklung dauert drei bis vier Monate, dann verlassen die Jungwürmer die schützende Hülle. *Lumbricus terrestris* kann zehn Jahre alt werden.

- Jetzt die Samenkapseln mit den anhängenden Samenblasen abtragen, unter Schonung des Cerebralganglions den Pharynx und den Darm einschließlich des ihrer Ventralseite angelagerten Bauchgefäßes entfernen.

Als Teil des **Nervensystems** besteht das **Bauchmark** aus zwei Längssträngen, die aber so innig miteinander verbunden sind, dass sie wie ein einziger Strang erscheinen. Die in der Mitte eines jeden Segments liegenden Ganglien sind nicht scharf abgesetzt. Von jedem Ganglion gehen dicht beieinander zwei Paar Nerven ab, die in den Hautmuskelschlauch übertreten. Ein drittes, feineres Nervenpaar entspringt weiter vorn vom Bauchmark, dicht am Dissepiment.

- Das Bauchmark eine Strecke weit von seiner Unterlage abtrennen.

Man sieht das mäßig starke Subneuralgefäß, während die ihm rechts und links anliegenden feinen lateroneuralen Gefäße in Abhängigkeit von der Blutfüllung meist nur streckenweise zu erkennen sind. In jedem Segment geht vom subneuralen Gefäß rechts und links eines der oben erwähnten dorsoparietalen Gefäße ab, und in jedem Segment führen ihm zwei von den lateroneuralen Blutbahnen kommende Adern Blut zu. Die Lateroneuralgefäße empfangen ihrerseits Blut aus der Haut.

Die ersten vier Ganglienpaare sind zum **Unterschlundganglion** zusammengerückt. Davor spaltet sich das Bauchmark in die beiden Schlundkonnektive auf, die beiderseits des Pharynx zu dem im dritten Segment liegenden **Cerebralganglion** (Gehirn) aufsteigen. Das Gehirn ist paarig und weist damit auf seine Entstehung aus zwei getrennten Ganglien hin. Nach vorn entsendet es zwei relativ starke Nervenpaare, die die Sinnesorgane des Prostomiums versorgen. Von dem unmittelbar unter der Epidermis liegenden und das ganze Tier durchziehenden Nervenplexus können wir – ebenso wie von den in der Epidermis und im Verlauf von Nerven liegenden Lichtsinneszellen – nichts erkennen.

Mikroskopische Betrachtung

Die Regenwürmer fressen die an organischen Substanzen reiche Erde der oberen Bodenschichten, gleichzeitig nehmen sie sich zersetzende Blätter auf. Dementsprechend besteht ihr Darminhalt – wie das Mikroskop zeigt – aus einer Mischung von Erde und pflanzlichen Resten. Der viele organische Bestandteile und Bakterien enthaltende Kot wird nachts an der Erdoberfläche abgesetzt. Aufgrund seiner Beschaffenheit vermag er weit mehr Wasser zu speichern als der Boden, in dem die Würmer leben. Die Bedeutung, die *Lumbricus terrestris* und seine Verwandten für die Humusbildung und die Bodenumlagerung haben, kann nicht überschätzt werden.

- Es ist eine nicht ganz leichte, aber lohnende Aufgabe, eines der **Metanephridien** in ganzer Länge herauszupräparieren, das dann in einem Tropfen 0,43%iger NaCl-Lösung mikroskopiert wird.
- Dazu die Verbindung mit dem Exkretionsporus durchtrennen. Außerdem den medialen, vom Metanephridium durchbohrten Abschnitt der vorderen Dissepimentwand mit herausschneiden, um nicht den präseptalen Abschnitt mit dem Wimpertrichter zu verlieren.

Man sieht, dass der Wimpertrichter die Form eines abgeflachten Trichters hat, dass das Exkretionskanälchen reich von Blutgefäßen umsponnen wird und dass seine einzelnen Abschnitte verschiedene Durchmesser haben. Bei frisch getöteten Tieren ist im Innern des Kanälchens eine lebhafte Flimmerbewegung zu beobachten, die dem Transport der Exkretionsstoffe dient. Nicht selten finden sich in dem Kanälchen sehr kleine, sich lebhaft schlängelnde Nematoden, Jugendstadien von *Rhabditis pellio*, die, wenn sie durch den Tod des Wirtes frei werden, sich binnen kurzem zu geschlechtsreifen Tieren entwickeln.

- Ovarien in Wasser oder Glycerin unter dem Deckglas bei schwacher Vergrößerung betrachten.

Die einzelnen Eier sind gut zu erkennen. Ihre Bildungszone liegt in der am Dissepiment angehefteten Basis des Organs, während fertig entwickelte Eier seine Spitze einnehmen.

- Eine **Samenblase** auf dem Objektträger zerzupfen.

Man findet meist, außer den schon erwähnten parasitischen Nematoden, Gregarinencysten und fast immer auch freie Gregarinen vor (vgl. S. 29), in einer mit 0,43%iger NaCl-Lösung verdünnten Samenblasenflüssigkeit außerdem alle Entwicklungsstadien der männlichen Geschlechtszellen. Die Jugendformen sind durch Vermittlung einer Cytoplasmamasse (Cytophor, Blastophor) zu 8, 16 oder mehr zu Rosetten oder morulaähnlichen Körperchen vereint. So machen sie Vermehrungsteilungen durch und reifen heran, und in dem Maße, in dem sie länger werden und Geißeln ausbilden, nehmen die Spermienbüschel sternförmiges Aussehen an. In der Mehrzahl handelt es sich um Spermatogonien und Spermatocyten.

In der Leibeshöhle der Regenwürmer findet man vor allem in den hinteren Segmenten die sog. Bällchen, kugelige bis längliche, weißlich bis gelblich-braune Gebilde von etwa 0,5 bis 1mm Durchmesser. Es handelt sich um Zusammenballungen von Blutzzellen, Chloragogzellen, Borstenresten, Gewebsfetzen, Gregarinencysten und Nematoden. Sie entstehen in allen Segmenten, werden aber schließlich durch die ventrale Dissepimentöffnung in die hinteren Segmente befördert. Dort gelangen sie schließlich über Coelomporen nach außen.

Histologie

- Es werden mit Azan oder Hämatoxylin-Eosin gefärbte Querschnitte durch die mittlere Körperregion eines Regenwurmes mikroskopiert.

In der Mitte des Präparates (Abb. 108) ist der Querschnitt des Darmes und zwischen ihm und dem dicken Hautmuskelschlauch eine geräumige Leibeshöhle zu sehen.

Die Dorsalseite des Darmes ist durch die nach innen vorspringende Typhlosolis gekennzeichnet. Über ihr liegt das Rückengefäß, unter dem Darm das Bauchgefäß und unter diesem wiederum das Bauchmark. Rechts und links vom Darm sind in der Leibeshöhle Anschnitte der Metanephridien zu sehen.

Die **Epidermis** ist ein einschichtiges, aus schmalen, prismatischen Zellen zusammengesetztes Epithel. Außen liegt die dünne Cuticula. Zwischen den gewöhnlichen Epidermiszellen finden sich zahlreiche, ein schleimiges Sekret absondernde Drüsenzellen, die sich durch ihre bauchige Form und den bei Hämatoxylin-Eo-

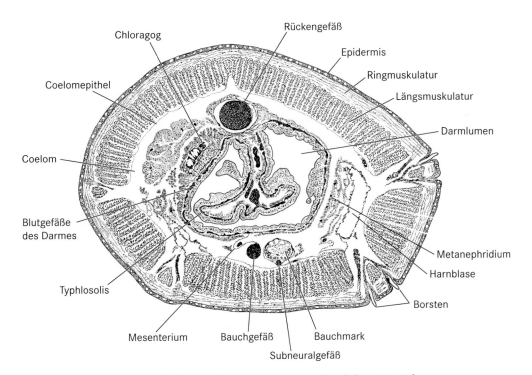

Abb. 108 Querschnitt durch die Körpermitte vom Regenwurm, *Lumbricus terrestris*

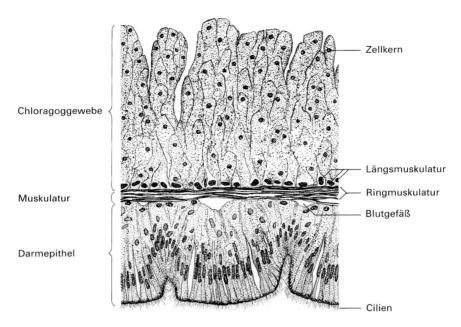

Zellkern

Chloragoggewebe

Längsmuskulatur

Ringmuskulatur

Muskulatur

Blutgefäß

Darmepithel

Cilien

Abb. 109 *Lumbricus terrestris.* Darmwand quer. 350×

sin-Färbung blauen Farbton zu erkennen geben. Seltener sind die durch das Eosin rötlich gefärbten, eiweißreichen Sekrete liefernde Drüsenzellen. Der Schleim gereizter Regenwürmer enthält einen Schreckstoff.

Unmittelbar unterhalb der Epidermis liegt, von einer äußerst feinen Basalmembran abgesehen, die deutlich in zwei Schichten gesonderte **Muskulatur**. Die äußere Schicht umfasst die Ringmuskelzellen, die einzeln in ein lockeres Bindegewebe eingelassen und deren Kerne gut erkennbar sind. Die Längsmuskelzellen der sehr viel dickeren inneren Schicht sind in größerer Zahl innerhalb schmaler, durch zarte Bindegewebssepten getrennte Fächer zweireihig angeordnet.

Die Innenfläche des Hautmuskelschlauches wird vom **Coelothel** bedeckt. Letzteres umhüllt auch die in der Leibeshöhle liegenden Organe. Obwohl es nur ein flaches Epithel ist, lässt es sich doch sehr gut erkennen.

An vier Stellen ist der Hautmuskelschlauch durch die paarweise angeordneten, leicht S-förmig gekrümmten Borsten unterbrochen. Sie sitzen in Hauteinstülpungen, den Borstentaschen, an denen Muskelbündel ansetzen, die die Bors-

ten bewegen. Eine weitere Unterbrechung des Hautmuskelschlauches findet sich dorsal, genau median zwischen den Segmenten.

In der **Darmwand** (Abb. 109) lassen sich verschiedene Schichten unterscheiden. Innen liegt das Darmepithel aus zylindrischen Zellen, die Mikrovilli und Cilien tragen. Zwischen den resorbierenden Darmzellen finden sich zahlreiche bauchige, stärker gefärbte Drüsenzellen. Das Epithel der vorderen Darmregion scheidet peritrophische Membranen ab. Außen ist das Darmepithel bedeckt von einer Ring- und einer Längsmuskelschicht, die beide sehr dünn sind. Zwischen ihnen und dem Darmepithel breitet sich das zwischen Rücken- und Bauchgefäß eingeschaltete Capillarnetz aus. Das den Darm außen umziehende Coelomepithel ist ungewöhnlich hoch; es ist zu Chloragoggewebe umgebildet.

Zwischen Darm und Bauchgefäß spannt sich ein Mesenterium aus, in dem wir meist Anschnitte jener Gefäße erkennen, die vom Bauchgefäß zum Capillarnetz der Darmwand aufsteigen. Die von diesem Capillarnetz zum Rückengefäß führenden Dorsointestinalgefäße und die vom Bauchgefäß und vom Subneuralge-

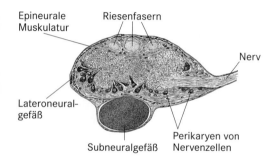

Epineurale Muskulatur

Riesenfasern

Nerv

Lateroneuralgefäß

Subneuralgefäß

Perikaryen von Nervenzellen

Abb. 110 *Lumbricus.* Querschnitt des Bauchmarks. (Nach K. C. Schneider)

II. Hirudinea, Egel

Technische Vorbereitungen

- Zur Untersuchung gelangt *Hirudo medicinalis*, der Medizinische Blutegel. Die Tiere lassen sich in kühl aufgestellten, zugedeckten Aquarien sehr lange ohne Fütterung halten.
- Abgetötet werden sie in einem verschließbaren Glasgefäß mit Chloroform, oder, was für die Untersuchung des Nervensystems vorteilhafter ist, durch Einlegen in 10%igen Alkohol.
- An mikroskopischen Präparaten sind mit Hämatoxylin-Eosin oder Azan gefärbte Querschnitte der mittleren Körperregion erforderlich.

Lebende Blutegel sind erhältlich bei ZAUG – Biebertaler Blutegelzucht, Talweg 31, 35444 Biebertal, können aber auch in vielen Apotheken bestellt werden.

Allgemeine Übersicht

Egel sind meist 2–5cm lange, selten bis gut 10cm und im Ausnahmefall bis 30cm lange Anneliden. Sie kommen insbesondere in flachen, ruhigen oder langsam fließenden Süßgewässern vor, treten aber auch im Meer auf. In den südostasiatischen und australischen Tropen gibt es sogar terrestrische Formen, die Haemadipsidae. Egel sind Räuber oder Ectoparasiten; manche Arten zeigen Übergänge zwischen diesen Ernährungsweisen. Die räuberischen Formen leben von Wirbellosen, die Parasiten befallen Wirbellose (z.B. Schnecken, Krebse und Insekten) und Wirbeltiere. Die an Wirbeltieren parasitierenden Formen sind i.a. nicht wirtsspezifisch, beschränken sich aber meist auf eine Wirbeltierklasse, so befallen z.B. die Piscicolidae Süßwasser- und Meeresfische.

Die Hirudinea sind dadurch gekennzeichnet, dass ihr embryonal noch annelidentypisch angelegtes Coelom nach Rückbildung der Dissepimente zu einem den ganzen Körper durchziehenden System von Längs- und Querkanälen mit Gefäßfunktion eingeengt wird. Diese Umwandlung des Coeloms steht in Beziehung zur

fäß abgehenden Schlingen (Ventroparietal- und Dorsoparietalgefäße) werden natürlich nur bei vereinzelten Präparaten getroffen sein.

Ventral vom Bauchgefäß und ohne mesenteriale Verbindungen mit ihm liegt das **Bauchmark** (Abb. 110). Seine paarige Natur ist, besonders an Schnitten durch die Segmentgrenzen, deutlich erkennbar. Im Bereich der Ganglien sind die beiden Längsstränge dagegen durch zahlreiche Querfasern eng aneinander geschlossen. Ventral und lateral sind große, birnenförmige Perikaryen von Ganglienzellen zu einer Schicht angeordnet. Dorsal fallen drei sehr dicke Nervenfasern auf, die so genannten **Riesen-** oder **Kolossalfasern**, die das Bauchmark in ganzer Länge durchziehen. Sie bestehen aus segmentlangen Einzelstücken, die an schräg verlaufenden Synapsen aneinander grenzen. In den Riesenfasern wird die für den Zuckreflex verantwortliche Erregung geleitet. Die Leitungsgeschwindigkeit ist viel höher als in den übrigen Axonen. – Umhüllt wird das Bauchmark vom Coelomepithel und Muskelzellen.

In der Epidermis sind Sinneszellen nur mit besonderen histologischen Methoden darstellbar. Sie treten am Vorderende (vor allem auf dem Prostomium) und am Hinterende gehäuft auf. Das gilt im besonderen Maße für die Lichtsinneszellen, die außerdem an den Gehirnnerven und im Gehirn selbst zu finden sind. Sie sind pigmentlos und auch von keiner Pigmentzelle umhüllt. Der **Lichtreception** dienen Mikrovilli, die von der Wand eines kugelförmigen Binnenraumes der Lichtsinneszellen entspringen, der auch Binnenkörper oder Phaosom genannt wird. Er ensteht durch Einfaltung der apikalen Zellmembran.

mächtigen Entwicklung des Muskelgewebes, zur Ausdehnung des Bindegewebes und zur speziellen Differenzierung der Coelomepithelzellen im Innern des Körpers zu großen Botryoidzellen (S. 202). Durch den Besitz zellreicher Gewebe wird eine oberflächliche Ähnlichkeit mit den Plathelminthes erzeugt, die durch die dorso-ventrale Abplattung des Körpers noch verstärkt wird.

Ferner sind Hirudineen durch das Fehlen von Borsten (Ausnahme: Acanthobdellida) und den Besitz zweier **Saugnäpfe** gekennzeichnet. *Acanthobdella* besitzt nur einen, den hinteren, Saugnapf. Der hintere, größere, liegt ventral vom After und dient nur zum Festheften, der vordere wird von der Mundöffnung durchbohrt und dient daher auch noch der Nahrungsaufnahme. Egel bewegen sich, indem sie sich abwechselnd mit einem der beiden Saugnäpfe festheften.

Die Zahl der **Segmente** beträgt außer bei *Acanthobdella* stets 32, das Clitellum erstreckt sich über das 10.–12. Segment, ist aber nur zur Zeit der Eiablage gut erkennbar. Die Epidermis ist sekundär geringelt. Auf ein Segment entfallen 2 bis 14 äußere Ringel.

Die hochprismatische, von einer relativ dünnen Cuticula bedeckte **Epidermis** besteht aus keratinfilamentreichen Epithelzellen, die die Cuticula bilden und deren kernhaltiger Bereich etwas in die Tiefe abgesenkt ist. In diesen Epithelverband sind primäre Sinneszellen und verschiedenartige, z.T. sehr große Drüsenzellen eingebaut. Der schlauch- oder birnenförmige Zellleib der Drüsenzellen ist oft tief in die Dermis bis in den Hautmuskelschlauch verlagert.

Unter der drüsenreichen **Epidermis** liegen die Dermis und in Bindegewebe eingebettete Muskulatur, und zwar zu äußerst eine Ringmuskelschicht, dann eine Schicht mit diagonal sich kreuzenden Fasern und nach innen eine starke Längsmuskulatur. Diese Muskelschichten bilden den kräftigen Hautmuskelschlauch, dem funktionell noch die dorso-ventrale Muskulatur, die in einzelnen Bündeln vom Rücken zur Bauchfläche zieht und den Körper abflacht, angehört. Diese Muskulatur erlaubt den Egeln vielfältige Körperbewegungen. Die meisten Egel kriechen im Allgemeinen spannerartig am Boden von Gewässern oder auf Steinen und Pflanzen im Wasser und können auch schwimmen.

Das **Nervensystem** der Egel ähnelt grundsätzlich dem der anderen Anneliden. Vorn und hinten verschmelzen Ganglien zu größeren Gebilden, vorn entsteht ein Gehirn, hinten eine Ganglienmasse, das große Caudalganglion, das den hinteren Saugnapf versorgt. Das **Gehirn** besteht aus Ober- und Unterschlundganglion (Cerebralganglion). Das Oberschlundganglion besteht aus einer relativ großen dorsalen Ansammlung von Nervengewebe im Prostomium, das Unterschlundganglion aus einer ventralen Masse von Nervengewebe, die aus vier verschmolzenen Ganglien des Bauchmarks hervorgeht. Ober- und Unterschlundganglion sind lateral durch die Schlundkonnektive miteinander verbunden. Das eigentliche **Bauchmark** besitzt 21 Ganglien, denen sich das Caudalganglion anschließt, das aus sieben verschmolzenen Ganglien besteht. Jedes Ganglion des Bauchmarks besitzt ca. 200 (bei *Hirudo* ca. 400) Paare recht großer Neurone, deren Perikaryen peripher liegen. Im Zentrum der Ganglien befindet sich ein Neuropil mit Synapsen. Die Perikaryen vieler Neurone sind so groß, dass sie ein bevorzugtes Objekt experimentell arbeitender Neurowissenschaftler geworden sind. In den Ganglien befinden sich verschiedene sensible Neurone, erregende und hemmende Motorneurone und kleine Interneurone. Im Oberschlundganglion kommen auch neurosekretorische Neurone vor. In der Längsrichtung sind die Ganglien durch eng beieinander liegende Konnektive verbunden. Diese bestehen aus zwei Hauptfaserbündeln (bei *Hirudo* mit je ca. 2800 Nervenfasern) und einem kleinen Bündel (Faivres Bündel), das ein relativ großes Axon (Rohde-Axon) und ca. 100 kleinere Fasern enthält (Abb. 113). Das Rohde-Axon dient der schnellen Leitung. Von jedem Ganglion gehen auf jeder Seite zwei Seitenwurzeln mit zahlreichen Nervenfasern aus.

An Neurotransmittern wurden Acetylcholin, biogene Amine (z.B. Serotonin), Glycin, Glutamat und Gaba nachgewiesen. Die Perikaryen der Neurone eines Ganglions bilden sechs strukturell abgegrenzte Pakete, je ein unpaares vorderes und hinteres Paket, zwei anterolaterale Pakete und zwei posterolaterale Pakete (Abb. 113). In jedem Paket befinden sich eine oder mehrere große Gliazellen.

Egel besitzen verschiedenartige **Sinneszellen**. Die Lichtsinneszellen gehören zum Rhabdomer-Typ und können in Gruppen vorkommen, die von becherförmig angeordneten Pigment-

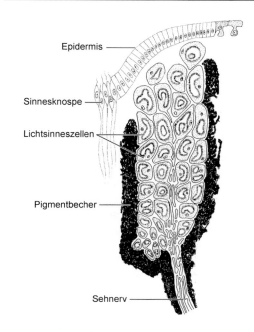

Epidermis

Sinnesknospe

Lichtsinneszellen

Pigmentbecher

Sehnerv

Abb. 111 Pigmentbecherocellus von *Hirudo medicinalis*. Längsschnitt. 160 ×.

zellen umgeben sind; es entstehen auf diese Weise zwei bis zehn Pigmentbecheraugen. Ein solches Auge enthält ca. 40 Lichtreceptorzellen (Abb. 111), deren basale Fortsätze einen Nervus opticus aufbauen; Nervi optici erreichen das Oberschlundganglion oder das Ganglion VII. Außerdem existieren in der Epidermis Sinnespapillen, die auch Sinnesknospen genannt werden und die dorsal Reihen bilden oder ringförmig um den ganzen Körper angeordnet sind. Sie finden sich meist auf dem mittleren Ring der Segmente. Sinneszellen der Papillen sind primäre Sinneszellen. Sensible Neurone entsenden bis in die Epidermis sensible Endigungen. In der Muskulatur finden sich Proprioreceptoren. Egel sind in der Lage, Vibrationen im Wasser, sich bewegende Objekte, verschiedene chemische Substanzen und Organismen mit hoher Körpertemperatur wahrzunehmen.

Der **Darm** beginnt mit einem sehr verschieden gestalteten Pharynx, nach dessen Bau wir **Gnathobdellida (Kieferegel)**, **Rhynchobdellida (Rüsselegel)** und **Pharyngobdellida (Schlundegel)** unterscheiden. Bei den Kieferegeln entspringen an der Innenseite des Pharynx drei

reich bezahnte, halbkreisförmige Kiefer; bei den Rüsselegeln kann der ganze, vorn oft zugespitzte, kieferlose Pharynx, der in der Ruhe in einer mit Längsmuskulatur ausgestatteten Tasche, der Rüsselscheide, liegt, aus dieser vorgestreckt werden; bei den Schlundegeln fehlen Kiefer wie Rüssel; das Einsaugen der Nahrung erfolgt mit dem muskulösen Schlund (Pharynx). Am Mitteldarm finden sich meist paarige Blindsäcke, die sein Fassungsvermögen erheblich vergrößern. Der Enddarm zeigt häufig vor seiner Ausmündung in den durch den hinteren Saugnapf dorsalwärts verschobenen After noch eine Erweiterung.

Die mit nur einer Art vertretenen Acanthobdellida besitzen wie die Oligochaeten ein recht gut ausgebildetes primäres **Blutgefäßsystem** und vorn noch fünf typische Coelomhöhlen. Auch die Rüsselegel besitzen ein primäres Blutgefäßsystem, ihr Coelom ist aber zu schlauchförmigen Strukturen umgeformt, die auch Gefäßfunktion haben; besonders auffällig sind je ein großer ventraler und dorsaler Längsschlauch, von denen seitlich schlingenförmige Äste abgehen. Bei den Kiefer- und Schlundegeln fehlt das primäre Blutgefäßsystem völlig. Es wird in diesen Gruppen durch die gefäßartig verengten Coelomschläuche ersetzt. Diese Schläuche werden mit verschiedenen Namen versehen. Verbreitet werden sie hämatocoelomatische Kanäle genannt. Man findet aber auch die Bezeichnungen Kanäle, Sinus oder oft auch einfach Gefäße. Das Coelomepithel ist in den allermeisten dieser Kanäle zu einem sehr dünnen Endothel umgewandelt, wie es auch die Blutgefäße der Wirbeltiere kennzeichnet. In vielen kapillären Abschnitten ist das Coelomepithel zu hohen nährstoffspeichernden, braun pigmentierten Zellen umgewandelt, die Botryoidzellen genannt werden. Die Flüssigkeit in diesem Kanalsystem ist Blut, das frei gelöstes Hämoglobin enthält. Das System der hämatocoelomatischen Kanäle ist geschlossen. Zwei große Lateralkanäle haben Herzfunktion („Röhrenherzen"), von ihnen gehen pro Körpersegment drei größere Verzweigungen ab. Weitere wichtige Kanäle sind ein Ventral- und ein Dorsalkanal. Im Ventralkanal liegt das Bauchmark. Vorn und hinten sind all diese längsverlaufenden Kanäle ringförmig verbunden. Aber auch in den anderen Regionen sind die Kanäle der linken und rechten Körperhälfte über kleinere Verzweigungen miteinander verbunden. Feinste Verzweigungen des Kanalsystems werden Capillaren genannt. Sie versorgen alle Organsysteme. Weitere morphologische und funktionelle Details zum hämatocoelomatischen System finden sich im Speziellen Teil auf S. 202.

Als **Atmungsorgan** fungiert die Haut. Sie ist unter den Basen der Epidermiszellen von einem dichten Netz von Blutcapillaren durchzogen.

Die **Exkretionsorgane** sind abgewandelte Metanephridien, die in 10 bis 17 Körpersegmenten zu je einem Paar vorhanden sind. Jedes Nephridium besteht aus dem Wimperorgan (Ciliarorgan), dem in matrixreiches Bindegewebe eingebetteten Nephridialkanal (-tubulus) und der Harnblase, die über einen Gang mit der Außenwelt verbunden ist. Die Ausmündungsstelle (der Nephridioporus) liegt ventrolateral. Das **Ciliarorgan** liegt in einem erweiterten Abschnitt eines Kanals des hämatocoelomatischen Systems, der auch Ampulle genannt wird. Es entspricht einem zum ampullären Lumen offenen Nephrostom (Wimpertrichter) und kann bei einigen Arten in Zwei- oder Mehrzahl vorliegen. Die Wimpern treiben den Flüssigkeitsstrom im Bereich des Nephridiums an. Im Gegensatz zu den Oligochaeten besteht bei den Hirudineen jedoch keine offene Verbindung zwischen dem Ciliarorgan und dem Nephridialkanal. Bei manchen Arten besteht zwischen Ciliarorgan und Nephridialtubulus überhaupt keine strukturelle Kontinuität mehr. In der Tiefe geht der Wimpertrichter in eine eigentümliche, auch in der Ampulle gelegene, unbewimperte Kapsel (= Reservoir) über, in der sich Amöbozyten befinden. Diese Amöbocyten phagocytieren in den Körper eingedrungenes Fremdmaterial und gealterte Coelomocyten. Wahrscheinlich entstehen hier auch neue Coelomocyten.

Der gewundene **Nephridialkanal** ist von einem relativ flachen Epithel begrenzt. In ihn münden zahlreiche verzweigte feine Kanälchen (Canaliculi) ein, die intrazelluläre Gebilde großer Zellen sind, die auch Lappenzellen genannt werden. Sie umgeben in Gruppen oder kurzen Ketten den gewundenen Nephridialkanal, der oft auch Zentralkanal genannt wird, weil in ihn die vielen feinen Canaliculi einmünden. Insgesamt besitzt der gewundene Nephridialkanal mit den ihn umgebenden Lappenzellen ein läppchenförmiges, an eine Drüse erinnerndes Aussehen. Eingebettet in diese Gebilde sind viele Capillaren des hämatocoelomatischen Systems.

Die **Harnbereitung** erfolgt über mehrere Schritte: Aus dem ampullären Coelomabschnitt, in dem das Ciliarorgan liegt, erfolgt mittels Ultrafiltration (Podocyten in der Coelomwand) die Bildung eines Primärharns in das umgebende Bindegewebe. Von hier aus übernehmen die großen Lappenzellen mit ihren Canaliculi die weiteren Schritte der Harnbildung. Sie sezernieren Salze in den Canaliculus, der, wie erwähnt, ein feiner intrazellulärer tubulärer Raum ist. Wasser aus der Umgebung folgt mittels Osmose. Der stark hypertone Harn fließt in den Zentralkanal. Das Epithel des Zentralkanals resorbiert einen großen Teil der Salze und ist für Wasser weitgehend undurchlässig (wie die gestreckten Anteile der distalen Tubuli der Säugetierniere). Die rückresorbierten Salze werden über die reich entwickelten Blutcapillaren wieder abtransportiert. Ein wasserreicher, hypoosmotischer Harn erreicht die Harnblase und kann über den Nephridioporus nach außen ausgeschieden werden. Die Nephridien dienen also insbesondere der Osmoregulation.

Die Hirudineen sind **Zwitter**. Der männliche Geschlechtsapparat besteht aus einer Anzahl Hoden (bei *Hirudo* 9 Paare), die in den mittleren Körpersegmenten paarig und meist metamer angeordnet sind, und deren kurze Ausführgänge (Vasa efferentia) jederseits in ein nach vorn ziehendes Vas deferens münden. Beide Samenleiter wenden sich vorn zur ventralen Mittellinie, um mit einem gemeinsamen Endstück, das bei Gnathobdellida als ein vorstülpbarer Penis ausgebildet ist, auszumünden. Den beiden anderen Gruppen fehlt ein Penis.

Der weibliche Geschlechtsapparat besteht aus zwei stets vor den Hoden gelegenen Ovarien, die entweder gemeinsam nach außen münden oder kurze Ausführgänge, Eileiter, besitzen, die sich zu einem muskulösen, sackartig erweiterten Kanal, der Vagina, vereinigen. Den ausleitenden Gängen der Geschlechtsorgane ist Drüsengewebe angelagert.

Die Begattung ist wechselseitig. Dabei dringt der Penis in die weibliche Geschlechtsöffnung des Partners ein, oder es wird eine **Spermatophore** außen an beliebiger oder an bestimmter Körperstelle angeheftet (bei Rhynchobdellida und Pharyngobdellida). Die Spermien gelangen durch die Haut und dann entlang von Gewebslücken zu den Ovarien.

Die Eier werden im Frühjahr in Wasser oder feuchter Erde einzeln oder zu mehreren in Kokons verpackt abgelegt. Der **Kokon** und sein eiweißreicher, der Ernährung der Embryonen dienender Inhalt, wird von Hautdrüsen abgeschieden. Die Jungtiere ähneln den Adulti. Manche Hirudineen betreiben Brutpflege, z.B. *Glossiphonia* und *Helobdella*.

Spezieller Teil

Hirudo medicinalis,
Medizinischer Blutegel

- Vor dem Töten des Blutegels dessen **Fortbewegung** genauer ansehen.

Der mit dem hinteren Saugnapf festsitzende Egel streckt mit Hilfe einer Kontraktionswelle der zirkulären Muskulatur zunächst den Körper lang aus, heftet sich mit dem vorderen Saugnapf fest, hebt dann den hinteren ab und setzt ihn unmittelbar hinter den vorderen an, wobei sich der Körper mit Hilfe einer Kontraktionswelle der Längsmuskulatur verkürzt und krümmt. Dann löst sich der vordere Saugnapf wieder ab, der Vorderkörper streckt sich aus und so fort. Im Wasser vermögen die Tiere mit schlängelnden Bewegungen zu schwimmen. Das Schlängeln erfolgt in der Vertikalebene.

- Vor der Präparation die getöteten Tiere mit dem Stereomikroskop betrachten.

Der Körper ist dicht geringelt. Der Vorderkörper ist schmaler als der hintere Teil des Körpers. Jeweils fünf dieser Ringel (am Vorder- und Hinterkörper sind es weniger) entsprechen einem Segment. Rücken- und Bauchseite lassen sich leicht unterscheiden. Der Rücken ist mehr gewölbt, von grünschwarzer Farbe und durch gelb- oder rotbraune Längsstreifen geschmückt, von denen sich zwei an der Seite, zwei etwas dunklere auf dem Rücken finden. Die Zeichnung des Blutegels ist sehr variabel. Die flachere Bauchseite ist heller gefärbt, grünlich oder bräunlich. Egel können unter dem Einfluss neuroendokriner Faktoren ihre Farbe wechseln. An den beiden Körperenden findet sich je ein **Saugnapf**, der größere am Hinterende, der kleinere, eher löffelförmige, am Kopf.

- Mit dem Stereomikroskop in den Grund des Kopfsaugnapfes schauen.
- Den dreizipfeligen Mund mit der Pinzette etwas auseinander breiten und mit einem Stückchen Filterpapier den ausgetretenen Schleim abtrocknen.

Man sieht die dreistrahlig angeordneten Kiefer und die ihrem Rand in einer Reihe aufsitzenden, kalkhaltigen Zähnchen. An der Bauchseite fallen in der Medianlinie zwei auf kleinen Papillen stehende Öffnungen auf. Es sind die **Geschlechtsöffnungen**, vorn die männliche, dahinter die weibliche. Hin und wieder werden auch zu beiden Seiten der Mittellinie die feinen Poren sichtbar, mit denen sich in gewissen, der inneren Metamerie entsprechenden Abständen die Nephridien nach außen öffnen. Die Öffnungen werden **Exkretionsporen** genannt, von ihnen gibt es 17 Paare. Sie liegen in den Segmenten 6 bis 22. Auf dem mittleren Ringel jedes Segments erheben sich ringsherum feine Sinnespapillen. Im 1., 2., 3., 5. und 8. Ringel liegen je ein Paar als kleine schwarze Punkte erkennbare Augen (Pigmentbecherocellen; Abb. 111).

- Das Tier unter Wasser im Wachsbecken auf den Bauch legen, den hinteren Saugnapf mit einer starken Nadel feststecken, den vorderen mit einer zweiten Nadel durchbohren und den Blutegel ganz langsam, soweit es geht, in die Länge ziehen und diese Nadel dann ebenfalls feststecken.
- Diese Streckung so lange wiederholen, bis die äußerste Grenze der Dehnung des Egels erreicht ist.
- Nun den Rücken neben der dorsalen Mittellinie aufschneiden. Dieser Schnitt muss sehr vorsichtig geführt werden, damit der der dorsalen Körperwand anhaftende Darm nicht angeschnitten wird. Entweder ein sehr scharfes, vorn abgerundetes Präpariermesser benutzen oder eine feine Schere. Stets ganz oberflächlich schneiden, um ein Verletzen des Darmes, was sich meist sofort durch starken Bluterguss bemerkbar macht, zu vermeiden.
- Ist der Längsschnitt ausgeführt, zunächst sehr vorsichtig mit der Schere, unter Zuhilfenahme der Pinzette, die Körperhaut der einen, dann die der anderen Seite freipräparieren und feststecken.

Ist die Präparation gut gelungen, so sieht man den unversehrten Darmtrakt in voller Ausdehnung (Abb. 112). Am Grund des Mundsaugnapfes befinden sich die drei Kiefer. Sie werden von Muskeln bewegt, die nach hinten zur Körperwand ausstrahlen. Unmittelbar hinter dem oberen Kiefer liegt das Oberschlundganglion (Cerebralganglion), das dem Anfangsteil des muskelstarken Pharynx aufliegt. Der Pharynx ist ein kurzes, zylindrisches, vom vierten bis zum siebten Segment reichendes Rohr, von dessen Wandung zahlreiche Muskeln zur Leibeswand ziehen. Sie bewirken eine Erweiterung des Pharynx und damit ein Ansaugen, während die in der Wand des Pharynx liegende Ringmuskulatur als Antagonist wirkt.

Der auf den Pharynx folgende **Darm** gliedert sich in zwei Abschnitte. Der erste, der dünnwandige Magen, bildet zehn Paar Blindsäcke, von denen das letzte Paar sehr lang ist und den Hinterdarm zu beiden Seiten flankiert. Der zweite Abschnitt, der Hinterdarm, schwillt an seinem Ende zu einem Enddarm an und mündet dorsal vom hinteren Saugnapf mit dem After aus. Der Magen hat längs gestellte, der Hinterdarm quer gestellte Schleimhautfalten; der Enddarm ist glatt. Bei einem Saugakt können bis zu 15 ml Blut aufgenommen werden, das ist das Sieben- bis Neunfache des Körpergewichts. Eine Nahrungsaufnahme pro Jahr genügt. Das Blut wird im Magen eingedickt und dort monatelang gespeichert. Es gerinnt nicht, geht auch nicht in Fäulnis über und wird nur sehr langsam verdaut und resorbiert. Verantwortlich dafür sind das von den großen Speicheldrüsenzellen sezernierte blutgerinnungshemmende **Hirudin** und bakteriostatische und eiweißspaltende Stoffe, die vom **symbiotischen Bakterium** *Pseudomonas hirudinicola* geliefert werden, das den Darm des Blutegels besiedelt. Parasitische Egel können lange Zeit fasten, *Hirudo medicinalis* kann eineinhalb Jahre ohne Nahrungsaufnahme leben.

- Einen Kiefer abschneiden.

Bei schwacher mikroskopischer Vergrößerung lassen sich die etwa 80–100 **Calcitzähnchen** erkennen, die dem bogigen Kieferrand senkrecht aufsitzen. Bei der Nahrungsaufnahme saugt sich *Hirudo* mit dem Mundsaugnapf fest und presst dann die Kiefer, die durch Muskulatur wie ein Wiegemesser bewegt werden, gegen die Haut. Die rasch eingesägte Wunde ist dreistrahlig.

Zwischen den Zähnchen der Kiefer münden die großen, schlauchförmigen in die Pharynxmuskulatur eingebetteten **Speicheldrüsenzellen**. Sie sondern Sekrete ab, die die Blutgerinnung hemmen, die Wundränder betäuben und den Blutzustrom zur Einschnittstelle vermehren.

- Bevor man den Darm entfernt, das seiner dorsalen Mittellinie aufliegende Dorsalgefäß beachten, das rotes Blut enthält.
- Den Darm sehr vorsichtig von seiner Unterlage ablösen und herausnehmen. Die Präparation sehr sorgfältig durchführen, da der Darm an der Bauchseite stark festhaftet. Am besten zum Abtrennen eine Schere verwenden und vom Enddarm aus beginnen.

Das **hämatocoelomatische Kanalsystem**, das funktionell ein Blutgefäßsystem ist und in dessen Lumen gerichtet Blutflüssigkeit fließt, ist erstaunlich komplex aufgebaut, was am besten durch latexinjizierte Korrosionspräparate anschaulich gemacht wird. Im Blut gelöst kommt Hämoglobin vor, das etwa zur Hälfte am Sauerstofftransport beteiligt ist. Das Hämoglobin verleiht dem Blut eine rötlich-braune Farbe, die das Erkennen der hämatocoelomatischen Kanäle erleichtert.

Zunächst sieht man drei weite Kanäle, die von vorn nach hinten ziehen, zwei seitliche **Lateralkanäle** und einen **ventralen Kanal**, welcher das Bauchmark umschließt. Diese Kanäle und die von ihnen abzweigenden Äste mit ihren Capillaren (siehe unten) sind die schlauchförmigen Reste der Coelomhöhlen, die bei den meisten Hirudineen infolge der mächtigen Ausbildung von Binde- und Muskelgewebe sowie des **Botryoidgewebes** zurückgebildet sind. Die Botryoidzellen sind i.a. braunpigmentierte große Zellen, die oft zusammen mit flachen Endothelzellen das Lumen von kleinen Zweigen und Capillaren des hämatocoelomatischen Systems begrenzen. Die Botryoidzellen sind also hochspezialisierte v.a. nährstoffspeichernde Coelomepithelzellen.

Die **Lateralkanäle** haben eine muskulöse Wand, besitzen Herzfunktion und werden daher auch Röhrenherzen genannt. Sie treiben das Blut von hinten nach vorn. Jedes Lateralgefäß hat pro Körpersegment ein neurogenes Erre-

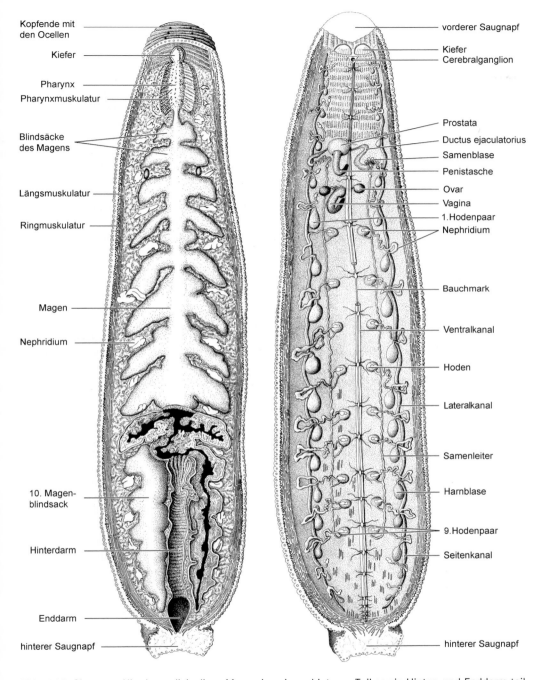

Kopfende mit den Ocellen

Kiefer

Pharynx

Pharynxmuskulatur

Blindsäcke des Magens

Längsmuskulatur

Ringmuskulatur

Magen

Nephridium

10. Magen-blindsack

Hinterdarm

Enddarm

hinterer Saugnapf

vorderer Saugnapf

Kiefer

Cerebralganglion

Prostata

Ductus ejaculatorius

Samenblase

Penistasche

Ovar

Vagina

1.Hodenpaar

Nephridium

Bauchmark

Ventralkanal

Hoden

Lateralkanal

Samenleiter

Harnblase

9.Hodenpaar

Seitenkanal

hinterer Saugnapf

Abb. 112 Situs von *Hirudo medicinalis*. **a** Magen in seinem hinteren Teil sowie Hinter- und Enddarm teilweise aufgeschnitten. **b** nach Entfernen des Darmes

gungszentrum im zugehörigen Ganglion des Bauchmarks, von dem aus jedes Segment bei 21°C 6–15 Impulse pro Minute erhält.

Vom Lateralkanal gehen in einem Segment in regelmäßigen Abständen drei hämatocoelomatische Kanäle ab (Abb. 113 e): a) Ein **latero-ventraler Kanal**, der sich in einen vorderen und hinteren Ast verzweigt. Die terminalen Abschnitte dieser zwei Äste aus der linken und rechten Körperhälfte treffen sich im Bereich der ventralen Mittellinie und bilden die sogenannte ventrale rhomboide Kommissur. Diese kleinen Kanäle versorgen u.a. die Samenleiter, die Nephridien, die Harnblase und die ventrale Haut. b) Ein kontraktiler **latero-dorsaler Kanal**, der nach dorsal zieht und mit dem entsprechenden kontralateralen Kanal die latero-dorsale Kommissur bildet. Es versorgt u.a. die dorsale Haut und den Darmtrakt. c) Ein **latero-lateraler Kanal**, der u.a. die Muskulatur und die Haut der Körperseiten versorgt.

Im Verlauf der Seitenkanäle sind segmental kräftige muskuläre Sphinkter ausgebildet, die mithilfe lupenoptischer Präparation gut erkannt werden können. An den Abzweigungen der Seitenkanäle sind Sphinkter und Klappen ausgebildet, die den unidirektionalen Blutfluss garantieren. Das Blut der latero-lateralen und der latero-dorsalen Kanäle fließt in den Seitenkanal. Andersherum fließt Blut aus dem Seitenkanal in den latero-ventralen Kanal. Im Kopfbereich und im Bereich des kaudalen Saugnapfes sind die großen Längsgefäße miteinander verbunden.

Der **ventrale Kanal** versorgt über zwei abzweigende Äste und deren Capillaren v.a. dorsale und ventrale Haut, Nervensystem und auch die Nephridien.

Der **Dorsalkanal** verläuft leicht geschlängelt entlang der Mittellinie des Verdauungstraktes. Ihm fehlt Muskulatur in der Wand. Von im zweigen Seitenäste ab, die z.B. zur Darmwand und zur Haut ziehen.

Jetzt sind auch die **Geschlechtsorgane** zu erkennen, von denen zunächst die neun Paar Hoden als helle, rundliche, segmental angeordnete Bläschen auffallen. Von jedem Hoden geht ein kurzer Kanal (Vas efferens) zu den seitlich liegenden Ausführgängen, den beiden Vasa deferentia (Samenleiter), die den Samen nach vorn führen, dort durch Verknäuelung die beiden Samenblasen bilden und von den beiden Seiten her als Ductus ejaculatorii in den unpaaren Penis münden, der in einer Penistasche verborgen liegt. An der Basis des Penis liegt eine drüsige Anschwellung, die so genannte Prostata.

Im Segment hinter dem Penis liegen die beiden Ovarien, deren Ausführgänge, die Ovidukte, sich zur sackförmigen Vagina vereinigen, die, wie wir schon bei der äußeren Betrachtung des Tieres gesehen haben, hinter der männlichen Geschlechtsöffnung ausmündet.

Die 17 Paar Segmentalorgane oder **Nephridien** liegen streng metamer. Sie fehlen nur den vordersten und hintersten Segmenten. Jedes Nephridium besteht aus einem stark geknäuelten, dünnen Schlauch, der blind beginnt und sich am anderen Ende zu einer ansehnlichen Blase, der Harnblase, erweitert, von der ein kurzer Gang nach außen führt. In den Hoden tragenden Segmenten liegt das in der Ampulle befindliche Ziliarorgan dem Hodenbläschen unmittelbar auf.

Vom **Nervensystem** war bereits das dorsal vom vorderen Teil des Pharynx liegende Oberschlundganglion oder Cerebralganglion zu sehen. Nunmehr kann man auch das im ventralen Blutkanal eingebettete Bauchmark verfolgen. Deutlich sind in jedem Segment die Bauchganglien zu sehen. Das erste von ihnen entspricht mehreren verschmolzenen Ganglien und wird als Unterschlundganglion bezeichnet. Hier spaltet sich das Bauchmark zu zwei Schlundkonnektiven auf, die, den Vorderdarm umgreifend, dorsalwärts zum Oberschlundganglion ziehen.

- Mikroskopische Präparate, Querschnitte durch die mittlere Körperregion eines Blutegels betrachten (Abb. 113). Empfohlen werden H.E.-, Azan-, PAS- und mit Alcianblau gefärbte Schnitte.

Außen liegt eine sehr dünne **Cuticula**, die von der darunter liegenden **Epidermis** abgeschieden

---

Abb. 113 a Querschnitt durch die Körpermitte von *Hirudo medicinalis*; **b** histologischer Aufbau der Körperwand; **c** Querschnitt durch ein Ganglion des Bauchmarks; **d** Querschnitt durch die Längsstränge des Bauchmarks zwischen zwei Ganglien; **e** Haemocoelomatisches System

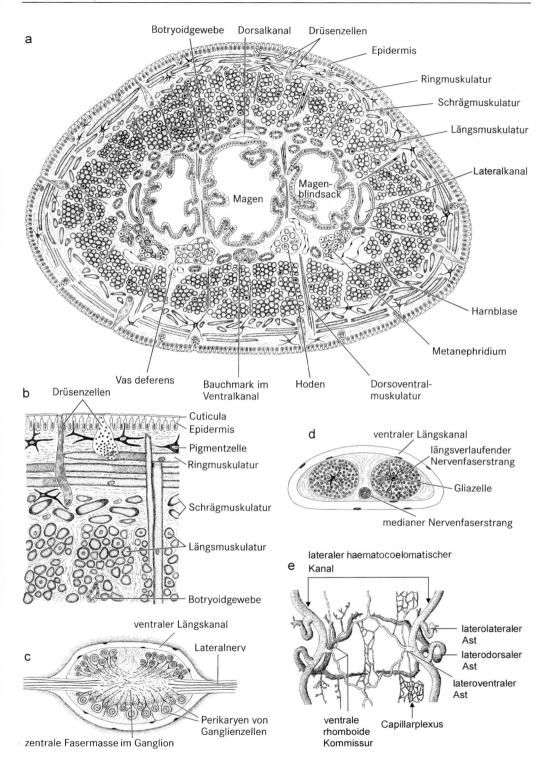

a

Botryoidgewebe   Dorsalkanal   Drüsenzellen

Epidermis

Ringmuskulatur

Schrägmuskulatur

Längsmuskulatur

Lateralkanal

Magen

Magen-
blindsack

Harnblase

Metanephridium

Vas deferens   Bauchmark im   Hoden   Dorsoventral-
Ventralkanal   muskulatur

b Drüsenzellen

Cuticula
Epidermis
Pigmentzelle
Ringmuskulatur

Schrägmuskulatur

Längsmuskulatur

Botryoidgewebe

d   ventraler Längskanal
längsverlaufender
Nervenfaserstrang

Gliazelle

medianer Nervenfaserstrang

ventraler Längskanal

Lateralnerv

c

Perikaryen von
Ganglienzellen
zentrale Fasermasse im Ganglion

e   lateraler haematocoelomatischer
Kanal

laterolateraler
Ast
laterodorsaler
Ast
lateroventraler
Ast

ventrale   Capillarplexus
rhomboide
Kommissur

worden ist. Die Epidermis ist ein einschichtiges Epithel ziemlich hoher, kolbenförmiger Zellen, die nur mit ihren apikalen Abschnitten aneinander schließen. Zwischen ihnen münden große, in die Tiefe verlagerte **Drüsenzellen**, teils lange schlauchförmige Schleimdrüsen, teils sackförmige seröse, was sich durch ihre unterschiedliche Färbung zu erkennen gibt. Unter der Epidermis liegt kollagenreiches Bindegewebe, in dem Pigmentzellen mit verzweigten Fortsätzen vorkommen. Sie sind dorsal häufiger als ventral. Es folgt die mächtig entwickelte **Muskulatur**, die in zwei Hauptschichten gegliedert ist. Außen liegt die in drei durch Bindegewebe geschiedene Lagen angeordnete Ringmuskulatur, innen die mächtige Längsmuskelschicht, die durch dorsoventrale Muskelzüge geteilt wird. Zwischen Ring- und Längsmuskelschicht finden sich außerdem noch schräg verlaufende Muskelzellen, sodass der Körper nach verschiedenen Richtungen gestreckt, zusammengezogen und abgeplattet werden kann. Die Muskelfilamente liegen in der Peripherie der Muskelzellen, die daher kräftig angefärbt ist. Zwischen den Muskelzellen befindet sich kollagen- und proteoglykanreiches **Bindegewebe**, das auch die im Inneren der Tiere liegenden Organe umgibt.

In der Mitte des Präparates erkennt man den geräumigen **Magen**, zu dessen beiden Seiten die Querschnitte der Magenblindsäcke liegen. Das Magenepithel ist stark gefaltet. Bei Tieren, die lange gehungert haben, ist das Magenlumen kollabiert.

Außerdem sind die Querschnitte der starkwandigen Lateralkanäle sichtbar (Abb. 113 e), ferner der Rückenkanal und der ventrale, der das Bauchmark umgibt. Innerhalb vom Hautmuskelschlauch liegt ein Netzwerk von Capillaren des hämatocoelomatischen Systems, deren Wandungen vielfach aus großen Botryoidzellen mit gelben, braunen oder grünbraunen Körnchen besteht. Sie sind Nährstoffspeicher und wohl auch an der Exkretion beteiligt.

Das **Bauchmark** zeigt, falls der Schnitt nicht ein Ganglion getroffen hat, seine Zusammensetzung aus zwei Längsstämmen, zu denen in etwas tieferer Lage noch eine dritte, feinere, als Mediannerv bezeichnete Bahn kommt.

In den kennzeichnend aufgebauten Ganglien (s. vorn und Abb. 113) liegen die Perikaryen der Neurone in insgesamt sechs Paketen peripher,

im Zentrum befindet sich ein komplexes Neuropil mit Synapsen.

Rechts und links vom Bauchmark findet man bei einzelnen Präparaten Querschnitte der **Hoden**, an der Gestalt und Färbung der Samenzellen leicht kenntlich, die in verschiedenen Entwicklungsstadien und zu Haufen vereint in ihnen liegen. Weitgehend ausgereifte Spermien lagern sich in größerer Zahl mit ihren noch rundlichen Köpfen einer kernlosen Cytoplasmamasse, die Cytophor genannt wird, eng an. Solche Assoziationen sehen aus wie blumenförmige kleine Haufen dicht zusammengelagerter, kräftig gefärbter kleiner Kugeln. Kernteilungsfiguren sind in nicht gezielt gesammeltem Material nur selten zu finden. Vom Hodenbläschen geht mit bewimpertem Anfangsstück ein Vas efferens ab. Auch die geknäuelten Ausführgänge der Hoden sowie die Querschnitte der zumeist dickwandigen, seitlich von ihnen liegenden Samenleiter sind deutlich sichtbar. Die vielgestaltigen, teilweise von Blutcapillaren umsponnenen Gebilde, die wir seitlich von den Hoden sehen, sind Anschnitte der **Nephridien**, deren Aufbau nur durch eingehenderes Studium einer Schnittserie erkannt werden kann. Das Gleiche gilt für die eventuell angeschnittenen Ampullen, die den Hoden dorsal anliegen und die Ciliarorgane (Wimpertrichter) bergen (Abb. 113). Die Metanephridien bilden vor ihrer Ausmündung relativ große Harnblasen, die oft leer sind und wegen der kollabierten Wände einen bizarren Umriss aufweisen können.

III. Polychaeta, Vielborster

Technische Vorbereitungen

- Es werden gut fixierte Exemplare von *Nereis pelagica* und mit Boraxkarmin gefärbte (oder auch ungefärbte) Präparate von Einzelsegmenten verwendet.

Allgemeine Übersicht

Die Polychaeta sind in vieler Hinsicht ursprünglicher als die Clitellata. Das gilt besonders für

Errantia, zu denen auch *Nereis pelagica* gehört, während die **Sedentaria** aufgrund ihrer ortsgebundenen oder festsitzenden Lebensweise viele sekundäre Abweichungen erfuhren. Die Polychaeten sind fast ausnahmslos Meeresbewohner.

Die Errantia sind lang gestreckte, im Querschnitt mehr oder weniger runde Anneliden mit wohl ausgeprägter innerer und äußerer Segmentierung mit zahlreichen, in Bündeln angeordneten Borsten, die in lateralen, oft stummelfußartigen Anhängen, den Parapodien, inserieren.

Die Segmentierung ist in vielen Fällen fast rein homonom, d.h., fast alle Segmente sind gleichartig ausgebildet (Errantia). Bei anderen Gruppen kommt es zur Ausbildung von Tagmata (heteronome Segmentierung; Sedentaria).

Die Parapodien mit den Borstenbündeln helfen durch Stemmbewegungen bei der Fortbewegung, die im Wesentlichen eine schlängelnde ist. In der Regel trägt jedes Segment ein Parapodienpaar, wodurch die äußere Segmentierung noch deutlicher betont wird. Die Form der Parapodien ist recht verschieden. Als Norm kann gelten, dass von einem gemeinsamen Stamm ein dorsaler und ein ventraler Borsten tragender Ast (Notopodium und Neuropodium) entspringen. Reduktionen und Umbildungen sind nicht selten, besonders am Notopodium. Häufig entspringen von den Parapodien fühlerartige Anhänge (Parapodialcirren), die Rücken- und Bauchcirren.

Die Körperwand besteht aus einer einschichtigen Epidermis, die eine dünne, aus Proteinen und Polysacchariden aufgebaute Cuticula ausscheidet, und Ring- und Diagonalmuskulatur sowie einer in 4 Längsbändern gegliederten Längsmuskulatur.

Das geräumige Coelom wird durch meist wohl ausgebildete Dissepimente (Septen), deren Lage den äußeren Segmentgrenzen entspricht, in Kammern unterteilt.

Der Darmkanal beginnt mit der etwas ventral verschobenen, vom Prostomium überdachten Mundöffnung. Der darauf folgende Pharynx ist oft vorstülpbar und mit Zähnen und Kiefern (vorwiegend aus gegerbten Proteinen) bewehrt. Der Darm verläuft meist geradlinig nach hinten, selten ist er gewunden oder mit segmentalen Blindsäcken ausgestattet. Er wird ursprünglich durch ein dorsales und ein ventrales, aus dem Coelomepithel entstandenes Aufhängeband (Me-

senterium) in seiner Lage gehalten. Der After liegt terminal im Pygidium.

Das Nervensystem ist ein **Strickleiternervensystem**. Die Mannigfaltigkeit der Lichtsinnesorgane ist sehr groß (s. S. 182), relativ hoch entwickelte Linsenaugen sind weit verbreitet. Auch die Organe des mechanischen und chemischen Sinnes sind vielgestaltig und immer vorhanden. Selten finden sich Statocysten. Vor allem die Cirren und die Anhänge des Kopfes sind reich an Sinneszellen und Sinnesorganen.

Das Blutgefäßsystem ist geschlossen und meist gut entwickelt. Es besteht im Wesentlichen aus zwei Hauptstämmen, dem Rückengefäß und dem Bauchgefäß, die durch segmental angeordnete, in der Körperwand verlaufende Schlingen sowie durch Gefäßnetze in der Darmwand miteinander in Verbindung stehen. Das Rückengefäß ist konktraktil und treibt das Blut von hinten nach vorn, während es im Bauchgefäß nach hinten fließt.

Die Atmung erfolgt durch die Haut, oft auch durch Kiemen, zarthäutige Ausstülpungen, die an der Basis der Notopodien sitzen.

Die Exkretionsorgane sind in der Regel **Metanephridien** (Segmentalorgane), die paarweise in jedem Segment auftreten können. Ihre Wimpertrichter öffnen sich wie bei den Oligochaeten unter Durchbohrung des Dissepiments in der nächstvorderen Coelomkammer. Doch sind auch **Protonephridien** nicht selten. Ihre Terminalorgane (Solenocyten) tragen einen langen, röhrenförmigen Fortsatz, in dem eine Geißel schwingt. Sie münden in die Nephridialkanälchen.

Die Geschlechtsorgane entstehen im Coelomepithel und können in fast allen Segmenten ausgebildet sein. Nahezu ausnahmslos sind die Polychaeten **getrenntgeschlechtlich**. Die Geschlechtsprodukte gelangen durch Bruch der Körperwand, durch Abschnürung eines hinteren sie enthaltenen Körperstückes oder – das ist am häufigsten der Fall – durch spezielle Ausführgänge ins Freie. Die Ausführgänge beginnen mit einem großen (Genital-)Trichter, der entweder direkt nach außen mündet oder – was die Regel ist – mit einem Segmentalorgan verschmilzt, sodass die Geschlechtsprodukte durch den Exkretionskanal ausgeleitet werden (**Nephromixien**). Neben der geschlechtlichen Fortpflanzung gibt es bisweilen eine ungeschlechtliche. Als Larvenform tritt die **Trochophora** (Abb. 101a) auf.

Spezieller Teil

Nereis pelagica

- Zunächst große, fixierte Exemplare mit dem Stereomikroskop betrachten.

Die äußere **Segmentierung**, die der inneren entspricht, ist recht gleichförmig. Nur der Kopf und das Hinterende, das zwei Analcirren trägt, sind abweichend gestaltet.

Man betrachtet den Kopf von dorsal (Abb. 114). In der Mitte liegt der **Kopflappen (Prostomium)**, dessen schmalem, vorderem Ende zwei kurze Antennen ansitzen. An seinem breiten, hinteren Ende liegen, trapezförmig angeordnet, vier blauschwarze, everse **Linsenaugen**. In ihrer einschichtigen Retina alternieren lang gestreckte Sinnes- und kurze Pigmentzellen in regelmäßiger Anordnung. Die Sinneszellen haben an der dem Licht zugewandten Seite Mikrovillizonen (Rhabdomere) ausgebildet. In den Mikrovilli findet die Umwandlung von Lichtenergie in chemische Energie statt. Benachbarte Rhabdomere treten zu Rhabdomen zusammen. Die Pigmentzellen umfassen die Mitte der dort stark verengten Sinneszellen und schirmen auf diese Weise die Receptorregion von der Basis der Lichtzellen her ab. Eine weitere Funktion der Pigmentzellen besteht darin, das Linsenmaterial abzuscheiden. Es wird dem Raum vor dem retinalen Epithel, der von der kugelförmigen Linse eingenommen wird, über schlanke, säulenartige Zellfortsätze zugeführt.

Ventrolateral am Prostomium setzen die zweigliederigen Palpen an. Das sich anschließende Mundsegment oder **Peristomium** ist doppelt so lang wie die folgenden Segmente. Es ist aus zwei miteinander verschmolzenen Segmenten aufgebaut. Borstenbündel besitzt es nicht, aber die Parapodialcirren sind besonders stark entwickelt. Rechts und links entspringen je vier derartige Peristomialcirren (Peristomialtentakel).

Bei manchen Exemplaren ist der **Rüssel** ein ansehnliches, zylindrisches, mit Gruppen braunschwarzer Zähnchen (Paragnathen) besetztes Gebilde. Aus seinem Lumen ragt ein Paar starker, innen gezähnter, chitinhaltiger Kiefer hervor (Abb. 114).

Man betrachtet nun die **Parapodien**, durch die sich die Polychaeten von allen anderen Ringelwürmern unterscheiden (Abb. 115).

- Mit der feinen Schere oder einer Rasierklinge ein Parapodium vom Körper abschneiden, auf einen Objektträger legen und unter dem Stereomikroskop betrachten.

Normale Segmente tragen bei *Nereis* jederseits ein Parapodium, das die typische Aufteilung in einen dorsalen (**Notopodium**) und einen ventralen (**Neuropodium**) Ast zeigt. Jeder Ast gabelt sich seinerseits in zwei als „Lappen" oder „Lippen" bezeichnete Fortsätze und trägt ein kräftiges Borstenbündel und eine versenkte Borste (Acicula). Rückencirrus und Bauchcirrus, die wohl vor allem als Träger von Sinnesorganen von Bedeutung sind, sind gut entwickelt.

- Es werden jetzt Präparate kleinerer Exemplare mikroskopiert, an denen manche Einzelheiten des Kopfes und der Parapodien noch besser zu erkennen sind, sowie mit Boraxkarmin gefärbte (oder auch ungefärbte) Querschnitte von der Dicke eines Segmentes.

Man betrachtet zunächst (Abb. 116) noch einmal die Parapodien und stellt fest, dass in die beiden Borstenbündel je eine besonders kräftige Borste von innen her vorstößt. Sie wird als **Acicula** bezeichnet. Die Aciculae stützen die beiden Äste des Parapodiums. Außerdem erkennt man verschiedene Muskelbündel, deren Aufgabe es ist, Borsten und Parapodialäste zu bewegen und die Aciculae zu arretieren.

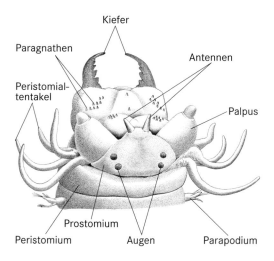

Abb. 114 Kopf von *Nereis pelagica* von der Dorsalseite mit ausgestülptem Rüssel

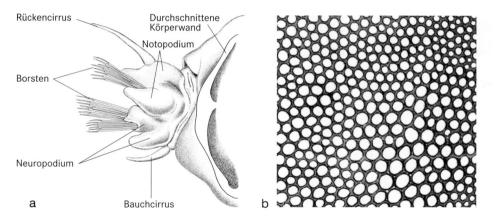

Abb. 115 a Parapodium von *Nereis pelagica* **b** Querschnitt durch die Borste eines Anneliden (Transmissionselektronenmikroskopisches Bild)

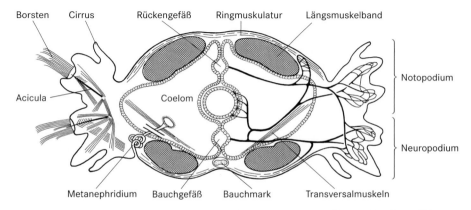

Abb. 116 *Nereis.* Schematischer Querschnitt. Rechts die Hauptstämme des Butgefäßsystems eingezeichnet (schwarz), links Borsten und Muskeln des Parapodiums sowie ein Metanephridium

Im Übrigen zeigt der Querschnitt die relativ dünne Ringmuskulatur und die mächtige Längsmuskulatur des **Hautmuskelschlauches**. Die Ringmuskulatur findet seitlich durch die Parapodien eine Unterbrechung, die Längsmuskulatur ist in vier Bänder aufgeteilt (Abb. 116).

In der Mitte der geräumigen **Leibeshöhle (Coelom)** liegt der **Darm**. Die Leibeshöhle wird durch schräg verlaufende Muskelzüge (Transversalmuskeln), die dicht neben der ventralen Mittellinie beginnen und schräg nach außen und oben ziehen, in eine zentrale „Darmkammer" und die beiden seitlich unten liegenden „Nephridienkammern" aufgeteilt, in denen die Nephridien – auf diesen dicken Querschnitten allerdings nur undeutlich – zu erkennen sind.

Vom **Blutgefäßsystem** sind mindestens die beiden Hauptgefäße, das Rücken- und das Bauchgefäß sichtbar. Schwerer zu erkennen sind das Gefäßnetz der Darmwand und die vom Bauchgefäß abgehenden segmentalen Schlingen, die Zweige in die Parapodien entsenden.

Schließlich stellt man noch fest, dass das ventral in der Mittellinie gelegene **Bauchmark** sich aus zwei dicht nebeneinander liegenden Längsstämmen zusammensetzt.

Bisweilen wird die Leibeshöhle von Eiern oder Spermien ausgefüllt, die sich von den Gonaden abgelöst haben und frei in der Leibeshöhle flottieren, bevor sie nach außen gelangen.

Die Arthropoden sind der artenreichste Tierstamm – etwa drei Viertel der bekannten Arten gehören ihm an. Es gibt nur wenige Lebensräume, die nicht von Arthropoden erobert und – zum Teil in ungeheurer Anzahl – besiedelt wurden.

Arthropoden und Anneliden haben so viele Baueigentümlichkeiten gemeinsam, dass sie auch als **Articulata** zusammengefasst werden. Die gemeinsamen Baueigentümlichkeiten sind: 1. Metamerie, das heißt Aufbau des Körpers aus hintereinander liegenden Segmenten, 2. dorsales, kontraktiles Längsgefäß, 3. ventral gelegenes Strickleiternervensystem. Allerdings ist die Metamerie der Arthropoden im Vergleich zu den Anneliden innerlich stark verwischt, da die während der Entwicklung auftretenden Coelomräume frühzeitig untereinander und mit den Resten der primären Leibeshöhle zu einem einheitlichen Hohlraum, dem **Mixocoel**, verschmelzen.

Die äußere **Segmentierung** ist dagegen fast immer deutlich. Sie ist **heteronom**, das heißt, die Segmente (= Metameren) sind gruppenweise voneinander verschieden, innerhalb der Gruppe jedoch gleichartig. Die Segmente der auf diese Weise entstehenden Körperabschnitte (**Tagmata**) können miteinander verschmolzen sein. Immer ist das Vorderende des Körpers durch ein Tagma aus fest miteinander verbundenen Segmenten gekennzeichnet. Es wird je nach seiner Ausgestaltung als **Kopf**, **Prosoma** oder **Cephalothorax** bezeichnet. Der daran anschließende **Rumpf** kann einheitlich sein, meist aber ist er in zwei Körperteile unterteilt, am häufigsten in **Thorax** und **Abdomen**. Dem Prostomium der Anneliden entspricht das **Acron**, dem Pygidium das **Telson**.

Das namengebende Merkmal der Arthropoden sind die gegliederten **Extremitäten**. Sie dienen als Beine der Fortbewegung, als Mundwerkzeuge der Nahrungsaufnahme und als Antennen und Cerci verschiedenen Sinnesleistungen.

Der Körper der Arthropoden ist umhüllt von einer **Cuticula**, die aus einem Chitin-Protein-Komplex besteht und von einer darunter liegenden Epidermis abgeschieden wird. Bei den Crustacea enthält sie oft Einlagerungen aus Calciumcarbonat. Die Cuticula ist dort, wo bewegliche Teile aneinander grenzen, also zwischen freien Segmenten (als **Intersegmentalhaut**) und an den Gelenkstellen der Extremitäten und Flügel (als **Gelenkhaut**), zum Teil auch an den Körperflanken weichhäutig und biegsam, sonst aber elastisch-hart und sklerotisiert. Sie schützt den Körper vor Verletzungen durch mechanische und chemische Eingriffe, gibt ihm als **Exoskelet** Form und Halt und dient einer überaus vielfältigen quergestreiften Muskulatur zum Ansatz.

Selbst die unsklerotisierten Teile der Cuticula sind nur beschränkt dehnungsfähig. Eine Größenzunahme, ein Wachstum also, und auch eine Veränderung der Körpergestalt, können daher nur im Zusammenhang mit hormonregulierten **Häutungen** erfolgen. Die alte Cuticula platzt entlang von Häutungsnähten und wird abgestreift. Schon vorher war darunter von der Epidermis eine neue, erst noch unsklerotisierte, größere und daher an vielen Stellen in Falten liegende farblose Cuticula abgeschieden worden. Durch Luft- oder Wasserschlucken wird sie nach dem Abstreifen der alten Cuticula geglättet und ausgefüllt. Danach setzt der einige Stunden dauernde Sklerotisierungs- und Pigmentierungsprozess ein.

Die Wand der Rumpfsegmente setzt sich zusammen aus einer Rückenplatte, dem **Tergum**, und einer Bauchplatte, dem **Sternum**. Tergum und Sternum sind an den Seiten durch eine weichhäutige Membran, die **Pleura**, miteinander verbunden. Ventrolateral in der Pleuralregion sind (soweit vorhanden) die Extremitäten eingelenkt. Im Bereich des Thorax sind fast immer auch die Seitenwände sklerotisiert. Man bezeichnet sie dann (im Singular) als Pleurum. Durch Furchen abgegrenzte Bezirke oder auch Teilstücke der Rücken-, Bauch- und Seitenplatten tragen die Bezeichnung **Tergit**, **Sternit** und **Pleurit**.

Das **Zentralnervensystem** besteht aus einem über dem Schlund gelegenen Gehirn und einem Bauchmark aus hintereinander liegenden, paarigen Ganglien, die durch Konnektive miteinander verbunden sind. Häufig zeigt sich eine Tendenz zur Verschmelzung der Ganglienpaare aufeinander folgender Segmente. Sie tritt namentlich dann ein, wenn sich die Segmente selbst zu einem einheitlichen Tagma vereinten. Das Gehirn der Arthropoden ist komplizierter als das der Anneliden. Es handelt sich um ein Komplexgehirn, an dessen Aufbau die Ganglien dreier Segmente beteiligt sind. Der erste Gehirnabschnitt, das **Protocerebrum**, besteht aus dem Ganglion des Acrons (Archicerebrum) und des ersten Segments (Prosocerebrum). Er ist das Assoziationszentrum des Gehirns und enthält die Sehzentren, von denen aus die Augen innerviert werden. Es folgen **Deuto-** und **Tritocerebrum**. Von ihnen werden die ersten und zweiten Antennen innerviert.

Die höhere Organisation der Arthropoden zeigt sich sehr deutlich auch in der Vielheit und Vollkommenheit ihrer **Sinnesorgane**. Die hoch entwickelten Augen haben meist den Bau von **Komplexaugen**, doch kommen auch einfacher gebaute **Ocellen** vor. Die Arthropoden sind die einzigen wirbellosen Tiere, bei denen sich echte Gehörorgane finden.

Das **Blutgefäßsystem** besteht aus einem dorsal gelegenen, schlauchförmigen, bisweilen aber stark verkürzten Herzen, das in einem dorsalen Teil der Leibeshöhle, dem **Perikardialsinus**, untergebracht ist. Durch segmentale, seitliche, mit Ventilklappen versehene Öffnungen, die **Ostien**, empfängt es das Blut (richtiger: die **Hämolymphe**) aus dem Perikardialsinus und drückt es in das mehr oder weniger geschlossene Arteriensystem. Die Muskulatur des Herzens ist quergestreift. Das Gefäßsystem der Arthropoden ist, im Gegensatz zu dem der Anneliden, stets offen, das heißt, es mündet früher oder später in Teile

der Leibeshöhle ein. Echte Venen treten überhaupt nicht auf. Bei sehr kleinen Arthropoden können alle Gefäße, bisweilen sogar das Herz, völlig rückgebildet sein.

Die meisten Arthropoden haben lokalisierte **Atemorgane**. Sie sind bei den primär das Wasser bewohnenden Arten als Kiemen, bei Landformen als Tracheen oder als Fächerlungen ausgebildet. Sekundäre Wassertiere besitzen meist Tracheen.

Der **Darm** ist gestreckt oder gewunden, trägt oft blindsackförmige Anhänge und besteht aus einem ectodermalen Vorder- und Hinterabschnitt und dem entodermalen, oft nur ein Drittel oder weniger der gesamten Darmlänge ausmachenden Mitteldarm, in den häufig eine umfangreiche **Mitteldarmdrüse** mündet.

Als **Exkretionsorgane** fungieren bei einem Teil der Arthropoden **Metanephridien**. Sie sind meist nur in einem oder höchstens zwei Paaren vorhanden und beginnen mit einem Säckchen, das einen Coelomrest darstellt (Sacculus). Trichter und ausleitendes Kanälchen sind wimperlos. Häufig sind die Nephridien durch völlig andersartige, schlauchförmige und in den Darm mündende Exkretionsorgane, die **Malpighischen Gefäße**, ersetzt.

Die Arthropoden haben paarige **Gonaden**. Eine Verbindung zwischen Exkretions- und Reproduktionsapparat besteht nicht. Es sind stets eigene Ausführgänge und dazu mancherlei Drüsen- und Kopulationsanhänge vorhanden. Hermaphroditismus ist sehr selten, Getrenntgeschlechtlichkeit die Regel. Parthenogenese findet man in verschiedenen Gruppen. Ungeschlechtliche Fortpflanzung (in Form von Polyembryonie) ist auf Einzelfälle beschränkt. Die Entwicklung ist meist indirekt. Es kommen viele verschiedene Larvenformen vor.

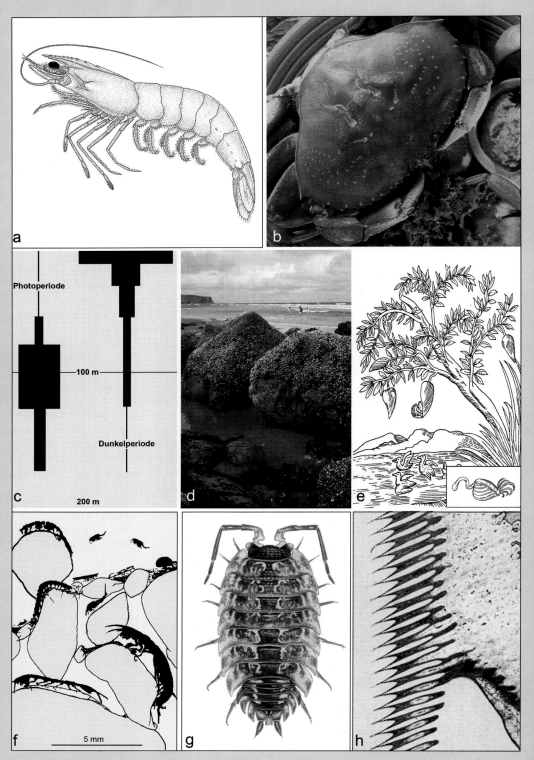

Photoperiode

100 m

Dunkelperiode

200 m

5 mm

Abb. 117

Crustacea, Krebse

Crustacea (**Krebse**) sind vorwiegend marine Tiere, haben aber auch im Süßwasser und in terrestrischen Lebensräumen eine erhebliche ökologische Bedeutung. Für den Menschen sind sie von großem wirtschaftlichen Interesse.

8 Millionen Tonnen Krebse werden alljährlich angelandet, entweder über Fischereifahrzeuge oder aus der Aquakultur. Seit langem sind asiatische Länder (China, Thailand, Philippinen, Indien u.a.) wichtige Exporteure für Garnelen (shrimps, prawns). An erster Stelle ist *Penaeus* (**Abb. 117a**) zu nennen, der in Hunderttausenden von Tonnen jährlich in der Teichwirtschaft produziert wird. Die Larven (Nauplien) anderer Krebse (Salinenkrebs, *Artemia*) dienen der Ernährung in Kultur gehaltener Fische. Mit *Artemia*-Cysten (das sind von der Eihülle umgebene Embryonen) gibt es mittlerweile einen weltweiten Handel. Hummer (*Homarus*), Langusten (*Palinurus* u.a.), Königskrabben (*Paralithodes*), Nordseegarnelen (*Crangon*) und Taschenkrebse (*Cancer*, **Abb. 117b**) sind weitere wirtschaftlich bedeutsame Krebse.

Lange Zeit sah man im Antarktischen Krill (*Euphausia superba*) eine mögliche Proteinquelle, um die wachsende Menschheit zu ernähren. Man hat den Umfang der Bestände jedoch überschätzt; dennoch gilt diese Species als die Tierart mit der größten Biomasse aller Tiere der Meere. Ein einzelner Krillschwarm kann mehrere Millionen Tonnen erreichen. Krill lebt von Phytoplankton und wird selbst von Walen und verschiedenen Fischen gefressen.

In allen Meeren und in vielen limnischen Gewässern spielen die planktischen Copepoden eine besonders wichtige Rolle im Nahrungsnetz. Im Tagesverlauf vollziehen sie umfangreiche Vertikalwanderungen (**Abb. 117c**). Ihre Nauplius-Larven stellen in vielen Gebieten die zahlenmäßig vorherrschenden mehrzelligen Zooplankter dar. Sie leben von besonders kleinen Planktern (Nano- und Mikroplankton) und sind ihrerseits wichtige Nahrung, z.B. für Fische. Eine ähnlich dominierende Rolle nehmen im Süßwasser die Phyllopoden (Wasserflöhe) ein. Von ihnen existieren die meiste Zeit des Jahres nur Weibchen, die sich parthenogenetisch fortpflanzen. Adulte Weibchen können im Abstand von drei Tagen bei jeder Häutung Junge entlassen.

Viele Küstenlinien werden in hohen Populationsdichten von festsitzenden Krebsen, den Seepocken (*Balanus*, Cirripedia) besiedelt. Als weißes Band erstrecken sich die Balaniden-Gürtel entlang der Wasserlinie, insbesondere an Felsküsten (**Abb. 117d**). Mit ihnen sind die ebenfalls sessilen „Entenmuscheln" (*Lepas, Pollicipes*) verwandt, die man früher als Baumfrüchte interpretierte. Man vermutete, dass sich aus ihnen Enten und Gänse entwickelten (**Abb. 117e**). Entsprechend dieser angenommenen vegetabilischen Herkunft wurde Enten- und Gänsefleisch von der Kirche lange als Fastenspeise anerkannt.

Auch im Grundwasser spielen Krebse eine wichtige Rolle, weil sie hier mit verschiedenen Organismen-Gruppen in komplexer Wechselwirkung stehen. Ihre Stoffumsetzungen sind für die Qualität des Grundwassers, einem lebenswichtigen Rohstoff des Menschen, entscheidend. Hier spielen Copepoden, Bathynellen, Isopoden und Amphipoden eine wichtige Rolle (**Abb. 117f**).

In terrestrischen Lebensräumen kommt den Isopoden (Asseln; **Abb. 117g** zeigt eine *Porcellio*-Art) eine besondere Funktion beim Abbau von Pflanzensubstanz zu. Mit den Filtern ihres Magens (**Abb. 117h**) können sie flüssige von festen Nahrungsbestandteilen trennen. Nur erstere werden resorbiert, letztere über das vollständig von einer Cuticula ausgekleidete Darmrohr transportiert und ausgeschieden. Landasseln machen etwa die Hälfte aller Assel-Arten aus. Die Entwicklung ihrer Brut erfolgt unter dem Bauch der Mutter in einer Bruttasche (Marsupium).

Krebse gelten seit dem Altertum als lunares Symbol, und im Kanon der Tierkreisbilder kommt der Krebs oder Cancer seit mehr als 3000 Jahren vor. Er entspricht dem ersten Sommermonat.

Technische Vorbereitungen

- Es werden ein Wasserfloh, *Daphnia* spec. und ein Hüpferling *Cyclops* spec. mikroskopiert, der Flusskrebs und die Strandkrabbe präpariert. *Daphnia*- und *Cyclops*-Arten sind überall in Teichen häufig. Man fängt sie mit einem feinen Gazenetz. Flusskrebse beziehe man vom Händler.
- Sie werden unmittelbar vor der Präparation in einem Glasgefäß (ohne Wasser!) durch Chloroform getötet. Lebend können sie in einem Aquarium mit fließendem Wasser leicht gehalten werden; wenn es dunkel und kühl steht, pflanzen sie sich sogar fort.
- Der heimische Flusskrebs (*Astacus astacus*, Edelkrebs) wurde im Laufe der letzten hundert Jahre durch die Krebspest (Erreger: *Aphanomyces astaci*; Phycomycetes) nahezu ausgerottet. Man wird daher meist eine andere Art zur Präparation verwenden, entweder den bei uns ausgesetzten amerikanischen Flusskrebs (*Orconectes limosus*) oder den osteuropäischen Sumpfkrebs, *Astacus leptodactylus*, der vom Fachhandel häufig angeboten wird.
- *Astacus astacus* wird gezüchtet und ist zu beziehen von: Dr. Max Keller, Habsburgstr. 14, D-86199 Augsburg.
- Strandkrabben (*Carcinus maenas*) werden von meeresbiologischen Stationen bezogen. In Seewasser halten sie sich bei einem Wasserstand von 10cm und Filterung des Wassers gut. Sie werden in Süßwasser, dem man etwas Chloroform zusetzt, abgetötet.

Allgemeine Übersicht

In die Bildung des Kopfes der Krebse sind außer dem Acron sechs Segmente eingegangen, ein extremitätenloses, präantennales Segment (dessen Existenz nur embryologisch wahrscheinlich gemacht werden kann) und fünf weitere Segmente, welche die für die Crustaceen typischen zwei Paar Antennen und die drei Paar Mundwerkzeuge (Mandibeln, erste Maxillen, zweite Maxillen) tragen. Die Zahl der Thoracomeren (Thoraxsegmente) – auch sie sind mit je einem Extremitätenpaar (Thoracopoden) ausgerüstet – variiert ebenso wie die der meist gliedmaßenlosen Abdomensegmente (Pleomeren). Häufig

verschmelzen ein, einige oder alle Thoracomeren mit dem Kopf zum sog. Cephalothorax. Die u.U. noch freien, das heißt nicht in den Cephalothorax einbezogenen Thoracomeren, bilden das Peraeon. Der Körper der Krebse gliedert sich also entweder in Kopf (Cephalon), Thorax und Abdomen (Pleon) oder in Cephalothorax, Peraeon und Abdomen (Pleon) oder – bei Decapoden – in Cephalothorax und Abdomen (Pleon). Bei den Decapoden wird häufig der Teil des Cephalothorax als Peraeon bezeichnet, der die fünf Paar Laufbeine trägt, die hier sinngemäß als Peraeopoden gelten. Die Grenze zwischen Thorax bzw. Peraeon und Abdomen liegt bei den einzelnen Gruppen an verschiedener Stelle. Man rechnet diejenigen Körpersegmente zum Abdomen, die keine oder kleinere, auf jeden Fall aber andersartige Beine tragen als die davor liegenden Segmente. Mitunter kommt es auch zur Bildung eines Pleotelsons, z.B. bei Isopoden.

Sehr häufig ist wenigstens ein Teil der Segmente dorsolateral zu flachen, doppelwandigen Platten (Epimeren) umgebildet, die entweder seitlich abstehen oder nach unten abgebogen die Körperflanken überdecken. Oft bildet der Kopf allein eine derartige Abfaltung, die dann als Rückenschild oder Carapax meist nicht nur seine Seiten überdeckt, sondern auch dorsal nach hinten ragend mehr oder weniger große Bezirke des Körpers schalenartig umhüllt. Im Extremfall umgibt der Carapax das ganze Tier muschelschalenförmig.

Die Extremitäten der Krebse sind ursprünglich nach einem einheitlichen Typus, dem des Spaltfußes gebaut. Wir unterscheiden an einem typischen Spaltfuß einen Stammteil (Protopodit), der meist aus drei Gliedern (Prae- oder Subcoxa, Coxa = Coxopodit und Basis = Basipodit) besteht, und zwei ihm aufsitzende, gegliederte Äste, die entsprechend ihrer Anordnung am Basipodit als Innenast (Endopodit) und Außenast (Exopodit) unterschieden werden. Die Praecoxa ist meist rückgebildet oder mit der Körperwand verschmolzen. Auswüchse oder Fortsätze des Protopoditen werden je nachdem, ob sie nach innen oder nach außen entwickelt sind, als Endite und Exite (Epipodite) bezeichnet. Besonders häufig findet sich ein dünnwandiger, dem Gasaustausch und der Osmoregulation dienender Epipodit (Kieme) an der Coxa. Die Endite fungieren als Kauladen und sind daher besonders an den Mundwerkzeugen ausgebildet. Durch Rückbildung des Exopoditen kann die Extremität zum **Stabbein** werden. Am meisten weichen die **Blattbeine** der Anostraca, Phyllopoda und Phyllocarida vom Typus ab. Sie sind von einer sehr dünnen Cuticula überzogen, von etwa rechteckigem Querschnitt und erhalten ihre Festigkeit durch einen gegenüber dem Außenmedium erhöhten Binnendruck der Körperflüssigkeit (Turgorextremitäten, vgl. S. 214). Den Abschluss des Körpers stellt das Telson dar; es bildet häufig ein Paar bisweilen recht langer Anhänge aus, die als **Furca** bezeichnet werden. Bei den Malacostracen ist das Telson meist mehr oder weniger breit und bildet mit den Extremitäten des letzten Pleonsegments, mit den **Uropoden**, den **Schwanzfächer**.

Der **Darmkanal** beginnt mit einem auf der Unterseite des Kopfes liegenden Mund, der vorn und hinten von je einer unpaaren Hautfalte, der Oberlippe und der Unterlippe, begrenzt ist. Bei den Malacostracen ist der Vorderdarm zu einem Kaumagen umgebildet. Der Mitteldarm steht in Verbindung mit einer Mitteldarmdrüse, die bei Decapoden – weil sie in etwa die Funktion von Leber und Bauchspeicheldrüse der Wirbeltiere erfüllt – auch Hepatopankreas genannt wird.

Atemorgane fehlen bei manchen, vor allem kleinen Formen, bei denen die ganze Körperoberfläche im Dienst der Respiration steht; meist aber sind Kiemen entwickelt: äußere Anhänge der Extremitäten oder Körperseiten, die eine große Oberfläche, sehr zarte Cuticula und reiche Durchblutung aufweisen. Nicht selten funktioniert daneben, oder auch allein, die Carapaxinnenfläche als Atemorgan. Manche Krebse haben sich dem Leben auf dem Land angepasst und nehmen den Sauerstoff aus der Luft auf.

Das **Blutgefäßsystem** ist von sehr unterschiedlicher Ausbildungshöhe; es ist immer offen. Das **Herz** liegt dorsal über dem Darm in einem **Perikardialsinus**. Das ist ein dorsaler Teilraum des Mixocoels, der durch eine waagrecht ausgespannte, bindegewebige Membran, in die Muskulatur eingelagert sein kann, unvollkommen von der übrigen Leibeshöhle getrennt ist. Das Blut wird vom Herzen durch Arterien (die bei kleinen Formen, wie die Gefäße überhaupt, fehlen können) in die Lücken zwischen die Organe, also in das Mixocoel getrieben. Sauerstoffarm geworden sammelt es sich schließlich in

oft durch bindegewebige Septen begrenzten Bluträumen und tritt dann in die Kiemen ein, von denen es, wieder mit Sauerstoff angereichert, durch Gefäße dem Perikardialsinus zugeleitet wird. Aus ihm tritt das Blut (**Hämolymphe**) dann durch Spalten der Herzwand (**Ostien**) in das Herz ein.

Das **Nervensystem** ist ein Strickleiternervensystem mit Gehirn (= Oberschlundganglion), Schlundkonnektiven und Bauchganglienkette. Es kann zu einer Verschmelzung einiger bis sämtlicher Bauchganglien kommen.

An **Sinnesorganen** finden sich Tasthaare, Geruchs- und Geschmackssensillen sowie oft hochentwickelte Augen in allgemeiner Verbreitung. Die Augen kommen in zweierlei Form vor. Das einfacher gebaute ist das so genannte Stirnoder **Naupliusauge**. Es besteht meist aus 3 inversen Pigmentbecherocellen, die – häufig eng zusammenstehend – in der Mittellinie des Körpers über dem Gehirn angeordnet sind. Die weit komplizierteren **Komplexaugen** stehen seitlich am Kopf, unbeweglich oder auf beweglichen Stielen. Sie setzen sich aus einer großen Zahl Einzelaugen (Ommatidien) zusammen. **Statische Organe** kommen nur bei den Malacostraca vor; sie liegen meist in Grübchen an der Basis der ersten Antennen. Sie sind von der Cuticula der Körperdecke ausgekleidet und bergen im Inneren eine mit Sinneshaaren besetzte Leiste (Crista statica) und einen Statolithenhaufen.

Als Organe der **Exkretion** und der Osmoregulation fungieren entweder die **Maxillar-** oder die **Antennennephridien**, selten beide. Sie sind den Nephridien der Anneliden homolog und bestehen aus einem gewundenen, mehr oder weniger langen Kanal, der über einen wimperlosen Trichter mit einem säckchenförmigen Restraum der sekundären Leibeshöhle, mit dem sog. **Sacculus** in Verbindung steht. Das Epithel der Sacculi wird von Podocyten gebildet; hier wird durch Ultrafiltration der Primärharn gebildet. Im Kanälchenteil findet Rückresorption statt; sein Endteil kann als Harnblase ausgebildet sein. Die Antennennephridien münden im Basalglied der zweiten Antennen, die Maxillarnephridien an der Basis der zweiten Maxillen.

Die meisten Krebse sind getrenntgeschlechtlich. Die **Geschlechtsorgane** münden auf der Bauchseite. Manchmal findet sich Parthenogenese, bisweilen Heterogonie.

Nicht wenige Krebse weisen, wenn sie die Eihülle verlassen, Segmentzahl und Gestalt der Adulti auf, sodass ihre postembryonale Entwicklung auf Größenwachstum und Reifung der Gonaden beschränkt ist (direkte Entwicklung). Meistens aber ist die **Entwicklung** eine indirekte. Aus dem Ei schlüpft eine Larve, die wesentlich anders gebaut ist als das erwachsene Tier und aus einer geringeren Anzahl von Metameren besteht. Die volle Segmentzahl und die endgültige Gestalt werden erst im Verlauf von mehreren Häutungen erreicht (Metamorphose). Die Mannigfaltigkeit der Larvenformen ist groß. Die einfachste Form ist der aus 3 Metameren bestehende **Nauplius** (Abb. 121). Er ist von gedrungenem Bau und hat drei Paar zum Schwimmen dienende Extremitäten, von denen das erste, einästige, zu den ersten Antennen wird, das zweiästige zweite und dritte zu den zweiten Antennen und zu den Mandibeln. Das Auge (Naupliusauge) ist ein unpaarer, mehrteiliger Pigmentbecherocellus. Eine andere, ebenfalls weit verbreitete Larvenform ist die **Zoëa** (Abb. 131a). Sie kommt nur bei Decapoda vor, ist komplizierter gebaut und bereits in Cephalothorax – der 2 oder 3 Paar Spaltfüße trägt – und in ein langes, gegliedertes Pleon unterteilt. Sie hat Komplexaugen.

Die Krebse **leben** zum großen Teil im Meer, teils schwimmend, teils auf dem Boden laufend. Andere besiedeln das Süßwasser; eine Anzahl ist zum Landleben übergegangen (z.B. Landasseln). Manche sind Parasiten.

Spezieller Teil

1. *Daphnia pulex*, Wasserfloh

- Die Daphnien werden mit einer Pipette mit etwas Wasser auf den Objektträger gebracht. Das Deckglas wird mit Wachsfüßchen versehen, die bei der Beobachtung so weit zusammengedrückt werden, dass das Tier festliegt. Die Untersuchung des lebenden Tieres erfolgt zunächst bei schwacher Vergrößerung.

Die Daphnien gehören zu den **Phyllopoda** (Blattfußkrebse), und innerhalb dieser zu den Cladocera. Der Körper ist in eine zweilappige **Schale** (Carapax) eingeschlossen, die nur den nach ventral abgeknickten Kopf mit den starken

Ruderantennen frei lässt. Beide Schalenhälften gehen dorsal ineinander über und bilden hier einen Kiel, der am Hinterende in einen Stachel ausläuft (Abb. 118). Die Schale ist eine von der Kopfgegend ausgehende Hautduplikatur, deren Oberfläche facettiert ist.

Von den **Extremitäten** fallen vor allem die zu kräftigen Ruderorganen umgebildeten **zweiten Antennen** auf. Sie bestehen aus einem starken Stammglied und zwei distalen Ästen, deren lange Borsten beim Ruderschlag auffächern. Der Spaltfußcharakter dieser Extremitäten ist deutlich. In das Stammglied treten einige kräftige Muskeln ein. Sehr viel kleiner sind die oberhalb der Mundöffnung sitzenden **ersten Antennen**; sie sind unbeweglich und tragen an der Spitze neun Sinneshaare (Ästhetasken), die der Chemoreception dienen. Bei den Männchen kommt noch eine weitere, anders gebaute, vermutlich mechanoreceptorische Borste hinzu.

An **Mundgliedmaßen** sind ein Paar kräftige Mandibeln und viel schwächere erste Maxillen entwickelt, während die zweiten Maxillen fast spurlos verloren gingen. Die **Mandibeln** können wir als ungegliederte, keilförmige Stücke parallel zum Vorderrand der Rumpfschale liegen sehen. Ihr freier Rand ist gezähnelt und einwärts gekrümmt. Die **ersten Maxillen** sind zarte, schwer erkennbare, beborstete Platten.

Es folgen **fünf Paar Beine**, die sich überdecken und von der Schale umhüllt werden. Auch sie zeigen Spaltfußcharakter. Es sind weichhäutige Gebilde, die Form und Festigkeit durch den Hämolymphdruck erlangen (**Turgorextremitäten**). Am Rand sind sie mit Borstenreihen besetzt, von ihrer Basis erhebt sich ein blasenförmiger Epipodit, der als Kieme funktioniert. Daneben sind vermutlich die Oberfläche aller Turgorextremitäten und die gesamte Körperoberfläche am Gasaustausch beteiligt.

Die Beine dienen nicht, wie ursprünglich, der Fortbewegung – diese Arbeit haben die zweiten Antennen übernommen –, sondern (neben der Atmung) in erster Linie dem Nahrungserwerb. Die Daphnien ernähren sich von kleinsten tierischen und pflanzlichen Organismen und im Wasser schwebendem Detritus. Durch den ständigen, raschen und rhythmischen Schlag der Beine wird ein in den Schalenraum von vorn her eintretender und hinten verlassender Wasserstrom erzeugt. Die Borstenkämme an den

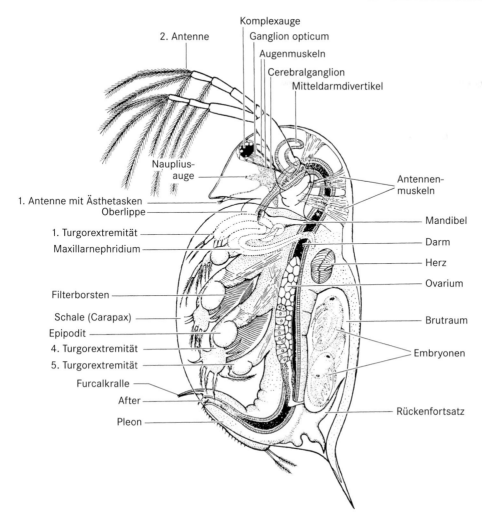

Abb. 118 *Daphnia pulex*, Wasserfloh. Etwa 35 ×

Beinrändern wirken als Filter, die aus diesem Wasserstrom Nahrungspartikel herausfangen. Der Nahrungsbrei wird dann in die auf der Ventralseite zwischen den Beinen entlang ziehende Bauchrinne geleitet und in ihr nach vorn bis zum Mund befördert, wo durch Schluckbewegungen die Aufnahme in den Oesophagus erfolgt.

Der Hinterleib, das **Pleon**, ist stark ventralwärts gekrümmt, sehr beweglich und endet mit zwei nach hinten gerichteten Krallen.

Von den inneren Organen fällt zunächst das lebhaft pulsierende **Herz** auf, ein dorsal liegendes, rundliches Säckchen mit einer Öffnung (**Ostium**) jederseits, durch die das Blut in das Herz eintritt. Die Kontraktionen des Herzens erfolgen sehr schnell (vier pro Sekunde); sie werden durch Ringmuskulatur bewirkt. Umgeben wird das Herz von einem schwerer sichtbaren, zarten Perikardialseptum. Bei jeder Kontraktion (Systole) des Herzens schließen sich die Ostien, während seine arterielle Öffnung klafft; bei der darauf folgenden Erschlaffung der ringförmigen Muskulatur ist es umgekehrt, und das Herz dehnt sich gleichzeitig dank der Elastizität seiner Wandung wieder aus (Diastole).

Vom Herzen ausgehende Blutgefäße fehlen völlig. Das meist farblose oder ganz schwach gefärbte Blut umspült die Organe, wird aber durch im Körper ausgespannte, feine Membranen in bestimmte Bahnen gezwungen. Das Blut ist bisweilen durch Hämoglobin rot. Mit stärkerer Vergrößerung sieht man auch farblose Zellen (Amöbocyten) im Blut flottieren und kann deren Weg verfolgen. Am Vorderrand des Herzens strömt aus der dort liegenden arteriellen Öffnung das Blut in den Kopf sowie dessen Gliedmaßen; vom Kopf kehrt es in den Rumpf zurück und strömt von da in die Beinpaare und Kiemen. Ein anderer Strom zweigt sich ab, um in den Raum einzutreten, der von der Duplikatur der Schale gebildet wird. Dieser Raum ist von zahlreichen Lamellen durchzogen, und der Blutstrom verästelt sich daher netzförmig. Das aus dem Leib und dem Schalenraum zurückkehrende Blut gelangt dann in den Perikardialsinus, aus dem es vom Herzen wieder aufgenommen wird.

Vom **Nervensystem** ist das Gehirn zu sehen, unmittelbar über dem Schlund gelegen und aus rechtem und linkem Ganglion verschmolzen. Rückwärts gehen die beiden den Schlund umfassenden Konnektive ab. Nach vorn zu schließt sich an das Gehirn das Ganglion opticum an, von dem aus das große, unpaare **Komplexauge** innerviert wird; es ist in einer geschlossenen Cuticulakammer untergebracht. Bei Embryonen ist es paarig angelegt, verschmilzt aber beim erwachsenen Tier. In der Peripherie ist eine zarte Hülle zu sehen, darunter eine Anzahl heller, stark lichtbrechender Körper, die Kristallkegel, denen sich nach innen zu radiär gestellte, zu Ommatidien vereinte Sinneszellen anschließen; doch wird das Innere durch das dichte, dunkle Pigment verdeckt.

Die zitternde Bewegung des Auges wird durch das Spiel von meist sechs Augenmuskeln hervorgerufen, die neben der Basis der zweiten Antenne entspringen.

Ein Pigmentfleck, der dem Cerebralganglion anliegt, ist das so genannte Nebenauge (**Naupliusauge**).

Das **Maxillarnephridium** ist sehr groß und liegt in transversaler Ausdehnung unter der Mandibel; es ist in die Schalenduplikatur eingebettet und wird daher auch als Schalennephridium bezeichnet.

Der **Darmkanal** steigt, vom Mund beginnend, als Schlund bogenförmig in die Höhe. Vom Mitteldarm gehen nach vorn zwei Blindsäcke, die Mitteldarmdivertikel („Leberhörnchen"), ab. Der Enddarm ist kurz, an seinem Ende setzen strahlenförmig Muskeln an.

Dorsal vom Darm liegt ein mesodermaler **Fettkörper**, der je nach dem physiologischen Zustand des Tieres verschieden entwickelt ist. Nicht selten enthält er Vorratsstoffe in Form von gelben, roten oder auch blauen Tropfen.

Von den **Geschlechtsorganen** sieht man die beiden Ovarien als lang gestreckte Säcke zu beiden Seiten des Darmes liegen und hinten über kurze Ovidukte in den Brutraum münden. Die Keimzone liegt bei *Daphnia* am hinteren Ende des Ovars; die in der vorn gelegenen Wachstumszone heranreifenden Eier müssen also bei der Ablage am Keimlager vorbeigleiten. Die Eizellen sind in Vierergruppen geordnet. Es werden zwei **verschiedene Eisorten** gebildet, entweder nährstoffarme Subitaneier (Jungferneier) oder große, nährstoffreiche Latenzeier (Dauereier).

Subitaneier entstehen, wenn nur eine der vier Zellen der Viererggruppen sich zum Ei entwickelt, während die restlichen drei zu Nährzellen werden. Diese Eier gelangen, ohne eine Reduktionsteilung durchlaufen zu haben (also diploid), in den Brutraum und entwickeln sich dort parthenogenetisch direkt zu jungen, weiblichen oder männlichen Wasserflöhen.

Unter den günstigen Umweltbedingungen der sommerlichen Vegetationsperiode entstehen ausschließlich Weibchen, sog. **amiktische Weibchen**, die parthenogenetisch gleichartige Weibchen erzeugen; so u. U. viele Generationen. Nach Eintritt ungünstiger Umweltbedingungen (Temperaturabfall, Nahrungsmangel z.B.) produzieren diese amiktischen Weibchen aus diploiden Eiern weibliche und männliche Nachkommen (phänotypische Geschlechtsbestimmung). Die Weibchen dieser Generation verpaaren sich (miktische Weibchen) und produzieren **Latenzeier** (= **Dauereier**), bei deren Bildung mehrere Viererggruppen zur Ernährung eines einzigen Eies verwendet werden; die Latenzeier sind haploid, bedürfen, um sich zu entwickeln, der Besamung und werden, von einem Teil des bei der Eiablage gehäuteten Carapax (vom **Ephippium**) umhüllt, frei abgelegt. Aus ihnen schlüpfen, oft erst nach der Überwinterung, Weibchen, die sich ausschließlich parthenogenetisch fortpflanzen. Einen Generationswechsel dieser Art bezeichnet man als **Heterogonie**. Die männlichen Daphnien (1–1,5mm) sind kleiner als die weiblichen (3–4mm), ihre ersten Antennen sind bedeutend größer, ragen am Kopfvorderrand deutlich vor und tragen am Ende die gegliederte, (vermutlich) mechanoreceptorische Borste.

Bei vielen Tieren wird man in dem dorsalen Raum, der zwischen Schale und Körper liegt, einige große Eier bzw. Embryonen oder auch schon junge Daphnien erkennen. Er wird von einem dorsalen Fortsatz des Abdomens, dem Rückenfortsatz, abgeriegelt und dient als Brutraum, in dem sich die Subitaneier entwickeln.

Häufig ist die Schale mit Ciliaten der Gattung *Vorticella* besetzt, die sich oft in großer Zahl hier angesiedelt haben.

- Die meisten Organe, und ganz besonders die Schalennephridien, die sonst nur schwer zu finden sind, sind besser zu mikroskopieren, wenn man die Kulturflüssigkeiten mit Vitalfarbstoffen schwach anfärbt. Besonders geeignet sind Methylenblau und Toluidinblau. Da man im Allgemeinen nicht vorhersagen kann, wie lange es dauert, bis bestimmte Organe angefärbt werden, ist es ratsam, im Abstand von etwa 10 Minuten Daphnien zum Mikroskopieren zu entnehmen.

2. *Macrocyclops albidus,* Hüpferling

Als Vertreter der **Copepoda** kann irgendeine der im Süßwasser so häufigen *Cyclops*-Arten dienen.

- Es werden lebende Exemplare einer *Cyclops*-Art verteilt, und zwar, wenn möglich, zunächst Weibchen mit Eiersäckchen. Deckglas mit hohen Wachsfüßchen.
- Man legt durch vorsichtigen Druck auf zwei gegenüberliegende Ecken des Deckglases das Tier so fest, dass es sich nicht mehr vom Ort bewegen kann, was natürlich bei Lupen- oder schwacher Mikroskopvergrößerung zu kontrollieren ist, um ein Zerquetschen des Tieres zu vermeiden.
- Am besten werden die Tiere zunächst mit dem Rücken nach oben festgelegt. Liegen sie zufällig auf der Seite oder auf dem Rücken, so

ist durch vorsichtiges Verschieben des Deckglases die Bauchlage leicht zu erzielen.

Der lang gestreckte Körper von *Cyclops* zeigt eine deutliche **Segmentierung**. Er lässt einen ovalen, vorderen und einen schmaleren, deutlich abgesetzten hinteren Abschnitt erkennen (Abb. 119). Der vordere Abschnitt umfasst Cephalothorax und Peraeon, der hintere das Pleon. Der Cephalothorax nimmt reichlich die Hälfte des ganzen Vorderkörpers für sich in Anspruch; an seiner Bildung sind zwei Thoraxsegmente beteiligt. Ihm folgen vier kürzere, an Breite abnehmende Peraeomeren (s. S. 212). Das letzte ist schmal und erscheint eher den Pleomeren zugehörig. Die Zahl der Pleomeren beträgt bei den Männchen fünf, bei den Weibchen nur vier, weil die beiden ersten miteinander verschmolzen sind. So erklärt es sich, dass man beim untersuchten Tier hinter dem letzten Peraeonsegment nur vier Metameren zählt und dass das erste von ihnen, an dem seitlich die Eiersäckchen angeheftet sind, so viel größer ist als die folgenden. Das letzte Segment des Abdomens trägt das Telson, zwei eingliedrige, reich beborstete Anhänge, die zusammen als Schwanzgabel oder Furca bezeichnet werden.

Von den **Extremitäten des Kopfes** sind bei dorsaler Ansicht nur die ersten und zweiten Antennen sichtbar. Die langen ersten Antennen des Weibchens sind nicht nur Träger zahlreicher Sinnesorgane (Tastsinn und chemischer Sinn), sondern dienen auch als Balance- und Schwebeorgane. Sie setzen sich bei der Gattung *Cyclops*, je nach Art, aus 8 bis 77 Gliedern zusammen. Auch die zweiten Antennen sind einästig, doch erheblich kürzer.

Da die Copepoden nur eine sehr zarte, unverkalkte Cuticula besitzen, ist im Präparat auch manches von der inneren Organisation zu sehen. Dabei fällt wegen seiner kräftigen Peristaltik der **Darm** auf. Er ist ein unverzweigtes, gerades Rohr, das ventral mit der Mundöffnung beginnt und am Hinterrand des letzten Abdominalsegments, zwischen den Gabelästen der Furca, mit dem After endet. Der Darm wird von dem im Mixocoel liegenden, mesodermalen Fettkörper umgeben, von dem wir die mehr oder weniger zahlreichen und oft gefärbten Öltropfen gut erkennen können. Der vordere Abschnitt des Darmes ist zu einem Magen erweitert.

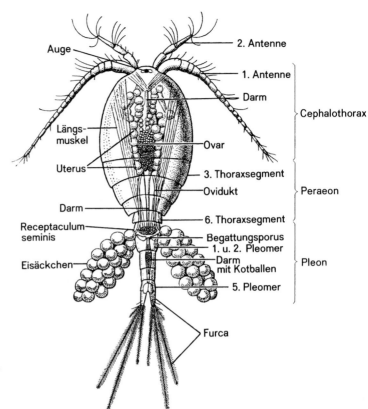

Abb. 119 *Macrocyclops albidus.* Rückenansicht eines weiblichen Tieres. Etwa 50 ×. (Aus KAESTNER, verändert)

Rechts und links vom Darm fallen zwei kräftige **Muskelbänder** auf, die an der Grenze von Vorder- und Hinterkörper dicht nebeneinander beginnen und, nach vorn auseinander weichend und breiter werdend, fast bis zur Antennenbasis ziehen. Nach hinten zu finden sie eine Fortsetzung in schmaleren Muskelbändern, die das Abdomen der Länge nach durchziehen. Außer dieser Stammuskulatur ist auch eine gleichfalls kräftig entwickelte Extremitätenmuskulatur vorhanden, die in den Thoraxsegmenten von der Rückendecke abwärts zur Basis der Extremitäten zieht, daher bei dorsaler Ansicht nur stark verkürzt zu sehen ist. Dagegen ist die kräftige Antennenmuskulatur gut zu erkennen.

Noch vor dem Darm und damit dicht hinter dem Vorderrand des Körpers fällt in der Mittellinie als schwarzer oder roter Pigmentfleck das für die Copepoden typische unpaare **Naupliusauge** auf, das dieser Gattung den Namen „*Cyclops*" eingetragen hat. Es setzt sich aus drei Pig-

mentbecherocellen zusammen, von denen zwei dorsal liegen, während der dritte nach unten gerichtet ist. Bei stärkerer Vergrößerung sieht man aus dem gemeinsamen Pigmentbecher zwei kugelige, stark lichtbrechende Gebilde vorragen, die eigene Linsen vortäuschen, tatsächlich aber von den transparenten Lichtsinneszellen der dorsalen Becheraugen selbst gebildet werden.

Herz und Gefäße fehlen bei allen Arten der Gattung *Cyclops* vollkommen. Das **Blut** zirkuliert frei in Gewebslücken. Für sein Hin- und Herfluten sorgen die ausgiebigen Bewegungen des Darmes, für die besondere Muskeln entwickelt sind.

Atemorgane fehlen den Copepoden. Bei der geringen Körpergröße und der durchlässigen Cuticula sind sie entbehrlich, es genügt die Hautatmung.

Exkretionsorgane sind als ein Paar Maxillarnephridien vorhanden, am lebenden Tier aber kaum sichtbar.

Von den **Geschlechtsorganen** ist das unpaare, über dem Darm liegende Ovarium nicht leicht zu erkennen; sehr gut dagegen seine paarigen Ausführgänge, die in ihrem als Uterus zu bezeichnenden Anfangs- und Hauptabschnitt mehr oder weniger vollständig mit relativ großen Eiern angefüllt sind. Der Uterus beginnt am Ovar und besteht aus zwei Schläuchen, die ventral vom Ovar und dorsal vom Magen einander dicht genähert nach vorn und hinten ziehen. Von ihnen zweigt ein Paar mehr seitlich, rechts und links vom Darm gelegener Schläuche ab, die durch laterale Ausstülpungen ein kompliziertes Aussehen erhalten können. Nach hinten zu setzen sie sich unmittelbar in die feinen Ovidukte fort, die im ersten Abdominalsegment seitlich ausmünden. Der Endabschnitt der Ovidukte erzeugt eine Substanz, die, gleichzeitig mit den Eiern austretend, zum Eiersäckchen wird.

Im ersten Abdominalsegment liegt außerdem das Receptaculum seminis, eine breite, oft gelappte und artspezifisch geformte Tasche, die in der Mittellinie ventral mündet. Hier kleben die Männchen **Spermatophoren** an, bohnenförmige Gebilde, die neben einer großen Zahl Spermien eine Quellsubstanz enthalten, die das Sperma durch die Begattungsöffnung in das Receptaculum seminis treibt. Nicht selten trifft man Weibchen an, die zwei derartige Spermatophoren angeheftet tragen. Vom Receptaculum seminis führt nach rechts und links ein kurzer, schwer sichtbarer Kanal zu den Oviduktmündungen, sodass die Eier bei ihrem Austritt aus dem Eileiter befruchtet werden können.

- Deckgläschen leicht verschieben, sodass das Tier auf den Rücken zu liegen kommt.

Bei ventraler oder seitlicher Ansicht stellt man fest, dass **Extremitäten** nur am Cephalothorax und Peraeon entwickelt sind, am Pleon dagegen völlig fehlen. Hinter den schon erwähnten ersten und zweiten Antennen folgen ein Paar Mandibeln, zwei Paar Maxillen und ein Paar Maxillipeden, die das Extremitätenpaar des ersten, mit dem Kopf verschmolzenen Thoraxsegmentes darstellen. Die erwähnten Extremitätenpaare können in ihrem oft recht komplizierten Bau nur nach Isolierung deutlich erkannt werden. Auf die Maxillipeden folgen vier Schwimmextremitäten, die bei den Copepoden einen sehr charakteristischen Bau haben (s. unten). Sie sind in

der Ruhelage schräg nach vorn gerichtet und eng aneinander gelegt. Bei der Bewegung schlagen sie einzeln, mit dem letzten beginnend, nach hinten, wobei sie gleichzeitig seitwärts gespreizt werden. Dann werden sie geschlossen wieder nach vorn geführt. Alle diese Bewegungen verlaufen so schnell, dass nur Zeitlupenaufnahmen sie zu analysieren vermochten. Die Peraeopoden stellen die wichtigsten Organe der Fortbewegung dar, die bei *Cyclops* und seinen Verwandten in eigenartig ruckweisen Stößen erfolgt, was ihnen den Namen „Hüpferlinge" eingetragen hat. Das letzte, dem Pleon angeschlossene Thorakalsegment trägt bei *Cyclops* Extremitäten, die aus ein bis zwei Gliedern bestehen. Sie sind besonders bei Seitenlage gut zu erkennen und für die Artbestimmung von Wichtigkeit. Ihre Funktion ist unbekannt.

- Das Deckgläschen entfernen und das Tier durch Zugabe einiger Tropfen Alkohol töten.
- Mithilfe zweier Nadeln – am besten mit feinen Insektennadeln – vorsichtig einen Peraeopoden ablösen.

Jeder Peraeopod (Abb. 120) besteht aus einem zweigliedrigen Protopoditen und zwei ungefähr gleich ausgebildeten, dreigliedrigen Ästen, Exopodit und Endopodit, die beide reich beborstet sind. Charakteristisch für die Copepoden ist, dass rechte und linke Extremität eines Thoraxsegmentes an ihrer Basis durch eine mediane

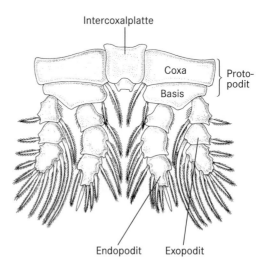

Abb. 120 *Macrocyclops albidus.* Erstes Schwimmfußpaar eines weiblichen Tieres. 80×

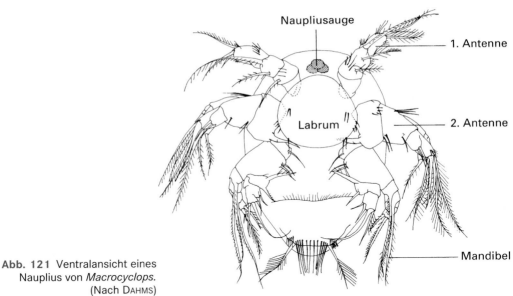

Abb. 121 Ventralansicht eines
Nauplius von *Macrocyclops*.
(Nach DAHMS)

Platte (**Intercoxalplatte**) miteinander verbunden sind, sodass sie nur zusammen schlagen können.

Die **Männchen** sind erheblich kleiner als die Weibchen. Sie unterscheiden sich von diesen ferner dadurch, dass erstes und zweites Abdominalsegment unverschmolzen bleiben. Auch die ersten Antennen sind verschieden: Sie sind beim Männchen relativ kurz, breit und hakenförmig und dienen als Klammerextremitäten, mit denen das Männchen das Weibchen bei der Paarung am Abdomen erfasst, um ihm seine Spermatophoren anzuheften. Der unpaare Hoden liegt im Vorderkörper, die paarigen Vasa deferentia münden am ersten Abdominalsegment. Sie sind, wenn nicht mit Sperma gefüllt, schwer zu erkennen. Ihre Endabschnitte erweitern sich taschenartig; man kann in ihnen oft jederseits eine der großen, bohnenförmigen Spermatophoren liegen sehen.

Die Entwicklung von *Cyclops* durchläuft zahlreiche Häutungsstadien, die als Nauplius-, Metanauplius- und Copepoditstadien bezeichnet werden. Ein **Nauplius** (Abb. 121) zeigt einen ovalen, unsegmentierten Körper, einen sackförmigen Darm, das Naupliusauge und drei Paar Extremitäten (erste und zweite Antennen sowie Mandibeln). Das erste Paar ist einästig, die beiden anderen zeigen deutlich Spaltfußcharakter. Alle drei Paare dienen der Fortbewegung, die in

raschen, durch Ruhepausen getrennten Sprüngen besteht. Zweite Antennen und Mandibeln dienen gleichzeitig auch dem Nahrungserwerb. Die Nauplien lassen sich leicht aus Eiersäckchen ziehen.

● Die Eipakete vorsichtig abtrennen und in Boverischälchen mit Teichwasser geben.

3. *Astacus astacus,* Europäischer Flusskrebs (Edelkrebs)

Für die Dekapoden werden zwei Präparieranweisungen gegeben, eine für den Flusskrebs und eine für die Strandkrabbe. Es genügt die Präparation nur einer Form. Da bei der Beschreibung die Schwerpunkte etwas verschoben sind, ist es jedoch vorteilhaft, beide Kapitel zu lesen.

Der Europäische Flusskrebs (Abb. 122) ist ein Vertreter der **Malacostraca** und gehört zur Ordnung der **Decapoda**. Die Malacostraca sind durch eine weitgehend konstante Segmentzahl (20 oder 21) gekennzeichnet, die Decapoda durch die Umwandlung der drei ersten Thoracopodenpaare in Kieferfüße (**Maxillipeden**), sodass als Laufbeine nur die fünf folgenden Peraeopodenpaare verbleiben.

Der Körper ist von einer Cuticula, in die Kalksalze eingelagert sind, umgeben („**Krebspanzer**"). Sie dient als Exoskelet dem Schutz und

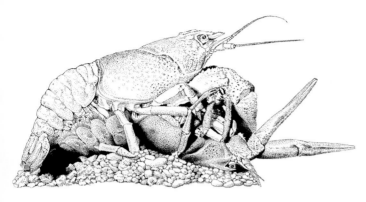

Abb. 122 Flusskrebse bei der Kopula

dem Ansatz der Muskulatur. An manchen Stellen ragen Skeletelemente als Versteifungsleisten oder Muskelansatzstellen mehr oder weniger weit nach innen vor. In der Jugend mehrmals, später nur ein- bis zweimal jährlich wird der Panzer durch Häutung gewechselt.

Der Körper besteht aus zwei Hauptabschnitten, dem durch Verschmelzen der Segmente von Kopf und Brust entstandenen **Kopfbruststück (Cephalothorax)** und dem **Hinterleib (Abdomen = Pleon**, dem „Krebsschwanz"). Der Cephalothorax wird durch den gewölbten Rückenschild (**Carapax**) oben und seitlich umfasst. Eine seichte Querfurche, die Nackenfurche (Sutura cervicalis), gibt möglicherweise die hintere Begrenzung des Kopfes an. Zu beiden Seiten der Mittellinie des Bruststückes verlaufen zwei weitere, sehr seichte Furchen nach hinten; sie markieren die Grenzen zwischen dem eigentlichen Peraeon und den zu beiden Seiten des Körpers liegenden, von gewölbten Ausladungen des Rückenschildes überdachten und fast völlig abgeschlossenen Kiemenhöhlen. Vorn spitzt sich der Carapax zu einem Fortsatz, dem **Rostrum**, zu, an dessen Seiten die gestielten Augen sitzen.

Das **Pleon** besteht aus sechs vollentwickelten Abdomensegmenten (Pleomeren). Das Telson bildet als letztes Glied den Mittelteil des Schwanzfächers. Die sechs Pleomere, von denen das erste noch zum Teil vom Carapax bedeckt wird, sind beweglich miteinander verbunden.

An der Bauchseite fallen vor allem die segmental angeordneten Gliedmaßen auf, mit Einschluss der Antennen insgesamt 19 Paare.

● Zunächst am intakten Tier die Gliedmaßen studieren, indem man sie mit Pinzette oder

Fingern hin und her bewegt und in den Gelenken beugt, bis ihr Bau und ihre Gliederung klar geworden sind (Abb. 123).

Die **erste Antenne (Antennula)** besteht aus drei aufeinander folgenden Stammgliedern, denen zwei zarte, gegliederte Geißeln aufsitzen, die äußere etwas dicker und länger als die innere. An der Außengeißel finden sich vom siebenten bis zum vorletzten Ring Sinnesborsten, die der Chemoreception dienen. Im ersten Stammglied liegt das Gleichgewichtsorgan, die Statocyste (S. 229).

Sehr viel größer als die erste ist die **zweite Antenne**, das wichtigste Tastorgan des Krebses. Auf ihrem kurzen und breiten ersten Stammglied befindet sich ventral auf einem gelblichen Höcker als feine Pore die Mündung des Exkretionsorgans, des Antennennephridiums. Außer der langen Geißel (Endopodit) findet sich noch ein äußerer Ast (Exopodit), der die Form einer breiten, dreieckigen Schuppe hat, und **Scaphocerit** genannt wird.

Als nächste Extremitäten folgen die ersten Mundgliedmaßen, die **Mandibeln**. Sie haben eine massive, innen gezähnte Kaulade, die dem Coxa-Enditen entspricht, und einen dreigliedrigen Taster oder Palpus, der vergleichend anatomisch aus distalen Teilen des Protopoditen und dem reduzierten Endopoditen aufgebaut ist. Die Mandibeln stehen rechts und links von der Mundöffnung, die vorne von einer unpaaren, quer ovalen und seitlich beborsteten Platte, dem Labrum (Oberlippe) begrenzt wird. Als hinterer Abschluss der Mundöffnung funktioniert eine häutige Falte, das Labium (Unterlippe), das seitlich zwei löffelartige, den Mandibelhinterflä-

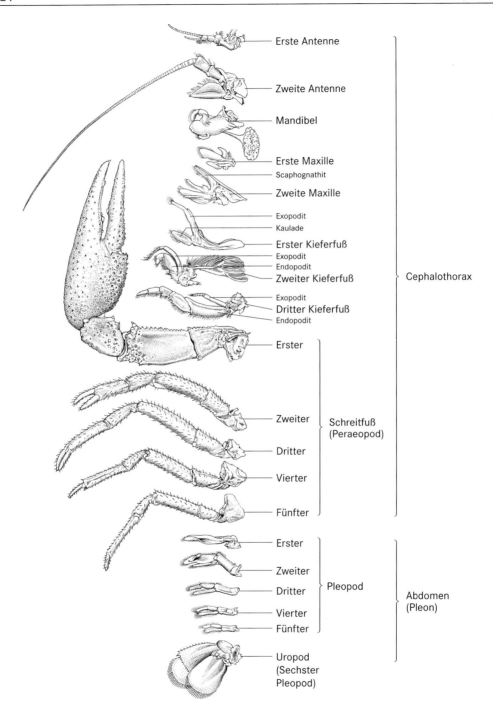

- Erste Antenne
- Zweite Antenne
- Mandibel
- Erste Maxille
  - Scaphognathit
- Zweite Maxille
  - Exopodit
  - Kaulade
- Erster Kieferfuß
  - Exopodit
  - Endopodit
- Zweiter Kieferfuß
  - Exopodit
- Dritter Kieferfuß
  - Endopodit
- Erster
- Zweiter
- Dritter
- Vierter
- Fünfter
- Erster
- Zweiter
- Dritter
- Vierter
- Fünfter
- Uropod (Sechster Pleopod)

Cephalothorax

Schreitfuß (Peraeopod)

Pleopod

Abdomen (Pleon)

Abb. 123 Die Gliedmaßen des männlichen Flusskrebses

chen angeschmiegte Fortsätze („Paragnathen") trägt. Das Labium (nicht zu verwechseln mit dem extremitätenhomologen Labium der Insekten!) ist nicht extremitätenhomolog.

Es folgen die beiden **Maxillenpaare**, die sehr viel zarter als die Mandibeln sind und nach innen zu blattförmige Kauladen tragen. An der zweiten Maxille fällt der Exopodit als lang gestreckte, etwas gebogene Platte auf; sie wird als **Scaphognathit** bezeichnet. Beim lebenden Tier ist sie in ununterbrochener Bewegung und erzeugt den die Kiemenhöhle von hinten nach vorn durchziehenden Atemwasserstrom.

Unmittelbar an die zweiten Maxillen schließen sich nach hinten zu drei Paar **Kieferfüße (Maxillipeden)** an, bei denen der Spaltfußcharakter vom ersten zum dritten fortschreitend immer klarer zum Ausdruck kommt. Die Kauladen verschwinden, die Exopoditen und besonders die Endopoditen werden größer. Die Exopoditen der Kieferfüße sind als gefiederte, flexible Geißeln ausgebildet, deren Haare abgespreizt werden können. Sie fallen beim lebenden Tier durch ihre Schlagaktivität auf und erzeugen eine Wasserströmung. Diese kann dem Einstrudeln kleiner Nahrungspartikel oder dem Heranfächeln von Duftstoffen dienen (Chemo-Orientierung).

Auf die Kieferfüße folgen fünf Paare als **Schreitfüße (Peraeopoden)** dienende Brustgliedmaßen, die der Ordnung den Namen Decapoda verschafft haben. Sie bestehen aus sieben Gliedern – durch Verwachsung sind es bisweilen nur sechs – von denen zwei dem Protopoditen, fünf dem Endopoditen angehören. Der erste Fuß ist mit einer großen und kräftigen, der zweite und dritte mit einer kleinen **Schere (Chela)** ausgerüstet. Diese entsteht in der Weise, dass das vorletzte Glied der Extremität sich fingerförmig über die Ansatzstelle des letzten Gliedes hinaus verlängert. Man beachte, dass die Drehachsen der Gelenke zwischen den einzelnen Gliedern des Scherenfußes in verschiedenen Ebenen liegen, wodurch der Aktionsradius der Schere erheblich vergrößert wird. Auch achte man auf die Sperrvorrichtungen am Gelenkrand, die ein Überdrehen verhindern.

- Die Schere an den Seitenrändern abschneiden.

Dadurch kann man sich die beiden Muskeln zur Anschauung bringen, die ihr Öffnen und Schließen bewirken; der Schließmuskel ist bei weitem der kräftigere.

Es folgen die Beine des Hinterleibes, fünf Paar (beim Weibchen 4 Paar) **Pleopoden**. Bei ihnen tritt, mit Ausnahme des ersten, der ursprüngliche Spaltfuß wieder zutage. Sie helfen beim Schwimmen und dienen beim Weibchen auch zum Tragen der befruchteten Eier und Embryonen (**Brutpflege**). Beim Männchen sind die beiden vordersten Paare zu **Begattungsorganen** umgewandelt. Das aus der Geschlechtsöffnung an der Basis des letzten Brustfußes austretende und schnell erhärtende Sperma wird in ihnen zu länglichen Spermatophoren geformt, die sie an der an der Basis des dritten Brustfußes gelegenen weiblichen Geschlechtsöffnung festkleben. Das erste Paar dieser Kopulationsfüße ist einheitlich, rinnenförmig, das zweite lässt einen fein gegliederten Exopoditen und einen sehr viel kräftigeren Endopoditen unterscheiden, dessen freies Ende tütenförmig eingerollt ist. Beim Weibchen ist das erste Paar Pleopoden rückgebildet.

Die Extremitäten des letzten Segments, die **Uropoden**, sind breite Platten, welche die Seiten des Schwanzfächers bilden. Ihr Außenast ist zweigliedrig. Die mittlere Platte des Schwanzfächers ist das **Telson**, das auf der Unterseite den After als deutlichen Längsschlitz trägt.

- Zum Studium der inneren Organisation die dorsale Körperdecke entfernen. Es wird zunächst, indem man den Krebs in die linke Hand nimmt und das Abdomen möglichst weit nach unten abbiegt, die Intersegmentalhaut zwischen Cephalothorax und erstem Hinterleibsring durchtrennt.
- Dann werden mit der sehr flach angesetzten Schere zwei parallele Schnitte etwa in der Gegend der oben erwähnten zarten Längsfurchen vom Cephalothoraxhinterrand nach vorn bis in die Höhe der Augen geführt, wo sie durch einen kurzen Querschnitt miteinander verbunden werden.
- Das Mittelstück des Carapax darauf am hinteren Ende mit der Pinzette erfassen und mit einem schlanken Skalpell vorsichtig von seiner Unterlage ablösen. Wenn man sorgfältig arbeitet, wird die Epidermis erhalten bleiben und als zarte, pigmentierte Haut die Organe bedecken.
- Schließlich werden noch die beiden Seitenstücke des Kopfbruststückes entfernt. Die wei-

tere Präparation wird im Wachsbecken unter Wasser oder besser in 0,43%iger NaCl-Lösung durchgerührt. Alle Teile des Flusskrebses sollen von der Flüssigkeit bedeckt sein.

Der größte Teil der inneren Organe ist nunmehr sichtbar (Abb. 124). Vorn, vom Transversalschnitt aus sich nach hinten erstreckend,

liegt der umfangreiche Magen. Er wird flankiert von den beiden kräftigen Mandibelmuskeln, die beim Entfernen der dorsalen Körperdecke von ihren Ursprungsflächen abgetrennt wurden. Seitlich vom Magen und den Mandibelmuskeln liegen die rostralen Teile der mächtigen, schwach bräunlichen Mitteldarmdrüsen (Hepatopankreas), die sich nach rückwärts bis zum

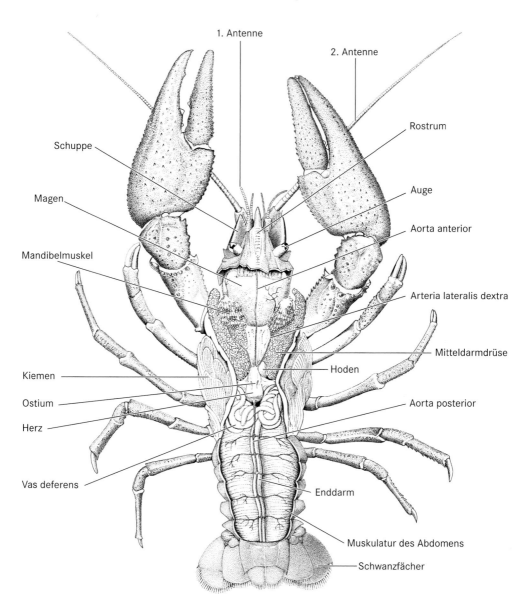

Abb. 124 Anatomie des männlichen Flusskrebses. Dorsalansicht

Herzen erstrecken. Die Seiten des Präparates bilden die zarten, streng geordneten Kiemen.

Dicht vor dem hinteren Rand des Cephalothorax liegt median das (im lebenden Tier weißliche) **Herz**. Es ist von rhombischer Gestalt und hat drei Paar Ostien, von denen allerdings nur das dorsal gelegene Paar zu sehen ist. Nach vorn gehen vom Herzen drei Gefäße ab. Das mittlere versorgt die Augen und das Cerebralganglion (Aorta anterior), während die beiden seitlichen (Arteriae laterales) nach Abgabe eines Astes an den Magen zu den Antennen ziehen und außerdem den Exkretionsorganen Blut zuführen.

- Die Tubuli der Mitteldarmdrüse mit feinem Pipettenstrahl auflockern und mit der stumpfen Pinzette zur Seite drängen.

Erst dann werden zwei weitere, lateral von den Arteriae laterales, an der Ventralseite des Herzens entspringende Gefäße (Arteriae hepaticae) sichtbar.

Nach hinten geht nur ein Gefäß ab, die Hinterleibsarterie (Abdominalaorta, Aorta posterior). Sie liegt dorsal auf dem Darm und gibt links und rechts segmentale Äste ab. Ein weiteres Gefäß (A. descendens), das man allerdings erst bei fortgeschrittener Präparation in seinem ganzen Verlauf verfolgen kann, entspringt gemeinsam mit der Abdominalaorta am Hinterende des Herzens, geht aber senkrecht nach unten, seitlich am Darm vorbei, zieht zwischen den Ganglien der Thoraxsegmente 6 und 7 durch das Bauchmark und gabelt sich schließlich in einen kopfwärts und einen schwanzwärts ziehenden Ast (vordere und hintere Subneuralarterie).

- Bei den Männchen den weißlichen Samenleiter, der den Ursprung dieses Gefäßes verdeckt, hinter dem Herzen vorsichtig nach unten drücken und schräg von der Seite her auf das Präparat blicken.

Der das Herz umgebende **Perikardialsinus** empfängt das in den Kiemen sauerstoffreich gewordene Blut (es enthält **Hämocyanin** als respiratorischen Farbstoff) durch die Branchioperikardialkanäle, die oft als Kiemenvenen bezeichnet werden. Aus dem Perikardialsinus gelangt das Blut durch die Ostien ins Herz und von da über die offen endenden Arterien in die Lücken zwischen den Organen, also ins Mixocoel. Das sauerstoffarm gewordene Blut sammelt

sich in einem großen, ventral gelegenen Blutsinus an, von dem aus es in die Kiemen strömt.

Durch das Entfernen der Seitenteile des Rückenschildes wurden die **Kiemen** freigelegt. Der Panzer ist am Rücken in einem medianen Streifen, der der Breite der eigentlichen Brust entspricht, festgewachsen, wölbt sich aber jederseits frei über die Kiemen hinweg, zwei Kiemenhöhlen bildend, die sich vorn mit Spalten nach außen öffnen. Diese Spalten dienen dem Ausstrom des Atemwassers. Der Einstrom erfolgt durch sieben ventrale Öffnungen, von denen die erste vor dem zweiten Kieferfuß, die letzte vor dem fünften Brustfuß liegt.

In jeder der beiden Atemhöhlen befinden sich 18 glasklare, büschelige Kiemen. Sie bestehen aus einem dorsal gerichteten Schaft, dem viele kleine, zylindrische Anhänge entsprießen, und lassen sich am besten betrachten, wenn wir den Krebs auf die Seite legen. Die hinterste Kieme entspringt an der Rumpfwand über dem letzten Schreitbeinpaar, also an der Pleuralregion. Sie ist daher als **Pleurobranchie** zu bezeichnen.

Der letzte Thoracopod selbst trägt keine Kiemen, wohl aber die übrigen Schreitbeine (je 3 Kiemen) und der zweite und der dritte Kieferfuß (2 bzw. 3 Kiemen). Jeweils eine dieser Kiemen sitzt an der Coxa der entsprechenden Extremität (**Podobranchien**), während die übrigen aus der Gelenkhaut zwischen Coxa und Rumpf hervorwachsen (**Arthrobranchien**).

- Um Insertion, Anordnung und Bau der Kiemen zu studieren, diese vorsichtig mit einem Pinsel hin und her bewegen.

Der Schaft der Podobranchien trägt außer den zylindrischen Röhrchen zwei wie Wellblech gefaltete Lamellen, die, nach rückwärts divergierend, Schaft und Lamellenbasis der folgenden Podobranchie und die unteren Arthrobranchien umfassen. Sie haben auch Kiemenfunktion und leiten das durch die Bewegung der Scaphognathiten angesaugte Wasser an den Kiemen entlang in den Firstraum der Atemhöhle, wo der Wasserstrom nach vorn umbiegt und dem Ausgang zustrebt.

- Das Präparat mit dem Stereomikroskop betrachten.

In der Pleuralregion über den Schreitbeinen 2, 3 und 4 befindet sich je ein zarter Schlauch von etwa 4mm Länge. Es handelt sich um rudimentäre Pleurobranchien. – Schließlich fallen fünf Büschel langer, dünner Haare auf, die an höckerigen Erhebungen der Schreitbeincoxen sitzen. Man vermutet, dass sie das Eindringen von Fremdkörpern in den Kiemenraum verhindern.

- Den Krebs wenden und die in ihrer Anordnung noch ungestörten Kiemen der anderen Seite betrachten.
- Danach die gesamte linke Thoraxwand abtragen, indem man erst ihre häutige Verbindung bis zum Abdomen durchtrennt und dann knapp über den Beineingelenkungen mit flach angesetzter Schere bis zum Vorderrand des Segments der ersten Thoracopoden entlang schneidet.
- Dort bogig von oben nach unten schneiden, um die Verbindung zu den Kopfflanken zu durchtrennen.
- Es sind nun nur noch die an der Pleuralwand innen ansetzenden Muskeln mit dem Skalpell zu lösen. Die anatomischen Verhältnisse im Cephalothorax sind jetzt, vor allem, wenn wir das Präparat bald von oben, bald von der Seite betrachten, leichter zu überblicken.
- Das Gewebe der Mitteldarmdrüsen mit oft wiederholtem Wasserstrahl aus der Pipette und mit einem Pinsel vorsichtig auflockern.

Die **Mitteldarmdrüsen** sind aus einer großen Anzahl dünner Schläuche aufgebaut, die – zu Lappen geordnet – jederseits in drei Ausführgänge münden. Die drei Gänge jeder Seite vereinigen sich zu einem Hauptgang. Die beiden Hauptgänge münden sowohl in den Filtermagen als auch in den Mitteldarm, der sehr kurz und auf das Mündungsgebiet der Mitteldarmdrüsen beschränkt ist. Die Aufgabe der Mitteldarmdrüsen besteht in der Bildung von Enzymen für die im Magen stattfindende Verdauung, in der Resorption der aufgespaltenen Nahrung sowie in der Speicherung von Fett und Glykogen.

Bei einem **männlichen Tier** fallen schon zu Beginn der Untersuchung der inneren Organe stark geknäuelte, weiße Schläuche auf, die etwas hinter dem Herzen liegen und sich in der Tiefe verlieren (Abb. 124). Es sind die Ausführgänge der beiden Hoden, die Vasa deferentia, die jederseits auf der Coxa des fünften Peraeopoden ausmünden. Die Hoden selbst liegen dicht vor und unter dem Herzen und sind in ihrem hinteren Abschnitt miteinander verschmolzen.

Bei **weiblichen Tieren** (Abb. 125) sind die ähnlich angeordneten Ovarien ebenfalls im hinteren Teil verschmolzen. Vom Ovarium geht jederseits ein kurzer Ovidukt (Eileiter) zur Coxa des dritten Peraeopoden.

- Den Krebs auf die rechte Seite legen und beim Männchen den linken Samenleiter sowie (bei beiden Geschlechtern) die wie bindegewebige Stränge anmutenden, durchsichtigen Branchioperikardialkanäle entfernen.
- Mit Fingerspitzen und stumpfer Pinzette die Lappen der Mitteldarmdrüsen so beiseite drängen, dass sie die Sicht nicht behindern.

Es ist nun leicht, die Gefäße in ihrem Verlauf zu verfolgen. Die Arteria descendens zieht am Enddarm vorbei nach unten und verschwindet zwischen Längsmuskeln in einem Loch eines inneren Skeletelementes.

- Die Längsmuskeln, die die Sicht behindern, mit der Pinzette auseinander drücken.

Vorn führt, vom Mund her kommend, der kurze Oesophagus senkrecht nach oben zum Kaumagen, an dessen Außenwand eine komplizierte Muskulatur zu erkennen ist.

- Die dorsale Decke des Magens wird nun – ohne das hinten abgehende Darmrohr zu verletzen – vorn, links und hinten umschnitten und nach rechts geklappt und der bräunliche, schleimige Mageninhalt mit Pipette und Pinzette entfernt.

Der **Magen** – er gehört noch zum ectodermalen Vorderdarm – ist zweiteilig. In der vorderen, geräumigen **Cardia** (Kaumagen) sieht man von beiden Seiten zwei starke, gezähnte Cuticulaleisten ins Innere vorspringen und an der Magendecke median eine weitere, unpaare. Zusammen mit der hochentwickelten Spezialmuskulatur dienen diese drei „Magenzähne" zum Zerkleinern und Durchkneten der Nahrung, die außerdem von den hierher geleiteten Verdauungsenzymen der Mitteldarmdrüse aufgeschlossen wird. Manchmal liegen in zwei seitlichen, nach außen vorragenden Ausbuchtungen der Cardia die Magensteine, halbrunde, weiße Ablagerungen aus Calciumcarbonat, die nach der Häutung bei der Neubildung des Panzers verbraucht werden.

Im zweiten Teil des Magens, im **Pylorus** (Filtermagen), sind komplizierte Falten und Filter

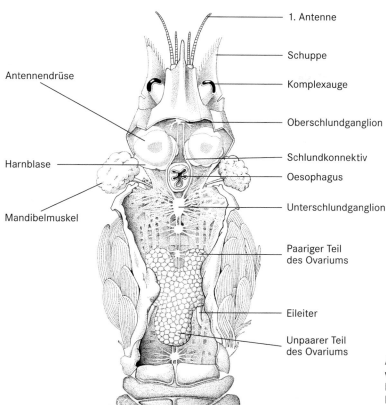

1. Antenne

Schuppe

Komplexauge

Antennendrüse

Oberschlundganglion

Schlundkonnektiv

Oesophagus

Harnblase

Unterschlundganglion

Mandibelmuskel

Paariger Teil
des Ovariums

Eileiter

Unpaarer Teil
des Ovariums

Abb. 125 Anatomie eines
weiblichen Flusskrebses.
Dorsalansicht. Magen,
Mitteldarmdrüse und Herz
sind entfernt

zu sehen (Abb. 126). Sie dienen dazu, Grobes und Feines zu trennen. Nur feinste Partikel gelangen zur Endverdauung in die Mitteldarmdrüsen, die gröberen werden über ein Trichterventil in den Enddarm befördert.

Der eigentliche, eine cuticulare Auskleidung entbehrende, entodermale **Mitteldarm** ist, wie gesagt, auf das Gebiet der Mitteldarmdrüsenöffnungen beschränkt. Unmittelbar dahinter beginnt der nun wieder ectodermale und mit einer Cuticula versehene **Enddarm**. Er zieht unter dem unpaaren Teil der Gonade und unter dem Herzen als gerades Rohr ins Abdomen, wo er, in die kräftige Schwanzmuskulatur eingebettet, unter der Hinterleibsaorta dem Körperende zustrebt.

Beiderseits der vorderen, seitlichen Magenwände, hinten begrenzt von den großen Mandibelmuskeln, liegen in der Tiefe die Exkretionsorgane, die **Antennennephridien (Antennendrüsen)**. Das coelomatische Endsäckchen, der Sacculus, ist klein und gefaltet und präpa-

rativ nicht leicht darstellbar. Es sitzt dem vorderen, dorsalen Ende eines wegen seiner smaragdgrünen Färbung auffallenden Organs („Grüne Drüse"), dem so genannten Labyrinth, auf. Der aus dem Sacculus führende Trichtergang steht in offener Verbindung mit dem stark zergliederten Hohlraumsystem des Labyrinths. Der von hier zur meist kollabierten, sackförmigen Harnblase führende weißliche Strang (Nephridialkanal) wird von einem sehr stark geschlängelten Kanal durchzogen. Der Exkretionsporus liegt auf einer kleinen Erhebung im Basalglied der zweiten Antenne. Die Antennennephridien dienen der Exkretion und Osmoregulation. An der Exkretion beteiligt sind außerdem die Kiemen, über deren große Oberfläche der überwiegende Teil des anfallenden NH_3 ausgeschieden wird.

● Vor der Präparation des Nervensystems ist es erforderlich, einen Teil der Organe zu entfernen. Den Flusskrebs mit ein paar Nadeln im

Wachsbecken befestigen und die das Herz vorn und hinten verlassenden Gefäße durchschneiden. Dabei jedoch die A. descendens schonen.

- Den Magen vom Oesophagus trennen und samt Mitteldarmdrüsen und Enddarm herausnehmen.
- Die Ausführgänge der Gonaden so weit wie möglich verfolgen und die Gonaden anschließend entfernen.

Die Präparation des **Nervensystems** erfolgt von hinten nach vorn.

- Hierzu die Muskeln des Abdomens einen nach dem anderen vorsichtig herausnehmen.

Man stößt dann in der Tiefe auf das weiße **Bauchmark**. Es bildet in jedem Segment ein Ganglienpaar, sodass im Hinterleib sechs solcher Ganglienpaare vorhanden sind, von denen jederseits drei Nerven entspringen.

Verfolgt man das Bauchmark nach vorn, so sieht man es etwa 1cm caudal von der Stelle, an der die A. descendens sich unseren Blicken entzieht, unter einer aus mehreren Stücken bestehenden, endoskeletalen Platte verschwinden. Der zwischen dieser Skeletplatte und der ventralen äußeren Körperwand liegende Raum beherbergt seitlich die Muskeln von Coxa und Basis der Thoraxextremitäten, während sein mittlerer, von senkrechten Streben seitlich begrenzter Abschnitt einen Kanal bildet (Sternalkanal), in dem das Bauchmark und die Subneuralarterie liegen.

- Diese innere Skeletplatte vorsichtig und Stück für Stück abpräparieren.

Man kann das Bauchmark durch den Cephalothorax bis zum Unterschlundganglion hin ver-

a   b

c

Abb. 126 Filter im Magen verschiedener Malacostraca

folgen. Von ihm gehen die beiden Schlundkonnektive, den Oesophagus umfassend, nach oben zum Oberschlundganglion (= Cerebralganglion, Gehirn), das vorn im Kopf zwischen den Basen der beiden Augenstiele zu finden ist. Außer dem Unterschlundganglion sind fünf Ganglienpaare im Thorax vorhanden, die den fünf mit Schreitbeinen ausgestatteten Segmenten zugehören. Zwischen dem dritten und vierten Paar weichen die Konnektive etwas weiter auseinander; hier tritt die Aorta descendens hindurch. Viertes und fünftes Ganglienpaar des Cephalothorax liegen dicht hintereinander. Das große Unterschlundganglion ist aus einer Verschmelzung der sechs Ganglienpaare entstanden, die den sechs der Nahrungsaufnahme dienenden Extremitäten entsprechen. Von diesen sechs Ganglienpaaren liegt das hinterste, das also dem dritten Kieferfußpaar zugehört, etwas getrennt (Abb. 126).

- Die Präparation des Nervensystems gelingt besser, wenn man die Krebse mit 70%igem Alkohol übergossen über Nacht (abgedeckt!) stehen lässt.
- Schließlich werden noch sämtliche Gliedmaßen einer Körperseite mit Skalpell und kleiner Schere an ihrer basalen Eingelenkung von hinten nach vorn fortschreitend abgetrennt und, wie in Abb. 123 dargestellt, der Reihe nach auf einen Bogen Papier gelegt.
- Zum Abschluss einzelne Organe mikroskopisch untersuchen.

So kann man die ersten Antennen mit dem Stereomikroskop betrachten, um den von Borsten umstellten Eingang zur Statocyste zu sehen.

- Zur Präparation der **Statocyste** wird das Rostrum an der Basis abgeschnitten. Dadurch wird im Schaftglied der ersten Antenne der dreieckige, von mehreren Schichten von Haaren überdeckte Eingang zum Statocystenbläschen zugänglich.
- Es wird nun vom medianen und lateralen Rand der Öffnung aus die Cuticula abgetragen.
- Nach Erweiterung der Öffnung erhält man Einblick in das Statocystenbläschen.

Zunächst fällt der **Statolith** auf. Er besteht aus miteinander verbackenen, winzigen Sandteilchen. Als ectodermale Bildung wird bei jeder Häutung auch die Cuticula des Statocystenbläschens abgestoßen. Dabei wird auch der

Statolith entfernt. Bei der Häutung wirbelt der Krebs Sand und Schlick auf und streicht dann mit einer der kleinen Scheren über die Öffnung der Statocyste und drückt so – die den Eingang umstellenden Haare sind zu diesem Zeitpunkt noch weich – feinste Sandkörner in die Blase.

- Der Statolith wird mit einer feinen Pinzette oder durch den Strahl aus einer fein ausgezogenen Pipette vom Sinnespolster abgehoben.

Die **Sinneshaare** liegen dann frei. Man erkennt zwei Gruppen, eine kleinere, dem medianen Rand genäherte, und eine größere, laterale mit sichelförmiger Anordnung der Sensillen.

- Eines der nahezu kugeligen **Komplexaugen** abschneiden und bei Auflicht mikroskopieren.

Die Corneae der Ommatidien sind viereckig und nicht wie bei den Insekten sechseckig.

- Einen **Samenleiter** zerzupfen.

Bei starker Vergrößerung kann man dann die Spermien erkennen, die unbeweglich sind. Sie bestehen aus einem zentralen, scheibenförmigen Teil und einigen langen und starren, davon abgehenden Strahlen.

- Ein Stück vom **Bauchmark** abschneiden, auf dem Objektträger ausbreiten und in Glycerin untersuchen.

Die Doppelnatur der einzelnen Ganglien sowie der sie verbindenden Konnektive ist gut zu erkennen.

An den Kiemen, aber auch auf der Körperoberfläche der Krebse wird man nicht selten einen nur wenige Millimeter langen, weißen Oligochaeten finden. Es handelt sich um *Branchiobdella*. Die Durchsichtigkeit der Tiere erlaubt, im mikroskopischen Präparat ihren Bau zu studieren.

- Einen Wurm unter Wasser auf den Objektträger bringen und ein Deckglas mit Wachsfüßchen auflegen.

Obwohl *Branchiobdella* oft zu den Oligochaeten gerechnet wird, erinnert ihr Bau in mancher Hinsicht an Hirudineen, so durch den Besitz eines hinteren Saugnapfes und das Fehlen von Borsten. Die vier sehr deutlichen Nephridien besitzen große Flimmertrichter, die in der geräumigen Leibeshöhle liegen. Ein dorsales und ein ventrales Blutgefäß sind durch transversale Bogen verbunden. Der muskulöse, gelbbraune Darm zeigt Kontraktionsbewegungen; vorn liegen zwei kräftige Kiefer. Die beiden Ovarien liegen im 7., die Hoden im 5. Segment. Die mit einem Trichter beginnenden Samenleiter führen in einen ausstülpbaren Penis. Die ovalen Eikokons werden an Stielchen an den Kiemen befestigt.

Einen weiteren, 1–2mm langen Parasiten, den Trematoden *Astacotrema cirrigerum*, findet man häufig in der Nähe des Darmes in der Schwanzmuskulatur.

4. *Carcinus maenas,* Strandkrabbe

● Einige lebende Strandkrabben werden zur Beobachtung der Atembewegungen, des Seitwärtsganges, des Aufbäumreflexes und der Autotomie bereitgehalten; die Autotomie lässt sich allerdings nur an völlig gesunden und kräftigen, am besten frisch gefangenen Tieren zeigen.

Die Strandkrabbe gehört wie der Flusskrebs zu den **Decapoda** und in dieser Gruppe zu den **Reptantia**, also zu den zehnfüßigen, im Wesentlichen sich laufend fortbewegenden Krebsen. Innerhalb der Reptantia gehört die Strandkrabbe zu den kurzschwänzigen Krebsen (**Brachyura**). Diese sind durch den stark verbreiterten Cephalothorax ausgezeichnet, während das Abdomen kurz und schmal ist und ventral nach vorn umgeschlagen getragen wird, sodass es bei dorsaler Betrachtung nicht zu sehen ist.

Der **Cephalothorax** wird von dem stark verkalkten **Carapax** bedeckt. Man kann an ihm einen dem Rostrum des Flusskrebses entsprechenden Stirnrand unterscheiden, der seitlich durch die beiden Augenbuchten abgegrenzt wird und in drei Zähne ausgezogen ist (Abb. 127a). Zwischen Stirnrand und Augenbuchten ragt jederseits eine der einästigen zweiten Antennen hervor. Die ersten Antennen sind beim getöteten Tier von oben her in der Regel nicht zu sehen, da sie bei Beunruhigung zusammengeklappt und in besonderen Gruben unter dem Stirnfortsatz verborgen werden. In den Augenbuchten, die von unten her durch eine besondere Zacke des Außenskelets geschützt werden, liegen die beweglichen Augenstiele mit den stark gewölbten Augen an der Spitze.

Die Oberfläche des Carapax zeigt ein System von Furchen, durch die bestimmte Or-

ganbezirke auch äußerlich abgegrenzt werden (Abb. 127a). Helle Flecke, wie sie besonders im Verlauf der Furche zwischen Mitteldarmdrüsen- und Kiemenregion hervortreten, entsprechen Muskelansatzstellen. Weiße, spiralige Röhrchen, die dem Panzer bisweilen angeheftet sind, sind die Kalkgehäuse Röhren bauender Polychaeten der Gattung *Spirorbis*, die sich neben Seepocken als Epoeken oft hier ansiedeln.

An der **Ventralseite** des Tieres müsste man nach dem für das Außenskelet der Arthropoden gültigen Schema seitlich die Pleurite, median die Sternite der einzelnen Cephalothoraxsegmente antreffen. Nun zieht sich aber der durch die Verschmelzung der Rückenstücke (Tergite) entstandene Teil des Carapax mit scharfer Kante umbiegend auf die Ventralseite hinunter und schränkt so den Raum der Pleurite, die zudem nahtlos untereinander verschmolzen sind, beträchtlich ein.

Die Tergite und Pleurite der Cephalothoraxsegmente sind zu einem einzigen Stück verschmolzen. Auch die Sternite sind fest miteinander verbunden; doch sind hier die Segmentgrenzen als Querfurchen noch deutlich erkennbar. Die vorderen Sternalsegmente werden durch die Mundgliedmaßen, insbesondere die beiden deckelförmigen dritten Maxillipeden verdeckt, sodass vorläufig nur die postoralen Sternite zu erkennen sind. Sie bilden die vorn spitz zulaufende Sternalplatte, deren Mittelteil zur Aufnahme des hochgeschlagenen Abdomens grubig vertieft ist. Von den einzeln unterscheidbaren Segmenten der Sternalplatte ist das zum ersten Peraeopoden, dem Scherenbein, gehörende am breitesten. Der vor ihm liegende Teil der Sternalplatte entspricht den beiden Maxillen- und den drei Maxillipedensegmenten. Hinter dem Scherenbeinsegment folgen noch vier weitere Thoraxsternite, das letzte allerdings erst nach Anheben des Abdomens sichtbar werdend.

Den Querfurchen der Sternalplatte entsprechen im Inneren Skeletquerwände, die **Endosternite**, die jedoch erst am Ende der Präparation sichtbar werden. Fortsätze, die von den hinteren seitlichen Ecken der Sternite nach caudal ziehen, die **Episternite**, gestalten die Gelenkgruben für die Hüftglieder der seitlich eingelenkten Extremitäten vollständiger.

Von den fünf Paar **Peraeopoden** trägt nur das erste eine Schere (Chela): Sie ist kräftig entwickelt und die wichtigste Waffe des Tieres für

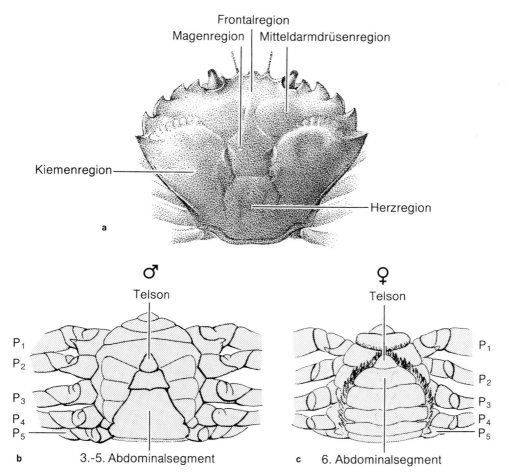

Frontalregion
Magenregion │ Mitteldarmdrüsenregion

Kiemenregion

Herzregion

a

♂
Telson

♀
Telson

P₁
P₂
P₃
P₄
P₅

P₁
P₂
P₃
P₄
P₅

b   3.-5. Abdominalsegment   c   6. Abdominalsegment

Abb. 127 a Regionen auf der Dorsalseite des Carapax der Strandkrabbe, **b** Ventralansicht einer männlichen Strandkrabbe; **c** Ventralansicht eines Weibchens. P1–P5: Peraeopoden

Angriff und Verteidigung. Die Mundwerkzeuge (Mandibeln, erste und zweite Maxillen) sowie die beiden ersten Maxillipeden werden durch das dritte Maxillipedenpaar verdeckt. Studium und Präparation der Mundextremitäten erfolgen später (s. S. 238), da man sie jetzt nur unvollständig ablösen könnte.

● Die letzten Maxillipeden nur auseinander biegen.

Man erkennt in der Tiefe die kräftigen Kauladen der Mandibeln, die die Lage der Mundöffnung angeben.

Außen schließen die Pleurite dicht an die Hüftglieder der Schreitbeine an, doch so, dass kleine Öffnungen erhalten bleiben, durch die das Atemwasser in die Kiemenkammer einströmen kann. Sie liegen über bzw. zwischen den Hüftgliedern der Extremitäten, sind aber im Allgemeinen so klein, dass sie nur mit einer feinen Borste sondiert werden können. Lediglich die vorderste dieser Öffnungen, die unmittelbar über dem Scherenbein liegt, ist groß und daher leicht erkennbar. Sie dient als Hauptinspirationsöffnung. Längere Borsten an ihrem Rand verhindern das Einströmen größerer Schmutzpartikel. Die weite Exspirationsöffnung finden wir unmittelbar lateral von den Mundextremitäten.

Das **Abdomen** (Abb. 127b, c) bietet die Möglichkeit, die Geschlechter zu unterscheiden. Es ist beim Weibchen etwas länger und viel breiter als beim Männchen, sodass es die Sternalplatte fast völlig verdeckt. Dementsprechend ist auch die grubige Vertiefung in der Sternalplatte beim Weibchen erheblich breiter (aber flacher) als beim Männchen. Das Pleon setzt sich wie beim Flusskrebs aus sechs Segmenten und dem Telson zusammen. Das Telson, das ventral den After erkennen lässt, ist bei den Brachyuren eine kleine, dreieckige Platte; ein Schwanzfächer fehlt. Zwei Längsfurchen auf der Dorsalseite grenzen die schmalen Tergite gegen die Pleurite ab, die auch einen großen Teil der Ventralseite abdecken. Die Sternite sind so dünnhäutig, dass der Enddarm in der Mitte hindurchschimmert (Abb. 128). Beim Weibchen sind alle sechs Abdominalsegmente getrennt und gegeneinander beweglich, beim Männchen dagegen sind die 3., 4. und 5. Abdominalsegmente zu einer großen, trapezförmigen Platte verschmolzen. Das 1. Abdominalsegment, das nur als schmale Querspange gleich hinter dem Carapax zu erkennen ist, setzt sich unter dieser Platte nach vorn in ein dreieckiges Endstück fort.

Beim **Weibchen** tragen das 2. bis 5. Abdominalsegment je ein Paar zweiästiger, reich beborsteter Pleopoden, die dem Anheften der Eiballen und damit der Brutpflege dienen. Die weiblichen Geschlechtsöffnungen liegen an der Ventralseite des 6. Thoracalsegments. Sie sind als grubig eingesenkte Öffnungen der Sternalplatte leicht erkennbar.

Beim **Männchen** tragen nur das 1. und das 2. Abdominalsegment Extremitäten, die der Spermatophorenübertragung dienen. Die beiden männlichen Geschlechtsöffnungen liegen an der Ventralseite der Basalglieder der letzten Laufbeine. Sie sind zu schlauchförmigen Papillen ausgezogen (**Penes**).

Der männliche Kopulationsapparat (Abb. 128) ist ein paariges Gebilde und besteht aus den 1. und 2. Pleopoden (den **Gonopoden**) sowie den beiden Penes, die an der Coxa der 5. Peraeopoden entspringen. Das Endglied des 1. Pleopoden ist eine Röhre, in die der stabförmige 2. Pleopode sowie der Penis derselben Körperseite eingelassen sind. Beide werden in je eine proximale Öffnung der Röhre des 1. Pleopoden eingeführt, der 2. Pleopode von ventral, der Penis von dorsal.

- Das Pleon abklappen.

Die Grundglieder des 2. Pleopoden werden an der Basis der Röhre sichtbar.

- Den 2. Pleopoden vorsichtig mit einer Pinzette aus dem 1. Pleopoden herausziehen.
- Das Kopulationsorgan einer Seite vorsichtig abklappen.

Der Penis wird als weißer Strang zwischen der Coxa des 5. Peraeopoden und der Dorsalseite

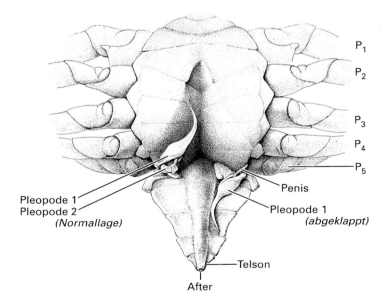

Abb. 128 Ventralansicht einer männlichen Strandkrabbe mit abgeklapptem Abdomen, um die Kopulationsorgane zu zeigen. Kopulationsorgan der einen Seite in Normallage, der anderen Seite abgeklappt dargestellt. P1–P5: Peraeopoden

Pleopode 1
Pleopode 2
(Normallage)

P₁
P₂
P₃
P₄
P₅

Penis
Pleopode 1
(abgeklappt)

Telson

After

des 1. Pleopoden sichtbar (Abb. 128). Bei der Spermatophorenübertragung werden die 1. Pleopoden in den sternal gelegenen Geschlechtsöffnungen des Weibchens verankert. Im 1. Pleopoden wird der 2. Pleopode vergleichbar einem Kolben in einem Zylinder bewegt. Dadurch gelangen die Spermienpakete aus dem Penis heraus in die Röhre des 1. Pleopoden. Durch die Pumpbewegungen des 2. Pleopoden werden sie dann durch die Röhre des 1. Pleopoden in die weibliche Geschlechtsöffnung transportiert.

Nicht selten wird ventral am Pleon ein helles Säckchen vorragen. Die Strandkrabbe ist dann von einem **Parasiten**, von *Sacculina carcini*, befallen, dem extrem umgestalteten Weibchen eines Rankenfüßers (Cirripedia; S. 483). Außen an der Krabbe sichtbar ist nur der Brutsack des Parasiten, die sog. Sacculina externa. Er birgt außer einem Ganglienknoten und einem Hohlraum, der Mantelhöhle, nur die Ovarien und – bei reifen Tieren in paarigen Receptacula seminis – Spermien. Der Brutsack ist über einen Stiel mit wurzelartig den Körper des Wirtstieres durchziehenden feinen Fortsätzen verbunden (Sacculina interna), die mit Ausnahme von Herz und Kiemen alle inneren Organe oberflächlich so stark umspinnen, dass eine Präparation befallener Krabben unmöglich ist. Die Krebsnatur von *Sacculina* ist nur durch ihre Larven offenkundig. Sie verlassen als Nauplien den Brutsack und verwandeln sich im Verlauf von einigen Häutungen zu sog. Cyprislarven. Weibliche Larven setzen sich an jungen Krabben fest, durchlaufen dort eine Umgestaltung zu einem Epidermissack, der ausschließlich undifferenzierte Zellen enthält. Der Wirt wird durch den Parasiten nicht getötet, aber so stark geschädigt, dass die Häutungen und damit das Wachstum unterbleiben.

- Eine nicht zu schwache Schere in die Gelenkhaut über dem letzten Schreitbein einführen und von hier entlang der Hinterseitenkante bis zum hintersten Zahn schneiden.
- Der Schnitt wird dann so weitergeführt, dass er die Zähne gerade noch stehen lässt und sich vom Stirnrand etwa $1/2$ cm entfernt hält, wobei die starken hinteren Begrenzungswülste der Augenbuchtungen umschnitten werden.
- Nachdem so der Carapax beiderseits und vorn aufgeschnitten ist, die Gelenkhaut zwischen Cephalothorax und Abdomen durchtrennen.
- Dann den Carapax von hinten beginnend vorsichtig anheben und die ihm anhaftende Epidermis nach unten abdrängen. Hiermit fortfahrend den Carapax immer weiter aufklappen.
- Dabei sind verschiedene Muskelbündel zu erkennen, die von ihm entspringen und die Epidermis durchsetzen. Indem sie durchschnitten werden, kann man weiter präparierend schließlich die ganze Carapaxdecke abheben.

An der **Innenfläche des Carapax** befindet sich ein den äußeren Furchen genau entsprechendes Leistensystem, das dem Muskelansatz dient. Der Blick auf die inneren Organe wird noch durch die graubraun oder auch gelblich marmorierte zarte Epidermis verwehrt.

- Mit der feinen Schere stückweise die Epidermis entfernen. Vorsicht über dem Herzen und der Mitteldarmdrüse!

Die Färbung der Epidermis rührt von dicht liegenden **Pigmentzellen** her.

- Ein kleines Stückchen Epidermis gut ausgebreitet auf einen Objektträger legen, einen Tropfen Wasser hinzufügen, ein Deckglas auflegen und unter dem Mikroskop betrachten.

Man sieht die von schwarzbraunem Pigment erfüllten, in der Form je nach der mehr oder weniger vollständigen Ballung bzw. Ausbreitung der Pigmentkörnchen sehr verschiedenen Pigmentzellen.

- Das Vorderstück des ersten Abdominaltergiten, eine durchscheinende, vorn tief ausgebuchtete Platte, die durch Abtragen des Rückenpanzers freigelegt wurde, wegschneiden.

Dadurch gewinnt man einen guten Überblick über die wichtigsten inneren Organe (Abb. 129). In der Mittelregion sind vorn der geräumige, sich nach hinten zu keilförmig verschmälernde **Magen** und dahinter das bei guter Präparation noch in den Perikardialsinus eingeschlossene **Herz** zu sehen. Seitwärts vom Magen liegt jederseits die **Mitteldarmdrüse**, ein umfangreiches, weißlichgelbes, sich aus zahlreichen kleinen Schläuchen zusammensetzendes Organ. Ihm liegen bei weiblichen Tieren die paarigen, vorderen Schenkel der

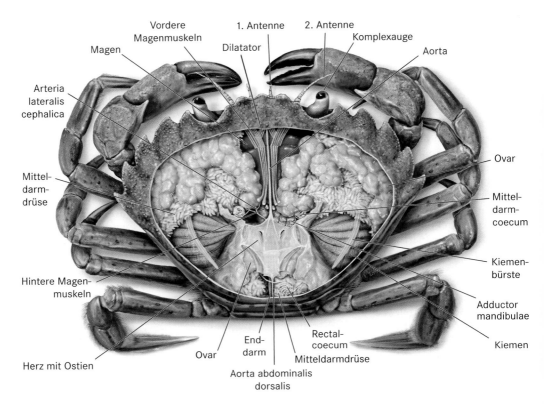

Abb. 129 *Carcinus maenas*. Weibchen, dorsal geöffnet. Haut, Herzbeutel und vorderes Stück des ersten Abdominaltergiten abgetragen

Ovarien auf, die zwischen Magen und Herz durch ein Querstück verbunden sind. Beim Männchen befinden sich an gleicher Stelle die **Hoden**.

Seitwärts vom Anfangsstück der Ovarien fallen als feine, gewundene Schläuche von weißlicher Färbung die paarigen Blindsäcke (Coeca) des Mitteldarms auf.

● Mitteldarmdrüse und Ovarium vorsichtig von der Magenwand wegdrücken.

So wird das gerade Anfangsstück der Blindsäcke, mit dem sie aus dem Mitteldarm entspringen, sichtbar.

Etwas nach hinten und innen von dem Knäuel der Mitteldarmcoeca liegt jederseits eine Muskelmasse von ovalem Umriss, die aus einzelnen Bündeln besteht. Es handelt sich um einen der kräftigen, die Mandibel bewegenden Muskel, den inneren Schließmuskel (Adductor mandibulae internus). Er entspringt vom Carapax und

geht in der Tiefe in eine lange, feste Sehne über, durch die er an der Mandibel inseriert.

● Den Muskel bis auf die Sehne abtragen oder abzupfen.

Hinter dem Herzen werden ein Stück des Enddarmes und seitlich davon weitere Abschnitte der Mitteldarmdrüse und Ovarien (bzw. Samenleiter) sichtbar. Dem Enddarm liegt hinten als langer, in sich aufgerollter Schlauch das Rectalcoecum auf, der seitliche Raum hinter der Mitteldarmdrüse wird von den Kiemen eingenommen. Meist zieht ein schlankes, federförmiges Gebilde über sie hinweg, ein als Kiemenbürste oder Flabellum bezeichneter Anhang des ersten Maxillipeden, der als Reinigungsapparat für die Oberseite der Kiemen dient.

Das **Herz** befindet sich in einem geräumigen Perikardialsinus, dessen Wände bei der Präparation meist verletzt werden. In diesem Raum ist das Herz durch Bänder, die Herzligamente oder Alae cordis, aufgehängt, von denen die von den vorderen und hinteren Seitenecken ausgehenden besonders gut zu erkennen sind. Dank ihrer Elastizität bewirken sie die Wiederausdehnung des Herzens nach beendeter Kontraktion. Das Herz ist etwa fünfeckig, etwas breiter als lang und lässt nach vollständiger Entfernung des Perikardialsinus deutlich zwei Paar Öffnungen (Ostien) in der Dorsalwand erkennen, durch die das Blut aus dem Perikardialsinus einströmt. Ventile an den Ostien sorgen dafür, dass bei der Kontraktion des Herzens das Blut nicht in den Perikardialsinus zurücktreten kann. Zwei weitere Ostien bleiben vorläufig verborgen, da sie in den Seitenwänden des Herzens liegen.

Von Arterien sind bei sorgfältiger Präparation die vorn in der Mittellinie abgehende Aorta zu erkennen, die über den Magen weg zu Cerebralganglion und Stirnregion zieht. Ferner zwei Arteriae laterales cephalicae, rechts und links neben der Aorta entspringend, die den Magen, die beiden Antennenpaare und andere Organe versorgen, aber oft schwer erkennbar sind.

- Die Arterien sind noch besser zu sehen, wenn man die Blutbahnen mit Kongorotlösung injiziert.

Schließlich gibt es eine median hinten abgehende Arteria abdominalis dorsalis, auch als Aorta posterior bezeichnet, die oberhalb des Darmes weit in das Abdomen hineinzieht.

- Das Herz abtragen.

Man stellt fest, dass auch aus seiner Ventralseite ein größeres Gefäß entspringt, die senkrecht absteigende Arteria descendens (A. sternalis). Jetzt tritt das zwischen Magen und Herz gelegene quer verlaufende Verbindungstück der beiden Ovarien noch deutlicher hervor.

- Auch dieses Querstück entfernen.

So gewinnt man einen freien Blick auf den ganzen Darmtrakt, soweit er im Cephalothorax gelegen ist.

Der vordere Abschnitt des **Magens** (Cardia) ist als Kau- und Knetapparat ausgebildet, der die von den Mundwerkzeugen lediglich in Streifen geschnittene Nahrung zerkleinert und mit den Sekreten der Mitteldarmdrüse, die sich bis in diesen vorderen Magenteil ergießen, durchmischt. Da der Magen ein Teil des ectodermalen Vorderdarmes ist, wird er von einer Cuticula ausgekleidet, die sich örtlich zu härteren Platten, verkalkten Skeletspangen und starken Zähnen verdickt.

Der hintere Magenabschnitt (Pylorus) hat ovalen Umriss und setzt sich gegen den anschließenden entodermalen Mitteldarm deutlich ab.

Der **Mitteldarm** ist sehr kurz und geht ohne äußerlich erkennbare Grenze in den lang gestreckten, ectodermalen Enddarm über. In den Pylorus und unmittelbar hinter dem Magen in den Mitteldarm münden die beiden Blinddärme (**Mitteldarmcoeca**) ein, kurz dahinter rechte und linke **Mitteldarmdrüse**.

Der **Enddarm** weist etwas vor der hinteren Grenze des Cephalothorax eine Verbreiterung auf, von deren linkem oder rechtem Ende der bereits erwähnte stark aufgerollte Blinddarm (**Rectalcoecum**) nach hinten abgeht.

- Den Darmtrakt, mit dem Magen beginnend, herauslösen. Der cardiacale Abschnitt wird vorn und hinten seitlich angehoben und bis auf den vom Magen senkrecht nach unten ziehenden Oesophagus freipräpariert.
- Diesen möglichst dicht am Magen abschneiden und nach hinten bis zur Einmündung der beiden Mitteldarmcoeca weiterpräparieren.
- Letztere in einiger Entfernung vom Darm durchschneiden, da es kaum gelingt, sie im Ganzen aus der sie unterlagernden und durchsetzenden Mitteldarmdrüse freizupräparieren. Auch die Mitteldarmdrüse vom Darm trennen.
- Den Enddarm hinter dem Abgang des Rectalcoecums durchschneiden und herauslösen.
- Den Darm zu genauerer Untersuchung unter dem Stereomikroskop in ein Schälchen mit Glycerinwasser 1:1 legen und dieses auf schwarzen Untergrund stellen.

Betrachtet man zunächst den **Magen** von der Seite her, so sieht man, dass seine Wand von Skeletspangen gestützt wird und dass sich die Magenwand vor ihnen zu kissenförmigen Polstern verstärkt. An der Grenze von Cardia und Pylorus springt der Boden mit einer nach oben und vorn gerichteten Falte tief ins Magenlumen ein. Diese den Übertritt des Nahrungsbreies in den Pylorus erschwerende Staufalte wird als Cardiopyloricalklappe bezeichnet. Weiter nach hinten zu liegen an den Seiten des pyloricalen Abschnittes zwei sehr kräftige, rötlich oder gelblich gefärbte Polster, die als Pressplatten bezeichnet werden und zusammen mit komplizierten Filtereinrichtungen dafür sorgen, dass nur Flüssigkeit und sehr kleine Partikel in die Mitteldarmdrüse gelangen. Der unverdauliche Rückstand, soweit er nicht aus dem Mund wieder herausbefördert wurde, wird dem Enddarm zugeleitet, der als ectodermales, von einer Cuticula ausgekleidetes Rohr lediglich dem Kottransport dient.

- Die vordere und untere Magenwand im Bereich der Cardia abtragen.

Damit bekommt man einen vollständigen Einblick in die „**Magenmühle**". Von oral und ventral in den Magen hineinsehend, bemerkt man die Vorderwand der weit in das Lumen hineinragenden Cardiopyloricalklappe, sieht unmittelbar über ihr den Medianzahn und seitlich die beiden Lateralzähne, die aber ein ganzes Zahnsystem bilden, von dem der zunächst nur erkennbare laterale Zahn lediglich das vorderste Element war. Der hintere Abschnitt dieses Systems nimmt die Form einer Reibplatte an.

- Die Cardia durch einen Längsschnitt eröffnen. So ist die Magenanatomie noch besser zu erkennen.

Am Hauptpräparat sind nach der Herausnahme von Herz und Darm Mitteldarmdrüse und Ovarium vollständig zu überblicken. Die **Mitteldarmdrüse** lässt zwei ausgedehnte vordere Lappen und zwei schlankere hintere Schenkel unterscheiden, die dem Hinterdarm von rechts nach links anliegen. Das **Ovarium** entwickelt sich gleichfalls in der Hauptachse nach vorn zu mit den beiden der Mitteldarmdrüse aufliegenden Schenkeln, die sich im (bereits entfernten) Querstück zwischen Magen und Herz, den Mitteldarm überlagernd, vereinigen. Von hier ziehen zwei Schenkel nach hinten, die lateral von den hinteren Abschnitten der Mitteldarmdrüse liegen.

Von den hinteren Ovarschenkeln führt je ein kurzer Eileiter nach unten zur Geschlechtsöffnung. Sein Anfangsstück bildet eine blasige Erweiterung des Receptaculum seminis, in dem die von der letzten Kopulation stammenden Spermien monatelang voll funktionsfähig bleiben, denn Kopulationen finden nur unmittelbar nach einer Häutung der Weibchen statt, und die Häutungen sind bei alten Krabben durch

ein Jahr oder länger getrennt. Den zum Receptaculum seminis führenden kurzen Eileiter findet man am besten, wenn man von der Geschlechtsöffnung in der Sternalplatte aus mit einer schwarzen Borste sondiert. – Bei voll ausgewachsenen Weibchen wird man die Ovarien während der Fortpflanzungsperiode erheblich weiter ausgedehnt finden als auf Abb. 129, die ein Tier mit nicht maximal entwickelten Ovarien darstellt. Bei legereifen Weibchen haben die Ovarien infolge starker Dotteranhäufung eine orangerote Farbe, und man kann in ihnen die einzelnen Eier gut erkennen.

Beim Männchen stimmen die Geschlechtsorgane der Lage und Form nach mit den weiblichen überein. Die **Hoden** liegen den vorderen Lappen der Mitteldarmdrüse auf und sind gleichfalls je nach Alter und Jahreszeit von recht verschiedener Größe. Der Hauptteil eines jeden Hodens liegt neben dem cardiacalen Magen, ein von ihm abgehender Schenkel zieht parallel zur Magenwand nach hinten und vereinigt sich zwischen Magen und Herz mit dem Hoden der Gegenseite durch ein über den Darm hinwegziehendes Querstück. Die Samenleiter (Vasa deferentia) ziehen als stark geschlängelte, weiße Kanäle unter dem Herzen hinweg neben dem Enddarm nach hinten; ihre Mündungen liegen an den Coxen der fünften Peraeopoden.

- Zur Darstellung des **Nervensystems** werden nun Geschlechtsorgane und Mitteldarmdrüse entfernt. Man findet es am besten, wenn man zunächst die beiden Längsstränge (Schlundkonnektive) aufsucht, die rechts und links vom Oesophagus entlang ziehen.
- Indem man sie nach vorn und hinten zu verfolgt und freilegt, findet man Cerebral- und Thoraxganglion.

Das verhältnismäßig kleine, querovale **Gehirn** liegt einem nach hinten zweizipfelig ausgezogenen Skeletteil, dem Epistoma, auf, das aus der Verschmelzung präoraler Sternite entstanden ist. Von den beiden nach hinten abgehenden Schlundkonnektiven abgesehen, sind jederseits vor allem zwei vom Cerebralganglion entspringende Nerven zu erkennen. Der eine geht schräg nach vorn zum Auge und stellt im Wesentlichen den Nervus opticus dar, der andere zieht seitlich und verbreitet sich als Nervus tegumentarius in der Haut. Unmittelbar hinter dem Oesophagus kann man eine sehr feine Querverbindung der beiden Konnektive, die Unterschlundkommissur, erkennen.

Das umfangreiche Thoraxganglion ist aus der Verschmelzung aller postoralen Ganglienpaare, vom Mandibularsegment angefangen, entstanden. Daher entspringen ihm auch eine große Anzahl von Nerven nach schräg vorn, seitwärts und schräg hinten, von denen der stärkste dem Scherenbein zugeordnet ist. Ein nach hinten zu abgehender Mediannerv versorgt mit seinen Querästen die einzelnen Pleomeren. Dieser Mediannerv zieht über eine Skeletplatte hinweg, die vorn rundlich ausgeschnitten ist, und verschwindet dann im Abdomen.

- Man öffnet das Abdomen durch zwei dorsale Längsschnitte, die an der Grenze von Tergiten und Pleuriten geführt werden.

Im **Abdomen** zieht der Enddarm zum After. Ihm liegt die Arteria abdominalis dorsalis auf.

- Diese und den Darm entfernen.

So sieht man den abdominalen Teil des Mediannervs und seine Seitenäste. Im Übrigen ist das Abdomen von kräftiger Muskulatur erfüllt.

Die Wand der **Kiemenkammer** wird innen und unten durch kräftige, miteinander fest verbundene Skeletplatten, die **Epimeren**, gebildet. Sie sind als Teile der Pleurite aufzufassen, dienen den Kiemen als Lager und scheiden die Kiemenkammer von der Thoraxhöhle. Oben und außen werden die Kiemen nur von einer zarten Membran überdeckt.

- Sollte das Flabellum nicht zu sehen sein, kann man es mit der Pinzette zwischen Außenseite der Kiemen und stehengebliebenem Rand des Carapax hervorheben.

Die Kiemen beginnen mit breiter Basis, verschmälern sich aber so stark, dass ihre Spitzen alle in einem Punkt zusammentreffen. Jede Kieme setzt sich aus zwei Reihen dichtstehender Kiemenblätter zusammen, die durch eine tiefe dorsale Furche voneinander geschieden werden. Die Kiemen der Brachyuren sind also Phyllobranchien.

- Um die Kiemen vollständiger überblicken zu können, die stehen gebliebene Seitenwand des Carapax an einer Seite abtragen, hinten

über dem letzten Beinpaar beginnend und nach vorn bis zu den Augenbuchten hin.

Der nach unten und innen weisende Rand des Carapax endet dicht über den Hüftgliedern der Extremitäten frei, sodass auch hier frisches Atemwasser einströmen kann, worauf auch der dichte Besatz von schmutzabwehrenden Härchen hinweist. Im Ganzen sind neun Kiemen jederseits entwickelt, von denen zwei eine abweichende Lage haben. So hat gleich die erste Kieme eine horizontale Lage, indem sie vorn unten beginnt und über die Basen der folgenden Kiemen hinwegzieht. Die zweite Kieme hat normale Lage, erscheint also als erste in der Reihe der nach oben ansteigenden Kiemen; sie ist etwas kürzer als die erste und sehr schmal. Die dritte Kieme beginnt unter dem Spitzenteil der ersten, ist kurz und breit und zieht nach vorn oben. Die vierte bis neunte Kieme haben normale Lage, schließen also an die zweite an und füllen die ganze Kiemenkammer aus.

In dem vor der Kiemenkammer gelegenen, mit ihr in Verbindung stehenden Raum, der präbranchialen Kammer, ist der **Scaphognathit**, ein Anhang der zweiten Maxille, als breite, bewegliche Platte erkennbar. Er hat die Aufgabe, das Atemwasser aus der Kiemenkammer herauszufächeln und durch die neben dem Munde gelegene präbranchiale Kammer auszutreiben, wodurch frisches Wasser von hinten her in die Kiemenkammer nachgesogen wird. Doch kann die Platte ihre Schlagrichtung auch umkehren, sodass der Wasserstrom von vorn nach hinten durch die Kiemenkammer hindurchgetrieben wird.

- Eine der breiteren Kiemen ein Stück oberhalb ihrer Basis quer durchschneiden, wobei die Schere in die Zwischenräume zwischen zwei Kiemenblättchen eingreifen soll, und die Schnittfläche mit dem Stereomikroskop betrachten.

Die **Kieme** setzt sich aus einem medianen Septum und zwei seitlichen Reihen von Kiemenblättchen zusammen. Am oberen Rand des Septums, im Zuge der Längsfurche, verläuft ein Blutgefäß, der Branchialsinus oder zuführende Kiemenkanal, aus dem das vom Körper herkommende Blut in die einzelnen Kiemenblättchen übertritt, wo der Gaswechsel stattfindet. Das so mit Sauerstoff angereicherte Blut sammelt sich in einem an der Unterkante des Septums gelegenen abführenden Kanal, dem Branchioperikardialkanal, der es zu Herzbeutel und Herz führt.

- Ein Kiemenblättchen abschneiden und unter dem Mikroskop betrachten.

Man stellt fest, dass der flache in ihm gelegene Blutraum von zahlreichen Zellen durchsetzt wird.

- Beiderseits die Kiemen vollständig abtragen, um sich die Bürsten ihrer Unterfläche, Anhänge des zweiten und dritten Maxillipeden, zur Anschauung zu bringen.
- Nun auch das Nervensystem, den Oesophagusstumpf und alles, was an Muskel- und sonstigen Organresten noch im Mittelteil des Cephalothorax liegt, entfernen.

So erhält man einen Blick auf das Innenskelet, wobei man sich klarmachen muss, dass die fraglichen Skeletteile wohl funktionell die Aufgabe eines Innenskelets haben, streng morphologisch aber als Teil des Außenskelets zu bezeichnen wären, da sie von der Epidermis abgeschieden werden, die mit Falten tief in das Innere des Körpers eindringt.

- Zum Abschluss die Extremitäten etwas genauer ansehen.

Die **ersten Antennen** (Antennulae) bestehen aus einem dreigliedrigen Schaft und zwei kurzen, klauenartigen Geißeln. Die beiden distalen Glieder des Schaftes sind lang, schlank und leicht erkennbar. Das basale Schaftglied ist als ein relativ großes, quer liegendes Stück beweglich in eine Grube des Außenskelets eingelassen.

- Durch Abschneiden der die Grube überragenden Teile des Stirnrandes die Antenne als Ganzes herauslösen, um sie mit dem Stereomikroskop zu betrachten.

Im Basalglied, dessen Vorderrand reich mit Borsten besetzt ist, liegt das **statische Organ**. Unmittelbar nach der Häutung ist es durch eine dorsale Öffnung mit der Außenwelt verbunden. Die beiden Geißeln setzen sich aus zahlreichen schmalen Gliedern zusammen und sind gegeneinander beweglich. Die äußere Geißel, die beim lebenden Tier auf dem sehr beweglichen Schaft auch nach innen gedreht werden kann, ist erheblich kräftiger und mit einem Kamm langer

Haare besetzt. Beim Zurückziehen wird die Antenne in den beiden Gelenken des Schaftes zusammengeklappt. Sie ist – zumindest vornehmlich – Träger von Strömungssinnesorganen.

- Die Augenstiele, die durch Herausnahme der ersten Antennen freigelegt wurden, nach Wegschneiden überstehender Skeletteile gleichfalls herauslösen.

Jeder Augenstiel besteht aus einem schlanken basalen und einem gedrungenen distalen Glied, das an der Spitze das Auge trägt. Ventral bildet das Auge einen spitzen Fortsatz aus, dorsal ragt ein Vorsprung der umgebenden, verkalkten Cuticula in das Auge vor.

Die **zweite Antenne** kann man nicht vollständig ablösen, da das basale Glied ihres Schaftes mit den umgebenden Skeletteilen fest verwachsen ist. Das verschmolzene Basalglied des Schaftes ist in seinem rechteckigen Umriss gut zu erkennen. Am hinteren, schmalen Rand des Rechtecks liegt als schuppenartiges Skeletstückchen das Operculum, der Deckel über der Exkretionsöffnung.

- Diesen von medial hinten her anheben und die Exkretionsöffnung mit einer Borste sondieren.

An das basale Glied des Antennenschaftes schließen sich zwei kleinere, frei bewegliche Glieder an, die ihrerseits in die lange, aus vielen Ringelgliedern zusammengesetzte Geißel übergehen.

Es folgen die **Mundgliedmaßen**, die Mandibeln, die 1. und die 2. Maxillen und dann die zu Maxillipeden umgewandelten Extremitäten der drei vordersten Thoraxsegmente (Abb. 130).

- Diese, beginnend mit dem 3. Maxillipeden und dann nach vorn weitergehend, vorsichtig mit spitzer Schere und Pinzette ablösen. Es ist besonders darauf zu achten, dass die in die Kiemenkammer ziehenden Anhänge der Maxillipeden mit herauskommen.
- Am sichersten ist es, mit der Präpariernadel zunächst die Gelenkstellen der Extremitäten zu lockern, Muskeln und Sehnen lang abzuschneiden und dann die Extremitäten an der basalen Eingelenkung zu lösen.

Die **Mandibel** lässt eine kräftige Kaulade, einen kurzen zweigliedrigen Taster und ein langes, nach innen ziehendes Querstück erkennen, in

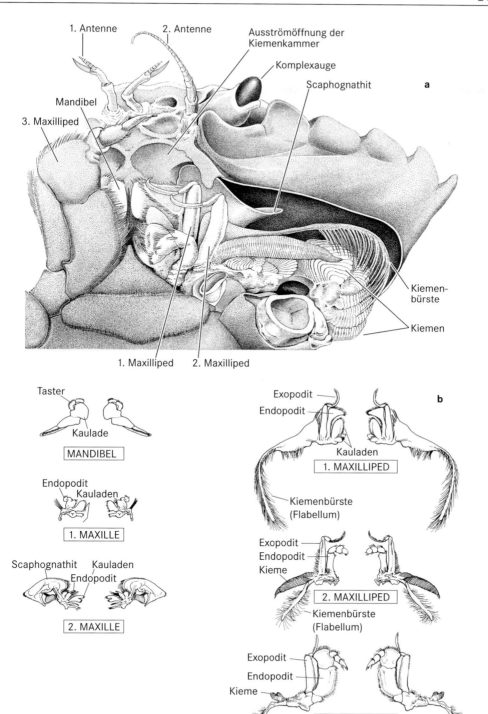

Abb. 130 *Carcinus maenas*. Mundwerkzeuge. **a** Situs; Panzer aufgeschnitten, **b** Mandibeln, Maxillen und Maxillipeden

dem die kräftigen Muskeln dieser für die Zerkleinerung der Nahrung wichtigsten Mundextremität ansetzen.

Die **1. Maxille** ist eine sehr zarte Extremität, die aus zwei nach innen gerichteten Kauladen (inneren Fortsätzen oder Enditen des Protopoditen) und einem lateralen Abschnitt besteht, der als Endopodit aufgefasst wird.

Etwas kräftiger ist die **2. Maxille** entwickelt, die sich aus den beiden hier zweigespaltenen Kauladen, einem nach vorn fingerartig ausgezogenen Mittelstück (Endopodit) und der großen Platte des Scaphognathiten zusammensetzt, die als Exopodit zu betrachten ist. Die starke und dauernde Beanspruchung der 2. Maxille im Dienste des Atemwasserstromes lässt ihre reiche Versorgung mit Muskeln verständlich erscheinen, die vor allem in einer Aushöhlung des Scaphognathiten Platz und Ansatz finden.

Der **1. Maxilliped** lässt zwei Kauladen, einen ungegliederten Endopoditen, einen mit einem Taster endenden Exopoditen und als umfangreichstes Gebilde die Kiemenbürste (Flabellum) erkennen, die als Epipodit aufzufassen ist. Der Basalteil des Flabellums zieht sich nach vorn zu in eine breite Platte aus.

Vom Basalteil des **2. Maxillipeden**, dem Protopoditen, entspringen der viergliedrige Endopodit und der aus ungegliedertem Schaft und Endgeißel bestehende Exopodit. Das Flabellum ist hier kürzer. Zwischen ihm und dem Exopoditen setzt die erste Kieme an.

Der **3. Maxilliped** zeigt im Prinzip den gleichen Bau, ist aber viel kräftiger entwickelt. Die basalen Abschnitte von Exopodit und vor allem Endopodit sind stark verbreitert und bilden den die Mundregion nach unten abschließenden Deckel. Flabellum und Kiemenansatz – es handelt sich um die stark verkürzte 3. Kieme – haben die gleiche Lage wie beim 2. Maxillipeden. – Da die 1. und 3. Kieme demnach von Extremitäten ihren Ursprung nehmen, werden sie als **Podobranchien** bezeichnet. Die übrigen sieben Kiemen entspringen entweder von der Gelenkstelle zwischen Extremität und Epimer und werden dann **Arthrobranchien** genannt oder haben ihren Ursprung noch weiter dorsal, auf das Epimer selbst verlegt: **Pleurobranchien**.

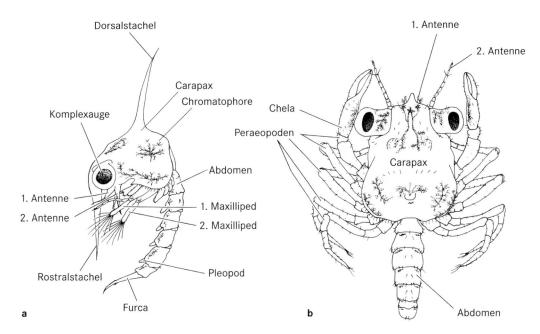

Abb. 131 Larven von *Carcinus maenas*. **a** Zoëa (von Dorsalstachelspitze- bis Rostralstachelspitze etwa 2 mm, Carapaxlänge etwa 1 mm), **b** Megalopa (Carapaxlänge etwa 1 mm). (Nach Ingle, Rice)

Die **Schreitbeine** (**Peraeopoden**) setzen sich aus dem zweigliedrigen Protopoditen und einem fünfgliedrigen Endopoditen zusammen; ein Exopodit fehlt. Die Namen der sieben Glieder sind: Coxa, Basis, Ischium, Merus, Carpus, Propodus und Dactylus. Bei den Brachyura (und manchen anderen Decapoda) sind aber Basis und Ischium miteinander verschmolzen, sodass sich die Zahl der gegeneinander beweglichen Glieder auf sechs verringert. Die Verschmelzungsnaht ist als feine Ringfurche noch erkennbar. In ihr erfolgt bei Selbstverstümmelung (**Autotomie**) die Abtrennung der Extremität. Die Drehachsen der einzelnen Gelenke der Extremität haben, wie beim Flusskrebs, voneinander abweichende Richtungen. Das Maß der Schwenkbarkeit ist bei den aufeinander folgenden Gelenken recht verschieden. So ist zwischen Basiischium und Merus nur eine sehr geringe Abknickung möglich, während sich die gegenseitige Lage von Merus und Carpus um fast 180 Grad ändern kann. An dieser Stelle kann die ganze Extremität zusammengeklappt und der Ventralfläche des Carapax angelegt werden.

Eine **Schere** (**Chela**) ist am ersten Laufbein ausgebildet. Die Verlängerung des vorletzten Gliedes, gegen die das letzte Glied bewegt wird, wird als Index oder unbeweglicher Scherenfinger bezeichnet.

Carcinus maenas entwickelt sich über verschiedene Larvenstadien, die in der Deutschen Bucht von Mai bis August im Plankton gefunden werden können. Aus den Eiern, die die Weibchen an den Pleopoden tragen, schlüpft eine Larve, die sich zur ersten **Zoëa** häutet und ins freie Wasser aufsteigt. Die Zoëa bewegt sich mit den 1. und 2. Maxillipeden, die über lange Schwimmborsten verfügen (Abb. 131a), und dem Abdomen. Die Extremitäten des hinteren Thoraxbereichs bleiben zunächst in der Entwicklung zurück. Nach mehreren Zoëa-Stadien erfolgt eine Häutung zur **Megalopa** (Abb. 131b), deren Peraeopoden vollständig entwickelt sind. Sie bewegt sich schwimmend mit den beborsteten Pleopoden, orientiert sich aber zunehmend am Boden, wo die Umwandlung zum juvenilen Krebs erfolgt.

Abb. 132

Insecta (= Hexapoda), Insekten

Die **Insecta** (**Insekten**) stellen mit fast einer Million beschriebener Arten etwa zwei Drittel aller bekannten Species des Tierreichs. Allein in Mitteleuropa wurden über 30 000 Arten nachgewiesen. Entsprechend dieser riesigen Formenfülle ist ihre Bedeutung sehr vielfältig, teils sehr negativ, meist jedoch positiv.

Der größte demographische Einbruch des modernen Menschen in Europa ist eng mit Insekten verknüpft, insbesondere dem Floh *Xenopsylla cheopis* (**Abb. 132a**: Vorderansicht im Elektronenmikroskop), der das Pestbakterium *Yersinia pestis* überträgt. In nur wenigen Jahren starben im Europa des 14. Jahrhunderts 25 Millionen Menschen, das entspricht etwa einem Viertel der damalilgen Bevölkerung, an Pest. Im 20. Jahrhundert wurde die Sowjetunion von einer Fleckfieber-Epidemie heimgesucht: Über 20 Millionen erkrankten, 3 Millionen starben an dieser durch *Rickettsia prowazekii* hervorgerufenen Krankheit. Überträger ist die Menschenlaus (*Pediculus humanus*), die früher in unserer Bevölkerung als Kleider- und Kopflaus weit verbreitet war. **Abb. 132b** zeigt, wie Kopfläuse auch zu unseren Zeiten noch vielerorts bekämpft werden.

Heute sind Malaria (Überträger (Ü): die Mücke *Anopheles*; **Abb. 132c**), Schlafkrankheit (Ü: die Fliege *Glossina*), Chagas-Krankheit (Ü: die Wanze *Triatoma*), Leishmaniosen (Ü: Sandmücken) und Filariosen (Ü: verschiedene Fliegen und Mücken) weit verbreitete Krankheiten in warmen Klimazonen, an denen Hunderte Millionen Menschen leiden und mehrere Millionen jährlich sterben.

Nicht nur der Mensch selbst kann Opfer von Insekten werden, sondern auch seine Haustiere, Kulturpflanzen und Vorräte. Auf der Liste der Schädlinge stehen allein etwa 3500 Käfer- und 3000 Schmetterlings-Arten sowie auch Pflanzensaftsauger und Virus-Überträger wie Blattläuse und Omnivore wie Schaben.

Vielen Insekten kommt eine erhebliche positive Bedeutung in Stoffkreisläufen zu. Als Konsumenten und Degradierer spielen sie beim Abbau von Holz, toter Pflanzenmaterie, Tierleichen und Dung (speziell von Großsäugern und damit auch unserer Haustiere) eine wichtige Rolle. Sehr wichtig sind Insekten auch als Bestäuber von Blütenpflanzen, mit denen sie eine lange Koevolution verbindet. Über 50% der Bestäuber gehören zu den Hymenopteren, z.B. Bienen und Hummeln. Ein erheblicher Teil der menschlichen Nahrung stellt ein unmittelbares Resultat der Bestäubung dar. **Abb. 132d** zeigt das Komplexauge einer Honigbiene, ein viel untersuchtes System, verbunden mit Reception von polarisiertem Himmelslicht, einer speziellen Farbwahrnehmung sowie einzigartiger Orientierung.

Manche Insekten haben wesentlich zur Entwicklung von Kulturen beitragen. Über die aus dem Puppenkokon des Seidenspinners (*Bombyx mori*) gewonnene Seide kamen China und Europa in engeren Kontakt (Seidenstraße). Der Pillendreher (*Scarabaeus sacer*) war den Alten Ägyptern heilig (**Abb. 132e**), der Marienkäfer (*Coccinella*) gilt bei uns als Glücksbringer. In verschiedenen Gebieten dienen Insekten der menschlichen Ernährung (**Abb. 132f**).

Groß ist auch die Bedeutung bestimmter Insekten für die Allgemeine Biologie. Die Fruchtfliege *Drosophila* ist das am besten untersuchte Versuchsobjekt der klassischen Genetik und fungiert heute als Modellorganismus in der Entwicklungsbiologie. Im Jahre 2000 gelang die Sequenzierung ihres Genoms. Auch soziale Insekten und ihre Kommunikation sind seit langem Forschungsthema vieler Biologen. Manches in ihren Soziäten, z.B. Nomadentum, Ackerbau, Viehhaltung, Vorratsspeicherung und Krieg, aber auch Kommunikation und Arbeitseinteilung, ist bei ihnen analog zu unseren eigenen Sozialsystemen entstanden. Karl von Frisch erhielt 1973 für die Analyse der Kommunikation im Bienenstaat den Nobelpreis. Schließlich sind Insekten Forschungsobjekte der Bionik. **Abb. 132g** und **h** zeigen Details der Laufbeine von Fliegen, die Festheften an Decken ebenso ermöglichen wie Schmecken von Nahrung.

Technische Vorbereitungen

- Die zur Präparation benötigten Küchenschaben werden mit Äther oder Chloroform getötet.
- Für das Studium der Mundwerkzeuge werden Bienen (*Apis mellifera*), Schmetterlinge (z.B. Kohlweißling, *Pieris brassicae*), Stubenfliegen (*Musca domestica*), Schmeißfliegen (der Gattung *Calliphora*), Bremsen (der Gattung *Haematopota* oder *Tabanus*) und Wanzen (z.B. *Pyrrhocoris apertus*, die Feuerwanze) gebraucht. Kurz vor der Präparation abgetötete Tiere sind Alkoholmaterial vorzuziehen. Außerdem halte man fertige Präparate bereit.
- Für das Studium von Larven bietet sich eine Vielfalt leicht beschaffbarer Objekte an. Einige Vorschläge werden auf S. 266 gemacht.

Allgemeine Übersicht

Die Insekten sind die bei weitem artenreichste Tierklasse. Trotz mannigfacher Abwandlungen im Einzelnen stimmen aber alle Insekten in den Grundzügen ihrer Organisation (Körpergliederung, Zahl der Extremitäten) auffallend überein. Der **Körper** gliedert sich stets in drei Abschnitte: **Kopf** (**Caput**), **Brust** (**Thorax**) und **Hinterleib** (**Abdomen**). Am Aufbau des Kopfes sind das Acron und 6 Segmente beteiligt, die Brust besteht aus 3 Segmenten. Der Hinterleib ist ursprünglich aus 11 Segmenten (und dem Telson) aufgebaut, doch ist bei fast allen imaginalen Insekten die Anzahl der Hinterleibsringe mehr oder weniger stark (auf minimal 6) reduziert. Der Kopf trägt 1 Paar Antennen und 3 Paar Mundgliedmaßen, die Brust 6 Laufbeine. Am Hinterleib finden wir bei erwachsenen Insekten extremitätenhomologe Anhänge höchstens an einigen Segmenten, bei Larven aber oft an einer mehr oder weniger großen Anzahl von Segmenten. Bei den Imagines dienen sie im Allgemeinen nicht der Fortbewegung, aber oft bei Larven. Während der Embryonalentwicklung treten Extremitätenanlagen häufig an allen Hinterleibsringen auf.

Wie bei allen Arthropoden ist der Körper von einer **Chitin-Protein-Cuticula** umhüllt. Dort, wo sie sklerotisiert ist, wurden Polypeptidketten durch Gerbung zu einem elastisch-starren, drei-dimensionalen Gerüst vernetzt. Kalk wird fast nie eingelagert.

Die drei Segmente der Brust, die als **Pro-**, **Meso-** und **Metathorax** bezeichnet werden, sind untereinander mehr oder weniger fest verbunden. Bei den Hymenopteren mit Wespentaille schließt sich das 1. Abdominalsegment dem Thorax an. Jeder Brustring besteht aus vier größtenteils miteinander verwachsenen Teilen; einem ventralen **Sternum**, einem dorsalen **Tergum** (= **Notum**) und den seitlichen **Pleurae**. Dagegen sind die Segmente des Hinterleibs nicht nur gegeneinander, sondern meist auch in sich beweglich, da der Bauchschild (Sternum) und der Rückenschild (Tergum) seitlich durch biegsame, unsklerotisierte Cuticulaanteile verbunden werden.

Der **Kopf** ist eine einheitliche Kapsel. Die **Antennen** – sie entsprechen den ersten Antennen der Krebse – stehen vorn auf der Stirn. Sie sind Träger zahlreicher Sinnesorgane (Tastsinn und chemischer Sinn) und werden vom Gehirn aus innerviert. Die Mundgliedmaßen werden vom **Labrum** („Oberlippe") überdacht. Dies ist ein unpaarer Fortsatz der Kopfkapsel, der vielleicht von einem verschmolzenen Extremitätenpaar abzuleiten ist. Alle Mundwerkzeuge sind in Abhängigkeit von ihrer speziellen Funktion sehr verschieden gestaltet, bisweilen teilweise, selten ganz reduziert. Die immer eingliedrigen **Mandibeln** sind meist kräftige Beißzangen. Die **Maxillen** (sie entsprechen den 1. Maxillen der Krebse) dagegen sind, wo sie nicht extrem abgewandelt wurden, mehrgliedrig und mit Kauladen ausgerüstet. Das ebenfalls mehrgliedrige **Labium** („Unterlippe") ist den 2. Maxillen der Krebse homolog. Es ist, obwohl aus paarigen Anlagen entstanden, immer wenigstens in seinen basalen Abschnitten unpaar. Maxillen und Labium tragen antennenähnliche Taster. Ein nicht selten vorhandener unpaarer Fortsatz des Mundhöhlenbodens, der **Hypopharynx**, steht ebenfalls im Dienst der Nahrungsaufnahme. Er geht mit Sicherheit nicht auf Extremitäten zurück.

Die drei Paar lokomotorischen **Extremitäten** der Brust sind untereinander ziemlich gleichartig gebaut. Man unterscheidet an ihnen das Hüftglied (**Coxa**), den Schenkelring (**Trochanter**), den Schenkel (**Femur**), die Schiene (**Tibia**) und den mehrgliedrigen Fuß (**Tarsus**). An das letzte Fußglied schließt sich der **Praetarsus** an, eine membranöse Vorwölbung, die neben weichhäutigen **Haftorganen** (z.B. einem Paar Pulvillen oder/und einem unpaaren Arolium) gewöhnlich zwei **Krallen** trägt. Oft wird allerdings das letzte Tarsalglied plus praetarsalem Haftapparat als Praetarsus oder Krallenglied bezeichnet.

Außer den drei Beinpaaren kommen dem Thorax sehr vieler Insekten noch zwei Paar **Flügel** zu, die am Meso- und Metathorax inserieren. Als ursprünglich flügellose Insekten gelten nur die früher unter der Bezeichnung Apterygota zusammengefassten ersten vier Unterklassen. Die übrigen – und das ist die überwiegende Mehrzahl der Insekten, die Pterygota – sind sekundär flügellos geworden (z.B. viele Parasiten). Bei zwei Ordnungen (den Dipteren und den Strepsipteren) ist ein Flügelpaar zu Schwingkölbchen (Halteren) umgewandelt. Die Flügel entstehen als seitliche Duplikaturen der Rückendecke des zweiten und dritten Thoraxsegments, haben also mit Extremitäten nichts zu tun. Sie werden von „Adern" durchzogen, das sind mit der Leibeshöhle in Verbindung stehende Kanäle zwischen den beiden Cuticulalamellen, aus denen sich der Flügel im Wesentlichen aufbaut. In den Adern verlaufen Tracheen, Blutlakunen und Nerven. Die Vorderflügel können teilweise oder ganz in harte Flügeldecken (Elytren) umgewandelt sein.

Der **Darmkanal** ist bei adulten Insekten in Schlingen gelegt. In die Mundhöhle münden meist ein Paar Speicheldrüsen (Labialdrüsen). Der Oesophagus kann sich hinten zu einem Kropf (Ingluvies, Vormagen) erweitern, auf den häufig ein mit cuticularen Leisten und Zähnen ausgerüsteter, muskulöser Kaumagen folgt. Der entodermale Mitteldarm (Chylusdarm) ist relativ kurz. Er ist zylindrisch oder auch sackartig zu einem Magen erweitert, innen von Drüsenepithel ausgekleidet, außen von Ring- und Längsmuskulatur umgeben. Bisweilen ist er mit Blindschläuchen versehen, aber stets ohne Mitteldarmdrüse, die allen Insekten fehlt. Das Epithel des Mitteldarmes ist frei von Schleimzellen. Ihm liegt eine peritrophische Membran auf. Im Enddarm wird diese zerstört. Blut und Säfte saugenden Insekten fehlt sie. Der Beginn des ectodermalen Enddarms ist durch die Einmündung zahlreicher feiner Schläuche, der Exkretionsorgane (**Malpighische Gefäße**, Vasa Malpighii), gekennzeichnet.

Das **Nervensystem** ist nach dem Strickleitertypus gebaut. Doch kommt es, namentlich bei den höheren Insekten, zu weitgehenden Verschmelzungen zwischen den zu den einzelnen Segmenten gehörenden Ganglienpaaren; das gilt besonders für die Abdominalsegmente. Auch das **Oberschlundganglion** (**Cerebralganglion**, Cerebrum, Gehirn) ist aus der Verschmelzung von Ganglienpaaren (Neuromeren) entstanden, und zwar aus den Neuromeren der ersten drei Segmente. Der erste Gehirnabschnitt, er ist der bei weitem größte, das **Protocerebrum**, innerviert die Komplexaugen und die Ocellen und enthält wichtige Zentren (Pilzkörper, Sehzentren) und Kommissuren. Das Protocerebrum selbst ist übrigens schon ein Verschmelzungsprodukt; es ist durch Vereinigung der Ganglien des ersten, des Präantennalsegments mit dem davor liegenden unpaaren Ganglienknoten des Acrons entstanden. Der dem Protocerebrum caudal angeschlossene zweite Gehirnabschnitt, das dem Antennensegment zugehörende **Deutocerebrum**, birgt eine weitere Kommissur: Von ihm nehmen die Antennennerven ihren Ursprung. Die Kommissuren des Proto-Deutocerebrums verlaufen innerhalb des Gehirns, also über dem Schlund. Anders die Kommissur des **Tritocerebrums**, des dritten Gehirnabschnitts: Sie umgreift als suboesophageale Kommissur den Vorderdarm ventral halbringförmig. Außerdem entspringt im Tritocerebrum ein Nervenpaar, das sich nach vorne im unpaaren **Frontalganglion** vereinigt. Dieses liegt dorsal auf dem Pharynx und innerviert vorn (Nervus procurrens) die Muskulatur des Cibariums und des Labrums und rückwärts (Nervus recurrens) die Verdauungsorgane. Das Frontalganglion ist Zentrum des **stomatogastrischen Nervensystems**. Seine Lage markiert bei Insekten bzw. Arthropoden die Lokalisation des Mundes. Außerdem verlassen dort die beiden Schlundkonnektive das Gehirn; sie umgreifen den Vorderdarm und treten in das Unterschlundganglion ein. Bei den höher entwickelten Insekten, namentlich den Staaten bildenden, weist das Gehirn eine komplizierte Feinstruktur auf. Auch das **Unterschlundganglion** (**Suboesophagealganglion**) ist aus der Verschmelzung von drei Neuromeren hervorgegangen, und zwar aus den Mandibel-, Maxillen- und Labialganglien. Von ihnen aus werden die entsprechenden Mundwerkzeuge nervös versorgt. Im Dienste hormonaler Regulationen stehen zwei, meist paarige, hinter dem Gehirn über dem Oesophagus liegende Organe, die **Corpora cardiaca** und die **C. allata**. Sie sind über Nervenbahnen mit dem Gehirn und mit neurosekretorischen Zellen des Gehirns verbunden.

Die **Sinnesorgane** der Insekten sind hochentwickelt und sehr mannigfaltig. Als **Lichtsinnesorgane** finden sich die beiden großen Komplexaugen (= Facettenaugen) zu beiden Seiten des Kopfes; dazwischen können – meist drei – kleine Ocellen sitzen.

Als **Tastorgane** dienen zahlreiche gelenkig befestigte Haarsensillen der ganzen Körperoberfläche; besonders reich sitzen sie an den Antennen, den Tastern der Mundgliedmaßen und in der Umgebung der Geschlechtsöffnung. **Geruchsorgane**, in der Form von Geruchshaaren, Riechkegeln und Porenplatten, finden sich, oft in sehr großer Zahl, an den Fühlern. Dazu kommen **Geschmacksorgane** im Bereich des Mundes, an den Tarsen der Vorderbeine und am Legeapparat. Als **Gehörorgane** fungieren Haarsensillen und Tympanalorgane, seltener Johnstonsche Organe.

Der **Atmung** dient das **Tracheensystem**. Tracheen sind mit Cuticula ausgekleidete, an der Körperoberfläche mit einer Öffnung, dem **Stigma**, beginnende Röhren, die sich fein verzweigen und alle Organe umspinnen. Sie sind an den Seiten von Brust und Hinterleib als Einstülpungen der Körperdecke entstanden. Fast jedem Segment kommt ursprünglich ein Stigmenpaar und dementsprechend ein Paar Tracheenbüschel zu. Meist verbinden sich die Tracheen untereinander durch Längsstämme, was eine Reduktion der Stigmenzahl ermöglicht. Die bei guten Fliegern vorkommenden Tracheenblasen sind Erweiterungen der Tracheen. Bei manchen wasserlebenden Insektenlarven sind die Stigmen geschlossen, die Respiration erfolgt durch Tracheenkiemen, büschel- oder blattartige Anhänge, die reich von Tracheenverzweigungen durchzogen werden und nicht selten umgebildete Abdominalextremitäten darstellen.

Eigenart und hohe Entwicklung des Tracheensystems ermöglichen eine fast vollständige Reduktion des **Blutgefäßsystems**. Es beschränkt sich auf das röhrenförmige, hinten meist geschlossene, dorsal in der Mittellinie des Hinterleibs gelegene Herz und eine sich kopfwärts anschließende Aorta, die zusammen dem Rückengefäß der Anneliden entsprechen. Das Blutgefäßsystem ist offen. Die im Herzen bewegte und im Mixocoel die Organe umspülende, meist farblose Flüssigkeit ist als **Hämolymphe** zu bezeichnen; gleichwohl spricht man gelegentlich vom Blut der Insekten. Die Kontraktion der (quergestreiften) Ringmuskelzellen der Herzwand führt zu einer von hinten nach vorn fortschreitenden Verengung des Herzlumens, zur Systole, durch die die Hämolymphe vorn durch die Aorta ausgetrieben wird. Dabei schließen sich die seitlichen Ostien. Klappenartige Ventile, die in das Herzlumen vorspringen und es in hintereinander gelegene Abschnitte gliedern, verhindern dabei ein Rückfließen der Hämolymphe. Sie sammelt sich, nachdem sie – durch Spalten zwischen den Organen geleitet – in diskreten Bahnen die Leibeshöhle durchlaufen hat, wieder im **Perikardialsinus**. Dieser ist ein durch eine horizontale Scheidewand aus Bindegewebsfasern und Muskelzellen, dem **Diaphragma**, unvollständig abgetrennter dorsaler Teil der Leibeshöhle. In das Diaphragma eingelagerte und seitlich am Herzen ansetzende Muskeln, die wegen ihrer Form Flügelmuskeln genannt werden, bewirken bei ihrer Kontraktion ein Abflachen des Diaphragmas und somit eine Vergrößerung des Perikardialsinus und gleichzeitig eine Erweiterung des Herzlumens. Die in den sich erweiternden Perikardialsinus einströmende Hämolymphe gelangt so, in der Diastole, über die Ostien wieder in das Herz. Bei Käfern, Schmetterlingen und Zweiflüglern wurde eine Schlagumkehr des Herzens nachgewiesen. Im Zusammenhang mit der geringen Leistungsfähigkeit des Kreislaufsystems haben sich zur Versorgung langer Körperanhänge (Antennen, Mundwerkzeuge, Beine, Flügel, Cerci) an deren Basen periphere „Herzen", so genannte **akzessorische pulsierende Organe**, entwickelt.

Die **Exkretionsorgane** der Insekten sind die in den Enddarm mündenden **Malpighischen Gefäße**, feine, mehr oder weniger lange, ectodermale Schläuche in verschiedener Zahl, deren Wandzellen Exkretstoffe aus dem Mixocoel aufnehmen und umbauen und dann zum Darm abführen. Die dem Röhrenlumen zugewendete Seite der Zellen trägt einen Mikrovillisaum, außen umgibt sie eine Basallamina und eine Muscularis aus Ring- und Längsmuskulatur. Exkretorische Funktionen hat auch der im Übrigen als Speicher- und Syntheseorgan dienende, mächtige **Fettkörper**, der alle Organe umhüllt.

Die Insekten sind getrenntgeschlechtlich. Die **Geschlechtsorgane** sind paarig und liegen immer im Hinterleib. Beim Männchen finden sich zwei Hoden und zwei Samenleiter (Vasa deferentia), die sich zu einem Ductus ejaculatorius vereinigen. Oft ist ein kompliziert gebauter Kopulationsapparat vorhanden. Die ebenfalls in Zweizahl vorhandenen Ovarien bestehen aus meist büschelförmig angeordneten Eiröhren (Ovariolen), deren blinde, kopfwärts gerichtete Enden das Keimlager bergen. Die beiden seitlichen Eileiter (Oviductus laterales) vereinigen sich zum unpaaren Ovidukt (Oviductus communis), der in eine Genitalkammer mit Legeapparat oder über eine kurze Vagina nach außen mündet. Fast immer ist ein Receptaculum seminis zur Aufnahme der Spermien vorhanden. Sowohl die männlichen als auch die weiblichen Geschlechtsorgane tragen Anhangsdrüsen.

Entwicklung aus unbefruchteten Eiern (Parthenogenese) ist weit verbreitet. Ungeschlechtliche Fortpflanzung kommt nur in einigen Fällen als Embryonenteilung (Polyembryonie) vor.

Die postembryonale Entwicklung der Insekten ist eine durch Hormone gesteuerte **Metamorphose**. Sie verläuft bei den einzelnen Insektenordnungen sehr unterschiedlich, lässt trotzdem aber eine Einteilung in nur zwei Hauptgruppen zu. Bei der unvollkommenen Metamorphose (**Hemimetabolie**) zeigen bereits die frisch geschlüpften Larven eine den erwachsenen Tieren, den **Imagines** (Einzahl: die **Imago**), ähnliche Gestalt. Von Häutung zu Häutung werden sie den Vollkerfen dann ähnlicher. Ein ruhendes Puppenstadium wird nicht durchlaufen. Bei der vollkommenen Verwandlung (**Holometabolie**) ist und bleibt die Larve sehr verschieden vom erwachsenen Tier. Zwischen ihr und der sich fortpflanzenden Imago ist eine besondere Entwicklungsstufe, die **Puppe**, eingeschaltet, die keine Nahrung zu sich nimmt und meist nur geringfügig oder nicht beweglich ist. Während der Puppenruhe findet der tiefgreifende Umbau von der Larven- zur Imagoorganisation statt. Als Imagines häuten sich die Insekten (mit Ausnahme der Ephemeroptera) nicht. Sie wachsen demzufolge auch nicht mehr.

Spezieller Teil

1. Periplaneta americana,
Amerikanische Küchenschabe

Die Schaben haben in ihrer Organisation viele ursprüngliche Züge bewahrt und sind daher zur Einführung in den Bau des Insektenkörpers besonders geeignet. Die Amerikanische Küchenschabe (Abb. 133) wurde, wie viele andere Schabenarten auch, von Menschen über die ganze Erde verschleppt und ist zum Kosmopoliten geworden. Doch trifft man sie, ihrer Herkunft entsprechend, in den gemäßigten und kälteren Gebieten fast ausschließlich innerhalb der menschlichen Behausung an, wo sie neben reicher Nahrung – Schaben sind Allesfresser – die ihnen zusagende Temperatur findet. Als nachtaktive Tiere halten sich Schaben tagsüber in ihren Schlupfwinkeln verborgen.

Die Geschlechter sind bei der Amerikanischen Küchenschabe leicht anhand der Hinterleibsanhänge zu unterscheiden. Beim Weibchen (letztes Larvenstadium und Imago) ist nur ein Paar solcher Anhänge entwickelt, nämlich die gegliederten Cerci, bei den Männchen findet sich zwischen den beiden Cerci und mehr ventral an der Subgenitalplatte sitzend noch ein zweites, kleineres Paar, die ungegliederten Styli. Die Larven sind den Imagines ähnlich; sie machen eine unvollkommene Metamorphose durch. Das letzte Larvenstadium wird als Nymphe bezeichnet.

Wie bei allen Insekten lassen sich auch bei *Periplaneta* drei **Körperregionen** unterscheiden: Kopf (Caput), Brust (Thorax) und Hinterleib (Abdomen). Der Kopf ist nach unten und hinten gerichtet, sodass von oben her nur eine Scheitelregion zu sehen ist. Die große, auf den Kopf folgende Platte, der Halsschild, bildet die Rückendecke des ersten Thoraxsegments (Prothorax). Sie ist also das Tergum des Prothorax und wird als Pronotum bezeichnet. Die beiden folgenden Segmente (Meso- und Metathorax) werden erst sichtbar, wenn man die beiden ihnen ansitzenden Flügelpaare zur Seite zieht.

Von den **Flügeln** ist das vordere Paar verhärtet (Tegmina). Sie werden so getragen, dass der eine Flügel den anderen teilweise überdeckt.

● Die beiden Vorderflügel hochheben, an der Wurzel mit der feinen Schere abschneiden

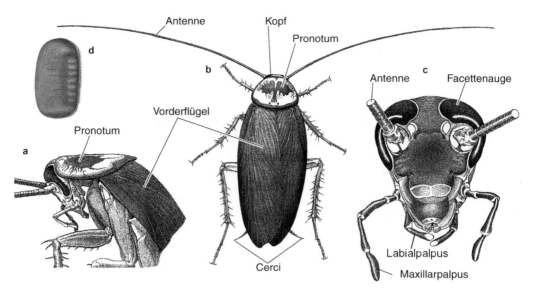

Abb. 133 *Periplaneta americana.* **a** Vorderende in Seitenansicht, **b** Dorsalansicht, **c** Kopf in Vorderansicht, **d** Oothek

und zur genaueren Untersuchung bei schwacher Vergrößerung zwischen zwei Objektträger legen.

Ein System vielfach verzweigter Längsadern, die durch etwas schwächere Queradern verbunden sind, ist, namentlich auf der Unterseite, gut zu erkennen (Abb. 134). Zwei helle Nähte gliedern dieses System in drei Bezirke oder „Felder" auf. Die eine Naht zieht im Bogen zum Hinterrand des Flügels (Anal- oder Bogennaht). Der durch sie abgegrenzte Bezirk ist das Analfeld, das in der Längsrichtung von den Analadern und ihren Verzweigungen durchzogen wird. Die andere Nahtlinie verläuft geradlinig bis etwa zur Mitte des Flügels. Das zwischen ihr und der Bogennaht liegende Feld ist das Verzweigungsgebiet zweier weiterer Hauptadern, Cubitus und Media. Das nach vorn zu anschließende Gebiet wird von den gegen Flügelspitze und -vorderrand gerichteten Verzweigungen des Radius eingenommen. Der Bezirk der Subcosta tritt als kurzer, breiter Wulst an der Schultergegend hervor. Die Ader selbst verläuft entlang der hinteren Grenze des Wulstes. Der getrennte Ursprung der genannten Hauptadern ist an der Wurzel des Flügels gut zu erkennen. Jeder dieser Adern entspricht ein gesonderter Ast des Tracheensystems, der sich mit der all-

mählichen Verzweigung der Adern immer feiner aufteilt. Die Hinterflügel sind ähnlich gebaut.

Die Anlagen der Hinterflügel liegen innerhalb der den Rumpf seitlich überragenden Abschnitte des Metanotums und veranschaulichen

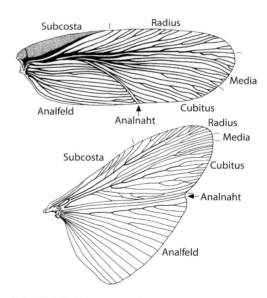

Abb. 134 *Periplaneta americana.* Männchen. Vorder- und Hinterflügel. Queradern nicht gezeichnet. 4,5×

damit noch gut die wahrscheinliche Entstehung der Flügel überhaupt: Es sind vergrößerte und abgegliederte Seitenfalten (Paranota) des Meso- und Metanotums.

Während der Keimesentwicklung werden 11 Abdominalsegmente und ein Telson angelegt. Doch treten frühzeitig im Bereich der letzten Körperringe Reduktionen ein, sodass mit den angewandten Präparationsmethoden nicht alle Segmente dargestellt werden können.

Bei dorsaler Betrachtung erkennt man beim **Weibchen 8 Abdominalsegmente**, und zwar die Terga I bis VII und als letztes das hinten median eingekerbte Tergum X, die Supraanalplatte. Die Terga VIII und IX sind viel schmaler als die übrigen und – teleskopartig ineinander geschoben – unter dem 7. Tergum verborgen.

- Das Tier am Thorax mit einem zwischen zwei Stecknadeln ausgespannten Gummiband fixieren. Dann das Tergum X mit einer Pinzette fassen und etwas nach hinten ziehen.

Hierdurch können die Terga VIII und IX als schmale Spangen sichtbar gemacht werden. Das Tergum XI ist bis auf einen kleinen, mit der Supraanalplatte verschmolzenen Rest geschwunden. Das Telson umgibt als sehr feiner Membranring den After.

- Die Supraanalplatte etwas anheben.

Median unter ihr liegt inmitten einer weichhäutigen Zone und unten sowie seitlich umstellt von zwei Skeletelementen, die wie die seitlichen Teile des Tergums X aussehen, die Afteröffnung. Sie ist allerdings, falls nicht gerade ein Kotballen ausgetreten ist oder durch leichten Druck auf den Hinterleib zum Austritt gebracht werden kann, schwer erkennbar. Die beiden den After flankierenden Skeletelemente (Paraprocte = Analklappen) sind Reste des Sternums des 11. Segments. Das bei manchen anderen Insekten als Epiproct dem After dorsal aufliegende Tergum XI, ist, wie gesagt, zurückgebildet. Seitlich von den beiden Analklappen, zwischen ihnen und dem Tergum X, setzen die Cerci an. Diese vielgliedrigen, beweglichen und reich mit Sinneshaaren besetzten Anhänge stellen umgewandelte Extremitäten des 11. Abdominalsegments dar und dienen als Vibrationsreceptoren. Unter und vor den Analklappen liegt eine große, weichhäutige Tasche, die von unten her von zwei löffelförmigen Cuticulaplatten,

den Valvae, abgedeckt wird. Es ist die Genitaltasche, in der die Geschlechtsöffnung liegt und in der auch der Eikokon gebildet und getragen wird. Nicht selten findet man ein Weibchen, bei dem ein Kokon weit aus der gedehnten Genitaltasche hervorragt. Da der After endständig (terminal) liegt, gehört die Region der Genitalkammer mit den Valven bereits zur Ventralseite.

- Die Schabe wenden, mit dem Gummiband fixieren und die weit gespreizten Hinterbeine zwischen gekreuzten Nadeln festklemmen.

Das Sternum des 1. Abdominalsegments ist sehr stark reduziert. Es ist nur bei Lupenbetrachtung als kleine, ovale, fast durchsichtige Platte zwischen den Hinterhüften zu finden (Abb. 135). Sternum II bis VII sind deutlich erkennbar. Das siebente, die Subgenitalplatte ist besonders groß. Ihr Endabschnitt hat sich in Form zweier seitlicher Klappen abgegliedert. Das sind die schon bei der Betrachtung von oben aufgefallenen Valvae. Ihre Innenseiten und die sie verbindende ventrale Membran sind weichhäutig. Sie bilden den hinteren Abschnitt der Genitalkammer und haben die Aufgabe, den Eikokon von den Seiten her zu fassen und zu halten.

- Das Tier wieder auf den Bauch legen und wie vorher befestigen. Mit einer Pinzette die Supraanalplatte halten und gleichzeitig die

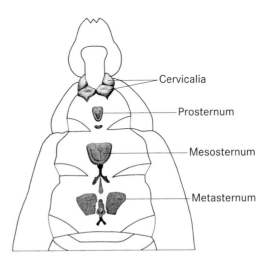

Abb. 135 *Periplaneta americana.* Hals- und Sternalskelet

Valvae mit einer quer über ihre Hinterenden gelegten Nadel nach unten drücken. Die Genitaltasche öffnet sich.

In ihrem Inneren erkennt man drei Paar etwa 2–3mm lange, nach rückwärts gerichtete Fortsätze, die **Gonapophysen**. Sie umstellen die Geschlechtsöffnung und bilden zusammen den **Ovipositor**. Die Gonapophysen sind von den Gliedmaßen der Genitalsegmente abzuleiten; das dunkle, stark sklerotisierte, am weitesten ventral und am weitesten vorne entspringende Paar (vordere Gonapophysen) gehört zum 8. Segment. Das dünnere, mittlere (hintere, mediale Gonapophysen) und das zum großen Teil weichhäutige, laterale Paar (hintere, laterale Gonapophysen), das die beiden anderen Paare außen scheidenförmig umfasst, gehören zum 9. Segment. Reste des Sternums VIII liegen als spangenartige Sklerite in der weichhäutigen Wandmembran der Genitalkammer, in die übrigens auch die Drüsen münden, die das Material zur Herstellung des Eikokons liefern. Fragmente des Sternums IX sollen in den hinteren, lateralen Gonapophysen enthalten sein.

Beim **Männchen** lässt die Rückenseite des Abdomens zunächst 9 Terga erkennen; vom 8. ist allerdings nur ein sehr schmaler Streifen zu sehen. Das letzte Tergum ist die zum 10. Segment gehörende, hier trapezförmige Supraanalplatte.

- Diese etwas zurückziehen.

Es erscheint das ebenfalls schmale Tergum IX, das unter dem 8. verborgen war. Das Tergum des 11. Segments ist wie bei den Weibchen stark reduziert und mit der Supraanalplatte verschmolzen.

Ventral findet man 9 Sterna. Das erste ist auch hier nur eine kleine, querovale Platte zwischen den Hinterhüften, das 2. bis 7. ist normal, das 8. schmal, aber deutlich zu sehen. Das breit wannenförmige Sternum IX funktioniert als Subgenitalplatte; es trägt seitlich die beiden dünnen Styli, Anhänge des basalen Gliedes der ursprünglichen Extremitäten des 9. Segments.

- Bei Bauchlage der Schabe die Supraanalplatte hochheben und gleichzeitig den Subgenitalsternit nach unten drücken.

Man sieht wieder in eine große Tasche hinein. Zu ihren Seiten inserieren die Cerci, oben –

zwischen den medianen Enden zweier schmaler, dachartig gegeneinander geneigter Sklerite, den Paraprocten (= Sternum XI) – liegt inmitten einer weichhäutigen Zone der After, während der von der Subgenitalplatte umfasste Raum den kompliziert gebauten Kopulationsapparat birgt, an dessen Bildung das noch fehlende Sternum X beteiligt ist. Er setzt sich aus dem Penis und einer ganzen Reihe verschieden geformter und asymmetrischer Skeletstücke zusammen. Zu erkennen sind spangen-, gabel- und löffelförmige Teile, deren Einzelbeschreibung und Funktionsangabe aber zu weit führen würde.

- Die Schabe mit dem Bauch nach oben in die Präparierschale legen, um Kopf und Thorax zu untersuchen.

Der **Kopf** ist durch einen dünnen Halsabschnitt mit dem Rumpf verbunden und sehr beweglich. Die langen, aus über 100 Gliedern bestehenden **Antennen** – es handelt sich um typische **Geißelantennen** – sind in membranösen Aussparungen der Kopfkapsel so eingelenkt, dass sie nach allen Richtungen bewegt werden können. Das erste, mit einem ventralen Gelenkhöcker artikulierende Grundglied wird als **Scapus** (Schaft) bezeichnet. Es wird durch Muskeln, die vom Kopf her einstrahlen, bewegt und enthält selbst Muskeln, die das zweite Glied, den **Pedicellus**, bewegen. Im Pedicellus liegt ein wichtiges Sinnesorgan, das **Johnstonsche Organ**, ein Mechanoreceptor, mit dem Vibrationen der Geißel und ihre Stellung relativ zum Pedicellus wahrgenommen werden. Muskulatur findet man in ihm, ebenso wie auch in den folgenden Geißelgliedern, nicht. Das Strecken der Geißelglieder erfolgt durch Blutdruck, ihre Bewegung folgt passiv der Bewegung des Pedicellus.

Die großen **Komplexaugen** legen sich von den Seiten und hinten her um die Antennenwurzeln herum. Die Facetten sind schon bei Lupenvergrößerungen zu erkennen.

- Mit scharfem Messer einen oberflächlichen Schnitt durch das Auge führen.

Unter dem Mikroskop wird sichtbar, dass sie von unregelmäßig sechseckigem Umriss sind. Nach innen und oben von den Antennenwurzeln fallen zwei große Flecke auf, die so genannten Fenster. Es sind pigmentlose, linsenförmig verdickte Stellen der Cuticula, unter denen je ein einfaches, also nicht nach dem Typ des Facettenauges gebautes Organ der Lichtreception (**Ocellus**, Stirnauge) gelegen ist. Beim Männchen sind Komplexaugen und Ocellen deutlich größer als beim Weibchen.

Die zwischen den Augen gelegene Region des Kopfes wird als Stirn (**Frons**) bezeichnet. An sie schließt sich nach unten ein hellerer Bezirk an, der **Clypeus**, der aber bei *Periplaneta* nicht so gut abgesetzt ist wie bei anderen Insekten. Dem Clypeus schließlich sitzt nach unten zu eine dunklere Platte gelenkig an, die als **Labrum** (Oberlippe) das weichhäutige Mundfeld von vorn her bedeckt. Von den Mundteilen fallen besonders die Maxillarpalpen und die etwas kürzeren Labialpalpen auf. Der hintere Abschluss des Mundfeldes wird vom **Labium** (Unterlippe) hergestellt. Die Mandibeln liegen meist unter dem Labrum verborgen.

Der Hals ist weichhäutig (unsklerotisiert), kann aber durch enges Anlegen des Kopfes an den Thorax geschützt werden. Außerdem sind in die Haut des Halses ventral zwei schmale sklerotisierte Spangen eingelassen (Abb. 135). Etwas dahinter wird er von den Seiten her durch die stärkeren, kragenartigen Kehlplatten (Cervicalia) umfasst, die vorn am Hinterhaupt und hinten am Thorax gelenken und so zur Festigung der Kopf-Rumpf-Verbindung beitragen.

Von oben her wird die Hals- und vordere Brustregion vom Pronotum geschützt, das seitlich weit über den eigentlichen Körper vorragt. Das Gleiche gilt für Meso- und Metanotum des Weibchens, während beim Männchen die Seitenteile (Paranota) dieser beiden Segmente in der Bildung der Flügel aufgegangen sind. Im Übrigen wird der Anblick der Brustregion ganz von den Extremitäten beherrscht. Die kräftige Entwicklung ihrer dem Körper angedrückten basalen Glieder, der Hüften (Coxae), hat zu einer Reduktion der Sterna geführt.

● Extremitäten zur Seite ziehen.

Zwischen dem ersten Paar erscheint eine kleine, längsovale, gelbliche Platte als Rest des Prosternums. Das Mesosternum ist breiter und mehr oder weniger deutlich längs geteilt. Noch kräftiger und paarig ist das Metasternum. Zwischen diesen Hauptplatten des Sternalskelets liegen, wie Abb. 135 zeigt, noch kleinere Sklerite, die aber, wie das ganze Sternalskelet, einer erheb-

lichen individuellen Variabilität unterworfen sind.

Seitlich vom Sternalskelet und vor dem Ansatz der Extremitäten liegen die Skleritplatten, die das Pleurum aufbauen. Sie stellen (nach einer umstrittenen Meinung) ursprünglich das basale Glied der Extremitäten, die **Subcoxa**, dar, und haben sich erst später abgegliedert und in die Seiten- und Bauchwand des Thorax eingefügt. Eine dieser Platten, der **Trochantinus**, sitzt wie ein spitzes Hütchen der Extremität unmittelbar auf (Abb. 136). Eine zweite Platte umfasst gabelförmig den Trochantinus von vorn her und wird durch eine Längsfurche, der im Inneren eine Leiste entspricht, in einen größeren vorderen Abschnitt, **Episternum**, und einen kleinen hinteren, **Epimeron**, aufgeteilt. Sie gelenkt dort, wo die Furche endet, mit der Extremität. Aber auch der Trochantinus bildet ein Gelenkköpfchen für eine zweite, mehr nach innen zu liegende Verbindung aus, sodass zwischen Ex-

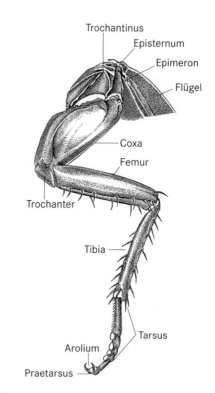

Abb. 136 *Periplaneta americana.* Mittelbein und Flügelansatz. 4×

tremität und Pleuralskelet eine **dikondyle Artikulation** (Eingelenkung mit zwei Gelenkstellen) vorliegt.

- Die Extremitäten von medial her entlang der Basis der Coxa abschneiden.

Dadurch lässt sich das sternopleurale Skelet in seiner Gesamtheit noch besser überblicken.

Die **Extremitäten** der Schabe sind typische Laufbeine (Abb. 136). Das hinterste Paar ist am längsten und kräftigsten; im Übrigen zeigen sich keine nennenswerten Unterschiede. Die **Coxae** (Hüften) sind sehr kräftig, flach keulenförmig und mit breiter Basis am Thorax schräg eingelenkt.

- Die Coxae dem Körper anlegen.

Sie stoßen in der Mittellinie zusammen und decken auf diese Weise den Rumpf, der daher in ihrem Bereich auch nur so schwach gepanzert ist, dass man die Tracheen hindurchschimmern sehen kann.

- Die Coxae abspreizen.

Dabei bewegt sich das distale Ende der Coxa von hinten innen nach vorn außen. Die Hinterfläche der Coxa zeigt eine flache Mulde, in die sich das Femur einschmiegen kann. Lateral von ihr springt der Rand der Coxa leistenartig vor. Der **Trochanter** (Schenkelring) ist klein und dem Femur fest angeschlossen. An der Nahtstelle zwischen Trochanter und Femur reißt das Bein sehr leicht ab (**Autotomiestelle**). Das Bein kann von diesem Niveau aus bei Jungtieren („Larven") bis zur nächsten Häutung innerhalb von 10–14 Tagen vollständig regeneriert werden, allerdings mit einem Tarsalglied weniger. Das **Femur** ist etwas länger und schmaler als die Coxa. Es kann seitwärts abgespreizt werden, bis es fast in gerader Verlängerung der Coxa liegt. Der Hinterrand des Femurs trägt zwei Reihen kräftiger Dornen. Die **Tibia** (Schiene) ist ihrerseits wieder schlanker als das Femur. Sie trägt beiderseits einen Besatz von Dornen, die noch länger und kräftiger sind als die des Femurs. An der 3. Extremität ist die Tibia länger, an der 2. und besonders der 1. kürzer als der Schenkel. Sie ist gegen ihn nach innen abgeknickt, schwingt in seiner Ebene und kann ihm ganz angelegt werden. Der **Tarsus** (Fuß) ist an allen Extremitäten fünfgliedrig. Sein basales Glied ist am längsten. Der **Praetarsus** trägt zwei

Klauen und ein unpaares Haftläppchen (**Arolium**). Am distalen Ende der Tarsenglieder fallen weiße, vorstehende Polster auf, die **Sohlenbläschen**, die, ebenso wie der Haftapparat zwischen den Klauen, für das Laufen und besonders das Klettern an glatter Fläche von Bedeutung sind.

- Zum Studium der inneren Anatomie zunächst das Weibchen verwenden. Es liegt bauchunten im Becken.
- Mit der feinen Schere, die in die Genitaltasche oder unmittelbar daneben eingeführt wird, den Körper entlang der rechten Seitenkante bis zum Hinterende des Kopfes aufschneiden.
- Dann wird das Tier in das Präparierbecken gelegt, rechtsseitig festgesteckt und völlig mit Wasser bedeckt. Die Rückendecke wird nun mit der Pinzette von hinten her angehoben und vorsichtig abpräpariert, nach links herübergeschlagen und festgesteckt.
- Die Präparation wird am besten unter dem Stereomikroskop durchgeführt.

Ein erster Überblick lässt erkennen, dass der Thorax als Träger der Beine auch den Hauptteil der Muskulatur birgt. Im Abdomen fällt zunächst eine Masse weißer Stränge und Lappen auf, die die übrigen Organe umgeben und zum Teil verdecken. Es ist der stark entwickelte **Fettkörper** (Corpus adiposum), ein für die Insekten charakteristisches Speicher- und Syntheseorgan. Da er aus der Wand des Coeloms entsteht, war er ursprünglich metamer gebaut, wovon jetzt nichts mehr zu erkennen ist. Außer Fett und Glykogen speichert er auch Eiweiß. Außerdem kann er Abbauprodukte des Stoffwechsels aufnehmen. Bestimmte Zellen des Fettkörpers, die **Mycetocyten**, beherbergen bei den Küchenschaben symbiotische Bakterien, die zumindest für die normale Entwicklung der weiblichen Tiere notwendig sind. Der Fettkörper wird von den ihn reichlich durchziehenden **Tracheen**, die durch ihren Silberglanz auffallen (Luftfüllung!), in seiner Lage gehalten. Ventral vom Fettkörper erkennt man die Windungen des Darmes, der je nach seinem Inhalt mehr graugrün oder bräunlich ist. Auch er wird von Tracheen gehalten, die die Rolle der Mesenterien übernehmen.

Ganz zuoberst ist aber das **Herz** als ein durchsichtiger, zarter Schlauch zu erkennen, der von zwei Tracheenstämmen flankiert wird. Sonst ist es an der Rückendecke haften geblieben, was insofern kein Schaden ist, als es sich von diesem dunklen Untergrund besser abhebt. Das Herz ist ein langer, hinten geschlossener, von der Hinterleibsspitze bis ins 1. Brustsegment ziehender Schlauch, der sich in 12 deutlich abgesetzte Abschnitte gliedert, von denen die ersten beiden im Thorax liegen (Abb. 137). Vorn geht das Herz in die Aorta über, die im Kopf endet und so das Blut in die Leibeshöhle einströmen lässt. Zwei thorakale und vier abdominale Gefäßpaare, die das Herz seitlich verlassen, sind präparativ nur sehr schwierig darzustellen. Die zum Herzen fließende Hämolymphe sammelt sich in dem

das Herz umgebenden **Perikardialsinus**, einem Teil der Leibeshöhle, der durch ein ventral vom Herzen ausgespanntes, gewölbtes **Diaphragma** unvollständig von dem darunter liegenden Teil (Perivisceralsinus) geschieden wird. Der Herzschlauch weist 12 Paar **Ostien** auf, die das Blut aus dem Perikardialsinus aufnehmen; durch ventilartige Klappen werden sie bei der Kontraktion des Herzschlauches verschlossen. In dem erwähnten (dorsalen) Diaphragma verlaufen rechts und links vom Herzen zarte Muskelzüge, die ihrer Form halber als „Flügelmuskeln" bezeichnet werden; sie bewirken eine Erweite-

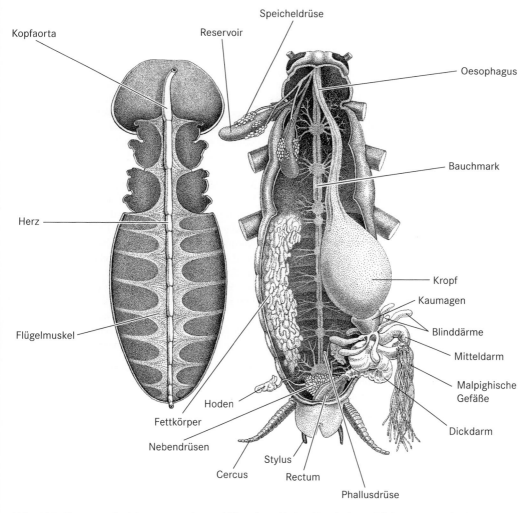

Abb. 137 Situs von *Periplaneta americana*. Männchen. Links: Abgehobene Rückendecke mit Herz

rung von Perikardialsinus und Herz und dienen somit dem Ansaugen von Blut.

- Bei einem lebenden, möglichst frisch gehäuteten Männchen kann man die von hinten nach vorn verlaufenden Kontraktionen des Herzschlauches gut beobachten.

Die das Herz flankierenden, im Bereich des Thorax durch Queräste miteinander verbundenen **Tracheenstämme** sind durch lateral abgehende Äste an die beiden Haupttracheenstämme des Körpers angeschlossen, die an den Seitenkanten des Rumpfes verlaufen und mit den Stigmen in Verbindung stehen. Rechts sind durch die Schnittführung die Tracheenverbindungen zerstört, links aber voll erhalten und gut zu überblicken. Von den Hauptästen gehen weitere segmental angeordnete Äste ab, die unmittelbar zu den Organen ziehen, insbesondere zum Darm. Schließlich sind die beiden Hauptstämme auch noch durch segmentale Queräste untereinander verbunden, die an der Bauchdecke entlang laufen.

An **Stigmen** sind zwei thorakale und acht abdominale vorhanden, die an den Segmentgrenzen in den Pleuralfalten liegen.

An der Innenseite der Rückendecke erkennen wir am Vorderrand des 6. Tergits beiderseits der Mitte zwei am Rande gekräuselte, taschenartige Organe. Es handelt sich um die bei beiden Geschlechtern vorhandenen Stinkdrüsen. Sie münden zwischen Tergum V und VI.

- Die Rückendecke wird jetzt ganz abgeschnitten und der Körper auch links festgesteckt.
- Der Fettkörper wird, soweit er den Blick stört, entfernt, wobei man aber überaus vorsichtig zu Werke geht, um die Ovarien nicht zu zerstören. Man kontrolliert unter dem Stereomikroskop genau, was man herauszupft!
- Nach Abschluss dieser Tätigkeit ist der Darm in seinem ganzen Verlauf freigelegt. Um seine Windungen entrollen zu können, werden die größeren der ihn versorgenden Tracheenstämme durchschnitten.
- Nun kann man den Darm zur Seite ziehen und mit Nadeln festlegen.

Der **Darm** gliedert sich deutlich in verschiedene Abschnitte. Er beginnt mit einem **Oesophagus**, der sich allmählich zu dem mächtigen, keulenförmigen **Kropf** erweitert. Zu beiden Seiten

des Oesophagus erstrecken sich im Thorax die paarigen, aus vielen kleinen Drüsenlappen zusammengesetzten **Speicheldrüsen**. Sie liegen je einem großen, sackförmigen Reservoir von glasklar durchsichtiger Wand flach an. Oft wird man allerdings nur die Drüsen finden, da die sehr dünne Wand der Speicher leicht zerreißt. Reservoire und Drüsen jeder Seite entsenden gesondert Ausführgänge, die sich paarweise vereinigen und dann zum gemeinsamen Speichelgang zusammentreten. Er mündet zwischen Hypopharynx und Labium in die Mundhöhle.

Der Kropf dient der Speicherung der grob zerkauten Nahrung; außerdem beginnt in ihm bereits die Verdauung unter der Einwirkung des Speicheldrüsensekretes. Es folgt ein kurzer, aber sehr muskulöser **Kaumagen**, der die Form eines nach hinten gerichteten Kegels hat. Kropf und Kaumagen sind ectodermaler Herkunft und von einer Cuticula ausgekleidet. Der anschließende entodermale **Mitteldarm** ist nur kurz. Sein vorderes Ende wird durch acht relativ dicke, sezernierende und resorbierende **Blinddärme** gekennzeichnet, sein hinteres durch eine große Zahl (gegen 100) feiner Schläuche von graugrüner Färbung. Es sind die bereits in den Enddarm mündenden, als Exkretionsorgane dienenden **Malpighischen Gefäße**. Sie scheiden bei den Küchenschaben allerdings nicht, wie es bei den meisten anderen Insekten der Fall ist, Exkrete, sondern nur Wasser aus. Die Exkretionsstoffe werden in den Zellen gespeichert. Der **Enddarm** wird von einer Cuticula ausgekleidet. Man kann an ihm drei nicht deutlich gegeneinander abgesetzte Abschnitte unterscheiden: einen kurzen Dünndarm, den stark angeschwollenen Dickdarm und das Rectum, das sich zur Rectalblase erweitert. In ihr liegen die vier Rectalpapillen, welche zur Rückresorption von Wasser dienen.

- Ein Stück der **Speicheldrüse** abpräparieren und unter dem Mikroskop (Glycerin, Deckglas) betrachten.

Man erkennt die einzelnen Drüsenläppchen und die sich verzweigenden Tracheen, deren Kaliber genau der Größe des versorgten Drüsenbezirks entspricht.

Die **Tracheen** sind röhrenförmige Einstülpungen des Ectoderms, die nach innen zu eine zarte, aber durch eine schraubige Leiste, das **Taenidium**, verstärkte Cuticula abgesondert haben. Neben den Tracheen ziehen die Ausführgänge der Drüsenlappen, die zwar stärker, aber weniger gut erkennbar sind als die lufterfüllten Tracheen, die namentlich im Dunkelfeld durch ihren Silberglanz auffallen.

- Ein zweites Stück der Speicheldrüse kann auf dem Objektträger mit einem Tropfen Methylenblau gefärbt werden.
- Nach einigen Minuten wird der Farbstoff mit Filtrierpapier abgesaugt, das Präparat mit einigen Tropfen Wasser ausgewaschen, Glycerin zugesetzt und unter dem Deckglas untersucht.

Durch die Färbung seiner Kerne tritt jetzt auch das Tracheenepithel, das die cuticulare Auskleidung abgeschieden hat, deutlich als flacher, äußerer Belag hervor. Es ist die direkte Fortsetzung der Epidermis, so wie die chitinige Röhre die Fortsetzung der Außencuticula ist. Natürlich haben sich bei diesem Präparat auch die Kerne der Speicheldrüsenzellen gefärbt.

- Den Kaumagen herausschneiden und durch einen Längsschnitt spalten.
- Mit der Innenfläche nach oben auf einem Objektträger (Glycerin, Deckglas) ausbreiten.

Sechs dunkelbraune, stark sklerotisierte Zähne und die kräftige Muskelwand dieses Darmabschnittes zeigen, dass er seinen Namen mit Recht trägt. Drei der Zähne haben scharfe, nach hinten gerichtete Spitzen, die anderen sind mehr abgerundet. Der Kaumagen hat die Aufgabe, die ihm portionsweise aus dem Kropf zugeführte Nahrung feiner zu zerkleinern, wobei er sich gegen den Mitteldarm fest abschließt. Die Nahrung wird dann an den Kropf zur weiteren chemischen Verarbeitung zurückgegeben. Schließlich öffnet sich der Verschluss des Kaumagens gegen den Darm, und der Nahrungsbrei kann in den Mitteldarm eintreten. In ihm und auch im Enddarm wird die Verdauung zum Abschluss gebracht und die Resorption vollzogen.

Ein Mikrovillisaum vergrößert im **Mitteldarm** die aktive Oberfläche. Schleimdrüsen fehlen. Vor Verletzung durch harte und spitze Nahrungspartikel wird das empfindliche Darmepithel durch die **peritrophischen Membranen** geschützt, die den Nahrungsbrei wie eine Wursthaut umhüllen. Sie werden vom gesamten Darmepithel oder nur vom vordersten Bereich des Mitteldarmes abgeschieden und bestehen aus einer proteinhaltigen Grundsubstanz, in die feinste Chitinfibrillen eingelagert sind. Die Verdauungsenzyme und die gelösten Nahrungsstoffe können die peritrophischen Membranen passieren. Sie werden ständig neu gebildet.

- Den gesamten Darmtrakt entfernen, indem man ihn hinter dem Kopf und dicht hinter der Rectalblase abschneidet. Den Geschlechtsorganen anhaftende Reste von Fettgewebe vorsichtig entfernen.

Jedes der beiden **Ovarien** setzt sich aus acht (panoistischen) **Eiröhren** (**Ovariolen**) zusammen (Abb. 138); sie bilden gemeinsam einen etwa birnenförmigen Körper. Die kopfwärts gerichteten blinden Enden der Ovariolen sind zu dünnen Fäden, den **Endfilamenten**, ausgezogen, die sich zu einem elastischen Band vereinigen, das an der dorsalen Körperwand und am Perikardialseptum befestigt ist. Ein kurzer Abschnitt der Ovariolen, unmittelbar distal der Ursprungsstelle der Terminalfilamente, ist das **Germarium**; in ihm befinden sich die Urgeschlechtszellen, die durch Teilung die Eizellen (Oocyten) liefern, die eine nach der anderen in den Hauptabschnitt der an Weite immer mehr gewinnenden Ovariole, in das **Vitellarium**, einwandern. Dort liegen schließlich, zur Reihe geordnet, die längsovalen, unterschiedlich reifen und daher unterschiedlich großen Eizellen. Jede Eizelle ist von einem Follikelepithel umgeben, das eine wichtige, jedoch noch nicht ganz geklärte Funktion bei der Ernährung des heranwachsenden Eies ausübt und das zuletzt die Eischale (das Chorion) bildet. Das jeweils am weitesten caudal gelegene Ei ist oft sehr groß; es handelt sich dann um ein zur Ablage bereites Ei. Da im Ganzen 16 Eiröhren vorhanden sind, enthält ein Kokon auch meist 16 Eier.

- Eine der Eiröhren abschneiden.

Unter dem Mikroskop sind deutlich die einzelnen, aufeinander folgenden und nur durch kurze Zwischenräume voneinander getrennten Eier mit ihrem großen Kern zu erkennen. Die acht Eiröhren jedes Ovariums münden in einen kurzen, aber geräumigen seitlichen Eileiter (Oviductus lateralis), der – mit dem der Gegenseite zum sehr kurzen unpaaren Eileiter (Oviductus communis) vereinigt – sich in die Genitalkammer öffnet. Darüber liegt ein aus vielen weißen Schläuchen zusammengesetztes,

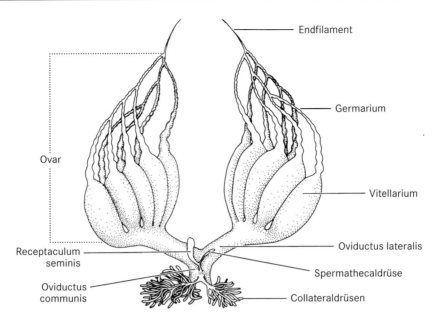

Abb. 138 Innere Geschlechtsorgane einer weiblichen Schabe. Jedes Ovar besteht aus mehreren Ovariolen

paariges Organ. Es handelt sich um Drüsen, die sog. Nebendrüsen (Collateraldrüsen), die in den dorsalen Abschnitt der Genitaltasche münden und deren Sekret die Kokonhüllen, die Ootheken (Abb. 133d), bildet. Die linke, größere, liefert ein Protein und eine Phenoloxidase, die rechte eine Phenolsubstanz. Die Mischung der beiden Substanzen führt zur Erhärtung des Proteins. Das **Receptaculum seminis** ist ein sehr kleiner, zweiästiger Schlauch, der unmittelbar vor den Collateraldrüsen in den Oviduct mündet; als Speicher für Spermien funktioniert allerdings nur der dickere, längere Ast.

- Diesen an seiner Basis mit der Uhrmacherpinzette erfassen, in einem Tropfen physiologischer Lösung zwischen Deckglas und Objektträger zerquetschen und dann bei starker Vergrößerung mikroskopieren.

Der dünnere Ast des Receptaculums, die Spermathecaldrüse, hat rein sekretorische Funktion. Beide Äste sind mit einer relativ dicken Cuticula ausgekleidet, die einem Drüsenepithel aufliegt.

Die Eier werden bei der Ablage befruchtet, wenn sie die Mündung des Receptaculums passieren. Für den Durchtritt der Spermien sind am Vorderpol der Eier feine Öffnungen, **Mikropylen**, in der Eischale vorhanden.

Die Gonaden des Männchens sind schwieriger zu präparieren, da die Hoden im Fettkörper eingebettet und außerdem nur bei jungen Tieren und Larven des letzten (6.) Stadiums voll entwickelt sind. Bei den adulten Männchen liefern sie keine Spermien mehr.

- Auch das Männchen wird von dorsal aufpräpariert. Den Schnitt nun aber nicht an den Seitenkanten des Hinterkörpers entlang führen, sondern gut 2mm davon entfernt, erst rechts und dann links, längsparallel von hinten nach vorn, wobei die feine Schere so flach wie möglich angesetzt wird.
- Die weitere Präparation ist unbedingt unter dem Stereomikroskop bei 10- bis 15facher Vergrößerung und sehr guter Beleuchtung durchzuführen.
- Das Tier wird am Thorax mit zwei und am Abdomen mit einer Nadel, die man seitlich durch die Subgenitalplatte führt (man muss dazu die Supraanalplatte anheben), im Becken fixiert. Die Supraanalplatte bleibt am Abdomen, die davor liegenden Terga werden vorsichtig abpräpariert.

- Auf der Höhe des 3. Segments dann jederseits eine Stecknadel flach unter den stehen gebliebenen, seitlichen Rest des Tergums von innen nach außen führen, durchstechen, die Nadel aufrichten und sie, nach außen geneigt, im Becken feststecken. Ebenso wird im 7. Segment verfahren.
- Nach dem Abpräparieren des dorsalen Diaphragmas und der medianen Fettkörperlappen wird der Darm entfernt, wobei man die ihn fixierenden Tracheen wiederum nicht abreißt, sondern abschneidet.

Die **Hoden** sind längliche, kompakte Gebilde mit leicht und unregelmäßig gefurchter Oberfläche; sie liegen sehr weit seitlich in den Hinterleibssegmenten IV und V (Abb. 139). Man findet sie inmitten der sie umgebenden Fettkörpermassen, da die in den Furchen weißen, sonst opak-trüben Gebilde sich deutlich vom rein weißen Fettkörper abheben.

- An der Stelle, an der sie zu suchen sind, die Lappen des Fettkörpers mit Pinzette und Pipettenstrahl lockern, bis die länglichen Testes erkennbar sind.
- Einen Hoden vom Fettkörper freipräparieren, dabei am caudalen Ende besonders sorgfältig arbeiten.

Dort nämlich verlässt der Samenleiter (Vas deferens) als zarter, dünner Schlauch den Hoden, zieht nach hinten, biegt dann nach vorn um, kreuzt unter dem starken, vom letzten Ganglion zum Körperende ziehenden Cercalnerv hindurch und mündet – für den Betrachter verborgen – schließlich in den unpaaren Ductus ejaculatorius. Die beiden Samenleiter zeigen zwei eigenartige Ösenbildungen unbekannter Bedeutung. Vom Ductus ejaculatorius werden wir vorerst nicht viel sehen, da er unter zahlreichen (350 bis 450), schlauchförmigen, zum Teil rein weißen, zum Teil weißlich opaken Nebendrüsen verborgen ist, die alle in ihn münden. Sie liefern Sekrete zum Aufbau der Spermatophoren. Ebenfalls von den Nebendrüsen verdeckt sind – ventral der Mündungen der Vasa deferentia – sechs bis sieben birnenförmige Vesiculae seminales. In ihnen wird, in ein proteinhaltiges Sekret eingebettet, das von den larvalen Hoden gelieferte Sperma aufbewahrt. Bei der Begattung wird Sperma in stecknadelkopfgroßen Spermatopho-

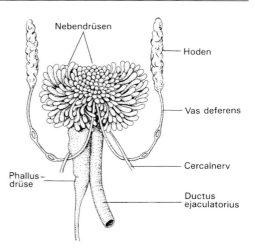

Abb. 139 Innere Geschlechtsorgane einer männlichen Schabe

ren eingeschlossen und dann in die weiblichen Geschlechtswege befördert. Ventral vom Ductus ejaculatorius und dorsal vom letzten Abdominalganglion liegt eine weitere, auffallend große, weißlich-trübe akzessorische Geschlechtsdrüse, die Phallusdrüse. Ihr Sekret dient wahrscheinlich der Befestigung der Spermatophore in der Genitalregion des Weibchens. Davor fallen durch ihre Größe die – übrigens auch beim Weibchen vorhandenen – beiden sackförmigen, median miteinander verwachsenen Sternaldrüsen auf. Sie liegen unter dem Bauchmark zwischen dem letzten und vorletzten Ganglion und münden zwischen Sternum VI und VII durch einen unpaaren Porus nach außen.

Nach Entfernung der Geschlechtsorgane bleibt nur noch das **Bauchmark** zu untersuchen. Es liegt in einem besonderen, wieder durch ein Diaphragma vom Perivisceralsinus getrennten, ventralen Teil der Leibeshöhle, im Perineuralsinus.

- Durch Entfernen dieses ventralen Diaphragmas und sonstiger dem Bauchmark noch anhaftender Gewebsteile (Tracheen, Muskulatur) wird es vorsichtig bis zur hinteren Kopfgrenze völlig freigelegt. Um es besser sichtbar zu machen, schiebt man zweckmäßig einen Streifen schwarzen Papiers unter.
- Die Freilegung der in der Kopfkapsel gelegenen Teile des Nervensystems (Ober- und Unterschlundganglion) kann durch vorsichtiges

Abtragen der Kopfdecke mittels oberflächlich geführter Flächenschnitte versucht werden, stellt aber schon größere Anforderungen an das präparatorische Geschick.
- Besser gelingt die Präparation des Gehirns, wenn man Kopf und Brust der Schabe gut zur Hälfte in das Wachs des Präparierbeckens einschmilzt.

Ober- und Unterschlundganglion bilden einen Ring um den Oesophagus. Vom Oberschlundganglion gehen seitlich die beiden Sehbahnen, dahinter die Antennennerven ab. Median dahinter liegen in der Tiefe die paarigen, lang gestreckten **Corpora cardiaca** und die diskusförmigen **Corpora allata**. Die C. cardiaca fallen durch ihre bläuliche Färbung auf. Die C. allata sind, da durchsichtig, schwerer erkennbar. Beide Organe bilden zusammen den Retrocerebralkomplex.

Das **Bauchmark** zeigt im Thorax sehr deutlich den ursprünglichen, paarigen Charakter, da seine beiden Längsstränge hier mit weitem Abstand verlaufen. Im Abdomen liegen sie so dicht aneinander, dass ein unpaarer Strang vorgetäuscht

wird; unter dem Mikroskop kann man sich aber leicht von seiner Paarigkeit überzeugen. Ursprünglich ist das Bauchmark der Schabe auch insofern, als fast alle Ganglien unverschmolzen geblieben sind. So befindet sich in jedem Thoraxsegment ein großes Ganglion, von dem die Nerven zu den Extremitäten abgehen. Im Prothorax findet man außerdem zwischen dem Ganglion und dem Oesophagus die x-förmige **Prothoraxdrüse**. Sie bildet das Häutungshormon Ecdyson, ein Steroidderivat. Auch die ersten sechs Abdominalsegmente zeigen je ein Ganglion. Das letzte von ihnen hat die Ganglien der noch folgenden Segmente aufgenommen, was in seinem größeren Umfang zum Ausdruck kommt. Embryonal werden 11 abdominale Ganglien angelegt.
- Zur Betrachtung der **Mundwerkzeuge** die Schabe (immer noch unter Wasser) auf den Rücken legen und den Thorax feststecken.
- Den Kopf des Tieres so weit zurückbiegen, bis er waagrecht im Becken liegt und ihn dann mit zwei dünnen Insektennadeln, die seitlich von der Halshaut durch die Kopfkapsel gesteckt werden, fixieren (Abb. 140).

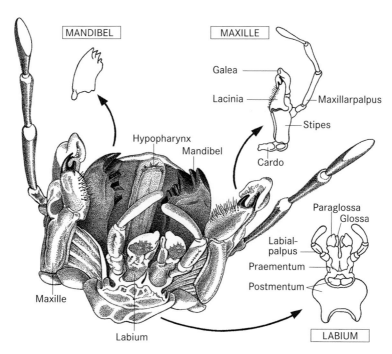

Abb. 140 Mundwerkzeuge von *Periplaneta americana*. Schrägansicht von ventral und abpräparierte Extremitäten

Erfahrungsgemäß bereitet die eindeutige Kennzeichnung von Lagebeziehungen bei den Mundwerkzeugen wegen ihrer so unterschiedlichen Anordnung am Kopf Schwierigkeiten. Häufig werden Vorderseite, Oberseite und Dorsalseite (vorn, oben und dorsal) einerseits und Hinterseite, Unterseite und Ventralseite (hinten, unten und ventral) andererseits synonym gebraucht. Der Klarheit halber werden hier in Bezug auf die Mundwerkzeuge fast nur die Bezeichnungen Vorderseite (vorn) und Hinterseite (hinten) verwendet. Als Vorderseite bezeichnet wird diejenige Seite eines Mundwerkzeuges, die – bei einer von der Spitze (also von apikal = distal) zur Basis fortschreitenden Betrachtung des Organs – schließlich, mittelbar oder unmittelbar, in die Kopfvorderseite (Frons) übergeht. Entsprechend wird diejenige Seite als Hinterseite bezeichnet, die bei sinngemäß gleicher Betrachtungsweise in die Kopfunterseite und schließlich in die ventrale Halshaut übergeht.

An der gedehnten Halshaut erkennt man median die beiden beborsteten Skleritspangen und seitlich dahinter die relativ großen Cervicalia. Vor der Halshaut wird die Kopfunterseite oder – bezogen auf die Normallage des Kopfes – die Kopfhinterseite von den basalen, unpaaren Teilen des **Labiums** wie von einer Kehle abgeschlossen. Das proximale, apikal und basal ausgebuchtete Teilstück – es artikuliert beidseits am Kopf – wird als Postmentum bezeichnet, das zweite, gelenkig daran anschließende als Praementum. Das Praementum trägt jederseits auf einer kleinen Erhebung (Palpifer) einen dreigliedrigen Lippentaster (Labialpalpus) und terminal ein medianes und ein laterales Paar von Fortsätzen, die Glossae und die Paraglossae.

- Mit Nadel und Pinzette diese zum großen Teil weichhäutigen Organe auseinander drängen.

Erst dann sind ihre Gestalt und Größe zu erkennen.

- Die Präpariernadel von der Seite unter die Unterlippe schieben, diese anheben und nach oben rückwärts biegen.

Dadurch wird der **Hypopharynx** freigelegt. Er liegt wie eine Zunge in der Mitte des Mundraumes. Auch er ist zum großen Teil weichhäutig, lässt aber einige sklerotisierte Spangen erkennen. Seine Vorderseite setzt sich in die

Pharynxrückwand fort, an seiner Hinterseite mündet dort, wo sie in die Unterlippe übergeht, genau in der Mitte, der unpaare Ausführgang der Speicheldrüsen. Man kann die Mündung bei stark zurückgebogener Unterlippe und 30facher Vergrößerung gut erkennen.

Unterlippe und Hypopharynx sind, wie sich leicht feststellen lässt, durch weichhäutige Zonen mit den den Mundraum seitlich begrenzenden **Maxillen** verbunden. Die Eingelenkung der Maxille an der Kopfkapsel erfolgt durch das so genannte Angelglied, den Cardo. Die Cardines der beiden Maxillen liegen links und rechts vom Postmentum, das sie zum Teil verdeckt, quer zur Längsachse des Tieres. Das nächste Glied der Maxillen, der lateral eingelenkte Stamm (Stipes), verläuft wieder längsparallel. Er trägt seitlich einen fünfgliedrigen Taster (Palpus maxillaris) und terminal zwei Kauladen.

Die äußere Kaulade, die am Ende ohrförmig eingebuchtete Galea (Lobus externus), ist weichhäutig, die innere, die Lacinia (Lobus internus), ist – besonders an der dolchartigen Spitze – sklerotisiert und an der Innenkante stark beborstet.

- Die Unterlippe wird am besten mit einem aus einem Rasierklingensplitter angefertigten Skalpell oder einer Pinzettenschere herausgeschnitten und in 70%igen Alkohol gelegt. Ebenso verfährt man mit dem Hypopharynx.
- Auch die Maxillen werden, nachdem man sie nach dem Freilegen nochmals eingehend betrachtet hat, an ihrer basalen Eingelenkung von der Kopfkapsel gelöst.

Nun ist die Hinterseite der mächtigen **Mandibeln** (Oberkiefer) zu sehen. Sie sind ungegliedert; ihre gezähnten Innenkanten und das hintere, im Präparat oben aufliegende Gelenk geben durch ihre Schwarzfärbung die starke Sklerotisierung zu erkennen.

- Die Mandibeln mit der Pinzette bewegen.

Man sieht, dass sie wie Zangen von den Seiten her zur Mitte hin zubeißen. Sie artikulieren dikondyl, d.h. mit zwei Gelenken an der Kopfkapsel. Die Verbindungslinie zwischen den beiden Gelenken bildet die senkrecht zur Drehebene stehende Drehachse.

- Die linke Mandibel mit einer kräftigeren Pinzette fassen und sie, nach vorne wegziehend, aus ihren Gelenken herausheben.

Aus ihrer basalen Öffnung ragen die abgerissenen Sehnen der kräftigen, im Kopf liegenden Mandibelmuskeln. Nun kann man auch feststellen, dass beide Gelenke Kugelgelenke sind. Die Pfanne des hinteren Gelenkes befindet sich am Kopf, die des vorderen an der Mandibel.

- Schließlich wird auch die rechte Mandibel herausgelöst und in Alkohol gelegt.

Man sieht jetzt auf die weichhäutige Hinterseite (= Innenseite) des doppelwandigen **Labrums** (Oberlippe). Sie ist median zu einer Art Gegenzunge, zum **Epipharynx**, aufgewölbt. Dieser ist, mit Ausnahme von zwei Skleritspangen, den Tormae – die man deutlich aber erst im mikroskopischen Präparat erkennt –, weichhäutig.

- Die beiden Nadeln lösen und den Kopf von vorn betrachten, indem man ihn auf sich zu beugt.

Das schuppenförmige Labrum sitzt einem trapezförmigen Fortsatz der Kopfkapsel, dem **Clypeus**, gelenkig an.

- Auch das Labrum wird abgeschnitten. Die Mundwerkzeuge werden dann zu einem mikroskopischen Präparat verarbeitet, indem man sie erst in 100%igem Alkohol entwässert und dann über Nelkenöl in Eukitt – symmetrisch geordnet – eindeckt.

2. Die Mundwerkzeuge weiterer Insekten

Die Mundwerkzeuge der Insekten sind überaus verschieden gestaltet. Das Schicksal der einzelnen Teile lässt sich vergleichend anatomisch oder während der Embryonalentwicklung fast immer verfolgen, sodass eine Homologisierung meist möglich ist. Trotz aller Mannigfaltigkeit lassen sich die Mundwerkzeuge der Insekten zwanglos in drei Funktionsreihen einteilen, nämlich in die kauend-leckenden, in die leckend-saugenden und in die stechend-saugenden Mundwerkzeuge. Innerhalb jeder dieser drei Reihen sind einige voneinander abweichende Typen verwirklicht.

Es sollen hier nur die wichtigsten Typen behandelt werden. Das sind unter den kauend-leckenden die bereits bekannten Mundwerkzeuge der Schaben (Grundtyp; oft auch **orthopteroider Typ** genannt) und die der Hy-

menopteren, unter den leckend-saugenden die der Schmetterlinge und mancher Fliegen und unter den stechend-saugenden die der Hemipteren und vieler Dipteren.

Man beginnt mit den **kauend-leckenden Mundwerkzeugen** eines Blüten besuchenden Hautflüglers, mit der **Honigbiene** (Abb. 141).

- Der getöteten Biene wird der Kopf abgeschnitten und in eine kleine Präparationsschale gelegt. Hat man nur in Alkohol konserviertes Material zur Verfügung, so bringt man die Köpfe zweckmäßigerweise auf kurze Zeit in kochendes Wasser, um sie aufzuweichen.
- Die nach dem eingehenden Betrachten des unversehrten Präparates durchzuführende Präparation erfolgt hier und im Folgenden ganz ähnlich wie bei der Küchenschabe.
- Mit feiner Pinzette und Splittermesser werden die einzelnen Mundwerkzeuge – man präpariert am besten unter dem Stereomikroskop – vom Labium ausgehend abgetrennt.

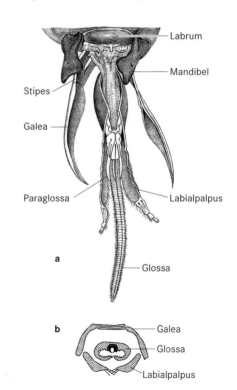

Abb. 141 Mundwerkzeuge einer Honigbiene. **a** Totalansicht von vorn, **b** Querschnitt durch den Rüssel

- Sie werden in einem Tropfen Glycerin auf den Objektträger gebracht und mikroskopiert, wenn man sie nicht erst zu einem mikroskopischen Präparat verarbeitet.
- Manchmal genügt es, die einzelnen Mundteile mit feinen Nadeln auseinander zu spreizen.

Oberlippe und **Mandibeln** sind kaum abgewandelt. Die Mandibeln sind zu vielerlei Tätigkeiten brauchbare Beiß- und Knetwerkzeuge. Im Gegensatz zu ihnen sind **Maxillen** und **Labium** stark umgeformt. Sie bilden zusammen eine funktionelle Einheit, den **Labiomaxillarkomplex**, der das eigentliche Organ der Nahrungsaufnahme darstellt.

Beide Stammglieder der Maxillen (**Cardo** und **Stipes**) sind stark verlängert. Die Cardines artikulieren mit ihren proximalen Enden am Kopf (an den Postgenae) und mit ihren distalen mit einer quer liegenden, V-förmigen Skleritspange, dem Zügel (**Lorum**). Die **Laciniae** der Maxillarladen sind zu kleinen, häutigen Höckern an der Basis der Galeae geworden, die Galeae selbst dagegen sind mächtig entwickelt. Sie sehen wie rinnenförmig gebogene Sensenklingen aus. Dort, wo sie an den Stipites eingelenkt sind, sind die rudimentären Maxillarpalpen zu erkennen. Die beiden Galeae legen sich mit ihren medianen Rändern aneinander und bilden so eine – nach hinten offene – Rinne. Sie wird durch die kleineren, viergliedrigen, sonst aber ähnlich gestalteten **Labialpalpen**, die zu einer nach vorn offenen Rinne zusammentreten, zur Rüsselröhre geschlossen, die die lang gestreckte, geringelte und stark behaarte Zunge (**Glossa**) und die beiden **Paraglossae** umhüllt. Die Zunge ist hinten von einer Längsrinne, der Zungenrinne, durchzogen. An ihrer Spitze trägt sie das **Labellum** (Löffelchen). Sie kann völlig in die Rüsselröhre zurückgezogen werden.

Von den Stammgliedern des **Labiums** ist das Praementum stark entwickelt. Das viel kleinere Postmentum artikuliert am Zügel. Auf der Vorderseite des Praementums liegt der an zwei schlanken Skleritspangen leicht kenntliche **Hypopharynx**. An ihm fallen zwei Gruppen von Sinnesorganen auf. Unmittelbar distal davon liegen die beiden Mündungen der Futtersaftdrüsen (Hypopharyngealdrüsen). Der unpaare Ausführgang der Speicheldrüsen (Labialdrüsen) mündet wie bei der Schabe zwischen Hypopha-

rynx und Praementum, auf der Vorder-(Ober-) Seite der Zungenbasis. Von dort wird der Speichel von den hohlkehligen Paraglossae um die Zungenbasis herum in die Zungenrinne und dann zur Zungenspitze geleitet. Die flüssige Nahrung dagegen wird in der Rüsselröhre zum Mund befördert. Der ganze Saugapparat kann eingeschlagen und vorgestreckt werden.

Die beiden Typen der **leckend-saugenden Mundwerkzeuge**, die untersucht werden sollen, weichen anatomisch erheblich voneinander ab. Gemeinsam ist ihnen lediglich die starke bis völlige Rückbildung der Mandibeln, die nur bei manchen primitiven Formen als Beißwerkzeuge erhalten bleiben.

- Benötigt werden Köpfe von Tagfaltern (z.B. Kohlweißling, *Pieris brassicae*, oder Fuchs, *Aglais urticae*) und von Stuben- oder Schmeißfliegen (*Musca domestica* oder *Calliphora erythrocephala*).
- Die Schmetterlingsköpfe – man wird wohl meist Alkoholmaterial verwenden – werden durch Abpinseln von Haaren und Schuppen befreit und dann, ebenso wie die Fliegenköpfe, unter dem Stereomikroskop bei guter Beleuchtung betrachtet.
- Außerdem werden Eukittpräparate mikroskopiert, in denen die mit Kalilauge mazerierten und aufgehellten Köpfe in Seitenlage (die Augen wurden abgeschnitten) eingedeckt sind.

Der **Saugrüssel** der **Schmetterlinge** (Abb. 142) wird auf völlig andere Art und Weise als bei den Blüten besuchenden Hymenopteren gebildet, aber ebenso wie dort kann man an rezenten Vertretern die Ableitung vom kauenden Typ verfolgen. Bei manchen Kleinschmetterlingen sind noch alle zum orthopteroiden Typ gehörenden Organe zu finden. Die Mundwerkzeuge der höheren Lepidopteren sind jedoch weitgehend umgestaltet und vor allem gekennzeichnet durch die Ausbildung eines Saugrüssels, der von den gewaltig verlängerten, median rinnenartig vertieften **Galeae** gebildet wird. Sie sind von mondsichelförmigem Querschnitt, hohl und enthalten in ihrem Inneren Muskulatur, Nerven und Tracheen. Die Ränder ihrer medianen Rinnen legen sich fest aneinander, sodass ein geschlossenes, zum Mund führendes Saugrohr gebildet wird. Auf seiner Hinterseite erfolgt die Verbindung durch eine verzahnte Führung, auf seiner Vorderseite durch

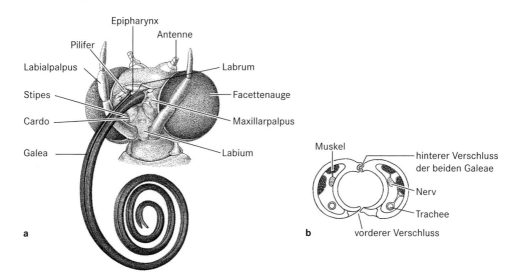

Abb. 142 Kopf und Mundwerkzeuge eines Schmetterlings. **a** Totalansicht. **b** Querschnitt durch den Saug-rüssel. (a Nach WEBER, b nach EIDMANN)

zahlreiche Borsten. In der Außenwand der beiden Galeae wechseln bogige Skleritspangen mit schmalen, membranösen Bezirken ab. Das in dieser Cuticula vorhandene elastische Protein Resilin gibt dem Rüssel Elastizität und Festigkeit und bewirkt, dass er in der Ruhelage spiralig eingerollt ist. Ausgestreckt wird er aktiv durch die Tätigkeit der zahlreich im Lumen der Rüsselwand schräg ausgespannten kleinen Muskeln. An seiner inneren und äußeren Oberfläche, besonders aber an der Spitze, sitzen zahlreiche Sensillen.

Von allen übrigen Mundteilen sind lediglich die Lippentaster (**Labialpalpen**) gut ausgebildet. Sie streben von der Kopfunterseite nach vorn und oben und verdecken die Sicht auf die übrigen Mundteile.

● Daher einen von ihnen entfernen.

Das kleine, schmale **Labrum** ist seitlich oft zapfenartig ausgezogen (Pilifer). Vor seiner Mitte deckt der dreieckig vorspringende **Epipharynx** die dort klaffende Rüsselbasis zu. Die **Mandibeln** sind völlig verschwunden; sie sind mit den Genae („Wangen", mundnahe Bezirke der Kopfseiten) verschmolzen. Die wiederum sehr kleinen Cardines der **Maxillen** artikulieren mit der Kopfkapsel. Die schlanken Stipites konvergieren von den Seiten zur Mitte hin, sodass die an ihren medianen Enden entspringenden Galeae

zum Saugrüssel zusammentreten können. Die Laciniae sind verschwunden, die Maxillarpalpen warzenförmig klein.

Das **Labium** ist eine einheitliche Platte ohne Laden. Es schließt die Mundöffnung und den ventralen Kopfbezirk zwischen Rüssel und Halshaut unten ab und trägt seitlich die bereits erwähnten, großen Labialpalpen. Der **Hypopharynx** ist reduziert.

Die Schmetterlinge sind reine Sauger. Sie nehmen nur frei zugängliche, flüssige Nahrungsstoffe zu sich. Die mit leckend-saugenden Mundwerkzeugen ausgerüsteten Dipteren dagegen vermögen außerdem mit dem Speichel feste Futterstoffe aufzulösen und dann aufzusaugen, zum Teil können sie sogar Nahrungspartikel abraspeln und mit dem Speichelstrom aufsaugen. Dieser größeren Vielfalt in der Nahrungsaufnahme entspricht ein vielfältiger Aufbau der Mundorgane.

Am Kopf der **Stubenfliege** ist ein ventraler, schnauzenförmig vorgezogener Teil, das **Rostrum**, fast gänzlich weichhäutig geworden (Abb. 143). Nur der **Clypeus** ist sklerotisiert geblieben. Die **Mandibeln** sind restlos verschwunden, von den **Maxillen** sind nur die eingliedrigen Taster und ein Paar Skleritstäbe geblieben, die vom Labrum zum Pharynx ziehen. Der an das Rostrum anschließende eigentliche Rüssel wird zum größten Teil vom **Labium** gebildet. Er ist ein fast

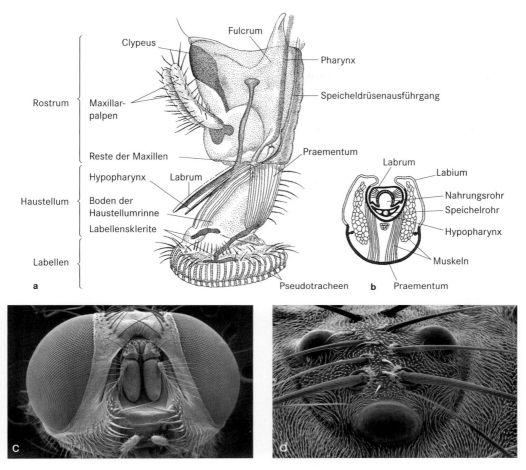

Abb. 143 Kopf einer Stubenfliege. **a,b** Mundwerkzeuge **a** Seitenansicht, **b** Querschnitt durch das Haustellum. (Nach WEBER), **c** Kopf mit Antennen und Facettenaugen **d** Ocellen (c,d rasterelektronenmikroskopische Bilder)

gänzlich membranöses Gebilde, an dem man ein Basalstück, das **Haustellum**, und ein endständiges Labellenpaar unterscheidet. Die sklerotisierte Hinterseite des Haustellums entspricht dem Praementum, die **Labellen** sind den Labialtastern homolog. Vorn ist das Haustellum der Länge nach von einer sklerotisierten Rinne durchzogen, in der das hinten vertiefte Labrum und der längliche, etwa schwertförmige Hypopharynx liegen. Der **Hypopharynx** schließt die Oberlippenrinne zum Nahrungsrohr, während er selbst vom Speichelrohr durchzogen ist. Nahrungs- und Speichelrohr münden in den Raum zwischen den beiden mächtigen, weichhäutigen Labellen. Die ventralen Polsterflächen der Labellen sind mit

Rinnen versehen, deren Wandungen durch winzige Skleritspangen verfestigt sind (Speichelrinne, **Pseudotracheen**). Sie ziehen vom medianen Spalt divergierend nach außen. Mit ihnen erfolgt die Verteilung des Speichels und das Aufsaugen flüssiger oder im Speichel aufgelöster Nahrung. Diesen Feinbau erkennt man freilich erst an einem mikroskopischen Labellenpräparat.

● Hierfür die ventrale Polsterfläche der Labellen mit der Schere abschneiden und in Glycerin oder Eukitt eindecken.

Nun wird auch sichtbar, dass die Skleritspangen an den Rändern der Pseudotracheen in Form spitzer Zähnchen vorstehen. Mit ihnen kann feste Nahrung abgeraspelt werden. – In der Ruhe wird der Rüssel an die Kopfunterseite angeklappt, indem das Rostrum nach hinten, das Haustellum mit den Labellen nach vorn angewinkelt werden.

Sehr viele Insekten entnehmen ihre flüssige oder verflüssigte Nahrung dem Inneren pflanzlicher oder tierischer Gewebe. Ihre **stechend-saugenden Mundwerkzeuge** sind demgemäß lang gestreckt, degen- oder dolchförmig. Bei den hier behandelten Formen bildet das Labium eine Führungsrinne für die übrigen Mundteile, die beim Stich alle (Bremsen) oder mit Ausnahme des Labiums (Wanzen) in das Gewebe versenkt werden. Dabei wird von einem Speichelrohr gerinnungshemmende und den Säftezustrom fördernde Speichelflüssigkeit in die Wunde injiziert und mit einem Nahrungsrohr die Nahrungsflüssigkeit aufgesaugt.

Die Mannigfaltigkeit innerhalb dieser Funktionsreihe ist groß. Untersucht werden die Mundwerkzeuge einer **Wanze** (z.B. die der Feuerwanze, *Pyrrhocoris apterus*) und die einer **Bremse** (Weibchen der Gattungen *Haematopota* oder *Tabanus*; die Männchen sind Säftesauger und stechen nicht).

• Zur Präparation wird man wiederum Alkoholmaterial verwenden. Außerdem werden

mikroskopische Präparate von Wanzen- und Bremsenköpfen ausgeteilt (oder angefertigt), die mit Kalilauge mazeriert und aufgehellt und dann in Seitenlage (Augen vorher kappen!) eingedeckt wurden.

Zunächst den Wanzenkopf betrachten (Abb. 144). Seine streng funktionsbedingte Gestalt gibt ihm noch mehr als den anderen Insektenköpfen das Aussehen eines modernen technischen Geräts. Einige mundnahe Teile der Kopfkapsel sind in Beziehung zu den Mundwerkzeugen getreten. Der **Clypeus** ist verlängert und in einen basalen Post- und einen rostralen Anteclypeus unterteilt; er bildet mit dem zipfelförmigen **Labrum** eine Einheit, das **Clypeolabrum**. Unter den Augen erkennt man an den Kopfseiten je eine wangenartige Vorwölbung, die so genannten **Mandibularplatten**. Sie haben mit den Mandibeln nichts zu tun, sondern sind nach rostral verlagerte Teile der Genae. Die folgenden spitz ausgezogenen **Maxillarplatten** dagegen sind vermutlich aus den Stipites und Palpi der Maxillen entstanden. Die Cardines sind als Artikulationshebel für die maxillaren Stechborsten in den Kopf verlagert. Die Maxillarplatten bilden mit dem Clypeolabrum einen Schnabel, aus dessen Spitze das Stechborstenbündel in das als Borstenscheide dienende,

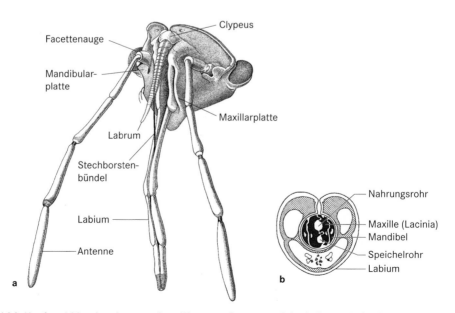

Abb. 144 Kopf und Mundwerkzeuge einer Wanze. **a** Gesamtansicht. **b** Querschnitt durch den Rüssel

viergliedrige **Labium** übertritt, das sich hinten an die Maxillarplatten anlegt. Die Vorderwand des Labiums ist zu einer an der Basis offenen und vom Clypeolabrum abgedeckten, an seinem Endabschnitt aber praktisch vollständig zum Rohr geschlossenen Rinne eingesenkt, aus deren Spitze die Stechborsten vorgestreckt werden können. Das Basalglied des Labiums entspricht dem Praementum, die 3 distalen Glieder den verwachsenen Lippentastern. An seiner Spitze sind zahlreiche Tast- und Chemoreceptoren sichtbar. Die Labialladen sind zurückgebildet. Zurückgebildet sind auch die Taster und die Galeae der Maxillen.

Die **Mandibeln** und die **Lacinien der Maxillen** sind zum eigentlichen **Stechapparat** geworden. Die mandibularen Stechborsten sind an der Spitze gezähnt. Die beiden Lacinien sind median miteinander verfalzt. Sie umschließen zwei Kanäle; der vordere dient dem Nahrungstransport, der hintere ist Speichelrohr. Der kurze Hypopharynx liegt im Vorderkopf, er ist konisch und ragt mit seinem Ende, auf dem der Ausführungsgang der Speicheldrüse mündet, in das Speichelrohr. Vorstoßen und Zurückziehen der Stechborsten, Aufsaugen der Nahrung und Einspritzen des Speichels werden durch sinnreiche Konstruktionen, auf die hier nicht eingegangen werden kann, bewerkstelligt. Die nach dem Prinzip der Kolbenpumpe gebaute Speichelpumpe ist an den mikroskopischen Präparaten im Vorderkopf im Bereich des Clypeolabrums samt den beiden zuführenden und dem unpaaren, abführenden Speichelkanal und den beiden Ventilen meist gut zu erkennen.

- Die Mundteile des Wanzenkopfes voneinander isolieren.

Viele Dipteren sind Blutsauger. Nicht wenige sind als lästige oder – als Krankheitsüberträger – sogar gefährliche Blutsauger für den Menschen von Bedeutung. Die Mundwerkzeuge der bekanntesten Gruppen, der (hier nicht behandelten) Stechmücken (Culiciden) und die der **Bremsen** (*Tabanidae*; Abb. 145), sind grundsätzlich in gleicher Weise entwickelt. Nur sind die der Culiciden überaus dünn und lang, mit degenförmigen Stechborsten gegenüber den relativ kurzen, dolchförmigen der Tabaniden.

Wie bei den Wanzen funktioniert das **Labium** als Gleitrohr. Bei den Bremsen ist es zum großen Teil häutig; sklerotisiert ist es nur auf der Hinterseite des kurzen, dem Praementum homologen Basalabschnittes, an den die aus den Labialpalpen hervorgegangenen, mit Sinneshaaren versehenen Labellen anschließen. Die Labialladen (Glossae und Paraglossae) sind verschwunden. Das dolchförmige **Labrum** deckt das Gleitrohr vorn ab. Es selbst ist hinten vom rinnenförmigen Nahrungskanal durchzogen, der seinerseits von den breiten, sägezähnigen Mandibelklingen zum Rohr geschlossen wird. Ebenfalls dolch-

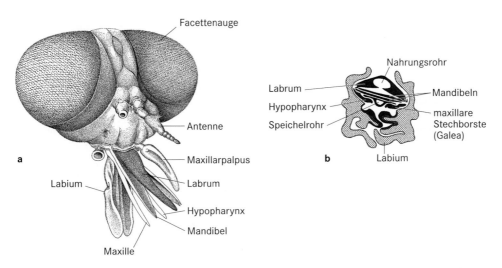

Abb. 145 Kopf und Mundwerkzeuge einer Bremse. **a** Gesamtansicht. **b** Querschnitt durch den Stechrüssel. (Nach WEBER)

oder klingenförmig sind die stark gezähnten **Galeae** und der vom Speichelrohr durchbohrte **Hypopharynx**. Cardo und Stipes sind miteinander verwachsen und klein und über der Basis der Mundteile von der Kopfhinterseite her zu erkennen. Dort entspringen auch die zweigliedrigen Maxillartaster. Alle 6 Stechklingen werden beim Saugakt in das Gewebe eingesenkt, nicht aber das Labium; es wird, ebenso wie bei den Wanzen, nach hinten abgewinkelt, sodass das Stechborsten- bzw. Stechklingenbündel teilweise aus dem Gleitrohr heraustritt und nur von den Labellen (bei den Bremsen und Culiciden) oder von den beiden letzten Unterlippengliedern (bei den Wanzen) geführt wird.

3. Die Larven einiger Insekten

Bei den pterygoten Insekten gibt es eine große Vielfalt von Larven, die teilweise leicht beschafft werden können. Einige werden kommerziell gezüchtet (Fliegenlarven für Angler), andere in großem Maßstab mit Insektiziden vernichtet (z.B. Raupen bestimmter Schmetterlinge, Käfer- und Stechmückenlarven), da sie als Schadorganismen in Land- und Forstwirtschaft, als Krankheitsüberträger und Lästlinge auftreten. Ihre Beschaffung ist daher problemlos und kann auch mit studentischen Exkursionen verbunden werden.

Wegen der Mannigfaltigkeit erscheint es sinnvoll, in einem Kursteil die äußere Gestalt verschiedener Insektenlarven kennen zu lernen, sei es an lebenden Tieren oder an fixierten. Abb. 146 zeigt eine Zusammenstellung einiger Formen.

Insekten haben im Allgemeinen beim Schlüpfen aus dem Ei schon die volle Segmentzahl. In der weiteren Entwicklung können die Larven der Imago im Laufe der Häutungen schrittweise ähnlicher werden (**Hemimetabolie**), oder es ist zwischen Larvenstadien und Imago ein Puppenstadium ausgebildet, in dessen Verlauf es zu einem dramatischen Gestaltwandel und inneren Umbauten kommt (**Holometabolie**).

Die Larven der **Eintagsfliegen** (Ephemeroptera) sind wasserlebend und tragen seitlich am Abdomen 6–7 Paar Tracheenkiemen und am Hinterleibsende drei lange, gegliederte Anhänge, die seitlichen Cerci und dazwischen das Terminalfilum (Abb. 146a). Sie haben kauende Mundwerkzeuge, die beispielsweise zum Abschaben von Bewuchs von der Substratoberfläche eingesetzt werden. Ihre Entwicklung kann mehr als 20 Häutungen umfassen. Sie erstreckt sich meist über ein Jahr. Aus dem letzten Larvenstadium schlüpft an der Wasseroberfläche ein geflügeltes Tier, die Subimago, die sich wenig später zu einer Imago häutet. Die Häutung eines flugfähigen Insekts kommt nur bei den Eintagsfliegen vor.

Schnabelkerfe (Rhynchota) sind verbreitete Pflanzensaftsauger mit stechend-saugenden Mundwerkzeugen und demonstrieren besonders gut die Hemimetabolie. Diese erfolgt bei ihnen in ein und demselben Lebensraum unter Beibehalten der Lebensweise.

Aphrophora (Abb. 146b), eine **Schaumzikade**, gehört zu den Auchenorrhyncha (Zikaden) und kann im Frühsommer leicht von der Vegetation gesammelt werden. Die Larven lassen Flüssigkeit aus ihrem After austreten und schäumen diese an ihrer Ventralseite mit Luft aus dem Tracheensystem auf. So kommt eine schutzvermittelnde Schaumhülle zustande (Kuckucksspeichel). An Atemluft gelangen die Larven, indem sie ihr Hinterleibsende an die Schaumoberfläche führen.

Günstig für die Betrachtung verschiedener Stadien der zu den Sternorrhyncha (Pflanzensaugern) gehörenden Aphidina (**Blattläusen**) sind insbesondere Gallerreger, zum Beispiel *Pemphigus* von Pappeln, deren Blattstiele sie verändern, oder *Byrsocrypta*, die an Ulmenblättern gefunden werden können, aber auch andere Blattläuse. In den Gallen kann man im Frühsommer die Koloniegründerin (Fundatrix) und die von ihr parthenogenetisch hervorgebrachte nächste Generation finden. Mit etwas Geduld sind in Blattlauskolonien sogar Geburten zu beobachten (Abb. 146c).

Palomena (Abb. 146d) ist eine **Schildwanze** (Pentatomidae). Wie die meisten anderen Wanzen (Heteroptera) durchläuft sie bis zum Imaginalstadium fünf durch Häutung getrennte Larvalstadien. Vom dritten an werden an Meso- und Metathorax Flügelanlagen sichtbar.

Abb. 146e zeigt eine Larve von *Chrysopa* (**Florfliege**; Planipennia), die in der Nähe von Blattlauskolonien gefunden werden kann. Ihre Mundwerkzeuge sind als Saugzangen entwickelt, mit denen kleine Insekten ausgesaugt werden. Der Darmkanal der Larven ist nicht durchgängig; nicht verwertbare Nahrungsreste werden über die Mundöffnung ausgewürgt.

Groß ist die Fülle der Larven bei Coleoptera (**Käfern**). In Abb. 146f–k ist eine Auswahl dargestellt, um die Vielfalt anzudeuten: Carabidae (Laufkäfer; Abb. 146f), Coccinellidae (Marien-

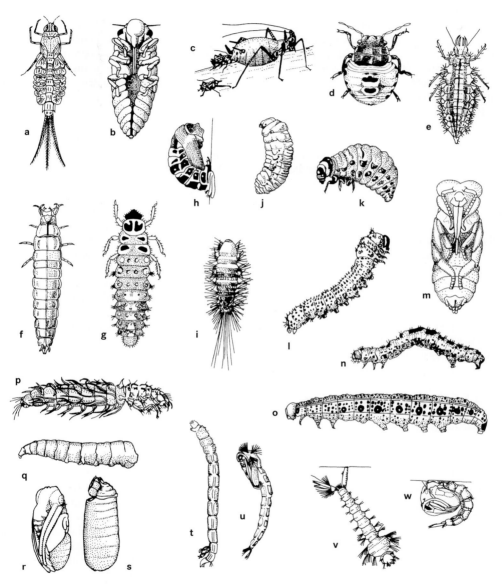

Abb. 146 Entwicklungsstadien (Larven, Puppen) von Insekten. **a** *Ephemerella*, **b** *Aphrophora*, **c** *Aphis*, **d** *Palomena*, **e** *Chrysopa*, **f** *Carabus*, **g** *Coccinella* (Larve), **h** *Coccinella* (Puppe), **i** *Anthrenus*, **j** *Ips*, **k** *Leptinotarsa*, **l** *Pterodinea*, **m** *Apis* (Puppe), **n** *Abraxas*, **o** *Pieris*, **p** *Limnephilus*, **q–s** *Musca*, **q** Larve, **r** Puppe, **s** Puparium nach dem Schlüpfen der Imago, **t** *Chironomus* (Larve), **u** *Chironomus* (Puppe), **v** *Aedes* (Larve), **w** *Aedes* (Puppe). (Nach BACHMEIER, BOLLOW, BRAUNS, ENGELHARDT, JACOBS, RENNER, RIETSCHEL, SEIFERT, WEBER)

käfer, Larve und Puppe; Abb. 146g, h), Dermestidae (Speckkäfer; Abb. 146i zeigt die Larve von *Anthrenus*), Scolytidae (Borkenkäfer; Abb. 146j) und Chrysomelidae (Blattkäfer; Abb. 146k).

Larven von Laufkäfern können zum Beispiel unter Steinen und in der Laubstreu gefunden werden. Sie sind sehr beweglich und leben räuberisch. Verbreitet ist extraintestinale Verdauung. Marienkäferlarven leben eng assoziiert mit Blatt- und Schildläusen, von denen sie sich ernähren. Das letzte Larvenstadium befestigt sein Hinterende mit Sekret am Substrat, zum Beispiel einem Blatt, und häutet sich dann zur Puppe. Speckkäfer stellen wichtige Vorratsschädlinge und können bisweilen in Häusern gefunden werden. Die Larven sind mit langen Haaren versehen, deren Spitzen sehr verschieden gestaltet sein können. Die fußlosen Borkenkäferlarven können unter der Borke von sterbenden Fichten, wo sie sich auch verpuppen, oft in großer Zahl gefunden werden. Sie leben in einem Gangsystem, das weitgehend von ihnen selbst angelegt wurde. Die Larven von Blattkäfern leben an Pflanzen und rufen zum Teil erheblichen Schaden an Kulturpflanzen hervor, so die Larve des Kartoffelkäfers (Abb. 146k), der aus Nordamerika eingeführt wurde.

Abb. 146l und m zeigen Larve und Puppe von Hymenoptera (**Hautflüglern**). Die von Pflanzen lebenden, raupenartigen Blattwespenlarven (Abb. 146l) können leicht von der Vegetation gesammelt werden, unter Umständen auch aus Gallen an Weiden. Im Unterschied zu den ähnlichen Schmetterlingsraupen haben sie 7 oder 8 Bauchbeinpaare. Abb. 146m zeigt die Puppe einer Honigbiene.

Als Raupen von **Schmetterlingen** wurden zwei ausgesucht, die in manchen Gebieten Schaden in Gärten und in der Landwirtschaft anrichten können: Stachelbeerspanner (Abb. 146n) und Kohlweißling (Abb. 146o). Spannerraupen besitzen nur zwei Abdominalfußpaare. Sie bewegen sich „spannend" fort. Bei der Kohlweißlingsraupe sind, wie bei vielen Schmetterlingslarven, die Abdominalsegmente 3–6 mit Beinen versehen, dazu kommen noch Nachschieber am 10. Segment.

Mit den Schmetterlingen eng verwandt sind die Trichoptera (**Köcherfliegen**), deren Larven (Abb. 146p) meist im Wasser leben, in vielen Fällen von einem Köcher eingeschlossen (nicht dargestellt), der im Laufe der Larvalentwicklung fortlaufend vergrößert wird. Er besteht aus dem Sekret sehr umfangreicher, paariger Unterlippen-Speicheldrüsen und oft regelmäßig aufgelagerten Partikeln (Pflanzenteilen, Steinchen, Schneckengehäusen u.a.). Das Tracheensystem der Larven ist geschlossen; oft sind fingerförmige Tracheenkiemen am Hinterleib entwickelt (*Limnephilus*, Abb. 146p). Durch schwingende Bewegung kann ein Wasserstrom durch den Köcher getrieben werden. Am 10. Abdominalsegment sind Extremitäten (Nachschieber) ausgebildet, die dem Festhalten oder Bewegen in der Röhre dienen oder bei freilebenden Formen der Lokomotion. Die Mundwerkzeuge der Trichopteren-Larven sind beißend.

Diptera (**Zweiflügler**) bringen ebenfalls eine Fülle verschiedener Larvenformen hervor, denen stets gegliederte Extremitäten fehlen und die sich zum Teil rasch entwickeln. Larve (Made), Puppe und Puparium der Stubenfliege werden auf Abb. 146q–s gezeigt. Der Kopf der Larve ist ganz in den Thorax eingezogen, die Kopfkapsel ist reduziert, und die Nahrung wird mit kräftigen Mundhaken zerkleinert und aufgenommen. Bei der Stubenfliege und ihren Verwandten verpuppt sich das letzte Larvenstadium in einer Larvencuticula. Dieses Gebilde wird Puparium genannt. Die Entwicklung bis zum Imago läuft bevorzugt in sich zersetzendem pflanzlichen Material ab und erstreckt sich über etwa eine Woche. In Viehställen können 10–15 Generationen in einem Jahr durchlaufen werden.

Am Boden von Gewässern leben die Chironomiden-Larven (Abb. 146t), die ein geschlossenes Tracheensystem haben. Manche sind durch Hämoglobin rot gefärbt. Nahe dem Hinterende finden sich oft Analschläuche, die der Osmoregulation dienen. Frei bewegliche Puppen (Abb. 146u) haben Atemhörnchen mit offenen Stigmen, röhrenbewohnende ein geschlossenes Tracheensystem.

In stehenden Gewässern sind die Larven und Puppen verschiedener Stechmücken (Culicidae, Abb. 146v, w) verbreitet. Larve und Puppe sind bei vielen Gattungen mit Atemröhren ausgestattet, über die Luft von der Wasseroberfläche aufgenommen wird.

III. Arachnida, Spinnentiere

Allgemeine Übersicht

Die Arachnida bilden mit der kleinen Klasse der Merostomata und mit der ebenfalls artenarmen Klasse der Pantopoda innerhalb der Arthropoden den Unterstamm **Chelicerata**. Sie unterscheiden sich von den anderen Arthropoden durch das Fehlen der Antennen. Das vorderste Extremitätenpaar sind die im Dienste des Nahrungserwerbs stehenden, als Greif- oder Stechorgane ausgebildeten Cheliceren, die bei den meisten Ordnungen – bei Webspinnen nicht – mit Scheren endigen und bei Webspinnen mit einer Giftdrüse ausgestattet sind.

Der Körper gliedert sich in einen **Vorderkörper (Prosoma)** und einen **Hinterkörper (Opisthosoma)**. Beide Körperteile sind oft durch eine tiefe Einschnürung gegeneinander abgesetzt. Das Prosoma umfasst 6 Segmente, die entweder Laufbeine oder umgewandelte, nicht der Fortbewegung dienende Extremitäten tragen.

Von den 6 **Extremitätenpaaren** des Vorderkörpers wurden die **Cheliceren** bereits erwähnt. Das zweite Paar, die **Pedipalpen**, sind bein- oder tasterförmig, können aber auch zu kräftigen, Scheren tragenden Greiforganen werden. Es folgen 4 Paar **Laufbeine**, was fast ausnahmslos gilt und daher für die Arachnida kennzeichnend ist.

Das **Zentralnervensystem** entspricht dem Strickleitertyp, weicht aber durch seine starke Konzentration deutlich vom Schema ab. Meist ist außer dem Cerebralganglion nur ein großes Unterschlundganglion als Verschmelzungsprodukt der segmentalen Ganglienpaare anderer Arthropoden vorhanden.

Die meisten Arachniden sind reich mit **Sinnesorganen** ausgestattet. Die Augen sind Punktaugen (Ocellen). Bei den Webspinnen sind meist vier, bei anderen Arachnidenordnungen bis zu sieben Paare vorn und vornseitlich starr eingebaut. Durch ihre divergierenden Blickrichtungen hat das Sehfeld oft beachtliche Ausdehnung. Bei den Webspinnen ist die Retina der Hauptaugen durch Muskeln seitlich verschiebbar, sodass auch bei starrer Haltung die Umgebung abgetastet werden kann. Reich ist meist auch die Ausstattung mit Mechanoreceptoren. Auf Be-

rührungsreize sprechen Tasthaare empfindlich an. Die längeren und schlankeren **Becherhaare (Trichobothrien)** registrieren Luftbewegungen. Beide Receptortypen sind beweglich in der Cuticula eingelenkt. Andere, mit geringerer Beweglichkeit ausgestattete Haare, die vornehmlich an der Unterseite der Beine und Palpen inserieren, dienen – wie auch die hohlkugeligen in die Cuticula der Beine eingesenkten Tarsalorgane – dem Geruchs- und Geschmackssinn. Bei vielen Spinnen werden die Männchen durch Sexualpheromone ihrer Geschlechtsgenossinnen angelockt. Von eigenartigem Bau sind die sog. **Spaltsinnesorgane**, einzeln oder in Gruppen (lyraförmige Organe) vor allem an den Beinen vorkommende, schlitzförmige Einsenkungen der Cuticula. Sie registrieren als Proprioreceptoren bei der Bewegung auftretende Spannungsänderungen in der Cuticula und erlauben die Wahrnehmung von Vibrationen.

Am **Darm** lässt sich wie immer ein ectodermaler Vorder- und Hinterabschnitt neben einem entodermalen Mitteldarm unterscheiden. Der chemische Abbau der Nahrung erfolgt durch Einwirkung von Verdauungsenzymen in einem vor der kleinen Mundöffnung gelegenen, von Ober- und Unterlippe und Teilen der vordersten Extremitätenpaare gebildeten Raum. Der Vorderdarm arbeitet als Saugpumpe. Vom Mitteldarm gehen schlauchförmige oder verzweigte, ursprünglich segmental angeordnete Blindschläuche ab.

Atmungsorgane sind, von sehr kleinen Arten abgesehen, stets vorhanden. Sie treten als 1–3 Paar **Röhrentracheen** oder als **Fächerlungen** (Buchlungen) auf. Der funktionell wichtigste Teil der Fächerlungen sind die Atemtaschen. Das sind flächige, parallel und dicht über- oder nebeneinander angeordnete Hauteinstülpungen, die tief nach innen vorragen. Ihre Wand ist – in funktioneller Anpassung an den Gasaustausch – sehr dünn. Ein Verkleben der Lamellen wird durch die Ausbildung cuticularer Säulchen verhindert. Die Räume in den Atemtaschen werden von Hämolymphe durchströmt. Die Atemtaschen münden in einen Vorhof (Atrium), der seinerseits über einen schmalen Spalt, das Stigma, mit der Außenwelt kommuniziert. So sind die empfindlichen respiratorischen Epithelien vor Verschmutzung und Austrocknung geschützt. Diese an eine technische Konstruktion erinnernden, nur bei Spinnentieren vorkommenden Atemorgane treten in ein bis vier Paaren auf. Fächerlungen und Röhrentracheen können nebeneinander, jedoch in verschiedenen Segmenten, vorkommen.

Das **Herz** ist ein muskulöser Schlauch, der dorsal in einem Perikardialsinus liegt, von recht verschiedener Länge ist, sich aber meist auf das Opisthosoma beschränkt und Ostien für den Eintritt des Blutes aufweist. Die von ihm abgehenden Arterien enden in Blutlakunen. Venen fehlen wie bei den Crustaceen und Insekten. Auch hier liegt ein offenes Gefäßsystem vor, sodass die in ihm strömende Flüssigkeit eigentlich als Hämolymphe zu bezeichnen ist.

Als **Exkretionsorgane** dienen umgebildete Metanephridien, die, weil sie an der Basis von Extremitäten ausmünden, als **Coxaldrüsen** (Coxalnephridien) bezeichnet werden. Sie beginnen wie bei den Krebsen in einem Säckchen, das einen Coelomrest darstellt. Solche Coxaldrüsen treten in 1–2 Segmenten des Vorderkörpers auf. Neben ihnen oder statt ihrer sind als Exkretionsorgane schlauchförmige, meist verzweigte, paarige Anhänge des Mitteldarmes tätig, die an die **Malpighischen Gefäße** der Insekten erinnern und daher auch diesen Namen führen, obwohl sie entodermaler Herkunft sind.

Alle Arachnida sind getrenntgeschlechtlich. Die **Gonaden** sind paarig, ihre Ausführgänge münden an der Bauchfläche in einen gemeinsamen Vorhof, der weit vor dem Körperende am Hinterrand des 2. Abdominalsegments liegt.

Man unterscheidet bei den Arachnida neun Ordnungen von recht verschiedenem Aussehen, von denen die Araneae (Webspinnen), Scorpiones (Skorpione), Opiliones (Weberknechte) und Acari (Milben) allgemein bekannt sind. Fast alle sind ausgesprochene Landtiere. Von den Milben ist eine stattliche Zahl von Arten zum **Leben** im Wasser übergegangen. Nicht wenige Milben sind Schädlinge oder Parasiten.

Spezieller Teil

Araneus diadematus, Kreuzspinne

Um die äußere Organisation einer Webspinne kennen zu lernen, empfiehlt sich die Betrachtung der heimischen Kreuzspinne, *Araneus diadematus*. Ihr radförmiges, senkrecht ausge-

spanntes Netz besteht aus einem unregelmäßig polygonalen Rahmen, den radiär angeordneten Speichen und zwei Spiralfäden, von denen der eine die Mitte des fertigen Netzes einnimmt, der andere, periphere, mit Tröpfchen einer klebrigen Substanz besetzt ist und die Fangspirale darstellt. Die Weibchen halten sich meist im Mittelpunkt des Netzes, den Kopf nach unten gerichtet, auf, während die selteneren, beträchtlich kleineren Männchen in der Regel in der Nähe des Netzes in der Vegetation sitzen.

- Das nötige Material wird, wenn es nicht möglich ist, die genügende Anzahl frischer Tiere zu erhalten, im Herbst eingesammelt und in 80%igem Alkohol konserviert.

Die **Färbung** der Tiere ist sehr verschieden, beim Weibchen schwankt sie von hellgelb durch rot und braun bis fast zu schwarz, während die Männchen von hellbraun bis dunkelbraun variieren. Ihren Namen hat diese Spinne von weißen Flecken auf dem Rücken des Opisthosomas, die zu einem mehr oder minder deutlichen Kreuz zusammentreten. Diese Fleckung beruht darauf, dass mit Exkreten (Guanin) beladene Zellen des Mitteldarmes durch die Haut hindurchschimmern.

Die Unterteilung des verschieden stark behaarten Körpers in **Prosoma** und **Opisthosoma** ist augenfällig. Die beiden Körperteile hängen durch einen dünnen Stiel, den **Petiolus**, der das stark verschmälerte 1. Hinterleibssegment darstellt, miteinander zusammen. Diese für die Webspinnen charakteristische Einschnürung des Körpers erlaubt dem Opisthosoma eine große Beweglichkeit, was für die Verwendung der am Körperende sitzenden Spinnwarzen von Vorteil ist. Das **Prosoma** ist von einer starken Cuticula umschlossen, im Gegensatz zum weichhäutigen und dehnbaren Hinterleib. Es ist von eiförmigem Umriss, verjüngt sich nach vorn und endet abgestutzt. Das **Opisthosoma** ist wegen der beim Weibchen besonders mächtigen Spinndrüsen und wegen der stark entwickelten Ovarien angeschwollen, beim Männchen schlanker und länglich. Prosoma wie Opisthosoma lassen jegliche Segmentierung vermissen. Entwicklungsgeschichtlich sind in das Prosoma sechs Segmente eingegangen, in das Opisthosoma zwölf.

Vorn am Prosoma sitzen, in zwei Reihen angeordnet, acht **Augen**. Ihre aus durchsichtiger

Cuticula aufgebauten Linsen sind stark gewölbt. Bei den beiden mittleren der vorderen Reihe, den Hauptaugen, sind die Rhabdome dem Licht zugewandt (everse Augen), bei den restlichen sechs, den Nebenaugen, abgewandt (inverse Augen). Die Anordnung der Augen ist arttypisch. Die Achsen der einzelnen Augen weisen nach verschiedenen Richtungen, sodass das Gesamtsehfeld sehr groß ist.

Zentral zwischen den Beinbasen liegt als ventraler Abschluss der Segmente 3–6 eine ein-

heitliche Platte, das **Sternum** (Brustschild, Abb. 147). Von ihr durch eine Querfurche abgesetzt ragt die Unterlippe (das Sternum des Pedipalpensegments) zwischen die Basen der Mundwerkzeuge nach vorn.

Das erste Paar Mundgliedmaßen, die **Cheliceren**, ist senkrecht nach unten gerichtet; sie arbeiten zangenartig gegeneinander und bestehen aus einem kräftigen Basalglied und einem nach innen einschlagbaren, klauenförmigen Endglied. Solche Organe werden als Subchelae bezeichnet.

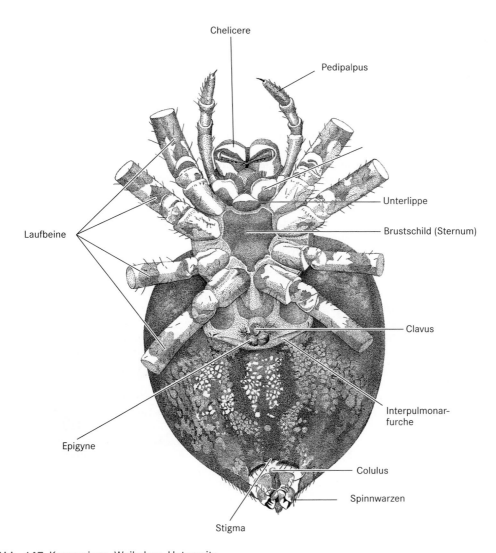

Abb. 147 Kreuzspinne, Weibchen, Unterseite

Sie sind Waffen und Werkzeug der Spinnen. In der Ruhelage wird die nadelspitze, leicht gebogene Klaue wie die Klinge eines Taschenmessers in eine Furche des Basalgliedes eingeklappt, deren Ränder außen mit vier und innen mit drei spitzen Zähnchen besetzt sind. Kurz vor der Klauenspitze (subterminal) mündet der Ausführgang der **Giftdrüse**. Mit Cheliceren wird die Beute erfasst und getötet und dann zwischen den Klauen und den Zähnchen des Basalgliedes geknetet, während sich gleichzeitig die Verdauungssekrete der Mitteldarmdrüse aus der Mundöffnung in die von den Klauen geschlagene Wunde ergießen. Sie bewirken eine rasche Spaltung des Eiweißes. Die nur noch kleinste Partikel – größere werden von der Behaarung der Pedipalpenladen zurückgehalten – enthaltende, verflüssigte Nahrung wird durch die Tätigkeit von Pharynx und Saugmagen durch das kapillare Mundrohr aufgenommen und in den Mitteldarm gepumpt. Erbrechen von Verdauungssekret und Aufsaugen wechseln rhythmisch im Abstand von wenigen Minuten.

Das zweite Paar Mundgliedmaßen sind die **Pedipalpen**. Ihre Basalglieder sind ladenartig verbreitert und tragen am Hinterrand einen dichten bürstenartigen Haarbesatz. Diese so genannten Kauladen werden jedoch bei den Kreuzspinnen nicht zum Kauen verwendet, sondern bilden zusammen mit der Unterlippe und den Cheliceren Boden und Seitenwände

eines Mundvorraumes. Die Pedipalpen sind bei den beiden Geschlechtern sehr verschieden gestaltet. Beim Weibchen trägt das Endglied an der Spitze eine kleine, kammförmige Kralle, beim Männchen dicht an seiner Basis einen im einfachsten Fall birnenförmigen, meist aber – und so auch bei der Kreuzspinne – sehr viel komplizierter gestalteten Anhang (Bulbus), der als Spermaübertragungseinrichtung dient und von dem ein Teil, der Embolus, bei der Paarung in die weibliche Geschlechtsöffnung eingeführt wird. Das geschlechtsreife Männchen setzt auf einem besonderen Gespinst (Spermanetz) einen Spermatropfen ab, taucht dann nacheinander die Spitzen der beiden Genitalbulben ein und nimmt Sperma in den Pedipalpus auf.

Die vier **Laufbeinpaare** sind siebengliedrig (Abb. 148a). Man unterscheidet von proximal nach distal: Coxa, Trochanter, Femur, Patella, Tibia, Metatarsus und Tarsus (Fuß). Der Tarsus trägt an seinem Ende zwei kammförmig gezähnelte Klauen (Hauptklauen) und zwischen diesen eine hakenförmig gebogene glatte Klaue (Mittelklaue, Vorklaue). Alle drei Klauen können durch Muskeln bewegt werden. Die Mittelklaue dient zum Ergreifen, Führen und Festhalten des Spinnfadens. Sie drückt ihn dabei mehr oder weniger fest gegen zwei bis vier gezähnte Borstenhaare, die seitlich vor der Mittelklaue stehen (Abb. 148b). Vor allem die Hinterbeine sind in den Dienst der Spinntätigkeit getreten.

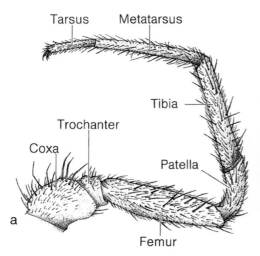

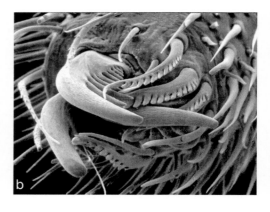

Abb. 148 Extremitäten von Webspinnen **a** Bein einer Kreuzspinne **b** Fußglied mit Klauen (Rasterelektonenmikroskopisches Bild)

An der Bauchseite des **Opisthosomas** verläuft vorn eine Querfurche; sie überdeckt die Öffnung der paarigen Fächerlungen und wird daher als Interpulmonarfurche bezeichnet. Die Mitte der Furche wird beim Weibchen von einer Cuticularplatte (**Epigyne**) eingenommen, unter der die Geschlechtsöffnung liegt. Die Epigyne trägt einen zapfenartigen Fortsatz (Clavus). Auf ihr münden zudem die paarigen **Receptacula seminis**, in die das Männchen bei der Paarung die gefüllten Genitalbulben einführt und in denen das Sperma bis zu der erst bei der Eiablage stattfindenden Befruchtung aufbewahrt wird. Die Eier werden im September in einzelnen Schüben abgelegt und jeweils mit einem **Kokon** umsponnen. Nach der Fertigstellung des letzten Kokons stirbt die Spinne. Die jungen Spinnen schlüpfen im kommenden Mai aus; die Weibchen werden erst im Sommer des nächsten Jahres geschlechtsreif.

Die Epigyne kann von hochkompliziertem Bau sein, ist artspezifisch und steht in engster Korrelation zu der jeweiligen Form des männlichen Begattungsapparates („Schlüssel-Schloss-Prinzip"). Die männliche Geschlechtsöffnung ist ein einfacher, ebenfalls in der Mitte der Interpulmonarfurche liegender Querspalt.

Die Kreuzspinne hat zwei **Fächerlungen** von je etwa 100 „Blättern". Der Vorhof jeder Lunge wird ventiliert, indem die den Öffnungen der Atemtaschen gegenüberliegende Vorhofhinterwand von Muskeln bewegt wird. Die Lufterneuerung in den etwa 15µm hohen Atemtaschen erfolgt überwiegend durch Diffusion.

Außer diesen hochdifferenzierten Atmungsorganen finden sich noch vier gerade, zarte **Tracheenröhren**, die in einem vor den Spinnwarzen gelegenen und hier mit einem unpaaren Stigma ausmündenden, gemeinsamen Vorhof entspringen.

Der **Spinnapparat** (Abb. 149) liegt ventral am Ende des Hinterleibes. Er besteht aus sechs konischen Erhebungen, den Spinnwarzen. Diese sind Abkömmlinge der Extremitätenanlagen des 10. und 11. Segments, die sich früh in der Entwicklung teilen und während der weiteren Entwicklung in eine funktionell günstigere Position fast am Hinterende verlagert werden. So entstehen eine Gruppe vorderer Spinnwarzen mit je

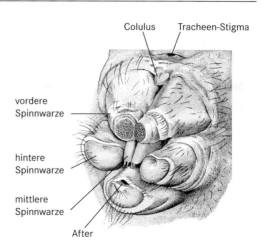

Abb. 149 Kreuzspinne, Spinnapparat, von unten und etwas rechts gesehen

zwei seitlichen und mittleren Spinnwarzen und eine entsprechende Gruppierung der hinteren Spinnwarzen. Die vorderen mittleren Spinnwarzen werden bei den Cribellata zu einer durch Muskeln bewegbaren Spinnplatte, dem **Cribellum**, umgebildet. Bei den Ecribellata entsteht aus ihnen ein kleiner Hügel (**Colulus**), oder sie werden bei den meisten einheimischen Arten völlig reduziert. Bei der Kreuzspinne bilden die Spinnwarzen gemeinsam mit dem Afterdeckel eine kleine Rosette am Hinterende des Opisthosomas. Bei anderen einheimischen Spinnen, wie beispielsweise den Hauswinkelspinnen (*Tegenaria*) oder bei den Vogelspinnen, ist die Extremitätennatur der Spinnwarzen deutlicher erkennbar, weil sie länger sind und während des Spinnens durch ihre Muskeln bewegt werden. Das freie, abgestutzte Ende jeder Spinnwarze ist das Spinnfeld, auf dem sich zahlreiche, wie Haare aussehende, sehr feine Spinnröhrchen erheben; daneben liegen noch einige stärkere Spinnröhren. Die zugehörigen Spinndrüsen liegen ventral im Hinterleib und bedingen zusammen mit den Eiern seine Anschwellung. Ihr aus den Spinnröhren ausgespritztes Sekret erstarrt beim Ausziehen augenblicklich. Oft werden mehrere Fäden zu einem einzigen verarbeitet, der trotz seiner außerordentlichen Feinheit sehr fest ist.

Bryozoa, Moostierchen

Technische Vorbereitungen

- Am günstigsten für die Untersuchung ist lebendes Material einer Süßwasserform. Die hier ausgewählte *Cristatella mucedo* findet sich in reinem, stillem oder langsam fließendem Wasser, besonders an Schilfstängeln oder ins Wasser herabhängenden Zweigen, die von den gallertigen Kolonien oft ganz überzogen sind. Sie treten frühestens im Mai auf, erreichen ihre größte Entwicklung im Juni und Juli und verschwinden wieder gegen Oktober hin.
- Außerdem werden Schnitte durch die Kolonie sowie herauspräparierte Einzeltiere in gefärbten mikroskopischen Präparaten untersucht. Geeignet sind auch die Kolonien von *Plumatella fungosa*, die in der Schilfzone stehender und langsam fließender Gewässer an Zweigen, Steinen und Schwimmblättern siedeln.
- Als Demonstrationsmaterial stelle man ferner Präparate verschiedener mariner Gattungen auf.

Allgemeine Übersicht

Die Bryozoen werden mit den Brachiopoda und den Phoronidea als Tentaculata zusammengefasst. Die meisten Tentaculata sind **festsitzend**. Ihre Mundöffnung ist von einem Tentakelkranz umgeben. Das Coelom ist unterteilt a) in ein im Epistom liegendes Protocoel (nur bei einem kleinen Teil der Bryozoen, den Süßwasserformen), b) in ein vorderes, ringförmiges Mesocoel, das schlauchförmige Fortsätze in die Tentakel entsendet, und c) in ein größeres, im hinteren Körperbereich liegendes Metacoel.

Die Bryozoen kommen im Meer und im Süßwasser vor und bilden durch Knospung fast ausnahmslos festsitzende **Kolonien**, die das Substrat krustenartig überziehen, sich baum-förmig von ihm erheben oder dicke Klumpen bilden. An dem durch seinen Tentakelkranz an einen Hydroidpolypen erinnernden, als **Zooid** bezeichneten Einzeltier kann man einen Vorder- und einen Hinterkörper unterscheiden. Der röhrenförmige **Vorderkörper** (**Polypid**) besteht aus der Tentakelkrone und dem Darm, der **Hinterkörper** (**Cystid**) aus der Leibeswand; er hat meist die Form eines bis auf die Oberseite von einem cuticularen Skelet geschützten Kästchens. Beim lebenden Tier ragt das Polypid mit seinem Tentakelkranz weit aus dem Cystid heraus; es zieht sich bei Störung blitzschnell zurück.

Die **Tentakel**, deren Flimmerepithel dem Zustrudeln von Nahrung dient, stehen bei den Süßwasserformen (Phylactolaemata) auf einem hufeisenförmigen Tentakelträger, dem **Lophophor**, während sie bei den marinen Formen (Gymnolaemata) kreisförmig den Mund umgeben.

Im Zusammenhang mit der festsitzenden Lebensweise ist der After nicht endständig; der **Darm** ist U-förmig, und der After kommt dadurch in die Nähe des Mundes, aber außerhalb des Tentakelkranzes zu liegen. Am Darm können verschiedene, z.T. nur unscharf gegeneinander abgegrenzte Abschnitte unterschieden werden, deren Bezeichnung uneinheitlich gehandhabt wird: Pharynx, dessen distaler, unbewimperter Abschnitt z.T. auch Oesophagus genannt wird, Magen (Mitteldarm) und Enddarm.

Die **Körperwand** besteht aus einer einschichtigen Epidermis, die nach außen die selten gallertige, oft chitinhaltige und meist verkalkte Cuticula absondert, und aus Ring- und Längsmuskulatur (**Hautmuskelschlauch**, nur bei den Süßwasserformen). Zwischen Körperwand und Darm liegt das sehr geräumige **Coelom**. Es wird von kräftigen Muskeln durchsetzt, die am Darm und Lophophor inserieren und als Retraktoren wirken. Die Leibeshöhlen der unmittelbar aneinander stoßenden Cystide stehen durch Poren oder weite Öffnungen miteinander in Verbindung. Die Leibeshöhlenflüssigkeit enthält amöboide, im Coelomepithel entstandene Zellen.

Zwischen Mund und After liegt als Zentrum des **Nervensystems** ein Ganglion. **Blutgefäßsys-**

tem und spezifische **Exkretionsorgane** fehlen. Die **Atmung** erfolgt durch die Epidermis. Der Raum zwischen Epidermis und Coelomepithel dient wahrscheinlich dem Stofftransport.

Die Bryozoen sind fast durchwegs **Zwitter**. Die Keimzellen entwickeln sich vom Coelomepithel aus. Die aus den befruchteten Eiern entstehenden, trochophoraähnlichen Larven (**Cyphonautes**) bei bestimmten marinen Formen wie z.B. *Electra* sind mit Wimperkränzen ausgestattet. Sie setzen sich bald nach dem Verlassen des Muttertieres fest und metamorphosieren zum geschlechtsreifen Tier. Die meisten Bryozoen sind lebend gebärend und betreiben Brutpflege. Daneben ist die ungeschlechtliche **Fortpflanzung** durch Knospung allgemein verbreitet. Die so entstehenden Kolonien zählen oft Hunderte von Individuen, und es kommt häufig zu einem Polymorphismus der Einzeltiere. Eine weitere ungeschlechtliche, aber auf die Süßwasserformen beschränkte Fortpflanzungsart beruht auf der Ausbildung von **Dauerknospen** (**Statoblasten**).

Spezieller Teil

1. *Cristatella mucedo*

Cristatella mucedo bildet gallertartige Kolonien, die langsame Kriechbewegungen ausführen können, während fast alle anderen Bryozoen festsitzend sind. Die **Kolonien** sind meist nur 5, maximal bis 18 cm lang, schmal und unverzweigt und weisen eine sohlenartige, flache Unterseite auf, die eine gelatinöse Schleimschicht ausscheidet, und eine gewölbte Oberseite, auf der die Zooide gewöhnlich in drei Doppelreihen angeordnet sind.

- Schon in der lebenden Kolonie lässt sich die Organisation der Einzeltiere ungefähr erkennen, besser noch an mikroskopischen Präparaten von Einzeltieren, die aus der Kolonie herauspräpariert worden sind.

Schon bei schwacher Vergrößerung lassen sich am **Einzeltier** ohne weiteres drei Teile unterscheiden; einmal die äußere Körperwand, die sich am Grunde mit der des nächsten Tieres verbindet, zweitens der durch eine weite Leibeshöhle von der Körperwand getrennte Darm

und drittens der die Mundöffnung umfassende, bewimperte Tentakelkranz.

Der **Tentakelkranz** sitzt auf einem hufeisenförmigen Tentakelträger, dem Lophophor, der beim erwachsenen Tier auf dem äußeren und inneren Rand 80–90 Tentakel trägt. Die Basis der Tentakel wird außen von einer zarten Tentakelmembran umhüllt.

Der **Darm** stellt eine einfache Schlinge dar, die folgende Abschnitte erkennen lässt: Pharynx, Magen (Mitteldarm) und Enddarm.

Am Übergang des Oesophagus in den Magen liegt eine ins Darmlumen vorspringende Ringfalte. Der Magen zieht nach unten (Cardia), sackt sich hier kräftig aus (Caecum) und biegt dann wieder nach oben um (Pylorus). Der Enddarm liegt der dorsalen Wand des Mitteldarmes dicht an und mündet, sich zuletzt stark verengend, im After aus.

Mit starker Vergrößerung lässt sich das **Ganglion** erkennen, das zwischen After und Mundöffnung als hufeisenförmig gebogener Körper liegt. Von ihm ziehen Nerven zu den Tentakeln, dem Darm und der Körperwand.

Die **Körperwand** scheidet im Gegensatz zu anderen Arten bei *Cristatella* keine feste chitinige, sondern eine gallertige Hülle (Cuticula) ab. Die Epidermis ist einschichtig und besteht zumindest aus zwei verschiedenen Zelltypen. Unter der Epidermis befindet sich eine schmale Bindegewebsschicht mit verschieden angeordneten Muskelzellen. Die Epidermis kann Kinocilien tragen (z.B. auf den Tentakeln) und Sinneszellen enthalten.

- Es werden jetzt Schnitte durch ein Einzeltier oder ein Stück der Kolonie mikroskopiert (Abb. 150).

Vom unteren Ende des Mitteldarms zieht ein Gewebestrang zur basalen Leibeswand. An diesem **Funiculus** entstehen Hoden und Dauerknospen (Statoblasten), aus denen im Frühjahr neue Individuen hervorgehen. Er soll dem Stofftransport vom Magen zu Hoden, Statoblasten und Körperwand dienen.

Ferner inserieren an der hinteren Magenwand Muskeln, die vom Boden des Cystids ausgehen und als Retraktoren des Polypids dienen. Die Mundöffnung ist durch einen beweglichen Deckel, das Epistom, verschließbar. Er kommt nur bei den Süßwasserbryozoen vor. Sein Binnenraum, das **Protocoel**, ist von Coelomepithel ausgekleidet und kommuniziert mit dem **Mesocoel**, das seinerseits mit dem **Metacoel** in offener Verbindung steht. Durch das zwischen Meso- und Metacoel ausgespannte Dissepiment wird der Pharynx in seiner Lage gehalten.

Die Leibeshöhlen benachbarter Tiere kommunizieren über weite Öffnungen (Abb. 150a). Die Coelomflüssigkeit wird durch Kinocilienbüschel bewegt. Die Ovarien liegen an der vorderen Körperwand, die Hoden am Funiculus. Das befruchtete Ei entwickelt sich in einer sackförmi-

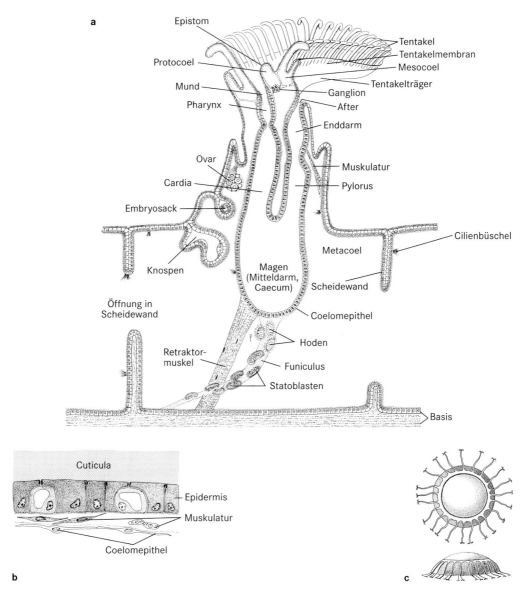

Abb. 150 a Struktur eines Einzeltiers von *Cristatella mucedo*, **b** Struktur der Körperwand des Polypids, **c** Statoblasten

gen Wucherung der Leibeswand (Embryosack) zur bewimperten Larve, die bereits mit 2–25 mehr oder weniger fertig ausgebildeten Polypiden, also als kleiner, frei schwimmender Stock, das Muttertier verlässt, um sich nach 5–6-stündigem Umherschwimmen festzusetzen.

Außer der geschlechtlichen Fortpflanzung gibt es eine ungeschlechtliche durch **Knospung**, die zur Bildung von Kolonien führt; bei *Cristatella* außerdem Fortpflanzung durch Statoblasten. Die **Statoblasten** (Abb. 150c) treten besonders zahlreich im Spätsommer auf, entwickeln sich am Funiculus und sind schon mit bloßem Auge als dunkle Körper zu sehen, oft in bereits abgestorbenen Teilen der Kolonie, denn diese geht im Winter meist zugrunde. Die Statoblasten keimen im Frühjahr bei warmem Wetter aus. Schon bei schwacher Vergrößerung erkennt man, dass der scheibenförmige Körper von einem Ring lufthaltiger Kammern, dem so genannten Schwimmring, umgeben ist. Die radiär angeordneten, am Ende mit winzigen „Ankern" bestückten Fortsätze dienen der Anheftung. Die Statoblasten schwimmen und dienen der Verbreitung der Art.

2. *Electra pilosa*

Electra pilosa ist ein weltweit verbreitetes Bryozoon. Sie wird von der Arktis bis nach Australien angetroffen und zeigt überall in ihrem Verbreitungsgebiet eine große Variabilität sowohl in der Gestalt der Kolonie als auch in der Skeletmorphologie der einzelnen Zooide. In Nord- und Ostsee siedelt *Electra pilosa* oft auf Laminarien, kann aber auch auf Steinen und anderen Hartsubstanzen angetroffen werden.

Auf Steinen wächst *Electra pilosa* meistens als einschichtige Kruste (Lamina). Hier erkennt man am besten die seitlich versetzte Anordnung der Einzelwesen sowie das raumfüllende Muster, nach dem neue Zooide knospen. Inkrustiert *E. pilosa* Algen und andere vergängliche Substrate, beobachtet man häufig einen Wuchs in parallelen statt in seitlich versetzten Reihen. In der Parallelanordnung der Einzelwesen kann sich dann eine enorme Vielfalt strauch- und bäumchenförmiger Wuchsformen entfalten. Selbst Massenvorkommen kugeliger, frei in der Wassersäule schwebender Kolonien sind von *E.*

pilosa bekannt. Sie wurden in der Vergangenheit zu mitunter meterhohen Wällen am Strand von Norderney und anderen Nordseeinseln angespült.

Wie die meisten anderen marinen Arten scheidet *Electra pilosa* ein Kalkskelet ab; das kästchenförmige verkalkte Skelet des Einzeltiers heißt Zoecium. Das Studium des Skelets erfolgt günstigerweise an Proben, die zuvor für eine Stunde in konzentriertem Klorix gebleicht wurden. Nur so ist die Gewinnung eines reinen Skelets möglich. Daneben ist eine Betrachtung ungebleichten, alkoholfixierten Materials sinnvoll, um einen Eindruck von Lage und Funktion der Frontalmembran zu gewinnen.

Die Zooide sind in der Regel einen halben Millimeter groß und oval bis elliptisch im äußeren Umriss (Abb. 151). Das mit Poren versehene Skelet umschließt den Hinterkörper der Einzeltiere. Typischerweise finden sich an der Oberfläche Stacheln, deren Zahl zwischen 4 und 12 betragen kann. Der zentral gelegene Stachel ist meistens kräftiger entwickelt als alle anderen.

Bei Betrachtung von alkoholfixierten oder lebenden Kolonien können an der Oberfläche der Einzeltiere zwei Abschnitte unterschieden werden: die Frontalmembran und das von Stacheln umsäumte Operculum. Das deckelförmige Operculum bedeckt die Region, in die sich der Vorderkörper des Tiers zurückgezogen hat. Die Frontalmembran ist nicht verkalkt und beweglich. An ihrer Unterseite setzt so genannte Parietalmuskulatur an. Wenn diese sich kontrahiert, wird die Frontalmembran nach innen gezogen, wodurch der Binnendruck des Coeloms erhöht wird. Dies bewirkt, dass sich der Vorderkörper mit dem Tentakelkranz wieder ausstülpt. Das Operculum klappt dabei zurück.

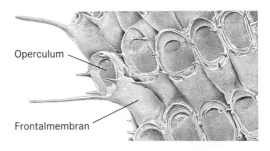

Abb. 151 *Electra*-Kolonie

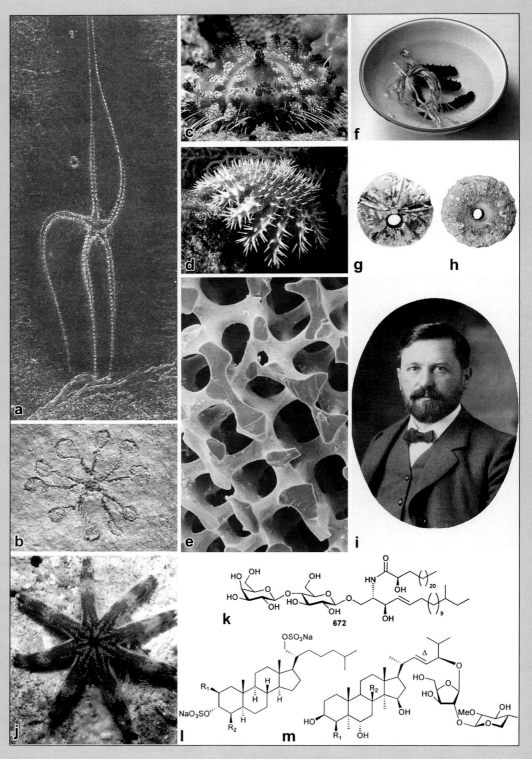

Abb. 152

Echinodermata, Stachelhäuter

Viele Organe der Echinodermen weisen fünfstrahlige Symmetrie auf. Die biologische Ursache für die Entstehung dieser einzigartigen Symmetrieform ist nicht bekannt, vielleicht steht sie mit der ursprünglich festsitzenden Lebensweise oder nur langsamen Fortbewegungsweise in Verbindung.

Wegen ihres mesodermalen Kalkskelets ist die Fossilgeschichte der Echinodermen gut bekannt. Sie ist daher auch für die Geowissenschaften (z.B. hinsichtlich der Stratigraphie) wichtig. Schön erhaltende Formen finden sich in den devonischen Hunsrückschiefern, z.B. der Schlangenstern *Furcaster* (**Abb. 152a**). Stielglieder von Muschelkalk-Seelilien sind als Trochiten (Bonifatiuspfennige, Hexengeld, Sonnenrädchen) bekannt. In den Solnhofer Plattenkalken (Malm) kommt häufig die vermutlich freischwimmende Crinoide *Saccocoma* (**Abb. 152b**) vor.

Speziell in tropischen Meeren herrscht eine große Vielfalt an Lebensformen. Der Lederseeigel *Asthenosoma* (**Abb. 152c**) ist giftig, nachtaktiv und omnivor, die große Dornenkrone *Acanthaster* (**Abb. 152d**) frisst Korallenpolypen.

Die Einzelelemente des mesodermalen Endoskelets sind aus mikroskopisch kleinen anastomosierenden Bälkchen aufgebaut (Stereom, **Abb. 152e**) und bestehen aus Calciumcarbonat.

Holothurien werden insbesondere in Ostasien (Hai Tjan) und Südostasien (Trepang) gegessen. Die muskel- und bindegewebsreiche Körperwand wird an der Luft getrocknet und kann so monatelang aufbewahrt werden. Vor dem Verzehr werden die meist steinharten, getrockneten Tiere tagelang eingeweicht oder gekocht, gewürzt und mit Gemüsegerichten serviert (**Abb. 152f**).

Unter den neolithischen Artefakten Jordaniens fanden sich bearbeitete und durchbohrte fossile Seeigel aus der Kreidezeit, die möglicherweise Fruchtbarkeitssymbole waren (**Abb. 152g, h**). Die fünf Ambulakralrinnen sind vielleicht ein ganz abstraktes Symbol für den Menschen.

Entwicklungsbiologische Untersuchungen an Echinodermen haben zu grundsätzlichen Erkenntnissen der Frühentwicklung, der Befruchtung, Furchung, Blastula-, Gastrula- und Keimblätterbildung geführt. Herausragende Forscher, die mit Echinodermen – oft Seeigeln – gearbeitet haben, waren u.a. Hans Driesch, Oskar und Richard Hertwig und Theodor Boveri.

Theodor Boveri (**Abb. 152i**), war ein herausragender Entwicklungsbiologie in Würzburg. In vielen experimentellen Studien wies er u.a. nach, dass die Chromosomen die Träger des Erbgutes sind. Er hat auch an Eiern und frühen Entwicklungsstadien von Echinodermen die entwicklungsbiologische Wertigkeit der einzelnen Chromosomen analysiert und entdeckte an Seeigelblastomeren, dass cytoplasmatische Faktoren im Ei in Form von Gradienten verteilt sind, was heute von der molekularbiologischen Entwicklungsbiologie vielfach bestätigt und ausgearbeitet wurde.

Der russische Zoologe Ilja Iljitsch Metschnikow (1845–1916) beobachtete bei einem Aufenthalt auf Sizilien, wie in durchsichtigen Seesternlarven freibewegliche Zellen, Phagocyten, kleine Fremdkörper „fraßen". Für die Entdeckung dieses grundlegenden Mechanismus der Abwehr bei allen Tieren erhielt er 1908 den Nobelpreis.

Aus Echinodermen wurden zahlreiche Stoffe extrahiert, die das Wachstum von Krebszellen hemmen. Es wurden z.B. cytotoxische und antimitotische Stoffe gefunden sowie verschiedene Kinasen, Histondeacetylase, Tumornekrosefaktor und DNA-bindende Stoffe. Verbreitet sind bei Echinodermen insbesondere glycosylierte Ceramide und Saponine. *Luidia maculata* (**Abb. 152j**) bildet ein Ceramid-Lactosid (**Abb. 152k**), der Seestern *Pteraster pulvillus* ein hämolytisches Steroiddisulphat (**Abb. 152l**) und der Seestern *Certonardoa semiregularis* ein Saponin (**Abb. 152m**), das antitumoröse und antibakterielle Wirkung entfaltet. Bei den Seeigeln sind es besonders Arten der Gattung *Asthenosoma, Toxopneustes, Tripneustes* und *Diadema*, die giftige Sekrete bilden. *Toxopneustes*- und *Tripneustes*-Lektine wirken auf myeloisch leukämische Zellen cytotoxisch und apoptotisch.

Die Echinodermata oder Stachelhäuter unterscheiden sich durch ihre **fünfstrahlige Radiärsymmetrie** (**Pentaradiärsymmetrie, Pentamerie**) und andere Besonderheiten ihres Bauplanes von den übrigen Tierstämmen. Die Entwicklungsgeschichte weist sie als Deuterostomia aus; die Dreiteiligkeit ihrer Coelomanlage macht, neben anderen morphologischen und entwicklungsgeschichtlichen Eigenheiten, ihre Abstammung von Pterobranchia (Hemichordata) ähnlichen Vorfahren wahrscheinlich. Die ältesten fossilen Stachelhäuter lebten im Kambrium. Die Echinodermen sind auf das Meer beschränkt, die meisten sind freilebende Bodenbewohner.

Die radiäre Symmetrie der Echinodermen ist sekundär. Ihre Larve ist bilateral-symmetrisch. Die Fünfstrahligkeit tritt im Verlauf einer den Körper völlig umgestaltenden **Metamorphose** auf. Wesentlich für die 5-strahlige Organisation der Adulten ist das Auswachsen der 5 radiären Hydrocoelkanäle. Durch die Bildung dieser 5 radiären Hydrocoelkanäle, die schließlich das Ambulakralsystem bilden, entstehen 5 Radien (Ambulakren) des adulten Körpers, zwischen denen 5 Interradien (Interambulakren) liegen.

An den pentameren Adulti unterscheidet man eine **Oralseite** (**Mundseite**) und eine **Aboral-** (= **Apikal-**)**Seite**. Durch deren Mittelpunkte verläuft die Hauptachse des Körpers, von der die fünf Radien ausstrahlen. In der Mitte der Oralseite liegt der Mund, in der Mitte der Aboralseite bei den frei beweglichen Formen meist der After.

Die **Körperdecke** besteht aus einer einschichtigen Epidermis, die oft bewimpert ist, und einer darunter liegenden bindegewebigen Dermis, in die das meist wohlentwickelte mesodermale Endoskelet eingelagert ist.

Die **Epidermis** wird von einer bei den einzelnen Formen ganz unterschiedlich ausgebildeten Glykokalyxschicht bedeckt, die oft „Cuticula" genannt wird. Zwischen der apikalen Zellmembran und der Glykokalyxschicht befinden sich oft Bakterien. Basal zwischen den Epidermiszellen ist ein Nervenplexus ausgebildet, der epidermale Sinneszellen versorgt.

Das Endoskelet der **Dermis** ist vorwiegend aus Calciumkarbonat aufgebaut. Es wird von bindegewebigen Skleroblasten zunächst in Form kleiner Calcitnadeln abgeschieden, die dann zu unterschiedlich großen Platten (Ossikeln) auswachsen. Diese Ossikel sind nicht kompakt,

sondern werden von einem komplexen dreidimensionalen Porensystem durchzogen („Stereomstruktur", Abb. 152e). In den Poren befinden sich freie granulierte Wanderzellen; randlich sind an den Platten Kollagenfasern befestigt, die hier Schlaufen bilden, die um periphere Calcitsäulchen herumlaufen.

Meistens werden größere Platten gebildet, die miteinander feste Nahtverbindungen eingehen können und so einen starken Panzer bilden (viele Seeigel, manche Seesterne). Vielfach sind die Skeletplatten beweglich durch Kollagenfasern verbunden (viele Seesterne, bestimmte Körperpartien anderer Echinodermen). In den Armen von Haar- und Schlangensternen bilden die Skeletstücke wirbelähnliche Strukturen mit Gelenkregionen. Der Stiel der Seelilien ist aus im Prinzip scheibenförmigen Platten aufgebaut, die durch Bindegewebe verbunden sind.

Das Bindegewebe ist bei den Echinodermen nicht besonders reich entwickelt. Es enthält neben Fibroblasten und Proteoglykanen vor allem Kollagenfasern, die vor allem in der Dermis dichte Formationen bilden können. Echinodermen besitzen an bestimmten Körperregionen ein spezielles kollagenes Bindegewebe, dessen Konsistenz sich rasch ändern kann und zwischen sehr hart und weich-biegsam wechselt (mutables kollagenes Bindegewebe) und das unter dem Einfluss des Nervensystems steht. Dieses Gewebe wird funktionell in sehr verschiedener Weise genutzt, es findet sich auch an Autotomiestellen.

Zum Skelet gehören auch die **Stacheln**, die dem ganzen Stamm den Namen gaben, aber keineswegs überall entwickelt sind. Ihre Mannigfaltigkeit in Form und Funktion ist groß. Sie sind häufig radiär abstehende, nadelförmige Skeletstücke. Sie sind primär von Bindegewebe und Epidermis überzogen, sitzen auf Gelenkhöckern der Skeletplatten und sind basal mit radiären Kollagenbändern und Muskeln ausgestattet, die ihnen Beweglichkeit in allen Richtungen verleihen. Bei manchen Arten sind ihre Spitzen mit Giftdrüsen ausgerüstet. Die Stacheln dienen zur Verteidigung, der Fortbewegung, dem Eingraben in Sand oder dem Einbohren in hartes Gestein und dem Beutefang.

Der Verteidigung und dem Beuteerwerb, außerdem aber auch dem Reinhalten der Körperoberfläche, dienen auch die **Pedicellarien**.

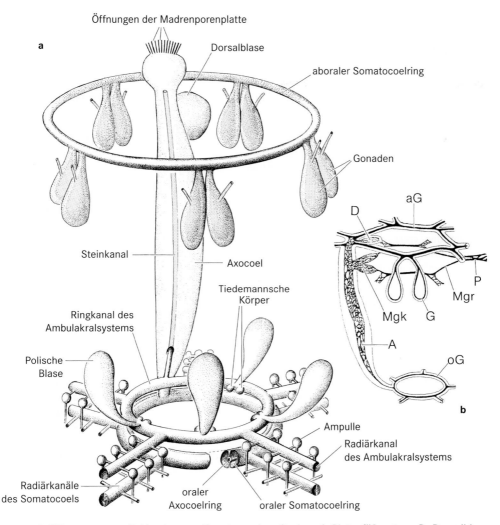

Abb. 153 Gefäßsysteme von Echinodermen (Seesternen). **a** Coelom, **b** Blutgefäßsystem. D: Dorsalblase, aG: aboraler Gefäßring, MgK: Gefäßknäuel am Magen. G: Gonade, Mgr: Magengefäßring, P: Gefäße der Pylorusdrüsen, A: Axialorgan, oG: oraler Gefäßring (Aus STORCH und WELSCH)

Das sind kleine, zwei- oder dreiklappige Greifzangen, die meist sehr beweglichen und wenigstens basal durch Kalkstäbchen gestützten Stielen aufsitzen. Man findet sie zwischen den Stacheln auf der Körperoberfläche der Seeigel und vieler Seesterne. Manche sind mit Giftdrüsen ausgestattet.

Kompliziert ist bei den erwachsenen Echinodermen die Anatomie des **Coeloms** (Abb. 153). Neben der Ausbildung einer geräumigen Leibeshöhle kommt es zur Ausbildung mehrerer coelomatischer Kanalsysteme. Ihre Ausgestaltung ist bei den einzelnen Klassen verschieden. Die folgende Darstellung gibt – schematisiert und vereinfacht – etwa die Verhältnisse bei den Seesternen und – mit Einschränkungen – bei den Seeigeln wieder.

Sämtliche Coelomräume nehmen ontogenetisch ihren Ausgang von 2 Paar hintereinander liegenden Coelomsäckchen, die während eines frühen Entwicklungsstadiums den Urdarm der bilateralen Larve flankieren. Die vorderen Bläschen strecken sich und bilden je zwei hintereinander liegende Tochterblasen, das **Axocoel** (**Protocoel**) und **Hydrocoel** (**Mesocoel**) aus, die links über einen engen Kanal, den **Steinkanal**, miteinander in Verbindung bleiben. Die beiden großen rückwärtigen Blasen, das rechte und das linke **Somatocoel** (**Metacoel**), bilden im adulten Tier die große allgemeine Leibeshöhle, außerdem aber ein orales und ein aborales Kanalsystem.

Das orale somatocoele Kanalsystem besteht aus einem den Vorderdarm umgebenden Ringkanal und 5, oft paarigen Radiärkanälen, von denen kleine, seitliche Marginalkanäle ihren Ursprung nehmen. Bei den Seesternen ist der Ringkanal innen von einem vom Axocoel herstammenden, etwas engeren Kanal begleitet.

Auch das unter der aboralen Körperdecke liegende aborale **Somatocoel** bildet einen Ringkanal, den so genannten **Genitalkanal**. Er trägt interradial 5 Aussackungen, die **Gonadenhöhlen**, und birgt in seinem Inneren, an einem Aufhängeband befestigt, neben einem oder einigen Blutgefäßen (s. unten) den Genitalstrang, von dem Abzweigungen in die Gonadenhöhlen eintreten.

Das **linke Hydrocoel** bildet das **Ambulakralsystem** (**Wassergefäßsystem**). Sein Ringkanal und seine Radiärkanäle verlaufen oberhalb von und parallel zu den entsprechenden Somatocoelkanälen. Die Radiärkanäle geben seitlich paarige Abzweigungen ab, die nach kurzem oberflächenparallelen Verlauf zur Körperdecke hin umbiegen und in tentakelartig bewegliche Hautschläuche eintreten, die bei Crinoiden und z. T. auch anderen Echinodermen als Fühler und zur Nahrungsaufnahme, meist aber als Fortbewegungsorgane (Ambulakralfüßchen) dienen. Im Bereich der Umbiegungsstelle der Seitenkanälchen finden sich häufig in die Leibeshöhle hineinragende **Ampullen**. Kontraktion der Ampullen führt zur Ausstülpung der Ambulakralfüßchen. Jeder Radiärkanal endet distal in einem fingerförmigen Terminaltentakel. Auch der hydrocoele Ringkanal trägt – interradial – oft eine oder mehrere gestielte Ampullen, die Polischen Blasen. Das **rechte Hydrocoel** bildet sich im Laufe der Entwicklung zurück.

Zwischen den beiden Körperpolen verläuft interradial als dünnwandiger Schlauch das linke Axocoel. Sein Hohlraum, das **Axialcoelom** (auch als Axialsinus bezeichnet), steht oral oft in Verbindung mit dem oralen Axocoelring. Un

mittelbar unter der apikalen Körperoberfläche erweitert sich das Axocoel zur Axocoelampulle, die oben von einer in der Körperoberfläche liegenden Kalkscheibe, der **Madreporenplatte**, bedeckt wird. Die Madreporenplatte ist von zahlreichen feinen, bewimperten Kanälchen durchsetzt. Sie stellen eine offene Verbindung zwischen der Axocoelampulle und dem umgebenden Meerwasser her. Die Öffnung des Axocoels nach außen, die bei Seesternen und Seeigeln durch die Öffnungen in der Madreporenplatte repräsentiert wird, wird Hydroporus genannt. Nahe der Basis des Axocoels tritt ein vom Ringkanal des Wassergefäßsystems entspringender, durch Kalkeinlagerungen versteifter Kanal, der **Steinkanal**, in die Wand des Axialorgans ein. Er verläuft dort bis in die Axocoelampulle, wo er offen endigt.

Aus dem kleinen rechten Axocoel der Larve ist die kontraktile **Dorsalblase** hervorgegangen. Sie sitzt etwas unterhalb der Axocoelampulle dem aboralen Ende des Axocoels seitlich an und ähnelt der Perikardhöhle der Hemichordaten und Chordaten.

Das Epithel aller Coelomräume ist innerviert, meist bewimpert und enthält Myofilamente. Vermutlich ist die gesamte Muskulatur der Echinodermen im Coelomepithel gelegen oder aus diesem hervorgegangen. Die Coelomflüssigkeit hat einen dem Meerwasser ähnlichen Salzgehalt – lediglich Kalium ist v. a. im Hydrocoel höher als im Meer konzentriert –, enthält außerdem aber Proteine, Kohlenhydrate und Exkretstoffe. In der Flüssigkeit flottieren verschiedene Typen amöboid beweglicher Coelomocyten. Bei manchen Formen, z.B. Crinoiden, können enge Coelomkanäle die Funktion von Blutgefäßen übernehmen.

Sämtlichen Bahnen des **Blutgefäß-** (**oder Hämal-**)**Systems** der Echinodermen fehlt ein eigenes Wandepithel; sie verlaufen zwischen Coelothelien benachbarter Coelomkanäle und werden manchmal Lakunen oder Sinus genannt. Das zentrale Organ des Blutgefäßsystems ist das **Axialorgan**, ein kontraktiler, von anastomosierenden Blutgefäßen durchzogener bindegewebiger, bräunlicher sehr zellreicher Strang in der Wand des Axocoels. Es ist von Coelomepithel des Axocoels bedeckt, das zu Podocyten differenziert sein kann. Die Filtration erfolgt ins Axialcoelom hinein. Aboral entsendet das Axialorgan Gefäße in die pulsierende **Dorsalblase**

(**Herz**), die mit aboralen Blutgefäßen verbunden sind; über Gastralgefäße stehen axiale Gefäße außerdem in Verbindung mit dem reichmaschigen Netz der den Darm umspinnenden, nährstoffsammelnden Blutgefäße. Die aboralen Blutgefäße begleiten am Somatocoelkanal den Genitalstrang. Sie entsenden Abzweigungen in die Gonadenhöhlen.

Auch die oralen Blutgefäße begleiten die Coelomkanäle; sie liegen bei den Seeigeln und den Seewalzen zwischen den Hydro- und Somatocoelröhren, deren einander zugewendete Coelothelien ihre Wand bilden. Bei den Seesternen verlaufen sie innerhalb der doppelwandigen Septen, die die radiären und perioralen Doppelröhren des Somatocoels bzw. Somatoaxocoels trennen (s. oben und Abb. 153). Ob das Blut in den Gefäßen regelmäßig fließt, ist sehr unsicher, offenbar steht es oft lange Zeit still, Haupttransportwege sind wohl die Coelomkanäle.

Der **Darmtrakt** ist nicht pentaradiär, er verläuft von oral nach aboral und ist bei den sternförmigen Klassen sehr kurz, dafür aber zu einem geräumigen Magen erweitert, von dem Blindsäcke mit drüsiger Wand weit in die Arme hineinziehen können. Bei den anderen Klassen ist der Darm zu einer Spirale aufgewunden. Der After liegt häufig am aboralen Körperpol, mehr oder weniger zentral. Er kann sich verschieben, bei den Haarsternen bis auf die Mundseite. Den Schlangensternen und manchen Seesternen fehlt ein After.

Ultrafiltration erfolgt im Bereich von Podocyten, die im Epithel des Axocoels und anderswo auftreten. In den Coelomhöhlen wurden verschiedene **Exkretstoffe** nachgewiesen. Offenbar können Coelomocyten Exkrete aufnehmen und über dünnwandige Stellen des Körpers nach außen transportieren; Exkrete können sich aber auch im Körper ansammeln.

Atemorgane kommen in verschiedener Form vor: als ausstülpbare Bläschen (Papulae) der Rückenhaut (Seesterne), als Kiemenbüschel (Seeigel) oder Kiementaschen des Mundfeldes (Schlangensterne) oder als reich verzweigte Darmanhänge (Seewalzen). Daneben spielt die Hautatmung, auch wenn Kiemen vorhanden sind, immer eine wesentliche Rolle.

Das **Nervensystem** der Stachelhäuter ist überraschend komplex. Ein ausgesprochenes Zentralorgan ist offenbar nicht ausgebildet. Perikaryen und Fortsätze liegen geflechtartig zwischen den Basen von Zellen der Epidermis, des Darmes und vor allem aller Coelomepithelien. Bei Crinoiden liegen umfangreiche Anteile des Nervensystems auch im Bindegewebe.

Seit altersher werden im Nervensystem drei Abteilungen unterschieden: **ectoneurales**, **hyponeurales** und **apikales (aborales)** Nervensystem. Die Stränge des ectoneuralen Systems liegen in der Epidermis; im Mundbereich tritt das ectoneurale System in den Darm über. Im Wandepithel aller Coelomräume liegt das hyponeurale System. Der Teil des hyponeuralen Systems, der aboral gelegene Körperregionen versorgt, z.B. die Gonaden, wird bei Asteroidea, Ophiuroidea, Echinoidea und Holothuroidea auch apikales oder aborales Nervensystem genannt.

Bei Crinoiden kommt ein eigenes hochentwickeltes aborales (apikales) Nervensystem vor, das vorwiegend im Bindegewebe liegt und dem wohl bei dieser Echinodermengruppe auch das hyponeurale System zugehört, das mit dem hyponeuralen System der anderen Echinodermen nicht vergleichbar ist. Der funktionelle Zusammenhang zwischen den verschiedenen Anteilen des Nervensystems ist noch weitgehend unbekannt. Das ectoneurale System ist wohl überwiegend sensibel, das hyponeurale der Eleutherozoa (Seesterne, Schlangensterne, Seeigel, Seewalzen) ist weitgehend motorisch. Das mächtige aborale System der Crinoiden hat motorische und sensible Anteile sowie vermutlich sogar zentrale Funktionen. Bei Formen mit sehr beweglichen Armen, d.h. Schlangensternen und Crinoiden, zeigt das Nervensystem Anzeichen einer Gliederung, die der des Bewegungsapparates entspricht. Die Organe des mechanischen, chemischen und optischen Sinnes sind gering entwickelt.

Die **Gonaden** sind einfach gebaut: Sie bestehen in der Regel nur aus den Gonaden selbst, ohne Anhangdrüsen oder andere Hilfsapparate. Sie öffnen sich über einen Gonoporus oder mehrere Gonoporen nach außen. Im Allgemeinen sind fünf Gonaden, Gonadenpaare oder -büschel vorhanden; nur bei den Seewalzen sind sie auf die Einzahl beschränkt. Das Keimgewebe ist ein Keimepithel aus gametogenen und nichtgametogenen Zellen. Letztere haben vielfältige Funktionen, z.B. Ernährung der Keimzellen, Phagozytose, Hormonbildung.

Echinodermen-Larven

Die Mehrzahl der Echinodermen besitzt kleine, transparente, bilateralsymmetrische Larven, die sich erst im Laufe der komplizierten Metamorphose zu den pentameren Adulten umwandeln. Alle Larven sind durch **Wimperbänder** gekennzeichnet, die primär als einfaches Band um den Mund herum angeordnet sind, dann aber in oft komplizierter und unterschiedlicher Weise verlaufen, wobei sie vielfach schlanke oder lappenförmige Körperfortsätze markieren. Die Wimperbänder stehen im Dienste von Ernährung und Fortbewegung. Der After geht aus dem Blastoporus hervor und liegt außerhalb der Wimperbänder. Das linke Axocoel mündet über einen Hydroporus nach außen, der wohl ursprünglich einem Nephridium zugehörte.

Bei den fünf großen Echinodermengruppen lassen sich folgende Larventypen unterscheiden:

1. **Crinoidea**. Die Comatuliden-Larven heißen **Doliolaria-Larven** (Tönnchenlarven, Abb. 154a). Sie besitzen vier annähernd ringförmige Wimperbänder und apikal neben dem Mundfeld zwei Wimperstreifen. Am Apikalpol ist ein Wimperschopf ausgebildet. Ventral befindet sich eine Einsenkung, das Vestibulum, apikal in Nähe des Wimperschopfes ein Drüsenfeld, in dessen Bereich sich die Larve festsetzt. Die Crinoiden-Larven leben von Dotter (**lecithotrophe Larve**) und nehmen keine planktische Nahrung auf. Von Isocrinida (Seelilien) ist bekannt, dass sie anfangs eine Auricularia-Larve besitzen, die sich dann in eine Doliolaria umwandelt.

2. **Asteroidea**. Seesterne besitzen zunächst eine **Bipinnaria-Larve** (Abb. 154c), die sich von Plankton ernährt (**planktotrophe Larve**) und bei der das periorale Wimperband in komplizierter Weise entlang von lappenförmigen Fortsätzen verläuft. Vorn verschmelzen die Wimperbänder der linken und rechten Körperhälfte, sodass ein eigenes präorales, wimperbandbegrenztes Feld entsteht. Ältere Seesternlarven besitzen längere schlanke Fortsätze und bilden apikal drei unbewimperte Ärmchen mit terminalen Klebdrüsenzellen sowie ein rundliches Feld mit Drüsenzellen aus. Diese Strukturen dienen der Anheftung der Larven, die jetzt **Brachiolaria-Larven** heißen (Abb. 154d).

3. **Holothuroidea**. Die Larve vieler Holothurien ist die **Auricularia-Larve** (Abb. 154b). Sie ist relativ ursprünglich gebaut und besitzt nur ein, wenn auch kompliziert gestaltetes, periorales, vom vielfach gewundenen Wimperband gesäumtes Feld. Apikal kommt es nicht zur Verschmelzung linker und rechter Wimperbänder wie bei der Bipinnaria. Bei manchen Holothurien entwickeln sich die Auricularia-Larven zu **Doliolaria-Larven** (Tönnchenlarven) mit Wimperringen, die sich jedoch in Details von den Doliolariae der Crinoidea unterscheiden.

4. **Echinoidea, Ophiuroidea**. Seeigel und Schlangensterne besitzen so genannte **Pluteus-Larven** mit acht unterschiedlich langen, starren Fortsätzen, die von Skeletnadeln gestützt werden. Die **Echinoplutei** (Abb. 154g) besitzen vorwiegend vertikal orientierte Fortsätze, während **Ophioplutei** (Abb. 154e, f) mehr horizontal ausgerichtete Fortsätze haben. Die Echinoplutei bilden einige kürzere, aber breite Wimperstreifen aus, die der Fortbewegung dienen und Epauletten heißen.

Verbreitet gibt es in vielen Echinodermengruppen vereinfachte Larven, die sich von Dotter ernähren: lecidotrophe Larven.

Technische Vorbereitungen

- Von Seesternen wird am besten die in der Nord- und Ostsee verbreitete Art *Asterias rubens*, frisch oder in Alkohol konserviert, zur Präparation herangezogen; von Seeigeln der in der Nordsee häufige *Echinus esculentus*, gleichfalls frisch oder in Alkohol; von Seewalzen *Holothuria tubulosa* aus dem Mittelmeer, die von der Zoologischen Station Neapel konserviert bezogen werden kann. Bei diesen Holothurien sind Mund- und Afteröffnung meist verschnürt, um das bei der Konservierung häufig eintretende Auswerfen der Eingeweide zu verhindern.

- Von mikroskopischen Präparaten werden Querschnitte durch den entkalkten Arm eines kleinen Exemplars von *Asterias rubens* gebraucht und in Eukitt eingeschlossene Hautstückchen einer *Synapta*-Art.

- Im Juni/Juli ist es sehr lohnend, von einer biologischen Station der Meeresküste ge-

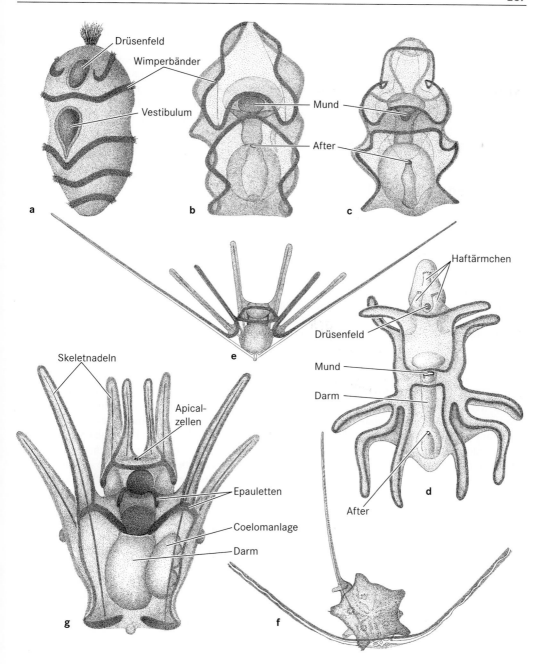

Abb. 154 Echinodermenlarven. **a** Doliolaria-Larve von *Antedon* (Crinoidea), vom zunächst geschlossenen Vestibulum geht die Bildung erheblicher Anteile des erwachsenen Körpers aus. **b** Auricularia-Larve von *Stichopus* (Holothuroidea). **c** Bipinnaria-Larve von *Astropecten* (Asteroidea). **d** Brachiolaria-Larve von *Asterias rubens* (Asteroidea). **e** Ophiopluteus-Larve von *Ophiothrix* (Ophiuroidea). **f** Metamorphose einer Ophiopluteus-Larve. **g** Echinopluteus-Larve von *Strongylocentrotus* (Echinoidea)

schlechtsreife Seeigel zu beziehen. Besamung, Furchung, Keimblätterbildung und schließlich die Entwicklung der Pluteus-Larve können am lebenden Objekt beobachtet und studiert werden.

I. Asteroidea, Seesterne

Allgemeine Übersicht

Die Seesterne verdanken ihren Namen der Gestalt ihres Körpers, der aus einem zentralen Anteil und sternförmig davon ausgehenden Armen besteht. Meist sind, entsprechend der pentaradialen Symmetrie der adulten Echinodermen, fünf Arme entwickelt.

Die **Körperwand** der Seesterne enthält in ihrer tiefer liegenden, mesodermalen Schicht Skeletelemente, die gegeneinander beweglich sind. Die wichtigsten Stücke dieses **Hautskelets** sind paarige, segmental angeordnete Platten an der Unterseite der Arme, die median dachförmig zusammenstoßen, **Ambulakralplatten** genannt werden und das Dach der Ambulakralfurche bilden. Seitlich schließen sich die kleinen Adambulakralplatten an. Weniger konstant sind die lateralen Randplatten, Marginalia. Das Skelet der Aboralseite ist oft rudimentär.

Den Platten des Hautskelets sitzen **Stacheln** und die mannigfach gestalteten, meist zweiklappigen **Pedicellarien** auf.

Dünnwandige Ausstülpungen auf der Aboralseite, die **Papulae**, dienen der **Atmung**, aber auch der **Exkretion**. Sie werden von Coelothel ausgekleidet, ihr Lumen kommuniziert mit der Leibeshöhle.

Verdauungstrakt. Der **Mund** liegt zentral auf der der Unterlage zugewendeten Seite der Scheibe und führt durch einen kurzen Oesophagus in den sackförmigen **Magen**. Der Magen besteht aus einem geräumigen, oralen Abschnitt, der **Cardia**, und aus einem oft fünfeckigen aboralen Teil, dem **Pylorus**, von dem fünf zweischenkelige, reich mit Aussackungen besetzte **Magendivertikel** (**Pylorusdrüsen**) entspringen, die weit in die Arme hineinziehen können und durch Mesenterien an der Aboralwand der geräumigen Armhöhlen befestigt sind. Der sehr kurze, scharf abgesetzte **Enddarm** gibt meist eine wechselnde Zahl kurzer Blindschläuche (Rectaldivertikel) ab und öffnet sich auf der Aboralseite in dem etwas exzentrisch in einem Interradius gelegenen **After**. (Abb. 155a). Enddarm und After fehlen bei einigen Formen, z.B. *Astropecten*.

Die **Leibeshöhle** ist geräumig. Das System der Coelomkanäle entspricht dem Schema (Abb. 155). **Polische Blasen** sind fast immer vorhanden. Stets vorhanden sind die gleichfalls interradial dem Hydrocoelring ansitzenden **Tiedemannschen Körper**, Organe mit Phagocytosefunktion und möglicherweise auch Bildungsstätten von Coelomocyten. Sie sind innen von blind endigenden, bewimperten Kanälchen durchzogen, die mit dem Hydrocoel in Verbindung stehen. Die Radiärkanäle des Ambulakralgefäßsystems (und auch die des Somatocoels) ziehen unter dem First der Ambulakralplatten bis zur Armspitze, wo sie im Terminaltentakel (= Terminalfühler) enden. In jedem durch ein Paar von Ambulakralplatten gekennzeichneten Abschnitt gehen von den hydrocoelen Radiärkanälchen seitlich die Röhren zu den in zwei oder vier Längsreihen angeordneten **Ambulakralfüßchen** und zu den über den Füßchen in der Leibeshöhle liegenden Ampullen ab. Die durch ein medianes Septum unvollständig unterteilten oralen somatocoelen Radiärkanäle können zwischen je zwei Ambulakralplatten paarige Seitenäste abgeben, die dann in die ebenfalls dem Somatocoel angehörenden Marginalkanäle einmünden, die zum Teil seitlich von den Ambulakralplatten in der Haut verlaufen und sich in der Haut bis nach aboral ausbreiten (Abb. 157a). Die epithelialen Wände dieses somatocoelomatischen Spaltensystems (Marginalkanäle) sind myofibrillenreich und bilden funktionell eine Art **Ringmuskulatur**, die zusammen mit der **Längsmuskulatur** in der aboralen Wand des Somatocoels (apikaler Längsmuskel) vielfältige Bewegungen der Seesterne ermöglichen.

Auch das **Blutgefäßsystem** entspricht weitgehend dem Schema. Das dichte, jedem Magendivertikel aufliegende Gefäßnetz führt das Blut einem in der Pyloruswand liegenden Gefäßring (Gastralring) zu, der seinerseits das nährstoffreiche Blut zum Axialorgan transportiert.

Das **Nervensystem** besteht im Wesentlichen aus zwei Geflechten von Nervenfasern mit eingestreuten Ganglienzellen, von denen das eine zwischen den Basen der Epidermiszellen liegt

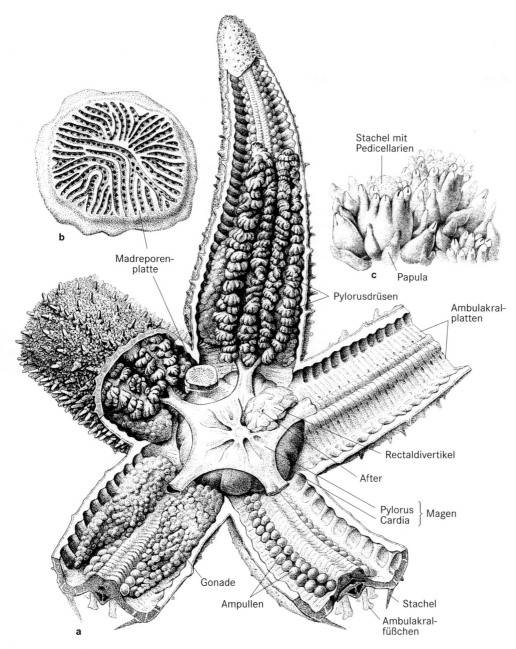

b

Madreporen-
platte

Stachel mit
Pedicellarien

c Papula

Pylorusdrüsen

Ambulakral-
platten

Rectaldivertikel

After

Pylorus ⎫
Cardia ⎭ Magen

Gonade

Ampullen

Stachel

Ambulakral-
füßchen

a

Abb. 155 *Asterias rubens*. **a** Ansicht von aboral. In den einzelnen Armen sind jeweils unterschiedliche Strukturen dargestellt. **b** Madreporenplatte bei stärkerer Vergrößerung. **c** Oberfläche der aboralen Haut, nach einem lebenden Tier gezeichnet (**ectoneurales System**) und auch im Darmepithel vorkommt, während das andere in das Coelothel aller Coelomräume eingebettet ist (**hyponeurales System**). Beide Geflechte stehen miteinander in Verbindung. Das ectoneurale System bildet um den Mund herum einen Nervenring, von dem fünf radiäre Nerven (Ambulakralnerven) zu den Armen abgehen, wo sie in der Ambulakralfurche als mediane, präparierbare Leiste hervortreten. Eng benachbarte schwächere hyponeurale Nervenbahnen liegen basal im Epithel der oralen Somatocoelkanäle. Von den **Sinnesorganen** sind die Augen zu erwähnen. Sie liegen als primitive Pigmentbecherocellen in Gruppen oral an der Basis der Endtentakel. Am lebenden Tier sind sie als rote Punkte zu erkennen. Unabhängig davon lässt sich ein Hautlichtsinn feststellen. Die Terminaltentakel selbst sowie die unmittelbar anschließenden, saugscheibenlosen Füßchen stellen Organe des gut entwickelten chemischen Sinnes dar.

Die **Gonaden** bestehen aus einem den Enddarm ringförmig umziehenden Genitalstrang, von dessen interradialen Ecken fünf Paar Gonadenbüschel in die Arme einsprossen. Sowohl Genitalstrang als auch die Gonaden selbst sind vom aboralen Metacoel umschlossen. Die kleinen Genitalporen liegen in den Buchten zwischen den Armen oder in größerer Zahl entlang ihrer Seitenkanten. Die Seesterne sind **getrenntgeschlechtlich**. Die Geschlechtsprodukte werden meist ins freie Wasser abgegeben, doch kommt auch Brutpflege vor (vorwiegend in kälteren Gewässern). Manche Arten vermögen sich ungeschlechtlich durch Zweiteilung zu vermehren.

Sehr groß ist die **Regenerationsfähigkeit** der Seesterne. Autotomie von Armen erfolgt i. a. an der Basis der Arme und tritt oft schon bei geringer Reizung ein. Am Mechanismus der Autotomie ist **mutabiles Bindegewebe** beteiligt. Die abgeschnürten Arme werden ersetzt, aber nur bei der Gattung *Linckia* vermag ein einzelner Arm ein vollkommenes Tier zu regenerieren.

Spezieller Teil

Asterias rubens

- Untersuchung und Präparation erfolgen im Wachsbecken unter Wasser.

Die Oralseite ist an den vier Reihen von Füßchen in der Mittellinie jedes Armes erkennbar; sie stehen in einer bis zur Spitze des Armes verlaufenden offenen Rinne, der **Ambulakralfurche**.

Wo sich die fünf Ambulakralfurchen vereinigen, liegt der **Mund**, umstellt von fünf Gruppen beweglicher Stacheln, den Mundpapillen. Auf der dem Mund gegenüberliegenden (= aboralen) Seite der Scheibe liegt exzentrisch eine flache, rauhe Kalkplatte, die **Madreporenplatte**, und zwar zwischen den Ansatzstellen zweier Arme, also interradial. Der **After** liegt in dem (im Sinne des Uhrzeigers) nächsten Interradius, nur wenig vom Zentrum des Körpers entfernt; er ist eine sehr feine Öffnung, die am konservierten Tier selten und auch am lebenden nur gelegentlich erkennbar ist.

Die gesamte Körperoberfläche ist mit dicht stehenden kleinen Kalkgebilden, Dornen oder Stacheln, bedeckt, die im Allgemeinen unregelmäßig angeordnet sind und von einem Kranz kleiner Pedicellarien umgeben werden (Abb. 155c). Regelmäßige Reihen von Dornen findet man in der aboralen Mittellinie der Arme. Zwei bis drei Reihen beweglicher Stacheln, die den Adambulakralplatten aufsitzen, begleiten die Ambulakralfurchen und schließen sich über ihnen zusammen, wenn das Tier beunruhigt wird. Zwischen den Dornen stehen **Pedicellarien**, kleine, mit zwei gegeneinander beweglichen Schneiden ausgerüstete Greifzangen, die beim lebenden Tier weiß sind. Beim lebenden Seestern kann man außerdem zahlreiche durchscheinende Bläschen oder Schläuche erkennen (**Papulae**), die als Hautausstülpungen der Atmung dienen.

Am Ende jeder Ambulakralfurche sind als bräunlicher, im Leben aber lebhaft roter Fleck die Gruppe der **Pigmentbecherocellen** und darüber ein tentakelartiges Füßchen, der **Terminalfühler**, zu erkennen.

Bei manchen Exemplaren sieht man aus der Mundöffnung als häutige Blase den ausgestülpten Magen hervortreten.

- Den Seestern aus dem Wasser nehmen und an der Seite ringsherum auftrennen.
- Mit der starken Schere zunächst die Arme seitlich von der Spitze bis zur Basis aufschneiden.
- Dann hebt man vorsichtig die obere Körperdecke des Armes von der Spitze her auf

und präpariert mit der feinen Schere oder dem Stiel des Präpariermessers die beiden braunen Schläuche von der Aboraldecke ab, die an ihr mit je 2 zarten, längs verlaufenden Mesenterien befestigt sind. So verfährt man mit allen fünf Armen.

- Dann die Aboraldecke der Scheibe abheben. Man beginnt mit dem Durchschneiden der zwischen je zwei Armen liegenden Pfeiler.
- Die Madreporenplatte kreisförmig umschneiden und an der unteren Hälfte belassen.
- Dann erst die gesamte Decke vorsichtig abpräparieren. An ihrer Innenfläche sind die Zugänge zu den in Gruppen stehenden Papulae gut zu erkennen (Abb. 155c).

Durch diese Präparation wurde zunächst das Darmsystem freigelegt. In der Körpermitte liegt der dünnwandige, blasenförmige Magen, der durch eine Anzahl aboraler Bänder an der Körperwand aufgehängt ist. Noch kräftigere Bänder finden sich auf der oralen Seite, wo sie paarig angeordnet sind und sich ein Stück weit in jeden Arm erstrecken. Am **Magen**, der durch einen kurzen Oesophagus mit der Mundöffnung in Verbindung steht, lassen sich ein oberer (**Pylorus**) und ein unterer Abschnitt (**Cardia**) unterscheiden, die durch eine Einschnürung gegeneinander abgesetzt sind. Der Pylorus hat die Form eines regelmäßigen Fünfecks. Von seinen Ecken aus zieht in jeden Arm ein schmaler Blindsack (**Magendivertikel, Pylorusdrüsen**) hinein, der sich bald in zwei Schenkel gabelt, die fast bis zur Spitze des Armes ziehen. Die Schenkel sind seitlich mit kleinen, unregelmäßig gelappten Aussackungen von bräunlicher Farbe dicht besetzt. Die Wand dieser Aussackungen ist drüsiger Natur. Ihre Zellen sondern einerseits verdauende Sekrete ab, andererseits dienen sie der Resorption und der Speicherung energiereicher Verbindungen. Von der Oberseite des Magens führt der kurze, etwas gewundene Enddarm zur Afteröffnung. Dem Enddarm sitzen einige unregelmäßig verzweigte **Rectaldivertikel** an.

Im Magen finden sich mitunter unverdaute Teile, Schalen usw., der Beutetiere. Größere Beutetiere, die nicht mehr durch die Mundöffnung aufgenommen werden können (meist sind es Muscheln), werden vom ausgestülpten Cardiateil des Magens bedeckt und durch Verdauungssäfte präoral getötet und verdaut.

Zwischen je zwei Armen, also interradial, ragen die **Geschlechtsorgane**, Hoden oder Eierstöcke, als ein doppeltes Büschel fingerförmiger Schläuche frei in die Leibeshöhle vor. Sie münden interradial auf der aboralen Seite.

- Zur Betrachtung des **Ambulakralsystems** (Abb. 155a) Magen und Magendivertikel vorsichtig abpräparieren.

Bei Verwendung der Stereolupe ist zu erkennen, dass die **Madreporenplatte** auf ihrer Oberfläche mit feinen, radiär verlaufenden Furchen versehen ist, in deren Grund die Porenöffnungen liegen (Abb. 155b). Durch die von Flimmerepithel ausgekleideten Poren kann sowohl ein Flüssigkeitseinstrom als auch ein Flüssigkeitsausstrom erfolgen. Von der Axocoelampulle unter der Madreporenplatte führt der **Steinkanal** nach abwärts. Er ist in einen häutigen Sack, das **Axocoel**, eingeschlossen, in dem neben dem Steinkanal noch ein zweites Organ, das Axialorgan, zu sehen ist. Es ist in das System der Blutgefäße eingeschaltet (S. 282). Der Steinkanal verdankt seinen Namen der Einlagerung von Skleriten in seine Wandung.

- Man spürt das, wenn man ihn vorsichtig mit der Pinzette fasst.

Sein Inneres ist durch vorragende Falten unterteilt. Es wird von einem innervierten myofilamenthaltigen Geißelepithel ausgekleidet.

Der Steinkanal führt zum hydrocoelen **Ringkanal**, der der Innenfläche der den Mund umgebenden Skeletstücke anliegt. Bei Alkoholexemplaren ist er stark kollabiert und daher schwer zu sehen. Mit der Lupe erkennt man in jedem Interradius ein Paar kleine Anhangdrüsen des Ringkanals, die **Tiedemannschen Körper**, die insbesondere der Phagocytose von Bakterien und unbelebten Partikeln dienen. Zwischen ihnen liegen die Polischen Blasen (vgl. Abb. 153a), die jedoch bei *Asterias rubens* fehlen.

Vom Ringkanal gehen fünf Radiärkanäle in die Arme; sie sind allerdings nicht zu sehen, da sie sofort auf die Oralseite durchtreten, wo sie im Grund der Ambulakralfurchen verlaufen.

Dagegen sind deutlich von oben sichtbar die **Ampullen**, helle Bläschen mit muskulöser Wand, die in zwei Paar dicht stehender Reihen den Arm entlang ziehen. Jede Ampulle steht oralwärts durch den Ampullenkanal mit dem

Hohlraum eines Füßchens in Verbindung. Füßchen und Ampulle kommunizieren durch den horizontalen Füßchenkanal mit dem Radiärkanal. Ventilklappen im Inneren des Füßchenkanals verhindern, dass bei Kontraktionen der Ampulle die in ihr enthaltene Flüssigkeit in den Radiärkanal strömt; sie wird in das Füßchen gepresst, das dadurch lang ausgestreckt wird.

Die **Füßchen** haben die Gestalt von Schläuchen. Sie sind mehr oder weniger kontrahiert; vor allem die dem Zentrum näher liegenden haben terminal Saugscheiben ausgebildet. Die Füßchen der Armperipherie haben keine Saugscheiben; sie haben z.T. Sinnesfunktion. Die kräftige, komplex angeordnete Muskulatur der Füßchen ist Teil der Wand des Mesocoels, das die Füßchen innen auskleidet. Sie ist also epithelialer Natur. Ihre Innervation scheint vorwiegend vom ectoneuralen System aus zu erfolgen, das in der Epidermis der Füßchen reich entwickelt ist. Die Transmitterstoffe diffundieren durch die trennende Bindegewebsschicht zwischen Epidermis und Hydrocoelwand.

- Die Ampullen eine Strecke weit von ihrer Unterlage abheben.

In den Ambulakralplatten werden die Spalten sichtbar, die zum Durchtritt der Ampullenkanäle dienen (Abb. 155a). Sie liegen alternierend in zwei Längsreihen jederseits der Mittellinie.

Bei dieser Gelegenheit das Armskelet der Oralseite etwas näher ansehen. In der Mittellinie stoßen die schmalen linken und rechten **Ambulakralplatten** dachförmig zusammen. Die Löcher für die Ampullenkanäle stellen Erweiterungen der Nähte zwischen zwei aufeinander folgenden Ambulakralplatten dar.

- Die Füßchen der an die zentrale Scheibe stoßenden Armabschnitte werden entfernt.

In der Tiefe jeder Ambulakralfurche wird der ectoneurale **Radiärnerv** als weißlicher Längsstrang sichtbar.

Die fünf Radiärnerven stehen mit dem den Schlund umgebenden **Ringnerv** in Verbindung, dessen Präparation sich schwerer ausführen lässt. Dicht unter diesem oberflächlichen Nervensystem liegt in der oralen Wand der Metacoelkanäle das hyponeurale System, das man allerdings erst später, beim Studium eines Armquerschnitts, sehen wird.

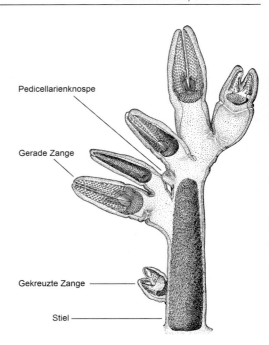

Pedicellarienknospe

Gerade Zange

Gekreuzte Zange

Stiel

Abb. 156 *Asterias rubens*. Gruppe von Pedicellarien auf einem Kalkstiel in der Nähe des Mundes

- Ein gutes Präparat der **Pedicellarien** erhält man, wenn man in der Nähe des Mundes die Kalkstiele abschneidet, auf denen Pedicellarien in Gruppen sitzen, und sie, ohne sie zu färben, in Glycerin auf den Objektträger bringt.

Die Pedicellarien sind kleine, durch Skeletteile gestützte und mit einer Muskulatur zum Öffnen und Schließen ausgestattete Zangen. Sie sind sämtlich nur zweiklappig, im Übrigen aber verschieden ausgebildet. So gibt es außer „geraden" auch „gekreuzte" Formen, bei denen die Backen im Gelenk kreuzweise miteinander verschränkt sind (Abb. 156).

- Es werden jetzt Präparate, Querschnitte durch den entkalkten Arm eines Seesternes, mikroskopiert (Abb. 157).

Es ist zu beachten, dass die Skeletstücke des Armes bei der Entkalkung aufgelöst wurden; geblieben ist das netzförmig angeordnete bindegewebige Stroma im Inneren der Skeletstücke (Sklerite, Ossikel).

Die **Ambulakralrinne** kennzeichnet die Oralseite (Abb. 157). Bei den zarten, bläschenförmi-

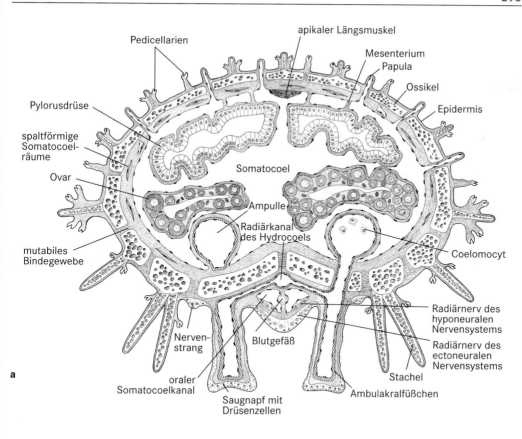

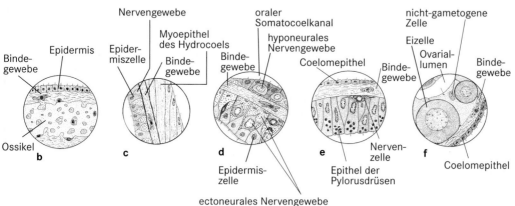

Abb. 157 Querschnitt durch den Arm eines Seesterns. **a** Übersicht, alle Coelomepithelien sind flach gezeichnet, obwohl die Struktur in den einzelnen Regionen unterschiedlich ist. Sie enthalten stets Myoepithelzellen und Nervengewebe. b–f Detailzeichnungen. **b** Haut, **c** Wand eines Ambulakralfüßchens, **d** Ambulakralrinne mit Gewebe der ecto- und hyponeuralen Radiärnerven, **e** Pylorusdrüse, die von Coelomepithel bedeckt ist, **f** Ovar

gen Ausstülpungen an den Seiten und auf der Aboralseite handelt es sich um die Kiemenbläschen (Papulae). Ihre Wand wird von dünner Haut und dem die Leibeshöhle auskleidenden Coelomepithel gebildet. Zwischen den Papulae liegen Anschnitte von Stacheln und Pedicellarien.

Im Innern des Armes liegen, der Aboralseite genähert und an ihr durch je zwei Aufhängebänder (Mesenterien) befestigt, die ansehnlichen Querschnitte der gegabelten **Pylorusdrüsen**, deren Wand stark gefaltet ist. Oral von ihnen sind die **Ampullen** getroffen, meist nur eine auf jeder Seite, da ja die beiden Reihen einer Seite alternierend angeordnet sind. Auch der zum Füßchen führende Ampullenkanal ist oft deutlich sichtbar.

In der Tiefe der Ambulakralrinne verläuft der Radiärkanal des **Wassergefäßsystems** (Hydrocoel), von dem rechts und links die Füßchenkanäle zu den Füßchen und den Ampullen abgehen; natürlich werden diese feinen Kanäle nur ab und zu vom Schnitt getroffen sein.

Vom **Nervensystem** ist sehr deutlich der schon von der Präparation her bekannte ectoneurale Nervenstrang zu erkennen. Als so genannter Radiärnerv liegt er der medianen Längsleiste der Ambulakralfurche auf. In etwas tieferer Lage, körperwärts von der Basalmembran der Epidermiszellen und von ihnen außerdem durch eine feine Bindegewebslamelle getrennt, ist eine zweite Schicht von Nervengewebe zu erkennen, der hyponeurale Radiärnerv. Seine Elemente liegen im Epithel der parallel verlaufenden somatocoelen Radiärkanäle. Zum hyponeuralen System gehören auch die in der Wand der anderen Somatocoelräume eingebetteten Nervenfasern und Perikaryen. Von den in der gesamten Epidermis und im Epithel der großen Leibeshöhle liegenden Nervengeflechten ist auf diesen Präparaten nichts zu erkennen.

Zwischen dem Radiärnerv einerseits und dem Radiärkanal des Wassergefäßsystems andererseits liegt der doppelte Radiärkanal des Somatocoels. Zwischen diesen 2 Kanälen verläuft ein Blutgefäß. In manchen Schnitten wird man seitlich der Füßchenbasis und in der lateralen und aboralen Körperwand Anschnitte spaltförmiger Somatocoelkanäle (Abb. 157a) erkennen.

Auf der Körperoberfläche von *Asterias rubens* lebt der **parasitische Copepode** *Scottomyzon gibberum*. Trotz des bisweilen recht starken Befalls sind die Schmarotzer zwischen den Pedicellarien und Papulae nicht leicht zu finden. Die Männchen und die jungen Weibchen – sie sind beide bei einer Länge von etwa einem dreiviertel Millimeter einem *Cyclops* nicht unähnlich – vermögen auf den Seesternen recht behende umherzulaufen, indem sie die zweiten Antennen und die Maxillipeden als Laufbeine benutzen. Die oft rot gefärbten, geschlechtsreifen Weibchen dagegen sind kugelrund und bewegen sich nur selten. Sie sind mit den hakenförmigen zweiten Maxillen fest in der Seesternhaut verankert. Die Nahrung (Haut der Wirtstiere) wird präoral vorverdaut und dann eingesaugt. Die Weibchen erzeugen dabei beträchtliche Gewebszerstörungen und Wucherungen, von denen sie nicht selten fast völlig überwachsen werden. Die aus den Eiern schlüpfenden Nauplien leben nur kurze Zeit pelagisch.

II. Echinoidea, Seeigel

Allgemeine Übersicht

Die Gestalt vieler Seeigel gleicht der eines Flüssigkeitstropfens, der auf einer ebenen Fläche liegt. Seltener sind kissen-, herz- oder scheibenförmige Körper. Die **Körperwand** ist i. A. in sich relativ starr, da die Kalkplatten der Wandung fest miteinander verbunden sind und so meistens einen Panzer bilden (Abb. 158). Wachstum des Skeletpanzers erfolgt im Bereich der Nähte zwischen den Kalkplatten. Weich bleibt je ein Feld an den beiden Polen der Hauptachse. Das den Mund umgebende Feld heißt **Peristom** (Abb. 158, 161), das aborale, in dem – meist exzentrisch – der After liegt, **Periproct** (Abb. 158, 160). Zwischen beiden liegt, bei den regulären Seeigeln in zehn Doppelreihen angeordnet, das Plattenskelet. Fünf dieser Doppelreihen, die **Ambulakralplatten**, werden von den Ambulakralfüßchen durchbohrt; die fünf anderen, mit ihnen alternierenden Doppelreihen, die **Interambulakralplatten**, sind breiter und nicht durchbohrt. Jede Ambulakralplatte hat ursprünglich ein Paar von Füßchenporen; doch kann ihre Zahl erheblich größer werden.

Die fünf Doppelreihen der Ambulakralplatten enden am Periproct mit je einer **Ocellarplatte**,

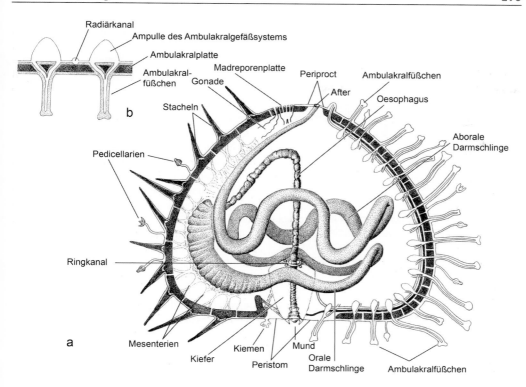

Abb. 158 a Schematisierter Längsschnitt eines Seeigels. Verlauf des Darmtraktes in Seitenansicht. Der Schnitt geht rechts durch ein Ambulakrum, links durch ein Interambulakrum. Somatocoel und Somatocoelkanäle nicht eingezeichnet. **b** Seeigel, Ambulakralfüßchen

die fünf Doppelreihen der Interambulakralplatten mit je einer **Genitalplatte**, von denen eine meist als **Madreporenplatte** ausgebildet ist.

Bei den irregulären Seeigeln mit mehr oder weniger stark abgeplattetem Körper ist das Afterfeld aus dem Kreis der Ocellar- und Genitalplatten heraus in einen Interradius, mitunter bis in die Nähe des Mundfeldes gerückt. Dieser Interradius wird aufgrund der Bewegungsrichtung als der funktionell hintere bezeichnet. Die Ambulakralplatten sondern sich bei diesen Formen in einen oralen, mit typischen lokomotorischen Füßchen ausgestatteten Abschnitt (**Phyllodium**) und in einen aboralen, der Sinnes- oder Kiemenfüßchen trägt (**Petalodium**). Bei manchen irregulären Seeigeln verschiebt sich auch das Mundfeld vom oralen Pol weg bis zu einer dem After entgegengesetzten Lage. So kommt es bei den irregulären Seeigeln zu einer Überlagerung der radial-symmetrischen Grundform durch eine ausgesprochen bilaterale Symmetrie.

Ambulakralplatten wie Interambulakralplatten bilden kleine, halbkugelige Gelenkhöcker, denen Stacheln aufsitzen, die durch basale Bänder und Muskeln in allen Richtungen bewegt werden können. **Pedicellarien** sind gestielt, von mannigfacher Form und oft hochkompliziert. Modifizierte Stacheln, **Sphaeridien**, können als Schweresinnesorgane entwickelt sein.

Der **Mund** ist bei den regulären und einigen irregulären Seeigeln mit fünf **Zähnen** bewaffnet, die an der Spitze von fünf kieferartigen, sog. **Pyramiden** zu finden sind und von einem komplizierten Gerüst aus Kalkstücken und der ihnen zugehörenden Muskulatur bewegt werden. Man nennt den ganzen **Kieferapparat** die „**Laterne des Aristoteles**" (Abb. 163).

Der **Darmtrakt** (Abb. 158, 159) beginnt mit einem vom Mund aufsteigenden Oesophagus, der ungefähr in halber Höhe oder auch erst im oberen Drittel des Körpers umbiegt und (im Bereich Radius D oder Interradius CD) leicht

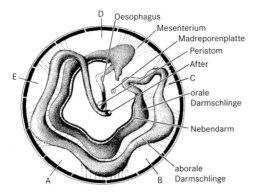

Abb. 159 Schema des Darmverlaufs eines regulären Seeigels, von oral gesehen. Radien (Ambulakra) sind mit großen Buchstaben gekennzeichnet. Der Mund liegt am Beginn des Oesophagus

absteigend auf die Körperwand zuläuft. Hier erweitert er sich meistens ziemlich abrupt und bildet an dieser Stelle meistens einen unterschiedlich großen Blindsack aus. Ab dieser Erweiterung wird der Darmtrakt im allgemeinen Intestinum genannt und bildet dann eine untere Darmwindung(-schlinge), die leicht auf und ab undulierend entlang der Innenwand des Panzers verläuft. Diese Windung verläuft – von oben (aboral) betrachtet – gegen den Uhrzeigersinn. Sie wird mitunter auch „Magen" genannt. In ihr herrscht ein leicht saurer pH-Wert, hier werden Verdauungsenzyme gebildet und hier wird Nahrung resorbiert. Diese Windung erreicht fast ihren Ausgangspunkt, biegt dann aber scharf um und bildet eine gegenläufige obere Darmwindung, die annähernd parallel zu unteren verläuft und bei den regulären Seeigeln auch einmal um die ganze Panzerinnenwand läuft, um dann erneut umzubiegen und den zum After aufsteigenden, dünner werdenden Enddarm (Rectum) zu bilden. Bei den irregulären Seeigeln ist die obere Windung kürzer als die untere und bildet schon nach der Hälfte ihres Verlaufs den aufsteigenden Enddarm. Die Undulationen der oberen Darmschlinge sind deutlich höher als in der unteren Schlinge. Der After liegt etwas exzentrisch (Abb. 160).

Die erste (untere) Darmwindung wird an ihrer Innenseite meist von einem dünnen Nebendarm (Sipho) begleitet, der gleich am Anfang

des Intestinums vom Hauptdarm abzweigt und am Ende der ersten Windung wieder in ihn einmündet. Haupt- und Nebendarm sind mesenterial verbunden. Der Nebendarm enthält nur Seewasser, nie Nahrungsteilchen. Rhythmische Kontraktionen seiner Wand pumpen das in den Oesophagus aufgenommene Wasser rasch durch ihn hindurch, so dass es nicht in großer Menge in den Hauptdarm gelangt und hier nicht die Verdauung und Nahrungsresorption stört. Unter Umständen hat der Nebendarm auch Atmungsfunktion. Der Darm – und ganz besonders die erste (untere) Darmschlinge – ist reich mit Blutgefäßen versehen.

Der Darmkanal ist durch viele feine mesenteriale Bänder an der Innenwand des Skeletpanzers befestigt. Diese Bandstrukturen sind bei den irregulären Seeigeln, die bei der Nahrungsaufnahme auch (schweren) Sand in den Darm befördern, deutlich kräftiger als bei den weidenden regulären Seeigeln. Die Darmwindungen sind auch untereinander durch Mesenterien verbunden.

Die **Leibeshöhle** ist fast immer sehr geräumig. Das System der Coelomkanäle weicht z. T. nicht unerheblich von dem auf S. 281 dargestellten Schema ab. Das orale Somatocoel ist gut entwickelt und umgibt als tonnenförmiges Kiefercoelom den gesamten Kauapparat. Sein zentrales Wandepithel umfasst den Oesophagus, sein peripheres deckt als Laternenmembran die Kiefer außen ab, seine Bodenfläche liegt der Peristomialmembran innen dicht an und entsendet Aussackungen in die 5 Paar Kiemen. Auch an der aboralen Oberfläche bildet die Laternenmembran interradial 5 vorgewölbte Säckchen. Sie bergen die basale Wachstumszone der Zähne. Die radiären Somatocoelkanäle verlaufen unter der Schale genau hinter der Nahtstelle der Ambulakralplatten. Sie verlieren bei fast allen Seeigeln im Laufe der Entwicklung – wohl im Zusammenhang mit der Spezialausbildung des somatocoelen Ringes – die Verbindung zum Kiefercoelom. Der aborale Somatocoelkanal ist von relativ geringerem Durchmesser als der der Seesterne, sonst aber typisch gebaut. Er entsendet die Gonadensäcke und umschließt den Genitalstrang und aborale Blutgefäße.

Der Schlundring des **Ambulakralgefäßsystems** (Hydrocoels) liegt, den Oesophagus umfassend, der Aboralseite des Kiefercoeloms auf.

Er trägt interradial 5 kleine Blindsäcke (die so genannten schwammigen Körper) unbekannter Funktion. Polische Blasen fehlen. Radiär gehen die 5 Ambulakralgefäße (Radiärkanäle) ab. Jedes Ambulakralgefäß verläuft zunächst auf der Oberseite der Laterne, zieht dann an der Außenfläche der Laterne hinab, tritt an die Innenfläche der Schale, verläuft in der Mittellinie der zugeordneten Ambulakralplattendoppelreihe über dem Metacoelkanal nach aboral, durchbohrt die Ocellarplatte und endet im **Terminalfühler**. Im Bereich der Ambulakralplatten ziehen Querkanälchen vom Radiärkanal zu je einer Ampulle. Von jeder Ampulle gehen eng benachbart zwei Kanäle zu den Füßchen. Die Ambulakralplatten weisen dementsprechend Doppelporen auf. Die **Ambulakralfüßchen** sind differenziert in Saugfüßchen, die an der Spitze einen Saugnapf tragen und zur Festheftung und Fortbewegung dienen, in Mundfüßchen (meist in der Zehnzahl), die für die Aufnahme mechanischer und chemischer Reize bestimmt sind, und in Kiemenfüßchen. Der an einem Interradius aus dem ambulakralen Ringkanal entspringende Steinkanal zieht fast senkrecht nach aboral, geht in die Ampulle über und mündet über die Madreporenplatte nach außen.

Das **Axocoel** enthält in seiner Wand 1) das Axialorgan und 2) den Steinkanal; das Axocoel endet oral blind. Das Axialorgan ist von längs verlaufenden, z.T. pulsierenden **Blutgefäßen** durchzogen. Diese stehen aboral in Verbindung mit dem Blutgefäßring am Somatocoelring und oral mit dem unter dem Ambulakralgefäßring verlaufenden Gefäßring. Dieser Ring entsendet 5 Radiärgefäße, die sich anfangs getrennt von den Radiärkanälen des Wassergefäßsystems nach oral wenden, dann aber zwischen diesen und den somatocoelen Radiärkanälen unter der Körperwand nach aboral ziehen. Das oesophageale Ringgefäß steht außerdem über eine mächtige Blutbahn in Verbindung mit dem überaus reichen Netz der Blutgefäße des Darmes.

Seeigel besitzen innerhalb ihres Panzers 5 **Epineuralkanäle**, die in die Tiefe verlagerten Ambulakralfurchen der Seesterne entsprechen und die vergleichbar auch bei Schlangensternen und Seegurken vorkommen. Diese Kanäle enthalten in ihrer Wand Stränge des ectoneuralen Nervensystems (Epineuralnerv) und verlaufen bei den Seigeln außerhalb der hydro- und so-

matocoelen Radiärkanäle. Der Ringkanal des epineuralen Systems umzieht in der Dermis die Mundöffnung.

Von allen Teilen des **Nervensystems** ist der ectoneurale besonders gut ausgebildet. Seine bandförmigen Bahnen liegen im proximalen Epithel des epineuralen Ringkanals und der epineuralen Radiärkanäle, also eigentlich an der gleichen Stelle wie bei den Seesternen, da die Epineuralkanäle ja nichts anderes darstellen als die geschlossenen, in die Tiefe verlagerten Ambulakralfurchen.

Der Darm ist in seinen Anfangsabschnitten besonders reich mit Nerven versehen. Das hyponeurale Nervensystem ist in allen Coelomepithelien nachweisbar und im Bereich des Kauapparates besonders gut ausgebildet. Sinnesorgane fehlen, Sinneszellen verschiedener Art finden sich zahlreich im Epithel.

Die **Gonaden** liegen im Dorsalteil der Panzerkapsel als meist fünf sack- oder traubenförmige Organe, die durch fünf interradiale Mesenterien an der Innenfläche der Rückenwand befestigt sind. Sie münden durch die Löcher der Genitalplatten sowie der Madreporenplatte aus. Bei einigen Arten wurde Brutpflege beobachtet. Die Geschlechter sind stets getrennt.

Spezieller Teil

Echinus esculentus

Die Körperform der vorliegenden Art gleicht mit ihrer abgeplatteten Unterseite und der gewölbten Oberseite etwa einem Apfel. Im Zentrum der Unterseite liegt der von fünf Zähnen umstellte Mund, seine häutige Umgebung wird als Mundfeld (**Peristom**) bezeichnet. Die Mitte der Oberseite wird von dem weichen Afterfeld (**Periproct**) eingenommen, in das unregelmäßige Kalkplättchen eingelassen sind. Der After liegt etwas exzentrisch. Die gesamte Oberfläche, mit Ausnahme von Mund- und Afterfeld, ist von kürzeren oder längeren Stacheln bedeckt, die auf runden Tuberkeln sitzen und nach allen Richtungen beweglich sind. Da sie, wie das Skelet der ganzen Schale, mesodermaler Herkunft sind, werden sie ursprünglich von der Epidermis überzogen, die sich aber bald zumindest an der Spitze abreibt.

● Um den Bau und die Anatomie des Skelets kennen zu lernen, zunächst ein Exemplar untersuchen, an dem Haut und Stacheln entfernt wurden (Abb. 160).

Um das am **Skelet** als kreisförmige Aussparung in Erscheinung tretende Afterfeld herum liegen zwei Kreise von Kalkplatten. Der innere besteht aus fünf größeren, fünfeckigen Platten, Basalia oder auch **Genitalplatten** genannt, weil jede von ihnen ein Loch aufweist, durch das eine der fünf Gonaden nach außen mündet. Die Madreporenplatte ist besonders groß und an ihrer Oberfläche von unzähligen, feinen Poren durchsetzt.

Der äußere Plattenkreis schiebt sich zwischen die Genitalplatten etwas ein und besteht aus fünf kleinen, fünfeckigen Stücken, den Radial- oder **Ocellarplatten**. Auch in jeder dieser Platten findet sich eine allerdings viel engere Durchbohrung.

● Diese wird deutlich sichtbar, wenn man das Schalenstück gegen das Licht hält.

Durch sie tritt das Endstück des radiären Ambulakralgefäßes und des radiären ectoneuralen Nervs nach außen, außerhalb der Schale gemeinsam den kleinen Endtentakel bildend.

Von diesen beiden Plattenkreisen aus ziehen meridian gestellte Plattenreihen abwärts bis zum Mundfeld. Man zählt 20 solcher Reihen, die paarweise vereinigt sind, also 10 Doppelreihen. Je fünf Doppelreihen von **Ambulakralplatten** gehen von den Ocellarplatten aus; mit ihnen alternieren die fünf anderen, an die Genitalplatten anschließenden Doppelreihen, die **Interambulakralplatten**. Die Naht zwischen je zwei gleichartigen Plattenreihen bildet eine Zickzacklinie.

Die Ambulakralplatten sind leicht daran zu erkennen, dass sie allein von Poren durchsetzt sind, die stets paarig auftreten, entsprechend den gleichfalls paarigen Kanälen zwischen Füßchen und Ampulle. Auf jeder Platte finden sich drei solcher Porenpaare, die stets an den äußeren Rändern jeder Doppelreihe liegen, während der innere Teil mit runden, stacheltragenden Tuber-

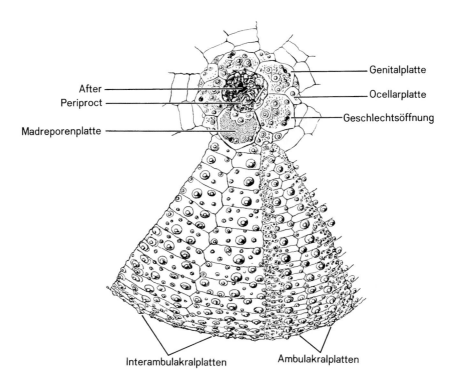

After
Periproct
Madreporenplatte

Genitalplatte
Ocellarplatte
Geschlechtsöffnung

Interambulakralplatten   Ambulakralplatten

Abb. 160 Aboralseite des Skelets von *Echinus esculentus*

keln besetzt ist. Entsprechende Stachelwarzen befinden sich, in ziemlich regelmäßiger Anordnung, auch auf den Interambulakralplatten.

● Das in Alkohol konservierte Exemplar ins Wachsbecken legen, das Mundfeld nach oben (Abb. 161).

Das **Mundfeld** ist eine weiche, lederartige Membran aus mutabilem Bindegewebe, in deren Mitte sich der von den Spitzen der fünf weißen Zähne verschlossene Mund befindet. Um den Mund herum stehen zehn größere Mundfüßchen, die statt eines Saugnapfes eine zweilappige, reich innervierte Endscheibe tragen. Sie werden als Chemoreceptoren angesehen und spielen wahrscheinlich eine Rolle bei der Nahrungssuche. An der Peripherie des Mundfeldes befindet sich in jedem Interradius ein Paar stark verästelter **Kiemen**. Deren flüssigkeitserfüllter Hohlraum steht mit dem Kiefercoelom in Verbindung.

Zwischen den Stacheln liegen zahlreiche, verschieden geformte und verschiedenen Zwecken dienende, gestielte, meist dreizangige **Pedicellarien**.

● Mit der feinen Pinzette werden einige Pedicellarien vorsichtig von ihrer Unterlage abgelöst, auf einen Objektträger in Glyzerin gebracht und bei schwacher Vergrößerung mikroskopiert.

Diese kleinen Greifapparate bestehen aus einem Stiel und drei diesem aufsitzenden, beweglichen Klappen. Der Stiel enthält in seinem unteren Teil einen starren Kalkstab, der von einer Scheide aus Bindegewebe und Muskulatur umgeben ist. Der obere Teil ist biegsam und kann sich unten spiralig drehen sowie oben fernrohrartig ineinander schieben (Abb. 162). Die Klappen werden von Muskulatur bewegt, die funktionell in Adductor-, Abductor- und Flexormuskulatur differenziert ist. Der kräftige Adductor besitzt glatte

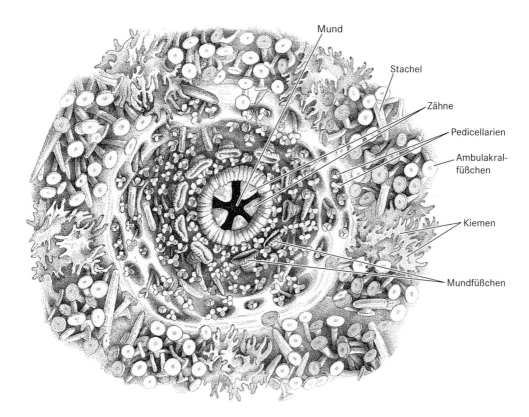

Abb. 161 Mundfeld (Peristom) von *Echinus esculentus*

und quergestreifte Anteile. Je nach Form der Klappen werden tridactyle, trifoliate, ophiocephale und globifere Pedicellarien unterschieden. Letztere besitzten Giftdrüsen, während die übrigen reine rasch zubeißende Greiforgane sind.

● An dem in Alkohol konservierten Exemplar die **Stacheln** genauer untersuchen.

Sie sitzen jeweils einem von der Schale gebildeten Tuberkel gelenkig auf. Tuberkel und Stachelbasis sind durch eine Kapsel verbunden, in die ein äußerer Ring von radiär angeordneten (Stachelbewegungs-)Muskeln und ein innerer Ring aus mutabilen kollagenen Fasern – die durch temporäres Versteifen eine Bewegungssperre bewirken – eingelagert sind. Bei den Stacheln anderer Seeigel kann außerdem noch ein zentrales, Tuberkel und Stachelbasis verbindendes Ligament vorhanden sein. Zwischen den zahlreichen Stacheln sieht man im Bereich der Ambulakralplatten die fünf Doppelreihen von Füßchen, die beim lebenden Tier sehr ausdehnungsfähig sind und ähnliche Funktionen erfüllen wie beim Seestern.

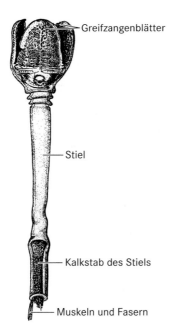

Abb. 162 *Echinus esculentus*. Typische Pedicellarie. Insgesamt lassen sich 4 verschiedene Pedicellarientypen unterscheiden

● Zum Studium der **inneren Organisation** wird der Körper des Seeigels geöffnet. Das kann mit einer kräftigen Schere geschehen, besser geeignet ist eine Feinsäge.
● Etwas unterhalb der Mitte wird die Schalenwand ringsherum horizontal aufgesägt; die beiden Schalenhälften werden vorläufig nicht auseinander geklappt.
● Etwas langwieriger, aber lohnender, ist das Heraussägen der Ambulakralplattenreihen, sodass breite Fenster entstehen, durch die man die innere Organisation überschauen kann.
● Die beiden Schalenhälften vorsichtig ein wenig voneinander entfernen.

Es ist zu erkennen, dass der **Steinkanal** den Innenraum axial von der Madreporenplatte zum Ringkanal durchzieht. Die Wand des Steinkanals enthält bei *Echinus* keine Kalkeinlagerungen. In der unteren Schalenhälfte liegt der komplizierte **Kauapparat** („Laterne des Aristoteles", Abb. 163), aus dem der Anfangsteil des Darmes nach oben zu austritt, wobei er sich dem Steinkanal dicht anlegt. Der Darm verläuft in seinem weiteren Verlauf gewunden und durch Mesenterien an der Schalenwand befestigt.

● Um seinen Verlauf deutlicher erkennen zu können, den Steinkanal dicht unterhalb der Madreporenplatte durchschneiden und die beiden Schalenhälften langsam auseinander klappen, ohne jedoch dabei den Darm abzureißen.

Der **Darm** verläuft wie im allgemeinen Teil beschrieben. Er besteht 1) aus dem dünnen, durch den Kieferapparat aufsteigenden Oesophagus, der bei *Echinus* oft erst im oberen Drittel des Körpers umbiegt und absteigend auf die Körperwand zuläuft, 2) den zwei gegenläufigen Darmwindungen, einer unteren und einer oberen, die beide je einmal um die innere Zirkumferenz der Innenwand des Panzers laufen und 3) dem aufsteigenden, allmählich dünner werdenden Enddarm (Rectum). Von oben (aboral) betrachtet, verläuft die erste (untere) Darmwindung gegen den Uhrzeigersinn, die zweite (obere) im Uhrzeigersinn. Von der Seite betrachtet, verläuft die untere Darmwindung leicht und die obere steiler gewellt, wobei die Kämme der Wellen oft ungefähr in Höhe der Radien (Ambulakren) liegen. Am Beginn der ersten Darmwindung

Greifzangenblätter

Stiel

Kalkstab des Stiels

Muskeln und Fasern

ist ein gut erkennbarer Blindsack ausgebildet. Der dünne Nebendarm verläuft auf der Innenseite des Hauptdarms. Die vielen Blutgefäße der Darmwand sind gut erkennbar. Neben dem aufsteigenden Anfangsabschnitt des Oesophagus verläuft der Steinkanal.

• Den Darm vorsichtig entfernen, um das Ambulakralsystem besser überblicken zu können.

Die **Ampullen** sind als abgeflachte, dreieckige, zarte Gebilde erkennbar, die an der Innenwand der Ambulakralplatten in zwei dicht geschlossenen Reihen angeordnet sind. Der **Ringkanal**, der den Schlund auf der Oberseite der Laterne

des Aristoteles umgibt, ist schwer zu präparieren, und ebenso die fünf von ihm abgehenden **Radiärkanäle**, die zunächst auf der Oberseite des Kauapparates verlaufen. Sie werden hier durch Skeletstücke der Laterne verdeckt, ziehen dann an der Außenfläche der Laterne hinab, treten durch die bogenförmigen Aurikel (s. unten), um schließlich der Innenfläche der Schale angelagert aufzusteigen und am Afterfeld blind zu endigen. Seitlich von ihnen austretende, alternierende Zweige gehen in die Ampullen.

Jede Ampulle steht mit dem entsprechenden Füßchen durch zwei die Schale durchbohrende Kanäle in Verbindung (Abb. 163). Einer von

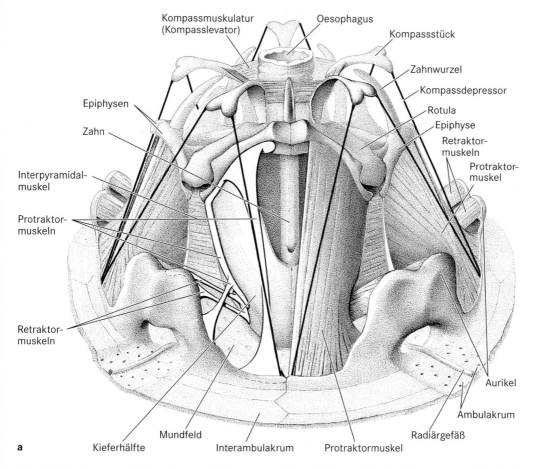

Abb. 163 Laterne des Aristoteles von *Echinus esculentus*. **a** Seitenansicht. Die feine membranöse Bedeckung (Epithel des Kiefercoeloms) der Laterne ist nicht dargestellt. Die Kompassdepressoren bestehen aus Muskulatur und mutabilem Bindegewebe. Kompassstück = Gabelstück. Retraktor- und Protraktormuskulatur der Kiefer sind schematisch (links der Mittellinie) und in natürlicher Form (rechts der Mittellinie) dargestellt

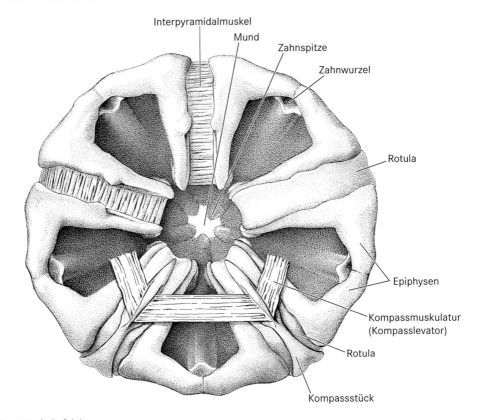

b

Abb. 163 b Aufsicht

ihnen, und zwar der dem Radiärgefäß nähere, leitet die Flüssigkeit von der Ampulle zum Füßchen, der andere führt sie zur Ampulle zurück, was einen für die Atmung günstigen Kreislauf der Flüssigkeit ermöglicht.

Die **Gonaden** sind bei großen Exemplaren sehr stark entwickelt und bilden fünf traubige, miteinander verschmolzene Organe, die an der dorsalen Schalenwand angeheftet sind und interambulakral liegen.

Schließlich kann man noch den komplizierten Kauapparat untersuchen, ein seit PLINIUS (23–79 n. Chr.) als „**Laterne des Aristoteles**" bezeichnetes Organ (Abb. 162, 163), das von einer Membran, der Laternenmembran, überzogen ist. Schon bei der Betrachtung der äußeren Körperform sind fünf vorstehende, elfenbeinweiße Zähnchen zu sehen gewesen.

● Die Laternenmembran ablösen.

Man stellt fest, dass jeder Zahn in einen kräftigen Kiefer eingelassen ist, der seiner Form wegen auch als **Pyramide** bezeichnet wird.

Jeder Kiefer setzt sich aus zwei symmetrischen Stücken (**Demipyramiden**) zusammen, die durch Fasern fest aneinander geschlossen sind. Die Zähne sind unten meißelartig zugespitzt, oben enden sie mit einer weichen, eingerollten Wurzel, von der aus ihr ständiges Wachstum in der Zahnblase des Kiefercoeloms ausgeht. Zwischen den einzelnen Kiefern spannt sich eine sehr kräftige Quermuskulatur aus (Musculi interpyramidales). Über den Kiefern liegen – ähnlich einem Radkranz – zehn als Epiphysen oder Bogenstücke bezeichnete Skeletspangen. Die Speichen des Radkranzes werden durch fünf dem Zentrum zustrebende Zwischenkieferstücke (Rotulae) dargestellt, über denen sich als letzte Elemente fünf schlanke Gabelstücke (Kompassstücke) erheben, deren peripheres Ende nach unten abgebogen ist (Abb. 162).

Dieser komplizierte Kieferapparat wird durch eine große Anzahl **Muskeln** in Bewegung gesetzt. Sie entspringen zum Teil an einem die Peripherie der Mundscheibe umgebenden, nach innen vorspringenden Skeletring, der fünf ambulakral liegende, bogenförmige Erhebungen, die **Aurikel**, aufweist. Die Zähne werden durch die sehr kräftigen Interpyramidalmuskeln zwischen den einzelnen Kiefern aneinander gepresst. Das Herabziehen einzelner Kiefer und das Senken der ganzen Laterne werden durch die fünf Muskelpaare, die Protraktoren, besorgt, die von den Epiphysen zu den interambulakralen Vertiefungen zwischen je zwei Aurikeln zie-

hen. Als Antagonisten wirken beim Heben zehn kräftige, vom Oberrand der Aurikeln schräg abwärts zu den Unterenden der Kiefer ziehende Muskeln, die Retraktoren; gleichzeitig bewirken diese Muskeln ein Öffnen des Kieferapparates, wie auch beim Senken gleichzeitig ein Schließen (Zubeißen) eintritt. Die schwachen, von den peripheren Enden der Gabelstücke abwärts ziehenden Kompassdepressoren pressen die Gabelstücke auf den darunter liegenden Kiefersinus und drücken dadurch die in ihm enthaltene Flüssigkeit in die Kiemenbläschen des Mundfeldes, dienen also, zumindest in erster Linie, der Atmung. Als ihre Antagonisten wirken die zwischen den Gabelstücken ausgespannten Kompassmuskeln (Kompasslevatoren).

Chaetognatha, Pfeilwürmer

Technische Vorbereitungen

- Das Studium der Chaetognathen erfolgt an mikroskopischen Präparaten ganzer Tiere. Die besten Präparate geben in Formol konservierte Exemplare, die mit Boraxkarmin und Bleu de Lyon gefärbt wurden. Gut geeignet sind u.a. die mediterrane *Sagitta bipunctata* oder *Sagitta setosa* aus der Nordsee.

Allgemeine Übersicht

Die Chaetognatha sind räuberische Tiere von glasheller Durchsichtigkeit, die schwimmend und schwebend im Meer leben und oft einen großen Teil des Planktons ausmachen. Sie sehen mit ihrem lang gestreckten, hinten mit einer Schwanzflosse endenden Körper und den horizontal ausgebreiteten, symmetrischen Seitenflossen fast wie kleine Fische aus. Einige Arten leben am Boden.

Das **Coelom** wird durch zwei Querwände (Dissepimente) in drei Abschnitte zerlegt. Ihnen entsprechen äußerlich die drei Körperregionen **Kopf**, **Rumpf** und **Schwanz**. Im Kopf ist das Coelom auf einen schmalen engen Raum eingeengt, in Rumpf und Schwanz ist es dagegen geräumig. Der Kopf enthält den Vorderdarm mit der Mundöffnung, das Gehirn und die hauptsächlichsten Sinnesorgane sowie den **Greifapparat**, der Rumpf den übrigen Darm und die weiblichen Geschlechtsorgane, der Schwanz die männlichen Geschlechtsorgane.

Die den Körper bedeckende **Epidermis** ist i. a. mehrschichtig. Sie scheidet am Kopf eine unterschiedlich dicke Cuticula aus.

Die dünnen, muskelzellfreien **Flossen** werden von Epidermis bedeckt und enthalten im Innern eine zarte Bindegewebslamelle. Sie werden von festen Strahlen gestützt, die filamentreichen schlanken Epidermiszellen entsprechen. Es sind ein bis zwei Paar Seitenflossen und eine gleichfalls horizontale Schwanzflosse entwickelt. Die Flossen sind nicht beweglich, sondern dienen nur als Schwebeflächen; die Fortbewegung erfolgt stoßweise und blitzschnell durch Auf- und Abschlagen des Körperendes.

Der **Darm** verläuft gestreckt durch die Leibeshöhle und wird von einem dorsalen und einem ventralen Mesenterium getragen. Er beginnt ventral am Kopf mit der längsovalen Mundöffnung, die in den ectodermalen Pharynx führt. Der daran anschließende, den Rumpf durchziehende Mitteldarm stülpt nach vorn zwei Blindsäcke aus. Der After liegt ventral am Ende der Rumpfregion.

Die meist quergestreifte und ultrastrukturell sowie physiologisch hoch differenzierte **Muskulatur** dient am Kopf vor allem der Bewegung der Greifhaken. Im Rumpf ist sie in vier Längsbändern, zwei dorsalen und zwei ventralen, angeordnet.

Bindegewebe bildet eine dünne Schicht unter der Epidermis, an der die Körpermuskulatur ansetzt. Funktionell ist auch die flüssigkeitsgefüllte Leibeshöhle dem Stützapparat zuzuzählen.

Das **Nervensystem** besteht im Wesentlichen aus einem dorsal über dem Schlund gelegenen Cerebralganglion und einem großen ventralen Bauchganglion. Vom Cerebralganglion geht ein Nervenring aus, der den Pharynx umgibt und in den je ein Paar Vestibular- und Oesophagealganglien eingelagert sind. Seitlich gehen vom Cerebralganglion zwei große Lateralnerven ab, die zum Bauchganglion ziehen. Vom Bauchganglion gehen 12 Nervenpaare aus, die intraepidermal verlaufen und vor allem die Rumpfmuskulatur versorgen.

Von **Sinnesorganen** sind zwei deutliche, aus mehreren Pigmentbecherocellen gebildete Augen auf der Dorsalseite des Kopfes sowie Mechanoreceptoren an der Körperoberfläche vorhanden. Ein einfaches Blutgefäßsystem ist in der Darmwand und an den Ovarien vorhanden.

Die Chaetognathen sind **Zwitter**. Der im Rumpf liegende Teil der Leibeshöhle ist bei geschlechtsreifen Tieren in seinem hinteren Teil durch die paarigen Ovarien ausgefüllt. Neben dem Ovarium liegt der Eileiter, der hinten auf einer kleinen Papille nach außen mündet. Die beiden Receptacula seminis liegen in den Eileitern.

Die Hoden liegen in der Schwanzregion. Die Samenzellen treten in das Schwanzcoelom über, reifen hier und erreichen über einen bewimperten Samengang die Samenblase, in der eine Spermatophore entsteht.

Die **Entwicklung** verläuft – nach Begattung oder Selbstbefruchtung – ohne Metamorphose. Die Furchung ist total-äqual, die Gastrulation eine typische Invagination. Die Urgeschlechtszellen sondern sich sehr früh ab. Das Coelom entsteht durch Abfaltung vom Urdarm.

Spezieller Teil

Sagitta bipunctata

Das Tier erreicht eine Länge von etwa 2cm und hat außer der Schwanzflosse noch zwei Paar schmale, aber lange Seitenflossen. Hinter dem Kopf befindet sich ein breiter, mehrschichtiger Epidermiswulst (Abb. 164).

Am **Kopf** (Abb. 165) sind auf jeder Seite acht bis zehn **Greifhaken** zu sehen, die mit kräftiger Muskulatur in Verbindung stehen. Jeder Haken besteht aus einem Schaft und einer gesonderten, scharfen Spitze. Die Basis der Greifhaken wird von einer Hautfalte umgeben, der **Kopfkappe**, die in der Ruhe den Kopf und die zusammengelegten Greifhaken umhüllt, beim Angriff aber zurückgestreift wird. Andere Waffen sind die Gruppen von Zähnen oder Stacheln, die die Mundöffnung begrenzen. Beim Fassen der Beute wird Gift (Tetrodotoxin) injiziert.

Die beiden **Augen** setzen sich aus je fünf invertierten Becherocellen zusammen, die durch Pigmente teilweise voneinander geschieden werden. Vier der Ocellen sind nach innen, der fünfte, besonders große, ist nach außen gerichtet.

Der **Darmtrakt** ist von der längsovalen Mundöffnung an bis zu dem ventral am Hinterende des Rumpfsegments gelegenen After als geradlinig verlaufender Schlauch leicht zu überblicken. An der Grenze von Kopf und Rumpfsegment ist der Darm stark eingeschnürt; davor liegt der muskulöse Pharynx. Das Epithel des Rumpfdarmes ist einschichtig und besteht aus 2 Zelltypen: Drüsenzellen und Kinocilien tragenden, resorbierenden Zellen. Das Coelomepithel, das das Darmepithel außen bedeckt, enthält Myofilamente und erfüllt somit auch die Funktion einer Darmmuskulatur.

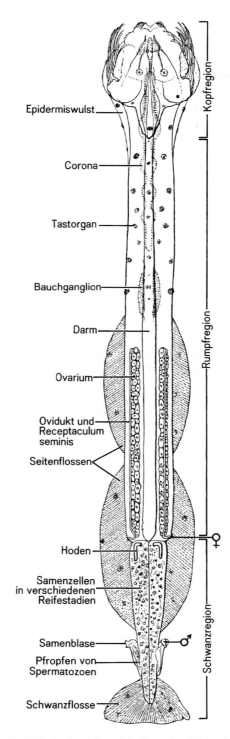

Abb. 164 *Sagitta bipunctata*, Dorsalansicht. 10×

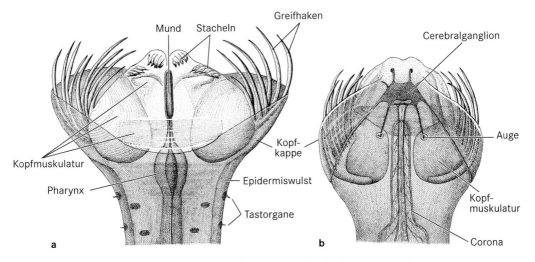

Abb. 165 Kopf von *Sagitta bipunctata*; **a** Ansicht von ventral; **b** Ansicht von dorsal

Vorn im Kopf befindet sich das die dorsale Epidermis etwas vorwölbende, sechseckige, umfangreiche **Cerebralganglion**, während das große, massive **Bauchganglion** etwa in der Mitte des Rumpfes liegt. Besonders deutlich sind hier die seitlich gelegenen Ganglienzellen und das zentral gelegene Neuropil zu erkennen.

Dorsalwärts zieht, zwischen den Augen beginnend, die **Corona** nach hinten, eine ovale, am Rande Wimpern tragende Epidermisleiste, die sich wiederholt etwas ausbuchtet.

Schließlich fallen im Präparat (meist stark angefärbte) Verwölbungen der Haut auf, die je eine Reihe steifer Borsten tragen. Es sind Mechanoreceptoren, die Wasservibrationen registrieren.

Die **Längsmuskulatur** des Rumpfes zeigt die typische Anordnung in vier Längsbändern. Bei starker Vergrößerung erkennt man deutlich die Querstreifung der Muskelzellen.

Die meisten Präparate zeigen in der hinteren Rumpfhälfte die **Ovarien**, die bei geschlechtsreifen Tieren stark ausgedehnt und von reifen und unreifen Eiern prall gefüllt sind.

Ferner sieht man zu beiden Seiten am Ende des Rumpfsegments je einen papillenartigen Vorsprung: Hier münden die beiden Eileiter aus, die sich weit nach vorn erstrecken und sehr enge Kanäle darstellen, deren orales Ende blind geschlossen ist. Das zu jedem Ovidukt gehörende **Receptaculum seminis** liegt als röhrenförmiger Gewebsstrang im Ovidukt, dessen Lumen dadurch auf einen schmalen Spaltraum reduziert ist. In diesem Spaltraum werden die Eizellen befruchtet und wandern danach zur Geschlechtsöffnung.

Das Schwanzcoelom enthält **Hoden** und Entwicklungsstadien der **Spermien**.

Chordata, Chordatiere

Zu den Chordata gehören die Urochordata, Acrania und Vertebrata (Wirbeltiere). Den Chordaten werden weiterhin die nur fossil bekannten Conodonta zugezählt. Die Chordata sind bilateralsymmetrische Deuterostomia mit unterschiedlich gegliedertem Coelom. Sie sind seit dem Kambrium bekannt und treten in zunehmend größer werdender Artenzahl ab Ordovizium und Silur auf.

Sie unterscheiden sich durch folgende – nicht selten nur im Embryonal- oder Larvenstadium nachweisbare – Merkmale von allen übrigen Tierstämmen:

1. Besitz eines inneren, dorsal gelegenen axialen Skelets. Es wird primär von einem histologisch unterschiedlich differenzierten, einheitlichen und ungegliederten zelligen Stab, der **Chorda dorsalis** (Rückensaite), samt faserreicher Bindegewebshülle (Chordascheide) gebildet. Bei den Wirbeltieren wird bei den allermeisten Formen die in frühen Entwicklungsstadien zunächst einheitlich angelegte Chorda dorsalis in unterschiedlichem Ausmaß durch die Wirbelsäule ersetzt, die aus knorpeligem und knöchernem Gewebe besteht. Die Chorda entwickelt sich aus dem Mesoderm und liegt unter dem Neuralrohr bzw. dem Zentralnervensystem. Sie wird durch einen fibroblastischen Wachstumsfaktor aus dem Entoderm induziert. Signale aus dem embryonalen Chordagewebe sind wichtig für die Differenzierung der Somiten, speziell für die Entwicklung des Knorpelgewebes, und des Neuralrohrs.

2. Lage und Form des **Zentralnervensystems**. Es liegt dorsal über Chorda und Darm und hat primär die Form eines Rohres. Es entwickelt sich aus einer Einfurchung des Ectoderms entlang der Mittellinie des Rückens (**Neuralrinne**), die sich dann aus dem Oberflächenepithel ablöst, in die Tiefe sinkt und zum **Neuralrohr** schließt, dessen vorderer Abschnitt sich zum **Gehirn** entwickelt, während der hintere zum **Rückenmark** wird.

3. Lage und Bau des **Kiemendarms**. Ein vorderer Abschnitt des Darmes, der Kiemendarm, und die ihn umgebende Körperwand sind von Spalten durchbrochen, aus denen das durch den Mund aufgenommene Wasser abströmt. Die Wand dieser **Kiemenspalten** entwickelt bei den Wirbeltieren die Kiemen, deren große Oberfläche den Gaswechsel begünstigt. Die zunächst überraschende Tatsache, dass gerade ein Teil des Darmes zum Atmungsorgan und seine Wand von Spalten durchbrochen wurden, erklärt sich aus der ursprünglichen Art der Nahrungsgewinnung der Chordaten: Filtration des Wassers, um die in ihm schwebenden Nahrungspartikel in einem Schleimfilm abzufangen und dem Darm zuzuführen. Das gefilterte Wasser fließt durch die Spalten ab, ohne den Darm zu belasten. Ventral durchzieht den Kiemendarm eine drüsige Wimperrinne, das **Endostyl** (Hypobranchialrinne). Sie wird bei den Wirbeltieren zur Schilddrüse.

4. Spezielle Drüsenstrukturen dorsal im Mundraum (Neuraldrüse und Dorsalstrang der Ascidien, Hatscheksche Grube der Acranier, Adenohypophyse der Vertebraten).

1. Urochordata
Tunicata (Ascidiae und Thaliacea)

Die Tunicata gehören mit den Copelata zu den Urochordata und sind marine, teils festsitzende, teils frei schwebende oder schwimmende Tiere. Ihren Namen verdanken sie einer als Mantel oder **Tunica** bezeichneten Oberflächenabscheidung, die im Wesentlichen aus Tunicin, einer celluloseähnlichen, im Tierreich sonst nicht vorkommenden Substanz besteht.

Der Körper der Tunicata gliedert sich in Rumpf und Schwanz; die **Chorda dorsalis** ist auf den Schwanz beschränkt. Sie besteht aus einer peripheren Schicht platter oder kubischer Epithelzellen, die ein Lumen umschließen, das glykoproteinhaltiges Material enthält. Die Existenz des Schwanzes mit Chorda und Muskulatur ist auf das kurzlebige Larvenstadium beschränkt.

Das **Coelom** ist bis auf einen Rest (Herzbeutel) rückgebildet. Vom **Zentralnervensystem** bleibt bei Adulten in der Regel nur ein dorsal liegendes Ganglion erhalten. Der als Nahrungsfilter und auch respiratorisch tätige **Kiemendarm** ist sehr ausgedehnt und wird i. A. von vielen Kiemenspalten durchbrochen, die in einen sekundär zwischen Darm und Körperwand eingeschalteten **Peribranchialraum** münden. Das Herz ist meist sackförmig, das **Blutgefäßsystem** in der Regel durch feine Gefäße vertreten. **Exkretionsorgane** fehlen oder sind als Speichernieren entwickelt; der Darm hat vermutlich auch Exkretionsfunktion.

Die Tunicata sind fast stets **Zwitter**. Ungeschlechtliche Vermehrung durch Knospung ist bei ihnen sehr verbreitet.

I. Ascidiae, Seescheiden

Technische Vorbereitungen

- Es werden geschlechtsreife *Ciona intestinalis* zur Präparation gegeben, außerdem noch mikroskopische Präparate sehr kleiner Exemplare.

Allgemeine Übersicht

Die Ascidien sind marine, als **Adulte** festsitzende Tiere. Diese Lebensweise hat eine Reihe von Umbildungen zur Folge gehabt, die den Chordatencharakter ihrer Organisation bei Erwachsenen z. T. verdecken. Dagegen stimmen die frei schwimmenden Larven der Ascidien mit Copelaten, den frühen Entwicklungsstadien der Wirbeltiere und von *Branchiostoma* in erheblichem Maße überein.

Die **Larven** sind mit einem Ruderschwanz versehen, in dessen Achse eine durch Abschnürung vom Urdarmdach entstandene Chorda dorsalis verläuft. Sie liegt zwischen Darm bzw. Entodermstrang (ventral) und Nervenrohr (dorsal) und erstreckt sich noch ein Stück weit in den Rumpf hinein. Auch die Entwicklung und Lage des Nervensystems ist die gleiche wie bei den Wirbeltieren. Am **Neuralrohr**, das vorn eine Zeitlang offen ist (**Neuroporus**) und hinten mit dem Urdarm kommuniziert (**Canalis neurentericus**), ist der vorderste Abschnitt zu einem Gehirn erweitert, in dessen Wandung dorsal ein Photoreceptor und ventral ein statisches Organ liegen; der Rest des Neuralrohres kann als Rückenmark bezeichnet werden. Am Vorderdarm kommt es zum Durchbruch von **Kiemenspalten**. Ungefähr gleichzeitig mit der Bildung des ersten Paares der Kiemenspalten entwickelt sich vom Rücken her aus zwei ectodermalen Einstülpungen der **Peribranchialraum**, in den die Kiemenspalten einmünden. Die Larven leben von Dotter, die Nahrungsaufnahme beginnt erst im Laufe der Metamorphose.

Die Anatomie der **adulten Ascidien** unterscheidet sich erheblich von der der Larven. Die Nahrungsaufnahme erfolgt über den großen, meist nach oben gerichteten Branchial-(Ingestions-)Sipho. Der vordere **Darm** hat sich stark vergrößert und wird von zahlreichen Kiemenspalten durchsetzt (Kiemensack, Kiemenkorb). Um ihn herum liegt der schmale, einheitliche Peribranchialraum, der sich dorsal zur **Kloake** (Atrium) erweitert, in die der Darm und die Geschlechtsorgane ausmünden. Die Kloake öffnet sich über den Atrialsipho (Egestionssipho) nach außen.

Dem Schutz des Körpers dient der meist mächtig entwickelte **Mantel**, eine vielgestaltete, faserige, z. T. bunte Ausscheidung der Epidermis, die aus Tunicin, Proteinen, verschiedenen Kohlenhydraten und (bis zu mehr als 75%) aus Wasser besteht. In ihn sind aus unterlagernden Geweben zahlreiche Zellen eingewandert, sodass er den histologischen Charakter eines Bindegewebes erhält. Die Blutgefäße treten auch in die Tunica ein und werden hier sogar von einem Epithel begrenzt.

Auf den Mantel folgt nach innen die einschichtige **Epidermis**, unter der zartes **Bindegewebe** mit **Längs-** und **Ringmuskelzügen** und **Blutgefäßen** liegt. In ein derartiges Bindegewebe sind auch alle inneren Organe eingebettet.

Durch die mächtige Entwicklung des **Kiemensackes** ist der verdauende Teil des Darmes auf den hinteren Körperabschnitt beschränkt worden. Er gliedert sich in Oesophagus, Magen, Mittel- und Enddarm und mündet mit dem After in den Kloakenraum ein.

Wimpern an der Innenfläche des Kiemensackes erzeugen einen ständigen, durch den **Branchialsipho** eintretenden Wasserstrom, der durch die Kiemenspalten in den Peribranchialraum gelangt und durch den Atrialsipho den Körper wieder verlässt. Ventral verläuft im Kiemensack achsenparallel eine offene Rinne, das **Endostyl** (**Hypobranchialrinne**). Ihre Wände werden jederseits von drei Streifen von Drüsenzellen gebildet, die jeweils von Wimperepithel getrennt sind. Das von den Drüsenzellen abgesonderte Sekret (ein jodhaltiges Mucoprotein) wird von den Wimpern aus der Rinne befördert, vom Wimperepithel der Kiemensackinnenwand übernommen und als Schleimteppich langsam rechts- bzw. linksherum nach dorsal befördert. Durch ihn muss das Wasser, bevor es durch die Kiemenspalten abfließen kann, hindurchtreten, wobei die in ihm enthaltenen Nahrungspartikel abgefangen werden. Am Vorderende, im präbranchialen Teil des Darmes, trennen sich die rechte und linke Partie des Endostyls, ziehen als Flimmerbänder beidseits in der Darmwand dorsal, um in eine weitere, mit Drüsen- und Wimperzellen (in anderen Fällen mit sichelförmigen Tentakeln) ausgestattete Längsleiste, das **Dorsalorgan** (= Epibranchialrinne), zu münden. Dessen Bewimperung rollt die beiden Hälften des Schleimfilters mit den dort hängen gebliebenen Nahrungspartikeln zu einer „Nahrungswurst" ein, die, langsam rotierend, nach hinten zum Oesophagus befördert wird.

Zwischen Magen und Endostyl liegen **Herz** und **Geschlechtsorgane**. Das von einer Perikardhöhle umschlossene Herz wechselt rhythmisch seine Kontraktionsrichtung, indem es das Blut abwechselnd dem Kiemensack und dem Körper zutreibt, was für alle Tunicata charakteristisch ist.

Das bei den Ascidienlarven noch in Rückenmark und Gehirn differenzierte **Nervensystem** bildet sich bei den Adulti zu einem einfachen Cerebralganglion um, das dorsal zwischen den einander genäherten Körperöffnungen liegt, und von dem feine Nerven ausgehen.

Die **Geschlechtsorgane** sind fast stets zwittrig. Viele Ascidien pflanzen sich ungeschlechtlich durch **Knospung** fort, was zur Bildung von Kolonien führt.

Spezieller Teil

Ciona intestinalis

- Es werden zunächst gefärbte Präparate von möglichst kleinen (etwa 1,5 cm langen) Exemplaren dieser sehr häufigen Art mikroskopiert (Abb. 166).

Wurzelförmige, von Blutgefäßen durchsetzte Ausläufer des Mantels, die zum Anheften an der Unterlage dienen, kennzeichnen das untere Körperende. Das freie, obere Körperende ist in zwei röhrenförmige Fortsätze ausgezogen, von denen der eine, der **Branchialsipho**, endständig liegt, der andere, etwas kleinere, der **Atrialsipho**, seitlich. Beide beherbergen kontraktile Öffnungen, die als Branchial- und Atrialöffnung oder auch als Ingestions- und Egestionsöffnung bezeichnet werden. Die Branchialöffnung führt in den **Kiemendarm** (**Kiemensack**), die Atrialöffnung kommuniziert mit dem Peribranchialraum.

Die Branchialöffnung ist kreisrund und in acht Lappen ausgezogen. In den dadurch gebildeten Einkerbungen liegt je ein Pigmentbecherocellus. Ähnlich gebaut ist die Atrialöffnung, nur dass

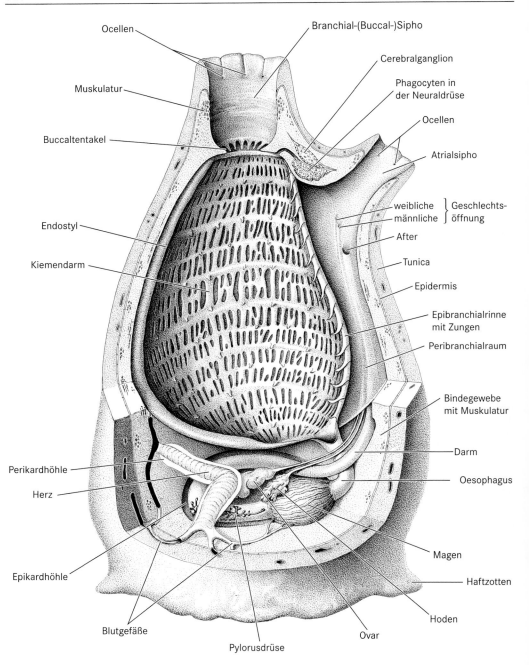

Abb. 166 *Ciona intestinalis*. Bauplan eines adulten Tieres. Endostyl = Hypobranchialrinne. Epibranchialrinne = Dorsalorgan. Die paarige Epicardhöhle ist bei *Ciona* besonders groß und kommuniziert mit dem Kiemendarm. Der Magen bildet nach innen vorspringende Falten mit Streifen verschiedener Epithelzellen. Im Endostyl (Vorstufe der Schilddrüse) entsteht ein Schleimfilm, der sich innen über den Kiemendarm schiebt und mit dessen Hilfe Nahrungspartikel festgehalten werden

hier sechs Lappen und sechs Pigmentbecherocellen entwickelt sind.

Ein Stück oberhalb des Kiemensackes sieht man im Branchialsipho als ringförmige Verdickung den Tentakelring, auf dem sich in regelmäßiger, reihiger Anordnung kurze Buccaltentakel erheben. Sie ragen im Leben weit in den Hohlraum des Siphos vor und bilden so eine Reuse, die größeren Fremdkörpern den Eintritt in den zarten Kiemensack versperrt.

Unterhalb des Tentakelringes erkennt man die Schlinge aus Flimmerzellen, die als ein stärker gefärbtes Band die weite Öffnung des Kiemensackes umzieht. Der Kiemensack selbst, der als Pharynx zu betrachten ist, nimmt den Hauptteil des Körperinneren ein. Seine Wand ist ein Maschenwerk sich rechtwinklig kreuzender Leisten, an deren Kreuzungsstellen kurze, hakenförmig gekrümmte Papillen ins Innere vorspringen. Über sie gleitet das in einen Schleimfilm eingebettete Filtrat, getrieben durch Wimpern an ihrer konvexen Seite, langsam dorsalwärts hinweg. Die feinen, mehr oder weniger ovalen, mit Flimmerepithel bekleideten Kiemenspalten stehen in transversalen Reihen. Auf der ventralen Seite liegt in Form eines dunkler gefärbten Bandes das den Schleimfilm abscheidende Endostyl (Hypobranchialrinne). Ihr gegenüber, also dorsal, befinden sich die als „Zungen" bezeichneten, sichelförmigen Tentakel des Dorsalorgans, die dem Einrollen des Schleimfilms mit dem Filtrat dienen. Der **Peribranchialraum** ist ein schmaler Spalt zwischen Kiemendarm und Körperwand, der nur unter der Atrialöffnung größere Ausdehnung gewinnt, wo er die Kloakenhöhle (Atrium) bildet. Im Peribranchialraum befinden sich Gewebestränge, Trabekel, die den Kiemendarm mit der Körperwand verbinden.

Der bewimperte **Nahrungsdarm**, der sich an den Kiemensack anschließt, beginnt mit einem kurzen, engen Oesophagus, erweitert sich zum Magen, beschreibt eine Intestinalschlinge und zieht als Enddarm nach oben, um etwa in halber Körperhöhe im After zu enden. Die Nahrungsreste werden durch die Atrialöffnung ausgestoßen.

Zwischen Enddarm und Kiemensack ziehen die Ausführgänge der Geschlechtsorgane, Ovidukt und Vas deferens, nach oben, ein gutes Stück höher als der After im Atrium ausmündend. Die Geschlechtsorgane sind an den

Präparaten dieser jungen Tiere allerdings noch nicht entwickelt.

Nahrungsdarm und Gonaden sind bei *Ciona* von der paarigen **Epikardhöhle** umgeben, die mit dem Kiemendarm kommuniziert.

Deutlich sichtbar ist das **Cerebralganglion** zwischen Branchial- und Atrialöffnung; es liegt der umfangreichen **Neuraldrüse** dicht auf. Die Neuraldrüse öffnet sich mit einem Flimmertrichter in den Kiemendarm. Ihr Epithel bietet ein sehr variables Bild und ist phagocytotisch aktiv; es transportiert vermutlich auch Wasser in das Blut und reguliert somit das Blutvolumen. Die Drüse setzt sich in den Dorsalstrang fort, der verschiedene Hormone bildet.

- Anschließend werden größere, geschlechtsreife Tiere präpariert, an denen man sich über die Gonaden orientieren kann, sowie über einige andere Organe des Körperinneren (z.B. Herz), für die die mikroskopischen Präparate weniger geeignet waren. Alkoholmaterial ist weit weniger geeignet als frisch getötete Tiere. In einem Seewasseraquarium lassen sich lebende Tiere gut ein bis zwei Wochen halten.

- Zur Präparation müssen sie unbedingt in völlig ausgestrecktem Zustand abgetötet werden. Man gibt die Tiere in kleinere, jedoch genügend weite Gefäße mit ca. 200ml Seewasser pro Tier und gießt dann langsam und in Abständen von etwa 15min (heiß angesetzte, nun aber kalte) konzentrierte Magnesiumchlorid-Lösung zu, bis die Tiere aufschwimmen. Nach 10 bis 12 Stunden sind sie in lang ausgestrecktem Zustand abgestorben. Nicht selten wird, obwohl die Tiere tot sind und sich auch nicht wieder kontrahieren, nach der Eröffnung der Leibeshöhle das Herz noch schlagen.

- Zu Beginn der Präparation wird der Mantel durch einen Längsschnitt geöffnet und das ganze Tier, indem man Mantel und Hautmuskelschlauch mit den Fingern voneinander trennt, aus seiner Umhüllung gelöst.

- Dann das Tier entsprechend Abb. 166 orientieren und die Schere in die Branchialöffnung einführen. Den Kiemensack samt der äußeren Membran des Peribranchialraumes und dem Hautmuskelschlauch durch einen Längsschnitt eröffnen, der etwa in gleicher Entfernung von Endostyl und Enddarm und parallel zu ihnen geführt wird.

- Den Schnitt bis ganz nach unten weiterführen, sodass auch der Raum (Epikard, Perivisceralraum – fragliches Coelomderivat), in dem die Eingeweide untergebracht sind, eröffnet wird.

Er ist oben durch eine hauchdünne, durchsichtige Membran, die ventrale Wand des Peribranchialraumes, begrenzt. Weitere derartige Membranen sind auch zwischen den Organen und zwischen diesen und der Körperwand vorhanden.

- Kiemensack und Hautmuskelschlauch werden nun auseinander geklappt und unter Wasser mit Nadeln festgesteckt. Später wird dann ein zweiter Schnitt von der Atrialöffnung aus entlang der rechten Kante (vgl. Abb. 166) geführt. Durch ihn wird das Atrium eröffnet, sodass Enddarm und Ausführung der Gonaden freiliegen.
- Zunächst orientiert man sich noch einmal über Tentakelring, Flimmerschlinge, Ganglion, Neuraldrüse, Endostyl und Magen.

An der dem Endostyl gegenüberliegenden Seite des Kiemendarmes, d.h. also entlang seiner dorsalen Medianlinie, erkennt man jetzt deutlicher die Reihe der „Zungen", die alle nach der gleichen Seite eingekrümmt sind. An der Innenwand des Kiemendarmes fällt auf, dass sie durch horizontale und etwas schwächere vertikale Gewebestreifen in rechteckige Felder unterteilt wird, an deren vier Ecken sich je einer der kleinen Tentakel befindet. In diesen Streifen verlaufen sich rechtwinkelig kreuzende Gefäßbahnen. Die „Felder" entsprechen nicht, wie man zunächst vielleicht vermutet, Kiemenspalten.

- Um das klar erkennen zu können, schneidet man ein etwa 1cm² großes Stück aus dem Kiemendarm heraus. Mit einem feinen Skalpell wird dann das ihm außen anhaftende Stück des Hautmuskelschlauches abgetrennt, dabei ist festzustellen, dass der sehr schmale Peribranchialraum von zahlreichen Gewebsbalken durchsetzt wird. Beide Stücke auf einem Objektträger in einem Tropfen Wasser ausbreiten und ein Deckglas auflegen.

Unter dem Mikroskop treten die Kiemenspalten deutlich zutage, und man sieht, dass auf jedes

„Feld" etwa 10 schmale, vertikal stehende Spalten entfallen. Das Stück des Hautmuskelschlauches zeigt neben den breiten Längsmuskelbändern und schmaleren ringsherum verlaufenden Muskelzügen zahlreiche Zellen.

- Diese durch Zusetzen eines Tropfens Methylgrün deutlich hervortreten lassen.

Im Präparat findet man leicht zwischen Magen und Enddarm das gelbbräunliche **Ovar**, während die dem Magen direkt aufliegenden **Hodenschläuche** oft schwieriger zu erkennen sind.

- Darm vom Betrachter aus nach links umwenden.

Die voneinander unabhängigen Ausführgänge der Gonaden ziehen neben dem Enddarm und über ihn hinaus nach oben. Die Stelle ihrer Ausmündung in das Atrium zeichnet sich durch Rotfärbung deutlich ab.

Wenn man die Präparation mit Sorgfalt ausgeführt hat, wird man auch das **Herz** unverletzt freigelegt haben. Es spannt sich als ein zarter, etwa 2–3cm langer und 2–3mm dicker Schlauch zwischen dem unteren Ende des Endostyls und jenem Punkt aus, wo der Magen sich zum Darm verschmälert. Der Herzschlauch ist geknickt, indem sein Anfangsteil, der die direkte Fortsetzung des hypobranchialen Gefäßes ist, schräg nach oben zieht, um dann scharf nach unten umzubiegen, wo er in ein sich auf die inneren Organe verteilendes Gefäß übergeht. Im Herz findet sich regelmäßig ein weißes „Bällchen" unbekannter Funktion. Das Herz ist in einen zarten Herzbeutel eingeschlossen.

II. Thaliacea, Salpen

Technische Vorbereitungen

- Es werden Alkoholpräparate von *Salpa maxima* und mikroskopische Präparate von Einzeltier und Kettenform von *Salpa democratica* benötigt. Beide Arten gehören zur Ordnung Desmomyaria, auf die sich auch die „Allgemeine Übersicht" bezieht.

Allgemeine Übersicht

Die frei im Meer lebenden Salpen haben eine Körpergestalt, die am besten mit einer Tonne verglichen wird, der die Böden fehlen, sodass vorn und hinten eine weite Öffnung klafft. Die vordere Öffnung ist die Branchialöffnung, die hintere, in deren Nähe die Mehrzahl der inneren Organe zu einem Eingeweideknäuel (Nucleus) vereinigt liegt, ist die Atrialöffnung (Kloakenöffnung). Das vorn aufgenommene Wasser wird nach hinten ausgepreßt, sodass die Tiere durch Rückstoß mit der Branchialöffnung voran schwimmen.

Die **Körperwand** der Salpen besteht aus dem Mantel, der mehr oder weniger reich an celluloseähnlichem Tunicin ist, und dem darunter liegenden **Hautmuskelschlauch**. Die Ringmuskulatur besteht aus einzelnen Bändern, die den Körper reifenartig vollständig oder zum Teil umfassen.

Der große, innerhalb des Hautmuskelschlauches gelegene Hohlraum entspricht dem Kiemensack und gleichzeitig dem Peribranchial- und Kloakenraum der Ascidien. Die Wandung des **Kiemensackes** ist nämlich weitgehend rückgebildet. Erhalten blieben lediglich der Kiemenbalken und ventral das Endostyl. Der den Hohlraum schräg durchziehende, von Kiemenspalten durchsetzte Kiemenbalken gibt die Grenze zwischen dem vorn unten gelegenen Kiemensack und der hinten oben gelegenen Kloakenhöhle an. Er ist mit sehr starken, in Querreihen angeordneten Flimmerhaaren besetzt. Von seinem vorderen Ende gehen zwei seitliche Flimmerschlingen aus, die das vordere Ende der Körperhöhle ringförmig umfassen und ventral am Vorderende des Endostyls zusammentreffen. Das **Endostyl** ist mit Drüsen- und Wimperzellen ausgestattet und setzt sich hinten in eine Wimperrinne fort. Das Abfangen der mit dem Atemwasser eintretenden Nahrungspartikel erfolgt, wie bei den Ascidien, durch einen vom Endostyl abgeschiedenen Schleimfilm.

Der **Darmkanal** beginnt am Hinterende des Kiemenbalkens mit einer trichterförmigen Öffnung, die in einen kurzen Oesophagus führt. Dann folgen der weite Magen und ein einfacher Enddarm, der in die geräumige Kloakenhöhle mündet. Bei einigen Formen verläuft der Darmkanal gestreckt in der ventralen Mittellinie, bei den meisten ist er aber mit den übrigen Eingeweiden zum Nucleus zusammengeballt.

Das **Nervensystem** besteht aus einem unpaaren, dorsalen Ganglion (Gehirn), von dem Nerven nach allen Richtungen ausstrahlen, die innen am Mantel entlangziehen und vor allem die Ringmuskeln innervieren. Das Ganglion liegt in der Mittellinie der Rückenfläche, von der Branchialöffnung etwa um ein Viertel der Körperlänge entfernt.

Dem Ganglion ist oft ein hufeisenförmiger Ocellus von sehr einfachem Bau dicht aufgelagert. Weiter nach vorn liegt eine tiefe Flimmergrube.

Das **Herz** ist ein kurzer, weiter Zylinder, der am oberen Rand des Eingeweideknäuels liegt und nach vorn zu in das Subendostylargefäß (Hypobranchialgefäß) übergeht. Wie bei den Ascidien wechselt die Kontraktionsrichtung des Herzens und damit die Richtung des Kreislaufs rhythmisch.

Die **Fortpflanzung** erfolgt über einen **Generationswechsel**. **Geschlechtsorgane** finden sich nur bei der als Kettensalpe bezeichneten Generation, die als eine aus vielen, hintereinander geschalteten Individuen zusammengesetzte Kette auftritt. Die andere Generation, die aus Einzeltieren besteht, hat keine Geschlechtsorgane und pflanzt sich rein ungeschlechtlich fort. Jedes Individuum der Kette produziert nur ein Ei; in der Nähe des Darmkanals bildet sich später der keulenförmige Hoden. Das befruchtete Ei wächst in einer Bruttasche des Muttertieres zum geschlechtslosen Einzeltier heran. Bei ihm entwickelt sich nahe dem hinteren Körperende ein innen gelegener Knospungszapfen (Stolo prolifer), der ständig weiterwachsend nacheinander mehrere Tierketten entstehen lässt. Entdeckt wurde dieser Generationswechsel (er ist eine Metagenese) von dem Dichter und Naturforscher Adalbert von Chamisso (1781–1838).

Spezieller Teil

1. *Salpa maxima*

- In Alkohol konservierte Exemplare von Einzeltieren werden in Boverischälchen gegeben und mit der Stereolupe betrachtet. Das Präparat liegt auf der Seite (Abb. 167).

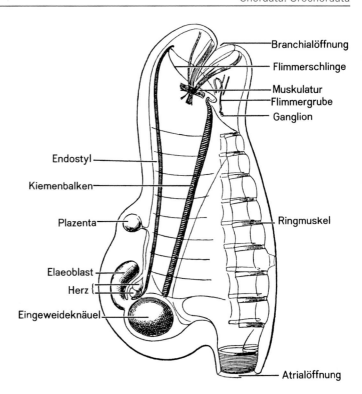

Abb. 167 *Salpa maxima.*
Einzelform, von der linken Seite
gesehen

Die das vordere Körperende angebende **Branchialöffnung** hat die Form einer quer liegenden Spalte, die durch eine ventrale Klappe verschlossen werden kann. Die **Atrial-** oder **Kloakalöffnung** bildet ein kurzes, dorsal am Hinterende gelegenes Rohr. Die **Ringmuskeln**, neun an der Zahl, umfassen bandartig (Desmomyaria) nur die dorsale Körperhälfte. Im Innern sieht man deutlich den schräg nach hinten und unten durch den Körper ziehenden Kiemenbalken und auf der Bauchseite nicht minder deutlich das **Endostyl**. Oesophagus, Magen und Darm bilden ein kompaktes **Eingeweideknäuel** (Nucleus) am hinteren Körperende. Ein hornförmig gebogener Blindsack unmittelbar vor dem Eingeweideknäuel ist der so genannte **Elaeoblast**, ein Komplex verdichteten Gewebes, der möglicherweise einen Chordarest darstellt. Zwischen Elaeoblast und Endostyl liegt das zarte Herz.

Etwas vor dem Nucleus befindet sich auf der Ventralseite ein rundliches, kompaktes Gebilde, auf einem dünnen Stiel sitzend; es ist die so genannte Plazenta, der Rest eines ernährenden Organs, durch das das Einzeltier als Embryo mit

seiner Mutter, der Kettensalpe, verbunden war, und das später allmählich verschwindet.

Schwieriger lassen sich an diesen Präparaten das **Ganglion** mit dem kleinen Ocellus sowie die Flimmergrube sehen, die besser an mikroskopischen Präparaten demonstriert werden.

2. *Salpa democratica*

Eine im Mittelmeer häufige Salpe ist *Salpa democratica*; ihr geschlechtliches Kettentier wurde als *Salpa mucronata* bezeichnet.

● Es werden zunächst gefärbte Präparate der geschlechtslosen Einzeltiere mikroskopiert (Abb. 168).

Beim **Einzeltier** (der solitären Form oder Amme) ist das Hinterende in drei Zipfel ausgezogen, einen kurzen mittleren, in den das **Eingeweideknäuel** zum Teil hineinragt, und zwei viel längere seitliche, in die sich die Körperwand röhrenförmig einstülpt. Der vom Eingeweideknäuel schräg aufwärts steigende Strang ist der **Kiemenbalken**.

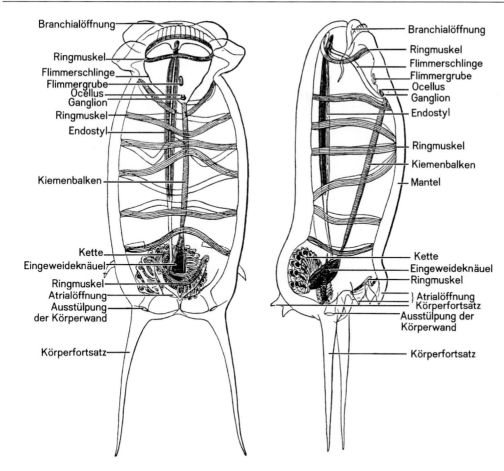

Abb. 168 *Salpa democratica*, links von der Rückenfläche, rechts von der linken Seite gesehen

Von seinem vorderen Ende ziehen die beiden dem Vorderrand des Kiemensackes entsprechenden Flimmerschlingen schräg nach vorn und unten. Das **Endostyl** entspringt an dem Punkt, an dem sich die beiden Flimmerbogen ventral wieder vereinigen. Sein vorderer Abschnitt zieht als ein breites, drüsiges Band in der ventralen Medianlinie etwa bis zur Mitte des Körpers, der hintere bildet eine einfache Flimmerrinne. In der Gabel, die die Flimmerbogen bei ihrem Abgang vom Kiemenbalken bilden, liegt das **Ganglion** und unmittelbar davor der **Ocellus** mit seinem hufeisenförmigen Pigmentbecher, in dessen Innern sich bei starker Vergrößerung die Sehzellen wahrnehmen lassen. Ein gutes Stück weiter nach vorn liegt die Flimmergrube und dicht neben dieser ein kurzer Tentakel.

Die **Ringmuskulatur** lässt bei starker Vergrößerung sehr gut Querstreifung und regelmäßig angeordnete Zellkerne erkennen.

Fast alle größeren Individuen zeigen um den Nucleus herum eine eigentümliche Spirale, die wir als eine Doppelreihe miteinander verbundener, kleiner Salpen erkennen. Man hat hier eine Salpenkette vor sich, die in dem Einzeltier durch innere Knospung, also ungeschlechtlich, entsteht. Die Kette (Abb. 169) entwickelt sich vom **Stolo prolifer** aus, einer bereits bei Embryonen auftretenden, hakenförmigen Erhebung dicht hinter dem Endostylende, an der linken Körperseite, die in spiraliger Krümmung in den Mantel des Einzeltieres hineinwächst, eine Ausbuchtung vor sich hertreibend. Am Ende des Stolo entstehen in der Folge wulstförmige Verdickun-

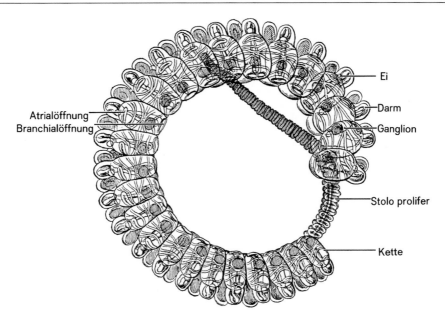

Abb. 169 Stolo prolifer und Kette von *Salpa democratica.* Vergrößert

gen, aus denen die Tiere der Kette hervorgehen, derart, dass die am weitesten entwickelten sich am freien Ende befinden und immer weitergeschoben werden (ähnlich der Proglottidenbildung beim Bandwurm). Schließlich löst sich das differenzierte Endstück ab und wird durch eine Öffnung des Mantels als Kette ausgestoßen, ein Vorgang, der sich ständig wiederholt.

● Mikroskopische Präparate von einzelnen Tieren der **Kettenform** betrachten.

Neben vielen Ähnlichkeiten mit den Einzeltieren weisen die Tiere der Kettenform doch auch Verschiedenheiten im Bau auf, von denen hier

nur die Existenz dreier Ocellen über dem Gehirn und die ectodermalen Haftfortsätze erwähnt seien, durch die die Tiere zusammenhängen.

Die Kettensalpe ist ein **protogyner Zwitter**, d.h. ein Zwitter, der zunächst die weibliche, später die männliche Reife erreicht. Das Ovarium entwickelt meist nur ein einziges Ei, das nach der Befruchtung seine Entwicklung im Innern der Mutter durchmacht, mit ihr durch eine Plazenta verbunden. Wir werden also in den Präparaten je nach dem Alter des Tieres entweder ein Ei (rechts neben dem Eingeweideknäuel) oder einen, eventuell zu enormer Größe entwickelten Embryo vorfinden.

2. Acrania, Schädellose

Technische Vorbereitungen

- Zur Präparation werden gut konservierte Exemplare von *Branchiostoma* verwendet. Man nehme nur große, geschlechtsreife Tiere. Sie lassen sich schon äußerlich an den beiden Gonadenreihen erkennen. In Formol fixierte und in einer 3–5%igen Formollösung aufbewahrte Tiere sind für die Untersuchung am günstigsten. Es werden dadurch die in Alkohol auftretenden Schrumpfungen vermieden, äußere Körperform und Flossensaum bleiben tadellos erhalten, die Mundcirren ausgestreckt und der Körper durchscheinend.
- Man kann die Präparation durch eine vorausgehende Mazeration erleichtern. Dazu überführt man die Tiere aus dem Formol in verdünnte Salzsäure (15 Teile konzentrierter Salzsäure auf 85 Teile Aqua dest.). Sie verbleiben hierin 2 Wochen.
- Ferner werden mit Boraxkarmin gefärbte mikroskopische Präparate ganzer, jedoch kleiner (max. 2cm) Tiere benötigt und außerdem histologische Präparate von Querschnitten durch die Region des Kiemendarmes und anderer Körperbereiche erwachsener Tiere.

Allgemeine Übersicht

Die Gattung *Branchiostoma* (Lanzettfischchen, Amphioxus) ist mit mehreren Arten weltweit verbreitet. Die einheimische Art, *B. lanceolatum*, lebt im Grobsand bei Helgoland, aus dem jedoch der Vorderkörper mit der Mundöffnung herausragen kann.

Die kambrische *Haikouella* zeigt viele Übereinstimmungen mit Lanzettfischchen, die wiederum in ihrer Organisation fundamentale Übereinstimmungen mit den Wirbeltieren aufweisen, daneben aber natürlich auch viele Eigenmerkmale besitzen.

Schädel, Wirbelsäule und paarige Gliedmaßen fehlen. Ein kontinuierlicher medianer **Flossensaum** ist dorsal und caudal-ventral ausgebildet. Ventral verlaufen zwischen dem Beginn des Kiemendarms und dem Atrioporus paarige Längsfalten (**Metapleuralfalten**). Die **Epidermis** ist ein einschichtiges kubisch-prismatisches Epithel mit einzelnen Sinneszellen. Die normalen Epidermiszellen scheiden apikal eine Schleimschicht ab. Die relativ zarte Dermis ist vorwiegend aus Kollagenfasern aufgebaut.

Das Axialskelet wird von der kräftigen, zeitlebens voll ausgebildeten **Chorda dorsalis** (Rückensaite) gebildet, einem festen, in Grenzen biegsamen, vorn und hinten zugespitzten Stab, der den Körper in ganzer Länge durchzieht. Sie besteht aus hunderten annähernd scheibenförmigen Muskelzellen, die wie Münzen in einer Geldrolle hintereinander angeordnet sind. Die Myofilamente bilden in diesen eigenartigen Muskelzellen quergestreifte Aggregate. Die Muskelzellen werden von einer kräftigen Schicht aus Kollagenfasern umhüllt, der Chordascheide. Dorsale Fortsätze der Muskelzellen erreichen über Poren in der Chordascheide das Nervengewebe des Neuralrohrs, das hier synaptische Endigungen besitzt, die die Chordamuskulatur innervieren. Dorsal und ventral liegen in der Chorda die fortsatzreichen Müllerschen Zellen, deren Funktion nicht sicher bekannt ist (Neubildung von Muskelzellen?).

Das kollagene Bindegewebe, das außen von der sehr kompakten Chordascheide ausgeht, setzt sich – ganz ähnlich wie bei den Agnatha – kontinuierlich in folgende kollagenfaserreichen Stützstrukturen fort: 1) in eine Hülle um das Neuralrohr, 2) in das Bindegewebe zwischen den Segmenten der Rumpfmuskulatur, wo es die Myosepten aufbaut, 3) in die Dermis und 4) in das Bindegewebe, das die inneren Organe und die Leibeshöhle umgibt.

Über der Chorda liegt das **Neuralrohr**, das im Wesentlichen dem Rückenmark der Wirbeltiere entspricht. Im Inneren des Neuralrohres befindet sich der Zentralkanal, ein schmaler flüssigkeitshaltiger Raum, der dorsal fast die Oberfläche des Nervenrohres erreicht, was sich durch seine Entwicklungsgeschichte erklärt. Gesäumt wird der Zentralkanal durch tanycytäre Ependymzellen. Das neuronale Gewebe, u.a.

mit Riesenfasern, steht vor allem im Dienste einer differenzierten Sensomotorik. Ein Rest des Neuroporus ist die Köllikersche Grube ganz vorn am Vorderende des Tieres. Das Neuralrohr ist vorn zu einem Gehirn differenziert, in dessen Wandung u.a. Lichtreceptorzellen und verschiedene Neurontypen vorkommen. Molekularbiologische Befunde stützen die Annahme, dass das Gehirn aus pros- und rhombencephalen Anteilen besteht.

Das Neuralrohr bildet segmental ein Paar dorsale Nerven aus („dorsale Spinalnervenwurzeln"), die wohl vorwiegend sensibel sind, aber auch den Pterygealmuskel (Transversalmuskel, Quermuskel) innervieren. Ein segmentales ventrales Nervenpaar existiert nicht, ihm entsprechen funktionell Bündel von Fortsätzen der Rumpfmuskulatur, die zum Neuralrohr ziehen.

Die **Sinnesorgane** sind gering entwickelt. An der Vorderwand des Gehirns findet sich ein **Pigmentfleck**, in dessen Nähe **Lichtreceptoren** liegen, die u.U. auf ein Apikalorgan wie bei Echinodermenlarven zurückgehen und möglicherweise den Seitenaugen der Vertebraten entsprechen. Ventral und lateral vom Zentralkanal liegen im Neuralrohr zahlreiche, verschieden ausgerichtete **Pigmentbecherocellen**. Sie bestehen jeweils aus einer Sinneszelle und einer becherförmigen Pigmentzelle, die die Sinneszelle auf einer Seite kalottenförmig umgibt und vom Lichteinfall abschirmt. Die der Einbuchtung der Pigmentzelle zugewandte Seite der Sinneszelle weist zahlreiche Mikrovilli auf. Den ähnlich gebauten, dorsal am hinteren Ende des Gehirns liegenden Josephschen Zellen fehlen die lichtabschirmenden Pigmentzellen. Einzelne Sinneszellen unbekannter Funktion sind über die ganze Epidermis verteilt; an der Außenseite der Cirren und am Velum und seinen Tentakeln bilden sie Sinnesknospen, vermutlich Mechanorezeptoren.

Die **Muskulatur** entsteht stets im Coelomepithel und gliedert sich in einen somatischen und einen visceralen Teil. Die somatischen Muskeln bestehen aus zahlreichen (bei *Branchiostoma lanceolatum* etwa 60) metameren Portionen, Muskelsegmente oder **Myomere** (auch Myotome) genannt. Sie werden durch bindegewebige Platten, Myosepten, voneinander getrennt. Die Myomere der rechten und linken Seite sind um ein halbes Muskelsegment gegeneinander

verschoben. Die einzelnen Myomere sind winkelförmig geknickt, mit der Spitze nach vorn gerichtet. Den Hauptanteil der visceralen Muskulatur stellt der **Transversalmuskel** (Flügelmuskel, Pterygealmuskel) ein in den vorderen zwei Dritteln der ventralen Rumpfwand liegender quergestreifter Muskel, dessen Kontraktion Wasser aus dem Peribranchialraum treibt.

Der **Darmkanal** beginnt mit dem Zugang zur Mundhöhle, einer weiten, nach vorn und unten gerichteten Höhle, die von einer rechten und linken Lippe hufeisenförmig umgrenzt wird. Auf dem Lippenrand sitzen **Cirren** (Lippententakel; auch als Mundcirren bezeichnet), die in ihrem Inneren ein Skeletstäbchen von chordaähnlicher Struktur enthalten. Caudal wird die Mundhöhle durch das Velum begrenzt, eine diaphragmaartig vorspringende Hautfalte, die nach hinten gerichtete Velartentakel trägt. Die zentrale Öffnung im **Velum** führt in den Kiemendarm. Am Dach der Mundhöhle findet sich eine tiefe Geißelgrube (**Hatscheksche Grube**), die Zellen mit gonadotroper Funktion enthält und deren Rand mit Streifen hoher, begeißelter Zellen (Räderorgan) in Zusammenhang steht (Abb. 172). Der ganze Komplex dient dem Transport von Nahrungspartikeln. In vergleichender Hinsicht erinnert er an die Adenohypophyse der Wirbeltiere und ähnliche Strukturen der Tunikaten.

Hinter dem Velum folgt der **Kiemendarm**, der von zahlreichen, schräg nach hinten-unten ziehenden **Kiemenspalten** durchbrochen wird. Man zählt jederseits bis zu 180 Spalten, wobei diejenigen der rechten und linken Seite alternieren. Die zwischen den Spalten stehen gebliebenen Wandteile des Kiemendarmes sind die **Kiemenbogen**. Im Inneren jedes Kiemenbogens liegt ein elastischer Stab, der aus zellfreiem, proteoglykan- und glykoproteinreichem Material aufgebaut ist, das mit der Basalmembran des Epithels in Zusammenhang steht und an eine Knorpelmatrix erinnert. Querbalken (Synaptikel) stützen die Kiemenbögen gegeneinander ab. In der ventralen Mittellinie des Kiemendarmes zieht sich das der Schilddrüse entsprechende **Endostyl** (Hypobranchialrinne) entlang, deren dicht unter dem Velum gelegenes Vorderende durch zwei Wimperbänder (Peripharyngealbänder) mit einer dorsal verlaufenden Rinne, der **Epibranchialrinne**, in Verbindung steht. Das Endostyl produziert einen Schleimfilm, der sich innen über die Kiemenspalten legt und Nahrungspartikel, die mit dem Wasserstrom in den Kiemendarm getrieben werden, festhält. Der Wasserstrom wird durch das Räderorgan und vor allem durch die Wimperepithelien auf den Kiemenbögen erzeugt. Schleim und eingehüllte Nahrungspartikel werden entlang der Epibranchialrinne nach hinten zum verdauenden Teil des Darmes befördert. „Schilddrüsenzellen" (Jodbindung u.a.) finden sich am Rand des Endostyls.

Der verdauende Teil des Darmes beginnt mit einem kurzen Oesophagus, der in einen leicht erweiterten Magen übergeht. In diesen mündet rechtsseitig der **Leberblindsack** ein, der sich nach vorn erstreckt und der den wesentlichen Teil der Resorption, Verdauung und Nährstoffspeicherung leistet. Vom Magen zieht der Darm gestreckt nach hinten, sein erster Abschnitt wird **Iliocolon** genannt. Dieser Darmabschnitt ist besonders dicht bewimpert und geht in den engen Enddarm über, der am oft etwas links der Mittellinie gelegenen Anus ausmündet.

Dem weitgehend geschlossenen **Blutgefäßsystem** fehlt ein dem der Wirbeltiere vergleichbares Herz. Funktionell wird es z.T. durch die kontraktile, ventral vom Kiemendarm verlaufende **Endostylarterie** (Aorta ventralis), die das Blut nach vorn treibt, die **Kiemenherzen** (Bulbilli) sowie weitere kontraktile Gefäße im Venensystem ersetzt. Die Bulbilli sind kontraktile Auftreibungen an der Basis der Kiemenarterien, die von der Endostylarterie abgehen und in den Kiemenbogen aufwärts ziehen. Dorsal vom Kiemendarm gehen die Kiemengefäße in eine rechte und linke Aortenwurzel über. Der Gasaustausch erfolgt vermutlich durch die gesamte Körperoberfläche und durch den Kiemendarm. Das Blut besitzt keine respiratorischen Pigmente. Hinter dem Kiemendarm erfolgt die Vereinigung beider Aortenwurzeln zu einer nach caudal ziehenden, unpaaren **Aorta dorsalis** = descendens, die sich verzweigt und Darm wie übrige Organe mit Blut versorgt. Durch Venen wird es dann wieder gesammelt und über die **Cardinalvenen** der Endostylarterie zugeführt. Die unter dem Darm liegende **Vena subintestinalis**, die das venöse Blut des Darmes sammelt, zieht aber – als Leberpfortader – zunächst nach vorn zum Leberblindsack; hier erfolgt eine Capillarisierung, dann eine Wiedervereinigung in eine dorsale, von der Leber wieder rückwärts ziehende Lebervene. Unter Umbiegung nach vorn und starker Erweiterung (so genannter **Sinus venosus**) geht die Lebervene am Hinterende des Kiemendarmes in die Endostylarterie über. In den Sinus venosus münden außerdem vordere und hintere Cardinalvenen mittels der transversalen **Ductus Cuvieri** ein. Die Pulsationen in den verschiedenen kontraktilen Teilen des Gefäßsystems erfolgen weitgehend unabhängig voneinander. Ein pulsierendes Gefäßknäuel befindet sich vorn rechts im Kopfbereich. Weitere Knäuelgefäße (Glomeruli) gehen von den Aortenwurzeln ab und legen sich dem Subchordalcoelom an, das hier Cyrtopodocyten bildet.

Die **Leibeshöhle** (Coelom) bildet sich bei der Larve in typischer Weise aus, indem sich rechts und links vom Epithel des Urdarms metamere Coelomtaschen abschnüren, die die **Somiten** bilden. Aus diesen geht einmal das Epithel aller Coelomräume, zum andern die noch undifferenzierten mesodermalen Gewebeformationen Myotom, Dermatom, Sklerotom und Splanchnotom hervor. Das **Myotom** behält einen engen Coelomraum, seine mediale Wand bildet die Rumpfmuskulatur, die laterale Wand bleibt Epithel. Der schmale Raum zwischen beiden ist das Myocoel. Eine taschenartige Vorstülpung des Myotoms umwächst als **Sklerotom** Chorda und Nervenrohr. Seine mediale Wand bildet axiales Bindegewebe, die laterale Wand bleibt rein epithelial und liegt der Rumpfmuskulatur medial an. Der zwischen beiden verbleibende Hohlraum ist das Sklerocoel. Das **Dermatom** bildet die Bindegewebstrukturen der dorsalen Haut, das **Splanchnotom** bildet ventrale Bindegewebsformationen (v. a. der Haut und des Darmes).

Die **definitive Leibeshöhle** besteht neben Myo- und Sklerocoel aus einem schmalen Raum ventral von der Hypobranchialrinne, dem Endostylcoelom, und aus zwei Räumen rechts und links neben der Epibranchialrinne, den Subchordalcoelomen. Diese schmalen und engen dorsalen und ventralen Coelomräume sind durch die Kiemenbogencoelome, die als schmale Kanäle an der Außenseite jedes zweiten Kiemenbogens (Hauptkiemenbogen) entlangziehen, miteinander verbunden. Ohne Verbindung mit den übrigen Coelomräumen sind bei erwachsenen Tieren die beiden Metapleuralcoelome, das Coelom der Flossenkämmerchen und das Coelom der Gonaden.

Die wenigen, unpaaren Kiemenspalten der Larve liegen ventral und münden direkt nach außen. Erst im Laufe der Entwicklung erhalten sie – nun zahlreich geworden – ihre endgültige Lage an den Seiten des Kiemendarmes und münden dann nicht mehr nach außen, sondern in den **Peribranchialraum** (Atrium). Dieser Peribranchialraum entsteht dadurch, dass an beiden Körperseiten je eine Hautfalte (Metapleuralfalte) über den Kiemenspalten nach unten wächst. Der auf diese Weise entstandene Peribranchialraum umgibt somit unten und seitlich als länglicher Hohlraum von U-förmigem Querschnitt den Kiemendarm. Er ist, seiner Entstehung gemäß, vollständig mit ectodermalem Epithel ausgekleidet und erstreckt sich, auch noch einen Teil des nutritorischen Darmes umfassend, bis zum Ende des 2. Körperdrittels, wo er median mit dem **Atrioporus** nach außen mündet. Vorn ist er geschlossen. Das durch den Mund aufgenommene Atem-Nahrungswasser gelangt in den Kiemendarm, dann durch die Kiemenspalten in den Peribranchialraum und schließlich über den Atrioporus nach außen.

Die **Exkretionsorgane** bestehen aus etwa 90 metameren Nierenkanälchen, die als röhrenförmige Ausstülpungen des Subchordalcoeloms entstehen und in den Peribranchialraum münden. In den proximalen Teil der Nierenkanälchen münden eigentümliche, aus sehr langen Mikrovilli gebildete feine Röhrenstrukturen, die von podocytenähnlichen **Coelomepithelzellen** (**Cyrtopodocyten**) ausgehen und in deren Innerem eine lange Geißel schlägt. Die Cyrtopodocyten bilden mit ihren der Basalmembran des Coelomepithels anliegenden flach ausgebreiteten Fortsätzen eine Filtrationsbarriere zwischen den glomulären Blutgefäßen unter dem Coelomepithel und dem Coelomraum, die Geißel in der Mikrovilli-Röhre ist vermutlich Motor eines nach außen führenden Flüssigkeitsstromes. Ein vergleichbares Exkretionsorgan liegt im Kopfbereich (**Hatscheksches Nephridium**).

Die **Geschlechtsorgane** der getrenntgeschlechtlichen Tiere liegen in zwei Reihen, segmental angeordnet, im Bereich des Peribranchialraumes. Sie entstehen aus der Wand des Myotoms und werden von schmalen Coelomräumen umgeben. Das Keimepithel umschließt ein Lumen und ist von Bluträumen unterlagert und enthält gametogene und nicht gametogene Zellen; letz-

tere besitzen möglicherweise auch endokrine Funktion. Bei der Reife platzt die Wand der Gonaden, und die Geschlechtsprodukte ergießen sich in den Peribranchialraum und gelangen durch den Atrioporus nach außen. Die Befruchtung der oligolecithalen Eier erfolgt im Meerwasser. Die Furchung ist total und äqual, die Entwicklung indirekt.

Spezieller Teil

Branchiostoma lanceolatum, Lanzettfischchen, Amphioxus

Die zur Präparation verwendete Art, *Branchiostoma lanceolatum*, ist in den europäischen Meeren verbreitet. Man findet sie als Bewohner sandiger Böden von der Küste bis in 60 m Tiefe.

- Ein Exemplar von *Branchiostoma* unter Wasser in eine Petrischale legen und zunächst seine **Körperform** betrachten (Abb. 170, 171).

Das etwa 5cm lange, etwas durchscheinende, gelblich weiße Tier hat seinen Speziesnamen „*lanceolatum*" von der lanzettförmigen, an beiden Enden zugespitzten Gestalt. Der Körper ist seitlich abgeflacht, der Rücken ist schmal, die Bauchseite etwas breiter. Schon mit bloßem Auge sieht man die Anordnung der mehr als die dorsale Körperhälfte einnehmenden Muskulatur in regelmäßigen, dicht aufeinander folgenden Muskelsegmenten oder **Myomeren**. Die sie trennenden Scheidewände, die Myosepten, schimmern durch die Haut als winkelige, mit der Spitze nach vorn weisende Linien hindurch. Die Myomere der rechten und der linken Körperseite alternieren um eine halbe Myomerbreite miteinander.

Sehr deutlich sind auch die **Gonaden** zu sehen, kleine, ovale oder viereckige Pakete, meist 26 Paar, die in regelmäßiger Anordnung ventrolateral liegen; auch sie sind auf beiden Seiten gegeneinander verschoben, sodass sie alternieren.

Über den ganzen Rücken verläuft ein zarter, bläulich schimmernder **Flossensaum**. An der vorderen Körperspitze bildet er eine kleine Rostralflosse, an der hinteren eine umfangreichere Schwanzflosse. Mit ihr greift er auf die ventrale Seite über, wo er sich noch ein Stück weit fortsetzt, bis zum Atrioporus hin. Hier beginnen als starke Hautfalten die beiden **Metapleuralfalten**, die sich nach vorn bis zur Mundhöhle hin erstrecken.

- Das Tier links und rechts mit je 2 Nadeln stützen und von der Unterseite betrachten.

Man sieht drei Körperöffnungen. Vorn liegt ventral der Eingang in die Mundhöhle, die von einem Kranz ansehnlicher Cirren umstellt ist. Wo die Gonaden aufhören, findet sich die ziemlich weite, runde Öffnung des Peribranchialraumes, der **Atrioporus** (**Porus abdominalis**). Der After schließlich liegt als viel kleinere Öffnung im Bereich der Schwanzflosse.

- Das Tier wird nun mit den Fingern am Rücken erfasst. Vom Eingang in die Mundhöhle ausgehend wird dann mit der feinen Schere ein Schnitt in der ventralen Mittellinie zwischen beiden Gonadenreihen hindurch bis zum After geführt.
- Dann mit feinen Nadeln die beiden auseinander zu legenden Hälften der Körperwand seitlich feststecken und das Präparat mit dem Stereomikroskop betrachten (Abb. 171).

Vorn wurde mit dem Schnitt die Mundhöhle eröffnet. Die die Öffnung kranzartig umgebenden **Cirren**, die häufig ineinander geschlagen sind, hat man zuvor schon gesehen. Nach hinten zu wird die Mundhöhle gegen den Kiemendarm durch das **Velum** abgegrenzt, eine mit Ringmuskulatur ausgestattete, irisblendenartig einspringende Falte, besetzt mit Tentakeln, die eine Art Reuse bilden. Der geräumige, vom Peribranchialraum umgebene **Kiemendarm** verjüngt sich nach hinten allmählich. Sein Aufbau aus feinen, schräg verlaufenden Spangen, den Kiemenbogen, zwischen denen die Kiemenspalten hindurchtreten, wird ohne weiteres klar. In der uns zugekehrten ventralen Mittellinie des Darmes schimmert das **Endostyl** (**Hypobranchialrinne**) deutlich hindurch.

Auf der linken Seite des Präparates (also auf der rechten Seite des Tieres) liegt dem Darm als lang gestrecktes, grünlich gelbes Gebilde der **Leberblindsack** an. Er geht vom Darmkanal unmittelbar hinter dem Kiemendarm ab und erstreckt sich in den Peribranchialraum hinein. Der **Darm** ist an der Abgangsstelle etwas erweitert (so genannter „Magen"), dann setzt er sich als geradliniges Rohr nach hinten zum After fort.

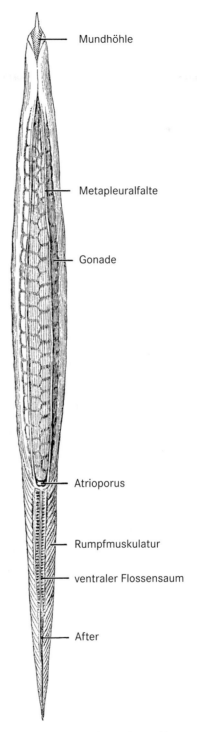

Mundhöhle

Metapleuralfalte

Gonade

Atrioporus

Rumpfmuskulatur

ventraler Flossensaum

After

Abb. 170 *Branchiostoma lanceolatum*, Unterseite.

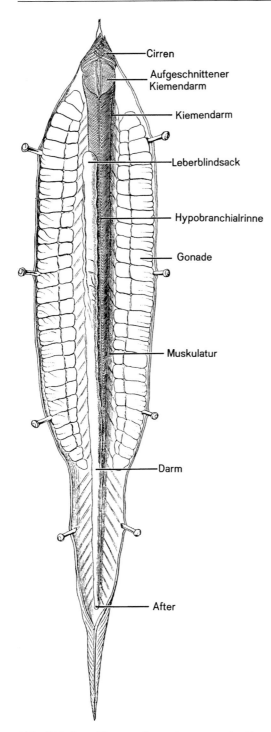

Cirren

Aufgeschnittener
Kiemendarm

Kiemendarm

Leberblindsack

Hypobranchialrinne

Gonade

Muskulatur

Darm

After

Abb. 171 *Branchiostoma lanceolatum*, von der Unterseite aus eröffnet

Die **Gonaden** sind umfangreiche Bildungen, die von einem schmalen Coelomraum umgeben werden und sich in den Peribranchialraum vorwölben. Die Gonaden sind epithelialer Natur. Ihr schmales Lumen ist in Paraffinschnitten i. A. nicht erkennbar. In den Ovarien bedecken die meist flachen nicht gametogenen Zellen die unterschiedlich großen Eizellen und ähneln somit Follikelzellen. In den Hoden ähneln die prismatischen, nicht gametogenen Zellen den Sertoli-Zellen der Vertebraten. Die peripher gelegenen Spermatogonien sind relativ groß, die Masse der Zellen sind über Cytoplasmabrücken verbundene Spermatocyten und Spermatiden. Zentral liegen oft Bündel von Spermatozoen mit langen Geißeln.

- Darm und Leber werden von der Unterlage abgelöst und entfernt.

Damit wurde die **Chorda dorsalis** freigelegt, ein den Körper der Länge nach durchziehender Strang, der vorn und hinten zugespitzt ist.

- Mit der Schere eine Hälfte des den Eingang in die Mundhöhle umgebenden Cirrenkranzes abschneiden und in einen Tropfen Glycerin auf den Objektträger legen. Deckgläschen!

Unter dem Mikroskop sieht man, dass jeder **Cirrus** von einem aus flachen, filamentreichen Zellen gebildeten Skeletstab durchzogen wird, dessen verbreiterte Basis, schuhförmig umbiegend, an die des folgenden Cirrus stößt. Die Flanken jedes Cirrus sind mit epidermalen Sinnesknospen besetzt, Gruppen büschelförmig vorragender, längerer Zylinderzellen; sie werden als Tast- oder auch als Geschmacksorgane gedeutet.

- Ein schmales, aber von der Epibranchialrinne bis zur Hypobranchialrinne reichendes Stück des Kiemenkorbes herausschneiden und mit dem Mikroskop betrachten.

Man erkennt einige der U-förmigen Kiemenspalten mit den sie trennenden, als **Kiemenbogen** bezeichneten Wandspangen und deren stützende Skeletstäbe. Aus entwicklungsgeschichtlichen Gründen unterscheidet man **Haupt-** und **Nebenkiemenbogen** (Zungenbogen). Sie wechseln regelmäßig miteinander ab. Die Skeletstäbe zweier benachbarter Hauptbogen, die durch Querstäbe (Synaptikel) leiterartig untereinander verbunden sind, vereinigen sich dorsal. Von

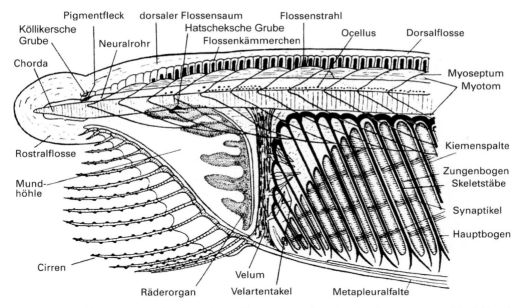

Abb. 172 *Branchiostoma lanceolatum*, vorderes Körperende und Beginn des Kiemendarmes. (Nach FRANZ)

dieser Stelle aus entwickeln sich, nach unten auswachsend, die – ebenfalls durch Skeletstäbe gestützten – Zungenbogen. Sie teilen die ursprüngliche Kiemenspalte weitgehend in zwei hintereinander gelegene Spalten.

● Jetzt die mikroskopischen Ganzpräparate der jungen, mit Boraxkarmin gefärbten Tiere betrachten und zur ersten Orientierung die schwächste, dann eine stärkere Vergrößerung anwenden (Abb. 172 und 173).

Am meisten fällt der dunkel getönte **Darmtrakt** auf, der schräg durchbrochene Kiemendarm und seine nach hinten gerichtete, sich allmählich verjüngende Fortsetzung, der verdauende Darm. Dorsal liegt die lang gestreckte Chorda dorsalis und über dieser das Neuralrohr, leicht kenntlich an der Reihe schwarzer Pigmentbecherocellen.

In den Seitenwänden des hinteren Bereichs der **Mundhöhle** fällt dicht vor dem Velum als lappenartig ausgezogenes Organ durch seine dunklere Färbung das **Räderorgan** auf (Abb. 172), das dazu dient, Nahrungspartikel durch seinen lebhaften Geißelschlag nach hinten zu befördern. Oben vereinigen sich die beiden Schenkel des Räderorganes und umfassen dabei eine tiefe Geißelgrube am Dach der Mundhöhle (**Hatscheksche Grube**). Am Kiemendarm ist in

einer an seinem Ventralrand verlaufenden Verdickung das Endostyl zu erkennen, dorsal die Epibranchialrinne.

Neben dem hinteren Abschnitt des Kiemendarmes (Abb. 171) liegt der **Leberblindsack**, der aus dem vordersten Teil des verdauenden Darmes entspringt. Kurz hinter dem Abgang der Leber fällt der „dunkle Darmring" auf. Seine Bedeutung ist nicht genau bekannt; morphologisch unterscheidet er sich von den angrenzenden Darmabschnitten durch ein besonders dichtes und langes Wimperkleid. Da er außerdem von Ringmuskulatur umgeben ist, dient er vermutlich als eine Art Sphinkter. Der Transport der in Paketen verpackten, kleinpartikulären (u.a. Bakterien, einzellige Algen und Detritus) Nahrung im Darm erfolgt ausschließlich durch Wimpern.

Die **Chorda dorsalis** ist ein zylindrischer, an beiden Enden zugespitzter Strang, vorn bis in die Rostralflosse, hinten bis in die Schwanzflosse reichend. Sie setzt sich aus dünnen Muskelplatten zusammen. Fast immer stehen die im Präparat meist gewellten Platten nicht senkrecht, sondern schräg zur Längsachse. Die Myofilamente verlaufen parallel zur Horizontalebene. Ihre Kontraktion führt zum Versteifen der Chorda beim lateralen Schlängeln. Das **Neuralrohr** reicht nicht ganz so weit nach vorn wie die Chorda, sondern

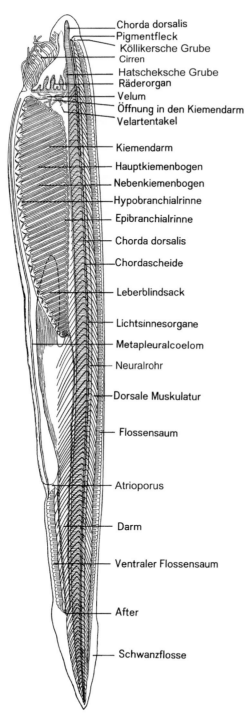

Chorda dorsalis
Pigmentfleck
Köllikersche Grube
Cirren
Hatscheksche Grube
Räderorgan
Velum
Öffnung in den Kiemendarm
Velartentakel

Kiemendarm

Hauptkiemenbogen

Nebenkiemenbogen

Hypobranchialrinne

Epibranchialrinne

Chorda dorsalis

Chordascheide

Leberblindsack

Lichtsinnesorgane

Metapleuralcoelom

Neuralrohr

Dorsale Muskulatur

Flossensaum

Atrioporus

Darm

Ventraler Flossensaum

After

Schwanzflosse

Abb. 173 *Branchiostoma lanceolatum,* junges Tier von der linken Seite

endigt ein Stück vorher mit einer kleinen Erweiterung seines Zentralkanals, dem **Stirnbläschen** (Hirnbläschen), in dessen Vorderwand ein Pigmentfleck erkennbar ist. Über dem Stirnbläschen ist eine kleine Geißelgrube (**Köllikersche Grube**) sichtbar; sie entspricht dem Neuroporus. Die erwähnten Pigmentflecke im Rückenmark – einfache, aus Sinneszelle und Pigmentzelle bestehende Lichtsinnesorgane – sind am zahlreichsten im vorderen Abschnitt des Rückenmarks, am spärlichsten im mittleren Abschnitt.

Der **Flossensaum** enthält in seinem Inneren eine Reihe kleiner **Flossenkämmerchen**, Coelomräume, die den Rumpfmuskeln aufliegen, aber in viel größerer Zahl als die Körpersegmente vorhanden sind. In ihr Lumen stülpt sich von ventral kohlenhydratreiche Extracellularsubstanz ein („**Flossenstrahl**"), die wahrscheinlich einem Energiereservespeicher entspricht.

● Querschnitte durch die Kiemendarmregion eines geschlechtsreifen Tieres mikroskopieren (Abb. 174).

Die **Epidermis** ist einschichtig; die großen Zellkerne liegen basal. Supranucleär liegen Schleim enthaltende Sekretgranula, apikal tragen die Zellen kurze Mikrovilli. Direkt unter der Epidermis liegt die aus ganz regelhaft gelagerten Kollagenfibrillen aufgebaute Dermis, der sich in die Tiefe hinein eine vorwiegend aus amorpher Matrix bestehende umfangreiche Schicht anschließt. In der Rückenlinie erhebt sich der unpaare Flossensaum, an der Bauchseite ragen links und rechts die Metapleuralfalten vor.

Die ganze obere Hälfte des Querschnittes nimmt rechts und links die mächtige Rumpfmuskulatur ein, von der mehrere, durch Myosepten getrennte **Myomere** im Schnitt getroffen wurden, was sich aus der Winkelform der einzelnen Myomere zwangsläufig ergibt. Myo- und Sclerocoel sind als schmale Räume erkennbar. Die Myosepten gehen zentral in eine Bindegewebsmasse über, die auch das Nervenrohr sowie die Chorda umschließt und hier die grob faserige Chordascheide bildet. In der unteren Wand des Peribranchialraumes ist außerdem der durch ein medianes Septum symmetrisch geteilte **Transversalmuskel** zu erkennen. Er bewirkt durch seine Kontraktion eine Verengung des Peribranchialraumes und somit ein Ausstoßen von Wasser aus dem Atrioporus.

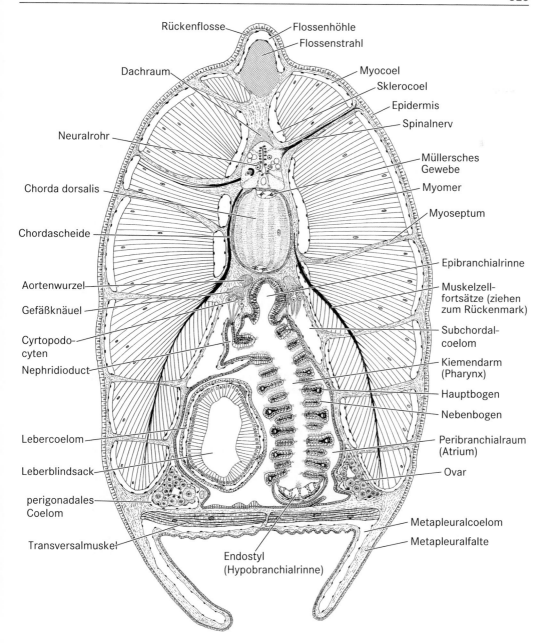

Abb. 174 *Branchiostoma lanceolatum*. Querschnitt durch die Kiemendarmregion eines weiblichen Tieres. Im Rückenmark sind u.a. Zentralkanal, Riesenfasern und ein Rückenmarksauge dargestellt. In der Chorda tritt neben den quergestreiften Muskelzellplatten, die über dorsale Poren in der Chordascheide innerviert werden, Müllersches Gewebe in je einem dorsalen und ventralen Streifen auf

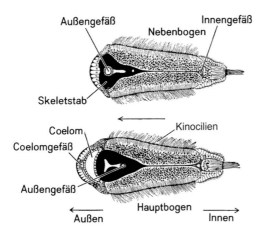

Abb. 175 Querschnitt durch einen Haupt- und einen Nebenkiemenbogen (Zungenbogen) von *Branchiostoma*. Pfeil in der Mitte = Wasserstrom. Im lebenden Tier kommen die Spitzen der Kinocilien benachbarter Kiemenbögen miteinander in Kontakt. 260×. (Nach FRANZ)

Dass auch von den **Kiemenbogen** eine ganze Anzahl im Querschnitt getroffen sein muss, macht Abb. 174 verständlich. Die Unterscheidung von **Hauptbogen** und **Nebenbogen** (= Zungenbogen) ist durch die nur den Hauptbogen außen angeschlossenen Coelomkanäle möglich (Abb. 175). In jedem Nebenbogen steigen zwei, in jedem Hauptbogen drei Kiemengefäße empor, von denen das stärkste als Außengefäß basal in dem keilförmigen Querschnitt jedes Bogens gut zu erkennen ist. Es wird vom Skeletstäbchen umschlossen. Die Flanken der Bogen tragen innerviertes entodermales Wimperepithel, durch dessen Tätigkeit das Wasser durch die Kiemenspalten getrieben und so eine Strömung erzeugt wird, die der Nahrungsgewinnung dient; für die Atmung ist sie wohl von untergeordneter Bedeutung. Die Innenränder sind mit Geißelzellen besetzt, durch deren Schlag der vom Endostyl aufsteigende Schleimfilm zur Epibranchialrinne befördert wird; der Außenrand der Kiemenbogen ist von einem wimperfreien schleimbildenden Drüsenepithel ectodermaler Herkunft bekleidet.

Das **Endostyl** ist aus sechs paarigen Längsstreifen entodermalen Epithels zusammengesetzt, teils Drüsenzellen, teils Geißelzellen. Der mediane Streifen mit besonders langen Geißeln ist unpaar. Lateral liegen vor allem Jod bindende Zellen („Schilddrüsenzellen", „Protothyroidea"). In dem Bindegewebe unter dem Endostyl liegen die beiden Endostylarplatten, gebogene Skeletelemente aus verfestigter Bindegewebsmatrix. Ventral von ihnen liegt das Endostylcoelom, in dem das zuführende Gefäß des Kiemendarmes, die Endostylarterie, verläuft.

An der Dorsalseite des Kiemendarmes erkennt man die stark vertiefte **Epibranchialrinne**, rechts und links von ihr die Querschnitte der beiden **Aortenwurzeln**, die das Blut aus den Kiemengefäßen sammeln und sich weiter hinten zur Aorta descendens vereinigen. Umgeben wird der Kiemendarm von dem geräumigen, völlig vom Ectoderm ausgekleideten **Peribranchialraum**. Das **Coelom** ist in diesem Bereich auf wenig umfangreiche Abschnitte beschränkt. Das hypobranchiale Coelom (Endostylcoelom) wurde bereits erwähnt. Beiderseits des Kiemendarmes liegen oben die subchordalen Coelomräume, die durch die Coelomkanäle in den Hauptkiemenbogen mit dem hypobranchialen Coelom zusammenhängen. Der Übergang vom subchordalen Coelom in diese Kanäle ist an den Schnitten bisweilen gut zu erkennen. Coelomräume sind ferner die Höhlen in den beiden Metapleuralfalten sowie in den Flossenkämmerchen. Schließlich ist zu erwähnen, dass auch die Gonaden in engen Coelomräumen liegen.

Die **Gonaden** – die weiblichen lassen sich durch die in ihnen liegenden Eizellen mit großem Kern und Kernkörperchen leicht als solche erkennen – wölben sich infolge ihrer mächtigen Entwicklung weit in den Peribranchialraum vor. Die Hoden sind durch die dicht gelagerten kleinen Kerne der verschiedenen Ausreifungsstadien der männlichen Keimzellen gekennzeichnet. In den Ovarien sind die Oogonien die kleinsten Keimzellen, in den Hoden sind dagegen die basal im Keimepithel gelegenen Spermatogonien relativ groß.

Der **Leberblindsack** zeigt innen ein einschichtiges, sehr hohes Zylinderepithel, das oft Lipideinschlüsse, Vakuolen und Granula erkennen lässt. Außen ist er vom ectodermalen Peribranchialepithel umkleidet. Ein dichtes Blutgefäßnetz umgibt den Leberblindsack.

Die **Nierenkanälchen** verbinden das Subchordalcoelom mit dem Atrium.

Dorsal vom Darm liegt die **Chorda**. Im Querschnitt hochoval, umgeben von der derben

Faserscheide, weist sie im Inneren den bereits geschilderten Aufbau aus hintereinander liegenden Platten auf, die ihrerseits feine horizontale Myofilamente enthalten. Die Chordaplatten sind oben und unten etwas ausgeschnitten; die so entstandenen flachen Räume zwischen Chordascheide und Chordaplatten werden von einem lockeren Gewebe (Müllersches Gewebe) erfüllt. Die Kerne der sternförmigen Müllerschen Zellen treten deutlich hervor, ihre Funktion ist nicht bekannt.

Über der Chorda liegt das **Neuralrohr**. Sein Zentralkanal ist ventral weiter als dorsal, wo er einen medianen, streckenweise von Neuronen überbrückten Spalt bildet. Perikaryen von Nervenzellen sehen wir zentral konzentriert. Die zahlreicheren, dem Zentralkanal und der medianen Naht unmittelbar anliegenden Zellen mit kleinen Kernen und basalen dünnen Fortsätzen sind tanycytäre Ependymzellen. Der periphere Abschnitt des Rückenmarks wird von Nervenfasern eingenommen, darunter von einigen Riesenaxonen. Seitlich und ventral vom Zentralkanal können 1–3 Lichtsinneszellen mit ihrem Pigmentbecher getroffen sein. Die Blickrichtung der Pigmentbecher ist auf den beiden Körperseiten und in den einzelnen Körperabschnitten verschieden.

3. Vertebrata (Craniota), Wirbeltiere

Die Vertebrata sind bilateralsymmetrische, segmentierte Tiere. Die bilaterale Symmetrie wird in der äußeren Körperform fast ausnahmslos streng eingehalten, während die Anordnung der inneren Organe z.T. asymmetrisch ist. Die **Segmentierung** tritt in der Entwicklung klar hervor, verwischt sich aber beim erwachsenen Tier zu den höheren Klassen hin immer mehr, macht sich jedoch auch bei ihnen noch an bestimmten Organsystemen bemerkbar.

Die Wirbeltiere sind innerhalb der Chordata vor allem durch folgende Merkmale gekennzeichnet:

1. Außer der **Chorda dorsalis**, die sich nur bei den Agnatha und einigen wenigen Osteichthyes zeitlebens voll erhält, besitzen die Wirbeltiere ein reich gegliedertes **Innenskelet**, das aus **Knorpel oder Knochen** besteht. Sein axialer Abschnitt gliedert sich in die von vornherein segmentierte, die Chorda allmählich verdrängende und ersetzende **Wirbelsäule** und den **Schädel**.

2. Es sind, wieder mit Ausnahme der rezenten Agnatha, **zwei Paar Extremitäten** ausgebildet, die allerdings sekundär rückgebildet sein können.

3. Der Körper gliedert sich in **Kopf, Rumpf** und **Schwanz**. Bei den landlebenden Formen kommt eine **Halsregion** hinzu. Charakteristisch für alle Wirbeltiere ist die Bildung eines Kopfes, der die großen **Sinnesorgane** trägt und das Gehirn beherbergt. Sein Skelet ist der **Schädel**, der sich aus Neuro-, Viscero- und Dermatocranium aufbaut.

4. Das **Gehirn** gliedert sich nach klassisch embryologischer und morphologischer Auffassung primär in zwei Abschnitte: **Prosencephalon (Vorderhirn)** und **Rhombencephalon (Rautenhirn)**. Das Prosencephalon unterteilt sich in **Telencephalon (Endhirn)** und **Diencephalon (Zwischenhirn)**. Das Telencephalon gliedert sich in zwei Hemisphären. Das Rhombencephalon weist ventral einen einheitlichen, z.T. an das Rückenmark erinnernden Aufbau auf. Dieser ventrale Anteil des Rhombencephalons wird **Tegmen-** **tum** genannt und enthält u.a. die Kerne der Hirnnerven. Dorsal differenzieren sich im Rhombencephalon: **Tectum** und **Cerebellum (Kleinhirn)**. Schematisch wird das Rhombencephalon in die hintereinander liegenden Abschnitte Mes-, Met- und Myelencephalon unterteilt, wobei dem **Mesencephalon (Mittelhirn)** dorsal das Tectum und dem **Metencephalon (Hinterhirn)** dorsal das Cerebellum zugeordnet ist. Das **Myelencephalon (Nachhirn, Medulla oblongata)** bildet den Übergang zum Rückenmark.

Heute wird das Gehirn aufgrund von molekular- und entwicklungsbiologischen Befunden oft in drei primäre Abschnitte gegliedert: Vorderhirn (Prosencephalon), Mittelhirn (Mesencephalon) und Hinterhirn (Rhombencephalon). Zu beachten ist, dass speziell die Begriffe „Hinterhirn" und „Rhombencephalon" einen anderen Inhalt haben als in der klassischen Vergleichenden Anatomie. Das Hinterhirn hat eine segmentale Grundstruktur. Die Segmente werden Rhombomeren genannt, beim Hühnchen sind es acht. Sie sind an Einschnürungen beim embryonalen Gehirn erkennbar. Am erwachsenen Gehirn spiegeln keine anatomischen Strukturen die Existenz dieser Rhombomeren wider. An der Grenze zwischen Hinter- und Mittelhirn liegt in der Embryonalzeit eine Zone, Isthmus genannt, die die Struktur des Mittelhirns organisiert.

5. Das Oberflächenepithel der Haut, die **Epidermis**, ist mehrschichtig, bei landlebenden Formen verhornen die oberen Epidermiszellen.

I. Agnatha, Neunaugen

Lampetra fluviatilis, Flussneunauge
Lampetra planeri, Bachneunauge

Fluss- und Bachneunaugen sind in mitteleuropäischen Gewässern vorkommende, eng verwandte Vertreter der Petromyzonta; es handelt

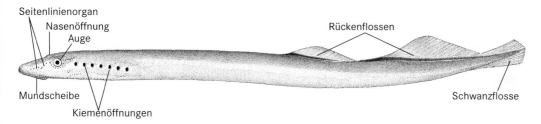

Seitenlinienorgan
Nasenöffnung
Auge
Rückenflossen
Mundscheibe
Kiemenöffnungen
Schwanzflosse

Abb. 176 Seitenansicht eines erwachsenen Flussneunauges

sich bei ihnen um einen gemeinsamen Artenkreis („paired species"). Sie gehören den kieferlosen Wirbeltieren, den Agnatha, an, stehen aber den gnathostomen Wirbeltieren näher als die Myxinoidea (Schleimaale, Inger), die die zweite Gruppe der Agnatha bilden.

Die Neunaugen haben einen beweglichen und rundlich trichterförmigen **Saugmund**, worauf auch der deutsche Begriff „Rundmäuler" oder der in der Systematischen Zoologie nicht mehr gebräuchliche Name „Cyclostomen" hinweist. Das Mundepithel bildet i. A. spitze Hornzähne, die bei den einzelnen Arten in unterschiedlicher Menge und Anordnung vorkommen und die der Verankerung in der Beute oder an einem Substrat dienen (Abb. 176, 178). Die Neunaugen repräsentieren ursprüngliche Wirbeltiere. Ihr Studium bietet einen guten Einblick in den Grundbauplan der Wirbeltiere, aber auch in die vielen morphologischen und funktionellen Spezialisierungen dieser Tiere.

Neunaugen sind heute infolge Verschmutzung und Zerstörung ihres Lebensraumes selten geworden. Deshalb soll in diesem Kurs der Schwerpunkt auf die mikroskopische Anatomie gelegt werden, wie sie sich in gefärbten histologischen Dauerpräparaten darbietet. Es werden nicht alle Organe in der gleichen Ausführlichkeit dargestellt, weil in den Kursen i. A. lediglich typische Querschnitte durch den Rumpf von Larven und erwachsenen Tieren gezeigt werden.

Das Flussneunauge lebt zunächst als **Larve** (**Querder**, **Ammocoetes-Larve**) für ca. 6–8 Jahre im Boden von fließenden Süßgewässern, wo es sich als Suspensionsfresser und Filtrierer – ähnlich wie *Branchiostoma* – ernährt. Nach einer 4–5-wöchigen **Metamorphose**, während der es zur Ausbildung des typischen Saugmundes und zu vielen anderen Umgestaltungen

kommt, wandern die adulten Tiere flussabwärts ins Meer, wo sie räuberisch leben und heranwachsen. Nach mindestens einem Jahr kehren sie geschlechtsreif in die Flüsse zurück, wandern als bis zu 50cm lange Tiere stromaufwärts und laichen nach einigen Monaten an geeigneten Plätzen. Während der Wanderung stromaufwärts nehmen sie keine Nahrung mehr zu sich, nach dem Laichen sterben sie.

Das Bachneunauge ist ein reines Süßwassertier, das ca. 4 Jahre als Ammocoetes-Larve am Boden von Flüssen und Bächen lebt. Es wächst hier zu einer Größe von ca. 15cm heran, macht dann eine Metamorphose durch, während der sich der Darmtrakt zurückzubilden beginnt; während der der Metamorphose folgenden adulten Lebensphase, die i. A. ca. 4–6 Monate dauert, wird keine Nahrung mehr aufgenommen. In dieser Lebensphase reifen die Gonaden aus. Die Tiere laichen und gehen zugrunde.

Histologisch und mikroskopisch-anatomisch sind die beiden Arten – abgesehen von den Größenverhältnissen – einander sehr ähnlich, sodass die Befunde ohne weiteres übertragbar sind. Bei den Adulten ist zu beachten, dass sich in den Monaten vor dem Laichen die inneren Organe zurückbilden und die Gonaden die ganze Leibeshöhle ausfüllen können. Dadurch können sich sehr unterschiedliche Präparate ergeben, besonders hinsichtlich Struktur und Größe von Darm und Darmanhangsorganen.

Die Körpergestalt der Neunaugen ist lang gestreckt (Abb. 176) und im Querschnitt vorn rundlich und hinten seitlich komprimiert. Der rundliche Saugmund weist nach unten. Seitlich sind bei den adulten Tieren vorn die lidlosen Augen und dahinter eine Reihe von **7 Kiemenöffnungen** zu sehen (Japanisch: „Acht-Augen"), dorsal liegt median die unpaare Öffnung der

Nase, die für die deutsche Bezeichnung Neunaugen mit herangezogen wird. Hinter der Nasenöffnung ist oft eine kleine helle Stelle in der Haut zu sehen, unter der das Pinealorgan liegt. Am Kopf sind Reihen von feinen Gruben erkennbar, die dem Seitenlinienorgan zugehören. Die Haut der Adulten ist dorsal dunkel und ventral hell gefärbt. Im Schwanzbereich ist in der Mittellinie dorsal und ventral ein knorpelgestützter Flossensaum ausgebildet, der dorsal in zwei getrennte Flossen zerfällt. Die kleine ven-

trale mediane Flosse ist auf das Schwanzende beschränkt. Paarige, seitliche Flossen fehlen.

Die **Haut** (Abb. 177) besteht aus Epidermis, Dermis und Subdermis (Subcutis). Die **Epidermis** ist ein mehrschichtiges, bis 200µm dickes Epithel, in dem mehrere Zelltypen zu unterscheiden sind. Die obere Epidermis wird von relativ kleinen, Schleim bildenden Zellen aufgebaut. In der Tiefe fallen eosinophile große bis 100µm lange keulenförmige Kolbenzellen auf, die die Epitheloberfläche nicht erreichen. Sie enthal-

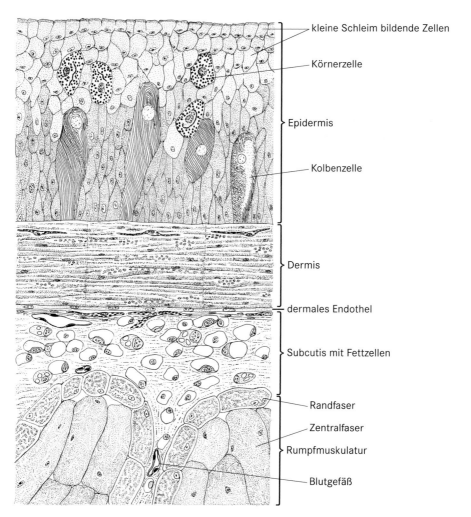

kleine Schleim bildende Zellen

Körnerzelle

Epidermis

Kolbenzelle

Dermis

dermales Endothel

Subcutis mit Fettzellen

Randfaser

Zentralfaser

Rumpfmuskulatur

Blutgefäß

Abb. 177 Flussneunauge. Histologischer Schnitt durch die Haut eines erwachsenen Tieres. Der Gehalt an Fettzellen in der Subcutis schwankt in den verschiedenen Lebensabschnitten erheblich

ten schraubig gedrehte intrazelluläre Filament-
massen. In der Mitte des Epithels treten locker
verstreut so genannte Körnerzellen auf, deren
Cytoplasma große eosinophile Granula enthält.
Basal und in der Mitte des Epithels kommen
weiterhin kleinere und spindelförmige Zellen vor,
die überwiegend Differenzierungsformen der
oberflächlichen kleinen, Schleim bildenden Zellen sind. Die Epidermis enthält außerdem in den
unteren Schichten Merkelzellen (innervierte und
sekretorisch aktive Sinneszellen). Die vielen in-
traepidermalen Nervenfasern und schlanke, die
Oberfläche erreichende Sinneszellen sind nur mit
speziellen Färbemethoden sichtbar zu machen.

Unter der kräftigen Basallamina der Epidermis liegt die im Wesentlichen aus dicht gepackten Kollagenfibrillen aufgebaute **Dermis**
(Corium), die oft ähnlich dick wie die Epidermis ist. Die Kollagenfibrillen bilden 5–10µm
dicke Fasern, welche sich in vielen Schichten
anordnen. Die Verlaufsrichtung der Fasern in
diesen Schichten wechselt regelmäßig zwischen
einerseits zirkulär und andererseits längs oder
spiralig. Einzelne Fasern ziehen senkrecht zur
Oberfläche. Zwischen den Kollagenfibrillen treten einzelne Mikrofibrillenbündel (Oxytalanfa-
sern) auf, die elastische Eigenschaften haben.
In der Dermis kommen weiterhin Fibroblasten
und vor allem in den oberen Schichten dunkle
Pigmentzellen (Melanocyten) vor; einige andere
Neunaugenarten besitzen in der oberen Dermis
auch Blutcapillaren. Basal wird die Dermis begrenzt durch eine dünne, ein- bis zweischichtige
Zellschicht, die dermales Endothel genannt wird
und nicht immer leicht erkennbar ist. Diese eigentümliche Zelllage wird beiderseits von einer
Basallamina begleitet, ihre Einzelzellen werden
über Zellkontakte verbunden.

Die **Subcutis** (subdermale Fettschicht) besteht aus einem lockeren Bindegewebe mit zahlreichen pluri- und univakuolären Fettzellen und
Blutgefäßen. Außen, im Grenzbereich zur Dermis, finden sich i. A. viele dunkle Pigmentzellen
und lichtbrechende Guanocyten, die plättchen-
förmige Guanineinschlüsse besitzen.

Die **Sinnesorgane** (Augen, Innenohr, Geruchsorgan, Hautsinnesorgane) werden hier nicht
dargestellt. Die mit bloßem Auge schon erkennbaren, in Reihen angeordneten kleinen Gruben
(Abb. 176) in der Haut des Kopfes gehören,
wie erwähnt, dem **Seitenlinienorgan** an. In der

Tiefe der Gruben ist die Epidermis verdünnt
und besteht hier aus ca. 30–40µm hohen schmalen Sinneszellen, die innerviert werden.

Der trichterförmige **Mund** der Adulten trägt
am freien Rand fransenartige Papillen, seine
Wand enthält Knorpelplatten und -spangen sowie Muskulatur; das Epithel bildet artspezifisch
unterschiedlich gestaltete und verschieden angeordnete Hornzähnchen (Abb. 178). Mund und
Pharynx der Larven unterscheiden sich von denen der Adulten erheblich (s. u.). Die Öffnung in
der Tiefe des Mundes führt in den geräumigen
Pharynx (Abb. 179). Ventral liegt an dieser engen Öffnung der **Zungenkopf**, der auch Hornzähne trägt. Dieser Zungenkopf kann vor- und
rückwärts bewegt werden. Er ist vorderster Teil
des umfangreichen Zungenapparates, der sich
ventral bis zum Herzen erstreckt und der vor
allem aus komplexer Muskulatur und Knorpel

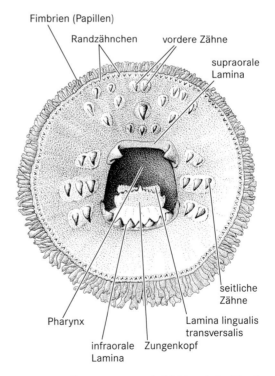

Abb. **178** Flussneunauge. Aufsicht auf die Mundscheibe. Die Zahl der Hornzähne und ihre Gestalt
können variieren, ebenso sind in verschiedenen
Lebensabschnitten die Hornzahn- und -leistenbil-
dung der Zunge etwas verschieden

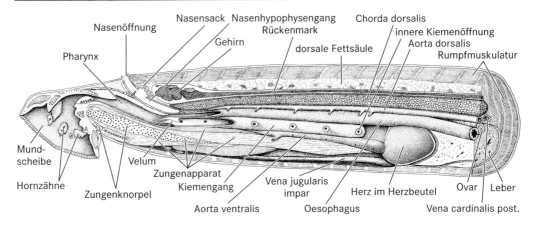

Abb. 179 Flussneunauge. Längsschnitt durch die vordere Körperregion. Beachte, dass der Nasen-Hypophysengang blind geschlossen ist. Mund = äußerer Rand der Mundscheibe. (Nach MARINELLI-STRENGER)

besteht; er wirkt wie der Stempel einer Spritze und kann Wasser und aus der Beute herausgeraspelte Nahrungsstücke in den Pharynx saugen. Ventral des Zungenkopfes mündet die Speicheldrüse in den Mundtrichter; ihr Sekret bildendes ca. 5mm großes Endstück ist in Höhe des Auges in die Muskulatur der ventralen Pharynxwand eingebettet. Der **Pharynx** spaltet sich in Höhe des ersten Kiemenloches in den dorsal gelegenen engen Oesophagus und den ventral gelegenen relativ weiten **Wassergang** (**Kiemengang**), welcher den Kiemen das durch den Mund aufgenommene Atemwasser zuführt. Der Eingang in den Wassergang wird durch knorpelig gestützte, schlanke, fingerförmige Fortsätze (Velum) gegen das Eindringen größerer Partikel geschützt. Der Wassergang endet blind, von ihm zweigen beiderseits 7 kurze Gänge ab, die in die beutelförmigen **Kiemen** führen (Abb. 179). Aus diesen Kiemenbeuteln führt dann ein kurzer Gang nach außen; die einfachen äußeren Öffnungen der Kiemen liegen bei Adulten ca. 5mm voneinander entfernt in einer leicht von dorsal nach ventral abfallenden Linie. Zwischen Kiemenbeutel und Körperoberfläche befinden sich der knorpelige **Kiemenkorb** und mit ihm verbundene komplex angeordnete quergestreifte Muskulatur. Der filigrane Kiemenkorb besteht im Wesentlichen aus 7 Kiemenbogen, die durch Querspangen verbunden sind. Mithilfe dieses Skelet-Muskelapparates kann Wasser sowohl ausgestoßen als auch angesaugt werden; Letzteres erfolgt, wenn die Tiere

mit ihrem Saugmund an einem Substrat festgeheftet sind, sodass er für die Wasseraufnahme nicht zu Verfügung steht. Histologisch lassen sich bei Neunaugen verschiedene **Knorpeltypen** unterscheiden, der Kiemenkorb besteht aus zellreichem Blasenknorpel, zwischen dessen großen Knorpelzellen nur relativ wenig Knorpelmatrix ausgebildet ist. Unter dem Endostyl der Larven liegt eine Lamelle aus matrixreichem, so genanntem mukoidem Knorpel (Abb. 181). In Flossen und Zungenapparat treten weitere Knorpeltypen auf, denen z.T. Kollagen fehlt. Diese unterschiedlichen knorpeligen Stützgewebe, denen weitere bei den Myxinoidea hinzugezählt werden können, deuten auf einen langen eigenen Weg der Skeletgewebe der rezenten Agnatha, denen Knochengewebe fehlt, hin.

Bei den erwachsenen Tieren dienen die Kiemen allein der Atmung und der Ionenregulation. Die Kiemenbeutel der Adulten sind ca. 10–15mm breit und 8–12mm hoch; sie sind zur Längsachse des Körpers ungefähr im Winkel von 45° nach caudal gerichtet und parallel zueinander angeordnet. Dies ist bei der Interpretation der histologischen Querschnitte zu beachten. Die äußere Wand der Kiemenbeutel enthält quergestreifte Muskulatur (Abb. 180), die sich um den nach außen führenden Gang zu einem gut ausgebildeten Schließmuskel formiert; an der inneren Öffnung in den Kiemenbeutel ist lediglich ein relativ schwacher Schließmuskel vorhanden. Weiter nach innen

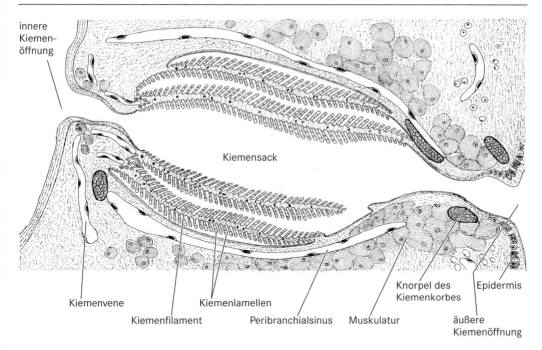

innere Kiemen-öffnung

Kiemensack

Kiemenvene

Kiemenfilament

Kiemenlamellen

Peribranchialsinus

Muskulatur

Knorpel des Kiemenkorbes

Epidermis

äußere Kiemenöffnung

Abb. 180 Flussneunauge. Histologischer transversaler Längsschnitt durch den Kiemensack eines adulten Tieres. Der Peribranchialsinus gehört dem Venensystem an, enthält aber oft nur wenig Blutzellen

schließt sich der äußeren Wandmuskulatur der Kiemenbeutel ein großer venöser Sinus an, dem weiter nach innen zu wieder quergestreifte, jedoch auffallend dünne Muskelzellen folgen. Auf seiner Innenfläche bildet die Wand hohe Falten, die **Kiemenfilamente**, die von der inneren zur äußeren Öffnung der Kiemenbeutel verlaufen. Die Kiemenfilamente, die auch Kiemenblätter genannt werden, sind in der Mitte am höchsten; sie tragen seitlich zahlreiche parallele Sekundärfalten, die Kiemenlamellen (= Kiemenblättchen, Abb. 180), die in einem spitzen Winkel von den Filamenten abgehen, was die Interpretation von histologischen Schnitten etwas erschwert.

An der Basis jedes Kiemenfilaments findet sich ein Ast der zuführenden Kiemenarterie, die sauerstoffarmes Blut führt; an der freien Kante liegt der abführende Kiemenarterienast, der mit Sauerstoff angereichertes Blut enthält. Zwischen beiden befindet sich ein kompliziert gebauter Abschnitt des Blutgefäßsystems, der auch in die Kiemenlamellen eindringt und der dem Gasaustausch dient. In den Lamellen zirkuliert das Blut in von spezialisierten Endothelzellen (Pfeil-

erzellen) umschlossenen Räumen. Das Epithel der Kiemenlamellen ist zweischichtig und besteht aus zwei sehr flachen Epithelzellen (nur an der freien Kante ist das Epithel einschichtig). Die Atemschranke der Lamellen besteht also im Wesentlichen aus dem flachen zweischichtigen Oberflächenepithel und dem flächig ausgebreiteten Cytoplasma der Pfeilerzellen. Bei allen Fischen ist das Oberflächenepithel der Atemschranke also zweischichtig, während es bei Luft atmenden Vertebraten stets nur einschichtig ist. In der Tiefe zwischen den Lamellen finden sich im Epithel große mitochondrienreiche Zellen, die ionenregulatorische Funktionen haben. Im Salzwasser werden sie Chloridzellen, im Süßwasser Schaltzellen genannt; beide Zellformen unterscheiden sich nicht nur in physiologischer, sondern auch in ultrastruktureller Hinsicht. Das Bindegewebe der zentralen Anteile der Filamente enthält recht viele freie Zellen, v. a. Lymphocyten und Phagocyten.

Bei den **Ammocoetes-Larven** dienen die Kiemen nicht nur der Atmung und der Ionenregulation, sondern wie bei *Branchiostoma* auch

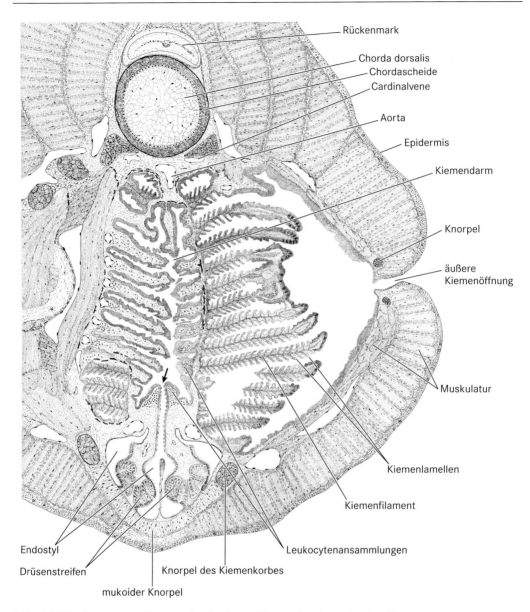

Rückenmark

Chorda dorsalis
Chordascheide
Cardinalvene

Aorta

Epidermis

Kiemendarm

Knorpel

äußere
Kiemenöffnung

Muskulatur

Kiemenlamellen

Kiemenfilament

Leukocytenansammlungen

Endostyl

Drüsenstreifen

Knorpel des Kiemenkorbes

mukoider Knorpel

Abb. 181 Bachneunauge. Querschnitt durch den Kiemendarmbereich einer älteren Ammocoetes-Larve. Die Kiemenfilamente finden sich beiderseits von kulissenartig in den Pharynx vorspringenden Kiemensepten, zwischen denen sich relativ weite Kiementaschen befinden. Aufgrund der etwas komplizierten anatomischen Verhältnisse sieht man auf Querschnitten durch das Tier unsymmetrisch verteilte Kiemenanschnitte, und eine direkte offene Verbindung der Kiemendarmlichtung mit der Außenwelt ist nur ausnahmsweise zu sehen. Das Endostyl weist auch eine komplizierte Struktur auf und ist daher auf vielen Schnitten mehrfach angetroffen. Sein Epithel besitzt mehrere Drüsenstreifen und Abschnitte mit flachem oder kubischem Epithel. Die unpaare Verbindung des Endostyls mit dem Kiemendarmlumen ist durch einen Pfeil markiert, das Endostyl wird von einem speziellen Knorpeltyp, mukoidem Knorpel, unterlagert

dem Nahrungserwerb, was durch ein komplexes System von Wimperstraßen im Pharynx und auf den freien Kanten der Kiemensepten zum Ausdruck kommt; ob sich das Endostyl (Abb. 181) mit seinem Schleim am Nahrungserwerb beteiligt, ist unklar (s. u.). Jedoch spielt der **Schleim** der zahlreichen Becherzellen im lateralen Pharynx dabei eine Rolle. Dieser Schleim bildet einen Film oder Streifen in den Kiementaschen und in den parabranchialen Kammern. In dem Schleim bleiben eingestrudelte Nahrungspartikel hängen, die mit dem Schleim zusammen von den vielen Wimperstraßen zur im Pharynxdach befindlichen Dorsalleiste transportiert werden und von hier in den Oesophagus wandern. Der Pharynx der Larven besitzt also einen anderen Aufbau als der der Adulten. In sein relativ weites Lumen ragen Septen (Kiemensepten) hinein, zwischen denen die Kiementaschen liegen. Seitlich entspringen von den Kiemensepten Kiemenfilamente mit Kiemenlamellen, die ähnlich wie bei Adulten aufgebaut sind. Aus der Tiefe jeder Kiementasche führt eine relativ enge Öffnung nach außen. Die Öffnung führt zunächst in die Parabranchialkammer (außerhalb der Kiementasche gelegener Raum), von der dann ein kurzer Gang zur äußeren Oberfläche der Tiere führt. Infolge der komplizierten Anatomie der Kiemensepten und Kiemen ist auf Querschnitten durch den Körper i. A. eine direkte offene Verbindung zwischen Pharynxlumen und Außenwelt nicht zu erkennen. Das knorpelige Kiemenbogenskelet liegt relativ weit außen (Abb. 181). Die Kiemenmuskulatur ist im Einzelnen wie bei Adulten kompliziert angeordnet. Das Kiemenseptum trägt in Nähe der freien Kante, die zum Lumen des Pharynx zeigt, kleine Geschmacksknospen und ist in der Tiefe, wo es den Kiemen tragenden Teil des Septums (Kiementräger) und die Körperwand verbindet, recht dünn.

Am Boden des larvalen Pharynx findet sich das **Endostyl** (Hypobranchialsack), ein kompliziert gebautes Drüsenorgan, das über eine enge Öffnung mit dem Pharynxlumen kommuniziert und aus dem die Schilddrüse der Adulten hervorgeht. Das Endostyl enthält ein relativ weites Lumen, das von verschiedenen Epithelbezirken begrenzt wird, und bildet als Gesamtorgan mancherlei Windungen und blinde Fortsätze aus. Auf Querschnitten (Abb. 181) findet man i. A. Anschnitte durch zwei oder mehrere Kammern

des Organs. Im Epithel lassen sich mehrere Zonen unterscheiden. Eine grobe Unterteilung lässt kubische bis prismatische Flimmerepithelien von hochprismatischen Drüsenepithelien abgrenzen. Die Drüsenzellen bilden jederseits zwei Längszonen („Drüsenzylinder"), die jedoch auf den Schnitten jeweils mindestens zweimal angetroffen werden. Die sehr schlanken hohen Drüsenzellen bilden in den histologischen Präparaten kompakte Pakete. Sie tragen apikal i. A. noch eine Cilie. Die Natur ihres Sekretes ist bisher kaum bekannt, die PAS-Reaktion ergibt nur eine sehr schwache bis negative Reaktion. Ob sich das Sekret wie bei *Branchiostoma* am Aufbau eines Schleimfilms auf der Innenwand des Pharynx beteiligt, ist nicht sicher nachgewiesen. Dennoch erinnert der Aufbau des Endostyls mit seinem Wechsel von Flimmer- und Drüsenzellen an den bei *Branchiostoma* und Tunicaten. Auch bei Tunicaten findet man am Endostyl Blindsäcke, und bei *Fritillaria* kommuniziert es auch nur über einen kleinen Verbindungskanal mit dem Pharynxlumen. Die Schilddrüse der Adulten geht vermutlich vorwiegend aus dem relativ niedrigen, mit kurzen Kinocilien versehenen Epithel in Nähe des Ausführungsganges hervor.

Die **Schilddrüse** der adulten Neunaugen besteht aus einer geringen Zahl locker verstreuter, geschlossener Follikel, die durch Knospung aus wenigen röhrenförmigen primären Follikeln hervorgehen.

Die Wand des **Oesophagus** bildet 10–20 schmale Längsfalten, die aus Bindegewebe (Lamina propria) bestehen und von einem zwei- oder auch mehrschichtigen Epithel bedeckt werden. Die oberste Zellschicht ist prismatisch und enthält einzelne Becherzellen. Ein **Magen** fehlt den Neunaugen. Der **Mitteldarm** (Abb. 182) wird außen von dem dünnen einschichtigen Peritonealepithel bedeckt, das aus kubischen oder abgeplatteten Zellen besteht und dem einwärts eine zarte Bindegewebsschicht folgt; Epithel und Bindegewebe werden zusammen mitunter **Serosa** genannt. Dieser Serosa folgt nach innen zu eine relativ dünne **Muscularis** aus glatten Muskelzellen. Dieser Muskelschicht folgt lumenwärts eine breite Bindegewebsschicht, auch **Propria** genannt, in die zahlreiche Blutgefäße und ein umfangreiches vegetatives Nervengeflecht mit gut erkennbaren kleinen Ganglien eingebettet sind. Diese Propria bildet zahlreiche

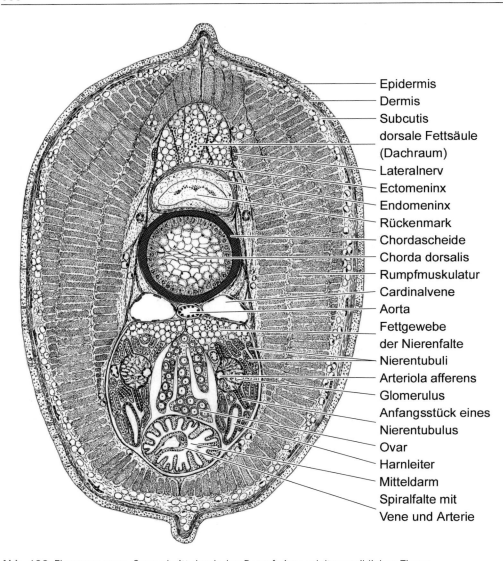

Epidermis
Dermis
Subcutis
dorsale Fettsäule
(Dachraum)
Lateralnerv
Ectomeninx
Endomeninx
Rückenmark
Chordascheide
Chorda dorsalis
Rumpfmuskulatur
Cardinalvene
Aorta
Fettgewebe
der Nierenfalte
Nierentubuli
Arteriola afferens
Glomerulus
Anfangsstück eines
Nierentubulus
Ovar
Harnleiter
Mitteldarm
Spiralfalte mit
Vene und Arterie

Abb. 182 Flussneunauge. Querschnitt durch den Rumpf eines adulten weiblichen Tieres

dicht beieinander liegende Längsfalten (keine Zotten). Eine dieser Falten ist besonders groß, sie wird **Spiralfalte** genannt und trägt seitlich sekundäre Falten. Diese Spiralfalte kann das Darmlumen weitgehend ausfüllen und enthält große Gefäße. Das Darmepithel ist ein einschichtiges Zylinderepithel, das am Anfang des Mitteldarms aus Flimmerzellen besteht. Caudal der Leber kommen auch voluminöse sekretorisch aktive Körnerzellen hinzu, die vermutlich Verdauungsenzyme abgeben. Typische Becher-

zellen fehlen. Locker verstreut finden sich im Epithel auch endokrine Zellen.

Am Übergang Oesophagus/Mitteldarm befindet sich das aus dorsalem und ventralem Teil bestehende **Pankreas**. Das Pankreas besitzt seröse Endstücke und ein umfangreiches Gangsystem. Verstreut treten Langerhanssche Inseln auf.

Bei Ammocoetes-Larven ist die **Leber** von ihrer mikroskopischen Struktur her eine verzweigte tubulöse Drüse, deren exokrines Sekret

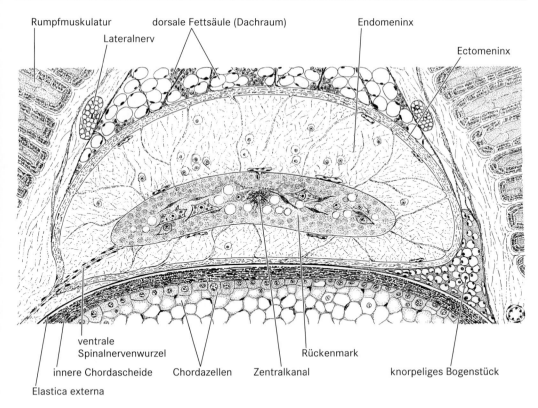

Rumpfmuskulatur   dorsale Fettsäule (Dachraum)   Endomeninx   Ectomeninx
Lateralnerv

ventrale Spinalnervenwurzel   Rückenmark
innere Chordascheide   Chordazellen   Zentralkanal   knorpeliges Bogenstück
Elastica externa

Abb. 183 Flussneunauge. Histologischer Querschnitt durch Rückenmark, Rückenmarkshäute (Meningen) und angrenzende Organe. In der dorsalen Fettsäule (Dachraum) oberhalb des Rückenmarks finden sich in unterschiedlichem Ausmaß Inseln Blut bildenden Gewebes. Beachte im Rückenmark den Zentralkanal, einzelne sehr große Perikaryen von Nervenzellen und einige quergetroffene Riesenaxone (helle Kreise)

die Gallenflüssigkeit ist. Daneben hat die Leber zahlreiche weitere Funktionen im Stoffwechsel. Sie besitzt nur bei Ammocoeteslarven einen großen Gallengang, der in den Mitteldarm einmündet. Dieser Gang und auch die intrahepatischen Gallengänge bilden sich während der Metamorphose zurück, was mit ganz erheblichen funktionellen und strukturellen Umstellungen verbunden ist. Während dieser Periode ist die Leber grün gefärbt. Bei Adulten besteht sie aus dicht gelagerten Zellbalken, die zunehmend Fett einlagern. Die Leber besitzt stets ein hochentwickeltes Blutgefäßsystem.

Das wesentliche axiale Stützorgan der Neunaugen ist die durchgehende **Chorda dorsalis** (Abb. 182), der jedoch dorsal regelmäßig knorpelige unterschiedlich große Skeletstücke anliegen (Abb. 183), die als Arcualia (Bogenelemente

von Wirbeln) gedeutet werden. Die Chorda besteht aus einem Stab von vakuolisierten Epithelzellen und einer kräftigen bindegewebigen Chordascheide; Blutgefäße fehlen. Die Masse der **Chordaepithelzellen** besitzt eine große membranbegrenzte Vakuole, die eine kohlenhydrathaltige Komponente und Flüssigkeit enthält. Das Cytoplasma ist auf einen schmalen peripheren Saum beschränkt, in dem der Zellkern liegt und in dem vor allem Intermediärfilamente vorkommen. Der spezielle Stoffwechsel dieser über zahlreiche Desmosomen und auch Gap Junctions verbundenen Zellen, speziell die Physiologie der großen Vakuole, ist noch kaum erforscht. Ventral der Mitte bilden die Zellen einen transversal verlaufenden Streifen, den so genannten Chordastrang, der aus platten, dichten Zellen besteht. Die äußerste (periphere) Zellschicht ist kubisch oder prismatisch. Ihre Einzelzellen besitzen oft einen hellen Kern, gut entwickeltes rauhes ER und einen umfangreichen Golgi-Apparat, öfter ist in diesen Zellen schon eine kleine Vakuole erkennbar. Diese peripheren Zellen werden von einer kräftigen speziellen Basallamina umgeben (= Elastica interna), der sich eine umfangreiche zell- und gefäßfreie extrazelluläre Bindegewebsschicht anschließt, die so genannte **innere Chordascheide**. Diese besteht aus dicht gepackten, sehr dünnen Fibrillen und Proteoglykanen und lässt sich besonders gut mit der PAS-Reaktion darstellen. Die chemische Natur der sehr feinen Fibrillen ist noch nicht endgültig geklärt, vermutlich handelt es sich um Mikrofibrillen, die zum elastischen Fasersystem der Wirbeltiere gehören. Basallamina und innere Chordascheide sind wahrscheinlich Produkte der peripheren Chordaepithelzellen. Die innere Chordascheide wird außen von einer kompakten dünnen Schicht begrenzt, der Elastica externa, die vermutlich elastische Eigenschaften hat und sich im histologischen Präparat farblich i. A. deutlich abhebt. Ihr folgt die **äußere Chordascheide**, die aus typischen dicht gelagerten Kollagenfibrillen, einzelnen Mikrofibrillenbündeln, Proteoglykanen, Fibrocyten und kleinen Blutgefäßen besteht.

Das Bindegewebe der äußeren Chordascheide setzt sich kontinuierlich in alle wesentlichen aus Kollagen aufgebauten Stützstrukturen des Körpers fort (Abb. 182): die Rückenmarkshäute, die Myosepten, das Bindegewebe um die großen Blutgefäße ventral der Chorda und um die Leibeshöhle herum. Weiterhin ist es über die Myosepten mit der Dermis verbunden und auch mit der Bindegewebshülle der dorsalen Fettsäule und dem Bindegewebe der Flossen, in denen außerdem Knorpelstäbe auftreten.

Vom Zentralnervensystem ist auf den Querschnitten durch den Körper das **Rückenmark** gut zu erkennen. Es ist ein relativ flacher, 2 mm breiter und 0,3–0,4 mm hoher Strang, der den von Ependymzellen begrenzten Zentralkanal enthält, in dessen Lumen der Reissnersche Faden sichtbar ist (Abb. 183). Im Innern des Rückenmarks sind die Perikaryen von unterschiedlich großen Nervenzellen konzentriert und bilden hier die graue Substanz. Außen befinden sich überwiegend Nervenzellfortsätze – im Querschnitt durch das Tier meistens quer getroffen –, die hier die

weiße Substanz aufbauen. Einzelne dieser Fortsätze sind ungewöhnlich dick und heißen Müllersche Fasern. Die Fortsätze der Nervenzellen im Zentralnervensystem der Neunaugen besitzen keine Myelinscheiden (= Markscheiden). Auch Blutgefäße fehlen im Rückenmark.

Aus dem Rückenmark treten alternierend dorsale und ventrale **Spinalnervenwurzeln** aus. In Höhe der Chorda finden sich oft Anschnitte durch ein Spinalganglion. Das Rückenmark wird von umfangreichen Hüllstrukturen umgeben. Außen ist eine **Ectomeninx** aus dicht gepackten Kollagenfasern zu unterscheiden, innen befindet sich eine weite, locker gebaute **Endomeninx**, in der viele Blutgefäße und einzelne dichtere Kollagenfaserstränge erkennbar sind. In vielen Präparaten sind in der Endomeninx in unterschiedlicher Menge z.T. recht große, rundliche Zellen unbekannter Funktion nachweisbar, die einen kleinen Kern, einzelne Lipidtropfen und vorwiegend größere vakuoläre Einschlüsse enthalten. Unmittelbar an der Oberfläche des Rückenmarks ist das Bindegewebe wieder leicht verdichtet; ventral können längs verlaufende elastische Fasern nachgewiesen werden.

Oberhalb des Rückenmarks befindet sich die **dorsale Fettsäule** (Dachraum, Abb. 182, 183), die bei jüngeren Tieren vor allem eine Stätte der Blutzellbildung ist. Bei älteren Tieren treten die Blutzellen zurück und werden zunehmend durch Fettzellen ersetzt.

Die Muskulatur lässt sich allgemein in die **Rumpfmuskulatur** (= Parietalmuskulatur) der Körperwand und die Visceralmuskulatur des vorderen Verdauungstraktes und der Atemorgane gliedern. Die Rumpfmuskulatur besteht aus hintereinander gelegenen, schräg nach caudal gerichteten Myomeren, von denen man auf Querschnitten durch das Tier daher immer mehrere nebeneinander angeschnitten findet (Abb. 182). Zwischen den einander von rostral nach caudal folgenden Myomeren befinden sich die bindegewebigen Myosepten, die viele Blutgefäße und Nerven enthalten. In den Myomeren lassen sich als Baueinheiten übereinander geschichtete (auf Querschnitten) und hintereinander folgende (auf Frontalschnitten) so genannte **Muskelkästchen** abgrenzen (Abb. 182). Diese werden von einer zarten Bindegewebshülle umhüllt. In jedem Kästchen lassen sich zwei Typen von Muskelzellen (Muskelfasern) unterscheiden, beide sind quergestreift und mehrkernig. Im Innern befinden sich große dunkle Fasern, außen kleinere hellere Fasern, die auf Querschnitten eine weitgehend geschlossene periphere Lage bilden (Abb. 177). Die dunklen Fasern sind reich an dünnen und sehr dicht gelagerten Myofibrillen; sie besitzen weniger Kerne als die peripheren hellen Fasern, in denen relativ dicke Myofibrillen durch reichlich Cytoplasma (Sarkoplasma) getrennt sind. Die hellen peripheren Fasern sind mit kurzen Sehnen verbunden, den dunklen Fasern fehlen lichtmikroskopisch erkennbare Sehnen; sie bilden an ihren Enden ultrastrukturell erkennbare Einstülpungen ihrer Zellmembran, in die Kollagen und Matrixbestandteile eintreten, was funktionell Sehnenstrukturen entspricht.

Die **viscerale Muskulatur** ist auch quergestreift, die Einzelzellen sind aber relativ dünn, die in Mehrzahl vorhandenen Kerne liegen hintereinander.

Die **Nieren** bilden zwei dorsal an der Leibeshöhlenwand befindliche Leisten (Abb. 182), die von Peritonealepithel bedeckt werden. Medial grenzen sie an die Gonaden. An der ventralen Kante liegt der Harnleiter (Urnierengang, Archinephros-Gang, primärer Harnleiter), dessen Wand aus Epithel, Bindegewebe und glatter Muskulatur besteht; das Epithel ist medioventral i. A. zweischichtig, laterodorsal i. A. einschichtig kubisch. Das Nierenparenchym besteht aus unterschiedlichen Abschnitten des Systems der Nierenkanälchen (Tubuli); median ist oft ein großer von der **Bowmanschen Kapsel** umgebener **Glomerulus** zu sehen, dessen Capillaren läppchenartige Strukturen bilden. Aus dem Raum der Bowmanschen Kapsel führen mehrere kurze bewimperte Anfangs(-Hals-)Stücke des **Tubulussystems** heraus. Es folgt ein langer zunächst gewundener, dann eher gestreckt verlaufender Tubulusabschnitt mit einem Bürstensaum (proximaler gewundener und gestreckter Tubulus). Es schließen sich ein distales Segment, ein Sammeltubulus und das Sammelrohrsystem an, das in den Harnleiter mündet. In den distal gelegenen Abschnitten erfolgt eine sehr effektive, 96–97%ige Rückresorption von Natrium- und Chloridionen.

Zwischen den Anschnitten durch die Nierenkanälchen finden sich viele Blutgefäße. Im Bindegewebe ist blutzellbildendes Gewebe verbreitet. Ebenso finden sich hier Fett und Eisen speichernde Zellen, die einen umfangreichen Raum vor allem an der Basis der Nierenleiste einnehmen können.

Die Neunaugen sind getrenntgeschlechtlich. Die **Gonaden** finden sich im Gewebe der dorsalen Leibeshöhlenwand (Abb. 182); Ausführungsgänge fehlen. Bei geschlechtsreifen Tieren füllen die Gonaden die Leibeshöhle weitgehend aus, die anderen intraperitonealen Eingeweide haben sich rückgebildet.

Die **Hoden** (**Testes**) bauen sich aus zahlreichen Lappen auf, deren Baueinheiten allseits geschlossene Follikel sind. In den Follikeln liegen außen Spermatogonien, von denen die Spermatogenese ausgeht. Im Innern sind i. A. Büschel weitgehend ausgereifter Spermien zu sehen.

Die **Eierstöcke** (**Ovarien**) wölben sich breit von der dorsalen Leibeshöhlenwand in die Leibeshöhle vor und sind auch von Peritonealepithel bedeckt. Sie bestehen aus einem gefäßführenden Bindegewebe, in das die Ovarialfollikel eingelagert sind. Diese bestehen aus einer großen Eizelle und einer doppelten Schicht von Follikelzellen. Zwischen reifen Eizellen und Follikelzellen ist eine ca. 10µm dicke Zona pellucida erkennbar. Das Cytoplasma der Eizellen enthält recht große ovale Dottereinschlüsse. Zellkerne sind in unreifen Eizellen als große helle Körper mit deutlichem Nucleolus gut erkennbar (Abb. 182), nicht jedoch in reifen Eizellen.

Blutgefäße. In den histologischen Schnitten lassen sich i. A. Anschnitte von **Arterien**, **Venen** und **Blutcapillaren** unterscheiden. Alle Blutgefäße sind von einem dünnen Endothel ausgekleidet. Arterien sind i. A. kleiner und dickwandiger als entsprechende Venen. Ihre Wand besteht aus drei Schichten: Intima (Endothel und darunter gelagerte zarte Bindegewebsschicht), Media (glatte zirkulär angeordnete Muskulatur und Kollagen, sowie Mikrofibrillen) und Adventitia (Bindegewebe). Typische elastische Fasern fehlen. In der Wand der ventralen Aorta sind elastische Mikrofibrillen mächtig entwickelt. Die Wand der Venen besitzt locker verteilte Kollagenfibrillen und auch Mikrofibrillen; glatte Muskelzellen sind selten. Die Wand der Capillaren besteht nur aus dem Endothel und einer z.T. relativ unscharf begrenzten Basallamina.

Das **Herz** ist von einem Herzbeutel umschlossen, in dem Knorpelgewebe auftritt, das über weite Strecken eine geschlossene Schale um das

Herz bildet (Abb. 179). Die Herzwand besteht aus dem innen gelegenen Endokard, dem Myokard und dem außen gelegenen Epikard. Das Endokard baut sich aus Endothel und einer schmalen Bindegewebsschicht auf. Das Myokard besteht aus quergestreiften, verzweigten Muskelzellen und Bindegewebssepten. Das Epikard besteht aus einer kräftigen Bindegewebsschicht und einem abschließenden oft kubischen Epithel. Die Wand der Kammer ist relativ dick und besteht aus kompakt zusammengelagerter Muskulatur; das Lumen ist eng. Im Vorhof ist die Wand dünner, und die Muskulatur ist lockerer verteilt.

Blutzellen lassen sich sowohl im Ausstrich als auch im Schnittpräparat studieren. Es lassen sich Erythrocyten und Leukocyten unterscheiden. Das homogene Cytoplasma der rundlichen 10–12µm großen Erythrocyten ist weitgehend mit Hämoglobin angefüllt und ist eosinophil. Die Erythrocyten besitzen, wie die der meisten Vertebraten, auch als ausgereifte Zellen einen Kern. Unter den Leukocyten sind die relativ großen Lymphocyten (kugeliger Kern, schmaler Cytoplasmasaum), Granulocyten (kleinere Zellen, gewundener, z.T. gelappter Kern, meist blauviolette, selten rote Granula im Cytoplasma) und Thrombocyten (spindelförmig, länglicher Kern) zu unterscheiden.

II. Chondrichthyes (Knorpelfische)

Technische Vorbereitungen

- Von Haifischen werden in Alkohol oder Formol konservierte Exemplare der kleinen Art *Scyliorhinus canicula*, dem Katzenhai, präpariert.

Allgemeine Übersicht

Den **Chondrichthyes** werden unter den rezenten Fischen die **Elasmobranchii** und die **Holocephali** zugeordnet. Zu den Elasmobranchiern zählen die **Selachimorpha**, die Haie, und die

Batidoidimorpha, die Rochen. Den Holocephalen werden die meist in der Tiefsee lebenden **Chimären** zugerechnet.

Insgesamt umfassen die Chondrichthyes heute ca. 800 Arten, von denen viele, speziell die größeren Arten, durch den Menschen stark bedroht sind.

Die Körpergestalt ist variabel, nur aktive, schnell schwimmende Haie haben die bekannte spindelförmige Gestalt. Die Rochen sind generell abgeflacht, nicht nur die bodenlebenden Formen, sondern auch diejenigen, die frei im Pelagial schwimmen. Bei den Knorpelfischen läuft das Vorderende des Kopfes spitz zu und bildet hier das Rostrum. Im Extremfall bildet das Rostrum eine zahnbesetzte Säge. Die Mundöffnung liegt auf der Unterseite.

Die **Haut** der Elasmobranchier enthält Plakoidschuppen, deren Aufbau dem der Zähne stark ähnelt. Der Kern der **Plakoidschuppen** besteht aus Dentin, die Basalplatte verankert die Plakoidschuppen in der Dermis und besteht aus Knochengewebe. Die nach hinten gerichtete Spitze dieser Schuppen durchbricht die Oberfläche der Epidermis und ist von Schmelz bedeckt.

Das Skelet der Chondrichthyes besteht aus **Knorpelgewebe**, das aber oft partiell verkalkt ist und dadurch sehr fest werden kann. Knochengewebe fehlt völlig.

Der **Schädel** ist ein einheitliches Knorpelstück, in das das Gehirn eingeschlossen ist. Die **Wirbelsäule** besteht aus 60 bis 420 Wirbeln. Ein **Wirbel** baut sich bei den rezenten Formen im Allgemeinen aus einem Wirbelkörper und dorsal und ventral aus je zwei Bogenelementen auf. Die dorsalen Elemente heißen Interdorsale und Basidorsale und werden gemeinsam auch Neuralbogen genannt. Sie sind meistens dorsal offen, die Lücke wird aber durch ein kleines Knorpelstück geschlossen. Die Neuralbogen umfassen das Rückenmark. Die ventralen Bogenelemente eines Wirbels werden Basiventrale und Interventrale genannt, sie bilden gemeinsam den Hämalbogen. Die Interventralia fehlen nicht selten. Hämalbogen sind im Rumpfbereich offen und umgeben meist zwei Gefäße, die A. caudalis (Fortsetzung der Aorta descendens) und die Vena caudalis. Im Schwanzbereich sind die Ventralbogen geschlossen. Zwischen den amphicoelen Wirbelkörpern findet sich Gewebe der Chorda dorsalis (Epithelzellen mit großer Vakuole), das die Wirbelkörper beweglich verbindet. Im Zentrum der Wirbelkörper befindet sich meistens ein kleines Loch, durch das Chordagewebe hindurchzieht. Die Rippen sind dorsale Rippen, die in den transversalen Muskelsepten entstehen. Die Schwanzflosse ist heterocerk, der nach oben zeigende Teil ist also größer als der untere Teil und enthält das Ende der Wirbelsäule. Alle Flossen besitzen in ihrem Innern Stützstrukturen aus Knorpelelementen. Haie besitzen paarige Brust- und Bauchflossen sowie unpaare Rücken-, Schwanz- und Afterflossen (s. Abb. 184).

Die **Wand** des **Kiemendarms** wird durch Skeletspangen, die **Kiemenbogen** – oder Visceralbogen – gestützt. Sie entstehen aus Material der cranialen Neuralleiste. Der vorderste Kiemenbogen ist zum **Kieferbogen** (Mandibularbogen) umgewandelt. Er besteht aus dem oberen Palatoquadratum und dem unteren Mandibulare. Beide tragen bei den Haien Zähne und bilden Ober- und Unterkiefer.

Der zweite Kiemenbogen wird als **Hyoidbogen** (Zungenbeinbogen) bezeichnet. Sein oberes Knorpelstück, das Hyomandibulare, schiebt sich oft zwischen Palatoquadratum und Schädel und ist am Aufbau des Aufhängungsapparates für den Kieferbogen am Schädel beteiligt. Die Kiemenspalte zwischen Kiefer- und Zungenbeinbogen wird als Spritzloch oder Spiraculum bezeichnet.

Die übrigen Kiemenbogen, meist vier oder fünf, werden **Branchialbogen** oder Kiemenbogen im engeren Sinne genannt. Sie liegen im intertrematischen Septum zwischen den Kiemenspalten und geben nach medial Fortsätze, die Siebfortsätze, ab, die verhindern, dass Nahrungspartikel in den Kiemenraum eindringen. Zu jedem Kiemenbogen gehören Kiemen, Blutgefäße, Nerven und Muskulatur. Die Kiemen sind die Atmungsorgane und bauen sich aus Kiemenfilamenten und -lamellen auf.

An den Kiemenbogen setzt Muskulatur an, die den Wasserstrom durch die Kiemenspalten reguliert. Ein typischer Kiemenbogen trägt zwei Reihen – eine vordere und eine hintere – von langen **Kiemenfilamenten** (manchmal auch primäre Kiemenfilamente oder Kiemenblättchen genannt). Jede Reihe bildet eine sog. **Hemibranchie** und ähnelt einem Kamm, wobei die Kiemenfilamente den Zähnen des Kammes entsprechen. Jedes Filament enthält einen stützenden

knorpeligen Kiemenstrahl, Gefäße und Muskulatur. Die vordere Reihe ist der vor ihr liegenden Spalte, die hintere Reihe der hinter ihr liegenden Spalte zugeordnet. Ein Kiemenbogen mit seinen vorderen und hinteren Filamentreihen wird **Holobranchie** genannt, die sich also im Regelfall aus vorderer und hinterer Hemibranchie zusammensetzt. Die Filamente, die dem Spiraculum zugeordnet sind, dienen nicht der Atmung; sie werden Pseudobranchien genannt und haben möglicherweise senso-endokrine Funktion.

Die Filamente tragen an ihrer oberen und unteren Oberfläche feine parallel angeordnete **Kiemenlamellen** (= Kiemenfältchen), etwa 20 Stück pro mm Kiemenfilament. In den Lamellen ist ein dichtes, anastomosierendes Kapillarnetz ausgebildet, das dem Gasaustausch dient. Die **Blut-Wasserbarriere** („Atemschranke") ist ca. 1μm dick. Haie und Rochen haben keinen Kiemendeckel, jedoch legt sich eine schmale Hautfalte des jeweils vor einer Kiemenspalte liegenden interbranchialen Septums über die Kiemenöffnung.

Brust- und **Bauchflossen** setzen an einfachen bogenförmigen Skeletstücken an, dem Schulter- oder Beckengürtel. Diese stehen nicht mit der Wirbelsäule in Verbindung.

Die **Rumpfmuskulatur** (somatische Muskulatur) ist in zahlreiche tütenartig ineinandersteckende, schmale Formationen gegliedert, die Myomere genannt werden. Sie sehen in der Seitenansicht W-förmig aus und gehen in der Entwicklung auf Myotome der Somiten zurück. Die Muskulatur, die Kiefer- und Kiemenbögen versorgt, geht auf das Seitenplattenmesoderm zurück und wird auch als viscerale Muskulatur bezeichnet.

Das **Gehirn** der Chondrichthyes ist bei z.T. altertümlichem Grundbau hochentwickelt. Große Raubhaie haben unter den Anamniern die größten relativen Hirngewichte. Das Telencephalon ist z.T. gyrifiziert und hat große Bulbi olfactorii, was dem hochentwickelten Geruchssinn entspricht. Das Dach des Mittelhirns bildet zwei Aufwölbungen, die Corpa bigemina, was mit den gut entwickelten Augen korreliert ist, denn hier liegt das wesentliche Sehzentrum der Haie. Das Kleinhirn ist ebenfalls gut entwickelt (Bewegungskoordination) und hat an seiner Oberfläche oft Gyri (Falten) und Sulci (Furchen).

Hautsinnesorgane sind gut entwickelt, insbesondere das Seitenliniensystem und die Lorenzinischen Ampullen. Erstere dienen der Wahrnehmung der Wasserströmung, letztere sind Elektrorezeptoren.

Ernährung. Knorpelfische sind Fleischfresser, oft mit einem weiten Nahrungsspektrum. Es gibt aber auch Nahrungsspezialisten, so fressen z. B. Hammerhaie oft Stechrochen, Adlerrochen Muscheln. Junge Tigerhaie jagen Seeschlangen, alte Tigerhaie Schildkröten. Meistens sind die **Zähne** schlank und spitz, mit ihrer Hilfe werden aus größerer Beute Fleischbrocken herausgerissen. Gitarrenrochen (*Rhina*, *Rhynchobatus*), Adler- und Stechrochen besitzen abgeflachte Zähne zum Zermalmen von Schnecken, Muscheln, Seeigeln und auch Krebsen. Zähne werden lebenslang neu gebildet.

Der **Darm** hat eine spiralförmig verlaufende Innenfalte (wie eine Wendeltreppe in einem Turm). Am Enddarm sitzt die Rectaldrüse, deren mitochondrienreichen Epithelzellen der Salzausscheidung dienen. Die Leber ist auffallend fettreich (Auftrieb, s. S. 358)

Das **Herz** liegt im venösen Blutstrom dicht hinter den Kiemen. Es besteht aus vier hintereinandergeschalteten Räumen. Im Zentrum befinden sich Vorhof (Atrium, Vorkammer) und Kammer (Ventrikel, Hauptkammer). Caudal des Vorhofs befindet sich der dünnwandige Sinus venosus, in dem sich das venöse Blut sammelt, bevor es in den Vorhof fließt. Der Ventrikel pumpt das Blut über die ventrale Aorta in die Kiemen, wo es mit Sauerstoff angereichert wird. Unmittelbar am Vorderende des Ventrikels ist bei Haien ein muskelstarker Conus arteriosus abgrenzbar, der noch zum Herzen gezählt wird.

Das aus den Kiemen abfließende sauerstoffreiche Blut wird von den Aortenwurzeln aufgenommen, die es sowohl nach vorn in den Kopf als auch nach hinten in den Rumpf und Schwanz leiten. Nach vorn setzen sich die Aortenwurzeln in die Carotiden fort, nach hinten setzen sie sich in die unpaare Aorta descendens (Aorta dorsalis) fort, die sich hinter den Kiemen aus den zwei Aortenwurzeln formiert und die die Organe des Rumpfes versorgt.

Bei den Chondrichthyes (und auch den Osteichthyes) gibt es paarige vordere und hintere Kardinalvenen, die in Höhe des Sinus venosus zusammenfließen und auf jeder Seite einen Ductus Cuvieri bilden, der in den Sinus einmündet. Die Vena hepatica führt venöses Blut aus der Leber direkt in den Sinus venosus. Generell sind die Venen oft sinusartig erweitert und manchmal nicht scharf begrenzt.

Die **Nieren** liegen als langgestreckte Organe retroperitoneal in der dorsalen Rumpfwand. Der Harnleiter ist bei weiblichen Haien der **primäre Harnleiter** (= **Wolffscher Gang**). Er mündet in die Kloake, häufig bilden linker und rechter Harnleiter eine gemeinsame Ausmündung (Nierenpapille). Bei männlichen Haien ist der primäre Harnleiter oft gleichzeitig Samenleiter, weil der vordere Teil der Niere Nebenhodenfunktion übernimmt (Pars sexualis der Niere, bei Haien oft Leydigsche Drüse genannt) und die Spermien in den primären Harnleiter leitet; eine derartige Struktur heißt **Harnsamenleiter**. Bei manchen männlichen Haien entsteht caudal ein neuer Harnleiter, der Ureter genannt wird, der auch in Mehrzahl auftreten kann und der gemeinsam mit dem primären Harnleiter (Harnsamenleiter) vorkommen kann, der dann den Harn der cranialen Nierenbereiche aufnimmt. Bei einigen Haien sind beide Systeme völlig getrennt und der Wolffsche Gang leitet nur die Spermien aus.

Die Niere der Haie ist ein **Opisthonephros**, dessen vorderer Teil (Pars sexualis) oft verkleinert ist und beim Männchen Nebenhodenfunktion hat. Der hintere Teil des Opisthonephros ist umfangreich und der eigentliche Ausscheidungsapparat der Niere (Pars renalis). Die Nierentubuli sind bei den im Salzwasser lebenden Chondrichthyes außerordentlich komplex gebaut, sie sind vielfach gewunden und lassen funktionell zahlreiche verschiedene Abschnitte unterscheiden. Die Größe der Nierenkörperchen ist variabel, sie sind aber immer größer als bei den Osteichthyes. Die Körperflüssigkeit der Knorpelfische ist isoosmotisch zum Salzwasser, was durch eine hohe Konzentration an löslichen Stickstoffverbindungen, vor allem **Harnstoff**, sowie an Methylaminen und einigen freien Aminosäuren im Blut erreicht wird, gegen die die Zellen und Gewebe auffallend tolerant sind. Die reinen Süßwasserformen (Stachelrochenarten) haben diese hohen Harnstoffkonzentrationen im Blut reduziert, ihre Ionenzusammensetzung im Blut ähnelt der von Süßwasserteleosteern.

Elasmobranchier sind getrenntgeschlechtlich. Männchen bilden auffallende Kopulationsorgane (**Pterygopodien**). Die Befruchtung ist eine innere. Die Ableitung der Eier erfolgt über die **Müllerschen Gänge**. Viele Haie legen große beschalte Eier ab, manche sind ovovivipar und einige bilden Plazenten (z.B. *Carcharhinus plumbeus* [Großrückenflossenhai], *Carcharhinus longimanus* [ozeanischer Weißspitzenhai] und die Hammerhaie) und sind lebendgebärend. Die Müllerschen Gänge sind beim Männchen noch als Blindsack erhalten. Wie schon bei den ableitenden Harnwegen erwähnt, sind die Verhältnisse des männlichen Urogenitalsystems variabel. Die Rochenmännchen besitzen zwei eigene relativ große sog. **Alkali-Drüsen**, die neben den Harnsamenleitern bzw. den Samenleitern in die Kloake münden. Das Sekret dieser Drüsen ist stets deutlich alkalisch, seine Funktion ist unzureichend bekannt, steht aber vermutlich mit der Reproduktion in Beziehung.

Das **Coelom** gliedert sich bei Chondrichthyes und Osteichthyes in **Perikardhöhle** (Herzhöhle) und **Peritonealhöhle** (allgemeine Leibeshöhle). Auch der Filtrationsraum der Nierenkörperchen ist ein Abkömmling des Coeloms.

Lebensweise. Viele Haie leben pelagisch, es gibt aber auch überwiegend bodenlebende Formen. Meist sind sie räuberisch; die Riesenformen (Walhai, Mantarochen) leben von Plankton. Torpedorochen betäuben ihre Beute mithilfe ihrer elektrischen Organe. Rochen sind mehrheitlich bodenlebende Formen und können sich sogar ins Substrat einwühlen, wobei die Augen aus dem Sand herausschauen; einige Rochen schwimmen im Pelagial, ernähren sich aber meist auch von Bodenorganismen. Manche Formen, z.B. der Rotmeergitarrenrochen, der Leopardenhai und der Weißspitzen-Riffhai, sind nachtaktiv. Die Mehrzahl der Arten ist aber tagaktiv. Die meisten Chondrichthyes leben im Meer, eine ganze

Reihe von Arten tolerieren wechselnde Ionenzusammensetzung im Wasser und können im Brackwasser oder Flussmündungen leben (euryhaline Arten). Einzelne Arten der Stachelrochen leben ausschließlich im Süßwasser in Zuflüssen des Orinoko und Amazonas.

Spezieller Teil

Scyliorhinus canicula, Katzenhai

Kopf und Rumpf, die etwa die vordere Hälfte des lang gestreckten Körpers ausmachen, sind dorsoventral abgeplattet, die Schwanzregion, die hinter dem After beginnt, ist dagegen seitlich abgeflacht (Abb. 184). Der Übergang findet allmählich statt. Die vor den Augen liegende, breite und abgerundete Partie des Kopfes wird als Rostrum bezeichnet.

Von den paarigen **Flossen**, die den Gliedmaßen der höheren Wirbeltiere entsprechen, liegen die großen, dreieckigen Brustflossen in horizontaler Stellung dicht hinter den Kiemenspalten und sind weit voneinander getrennt, während die kleineren, an der Hintergrenze des Rumpfes gelegenen Bauchflossen in der ventralen Mittellinie zusammenstoßen. Die beiden Geschlechter lassen sich dadurch leicht voneinander unterscheiden, dass sich beim Männchen die inneren Abschnitte der Bauchflossen als länglich-konische Gebilde abgesondert haben, die – bei den Selachiern findet stets innere Befruchtung statt – als Begattungsorgane (**Pterygopodien**) dienen (Abb. 185). An der dem Körper zugewandten dorsalen Seite dieser Organe verläuft eine tiefe Rinne bis zur Spitze. In ihr wird bei der Begattung das Sperma geleitet.

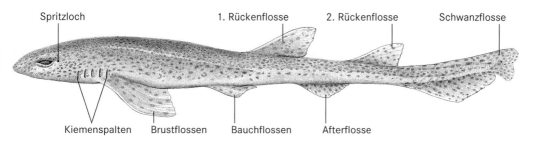

Spritzloch   1. Rückenflosse   2. Rückenflosse   Schwanzflosse

Kiemenspalten   Brustflossen   Bauchflossen   Afterflosse

Abb. 184 *Scyliorhinus canicula,* Katzenhai

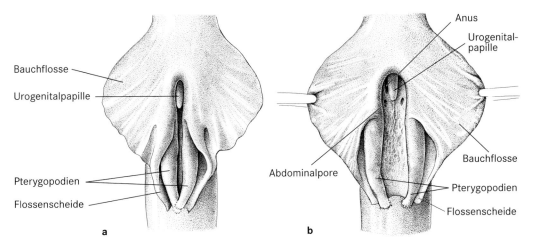

Abb. 185 Bauchflossenregion bei einem männlichen Tier von *Scyliorhinus canicula*. **a** Natürliche Lager der Pterygopodien und Flossenscheide; **b** Bauchflossen und Flossenscheide gespreizt, um den Einblick in die Kloake zu ermöglichen

- Um sie genauer betrachten zu können, eins der Pterygopodien halb abschneiden.

Von unpaaren Flossen sind in der Mittellinie des Körpers zwei weit hinten liegende Rückenflossen vorhanden, von denen die vordere die größere ist, dann die heterocerke Schwanzflosse, die den etwas aufwärts gebogenen Schwanzteil der Wirbelsäule umgibt, und eine Afterflosse, die der Medianlinie der Bauchseite in der Mitte zwischen Bauch- und Schwanzflosse aufsitzt. Der dorsale Abschnitt der Schwanzflosse ist sehr niedrig, der ventrale gliedert sich in einen vorderen und einen kleineren, hinteren Lappen.

Der **Mund** liegt auf der Unterseite des vorn zu einem **Rostrum** ausgezogenen Kopfes. Seine Ränder sind mit spitzen Zähnen dicht besetzt. Im Mund liegen weitere, noch nicht funktionierende (Ersatz-)Zahnreihen. Vor dem und seitlich vom Mund und an den Körperseiten befinden sich Reihen kleiner Öffnungen. Sie führen in die unter der Haut verlaufenden Kanäle des auf Wasserströmungen und Veränderungen des Wasserdruckes ansprechenden **Seitenliniensystems**. Andere, in Gruppen stehende, einstichförmige Öffnungen am Kopf sind die Mündungen der **Lorenzinischen Ampullen**, schlauchförmiger, etwa 1 cm langer, mit Gallerte erfüllter Organe der Elektroreception. Vor dem Mund

liegen die **Nasengruben**, in denen rosettenförmig die Riechfalten liegen und deren ventral gerichtete Öffnungen im hinteren Abschnitt von einer breiten medialen Hautklappe überdeckt werden (Abb. 186).

- Diese Hautklappe hochheben.

Unter ihr steht die Nasenöffnung durch eine breite, flache Furche, die Nasolabialrinne, mit der Mundspalte in Verbindung (Abb. 186). Die Augen werden oben und unten von Hautwülsten eingefasst ("Lider"). Da sie kaum verschiebbar sind, kann das Auge zwar schlitzförmig verengt, aber nicht verschlossen werden. Eine Nickhaut, die bei vielen Arten im vorderen Augenwinkel ausgebildet ist, fehlt dem Katzenhai.

Hinter den Augenschlitzen befindet sich jederseits das **Spiraculum** (Spritzloch). Die typisch ausgebildeten **Kiemenspalten** liegen ein Stück dahinter als jederseits fünf vertikale Schlitze. Das durch den Mund aufgenommene Wasser wird durch diese Spalten wieder nach außen befördert. Die in den Spalten liegenden Kiemen, an denen der Gasaustausch erfolgt, sind von außen nicht sichtbar. – Der **After**, richtiger: die **Kloakenöffnung**, ist ein zwischen den Bauchflossen gelegener Längsspalt.

Die **Haut** ist dorsal von rötlich grauer Farbe und mit zahlreichen rundlichen und schwarz-

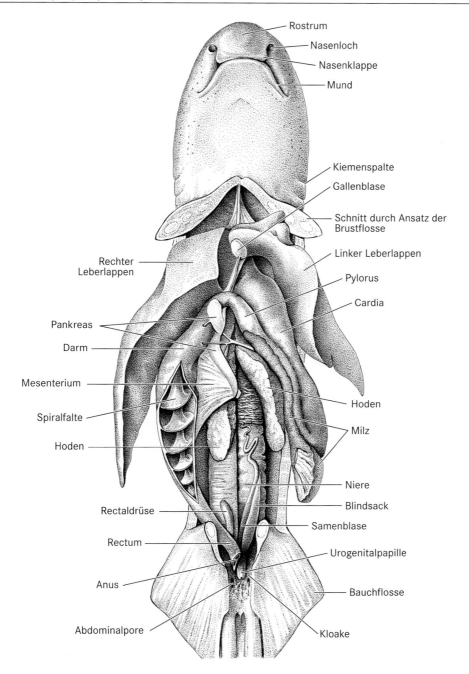

Abb. 186 *Scyliorhinus canicula,* männliches Tier, Bauchsitus

brauen Flecken bedeckt, ventral weiß. Sie fasst sich, besonders auf der Rückenseite, sehr rauh an. Das rührt von den zahlreichen winzigen **Plakoidschuppen** her, die aus einer Platte, der Basalplatte, und darauf sitzenden feinen, dreispitzigen Zähnchen bestehen. Die Spitzen der Hautzähnchen sind nach hinten gerichtet. Die Basalplatte ist zweischichtig. Die untere Schicht besteht aus einer knochenähnlichen Substanz, während die oberflächliche Lage aus Dentin aufgebaut ist. Die Spitze des Zahnes und ein Teil seiner Oberfläche werden von dem sehr harten Schmelz gebildet.

- Die Placoidschuppen lassen sich gut zur Anschauung bringen, wenn man ein Stückchen Rückenhaut herausschneidet und in einem Reagenzglas mit Kalilauge kocht (Vorsicht!). Der Rückstand wird mit Wasser ausgewaschen und auf einem Objektträger unter Glycerin untersucht.
- Doch genügt es auch schon, mit dem starken Messer auf der Haut entlangzukratzen und die so herausgerissenen Placoidschuppen auf einen Objektträger zu bringen.
- Mit der großen Schere wird nun in der ventralen Mittellinie ein Schnitt von der Höhe des Bauchflossen- bis zu der des Brustflossenansatzes geführt.
- Dann macht man von den beiden Endpunkten dieses Längsschnittes vier transversale Schnitte, zwei vor dem Bauchflossenansatz, zwei vor dem Brustflossenansatz.
- Die dadurch entstehenden beiden Klappen der Körperwand werden dann durch zwei weitere seitliche Längsschnitte abgetragen. Siehe Abb. 186.

Die große Höhle, die durch die Präparation eröffnet wurde, ist die vom Peritoneum (Bauchfell) ausgekleidete Peritonealhöhle. Das Peritoneum besteht aus Peritonealepithel und einer dünnen Bindegewebsschicht mit Blutcapillaren. Ein zweiter, erheblich kleinerer Abschnitt ist die Perikardhöhle; zwischen Peritoneal- und Perikardhöhle bleibt bei Haien eine Verbindung erhalten.
Der vordere Teil der Bauchhöhle wird von der **Leber** eingenommen, einem umfangreichen Organ, das auf gelbbraunem Grund schwarz marmoriert ist und nach hinten zu zwei seitliche Lappen entsendet.

- Die in der Mittellinie gelegene Portion des linken Leberlappens etwas anheben.

Die **Gallenblase** wird sichtbar. Sie ist ein Anhangsgebilde des hinter dem Pylorus in den Darm einmündenden, aber schwer zu verfolgenden Gallenganges.

- Diesen durch vorsichtiges Drücken auf die Gallenblase mit Galle füllen und so besser sichtbar machen.

Das große, die Bauchhöhle fast in ihrer ganzen Länge durchziehende Gebilde ist der **Magen**. Er besteht aus zwei V-förmig miteinander verbundenen Schenkeln, von denen der linke – der **Cardia**abschnitt des Magens – die Fortsetzung des Oesophagus ist und als weiter Sack erscheint, während der aufsteigende rechte Schenkel – der **Pylorus**abschnitt – ein enges Lumen hat. Der Übergang des Oesophagus in den Magen findet so allmählich statt, dass äußerlich eine Abgrenzung unmöglich ist.

- Die beiden Darmabschnitte durch einen Längsschnitt öffnen und ihren Inhalt durch Ausspülungen entfernen.

Man erkennt einen klaren Unterschied: Die Schleimhaut des Oesophagus erhebt sich zu zahlreichen Papillen, die des Magens bildet Falten.
Der Magen geht, wieder unter scharfer Knickung, in den Darm über, der als ziemlich weites Rohr rechts geradlinig nach hinten verläuft. An der Grenze von Magen und Darm bemerkt man eine leichte Einschnürung, die durch einen hier gelegenen Ringmuskel (Sphinkter) hervorgerufen wird, der die Aufgabe hat, den Übertritt des Mageninhalts in den Darm zu regeln.
Dem hinteren Ende des Cardiaabschnittes sitzt die **Milz** breit auf, ein braunroter, nach hinten spitz zulaufender Körper, der mit einem schmalen Fortsatz dem aufsteigenden Schenkel des Magens folgt. Zwischen Magen und Darm liegt als schmales gelapptes Band das **Pankreas** (Bauchspeicheldrüse), dessen Ausführgänge neben dem Gallengang in den Darm münden.

- Aus der Darmwand ein größeres Fenster herausschneiden und das Darmlumen gut auswaschen.

Sichtbar wird eine eng gewendelte Schleimhautfalte, die **Spiralfalte**, die eine Vergrößerung der
resorbierenden Darmoberfläche bewirkt.

Ein kleiner, dickwandiger Anhang an der
dorsalen Seite des Enddarmes ist die **Rektal-
drüse**; sie dient der Salzausscheidung.

- Der Darmtrakt samt Leber wird oben und
  unten abgeschnitten und vorsichtig von seiner Anheftung abgetrennt. Man achte darauf,
  dass die Leber dicht an ihrem Ligament abgeschnitten wird.

Dadurch wird das **Urogenitalsystem** sichtbar.
Bei den **Weibchen** (Abb. 187 und 189) fällt ein
auf der rechten Seite, aber nahe der Mittellinie
liegender, gelbweißer Körper auf, der an einem
dorsalen Aufhängeband befestigt ist. Größere
und kleinere, rundliche Eier, die in ihm liegen,
lassen ihn als **Ovarium** erkennen. Bei vorliegender Art, wie bei der Gattung *Scyliorhinus*
überhaupt, ist es unpaar, da das linke Ovarium
rückgebildet wurde, bei vielen anderen Selachiern dagegen paarig.

- Das Ovarium wird von seinem Aufhängeband abgeschnitten und herausgehoben.

Nun werden die beiden sehr stark entwickelten
Eileiter (**Müllersche Gänge**) gut sichtbar als zwei
in Abschnitte geteilte Röhren, die sich oben und
unten vereinigen. Die obere Vereinigung bildet
einen Bogen, in dessen Mitte sich als unpaare
Öffnung das Ostium tubae (Ostium abdominale, Abb. 187) erkennen lässt, durch das die reifen Eier aus der Leibeshöhle, in die sie aus dem
Ovarium gelangt sind, in die Eileiter eintreten.
Etwas weiter nach hinten erweitert sich jeder
der beiden Gänge zu einem rundlichen Körper,
dem **Nidamentalorgan**, das im Wesentlichen
aus zwei Gruppen von Drüsen besteht, die sich
schon äußerlich durch ihre verschiedene Farbe
gegeneinander abgrenzen lassen. Die vordere,
weiße Partie ist die Eiweißdrüse, die hintere, rötliche die Schalendrüse, die um das befruchtete Ei
eine kollagenhaltige Schale absondert. Außerdem besitzt das Nidamentalorgan auch Schleimdrüsen, deren Sekret das Weiterrücken der Eier
erleichtert. Es folgt ein schmales Verbindungs-
stück, das Infundibulum, und darauf ein langer,
sehr erweiterungsfähiger Abschnitt, der so genannte Uterus, in dem gelegentlich ein reifes
Ei liegt. Die Eier sind rechteckig. An jeder der

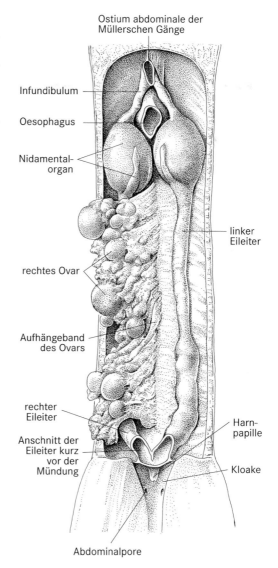

Abb. 187 Geschlechtsorgane eines weiblichen Tieres von *Scyliorhinus canicula*

vier Ecken, in die die Schale ausgezogen ist, entspringt ein kollagenhaltiger, schraubig gedrehter
Faden, der nach der Eiablage zur Befestigung
des Eies dient (Abb. 188).

- Vorsichtig ein Ei aufschneiden.

Innen befindet sich nicht selten ein mehr oder
weniger weit entwickelter Embryo. Nach hinten zu vereinigen sich die beiden Müllerschen

Gänge zu einem gemeinsamen Ausführgang, der in der dorsalen Wand der Kloake mit weiter Öffnung mündet.

Unter den Eileitern liegen fast in der ganzen Länge der Bauchhöhle retroperitoneal die **Nieren** als lange, schmale, bräunliche Körper. Sie entsprechen der zweiten Nierengeneration der Wirbeltiere, dem **Opisthonephros**. Ihr vorderer Abschnitt zeigt noch deutlich den ursprünglichen, segmentalen Bau (Nierenläppchen), ist aber in Rückbildung begriffen. Der hintere Teil, der die Exkretion in der Hauptsache zu leisten hat, ist breiter und einheitlicher. Auf den Nieren liegt jederseits ein dünner Kanal, die beiden Wolffschen Gänge, die beim weiblichen Geschlecht als Harnleiter dienen.

Hinten erweitern sich die Harnleiter zu zwei so genannten Harnblasen und vereinigen sich dann zu einem Harnsinus, der sich caudal von der Mündung der Eileiter auf einer Papille in die Kloake eröffnet. Die aus dem hintersten Abschnitt der Niere austretenden Harnsammelkanäle fließen zu einigen sekundären Harnleitern zusammen, die dicht hinter den primären Harnleitern, aber gesondert von ihnen, in den Harnsinus einmünden. – Im hinteren Teil der Kloake liegt rechts und links ein Grübchen und in ihm eine feine Öffnung (Porus abdominalis), durch die die Leibeshöhle nach außen Verbindung hat.

Beim **Männchen** (Abb. 188) finden sich folgende Verhältnisse des Urogenitalsystems: Die **Hoden** sind zwei weißliche, lange Körper, die vorn verschmolzen sind und durch ein zartes dorsales Aufhängeband in ihrer Lage gehalten werden. Ihre dünnen Ausführgänge (Vasa efferentia) treten mit dem vorderen Abschnitt der Niere in Verbindung, der somit zum Nebenhoden (Epididymis) wird und das Sperma an den ausschließlich als Samenleiter dienenden Wolffschen Gang weiterleitet. Auch der mittlere Abschnitt der Niere, der noch der Pars sexualis des Opisthonephros zuzurechnen ist, hat seine ursprüngliche exkretorische Funktion ganz verloren; er sondert als **Leydigsche Drüse** ein flüssiges Sekret ab, das sich im Wolffschen Gang dem Sperma beigesellt und die Widerstandsfähigkeit und Beweglichkeit der Spermien erhöht.

Hinten erweitert sich der Wolffsche Gang zur so genannten Samenblase (Vesicula seminalis, besser: Ampulle des Samenleiters); ventral von ihr liegt ein Blindsack, der als ein Rest des Müllerschen Ganges aufgefasst und als Uterus masculinus bezeichnet wird. Auch vom vordersten

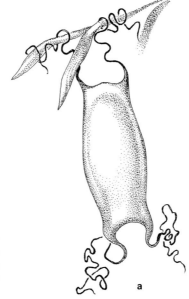
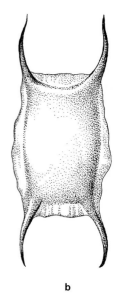

Abb. 188 a an Seetang befestigtes Ei von *Scyliorhinus canicula*; **b** Ei von *Raja clavata,* wie es oft am Nordseestrand angeschwemmt wird

a   b

Abschnitt der Müllerschen Gänge ist ein Stück, ein rudimentäres Ostium tubae, beim Männchen erhalten geblieben. Der hintere, allein exkretorisch tätige Teil der Niere (Pars renalis des Opisthonephros) entsendet eine Reihe segmentaler Ausführgänge (sekundäre Harnleiter), von denen sich die vorderen zu einem Kanal vereinigen, dessen erweiterter Endabschnitt auch hier als Harnblase bezeichnet wird. Die Harnblase und die nicht an sie angeschlossenen hintersten Ausführgänge münden mit einigen Öffnungen von rechts und links her in einen Hohlraum von spindel- bis herzförmigem Umriss, der das unpaare Wurzelstück der oben erwähnten Blindsäcke bildet. In ihm liegen auch, etwas mehr nach vorn und außen, die Mündungen der Samenblasen, was ihm den Namen Sinus urogenitalis eingetragen hat. Der Sinus uroge-

nitalis öffnet sich seinerseits mit einer unpaaren Urogenitalpapille in die Kloake.

● Es wird auf der ventralen Seite zwischen Bauchhöhle und Mundöffnung eine Schicht der Körperwand nach der anderen durch vorsichtig geführte Flächenschnitte abgetragen, wobei auch der mittlere Teil des Schultergürtels zu entfernen ist.

Unmittelbar vor der Bauchhöhle (Abb. 191) liegt in der Mittellinie der verknorpelte **Herzbeutel**, das Perikard, dessen Hohlraum die Perikardhöhle, d.h. Herzhöhle, ist.

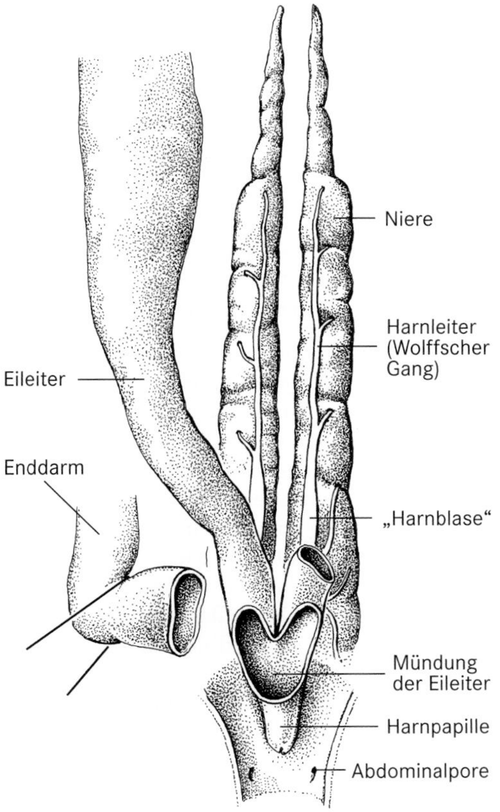

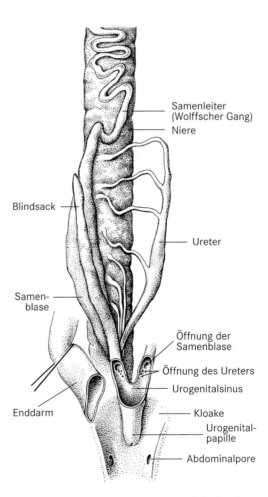

Abb. 189 Exkretionssystem und rechter Eileiter eines weiblichen Tieres von *Scyliorhinus canicula*

Abb. 190 Geschlechtsorgane (ohne Hoden) und Exkretionssystem eines männlichen Tieres von *Scyliorhinus canicula*. Nur die rechte Niere ist gezeichnet.

● Vorsichtig den Herzbeutel öffnen und das Herz freilegen.

Sein obenauf liegender, also ventraler Abschnitt ist die dickwandige **Herzkammer** (**Ventrikel**). Sie verjüngt sich oralwärts zum **Conus arteriosus**, der noch einen Teil des Herzens selbst darstellt. Dorsal von der Herzkammer liegt die große, im Umriss dreieckige **Vorkammer** (**Atrium**), die jederseits unter der Herzkammer vorragt.

● Die Vorkammer vorsichtig anheben.

Darunter sieht man einen dünnwandigen, großen Sack, den **Sinus venosus**, der das venöse Körperblut sowie das Blut der Lebervene empfängt und durch eine mediane Öffnung an die Vorkammer abgibt. Wenn man das große, den Conus arteriosus fortsetzende Blutgefäß, die **ventrale Aorta** (Aorta ascendens = Arterienstamm), weiter nach vorn verfolgt und die seitlich abgehenden Äste freipräpariert, erkennt man, dass diese Äste zu den Kiemen ziehen. Das aus dem Körper stammende venöse Blut gelangt ins Herz und von diesem durch die ventrale Aorta und die **Kiemenarterien** in die Kiemen. Ventilklappen zwischen Sinus venosus und Vorkammer und zwischen Vorkammer und Kammer verhindern ein Rückströmen des Blutes bei der Systole, Klappen innerhalb des Conus arteriosus verhindern dies bei der Diastole der Herzkammer. Das mit Sauerstoff angereicherte Blut wird aus den Kiemen durch abführende Gefäße dem dorsal liegenden Hauptgefäß, der **dorsalen Aorta** (Aorta descendens), zugeführt, die den Körper versorgt.

Durch die schichtweise erfolgte Abtragung der ventralen Körperwand sind auch die **Kiemen** freigelegt worden (Abb. 191). Man sieht die vom Vorderdarm nach außen ziehenden fünf Kiemenspalten. Zwischen den Kiemenspalten befinden sich die **intertrematischen Septen** (Zwischenkiemenscheidewände). In diesen befinden sich medial die knorpeligen Kiemenbögen und lateral Bindegewebe mit Gefäßen, Muskulatur, Nerven sowie einzelnen schlanken Knorpelstücken, die von der konvexen Seite der Kiemenbögen ausgehen. Die Kiemenspalten der Haie sind also – im Gegensatz zu den Verhältnissen bei den Knochenfischen – vollständig voneinander getrennt. Der äußere Teil der Septen schiebt sich wie eine Klappe über die folgende Spalte. Medial bilden die intertrematischen Septen so genannte Siebfortsätze. Die sich gegenüberliegenden Wände der Kiemenspalten bilden die Kiemen, die wahrscheinlich entodermalen Ursprungs sind. Die Kiemen bestehen aus langen Falten (**Kiemenfilamenten**, Kiemenblättern), denen quer kleine sekundäre Falten (**Kiemenlamellen**, Kiemenblättchen) aufsitzen. Die Kiemenlamellen werden von einem zweischichtigen Plattenepithel („respiratorischem" Epithel) bedeckt. Die Kiemenfilamente bilden eine Folge gut durchbluteter rötlicher Bänder, auf die der Name Elasmobranchier (Bandkiemer) zurückgeht. Der äußere Teil der Kiemenspalten trägt keine Kiemen. Die Kiemen auf einer Seite der Kiemenspalte bilden eine Hemibranchie (Halbkieme). Die zwei Hemibranchien auf Vorder- und Rückseite eines intertrematischen Septums, die also jeweils benachbarten Spalten zugehören, bilden zusammen eine Holobranchie (Kieme). Die Rückwand der letzten Spalte trägt keine Kieme. Das Atemwasser strömt durch den Mund ein, streicht an den Kiemen vorbei und tritt durch die Kiemenspalten wieder aus. Das Spritzloch, d.h. die zwischen dem Kieferbogen und Zungenbeinbogen gelegene Kiemenspalte, enthält eine rückgebildete Kieme.

● Mit dem starken Messer den Körper dicht hinter der vorderen Rückenflosse quer durchschneiden und auf einer Seite des Schwanzstückes die Haut eine Strecke weit abpräparieren.

Wie bei *Branchiostoma* werden die Flanken des Körpers von starken, deutlich segmentierten Muskelpaketen eingenommen, deren Fasern parallel zur Körperachse von Septum zu Septum verlaufen. Nur in der vorderen Rumpfregion hat sich von ihm ventral ein Teil abgespalten, dessen Fasern schräg von vorn-unten nach hinten-oben ziehen. Die Spitze der Muskelsegmente ist, gleichfalls wie bei *Branchiostoma*, nach vorn gerichtet und liegt in Höhe der Wirbelsäule. Eine Weiterbildung ist insofern eingetreten, als sich diese längs angeordnete Muskulatur in einem dorsalen und ventralen Abschnitt gegliedert hat. Dorsaler wie ventraler Teil eines jeden Muskelsegments sind noch einmal in sich gewinkelt. Im Querschnitt erscheint die Muskulatur in konzentrischen Ringen angeordnet, ein Bild, das dadurch zustande kommt, dass die Myomere tütenartig ineinander stecken.

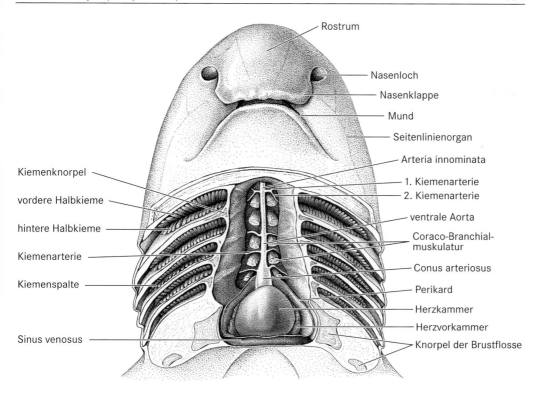

Rostrum

Nasenloch

Nasenklappe

Mund

Seitenlinienorgan

Arteria innominata

1. Kiemenarterie
2. Kiemenarterie

ventrale Aorta

Coraco-Branchial-
muskulatur

Conus arteriosus

Perikard

Herzkammer

Herzvorkammer

Knorpel der Brustflosse

Kiemenknorpel

vordere Halbkieme

hintere Halbkieme

Kiemenarterie

Kiemenspalte

Sinus venosus

Abb. 191 Herz und Kiemen von *Scyliorhinus canicula*. Die zwei vorderen Kiemenarterien werden aus einem gemeinsamen Arterienstamm (Arteria innominata) versorgt

Die knorpelige **Wirbelsäule** schließt einen gallertigen Rest der **Chorda dorsalis** ein. Die dorsal vom Wirbelkörper ausgehenden Neuralbogen umfassen das Rückenmark. Ein senkrecht den Neuralbogen aufsitzender Knorpelstrahl dient zur Stütze der Rückenflosse. Die ventralen Hämalbogen umfassen zwei Blutgefäße. Das obere, als quer liegender Spalt erscheinende, ist die Schwanzarterie (Arteria caudalis), die hintere Fortsetzung der Aorta descendens; das darunterliegende, von mehr dreieckigem Querschnitt, ist die Schwanzvene, Vena caudalis.

- Einen besseren Einblick in den Aufbau der Wirbelsäule erhält man, wenn man sie genau in der Medianlinie mit dem starken Messer ein Stück weit spaltet.

Die einzelnen **Wirbel** sind vorn und hinten tief ausgehöhlt (amphicoel) und lassen eine sanduhrförmige Verkalkungszone erkennen, durch die

die Einschnürung der Chorda in der Mitte jedes Wirbelkörpers bedingt wird.

- Die Haut der Dorsalseite des Kopfes wird vorsichtig abgezogen, die Muskulatur sorgfältig abpräpariert und dann durch flache Schnitte mit dem Skalpell zwischen und vor den Augen die Schädelhöhle eröffnet, bis das Gehirn sichtbar wird.
- Die Fettmassen und Membranen, die es umhüllen, werden behutsam (mit Pipettenstrahl oder/und Pinsel) entfernt. Die Knorpel hinter den Augen, in denen die Bogengänge eingebettet sind, werden geschont.

Beim Abziehen der Haut sieht man die **Lorenzinischen Ampullen;** sie bleiben an der Hautunterseite hängen.

Auf Abb. 192 lassen sich die einzelnen Abschnitte des **Gehirns** unterscheiden. Das vorn gelegene **Telencephalon** (Endhirn) stellt ent-

sprechend der hohen Entwicklung des Geruchs-
organes den umfangreichsten Abschnitt des ganzen Gehirns dar. An das Telencephalon schließt
sich caudal das schmale, niedrige **Diencephalon**
(Zwischenhirn) an, dessen Decke dünn und ge-
fäßreich ist (Tela choroidea, Liquorbildung) und
dem hinten die Epiphyse (Zirbeldrüse) aufsitzt.
Das Zwischenhirn kann von den anschließenden Hirnabschnitten völlig verdeckt sein. Das
Dach des **Mesencephalons**, das Tectum, erhält
durch eine mediane Furche paarigen Charakter
(Corpora bigemina). Sehr kräftig ist, wie bei
allen Tieren mit komplizierten Bewegungsleis-
tungen, das **Cerebellum** (Kleinhirn) entwickelt,
über das sich gleichfalls eine mediane Furche
hinzieht. Hinter ihm ist die Rautengrube sichtbar, d.h. der Raum des nur von einer dünnen

Decke überlagerten 4. Ventrikels. Er liegt bereits
im Gebiet des **Myelencephalons** (Nachhirns,
verlängerten Markes, der Medulla oblongata),
das sich nach vorn zu rechts und links neben
dem Cerebellum in die so genannten Rautenohren fortsetzt. Die Rautenohren (Aurikel) werden
auch Lobi vestibulo-laterales genannt; sie sind
wie das gut entwickelte Cerebellum Ausdruck
der hohen Leistungsfähigkeit des Bewegungsapparates. Vom Gehirn gehen 10 Hirnnerven
ab (I–X); zusätzlich findet sich vorn, von den
Hemisphären abgehend und medial vom Tractus
olfactorius, der Nervus terminalis.

Von den Sinnesorganen betrachtet man zunächst das **Geruchsorgan** (Abb. 192). Es stellt
sich dar als ein jederseits vorn auf der Ventralseite des Kopfes liegender Sack. Die ihn ausklei-

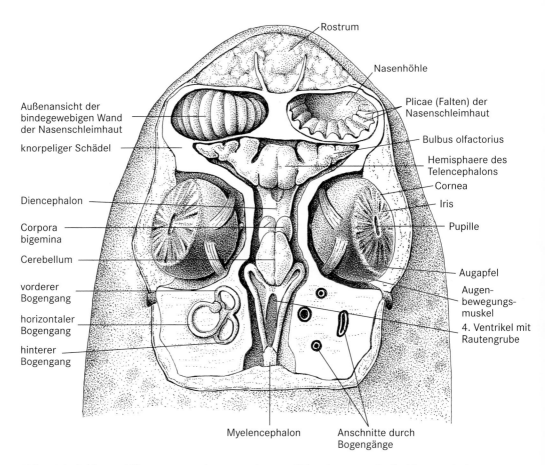

Abb. 192 Gehirn und Sinnesorgane eines erwachsenen Männchens von *Scyliorhinus canicula*

dende Riechschleimhaut ist zur Oberflächenvergrößerung in zahlreiche Falten gelegt.

- Diese sieht man am besten, wenn man das
  Organ von dorsal her flach anschneidet.
- Um das **Auge** zu studieren, dieses aus der
  Augenhöhle herausnehmen. Es wird zunächst
  rings um das Auge ein Hautschnitt geführt,
  der zwischen Spritzloch und Auge hindurch
  und im Übrigen in etwa 1cm Abstand vom
  Lidrand zu erfolgen hat.
- Von diesem Schnitt aus wird die Haut zum
  Auge hin abpräpariert, bis man hinter die
  Lider und die Augenhöhle kommt. Mit der
  kleinen Schere hinter dem Bulbus die Augen-
  muskeln und den Sehnerv durchschneiden.
- Nunmehr lässt sich das Auge aus seiner Höhle
  herausnehmen. Mit Scherenschnitten werden
  die Lider vom Augenbulbus abgetrennt.

An dem der Pupille gegenüberliegenden Pol sehen wir den Stumpf des kräftigen Nervus (Tractus) opticus und in seinem Umkreis die Ansätze
der sechs Augenmuskeln, vier gerade und zwei
schräg verlaufende. Umhüllt wird der Augapfel
von der weißlichen, derben **Sclera** (Lederhaut),
die sich nach vorn in die durchsichtige **Cornea**
(Hornhaut) fortsetzt. Durch die Cornea hindurch sieht man die Iris mit spaltförmiger, horizontal gestellter Pupille.

- Um in das Innere des Auges Einblick zu be-
  kommen, wird es durch einen paramedianen
  Vertikalschnitt mit einem scharfen Messer in
  zwei ungleiche Teile geteilt.

Man erkennt jetzt die sehr große **Linse**, die wie
bei den meisten wasserlebenden Wirbeltieren
Kugelform hat, und dahinter den Glaskörper
und die ihm unmittelbar anliegende, weißliche **Retina**. Auf diese folgt nach außen zu
die mit einem glänzenden Tapetum bedeckte,
schwarze Choroidea, die nach vorn zu in das
Corpus ciliare und darauf in die Iris übergeht.
Die Linse ist durch vom Corpus ciliare zum
Linsenäquator ziehende Faser (Zonula ciliaris) befestigt. Ventral befindet sich am inneren Rand des Corpus ciliare eine Papille, die

so genannte Campanula Halleri, die den stark
von Pigment verdeckten, angeblich für die Akkommodation bedeutungsvollen Vorziehmuskel
der Linse („Musculus" protractor lentis) enthält.
Der Akkommodationsmechanismus bei Haien
ist letztlich unklar, da bei einigen daraufhin
untersuchten Arten der „Muskel" keine Muskelzellen enthält.

Am schwierigsten zu präparieren sind die
statoakustischen Organe, die in eine kräftige,
kompliziert gebaute Knorpelkapsel eingeschlossen sind. Andeutungsweise allerdings erkennt
man die Bogengänge schon vor weiteren Prä-
parationsschritten im Knorpel hinter und leicht
median vor den Augen.

- Mit der spitzen Pinzette werden nun, indem
  man vom Knorpel hinter dem linken Auge
  sehr vorsichtig und mit Geduld Stück um
  Stück wegbricht, die häutigen **Bogengänge**
  freigelegt (Abb. 192).

Man sieht den horizontalen Bogengang, den
vorderen und den hinteren vertikalen Bogengang und ihre Ampullen und stellt fest, dass die
Bogengänge in drei senkrecht aufeinander stehenden Ebenen verlaufen. In der Tiefe zwischen
den Gängen des Labyrinthes liegt der **Utriculus**.
Gut zu erkennen sind auch die weißlichen, bisweilen auch gelblichen Nervenäste, die, vom
Nervus statoacusticus kommend, die drei Ampullen versorgen.

- Um den Sacculus, er liegt ventral vom Utriculus, darzustellen, ist es notwendig, erst Haut
  und Muskulatur seitlich und ventral am Kopf
  zu entfernen und dann von unten her den
  Knorpel, wie oben beschrieben, abzutragen.

Wenn man das Präparat von der Seite betrachtet, ist der **Sacculus** unterhalb und etwas hinter
der Ampulle des horizontalen Bogenganges zu
sehen.

- Zuletzt wird nach Durchtrennung der Nerven das gesamte Labyrinth herausgehoben.
  Es wird unter Wasser aufbewahrt, genau betrachtet und gezeichnet.

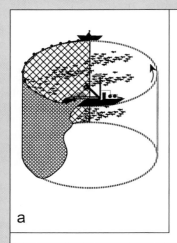

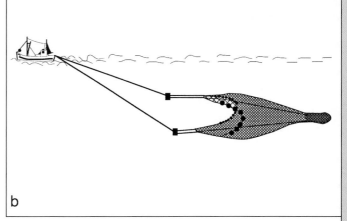

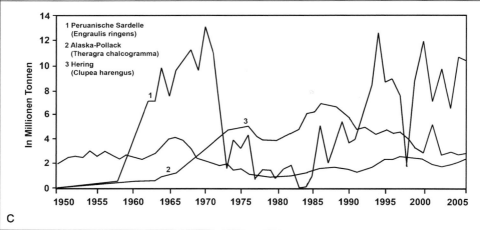

1 Peruanische Sardelle
  (Engraulis ringens)
2 Alaska-Pollack
  (Theragra chalcogramma)
3 Hering
  (Clupea harengus)

In Millionen Tonnen

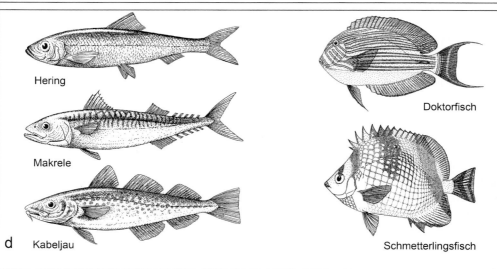

Hering

Makrele

Kabeljau

Doktorfisch

Schmetterlingsfisch

Abb. 193

Osteichthyes, Knochenfische

Die **Osteichthyes (Knochenfische)** umfassen mit etwa 26000 Arten ungefähr die Hälfte der heute bekannten, rezenten Wirbeltiere. Sie sind fast ausschließlich wasserlebend und besiedeln die Meere von Tiefseegräben bis zu den Mangrove-wäldern. 60% der Knochenfisch-Arten leben im Meer, 40% im Süßwasser (obwohl letzteres lediglich 1% der gesamten oberflächlichen Wasser-massen einnimmt).

Zu den Fischen haben die meisten Menschen ein merkwürdig gespaltenes Verhält-nis. Einer-seits werden sie in Mengen verzehrt und auch als Fischmehl an Haustiere verfüttert, andererseits werden sie unter großem technischen und finanziellen Aufwand gehegt und gepflegt.

Über 110 Millionen t Fisch werden jährlich verbraucht. 1950 waren es noch ca. 20 Millionen t. Die Gesamtproduktion stammt aus einer immer aufwendiger betriebenen Fischerei und der ra-sant sich entwickelnden Aquakultur. Über 10% des Fanges werden zu Fischmehl verarbeitet und z.B. an Schweine und Hühner verfüttert, bis zu einem Zehntel wird verworfen („discard"). Über 80% der Produktion stammen aus dem Meer. 60% aller Fänge werden in Entwicklungsländern gemacht, in denen rund 100 Millionen Menschen von der Fischindustrie abhängig sind. Unter den Fischereifangnationen steht China an erster Stelle, gefolgt von Indonesien, Indien, den USA und Peru. Auf China entfallen etwa 30% der Produktion. Wichtige Fanggeräte sind Ringwade (**Abb. 193a**) und Schleppnetz (**Abb. 193b**). Die meistgefangenen Knochenfisch-Arten sind die Peruanische Sardelle (Anchoveta, *Engraulis ringens*), der Alaska-Pollak (*Theragra chalcogramma*) und der Echte Bonito (*Katsuwonus pelamis*). Sehr beliebt in Deutschland ist nach wie vor der Hering, der gemeinsam mit dem Seelachs einen Marktanteil von etwa 60% der verzehrten Mee-resfische ausmacht (**Abb. 193c**). Über ein Viertel des Weltfischereiertrages geht auf etwa zehn Arten zurück, ungefähr 50% auf 70 Species. Die meisten Menschen im Binnenland wissen nicht, wie gängige Nutzfische, z.B. Steinbeißer, Kabeljau/Dorsch, Makrele, Seelachs, Goldbarsch oder Viktoriabarsch aussehen. Das liegt z.T. daran, dass diese nur als „Fertigprodukte" oder doch ohne Kopf oder nur als Filets oder Fischstäbchen in den Handel kommen. Diverse Produktnamen las-sen zudem oft die wahre Herkunft nicht erkennen: Keta-Kaviar stammt von Lachsen aus Alaska (*Oncorhynchus keta*), Deutscher Kaviar z.B. vom Seehasen (*Cyclopterus lumpus*), also in beiden Fällen nicht von den klassischen Kaviar-Produzenten, den Stören. Kein Fisch hat in Mitteleuropa jemals eine so große wirtschaftliche Bedeutung erreicht wie der Hering (**Abb. 193d**), ähnlich war es im Nordosten Nordamerikas mit dem Kabeljau. Thunfische und ihre Verwandten, z.B. Bonitos und Makrelen, sind weitere wichtige genutzte Knochenfische.

Das Wissen um Aquarienfische ist bei uns weit verbreitet. In 4% der Haushalte in Deutschland stehen derzeit über 2 Millionen Aquarien. Jährlich werden Zierfische im Wert von über 20 Milli-onen Euro nach Mitteleuropa eingeführt. Die meisten Studierenden werden die am häufigsten gehaltenen Zierfische kennen: Guppy, Neonsalmler, Platy und Schwertträger. Stark im Kommen ist auch die Meerwasseraquaristik mit Doktor-, Schmetterlingsfischen u.v.a. Zu den besonders beliebten Aquarienfischen gehört auch der Zebrabärbling (engl. zebrafish), der als „Zebrafisch" zudem zu einem entwicklungs-biologischen Modellorganismus wurde. Seit Jahrzehnten werden Stichlinge intensiv untersucht, und Niko Tinbergen erhielt für seine Untersuchungen an diesen Fischen 1973 den Nobelpreis.

Eine wichtige Rolle spielen Fische als Bioindikatoren. Als Wirbeltiere haben sie mit uns viel gemeinsam, und als wasserlebende Organismen eignen sie sich besonders gut zur Umweltüber-wachung, insbesondere in limnischen Gewässern.

Ein spezielles Produkt von Knochenfischen, das Fisch- oder Perlsilber, wird als Ausgangspunkt des Modeschmuckes angesehen: Es wurde aus Schuppen, vor allem von Weißfischen, hergestellt, die ihren Silberglanz Guanin verdanken. Zeitweise gab es geradezu eine Perlsilbermode.

III. Osteichthyes (Knochenfische)

Technische Vorbereitungen

- Präpariert wird die Plötze (*Rutilus rutilus*) oder eine verwandte Art. Die Tiere werden mit MS222 getötet und am besten frisch im Wachsbecken unter Wasser präpariert.

Allgemeine Übersicht

Die Osteichthyes sind heute eine außerordentlich artenreiche Gruppe, sie umfassen ca. 25 000 Arten. Diese vielen Arten gehören aber fast ausschließlich nur einer Untergruppe der Knochenfische, den Teleosteern, an. Die anderen Untergruppen besitzen nur sehr wenige Arten.

Die **Osteichthyes** lassen sich in zwei große Gruppen gliedern, die **Actinopterygii** (Strahlenflosser) und die **Sarcopterygii**, die auch **Choanichthyes** genannt werden. Die Actinopterygii lassen sich in drei Gruppen aufteilen, die **Chondrostei** mit den Flösselhechten und den Stören, die **Holostei** mit den nordamerikanischen Gattungen *Amia* und *Lepisosteus* und die **Teleostei**, denen, wie schon angedeutet, fast alle heutigen Knochenfische angehören und auf die sich daher der folgende Text weitgehend beschränkt. Auch die Plötze, die im Kurs präpariert wird, ist ein Teleosteer. Die Formenvielfalt ist außerordentlich groß, Teleosteer besiedeln fast alle Lebensräume in Salz- und Süßwasser.

Das **Skelet** der Osteichthyes ist verknöchert, es gibt jedoch Arten, bei denen das Skelet zu erheblichem Anteil sekundär aus Knorpelgewebe aufgebaut ist, z.B. beim Seehasen und Mondfisch. Der Schädel besteht aus vielen Einzelknochen, speziell die Kieferknochen sind oft sehr beweglich miteinander verbunden. Es gibt Deck- und Ersatzknochen. Die Namen der Schädelknochen orientieren sich an denen der Schädelknochen der Tetrapoden. Die **Chorda dorsalis** besteht aus großen univakuolären Epithelzellen (Abb. 199) und bleibt in unterschiedlichem Ausmaß zwischen den Wirbelkörpern erhalten. Die **Wirbel** – ihre Zahl schwankt zwischen 14 und 200 – besitzen einen Körper und je ein dorsales und ventrales Bogenstück. Im Einzelnen herrscht gerade bei den Wirbeln eine große morphologische Vielfalt, die oft in Beziehung zur Fortbewegungsweise steht. Manche Formen besitzen sehr kurze Wirbelsäulen, mitunter sind Wirbel miteinander verwachsen. Der Webersche Apparat der Ostariophysen wird unter Beteiligung von Wirbelmaterial und verknöcherten Sehnen gebildet. Die Rippen der Teleosteer sind ventrale Rippen. Sonderbildungen sind die sehr vielgestaltigen Gräten, die im Bindegewebe zwischen den Muskelfaserpaketen entstehen.

Teleosteer besitzen paarige Brust- und Bauchflossen, die den Extremitäten der Tetrapoden entsprechen und die eine recht variable Lage am Körper einnehmen können. Zusätzlich gibt es unpaare Rücken-, Schwanz- und Afterflossen, die wiederum in großer morphologischer Vielfalt ausgebildet sein können. Die Schwanzflosse ist äußerlich homozerk.

Der vorderste Kiemenbogen ist ein **Kieferbogen**, der jedoch viel komplizierter aufgebaut ist als bei den Chondrichthyes. Die Knochen, die dem Palatoquadratum und dem Mandibulare entsprechen, bilden nur die Gelenkregion und werden **Quadratum** und **Articulare** genannt. Das Kiefergelenk ist also wie bei den Haien ein primäres Kiefergelenk. Die zahntragenden Kieferknochen, Prämaxillare und Maxillare im Oberkiefer und Dentale sowie andere Knochen im Unterkiefer, sind Deckknochen.

Der obere Teil des **Hyoidbogens** beteiligt sich auch bei den Knochenfischen sehr oft an der Befestigung der Kiefer am Schädel. Die dicht stehenden **Branchialbögen** tragen die Kiemen; der intertrematische Raum ist stark reduziert. Form, Länge und Dichte der Siebfortsätze steht in Beziehung zur Lebens- und Ernährungsweise. Die Kiemenspalten werden vom beweglichen, knöchernen **Operculum**, dem Kiemendeckel, überdeckt.

Schulter- und Beckengürtel sind bogenförmige Skeletstücke, der Schultergürtel ist dorsal durch Bänder mit dem Schädel verbunden. Die **Schuppen** der Teleosteer sind einfache dünne, morphologisch aber sehr vielgestaltige Knochenplättchen, die in der Dermis liegen und von der Epidermis bedeckt werden. Sie liegen oft dachziegelartig übereinander und schränken die Schwimmbewegung nicht ein. Bei vielen aal- oder schlangenförmigen Arten sind die Schuppen zu kleinen Knochenstückchen in einer recht derben Lederhaut reduziert, bei anderen Arten kann ein Panzer aus größeren Knochenplatten entstehen, z.B. bei den Seepferdchen. Mit dem Körperwachstum wachsen auch die Schuppen (Jahresringe), ihre Zahl bleibt konstant.

Die Körpermuskulatur ist segmental in **Myomere** (Muskelsegmente) gegliedert, die Scheidewände zwischen den Myomeren heißen Myosepten. Ein horizontales Septum gliedert die Muskulatur in epaxiale und hypaxiale Anteile. Zur komplizierten Faltung der Muskelsegmente s. S. 365. In der Seitenansicht verlaufen die Myomere W-förmig.

Gehirn und **Sinnesorgane** sind hochentwickelt. Besonders spezialisiert ist das **Telencephalon**, es bildet eine große basale Masse, die lateral in eine dünne ependymale Membran übergeht, die die basale Masse dorsal bedeckt. Die basale Masse umfasst lateral das Pallium und medial das Basalganglion. Das **Kleinhirn** ist in Abhängigkeit von der Lebensweise variabel strukturiert, bei bodenlebenden Arten ist es klein, bei schnell und geschickt schwimmenden Formen dagegen groß. Es kann im vorderen Bereich (Valvula cerebelli) Wülste und Furchen ausbilden. Bei den Mormyriden wird das Kleinhirn so groß, dass es alle anderen Hirnareale überdeckt, insbesondere hypertrophieren die seitlichen Teile der Valvula und bilden dichtgestellte Falten (Folien) aus. Vermutlich steht dieser Kleinhirnanteil mit der Elektrorezeption in Beziehung. Das **mesencephale** Tectum ist in Korrelation mit den hochentwickelten Augen auffallend groß. Die Seitenlinienorgane sind im Prinzip wie bei den Chondrichthyes aufgebaut.

Die **Zähne** sind schlank und einspitzig und werden oft gewechselt. Bei vielen hochentwickelten Teleosteern trägt nur das Prämaxillare Zähne. Die Kiemenbögen können an der Innenseite Zähne tragen (Schlundzähne am 5. Kiemenbogen der Karpfenfische).

Der **Magen** ist sehr oft U-förmig gebogen (Corpus, Pars pylorica), öfter entsteht am Scheitelpunkt der Magenschleife ein Blindsack. Manche Teleosteer, z.B. einige Pflanzenfresser, bilden distal einen muskelstarken Kaumagen aus. Die meisten Teleosteer besitzen zwischen Magen und Einmündungsstelle des Gallengangs lange fingerförmige blinddarmähliche Anhänge, die **Appendices pyloricae** (bei *Gadus* bis zu 600).

Ihre resorbierende Schleimhaut gleicht der des Dünndarms.

Pankreas, **Leber** und meist auch **Gallenblase** sind vorhanden.

Die vier Kiemenbögen der Teleosteer tragen zwei Reihen von **Kiemenfilamenten**, auf denen dicht gepackt die sehr gut durchbluteten **Kiemenlamellen** (= Kiemenblättchen) sitzen. Die Lamellen sind der Ort des Gasaustauschs, ihre Zahl und Größe sind entsprechend der Lebensweise variabel. Ein erwachsener Seebarsch hat eine respiratorische Oberfläche von ca. 9,5m². Die Kiemen sind nicht nur Organe des Gasaustauschs, sondern dienen effektiv auch dem Wärme- und Ionenaustausch. Der Raum unter dem Operculum wird auch Kiemenkammer genannt. Aktive Atembewegungen regulieren den Wasserstrom durch die Kiemenspalten, bei hoher Schwimmgeschwindigkeit wird Wasser passiv durch Mund und Kiemen getrieben. Ein Spiraculum gibt es nur bei den phylogenetisch alten Knochenfischen, den Teleosteern fehlt es. Viele Teleosteer können Luft zur Atmung benutzen und besitzen dann oft gut durchblutete Hohlräume, die z.B. Ausstülpungen der Kiemenhöhle oder besonders gefäßreiche Regionen im Darmkanal sind.

Schwimmblasen treten nur bei Knochenfischen auf, sie sind den Lungen der Tetrapoden homolog. Schwimmblasen sind hydrostatische Organe und haben keine Atmungsfunktion. Mit ihrer Hilfe gelingt es den Fischen, ihre Körperdichte an die des umgebenden Wassers anzupassen, was ihnen hilft, ohne großen Energieaufwand eine bestimmte Tiefe im Wasser einzunehmen, ohne abzusinken oder aufgetrieben zu werden. Die Schwimmblase nimmt fünf bis sieben Prozent des Körpervolumens ein, was zum Schweben im Wasser ausreicht. Die entsprechenden Organe der Lungenfische und Flösselhechte haben primär eine Atmungsfunktion und werden daher zu Recht Lungen genannt.

Lungen und Schwimmblasen sind primär über einen Gang, den **Ductus pneumaticus**, mit dem Darm verbunden. Dieser Gang wird bei vielen Teleosteern zurückgebildet. Fische mit einem Gang werden **physostom** genannt, es handelt sich oft um ursprüngliche Süßwasserformen. Fische ohne Gang werden als **Physoclisten** bezeichnet. Diese sind oft spezialisierte marine Formen und bilden keine natürliche Verwandtschaftsgruppe.

Das Fehlen der Schwimmblase ist sekundär und kommt z.B. beim Thunfisch und bei bodenlebenden Formen (z.B. den Pleuronectidae) vor. Fische in schnell fließenden Flüssen und Fische, die sich konstant in einer bestimmten Tiefe aufhalten, reduzieren die Schwimmblase oft.

Die Schwimmblasen liegen dorsal und oberhalb des Körperschwerpunkts. Sie liegen in großer morphologischer und funktioneller Vielgestaltigkeit vor. Die Schwimmblase enthält ein Gasgemisch, das meistens in einem oder mehreren speziellen Bereichen in das Lumen abgegeben wird, die Gasdrüsen genannt werden. Die Gassekretion umfasst Diffusionsvorgänge und aktive Prozesse. Unter dem spezialiserten Epithel liegt ein Wundernetz (Rete mirabile) aus Zehntausenden speziell ausgerichteter langer Blutcapillaren. Drüsenepithel und Wundernetz bilden einen gut erkennbaren **roten Fleck** und werden auch als **roter Körper** bezeichnet. Resorbiert wird das Gas i.a. in einem eigenen Bezirk der Blase, dem **ovalen Körper**. Heringe und Sprotten haben zusätzlich zum Ductus pneumaticus, über den der Schwimmblase Luft zugeführt wird, einen eigenen weiteren Verbindungsgang zur ventralen Körperoberfläche, der rasche Höhenwechsel im Wasser erleichtert. Der Inhalt der Schwimmblase besteht meistens aus einem Gemisch aus Sauerstoff, Stickstoff und Kohlendioxid; das jeweilige Mengenverhältnis ähnelt dem der Luft, wenn die Fische sich nahe der Wasseroberfläche aufhalten. Wenn die Fische in die Tiefe abtauchen, verändert sich das jeweilige Mengenverhältnis und kann sich zugunsten des Sauerstoffs verschieben, dessen Anteil auf ca. 90% ansteigen kann.

Bei manchen Teleosteern, den Ostariophysi, dient die Schwimmblase der Schallproduktion. Viele dieser Fische produzieren eine Fülle von Geräuschen, die eine Rolle im Verhalten spielen. Die Lautproduktion kann von Pharynxzähnen oder Aneinanderreiben bestimmter Knochen ausgehen. Vibrationen können von der Muskulatur der Schwimmblase ausgehen; bei den Physostomen können Laute durch kontrollierte Luftbewegungen im Ductus pneumaticus erzeugt werden.

Außerdem dient die Schwimmblase der Schall- und Druckwahrnehmung. Die Schallleitung zum Innenohr übernehmen entweder die **Weberschen Knöchelchen** (Ellritzen, Karpfen,

Welse) oder Ausstülpungen der Schwimmblase (Dorsch, Hering).

Auch **Fette** und **Öle** sind Quellen statischen Auftriebs. Die Lipide, die gespeichert werden, sind zwar von unterschiedlicher chemischer Zusammensetzung, aber alle von besonders niedriger Dichte. Haie, z.B., sammeln Öle in Leber und Muskulatur an. Bei einigen Tiefseehaien macht die sehr fettreiche Leber gut 25% des Körpergewichts aus, bei den meisten Vertebraten nur 4–6%. Auch *Latimeria* ist außerordentlich fettreich, die Schwimmblase enthält nur Lipide, die ventrale Rumpfmuskulatur besteht zu 30% aus Lipiden. Manche Teleosteer lagern viel Fett in den Knochen, speziell den Schädel, ein. Die Myetophiden (Teleosteer) unternehmen z.T. zweimal täglich Vertikalwanderungen, die sich über 500 Meter Wassersäule erstrecken, sie bestehen zu 15% aus Lipiden, auch bei ihnen ist die Schwimmblase mit Fett gefüllt.

Insgesamt ist das Problem der Anpassung der Körperdichte an die Wasserdichte und des Auftriebs für alle Fische von großer Bedeutung. Es lassen sich immer wieder morphologische Reihen der Rückbildung der Dichte von verschiedenen Körperteilen, z.B. von Schuppen, Skelettmasse und mineralisiertem Gewebe erkennen. Bei manchen Arten ist auch dieser Proteinanteil der Muskulatur so stark reduziert, dass diese weich und wässrig sind.

Das **Herz** der Teleosteer ist relativ klein und S-förmig gekrümmt. Es liegt gleich hinter den Kiemen im venösen Teil des Blutstroms und besteht wie bei den Knorpelfischen aus vier aufeinanderfolgenden Abschnitten, von caudal nach cranial: dem Sinus venosus, dem Vorhof (Atrium), der Kammer (Ventrikel) und dem Conus arteriosus, dem Ausströmungsrohr. Dies setzt sich in den **Truncus arteriosus** (=Aorta ventralis) fort. Im Ostium zwischen Vorhof und Kammer befinden sich zwei membranöse Klappen. Bei den Teleosteern ist der Conus arteriosus reduziert, das herznahe Ende des Truncus arteriosus ist zu einem sog. **Bulbus arteriosus** erweitert, der den Aufbau einer typischen Arterie besitzt und Windkesselfunktion hat. Das Arteriensystem ist gut mit dem der Haie vergleichbar. Das Kreislaufsystem der Teleosteer ist effektiver als das der Knorpelfische. Der Blutdruck ist generell höher und das Blutvolumen geringer, die Venen sind viel enger.

Die **Sauerstoffkapazität** ist bei aktiven Schwimmern deutlich höher als bei trägen Bodenfischen. Bei der Makrele liegt die O_2-Kapazität bei fast 20% des Blutvolumens, beim Anglerfisch (*Lophius*) bei nur 5,7%. Bei den antarktischen Eisfischen gibt es einzelne Arten, die kein Hämoglobin besitzen.

Bei einigen adulten Teleosteern persistiert die larvale **Vorniere**, bei den meisten Formen bildet sie sich zurück, sie besitzen als Adulte einen **Opisthonephros**. Länge und histologische Differenzierung der Nierentubuli variieren erheblich, einige marine Arten, z.B. die Seepferdchen, bilden die Glomeruli zurück (aglomeruläre Nephrone, Wasserretention). Generell ist bei marinen Arten die Zahl der Nierenkörperchen reduziert. Die Ableitung des Harns erfolgt über den primären Harnleiter (Wolffschen Gang), bei einigen Arten entwickelt sich aus diesem ein Ureter, der den Harn der caudalen Niere aufnimmt.

Die meist paarigen **Gonaden** entleeren ihre Produkte auf sehr verschiedene Weise. Beim **Weibchen** kommt keine Urogenitalverbindung zustande. Bei den Teleosteern schließt sich an die Ovarien meist ein Hohlraum an, der als eine Abkammerung der Leibeshöhle entsteht und der hinten unmittelbar in den Trichter des Oviduktes übergeht. Die Eileiter, die nicht dem Müllerschen Gang homolog sind, vereinigen sich zu einem kurzen, unpaaren Kanal, der dicht hinter dem After nach außen (meist) oder in die Vorderwand der Harnblase mündet. Bei Salmoniden sind die Eierstöcke solide Gebilde, die reifen Eier fallen in die Leibeshöhle und werden durch einen medianen Porus genitalis unmittelbar nach außen befördert.

Auch bei den **Männchen** der Teleostei fehlt die Urogenitalverbindung. Die paarigen Hoden entwickeln eigene Samenleiter (Ductus spermatici), die mit gemeinsamem Endstück in den After, in den Ausführgang der Harnblase, in diese selbst oder schließlich, wie bei den Weibchen, zwischen After und Harnleiteröffnung unabhängig ausmünden.

Die Salmoniden nehmen wiederum eine Ausnahmestellung ein, indem bei ihnen ein Genitalporus ausgebildet ist, der durch den Genitaltrichter, ein abgekammertes Stück Leibeshöhle, zum Hinterende des Hodens führt.

Rutilus rutilus, Rotauge oder Plötze

Die äußere Körperform dieses zu den Teleosteern gehörenden Fisches lässt einen bemerkenswerten Unterschied gegenüber *Scyliorhinus* erkennen: Der Körper ist seitlich zusammengedrückt, nicht dorsoventral abgeflacht. Von den paarigen Extremitäten liegen die Brustflossen weit vorn, dicht hinter dem Kopf, die Bauchflossen etwa in der Mitte des Körpers, näher zusammenstehend als die Brustflossen. Von den unpaaren Flossen sieht man eine Rückenflosse, die Schwanzflosse und ventral die dicht hinter dem After beginnende Afterflosse.

Die **Flossen** werden von knöchernen Flossenstrahlen gestützt. Diese können einfach oder verzweigt sein, wobei stets die einfachen vor den verzweigten stehen. Man drückt das in einer Formel aus, in der die Zahl der einfachen Strahlen von der der verzweigten durch einen senkrechten Strich getrennt wird. So gilt, wenn man für jede Flosse nur ihren Anfangsbuchstaben schreibt, für die Plötze folgende Formel:

R III/9–11; Br I/15; B I–II/8; A III/11.

Der ganze Körper, mit Ausnahme des Kopfes, wird von in Reihen angeordneten, sich dachziegelförmig überlagernden **Schuppen** bedeckt, deren Hinterrand abgerundet ist. Auf der Mitte jeder Körperseite verläuft von vorn nach hinten eine dunklere Linie, die **Seitenlinie**, in deren Verlauf die in die Tiefe versenkten, sich mit feinen Poren nach außen öffnenden Kanäle des Seitenorgans liegen. Oberhalb der Seitenlinie liegen 7–8 Längsreihen von Schuppen, entlang der Seitenlinie 40–44 Querreihen und unter der Seitenlinie 3–4 Längsreihen. Man drückt das durch die Formel 7–8/40–44/3–4 aus.

- Vorsichtig eine Schuppe mit der Pinzette hochheben.

Dabei wird sichtbar, dass die Schuppen von der Epidermis überzogen werden, also nicht etwa oberflächlich liegen. Die Epidermis ist mehrschichtig, dabei aber sehr zart und enthält zahlreiche Drüsenzellen, die überwiegend Schleim und oft auch Schreckstoffe absondern.

Am spitz zulaufenden Kopf befindet sich die kleine, fast waagerechte Mundspalte, darüber die zwei recht großen und tiefen **Nasengruben**, deren Zugang durch eine annähernd senkrechte

Scheidewand in zwei Nasenlöcher geschieden ist. Die Chemoreceptoren der Riechschleimhaut sind extrem empfindlich. Seitlich liegen die Augen und weiter hinten, als halbmondförmige Platten, die **Kiemendeckel**. Unter ihnen befinden sich die Kiemen in einer gemeinsamen Kiemenhöhle. Schon äußerlich fällt auf, dass die Kiemendeckel aus mehreren Platten bestehen. Sie sind für die Systematik der Fische von Wichtigkeit. Die sich an die Kiemendeckel anschließende Kiemenhaut wird auf der Bauchseite jederseits durch drei Spangen, die Kiemenstrahlen, gestützt.

Unmittelbar vor der Afterflosse liegen zwei Öffnungen, der **After** und, auf einer Papille, die **Urogenitalöffnung**, aus der Geschlechtsprodukte und Harn entleert werden.

- Mit flach angesetzter Schere, kurz vor dem After beginnend und ohne die Eingeweide zu verletzen, den Leib an der Ventrallinie bis vor zu den Brustflossen aufschneiden. Hier leistet eine ventrale Knochenspange des Schultergürtels stärkeren Widerstand. Den Knochen median entzweizwicken und dann, jetzt nur mehr die Haut aufschneidend, den Schnitt bis zur Unterkieferspitze fortsetzen.
- Einen weiteren Schnitt auf der linken Seite des Fisches vom After bis etwa zur Seitenlinie führen und einen entsprechenden Schnitt vom Hinterrand der Brustflosse nach oben bis zur dorsalen Begrenzung der Leibeshöhle. Die dadurch entstandene Klappe wird dann durch einen der Seitenlinie folgenden Schnitt, der aber etwas steiler als sie von hinten nach vorn ansteigt, abgetrennt.
- Schließlich den gesamten linken Kiemendeckel samt Kiemenhaut entfernen und den Fisch in das Wachsbecken unter Wasser legen. Durch Hautschleim, Schuppen und vor allem durch vom Fettgewebe stammende Fetttröpfchen wird das Wasser immer wieder verunreinigt und getrübt. Es muss daher unbedingt von Zeit zu Zeit erneuert werden.

Vor dem mit der Brustflosse stehen gebliebenen Stück Körperflanke liegt die Kiemenhöhle mit dem Filigran der **Kiemen** und dahinter die Bauchhöhle mit den Eingeweiden. Die Bauchhöhle wird vorn abgeschlossen von einer senkrecht aufsteigenden Querwand des Bauchfells, dem **Septum transversum**.

- Dieses ist gut zu erkennen, wenn man den Körperflankenrest an der Brustflosse vorsichtig anhebt und dann von seitlich rückwärts in die Höhlung blickt.

Durch das Septum hindurch schimmert schwarzrot eine mächtige venöse Blutbahn, der linke **Ductus Cuvieri** (S. 361), in den, von der Leber kommend und das Septum durchdringend, die Lebervene mündet.

- Um sie besser sichtbar zu machen, die Leber etwas nach hinten drücken.

Die Verhältnisse auf der rechten Körperseite sind entsprechend.

- Die Öffnung zwischen den Brustflossen durch vorsichtiges Auseinanderdrängen etwas erweitern.

Dadurch sieht man vor der peritonealen Querwand in den Herzraum, in dem, vom **Herzbeutel** (Perikard) umhüllt, das Herz liegt.

- Den entlang der Seitenlinie geführten Schnitt nach vorn bis zur Kiemenhöhle verlängern, indem der aufsteigende, linke Teil des knochigen Schultergürtels durchtrennt und dann das restliche Stück Körperflanke samt Brustflosse vorsichtig abpräpariert wird.
- Dabei wird der Herzraum voll eröffnet, der zarte, weißliche Herzbeutel aber wohl immer zerstört. Seine Reste behutsam mit der Pinzette entfernen.

Die an den **Kiemenbogen** befestigten Kiemen liegen mit ihrem oberen, hinteren Teil einer Muskelmasse auf, die die **Schlundknochen** überdeckt. Am **Herzen** fällt wegen ihrer schwarzroten Färbung die – je nach Blutfüllung verschieden große – **Vorkammer (Atrium)** auf. Die **Herzkammer (Ventrikel)** ist muskulöser und von roter Farbe. An ihr sitzt vorn der weißliche, kegelförmige **Bulbus arteriosus**. Unmittelbar hinter der nun nicht mehr vollständigen peritonealen Querwand beginnt die bräunliche bis braunrote **Leber**. Sie ist viel dunkler als die Darmschlinge, die wie in die Leber eingebacken erscheint. Viel Raum nehmen die Gonaden, der cremefarbene Hoden oder das blassrötliche Ovar ein. Das große, silberglänzende, gasgefüllte Organ, das den dorsalen Teil der Leibeshöhle einnimmt, ist die **Schwimmblase**.

Sie besteht, wie man später sehen wird, aus einem vorderen, kleineren und einem hinteren, größeren Abschnitt; beide Teile hängen miteinander zusammen. Zwischen der Darmschlinge und dem oberen Leberlappen ist bisweilen das Hinterende der dunkelroten **Milz** zu erkennen. Alle Organe sind von einem fein pigmentierten und an Fettzellen reichen Bindegewebe umhüllt. Besonders am Darm fällt das schaumig glänzende, fettreiche Gewebe auf.

Zunächst wendet man seine Aufmerksamkeit dem Herzen, dem Truncus arteriosus und den Kiemenbogengefäßen zu.

- Zuvor wird der rechte Kiemendeckel samt Kiemenhaut entfernt und das die Brustflosse tragende Stück der rechten Körperwand mit gleicher Behutsamkeit wie auf der linken Seite abpräpariert.
- Nun kommt der Fisch in Rückenlage ins Becken; er wird mit zwei oder vier kräftigen Nadeln fixiert. Vorher das Wasser wechseln. Der Wasserspiegel soll die Kiemen und das Herz voll bedecken.
- Zwischen den Kiemen ist eine längliche, vom Bulbus bis nach vorn reichende Gewebsbrücke stehen geblieben. Ihr hinteres Ende, es befindet sich dicht vor und über dem Bulbus arteriosus, mit der Pinzette anheben, um die Fortsetzung des Bulbus, den Truncus arteriosus, in der Tiefe verschwinden zu sehen. Der Truncus ist der Anfangsteil der ventralen Aorta. Es wird nicht ganz einfach werden, unter Verwendung der Stereolupe den Truncus bis zum Vorderende der Kiemen freizulegen.
- Zunächst wird die Gewebsbrücke aus Epidermis, Bindegewebe, Muskulatur und einem Knochen (Glossohyale) entfernt. Dann vom Bulbus nach vorn die ventrale Aorta freipräparieren, indem Bindegewebe und Muskeln Stück für Stück mit der Pinzette weggezupft und die mediane Verwachsung der Kiemen aufgetrennt werden.
- Im Bereich des 2. Kiemenbogens tritt die ventrale Aorta durch ein kleines durchscheinendes Knöchelchen, an das winzige, weiß glänzende Sehnen ansetzen. Mit der spitzen Schere wird der Knochen beidseits der ventralen Aorta abgezwickt und entfernt. Die Aorta ventralis endet in der Höhe des vordersten Kiemenbogens mit einer Gabelung.

- Schließlich, indem wie bisher Bindegewebe weggezupft oder weggedrückt wird, Teile der Kiemenarterien der linken Seite freilegen. Das erste Kiemenbogengefäß wird in seinem Verlauf über den ganzen Kiemenbogen verfolgt, was unschwer gelingt, wenn man die Kiemenblättchen an ihrer Basis fasst und abreißt.

Es bietet sich schließlich das auf Abb. 194 dargestellte Bild: Die Herzkammer liegt ein wenig rechts von der Medianen, vor ihr der helle Bulbus arteriosus und links hinter ihr, sie von dorsal bedeckend, die dunkelrote Vorkammer. Dorsal von der Vorkammer, und schon außerhalb des Perikards, liegt zwischen Herz und Leber der dem Herzen venöses Blut zuführende **Sinus venosus**.

- Um seinen Übergang in die Vorkammer zu erkennen, Ventrikel und Atrium mit dem Finger vorsichtig (die Wand des Sinus reißt leicht!) nach vorn, und den vorderen Leberlappen nach hinten drücken.

Jetzt sind auch die beiden quer verlaufenden Ductus Cuvieri zu sehen, die zum Sinus venosus zusammenmünden und jeweils eine vordere und hintere Cardinalvene (Venae cardinales anteriores und Venae cardinales posteriores) und außerdem die Lebervene (V. hepatica) aufnehmen. Das sauerstoffarme Blut wird vom Herzen über die Kiemen, wo es mit Sauerstoff angereichert wird, wieder in den Körper gepumpt.

Aus der ventralen Aorta entspringen 4 Paar kräftige **Kiemengefäße**. Die vordere linke Kiemenarterie, die freigelegt wurde, verläuft oberflächlich am Kiemenbogen. In dem Maße, in dem sie zunehmend schlanker wird, wird das unter ihr verlaufende abführende Kiemengefäß dicker. Die abführenden Kiemengefäße treten – auch das kann präparativ dargestellt werden – zu den beiden Aortenwurzeln zusammen. Von den ersten, abführenden Kiemengefäßen zweigt vorher je eine Arteria carotis zur Versorgung des Kopfes ab.

- Die Eingeweide auseinander legen. Besondere Vorsicht ist am vorderen Leberlappen geboten, wo die Lebervene durch die Bauchfellwand zu den Ductus Cuvieri zieht.
- Zunächst mit den Fingern die linke Gonade von vorn nach hinten herauslösen, nach un-

ten umlegen und ihren Ausführgang verfolgen, ihn aber nicht durchtrennen.

- Dann die bindegewebige Hülle des Darmes spalten und auch ihn, zusammen mit Teilen der Leber, nach unten herauslegen.
- Schließlich die Öffnung der Leibeshöhle entsprechend Abb. 194 unter Schonung der Darm- und Urogenitalöffnung noch ein wenig nach hinten erweitern.

Vom **Darmtrakt** tritt hinter den Kiemen aus dem Septum transversum der Oesophagus hervor, der in den geräumigen, lang gestreckten Magen übergeht. Dann bleibt der Darm bis zum After ungefähr gleich weit. Auch die Leberlappen sind jetzt deutlich sichtbar und – zwischen ihnen – die dunkle Milz. Am rechten Leberlappen befindet sich die hellgelbgrüne Gallenblase, die ihren Inhalt in den Dünndarm ergießt.

- Auf die Gallenblase drücken, wodurch sich die Gallengänge zwischen Blase und Darm deutlich grün färben.

Die **Gonaden**, auf Abb. 194 die **Hoden**, die als milchig weiße Massen den Leibeshöhlenraum zwischen Darmtrakt und Schwimmblase ausfüllen, verschmälern sich nach hinten zu und gehen kontinuierlich in die Samenleiter (Vasa deferentia) über. Die beiden Samenleiter vereinigen sich und münden hinter dem Darm in die Harnblase. Harn und Geschlechtsprodukte werden also aus einer gemeinsamen Öffnung, der Urogenitalöffnung, entleert. Das ist nicht bei allen Knochenfischen so.

Bei den Weibchen sind die **Ovarien** leicht an den deutlich sichtbaren kugeligen Eiern zu erkennen. Ihre Eileiter (Oviductus) verlaufen ähnlich wie die Ausführgänge der Gonaden der männlichen Fische.

- Um die Urogenitalöffnung besser zu erkennen, die Schuppen der Analregion entfernen und einen Pipettenstrahl gegen die Region unmittelbar hinter dem After richten.
- Die Spritze der fein ausgezogenen Pipette in die Urogenitalöffnung einführen und die Harnblase vorsichtig mit Wasser füllen.

Damit kann man sie samt den Endteilen der Harnleiter demonstrieren. Auch die Einmündung des Gonodukts in den Harnblasenhals wird deutlich.

Dorsal in der Leibeshöhle liegt die mächtige, silberglänzende **Schwimmblase**. Der vordere Teil ist von einer starken, häutigen Kapsel umgeben. Vom hinteren Blasenteil geht, dicht hinter der Einschnürung, ein gut sichtbarer, als **Ductus pneumaticus** bezeichneter Gang ab, der in den Oesophagus mündet. Durch ihn kann die Gasfüllung der Blase reguliert werden.

- Nach leichtem Druck auf die Schwimmblase perlen Luftblasen aus dem Mund.

Wenn die Leibeshöhle vorn nach oben weit genug eröffnet wurde, ist vor der Schwimmblase die hellrote, gehirnartig gefurchte Kopfniere zu sehen.

Zur Präparation der **Weberschen Knöchelchen** sollte möglichst die Schwimmblase an Ort und Stelle bleiben.

- Man entfernt die Haut samt Schuppen in der Region zwischen Kopfniere, Wirbelsäule und Kiemendeckel.
- Sodann tastet man mit der Fingerkuppe in der Muskulatur, bis man eine quer zur Fischlängsachse stehende Rippe spürt (diese „piekt" beim Tasten in den Finger). Entlang dieser Rippe präpariert man in die Tiefe, indem mit der stumpfen Pinzette Gewebestückchen abgerupft werden.
- Dadurch stößt man auf den größten Weberschen Knochen, der an der Schwimmblase sitzt. Von ihm aus kann die Reihe nach vorn bis zum Perilymphraum verfolgt werden.
- Nach Entfernen der Schwimmblase wird die **Niere** freigelegt.

Sie wurde paarig angelegt, verläuft aber nun als unpaares, lang gestrecktes Organ zwischen Wirbelsäule und dorsaler Bauchfellwand, also außerhalb der Leibeshöhle. Vergleichend anatomisch ist sie ein **Opisthonephros**, während die cranial von ihr liegende Kopfniere aus dem embryonalen **Pronephros** hervorging. Die Kopfniere ist entgegen ihrer Bezeichnung beim adulten Tier nicht mehr exkretorisch tätig. Welche Funktion dieses nun lymphoide Organ hat, ist noch nicht ganz geklärt, wahrscheinlich spielt es eine Rolle bei der Blutzellbildung. Die von den Nieren ausgehenden primären Harnleiter (Wolffsche Gänge) ziehen von vorn nach hinten über die Nieren hinweg und vereinigen sich zur Bildung einer Harnblase, die mit einem kurzen

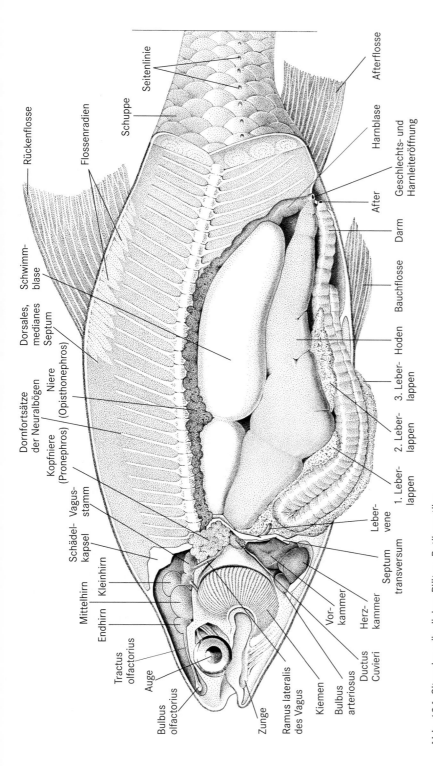

Abb. 194 Situs der männlichen Plötze, *Rutilus rutilus*

Ausführgang (Urethra) dicht hinter dem After inmitten der Papilla urogenitalis mündet.

Die beiden Gefäße, die der Länge nach über die Nieren hinwegziehen und deren Verlauf besonders gut zu verfolgen ist, wenn man die dorsale Wand der Leibeshöhle abzieht, sind die hinteren Cardinalvenen, die Venae cardinales posteriores.

- Durch Abtragen der dorsalen Muskulatur werden nunmehr die Wirbelsäule und deren Dornfortsätze freigelegt und anschließend durch einen nicht zu tiefen Medianschnitt der Schädel bis zur Oberkieferspitze durchtrennt. Die linke Seitenwand des Kopfes wird vorsichtig Stück für Stück abgetragen.

Dorsal von den Kiemen und vom Auge wurde damit die geräumige, langgestreckte Schädelhöhle eröffnet, in der das **Gehirn** sichtbar wird, von dessen einzelnen Abschnitten besonders das Tectum und Cerebellum stark entwickelt sind. An den Endhirnhemisphären entspringt jederseits ein langer Tractus olfactorius, der mit einem Bulbus olfactorius endet. Ein nicht geringer Teil der Schädelhöhle ist von einem schaumig aussehenden Fettgewebe erfüllt. Am Boden der Mundhöhle erhebt sich die Zunge.

- Mit den Fingern einen der unteren Schlundknochen herausnehmen und von der ansitzenden Muskulatur reinigen.

Diese unteren **Schlundknochen** sind Deckknochen, die dem ventralen Ende des fünften Kiemenbogens, der keine Kiemen trägt, aufsitzen. Sie sind mit Zähnen besetzt, deren Anordnung für die Systematik von Wichtigkeit ist. Auch die in der Decke des Schlundes gelegenen, paarigen oberen Schlundknochen sind Deckknochen.

- Mit dem starken Messer den Fisch hinter der Leibeshöhle quer durchschneiden und den erhaltenen Querschnitt genauer betrachten.

Die Körpermuskulatur der Knochen- (und Knorpel)fische ist durch bindegewebige Scheidewände (**Myosepten**) in eine Serie von Muskelsegmenten (**Myomere**) gegliedert. In der horizontalen Mittellinie werden die Muskelsegmente durch das **Septum horizontale** in die obere **epaxiale** und die untere **hypaxiale Hälfte** gegliedert. Ein Myomer ist charakteristisch gefaltet und erstreckt sich in Längsrichtung über mehrere Wirbelsegmente. Die Form der Myosepten und Myomere ist durch vordere und hintere Kegelstrukturen gekennzeichnet. Die Kegel aufeinander folgender Myomere sind tütenartig ineinander geschachtelt, so dass sich im Querschnitt konzentrische Kreise aufeinander folgender Kegel abbilden (Abb. 195). Die geordnete sequentielle Aktivität der Myomermuskulatur erzeugt das für Fische typische Schlängelschwimmen. Spezifische Sehnenstrukturen spannen sich insbesondere zwischen den Myosepten-Kegeln und in schräger Anordnung zwischen Wirbelsäule und Haut aus. Das Septum horizontale besitzt ein eigenes System scherengitterartig angeordneter Sehnen. Die rote Muskulatur, ein laterales Längsband am Septum horizontale, generiert das langsame, ausdauernde, aerobe Schwimmen. Der Großteil eines Myomers besteht aus weißer Muskulatur, die schnelle, anaerobe Bewegungen (z.B. bei Flucht und Beutefang) bewirkt.

In der Mitte des Schnittes liegt die **Wirbelsäule**, die man mit Messer und Nadeln herauspräparieren kann. Der weiße Strang, der von den oberen Bögen (Neuralbögen) umfasst wird, ist das Rückenmark. Dorsal tragen die Neuralbögen die oberen Dornfortsätze. Die unteren oder Hämalbögen umschließen einen Kanal, den Caudalkanal, in dem zwei Gefäße, eine Arterie und eine Vene, verlaufen. Auch die Hämalbögen tragen – untere – Dornfortsätze.

- Es wird zum Schluss eine **Schuppe** von ihrer Unterlage entfernt und unter dem Mikroskop bei schwacher Vergrößerung betrachtet (Abb. 196 b,c).

Sie erweist sich als eine rundliche Knochenplatte (**Cycloidschuppe**), die am hinteren, freien Rand regelmäßig eingekerbt ist. Vom Zentrum strahlen radial eine Anzahl Furchen aus, besonders nach vorn und nach hinten. Außerdem findet sich eine konzentrische, dem Schuppenrand parallel laufende Streifung (Zuwachsstreifen). Auf dem nicht von der vorhergehenden Schuppe bedeckten Teil finden sich sternförmig verästelte Pigmentzellen.

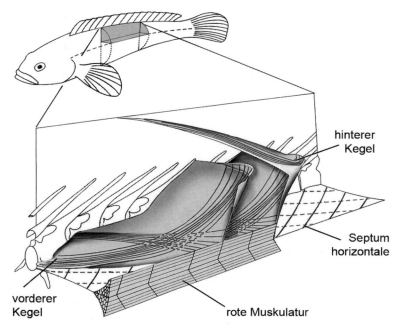

Abb. 195 Schematische Darstellung der Rumpfmuskulatur eines Knochenfisches. Die Myomere bilden sowohl im epaxialen als auch im hypaxialen Bereich vordere und hintere Kegel. Die vorderen Kegel liegen in der Nähe des Septum horizontale, die hinteren jeweils in der Mitte der ep- und hypaxialen Muskulatur. Dargestellt sind nur die Verhältnisse der epaxialen Muskulatur. (Nach S. GEMBALLA)

Histologie und mikroskopische Anatomie ausgewählter Organe von Knochenfischen

Im Folgenden werden einige histologische Präparate vorgestellt, die ein vertieftes Verständnis der Fische und gemeinsam mit der Histologie und mikroskopischen Anatomie der Ratte (S. 432) einen guten Einblick in die Mikromorphologie der Wirbeltiere vermitteln.

Haut (Abb. 196)

Wie bei allen anderen Wirbeltieren ist die Haut der Knochenfische aus der äußeren Epidermis, der darunter liegenden Dermis (= Corium) und der Subcutis aufgebaut.

Die ectodermale **Epidermis** ist mehrschichtig und unverhornt und enthält Drüsenzellen, die den für Knochenfische typischen Oberflächenschleim bilden. Wie alle Epidermiszellen entstehen die Drüsenzellen aus einer basalen Bildungszone. Selten kommt es wie bei landlebenden Wir-

beltieren zur Verhornung, z.B. bei Cyprinidae (Perlorgane; entstehen während der Fortpflanzungsperiode). Dem **Oberflächenschleim** werden verschiedene Funktionen zugeordnet:

Verbreitet ist die nicht bewiesene Ansicht, dass durch das Sekret die Viskosität des Wassers herabgesetzt und dadurch das Schwimmen erleichtert wird. Des weiteren verhindern Sekrete wie bei Amphibien das Eindringen von Bakterien in die Haut. In einigen Fällen (*Discus*) dient der Oberflächenschleim als Nahrung für Jungtiere, in anderen als Verdunstungsschutz in Trockenperioden (Afrikanischer Lungenfisch, Kokonbildung). Bei Karpfenartigen geben Epidermisdrüsenzellen Schreckstoffe ab, die Artgenossen vor einer Gefahr warnen. Nicht selten bilden Fischepidermisdrüsen Gifte, die auch für den Menschen gefährlich werden können.

Als besondere Spezialisierungen der Epidermis sind weiterhin Receptorzellen zu nennen. Insbesondere auf Barteln, um die Mundöffnung, aber auch auf Flossen und in der Epidermis

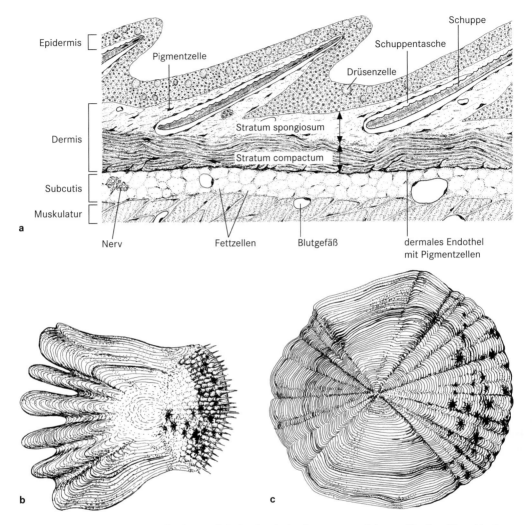

Abb. 196 Haut eines Knochenfisches. **a** Schnitt durch das Integument, **b** kammförmige Ctenoidschuppe eines Flussbarsches, **c** rundliche Cycloidschuppe einer Rotfeder. Die großen schwarzen Areale, jeweils rechts auf den Schuppen, sind Chromatophoren

der generellen Körperoberfläche finden sich Gruppen von sekundären Sinneszellen, die die Oberfläche erreichen und Chemoreceptoren darstellen (**Geschmacksknospen**). Ebenfalls sekundäre Sinneszellen stellen die **Neuromasten** des Seitenliniensystems dar. Sie tragen apikal Cilien, die in einer Mucopolysaccharide enthaltenen Gallerte (Cupula) eingebettet sind.

Die mesodermale **Dermis** (Abb. 196) besteht vorwiegend aus Kollagen, enthält aber auch Blutgefäße und Nerven. Nach der Packungsdichte der Kollagenfasern kann man eine äußere, locker strukturierte Zone (**Stratum spongiosum**) von einer inneren, dichteren unterscheiden (**Stratum compactum**). Nahe der Grenze zur Epidermis liegen **Pigmentzellen**, die für die Farbe von Fischen verantwortlich sind: die schwarzen oder braunen Melanophoren, die rötlichen Erythrophoren, die gelben Xanthophoren und die weißen bis silbrigen Leuko- und

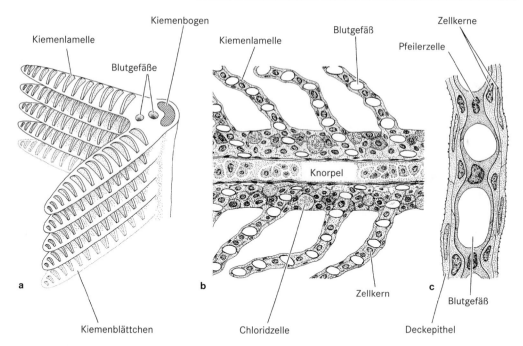

Kiemenlamelle

Kiemenbogen

Blutgefäße

Kiemenlamelle

Blutgefäß

Pfeilerzelle

Zellkerne

Knorpel

Zellkern

Blutgefäß

a

b

c

Kiemenblättchen

Chloridzelle

Deckepithel

Abb. 197 Kiemen der Knochenfische. **a** Kiemenbogen mit zwei Reihen von Kiemenblättchen, auf denen regelmäßig angeordnete Kiemenlamellen stehen, **b** Schnitt durch Kiemenblättchen mit zentralem Knorpel und abstehenden Kiemenlamellen, **c** Schema eines Schnittes durch eine Kiemenlamelle mit zweischichtigem Deckepithel und Pfeilerzellen

Iridophoren. Erythro- und Xanthophoren werden auch als Lipophoren zusammengefasst.

In der Dermis liegen die **Schuppen**, eingelagert in je eine Schuppentasche, die von einer Zellschicht des Stratum spongiosum begrenzt wird. Sie bestehen aus einer äußeren Knochen- und einer inneren fibrösen Lage aus Kollagenfasern. Schuppen überlagern einander dachziegelartig in craniocaudaler Richtung. Einer Basalplatte werden ringförmig knöcherne Leisten angelagert, die in Beziehung zum Wachstum des Fisches stehen (Abb. 199b, c).

Unterhalb des Stratum compactum befindet sich eine Schicht univakuolären Fettgewebes, die **Subcutis**. Dermis und Subcutis sind oft durch eine Lage von Pigmentzellen voneinander getrennt (Abb. 196a).

Kiemen (Abb. 197)

An den vier dorsoventral verlaufenden, aus Knochen- und Knorpelgewebe aufgebauten **Kiemenbogen** (Branchialbogen) befinden sich

am caudalen konvexen Rand **Kiemenblättchen** (Kiemenfilamente, Demibranchien) in zwei gegeneinander versetzten Reihen. Sie enthalten einen dünnen Knorpelstab und werden von einem mehrschichtigen Epithel bedeckt. Orte des Gasaustausches sind die dünnen **Kiemenlamellen**, die auf beiden Seiten der Kiemenblättchen stehen. Das Blut fließt aus der sauerstoffarmes Blut enthaltenden Kiemenarterie (Arteria branchialis) in das Capillarnetz der Kiemenlamellen und wird nach der Aufnahme von Sauerstoff durch die Arteria epibranchialis abgeleitet. Wasserstrom durch die Kiemen und Blutstrom in den Kiemenlamellen sind gegeneinander gerichtet.

Die Kiemenblättchen erhalten durch ihren Knorpel eine gewisse Stabilität; durch Muskeln können sie bewegt werden. Das dünne zweischichtige Deckepithel der Kiemenlamellen wird von einer zarten Kollagenschicht unterlagert. Dann folgen die **Pfeilerzellen** (= Palisaden-, Pflasterzellen), welche die Capillaren begrenzen.

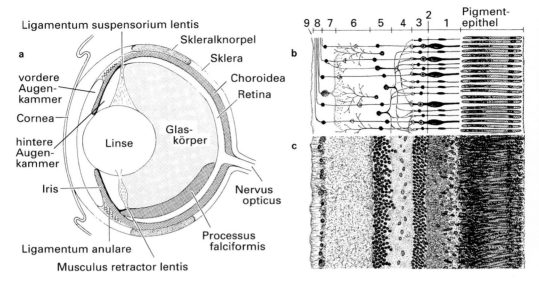

Abb. 198 Auge eines Knochenfisches. **a** Längsschnitt, **b** Retina; schematische Darstellung der Verschaltung (zur Bedeutung der Ziffern siehe Text). **c** Schnittpräparat der Retina, Orientierung wie in b

Es handelt sich um spezialisierte Endothelzellen, die oft viele cytoplasmatische Filamente enthalten und sich wohl auch kontrahieren können.

Das zweischichtige Deckepithel, welches die Lamellen bedeckt, besteht aus Plattenepithelzellen und enthält auch Schleimzellen; insbesondere an der Basis der Kiemenlamellen liegen **Ionen- oder Chloridzellen**. Sie dienen der Osmoregulation, sind bei Süßwasserfischen allerdings selten.

Auge (Seitenauge; Abb. 198)
Die paarigen, kugeligen Seitenaugen der Knochenfische sind im Prinzip wie die anderer Wirbeltiere aufgebaut. Ein Lichtstrahl hat folgende Schichten zu durchmessen, bevor er die Sinneszellen erreicht:
1. **Cornea (Hornhaut)**. Diese besteht aus dem mehrschichtigen, unverhornten Cornealepithel, einem bindegewebigen Stroma aus sehr regelmäßig angeordneten, jeweils rechtwinkelig gegeneinander versetzten Schichten aus Kollagenfibrillen und Proteoglykanen und dem innen gelegenen, einschichtigen Cornealendothel.
2. **Vordere Augenkammer**. Diese ist mit Flüssigkeit gefüllt und von der hinteren Augen-

kammer durch die kreisförmige **Iris** getrennt, deren Öffnung (**Pupille**) bei Knochenfischen konstant ist.
3. **Linse**. Die Linse entsteht in der Entwicklung aus einer blasenförmigen Einsenkung der Epidermis und besteht daher aus Epithelzellen, die allerdings besonders lang sind und daher auch Linsenfasern genannt werden; sie sind Derivate der hinteren Blasenwand. Die Zellen der vorderen Blasenwand behalten ihre ursprüngliche Gestalt weitgehend („Linsenepithel"). Eine im Wesentlichen aus Kollagen bestehende Linsenkapsel gibt der bei Fischen sehr großen, kugeligen Linse ihre äußere Gestalt. Akkommodation erfolgt durch Verschiebung der Linse (nicht durch Verformung) mittels Muskulatur, die ventral ansetzt (Musculus retractor lentis). Dorsal ist die Linse über ein Ligamentum suspensorium lentis so aufgehängt, dass sie vorn durch die Pupille ragt (Abb. 198a).
4. **Glaskörper**. Der verbleibende Anteil des Bulbus oculi wird vom Glaskörper (Corpus vitreum) eingenommen, einer transparenten, gelatinösen Masse.

Die Sinneszellen liegen in der **Retina** (= **Netz-haut**; Abb. 198b, c), die entwicklungsgeschicht-lich mit dem Pigmentepithel aus einer Aus-stülpung des Zwischenhirns, dem Augenbecher, hervorgeht. Sie enthält mehrere Zelltypen, die in verschiedenen Lagen angeordnet sind. Diese einschließlich der Zelljunktionen sind im licht-mikroskopischen Bild gut differenzierbar und werden – zunächst rein deskriptiv – folgender-maßen gegliedert: 1) Zone der Receptorfortsätze (Stäbchen und Zapfen); 2) äußere Grenzmem-bran (Membrana limitans externa); 3) äußere Körnerschicht; 4) äußere plexiforme Schicht; 5) innere Körnerschicht; 6) innere plexiforme Schicht; 7) Ganglienzellschicht; 8) Schicht der Fasern des Nervus opticus; 9) innere Grenzmem-bran. Die elektronenmikroskopische Analyse er-laubt eine genauere Interpretation der lichtmi-kroskopisch deutlich erkennbaren Schichten: Die Körnerschichten entsprechen dicht gelagerten Perikaryen, die plexiformen Schichten bestehen aus Synapsen, die äußere Grenzmembran stellt Zelljunktionen dar, die innere Grenzmembran ist eine Basalmembran.

Nach außen schließen sich an die Retina die Aderhaut (**Choroidea**) und die weiße Augen-haut (**Sclera**) an. Die Choroidea dient der Blut-versorgung; als Besonderheit vieler Knochenfi-sche tritt in ihrem ventralen Bereich ein stark vaskularisiertes Band aus lockerem Bindegewebe auf, welches sich von der Eintrittsstelle des Seh-nervs bis zur Ansatzstelle des Retraktormuskels erstreckt: der Processus falciformis. Bei man-chen Arten ist die Retina glaskörperseits von einem Capillarnetz überzogen. Die Sclera gibt dem Augenbulbus seine Festigkeit und kann Knorpelelemente enthalten; sie setzt sich nach vorn in das Stroma der Cornea fort.

Achsenorgane (Abb. 199)

Wesentliche Achsenorgane eines Knochenfi-sches und aller anderer Vertebraten sind Axi-alskelet, bestehend aus Chorda dorsalis und Wirbelsäule sowie Rückenmark. Umhüllt wer-den diese Strukturen von kollagenfaserreichem Bindegewebe, das die Verbindung zu Skeletmus-kulatur, Haut und Peritoneum herstellt.

Die Chorda dorsalis ist bei adulten Fischen i. A. gut erhalten und wird von dem relativ zarten Knochengewebe der Wirbelkörper um-geben. Die Wirbelkörper werden durch die Chorda, genauer durch das Bindegewebe der Chordascheide, verbunden.

Die **Chorda** besteht aus großen Zellen, die im Inneren eine große Vakuole enthalten. Im Zent-rum kann das Chordagewebe Degenerationser-scheinungen zeigen. Die schmale Knochenman-schette der Chorda setzt sich dorsal in die zarten Wirbelbögen und den Processus spinosus fort. Im Schnittpräparat sind die Wirbelbögen oft scheinbar unterbrochen.

Das dorsal von Chorda und Wirbelkörpern gelegene **Rückenmark** wird von relativ locker gebauten **Rückenmarkshäuten** umgeben, deren Analyse durch häufig zu beobachtende, arte-fizielle Schrumpfräume und Rissbildungen, wie sie bei der Gewebepräparation leicht entstehen, erschwert ist. Oft erkennt man eine locker ge-baute Endomeninx, die dem Rückenmark an-liegt, und eine Ectomeninx, die dem Knochen-gewebe der Wirbel innen anliegt. Zwischen bei-den meningealen Schichten befindet sich ein schmaler, intermeningealer Raum.

Der Querschnitt des Rückenmarks ist i. A. rundlich. Das Gewebe ist in graue und weiße Substanz gegliedert, die aber schlechter gegen-einander abgrenzbar sind als beim Säugetier (Abb. 241). In der Mittellinie ist der epen-dymgesäumte Zentralkanal erkennbar, der den Reissnerschen Faden enthält. Im Ventralhorn der grauen Substanz lassen sich wenigstens ei-nige Perikaryen von Motorneuronen beobach-ten. Ventral sind auch zwei Anschnitte von Riesennervenfasern (**Mauthnerschen Fasern**) zu finden, die für Fische und Amphibienlarven typisch sind.

Außerhalb des Rückenmarks treten oft An-schnitte von dorsalen und ventralen Spinalner-venwurzeln in Erscheinung.

Oberhalb des Rückenmarks lagert eine sch-male Säule univakuolären Fettgewebes.

Die quergestreifte **Skeletmuskulatur** macht ca. 80% eines Knochenfischkörpers aus. Der histologische Bau dieser Muskulatur ist auf Abb. 239b dargestellt.

Diese somatische Muskulatur ist in hinter-einander liegende Muskelblöcke (**Myomere**) gegliedert, die jeweils an Vorder- und Hinter-seite durch kollagenhaltige Myosepten verbun-den sind (Abb. 195). Gekochter oder gebratener Fisch „zerfällt" an dieser Stelle in die einzelnen Myomere und eignet sich besonders gut für die

Demonstration der komplizierten Raumstruktur der Muskelblöcke.

Histologisch lassen sich die Myomere in eine äußere und meist relativ dünne rote Muskulatur und eine innere weiße Muskulatur großen Umfanges gliedern. Die rote Muskulatur enthält die kleineren Muskelzellen, die im Querschnitt rund sind. Die weiße Muskulatur besteht aus Zellen, die im Querschnitt mehreckig (drei- bis

vieleckig) sind. Die **rote Muskulatur** ist myoglobin- und mitochondrienreich. Sie arbeitet aerob und dient dem gleichmäßigen, ruhigen Schwimmen des Fisches. Die **weiße Muskulatur** enthält weniger Mitochondrien und Myoglobin, aber in reichem Maße sarkoplasmatisches Reticulum, arbeitet sowohl anaerob als auch aerob und vermittelt eine kurzfristige und rasche Beschleunigung (bei Flucht oder Beutefang).

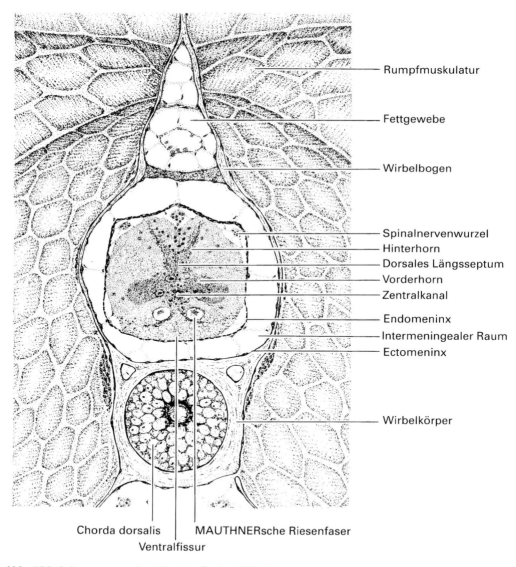

Rumpfmuskulatur

Fettgewebe

Wirbelbogen

Spinalnervenwurzel
Hinterhorn
Dorsales Längsseptum
Vorderhorn
Zentralkanal

Endomeninx
Intermeningealer Raum
Ectomeninx

Wirbelkörper

Chorda dorsalis   MAUTHNERsche Riesenfaser
Ventralfissur

Abb. 199 Achsenorgane eines Knochenfisches (Plötze)

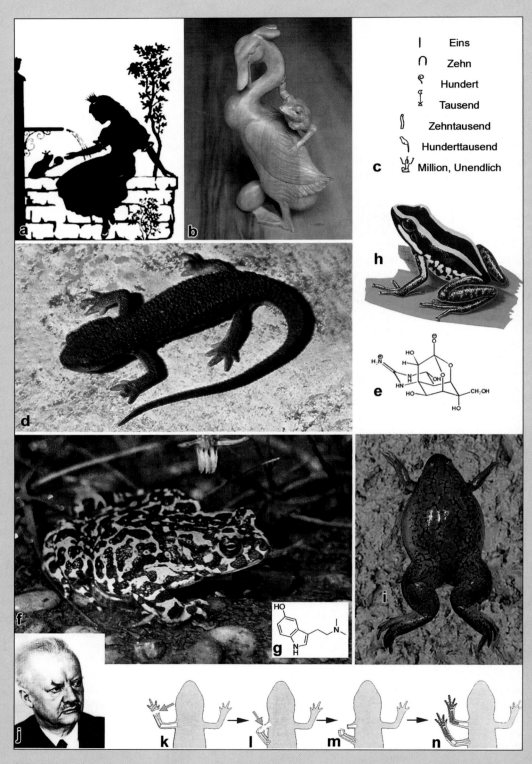

I	Eins
∩	Zehn
ℓ	Hundert
ᘯ	Tausend
∫	Zehntausend
☝	Hunderttausend
☥	Million, Unendlich

c

Abb. 200

Amphibia, Lurche

Amphibien sind sowohl aquatische als auch terrestrische Organismen, die fast immer ein aquatisches Larvenstadium besitzen. Sie haben für die Wirbeltiere das Land erobert und sind am Anfang des Karbons bereits in beträchtlicher Vielfalt vorhanden. In ihrer Entwicklung bilden sie (wie die Fische) noch keine Embryonalhäute aus.

Für den modernen Menschen sind Amphibien seit Jahrtausenden ein auffallender Bestandteil seiner Umwelt. Frösche, Kröten, Unken, Molche und Salamander haben daher die Phantasie des Menschen in unterschiedlichem Ausmaß beschäftigt, in den Tropen und wasserreichen Gebieten deutlich mehr als in Gebieten mit trockenem Klima.

In den Märchen vieler Völker, auch Deutschlands („Froschkönig", **Abb. 200a**), tauchen mitunter Frösche und Kröten auf, oft sind sie mit negativen Attributen (z.B. „eklig") versehen. Ganz anders stehen Frösche und Kröten in Märchen und Volkskunst anderer Völker da. Im indonesischen Kunsthandwerk kommt sehr deutlich ein Gefühl für das würdevoll Komisch-Freundliche von Fröschen zum Ausdruck, z.B. auf vielen Bildern oder Schnitzereien Balis (**Abb. 200b**). In indischen und burmesischen Märchen können Frösche als gewitzte kleine Wesen große Tiere wie Elefanten und Tiger das Fürchten lehren.

Im alten Ägypten galten Frösche aufgrund ihres unvermittelten massenhaften Auftretens beim Abklingen des jährlichen Hochwassers des Nils z.T. als Plage, generell aber auch als Symbol für die Entstehung des Lebens. Wegen der riesigen Kaulquappen-Zahlen in Altwässern des Nils repräsentiert im alten Ägypten die Hieroglyphe „Kaulquappe" die Zahl 100 000 (**Abb. 200c**).

Amphibien spielen eine wichtige Rolle in der wissenschaftlichen Biologie. Die Haut der Amphibien ist eine reiche Quelle bioaktiver Naturstoffe. Aus der Haut des nordamerikanischen Molches *Taricha granulosa* (**Abb. 200d**) wurde Tetrodotoxin (**Abb. 200e**), aus der Haut der Wechselkröte (**Abb. 200f**) Bufotenin (**Abb. 200g**) gewonnen. Die Haut der bunten kleinen Pfeilgiftfrösche, z.B. *Dendrobates tinctorius* (**Abb. 200h**), aus Südamerika produzieren hochtoxische Stoffe (Pfeilgifte). *Xenopus* (**Abb. 200i**) ist ein sogenannter Modellorganismus der Molekularbiologie und diente lange Zeit dem Nachweis einer Schwangerschaft („Krötentest").

An Amphibien wurden besonders wichtige Prinzipien der Embryonalentwicklung entdeckt. Der in Stuttgart geborene Zoologe Hans Spemann (1869–1941, **Abb. 200j**) erhielt 1935 für seine bahnbrechenden experimentellen Studien über die Entwicklungsmechanismen der Amphibienkeime den Nobelpreis für Medizin und Physiologie. Besonders wichtig wurden seine Transplantationsexperimente der dorsalen Urmundlippe, von der die Gastrulationsbewegungen ausgehen. Wird die dorsale Urmundlippe eines Molchkeims in die Bauchhaut eines anderen Molchkeimes verpflanzt, so entsteht hier ein fast vollständiger Zweitembryo. Spemann nannte diese Urmundlippe Organisator. Weitere wichtige Experimente zur Regeneration von Molchextremitäten (**Abb. 200k–n**) führten zur Entdeckung eines proximo-distalen Expressionsmusters von Transcriptionsfaktoren, die von HOX-Genen codiert werden. Im abgebildeten Experiment wurde ein Armstumpf zunächst in die Rumpfhaut verpflanzt bis er hier eingewachsen war. Dann wurde der eingewachsene Arm durchtrennt, und es regenerierten von beiden Stümpfen „korrekte" Unterarme und Hände. Solche Experimente waren die Voraussetzung für die Erforschung der molekularen Mechanismen der heutigen Entwicklungsbiologie.

In einer Reihe von Ländern, z.B. in Südostasien und Frankreich, werden Frösche gegessen. In Südostasien werden *Rana*-Arten in großen Freilandfarmen gehalten, aber oft auch aus den natürlichen Wildbeständen entnommen. In Europa wird der Goliathfrosch auf den Markt gebracht. Verwilderte Goliathfrösche haben sich z.B. im Elsaß und in Baden-Württemberg als ausgesprochene Schädlinge des natürlich ökologischen Gleichgewichts herausgestellt.

Technische Vorbereitungen

- Die einheimischen Amphibien sind geschützt.
- Daher kann der leicht züchtbare Krallenfrosch (*Xenopus laevis*) zur Präparation verwendet werden. Vereinzelt steht auch *Bufo marinus* zur Verfügung. Zum Studium des Skelets ziehe man ein aufgestelltes Präparat von *Bufo* oder *Rana* heran.

Allgemeine Übersicht

Der Begriff Amphibien deutet darauf hin, dass diese Tiere in Hinsicht auf Entwicklung, Morphologie, Physiologie und Lebensweise Anpassungen sowohl ans Leben im Wasser als auch ans Landleben aufweisen.

Ein auffallender Unterschied gegenüber den im Wasser lebenden Fischen ist der Ersatz der vielstrahligen Flossen durch **fünfstrahlige** (**pentadaktyle**) Extremitäten. Dazu tritt der in der individuellen Entwicklung sich abspielende Übergang von der Kiemen- zur Lungenatmung, der seinerseits mit starken Abänderungen des Gefäßsystems gekoppelt ist (doppelter Kreislauf). Aber auch Haut, Skeletsystem, Muskulatur und Sinnesorgane zeigen deutlich Anpassungen an das Landleben.

Die **Haut** der Amphibien ist durch den Reichtum an vielzelligen **Drüsen** ausgezeichnet, deren Sekret u.a. Austrocknung und Infektionen entgegenwirkt (Abb. 201). Es handelt sich dabei teils um muköse (Schleimdrüsen), teils um seröse Drüsen (Körnerdrüsen); zu den serösen gehören die weit verbreiteten Giftdrüsen. Die Zellen der obersten Epidermisschicht zeigen in unterschiedlichem Ausmaß Zeichen einer Verhornung, wobei der Kern i. A. erhalten bleibt. Unterhalb der Eberth-Kastschenkoschen-Schicht (Siebplatte, Sieblamelle, Abb. 201) findet sich körpereinwärts eine sehr regelmäßig aufgebaute Schicht aus Kollagenfasern (Stratum compactum). Diese Kollagenfasern bilden Lagen, in denen die Ausrichtung der Fasern wechseln, oft um ca. 90°. Bei Gymnophionen können in der Dermis kleine Knochenschuppen vorkommen.

Im **Schädel** der rezenten Amphibien bleibt das Neurocranium in erheblichem Maß knorpelig, Ersatzknochen treten spärlich auf, und auch die Zahl der Deckknochen ist bei den rezenten Amphibien gegenüber ihren paläozoischen Vorfahren erheblich geringer geworden. Der Amphibienschädel ist ausgesprochen abgeflacht, die Hirnhöhle reicht nach vorn bis an die Nasenkapseln. Ein Septum interorbitale fehlt. Der Schädel steht mit der Wirbelsäule durch zwei Condyli occipitales in gelenkiger Verbindung. Letzter, noch im Bereich des Schädels entspringender Hirnnerv ist bei Anuren der 10. Hirnnerv (N. vagus). Der 11. Hirnnerv hat sich noch nicht aus dem N. vagus differenziert. Der 12. Hirnnerv verlässt das Rückenmark, entspringt also außerhalb des Schädels.

Am Palatoquadratum selbst lassen sich ein vorderer, schmälerer Abschnitt (Pars palatina, Gaumenspange) und ein gedrungener, hinterer Abschnitt (Pars quadrata) unterscheiden. Die Gaumenspange ist bei vielen Amphibien reduziert. Die Pars quadrata steht immer direkt (autostyl) durch mehrere Fortsätze mit dem Neurocranium in fester Verbindung. Von den Kiemenbogen, die bei der Metamorphose ihre bisherige Aufgabe verlieren, werden die mittleren (3, 4) reduziert, während die beiden vorderen mit Teilen des Hyoidbogens das Zungenbein bilden. Die hintersten Visceralbogen werden zum Larynxskelet.

Für die Aufzählung der einzelnen Knochen – die man am besten mit dem Schädel unter der Lupe erlernen kann – legen wir den Schädel von *Rana* zugrunde. Im Gebiet des Neurocraniums bilden sich als Ersatzknochen die beiden die Condylen tragenden Exoccipitalia, die Prootica und eine ringförmige Verknöcherung der vorderen Orbitalregion, das so genannte Sphenethmoid. Dazu treten als Deckknochen die Parietalia, Frontalia (verwachsen bei *Rana* zu einem einheitlichen Frontoparietale), Nasalia und Septomaxillaria (ein kleiner Knochen jederseits am hinteren Umfang der äußeren Nasenöffnung) sowie die Vomeres und das Parasphenoid an der Unterseite des Schädels. Zum Kiefer- und Gaumenbogen gehören die paarigen Deckknochen Praemaxillare, Maxillare, Palatinum und Pterygoid und das ersatzknöcherne Quadratum. Dem Quadratum liegt als Deckknochen das Squamosum auf; an das Hinterende des Maxillare schließt sich ein als Quadratojugale bezeichneter Deckknochen an, durch dessen Vermittlung der Kieferbogen nach hinten zu eine Verbindung mit dem Quadratum erlangt. – Der Meckelsche

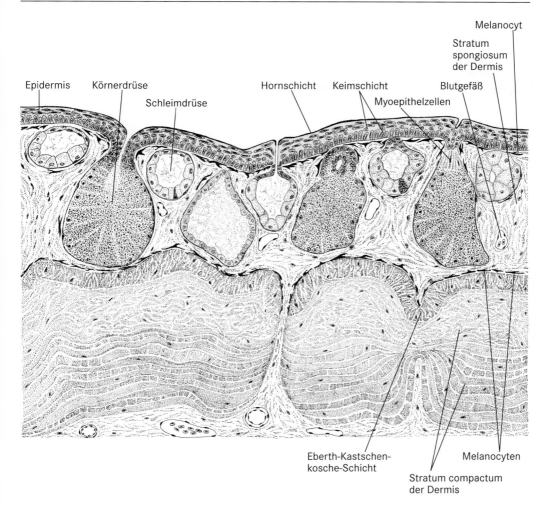

Melanocyt
Stratum spongiosum der Dermis
Epidermis   Körnerdrüse   Hornschicht   Keimschicht   Blutgefäß
Schleimdrüse   Myoepithelzellen

Eberth-Kastschen-kosche-Schicht   Melanocyten
Stratum compactum der Dermis

Abb. 201 *Rana esculenta.* Histologischer Schnitt durch die dorsale Haut. Die Epidermis besteht aus 5–6 Zellschichten, deren oberste verhornt ist. Die Körnerdrüsen sind i. A. größer als die Schleimdrüsen. Die Körnerdrüsen sind u.a. Quelle verschiedener antibakterieller und fungizider Stoffe. Unter der Epidermis befindet sich die aus Bindegewebe aufgebaute Dermis. Sie gliedert sich in zwei Schichten: 1) in das außen gelegene locker strukturierte Stratum spongiosum und 2) in das in der Tiefe gelegene sehr kompakt gebaute Stratum compactum, das vor allem aus sehr dicht gepackten Kollagenfasern besteht. Die Eberth-Kastschenkosche Schicht (= Siebplatte) ist eine 10–20 µm dicke, proteoglykanreiche Schicht, die Wasser bindet und vor Austrocknung schützt; sie ist bei landlebenden Anuren besonders dick. Die tieferen Schichten des Stratum compactum bestehen aus regelmäßig angeordneten Kollagenfaserlagen. Diese Schicht wird von trichterförmigen Kanälen lockeren Bindegewebes durchbrochen

Knorpel (primärer Unterkiefer) bleibt in beträchtlichem Umfang erhalten, hinten verknöchert er meist – bei *Rana* nicht – als Articulare, vorn bildet er die kleine Ersatzverknöcherung des Mentomandibulare. Als Deckknochen finden sich bei *Rana* nur das Dentale an der Au-

ßenseite und das Goniale (Angulospleniale) an der Innenseite des Meckelschen Knorpels.

Das Hyomandibulare ist zum Gehörknöchelchen, dem Stapes = Columella auris, geworden. Das relativ große Zungenbein (Os hyoideum, Abb. 202) ist ganz überwiegend knorpelig und

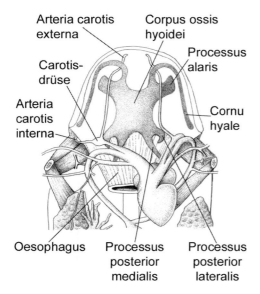

Arteria carotis externa

Corpus ossis hyoidei

Processus alaris

Carotis-drüse

Arteria carotis interna

Cornu hyale

Oesophagus

Processus posterior medialis

Processus posterior lateralis

Abb. 202 Zungenbein (Os hyoideum) einer *Rana*-Art bestehend aus Zungenbeinkörper (Corpus ossis hyoidei) und verschiedenen Fortsätzen. (Nach CHAP-MAN und BARKER)

daher nicht leicht zu präparieren. Sein vorderes Horn (Cornu hyale) ist mit der Labyrinthkapsel verbunden. Das Zungenbein steht mit einer Anzahl von Muskeln in Verbindung, die alle den Begriff „… hyoideus" oder „hyo…" in ihrem Namen tragen. Diese Muskulatur spielt eine wichtige Rolle bei Atmung und Nahrungsaufnahme.

Die **Wirbel** sind bei den Anuren procoel, opisthocoel oder auch amphicoel. Der Körper des vordersten Wirbels ist verbreitert und trägt Gelenkflächen für die beiden Condylen. Ein hinterer Wirbel – bei *Rana* und *Xenopus* der neunte – ist als Sakralwirbel in Verbindung mit dem Beckengürtel getreten; das ermöglicht die Unterscheidung einer Rumpf- und einer Schwanzregion der Wirbelsäule. Bei den Anura sind in Anpassung an die springende Bewegungsart alle Schwanzwirbel zu einem einheitlichen Knochenstab, dem Os coccygis (Steißbein, Urostyl), verschmolzen (Abb. 203).

Rippen fehlen den meisten Anuren, während sie bei den übrigen Amphibien vorhanden sind; sie enden frei und haben keinen knorpeligen oder knöchernen Anschluss an das Brustbein. Der **Schultergürtel** besteht jederseits aus einer gebogenen Platte, die aus Scapula, Cleithrum und Suprascapulare zusammengesetzt ist, und aus Clavicula un Coracoid. Letztere übernehmen die Verbindung zum Brustbein (Abb. 204). Die Vorderextremität (Abb. 203) ist gegliedert in Oberarm (Humerus), Unterarm (Radius und Ulna, beide sind bei Anuren zu einem Os antebrachii verwachsen), Handwurzel (Carpus), Mittelhand (Metacarpus) und in meist 4 Finger, die aus Fingergliedern (Phalangen) aufgebaut sind.

Der **Beckengürtel** wird gebildet von dem dorsalen Darmbein (Ilium), das bei Anuren außerordentlich lang gestreckt ist und der Wirbelsäule parallel läuft, und dem einheitlichen, ventralen Scham-Sitzbein-Abschnitt (Ischiopubis), in dem meist nur das Ischium zur Verknöcherung kommt, während der Bezirk des Pubis knorpelig bleibt, eventuell verkalkt, selten verknöchert. Die Hintergliedmaßen haben fast stets fünf Zehen.

Die hochdifferenzierte **Muskulatur** des aktiven Bewegungsapparates zeigt beispielhaft Abb. 205. Die Muskulatur ist bei *Xenopus* weicher und schwerer zu präparieren als bei *Bufo* oder *Rana*.

Das **Gehirn** weist einen ursprünglichen Bau auf (Abb. 206). Das Telencephalon ist umfangreich, die großen Bulbi olfactorii am rostralen Ende der Hemisphären sind oft verwachsen. Bulbi olfactorii accessorii – sie versorgen das Jacobsonsche Organ – sind hinter den Bulbi als kleine Anschwellungen erkennbar. Das Tectum ist recht hoch differenziert. Das Cerebellum ist bei Bodenbewohnern wie z.B. *Rana* ein kleiner horizontaler Wulst vor der Rautengrube; bei Baumbewohnern, z.B. *Hyla*, ist es größer.

Am Gehirn können folgende Abschnitte unterschieden werden (Abb. 206): Vorn liegt das paarige Endhirn (**Telencephalon**), das sich aus den Hemisphären und den beiden großen, von ihnen durch eine flache Querfurche geschiedenen Bulbi olfactorii zusammensetzt, die median miteinander verschmolzen sind. Der anschließende Abschnitt, das kurze Zwischenhirn (**Diencephalon**), trägt dorsal drei Anhänge: vorn die Paraphyse, dahinter Parietal- und Pinealorgan. Letztere enthalten Photoreceptoren. Das Parietalorgan liegt außerhalb des Schädels und reißt bei der Präparation ab. Der folgende dritte Hirnabschnitt, das Mittelhirn (**Mesencephalon**), mit den beiden dorsalen großen Lobi optici, ist

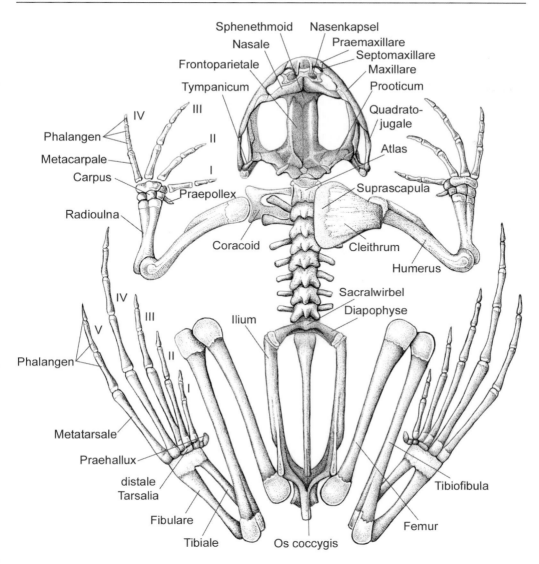

Abb. 203 *Rana esculenta.* Skelet, Dorsalansicht. Das linke Schulterblatt ist nicht gezeichnet, um ventrale Teile des Schultergürtels zu zeigen. Die Radioulna entsteht durch Verwachsung von Radius (innen) und Ulna (außen). I–V: Strahlen von Hand und Fuß mit Fingern bzw. Zehen und Mittelhand bzw. Mittelfuß. Das Skelet der Finger und Zehen besteht aus den Phalangen, das der Mittelhand aus den Metacarpalia. Der Praepollex ist ein Skeletelement, das nichts mit dem 1. Finger zu tun hat. Finger I und II haben je 2, Finger III und IV je 3 Phalangen. Finger V fehlt. Das Tibiofibulare (Unterschenkelknochen) entsteht durch Verwachsung aus Tibia und Fibula. Tibiale und Fibulare sind proximale Tarsalia, die distalen Tarsalia sind 4 kleine Skeletstücke. Am Fuß besitzen 1. und 2. Zeh je 2 Phalangen, 3. und 5. Zeh je 3 Phalangen und 4. Zeh 4 Phalangen. Der Praehallux (Fersenhöcker) enthält variabel 1 bis 3 Skeletstücke. (Nach ECKERT und GAUPP)

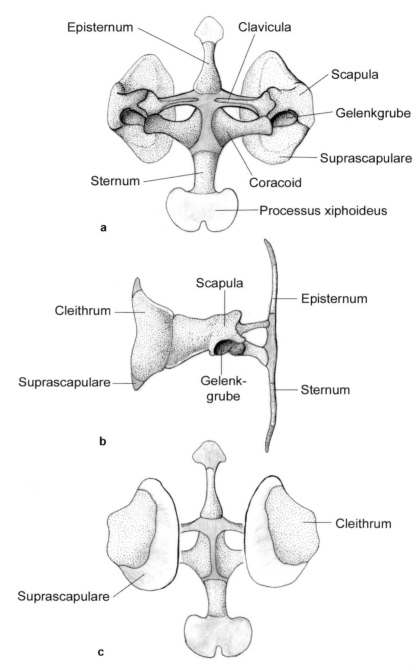

Abb. 204 Brustbein und Schultergürtel einer *Rana*-Art in Ansicht von ventral (**a**), lateral (**b**) und dorsal (**c**). Zwischen und am Rande der verknöcherten Skeletelemente befindet sich z.T. verkalktes Knorpelgewebe.

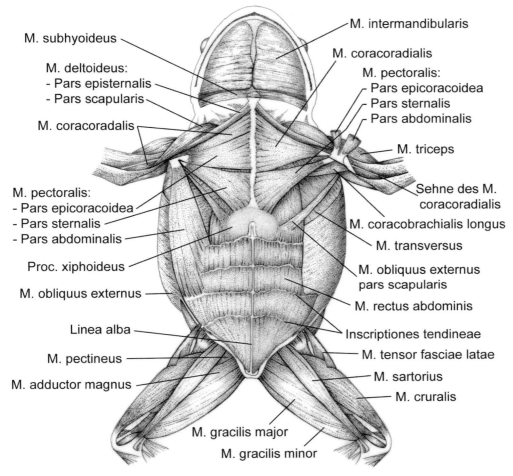

Abb. 205 Brust- und Bauchmuskulatur einer *Rana*-Art. Auf der linken Seite des Tieres sind die Portio epicoracoidea und p. abdominalis des Musculus pectoralis abpräpariert und vor dem Ansatz weggeschnitten worden

der breiteste Abschnitt des Gehirns überhaupt. Das dorsal gelegene Kleinhirn (Cerebellum) ist nur ein quer liegender Wulst, der die Rautengrube des Nachhirns (**Myelencephalons**) vorn begrenzt.

Von den **Sinnesorganen** ist das **Seitenliniensystem** nur bei den wasserlebenden Pipidae (z.B. *Xenopus*) und den Larven ausgebildet. Die Nasenhöhle mit dem **Geruchsorgan** besitzt in der Tiefe eine Verbindung zur Mundhöhle hin, die primären **Choanen**; sie dient der Geruchswahrnehmung und der Passage der Atemluft. Die großen **Augen** werden durch Ausbildung

von Augenlidern und -drüsen gegen Austrocknung und Staub geschützt. Das **Gehörorgan** vervollkommnet sich bei den meisten Anura durch die Ausbildung eines schallleitenden Apparates. Dabei wurde das Spiraculum zum Mittelohr (Paukenhöhle), das über die Tuba Eustachii mit dem Rachen kommuniziert und nach außen durch das Trommelfell abgeschlossen wird. Ein Knochen, der erwähnte Stapes, fügt sich mit einem Ende dem Trommelfell an, während das zu einer Fußplatte (Operculum) verbreiterte andere Ende in eine Öffnung der Labyrinth-(Ohr-)kapsel, das Foramen ovale, beweglich

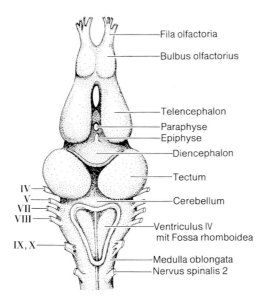

Abb. 206 Gehirn einer *Rana*-Art. Dorsalansicht

eingelassen ist und die Schwingungen auf das Innenohr überträgt.

Als **Atmungsorgane** kommen bei den Anuren Kiemen wie auch Lungen vor. **Kiemen** sind stets bei den Larven entwickelt und werden bei der Metamorphose rückgebildet. Die Kiemen der Anurenlarven (Kaulquappen) sind fadenförmige oder gefiederte Anhänge, die sich zum großen Teil aus dem Ectoderm entwickeln. Sie werden von einer Hautfalte (Operculum) umschlossen, die mit Ausnahme von *Xenopus* auch die Anlage der Vorderextremität umfasst. Der Kiemenraum besitzt eine oft links gelegene Öffnung (Atemkanal) nach außen. Die **Lungen**, die sowohl bei Larven als auch bei Adulten ausgebildet sind, sind zwei sackförmige Organe, die meist dem Rachen (Pharynx) unmittelbar, ohne Zwischenschaltung einer Luftröhre, ansitzen. An ihrer Einmündung in den Pharynx kann beim adulten Männchen eine Stimmritze mit Stimmbändern entwickelt sein, deren Lautgebung noch durch Ausstülpungen des Mundhöhlenbodens, die **Schallblasen** verstärkt werden kann. Die Atmung ist eine Druckatmung und beruht auf dem Einpressen von Luft. Dazu kommen Haut- und Mundhöhlenatmung, die auf einer Ventilation der Mundhöhle durch rasches Heben und Senken des Mundhöhlenbodens beruhen.

Durch das Auftreten der Lungenatmung ist auch der **Blutkreislauf** komplizierter geworden. Während bei den Fischen das Herz aus einer Kammer (Ventrikel) und einer Vorkammer (Atrium) besteht, sind bei den Amphibien zwei Vorkammern, eine linke und eine rechte, ausgebildet. Die linke Vorkammer empfängt das Blut von den Lungen, führt also sauerstoffreiches Blut, die rechte nimmt das Blut der Körpervenen auf; dieses Blut ist, weil es ja auch das sauerstoffreiche Blut der großen, von der Haut kommenden Venen, der Vv. cutaneae magnae (Abb. 207), enthält, Mischblut. Aus dem aus dem Ventrikel entspringenden Arterienstamm (Truncus arteriosus) (Abb. 208) zweigen sich ursprünglich jederseits vier Arterienbögen ab, von denen die drei vorderen bei den Larven zu den Kiemen gehen. Hier wird das Blut oxygeniert und gelangt dann in die abführenden Kiemengefäße, die in die beiden Aortenbögen übergehen, die sich zur Aorta descendens vereinigen. Der letzte (vierte, morphologisch der sechste) Arterienbogen gibt jederseits einen Ast an die Lunge, die **Lungenarterien**, ab. Sobald bei der Metamorphose die Kiemen schwinden, geht natürlich auch der Capillarkreislauf in ihnen verloren, und das Blut strömt nunmehr durch bereits bei den Larven vorhandene, direkte Verbindungen in die abführenden Gefäße. Der erste Arterienbogen wird jederseits zur Arteria carotis, die den Kopf versorgt, die zweiten Bögen vereinigen sich zur Aorta descendens und heißen Aortenbogen, die dritten werden mehr oder minder rudimentär, und die vierten sind die Lungenarterien (Aa. pulmonales). Von letzteren geht bei den Anuren ein starker Ast als Arteria cutanea zur Haut in der eine intensive Blutzirkulation und Gasaustausch stattfinden.

Die Sonderung des über die linke Vorkammer von den Lungen kommenden, sauerstoffreichen Blutes und des über den Sinus venosus und die rechte Herzkammer dem Ventrikel zuströmenden Mischblutes ist – wegen des ungekammerten Ventrikels – unvollkommen; doch ist durch schwammige Ausbildung des Herzinneren und durch Scheidewände im Lumen des Truncus arteriosus dafür gesorgt, dass das sauerstoffreiche von der linken Vorkammer in die Herzkammer eintretende Lungenblut überwiegend in Carotiden und Aorta, das von der rechten Vorkammer kommende, sauerstoffarme Blut überwiegend in die Lungenarterien gelangt.

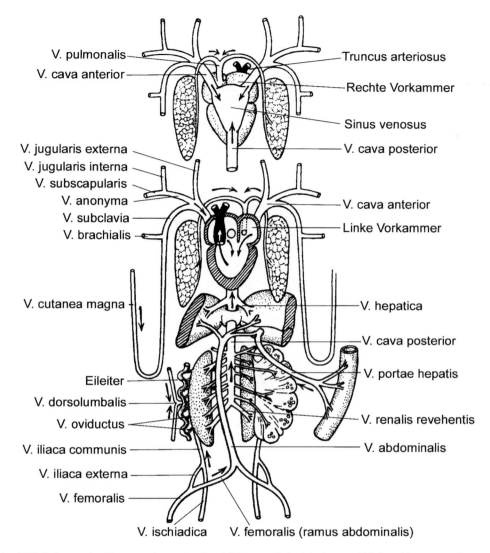

Abb. 207 Schema des Venensystems der Amphibien am Beispiel eines weiblichen Tieres von *Rana sp.* Oben: dorsale Ansicht der Herzregion. Unten: ventrale Ansicht; Herz frontal durchschnitten, Vena abdominalis etwas zur Seite gezogen, Bulbus cordis und Truncus arteriosus schwarz. Die beiden Venae cutaneae magnae führen sauerstofffreies Blut. R: rechte Körperseite, L: linke Körperseite. (Nach GAUPP)

Das **Lymphgefäßsystem** der Amphibien ist hochentwickelt, bei Anuren bildet es unter der Haut weite Räume, die **Lymphsäcke**. Diese stehen einerseits mit den Lymphcapillaren in Verbindung, die die Lymphe der verschiedenen Organe sammeln, münden andererseits in das Blutgefäßsystem ein. An den vier Verbindungsstellen mit dem Blutgefäßsystem sind **Lymphherzen** entwickelt, die die Lymphe in die Venen hineinpumpen.

Darmtrakt. Die **Zähne** der rezenten Amphibien sind sehr klein und kommen außer auf den Kiefern auch noch am Vomer vor. Der Unterkiefer der Anuren ist zahnlos. Die **Zunge** ist meist vorn festgeheftet und kann vorgeschnellt werden. Den Pipidae, so auch *Xenopus*, fehlt

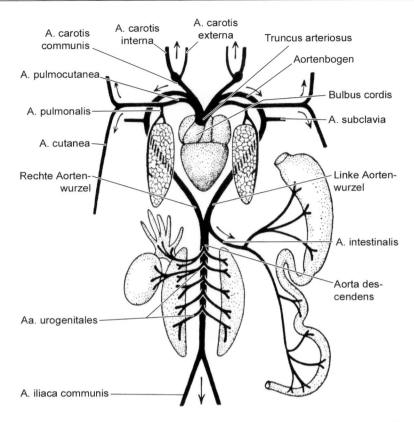

Abb. 208 Schema des Arteriensystems von *Rana sp.*, Männchen. Ventrale Ansicht. (Nach GAUPP)

sie. Die kurze, weite Speiseröhre führt in einen geräumigen, nach hinten ziehenden Magen. Das meist deutlich abgesetzte Duodenum zieht kopfwärts, bildet also mit dem Magen eine Schlinge, um dann in die distaleren Teile des Dünndarms überzugehen. Der Enddarm ist weiter und mündet in die Kloake ein. Gallenblase und Pankreas sind vorhanden.

Das **Urogenitalsystem** zeigt einfache, an Selachier erinnernde Verhältnisse. Die bei den Anuren mehr kompakten, außerhalb der Leibeshöhle (retroperitoneal) liegenden Nieren des erwachsenen Tieres sind vergleichend-anatomisch als **Opisthonephros** zu bezeichnen. Der Pronephros wird zur Zeit der Metamorphose rückgebildet.

Aus der Vereinigung der vordersten Pronephroskanäle entsteht der primäre Harnleiter, der dann selbstständig caudal auswächst und vom Opisthonephros übernommen wird; er mün-

det in die Kloake. Die Harnblase ist eine Ausstülpung der ventralen Kloakenwand gegenüber den Harnleiteröffnungen.

An der Niere des erwachsenen Tieres kann man zwei funktionell verschiedene Abschnitte unterscheiden (Pars sexualis und Pars renalis des Opisthonephros). Der vordere Abschnitt tritt beim Männchen mit dem **Hoden** (Abb. 209) in Verbindung, während der hintere Teil Exkretionsorgan bleibt. Demnach dient der primäre Harnleiter (Wolffscher Gang) hier als Harnsamenleiter. So treffen wir es nicht nur bei *Rana*, sondern bei den meisten Anuren an. Bei einigen Anuren aber und bei fast allen Urodelen machen sich die Nierenkanäle des caudalen, exkretorischen Nierenabschnittes fast völlig vom primären Harnleiter frei und münden nur ganz hinten in ihn ein oder sogar unmittelbar in die Kloake. Hier dient also der primäre Harnleiter ausschließlich als Samen-

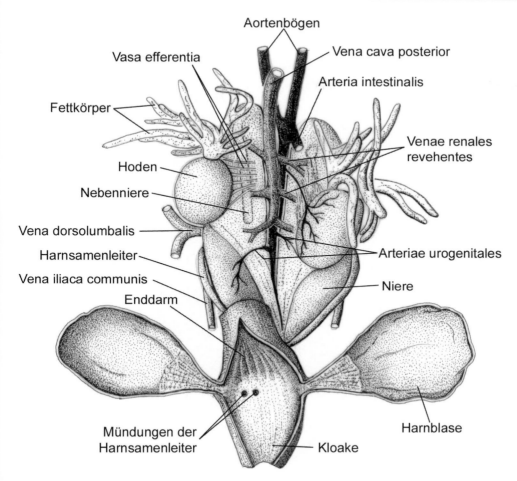

Aortenbögen

Vena cava posterior

Vasa efferentia

Arteria intestinalis

Fettkörper

Venae renales revehentes

Hoden

Nebenniere

Vena dorsolumbalis

Harnsamenleiter

Arteriae urogenitales

Vena iliaca communis

Enddarm

Niere

Mündungen der Harnsamenleiter

Harnblase

Kloake

Abb. 209 Harn- und Geschlechtsorgane eines Männchens von *Rana sp.* Kloake und Enddarm median aufgeschnitten, Harnblase median durchtrennt und zur Seite geklappt

leiter. Müllersche Gänge werden auch beim Männchen angelegt; meist werden sie völlig oder doch stark reduziert. Nur bei den Kröten (Bufonidae) erhalten sie sich in recht vollständiger Form.

Beim Weibchen fehlt die Beziehung der Niere zur Gonade. Die Eier werden, nachdem sie sich von den **Ovarien** abgelöst haben, von den Eileitern aufgenommen, die mit weiter Öffnung (Ostium tubae) in die Leibeshöhle beginnen (Abb. 210). Die Eileiter stellen Müllersche Gänge dar, die durch Längsspaltung der primären Harnleiter oder als Abfaltungen vom benachbarten Coelomepithel entstehen. Die

Wolffschen Gänge dienen beim Weibchen nur als Harnleiter. Die Eileiter zeigen, namentlich zur Brunstzeit, einen stark geschlängelten Verlauf und sondern bei den Anuren die Gallerthülle der Eier ab. Der Endteil des Eileiters kann bei Formen, die Larven oder Jungtiere gebären, zu einem „Uterus" erweitert sein.

Die Genitalfalte lässt außer den Gonaden noch ein oder zwei andere Organe entstehen. Ihr vorderster Abschnitt wandelt sich bei den Anuren in einen **Fettkörper** um, der dem oralen Pol der Gonade aufsitzt und Reservestoffe für die Ausbildung der Geschlechtszellen speichert. Zwischen Gonade und Fettkörper entwickelt

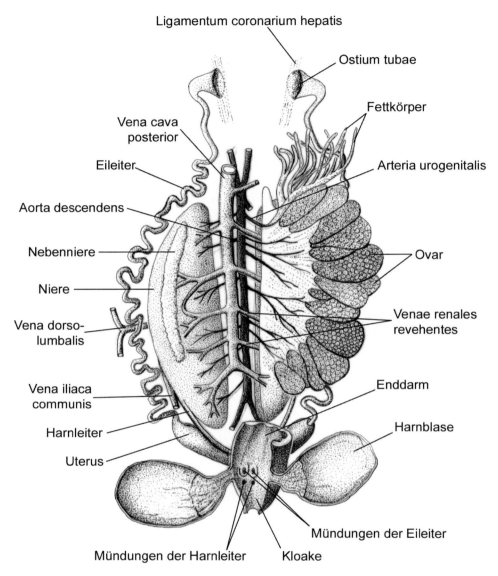

Ligamentum coronarium hepatis

Ostium tubae

Fettkörper

Vena cava posterior

Arteria urogenitalis

Eileiter

Aorta descendens

Nebenniere

Ovar

Niere

Vena dorso-lumbalis

Venae renales revehentes

Vena iliaca communis

Enddarm

Harnleiter

Harnblase

Uterus

Mündungen der Eileiter

Mündungen der Harnleiter   Kloake

Abb. 210 Harn- und Geschlechtsorgane eines weiblichen Frosches (*Rana*). Die Harnblase ist median gespalten, und jede Hälfte ist zur Seite geklappt. Kloake und Enddarm in der ventralen Mittellinie aufgeschnitten, rechter Eierstock und Fettkörper abgetragen

sich aus der Genitalfalte bei den echten Kröten außerdem noch das so genannte **Biddersche Organ**, ein rudimentäres, bei beiden Geschlechtern auftretendes Ovarium, das als Hormondrüse funktioniert und sich bei den Männchen nach Kastration zu einem funktionstüchtigen Ovarium entwickelt.

Die befruchteten Eier werden fast stets ins Wasser abgelegt, oft zu Schnüren oder Klumpen vereint. In die Entwicklung ist meist eine **Metamorphose** eingeschaltet, die bei den Anuren sehr tiefgreifend ist.

Spezieller Teil

Xenopus laevis, Krallenfrosch

Xenopus wird in die Unterordnung der Aglossa gestellt und lebt mit ca. 16 Arten am Boden in Süßgewässern Süd- und Zentralafrikas.

Xenopus laevis, der Krallenfrosch (Abb. 200i), ist innerhalb der Anuren durch zahlreiche Eigenmerkmale gekennzeichnet, die z.T. als ursprünglich, z.T. als spezielle Anpassung an die rein aquatische Lebensweise angesehen werden. Umstritten ist, ob diese Lebensweise ursprünglichen Verhältnissen entspricht. Der Name des Krallenfrosches bezieht sich auf die Existenz von schwärzlichen Krallen an den drei inneren Zehen der Hinterextremität.

Typische Merkmale, die als **Anpassungen an das Wasserleben** angesehen werden können, sind 1) die abgeflachte Körpergestalt, die seitlich abstehenden Extremitäten, die nicht unter den Körper verlagert werden können; 2) die kleinen Augen, die keine beweglichen Lider besitzen und deren Sehfeld nach oben gerichtet ist (vorteilhaft für am Boden lebende Frösche, deren Feinde i. A. von oben kommen dürften); 3) das Fehlen eines äußerlich sichtbaren Trommelfells; *Xenopus* besitzt aber eine Knorpelscheibe an der Ohrkapsel, die die Funktion eines Trommelfells haben könnte und die Vibrationen im Wasser aufnehmen könnte; 4) das gut entwickelte Seitenlinienorgan, das bei anderen Anuren nach der Metamorphose zurückgebildet wird, und das in der glatten Haut der Tiere in Form von schmalen Bändern kleiner Hautfalten gut erkennbar ist; 5) eine eigenartige „bronchiale Columella", ein feiner knorpeliger Stab zwischen rundem Fenster und Lunge, der vielleicht Druckveränderungen der Umgebung, die im Innenohr recipiert werden, auf die Lungen überträgt und damit Veränderungen des Lungenvolumens auslösen kann, sodass das Tier seine Lage in der Wassertiefe optimal einstellen kann. Dem entspricht 6), dass die Lungen im Vergleich mit der Körpergröße ungewöhnlich groß sind (sie sind z.B. 4-mal so lang wie bei *Rana*). Die Lungen sind damit hydrostatisch und als Atmungsorgan wichtig.

Die **Körperproportionen** sind kennzeichnend: kleiner flacher, vorn bogenförmig abgerundeter Kopf; Zunge fehlt, die vorn gelegenen Nasenöffnungen sind verschließbar; schwache Vorderextremitäten mit 4 Fingern, kräftige Hinterextremitäten mit 5 Zehen, von denen die inneren drei die namengebenden schwarzen Krallen tragen. Zwischen den Zehen (Hinterextremität) Schwimmhäute.

Die glatte **Haut** der Krallenfrösche besitzt Schleimdrüsen, Körnerdrüsen und Pigmentzellen.

Auffällig ist das **Seitenliniensystem**. Es besteht aus einer doppelten, unterbrochenen Linie, die den Rumpf vom Halsabschnitt bis zur Kloake umsäumt und Augen sowie Teile der Kloake umrahmt. Auf der Ventralseite ist es von ähnlicher Form, zieht hier aber bis zur Schnauzenspitze.

Zähne sitzen auf den Rändern der Maxillaria und am Gaumendach (Vomeres). Der Unterkiefer ist zahnlos. Dicht hinter dem oberen Kieferrand finden sich die Öffnungen der inneren Nasengänge, („primäre Choanen"), weiter rückwärts eine mediane Öffnung, in die die Tubae Eustachii münden. Bemerkenswert ist das Fehlen einer herausklappbaren **Zunge**. Zur Nahrungsaufnahme wird der **Mund** geöffnet und der Mundboden durch die Hypobranchialmuskulatur nach unten erweitert. Dadurch entsteht ein Unterdruck im Mundraum, die Nahrung wird eingesogen (Saugschnappen). Das einströmende Wasser wird wieder ausgepresst und die Nahrung durch den zurückdrängenden Mundboden und die vom Gaumendach hereintretenden Augäpfel in den weitlumigen Anfangsteil der kurzen Speiseröhre befördert. Da Zwerchfell und Rippen fehlen, vollzieht sich ähnlich auch der Atmungsmechanismus. Diese Form der Lungenatmung ist bei den meisten Amphibien verbreitet und wird als Druckatmung bezeichnet. Die **Lunge** wird hierbei regelrecht aufgepumpt. Die Exspiration erfolgt wohl im wesentlichen mit Hilfe der Muskulatur der Körperwand. Bei *Xenopus* als aquatischer Form spielt allerdings die Hautatmung (bis 60%) eine übergeordnete Rolle.

Männliche Tiere sind in der Regel kleiner als weibliche, die bis zu 15cm groß werden. Sie besitzen im Gegensatz zu diesen Halteschwielen und, während der Brunstzeit, Haftbürsten an den Fingern, die das Festhalten auf den Weibchen bei der Paarung erleichtern. Die Weibchen sind leicht an den drei lappigen Fortsätzen der Kloakenmündung (Kloakalpapillen) zu erkennen.

Die schwachen **Vorderextremitäten** sind kaum in der Lage, den Körper vom Boden hochzustemmen. Sie können schnelle Schaufelbewegungen ausführen und werden vor allem in den Dienst der Nahrungsaufnahme gestellt. Entsprechend flexibel ist der **Schultergürtel**. Er ist eine Mischform aus arciferem Typ (Starrbrust-Typ: *Rana, Dendrobates*), bei dem Clavicula und Coracoid ventromedian mit der Ventralplatte (ventrale, knorpelige Schultergürtelanteile) verwachsen sind, und firmisternem Typ, bei dem die nun paarig ausgebildeten Ventralplatten (Epicoracoide) sich medial überlagern (Pipidae, Bufonidae, Hylidae). Während die Claviculae cranial verwachsen sind, bleiben die Coracoide caudal beweglich. Das Sternum ist bis auf einen caudalen knorpeligen Rest (Processus xiphoideus) reduziert.

Die Scapula ist nur im Bereich der Gelenkpfanne verknöchert. Der weitaus größere Teil bleibt knorpelig und wird als Suprascapulare bezeichnet. An seinem vorderen und hinteren Rand befindet sich ein gabelförmiges, knöchernes Cleithrumrudiment.

Das **Becken** von *Xenopus* ist kräftig gebaut, die Ossa pubica (Schambeine) sind, im Gegensatz zu denen anderer Anuren, verknöchert, und mit den Ossa ischii (Sitzbeinen) zum so genannten Ischiopubis verwachsen. Von hier aus erstrecken sich parallel zur Wirbelsäule die beiden langen Ossa ilii (Darmbeine) nach vorn.

Vor dem Sacralwirbel befinden sich acht kräftige opisthocoele Wirbel, von denen der dritte und vierte lange Seitenfortsätze tragen. Die Schwanzwirbel sind zu einem einheitlichen Stab, dem Urostyl oder Os coccygis, verschmolzen.

- **Präparation:** Sollen das **Lymphgefäßsystem** und die feinen **Lymphherzen** der Tiere dargestellt werden, wird dem betäubten Frosch eine mit Alizarin- oder Anilinblau versetzte Ringerlösung in den dorsalen Lymphsack injiziert. Diese füllt binnen 10 Minuten das Lumen der ansonsten schwer auffindbaren Lymphgefäße; das Tier kann nun getötet werden. Man tötet das Tier in einer Badelösung von MS 222 oder Chlorobutanol (Chloretone). Mit beiden Lösungen ist schmerz- und stressfreies Sterben gewährleistet, und die Muskulatur des toten Tieres völlig entspannt.
- Zur Präparation wird das Tier mit der Rückenseite nach oben ins Wachsbecken gelegt. Infolge des ausgedehnten, zwischen Rückenhaut und Muskulatur gelegenen dorsalen

Lymphsackes, lässt sich die Haut fast überall in Falten hochheben.

- Durch Bewegen der Vorderbeine und Abtasten des Rückens vergegenwärtige man sich zuerst der Lage der Schulterblätter, die durch ihren hohen Knorpelanteil leicht beim Aufschneiden verletzt werden.
- Kurz vor dem Rumpfende die Haut mit einer Pinzette anheben und mit der Schere entlang der Mittellinie von der Kloake bis zum Kopf in Höhe der Augen aufschneiden.
- In der Rumpfmitte wird nun von der Mittellinie aus ein in seitlicher Richtung verlaufender Schnitt ausgeführt. Dieser geht um den ganzen Rumpf herum. Die vier Lappen der Rückenhaut können nun zur Seite gelegt werden.
- Den Frosch nun in die Rückenlage drehen und vom Vorderrand der Kloake bis etwa zur Schnauzenspitze einen Medianschnitt führen. Die Haut seitlich bis zur Ansatzstelle der Vorderextremitäten aufschneiden und im Wachsbecken zur Seite hin feststecken.

Unter dem Ansatz der Vorderextremität die Vena cutanea magna zum Vorschein.

- Nachdem man um die Kloake einen Schnitt geführt hat, um einen Hautring stehen zu lassen, kann die Beinhaut des Tieres abgezogen werden. Unter Umständen müssen jedoch Hilfsschnitte ausgeführt werden. Ähnlich wird die Haut des Vorderkörpers abgezogen.

An den Hinterrändern des Kopfes kommen die knorpeligen Abschlusshäutchen des **Hörapparates** zum Vorschein. Innen anliegend erkennt man das einzige Gehörknöchelchen, den Stapes.

- Mit einer feinen Sonde kann man die Verbindung zwischen Paukenhöhle und Rachen ausfindig machen.
- Zur **Eröffnung der Bauchhöhle** wird links und rechts, jeweils im Abstand von 3 mm zur Linea alba, ein flacher, paramedian verlaufender Schnitt durch die Bauchdecke geführt. Er verläuft vom Vorderrand des Beckens bis zum ventralen Hinterrand des Schultergürtels. Hier muss besonders vorsichtig vorgegangen werden, da der überwiegend knorpelige Schultergürtel leicht verletzbar ist.
- Bevor ein Einblick in die Bauchhöhle möglich wird, sollten nun zuerst Schultergürtel und Brustbein entfernt werden. Man beginnt

damit auf der Dorsalseite. Mit einer Pinzette werden die Schulterblätter angehoben und mit einem flach geführten Skalpell von der Muskulatur befreit. Dies geschieht Stück für Stück, von der Medianen zu den Armansatzstellen.

- Dort angelangt dreht man das Tier um und führt den gleichen Arbeitsgang vom Processus xiphoideus ausgehend durch. Dabei achte man besonders darauf, die dicht unter dem Brustbein verlaufenden Gefäße nicht zu verletzen. Zuletzt die Bereiche der Schultergelenke von ihrer Muskulatur befreien und Brustbein sowie den ganzen Schultergürtel abheben.
- Von den beiden Enden der ventralen Medianschnitte aus wird nun jeweils ein zur Seite führender Schnitt gelegt, sodass die Bauchdecke zur Seite geklappt und festgesteckt werden kann. Die folgenden Schritte werden am besten im Wachsbecken unter Wasser durchgeführt, um ein Verkleben der Gefäße und Organe zu vermeiden.
- Die Vena abdominalis freipräparieren und sich anschließend dem vorliegenden Situs zuwenden (Abb. 211).

Unter dem nun entfernten Brustbein liegt median das Herz (Abb. 212). Es ist in einen hellsilbrig schimmernden Herzbeutel eingeschlossen. Cranial zieht von ihm ein Gefäßstamm in einem Bogen nach vorn, der Arterienstamm (Truncus arteriosus). Beiderseits vom Herzen liegen die beiden Leberlappen.

Am caudalen Ende des linken Leberlappens tritt aus der Tiefe der weißliche oder rosafarbene Magen zutage. Mit deutlicher, durch eine Ringfurche gekennzeichnete Grenze geht er in den aufsteigenden Ast (Duodenum) des Dünndarmes über. Dieser zieht in einer weiteren Schleife nach caudal und legt sich in mehrere Schlingen. In der Schleife zwischen Magen und Duodenum liegt die lappige, weißliche oder zart rosafarbige Bauchspeicheldrüse (Pankreas). Dorsal der Darmschlingen findet sich im Mesenterium die Milz. Sie fällt durch kugelige Gestalt und blutrote Färbung auf. Das Ende des Darmes kann bei adulten weiblichen Tieren von den voluminösen Eierstöcken (Ovarien) bedeckt sein, durch deren transparente Wand die großen Eizellen hindurchschimmern. An ihnen fällt die farbliche Unterteilung in einen vegetativen gel-

ben und einen animalen schwarzen Pol auf. Seitlich-kopfwärts schließen sich an die Gonaden die Fettkörper an. Die gelborange gefärbten fingerförmig gelappten Gebilde entstammen dem vorderen Abschnitt der Gonadenanlage.

- Bei Weibchen mit mächtig entwickelten Gonaden das rechte Ovar vorsichtig mit Pinzette und Schere herausnehmen.

Bei männlichen Tieren ist der Darm stets leicht bis zur Kloake zu verfolgen.

Der Dünndarm geht im unteren Bereich der Leibeshöhle in das deutlich erweiterte Colon über. Kurz nach seiner Einmündung in die Kloake stülpt sich aus dieser nach ventral die weißliche Harnblase (Vesica urinaria) hervor.

- Die Darmschlingen mit den Fingern bewegen.

Bei männlichen Fröschen kommen auf diese Weise die länglich bohnenförmigen Hoden zum Vorschein und darunter die Nieren. Rechts und links von den erwähnten Organen erscheinen die langen, rosa durchscheinenden Lungensäcke.

- Um die **Leber** zu studieren, mit den Fingern den Magen-Darm-Trakt etwas nach unten schieben, aber nichts wegschneiden.

Die Leber ist in Abhängigkeit vom Ernährungszustand graugelb oder braunrot bis schwärzlich gefärbt. Sie gliedert sich in zwei Hauptlappen und einem kaum sichtbaren kleinen mittleren, der als schmale Verbindung zwischen den beiden äußeren vom Herz verdeckt wird. Caudal vom Herzen liegt zwischen den Leberlappen die gelbliche oder grüne **Gallenblase**. Aus der Leber wird die Galle über Abführgänge zum Teil direkt in den Zwölffingerdarm abgegeben, zum Teil aber auch in der Gallenblase gespeichert (Abb. 212).

Zur Einbindung der Leber in den Blutkreislauf siehe Abb. 207.

- Das kegelförmige **Herz** wird unter Zuhilfenahme einer Pinzette vom lose aufliegenden Perikard befreit. Dazu hebt man den Herzbeutel mit der Pinzette leicht an und schneidet ihn mit einer Schere Stück für Stück ab.

Die Gefäße, die aus dem Herzen Blut ableiten, liegen eher ventrocranial.

- Das Herz nach cranial umklappen.

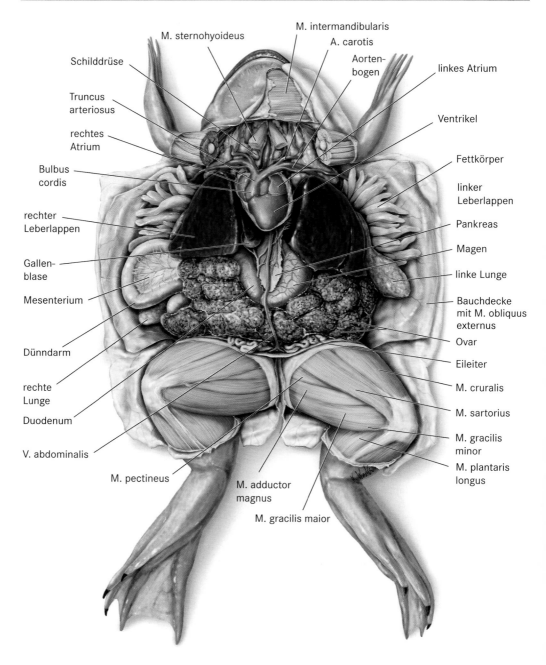

Abb. 211 Situs eines weiblichen Krallenfrosches. M. = Musculus

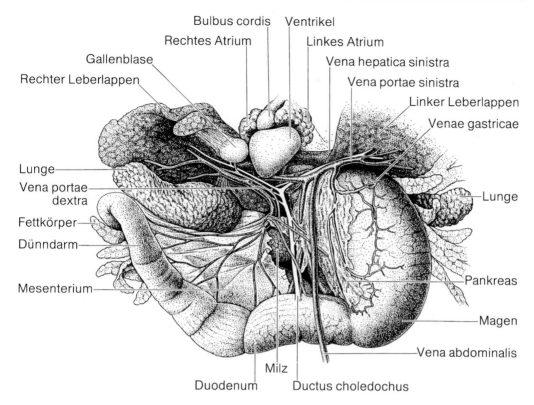

Abb. 212 Eingeweide von *Xenopus laevis*

Dadurch findet man die weiter dorsal liegenden zuleitenden Gefäße.

• Letztere müssen unter Umständen mit einer feinen Pinzette vom sie einschließenden Bindegewebe befreit werden.

Herz- und Kreislaufsystem entsprechen denen von *Rana* (Abb. 207 und 208).

Cranial vom Herzen finden sich paarig und Gefäßen angelagert wichtige endokrine Organe wie Schilddrüse, Epithelkörperchen und Ultimobranchialkörper sowie der Thymus. Diese Organe sind mit der Lupe auffindbar. Ihre sichere Zuordnung erfordert aber viel Erfahrung und histologische Kontrolle. Die Schilddrüse kann in *Xenopus*-Zuchten z. T. in erheblicher Zahl Tumoren bilden.

Nun zur Betrachtung der **Atmungsorgane** und des **Verdauungstraktes**. Die bereits besprochene Mundhöhle geht zunächst in einen kurzen Pharynx über. Hier setzen direkt am Kehlkopf (Larynx) die langen, rötlichen, wenig septierten Lungen an. Eine Trachea fehlt bei den Anuren. Bei den männlichen Tieren ist der Larynx zu einem Stimmorgan umgewandelt. Er besitzt seitliche Ausbuchtungen. Durch Knorpelklicken sind die Tiere in der Lage, Serien von Lauten zu erzeugen. Dorsal vom Larynx zweigt der kurze Oesophagus ab, der mit einem Wimperepithel ausgekleidet ist. Im stark erweiterten Magen beginnt die enzymatische Verdauung der Nahrung. In seinem vorderen Abschnitt finden sich zahlreiche tubuläre Drüsen, die wesentlicher Bestandteil der Magenschleimhaut sind und deren Epithelzellen gleichzeitig Magensäure und Pepsine bilden.

Der Übergang des Magens in den Dünndarm ist durch eine scharfe Furche am Ende des Magenpförtners, eines Ringmuskels (M. sphincter pylori), gekennzeichnet. In Anlehnung an die

Humananatomie wird der erste Abschnitt des Dünndarmes als Zwölffingerdarm (Duodenum) bezeichnet. Hier mündet der von der Leber kommende Gallengang (Ductus choledochus), der auch (für Anuren typisch) den Pankreasgang (Ductus pancreaticus, Ductus wirsungianus) aufnimmt. Der gesamte Dünndarm ist in transversalen Schlingen angeordnet, die über ein Mesenterium mit der dorsalen Leibeshöhlenwand in Verbindung stehen. Während der Dünndarm den Hauptort der Verdauung und Resorption der Nahrung darstellt, dient der anschließende kurze, kolbenförmig erweiterte Enddarm (Colon) insbesondere der Rückresorption von Wasser. Im Gegensatz zu Magen und Dünndarm fehlt hier die oberflächenvergrößernde Längsfältelung des Darmepithels. Der Enddarm mündet mit seinem als Mastdarm (Rectum) bezeichneten Endabschnitt in die Kloake. In diese münden ebenfalls die Ausführgänge des Urogenitalsystems. Beim männlichen Frosch sind dies die paarigen Harnsamenleiter, beim Weibchen die jeweils paarigen Müllerschen Gänge (mehr cranial) und Harnleiter (mehr caudal). Ventral stülpt sich aus der Kloake die Harnblase (Vesica urinaria) vor.

- Zur Betrachtung des **Urogenitalsystems** den Darmtrakt entfernen. Dies geschieht durch einfaches Durchtrennen im Bereich des Oesophagus-Magen-Überganges sowie im Bereich des Enddarmes.

Das mächtige, von inneren Hohlräumen durchsetzte **Ovar** der Weibchen steht über eine dünne Membran (Mesovar) mit den Nieren in Verbindung. An seinem cranialen Pol inserieren die Fettkörper.

Das gesamte Ovar ist von einer bindegewebigen Hülle, dem so genannten Ovarialsack, umschlossen. Nach der Follikelreife brechen die Eier durch diese Hülle in die Leibeshöhle. Dort werden sie über ein Flimmerepithel dem weit cranial (in der Nähe der Lungen-Pharynx-Verbindung) gelegenen Anfangsstück der Eileiter (Ovidukt, Müllerscher Gang) zugeführt. Diese dünnhäutig durchsichtigen Anfangsstücke sind trichterförmig erweitert (Ostium tubae) und ebenfalls mit Flimmerepithel besetzt.

- Um die Ostien zu finden, dem Verlauf der Eileiter nach cranial folgen. Unter Umstän-

den muss im vorderen Bereich das knorpelige Zungenbein entfernt werden. Dazu hebt man es mit der Pinzette an und schabt mit dem Skalpell vorsichtig das haltende Bindegewebe ab. Auch die Leber kann nun entfernt werden.

Der auf die Ostien folgende lange Abschnitt ist in der Fortpflanzungsperiode schraubig aufgewunden. Seine innere Wandung besteht wiederum aus Flimmerepithel und zusätzlich zahlreichen Schleimdrüsen. Diese umgeben die sie passierenden Eier mit einer schützenden mukösen Hülle. Unter Wasseraufnahme quillt sie im hinteren Abschnitt des Eileiters gallertig auf. Gegen die Kloake zu erweitert sich der Eileiter zum so genannten Uterus. Hier werden die Eier zurückgehalten und zu Laichklumpen verklebt. *Xenopus* legt aber auch einzelne Eier ab.

Im männlichen Geschlecht liegen die hellgelblichen **Hoden** (**Testes**) beiderseits der Medianen und überdecken die Nieren (Abb. 213). Wie bei den weiblichen Tieren stehen cranial die Fettkörper mit den Hoden in Verbindung. Die Hoden sind wie die weiblichen Gonaden über eine dünne Membran (Mesorchium) mit den Nieren verbunden. Über diese Membran treten die feinen, Spermien ableitenden Vasa efferentia in die Nieren ein, wo sie sich mit den Nierentubuli verbinden. Diese wiederum münden in den Wolffschen Gang (primären Harnleiter), der so zum Harnsamenleiter wird. Ohne eine Spermien speichernde Erweiterung mündet der Wolffsche Gang in die Kloake.

- Bei weiblichen Tieren wird nun auch das verbliebene linke Ovar entfernt, die langen Eileiter zur Seite gedrückt und mit Präpariernadeln fixiert. Die Nieren liegen nun frei.

Die bandförmigen **Nieren** liegen unter dem dorsalen Epithel der Leibeshöhle (retroperitoneal) rechts und links der Aorta dorsalis (descendens). Der ontogenetisch vordere Abschnitt (Pronephros = Vorniere) geht als exkretorisches Organ verloren. Als funktionelle Niere der Adulti bleibt der Opisthonephros (Rumpfniere) erhalten. Dieser ist über zahlreiche Gänge mit dem noch von der Vorniere gebildeten primären Harnleiter (Vornierengang, Wolffschen Gang) verbunden, welcher in die Kloake mündet. Während der Wolffsche Gang im weiblichen Geschlecht

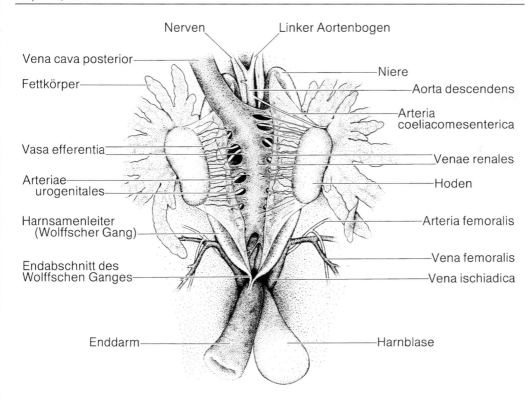

Nerven
Linker Aortenbogen
Vena cava posterior
Fettkörper
Niere
Aorta descendens
Arteria coeliacomesenterica
Vasa efferentia
Venae renales
Arteriae urogenitales
Hoden
Harnsamenleiter (Wolffscher Gang)
Arteria femoralis
Endabschnitt des Wolffschen Ganges
Vena femoralis
Vena ischiadica
Enddarm
Harnblase

Abb. 213 Urogenitalorgane eines männlichen Krallenfrosches

auch Gartnerscher Gang genannt wird und reiner Harnleiter bleibt, erhält er im männlichen Geschlecht Verbindung zu den Gonaden und wird so zum Harnsamenleiter. Er findet sich als weißliche Längsstruktur am lateralen Außenrand der Nieren. Im weiblichen Geschlecht dagegen ist – wie schon erwähnt – bei Amphibien ein separater Gonadenausführgang ausgebildet, der Müllersche Gang.

Den Nieren liegt ventral das weißliche, streifenförmige Interrenalgewebe an. Zusammen mit dem Gewebe des Adrenalorgans bildet es die **Nebenniere** (Glandula suprarenalis). Während das Interrenalgewebe ontogenetisch im Zusammenhang mit den Gonaden aus der dorsalen Leibeshöhlenwand entsteht, wird das Adrenalorgan aus der embryonalen Neuralleiste ausgegliedert.

Die Nieren der Amphibien sind ähnlich wie die Leber über ein **Pfortadersystem** dem Blutkreislauf angeschlossen. So münden hier drei Venensysteme in jede Niere: Die Vena dorsolumbalis (führt Blut aus der Rumpfmuskulatur), mehrere Vv. oviducales (vom Eileiter kommend) und schließlich die eigentliche Nierenpfortader, die Vena portae renis oder V. iliaca communis. Letztere empfängt das venöse Blut der Hinterextremitäten aus der V. femoralis und der V. ischiadica. Nach dem Eintritt in das Nierengewebe verzweigen sich die Gefäße in zahlreiche Capillaren, die die Nierentubuli umranken. Die Capillaren vereinigen sich dann weder zu stärkeren Venen, welche ventral die Niere als so genannte Vv. renales revehentes verlassen und sich zur V. cava posterior vereinigen. Arterielles Blut wird der Niere aus der Aorta descendens über die so genannten Aa. urogenitales zugeführt (Abb. 213).

• Zur Präparation des **Gehirns** sollte man zunächst den Kopf vom Rumpf trennen. Danach wird er grob von Muskulatur und Bindegewebe gesäubert und für 24 Stunden in

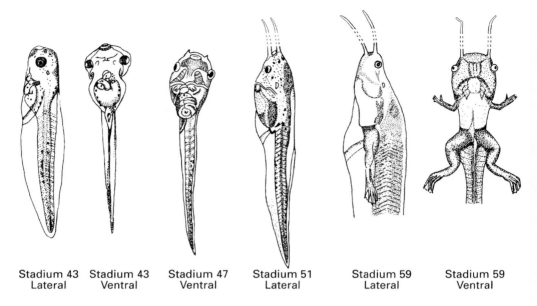

| Stadium 43 | Stadium 43 | Stadium 47 | Stadium 51 | Stadium 59 | Stadium 59 |
| Lateral | Ventral | Ventral | Lateral | Lateral | Ventral |

Abb. 214 Entwicklungsstadien von *Xenopus laevis*. Bezeichnung der Stadien nach Normentafel. Orientierung auf der Abbildung einheitlich mit Kopf nach oben, lebende Larven stehen i. A. mit dem Kopf nach unten im Wasser. Die langen Kopftentakel sind nicht voll dargestellt, sie sind ein spezifisches Merkmal von *Xenopus*; Stadium 59 befindet sich in der Metamorphose. (Nach NIEUWKOOP, FABER)

verdünnte Salpetersäure oder Schwefelsäure (ca. 10 ml konzentrierte Säure auf 100 ml Wasser) gelegt. Dabei löst die Säure den mineralisierten Anteil des Knochens heraus.

- Um das Gehirn zu fixieren, wird es vor der eigentlichen Präparation in 4% Formol gelagert. Die verbleibende Struktur kann nun einfach bearbeitet werden. Ein komplettes Abheben der Schädeldecke sollte vermieden werden, da hierbei allzu leicht das Gehirn zerstört wird. Besonders an der seitlichen Wandung des Hirnschädels ist Vorsicht geboten, um die hinteren Hirnnerven nicht zu verletzten.

Der nun vorliegende Hirnsitus entspricht in etwa dem von *Rana* (Abb. 206). Der gesamte Bereich des Endhirns erscheint jedoch in Relation zu den übrigen Abschnitten vergrößert. Die Riechlappen sind nach dorsal erweitert und von den jeweiligen Hemisphären des Endhirns durch eine tiefe Furche getrennt. Auch der Austritt der Hirnnerven entspricht in etwa dem des Gehirns von *Rana* (Abb. 206).

Larven

Xenopus kann relativ leicht gezüchtet werden. Die **Kaulquappen** stehen gern vertikal mit dem Kopf nach unten im Wasser. Mittlere und ältere Entwicklungsstadien besitzen zwei auffallende **Mundtentakel**. Abb. 214 zeigt 4 Entwicklungsstadien; Stadium 59 ist schon relativ weit in der Metamorphose fortgeschritten. Die Stadieneinteilung erfolgt nach einer Normentafel.

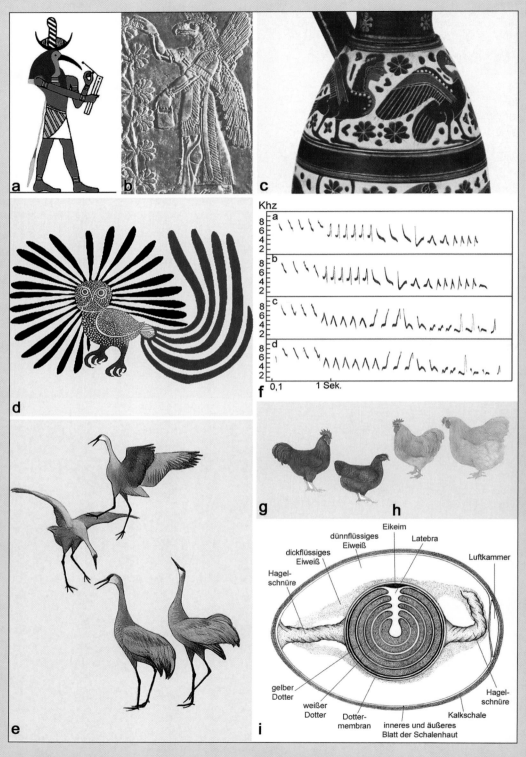

Khz

a

8
6
4
2

b

8
6
4
2

c

8
6
4
2

d

8
6
4
2

0,1   1 Sek.

f

dünnflüssiges
Eiweiß

Eikeim   Latebra

dickflüssiges
Eiweiß

Luftkammer

Hagel-
schnüre

gelber
Dotter

weißer
Dotter   Dotter-
membran

inneres und äußeres
Blatt der Schalenhaut

Kalkschale

Hagel-
schnüre

a   b   c   d   e   g   h   i

Abb. 215

Aves, Vögel

Es gibt kaum eine Tiergruppe, die seit Jahrtausenden die Phantasie und Vorstellungskraft des Menschen so sehr beschäftigt hat wie die der Vögel. Dies beruht auf ihrer unübersehbaren Präsenz, ihrer Farbenpracht, ihrem Gesang und ihrem Flug. Die Beziehung des Menschen zu den Vögeln zeigt sich in Mythen, Symbolen, in der Kunst, der Wissenschaft und in der Landwirtschaft.

Ihre Flugfähigkeit verleiht den Vögeln etwas Überirdisches. Sie wurden daher vielerorts als Boten von Göttern angesehen. In verschiedenen Kulturen finden sich geflügelte Mischwesen mit dem Kopf eines Vogels und dem Körper eines Menschen, so z.B. Thot (**Abb. 215a**), der ibisköpfige Gott der Zeit, des Maßes, der Wissenschaften und Erfinder der Schrift im alten Ägypten. Umgekehrt trugen z.B. Genien im alten Assyrien (**Abb. 215b**), Engel, Erzengel oder Sirenen (**Abb. 215c**) der griechischen Sagen sowie mythische Löwen, Stiere, Pferde usw. Flügel. Aus dem Vogelflug wurden Vorhersagen für das Schicksal gedeutet (Auguren im alten Rom). Eulen sind in vielen Kulturen, z.B. auch bei nordamerikanischen Indianern (**Abb. 215d**), geheimnisvolle Vögel mit Beziehung zum Tod. Die Taube mit dem Olivenzweig im Schnabel ist heute in der westlichen Welt oft Symbol des Friedens. In den Städten aller Kontinente hat sich die Haustaube (Wildform: Felsentaube *Columba livia*) den Lebensraum Stadt erobert. Adler sind bei vielen Völkern Symbol für Macht, Staat und höchste Götter und tauchen in Staatswappen auf (z.B. Byzanz, kaiserliches Rußland, Deutschland, USA und Indonesien). In der Mythologie spielt auch der Rabe (meist der Kolkrabe *Corvus corax*) eine wichtige Rolle. Er war Bote für Apollo, der sich bei Überbringung einer nicht genehmen Nachricht als ursprünglich weißer Vogel schwarz färbte. Raben zeigten zufolge Plutarchs Alexander den Weg zum Orakel im Ammonstempel in der Oase Siwah.

Vögel sind auch Gegenstand der Forschung und des schönen Hobbys der Vogelbeobachtung und Vogelkunde (**Abb. 215e**, balzende Kraniche). In Deutschland haben Vogelkundler den Gedanken des Naturschutzes weiten Bevölkerungskreisen bekannt gemacht. Hier liegt auch der Ursprung der wissenschaftlichen Ornithologie, die viele allgemein-biologisch wichtige Beiträge über Verhalten (Heinroth, Lorenz, Tinbergen), hormon- und lichtgesteuerte Mechanismen der Reproduktion, Evolution (z.B. Darwinfinken), Soziobiologie, Orientierung und die Embryonalentwicklung der Wirbeltiere geliefert hat. Die Analyse von Klangspektrogrammen (**Abb. 215f**, Fitis) deckte die Existenz von Dialekten und individuellen Variationen des Gesangs auf, was auch mit genetischen und neurobiologischen Untersuchungen korreliert wird.

Vögel sind wichtige Produzenten von Fleisch und Eiern. Domestizierte Hühner entstanden in Südost- und Südasien. Heute werden in aller Welt knapp 10 Milliarden Hühner gehalten. Enten und Gänse wurden im fernen Osten schon 1000 v. Chr. gehalten. Das Truthuhn (Pute) wurde vor ca. 3000 Jahren in Mittelamerika domestiziert. Straußenfarmen gibt es seit ca. 1900 in großem Umfang, v.a. in Südafrika. In Deutschland werden heute ca. 1 Millionen Tonnen Hähnchen, Puten, Enten und Gänse gemästet und jährlich geschlachtet. Ein Drittel davon wird exportiert. Infolge sehr effektiver Fütterungsmethoden dauert die Mast bei Hühnern nur noch 32 Tage, bei Enten 7 Wochen, bei Gänsen 9 Wochen, bei Puten 16 bis 21 Wochen. Infolge gezielter Zucht ist eine sehr große Zahl von Hühnerrassen entstanden, darunter Legehühner (**Abb. 215g**) und Fleischhühner (**Abb. 215h**).

Eier (**Abb. 215i**) sind ein besonders hochwertiges Nahrungsmittel, das nicht nur unmittelbar gegessen wird, sondern auch Bestandteil vieler anderer Nahrungsmittel ist. Ein Haushuhn legt in einer Legeperiode von ca. 70 Wochen etwa 300 Eier. Die Deutschen essen ca. 17,5 Mrd. Eier im Jahr, das bedeutet, dass statistisch ein Bundesbürger etwa 213 Eier pro Jahr zu sich nimmt und damit ungefähr ein Legehuhn für sich arbeiten lässt.

Technische Vorbereitungen

- Zur Präparation bieten sich Tauben oder Küken von Hühnern an. Hier ist den Tauben der Vorzug gegeben, weil sie einen besseren Einblick in die Organisation eines voll funktionsfähigen Vogels bieten als ein Küken und weil sie größer als Küken sind, was das Präparieren erleichtert.

Allgemeine Übersicht

In ihrer inneren Organisation den Reptilien in vielen Punkten ähnlich und daher mit ihnen auch zur Gruppe **Sauropsida** zusammengefasst, zeigen die Vögel andererseits doch durch die Anpassung an das Fliegen so tiefgreifende und einheitliche Umformungen, dass sie seit langem als eigene Klasse der Wirbeltiere angesehen werden. Fast alle Organsysteme sind vom Flug beeinflusst worden, am intensivsten Bewegungsapparat, Gehirn, Augen, Gleichgewichtssinn, Lunge und Haut mit den Federn.

Nur wenige Stellen der dünnen **Haut** der Vögel weisen noch einen an die Reptilien erinnernden Bau auf, so im Bereich der Füße, die meist mit Hornschilden bedeckt sind, die den Schuppen der Reptilien gleichen. Der gesamte übrige Körper aber ist von **Federn** bedeckt (Abb. 216). Die Federn sind sehr kompliziert gebaute Horngebilde, die in Vertiefungen der Haut, den Follikeln, sitzen. Man kann zwei Hauptformen der Feder unterscheiden, die **Deckfeder** (Konturfeder) und die **Flaumfeder** (Dune). Abb. 216c zeigt den Aufbau einer Konturfeder. Im Zentrum befindet sich der Schaft, von dem seitlich Äste (Rami) abgehen. Von diesen entspringen die Federstrahlen (Radien), unter denen zwei Typen unterscheidbar sind: zur Federspitze weisen Hakenradien (= Hakenstrahlen), zur Federbasis Bogenradien (= Bogenstrahlen). Die Häkchen eines Hakenradius greifen in die Krempe mehrerer Bogenradien, wodurch eine flexibel geschlossene Fläche entsteht.

Bei den Flaumfedern fehlt der Zusammenhang zwischen benachbarten Rami und damit die geschlossene Federfahne. Es gibt auch Mischformen zwischen Kontur- und Flaumfedern, bei denen der proximale Anteil der Fahne nicht geschlossen ist (angedeutet auf Abb. 216b zu erkennen).

Die Federn tragen an verschiedenen Stellen des Körpers unterschiedliche Namen, z.B. heißen die großen Schwanzfedern Rectrices und die großen Federn des Flügels Remiges. Unter diesen werden die Federn des Handflügels Handschwingen (primäre Remiges) und die des Armflügels Armschwingen (sekundäre Remiges) genannt.

Die erste Anlage der Feder ist wie die der Reptilienschuppe eine Bindegewebspapille (Pulpa), überzogen von der Epidermis, die oberflächlich eine Hornscheide bildet. Bei der Feder wächst die Papille zu einem langen Fortsatz aus, und ihre Hornscheide gliedert sich gleichzeitig in komplizierter Weise in die einzelnen, die fertige Feder zusammensetzenden Hornstrahlen. Die ausgewachsene Feder ist in die Haut eingesenkt und tritt mit Federmuskeln in Beziehung.

Von Hautdrüsen findet sich außer Talgdrüsen im Gehörgang nur die große, zweilappige **Bürzeldrüse** oberhalb des Schwanzes, deren fettiges Sekret zum Einölen des Gefieders dient; sie fehlt nur wenigen Vogelarten.

Die **Wirbelsäule** lässt verschiedene Regionen erkennen und besteht oft aus 10-14 Hals-, 5 Brust-, 6 Lenden-, 2 Sakral-, und ca. 10 Schwanzwirbeln. Besonders lang und sehr beweglich ist die Halswirbelsäule (Abb. 217), die aus bis zu 24 Wirbeln (Schwäne) bestehen kann. Ihre Wirbelkörper sind durch Sattelgelenke verbunden und tragen kurze Rippen, die bei den Ratiten frei, bei den übrigen Vögeln mit den Wirbeln verwachsen sind. Die Brustwirbel verschmelzen bei manchen Vogelgruppen (z. B. Lappentauchern, Flamingos, Kraninchen, Falken, Tauben und Flughühnern), in unterschiedlichem Ausmaß zu einem **Notarium**. Ein Notarium gibt es sonst bei Flugsauriern. In der Beckenregion sind die Lenden-, Sakral- und die ersten Schwanzwirbel zu einer kompakten Knochenmasse, dem **Synsacrum**, verwachsen. Der kurze Schwanzbereich endet mit dem **Pygostyl**, der durch Verwachsung der letzten Schwanzwirbel entsteht.

Der **Schädel** der Vögel besitzt wie der der Reptilien nur einen Condylus occipitalis, der auf die untere Fläche des Basioccipitale verlagert ist. Durch das Wachstum des Gehirns ist die Schädelkapsel sehr geräumig geworden. Das Squamosum ist in die Schädelkapsel miteinbezogen worden. Quadratum und Maxillare sind durch einen Jochbogen verbunden, der dem unteren Jochbogen der Reptilien entspricht und von einem

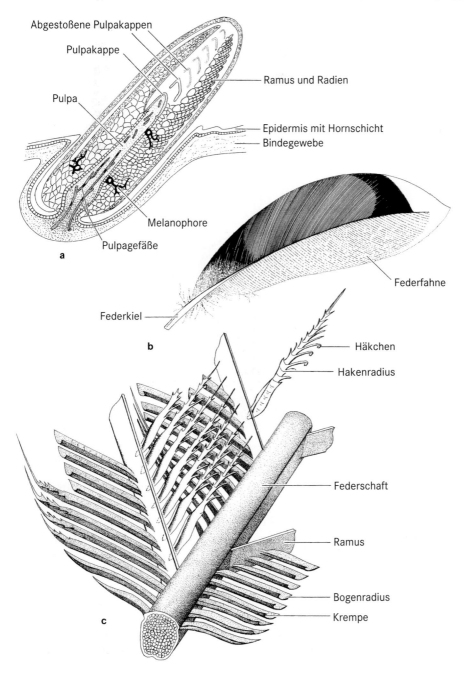

Abgestoßene Pulpakappen

Pulpakappe

Pulpa

Ramus und Radien

Epidermis mit Hornschicht

Bindegewebe

Melanophore

Pulpagefäße

a

Federfahne

Federkiel

b

Häkchen

Hakenradius

Federschaft

Ramus

Bogenradius

Krempe

c

Abb. 216 Federentwicklung und Feder. **a** Längsschnitt durch eine sich entwickelnde Vogelfeder. **b** Konturfeder aus dem Spiegel einer Stockente, bestehend aus Fahne und Kiel (Scapus). Letzterer wird gegliedert in die basale Spule (Calamus), die in der Haut sitzt, und den Schaft (Rhachis), der die Fahne trägt. **c** Schematische Darstellung des Aufbaus einer Konturfeder. (Nach Fioroni und Portmann)

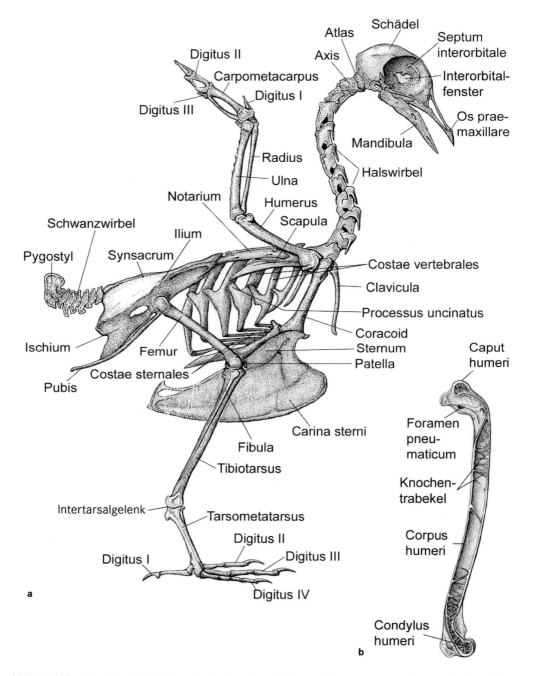

Atlas
Schädel
Septum interorbitale
Digitus II
Axis
Carpometacarpus
Interorbital-fenster
Digitus I
Digitus III
Os prae-maxillare
Radius
Mandibula
Ulna
Halswirbel
Notarium
Humerus
Schwanzwirbel
Scapula
Ilium
Pygostyl   Synsacrum
Costae vertebrales
Clavicula
Processus uncinatus
Coracoid
Ischium
Sternum
Caput humeri
Femur
Patella
Pubis
Costae sternales
Foramen pneu-maticum
Carina sterni
Knochen-trabekel
Fibula
Tibiotarsus
Corpus humeri
Intertarsalgelenk
Tarsometatarsus
Digitus II
Digitus I
Digitus III
Condylus humeri
a
Digitus IV
b

Abb. 217 Vogelskelet. **a** Skelet einer Taube, **b** aufgeschnittener Oberarmknochen (Humerus) einer Möwe. Foramen pneumaticum: Eintrittspforte für einen Luftsack in den Knochen. (Nach PROCTOR und LYNCH)

Quadratojugale und dem dünnen, stäbchenförmigen Jugale gebildet wird. Der obere Jochbogen ist reduziert, ebenso die Trennung zwischen der sehr großen Orbita und Schläfenöffnung. Der aus den Praemaxillaria, Maxillaria und Nasalia bestehende Oberschnabel ist dorsal mit der Schädelkapsel beweglich verbunden; er kann beim Öffnen des Schnabels angehoben werden, indem das sich vorwärts drehende Unterende des beweglichen Quadratums durch die Schubstangen des Jochbogens und der Gaumenknochen (Pterygoid und Palatinum) auf die hintere, untere Ecke des Maxillare einwirkt. Das knöcherne Septum interorbitale ist immer sehr dünn und weist oft nicht verknöcherte Lücken auf.

Eine besondere Eigentümlichkeit des Vogelschädels ist, dass alle Knochen ungewöhnlich dünn sind und Lufträume enthalten können. Dadurch wird er sehr leicht. Trotzdem besitzt er genügend Festigkeit, da die einzelnen Knochen sehr frühzeitig nahtlos untereinander verwachsen. Die Lufträume entstehen von der Nasenhöhle oder von der Paukenhöhle aus.

Das **Schultergelenk** ist komplex aufgebaut. Der große Humeruskopf, Clavicula, Coracoid (mit kleinem Procoracoid) und Scapula sind über einen Bandapparat in Nähe des Schultergelenks ziemlich fest verbunden, was eine Anpassung an die besonderen Belastungen der krafterfordernden Flugbewegungen ist. Die Gelenkgrube wird von der Scapula und dem kräftigen posterodorsalen Ende des Coracoids gebildet. Coracoid und Gabelbein (Schlüsselbein) sind am dorsomedialen Ende des Coracoids gelenkig verbunden. Die knöcherne Gelenkgrube des Schultergelenks, das Acetabulum, ist wie bei den Dinosauriern in der Tiefe offen (Fenestra acetabuli).

Die zwei vorderen **Rippen** gehen von den letzten zwei Halswirbeln aus, sie erreichen das Brustbein nicht. Die folgenden fünf Rippen gehen von den Brustwirbeln aus und erreichen das Brustbein. Diese Rippen bestehen aus einem dorsalen (Costa vertebralis) und einem ventralen (Costa sternalis) Element, die durch ein Gelenk (Intercostalgelenk) verbunden sind. Die Costae vertebrales sind robuste Knochen, die einen nach hinten gerichteten Fortsatz tragen, den Procecus uncinatus, der sich auf die folgende Rippe legt (Abb. 217) und so den Brustkorb verstärkt. Die sternalen Rippen sind mit dem Brustbein gelenkig verbunden.

Das **Brustbein** der Vögel ist sehr groß und breit und bei allen fliegenden Formen in der Medianlinie mit einem vorspringenden Kamm, der **Carina** oder **Crista sterni**, versehen, von der die Flugmuskeln entspringen.

Der Schultergürtel ist sehr fest gebaut. Vom säbelförmigen Schulterblatt (Scapula) geht vorn das kräftige Coracoid zum Vorderrand des Brustbeines, an dem es gelenkig eingelassen ist (Abb. 217). Die beiden (nur den Straußenvögeln und einigen anderen Formen fehlenden) Schlüsselbeine (Claviculae) sind miteinander am unteren Ende zum Gabelbein, der Furcula, verschmolzen und mit dem Brustbeinkamm durch ein Band oder auch knöchern verbunden.

Die **Vorderextremität** der Vögel ist zum Flügel umgewandelt. Oberarm, Unterarm und Hand sind sehr lang (Abb. 217); sie liegen in Ruhe ungefähr parallel zueinander. Auch die Extremitätenknochen sind sehr leicht gebaut und enthalten Lufträume (Abb. 217). Am Unterarm ist die Ulna stärker als der Radius ausgebildet. Im Carpus finden sich nur zwei kleine Carpalknochen, Radiale und Ulnare. Die Metacarpalia II und III sind an ihren Enden miteinander verwachsen. Mit ihrem proximalen Ende sind außerdem die Reste der übrigen Metacarpalia und die distalen Handwurzelknochen verschmolzen. An diesem „Mittelhandknochen" (**Carpometacarpus**) sind die erhalten gebliebenen Phalangen des 1., 2. und 3. Fingers eingelenkt. Der erste Finger trägt den Daumenfittich und mitunter eine Kralle, der zweite ist der bei weitem längste.

Der Beckengürtel ist besonders kräftig ausgebildet, da beim Laufen, Stehen und Sitzen die ganze Last des Körpers auf den hinteren Extremitäten ruht. Vor allem sind die Darmbeine (Ossa ilia) mächtig entwickelt und können über der Wirbelsäule dachartig miteinander verschmelzen. Sie sind in ihrer ganzen Länge mit dem Kreuzbein der Wirbelsäule verbunden. Die ventralen Beckenknochen, Scham- und Sitzbein (Os pubis und Os ischium), sind beide nach hinten gerichtet und bilden ventral keine Symphyse, sodass das Becken median offen ist. Beim erwachsenen Vogel sind alle Beckenknochen zu einem Ganzen verschmolzen.

Der Oberschenkel ist kurz, am langen Unterschenkel ist die Tibia viel stärker entwickelt als die Fibula. Das untere Ende der Tibia ist mit den proximalen Tarsalia zum **Tibiotarsus** verwachsen, während die distalen Tarsalia mit den Metatarsalia II–IV zu einem langen Knochen, dem **Laufknochen (Tarsometatarsus)**, zusammentreten. Es bildet sich also mitten im Tarsus das Laufgelenk aus (**Intertarsalgelenk**). An das Vorderende des Laufes setzen sich die Zehen an, von denen die fünfte stets fehlt.

Allgemein gilt für das Vogelskelet, dass seine Knochen statt Markgewebe in weitem Maße Lufträume enthalten, die mit den Luftsäcken der Lunge in Verbindung stehen können.

Die **Muskeln** des Bewegungsapparates bestehen aus zwei Typen von quergestreiften Muskelfasern (Muskelzellen): Typ I-(rote-)Fasern, die stetig aerob Energie gewinnen und konstante Bewegungen, die relativ wenig Kraft entfalten, ausführen und Typ II-(weiße-)Fasern, die ihre Energie zu erheblichem Teil aus anaerobem Stoffwechsel beziehen und relativ kurze Zeit große Kraft entfalten können (wie z.B. ein Rauhfußhuhn beim plötzlichen Auffliegen). Die Menge an Typ I- und Typ II-Fasern kann in einem Muskel bei verschiedenen Vogelarten sehr unterschiedlich sein. Die **Flugmuskulatur** nimmt bei den meisten Vögeln 20 bis 25% der Körpermasse ein. Die Hauptmuskulatur für den aktiven Flug sind der Musculus pectoralis (senkt den Flügel, Abschlag) und der Musculus supracoracoideus (hebt den Flügel, Aufschlag). Bei den meisten Vögeln ist der Musculus pectoralis deutlich größer als der Musculus supracoracoideus und überdeckt ihn. Bei Pinguinen und Kolibris sind diese zwei Muskeln annähernd gleich groß. Beim Flug können die Flügel sehr schnell schlagen, bis zu 27 Schläge pro Sekunde bei der Weidenmeise und bis zu 50 Schläge in der Sekunde beim Kolibri.

Die Flügelmuskulatur setzt den Flügel und alle seine Teile in Bewegung und besteht aus ca. 30 verschiedenen Einzelmuskeln, die bei den einzelnen Arten sehr unterschiedlich ausgeprägt sind. Sie lassen sich in drei Gruppen gliedern: Die Muskeln der Rumpf-Schultergegend, die Muskeln des Oberarms und die Muskeln des Unterarms und der Hand.

In der Gruppe der Muskeln der Rumpf-Schultergegend stehen der oben erwähnte große Musculus (M.) pectoralis und der meistens deutlich kleinere M. supracoracoideus im Vordergrund. Der M. pectoralis entspringt am Kamm des Brustbeins, an der kaudalen Außen-

fläche des Brustbeins und in seinem cranialen Anteil auch am Gabelbein. Sein Ansatz liegt am oberen Viertel des Humerus hauptsächlich an der großen Crista humeri maior. Die in drei Hauptrichtungen angeordneten Muskelfasern können den Flügel in verschiedener Weise senken. Beim Senken wird der Flügel auch immer nach vorwärts gerollt (Pronation). Der M. supracoracoideus entspringt mit breiter Basis am Brustbein. Seine Sehne gelangt zwischen Sternum, Procoracoid und Furcula liegend auf die Oberseite des Schultergelenks und setzt breit auf der oberen Seite des Humerus an. Dieser Muskel hat keine Drehwirkung. Der M. deltoideus hebt den Flügel an und dreht ihn gleichzeitig rückwärts (Supination). Der M. scapuli-humeralis zieht den Flügel rückwärts und unterstützt die Pronation, der M. coracobrachialis anterior zieht den Flügel vorwärts. Diese beiden Muskeln sind bei Kleinvögeln gut ausgebildet.

Vögel sind Tiere mit großem Lernvermögen und außerordentlichen Leistungen des Gehirns und der Sinnesorgane. Im **Gehirn** fallen die bedeutende Entfaltung und Differenzierung von Integrationsarealen in Telencephalon und Tectum opticum (Mittelhirndach) sowie das große Cerebellum (Kleinhirn, motorische Koordination) auf.

Die **Augen** der Vögel sind groß und spielen bei Orientierung und Verhalten eine herausragende Rolle. Das Auflösungsvermögen der Retina von Greifvögeln und vielen Singvögeln liegt 2–3-mal über der des Menschen. Der Akkomodationsapparat ist hochdifferenziert, beim Focussieren verändern sowohl Cornea als auch Linse ihre Krümmung. In der Sclera befindet sich vorn oft ein Ring aus Knochenplättchen (Scleralring). In den Glaskörper ragt von hinten ein abgeflachter, mit Falten versehener gefäß- und pigmentreicher Fortsatz hinein, der Pecten, dessen Funktion umstritten ist, u.U. dient er der Ernährung der Retina, die gefäßfrei ist. Vor den Augen befinden sich nicht nur die zwei Augenlider, sondern am inneren Augenwinkel noch die Nickhaut.

Das äußere **Ohr** ist i. A. unauffällig, kann jedoch sehr groß sein (Strauße) und ist bei den Eulen mit besonderen Hilfseinrichtungen versehen, die für die Orientierung und für die Lokalisation von Beute in der Dunkelheit wichtig sind. Im Mittelohr existiert nur ein Gehörknöchelchen, die Columella, die den Schall vom Trommelfell zum Innenohr überträgt. Die Cochlea ist anatomisch einfacher als bei Säugern, aber ebenso leistungsstark. Auch der Gleichgewichtssinn ist hochentwickelt. Vögel besitzen aber nur wenige Geschmacksknospen (30–70) hinten im Mund.

Das Geruchsvermögen der Vögel ist meist gering, und ihr Geruchsorgan ist kaum höher organisiert als das der Reptilien. Von den drei Nasenmuscheln trägt nur die hintere Riechsinneszellen. Gut entwickeltes Riechvermögen haben z.B. Alt- und Neuweltgeier, Sturmvögel und manche Nachtvögel. Unter den Haustauben vermögen die Brieftauben besonders gut zu riechen. Vögel besitzen einen noch nicht genau bekannten Rezeptormechanismus für die Wahrnehmung des magnetischen Feldes der Erde.

Sämtlichen rezenten Vögeln fehlen die Zähne. Die **Zunge** ist meist schmal und hart. Der **Oesophagus** ist ein langer, oft sehr dehnbarer muskulöser Schlauch. Viele Vögel können große Nahrungsbrocken, Komorane und Pelikane z.B. ganze Fische, in den Magen hinabwürgen. Bei den meisten Vögeln erweitert sich der Oesophagus zu einem **Kropf**, der als Reservoir für die aufgenommene Nahrung dient und bei der Taube zur Brutzeit ein nährstoffreiches Sekret bildet (Kropfmilch). Im Kropf wird bei manchen Vögeln, z.B. Möwen und Greifvögeln, Nahrung für die Jungen transportiert. Am Magen unterscheidet man den cranialen **Drüsenmagen** (Vormagen) und den caudalen **Muskelmagen**. Der Drüsenmagen ist weiter und dickwandiger als der Oesophagus. Bei Pflanzen- und Körnerfressern sind die Drüsen- und Muskelmagen deutlich durch eine Einschnürung mit Sphinterfunktion gegeneinander abgesetzt. Fleischfressende Vögel können Nahrungsbestandteile, die im Magen nicht weiter verdaut werden können, als Gewölle durch Oesophagus und Rachen wieder herauswürgen.

Der Muskelmagen ist bei Körnerfressern besonders kräftig entwickelt und wird zum Kaumagen, indem sich in ihm feste Reibplatten aus erhärtendem Drüsensekret bilden. Die Ausführgänge von Leber und Pankreas münden in das Duodenum. Eine Gallenblase ist vielfach vorhanden, fehlt aber u.a. bei Tauben und Papageien. Am Übergang des Dünndarmes in den Enddarm finden sich zwei Blinddärme. Diese können bei Enten- und Hühnervögeln sehr lang sein, bei

Tauben sind sie nur 3–5 cm lang, bei Kranichen können sie fehlen. An der Hinterwand der Kloake befindet sich die **Bursa Fabricii**, ein lymphatisches Organ, das sich bei jugendlichen Vögeln allmählich zurückbildet und nach Erreichen der Geschlechtsreife weitgehend verschwunden ist.

Die Luftröhre ist oft sehr lang und weist außer dem eigentlichen Kehlkopf (Larynx) ein eigenes Stimmorgan, die Syrinx, auf, die an der Übergangsstelle der Trachea in die beiden Bronchien liegt. Der Larynx hat keine Stimmbänder, die Töne werden fast stets nur von der Syrinx erzeugt. Die spezielle Syrinxmuskulatur, die die Schwingungen in der Syrinxwand kontrolliert, wird vom 12. Hirnnerven (N. hypoglossus) innerviert. Die Lungen (Abb. 218) verwachsen in der Embryonalzeit mit ihrer Umgebung, eine Pleurahöhle ist also nicht ausgebildet. Von ihnen gehen vier paarige und eine unpaare umfangreiche Ausstülpung, die **Luftsäcke**, aus, die sich zwischen den Eingeweiden und Muskeln ausbreiten und auch in das Skelet eindringen. Die Lunge ist fast volumenkonstant, und der Gaswechsel findet durch die Tätigkeit der als Blasebälge wirkenden Luftsäcke statt. Der größte Teil der frischen, sauerstoffreichen Luft gelangt beim Einatmen in die hinteren Luftsäcke. Von hier strömt sie beim Ausatmen durch die Lungen. Während dieser Phase findet im Wesentlichen der Gasaustausch mit dem Blut statt. Dieser Gaswechsel erfolgt im Bereich der so genannten **Parabronchien** (Lungenpfeifen), die von einem Mantel dicht gepackter Luft- und Blutcapillaren umgeben sind. Anders als in der Säugetierlunge gibt es in der Vogellunge keine blindendigenden Atemwege, sondern alle Abschnitte der Luftwege sind an beiden Enden offen, sodass eine sehr effektive Luftzirkulation stattfinden kann. Im Laufe von zwei Ein- und Ausatmungszyklen wird die eingeatmete Luft völlig durch das System der Atmungsorgane gepumpt und wieder aus der Lunge entfernt.

Das Herz-Kreislauf-System der Vögel ist höher entwickelt als das der Reptilien. Körper- und Lungenkreislauf sind völlig getrennt, da die Septen zwischen den beiden Herzvorhöfen (Atrien) und Herzkammern (Ventrikeln) durchgehend geschlossen sind. Die Aorta wird vom rechten Aortenbogen gebildet.

Vögel haben ungewöhnlich kräftige und große **Herzen**, sie sind ca. 50 bis 100% größer als bei

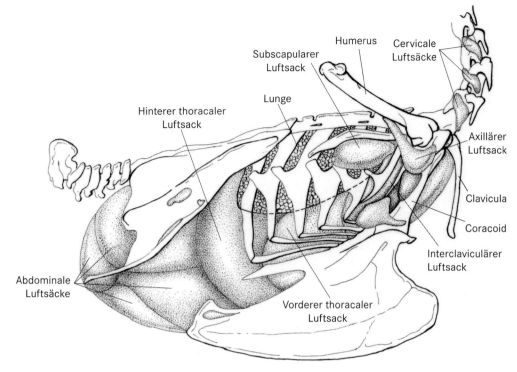

Abb. 218 Luftsacksystem (grau gepunktelt) einer Taube. (Nach Proctor und Lynch)

Säugern gleicher Körpergröße. Die Herzfrequenz kann zwischen Phasen körperlicher Ruhe und hoher Aktivität erheblich schwanken und bei kleinen Vögeln (Kolibris) Werte von über 1000 pro Minute erreichen. Der arterielle Blutdruck der Vögel ist auch recht hoch und erreicht bei der Pute von 200 bis 220 mm Hg in der Systole und 140-170 mm Hg in der Diastole; das sind wahrscheinlich die höchsten Blutdruckwerte aller Wirbeltiere; Aortenruptur ist keine seltene Todesursache bei Puten.

Auch der **Urogenitalapparat** der Vögel erinnert in manchen Punkten an den der Reptilien. Die **Nieren** sind große, kompakte, meist dreilappige Gebilde dicht neben der Wirbelsäule; ihre Ausführgänge münden getrennt in die Kloake. Nierenbecken, Harnblase und Harnröhre fehlen den erwachsenen Vögeln im Allgemeinen. Das Konzentrationsvermögen der Nieren ist nicht so hoch wie bei den Säugetieren. Der ausgeschiedene Harn gelangt in die Kloake, von wo er durch Antiperistaltik ins Colon transportiert wird. Erst hier wird ihm fast alles Wasser entzogen, so dass er dann hochkonzentriert ist. Wie bei den Reptilien ist die Niere des erwachsenen Vogels ein Opisthonephros mit Pfortaderkreislauf, der Ausführgang ein sekundärer Harnleiter oder Ureter.

Nierenpfortadern gibt es mit Ausnahme der Agnatha und der postpartalen Säugetiere bei allen Wirbeltieren. Bei den Vögeln erhält jede Niere Blut aus einer solchen Pfortader. Die Pfortadern führen venöses Blut, das aus folgenden Venen der unteren Extremitäten und des kaudalen Rumpfes stammt: V. iliaca externa, V. ischiadica, V. iliaca interna.

Äste der Pfortader verzweigen sich in der Niere und bilden peritubuläre Capillarnetze. Hier vermischt sich das Pfortaderblut mit dem Blut, das aus dem Glomeruli kommt. Der Blutstrom durch die Nierenpfortadern wird durch die Klappe am Übergang von V. iliaca externa und V. iliaca communis reguliert. Ist sie offen, fließt das meiste Blut in die untere Hohlvene, ist sie geschlossen, werden die Nieren gut mit Nierenpfortaderblut versorgt.

Abb. 219 Verschiedene Verhaltensweisen der Haustaube. **a** Balz, **b** gegenseitige Körperpflege

An Hühnern wurde ermittelt, dass nur 10% der ausgeschiedenen Harnsäure über Filtration in den Nierenkörperchen und rund 90% durch Sekretion der Nierenkanälchen eliminiert werden; insgesamt stammt die Hälfte der Harnsäure aus dem Nierenpfortaderblut.

Das rechte **Ovar** ist meist völlig geschwunden, und ebenso ist von den als Eileiter dienenden Müllerschen Gängen nur der linke entwickelt. Der Eileiter nimmt mit seinem weiten Ostium die großen, dotterreichen Eizellen auf, und hier im Eileiter werden sie auch befruchtet. Langsam herabrückend wird das Ei von Drüsen der Eileiterwand mit einem Eiweißmantel, dann mit einer dünnen Schalenhaut versehen und gelangt schließlich in den unteren, erweiterten Abschnitt des Eileiters, der als Uterus bezeichnet wird. Hier erhält das Ei die äußere Kalkschale. Währenddessen hat die Eizelle bereits die Furchung durchlaufen und die Embryonalentwicklung begonnen. Die weitere Entwicklung findet unter dem Einfluss der beim Bebrüten erzeugten Wärme statt. Häufig werden von Drüsen des Uterus Farbstoffe in die Schalenhaut und/oder die Kalkschale eingelagert.

Die **Hoden** sind beide entwickelt und liegen vor den Nieren. Die Samenleiter (die Wolffschen Gänge) münden seitlich von den Harnleitern in die Kloake. Bei einigen Vögeln, so z.B. bei den Palaeognathae, den Enten und den Gänsen, ist an der Vorderwand der Kloake ein Penis ausgebildet, der ein Corpus fibrosum und paarige Schwellkörper besitzt. Oft ist die linke Penishälfte größer als die rechte, sodass Penis und Samenrinne schraubig verlaufen (Entenvögel).

Spezieller Teil

Columba livia forma *domestica*, Haustaube (Abb. 219)

Der ganze Körper ist mit **Federn** bedeckt. Federfrei sind der von einer Hornscheide umkleidete Schnabel und die unteren Teile der Hinterextremitäten, die an der Vorderseite quer gestellte **Hornschilde**, an der Rückseite einen netzförmig gefelderten Hornüberzug aufweisen. Der **Oberschnabel** überragt den **Unterschnabel** ein wenig. Zu beiden Seiten des Oberschnabels finden sich zwei Spalten, die **Nasenlöcher**. Die Basis des Oberschnabels ist bedeckt von einer weichen, gekörnten, wulstig vorgewölbten Haut, der **Wachshaut**. Die runden Augen sind von einem nackten Hautring umgeben. Im inneren (vorderen) Augenwinkel findet sich die **Nickhaut**, die wir mit der Pinzette erfassen und über das Auge ziehen können. Hinter dem Auge liegt die Öffnung des äußeren Gehörganges. An seinem Grund ist das **Trommelfell** ausgespannt.

An den **Beinen** sieht man drei nach vorn gerichtete Vorderzehen und eine in gleicher Höhe wie die Vorderzehen eingelenkte, nach hinten gerichtete Hinterzehe. Am Ende jeder Zehe findet sich auf ihrer Dorsalseite eine kurze, hakenförmig gebogene Kralle.

Es gibt zwei Typen von Federn: Die Oberfläche bedecken die größeren, steiferen **Deck-** oder **Konturfedern**, während die gekräuselten, kleinen, weichen **Flaumfedern** darunter liegen. Besonders im Bereich des Rumpfes sind die Konturfedern in ihrem basalen Abschnitt dunenartig zergliedert. Besondere Puderdunen dienen der Bildung eines puderartigen Staubes, der das Gefieder der Tauben wasserabweisend macht und damit die Funktion der weitgehend rückgebildeten Bürzeldrüse übernimmt. Die Konturfedern der Flügel, die Schwungfedern, und die des Schwanzes, die Steuerfedern, sind besonders groß.

- Einen **Flügel** ausbreiten.

Äußerlich lassen sich an ihm folgende Abschnitte unterscheiden: die 10 Handschwingen (ca. 10–20 cm lang) sind an der Hand befestigt. Es folgen dann etwa 11–15 Armschwingen, die am Unterarm sitzen, und nach innen von diesen der kleinere Schulterfittich. Eine kleine, abgesonderte Portion, die dem rudimentären Daumen aufsitzt, ist der Neben- oder Daumenfittich (Alula). Der Basis der Schwungfedern liegen dachziegelartig kleinere Deckfedern auf. Am Schwanz sind 12, bei manchen Rassen aber sehr viel mehr Steuerfedern vorhanden.

- Eine Feder ausrupfen und genauer betrachten.

Es lassen sich an ihr zwei Teile unterscheiden: ein Achsenteil, der Kiel, und die seitlich daran ansitzenden Rami, die in ihrer Gesamtheit die Federfahne bilden. Der Achsenteil zerfällt in einen unteren Abschnitt, die Spule (Calamus), die in eine Hauteinstülpung eingesenkt ist, und den Schaft (Rhachis). Die Spule ist ein Hohlzylinder, der Schaft mit verhornten Zellen gefüllt. Mit dem Stereomikroskop erkennt man, dass jeder Ramus entlang seiner vorderen und unteren Kante dicht besetzt ist mit viel feineren und kürzeren Nebenästen, die als Radii bezeichnet werden. Sie gehen unter spitzem Winkel vom Ramus ab, sodass sich die Radii zweier benachbarter Äste überkreuzen. Da die Nebenäste mit kleinen Häkchen (Hamuli oder Radioli) ausgestattet sind, bedarf es einiger Kraft, um sie voneinander zu trennen.

- Nun wird die Taube gerupft, indem ihr die Federn in der Längsrichtung der Federstellung mit einem kurzen Ruck ausgerissen werden. In der Halsgegend nur wenige Federn auf einmal ausreißen, da hier die Haut sehr dünn ist und leicht einreißt.

Die Deckfedern sind nicht gleichmäßig über den Rumpf verteilt, sondern beschränken sich vielmehr auf bestimmte Zonen, die **Fluren (Pterylae)**, zwischen denen sich federlose Stellen, die **Raine (Apteria)**, hinziehen.

- Bevor man mit der Präparation beginnt, wird eine spitz ausgezogene Glasröhre in den Kehlkopf eingeführt und Luft hineingeblasen, wodurch die Luftsäcke gefüllt werden (Abb. 218). Man beachte die Volumenzunahme des Abdomens!
- Nun wird die Taube mit der Bauchseite nach oben in das Wachsbecken gelegt und mit starken Nadeln, die durch Flügel, Beine und Schnabel gesteckt werden, befestigt.
- Dann die Haut in der Medianlinie dicht neben dem Kamm des Brustbeins aufschneiden und den Schnitt nach hinten bis zur Kloake, nach vorn bis zum Schnabel weiterführen.
- In der Gegend des Kropfes muss ganz oberflächlich geschnitten werden. Schließlich wird die Haut von der Mitte zu den Seiten hin abpräpariert.

Dem Brustbein liegt der mächtige **Musculus pectoralis** auf, der als Flügelsenker wirkt. Der Flügelheber, der M. supracoracoideus, ist kleiner und liegt, noch nicht sichtbar, unter dem großen Brustmuskel. Vorn zweigt jederseits ein kleines, schmales Muskelbündel in die Haut ab, der Hautbrustmuskel.

- Den rechten, großen Brustmuskel ganz am Kiel des Brustbeines entlang abschneiden. In etwa 1 cm Tiefe stößt man auf den M. supracoracoideus. Zwischen die beiden Brustmuskeln schiebt sich der Ausläufer eines Luftsackes ein, der sich durch erneutes Aufblasen deutlich machen lässt.
- Den großen Brustmuskel mit den Fingern zur Seite drücken und ihn von hinten her von der Brustbeinfläche und vom M. supracoracoideus ab präparieren, bis im vorderen Bereich in der Tiefe Gefäße zu erkennen sind, die nach lateral ziehen. Es sind dies die Armarterie und die Armvene.
- Vorsichtig den M. pectoralis auch noch vom Gabelbein lösen und ihn dann zur Seite klappen.
- Um stärkere Blutungen zu vermeiden, werden die Armgefäße vor dem Durchtrennen abge-

bunden. Ein Stück nicht zu dünnen Bindfadens mit der Pinzettenspitze fassen, das eine Ende unter den Gefäßen durchführen, genügend fest verknoten und die Adern lateral vom Faden durchschneiden.

- Nun beide Brustmuskeln völlig vom Brustbein ablösen und durch abwechselndes Ziehen an ihren Sehnen die Wirkung auf die Vorderextremitäten, den Flügelauf- und -abschlag, demonstrieren.

- Jetzt die gleichen Präparationsschritte auch auf der linken Seite ausführen, um dann das gesamte Brustbein in folgender Weise abzuheben: Zunächst wird mit der Schere ein Schnitt am Hinterrand des Brustbeins entlang bis zu den Rippen geführt, dann die Rippen in den Sternocostalgelenken, die man leicht fühlen kann, durchschnitten.

- Nun werden vorsichtig die die beiden Coracoide und das Gabelbein bedeckenden Muskeln bis zu den Schultergelenken abpräpariert, die Eingelenkungen des Gabelbeins am Schultergürtel und die der Coracoide am Brustbein gelöst und schließlich vorsichtig das Brustbein unter stetem Abpräparieren abgehoben. Das Abdomen durch einen einfachen, bis zur Kloake geführten Medianschnitt öffnen (Abb. 220).

Etwa in der Mitte des Präparates liegt das **Herz**, das von konischer Form ist und an relativer Größe dasjenige anderer Wirbeltiere erheblich übertrifft (Abb. 221).

- Zum einfacheren Verständnis von Bau und Funktion des Herzens sollte das große Herz einer Pute studiert werden (Abb. 221). Bei Bestellung dieser Herzen beim speziellen Fleischhandel muss darauf geachtet werden, dass vollständige Herzen, und nicht solche ohne Vorhöfe, geliefert werden.

Das Herz ist in den dünnwandigen Herzbeutel (Perikard) eingeschlossen, der mit einer feinen Schere geöffnet wird. Als Herzbasis wird der Bereich der Vorhöfe, der nach vorn/oben weist bezeichnet. Die Herzspitze weist in Richtung Brustbein. **Vorhöfe** (**Atrien**) und **Kammern** (**Ventrikel**) sind durch die mit Fettgewebe gefüllte Kranzfurche (Sulcus coronarius) getrennt. Die Vorhöfe sind dünnwandig und besitzen bei Vögeln sehr große Aurikel (Herzohren),

Aussackungen, die sich den großen, aus dem Herzen abgehenden Gefäßstämmen anlegen. Die Wand des größeren linken Ventrikels ist 3–4-mal dicker als die des rechten. Letzterer erstreckt sich nur über zwei Drittel der Distanz zwischen Kranzfurche und Herzspitze, die allein vom linken Ventrikel gebildet wird. Der rechte Ventrikel ist dem linken wie eine halbmondförmige Tasche angelagert, was an einem Querschnitt sehr deutlich wird. Die Wand des linken Ventrikels ist innen durch Muskelleisten gekennzeichnet, die nahe der Kammerbasis drei Papillarmuskeln bilden, die in Sehnen übergehen (Chordae tendineae), welche an der Unterseite der drei Zipfel der Atrioventricularklappe ansetzen. Am Ursprung der Aorta (linker Ventrikel) und des Truncus pulmonalis (rechter Ventrikel) finden sich jeweils aus drei Valvulae semilunares bestehende Klappeneinrichtungen. Die Herzwände werden von rechter und linker Herzkranzarterie (A. coronaria dextra und sinistra) versorgt, deren Verzweigungen z.T. als feine Gefäße an der Oberfläche des Herzens erkannt werden können. Den verschiedenen Ästen dieser Arterien sind bestimmte Regionen der Herzwand zugeordnet. Verschluss des Lumens der Coronararterien führt zum Myokardinfakt ("Herzinfakt"), d.h. mehr oder weniger ausgebreitetem Absterben der Herzmuskulatur mit Funktionsverlust. Häufige Ursache des Verschlusses ist Einlagerung von Lipiden, v. a. Cholesterin, in die Gefäßwände und nachfolgende Verkalkung und Sklerotisierung, was zu Verfestigung, Starrheit und Verdickung der Wände und zunehmender Einengung des Lumens führt.

- Das Gefäßsystem wird wieder bei der Taube studiert.

Etwa in der Mitte des Herzens tritt ein von der linken Herzkammer kommender, großer Gefäßstamm aus, der sich sofort in drei Gefäße, die Arteria brachiocephalica dextra und sinistra) und in die bogenförmig nach rechts hinten verlaufende Aorta aufteilt. Jede Arteria brachiocephalica teilt sich in zwei Arterien, die Arteria carotis communis, die Hals und Kopf versorgt, und die Arteria subclavia. Dieses Gefäß versorgt über die Arteria axillaris den Flügel und über die Arteria pectoralis die Brustmuskulatur. Der Aortenbogen (Arcus aortae) wird in der Tiefe

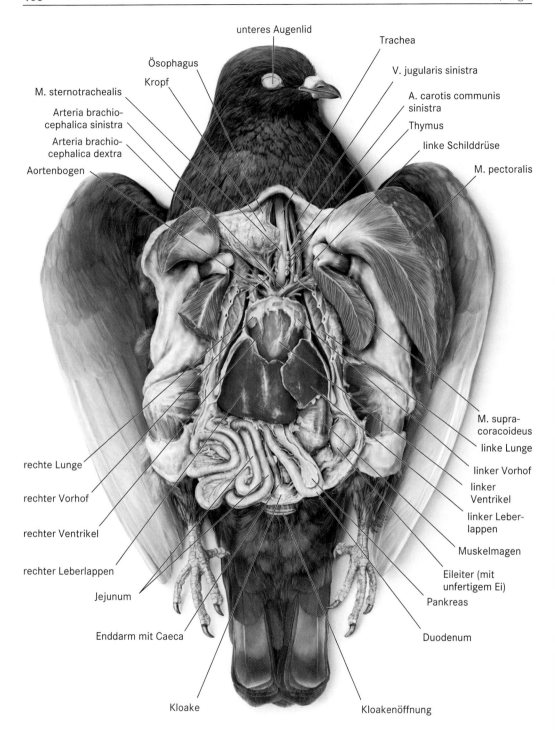

Abb. 220 Situs einer Haustaube nach Entfernen von Brustbein und Schultergürtel. M. = Musculus, A. = Arteria, V. = Vena

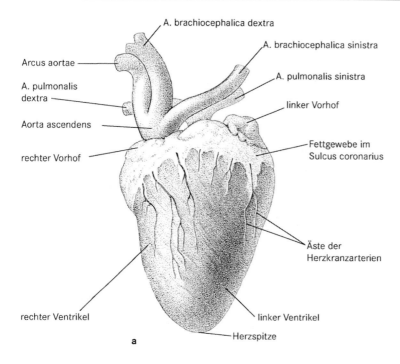

A. brachiocephalica dextra

A. brachiocephalica sinistra

Arcus aortae

A. pulmonalis sinistra

A. pulmonalis dextra

linker Vorhof

Aorta ascendens

Fettgewebe im Sulcus coronarius

rechter Vorhof

Äste der Herzkranzarterien

rechter Ventrikel

linker Ventrikel

Herzspitze

a

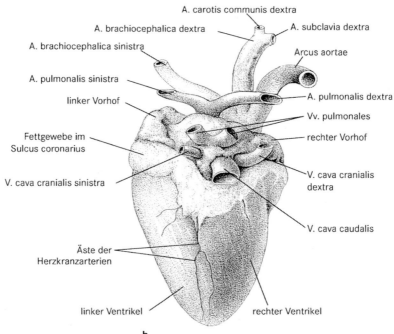

A. carotis communis dextra

A. brachiocephalica dextra

A. subclavia dextra

A. brachiocephalica sinistra

Arcus aortae

A. pulmonalis sinistra

A. pulmonalis dextra

linker Vorhof

Vv. pulmonales

rechter Vorhof

Fettgewebe im Sulcus coronarius

V. cava cranialis sinistra

V. cava cranialis dextra

V. cava caudalis

Äste der Herzkranzarterien

linker Ventrikel

rechter Ventrikel

b

Abb. 221ab Putenherz. **a** Ansicht von vorn. **b** Ansicht von hinten/oben. A. = Arteria, V. = Vena, Arcus aortae = Aortenbogen, Aorta ascendens = aufsteigender (nach cranial verlaufender) erster Teil der Aorta, Vena cava = Hohlvene

zwischen den beiden Kopfarmarterien deutlich sichtbar.

- Hierfür das Herz etwas nach hinten und nach links drücken.

Die beiden Lungenarterien (Aa. pulmonales) gehen aus dem kurzen Truncus pulmonalis hervor, der der rechen Herzkammer entspringt.

- Den Aortenbogen nach oben und die rechte Herzkammer nach unten drücken.

So stößt man auf die rechte Lungenarterie, die in der Tiefe unter der Wölbung des Aortenbogens liegt.

- Das Herz vorsichtig nach rechts und ventral aus seinem Bett herausheben und es dabei so um eine Längsachse drehen, dass beim Anblick von seitlich links ein Teil seiner Dorsalseite sichtbar wird.

Auf diese Weise wird die linke Lungenarterie sichtbar. Unter der linken Lungenarterie (also dorsal von ihr) verläuft parallel zu ihr der linke Bronchus, caudal von beiden zieht nahe der Körpermitte in engem Bogen die linke Lungen-

vene zur linken Vorkammer. Sie hat sich – aber das ist in diesem Präparationsstadium nicht zu sehen – kurz vorher und zwar schon innerhalb des Herzbeutels mit der rechten V. pulmonalis vereinigt. Drei große Venenstämme (zwei craniale (= obere) und eine caudale (= untere) Hohlvene) bringen das venöse Körperblut in die rechte Vorkammer zurück (Hohlvene = Vena cava). Das Venensystem des Abdomens ist kompliziert. Es gibt ein **Nieren-** und ein **Leberpfortadersystem**. Die Vena coccygeomesenterica verbindet Nieren- und Leberpfortadersysteme, sodass das Venenblut aus Eingeweiden oder Abdomen und Hinterextremitäten je nach physiologischem Zustand bevorzugt durch die Leber oder Niere fließen kann.

Unter und hinter dem Herzen liegt die braune **Leber** mit einem größeren rechten und einem kleineren linken Lappen. Der rechte Leberlappen zeigt auf der Dorsalseite tiefe Rinnen, die von Eindrücken des Dünndarmes herrühren, unter dem linken Lappen schaut der Muskelmagen vor. Eine Gallenblase fehlt der Taube.

- Beide Leberlappen nach oben rechts umklappen und mit Nadeln fixieren.

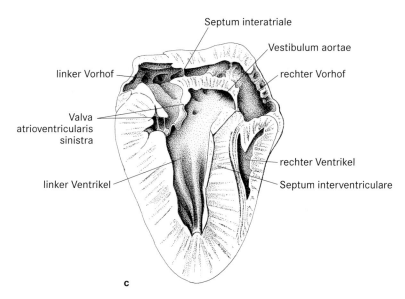

c

Abb. 221c Längsschnitt. Die Ventrikel der Pute sind außen relativ glatt, ein Sulcus interventricularis mit größerem Ast der Herzkranzarterie ist kaum auszumachen. Auf dem Längsschnitt (c) ist der Bereich der Klappe (Valva) zwischen rechtem Vorhof und rechtem Ventrikel nicht getroffen. Beachte die unterschiedliche Dicke der Wand von linkem und rechtem Ventrikel

- Den Dünndarm nach rechts drücken, das lange **Duodenum** nach caudal herausziehen. Das Duodenum bildet eine Schlinge mit zwei Schenkeln. Die beiden Schenkel separieren, indem man sie mit den Fingern auseinander drückt.

Zwischen den beiden Duodenalschenkeln liegt das rosa-weißliche **Pankreas**. Außerdem sichtbar sind oben in der Mitte die **Milz**, die beiden aus dem rechten Leberlappen entspringenden Gallengänge, von denen der eine in den absteigenden und der andere in den aufsteigenden Schenkel des Duodenums mündet, und die drei, ebenfalls zum aufsteigenden Ast des Duodenums ziehenden Pankreasgänge (Abb. 222).

- Die Leber abschneiden und herausnehmen.

Dadurch wird der **Darmtrakt** besser sichtbar.

- Bei seiner Untersuchung mit der Mundhöhle anfangen, indem man die Mundwinkel ein Stück weit aufschneidet.

In der langen und weiten **Mundhöhle** liegt die schmale, hornige Zunge. Sie umfasst nach hinten zu mit zwei seitlichen Ausläufern eine Schleimdrüse, die Hinterzungendrüse. Weiter hinten liegt der von dicken Lippen umstellte Verschlussapparat der Glottis. Am Dach der Mundhöhle stellt ein langer, schmaler, von kurzen Papillen begrenzter Schlitz im Gaumen die innere Nasenöffnung (Choane) dar. Dahinter finden sich die Öffnungen der Tubae Eustachii, die zum Mittelohr führen.

Der Oesophagus erweitert sich zu einem großen, häutigen Sack, dem **Kropf**, und zieht dann

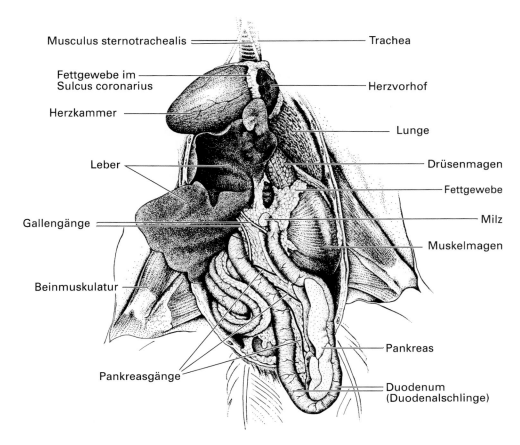

Abb. 222 Darmtrakt der Taube

zum Drüsenmagen weiter. Im Kropf der Tauben entstehen während der Brutzeit bei Männchen wie Weibchen durch fettige Umwandlung von Epithelzellen krümelige, käsige Massen – die Kropfmilch –, mit denen die Jungen gefüttert werden. In erster Linie dient aber auch hier der Kropf der Speicherung, Quellung und Vorverdauung der Körnernahrung. Der schlanke, aber dickwandige **Drüsenmagen** oder Vormagen ist mit zahlreichen, gut erkennbaren Drüsen besetzt, die Pepsinogen und Salzsäure absondern. Seinem Hinterrand ist die kleine, abgeplattete Milz angeheftet. Auf ihn folgt der **Muskelmagen**, der außerordentlich fest ist und einen sehnigen Überzug aus sehr straffem Bindegewebe aufweist.

● Den Magen quer durchschneiden, um die Starre seiner Muskulatur und die von Drüsen seiner Innenwand abgeschiedenen Reibplatten zu studieren.

Von der dorsalen Fläche des Muskelmagens entspringt das Duodenum, welches das relativ feste Pankreas umfasst. Das Duodenum ist der Anfang des Dünndarms, der der Verdauung und der Resorption der Nahrung dient. Dem Duodenum folgen weitere, in zahlreiche Windungen gelegte Dünndarmabschnitte. Im Bereich zweier kurzer seitlicher Blindsäcke geht der Dünndarm in den Enddarm über, der wiederum über eine quer verlaufende, verschließbare Falte in die weite Kloake einmündet.

Das **Respirationssystem** beginnt mit dem Kehlkopf (Larynx), dessen vorderer Teil, die Glottis, sich durch eine Längsspalte in die Mundhöhle öffnet. Der Kehlkopf bildet, durch Knorpelringe gestützt, eine feste Kapsel. Die von ihm abgehende Luftröhre ist ebenfalls von zahlreichen Knorpelringen umgeben und erweitert sich am caudalen Ende – am Übergang zu den Stammbronchien – zur Syrinx, in der Laute erzeugt werden können. Mm. sterno-tracheales verbinden Trachea und Brustbein. Die beiden kurzen Hauptbronchen, in die sich die Luftröhre gabelt, treten in die Lungen ein. Die Lungen verwachsen sind hellrote, relativ kleine, volumenkonstante Gebilde, die dorsal im Brustraum mit ihrer Umgebung verwachsen sind und sich zwischen die Rippen einschmiegen. Von Halsorganen bemerkt man den **Thymus**, der als lang gestrecktes, gegliedertes Band die Luftröhre jederseits begleitet, und ca. 1,5cm oberhalb des

Herzens, dicht vor den Bronchien, die 2–3mm großen, paarigen rotbraunen **Thyroideae** (= Glandulae thyroideae = **Schilddrüsen**), jederseits an der Vena jugularis gelegen.

● Der Darm wird jetzt vor der Kloake abgebunden, durchschnitten und herausgenommen oder, das ist die elegantere Methode, (vom Beschauer aus) nach links herausgelegt. Damit liegt das Urogenitalsystem frei (Abb. 223).

Die großen **Nieren** liegen hinter den Lungen in flachen Aushöhlungen des Synsacrums und sind jederseits in drei Teile (Lappen) gegliedert. Sie werden vom Bauchfell überzogen, liegen also retroperitoneal. Sie werden jederseits von drei Arterien versorgt. Die Harnleiter entspringen auf der ventralen Fläche und münden in die Kloake ein. Vor den Nieren liegen die kleinen, gelblichen oder rotbraunen Nebennieren.

Betrachtet man zunächst die **Geschlechtsorgane eines Männchens**, so fallen die in der Fortpflanzungszeit großen, bohnenförmigen Hoden besonders auf; der rechte Hoden ist etwas kleiner als der linke. Ihre Ausführgänge, die Vasa deferentia, verlaufen neben den Harnleitern, überkreuzen sie und münden ebenfalls in die Kloake ein.

Beim **Weibchen** ist nur das linke Ovar, ein traubiges Gebilde, vorhanden; das rechte ist fast völlig rückgebildet. Der Eileiter ist der Körperwand angeheftet. Er beginnt mit einem weiten, trichterförmigen Ostium, verläuft geschlängelt und erweitert sich im unteren Abschnitt zum Uterus; bei jungen Tieren (siehe Abb. 223) ist der Uterus noch nicht ausgeprägt.

● Mit der Schere die ventrale Kloakenwand längs aufschneiden.

In der **Kloake** findet man die paarigen Mündungen der Ureteren und seitlich von ihnen beim Männchen die auf Papillen sitzenden Mündungen der Samenleiter. Die Mündung des Eileiters in die Kloake liegt seitwärts von der des linken Ureters. Eine symmetrisch liegende, aber viel feinere Öffnung auf der rechten Seite stellt diejenige des rudimentären rechten Eileiters dar. An der Kloakenwand befindet sich bei Küken und Jungtieren auch die **Bursa Fabricii**, ein wichtiges Organ des Immunsystems, mit lymphfollikelreicher Wandung. In der Bursa Fa-

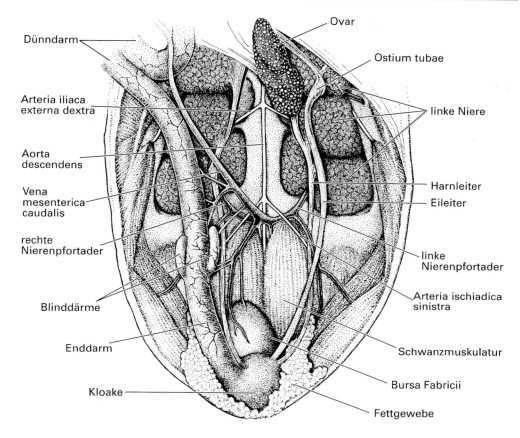

Dünndarm

Arteria iliaca
externa dextra

Aorta
descendens

Vena
mesenterica
caudalis

rechte
Nierenpfortader

Blinddärme

Enddarm

Kloake

Ovar

Ostium tubae

linke Niere

Harnleiter

Eileiter

linke
Nierenpfortader

Arteria ischiadica
sinistra

Schwanzmuskulatur

Bursa Fabricii

Fettgewebe

Abb. 223 Urogenitalapparat einer jungen, weiblichen Taube. Beim erwachsenen Tier ist der Eileiter dicker und verläuft geschlängelt. Aorta descendens = absteigende (nach caudal verlaufende) Aorta

bricii werden beim Vogel die B-Lymphozyten geprägt. Ihre Einmündung in die Kloake liegt caudal von den Mündungen der Ureteren; sie ist von einer Schleimhautfalte überdeckt.

- Zur Präparation des **Gehirns** wird der Schädel vom Hinterhauptsloch mit einer starken Schere geöffnet und die Schädeldecke sowie die angrenzenden Teile der Schädelseitenwand Stück für Stück abgetragen, bis die Oberseite des Gehirns in ganzer Ausdehnung freiliegt.
- Vor der Weiterpräparation sollte das Gehirn kurze Zeit mit Formalinlösung fixiert und dadurch verfestigt werden. Dann löst man das Gehirn auf der Ventralseite los, indem man von hinten nach vorn präpariert und

die abgehenden Nerven möglichst weit von ihrem Ursprung abschneidet (Abb. 224).

Die beiden Hemisphären des **Endhirns** sind umfangreich, doch ohne jede Furchung; nach vorn zu verschmälern sie sich und überlagern jederseits einen kleinen Bulbus olfactorius. Bei Betrachtung von der Dorsalseite hat man den Eindruck, als ob sich an das Endhirn unmittelbar das Kleinhirn anschlösse.

- Diese beiden Hemisphären etwas auseinander drücken.

Zwischen ihnen tritt das **Zwischenhirn** mit der kleinen, caudalwärts umgebogenen Epiphyse zutage. Auf der Ventralseite sitzen dem Zwischenhirn das Chiasma opticum und dahinter die um-

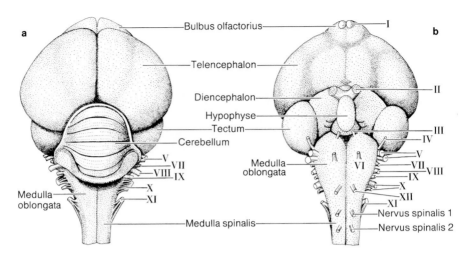

Abb. 224 Gehirn der Haustaube. (Nach WIEDERSHEIM) **a** dorsale, **b** ventrale Ansicht. Römische Ziffern = die zwölf Hirnnerven. Medulla spinalis = Rückenmark

fangreiche Hypophyse an. Das Tectum des **Mittelhirns** tritt infolge seiner starken Entwicklung auch bei dorsaler Ansicht lateral zutage. Ganz besonders mächtig ist das **Kleinhirn** entwickelt, dessen Mittelstück, der Wurm, eine Querfaltung aufweist. Die Rautengrube des **Nachhirns** wird vom Kleinhirn völlig überdeckt.

Über die Hirnnerven orientiert Abb. 224. Die Hirnnerven I und II sind keine typischen Hirnnerven. N I ist die Summe der Fila olfactoria, die aus der Riechschleimhaut zum Bulbus olfactorius ziehen. N II, der Sehnerv, ist ein in die Peripherie verlagerter Nervenfasertrakt des Diencephalons.

Abb. 225

Mammalia, Säugetiere

Der Mensch erlebte von Anfang an in seiner Umwelt intensiv die Präsenz der Säugetiere. Zum Teil waren sie für ihn bedrohlich, z.T. waren sie mehr oder weniger gefährliches Jagdwild, z.T. siedelten sie sich in seiner Nähe an, z.B. Ratten und Mäuse, und konnten Nahrungsmittelvorräte schädigen oder bei der Übertragung von Krankheiten (z.B. der Pest) eine Rolle spielen. So ist es nicht verwunderlich, dass Säugetiere in der Vorstellungswelt des Menschen bis hin zu Religion und Märchen einen herausragenden Platz einnehmen. Im alten Ägypten gab es viele Götter, die einen menschlichen Körper und den Kopf eines Tieres hatten, so z.B. Anubis (**Abb. 225a**), der Totengott mit dem Kopf eines Schakals. In chinesischen, afrikanischen, altamerikanischen und mesopotamisch-europäischen astrologischen Vorstellungen haben Tiere schicksalhaften Einfluss auf das Leben eines Menschen. Die kapitolinische Wölfin (**Abb. 225b**) ernährte Romulus und Remus, die Söhne des Mars, was auf eine starke mythologische Bedeutung des Wolfes hinweist.

Eine entscheidend wichtige Leistung des neolithischen Menschen war die Domestikation verschiedener Säugetiere. Haustiere sind an verschiedenen Stellen der Erde entstanden, insbesondere im fruchtbaren Halbmond (**Abb. 225c**), der sich vom südwestlichen Persien über Mesopotamien, das östliche Anatolien und Syrien bis nach Palästina erstreckte. Weitere Zentren der Haustierwerdung sind Ost- und Südostasien, das Industal und Mittel- sowie Südamerika.

Wirtschaftlich sind die Rinder von unschätzbarer Bedeutung, speziell die taurinen Rinder, die sich vom Auerochsen (*Bos primigenius*) herleiten und seit ca. 8000 Jahren Haustiere sind. Buckelrinder (**Abb. 225d**) sind z.B. schon aus den Induskulturen (Moenjodara, Harappa, 2500 v. Chr.) dokumentiert, das Melken wurde schon in Mesopotamien (**Abb. 225e**, Obed, 2300 v. Chr.) und im alten Ägypten abgebildet. Schlagwortartig mögen für die Bedeutung des Rindes stehen: Zugkraft, Transport, Fleisch, Milch, Fett, Leder, Horn, Leim, Dünger, Brennstoff. 1985 wurden ca. 1.270.000.000 Rinder auf der Erde gehalten. 2003 wurden in Deutschland 3.500.000 Rinder geschlachtet.

Besonders alte Haustiere sind Ziege und Schaf (**Abb. 225f**). Das Schaf wurde ca. 11.000 Jahre v.Chr. im nördlichen Mesopotamien in den Hausstand überführt. Stammform ist das asiatische Mufflon (*Ovis orientalis*). Heute werden ca. 1.200.000.000 Schafe auf der Erde gehalten. Die wirtschaftlich wichtigste Schaftsrasse ist wohl das Merinoschaf, das besonders feine Wolle liefert. Allein Australien liefert jährlich ca. 700 Millionen kg Wolle. Im Mittelmeerraum, im vorderen und mittleren Orient werden Schafe vor allem als Fleisch- und Milchlieferanten gehalten. Andere Wolltiere sind Kaschmirziege, Angoraziege, Alpaka, Vicunha, Lama und Trampeltier.

Das Hausschwein (**Abb. 225g**) ist ein besonders wichtiger Fleischlieferant. Es ist an mehreren Stellen unabhängig aus der Wildform (*Sus scrofa*) entstanden, die von Westeuropa bis nach Indonesien verbreitet ist.

Aus der Gruppe der Tylopoden wurden Dromedar (arabischer Raum), Trampeltier (Zentral- und Ostasien) sowie in Südamerika Lama und Alpaka (**Abb. 225h**) Haustiere.

Andere wichtige Haustiere sind der Hausesel und das Hauspferd (**Abb. 225i**; Reitpferde aus Gold, skythische Kultur, 400 v. Chr.). Man stelle sich die lange Geschichte des Menschen und seiner Kriegszüge ohne Pferde vor!

Der Hund (**Abb. 225j**; Wildform Wolf) hat sich seit 12.000 Jahren dem Menschen besonders eng angeschlossen. Von ihm ließen sich schon früh, mit ganz unterschiedlicher Zielrichtung, sehr viele Rassen herauszüchten. Er ist Jagdgehilfe, Wächter, Hüter, Transporttier, Begleiter, Blindenführer und Aufspürer von Drogen sowie Lebenden und Toten nach Katastrophen.

Von Haustieren (meist Rindern) sind eine ganze Reihe von Krankheiten auf den Menschen übergegangen: z.B. Masern, Tuberkulose, Windpocken, Influenza und Keuchhusten.

Allgemeine Übersicht

Wichtige Schlüsselmerkmale der Säugetiere sind Viviparie, Milchdrüsen, Haare, sekundäres Kiefergelenk und progressive Entwicklung der neopallialen Anteile des Telencephalons.

Die **Haut** (= Cutis) ist das größte Organ der Säugetiere und besteht aus Epidermis (= Oberhaut) und Dermis (= Lederhaut). Unmittelbar unter der Dermis und strukturell sowie funktionell eng mit ihr verbunden liegt die fettgewebereiche Subcutis (= Hypodermis, Unterhaut). Cutis und Subcutis bilden das Integumentum commune, die Hautdecke. Die Epidermis ist ein mehrschichtiges verhorntes Plattenepithel, dessen Zellen sich beim Menschen innerhalb von vier Wochen erneuern. Die Dermis ist reich an Kollagenfasern, elastischen Fasern und Blutgefäßen und aus ihr kann das Leder hergestellt werden. Sie enthält viele verschiedene Sinnesstrukturen. Die Subcutis kann eine viele Zentimeter dicke Fettschicht aufbauen, z.B. bei Walen, Robben, Seekühen und Hausschweinen. Haare und die bei Säugern reichentwickelten Hautdrüsen sind die sogenannten Anhangsgebilde der Haut.

Bei manchen Säugetieren ist die Haut ganz oder teilweise von Hornschuppen oder -platten bedeckt. Hautknochen kommen hier und da vor. Horngebilde an den Endgliedern der Extremitäten sind die **Krallen**, **Hufe**, **Nägel** und am Kopf die **Hörner** der Nashörner.

Außer den **Talgdrüsen**, die fast stets in Verbindung mit Haaren stehen, finden sich in der Haut tubuläre **Drüsen** großer Formenmannigfaltigkeit; vielfach sind es **Duftdrüsen**, die im Sozialverhalten eine wichtige Rolle spielen; typische **Schweißdrüsen** kommen wohl nur bei Primaten vor. Die **Milchdrüsen** leiten sich von tubulären Duftdrüsen mit apokriner Sekretion her. Bei den Monotremen münden die schlauchförmigen Milchdrüsen getrennt auf einer begrenzten, weniger behaarten Stelle der Bauchhaut (Mammarfeld). Von den Marsupialiern an bilden sich Zitzen (Brustwarzen) aus, Erhebungen der Haut, in denen die Drüsenmündungen zusammengefasst sind. Die Zahl der Zitzen schwankt von 2 bis über 20. Sie liegen ursprünglicherweise jederseits in einer Reihe, die von der Achselhöhle bis zur Weichengegend reicht. Bei manchen Säugern, z.B. Elefanten und Primaten, werden nur vordere Milchdrüsen, bei anderen, z.B. Perisso- und Artiodactyla, nur hintere Milchdrüsen ausgebildet.

Der **Schädel** ist durch zwei Condylen mit der Wirbelsäule verbunden. Er zeigt oft eine weitgehende Verschmelzung ursprünglich getrennter Skeletelemente. So können die vier Knochen der Hinterhauptsregion, das Basioccipitale, die beiden Exoccipitalia und das Supraoccipitale zu einem einheitlichen Os occipitale verschmelzen. Das Basioccipitale ist Teil der Schädelbasis. Vor ihm liegt die Sphenoidal- = Keilbeinregion. In dieser befinden sich hinten das Basisphenoid, davor das Praesphenoid, seitlich die Alisphenoide, vor diesen die Orbitosphenoide; sie alle vereinigen sich oft zum einheitlichen Os sphenoidale = Keilbein mit seinen zwei Flügelpaaren. Vor ihm liegt die Ethmoidalregion mit dem Mesethmoid (Siebbein). Das Siebbein beteiligt sich zusammen mit dem Vomer (Pflugscharbein) am Aufbau der Nasenscheidewand, die distal meist knorpelig bleibt.

Das Schädeldach wird durch paarige oder verschmolzene Parietalia und durch die Frontalia gebildet, die ebenfalls verschmelzen können. Zwischen die Parietalia schieben sich die Interparietalia ein, die meist untereinander und mit dem Supraoccipitale verschmelzen. Die innere Oberfläche der Nasenhöhle wird durch Nasenmuscheln (Turbinalia) vergrößert. Das Dach der Nasenregion wird von den paarigen Nasalia gebildet. Maxillaria und meist auch Praemaxillaria sind stark entwickelt und bilden den Oberkiefer. Von den Knochen der Gaumenreihe beteiligt sich das Palatinum gemeinsam mit den beiden eben genannten Knochen an der Bildung des harten Gaumens, während das Pterygoid sich einem absteigenden Fortsatz (Processus pterygoideus) des Basisphenoids anschließt.

Die durch die Größenzunahme des Gehirns an den Boden des Schädels gedrängte Labyrinthkapsel verknöchert als Perioticum (Petrosum). Mit dem Perioticum verbinden sich vielfach (z.B. bei Primaten) das Squamosum und das Tympanicum zu einem einheitlichen Knochenstück, dem Os temporale. Das Squamosum ist Teil der seitlichen Schädelwand und entsendet nach vorn einen Fortsatz, der gemeinsam mit dem Jugale den Jochbogen bildet.

Der Unterkiefer (Mandibula) besteht nur aus linkem und rechtem Os dentale. Bei manchen

Säugetieren bleiben diese zwei Knochen vorn durch straffes Bindegewebe und z.T. auch durch Knorpel beweglich verbunden, bei anderen verwachsen sie zu einem einheitlichen kompakten Unterkiefer.

Die **Wirbelsäule** lässt fünf Regionen unterscheiden: Hals-, Brust-, Lenden-, Kreuzbein- und Schwanzregion. Die Wirbelkörper der Säugetiere sind schwach bikonkav und durch die aus straffem Bindegewebe, Faserknorpel und dem gallertigen Nucleus pulposus bestehenden Zwischenwirbelscheiben miteinander verbunden.

Von den drei Elementen des **Schultergürtels** ist das Schulterblatt (Scapula) bei allen Säugetieren entwickelt. Das Coracoid (Postcoracoid) ist zumeist nur als Processus coracoideus des Schulterblattes ausgebildet. Die Clavicula ist typischerweise ein schlanker Knochen. Sie fehlt vielen guten Läufern, z.B. den Huftieren, außerdem den Seekühen und Walen.

Die drei Knochenpaare des **Beckengürtels** verwachsen frühzeitig zu einem einheitlichen Hüftknochen. Die Schambeine treten fast stets zu einer Symphyse zusammen, an deren Bildung sich oft auch die Sitzbeine beteiligen.

Das Skelet der **Extremitäten** ist ihren sehr verschiedenartigen Anpassungen entsprechend (Lauf-, Sprung-, Kletter-, Greif-, Grab-, Schwimm- und Flugextremität) mannigfach umgewandelt.

Das **Gehirn** der Säugetiere lässt verschiedene Komplexitätsniveaus erkennen und ist vor allem durch die progressive Entwicklung der Endhirnhemisphären gekennzeichnet. Besonders intensiv entfaltet sich das **Neopallium**, wobei Archi- und Palaeopallium nach basal abgedrängt werden. Das Neopallium mit seinem Neocortex erfährt zunehmend große Bedeutung für Lernfähigkeit, plastische Verhaltensweisen sowie für kognitive Leistungen. Die Vergrößerung des Neopalliums bedingt in verschiedenen Säugetiergruppen die Ausbildung einer markanten Gliederung der Hemisphären in Lappen (Frontal-, Parietal-, Temporal- und Occipitallappen) und die Entstehung von Windungen (Gyri) und Furchen (Sulci). Auch das Kleinhirn ist mächtig entwickelt. Es erhält Informationen aus dem Gleichgewichtssinn, den Muskelspindeln sowie dem Telencephalon und koordiniert Bewegungen.

Von **Sinnesorganen** finden sich in der Haut verschiedene Typen von **Hautsinnesorganen** sowie zahlreiche freie Nervenendigungen; sie dienen als Receptoren mechanischer, schmerzhafter und thermischer Reize. Die **Geschmacksorgane**, knospenförmige Ansammlungen von Sinnes- und Stützzellen, finden sich hauptsächlich auf der Zunge und sind hier auf Geschmackspapillen vereint.

Das hochentwickelte **Auge** wird durch ein oberes und ein unteres Augenlid sowie die oft rudimentäre Nickhaut geschützt. Mancherlei Drüsen stehen mit dem Auge in Verbindung, vor allem die Meibomschen Drüsen, die am freien Rand der Augenlider ausmünden, die Hardersche Drüse des inneren Augenwinkels und die Tränendrüse, die gewöhnlich am seitlichen Winkel der Augenhöhle liegt.

- Zum Verständnis des Aufbaus eines Säugetierauges wird das Auge eines Rindes präpariert (Abb. 226). Rinderaugen sind vom Schlachthof zu beziehen und werden in Formol fixiert. Sie werden von außen betrachtet und sagittal und äquatorial zerschnitten.

Beim Auge des Rindes sind Längs- und Querdurchmesser ähnlich und betragen ca. 41mm. Die Längsachse läuft vom vorderen Augenpol (Mitte der Hornhaut) zum hinteren Augenpol; die zur Mittellinie des Kopfes weisende Fläche wird als nasal (medial), die zur Kopfseite weisende als temporal (lateral) bezeichnet.

Bei Betrachtung der Außenansicht des Augapfels (= Augenbulbus) sollte das Augenmerk vor allem auf die äußeren Augenmuskeln, die Lage des abgehenden Sehnerven (Nervus = Fasciculus opticus) und die Augenlider gerichtet werden. Oberes und unteres **Augenlid** sind außen von Haut und innen von der Bindehaut (Conjunctiva) bedeckt, die auf die Vorderfläche des Augenbulbus übergeht. Am Rand der Lider stehen kräftige Haare (Wimpern), die oben länger und fester sind als unten. Am Innenrand der Lider münden große Talgdrüsen (Meibomsche Drüsen), deren Ausmündungen als kleine Punkte erkennbar sind. Entzündung dieser Drüsen führt bei Menschen zum Gerstenkorn (Hordeolum). Die Augenlider stehen mit verschiedenen Muskeln in Beziehung; in ihrem Inneren verläuft ringförmig der M. orbicularis palpebrarum (oculi). In der Tiefe des nasalen Augenwinkels faltet sich die Conjunctiva zur Nickhaut (3. Augenlid, Blinzhaut), die von Knorpel gestützt wird und mit einer Nickhaut-

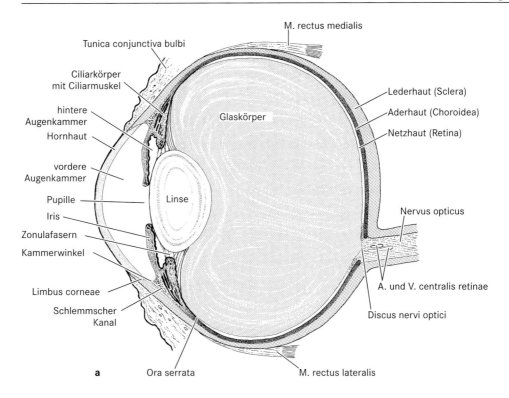

M. rectus medialis

Tunica conjunctiva bulbi

Ciliarkörper
mit Ciliarmuskel

hintere
Augenkammer

Hornhaut

vordere
Augenkammer

Pupille

Iris

Zonulafasern

Kammerwinkel

Limbus corneae

Schlemmscher
Kanal

Glaskörper

Linse

Lederhaut (Sclera)

Aderhaut (Choroidea)

Netzhaut (Retina)

Nervus opticus

A. und V. centralis retinae

Discus nervi optici

a Ora serrata

M. rectus lateralis

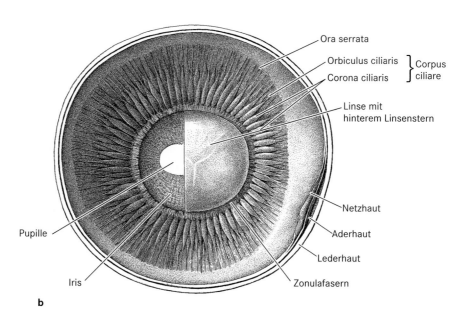

Ora serrata

Orbiculus ciliaris } Corpus

Corona ciliaris } ciliare

Linse mit
hinterem Linsenstern

Netzhaut

Aderhaut

Lederhaut

Zonulafasern

Pupille

Iris

b

drüse sowie einer kleinen Harderschen Drüse in Beziehung steht. Die Tränendrüse liegt dorsotemporal am Augenbulbus.

Der **Augapfel** wird von folgenden **Muskeln** bewegt: vier gerade verlaufenden Musculi recti bulbi (dorsalis = superior, ventralis = inferior, temporalis = lateralis und nasalis = medialis), zwei schräg verlaufenden Musculi obliqui bulbi, einem M. obl. bulb. dorsalis (superior) und einem M. obl. bulb. ventralis (inferior). All diese Muskeln entspringen in der Tiefe der knöchernen Orbita und setzen mit breiten Sehnen am Augenbulbus an. Der M. retractor bulbi (fehlt beim Menschen) umgibt den hinteren Teil des Bulbus und den Sehnerven und wird von den vier Musculi recti umschlossen. Der Verlauf der Musculi obliquui ist komplizierter und ohne Präparat einer knöchernen Orbita nur schwer vorstellbar.

Die Wand des Auges ist dreischichtig. Außen liegt die **äußere Augenhaut** (Tunica fibrosa), die aus zwei Bereichen besteht, der Hornhaut (Cornea) und der Lederhaut (Sclera). Die umfangreiche Sclera bedeckt den größten Teil des Auges, ist weißlich und besteht aus kräftigen, geflechtartig angeordneten Kollagenfasern. Die glasklare durchsichtige Hornhaut ist außen von mehrschichtigem, nicht verhorntem Plattenepithel und innen von einschichtigem Plattenepithel bedeckt, in ihrem Inneren finden sich sehr regelmäßig angeordnete Kollagenfasern, Proteoglykane und ein streng regulierter Wasser- und Elektrolytgehalt sowie sensible Nervenfasern. Blutgefäße fehlen.

Die **mittlere Augenhaut** gliedert sich in Aderhaut (Choroidea), Faltenkranz (Ciliarkörper) und Regenbogenhaut (Iris). Sie ist reich an Blutgefäßen und Melanocyten.

Die **innere Augenhaut** (Netzhaut, Retina) besteht aus der hinten gelegenen Pars optica (mit Sehzellen) und der vorn gelegenen Pars caeca (ohne Sehzellen). Die Pars caeca besteht nur aus zwei Zellschichten, die pigmentiert sind. Nur über dem Ciliarkörper ist die innere Schicht pigmentfrei. Der Übergang zwischen Pars optica und Pars caeca ist die glatt oder leicht gewellt verlaufende Ora serrata (Abb. 226b), die bei Innenansicht der vorderen Augenhälfte gut sichtbar ist. Die Innenansicht der insgesamt dunklen hinteren Augenhälfte zeigt die sich leicht ablösende blutgefäßhaltige Pars optica der Retina und den Sehnervenabgang (Sehnervenpapille). Von dieser Stelle gehen 3–4 kräftige Arterienstämme, die der A. centralis retinae entspringen, in die Peripherie, wo sie sich verzweigen und capilläre Netze bilden; die großen Venenstämme verlaufen parallel zu den Arterien. Auffällig ist, wie leicht sich die Netzhaut von der Wand des Bulbus ablöst. Die genaue Analyse zeigt, dass sich nur das Stratum cerebrale, also der dickere innere Teil der Retina mit den Stäbchen und Zapfen und anderen Neuronen ablöst, wohingegen das Pigmentepithel haften bleibt. Zwischen Stratum cerebrale und dem Pigmentepithel befindet sich ein schmaler flüssigkeitshaltiger Spaltraum („Sehventrikel"). Das Stratum cerebrale der Retina wird nur durch den Augeninnendruck und den Glaskörper gegen die Augenwand gedrückt, daher sind Netzhautablösungen, z.B. bei subretinalen Blutungen, nicht selten.

● Längsschnitte durch das Auge zeigen vor allem die für Akkomodation, Lichtbrechung und Kammerwasserbildung wichtigen Strukturen.

Die **vordere Augenkammer** wird im Wesentlichen von Cornea und Iris begrenzt. Sie ent-

---

Abb. 226 Rinderauge. **a** Schematischer Horizontalschnitt durch den Augapfel. Am Discus nervi optici tritt der Sehnerv (Nervus opticus) aus dem Augapfel aus. Diese Austrittsstelle liegt exzentrisch nasalwärts vom hinteren Augenpol. Am freien Rand der Iris ist der M. sphincter pupillae angedeutet; der M. dilatator pupillae verläuft parallel zum Hinterrand der Iris, der von einem 2-schichtigen pigmentierten Epithel gebildet wird (Pars iridica retinae). **b** Vordere Hälfte des Augapfels, Ansicht von innen. Die Gesamtheit der Zonulafasern bildet die Zonula ciliaris. An der beim Rind relativ glatt begrenzten Ora serrata geht die lichtempfindliche Pars optica der Netzhaut in die blinde Pars caeca der Netzhaut über, die Ciliarkörper und Hinterwand der Iris bedeckt. Die sehr dunkel pigmentierte Pars caeca ist nasal schmaler als temporal. Der vordere Teil des Ciliarkörpers (Corona ciliaris) bildet hohe Wülste (Kammerwasserbildung und Zonulafasernansatz), der hintere Teil (Orbiculus ciliaris) besteht aus niedrigen Falten und Wülsten. Der beim Rind relativ flache Ciliarmuskel besteht aus glatten, vorwiegend meridional angeordneten Muskelzellen; er entspringt vom Übergang Hornhaut/ Sclera und setzt an der Bruchschen Membran an, einer elastischen Schicht zwischen Netz- und Aderhaut

hält das glasklare Kammerwasser, das im Kammerwinkel, dem Winkel zwischen Cornea und Iris, über den Schlemmschen Kanal abfließt. Im Zentrum der Iris befindet sich die querovale Pupille, die die Verbindung zur hinteren Augenkammer herstellt. Die Iris ist braun pigmentiert und besitzt am Pupillenrand den ringförmig angeordneten Musculus sphincter pupillae (verengt die Pupille) sowie den radiär verlaufenden M. dilatator pupillae (erweitert die Pupille).

Die **hintere Augenkammer** ist ein spaltförmiger Raum zwischen Iris, Ciliarkörper, Linse und Vorderwand des Glaskörpers, der mit der vorderen Kammer über die Pupille kommuniziert. Das Epithel des Ciliarkörpers produziert das Kammerwasser, das die Augenkammern mit einem bestimmten Druck füllt. Chronische Überschreitung der Normalwerte des Augeninnendrucks, die z.B. durch Behinderung des Kammerwasserabflusses im Kammerwinkel erfolgen kann, führt zum grünen Star (Glaukom), was Minderung der Sehkraft, Gesichtsfeldausfälle und schließlich Blindheit zur Folge hat.

Der **Ciliarkörper** besteht beim Rind überwiegend aus radiär verlaufender, glatter Muskulatur und steht im Dienste der Akkomodation. Von den oberflächlichen Falten des Ciliarkörpers ziehen Zonulafasern zum Äquator der Linse. Veränderungen der Spannung dieser Fasern führt zu Änderung der Krümmung der Linse, Entspannung der Zonulafasern führt zu ihrer Abrundung (Naheinstellung), Anspannung der Fasern zu ihrer Abflachung (Anpassung an das Sehen in die Ferne).

Die **Linse** fällt bei unzureichender Fixierung bei geöffnetem Augapfel manchmal aus dem Präparat heraus. Sie hat einen Horizontaldurchmesser von 17–18mm, die Krümmung ihrer Vorderfläche ist deutlich flacher als die der Hinterfläche. Sie kann im Alter trüb werden (grauer Star, Katarakt). Auf der Rückseite ist der dreistrahlige Linsenstern (Nahtstern) zu sehen, dessen Entstehung aus der Entwicklungsgeschichte verständlich wird.

Der gallertige **Glaskörper** ist auch beim Rind glasklar und ca. 20,3cm^3 groß. Er füllt den größten Teil des Innenraums des Auges aus und ist reich an Hyaluronsäure.

Im **Innenohr (Labyrinth)** findet sich neben den drei Bogengängen (Gleichgewichtssinn) die schraubig aufgerollte Schnecke (Cochlea, oft 2 bis 4 Windungen) mit kompliziert gebautem Sinnesepithel (Cortischem Organ). Im Mittelohr finden sich drei Gehörknöchelchen (Hammer, Amboß, Steigbügel). Das äußere Ohr besitzt meistens eine Ohrmuschel, die der Ortung von Schallquellen dient, aber auch weitere Funktionen übernehmen kann wie z.B. Signalgebung und Wärmeregulation.

Auch das **Geruchsorgan** ist in der Regel höher entwickelt als das aller übrigen Wirbeltiere. Seine recipierende Oberfläche hat durch Ausbildung zahlreicher, kompliziert gebauter knöchernes Turbinalia (Nasenmuscheln) stark an Ausdehnung gewonnen. Vielfach entwickeln sich von der Nasenhöhle aus Lufträume in die angrenzenden Knochen hinein, im Stirnbein z.B. die Stirnhöhlen und in den Kieferknochen die Kieferhöhlen. Die Choanen (innere Nasenöffnungen) liegen infolge der Ausbildung des knöchernen Gaumens weit hinten.

Das **Gebiss** der Säugetiere ist meist **heterodont**, d.h. die einzelnen Zähne sind der Form nach verschieden (Schneidezähne, Eckzähne, Backenzähne); wo ein homodontes Gebiss auftritt (z.B. bei den Zahnwalen), ist es sekundär aus einem heterodonten entstanden. Die Säugetiere sind **diphyodont**, d.h. es treten zwei Generationen von Zähnen auf (Milchgebiss und Dauergebiss). Die Zahl der Zähne ist bei den phylogenetisch älteren Säugetieren meist größer als bei den jüngeren Gruppen; als ursprünglich betrachtet man bei den Placentalia 44 Zähne.

Die Mundöffnung wird von fast stets beweglichen Hautfalten, den **Lippen**, begrenzt. Auf dem Boden der Mundhöhle liegt die muskulöse Zunge. Nach hinten wird die Mundhöhle durch das Gaumensegel abgegrenzt. **Speicheldrüsen**, die ihr Sekret in die Mundhöhle bzw. ihren Vorhof ergießen, sind die Ohrspeicheldrüse (Glandula parotis), die Unterkieferdrüse (Gl. submandibularis) und die Unterzungendrüse (Gl. sublingualis); ihr Sekret ist muköser, seröser oder gemischter Natur. Der Rachen (Schlund, Pharynx) geht in die Speiseröhre (Oesophagus) über, die durch das Zwerchfell tritt und in den Magen mündet. Am umfangreichen **Magen** unterscheidet man einen vorderen Cardia-, einen mittleren Corpus-Fundus- und einen hinteren Pylorusteil. Im Einzelnen kann der Magen bei den verschiedenen Säugetieren unterschiedlich gestaltet sein. Am **Darm** unterscheiden wir Dünndarm und Dickdarm. Im vorderen, als

Duodenum bezeichneten Abschnitt des **Dünndarmes** münden, oft vereinigt, die Ausführgänge von Leber und Pankreas. Der an das Duodenum anschließende Hauptteil des Dünndarmes ist in Jejunum und Ileum gegliedert. Auch am **Dickdarm** unterscheidet man drei Abschnitte; Caecum, Colon und Rectum. Das **Caecum** (der Blinddarm) liegt am Anfang des Colons und dient bei einigen Pflanzenfressern (z.B. Rodentia und Lagomorpha) als Gärkammer (Celluloseabbau durch Bakterien) und kann sehr groß werden. Bei manchen Arten ist das Caecum kurz und teilweise rückgebildet (Wurmfortsatz).

Die Leibeshöhle der Säugetiere wird durch eine transversale, sehnig muskuläre Scheidewand, das **Zwerchfell (Diaphragma)**, vollkommen in zwei Bereiche getrennt: Herz- und Pleurahöhlen im Thoraxbereich und Abdominalhöhle (Bauchhöhle) im Bauchbereich. Der gesamte, von den Rippen umschlossene Raum im Thorax, in dem Herz und Lungen mit ihren Höhlen liegen, wird auch Brusthöhle genannt.

Die Atmungsorgane beginnen mit Nasenhöhle und Rachen. Es folgt der Kehlkopf, dessen Eingang durch den Kehldeckel (Epiglottis) verschließbar ist. Die anschließende Trachea gabelt sich in die beiden Hauptbronchien, die sich innerhalb der Lunge dichotom weiter verzweigen, so den luftleitenden Bronchialbaum bildend, der mit den Alveolen von Alveolargängen und -säcken endet, die dem Gasaustausch dienen. Wichtigster Atemmuskel ist das Zwerchfell.

Das Herz besteht aus je zwei getrennten Kammern und Vorkammern. Nur der linke Aortenbogen ist erhalten geblieben; er entspringt aus der linken Herzkammer. Das aus dem Körper zurückströmende Blut fließt durch eine oder zwei vordere und eine hintere Hohlvene in die rechte Vorkammer und durch diese in die rechte Herzkammer, die es durch Truncus pulmonalis und die Lungenarterien in die Lungen leitet. Von hier kehrt es oxygeniert durch die Lungenvenen zum Herzen zurück, tritt in die linke Vorkammer ein und wird von ihr an die linke Herzkammer befördert, die es in den Aortenbogen pumpt.

Das Urogenitalsystem erfährt innerhalb der Säugetiere beträchtliche Umformungen. Die Eier legenden Monotremen haben als älteste Gruppe noch eine Kloake. Bei den meisten anderen Säugetieren wird die Kloake durch eine Falte ihrer Vorderwand, den Damm (Perineum), in zwei völlig getrennte Abschnitte zerlegt: einen vorderen, den Urogenitalsinus, und einen hinteren, der den Enddarm mit dem After umfasst. Die Hoden verlagern sich oft aus der Bauchhöhle in peritoneal ausgekleidete Scrotalsäcke (Descensus testiculorum); sie können sich bei manchen Säugetieren nach jeder Brunstperiode in die Bauchhöhle zurückverlagern. Die Pars sexualis des Opisthonephros wird zum Nebenhoden. Die Wolffschen Gänge werden zu den in den Sinus urogenitalis einmündenden Samenleitern. Die Ausführgänge der Niere, die Harnleiter = Ureteren, münden in die Harnblase. Die Ableitung des Harns aus der Blase erfolgt über die unpaare Harnröhre (Urethra).

Beim weiblichen Geschlecht gliedern sich die beiden Müllerschen Gänge in hintereinander liegende, strukturell und funktionell verschiedene Abschnitte: Eileiter, Uterus und weitgehend offenbar auch die Vagina. Bei den Marsupialia sind zwei Vaginen vorhanden, die getrennt in den Sinus urogenitalis münden (Didelphier); bei Placentaliern sind sie zu einem unpaaren Gang vereinigt (Monodelphier). Der Uterus zeigt alle Übergänge von völliger Trennung (Uterus duplex) bis zu teilweiser (Uterus bicornis) oder völliger (Uterus simplex) Verschmelzung der ursprünglich getrennten Uterusanlagen.

Nur die Monotremen legen Eier. Ihre Eier sind wie die der Sauropsida reich an Dotter. Bei den Marsupialia verweilen die Embryonen nur kurze Zeit (8–12 Tage) im Uterus und werden in sehr unvollkommenem Zustand geboren, um ihre Weiterentwicklung im Beutel durchzumachen. Bei den Placentalia kommt es zur Entstehung einer leistungsfähigen chorioallantoigenen Plazenta, die mit der Schleimhaut des Uterus in Kontakt tritt. Die Jungen bleiben hier länger im Körper der Mutter und kommen verhältnismäßig weit entwickelt zur Welt.

Spezieller Teil

Technische Vorbereitungen

- Zur praktischen Einführung in die Anatomie der Säugetiere die weiße Laborratte verwenden, deren Stammart *Rattus norvegicus* ist. Die Tiere werden kurz vor der Präparation in großen Gefäßen durch Einleiten von CO_2

oder durch Äther getötet. Die Tötung ist auch – nach Vornarkose mit Äther – mithilfe einer Überdosis Nembutal (Pentabarbital) möglich, das intracardial injiziert wird. Im Zweifelsfalle erkundige man sich nach den gültigen Tierschutzbestimmungen, die im jeweiligen Bundesland verbindlich sind. Präpariert wird in großen Wachsbecken. Das bei älteren Tieren oft reichlich entwickelte Fettgewebe kann die Präparation sehr erschweren. Es empfiehlt sich daher, zur Präparation Tiere unter 300g zu verwenden.

1. *Rattus norvegicus* forma *domestica*, Laborratte

Körperform. Der gesamte Körper der Ratte ist mit **Haaren** bedeckt, die von zweierlei Art sind: feine, wollige Unterhaare (Wollhaare) und steifere, längere Grannenhaare. Am Schwanz sind Ringe von Hornschuppen ausgebildet, zwischen denen kurze, locker angeordnete Haare stehen. An der Oberlippe finden sich beiderseits 50–60 kräftige, lange Tasthaare (Sinushaare). Auch an anderen Körperstellen (Unterlippe, andere Kopfregionen, Vorderextremität) sind Sinushaare angelegt. Ihre bindegewebige Wurzelscheide enthält Blutsinus und sensible Rezeptorstrukturen.

An den **Hinterpfoten** sind alle fünf Zehen wohlausgebildet und mit krallenartigen Nägeln versehen, an den **Vorderpfoten** dagegen nur vier; hier ist die erste Zehe stark verkürzt, ihr Nagel ist seltsamerweise abgeflacht. An den Zehenspitzen und den Fußflächen befinden sich Ballen.

Am Kopf sieht man die gespaltene Oberlippe sowie die meißelförmigen oberen und unteren Nagezähne. Zwischen den Nagezähnen und den Mundwinkeln schlägt sich die behaarte Haut der Oberlippe nach innen um, ein für die Nagetiere charakteristisches Merkmal. Am Auge kann man außer dem oberen und unteren Augenlid noch eine Nickhaut feststellen, die als knorpelgestützte Schleimhautfalte vom inneren (vorderen) Augenwinkel ausgeht.

Am Hinterende des Körpers liegt ventral der After, davor und durch den Damm von ihm getrennt, bei den Männchen der Penis, auf dessen Spitze die Urogenitalöffnung (Urethra) mündet, bei dem Weibchen der Eingang in die Vagina. Die Harnröhre mündet bei den weiblichen Ratten getrennt von der Geschlechtsöffnung, und zwar vor der Vagina an der Basis der von einer kleinen Vorhaut umhüllten Clitoris (entspricht dem Penis der Männchen). Beim Weibchen finden sich rechts und links in der Bauchhaut die Zitzen, drei Paar in der Thorakal- und drei Paar in der Abdominalregion. Die Zitzen der Männchen sind rudimentär und schwer zu finden.

- Mit der Präparation beginnen, indem die Haut der Bauchseite von der Körpermitte ausgehend durch einen medianen Schnitt nach vorn bis zum Unterkieferwinkel und nach hinten seitlich an der Clitoris bzw. an der Penisspitze vorbei bis zum Becken (beim Männchen bis zum Ende des Scrotums) aufgeschnitten wird. Bei einem Weibchen liegen unter der Haut die flach ausgebreiteten Milchdrüsen.
- Dann wird die Haut mit den Fingern und – wenn nötig – dem Skalpell von der Unterlage gelöst.
- Besondere Vorsicht ist in der Halsregion geboten. Keinesfalls dürfen mit dem Unterhautfettgewebe die Speicheldrüsen – sie liegen zwischen Haut und Muskulatur – entfernt werden.
- Am Kopf das Fell bis zum Auge und Ohr lösen, an den Extremitäten bis zur Mitte von Unterarm und Unterschenkel, am Körper so weit, dass es sich, ohne das Abdomen zu deformieren, seitlich ausbreiten und feststecken lässt.
- Es wird nun in der Mitte des Bauches die Bauchdecke mit der Pinzette etwas hochgehoben und mit der Schere angeschnitten. Dann führt man einen Medianschnitt längs der weißen, sehnigen Linea alba nach cranial und caudal, der die Abdominal-(Bauch-)Höhle eröffnet.
- Hinten bis zur Schambeinsymphyse aufschneiden, vorn bis zum Hinterrand des Sternums. Dann, ohne den Brustraum zu eröffnen, vom Sternum aus jederseits einen Schnitt am Rippenbogen, dem Hinterrand des Brustkorbs, entlangführen, und die Bauchdecken zurückklappen und feststecken (Abb. 227).

Die **Bauchhöhle**, die auf diese Weise in ganzer Ausdehnung eröffnet wurde, wird von der **Brusthöhle** durch das kuppelförmige, muskulöse **Zwerchfell** geschieden. Caudal vom Zwerchfell

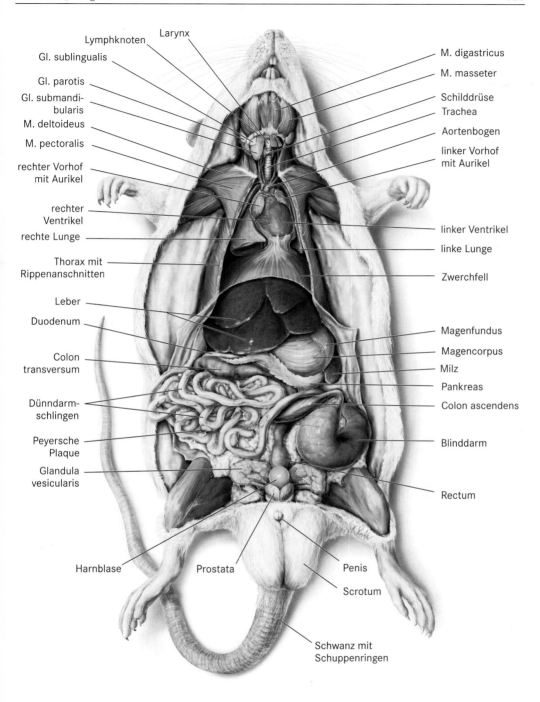

Larynx
Lymphknoten
Gl. sublingualis
Gl. parotis
Gl. submandibularis
M. deltoideus
M. pectoralis
rechter Vorhof mit Aurikel
rechter Ventrikel
rechte Lunge
Thorax mit Rippenanschnitten
Leber
Duodenum
Colon transversum
Dünndarmschlingen
Peyersche Plaque
Glandula vesicularis
Harnblase
Prostata

M. digastricus
M. masseter
Schilddrüse
Trachea
Aortenbogen
linker Vorhof mit Aurikel
linker Ventrikel
linke Lunge
Zwerchfell
Magenfundus
Magencorpus
Milz
Pankreas
Colon ascendens
Blinddarm
Rectum
Penis
Scrotum
Schwanz mit Schuppenringen

Abb. 227 Situs der Baucheingeweide einer männlichen Ratte. Der außen glatte Magenfundus ist deutlich gegen das oft mit Längsfalten versehene Magencorpus abgesetzt. Das von der großen Kurvatur des Magens (Magenunterrand) ausgehende große Netz (Omentum majus) ist nicht dargestellt. Schilddrüse = Glandula thyroidea = Thyroidea

liegt die braunrote, in mehrere Lappen gegliederte Leber.

- Das Sternum etwas anheben und die Leber vorsichtig nach hinten drücken.

Dadurch wird das Zwerchfell sichtbar. Durch seinen dünnen, membranösen zentralen Teil erkennt man die hellrote Lunge. Die Leber bedeckt mit ihrem linken Lappen den größten Teil des Magens. Eine Gallenblase fehlt der Ratte (nicht aber der Hausmaus). Der **Magen** ist ein weiter, quer liegender Sack mit craniodorsaler Konkavität (Curvatura minor) und caudoventraler Konvexität (C. maior). Vorn liegt in der Mitte unter den Leberlappen die als Cardia bezeichnete Einmündungsstelle des Oesophagus, rechts – von Teilen des Pankreas überlagert – der Pylorus, die Übergangsstelle in den Darm. Der Hauptteil des Magens wird Corpus genannt; er besitzt einen weiten, nach links oben gerichteten Blindsack, den Fundus. Dieser ist bei der Ratte von Plattenepithel ausgekleidet, dessen Grenze zur drüsigen Magenschleimhaut auch von außen gut sichtbar ist (Abb. 227). Von innen betrachtet ist die drüsige Magenschleimhaut rosa-farben, die des Fundus hell. Vom Unterrand des Magens ausgehend legt sich eine teils transparente, teils fettgewebehaltige Mesenterialstruktur, das große Netz (Omentum majus) über die Darmschlingen.

Die **Milz** liegt als zungenförmiges, braunrotes Organ unmittelbar links und dorsal vom Magen. Caudal vom Magen befindet sich der sehr lange, in viele Windungen gelegte Dünndarm. Im linken caudalen Teil der Bauchhöhle sind – bei verschiedenen Tieren in wechselnder Lage – der ziemlich große, graugrüne Blinddarm (Caecum) und ein kurzes Stück des anschließenden Colons zu sehen. Die Wand des Colons erscheint fein schräggestreift. Caudal befindet sich die Harnblase, die, wenn sie prall gefüllt ist, eine ansehnliche Größe erreicht.

- Um einen besseren Überblick über die einzelnen Abschnitte des Darmes zu gewinnen, den Blinddarm anheben, hin und her wenden und sich dabei über die Einmündung des Dünndarmes und den Ursprung des Dickdarmes informieren. Die Dünndarmschlingen, wo sie die Sicht auf tiefere Regionen des Bauchsitus verdecken, zur Seite schieben.

- Schließlich möglichst große Abschnitte des Dünndarmes herauslegen, dabei die Mesenterien so weit wie möglich schonen.

Folgt man nochmals, am Magen beginnend, dem Darmverlauf, so ist zu sehen, dass der als **Duodenum** bezeichnete Anfangsabschnitt des Dünndarmes eine weit nach hinten reichende U-förmige Schlinge bildet. Im Mesenterium der Duodenalschlinge liegt die hellrote, weitverzweigte **Bauchspeicheldrüse (Pankreas)**.

Etwa auf halber Höhe zwischen Pylorus und Umbiegungsstelle der Duodenalschlinge mündet in den absteigenden Schenkel des Duodenums der von der Leber kommende Gallengang. Er ist, da er zum Teil durch Pankreasgewebe zieht, nicht ganz leicht zu finden.

Der an das **Duodenum** anschließende, sehr lange und vielfach gewundene Hauptabschnitt des Dünndarms gliedert sich in **Jejunum** und **Ileum**. Beide sind ähnlich gebaut; im Ileum sind die Schleimhautfalten niedriger und die Zotten stehen etwas lockerer als im Jejunum. Das Ileum mündet unvermittelt in den weiten **Blinddarm (Caecum)** ein. An der Einmündungsstelle findet sich in Form einer hellen, ringförmigen Anschwellung ein Rückstauventil. Kleine, meist auch von außen sichtbare Knötchen in der Darmwand sind Ansammlungen von Lymphfollikeln (**Peyersche Plaques**, Abb. 227).

Vom Blinddarm geht, unweit der Einmündung des Ileums, das **Colon** aus. Dieses zieht als Colon ascendens nach rechts cranial, anschließend als Colon transversum nach links und biegt als Colon descendens zur Mitte, wo es ohne scharfe Grenze in das Rectum (Mastdarm) übergeht. Der Mastdarm verläuft gestreckt zum Anus. Hier münden, kurz vor dem Übergang in die Haut, zahlreiche Talgdrüsen, die gemeinsam als Analdrüse bezeichnet werden.

- Nun werden der Oesophagus kurz vor seinem Eintritt in den Magen und der Enddarm etwa 2 cm vor dem After durchschnitten und der gesamte Darm, indem wir vorsichtig die ihn befestigenden Mesenterien durchtrennen, samt Pankreas und Milz herausgenommen. Alle übrigen Organe bleiben an Ort und Stelle.

Durch das Entfernen des Darmes wurde das **Urogenitalsystem** freigelegt (Abb. 228), zu dessen Betrachtung man jetzt übergeht. Hier fallen

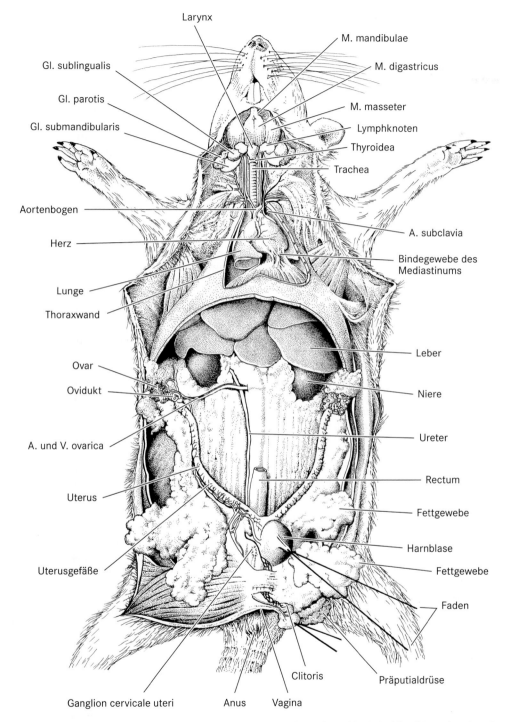

Abb. 228 Retrositus einer weiblichen Ratte. Der Darm ist entfernt. Gl. = Glandula, M. = Musculus, A. = Arteria, V. = Vena, Thyroidea = Glandula thyroidea = Schilddrüse

umfangreiche Fetteinlagerungen in die Aufhängebänder von Uterus, Eileiter und Ovar bzw. in den Samenstrang sowie um die Nieren auf, die zunächst sorgfältig entfernt werden müssen. Die **Nieren** sind zwei bohnenförmige Körper von dunkelbraunroter Farbe. Ihre Oberfläche ist glatt und von einer dünnen Bindegewebshülle, der Nierenkapsel, umgeben. Die Nieren sind etwas asymmetrisch gelagert, indem die linke mehr schwanzwärts und seitwärts liegt als die rechte, die in ihrem oberen Teil von einem Leberlappen überdeckt wird.

Der Innenrand der Nieren zeigt eine seichte Einbuchtung (Hilus), in deren Bereich die Ein- und Austrittsstelle der Nierengefäße, der Arteria renalis und der Vena renalis, liegt. Auch der **Harnleiter** (**Ureter**) tritt hier aus. Er beginnt mit einer trichterförmigen Erweiterung im Inneren der Niere, dem Nierenbecken, und zieht nach caudal zur Harnblase.

Der **Harnblase** entspringt beim Weibchen die kurze Harnröhre (**Urethra**), die bei der Ratte vor der Vagina an der Basis der Clitoris mündet. Beim männlichen Geschlecht ist die Urethra bedeutend länger, sie erstreckt sich von der Blase bis zur Penisspitze. Bei beiden Geschlechtern öffnen sich neben der Urethralmündung große modifizierte Talgdrüsen (Präputialdrüsen), deren Sekret eine Funktion als Gleitmittel bei der Kopulation wie auch eine Duftwirkung zugeschrieben wird.

Am oberen Pol der Nieren befindet sich je eine kompakte gelblich gefärbte **Nebenniere**.

- Den rechten Leberlappen nach oben wegdrücken und die Nieren leicht nach unten ziehen.

Die rechte Nebenniere liegt unmittelbar am oberen Nierenpol, die linke wenige Millimeter vom Nierenpol entfernt, der Mittellinie genähert. Die Nebennieren dürfen nicht mit den eher weißlichen Nierenlymphknoten verwechselt werden, die nahe am Hilus jeder Niere unmittelbar vor der Arteria renalis liegen.

Bei der **weiblichen** Ratte liegen die Ovarien als zwei kugelige, traubige Körper dem Psoasmuskel auf; sie sind durch eine schmale Falte des Bauchfells, das Mesovar, an der dorsalen Rumpfwand festgeheftet. Weitere Bauchfellduplikaturen formen eine geschlossene Hülle um das **Ovar** (Bursa ovarica), in deren Innenraum der konisch zulaufende Anfangsteil des Eileiters hineinragt. An der Oberfläche des reifen Ovars sieht man die Tertiärfollikel, darunter die Graafschen Follikel als Bläschen verschiedener Größe vorspringen. Der **Eileiter** (Tuba uterina, Oviduct) nimmt mit seiner Eingangsöffnung (Ostium abdominale) die durch Follikelsprung freiwerdenden Eizellen auf; im Anfangsteil des Eileiters findet die Befruchtung statt. In stark geschlängeltem Verlauf führen die von Flimmerepithel ausgekleideten und wie ein kugeliges Knäuel aussehenden Eileiter die Eizellen in die beiden geräumigen **Uteri** über, deren gerader, durch ein gefaltetes Band befestigter Hauptteil als Uterushorn bezeichnet wird. Die caudalen Abschnitte der beiden Uteri scheinen über eine kurze Strecke miteinander verwachsen zu sein, doch bleiben ihre Lumina getrennt, sodass bei der Ratte ein Uterus duplex vorliegt. Die Uteri münden getrennt auf zwei Papillen in die Scheide (**Vagina**) ein.

- Um dies sichtbar zu machen, mit der Schere die ventrale Wand des vorderen Teils der Scheide aufschneiden.

Die Scheide verläuft als gerades Rohr caudalwärts. Ihre Schleimhaut bildet Längsfalten aus.

Nun zur Untersuchung einer **männlichen** Ratte (Abb. 227, 229). Die **Hoden** liegen bei jungen Tieren an der dorsalen Wand der Bauchhöhle und wandern vor der Geschlechtsreife durch den Leistenkanal in den Hodensack (Scrotum), der durch ein Paar muskulöse Ausstülpungen der Bauchwand gebildet wird.

- Den Hodensack aufschneiden.

Die eiförmigen Hoden sind durch ein Band, das Gubernaculum testis, an der muskulösen Innenwand des Scrotums befestigt.

Am dorsalen und medialen Rand jedes Hodens liegt der Nebenhoden (Epididymis). Er beginnt mit dem dem vorderen Pol des Hodens anliegenden Nebenhodenkopf (Caput epididymidis), einer Aufknäuelung von 5–7 Ductuli efferentes. Die Ductuli münden in den Ductus epididymidis, der an der medialen Wand des Hodens entlangzieht und in seinem Hinterpol als Nebenhodenschwanz (Cauda epididymidis) eine weitere Aufknäuelung bildet. Von hier an macht sich der ziemlich dicke Schlauch, von nun an als **Samenleiter** (Ductus deferens) bezeichnet, vom Hoden frei. Die Samenleiter treten nach vorn durch den Leistenring in die Bauchhöhle ein, überqueren die Ureteren, wenden sich wieder caudalwärts und münden von der dorsalen Seite her in die Urethra ein.

- Um den Verlauf der Samenleiter zu verfolgen, die ventralen Prostatalappen nach hinten und die Glandulae vesiculares (s. unten) nach vorne drücken.
- Mit der Schere die Hoden von der Scrotumwand ablösen und seitlich herauslegen. Darauf die von der ventralen Seite des Beckens entspringende und medial zwischen den Leistenkanälen liegende Muskulatur entfernen, die Schambeinsymphyse freilegen und mit einer Knochenzange die Scham- und Sitzbeine unmittelbar seitlich von der Schambeinsymphyse durchtrennen.
- Dann den medianen Beckenteil herausheben, indem man sorgfältig die beiden Corpora cavernosa penis von der Hinterfläche des Sitzbeins lostrennt.
- Um alle dorsal der Urethra gelegenen Teile sehen zu können, unter Schonung der Gefäße die Bänder durchschneiden, die Urethra und Rectum gemeinsam umhüllen und die Urethra samt Blase zur Seite ziehen.

Man sieht nun die Urethra frei vor sich liegen und dorsal von der Symphyse in den Penis eintreten. Nach vorn setzt sie sich in den Hals der Harnblase fort, in die, von vorn kommend, seitlich die Harnleiter münden.

- Um das deutlich zu sehen, die Harnblase und die accessorischen Geschlechtsdrüsen dieses Bereichs caudalwärts herabziehen.

Jetzt wird auch klar, dass die beiden Samenleiter von hinten kommend die Ureteren kurz vor deren Einmündung in die Blase (ventral) kreuzen, unmittelbar darauf nach dorsal umbiegen und gemeinsam mit den Ausführgängen der schon erwähnten accessorischen Geschlechtsdrüsen (Glandula prostatica und Gl. vesicularis) in die Urethra münden. In die Samenleiter münden kurz vor ihrem Ende die Samenleiterdrüsen (Glandulae ductus deferentis); sie werden fast ganz vom Lobus dorsolateralis der Prostata verdeckt.

Die **Prostata** bildet jederseits drei Lappen (Abb. 229), deren Bezeichnung in der Literatur unterschiedlich gehandhabt wird und die hier dorsocranialer Lappen (auch als Koagulations-

drüse bezeichnet), ventraler und dorsolateraler Lappen genannt werden. Die paarigen ventralen und dorsolateralen Lappen umgeben die Basis der Urethra. Die bei Nagetieren besonders großen weißlich-rosagefärbten dorsocranialen Lappen erstrecken sich dorsal der Harnblase nach vorn und liegen innerhalb des Bogens der paarigen weißlich-gelben Glandula vesiculosa (Vesicula seminalis, Samenblase, Bläschendrüse), die eine widderhornförmige Gestalt besitzt. Die Ausführungsgänge der Prostata münden in die Urethra. Ihr Sekret ist Teil des Samenplasmas (Spermas) und enthält u.a. Proteasen und saure Phosphatase sowie Prostaglandine, die die Uteruskontraktionen fördern. Das Sekret der Koagulationsdrüse wird unmittelbar nach der Ejakulation ausgestoßen und gerinnt zu einem die Vagina verschließenden Pfropf. Weiter caudal liegen der Urethra dorsolateral die rosagefärbten beiden Cowperschen Drüsen (Glandulae bulbourethrales), deren Sekret eine wasserhelle Gleitflüssigkeit bildet, die das Eindringen des Penis erleichtert.

Der Penis der Ratte ist 25mm lang und misst 3mm im Durchmesser. Nicht-erigiert bildet er einen nach caudal gerichteten Knick (Flexura penis), der während der Erektion verschwindet. Der distale Teil des Penis bildet die Eichel (Glans penis), die 7,5–10mm lang ist und von einer verschieblichen Hautfalte (Praeputium) bedeckt wird. Die Haut der Glans trägt feine Hornstacheln, die in Ruhe nur wenig über die Oberfläche hervorragen. Die Glans enthält proximal einen Knochen (Os penis), der distal in ein Knorpelelement übergeht. Beide Stützgewebe sind durch straffes Bindegewebe verbunden.

Der mittlere Teil des Penis wird Peniskörper (Corpus penis) genannt. Proximal vom Peniskörper bildet das Penisgewebe die paarige Peniswurzel, die fest an Beckenboden und Beckenskelet verankert ist und von Muskeln, dem Musculus bulbospongiosus und den Mm. ischiocavernosi, bedeckt wird (Abb. 229). Der M. bulbospongiosus entspringt am Beckenboden und spielt wohl eine Rolle bei der Ejakulation. Die Musculi ischiocavernosi entspringen am Sitzbein (Os ischii) und unterstützen die Erektion, indem sie Blut in die Corpora cavernosa treiben.

Die Urethra liegt im ventralen Bereich des Penis. Sie wird von einem besonderen Schwellkörper, dem Corpus spongiosum, umgeben. Das

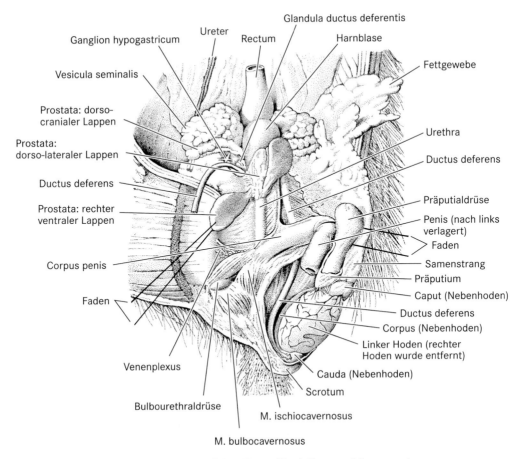

Abb. 229 Geschlechtsorgane einer männlichen Ratte. (Nach HEBEL und STROMBERG)

Corpus spongiosum ist ein Venenkomplex, dessen Konsistenz bei der Erektion vergleichsweise weich bleibt, was verhindert, dass die Urethra bei der Erektion komprimiert wird und der Samenabfluss behindert wird. Proximal bildet das Corpus spongiosum eine Auftreibung, den Bulbus penis.

An der Erektion des Penis ist ein Paar weiterer Schwellkörper (Corpora cavernosa) beteiligt. Sie sind von einer festen Hülle aus Kollagenfasern (Tunica albuginea) umgeben. Im Inneren bestehen sie aus einem Schwammwerk miteinander anastomosierender, endothelausgekleideter Bluträume, den Lakunen. Zwischen diesen besteht ein Netzwerk aus Bindegewebstrabekeln, die glatte Muskulatur enthalten. In jedes Corpus cavernosum tritt eine Arterie ein, die A. profunda

penis, von der seitlich kleine so genannte Rankenarterien, Arteriae helicinae, abzweigen, die in die Lakunen einmünden. Aus den Lakunen wird das Blut über Venen herausgeführt, die die Tunica albuginea durchqueren, und in den so genannten Sinus venosus münden. Aus diesem weiteren Blutraum wird das Blut in die dorsale Penisvene geführt. Im erschlafften Zustand sind die Aa. helicinae weitgehend verschlossen, so dass nur relativ wenig Blut durch die Lakunen fließt. Bei Erektion relaxiert unter dem Einfluss des Parasymphathicus und von Stickoxid die glatte Muskulatur der Aa. helicinae und der Bindegewebssepten zwischen den Lakunen. Es öffnen sich also die Aa. helicinae und die Lakunen füllen sich; dabei werden die abführenden Venen komprimiert.

Die Ejakulation und das Ausstoßen der Spermien stehen unter dem Einfluss des Sympathicus, der die rhythmische Kontraktion der Muskulatur von Vas deferens, Samenblasen und Prostata verursacht. Die Samenflüssigkeit wird mit hoher Geschwindigkeit in die Urethra und in die weiblichen Geschlechtswege gespritzt.

- Bevor man zur Anatomie der Brusteingeweide übergeht, das Nierenbecken untersuchen. Hierzu eine Niere herauslösen und durch einen Längsschnitt halbieren.

In das **Nierenbecken** ragt die Nierenpapille hinein, auf der die Sammelrohre ausmünden; bei vielen anderen Säugern trifft man eine größere Zahl solcher Papillen an. Das Nierengewebe lässt eine Gliederung in Rinde und Mark erkennen. Zum Mark gehört die Papille.

- Die Nebennieren ebenfalls halbieren.

Auch hier lassen sich Rinde und Mark unterscheiden.

- Nun die dem Brustkorb aufliegende Muskulatur abpräparieren, im Bereich der Schlüsselbeine so weit, bis man (Vorsicht!) auf Gefäße, die Jugularvenen und die Aa. und Vv. subclaviae stößt.
- Anschließend die Brusthöhle öffnen, indem das Zwerchfell am Rippenbogen entlang aufgetrennt wird. Mit der starken Schere rechts und links vom Brustbein einen Schnitt nach vorne führen, wobei die Rippen durchgetrennt werden müssen.
- Dann wird das Brustbein herausgelöst und die Wand des Brustkorbs auf beiden Seiten so weit abgetragen, dass der Brustraum frei zugänglich wird. Schließlich durch einen Medianschnitt die Halsmuskeln aufspalten, um die Trachea freizulegen.

Die Mitte der Brusthöhle nimmt das in die Herz-(Perikard-)höhle eingeschlossene **Herz** ein. Es ist mit seinem Perikard (parietales Blatt des Herzbeutels) in Bindegewebe eingebaut, das hier in der Mitte der Brusthöhle eine Art Septum bildet und Mediastinum genannt wird. Rechts und links von ihm liegt die hellrosa gefärbte Lunge. Das **Zwerchfell**, das Brust- und Bauchhöhle trennt, ist dünn und gliedert sich in eine ausgedehnte, sehnige Mittelscheibe (Centrum tendineum) und eine radiär davon ausstrahlende Muskulatur.

- Hierzu das Zwerchfell mit 2 Pinzetten an den Rändern fassen, hochziehen und abwechselnd nach hinten und vorn bewegen.

Es wird, etwas ventral von der Mitte des Centrum tendineum, von der Vena cava caudalis durchbohrt; dorsal von dieser tritt der Oesophagus hindurch und dicht vor der Wirbelsäule die Aorta. Links und dorsal von der Aorta zieht der dünnwandige **Ductus thoracicus** als Hauptlymphstamm des Körpers in die Brusthöhle nach vorn, um in die linke Vena subclavia einzumünden.

Die beiden Lungen umschließen das mit der Spitze nach links weisende Herz, vor dessen cranialem Ende sich Reste des bei jungen Tieren größeren **Thymus** nebst Fettablagerungen befinden. Umgeben wird das Herz von einem dünnwandigen Sack, dem **Herzbeutel**.

- Diesen – ebenso wie die bindegewebigen Umhüllungen der herznahen Gefäße – vorsichtig abpräparieren.

Die Gestalt des Herzens ist kegelförmig. Aus der linken Herzkammer entspringt die **Aorta** (linke Lunge nach rechts herüberlegen), die sich im Bogen nach links wendet und dann unmittelbar ventral der Wirbelsäule als Aorta descendens nach hinten verläuft (Abb. 230). An der Umbiegungsstelle entspringen von der Aorta drei große Arterien: der Truncus brachiocephalicus, die A. carotis communis sinistra und die zur linken Vorderextremität ziehende A. subclavia sinistra. Der Truncus brachiocephalicus teilt sich in die A. carotis communis dextra und in die A. subclavia dextra. Von der rechten Herzkammer geht der Truncus pulmonalis ab, der sich in linke und rechte Lungenarterie spaltet, die dann in die linke bzw. rechte Lunge eintreten. Aus der Lunge wird das oxygenierte Blut durch zwei Lungenvenen der linken Vorkammer des Herzens zugeführt. Die **Körpervenen** vereinigen sich zu zwei vorderen Hohlvenen (Venae cavae anteriores) und einer hinteren Hohlvene (Vena cava posterior), die in die rechte Vorkammer einmünden.

- Das Herz etwa in der Mitte quer durchschneiden.

So lassen sich die unterschiedliche Größe der beiden Kammern und die unterschiedliche Dicke der Kammerwände demonstrieren.

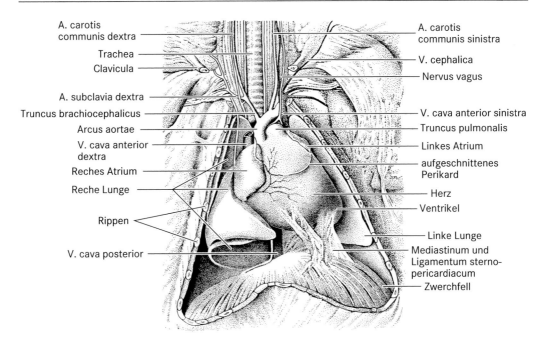

A. carotis communis dextra
Trachea
Clavicula
A. subclavia dextra
Truncus brachiocephalicus
Arcus aortae
V. cava anterior dextra
Reches Atrium
Reche Lunge
Rippen
V. cava posterior

A. carotis communis sinistra
V. cephalica
Nervus vagus
V. cava anterior sinistra
Truncus pulmonalis
Linkes Atrium
aufgeschnittenes Perikard
Herz
Ventrikel
Linke Lunge
Mediastinum und Ligamentum sterno-pericardiacum
Zwerchfell

Abb. 230 Inhalt der Brusthöhle. Herz, Lungen und große Gefäßstämme der Ratte. Lungen und Herz sind jeweils in eigenen Höhlen (Pleurahöhlen, Herzhöhle) eingeschlossen

Jede **Lunge** ist verschieblich in einer spaltförmigen Pleura-(Lungen-)höhle eingeschlossen. Die linke Lunge ist ungeteilt, die rechte besteht aus einem cranialen, einem mittleren, einem caudalen und einem nochmals unterteilten accessorischen Lappen.

Die **Trachea** ist ein langes, durch hufeisenförmige, dorsal offene Knorpelspangen gestütztes Rohr, das sich in der Brusthöhle in die beiden zu den Lungen gehenden **Hauptbronchen** teilt. An ihre dorsale Seite schmiegt sich der Oesophagus an. Vorn geht die Trachea in den **Kehlkopf** über, der ventral und seitlich von der großen Cartilago thyroidea (Schildknorpel) umfasst wird, während caudal davon noch eine schmale Knorpelspange zu erkennen ist, die den ventralen Bogen der ringförmigen Cartilago cricoidea (Ringknorpel) darstellt.

- Die Trachea samt Kehlkopf durch einen ventralen Längsschnitt spalten.

Der Eingang in den Kehlkopf wird ventral und an beiden Seiten durch den großen, knorpeligen Kehldeckel, die **Epiglottis**, überragt, die wie ein Deckel über die Mündung des Kehlkopfes gelegt werden kann. Ferner ist festzustellen, dass die ringförmige Cartilago cricoidea auf der dorsalen Seite stark verbreitert ist und dass ihrem oralen Rand hier noch zwei kleine Knorpelstücke, die Cartilagines arytaenoideae (Stell- oder Gießbeckenknorpel), aufsitzen. Zwischen Fortsätzen dieser beiden Knorpel und der Cartilago thyroidea spannen sich die beiden Stimmbänder aus.

Vor dem Kehlkopf finden sich drei Paar **Speicheldrüsen**, die Unterkieferdrüsen (Glandulae submandibulares), denen craniolateral die Unterzungendrüsen (Gl. sublinguales) aufliegen. Die ebenfalls paarige Ohrspeicheldrüse (Glandula parotis) erstreckt sich vom Ohr nach ventral und caudal. Rostral berührt sie die extraorbitale Tränendrüse. Kleine Speicheldrüsen finden sich in Zunge, Backen, Gaumen und Lippen. Unterhalb des Kehlkopfes liegt der Trachea die rotbraune, zweilappige Schilddrüse (Gl. thyroidea) an. Vorn am Hals und besonders im Bereich des Zungenbeins befinden sich mehrere Lymphknoten.

- Zur Untersuchung von Mund- und Rachenhöhle jederseits die Mundöffnung verlängern, indem man vom Mundwinkel aus die Backen durchschneidet.

Außen wird die Mundhöhle begrenzt durch die **Lippen**, die muskulöse Hautfalten sind. Die Mundhöhle stellt ein Gewölbe dar, dessen Dach von einer dicken, in Querfalten gelegten Schleimhaut überzogen wird. Vorn stehen im Ober- wie Unterkiefer je zwei meißelförmige **Nagezähne**. Ihre Vorderseite ist mit dem rötlichen Schmelz überzogen. Diese immer wachsenden Zähne bleiben stets scharf, weil sie sich fortwährend gegenseitig und an der Nahrung abschleifen und dadurch die gleiche Größe behalten.

Ein Zwischenraum (**Diastema**) trennt die Schneidezähne von den Backenzähnen, von denen sich oben und unten jederseits drei finden. Ihre Kronen bilden querverlaufende Schmelzlamellen. Dicht hinter den Schneidezähnen des Oberkiefers liegen zwei feine Längsspalten, die Öffnungen der Nasengaumengänge, die die Mundhöhle mit der Nasenhöhle verbinden.

- Mit der Stereolupe kann man auf der Oberfläche und den Seiten der fleischigen **Zunge** verschieden geformte Papillen unterscheiden.

Fast die gesamte dorsale Oberfläche der Zunge ist mit kleinen, spitzen **Papillen** besetzt, die so dicht stehen, dass sie ihr ein samtartiges Aussehen verleihen. Es handelt sich dabei um die Papillae filiformes, die mechanische Aufgaben erfüllen. Dazwischen sind im vorderen Bereich, erkennbar als blasse Punkte, die mit

je einer Geschmacksknospe ausgestatteten Papillae fungiformes eingestreut. Zahlreiche Geschmacksknospen enthält die unpaare Papilla circumvallata, die als halbmondförmige Epitheleinsenkung am Zungengrund zu erkennen ist. Seitlich besitzt die Zunge Papillae foliatae mit Geschmacksknospen.

Jetzt zur Untersuchung des **Gehirnes** (Abb. 231).

- Der Kopf wird zwischen den Condylen des Hinterhauptes und dem ersten Halswirbel (Atlas) vom Rumpf abgelöst. Dann werden Haut und Muskulatur vom Schädel abgelöst, indem man einen Medianschnitt von der Nase zum Hinterhauptsloch und einen zweiten, senkrecht darauf stehenden Schnitt in der Scheitelregion führt und die vier Hautzipfel abpräpariert.
- Ist die Schädelkapsel freigelegt, so wird sie mit der Feinsäge ringsherum aufgesägt. Man geht dabei vom Hinterhauptsloch aus und führt jederseits den Sägeschnitt nach vorn, dicht über dem Auge hinweg. Beide Schnitte werden vorn durch einen transversalen Sägeschnitt verbunden. Dann versucht man, unter Einführung des starken Messers in die Schnittrinne, das Schädeldach allmählich abzuheben. Beim Sägen wie beim Abheben ist Vorsicht geboten, um nicht ins Innere der Schädelkapsel vorzustoßen und das Gehirn zu verletzen.
- Ist die Schädeldecke abgehoben, findet man das Gehirn noch von **Hirnhäuten** bedeckt. Da die Dura mater mit dem Schädel ver-

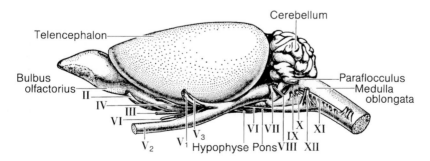

Abb. 231 Gehirn der Ratte von der Seite gesehen. Römische Zahlen = Hirnnerven. Der Paraflocculus ist ein seitlich gelegener Teil des Cerebellums, der zum phylogenetisch alten Lobus flocculo-nodularis gehört und dem Gleichgewichtssinn zugeordnet ist. (Nach GREENE)

wachsen ist, bleibt sie meist innen an der Schädeldecke haften. Dura und Arachnoidea sind nicht miteinander verwachsen und lösen sich ziemlich leicht. Die Arachnoidea und die Pia mater liegen nach Abtragen der Schädeldecke auf der Oberfläche des Gehirns.

- Die Weiterpräparation erfolgt vom Hinterhauptsloch aus. Es empfiehlt sich, vor Weiterpräparation das Gehirn mit Formalinlösung anzufixieren, wodurch das Gewebe etwas fester wird. Mit einer Knochenzange die Öffnung zu beiden Seiten des hinteren Hirnabschnittes erweitern, den Stiel des Messers vorsichtig unter die Basis der Medulla oblongata führen und diese langsam von ihrer knöchernen Unterlage abheben. Die von der Medulla oblongata abgehenden Nerven werden mit der feinen Schere oder einem dünnen Messer möglichst entfernt von ihrem Ursprung durchtrennt.

- In dieser Weise wird nach vorn weiterpräpariert, wobei man am besten den Schädel mit dem Scheitel nach unten hält. Größere Schwierigkeiten bereitet das Herauslösen der in der Sella turcica der Schädelbasis eingelassenen Hypophyse; vor allem hat man hier Zerrungen zu vermeiden. Sind erst die Augennerven durchschnitten, so kann man vorsichtig das Gehirn ganz herausklappen und nach dem Abschneiden der Riechnerven in ein Gefäß mit schwachem Alkohol gleiten lassen.

- Zum Schluss werden die Reste der Arachnoidea und, so weit möglich, auch die darunter liegende Gefäßhaut (Pia mater) entfernt. Die Berührung des Gehirns mit Instrumenten, z.B. mit einer Nadel, muss sehr vorsichtig erfolgen, da das Gehirn weich und leicht verletzbar ist.

Wir beginnen mit der Betrachtung der Oberseite des Gehirns. Das Telencephalon (Endhirn) ist stark entwickelt, die beiden Hemisphären sind glatt und weisen keine Furchen und Windungen auf. Vorn liegen die beiden ansehnlichen Bulbi olfactorii, in die die Riechfasern eintreten, hinten überdeckt das Endhirn das Di- und Mesencephalon fast völlig. Vom Diencephalon (Zwischenhirn) ist nur die Zirbeldrüse (Corpus pineale, Epiphyse) sichtbar, vom Mesencephalon (Mittelhirn) ein Teil des Tectums, das bei Säugern auch Vierhügelplatte genannt wird. Das Cerebellum (Kleinhirn) ist deutlich in drei Ab-

schnitte geteilt, den mittleren unpaaren Wurm und die beiden kompliziert gefalteten Kleinhirnhemisphären. Es schließt sich weiter nach hinten das schmale Myelencephalon (Nachhirn, Medulla oblongata) mit der Rautengrube an.

Bei Betrachtung von ventral sieht man über beide Endhirnhemisphären je eine tiefe Längsfurche verlaufen, die Fissura rhinalis (Fissura palaeo-neocorticalis); sie scheidet den zentralen Riechapparat von der übrigen Endhirnrinde. Caudal von der Sehnervenkreuzung liegt als flacher rundlicher Körper die Hypophyse des Zwischenhirns, aus einem vorderen und einem hinteren Anteil (Adeno- und Neurohypophyse) bestehend. Dem Mittelhirn sind ventral die Endhirnstiele (Pedunculi cerebri) angelagert. Sie sind typisch für Säugetiere und entstehen im Zusammenhang mit der starken Entwicklung des Neopalliums. Sie enthalten vor allem Bahnen, die End- und Kleinhirn verbinden, sowie Bahnen von der Endhirnrinde zum Rückenmark. Ventral des Kleinhirns findet sich eine quer verlaufende Fasermasse, die Brücke (Pons), die in den Brückenkernen umgeschaltete Erregungen aus dem Endhirn ins Cerebellum leitet. Die Medulla oblongata verschmälert sich nach hinten zu, um ganz allmählich in das Rückenmark überzugehen. Sie zeigt auf der Ventralseite eine Längsrinne, an deren beiden Seiten Anschwellungen, die Pyramiden, liegen.

Schließlich sind noch die **12 Hirnnerven** aufzusuchen (Abb. 228). Ihre Namen sind I: Nervus olfactorius; II: Nervus (Tractus) opticus; III: Nervus oculomotorius; IV: N. trochlearis; V: N. trigeminus; VI: N. abducens; VII: N.facialis; VIII: N. statoacusticus; IX: N. glossopharyngeus; X: N. vagus; XI: N. accessorius; XII: N. hypoglossus.

2. Histologie und mikroskopische Anatomie der Ratte

Grundlage der folgenden Darstellung sind vorwiegend 1–2μm dicke, mit Toluidinblau angefärbte, in Kunstharz (Araldit) eingebettete Schnitte verschiedener Organe adulter Ratten. Natürlich hilft der folgende Text auch beim Mikroskopieren mit Paraffinschnitten, die mit Hämatoxylin-Eosin oder anderen Farbstoffen gefärbt sind.

Haut (Cutis)

Die Haut (Abb. 232a) lässt sich in zwei Hauptschichten gliedern: Epidermis und Dermis.

Unter der Dermis liegt die Subcutis, die oft fettzellreich ist. Cutis und Subcutis bilden gemeinsam das Integumentum commune.

Die **Epidermis (Oberhaut)** ist ein mehrschichtiges verhorntes Plattenepithel. Die Epithelzellen werden **Keratinocyten** genannt. Der Prozess der **Verhornung** erfolgt im Laufe von ca. 4 Wochen und ist an den Umwandlungen der Zellen, die diese im Rahmen der Ausreifung durchmachen, ablesbar. Basal finden sich relativ dunkle Basalzellen, in denen vereinzelt Mitosefiguren erkennbar sind (Stratum basale mit Stamm- und Vorläuferzellen). Es folgt apikalwärts das Stratum spinosum, das aus polygonalen, über viele Desmosomen verknüpften Zellen besteht. Nach oben zu flachen die Zellen langsam ab, und in ihrem Cytoplasma treten dunkle Keratohyalingranula auf, Anzeichen der Verhornung (Stratum granulosum). Die oberste Zellschicht (Stratum corneum) besteht aus schuppenförmigen, toten Zellen ohne Kern und Organellen. Sie bestehen aus Keratin und einer Matrix.

Von den Keratinocyten der Epidermis können verschiedene **Carcinomformen** ausgehen, die vielfach mit erhöhter Sonnenexposition assoziiert sind und auch durch Industrie-Carcinogene, z.B. Teer, ausgelöst werden können. Hierher gehören Plattenepithelcarcinome und von den basalen Epidermiszellen ausgehende Basaliome.

Zwischen den Basalzellen in der Epidermis finden sich einzelne **Melanocyten**, Zellen mit melaninhaltigen, dunklen Pigmentgranula, die diese Granula auch an die Keratinocyten abgeben und für die Dunkelfärbung der Haut verantwortlich sind. Jedoch sind albinotische Tiere, wie viele Stämme der Laborratte, aufgrund eines Enzymdefektes nicht in der Lage, Melanin zu bilden; diese Zellen sind bei ihnen also kaum zu erkennen. Von den Melanocyten können beim Menschen bösartige Tumoren ausgehen, die Melanome. Ihre Incidenz ist beim Menschen am höchsten in der sonnenexponierten Haut und in Regionen mit viel Sonne; jedoch können an ihrer Entstehung auch andere Faktoren beteiligt sein. Gutartig sind dagegen die braunen melanocytären Naevi (Leberflecken).

In Epidermiseinsenkungen, den Haarfollikeln, entspringen die **Haare**, die also rein epitheliale Gebilde sind. In der Tiefe ist das Bildungsgewebe der Haare zwiebelartig erweitert (Haarzwiebel, Haarbulbus). In diesen Bulbus stülpt sich von unten eine blutgefäßreiche Bindegewebspapille (Haarpapille) ein. Der in der Haut steckende Teil des Haares heißt Haarwurzel. Die Haarepithelzellen verhornen in bestimmten Mustern. Im verhornten Teil des Haares treten in regelmäßigen Abständen luftgefüllte Räume auf. Seitlich setzt am Haar ein glatter Muskel an, der M. arrector pili.

Seitlich entwickeln sich aus dem Epithel der epithelialen Wurzelscheide (Abb. 232a) die **Talgdrüsen**, deren große, helle, lipidtröpfchenreiche Zellen holokrin sezernieren. Am Rande der Drüsen sind die Epithelzellen oft kleiner als im Zentrum, wo sie mit Lipidkugeln ausgefüllt sind und wo ihr Kern langsam zugrunde geht. **Akne** ist eine Erkrankung der Talgdrüsen des Menschen, die ihren Höhepunkt in der Jugend erreicht und sich i. A. langsam im frühen Erwachsenenalter zurückbildet. Ein wichtiger Faktor bei der Entstehung der Akne ist eine Verhornungsstörung im Ausmündungsbereich der Talgdrüsen. Die verhornten Zellen lösen sich nicht ab, es entsteht ein Gerüst zusammenhaftender Zellen, ein sog. **Komedo**. Ein weiterer Faktor ist vermehrte Talgproduktion (Seborrhoe), die u.U. durch vermehrte Androgenrezeptoren an den Talgdrüsenzellen verursacht wird. Dieses primäre Aknestadium kann sekundär entzündliche Veränderungen erfahren, es entstehen Papeln, Pusteln und Knoten. Wesentliche Bedeutung bei der Entzündungsreaktion und der Immunantwort besitzt *Propionibacterium acnes*, dessen Stoffwechselprodukte, insbesondere Lipasen, die Entstehung der entzündlichen Pusteln fördern. Akne ist eine Krankheit, die aufgrund ihrer vorwiegenden Lokalisierung im Gesicht auch negative Auswirkungen auf das Sozialverhalten haben kann.

Seitlich setzen an der Basalmembran der Wurzelscheide glatte Muskelzellen an, die den Musculus arrector pili bilden, der die Haare aufrichtet.

Die **Dermis (Lederhaut)** lässt sich in ein oberflächliches blutgefäßreiches Stratum papillare und ein tieferes kollagenfaserreiches Stratum reticulare untergliedern. Die **Subcutis (Unterhautfettgewebe)** ist fettgewebereich.

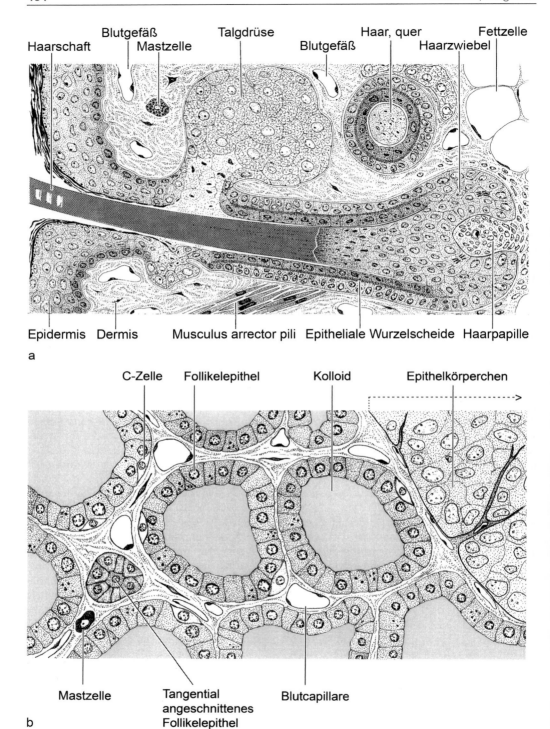

a

b

Abb. 232 Ratte. **a** Haar und Haut, **b** Schilddrüse und Epithelkörperchen (rechts oben)

Endokrine Organe

Endokrine Organe weisen oft eine einfache Struktur auf und bestehen aus dicht gelagerten Knäueln oder Strängen epithelialer, hormonbildender Zellen, die in engem Kontakt mit Blutcapillaren stehen. Beispiele hierfür bieten die Epithelkörperchen (Abb. 232b) und die Langerhansschen Inseln des Pankreas (Abb. 236b). **Epithelkörperchen** sind oft auf Präparaten der Schilddrüse mit angetroffen und bestehen aus polygonalen hellen oder dunkleren Hauptzellen, die das Parathormon bilden.

Die **Schilddrüse** (Abb. 232b) besteht aus kleinen geschlossenen Baueinheiten, die Follikel genannt werden. Diese besitzen unterschiedliche Größe, unregelmäßige, aber nicht selten abgerundete Gestalt und bestehen aus einer einschichtigen Wand aus Follikelepithelzellen, die lückenlos einen zentralen Raum umschließen, der mit einer PAS-positiven, homogenen Masse, dem Kolloid, gefüllt ist. Das Follikelepithel besitzt je nach Funktionszustand wechselnde Höhe (aktive Zellen sind höher als ruhende) und bildet die jodhaltigen Schilddrüsenhormone T_3 und T_4. Das Kolloid besteht ganz überwiegend aus der Speicherform dieser Hormone, dem Thyreoglobulin. Die Calcitonin bildenden Zellen der Schilddrüse (C-Zellen) liegen im Follikelepithel, sind aber auf Routinepräparaten meistens nicht zu unterscheiden.

Die häufigste Erkrankung der Schilddrüse des Menschen ist der **Kropf** (**Struma**). Häufigste Ursache ist Jodmangel in der Nahrung. Diese Krankheit ist in vielen Regionen endemisch, so auch in Mitteleuropa. Einzelnen Schilddrüsenknoten liegen meist gutartige Tumoren zugrunde, Schilddrüsencarcinome sind eher selten. Diese können durch ionisierende Strahlen entstehen, wie erhöhte Schilddrüsen-Carcinomraten bei den Überlebenden der Atombombenabwürfe in Hiroshima und Nagasaki zeigen.

Respirationstrakt

Trachea (Abb. 233a): Die Wand der Trachea lässt sich in verschiedene Schichten gliedern: **1.** Tunica mucosa, **2.** Trachealknorpel, **3.** Tunica adventitia. Die **Tunica mucosa** besteht aus dem Epithel, das an das Lumen der Trachea grenzt, und der subepithelialen Lamina propria. Das Epithel ist ein mehr- (oft zwei- oder drei-) reihiges Flimmerepithel mit einzelnen Schleim bildenden Becherzellen. In der Tiefe des Epithels lagern Basalzellen (Ersatzzellen); in mittlerer Epithelhöhe finden sich Zellen, die auf dem Wege sind, sich zu Flimmer- oder Becherzellen zu differenzieren. Die Lamina propria ist reich an Kollagen- und elastischen Fasern und enthält u.a. Blutgefäße sowie vegetative Nerven. Drüsen sind selten und finden sich vereinzelt vor allem in Nähe des Kehlkopfes. Der hyaline **Knorpel** bildet hufeisenförmige Spangen und besteht aus unterschiedlich großen Nestern von Knorpelzellen, die von einem basophilen chondroitinsulfatreichen Hof umgeben werden. Eine Knorpelzellgruppe (mit Hof) wird Chondron (Territorium) genannt. Zwischen den Chondronen ist die Intercellularsubstanz des Knorpels blasser, d.h. weniger reich an Chondroitinsulfat. Bei älteren Tieren verkalkt der Knorpel. An der Oberfläche des Knorpels ist eine Übergangszone zum straffen Bindegewebe der **Tunica adventitia** bzw. der Lamina propria mucosae zu erkennen.

Lunge (Abb. 233b): Ein Schnitt durch die Lunge lässt Bronchien, Bronchiolen und die aus Alveolen aufgebaute gasaustauschende Region erkennen. Die **Bronchien** besitzen ein mehrreihiges Flimmerepithel ohne Becherzellen. Unter dem Epithel finden sich glatte Muskelzellen, Bindegewebe, Blutkapillaren und Nerven; Drüsen und Knorpel fehlen bei der Rattte. Die **Bronchioli** sind durch ein prismatisches Epithel aus Clara-Zellen (mit apikalen, ins Lumen vorspringenden Zellkuppen) und einzelnen Flimmerzellen gekennzeichnet. Die Funktion der Clara-Zellen (benannt nach Max Clara, einem aus Südtirol stammenden Histologen, 1899–1966) ist nur zum Teil bekannt (Sekretion von Glykoproteinen und Entgiftung toxischer Substanzen). Sie kommen typischerweise in Luftwegen mit einem Durchmesser von 1mm vor, d.h. in der Maus z.B. in der Trachea, beim Menschen nur in den Bronchioli.

Eine häufige Erkrankung der Atemwege des Menschen ist die **Bronchitis**, die mit Husten und vermehrter Schleimbildung einhergeht. Chronische Bronchitis wird nachhaltig vom Zigarettenrauchen, zumal in abgasbelasteten Städten, begünstigt. Mikrobielle Infektionen kommen oft sekundär hinzu. Kommt es über

Lamina propria   ⎡Chondron(Territorium)⎤   Interterritorium
                      ⎣Knorpelhof   Knorpelzelle⎦
Epithel   Perichondrium

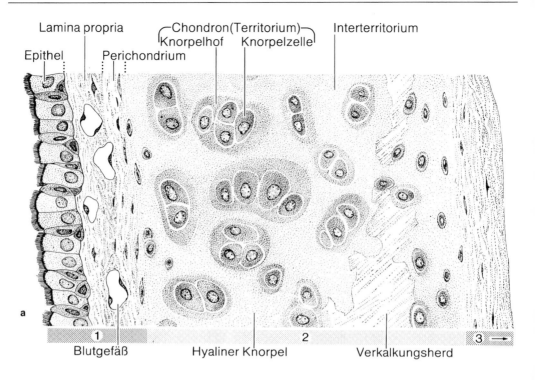

a

1   2   3 ⟶
Blutgefäß   Hyaliner Knorpel   Verkalkungsherd

Bronchiolus terminalis   Alveolarseptum   Glatte Muskulatur
        Ductus alveolaris   Alveole   Bronchiolus   CLARA-Zelle

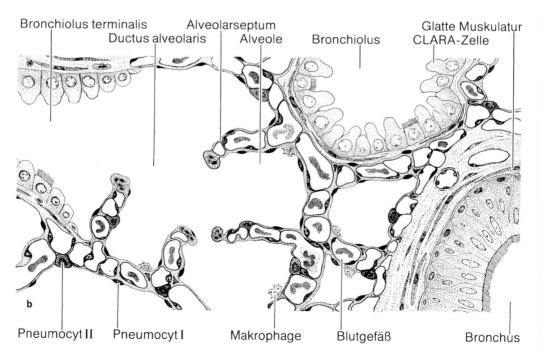

b

Pneumocyt II   Pneumocyt I   Makrophage   Blutgefäß   Bronchus

Abb. 233 Ratte. **a** Trachea, 1: Tunica mucosa, 2: Trachealknorpel, 3: Tunica adventitia, **b** Lunge

die Jahre zu Verengung der Atemwege, spricht man von chronisch obstriktiver Lungenerkrankung (COPD). Beim Menschen nimmt in den Atemwegen u.a. die Zahl der Schleim bildenden Zellen (fehlen bei der Ratte) erheblich zu. Vom Bronchialepithel gehen beim Menschen ca. 95% aller primären Lungentumoren aus. Bronchialcarcinome sind unter den Krebserkrankungen eine häufige Todesursache. In Deutschland sterben jährlich 40 000 Menschen an diesem Krebs. Es besteht eine eindeutige Beziehung zwischen Bronchialkrebs und Zigarettenrauchen.

Die **Alveolen** sind kleine, luftgefüllte, bläschenförmige Gebilde, die durch Septen (Alveolarsepten) getrennt sind. Die Alveolen werden von einem geschlossenen Epithel aus stark abgeflachten Zellen (Pneumocyten I) und kissenförmigen oder annähernd kubischen Zellen (Pneumocyten II), ausgekleidet. Die Pneumocyten I bilden zusammen mit dem Endothel der im Alveolarseptum gelegenen Blutcapillaren sowie der gemeinsamen Basalmembran dieser zwei Epithelien die Blut-Luft-Schranke, über die hinweg der Gasaustausch erfolgt. Die Pneumocyten II produzieren den „Surfactant", ein molekulares Gemisch, in dem Phospholipide und Proteine besonders wichtig sind. Der „Surfactant" setzt die Oberflächenspannung des Flüssigkeitsfilmes auf dem Alveolarepithel herab, wodurch die Entfaltung des Alveolarraumes beim Einatmen erleichtert wird. Im Alveolarlumen sind Makrophagen erkennbar. In den Alveolarsepten finden sich dicht gelagert Blutcapillaren, Kollagenfasern, elastische Fasern und Fibrocyten.

Verdauungstrakt

Die Wandung des Verdauungstraktes der Ratte ist in 1) **Schleimhaut (Tunica mucosa)**, 2) **Tela submucosa**, 3) **Muskelwand (Tunica muscularis**, innen Ring- außen Längsmuskulatur) und 4) **Tunica adventitia** (bindegewebige Außenschicht) gegliedert (Abb. 234, 235). Die Schleimhaut besteht aus Epithel, Lamina propria mucosae und Lamina muscularis mucosae. Unregelmäßig verstreut können in der Mucosa Ansammlungen von lymphatischem Gewebe, z.B. in Form von Lymphfollikeln, vorkommen. In den **Peyerschen Plaques** des Dünndarms ist das lymphatische Gewebe höher organisiert

und besteht aus B- und T-Lymphocytenregionen sowie speziellen flachen Zotten mit M-Zellen. Die Peyerschen Plaques sind insgesamt das wichtigste lymphatische Organ des Verdauungstraktes und spielen eine wichtige Rolle bei der Entstehung der Immunität gegen die primär fremden Nahrungsbestandteile sowie bei der Abwehr von pathogenen Darmkeimen. Die M-Zellen sind epitheliale antigentransportierende Zellen. An Nervengewebe sind regelmäßig der Meissnersche Plexus (in der Submucosa) und der Auerbachsche Plexus (in der Muscularis) gut erkennbar. Die Adventitia ist in der Bauchhöhle von einem Peritonealepithel bedeckt und wird dann auch **Serosa** genannt.

Oesophagus (Speiseröhre; Abb. 234a): Das Epithel des Oesophagus ist ein mehrschichtiges Plattenepithel, das deutliche Zeichen der Verhornung zeigt. Die Lamina propria enthält vor allem Bindegewebe mit Blutgefäßen und oft auch Infiltrate von Leukocyten, ein Hinweis auf entzündliche Vorgänge. Die Muscularis mucosae besteht aus glatten Muskelzellen. Die Submucosa ist schmal und enthält u.a. große Venen und Lymphgefäße. Die Muskelschicht besteht im Präparat aus quergestreifter Skeletmuskulatur. Zwischen innerer Ring- und äußerer Längsmuskelschicht findet sich eine schmale Bindegewebszone mit auffallenden Ganglien und Nerven des Auerbachschen Plexus.

Magen (Corpus ventriculi; Abb. 234b): Die dicke Schleimhaut des Corpus besteht überwiegend aus tubulären Drüsen, die in der Tiefe von Oberflächeneinsenkungen (Foveolae) entspringen. Die Foveolae sind von hochprismatischen Schleim bildenden Oberflächenepithelzellen ausgekleidet. In den Anfangszonen der Drüsen sind relativ kleine Nebenzellen (Schleimbildung) erkennbar, die z.T. auch zwischen den großen hellen Belegzellen (Salzsäurebildung) liegen. In der Tiefe der Drüsen liegen die dunkleren Hauptzellen (Pepsinogenbildung). Im Hämatoxylin-Eosin-gefärbten Präparat sind die Hauptzellen basophil (blau-violett) und die Belegzellen eosinophil (rosa-rot). Vereinzelt sind schmale endokrine Zellen im Epithel nachweisbar. In der Lamina propria sind verschiedene freie Zellen (Mastzellen, Plasmazellen, Leukocyten) erkennbar. Die Muscularis mucosae (aus glatter Muskulatur) kann recht breit sein. Die Submucosa enthält u.a. große Gefäße. Zwischen den zwei

Muscularis mucosae

Blutgefäß   AUERBACHscher Plexus

Lymphgefäß   Fettzelle
Vene

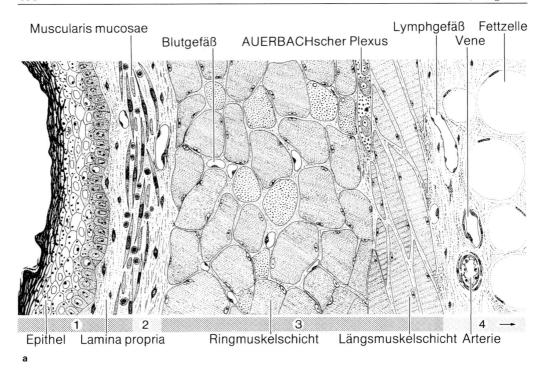

Epithel   Lamina propria   Ringmuskelschicht   Längsmuskelschicht Arterie

a

Nebenzelle   Belegzelle

AUERBACHscher Plexus
Lamina propria Muscularis mucosae
Endokrine Zelle   Hauptzelle   Blutgefäß

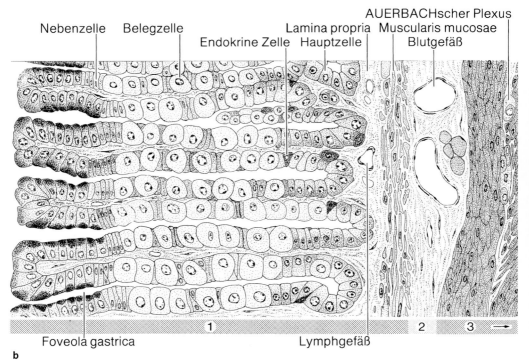

Foveola gastrica   Lymphgefäß

b

Abb. 234 Ratte. **a** Oesophagus, **b** Magen. 1: Mucosa, 2: Submucosa, 3: Muscularis, 4: Adventitia

Schichten der Muscularis sind regelmäßig Ganglien des Auerbachschen Plexus erkennbar. Die zur Leibeshöhle hin folgende Schicht trägt ein flaches Peritonealepithel (Serosa).

Beim Menschen kommt es recht häufig zu Entzündungen der Magenschleimhaut, einer Krankheit, die **Gastritis** genannt wird. Akute Gastritis ist eine vorübergehende Krankheit, die sich rasch entwickelt, z.B. nach exzessivem Alkoholabusus, starkem Rauchen, schwerem Stress, massiver Medikamenteneinnahme. Häufige Ursache ist eine Infektion mit *Helicobacter pylori*, einem Bakterium, das im sauren Milieu des Magens floriert. Im Rahmen solcher Entzündungen können grubenförmige Läsionen auftreten, die bis in die Submucosa hinabreichen und **Ulcera** (Singular: **Ulcus**) genannt werden. Es können massive Blutungen auftreten. Sie entstehen in den allermeisten Fällen im vorderen Duodenum und im Magen, also in Regionen, die dem sauren Magensaft ausgesetzt sind. Neben solchen „aggressiven" Faktoren spielt aber auch eine Schwächung der „defensiven" Faktoren der gesunden Schleimhaut (Oberflächenschleime, Bicarbonat, Regenerationskraft der Oberflächenepithelien, gute Schleimhautdurchblutung u.a.) eine Rolle. Auch psychovegetative und Persönlichkeitsfaktoren können an der Ulcusentstehung beteiligt sein.

Duodenum (Zwölffingerdarm; Abb. 235a): Die Schleimhaut des Duodenums bildet Zotten (finger- oder blattförmige Ausstülpungen) und Krypten (fingerförmige Einstülpungen). Die Zotten werden von einem einschichtigen prismatischen Epithel bedeckt, in dem Enterocyten (Saumzellen, resorbierende Zellen mit Bürstensaum) und Becherzellen (Schleimzellen) zu unterscheiden sind. In der Tiefe der Krypten finden wir die sekretorischen Panethschen Zellen (Bildung von antibakteriellen Substanzen) sowie unreife Epithelzellen; oft sind Mitosefiguren als Ausdruck der ständigen Neubildung von Epithelzellen in den Krypten erkennbar. In der Lamina propria der Zotten sind glatte Muskelzellen, zahlreiche Blut- und Lymphgefäße sowie freie Zellen zu unterscheiden. In der Zottenspitze lagern oft Makrophagen. Auch im Bindegewebe zwischen den Krypten finden sich zahlreiche freie Zellen (z.B. Plasmazellen, Eosinophile, Lymphocyten). Die Adventitia grenzt mittels Peritonealepithel an die Leibeshöhle (Serosa). In der Tela submu-

cosa (außerhalb des Bildausschnitts) kommen Brunnersche Drüsen vor.

Colon (Dickdarm; Abb. 235b): Die Mucosa des Colons ist durch zahlreiche tubuläre Drüsen (Krypten) gekennzeichnet, die viele Becherzellen enthalten. Zwischen den Becherzellen finden sich schmale mitochondrienreiche Enterocyten mit einem Bürstensaum sowie einzelne endokrine Zellen. Die mitochondrienreichen Enterocyten resorbieren vor allem Wasser, was zur Eindickung des Inhalts im Colon führt. Das Oberflächenepithel ist gleichartig aufgebaut, oft sind aber die Becherzellen etwas schlanker als in den Drüsen. In der Lamina propria sind zahllose freie Zellen (u.a. Plasmazellen, Makrophagen, Eosinophile, Lymphocyten) erkennbar. Die Submucosa enthält weite Lymph- und Blutgefäße, die kräftige Muscularis besteht wiederum aus glatten Muskelzellen. Die Adventitia trägt außen ein Peritonealepithel.

Leber (Abb. 236a): Die Leber lässt sich in Zentralvenenläppchen gliedern, in deren Zentrum jeweils die Zentralvene liegt. Auf diese Vene laufen annähernd radiär die Leberzellbalken(-platten) zu, zwischen denen, ebenfalls radiär, die Lebersinusoide (relativ weite capillarähnliche Blutgefäße) verlaufen, die vielfach miteinander anastomosieren und schließlich in die Zentralvene einmünden. Jede Leberepithelzelle grenzt mit zwei Seiten an ein Sinusoid. Die Leberzellen (Hepatocyten, Leberepithelzellen) erfüllen zahlreiche Funktionen im Stoffwechsel und grenzen mit einem Pol an die Sinusoide und mit dem anderen Pol an die Gallencanaliculi. Diese nehmen die von den Leberzellen gebildete Galle auf und sind nur in Spezialpräparaten erkennbare, spaltförmige Lücken zwischen den Leberzellen. In das von Poren durchsetzte Endothel der Sinusoide eingelagert sind die phagocytierenden von Kupferschen Sternzellen. Zwischen Endothel und Leberzellen befindet sich ein schmaler Bindegewebsraum (Dissescher Raum) mit wenigen Kollagenfasern und einzelnen speziellen Vitamin-A- und lipidspeichernden Zellen (hepatische Sternzellen, Ito-Zellen). Sinusoide und Hepatocyten besitzen eine sehr lückenhafte Basalmembran, sodass insgesamt Stoffwechselvorgänge zwischen Blut und Leber erleichtert sind. In den Zwickeln zwischen drei aneinander grenzenden Leberläppchen (periportales Feld) finden sich Anschnitte von Ästen der Pfortader

Eosinophiler Granulocyt   Makrophage   AUERBACHscher Plexus
                                                            MEISSNERscher Plexus
  Lymphocyt   Plasmazelle   PANETHsche Zelle   Vene

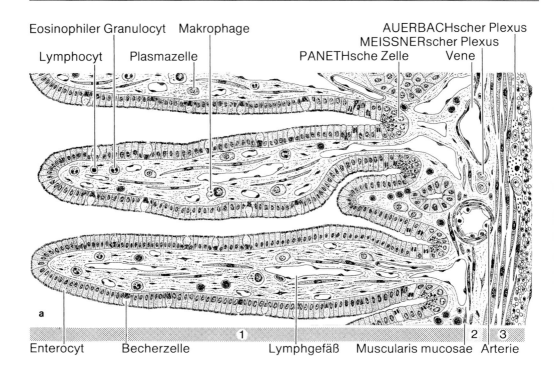

a

Enterocyt   Becherzelle   Lymphgefäß   Muscularis mucosae   Arterie
                                         1   2   3

          Eosinophiler Granulocyt   Lymphgefäß   Längsmuskulatur
             Lymphocyt   AUERBACHscher Plexus
  Enterocyt   Becherzelle   Arterie Vene   Ringmuskulatur

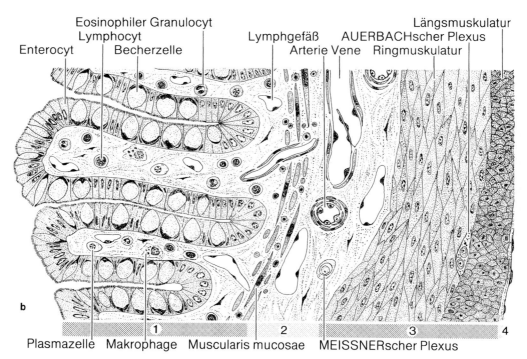

b

  Plasmazelle   Makrophage   Muscularis mucosae   MEISSNERscher Plexus
                         1   2   3   4

Abb. 235 Ratte. **a** Duodenum; **b** Colon. 1: Mucosa, 2: Submucosa, 3: Muscularis, 4: Adventitia

(groß, dünne Wand), der Leberarterie (klein, Wand enthält zwei bis drei Schichten aus kompakt gelagerten glatten Muskelzellen), des Gallengangsystems (kubisches Epithel) und von Lymphgefäßen (sehr zarte Wand, oft spaltförmig). Die drei auffallenden Strukturen (Vene, Arterie, Gallengang) werden auch als **Glissonsche Trias** bezeichnet.

Übermäßiger Alkoholkonsum führt beim Menschen zur **alkoholischen Lebererkrankung**. Die Zahl der Alkoholiker ist groß; infolge Alkoholabusus sterben in zahlreiche Menschen, davon viele bei Autounfällen, bei denen Alkohol im Spiel war. In der Leber treten auf: Fettleber, alkoholische Hepatitis und Leberzirrhose. Bei der Fettleber kommt es zur (reversiblen) Einlagerung von Fetttropfen in die Hepatocyten (Leberepithelzellen). Bei der alkoholischen Hepatitis kommt es zu einer ganzen Reihe von Veränderungen der Leberepithelzellen, und Neutrophile, Lymphocyten und Makrophagen wandern in Periportalfelder und Läppchen ein. In Läppchen und in Periportalfeldern vermehrt sich das Kollagen (Fibrose). Fettleber und Hepatitis können unabhängig voneinander entstehen; aus beiden kann sich langsam die irreversible, alkoholische Leberzirrhose entwickeln. Über Jahre nimmt die Leber an Größe ab und ist schließlich ein braunes, hartes, geschrumpftes Organ. Es kommt zu erheblicher Vermehrung des Kollagens in den Läppchen und Periportalfeldern, die Läppchenstruktur wird gestört, es bilden sich Regenerationsknoten in den von kollagenem Bindegewebe eingeschlossenen Leberparenchymresten; es entstehen kleine und große Knoten, die infolge der Störung der Blutgefäßversorgung zugrunde gehen können und vernarben. Leberversagen, innere Blutungen, toxische Hirnschädigungen u.a. führen zum Tode.

Pankreas (Bauchspeicheldrüse; Abb. 236b): Im Pankreas lassen sich exokrine und endokrine Anteile unterscheiden. Letztere sind durch die **Langerhansschen Inseln** repräsentiert, die im Routinepräparat aus Knäueln heller polygonaler Zellen bestehen, zwischen denen viele Blutcapillaren erkennbar sind. Die Masse der Zellen sind **B-Zellen (Insulinbildner)**, am Rande der Inseln sind z.T. etwas größere und stärker angefärbte **A-Zellen (Glucagonbildner)** nachweisbar. Weitere endokrine Zelltypen sind immunhistochemisch unterscheidbar.

Häufigste Erkrankung der Langerhansschen Inseln ist beim Menschen der **Diabetes mellitus (Zuckerkrankheit)**. Der Mensch besitzt ca. 1 Mio. dieser Inseln, in denen die Insulin bildenden B-Zellen ca. 80% der Gesamtinselzellzahl ausmachen. Kennzeichen des Diabetes mellitus ist Hyperglykämie (erhöhter Glucosespiegel im Blut), verursacht durch Insulinmangel (Zerstörung der Beta-Zellen durch Autoimmunprozesse, Typ-I-Diabetes) oder durch gestörte Insulinsekretion verbunden mit Insulinresistenz in peripheren Geweben (Typ-II-Diabetes). Dies führt zu chronischen Störungen nicht nur des Kohlenhydrat-, sondern auch des Fett- und Proteinstoffwechsels und über Jahre schließlich zu schwer wiegenden Komplikationen, die sich vor allem an Veränderungen der Blutgefäße zeigen; dies wiederum bedingt Durchblutungsstörungen und Funktionsverluste z.B. der Niere, der Retina, der Extremitäten und in Nerven.

Das **exokrine Pankreas** ist aus acinären oder kurz-tubulären Endstücken aufgebaut, die aus großen prismatischen Zellen mit apikalen Sekretgranula, basaler Basophilie und basalen großen Kernen bestehen. Die Endstücke (Acini) bilden Verdauungsenzyme und setzen sich in das Gangsystem fort. Der erste Abschnitt dieser Gänge, das Schaltstück, besteht aus kleinen, niedrigen oder fast kubischen Zellen, die sich bis in die Endstücke hinein ausdehnen können und hier centroacinäre Zellen genannt werden. Die Schaltstücke verbinden sich zu zunehmend größeren Gängen, die an ihrem einschichtigen, abgeflachten oder kubischen Epithel erkennbar sind.

Milz

Die Milz (Abb. 237a) wird außen von einer straffen **Bindegewebskapsel** begrenzt, von der Trabekel, in die Blutgefäße eingelagert sind, in die Tiefe des Organs ziehen. Im Inneren der Milz findet sich das Pulpagewebe, das zwei Differenzierungen erkennen lässt: die **weiße Pulpa** und die **rote Pulpa**. Die weiße Pulpa steht in enger Beziehung zu den Arterien der Pulpa und besteht vorwiegend aus dicht gelagerten Lymphocyten.

Um die Pulpaarterien (Zentralarterien) bilden T-Lymphocyten eine periarterielle Lymphocytenscheide (PALS), in die Lymphfollikel eingelagert sind. Die Lymphfollikel bestehen aus

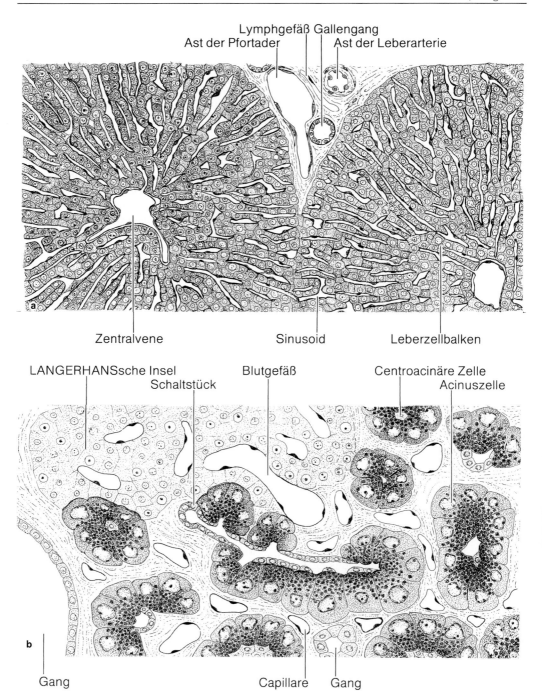

Lymphgefäß Gallengang
Ast der Pfortader   Ast der Leberarterie

Zentralvene   Sinusoid   Leberzellbalken

LANGERHANSsche Insel   Blutgefäß   Centroacinäre Zelle
        Schaltstück   Acinuszelle

b

Gang   Capillare   Gang

Abb. 236 Ratte. **a** Leber, **b** Pankreas

B-Lymphocyten und lassen in Form der Sekundärfollikel ein helleres Keimzentrum und einen Randwall (Corona) erkennen. Im Keimzentrum (= Reaktionszentrum) finden sich stimulierte B-Lymphocyten, die sich zu Gedächtnis- und Plasmazellen differenzieren. Am Rande der weißen Pulpa, die also aus der PALS und den Follikeln besteht, ist eine Marginalzone mit vielen Makrophagen ausgebildet.

In dem Raum zwischen der aus dicht gelagerten, im Schnitt dunklen Lymphocyten bestehenden weißen Pulpa befindet sich die blutreiche rote Pulpa, deren wesentliche Blutgefäße die Milzsinus sind. Die Wand dieser Sinus besteht aus lang gestreckten Endothelzellen, die von ringförmigen Basalmembranstreifen und einzelnen retikulären Kollagenfasern umsponnen werden. In den strangförmigen Gewebestreifen zwischen den Sinus (Pulpastränge, Billrothsche Stränge) befinden sich in den Lücken des retikulären Bindegewebes zahlreiche Erythrocyten. Diese gelangen aus offenen Endabschnitten von Arteriolen in diesen Bindegewebsraum und müssen sich durch schlitzförmige Öffnungen in der Wand der Sinus in das Gefäßlumen zurückbegeben. Gealterte Erythrocyten werden in den Pulpasträngen von Makrophagen abgebaut.

Niere

Mikroskopische Baueinheit der Niere ist das Nephron. Es besteht aus Nierenkörperchen und verschiedenen Abschnitten des Tubulussystems.

Die **Nierenkörperchen** bestehen aus einem Knäuel capillarer Gefäße (Glomerulus) und einer dieses Knäuel umhüllenden Bowmanschen Kapsel (Abb. 237b). Diese Kapsel hat ein gut erkennbares äußeres (parietales) Blatt, das die Nierenkörperchen nach außen begrenzt, und ein inneres (viscerales) Blatt, das sich dem unregelmäßig angeordneten und vielgestaltigen Capillarknäuel außen auflegt und aus Podocyten aufgebaut ist. Zwischen äußerem Blatt und dem vom inneren Blatt bedeckten Gefäßknäuel liegt der Harnraum, der den Primärharn, ein Ultrafiltrat, enthält. Der Bindegewebsraum des Glomerulus wird Mesangium genannt und enthält die sog. Mesangium-Zellen, die phagozytieren und kontraktil sind. Die Capillaren des Glomerulus werden von einer zuführenden Arterie (Vas af-

ferens) gespeist, ihr Blut wird von einer abführenden Arterie (Vas efferens) gesammelt und in den Bereich der Tubuli geführt. Das Vas afferens besitzt epithelähnliche, granulierte, umgewandelte glatte Muskelzellen in seiner Wand, die das Renin bilden. Die Stelle des Nierenkörperchens mit Vas afferens und Vas efferens wird Gefäßpol genannt. Die über Gap junctions verbundenen Goormaghtighschen Zellen (= extraglomeruläre Mesangiumzellen) perzipieren vermutlich den Natriumgehalt des distalen Tubulus und sind so an der Kontrolle der Durchblutung und Filtrationsleistung beteiligt.

Am Harnpol des Nierenkörperchens beginnt das Tubulussystem mit dem **proximalen Tubulus**. Die proximalen Tubuli besitzen ein kubisches bis niedrig prismatisches Epithel mit kräftig gefärbtem Cytoplasma und einem hohen Bürstensaum. Die **distalen Tubuli** sind heller, ihr Epithel ist oft etwas niedriger, ein typischer Bürstensaum fehlt. Mit dem Gefäßpol, und zwar mit dem Vas afferens mit seinen granulierten Zellen, bildet der distale Tubulus eine Kontaktstelle mit prismatischen, besonders dicht gelagerten Zellen, die Macula densa genannt wird und die vermutlich Receptorfunktion hat. Macula densa und granulierte Zellen beteiligen sich an der Regulation der Nierendurchblutung. Tief in die Rinde können Markstrahlen eindringen. Sie bestehen aus Bündeln von Sammelrohren, die die Bauelemente des Nierenmarks sind.

Gonaden

Hoden (Abb. 238a): Baueinheiten der Hoden sind die **Tubuli seminiferi**, deren Wandepithel Keimepithel genannt wird, in dem sich Stützzellen (**Sertoli-Zellen**) und verschiedene Entwicklungsstadien der **männlichen Keimzellen** befinden. Die **Spermatogonien** bilden die äußere Lage des Keimepithels. Die **Spermatocyten 1. Ordnung** sind große, in der äußeren Zone des Keimepithels gelegene Zellen mit großem Kern mit unterschiedlichem Chromatinmuster (Stadien der Prophase der Meiose I). Die etwas kleineren **Spermatocyten 2. Ordnung** sind schwer eindeutig zu erkennen. Die Mehrzahl der innen gelegenen Keimzellen sind **Spermatiden** unterschiedlicher Differenzierung, was an der unterschiedlichen Gestalt von Kern und

Kapsel

Weiße Pulpa

Marginalzone

Rote Pulpa

Periarterielle Lymphocytenscheide

Lymphfollikel

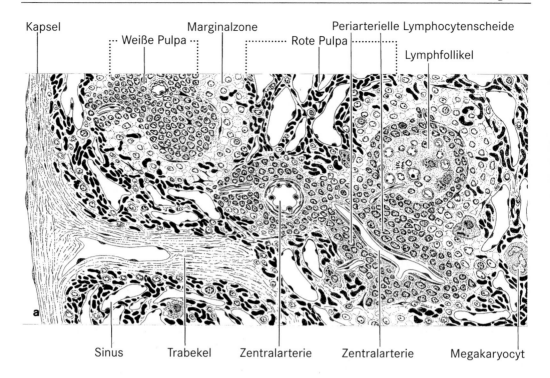

Sinus Trabekel Zentralarterie Zentralarterie Megakaryocyt

Äußeres Blatt der BOWMANschen Kapsel

distaler Tubulus

proximaler Tubulus Podocyt

Mesangium-Zelle

GOORMAGHTIGHsche Zellen

Macula densa

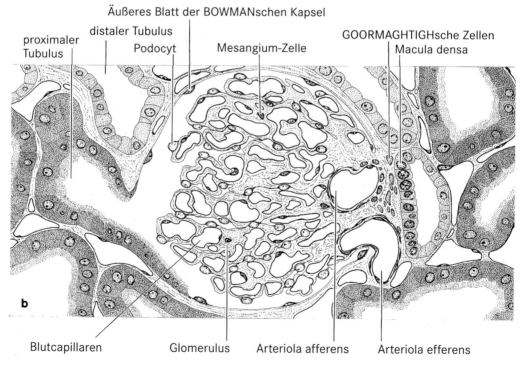

Blutcapillaren Glomerulus Arteriola afferens Arteriola efferens

Abb. 237 Ratte. a Milz, b Niere

vor allem Acrosom abzulesen ist. In fast ausgereiften **Spermatiden** ist das Acrosom lang und dolchförmig. Sie stecken vor Übertritt in das Lumen der Tubuli in Cytoplasmataschen der Sertoli-Zellen, die leicht an ihrem hellen, unregelmäßig geformten Kern mit deutlichem Nucleolus erkennbar sind. Im Raum zwischen den Tubuli liegen weitlumige Lymphräume und Bindegewebe mit glatten Muskelzellen an den Tubuli sowie Gruppen von **Leydigschen Zellen**. Diese sind relativ groß und besitzen ein meistens recht kräftig angefärbtes Cytoplasma (im H.E.-Präparat sind sie rosa oder rötlich angefärbt); sie bilden Testosteron.

Ovar (Abb. 238b): Das Ovar der Ratte liegt in einer Leibeshöhlentasche und wird i. A. von einem kubischen Peritonealepithel bedeckt. Es enthält in seinem Inneren verschiedene Entwicklungsstadien der Ovarialfollikel sowie ein hochdifferenziertes Bindegewebe mit endokrinen Zellen.

Die Follikel bestehen aus den Eizellen (verschiedene Differenzierungsstufen) und sie umgebenden Follikelzellen, die vor allem bei größeren Follikeln auch Granulosazellen heißen. **Primordialfollikel** sind sehr klein und besitzen eine Schicht flacher Follikelzellen, letztere sind bei **Primärfollikeln** kubisch. Die **Sekundärfollikel** besitzen zwei oder drei Schichten von Follikelzellen. In den großen **Tertiärfollikeln** bildet sich im Follikel ein flüssigkeitsgefüllter Raum (Antrum folliculi), seine Wand aus Granulosazellen ist vielschichtig, und an einer Stelle findet sich ein nicht immer angeschnittener, in das Lumen vorspringender Granulosazellhaufen (Cumulus oophorus), in dessen Mitte die große Eizelle liegt; diese wird von einer dicken extrazellulären Schicht umgeben, der **Zona pellucida**. Die größten Follikel, die ovulieren werden, heißen **Graafsche Follikel**. Die Follikel werden von einer Basalmembran und von Bindegewebe umhüllt. In diesem Bindegewebe entstehen oft in unmittelbarer Nähe der Follikel, aber auch ohne nähere Beziehung zu ihnen, kleine helle, **Theca-interna-Zellen**, die weibliche Steroidhormone bilden. Weiterhin kommen im Bindegewebe um die Follikel glatte Muskelzellen vor (Theca externa). Das eigentliche Bindegewebe ist ein zellreiches, so genanntes spinozelluläres Bindegewebe. Nach dem Eisprung (Ovulation) wandelt sich ein Graafscher Follikel in einen Gelbkörper (**Corpus luteum**) um. In ihm sind die Granulosazellen vergrößert, bilden Steroidhormone (vor allem Progesteron) und enthalten zahlreiche Lipidtropfen, worauf die gelbliche Farbe des Gelbkörpers beruht. Die Granulosazellen werden in diesem Entwicklungsstadium Granulosaluteinzellen genannt. In die Wand des Gelbkörpers wandern Blutgefäße ein, das zentrale Lumen wandelt sich bindegewebig um. Nach Erlöschen ihrer Funktion bilden sie sich zurück. Endstadium der Gelbkörper sind die **weißen Körper** (**Corpora albicantia**), die aus kollagenreichem Narbengewebe bestehen. Follikel, die auf irgendeinem Stadium vor dem Eisprung zugrunde gehen, heißen **atretische Follikel**. Ihre Basalmembran kann verdickt sein, in ihrer Nähe vermehren und vergrößern sich die Theca-interna-Zellen und bilden vor allem Östrogene (Thecaluteinzellen).

In Nähe des Ovars sind oft Anschnitte der Tuba uterina zu finden, deren Epithel in Falten geworfen ist und aus bewimperten und unbewimperten sekretorischen Zellen besteht. In der Wand der Tuba sind u.a. glatte Muskelzellen und zahlreiche Venen erkennbar.

Stützgewebe

Knorpelgewebe ist in Form des hyalinen **Knorpels** auf Abb. 233a (Trachea) dargestellt.

Ausgereiftes **Knochengewebe** besteht aus Osteonen, röhrenförmigen Gebilden, in deren Zentrum ein Blutgefäß (Haverssches Gefäß) verläuft (Abb. 239a). Die dicke Wand der Osteone besteht aus verkalkter Grundsubstanz, in die Osteocyten eingemauert sind. An der inneren und äußeren Oberfläche der Knochen bilden sich lamelläre Formationen, die Generallamellen.

In den Lücken zwischen Knochenbälkchen im Inneren des Knochens befindet sich ein reticuläres Bindegewebe (**Knochenmark**), in dessen Maschenwerk die Bildung der Blutzellen erfolgt. Besonders auffallend sind die großen polyploiden Megakaryocyten (mit stark zerklüftetem Kern), aus deren randlichem Cytoplasma durch Abschnürung die Thrombocyten (Blutplättchen) entstehen. Spätere Entwicklungsstadien der roten Blutzellen sind an ihren zunehmend dichten Kernen erkennbar, die am Ende der Ausreifung ausgestoßen werden. Die Granulocytenformen

Spermatocyten
2. Ordnung
Spermatogonie Spermatocyt 1.Ordnung
Spermatide
Spermien
Capillare

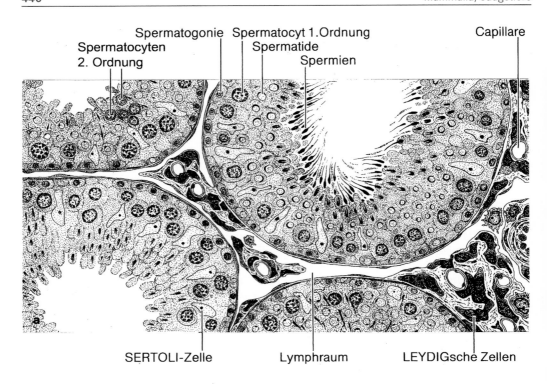

SERTOLI-Zelle   Lymphraum   LEYDIGsche Zellen

Peritonealepithel
Gelbkörper
Antrum folliculi
Tertiärfollikel
Theca externa
Theca interna
Sekundärfollikel
Peritonealfalte
Cumulus oophorus
Tuba uterina

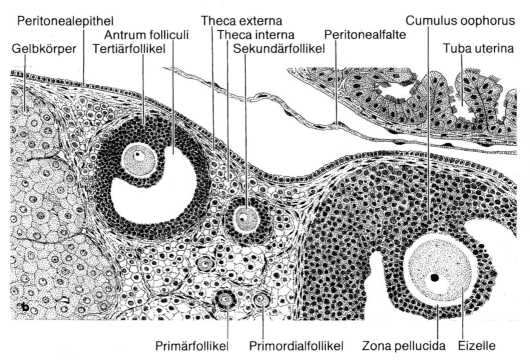

Primärfollikel   Primordialfollikel   Zona pellucida   Eizelle

Abb. 238 Ratte. a Hoden, b Ovar

sind am leichtesten in ihren ausgereiften Stadien zu erkennen. Lymphozyten sind zahlreich. Das blutzellbildende Gewebe wird von relativ weiten, venösen Gefäßen (Sinus) durchzogen. Fettzellen treten in unterschiedlicher Häufigkeit auf.

Muskulatur

Glatte Muskulatur ist auf vielen Präparaten in der Wand der Eingeweide (Abb. 234, 235) oder von Gefäßen erkennbar. Sie besteht aus langen spindelförmigen Zellen mit zigarrenförmigem Kern.

Skeletmuskulatur (Abb. 239b) besteht aus langen, unverzweigten, quergestreiften und vielkernigen Muskelzellen (= Muskelfasern), die durch Verschmelzung aus Myoblasten entstehen. Die Kerne der definitiven Faser sind abgeflacht und liegen am Rande. Im Inneren befinden sich dicht gelagert zahlreiche Myofibrillen, die das Phänomen der Querstreifung mit A- und I-Banden besitzen, dem die spezifische Anordnung der Actin- und Myosinfilamente zugrunde liegt. In den eng benachbarten Fibrillen liegen A- (dunkel) und I-Bande (hell) oft in gleicher Höhe, sodass die gesamte Zelle (Faser) quergestreift aussieht. Der Oberfläche eng angeschmiegt befinden sich Ersatzzellen (Satellitenzellen), die aber schwer abgrenzbar sind und von denen eine geringe Regenerationsfähigkeit der Skeletmuskulatur ausgeht. Zwischen den Muskelfasern sind in reichem Maße Blutcapillaren ausgebildet.

Die **Herzmuskulatur** (Myokardmuskulatur, Abb. 239b) besteht aus verzweigten, einkernigen, quergestreiften Muskelzellen. Diese sind an ihren Enden über so genannte Glanzstreifen (Disci intercalares) miteinander verbunden. Im Bereich der Glanzstreifen, die als dunkel gefärbte, quer zur Längsachse verlaufende Linien erkennbar sind, finden sich Desmosomen, Z-Streifenäquivalente (Fasciae adhaerentes) und Nexus (Gap Junctions, elektrische Kopplung). Oft verlaufen die Glanzstreifen stufenförmig. Die Kerne sind in der Mitte der Zellen gelegen und oft kissenförmig oder fast rechteckig. An ihren Polen finden sich aufgehellte Bezirke mit Organellen oder bräunlichem Abnutzungspigment (Kernkappe). Die Myofibrillen sind oft lockerer als im Skeletmuskel angeordnet,

sodass sie meist als längs verlaufende Strukturen erkennbar sind. Im Querschnitt sind sie als z.T. randlich konzentrierte Punkte zu erkennen, die mit ihren hellen Zwischenräumen, in denen u.a. Mitochondrien lagern, ein sehr kennzeichnendes Felderungsmuster bedingen. Fasern des Erregungsleitungssystems bestehen aus hellen, fibrillenarmen Herzmuskelzellen.

Beim **Myokard-(Herz-)Infarkt** kommt es – wie auch bei Infarkten anderer Organe – zu einem Verschluss einer Arterie mit Schädigung der abhängigen Organregionen. Häufig stirbt das Funktionsgewebe, das von der Arterie oder einem Arterienast versorgt wird, ab und wird durch ein Narbengewebe ersetzt. Akuter Myokardinfarkt ist eine häufige Todesursache in den Industrienationen. In Deutschland versterben derzeit jährlich ca. 350 000 Menschen an Herz-Kreislauf-Erkrankungen, davon ca. 56 000 an akutem Myokardinfarkt. Entscheidender Risikofaktor ist die Atherosclerose (Veränderung der Arterienwände der Herzkranzarterien mit Einlagerung von Fetten und Kalk, was zu Lumenverengung führt). Wenn es dann zur Thrombose (Blutgerinnselbildung) an so einer arteriosclerotischen Stelle kommt, kann sich das Gefäß verschließen.

Risikofaktoren der Arteriosclerose beim Menschen sind hoher Blutdruck, Diabetes mellitus (Zuckerkrankheit), Rauchen und Hyperlipidämie sowie Bewegungsarmut.

Blutbild

Das Blutbild der Ratte ist im Vergleich zu dem des Menschen durch recht hohe Erythrocyten- und Leukocytenzahlen gekennzeichnet. Pro mm^3 Blut kommen um $8,5^6$–10^6 Erythrocyten und ca. 14 000 (5 000–25 000) Leukocyten vor. Der Hämoglobingehalt beträgt 15g/100 ml. Im nach Pappenheim gefärbten Blutausstrich (Abb. 240) sind die **Erythrocyten** wie bei den anderen Säugetieren kleine, rot gefärbte, bikonkave Scheiben ohne Zellkern. Das Zentrum der Erythrocyten ist aufgrund der geringen Dicke blasser als die ringförmige Peripherie gefärbt.

Sinkt die Masse der Erythrocyten beim Menschen unter die Normalwerte (Männer 4,3 bis 5,9 Mio/mm^3, Frauen 3,5 bis 5,0 Mio/mm^3) ab, entwickelt sich eine **Anämie**, d.h. die Kapazität

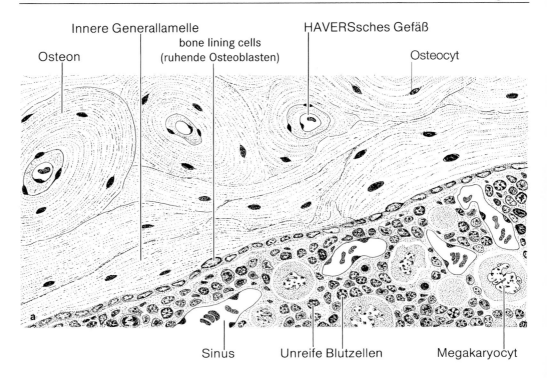

Innere Generallamelle   HAVERSsches Gefäß

Osteon   bone lining cells   Osteocyt

            (ruhende Osteoblasten)

Sinus   Unreife Blutzellen   Megakaryocyt

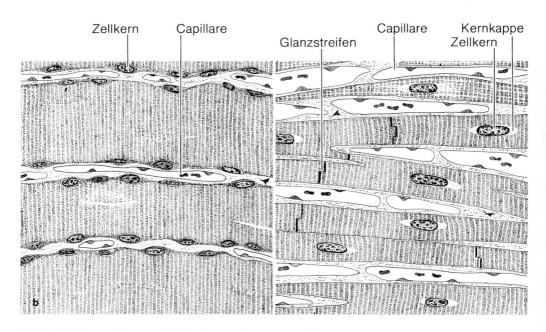

Zellkern   Capillare   Capillare   Kernkappe

                  Glanzstreifen   Zellkern

Abb. 239 Ratte. **a** Knochen, **b** Muskulatur, links: quergestreifte, rechts: Herzmuskulatur

Erythrocyten   Basophiler Granulocyt   Neutrophiler Granulocyt
Lymphocyt   Neutrophiler Granulocyt

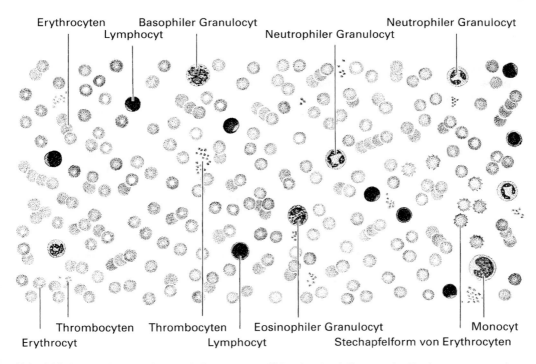

Thrombocyten   Thrombocyten   Eosinophiler Granulocyt   Monocyt
Erythrocyt   Lymphocyt   Stechapfelform von Erythrocyten

Abb. 240 Ratte. Blutausstrich, nach Pappenheim gefärbt. Stechapfelformen der Erythrocyten entstehen bei inadäquater Technik

des Sauerstofftransports im Blut ist deutlich reduziert. Meist ist parallel dazu der Hämoglobinwert reduziert.

Die **Leukocyten** umfassen bei allen Säugern die kernhaltigen Blutzellen. Unter ihnen lassen sich verschiedene Typen unterscheiden. Am häufigsten (70–75% der Leukocyten) kommen bei der Ratte **Lymphocyten** vor: kleine Zellen mit relativ großem, dunklem Kern und sehr schmalem, dunkelblauem Cytoplasmasaum. Mit 20–25% sind die **neutrophilen Granulocyten** bei der Ratte die zweithäufigsten Zellen; ausgereift sind sie durch einen segmentierten Kern und ein rosa, fein granuliertes Cytoplasma gekennzeichnet. **Monocyten** (2–3% der Leukocyten) sind die größten Leukocyten und weisen i. A. einen bohnenförmigen Kern und ein graublaues Cytoplasma mit einzelnen Granula auf. Die reifen eosinophilen Granulocyten (1–2% der Leukocyten) besitzen i. A. einen 2-segmentierten Kern und gut erkennbare ziegelrote Granula im Cytoplasma. Die reifen basophilen Granulocyten sind selten (0,5% der Leukocyten),

haben i. A. einen 2- oder 3-segmentierten Kern und tintenblaue, relativ große cytoplasmatische Granula. Die **Thrombocyten** (Blutplättchen) sind Cytoplasmaabschnürungen der Megakaryocyten (s.o.) mit dunklem Zentrum und hellem Rand. Ihr Durchmesser beträgt 1–2μm, ihre Zahl ca. 400 000–700 000/mm³. Sie kommen im Ausstrich oft in kleinen Gruppen vor.

Je nach Gesundheitszustand und Hygiene der Haltungsbedingungen kann die Zahl der Leukocyten schwanken. Bei Infektionen nimmt ihre Zahl zu, und es können vergrößerte Lymphocyten (hellere Kerne, umfangreiches Cytoplasma) oder vermehrt jugendliche Neutrophile auftreten, die einen länglichen, bandförmigen Kern haben, der noch nicht in Segmente gegliedert ist.

Nervengewebe

- Als Beispiel für die Struktur des Nervengewebes werden Schnitte durch das Rückenmark, die Kleinhirnrinde und die Endhirnrinde gezeigt. Gute Übersichten bieten HE-Präparate; Spezialpräparate, z.B. Golgi-Präparate und Präparate mit verschiedenen Faserfärbungen, sollten ergänzend herangezogen werden.

Im **Rückenmark** fällt schon bei kleiner Vergrößerung die Gliederung in **graue** und **weiße Substanz** auf (Abb. 241). Die **weiße Substanz** baut die Außenzone des Rückenmarks auf und besteht im Wesentlichen aus Nervenfasern und Gliazellen. Die Fasern sind im Querschnittspräparat quer getroffen und gehören zu Fasersystemen (Tractus), die entweder Verbindungen im Rückenmark aufbauen oder zum Gehirn aufsteigen oder vom Gehirn kommend in das Rückenmark absteigen. Die aufsteigenden Fasern sind sensibel, die absteigenden motorisch.

Die Fasern sind in unterschiedlichem Ausmaß myelinisiert oder auch nicht myelinisiert, zu letzteren zählen vegetative Fasern.

Die **graue Substanz** befindet sich im Inneren des Rückenmarks und bildet im Querschnitt eine Schmetterlingsfigur mit je zwei links und rechts symmetrisch angeordneten Hinter- (= Dorsal-) und Vorder-(= Ventral-)Hörnern (Abb. 241). Im Thorakalmark sind die zwischen Vorder- und Hinterhörnern gelegenen Seiten- (= Lateral-) Hörner ausgebildet. Die genannten „Hörner" sind Querschnittsfiguren von dorsalen und ventralen leistenartigen Formationen (Columnae). Graue Substanz ist durch das Vorkommen von Perikaryen (= Zellleibern) von Nervenzellen (Neuronen) gekennzeichnet; zusätzlich treten hier natürlich Fasern und Gliazellen auf. Beson-

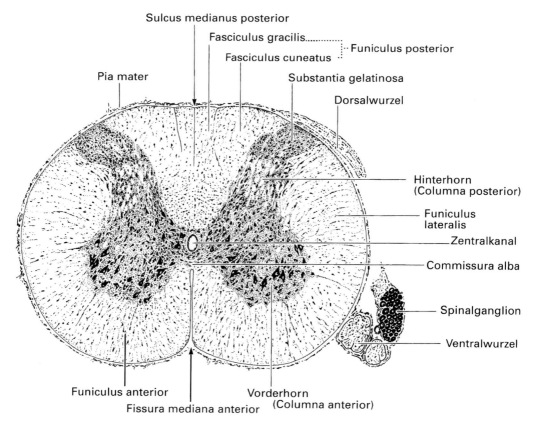

Sulcus medianus posterior
Fasciculus gracilis
Fasciculus cuneatus
Funiculus posterior
Pia mater
Substantia gelatinosa
Dorsalwurzel
Hinterhorn (Columna posterior)
Funiculus lateralis
Zentralkanal
Commissura alba
Spinalganglion
Ventralwurzel
Funiculus anterior
Vorderhorn (Columna anterior)
Fissura mediana anterior

Abb. 241 Ratte. Querschnitt durch das Rückenmark, gezeichnet auf der Basis eines Präparates, das mit einer GOLGI-Technik gefärbt wurde

ders groß sind die multipolaren Perikaryen der Motoneurone (motorische „Vorderhornzellen") in den Vorderhörnern. An ihnen sind typische morphologische Merkmale von Neuronen gut erkennbar: großer, rundlicher, heller Zellkern mit deutlichem Nucleolus, Cytoplasma mit reich entwickeltem rauen ER, das hier in Form von sog. Nissl-Schollen (benannt nach Franz Nissl, 1860–1919, Neurologe in Heidelberg und München) vorliegt. Spezialfärbungen zeigen im Cytoplasma einen komplexen Golgi-Apparat, der aus zahlreichen einzelnen Golgi-Feldern besteht, zahlreiche Mitochondrien und Lysosomen. Vom Cytoplasma geht eine Reihe von Fortsätzen aus: 1. mehrere Dendriten, in deren Anfangsschnitten noch Nissl-Substanz zu finden ist und die Informationen aufnehmen und den Perikaryen zuleiten, und 2. ein Axon, das Informationen vom Perikaryon fortleitet und in einem RER-freien Areal des Cytoplasmas („Axonhügel") entspringt.

Andere neuronale Perikaryen der Vorderhörner und die Perikaryen der Hinter- und Seitenhörner sind kleiner, und ihre Nissl-Substanz ist i. A. nicht schollig organisiert, sondern nur an einer allgemeinen Basophilie erkennbar.

Von den **Gliazellen** sind im HE-Präparat nur die Zellkerne klar erkennbar. Die Kerne der Astrocyten sind rundlich und relativ hell mit kleinen Heterochromatinschollen. Oligodendrogliazellen besitzen oft relativ dunkle, runde oder ovale Kerne, und die Kerne der Mikroglia sind dunkel und länglich.

Ungefähr in der Mitte des Präparates findet sich der Zentralkanal (Abb. 241), der von kubischen bis prismatischen Cilien tragenden Ependymzellen begrenzt wird und Liquor cerebrospinalis enthält. Dorsolateral entspringen an der Oberfläche des Rückenmarks die sensiblen Dorsalwurzeln, ventrolateral die motorischen Ventralwurzeln der Spinalnerven. In den Verlauf der Dorsalwurzeln sind die Spinalganglien (Abb. 241) eingeschaltet, die aus den Perikaryen pseudounipolarer sensibler Neurone bestehen. Die Oberfläche des Rückenmarks wird von den Rückenmarkshäuten bedeckt, von denen im Präparat i. A. nur die Pia mater und Teile der Arachnoidea enthalten sind.

Kleinhirnrinde

Im Kleinhirn und im Endhirn wird die Oberflächenregion, die Rinde bzw. der Cortex, von grauer Substanz gebildet. Die Präparate sollen eine Grundlage für das funktionelle Verständnis bilden, das mitmilfe von spezieller Literatur erworben werden muss.

Die **Kleinhirnrinde** baut sich aus drei Schichten auf (Abb. 242b). **Schicht I, die Molekularschicht**, liegt oberflächlich und ist perikaryenarm. **Schicht II, die Ganglienzellschicht**, besteht aus den großen, oft birnenförmigen Perikaryen der Purkinje-Zellen, großen Neuronen, deren Dendritenbaum sich in die Molekularschicht erstreckt und deren Axon als einzige Struktur Erregungen aus der Rinde herausführt. **Schicht III (Körnerzellschicht)** besteht aus den dicht gepackten, kleinen Perikaryen der Körnerzellen. Zwischen den Perikaryen der Körnerzellen finden sich inselartig helle Felder, Synapsenregionen zwischen den so genannten Moosfasern – Fasern, die Informationen in die Kleinhirnrinde hineinführen – und den kurzen Dendriten der Körnerzellen. Diese speziellen und komplexen Synapsenfelder heißen Glomerula cerebellaria. Vereinzelt finden sich zwischen den Körnerzellen relativ große Golgi-Zellen (Abb. 242a). Unter der Rinde liegt das Mark. Der Erregungsfluss im Kleinhirn und die Verteilung erregender und hemmender Neurone sind relativ gut bekannt und bietet einen Einblick in die Arbeitsweise von Neuronenverbänden.

Endhirnrinde

Ein Präparat der Endhirnrinde (Abb. 242a) kann i. A. nicht tiefgehend analysiert werden; es bietet aber einen Eindruck von der dichten Packung der neuronalen Perikaryen und der Komplexität ihrer Anordnung. Die Neurone sind sowohl in horizontalen Schichten (laminäre Schichtung) als auch in vertikalen, säulenartigen Formationen angeordnet. Bei günstiger Schnittführung lassen sich in vielen Bereichen **sechs horizontale Schichten** unterscheiden, von denen die oberflächliche perikaryenarme Schicht I (Molekularschicht) sowie die Schichten III und V mit ihren **Pyramidenzellen** am klarsten zu erkennen sind. Die unterschiedlich großen Pyramidenzel-

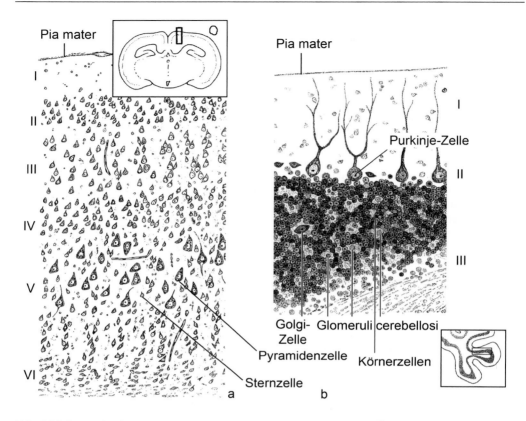

Abb. 242 Ratte, Gehirn. **a** Querschnitt durch die Endhirnrinde; umrahmt: Übersichtsdarstellung des gesamten Präparates mit Angabe der Region, die vergrößert dargestellt wurde. I–VI: Schichten der Endhirnrinde. **b** Kleinhirnrinde; umrahmt: entsprechend **a**. I: Molekularschicht, II: Ganglienzellschicht, III: Körnerschicht

len besitzen oft schmale, dreieckige oder unregelmäßig rautenförmige Anschnittfiguren ihrer Perikaryen, wobei an der schlanken Spitze, die zur Hirnoberfläche gerichtet ist, ein Apikaldendrit entspringt. Das Axon der Pyramidenzellen verlässt die Hirnrinde. Die Axone, die die Rinde verlassen, können ipsi- oder kontralaterale Rindenareale erreichen, zum Thalamus absteigen, subcorticale, überwiegend motorische Zentren erreichen oder ins Rückenmark absteigen. Die Neurone, die mit ihren Fortsätzen in der Rinde bleiben, werden **Sternzellen** oder **Körnerzellen**

genannt; sie treten z.B. in Schicht II und zahlreich in Schicht IV auf, die besonders in sensorischen Arealen gut entwickelt ist.

Bei den **vertikalen Säulen** (Columnen) handelt es sich um funktionell verknüpfte, sich wiederholende Baueinheiten (Module), die ca. 300µm weit sind und von der Basis der Rinde bis zur Rindenoberfläche reichen.

Die unterhalb der Rinde gelegenen Regionen bestehen aus Nervenfasersystemen (weiße Substanz) und werden Mark genannt.

Zellen und Gewebe

A. Zellen

Zellen sind die strukturellen und funktionellen Grundbausteine aller Organismen. Zellen entstanden vor ungefähr 3,5 Milliarden Jahren und existieren heute in zwei Typen: prokaryotischen und eukaryotischen Zellen. Die prokaryotischen Zellen sind die älteren Zellen und kennzeichnen die Organismen, die als Prokaryoten zusammengefasst werden, die Archaea und die Bacteria. Die Prokaryoten leben im Allgemeinen als Einzelorganismen und sind meistens nur 1-2 µm groß, ihre Zellen haben keinen Kern und keine membranbegrenzten Organellen. Das Genom besteht oft nur aus 1000-4000 Genen.

Eukaryotische Zellen sind viel komplexer strukturiert und größer als die prokaryotischen Zellen. Sie sind die Zellen, aus denen Protozoen und Metazoen bestehen. Bei einheitlichem Grundbauplan bilden sie eine große Zahl an Typen, beim Menschen je nach Definition mindestens 200, z.B. Hepatocyten, Lymphocyten, Astrocyten und Keratinocyten. Der Körper des Menschen baut sich aus ca. 10^{13} eukaryotischen Zellen auf (und beherbergt, z.B. in seinem Dickdarm, eine noch größere Zahl an prokaryotischen Zellen).

Eine eukaryotische Zelle besteht aus drei eng miteinander in Verbindung stehenden Bereichen: 1) Zellmembran (=Plasmamembran), 2) Cytoplasma mit Cytosol, Organellen und Cytoskelet sowie 3) Zellkern.

Zellmembran

Die Zellmembran bildet die Grenze der Zelle gegen ihre Umwelt. Sie ist semipermeabel und vermittelt den Austausch zwischen Zelle und Umgebung und enthält Erkennungsstrukturen für Signale aus der Umwelt. Sie besteht typischerweise zu 45% aus Lipiden, zu 45% aus Proteinen und zu 10% aus Kohlenhydraten. Die Membranlipide – Phospholipide, Glykolipide und Cholesterin – bilden eine fluide Doppelschicht, die im Membraninneren hydrophobe und außen hydrophile Eigenschaften hat. Proteine unterschiedlicher Funktion (z.B. Ionenkanäle, Receptorproteine, Aquaporine) sind in die Membran eingebaut. Integrale Membranproteine sind fest in die Membran integriert, periphere Membranproteine lagern ihr innen oder außen an. Die Zellmembran enthält außerdem Zelladhaesionsmoleküle, z.B. Cadherine, mittels derer die Zellen aneinander oder an der Bindegewebsmatrix haften. Sie kann auch spezielle Kontaktstrukturen bilden. Die Zellmembran kann fingerförmige Ausstülpungen (Mikrovilli) oder schmale Einsenkungen (basales Labyrinth) bilden, die der Oberflächenvergrößerung dienen. Es können sich von ihr kleine, ins Zellinnere wandernde Transportvesikel abschnüren (Endocytose), sie kann bewegliche Fortsätze, z.B. Filo- oder Lamellipodien, bilden, die Fremdstoffe, Nahrungsbestandteile, Krankheitserreger u.a. einfangen und zum Abbau in die Zelle verlagern. Die Zellmembran kann zusammen mit peripherem Cytoplasma Kinocilien (bewegliche Zellfortsätze) ausbilden, die einen Flüssigkeitsstrom erzeugen und auch Sinnesfunktion haben können.

Cytoplasma

1. Cytosol. Das Cytosol ist die wässrige Grundsubstanz des Cytoplasmas, in die die Organellen, das Cytoskelet und der Zellkern eingebettet sind, und in der zahlreiche Stoffwechselprozesse ablaufen. Im Cytosol können auch Reservestoffe, wie z.B. Glykogen, abgelagert werden.
2. Organellen. Es lassen sich die typischen membranbegrenzten Organellen von Organellen ohne Membran unterscheiden. Zu letzteren zählen vor allem Ribosomen (Proteinsynthese) und Proteasomen (Abbau von zelleigenen Proteinen). Zu den membranbegrenzten Organellen zählen:
   a) Das Endoplasmatische Reticulum, ein schlauch- oder flach-zisternenförmiges

Membransystem, mit den Unterformen rauhes endoplasmatisches Reticulum (RER, Eiweiß-Lipid-Synthese) und glattes endoplasmatisches Reticulum (GER, Calciumspeicher, Entgiftungsorganell, Beteiligung an der Steroidhormonsynthese). Den Membranen des rauen endoplasmatischen Reticulums sind außen Ribosomen angelagert, die den Membranen des glatten endoplasmatischen Reticulums fehlen. In Eiweiß-synthetisierenden und – exportierenden Zellen ist das raue endoplamatische Reticulum reich entwickelt, z.B. in Drüsen, die Verdauungsenzyme bilden.

b) Der Golgi-Apparat ist ein spezifischer, polar strukturierter (mit cis- und trans-Seite) Membrankomplex aus flachen Zisternen, in dem Proteine, die im rauen endoplasmatischen Reticulum gebildet wurden, modifiziert werden, z.B. phosphorylisiert, glycosiliert oder sulfatiert, und nach Zielorten sortiert werden. Derart modifizierte Proteine werden vor allem exportiert, in Endo- und Lysosomen transportiert oder in die Zellmembran eingebaut.

c) Endosomen, Lysosomen, Multivesikuläre Körper. Es handelt sich um ein differenziertes, komplexes System aus überwiegend vesikulär-kugeligen Strukturen, die dem Abbau aufgenommener Stoffe dienen. Kennzeichnend sind im Inneren der Endosomen ein saurer pH-Wert von ca. 6 (in Lysomen von ca. 5) und die Existenz von ca. 50 verschiedenen sauren Hydrolasen, z.B. Phosphatasen, Glucuronidasen und verschiedenen Proteasen.

d) Peroxisomen sind oft kugelige Organellen, die Oxidasen enthalten. Sie sind an der Synthese von Lipiden beteiligt. Wichtig sind auch Enzyme, die H_2O_2 auf- und abbauen; letzteres bewerkstelligt die Katalase.

e) Mitochondrien versorgen die Zelle mittels ATP-Bildung mit Energie. Sie sind dynamische Strukturen, die sich ständig bewegen und ihre Gestalt verändern. Sie sind von zwei Membranen umgeben. Sie entsprechen ehemaligen aeroben Prokaryoten, die als Symbionten mit ihrer DNA in die eukaryotische Zelle aufgenommen wurden.

f) Melanosomen synthetisieren Melanin, ein photoprotektives, braunes Pigment. Bei Wirbeltieren sind nur wenige Zellen zur Melaninsynthese fähig, z.B. Melanocyten und einige Neurone.

3. Cytoskelet. Typisch für die eukaryotische Zelle ist ein hochdifferenziertes Cytoskelet, dem nicht nur Stütz- und formgebende Funktionen zukommen, sondern auch zahlreiche andere essentielle Aufgaben. Es umfasst vor allem Mikrofilamente (im Allgemeinen aus Aktin aufgebaut), Intermediärfilamente (z.B. Cytokeratine, Neurofibrillen und Lamine) und Mikrotubuli (bilden u.a. Transportschienen in der Zelle und bauen den Spindelapparat bei der Zellteilung auf).

Zellkern

Der Zellkern ist die auffälligste Struktur der eukaryotischen Zelle, er kann auch als besonders großes Organell angesehen werden. Er enthält die DNA mit der genetischen Information und nimmt oft ca. 15% des Zellvolumens ein. Er kann ganz unterschiedliche, oft einen Zelltyp kennzeichnende Gestalt besitzen. Er ist von der Kernhülle umgeben, die aus zwei Membranen besteht und zahlreiche, oft einige tausend, Poren zum Stoffaustausch besitzt. Im Innern befindet sich das Chromatin, ein Komplex aus DNA und Proteinen, der in der Mitose in Gestalt der Chromosomen erscheint; außerdem enthält er den Nucleolus und eine Matrix. Das Chromatin ist in helles Euchromatin (aktives Chromatin) und dunkles Heterochromatin (inaktives Chromatin) gegliedert. Diese beiden Chromatinformen bilden meist zelltypische Muster. Kerne können kristalline Einschlüsse und sogar Bakterien (z.B. bei *Spirostomum*) enthalten.

B. Gewebe

Gewebe sind zufolge der Definition von Wolfgang Bargmann (1906-1976) ‚Verbände gleichartig differenzierter Zellen und ihrer Abkömmlinge, der extrazellulären Substanzen'. Gewebe entsprechen einer mittleren Organisationsebene des Organismus. In den Wildwuchs an Gewebetypen und -definitionen zu Beginn und in der Mitte des 19. Jahrhunderts brachte Albert von Kölliker (1817-1905) eine noch heute gut brauchbare und gültige Ordnung. Er unterschied vier Grundgewebe:

- Epithelgewebe
- Bindegewebe (dazu zählen auch Fett- und Stützgewebe)
- Muskelgewebe
- Nervengewebe

Aus jeweils eigenen Varianten dieser Grundgewebe sind alle Organe der Metazoen aufgebaut.

Die neuere Zellbiologie, Embryologie und Zellpathologie haben gezeigt, dass die Grenzen zwischen diesen Gewebetypen nicht immer scharf sind; z.B. zeigt Nervengewebe Eigenschaften von Epithelgewebe, Muskelzellen können bei manchen Wirbellosen, z.B. Echinodermen, Epithelzellen sein, bei Karzinomen verlieren Epithelzellen viele ihrer epithelialen Eigenschaften und nehmen Merkmale von Bindegewebszellen an.

Epithelgewebe

Epithelgewebe (Epithel) besteht aus Verbänden dicht gelagerter Zellen, den Epithelzellen, die in Form von Schichten äußere und innere Oberflächen bedecken (Abb. 243a,b) aber auch Röhren, Schläuche, Zellplatten oder Knäuel bilden können (Abb. 243e-h). Epithelgewebe ist phylo- und ontogenetisch das älteste bzw. erste Gewebe. Epithelzellen sind nur durch einen ca. 20 nm schmalen Interzellularspalt getrennt, der erst im Transmissionselektronenmikroskop klar erkennbar wird, und sie sind über verschiedenartige Zellkontakte miteinander verknüpft. Die Kontakte dienen

1. dem mechanischen Zusammenhalt der Epithelzellen (Desmosomen, Zonulae adhaerentes)
2. der Verbindung zwischen Epithelzellen und dem Bindegewebe (Hemidesmosomen)
3. der molekularen Kommunikation zwischen benachbarten Epithelzellen (Maculae communicantes = Nexus = Gap Junctions)

4. dem Aufbau einer molekularen Barriere im Epithel, die einen unkontrollierten Stofftransport oder Wasserstrom über ein Epithel hinweg verhindert (Zonulae occludentes = Tight Junctions). Bei vielen Wirbellosen sind Zellen durch septierte Junktionen verbunden, die diese Barrierefunktion repräsentieren.

Die einzelne Epithelzelle, und entsprechend der gesamte Epithelverband, ist polar aufgebaut. Die Zellen bilden einen apikalen ('oberen') Pol, den Apex, und einen basalen ('unteren') Pol, die Basis. Der apikale Pol weist zur freien Oberfläche, der basale zum basal angrenzenden Bindegewebe. Die lateralen Seiten der Epithelzellen ähneln funktionell der basalen Seite, sie werden funktionell zur basolateralen Domäne zusammengefasst. Die beiden Pole unterscheiden sich in funktioneller Hinsicht. Dementsprechend sind auch apikale und basolaterale Membran in molekularer und funktioneller Hinsicht verschieden. Die Grenze zwischen beiden Bereichen bildet die Zonula occludens oder, bei vielen Wirbellosen, die septierte Junktion.

Bei Cnidariern gehören zur Ausstattung des basalen Zellpols wohl immer kontraktile Filamente. Diese sind selber zwar nicht kontraktil, bauen aber makromolekulane Apparate auf, denen die Eigenschaft der Kontraktilität zukommt. Sie können in spindelartig ausgezogenen Zellfortsätzen liegen (Epithelmuskelzellen). Ähnliches kommt im äußeren Irisepithel des Menschen vor.

Die Oberflächenepithelien können bei vielen Wirbellosen apikal eine Cuticula sezernieren, z.B. aus Kollagenfibrillen (Anneliden) oder Chitin (Arthropoden). Auch die Schale der Mollusken wird von Epithelien abgeschieden.

Epithelien zeigen einen mehr oder minder raschen Zellumsatz, d.h. sie enthalten stets epitheliale Stammzellen, von denen die streng regulierte Neubildung von Epithelzellen ausgeht. Man findet daher oft Mitosefiguren in Epithelien, besonders in solchen mit hohem Zellumsatz, z.B. im Epithel des Dünndarms der Säuger. Diese Epithelzellen leben nur ca. 5 Tage. Karzinome, z.B. Brust- und Bronchialkrebs, die durch unkontrolliertes Wachstum gekennzeichnet sind, entstehen definitionsgemäß nur in Epithelien.

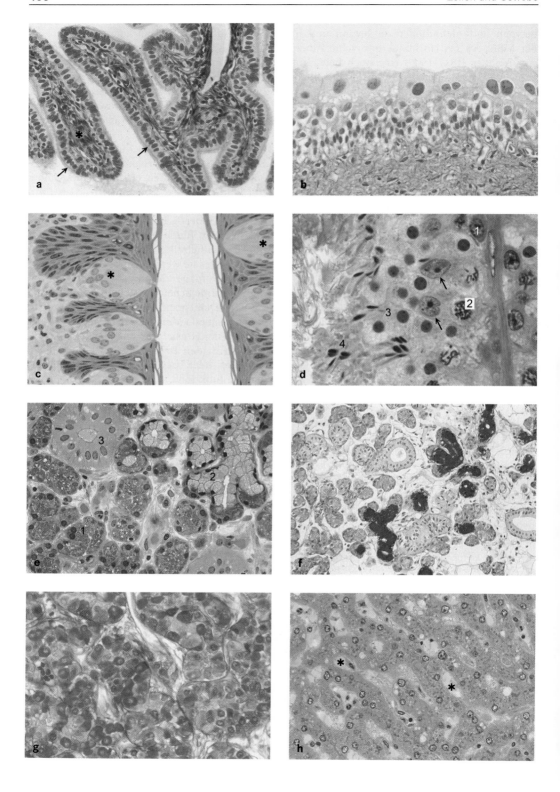

Epithelien ruhen basal auf einer feinen extrazellulären Schicht aus Kollagen vom Typ IV, Laminin und Proteoglykanen, die Basallamina (oder auch Basalmembran) genannt wird. Diese Basallamina ist die wesentliche Verbindungsstruktur zwischen Epithel und dem subepithelialen Bindegewebe. In der speziellen Situation von Nierenorganen, bei Wirbeltieren und Hemichordaten, ist die Basalmembran ein wesentlicher Teil der Ultrafiltrationsbarriere.

In den meisten Organen sind Epithelien die Träger der spezifischen Leistungen des Organs. Sie werden als das Organparenchym bezeichnet. Andere Gewebe, insbesondere das Bindegewebe mit Blutgefäßen und Nerven, bilden das Organstroma. Epithelien, die Oberflächen bilden, werden Oberflächenepithelien (oder auch Deckepithelien, Abb. 243a,b) genannt. Epithelien können auch Drüsen aufbauen, sie werden dann Drüsenepithelien genannt. Außerdem können sie Sinneszellen enthalten, z.B. im Innenohr, und heißen ‚Sinnesepithelien'. Hierzu zählen auch die Epithelien der Zunge und des Rachens, die Geschmacksknospen enthalten. Diese bauen sich aus schlanken speziellen Epithelzellen (Abb. 243c) die Geschmackssinneszellen genannt werden.

Oberflächenepithelien lassen sich in formaler Hinsicht gliedern, wobei die Gestalt der Epithelzellen und die Zahl der Zellschichten im Epithel wichtige Kriterien sind.

Sind die Zellen flach, spricht man von Plattenepithel; sind sie kubisch, von kubischem oder isoprismatischem Epithel, sind sie schlank und hoch, von prismatischem Epithel (Abb. 243a).

Bilden die Epithelzellen nur eine Zellschicht, nennt man das Epithel einschichtig. Sind zwei oder mehr Zellschichten ausgebildet, dann zwei-, dreischichtig usw. Manche Epithelien bestehen aus vielen Schichten: mehr- oder vielschichtige Epithelien. Tragen Epithelzellen Kinocilien, spricht man von Flimmerepithelien, existiert nur eine lange Kinocilie (eine Geißel), wird die Bezeichnung Geißelepithel gebraucht. Erwartungsgemäß gibt es Sonderfälle mit eigenen Namen, ein Beispiel ist das dehnungsfähige Urothel (= Übergangsepithel, Abb. 243b) der ableitenden Harnwege der Säugetiere. Das Epithel der Körperoberfläche heißt Epidermis, das Epithel, das bei Wirbeltieren Blutgefäße auskleidet, Endothel, das Coelomepithel heißt bei Wirbeltieren oft Mesothel.

Epithelien können von anderen Zellen besiedelt werden, z.B. die Epidermis der Säugetiere von Zellen der Abwehr (Langerhans-Zellen) oder von Pigmentzellen (Melanocyten). Auch Keimzellen besiedeln oft Epithelien, die dann Keimepithelien genannt werden (Abb. 243d).

Die Morphologie eines Epithels lässt immer Rückschlüsse auf seine Funktion zu.

Drüsenepithelien, Drüsenzellen, Drüsen

Drüsenepithelien enthalten einzelne Drüsenzellen, z.B. muzinbildende Becherzellen im Epithel des Dünn- und Dickdarms oder der Atemwege der Säugetiere, oder sie sind vollständig aus Drüsenzellen aufgebaut.

Abb. 243 Epithelgewebe. **a**: Oberflächenepithel (Pfeil), einschichtig prismatisch; das Epithel lagert auf dem hier blaugefärbten Bindegewebe (Sternchen); Tuba uterina Mensch, Färbung Azan, Vergr. x400. **b**: Oberflächenepithel, mehrschichtig, Urothel, Harnblase, Tenrek, Azan, Vergr. x400. **c**: Epitheliale Sinneszellen in Geschmacksknospen (Sternchen), Rhesusaffe, H.E., x400. **d**: Keimepithel, Hoden, Rhesusaffe; die Epithelzellen werden Sertolizellen genannt und besitzen einen sehr hellen Kern mit großem Nucleolus (Pfeile); die Keimzellen (Sternchen) repräsentieren verschiedene Stadien der Meiose, 1: Spermatogonie, 2: Spermatocyte 1. Ordnung, 3: Spermatiden, 4: Spermatozoen (weitgehend ausgereifte Spermatiden), H.E., x1000. **e**: Exokrine Drüse (Glandula submandibularis Mensch) mit serösen (1) und mukösen (2) Endstücken und einem Ganganschnitt (3 Streifenstück) H.E. x400 **f** Exokrine Drüse (Glandula submandibularis, Mensch), die Schleime der mukösen Endstücke sind mit Hilfe der Perjodsäure-Schiff-Reaktion (PAS-Färbung) purpurfarben ausgefärbt, x200. **g**: Epithelzellen in einer endokrinen Drüse, der Adenohypophyse des Menschen; die unterschiedlich gefärbten Zellen repräsentieren verschiedene hormonbildende Zellen, z. B. bilden die roten Zellen Prolaktin und Wachstumshormon. Färbung Azan, Vergr. x400. **h**: Leberzellbalken, Leber, Mensch; die hellen Partien (Sternchen) zwischen den eosinophilen rötlichen Leberzellbalken repräsentieren die Lebersinusoide (weite Blutcapillaren) H.E. x400

Drüsenzellen

Eine Drüsenzelle in einer exokrinen Drüse hat einen typischen polaren Aufbau. Basolateral befinden sich größere Stapel des rauen endoplasmatischen Reticulums (Eiweißsynthese), supranukleär (oder mitunter auch lateral vom Kern) ist ein umfangreicher Golgi-Apparat ausgebildet, auf dessen Transseite Sekretgranula entstehen, die den apikalen Zellpol ausfüllen und apikal per Exocytose ausgeschleust werden. Innerhalb dieses Grundtyps gibt es Variationen. In vielen schleimbildenden Drüsen (Abb. 243e) ist die Menge an rauem ER relativ gering. Das Bild dieser Zellen wird von den reich entwickelten glykoproteinreichen Sekretgranula beherrscht (Abb. 243f). Nicht selten sind sekretorische Phänomene apikal und basal erkennbar: In den Leberepithelzellen (Hepatocyten, Abb. 243h) wird apikal z.B. die Galle sezerniert und basal werden u.a. Gerinnungsproteine abgegeben. Oft enthalten die Sekretgranula verschiedene Komponenten; in den sekretorischen Vesikeln der Milchdrüsenzellen kommen u.a. verschiedene Milcheiweiße, darunter das Kasein, Milchzucker, Wasser und verschiedene Ionen vor.

Auch endokrine Drüsenzellen weisen grundsätzlich einen polaren Aufbau auf, auch wenn er oft nicht so klar erkennbar ist. Die Sekretgranula sammeln sich dort, wo die Zellen an Blutcapillaren grenzen. Drüsenzellen, die Steroidhormone abgeben, weisen keine sekretorischen Granula auf.

In Drüsen sind alle funktionell wesentlichen Zellen Drüsenepithelzellen, die ihre Sekrete ganz überwiegend per Exocytose aus dem Cytoplasma ausschleusen. Wird das Sekret direkt oder über Gänge an freie Oberflächen abgegeben, spricht man von exokrinen Drüsen; wird das Sekret ins Blut oder Hämolymphe abgegeben, nennt man sie endokrine Drüsen.

In Drüsenepithelien können Myoepithelzellen auftreten, das sind Zellen, die sich im Epithel differenzieren und Eigenschaften von glatten Muskelzellen haben. Sie helfen, Sekrete aus der Drüse auszupressen. Beispiele bieten Schweißdrüsen und Milchdrüsen.

Exokrine Drüsen werden nach verschiedenen Kriterien klassifiziert. Grundsätzlich sind zwei Komponenten zu unterscheiden: Endstück und Gang (Abb. 243e). Endstücke produzieren und sezernieren das Sekret, die Gänge leiten es ab und modifizieren es meistens noch.

Selten bilden Epithelzellen auch innere Stützstrukturen auf, so z.B. die Chorda dorsalis (Abb. 246e) der Wirbeltiere. Die Chordazellen enthalten eine große flüssigkeitsgefüllte Vakuole und sind durch Desmosomen und Nexus verbunden. Umhüllt werden diese eigentümlichen Zellen von straffen Bindegewebsfasern (Kollagen- und elastischen Fasern). Es entsteht ein festes, aber auch leicht flexibles Achsenskelet, an dem die Rumpfmuskulatur befestigt ist.

Die Endstücke lassen verschiedene Typen unterscheiden:

1. Acinöse (=acinäre) Endstücke (Acini) haben kugelige Gestalt (Abb. 243e) und produzieren oft Proteine. Das Lumen ist sehr eng.
2. Tubulöse (tubuläre) Endstücke (Tubuli) haben schlauchförmige Gestalt und sezernieren bei Säugern oft Schleime (Abb. 243e,f). Auch Schweißdrüsen sind tubulös. Das Lumen ist eng.
3. Alveoläre Endstücke (Alveolen) haben ein weites Lumen. Ein Beispiel bieten die Milchdrüsen. Z.T. kann das Lumen völlig von Drüsenzellen ausgefüllt sein, (Talgdrüsen der Säuger).

In vielen Drüsen kommen sowohl acinöse als auch tubulöse Endstücke vor.

Eine weitere gängige Klassifikation betrifft die chemische Natur des Sekrets. Seröse Drüsenzellen sezernieren Eiweiße und haben im allgemeinen kugelige helle Kerne ein basales raues ER und apikale Sekretgranula. Muköse Drüsenzellen sezernieren Muzine und reagieren meistens positiv mit der Perjodsäureschiff (PAS)-Reaktion (Abb. 243f). Ihr Kern liegt basal und ist oft flach und dunkel; das Cytoplasma ist hell und enthält zahlreiche Muzingranula.

Drüsenzellen können auch nach dem Sekretionsmodus klassifiziert werden. Am häufigsten bildet die Drüsenzelle membranbegrenzte Sekretionsgranula, die per Exocytose ausgeschleust werden. Dieser Prozess wird auch *merokrine* Sekretion genannt. Seltener schnürt sich der apikale Zellpol, der zu sezernierende Produkte enthält, ab und zerfällt dann im Lumen des Endstücks, wobei die Produkte freigesetzt werden. Dieser Prozess wird *apokrine*

Sekretion genannt. Beispiele für diesen Sekretionstyp bieten die Duftdrüsen der Säugetiere (oft Pheromonfreisetzung). Die Milchdrüse sezerniert Eiweiße per Exocytose (merokrin), das Milchfett wird mit einem apokrinen Mechanismus abgegeben.

Füllt sich eine Drüsenzelle völlig mit Sekret an und zerfällt dann, spricht man von *holokriner* Sekretion. Ein Beispiel bieten die Talgdrüsen.

Eine Sonderform ist die *ekkrine* Sekretion. Dieser Begriff wird üblicherweise nur für die Schweißdrüsen der höheren Primaten angewendet, die die Flüssigkeit ,Schweiß' sezernieren und keine Sekretgranula bilden.

Bindegewebe

Unter dem Begriff Bindegewebe wird eine Reihe von Gewebeformen zusammengefasst, denen Folgendes gemeinsam ist:

Die Zellen bilden keine geschlossenen Verbände, wie das bei Epithelien der Fall ist, sondern liegen mehr oder weniger verstreut (Abb. 243a). Der Raum zwischen ihnen wird durch eine zellfreie, interzelluläre (= extrazelluläre) Substanz ausgefüllt, die von den Zellen produziert wird und heute meistens Matrix genannt wird. Die Zellen des Bindegewebes lassen sich zwei Gruppen zuordnen: ortsständigen Zellen und freien = mobilen Zellen.

Die ortsständigen Zellen werden Fibroblasten (ruhend mitunter auch Fibrocyten) genannt. Sie kommen in verschiedenen Varianten vor und produzieren die Komponenten der Matrix.

Die freien Zellen wandern in das Bindegewebe ein, können sich hier differenzieren und erfüllen dann bestimmte Funktionen, gehen hier zugrunde oder verlassen das Bindegewebe wieder. Diese Zellen stehen oft im Dienste der Abwehr; Beispiele sind Makrophagen, neutrophile Granulocyten, eosinophile Granulocyten und Lymphocyten.

Die Matrixkomponenten können unterschiedlicher Natur sein, z.B. gallertig, elastisch oder verkalkt, und es ist diese Matrix, die dem Gewebe seine wesentlichen funktionellen Eigenschaften verleiht. Im Epithel ist es anders, ihre funktionellen Eigenschaften beruhen primär auf den Eigenschaften und Leistungen der Epithelzellen.

Trotz ihrer grundlegenden Übereinstimmungen ist es nicht überraschend, dass unterschiedliche Autoren in unterschiedlicher Weise Bindegewebe definieren und ihnen unterschiedliche Gewebsformen zuzählen. Mitunter wird z.B. Fettgewebe nicht zu Bindegewebe gezählt. Blut kann als ,flüssiges Bindegewebe' angesehen werden.

Im Bereich von Pathologie und medizinischer Histologie werden im Allgemeinen folgende Gewebeformen zum Bindegewebe gezählt:

- Lockeres Bindegewebe
- Straffes Bindegewebe
- Retikuläres Bindegewebe
- Gallertiges Bindegewebe
- Knorpelgewebe
- Knochengewebe
- Fettgewebe

Knorpel- und Knochengewebe werden meistens als Stützgewebe zusammengefasst.

Nur eine Auswahl dieser Gewebeformen kann hier dargestellt werden.

Embryonales Gewebe, aus dem sich Bindegewebe und auch Muskelgewebe entwickeln, wird Mesenchym genannt. Es ist noch wenig differenziert, aber aufgrund seiner gut entwickelten viskösen und hyaluronsäurereichen Matrix mit wenigen feinen Kollagenfasern ähnelt es einem Bindegewebe. Es ist meistens mesodermalen Ursprungs, kann aber bei Vertebraten auch der Neuralleiste entstammen.

Bindegewebe bildet in Organen das Stroma (Abb. 243a), das u.a. die epithelialen Strukturen verbindet und Versorgungsstrukturen aufbaut.

Matrixkomponenten

Folgende funktionell eng verbundenen Matrixkomponenten lassen sich unterscheiden:

- Grundsubstanz
- Bindegewebsfasern

Grundsubstanz ist ein hydratisiertes Gel, das einen Raum für Transportprozesse von Gasen, Nährstoffen und Abbauprodukten schafft. Hier spielt sich auch das Wesentliche der Entzündungsreaktion ab. Wichtige molekulare Bestandteile sind Wasser, Hyaluronan, Proteoglykane und Glykoproteine. Im mikroskopischen Routinepräparat erscheint die Grundsubstanz hell und strukturlos.

Bindegewebsfasern

Es lassen sich zwei Hauptgruppen von Bindegewebsfasern unterscheiden:

- Kollagenfasern
- Elastische Fasern

Kollagenfasern bestehen aus dem Makromolekül Kollagen und sind flexibel und zugfest. Sie haben im Bindegewebe Gerüstfunktion und können z.B. Organkapseln, Faszien, Bänder und Sehnenstrukturen aufbauen. Sie können locker verteilt (Abb. 243a) oder dicht gepackt (,straff') angeordnet sein (Abb. 244a). Sie können aus verschiedenen molekularen Kollagentypen aufgebaut sein, in der Dermis der Wirbeltiere oder in Sehnen z.B. aus Kollagentyp I, im Glaskörper und im Knorpel aus Typ II Kollagen, in retikulären Fasern (Abb. 244b) in lymphatischen Organen der Säugetiere überwiegend aus Typ III Kollagen.

Das Kollagen wird von den Fibroblasten des Bindegewebes synthetisiert; es wird dann sezerniert und polymerisiert extrazellulär zu Kollagenfibrillen, die im Elektronenmikroskop eine kennzeichnende Querstreifung zeigen. Die Fibrillen vom Kollagentyp I haben oft einen Durchmesser von 50-90 nm. Sie lagern sich leicht zu gewellten Bündeln zusammen, die Kollagenfasern genannt werden, oft 1-10 µm dick sind und sich mit einigen Färbungen (Goldner, Masson-Trichrom, van Gieson und Azan) selektiv auffärben lassen (Abb. 244a,d).

Retikuläre Fasern (Abb 244b) sind relativ dünne und vernetzte Fasern, die aus Kollagen Typ III aufgebaut sind; sie sind an ihrer Oberfläche von Glykoproteinen bedeckt und kennzeichnen hauptsächlich das Bindegewebe der Abwehrorgane der Säuger, z.B. der Lymphknoten.

Wirbellose besitzen z.T. sehr dicke Kollagenfibrillen. Bei Anneliden sezerniert die Epidermis, also ein Epithel, eine Cuticula aus Kollagenfibrillen, die die Körperoberfläche schützt.

Elastische Fasern (Abb. 244c) sind reversibel dehnbar und haben mehr oder weniger die Eigenschaften von Gummi. Sie kommen immer zusammen mit Kollagenfasern vor (Abb. 244d), die vor Überdehnung schützen. In der Wand von Arterien der Säugetiere bilden sie lamelläre Strukturen. Sie bestehen aus zwei Hauptkomponenten: Fibrillin und Elastin. Fibrillin bildet ein Gerüst aus Mikrofibrillen in den elastischen Fasern. Elastin, ein sehr hydrophobes Protein, ist für die elastischen Eigenschaften verantwortlich.

Die Matrix der verschiedenen Bindegewebsformen ist die Grundlage für besondere funktionelle Eigenschaften. Im retikulären Bindegewebe der Säuger sind die Kollagenfibrillen vom Typ III nicht nur durch chemische Besonderheiten, sondern auch dadurch gekennzeichnet, dass sie von langen, lamellären Ausläufern der dort beheimateten speziellen Fibroblasten umscheidet werden und so nicht in Kontakt mit den Zellen, die dieses Bindegewebe besiedeln, kom-

Abb. 244 Bindegewebe. **a:** straffes kollagenfaserreiches (blau) Bindegewebe, Zellkerne und Erythrocyten: rot, Mamma, Mensch, Azan, x200; **b:** Retikuläre Fasern (schwarz), Lymphknoten Mensch, Silberimprägnation, x400. **c:** Elastische Lamellen und Fasern in der Wand der Arteria carotis communis, Mensch, Aldehydfuchsin, x400. **d:** Kollagenfasern (rot) und elastische Fasern (schwarz) in der Dermis, Mensch, van Gieson und Elastica Färbung, x400. **e:** hyaliner Knorpel, Knorpelzellen im Schnitt allein oder in Zweiergruppen (→); Bronchus, Mensch, Alcian Blau (färbt die Matrix), x400. **f:** elastischer Knorpel, in der Matrix sind rotbraungefärbte elastische Fasern erkennbar; die Knorpelzellen bilden gut erkennbar isogene Zellgruppen (Pfeile), Ohrmuschel, Mensch, Resorcin-Fuchsin, x200. **g:** Geflechtknochen; die Knochenmatrix wurde entkalkt, so dass die Kollagenfasern (blaugefärbt) in der Knochenmatrix freigelegt wurden – zwischen dem Geflecht der Knochenspangen und -bälkchen liegt Knochenmark, auf der Oberfläche der (blaugefärbten) Knochenbälkchen sind die roten Kerne der Osteoblasten (knochenbildenden Zellen, Pfeile) erkennbar; embryonaler Radius, Mensch, Azan, x100. **h:** Geflechtknochen (Matrix grün) mit Osteoblasten (Pfeilköpfe) und Osteocyten (Pfeile), Mensch, embryonaler Deckknochen des Schädels, Goldner, x400

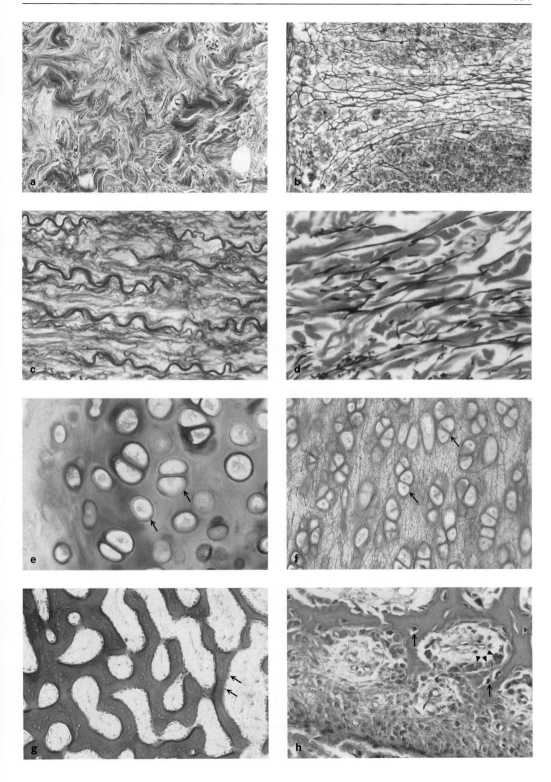

men. In diesem Milieu werden Lymphocyten aktiviert. Dieses Gewebe bildet also das Grundgewebe von Lymphknoten, Milz, Tonsillen und Abwehrorganen der Darmschleimhaut.

Knorpelgewebe

Auch die Eigenschaften des Knorpelgewebes beruhen auf den Eigenschaften der Knorpelmatrix. Knorpel ist fest, druckelastisch und schneidbar. Die Matrix besteht aus folgenden chemischen Anteilen:

- Wasser (ca. 80%)
- dem fibrillären Kollagen vom Typ II
- verschiedenen anderen Kollagentypen (IX, X, XI)
- Hyaluronan und dem mit ihm verbundenen Proteoglykan Aggrecan
- verschiedenen Glykoproteinen

Die negativ geladenen Keratan- und Chondroitinsulfatketten des Aggrecans (Abb. 244e) binden Wasser, was die Hauptvoraussetzung für die kennzeichnende elastische Festigkeit des Knorpels ist. Die molekularen Riesenaggregate aus Hyaluronan und zahllosen Aggrecan-Molekülen sind ebenfalls für die Formstabilität und Konsistenz des Knorpels verantwortlich.

Die Knorpelzellen der Wirbeltiere sind rundlich oder oval und haben eine Oberfläche, die erst im Elektronenmikroskop erkennbare kleine Mikrovilli bildet. Die Knorpelzellen der Cephalopoden besitzen lange verzweigte Fortsätze.

Die Knorpelzellen sind in die Matrix eingeschlossen und bilden hier meistens kleine Zellnester, die aus einer Mutterzelle hervorgehen (isogene Zellgruppe (Abb. 244 e,f)). Isogene Zellgruppe und die besonders proteoglykanreiche, unmittelbar angrenzende Matrix werden Knorpelterritorium genannt, die Matrix zwischen den Territorien, Interterritorium. Da Knorpel typischerweise keine Blutgefäße besitzt, müssen diese Zellen über z.T. lange Diffusionsstrecken ernährt werden. Ihr Stoffwechsel besitzt viele Besonderheiten. Wachstum des Knorpels erfolgt durch Matrixvermehrung im Innern ('Intussuszeption'), oder durch Hinzufügung ('Apposition') an der Oberfläche.

Es gibt verschiedene Knorpeltypen
- Embryonaler Knorpel (zellreich, viele Einzelzellen und wenige kleine isogene Zellgruppen)
- Hyaliner Knorpel (der typische Knorpel auf Gelenkflächen oder in den Atemwegen der Tetrapoden, Abb. 244e)
- elastischer Knorpel (enthält zusätzlich elastische Fasern (Ohrmuschel)) Abb. 244f)
- Faserknorpel (enthält außer Kollagen vom Typ II auch viele Kollagenfasern vom Typ I, Zwischenwirbelscheiben, Herzskelet, Sehnenansätze)

Knochengewebe

Knochengewebe ist ein auf Stütz- und Skeletfunktion spezialisiertes hartes Bindegewebe, dessen besondere Eigenschaften wieder auf der besonderen Zusammensetzung der Matrix beruhen, in die anorganische Calciumsalze eingelagert werden, ein Prozess, der auch 'Verkalkung' genannt wird. Noch nicht verkalkte Matrix heißt Osteoid. Die Knochenmatrix enthält neben den anorganischen Anteilen auch Wasser und organische Anteile.

Anorganische (mineralische) Anteile sind:
- Hydroxylapatit, eine besondere kristalline Form des Calciumphosphats
- Citrationen
- Carbonationen
- andere Ionen

Organische Anteile sind:
- Kollagen vom Typ I
- verschiedene andere Proteine

Die Matrix kann geflechtartige Strukturen aufbauen (Geflechtknochen, Abb. 244g) oder miteinander verbundene lamelläre Strukturen bilden (Lamellenknochen). Die Knochenlamellen können röhrenförmige Strukturen (Osteone oder Haverssche Systeme, Abb. 245a), Generallamellen (umgeben außen den ganzen Knochen und innen den Raum des Knochenmarks) und Schaltlamellen aufbauen. Schaltlamellen entstehen beim Abbau von Osteonen. Lamellenknochen kann kompakt oder spongiös aufgebaut sein.

Knochenzellen: Typische knochenaufbauende Zellen entstehen aus Mesenchym, in dem sich Osteoprogenitorzellen differenzieren. Diese entwickeln sich zu Osteoblasten, die sich zu epithelähnlichen Schichten formen (Abb. 244h), typische Knochenmatrix abscheiden und sich schließlich zu Osteocyten weiterentwickeln. Osteocyten (Abb. 244h) werden in die Knochenmatrix eingemauert, erhalten deren Funktionsfähigkeit aufrecht und besitzen Sensorfunktion. Knochengewebe unterliegt ständigen Auf-, Um- und Abbauprozessen. Den Abbau übernehmen die mehrkernigen Osteoklasten, die einkernige Vorläufer im Knochenmark besitzen, welche mit Monocyten und Makrophagen verwandt sind.

Knochenbildung (Ossifikation)
Knochen entsteht auf zwei Wegen:
- desmal
- chondral

Desmale (direkte) Knochenbildung: Das Knochengewebe entsteht direkt aus dem Mesenchym.

Chondrale (indirekte) Knochenbildung: Das Knochengewebe entsteht über eine knorpelige Vorstufe, d.h. das Skeletelement wird zunächst knorpelig angelegt, und dieses Knorpelstück wird auf einem komplexen Weg durch Knochengewebe ersetzt. Die meisten Knochen des Säugetierorganismus entstehen auf diesem Wege.

Grundzüge der chondralen Ossifikation:
1. Als Erstes entsteht außerhalb des Knorpelstücks um die Mitte seiner Diaphyse herum desmal eine perichondrale Knochenmanschette (perichondrale Ossifikation)
2. Alle weitere Umbauprozesse erfolgen im Knorpelstück: enchondrale Ossifikation; diese wird im Folgenden skizziert
3. Wo die perichondrale Knochenmanschette den Knorpel umgibt, verändert sich das Knorpelgewebe. Die Knorpelzellen werden groß und blasenförmig ('Blasenknorpel'), die Matrix verkalkt, die Blasenknorpelzellen sterben ab, Blutgefäße dringen mit Zellen ein, die sich zu matrixabbauenden Zellen (Chondroklasten) differenzieren. Es entstehen Hohlräume, die von Osteoprogenitorzellen besiedelt werden. Die daraus entstehenden Osteoblasten beginnen in diesen Räumen, Knochenbälkchen (Geflechtknochen) aufzubauen.

4. Die Umbauaktivität dehnt sich langsam in Richtung auf die Endabschnitte des knorpeligen Skelettstücks, die Epiphysen, aus. Die Knorpel-Knochengrenze besitzt eine charakteristische Struktur und lässt von außen nach innen mehrere Zonen erkennen (Abb. 245b):
- Fetaler Knorpel: ganz außen im Bereich der Epiphysen
- Säulenknorpel: Erster Hinweis auf Veränderungen, die Knorpelzellen proliferieren und bilden Reihen
- Blasenknorpel: die Knorpelzellen vergrößern sich ('hypertrophieren') und induzieren die Verkalkung ihrer Matrix.
- Eröffnungszone: die Front zur Knochenbildung; die Knorpelzellen sterben ab und werden von Chondroklasten abgeräumt, junge Osteoblasten besiedeln die verkalkte Knorpelmatrix und bauen auf ihr erstes Knochengewebe auf
- Zone mit Knochenbälkchen: hier ist schon belastbarer Geflechtknochen aufgebaut.

Auch die Epiphysen beginnen zu verknöchern. Zwischen Epiphysen und Diaphyse bleibt eine knorpelige Wachstumsplatte (Epiphysenfuge) erhalten, diese existiert solange, bis durch molekulare Mechanismen das Wachstum zum Erliegen kommt.

Fettgewebe

Fettgewebe ist darauf spezialisiert, energiereiche Triacylglycerine aufzubauen (Energiespeicher, Wärmeisolatoren, Baufett). Es werden bei Säugetieren zwei Typen von Fettgewebe bzw. Fettzellen unterschieden: braunes und weißes Fett.

Braunes Fettgewebe: Die ca. 30 μm großen Fettzellen des braunen Fettgewebes (Abb. 245c) besitzen einen kugeligen Kern im Inneren der Zelle, mehrere kleinere Fetteinschlüsse (plurivakuoläre Fettzellen), zahlreiche dichtgepackte Mitochondrien (viele Cytochrome: Braunfärbung). Sie sind darauf spezialisiert, Wärme zu bilden und kommen reichlich z.B. bei Winterschläfern und neugeborenen Säugern vor. Braunes Fettgewebe ist noradrenerg innerviert und gut durchblutet.

Weißes Fettgewebe: Typische weiße Fettzellen können bis zu 120 μm groß werden und ent-

halten ausdifferenziert nur einen großen Fett-
einschluss (univakuoläre Fettzellen, Abb. 245d).
Der Fetteinschluß entsteht im Bereich des rauen
ERs; er wächst und füllt dann weitgehend die
gesamte Zelle aus, das Cytoplasma wird auf
einen schmalen peripheren Saum beschränkt,
der Kern wird stark abgeflacht. Außen wird die
Fettzelle von einer speziellen Basallamina und
retikulären Fasern umgeben. Auch weißes Fettgewebe ist gut durchblutet, jede Fettzelle steht
zumindest mit einer Blutkapillare in Kontakt.
Weiße Fettzellen sind nicht einfache passive
Energiespeicher, sondern in vieler Hinsicht sehr
stoffwechselaktiv. Sie produzieren sogar Hormone (beim Säuger, z.B. Leptin, ein Hormon,
das u.a. den Appetit beeinflusst), besitzen Hor-
monreceptoren (z.B. für Cortisol, Adrenalin,
Glucagon und Insulin).

Der Fettkörper der Insekten leitet sich vom
ventralen Coelomepithel her. Er bildet Läppchen,
die von Haemolymphe umspült werden. Er besteht aus großen Fettzellen, die uni- oder pluri-
vakuolär sind. Zusätzlich kommen Mycetocyten
(enthalten neben Fett und Glykogen Symbionten) und Uratzellen (enthalten Stoffwechselend-
produkte) vor. Die Fettzellen enthalten nicht nur
Fetteinschlüsse, sondern auch Glykogen. Der
Fettkörper ist Speicher- und Stoffwechselorgan.

Mesogloea

Bei Cnidariern und Ctenophoren existiert zwischen Ectoderm (= Epidermis) und Entoderm
(Gastrodermis) eine Schicht extrazellulären
Materials, das Mesogloea genannt wird. Primär handelt es sich vermutlich um zwei Ba-
sallaminae, eine des Ecto-, und eine des Entoderms. Häufig ist diese Schicht relativ dünn
und besteht aus Proteinen und Proteoglykanen.
Die hier vorkommenden Kollagenfibrillen sind
nicht quergestreift und werden wohl vom Ectoderm gebildet. Bei Tieren mit dicker Mesogloea,
z.B. Anthozoen und Ctenophoren, können diese
Fibrillen unterschiedlichen chemischen Aufbau
haben und Schichten oder andere Formationen
aufbauen. Bei Ctenophoren kommen Fasern mit
elastischen Eigenschaften vor.

Die umfang- und wasserreiche Mesogloea der
Scyphomedusen kann Zellen enthalten, z.B. bei
Rhizostoma und *Aurelia;* bei *Cyanea* und ande-
ren Gattungen ist sie zellfrei. Die Natur solcher
Zellen ist noch wenig bekannt. Bei Ctenopho-
ren wurde vermutet, dass sie glattmuskulärer,
bei Anthozoen, dass sie amöboider Natur seien.
Als Skleroblasten können sie bei Anthozoen am
Aufbau eines Binnenskeletts beteiligt sein. Die
Mesogloea von *Velella* enthält oft Dinoflagella-
ten.

Mesohyl

Die Schwämme besitzen eine bindegewebsähn-
liche Schicht zwischen Epidermis (= Pinako-
dermis) und der aus Choanocyten aufgebauten Gastrodermis, die Mesohyl genannt wird.
Dieses besteht aus einer gelartigen Matrix und
verschiedenen Zelltypen; unter letzteren befinden sich Skleroblasten, die ein Endoskelett aus

Abb. 245 **a-d** Bindegewebe (Knochen- und Fettgewebe), **e-h**: Muskelgewebe. **a**: Osteon aus Knochenlamellen; im Zentrum: Haversscher Kanal (Pfeil), die dunklen Flecken entsprechen Osteocyten; Färbung nach
Schmorl, x200. **b**: chondrale Ossifikation Wirbelkörper, Maus, 1: fetaler Knorpel, 2: proliferierender Säulenknorpel, 3: Blasenknorpel, 4: Zone mit den ersten Knochenbälkchen und sehr frühem Knochenmark. H.E.
x400. **c**: Paket aus braunen plurivakuolären Fettzellen, Rhesusaffe, Goldner, x200. **d**: Weiße Fettzellen im
Halsbereich des Menschen; das Fett ist bei der Präparation herausgelöst, so dass die Zelle durch eine rie-
sige 'leere' Vakuole repräsentiert ist; deutlich ist die gute Versorgung des Fettgewebes mit Blutcapillaren
(Erythrocyten rot, Pfeile), Azan, x400. **e**: dichtgepackte glatte Muskulatur (rot) in der Wand der Arteria coronaria sinistra eines Hausschweins, Azan, x200. **f**: quergestreifte Skeletmuskulatur (A-Bande rot, I-Bande
hell (Pfeile), enthällt den feinen dunklen Z-Streifen) Zunge, Mensch, x1000. **g**: Herzmuskulatur des Menschen, gut erkennbar sind die Glanzstreifen (lila-blau, Pfeile), über die die Muskelzellen miteinander mecha-
nisch verknüpft und elektrisch gekoppelt sind, Brillantschwarz-Toluidinblau, x400. **h**: Herzmuskulatur
Schwein mit Arbeitsmyokard (1) und einer Purkinje-Faser (Erregungsleitungssystem, Pfeile), 2: Lumen des
linken Ventrikels, Masson-Trichrom, x200

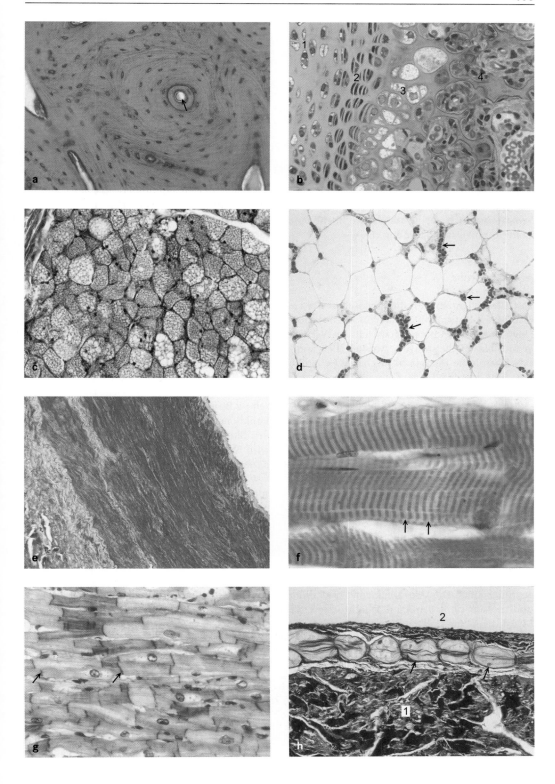

Kalk- oder Kieselnadeln ganz unterschiedlicher Gestalt und Größe bilden. Diese Nadeln werden durch die Kittsubstanz Spongin zusammengehalten. Eine besondere Komponente der Matrix ist das kollagenähnliche Protein Spongin, das z.B. das hochkomplexe dreidimensionale Grundgerüst des Badeschwamms aufbaut. Das Mesohyl mit seinen vielen Zellen, darunter pluripotenten Stammzellen, ist ein eigenes hochspezialisiertes Gewebe, das noch viele offene Fragen bietet. Der verbreiteten Auffassung, dass Schwämme keine echten Gewebe bilden, wird auch widersprochen; desungeachtet nehmen die Schwämme auch auf histologischer Ebene eine isolierte, einzigartige Stellung ein.

Muskelgewebe

Fast alle Zellen besitzen die Eigenschaft der i.a. reversiblen Kontraktilität, aber in Muskelzellen (Myocyten) steht diese Eigenschaft im Vordergrund aller Zellleistungen. Muskelzellen wandeln chemische Energie in mechanische Arbeit um. Eine entscheidende Rolle bei Kontraktion (und Relaxation) spielt Calcium.

Muskelzellen bilden unterschiedliche Formationen, z.B. Schichten mit längs- oder zirkulär ausgerichteten Zellen im Hautmuskelschlauch der Anneliden. Bei Arthropoden und Tetrapoden bilden sie eigene Organe, die definierten Muskeln. Die Gesamtheit des Muskelgewebes in einem Organ oder ganzen Organismus wird auch als Muskulatur bezeichnet. Stets vermitteln Muskelzellen Bewegungen, z.B. Herzschlag, Darmperistalik und Lokomotion.

Der kontraktile Apparat der Muskelzellen baut sich aus filamentärem Aktin und Myosin II auf, denen weitere Proteine assistierend zugeordnet sind. Die Aktinfilamente sind dünn und messen ca. 4-6 nm im Durchmesser; die Myosinfilamente sind ca. 15 nm dick. Die Interaktion der Proteine Aktin und Myosin II ist die Grundlage aller Bewegungen.

Es lassen sich zwei große Gruppen des Muskelgewebes unterscheiden:

1. glattes Muskelgewebe mit glatten Muskelzellen.
2. quergestreiftes Muskelgewebe mit quergestreiften Muskelzellen.

Glatte Muskulatur

Glatte Muskelzellen kommen in den Eingeweiden und an manchen Stellen im Bindegewebe der Haut (Abb. 245e) vor. Sie sind meistens spindelförmig, können aber auch drei oder mehr Fortsätze bilden. Sie besitzen einen länglichen Zellkern, dem die Zellorganellen kappenförmig anliegen. Hauptkomponente des Cytoplasmas sind die kontraktilen filamentären Proteine Aktin und Myosin II, die den kontraktilen Apparat aufbauen, dessen Grundmechanismen bekannt sind, dessen Details aber noch nicht komplett verstanden sind. Damit es zu Verkürzung kommen kann, müssen die kontraktilen Filamente einen Widerpart, einen Ursprung und Ansatz haben, in dem sie verankert sind. Verankerungsstrukturen sind Verdichtungen, die α-Aktinin und andere Proteine enthalten, 1) an der Innenseite der Zellmembran Anheftungsplaques und 2) verstreut im Cytoplasma (‚dense bodies'). Dazu kommt ein komplexes Gerüst aus Intermediärfilamenten, die oft aus Desmin aufgebaut sind. Glatte Muskelzellen sind über eine Basallamina in ein Bindegewebsgerüst eingebaut. Sie können über Gap Junctions elektrisch gekoppelt sein, z.B. im Magen-Darmtrakt der Säugetiere. Funktionell besonders wichtig ist sie in der Wand der Blutgefäße (Abb. 245e). Glatte Muskulatur wird von verschiedenen Faktoren beeinflusst, darunter dem vegetativen Nervensystem.

Glatte Muskulatur der Wirbellosen ist besonders vielgestaltig. Die Myosinfilamente sind meistens dicker als bei Wirbeltieren und können bis 150 nm im Durchmesser erreichen. Sie enthalten nicht nur Myosin, sondern auch Paramyosin.

Funktionelle Eigenschaften sind: eher langsame Bewegungen, langanhaltende, z.T. große Kraftentfaltung (Uterus bei der Geburt), geringe bis fehlende Ermüdbarkeit.

Quergestreifte Muskulatur

Quergestreifte Muskulatur kommt bei Wirbeltieren in zwei Haupttypen vor: als quergestreifte Skeletmuskulatur und als quergestreifte Herzmuskulatur

Die quergestreifte Skeletmuskulatur (Abb. 245f) baut den Bewegungsapparat auf. Die Skeletmuskelzellen sind große, lange, faserartige, vielkernige Zellen („Muskelfasern"), die durch Verschmelzung von einkernigen Vorläuferzellen (Myoblasten) entstehen und somit Synzytien sind.

Der kontraktile Apparat ist hochdifferenziert und funktionell schnell und kraftvoll, er ermüdet aber auch relativ rasch.

Die kontraktilen Filamente sind wie in der glatten Muskulatur Aktin- und Myosinfilamente. Diese bauen effektive kontraktile Baueinheiten auf, die Sarkomere heißen. Tausende Sarkomere sind zu einer linearen Struktur zusammengefügt, die als Myofibrille bezeichnet wird. Von diesen Fibrillen kann es hunderte in einer Zelle geben. Die Fibrillen laufen parallel zur Längsachse der Zelle von einem Ende zum anderen. Sie sind 0,5-1μm dick, und sie sind es, die das Phänomen der Querstreifung aufweisen (Abb. 245f). Das Grundmuster dieser Querstreifung wird durch den molekularen Aufbau der Sarkomere vorgegeben, der in allen Sarkomeren gleich ist. Da die streifengebenden Strukturen in den benachbarten Myofibrillen auf gleicher Höhe liegen, erscheint die ganze Zelle quergestreift. Die Streifen werden üblicherweise als Banden bezeichnet. Das Sarkomer ist im Ruhezustand (nicht kontrahiert) ca. 2,2 μm lang. Es wird von zwei sogenannten Z-Linien begrenzt und baut sich aus ca. 2000 dünnen Aktin- und ca. 1000 dicken Myosin II-Filamenten auf, die parallel zueinander verlaufen. Die Aktinfilamente sind mit dem Plus-Ende in der Z-Linie verankert, das Minus-Ende ragt zur Sakomermitte, die Myosin II-Filamente liegen in der Mitte des Sarkomers, tauchen aber auf beiden Seiten des Sarkomers zwischen den freien Enden der Aktinfilamente in die Zone der Aktinfilamente ein. Beide Filamenttypen überlappen sich hier also. Bei einer Kontraktion kommt es zu einer molekularen Interaktion zwischen den Filamenten, was zur Folge hat, dass die Myosinfilamente noch tiefer in die Region der Aktinfilamente hineingleiten (Mechanismus der gleitenden Filamente). Durch dies Ineinandergleiten verkürzt sich das Sakomer. Da dies bei allen Sarkomeren der Fall ist, verkürzt sich die ganze Fibrille und zwar nicht nur eine sondern alle Fibrillen und damit die ganze Zelle sowie letztlich der ganze Muskel. Im Lichtmikroskop sind meistens nur eine helle

I-Bande und eine dunkle A-Bande erkennbar, in der I-Bande meist auch eine strichförmige Z-Linie und oft auch in der Mitte der A-Bande eine aufgehellte H-Bande. Die I-Bande besteht nur aus Aktinfilamenten, die A-Bande aus Myosin- + Aktinfilamenten; in der H-Bande finden sich nur Myosinfilamente. In der Mitte der H-Bande befindet sich noch eine M-Linie, die die Myosinfilamente stabilisiert und auf Abstand hält.

Im Detail gibt es Varianten des geschilderten Sarkomeraufbaus, z.B. bei Chaetognathen und in der Flugmuskulatur von Insekten. Insekten besitzen übrigens ausschließlich quergestreifte Muskulatur.

In den quergestreiften Muskelzellen ist es wichtig, dass es keine Verzögerungen bei der Kontraktion zwischen weiter innen und peripher gelegenen Fibrillen gibt. Dem dienen zahlreiche fingerförmige Einstülpungen der Zellmembran, die Transversal-(T-) Tubuli. Diese stehen in spezifischem Kontakt mi dem hochentwickelten glatten ER dieser Zellen (dem SR-System), das hier ein Calciumreservoir ist.

Quergestreifte Herzmuskulatur der Wirbeltiere. Die Herzmuskelzellen (Abb. 245g) weisen gegenüber den Skeletmuskelzellen einige morphologische und vor allem physiologische Unterschiede auf. Es handelt sich um einkernige Zellen, die über kurze Verzweigungen an ihren Enden mit Nachbarzellen verbunden sind. An den Kontaktstellen finden sich Desmosomen, Fasciae adhaerentes und Gap Junctions (dienen der elektrischen Kopplung der Herzmuskelzellen). Recht weite T-Tubuli sind vorhanden, das glatte endoplasmatische Reticulum ist schwächer ausgebildet und einfacher strukturiert als in den Skeletmuskelzellen. Die Myofibrillen sind oft relativ groß und im Umriss weniger regelmäßig gestaltet als in den Skelettmuskelzellen, aber die Sarkomere sind im Prinzip gleich aufgebaut. Wie die Skelettmuskelzellen sind die Herzmuskelzellen von einer Basallamina umgeben, über die sie in das Bindegewebe eingebaut sind. Bestimmte Herzmuskelzellen können Peptidhormone, z.B. atriales natriuretisches Peptid, bilden.

Spezialisierte Herzmuskelzellen bauen das Erregungsleitungssystem auf (Abb. 245h). Diese Zellen können sowohl Erregungen in spezifischer Frequenz bilden als auch fortleiten; dazu gehören Sinusknoten, Atrio-Ventrikularknoten, His-Bündel, Tawara-Schenkel und Purkinje-Fasern.

Schräggestreifte (=helikalgestreifte) Muskulatur

In den schräggestreiften einkernigen Muskelzellen vieler Wirbelloser bilden die kontraktilen Aktin- und Myosinfilamente wie in der quergestreiften Muskulatur hochgeordnete Strukturen, auch hier kommen Sarkomere mit I- und A-Banden vor, die schon im Lichtmikroskop erkennbar sind. Das kontraktile Material findet sich wie ein Mantel im peripheren Zytoplasma, die Sarkomere bilden helikal angeordnete Streifen. Dies ist besonders auffällig beim A-Band, das wie eine dunkle Schraube um die Zelle herumläuft. Typische Einzelfibrillen fehlen. Anstelle der Z-Streifen sind stäbchenförmige Z-Elemente ausgebildet, die in Längsansicht eine Reihe von dichten Punkten bilden. Zwischen den Punkten bleibt ein freier Raum ohne Z-Material erkennbar. Die Reihe von Punkten verläuft nicht rechtwinklig zur Längsachse der Muskelzelle sondern spitzwinklig („schräg"). In Ruhe ist der spitze Winkel kleiner als im kontrahierten Zustand. Bei starker Kontraktion können die Myosinfilamente zwischen den Z-Elementen hindurch in das benachbarte Sarkomer vordringen. Dieser Muskulaturtyp ist zu sehr starken Verkürzungen befähigt, er kann sich auf 25% des entspannten Zustandes verkürzen, quergestreifte Muskulatur nur auf ca. 70%. Schräggestreifte Muskulatur kommt u.a. bei Anneliden, Cephalopoden und Nematoden vor (siehe auch Kapitel Nematoden, S. 126).

Auch die Muskelzellen des schräggestreiften Typs besitzen T-Tubuli, die mit Zisternen des glatten ER Kontaktstrukturen bilden. Sie sind mitochondrienreich. Bei den Nematoden entsenden sie einen eigenen Fortsatz zum Nervensystem, der sich dort die Erregung ‚abholt'.

Nervengewebe

Nervengewebe baut das Nervensystem auf. Es besteht aus Nerven- und Gliazellen. Erstere heißen auch Neurone. Morphologisch zeigt Nervengewebe manche Übereinstimmungen mit Epithelgewebe, und es entwickelt sich ontogenetisch und phylogenetisch aus Epithelgewebe. Bei vielen Wirbellosen liegen Nervenzellen in Epithelien, wie z.B. im Falle des ekto- und hyponeuralen Nervensystems der Echinodermen (epitheliale Nervensysteme). Die Nervenzellen sind hier von den typischen Epithelzellen strukturell nicht abgegrenzt. Vom ektoneuralen Nervensystem der Seesterne läßt sich morphologisch das Nervensystem der Chordaten ableiten.

Die zentralen Aufgaben des Nervensystems sind rasche Aufnahme, Verarbeitung und Speicherung von Informationen, auf diese Informationen zu reagieren und sich an Änderungen des inneren und äußeren Milieus anzupassen. Die Nervenzellen sind oft auch von sich aus in der Lage, Erregungsmuster zu bilden und so physiologische Prozesse einzuleiten oder zu beenden. Nicht selten bilden Nervenzellen Hormone. Für solche Funktionen müssen sich im Nervengewebe Korrelate finden. Nervengewebe ist auch das Substrat für Bewusstsein, Gedächtnis, Selbst-Gefühl, Persönlichkeit und Emotionen.

Nervenzellen: Typisch ist folgender Aufbau: Zellkern und die meisten Organellen liegen in einem oft voluminösen Teil der Zelle, der Perikaryon (= Zellleib = Soma) genannt wird (Abb. 246a). Vom Perikaryon gehen unterschiedlich lange Fortsätze aus. Es sind zwei Typen von Fortsätzen zu unterscheiden:

1) Axone, kommen in Einzahl vor und leiten Erregungen vom Perikaryon fort, z.B. zur Muskulatur oder zu anderen Nervenzellen. Sie sind terminal oft verzweigt und repräsentieren den Signalausgang.
2) Dendriten, kommen sehr oft in Mehrzahl vor und sind meist stark verzweigt. Sie nehmen Signale auf und leiten sie zum Perikaryon. Sie repräsentieren den Signaleingang. Nicht selten fehlen Dendriten (unipolare Nervenzellen, s.u.), dann nehmen Rezeptormoleküle in der Membran des Perikaryons die Signale auf (manche Neurone, z.B. bestimmte amakrine Zellen in der Retina der Wirbeltiere, haben Fortsätze, die die Eigenschaften von Axonen und Dendriten haben).

Nervenzellfortsätze (mitunter auch kleinere Bündel), werden oft auch Nervenfasern genannt. Faserbündel im Gehirn oder Rückenmark heißen Tractus, in der Peripherie Nerven. Zahl, Gestalt und Anordnung der Fortsätze variieren von Nervenzelltyp zu Nervenzelltyp und können zu einer Klassifizierung herangezogen werden:

1) Unipolare Nervenzellen besitzen nur einen Fortsatz, ein Axon, und sind oft bei Wirbellosen zu finden, z.B. in den Ganglien des Bauchmarks des Blutegels; sie kommen aber auch bei Wirbeltieren vor, z.B. im Bulbus olfactorius der Amphibien.
2) Bipolare Nervenzellen haben zwei Fortsätze, ein Axon und einen Dendriten; ein Beispiel findet sich im Ganglion spirale des Innenohrs der Säugetiere.
3) Bei pseudounipolaren Nervenzellen (Abb. 246a) geht vom Perikaryon ein Fortsatz aus, der sich dann teilt in ein dendritisches Axon und ein axonales Axon; diese Nervenzellen kommen in den Spinalganglien der Wirbeltiere vor.
4) Multipolare Nervenzellen besitzen ein Axon und mehrere Dendriten; Beispiele finden sich weit verbreitet, sie sind die häufigsten Nervenzellen, z.B. im Rückenmark und in der Rinde von Klein-und Großhirn der Säugetiere.

Auch die Gestalt der Perikaryen oder der ganzen Zellen kann zu einer Klassifikation herangezogen werden, z.B. gibt es Pyramidenzellen (Abb. 246b), Kandelaberzellen und Mitralzellen.

Funktionell lassen sich motorische und sensorische oder auch somatische und vegetative Nervenzellen unterscheiden. Neurone, die Hormone bilden, werden als neurosekretorische Nervenzellen bezeichnet. Außerdem können Nervenzellen auch nach ihrem Neurotransmitter klassifiziert werden, so gibt es z.B. cholinerge (Transmitter Acetylcholin), glutamaterge (Transmitter Glutamat) und adrenerge (Transmitter vor allem Noradrenalin) Nervenzellen.

Schließlich können Nervenzellen nach ihrem Entdecker benannt werden, z.B. die Purkinje-Zellen (Kleinhirn der Säugetiere) oder Kenyon-Zellen (Pilzkörper der Insekten)

Wiewohl alle Nervenzellen Signale aufnehmen können, werden einzelne Neurone speziell als Sinnesnervenzellen bezeichnet. Sie besitzen apikal einen spezialisierten rezeptiven Fortsatz, der in seiner Membran Rezeptormoleküle besitzt, die auf bestimmte Reize ansprechen, und der die Oberfläche eines Sinnesepithels oder einer anderen Struktur erreicht. Basal besitzen sie ein ableitendes Axon, das ein neuronales Zentrum erreicht. Beispiele bieten die Riechsinneszellen im olfaktorischen Epithel der Nasenschleimhaut der Wirbeltiere und die Lichtsinneszellen der Wirbeltiere, deren ableitender Fortsatz allerdings kurz ist. Man nennt solche Sinnesnervenzellen auch primäre Sinneszellen. Sekundäre Sinneszellen sind spezielle Epithelzellen, die basal mit einer Synapse eines sensiblen Neurons verknüpft sind. Beispiele bieten die Geschmackssinneszellen in den Geschmacksknospen (Abb. 243c) der Wirbeltiere oder die Haarzellen des Innenohrs.

Gliazellen: Diese Zellen entstehen embryonal aus der selben Anlage wie Nervenzellen. Eine Hoffnung der modernen Stammzellforschung besteht darin, Gliazellen, speziell Astrocyten (s.u.) umzustimmen, so dass sie zugrunde gegangene Nervenzellen ersetzen können.

Gliazellen können Epithelzellen ähneln, so die Ependymzellen, die das Ventrikelsystem der Vertebraten auskleiden. Astrocyten (verschiedene Subtypen) besitzen ein kleines Perikaryon mit rundlichem Kern und zahlreiche schlanke lange Fortsätze (Abb. 246c). Sie kommen im Zentralnervensystem der Wirbeltiere vor. Sie spielen eine entscheidende Rolle für die Konstanthaltung des Milieus im Extrazellularraum des Nervengewebes, können bestimmte freigesetzte Transmitter beseitigen und regulieren das Ionenmilieu. Sie bauen an der Oberfläche des Nervensystems und um Blutkapillaren herum funktionelle und strukturelle Barrieren auf. Sie sind integraler Bestandteil mancher Synapsen z.B. an den Dornen von Pyramidenzellen des Hippocampus.

Oligodendrogliazellen ähneln strukturell den Astrocyten unterscheiden sich aber deutlich in ihrer Funktion von ihnen, sie bauen nämlich im Zentralnervensystem der Wirbeltiere die Myelinscheiden schnell-leitender Axone auf. Diese Funktion übernehmen im peripheren Nervensystem der Wirbeltiere die Schwann-Zellen.

Die Mikrogliazellen im Zentralnervensystem der Wirbeltiere sind spezielle, sehr schlanke und kleine Makrophagen, die, wie andere Makrophagen, Vorläufern im Knochenmark entstammen.

Auch in den Ganglien des Nervensystems vieler Wirbelloser finden sich verschiedene Gliazelltypen, so wurden bei Anneliden und Arthropoden drei Gliazelltypen beschrieben. Sie haben wahrscheinlich eine ernährende Funktion für die Nervenzellen und bauen Kompartimente auf (Abb. 246d). Bei *Hirudo* wurde festgestellt, dass sie – ähnlich wie die Astrocyten der Wirbeltiere – die ionale Zusammensetzung in der Umgebung von Nervenzellen, speziell hinsichtlich des Kaliums, regulieren.

Riesenaxone können von dünnen Ausläufern von Gliazellen bedeckt werden. In einzelnen Fällen können myelinähnliche Strukturen aufgebaut werden, z.B. bei manchen Anneliden und Crustaceen. Hier werden mehrere dünne Lamellen um ein Axon gebildet, die aber nie so dicht gewickelt sind wie bei Vertebraten, aber die Lamellen sind durch septierte Junktionen verbunden. Diese Junktionen entsprechen den Zonulae occludentes in den Myelinscheiden der Vertebraten. Besonders myelinähnlich ist die Umhüllung von Axonen im Antennennerv beim Ruderfußkrebs *Undinula vulgaris*, die einen schnellen Fluchtreflex vermitteln. Ranviersche Schnürringe gibt es in den myelinählichen Umwicklungen von großen Axonen bei Wirbellosen nicht, aber es gibt lokal dichte Ansammlungen (‚Cluster‘) von spannungsgesteuerten Natriumkanälen in der Membran von Riesenaxonen, ähnlich wie im Bereich der Ranvierschen Schnürringe der Wirbeltiere. Hierbei und bei den lamellären Wicklungen handelt es sich offensichtlich um Analogien.

Nervenzellen und Gliazellen bauen sowohl das Zentralnervensystem (ZNS) als auch das periphere Nervensystem (PNS) auf. Das Zentralnervensystem der Vertebraten besteht aus Gehirn und Rückenmark. Auch bei vielen Wirbellosen gibt es ein Zentralnervensystem. Das kann ein größeres Ganglion sein. Bei hochdifferenzierten Wirbellosen spricht man auch von einem Cerebralganglion oder auch Gehirn, z.B. bei Cephalopoden oder Arthropoden. Solche Cerebralganglien können durch Zusammenwachsen (‚Verschmelzung‘) mehrerer ursprünglich getrennten Ganglien entstehen und komplex strukturierte Integrations- und Kontrollzentren sein. Bei Insekten besteht das ZNS aus Gehirn (mit Proto-, Deuto- und Tritocerebrum) und dem ventralen Nervensystem.

Das periphere Nervensystem wird bei Wirbeltieren durch alle Nerven und Ganglien außerhalb von Gehirn und Rückenmark repräsentiert. Ähnlich kann man bei Wirbellosen, Nerven, die von Ganglien ausgehen, als periphere Nerven bezeichnen.

Bei manchen Wirbellosen, z.B. Hydozoen und Echinodermen, ist es schwer, zentrale und periphere Anteile des Nervensystems klar zu unterscheiden. Es gibt zwar öfter Konzentrationen

Abb. 246 Nervengewebe. **a**: Perikaryen im Spinalganglion des Menschen, im Zentrum liegt der kugelige helle Zellkern (Pfeil) mit Nucleolus, Goldner, x400. **b**: Pyramidenzellen (dreieckig-pyramidenförmiges Perikaryon (Pfeil) mit schlankem Apikaldendriten (zeigt nach oben) und kleinen Körnerzellen (Pfeilköpfe), Isocortex, Mensch, Versilberungstechnik, x200. **c**: Astrocyten (schwarz, mit mehreren Fortsätzen, Pfeil) im Marklager des Telencephalons des Menschen. Versilberungstechnik, x400. **d**: Bauchmark von *Hirudo medicinalis*, Querschnitt, gut erkennbar ist, dass tiefrot gefärbte Gliazellen den Raum in den Konnektiven (K) kompartimentieren, Azan, x400. **e**: Rückenmark (Rm) von *Myxine glutinosa*; die Perikaryen der Neurone liegen im Inneren (zentral), außen die Nervenfasern. Am unteren Bildrand ist die Chorda dorsalis (Ch) zu erkennen, die aus Epithelzellen mit großer Flüssigkeitsvakuole aufgebaut ist. Das Rückenmark wird von einer einfachen, bomdegewebogem Meninx umgeben; links und rechts oben: Skeletmuskulatur (M). Azan, x100. **f**: Kleinhirnrinde, Mensch, die Rinde ist dreischichtig: außen befindet sich die helle Molekularschicht (1), es folgt die bei niedriger Vergrößerung schwer erkennbare Schicht der Purkinje-Zellen (2), der sich nach innen die perikaryenreiche Körnerschicht (3) anschließt; ganz innen befindet sich das Mark (4), das aus Nervenzellfasern aufgebaut ist. H.E. x20. **g**: Rinde (CA2) am Cornu ammonis des Menschen mit großen Pyramidenzellen, Versilberungstechnik, x200. **h**: peripherer Nerv mit myelinisierten Nervenfasern (Markscheide ist braungefärbt), Pfeile: Ranvier-Schnürring, Frosch, Osmierung, x400

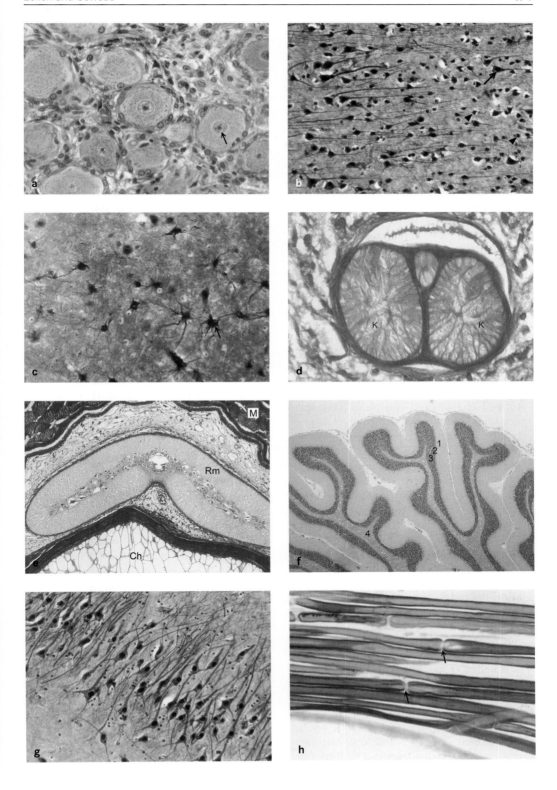

von Neuronen inform von Strängen oder Ringen, aber die Grenzen zu periphere Nervenfasern
bleibt meistens unscharf. Oft liegen netzartige
Verbände von Nervenzellen vor.

Im ZNS der Vertebraten können Nervenzellen typische Gewebeformationen aufbauen.

1. Funktionell gleichartige Neurone können
   dichte Aussammlungen bilden, die man
   Kerne (Nuclei) oder Kerngebiete nennt. Die
   Nervenfasern, die die mimische Muskulatur
   in Gesicht und Hals des Menschen innervieren, bilden insgesamt den Nervus facialis
   mit seinen vielen Verzweigungen, und alle
   seine Fasern gehen von Perikaryen aus, die in
   der Medulla oblongata liegen. Kerne können
   bizarre Formen annehmen, z.B. der Nucleus
   dentatus im Kleinhirn der Säugetiere.
2. Im Rückenmark und im Telencephalon ‚nie-
   derer' Wirbeltiere liegen die meisten Perikaryen von Neuronen in der Umgebung der
   Ventrikelräume bzw. des Zentralkanals (Abb.
   246e). Im Telencephalon und Cerebellum
   (Abb. 246b,f,g) der Säuger bilden Neurone an
   der Oberfläche eine Rinde (Cortex), die im
   Telencephalon des Menschen ca. 4 mm dick
   ist und überwiegend (im Neocortex) aus 6
   horizontalen Perikaryenschichten (Laminae)
   besteht. Die funktionell zusammenspielenden
   Neurone aller Laminae im Neocortex bauen
   vertikale Baueinheiten (Columnen) auf, die
   öfter 200-500 Mikrometer dick sind. Die histologische Struktur der Cortexareale variiert
   (Brodmann-Areale beim Menschen), was mit
   funktionellen Spezialisierungen korreliert ist,
   wie im Falle der primären Sehrinde (Area
   striata) beim Menschen, die u.a. durch einen horizontalen Streifen (Gennari-Streifen
   = Vicq d'Azyr-Streifen) myelinisierter sehr
   schnellleitender Nervenfasern gekennzeichnet ist, was mit dem Bewegungssehen korreliert ist.

   Regionen im Gehirn, in denen Nervenzellfortsätze sich durchflechten und miteinander
   in Kontakt treten, werden als Neuropil bezeichnet.

   Auch im Gehirn von Arthropoden kommen
   kennzeichnend geformte Kerngebiete vor. Ein
   Beispiel sind die paarigen Pilzkörper bei vielen marinen Anneliden und den Arthropoden (außer den Crustaceen). Die Pilzkörper

werden von deutlich basophilen Nervenzellen
aufgebaut, die Kenyon-Zellen heißen. Ihre Perikaryen liegen dorsal hinten im Gehirn (Protocerebrum), ihre Zahl beträgt bei *Drosophila*
ca. 2.500, bei Bienen ca. 34.000. Ihre komplexen Dendriten bilden proximal der Perikaryen die Calyx, eine komplexe Kontaktregion
mit Axonen aus dem Antennalganglion, bei
Bienen zusätzlich auch aus dem Sehzentrum.
Die Axone der Kenyon-Zellen bündeln sich,
wobei der Pedunculus (=Stiel) entsteht, und
laufen nach distal, wo sie in zwei oder mehr
Loben enden. Dort treten sie mit weiteren
Neuronen in Kontakt. Die Pilzkörper sind
Sitz höherer integrierender Leistungen wie
Lernen und Gedächtnis.

Die Pilzkörper besitzen vier Neuroblasten,
von denen die Bildung neuer Neurone ausgeht. Derartige Stammzellen finden sich auch
im Gehirn von Säugetieren, auch hier nur
lokal, z.B. im Hippocampus.

Synapsen. Nervenzellen treten untereinander
oder mit anderen Zellen an spezifischen Stellen in Kontakt. Solche Kontaktstellen heißen
Synapsen. Hier werden meistens unidirektio-
nal neuronale Informationen, die in Aktionspo-
tentialen verschlüsselt sind, übertragen. Es gibt
zwei Synapsentypen: elektrische und chemische
Synapsen.

Elektrische Synapsen sind Gap-Junctions
(Nexus), mit deren Hilfe ein Akionspotential
verzögerungsfrei von einem auf ein anderes
Neuron übertragen wird.

Im Bereich chemischer Synapsen bleiben die
in Kontakt tretenden Nervenzellen durch einen
schmalen 20-30 nm weiten Interzellularspalt,
den synaptischen Spalt, getrennt, die elektrische
Erregung kann ihn nicht direkt überqueren.
Es kommt zur Ausbildung typischer prae- und
postsynaptischer Strukturen, die der Informati-
onsübertragung dienen.

Im praesynaptischer Bereich endet ein Axon
mit einem kleinen Endknopf (Bouton). In ihm
befinden sich kleine membranbegrenzte Vesikel, die einen Transmitterstoff enthalten. Wenn
eine Erregung im praesynaptischen Bereich
ankommt, kommt es zum Einstrom von Calcium und zur Freisetzung des Transmitters in
den synaptischen Spalt; er diffundiert über den
Spalt hinweg und verbindet sich mit Rezep-

toren der postsynaptischen Membran, die zu dem Neuron gehört, auf das die Information übertragen wird. Dieser Prozess führt zu einer minimalen Verzögerung der Erregungsleitung. Die Menge des freigesetzten Transmitters ist mit der im Aktionspotential verschlüsselten Information korreliert, so dass die Information unverfälscht weitergeleitet wird. Es gibt Synapsen, in denen Erregungen übertragen und weitergeleitet werden: erregende Synapsen. Es gibt aber auch Synapsen mit speziellen Transmittern, z.B. Gaba (Gamma-Aminobuttersäure), die die Erregung nicht weiterleiten: inhibitorische Synapsen. Eine wesentliche Rolle für die Weiterleitung spielen die molekularen Rezeptormoleküle auf der postsynaptischen Membran. Derselbe Transmitter, z.B. Noradrenalin, kann je nach Rezeptortyp unterschiedliche Effekte bewirken.

Vereinzelt kann in einer Synapse ein Signal in beide Richtungen weitergeleitet werden: reziproke Synapsen, z.B. im Bulbus olfactorius der Säugetiere.

Synapsen sind keine starren Gebilde, sie können neu entstehen und sich zurückbilden, ihre Gesamtzahl kann zu- und abnehmen (synaptische Plastizität), was mit Lernen und Anpassungsfähigkeit korreliert ist.

Periphere Nerven der Wirbeltiere

Ein peripherer Nerv repräsentiert ein Bündel von Nervenfasern (Nervenzellfortsätzen). Sind diese Fasern Axone, die zu bestimmten Zielzellen ziehen, um dort einen Effekt auszulösen, nennt man den Nerven motorisch, sind sie Dendriten, die dem ZNS Informationen zuführen, nennt man den Nerven sensorisch. Häufig enthält ein Nerv Fasern mit beiden Qualitäten: gemischter Nerv. Versorgen die Nerven die Eingeweide, nennt man sie vegetative Nerven. Versorgen sie Haut und Skeletmuskulatur, nennt man sie somatische Nerven.

In langsam leitenden vegetativen Nerven sind mehrere Axone (oft ca. 10-15) in das Cytoplasma einzelner, hintereinander angeordneter peripherer Gliazellen eingebettet: marklose Fasern. Diese Gliazellen heißen Schwannsche Zellen und bilden längsverlaufende Einsenkungen, in die die Axone eingebettet sind. Die Schwann-

schen Zellen begleiten die Axone bis zur Zielregion, z.B. die glatte Muskulatur von Bronchien oder Harnleiter, und sind von einer Basallamina umgeben.

In schnellleitenden Nerven tritt jeweils eine Schwannsche Zelle in Kontakt mit nur einem Axon und umhüllt es in sehr komplexer Weise. Die Schwannsche Zelle bildet einen dünnen lappenartigen Fortsatz, der das Axon bis zu 50 Mal umwickeln kann, je mehr Wicklungen, desto schneller leitet das Axon. Die Gesamtheit der Wicklungen bildet die Mark- = Myelinscheide. Beim Entstehen der Wicklungen wird praktisch das gesamt Cytoplasma aus dem Zellfortsatz der Schwannsche-Zelle verdrängt, so dass die Wicklungen nur noch aus dem Material der Plasmamembran bestehen, zu ca. 75% aus spezifischen Membranlipiden und zu ca. 20% aus speziellen Proteinen. Eine Schwannsche Zelle umwickelt je nach Nerv und Spezies immer nur zwischen ca. 200 µm und 1,5 mm eines Axons. In der Grenzzone zwischen zwei benachbarten Schwannzellen entsteht eine Unterbrechung der kompakten Myelinscheide, eine aufgelockerte Zone in dieser Scheide, die Ranvierscher Schnürring (= Ranvier-Nodium) genannt wird (Abb 246h). Hier kommen in großer Dichte spannungsgesteuerte Natriumkanäle vor und nur hier entsteht ein Aktionspotential. Dies springt praktisch bei einer Erregung des Axons von Schnürring zu Schnürring: saltatorische Erregungsleitung. Diese ist deutlich schneller als eine kontinuierliche Erregungsausbreitung entlang des Axons.

Die Klassifikation peripherer Nervenfasern beruht auf Faserdurchmesser, Dicke der Markscheide und der damit korrelierten Leistungsgeschwindigkeit; Typ A – Fasern mit Untertypen besitzen eine Markscheide und einen Durchmesser von 3-20 µm, und sie leiten Erregungen mi einer Geschwindigkeit von 20-120 m/s.

Typ C – Fasern sind marklos und haben einen Durchmesser von 0,5-1,5 µm. Sie leiten Erregungen mit einer Geschwindigkeit von 0,25-1,5 m/s. Solche Fasern sind typisch für Eingeweidenerven.

In normalen Nerven sind die Nervenfasern durch Bindegewebe zu Bündeln unterschiedlicher Größe zusammengefasst. Die einzelne Nervenfaser mit ihrer Schwannschen Zelle wird von einem zarten Kollagenfasergerüst umsponnen, das Endoneurium heißt. Bündel von Einzelfasern werden 1) vom Perineuralepithel, einer epithelähnlichen Schicht aus fibroblastenähnlichen Zellen, und 2) von einer Schicht dicht gepackter Kollagenfasern und elastischer Fasern umhüllt, beide zusammen bilden das Perineurium, das eine wichtige Ionenbarriere bildet. Das Epineurium verbindet einerseits vom Perineurium umschlossene Bündel und andererseits die Gesamtheit dieser Bündel und verbindet den Nerven mit seiner Umgebung.

Systematische Gliederung des Tierreiches

Es ist das Ziel der Systematik, die etwa 1,5 Millionen bisher beschriebenen Tierarten so zu ordnen, dass das System die Verwandtschaft der verschiedenen Gruppen (Taxa) widerspiegelt. Unsere Kenntnisse reichen allerdings noch nicht aus, um ein allgemein akzeptiertes System aufzustellen.

Lange wurden die einzelligen Tiere (Protozoa) an den Anfang des Systems gestellt, ihnen folgten die vielzelligen Tiere (Metazoa). Da einzellige Eukaryoten (Protista) jedoch in der Evolution mehrfach und zum Teil auch durch Vereinigung mit anderen Einzellern entstanden sind (Intertaxonische Kombination, Symbiogenese), bildet diese Zweiteilung die Komplexität der Situation nicht ab. Vereinigung von Organismen bedeutet außerdem, dass das für Stammbaumdarstellungen oft benutzte dichotome Verzweigungsmuster bei einzelligen Eukaryoten nicht zutreffen muss, sondern durch ein Netzwerk abzubilden ist (retikuläre Evolution).

Metazoen hingegen werden als monophyletische Gruppe angesehen.

Unter den Metazoa bestehen die Porifera, Placozoa, Cnidaria und Ctenophora aus zwei Keimblättern (diploblastisches Niveau).

Aus drei Keimblättern sind alle anderen Metazoa, die Bilateria, aufgebaut (triploblastisches Niveau).

Im folgenden Text wird in Klammern die (häufig nur ungefähre) Anzahl der bisher beschriebenen Arten angegeben.

Was ist eine Art?

Lernende werden oft durch differierende Angaben von Artenzahlen irritiert. Diese Differenzen gehen zum Teil auf Probleme zurück, die im Folgenden dargestellt werden.

Bis heute ist umstritten, was eine Art (=Species) ist. Eine Artdefinition ist nicht nur für die Grundlagenforschung wichtig, sondern auch für den Erhalt der Biodiversität. Ganz überwiegend kommen zwei Artkonzepte zur Anwendung:
1. Das **morphologische (= phänotypische)** Artkonzept, demzufolge eine Art eine Gruppe von Tieren umfasst, die sich anhand von jeweils eigenen morphologischen Merkmalen oder aufgrund ihres Verhaltens definieren lässt. Viele Arten sind in, meist geographische, Unterarten gegliedert, die morphologische und physiologische Eigenmerkmale besitzen, aber durch breite Übergangszonen verbunden sind.

2. Das **biologische Artkonzept,** das eine Art als Gemeinschaft von Individuen definiert, die potentiell fortpflanzungsfähige Nachkommen miteinander zeugen können. Arten sind also durch reproduktive Isolationsmechanismen getrennt. Das biologische Artkonzept ist das am weitesten anerkannte Konzept und steht meist nicht im Widerspruch zum typologischen Artkonzept.

Es gibt außerdem eine Reihe von speziellen Fällen, bei denen Arten folgendermaßen definiert werden:
1. Kryptische Arten **(Kryptospecies)** umfassen morphologisch nicht unterscheidbare Populationen in einer Art, die sich aber nicht mit Individuen anderer Populationen derselben Art erfolgreich fortpflanzen können, die also bei gleichem Aussehen reproduktiv isoliert sind. Solche Kryptospecies gibt es wohl in allen Tiergruppen. Möglicherweise repräsentieren sie zum Teil den Beginn der Entstehung neuer Arten.

2. In manchen Fällen sind die reproduktiven Isolationsbarrieren zwischen zwei Arten noch nicht vollständig ausgebildet, so dass es Hybride oder Hybridzonen gibt, wo Arten aneinander grenzen. In solchen Fällen spricht man von einer **Superspecies** mit zwei oder mehr **Semispecies.** Beispiele für Semispecies sind Raben- und Nebelkrähe, Weiden- und Haussperling sowie Nachtigall und Sprosser, die gemeinsam eine Superspecies bilden, für die aber nur selten ein gemeinsamer Name gewählt wird. Eine Superspecies mit vier Semispecies wird von folgenden Steinschmätzern gebildet: Nonnensteinschmätzer, Zypernsteinschmätzer, Balkansteinschmätzer und Maurensteinschmätzer.

►

Ein Sonderfall betrifft Hybride, bei denen ein Geschlecht nur eingeschränkt fortpflanzungsfähig oder steril ist, das andere dagegen völlig fertil ist. Steril ist immer das heterogametische Geschlecht, bei Vögeln also das Weibchen, bei Säugetieren und vielen anderen Tieren das männliche Geschlecht. Beispiele für diesen Sachverhalt bieten Sprosser und Nachtigall sowie Trauer- und Halsbandschnäpper. Bei ihnen ist der Reproduktionserfolg der an einer Mischbrut beteiligten Eltern um mindestens 50% gegenüber den Eltern reduziert, die den arteigenen Partner gewählt haben.

Der Begriff **Allospezies** wird angewendet, wenn Taxa geographisch getrennt (= allopatrisch) verbreitet sind und Phäno- sowie Genotyp erst teilweise getrennt sind. Es besteht also noch keine reproduktive Isolation. Nächst verwandte Allospecies bilden auch eine Superspecies. Semi- und Allospecies können als fortgeschrittene Stadien des Artbildungsprozesses angesehen weren. Hybridzonen bestehen bei Allospecies nicht. Zur Definition der Allospecies gehören folgende Charakteristika:

1. Sie sind stärker differenziert als typische Unterarten einer Art.

2. Es ist unwahrscheinlich (aber nicht sicher), dass die Taxa im Falle der Enstehung einer breiten geographischen Kontaktzone verschmelzen würden. Beispiele sind Berg- und Balkanlaubsänger sowie Steppen- und Savannenadler.

Alle Artkonzepte oder Artdefinitionen sind unvollkommen und mit Problemen behaftet. Das typologisch/morphologische Artkonzept kann bei allopatrischen Populationen einer Art Fragen offen lassen, ebenso bei fossilen Arten, deren Variationsbreite nicht bekannt ist. Das biologische Artkonzept lässt sich in der Praxis schwer in allen Fällen überprüfen und bei fossilen Arten ist es nicht anwendbar. Es erlaubt also nicht zu unterscheiden, ob *Homo erectus* und *Homo sapiens* einer einzigen oder zwei getrennten Arten angehören. Bei Arten, die sich parthenogenetisch oder asexuell fortpflanzen, kommen Morphologie und vernünftige Konventionen zur Anwendung.

Was sind Taxa und Kategorien?

Mit dem Begriff Taxon (Plural Taxa) bezeichnet man generell eine Tiergruppe, deren Angehörige phylogenetisch eng verwandt sind und auf eine gemeinsame Stammform zurückgehen. Solche Taxa können einen engen oder weiten Verwandtschaftskreis umfassen. Taxa ist z.B. *Anas crecca* (Krickente), Anatidae (Entenvögel), Aves (Vögel), Vertebrata (Wirbeltiere) und Chordata (Chordatiere). Die genannten Taxa stehen in einem abgestuften Verwandtschaftsverhältnis zueinander und spiegeln ein hierarchisches „enkaptisches" System wider. Enkaptisch bedeutet, dass die großen Gruppen oder Einheiten die kleineren Gruppen „einschließen", z.B. schließen Vögel die Entenvögel ein und diese die Krickente.

Die einzelnen Taxa sind durch jeweils bestimmte homologe Merkmale („Homologiekreise") geeint und monophyletisch entstanden.

Die verschiedenen Tiergruppen werden in der Systematischen Zoologie traditionell mit einer Kategorie (= „Rang") versehen, z.B. Art, Gattung, Familie, Ordnung und Klasse. Die Kategorien Art und Gattung wurden schon vor Carl von Linné (1707–1778) benutzt, Klassen, Ordnungen und Familien sind seit dem 18. Jahrhundert gebräuchliche Bezeichnungen, der Terminus Stamm (Phylum) wurde von Ernst Haeckel (1834–1919) eingeführt. Diese

Kategorien sind Produkte der Wissenschaft, und es gibt keine objektiven Kriterien für sie (s. jedoch Art in der vorhergehenden Box). Mit ihrer Hilfe ist es aber gelungen, in die kaum überschaubare Vielfalt der Organismen eine Ordnung zu bringen, die eine wesentliche Grundlage der wissenschaftlichen Arbeit in der Biologie ist. Wie weit diese Kategorien gefasst werden, ist Konvention. Andererseits gibt es traditionell Taxa, denen der Rang einer Familie zugeordnet wird, was dann ja auch in Bestimmungsbüchern und Nachbarwissenschaften seit Jahrzehnten eingeführt ist. Traditionell wird für Familien ein Begriff gewählt, der auf -dae endet (z.B. Anatidae: Familie der Entenvögel), bei Ordnungen herrschen in den Großgruppen jeweils eigene Traditionen.

Es gibt Systematiker, die die Kategorien abschaffen wollen, weil sie nicht objektivierbar sind, meist mit Ausnahme der Kategorien „Gattung" und „Art", aber auch diese werden von manchen Systematikern abgelehnt. Wenn man die Kategorien weglassen will, weil ihre Verleihung grundsätzlich nicht von der Natur vorgegeben ist sondern sekundär vom systematisierenden Geist des Menschen ausgeht und somit auch immer etwas Subjektives hat, muss man andere Wege finden, die abgestufte Verwandtschaft zum Ausdruck zu bringen.

I. Unterreich: Protozoa
Einzellige Tiere (40 000)

Meist mikroskopisch klein, der zelluläre Aufbau ist oft hochkompliziert. Ein- bis mehrkernig; manche koloniebildend. Ungeschlechtliche Fortpflanzung durch Zweiteilung, multiple Teilung oder Knospung. Sexuelle Vorgänge verlaufen als Gametogamie oder Gamontogamie. Generationswechsel häufig. In Meer, Süßwasser und feuchter Erde; nicht wenige sind Symbionten oder Parasiten.

Neue ultrastrukturelle, biochemische und molekularbiologische Befunde haben zu sehr verschiedenen Gliederungsvorschlägen geführt. Nach heutigem Kenntnisstand ist Einzelligkeit mehrfach in der Evolution entstanden. Im Folgenden ist eine traditionelle und einfache Gliederung beibehalten worden, die jedoch die Komplexität nicht hinreichend abbildet. Im Anschluss daran (S. 457) wird das Konzept der Systematik der Einzelligen Eukaryota in einer heutigen Sicht dargestellt, die in Teilbereichen ebenfalls noch unbefriedigend ist.

1. Flagellata (Abb. 247a)

Die Flagellaten repräsentieren eine Organisationsform, die auto- und mixotrophe sowie heterotrophe Taxa umfasst, also Pflanzen und Tiere in herkömmlichen Sinn. Von den Formen, die heute nicht mehr den Protozoen zugerechnet werden, wird *Euglena* in diesem Buch behandelt, weil sie leicht zu beschaffen ist und den Bauplan klar erkennen lässt.

Fortbewegung durch eine, mehrere oder viele Geißeln, manchmal durch Pseudopodien. Zweiteilung oder multiple Teilung. Große Vielgestaltigkeit und Vielseitigkeit der Lebensweite. Zahlreiche Parasiten, auch beim Menschen.

Choanoflagellata: Mit einem Kragen aus Mikrovilli, in dessen Zentrum eine Geißel schlägt. Marin und limnisch. *Salpingoeca* (**Abb. 247a**).

Trichomonadida: Einkernig, 4–6 Geißeln, davon eine Schleppgeißel; mit Axostyl und Parabasalkörper. *Trichomonas* meist in Darm und Geschlechtstrakt von Säugetieren. *Pentatrichomonas.*

Diplomonadida: Bilateral gebaute Organismen mit 2 Kernen und 4 Paar Geißeln. Darmparasiten bei Säugetieren und Mensch. *Octomitus*, *Giardia* (*Lamblia*).

Hypermastigida: Einkernig, zahlreiche Geißeln; die am stärksten differenzierten Zooflagellaten. Im Darm von Termiten und Schaben. *Lophomonas*, *Spirotrichonympha.*

Kinetoplastida: Wesentliches Kennzeichen sind Kinetoplasten. Polymorphismus. Wichtige Parasiten des Menschen. *Leishmania*, *Trypanosoma.*

Opalinida: Gleichmäßig bewimperte Parasiten v.a. im Darm von Amphibien. Zwei- oder vielkernig. Ungeschlechtliche Vermehrung durch

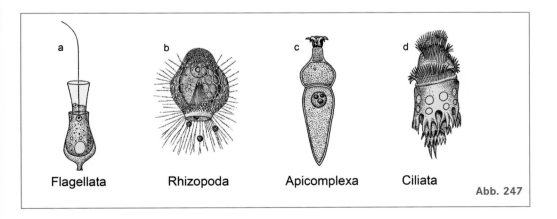

Flagellata   Rhizopoda   Apicomplexa   Ciliata

Abb. 247

Längsteilung. Gametenbildung durch multiple Teilung. *Opalina, Zelleriella.*

2. Rhizopoda, Wurzelfüßer (Abb. 247b)

Fortbewegung und Nahrungsaufnahme meist durch Pseudopodien. Vermehrung durch Zweiteilung, Knospung oder multiple Teilung. Geschlechtsvorgänge bei zwei Ordnungen bekannt.

Amoebina (Amöben): Ohne Schale. Pseudopodien meist Lobopodien, seltener Filopodien; wenige ohne Pseudopodien. Begeißelte Stadien nicht selten. Fortpflanzung durch Zwei- oder multiple Teilung. Geschlechtsvorgänge unbekannt. Meer, Süßwasser, nicht wenige Kommensalen im Darm von Wirbellosen, Wirbeltieren und Mensch; einige sind Krankheitserreger. *Amoeba, Pelomyxa, Entamoeba.* – Die feuchte, verwesende Stoffe und Kot besiedelnden kollektiven Amöben (Acrasina) aggregieren nach der Nahrungsaufnahme und bilden auf Sporenträgern Sporen aus. *Dictyostelium.*

Testacea (Thekamöben): Mit einkammeriger Schale aus organischem Material, in das bei manchen Arten Kieselsäureplättchen oder Fremdkörper (Sandkörner, Diatomeenschalen u. ä.) eingelagert sind. Mit Lobopodien oder Filopodien. *Arcella, Difflugia, Euglypha.*

Foraminifera: Mit Schale aus organischer Grundsubstanz, in die Fremdkörper oder (meist) vom Tier ausgeschiedener Kalk eingelagert ist. Ursprüngliche Formen einkammerig, sonst vielkammerig. Pseudopodien fadenförmig, aus mehreren bis vielen Einzelsträngen bestehend, zur Verzweigung und Verschmelzung neigend (Reticulopodien). Marin. Einige Arten mit Kerndualismus. Heterophasischer Generationswechsel. *Lagena, Polystomella, Globigerina, Globigerinoides, Nummulites.*

Heliozoa (Sonnentierchen): Von kugeliger Gestalt, mit feinen, radiär abstehenden Axopodien, die durch Mikrotubuli versteift sind. Der Körper besteht aus dem äußeren, grob vakuolisierten Ectoplasma und dem inneren, fein vakuolisierten Endoplasma. Fast durchweg Süßwasser-

bewohner. *Actinosphaerium, Echinosphaerium, Actinophrys.*

Radiolaria (Strahlentierchen): Pseudopodien strahlenförmig (Axopodien). Das Cytoplasma durch eine aus Polysacchariden bestehende, von Öffnungen durchsetzte Zentralkapsel in einen äußeren und einen inneren, kernhaltigen Bezirk geschieden. Ein großer oder mehrere kleine Kerne. Skelet aus Kieselsäure oder (bei Acantharien) aus Strontiumsulfat, selten fehlend. Marin. *Collozoum, Cyrtocalpis* (**Abb. 247b**), *Acanthometron.*

3. Apicomplexa (= Sporozoa) (Abb. 247c)

Endoparasiten. Gameten häufig mit Geißeln, andere Stadien unbegeißelt. Haplohomophasischer Generationswechsel, oft mit Wirtswechsel verbunden. Auf eine geschlechtliche Fortpflanzung (Gamogonie) folgt eine ungeschlechtliche Vielteilung (Sporogonie), an deren Ende i. A. Sporocysten (Sporen) gebildet werden, die der Verbreitung dienen und die die infektiösen, beweglichen Sporozoiten enthalten. Bei vielen Sporozoen ist der Gamogonie eine weitere ungeschlechtliche Vermehrung (Schizogonie) vorgeschaltet, die zur Überschwemmung des Wirtes mit beweglichen Stadien (Merozoiten) führt.

Gregarinida (Gregarinen): Die Gamonten legen sich paarweise aneinander und bilden beide Gameten aus. Schizogonie kann fehlen. Sporenbildung in der Gametencyste. In der Jugend Zellparasiten, später frei im Darm oder in der Leibeshöhle wirbelloser Tiere. *Monocystis, Gregarina, Corycella* (**Abb. 247c**).

Coccidia (Coccidien): Makrogamont wird zu großem Makrogameten, aus Mikrogamonten entstehen mehrere bewegliche Mikrogameten. Encystierte Zygote wird auch als Oocyste bezeichnet. Sporenbildung in der Oocyste. Überwiegend intrazellulär. Rufen zum Teil wichtige Krankheiten bei Haustieren und Menschen hervor. Parasiten von Haustieren: *Eimeria, Isospora. Toxoplasma*: Erreger der Toxoplasmose des Menschen. *Sarcocystis*: Muskelparasiten bei Haustieren und Mensch. *Plasmodium* (Malariaerreger): Parasiten in roten Blutkörperchen und in der

Leber von Wirbeltieren, Entwicklung immer mit Wirtswechsel. Gamogonie und Sporogonie in blutsaugenden Dipteren (vor allem *Anopheles*).

Piroplasmida: Blutparasiten von Wirbeltieren, Erreger von Rinderseuchen, Schizogonie in Wirbeltieren, Gamogonie und Sporogonie in Zecken. *Babesia, Theileria.*

4. Microspora (Microsporidia)

Mitochondrienlose, intrazelluläre Parasiten, besonders bei Arthropoden und Fischen, Sporen einzellig, mit einem Polfaden. *Glugea, Nosema* (Erreger der Bienenruhr).

5. Myxozoa (Myxosporidia)

Meist amöbenartig, groß, vielkernig. Extrazelluläre Schmarotzer von Fischen. Sporen mehrzellig, meist mit zwei Polkapseln, in denen je ein Polfaden aufgespult ist. *Myxobolus.*

6. Ciliata, Wimpertierchen (Abb. 247d)

Mit Cilien besetzte, oft lebhaft bewegliche Protozoen; nur die erwachsenen Suctorien ganz ohne Wimpern. Nahrungsaufnahme durch Zellmund. Meist mit pulsierenden Vakuolen. Ungeschlechtliche Vermehrung durch Querteilung. Kerndualismus: somatischer Makronucleus und generativer Mikronucleus. Geschlechtsvorgänge in Form der Konjugation: Austausch haploider Mikronuclei. Marin, Süßwasser, einige sind Kommensalen oder Parasiten.

Holotricha: Alle Wimpern von etwa gleicher Länge. Wimpern über den ganzen Körper verteilt, auf eine Seite beschränkt oder 1 oder 2 gürtelförmige Ringe bildend. Schlinger oder Strudler. *Didinium, Dileptus, Balantidium, Colpoda, Tetrahymena, Paramecium, Ancistrum.*

Peritricha: Scheibenförmiges Mundfeld mit adoraler, im Gegensinn des Uhrzeigers ziehender Wimperspirale. Wimperkleid zurückgebildet. Meist festsitzend, häufig auf einem durch Myonemen schraubig kontrahierbaren Stiel. Bisweilen koloniebildend. *Vorticella, Carchesium, Zoothamnium, Trichodina.*

Spirotricha: Im Bereich des Zellmundes Membranellenzone, die vom Vorderpol im Uhrzeigersinn spiralig zum Mund führt. Mit gleichmäßiger oder nur auf die Ventralseite beschränkter, manchmal auch stark oder völlig rückgebildeter Bewimperung. Marin, Süßwasser, Faulschlamm, einige auch Kommensalen auf Wirbellosen. *Bursaria, Blepharisma, Stentor, Folliculina, Stylonychia, Oxytricha, Kerona, Pleurotricha, Euplotes, Halteria, Tintinnidium, Saprodinium.* Hierher – oder auch in einer eigenen Ordnung (Entodiniomorpha) untergebracht – gehören zahlreiche Kommensalen des Darmtraktes von Säugern, z.B. des Pansens der Wiederkäuer. *Entodinium, Ophryoscolex* (**Abb. 247d**).

Chonotricha: Peristom mit rechtsgewundenen, parallelen Wimperreihen. Sonst keine Cilien. Vermehrung durch Knospung und durch bewimperte Schwärmer. Sessil. *Spirochona.*

Suctoria *(Sauginfusorien):* Wimpern nur bei den frei schwimmenden Jugendstadien vorhanden. Nahrungsaufnahme durch röhrenförmige Tentakel. Vermehrung fast ausschließlich durch Knospung. Meist festsitzend. *Tokophrya, Acineta, Discophrya, Dendrocometes.*

Einzellige Eukaryota – in heutiger Sicht

Die mehrfache Entstehung der Einzeller innerhalb der Eukaryota erschwert ihre systematische Gliederung. Insbesondere der zunehmend erkennbare genetische Austausch zwischen phylogenetisch nicht sehr nahestehenden Entwicklungslinien lässt die von der traditionellen Systematik gezogenen Grenzen undeutlich werden. Im Folgenden wird eine verbreitete derzeitige Sichtweise wiedergegeben:

►

A. Tetramastigota

Oft mit 4 Geißeln, die in Zweiergruppen angeordnet sind. In manchen Fällen „Doppelformen" (mit 2 Zellkernen und 8 Geißeln) z.B. *Giardia (Lamblia)*, die im Darm des Menschen parasitieren kann.

Viele Tetramastigota leben im Darm verschiedener Tiergruppen, oft als Symbionten (z.B. die viergeißeligen Trichonymphida und Spirotrichonymphida in den Gärkammern von holzfressenden Termiten).

B. Discicristata

Als gemeinsames abgeleitetes Merkmal dieser Gruppe werden die diskoidalen Cristae ihrer Mitochondrien angesehen. Discicristata umfassen verschiedene Formen der ehemaligen Rhizopoden und Flagellaten.

a. Heterolobosa: Nur vorübergehend begeißelt, ansonsten amöboide Bewegung. Vor allem Bodenbewohner, die auch „Fruchtkörper" (Sorokarpe) bilden können. *Naegleria fowleri* kann in warmen Gewässern zum Problem für Menschen werden: Sie vermag über die Nase ins Gehirn einzuwandern und eine tödlich verlaufende Meningoencephalitis hervorzurufen.

b. Euglenozoa: Mikrotubuli versteifen die Zellperipherie und verleihen den Euglenozoen weitgehende Formkonstanz. Die Flagellen sind oft ungewöhnlich dick, da neben dem Axonem ein Proteinstab (Paraxialstab) liegen kann.
1.) **Euglenida** mit zwei Geißeln, von denen eine meist stark reduziert ist. Viele mit Plastiden, die von drei Membranen begrenzt werden und vermutlich das Relikt eines symbiotischen Eukaryoten darstellen. *Euglena, Peranema.*
2.) **Kinetoplasta** mit meist körperlangem Mitochondrium, welches einen DNA-reichen Abschnitt (Kinetoplast) enthält. Häufig mit undulierender Membran, die Schwimmen in viskösen Medien (z.B. Blut) begünstigt. Von großer Bedeutung für den Menschen sind die Erreger verschiedener Krankheiten, z.B. *Trypanosoma* (Schlafkrankheit, Chagas) und *Leishmania* (Orientbeule, Kala Azar), die von blutsaugenden Insekten (Raubwanzen) übertragen werden.

C. Chromista

Morphologisch sehr vielfältige Gruppe, deren Flagellen mit „Geißelhaaren" (Mastigonemata) besetzt sind. Die Mehrzahl der bunt pigmentierten Formen besitzt eukaryotische Endosymbionten.

Phaeocystis erzeugt oft im Frühsommer an der Nordseeküste großflächig bräunlichen Schaum, der fischtoxisch sein kann. Fossile Coccolithophoridenreste (Coccolithen) bauen einen wesentlichen Teil der weißen Kreideküsten (z.B. von Rügen) auf.

Opalina, lange wegen ihrer Bewimperung zu den Ciliata gestellt, lebt vorwiegend im Darm von Amphibien.

Chrysomonaden sind in limnischen Gewässern verbreitet und können einen beträchtlichen Teil des Planktons ausmachen. *Dinobryon.*

Zu den Chromista stellt man auch Diatomeen (Kieselalgen) und Oomycetes (mit *Phytophthora infestans*, dem Erreger der Knollenfäule der Kartoffel sowie *Plasmopara viticola*, den Falschen Mehltau der Weinrebe) und schließlich einige Gattungen der ehemaligen Sonnentierchen (Heliozoa).

D. Alveolata

In diesem Taxon werden aufgrund molekularbiologischer Befunde ganz unterschiedliche Gruppen traditioneller Systeme zusammengefasst: Dinoflagellata, Apicomplexa und Ciliophora. Morphologische Gemeinsamkeiten sind die Membransäckchen (Alveolen) unter der Plasmamembran.
1.) Dinoflagellata (Panzergeißler) sind mehrheitlich photoautotroph. Ihre Chloroplasten werden von drei Membranen begrenzt und als Reste eines eukaryotischen Endosymbionten angesehen.

Symbiodinium: symbiotisch in Cnidariern (z.B. Scleractinia) und vielen anderen marinen Tiergruppen (Zooxanthellen).

Noctiluca: ruft Meeresleuchten hervor, *Ceratium*: weit verbreiteter Planktonorganismus.
2.) Apicomplexa leben endoparasitisch und bilden ein Sporenstadium aus (daher oft Sporentierchen genannt). Sie durchlaufen einen Generationswechsel; die Infektion erfolgt in der Regel durch Sporozoiten. Am Vorderende besitzen sie ein typisches Organell, den Apikalkomplex aus Conoid, Polringkomplex und Rhoptrien.
3.) Gregarinea sind vorwiegend extrazelluläre Parasiten verschiedener Wirbelloser, Coccidea leben intrazellulär. *Toxoplasma* ist im Menschen verbreitet und kann bei erstinfizierten Schwangeren zu schweren Schäden schon des Ungeborenen führen. *Cryptosporidium* verursacht schwere Durchfallerkrankungen.
4.) Haemozoa mit *Plasmodium*, dem Erreger der Malaria. Er wird durch Mücken (*Anopheles*) auf den Menschen übertragen. Auch Piroplasmen sind weit verbreitete Parasiten in Blutzellen, als Überträger fungieren Zecken.
5.) Ciliophora (Ciliata, Wimpertiere) sind durch den Besitz zahlreicher Cilien, ihren besonders differenzierten Zellcortex, Kerndualismus und Konjugation gekennzeichnet. Sie sind in Süß- und Salzwasser weit verbreitet.

▶

E. Rhizaria

In dieser Gruppe werden zahlreiche Formen der ehemaligen Rhizopoden zusammengefasst.

1.) **Cercozoa:** umfassen begeißelte Formen und solche mit Rhizopodien, u.a. *Plasmodiophora brassicae,* den Erreger der Kohlhernie und *Euglypha.*

2.) **Foraminifera** (Granuloreticulosa): vor allem in Meeren weit verbreitet, dazu kommen verschiedene Taxa, die konventionell unter den Radiolarien zu finden sind.

F. Amoebozoa

Fortbewegung durch Pseudopodien; die Vermehrung erfolgt im Regelfall durch Zwei- oder Vielfachteilung.

Die **Lobosa** umfassen Amöben mit Lobopodien, z.B. *Chaos, Acanthamoeba, Entamoeba* und *Amoeba,* aber auch beschalte Formen wie *Arcella* sowie **Mycetozoa** (Schleimpilze) mit der Gattung *Dictyostelium.*

G. Opisthokonta

Nach derzeitiger Ansicht gehören neben Microspora und Choanoflagellata auch die höheren Pilze (Fungi) sowie die vielzelligen Tiere (Metazoa) zu den Opisthokonten.

Die **Microspora** sind intrazelluläre, sporenbildende Parasiten, die z.B. Seidenraupen-Krankheit (*Nosema bombycis*), Bienenruhr (*Nosema apis*) und verschiedene Fischkrankheiten hervorrufen.

Die **Choanoflagellata** (Abb. 247a) sind den Choanocyten der Schwämme besonders ähnlich.

In dieses System können verschiedene Gruppen noch nicht eingeordnet werden; Sie werden daher unter „Incertae sedis" geführt, z.B. die Actinopoda mit vielen Radiolarien und die Heliozoa („Sonnentierchen"). Die sporenbildenden, parasitischen Myxozoa werden zu den Metazoa (Cnidaria) gestellt.

II. Unterreich: Metazoa
Vielzellige Tiere

Aus verschiedenen Körperzellen und Keimzellen aufgebaut. Etwa 1,5 Millionen Arten.

1. Stamm: **Placozoa (1)** (Abb. 248 a)

Bis 3mm groß, flach, von unregelmäßiger und veränderlicher Gestalt, aus einem Epithelverband bestehend, der einen zellhaltigen Raum umschließt. Dorsal flache Zellen mit Cilien, ventral begeißelte Zylinder- und Drüsenzellen. Zentral Faserzellen mit Fortsätzen. Fortbewegung mit Geißeln. Nervenzellen fehlen. Nahrung wird von den Zylinderzellen aufgenommen. Ungeschlechtliche Fortpflanzung durch Zweiteilung und durch Bildung vielzelliger Schwärmer. Auch geschlechtliche Fortpflanzung. Küstenbereich wärmerer Meere. Kleinstes Genom aller Metazoa. *Trichoplax* (**Abb. 248 a**).

2. Stamm: **Porifera,** Schwämme (6000) (Abb. 248 b)

Festsitzende Organismen. Der größte Teil des Körpers besteht aus einer Grundsubstanz, in die mehrere Typen frei beweglicher Zellen eingebettet sind (Mesogloea, Mesohyl). Epithelial angeordnet sind die Zellen der Körperoberfläche (Pinakocyten) und jene, die die inneren Hohlräume auskleiden (Pinakocyten bzw. Choanocyten). Poren in der Oberfläche (Dermalporen) führen in ein meist reich verzweigtes, kompliziert gestaltetes System von Kanälen und Kammern, die schließlich einen zentralen Hohlraum erreichen, der über eine größere Öffnung (Osculum) nach außen mündet. Kragengeißelzellen (Choanocyten), die einen Teil der Hohlräume auskleiden, sorgen für einen Wasserstrom, der durch die Dermalporen ein- und durch das Osculum austritt. Mit dem Wasser eingestrudelte Nahrung wird von Choanocyten aufgenommen. Im Mesohyl oft ein Skelet aus Kalk- oder Kieselsäureskleren und/ oder aus Spongin. Sinnes- und echte Muskelzellen fehlen, die Existenz von Nervenzellen ist umstritten. Getrenntgeschlechtlich oder zwittrig. Geschlechtszellen verstreut im Mesohyl. Oft mit freischwimmenden, bewimperten Larven (Amphiblastula, Parenchymula). Ungeschlechtliche Fortpflanzung durch Sprossung, Reduktionskörper und (vorzugsweise bei Süßwasserschwämmen) durch Gemmulae. Bis auf 150 Süßwasserarten alle marin.

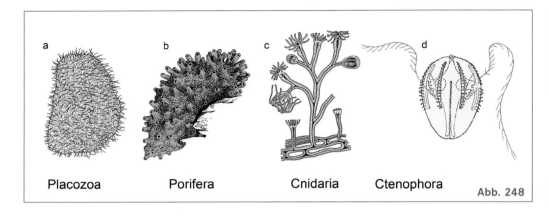

a   b   c   d

Placozoa   Porifera   Cnidaria   Ctenophora

Abb. 248

1. Klasse: Calcarea, Kalkschwämme

Kleine, durchweg marine Formen. Das Skelet besteht aus Kalknadeln. *Leucosolenia, Clathrina, Sycon.*

Die folgenden Klassen werden als **Silicea** (**Kieselschwämme**) zusammengefasst.

2. Klasse: Hexactinellida (Triaxonida), Glasschwämme

Oft becher- oder röhrenförmig. Vornehmlich aus Syncytien aufgebaut, in die u.a. die Choanocyten der Kragengeißelkammern integriert werden. Choanocytenkammern meist sackförmig und groß. Skelet aus sechsstrahligen Kieselnadeln oder davon ableitbaren Nadelformen bestehend, die isoliert liegen oder netzförmig verbunden sind. Meist Tiefseebewohner. *Euplectella, Hyalonema, Monoraphis.*

3. Klasse: Demospongiae

Mit 95% aller Arten formenreichste Klasse der Porifera. Stets Leucon-Typ. Skelet aus Kieselsäureskleren, die häufig durch Sponginfasern verkittet sind, oder nur aus Sponginfasern; bisweilen fehlt ein Skelet völlig.

Ihre Systematik beruht auf Skeletmerkmalen, Fortpflanzung, Biochemie und Ultrastruktur.

Besonders bekannte Gattungen sind der Badeschwamm (*Euspongia*), der Brotkrumenschwamm (*Halichondria*, **Abb. 248 b**), die Süßwasserschwämme *Spongilla* und *Ephydatia* sowie der Bohrschwamm (*Cliona*).

3. Stamm: **Cnidaria,** Nesseltiere (9000) (Abb. 248 c)

Der meist radiärsymmetrische Körper ist aus zwei Epithel- („Keim"-)blättern, Ectoderm und Entoderm, aufgebaut. Sie sind gegeneinander abgegrenzt durch eine dünne, lamellenförmige (Polypen) oder durch eine mehr oder weniger voluminöse, gallertige Mesogloea (Medusen), in die Zellen aus dem Ectoderm einwandern können. Das Entoderm bildet die Wand des Gastralraumes, der neben Nahrungsaufnahme und -abbau auch der Verteilung von Nahrungsstoffen dient, also auch die Funktion eines Gefäßsystems ausübt (Gastrovaskularsystem). Kontraktile Elemente (z.T. quergestreift) nur in Epithelzellen (Epithelmuskelzellen). Nervensystem diffus; bei Medusen auch Verdichtung von nervösen Elementen zu einem im Schirmrand verlaufenden Nervenring, bisweilen auch zu Ganglien. Kennzeichnend für die Cnidaria sind die besonders im Epithel der Tentakel zahlreichen Nesselzellen mit Cniden (Nematocysten). Gonaden im Ectoderm oder Entoderm. Entwicklung oft über Larven (Planula, Actinula, Ephyra). Ungeschlechtliche Vermehrung durch Teilung oder Knospen ist allgemein verbreitet; sie führt häufig zur Bildung von Tierstöcken. Oft Generationswechsel (Metagenese). Teils sessil, teils frei beweglich, viele planktisch. Meist marin.

1. Klasse: Hydrozoa (2700)

Polyp und Meduse alternieren miteinander: An den Polypen entstehen ungeschlechtlich die Medusen, die sich ablösen, heranwachsen und geschlechtlich eine neue Polypengeneration erzeugen (Generationswechsel: Metagenese). Nicht selten ist die Medusengeneration reduziert. Sie kann wie auch die Polypengeneration ganz ausfallen. Polypen mit einheitlichem Gastralraum. Zwischen Ectoderm und Entoderm bei den Polypen eine lamelläre, bei den Medusen eine zellfreie, gallertige Mesogloea, Medusen mit Velum (craspedote Medusen) und ectodermalen Gonaden.

1. Ordnung: Hydroidea

Die meist festsitzenden Polypen fast immer stockbildend. Die Einzelpolypen stehen durch Stolonen (Röhren aus Ectoderm, Mesogloea und Entoderm) miteinander in Verbindung. Bisweilen Polymorphismus. In der Regel mit Generationswechsel. Geschlechtliche Fortpflanzung durch Medusen, die durch Knospung entstehen, sich ablösen und frei schwimmen und mit Augen oder Statocysten ausgerüstet sind, oder als sessile Gonophoren am Polypenstock verbleiben. **Thecata** (**Thecophorae**, **Leptomedusae**): mit Hydrotheken (Gonotheken). Medusen in der Regel scheibenförmig, mit Statocysten. Gonaden an den Radiärkanälen. *Plumularia, Campanularia, Laomedea, Obelia, Sertularia* (Seemoos). **Athecata** (**Anthomedusae**): meist mit Peridermhülle, aber ohne Hydrotheken; Periderm bisweilen verkalkt (Milleporidae). Medusen glockenförmig, mit Ocellen, ohne Statocysten. Gonaden im Ectoderm der Manubriumwand. Süßwasserarten stets solitär, ohne Medusengeneration. *Hydra, Pelmatohydra, Coryne, Millepora, Tubularia, Pelagohydra, Cordylophora, Hydractinia, Bougainvillia* (**Abb. 248 c**), *Eudendrium, Velella.*

2. Ordnung: Trachylina

Fast stets nur Medusenform. Statocysten mit entodermalem Statolithen. Hierher – aber auch in Unterordnung Limnohydroida (Limnomedusae) der Hydroidea gestellt – gehört die einzige bei uns vorkommende Süßwassermeduse *Craspedacusta. Halammohydra.*

3. Ordnung: Siphonophora, Staatsquallen

Frei schwimmende, polymorphe Hydrozoenkolonien, deren Individuen (Zooide) teils poly-poid, teils medusoid sind und entweder an einem langen Stamm oder an der Unterseite einer Scheibe sitzen. Gasgefüllte, apikale Pneumatophoren oder Körperabschnitte, die ein geringeres spezifisches Gewicht als Meerwasser haben, ermöglichen ein Schweben im Wasser. Nicht selten mit sehr langen (bis zu 50 m) Tentakeln. Geschlechtliche und ungeschlechtliche Fortpflanzung, auch Metagenese. Meist Hochseeformen. *Physalia* (Portugiesische Galeere), *Physophora.*

2. Klasse: Cubozoa, Würfelquallen (30)

Polypen klein, solitär, mit einheitlichem Magenraum. Asexuelle Vermehrung durch Bildung von Polypen, die sich ablösen. Polypen metamorphosieren zu Medusen. Diese sind vierkantig, hochgewölbt, mit subumbrellarer Ringfalte (Velarium) am ungelappten Schirmrand. Inmitten jeder der vier Schirmflächen in einer Nische je ein Sinneskolben mit Statolith, Augen und einer Ansammlung von Nervenzellen. Gonaden im Entoderm der Gastraltaschen. Spermien werden bei einem Paarungsvorgang in Spermatophoren auf die weibliche Meduse übertragen. Entwicklung im Muttertier oft bis zur Planula. Oft stark nesselnd: *Chironex* kann für den Menschen tödlich sein. Tropisch und subtropisch. *Carybdea* auch im Mittelmeer.

3. Klasse: Scyphozoa (200)

Polyp 1–7 mm lang, Gastralraum durch vier radiäre, entodermale Septen unvollständig unterteilt. Medusen – sie entstehen am Polypen als Ephyra durch terminale Abschnürung (Strobilation) – oft groß; ohne Velum (acraspedot), am Rand gelappt; mit Rhopalien. Gastralraum mit 4 Taschen, dazwischen Gastralfilamente. Mesogloea gallertig und oft zellhaltig. Gonaden im Entoderm. Oft ohne Polypengeneration. Marin.

1. Ordnung: Stauromedusae,
Stiel- oder Becherquallen

Polypenförmig, mit aboralem Stiel festsitzende Scyphomedusen mit vier Armpaaren, auf denen jeweils zwei Büschel kurzer Tentakel sitzen. Meist nur einige Zentimeter groß. Küstenzonen kälterer Meere. *Lucernaria, Haliclystus, Craterolophus.*

2. Ordnung: *Coronata*, *Tiefseequallen*

Exumbrella durch eine Ringfurche in eine Zentralscheibe und in eine ringförmige, äußere Zone mit Randlappen unterteilt. Polypen klein, oft stockbildend, in Peridermhülle. Strobilation; manche Arten ohne Medusengeneration. Meist in größerer Tiefe. *Nausithoë*.

3. Ordnung: *Semaeostomeae*, *Fahnenquallen*

Das viereckige Mundrohr der Medusen ist an den Kanten zu langen, faltigen Mundarmen („Fahnen") ausgezogen; ohne Gastralsepten und ohne Ringkanal. Randlappen klein. Oft sehr große Medusen (maximal 2m). Polypengeneration fehlt bei manchen Arten. In allen Meeren. *Pelagia*, *Chrysaora*, *Cyanea*, *Aurelia*.

4. Ordnung: *Rhizostomeae*,
Wurzelmundquallen

Mundarme reich gefaltet und zu einem massigen, zylindrischen Gebilde mit sehr zahlreichen, kleinen Öffnungen verwachsen; zentrale Mundöffnung kann fehlen. Magenraum ist ein dreidimensionales Netz miteinander kommunizierender Kanäle. Ohne Ringkanal; hochgewölbter, recht fester Schirm, Schirmrand ohne Tentakel, aber mit Randlappen und Rhopalien. Im Flachwasser wärmerer Meere. *Cotylorhiza*, *Rhizostoma*.

4. Klasse: **Anthozoa,** Blumenpolypen, Korallentiere (6000)

Nur in Polypenform auftretend, solitär oder stockbildend, mit entodermalen, in den Magenhohlraum vorspringenden Septen, an denen sich die Gonaden entwickeln, und ectodermalem Schlundrohr. Zwischen Ectoderm und Entoderm liegt eine meist stark entwickelte, im Allgemeinen von Zellen durchsetzte Mesogloea. Meist festsitzend.

1. Unterklasse: Octocorallia

Mit acht Septen und acht gefiederten Tentakeln. Die Geschlechtsorgane entstehen als Ausstülpungen der Septen. Stets koloniebildend.

1. Ordnung: *Coenothecalia* (*Helioporida*)

Festsitzend. Ectoderm sondert solides, blau gefärbtes Kalkskelet ab. *Heliopora* (Blaue Koralle).

2. Ordnung: *Alcyonaria*, *Lederkorallen*

Festgewachsen, ohne innere Skeletachse, nur mit einzelnen Kalkkörperchen (Skleriten) in der Mesogloea. *Alcyonium* (Tote Mannshand).

3. Ordnung: *Gorgonaria*, *Hornkorallen*

Festgewachsen mit innerer horniger, kalkiger oder hornig kalkiger Achse, die meist stark verästelt ist. Stockbildend. *Corallium* (Edelkoralle), *Eunicella*.

4. Ordnung: *Pennatularia*, *Seefedern*

Stockbildend, halbsessil, mit innerer horniger, unverästelter Achse. *Pennatula*.

2. Unterklasse: Hexacorallia

Septen meist in sechszähliger Anordnung. Tentakel hohle, meist nicht gefiederte Schläuche. Skleriten fehlen stets. Gonaden flächig.

1. Ordnung: *Actiniaria*, *Seeanemonen*

Fast nie koloniebildend, ohne Skelet. Der Zuwachs der zu Paaren gruppierten Septen erfolgt in allen Fächern. Mundrohr meist mit zwei Flimmerrinnen. *Actinia*, *Anemonia*, *Aiptasia*, *Calliactis*, *Adamsia*.

2. Ordnung: *Madreporaria* (*Scleractinia*),
Steinkorallen

Meist koloniebildend, mit kompaktem, vom Ectoderm der Fußscheibe abgeschiedenen Kalkskelet. *Acropora*, *Pocillopora*, *Porites*.

3. Ordnung: *Corallimorpharia*

Weichkörper dem der Madreporaria ähnlich. Ohne Skelet. *Discosoma*.

4. Ordnung: Antipatharia, Dornkorallen

Stets stockbildend, mit hornigem und bedorntem, biegsamen Achsenskelet. *Antipathes.*

5. Ordnung: Ceriantharia, Zylinderrosen

Nicht koloniebildend, ohne Skelet. Der Septenzuwachs erfolgt nur im ventralen Zwischenfach. *Cerianthus.*

6. Ordnung: Zoantharia, Krustenanemonen

Meist koloniebildend und mit Sandkörnchen oder anderen Fremdkörpern inkrustiert. *Epizoanthus, Parazoanthus.*

4. Stamm: Ctenophora,
Rippenquallen (100) (Abb. 248 d)

Durchsichtig, biradial, aus zwei Epithelien und voluminöser, zellhaltiger, faser- und wasserreicher Mesogloea, die auch von glatten Muskelzellen durchzogen wird. Am Körper außen als Bewegungsorgane vier Paar meridional verlaufende Reihen von Ruderplättchen („Kämme"), die aus verbundenen Cilien entstanden sind. Am aboralen Pol ein komplexer Sinneskörper mit Statocyste. Gastrovaskularsystem in genau festgelegter Ordnung röhrenförmig verzweigt, mit weitem, ectodermalem Schlund. Keine Epithelmuskelzellen; Zwitter; Entwicklung direkt; keine ungeschlechtliche Fortpflanzung. Marin; meist pelagisch. **Tentaculifera:** mit zwei sehr langen, in Taschen zurückziehbaren Tentakeln, deren Epithel dicht mit Kolloblasten (Klebzellen) besetzt ist. Pharynx röhrenförmig. *Pleurobrachia* (**Abb. 248 d**), *Bolinopsis, Cestus, Ctenoplana, Tjalfiella.* **Atentaculata:** ohne Tentakel, mit sehr weitem Schlund. *Beroë.*

5. Stamm: Mesozoa (80) (Abb. 249 a)

Winzige, ausschließlich in marinen Wirbellosen endoparasitisch lebende Metazoen, deren Körper aus einer äußeren Lage meist bewimperter Zellen besteht, die eine oder mehrere, der Vermehrung dienende Axialzellen einschließt. Bei einem Teil der Mesozoa treten Männchen und Weibchen auf, die den Wirt verlassen (Ge-

nerationswechsel). Systematische Stellung unsicher. Oft in die beiden Taxa **Orthonectida** und **Rhombozoa** aufgeteilt. Der einfache Bau wird vielfach als sekundär betrachtet und die Mesozoa dann als degenerierte Plathelminthes aufgefasst. *Dicyema* (**Abb. 249 a**), *Rhopalura.*

Stämme 6 bis 24: Bilateria

Zweiseitig symmetrisch. Neben Ecto- und Entoderm tritt ein drittes Keimblatt, das Mesoderm, auf. Es handelt sich oft um ein Epithel, das Wandungen für besondere Hohlräume (Coelom- und Gonadenhöhlen, Kanäle für das Exkretions- und Blutgefäßsystem) bildet sowie am Aufbau von Binde- und Muskelgewebe beteiligt ist. Darm meist mit After. Am Vorderende entsteht das Gehirn. Zur Osmoregulation und zur Ausscheidung von Stoffwechselprodukten dienen Exkretionsorgane. Atmungsorgane und Blutgefäße sind meist entwickelt. Geschlechtliche Fortpflanzung ist die Regel, ungeschlechtliche selten.

A. Protostomia

Die den Körper durchziehenden starken Längsstränge des Nervensystems liegen ventral. Der Urmund (Blastoporus) schließt sich bis auf eine kleine Öffnung, die zum Mund wird, während der After sekundär durchbricht. Von diesem Schema ausgehend, kann das Schicksal des Urmundes sehr verschieden sein.

6. Stamm: Plathelminthes,
Plattwürmer (14 500) (Abb. 249 b–d)

Körper meist abgeflacht. Körperinneres von lockerem Bindegewebe („Parenchym") erfüllt. After, Blutgefäße und spezielle Atmungsorgane fehlen. Protonephridialsystem gut entwickelt. Fast immer Zwitter.

1. Klasse: Turbellaria,
Strudelwürmer (3000) (Abb. 249 b)

Frei lebend, Körperdecke wenigstens auf der Bauchseite bewimpert. Mit Mund, aber afterlo-

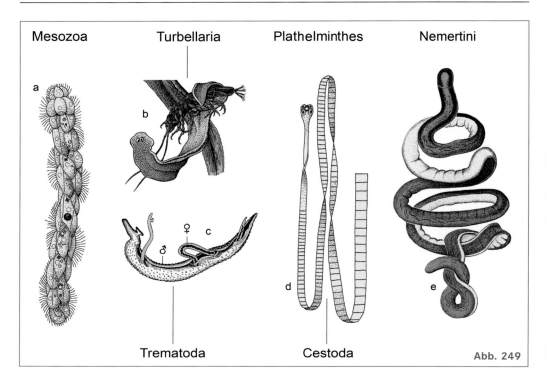

Abb. 249

sem, einfachem oder verzweigtem Darm. Paariges Cerebralganglion nahe dem Vorderende, von dem der an Sinneszellen reiche vordere Körperpol versorgt wird und von dem aus mehrere Paare von Marksträngen den Körper durchziehen. Mit zahlreichen Commissuren. Zwitter. Einfache Eier mit Spiralfurchung, zusammengesetzte Eier mit kompliziertem, abgewandeltem Entwicklungsgang. Bei marinen Formen häufig Larve vom Protrochula-Typ (Müllersche Larve), sonst direkte Entwicklung. Auch ungeschlechtliche Fortpflanzung kommt vor. Meist marin, aber auch im Süßwasser und in feuchten Landbiotopen.

Convoluta, Stenostomum, Thysanozoon, Planaria (**Abb. 249 b**; beim Erbeuten einer Assel), *Polycelis, Dendrocoelum, Rhynchodemus, Mesostoma.*

2. Klasse: **Trematoda,** Saugwürmer (6000) (Abb. 249 c)

Ausschließlich Parasiten. Die unbewimperte, syncytiale Epidermis besteht aus einer kernlo-

sen, außen gelegenen Cytoplasmaschicht (bisweilen als Tegument bezeichnet) und kernhaltigen, an der Außenlage „hängenden" Fortsätzen, die tief im Bindegewebe liegen. Mit Haftorganen und Mund. Darm ohne After. Paariges Cerebralganglion im Bereich des Vorderendes. Entwicklung meist mit Metamorphose, oft mit Generations- und Wirtswechsel verbunden. Fast stets Zwitter.

Endoparasiten mit einem Mund- und meist auch mit einem Bauchsaugnapf. Metamorphose, Generations- und Wirtswechsel. *Fasciola, Dicrocoelium, Schistosoma* (**Abb. 249 c**; in Kopula), *Opisthorchis, Paragonimus, Leucochloridium.*

3. Klasse: **Monogenea** (2000)

Meist Ectoparasiten von wasserbewohnenden Wirbeltieren, mit starken Haftorganen (Saugnäpfen oder Haken). Entwicklung direkt aus bewimperten Jugendformen. *Polystomum, Diplozoon.*

4. Klasse: **Cestoda,** Bandwürmer (3500) (Abb. 249 d)

Endoparasiten; im geschlechtsreifen Zustand fast ausnahmslos in Darm oder Leibeshöhle von Wirbeltieren. Die wimperlose Körperdecke mit speziellen Mikrovilli (Mikrotrichen). Ohne Darm. Nahrungsaufnahme durch die Körperoberfläche. Körper fast stets in Scolex mit Haftorganen und Proglottiden mit mindestens je einem zwittrigen Geschlechtsapparat gegliedert. Im Scolex paariges Cerebralganglion. Entwicklung meist mit Metamorphose, selten auch mit Generationswechsel, aber fast stets mit Wirtswechsel verbunden.

Cestodaria: Meist blattförmig. Kein vom übrigen Körper abgesetzter Scolex. Körper einheitlich, nicht in Proglottiden unterteilt. Nur ein Satz zwittriger Geschlechtsorgane. Larve mit fünf Hakenpaaren. In Darm und Leibeshöhle von Fischen. *Amphilina, Gyrocotyle.*

Eucestoda: Mit den charakteristischen Merkmalen der Klasse. Vorderende zumindest verbreitert, meist aber mit deutlich abgesetztem Scolex mit Haftorganen. Larve (Oncosphaera) mit drei Hakenpaaren. *Diphyllobothrium, Ligula, Caryophyllaeus, Hymenolepis, Dipylidium, Taenia* (**Abb. 249 d**), *Echinococcus.*

7. Stamm: **Gnathostomulida** (100)

Bis 3 mm lange Bewohner mariner Sedimente. Epidermiszellen mit je einer Geißel. Pharynx mit einem Paar cuticularer Kiefer; Zwitter. Spiralfurchung. Entwicklung direkt. *Gnathostomula.*

8. Stamm: **Nemertini,** Schnurwürmer (900) (Abb. 249 e)

Band- oder schnurförmig, oft farbig gemustert; mit stark entwickeltem Hautmuskelschlauch. Epidermis drüsig und bewimpert. Darm durchgehend. Mit langem, ausstülpbarem Rüssel, der, zurückgezogen, in einer mit mesodermalem Epithel ausgekleideten Rüsselscheide untergebracht ist. Sekundäres Blutgefäßsystem vorhanden (= modifiziertes Coelom). Gehirn aus dorsalen und ventralen Ganglienpaaren, die mit ihren Commissuren das Vorderende der Rüsselscheide umgeben. Zwei laterale Markstränge durchziehen, vom ventralen Ganglienpaar ausgehend, den Körper. Protonephridien. Gonaden in vielen Paaren hintereinander angeordnet. Meist getrenntgeschlechtlich. Spiralfurchung. Entwicklung direkt oder über eine bewimperte, afterlose, pelagische Pilidiumlarve. Meist marin, selten limnisch oder terrestrisch. Einige Arten Kommensalen oder Parasiten bei marinen Wirbellosen. *Tubulanus, Lineus, Malacobdella.*

9. Stamm: **Aschelminthes** (20 000)

Gruppe sehr verschiedener Formen mit mehr oder weniger geräumiger Leibeshöhle; verwandtschaftliche Zusammengehörigkeit ungesichert (vgl. auch Ecdysozoen-Konzept, S. 468). Darm gestreckt, selten zurückgebildet, meist mit After. Exkretionsorgane als Protonephridien oder Hautkanäle oder fehlend. Stets ohne Blutgefäßsystem. Fast immer getrenntgeschlechtlich.

Mehrere Aschelminthen-Gruppen besiedeln das Lückensystem zwischen den Sandkörnern z.B. der Strände (Mesopsammon, **Abb. 250** links).

1. Klasse: **Micrognathozoa**

Mikroskopisch klein, in Süßwasserquellen Grönlands. Kiefer ähnlich denen der Gnathostomulida und Rotatoria. *Limnognathia.*

2. Klasse: **Rotatoria,** Rädertiere (2000) (Abb. 250 a)

Mikroskopisch klein, von rundlichem oder abgeplattetem Querschnitt. Die syncytiale Epidermis bildet apikal eine intrazelluläre schützende Verdichtung (Lorica) aus; unter ihr Längs- und wenige Ringmuskelzellen. Vorn ein der Nahrungsaufnahme und Fortbewegung dienendes, ringförmiges Wimperfeld oder zwei Wimperkränze. Fuß (mit Klebdrüse) kann oft zurückgezogen werden. Paariges, dorsales Cerebralganglion, mehrere Längsnervenstränge, 2 ventrale kräftiger als die anderen. Vorderdarm mit muskulösem, oft kompliziert gebautem Kauapparat (Mastax). After hinten dorsal. Die paarigen Protonephridien münden in den Enddarm,

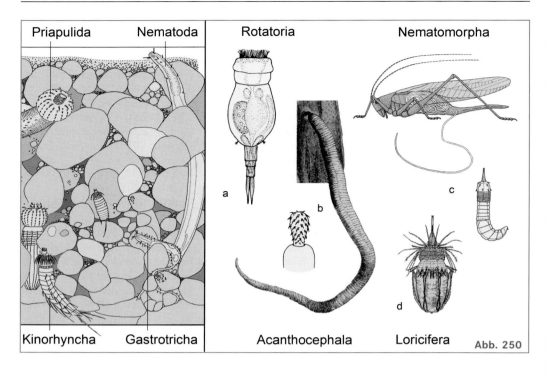

Priapulida   Nematoda   Rotatoria   Nematomorpha

a

b

c

d

Kinorhyncha   Gastrotricha   Acanthocephala   Loricifera   **Abb. 250**

ebenso die unpaare, seltener paarige Gonade. Die Männchen vielfach zurückgebildet (Zwerg-männchen) oder fehlend; Parthenogenese und Heterogonie häufig. Die meisten Arten im Süß-wasser; frei beweglich oder festsitzend; wenige parasitisch. *Brachionus, Proales* (**Abb. 250 a**), *Synchaeta.*

3. Klasse: Acanthocephala, Kratzer (1000) (Abb. 250 b)

Lang gestreckt, drehrund oder seitlich abge-flacht. Darmlos. Vorn ein mit Haken besetzter Rüssel, der in eine muskulöse Rüsselscheide zu-rückgezogen werden kann. Die dicke, syncytiale Epidermis ähnlich wie die der Rotatorien peri-pher verstärkt. Hautmuskelschlauch mit äußerer Ring- und innerer Längsmuskelschicht. Ner-vensystem aus paarigem Cerebralganglion und zwei lateralen Längsnerven. Von der Rüsselbasis ziehen zwei epidermale Schläuche (Lemnisken) oft weit in die Leibeshöhle hinein. In der Haut ein reich verästeltes Lakunensystem. Protone-phridien fehlen oft. Getrenntgeschlechtlich. Pa-rasiten im Darm von Wirbeltieren. Entwicklung

mit Wirtswechsel. Larven (Acanthor) in Insek-ten und Krebsen. *Macracanthorhynchus* (**Abb. 250 b**, ganzes Tier an der Darmwand festgehef-tet, daneben Vorderende von *Acanthocephalus*), *Echinorhynchus.*

4. Klasse: Gastrotricha (450) (Abb. 250)

Klein, maximal 1,5 mm groß. Die Epider-mis bildet eine oft mit Borsten, Stacheln oder Schuppen versehene Cuticula aus. Ventral cuti-culafreie Streifen mit Wimpern, die der Fortbe-wegung dienen. Cuticulare Bildungen sind auch die als Festheftungsorgane dienenden charakte-ristischen Haftröhren am Hinterende oder auch an den Seiten des Körpers. Kein Hautmuskel-schlauch; nur längsparallele Muskelzüge. Darm gestreckt, ohne Cilien, mit Mund und After. Ce-rebralganglion paarig, seitlich vom Schlund mit dicker dorsaler Commissur und mit einem Paar ventraler Markstränge. Protonephridien, ein bis mehrere Paare. Zwitter oder parthenogenetische Weibchen. Sehr große Eier. Entwicklung direkt. Marin, dort meist Sandlückenbewohner, und Süßwasser. *Turbanella, Chaetonotus.*

5. Klasse: Nematoda,
Fadenwürmer (16 000) (Abb. 250)

Lang gestreckt, drehrund, mit starker Cuticula, die Kollagen enthält. Die Epidermis zellig oder syncytial mit 4 nach innen vorragenden Längsleisten (eine dorsale, eine ventrale und zwei laterale), zwischen denen die Muskulatur angeordnet ist. Ausschließlich schräg gestreifte Längsmuskulatur. Leibeshöhle geräumig. Darmepithel ohne Wimpern; After ventral. Cerebraler Nervenring um den Schlund, von ihm Längsstränge ausgehend; die stärksten verlaufen in der ventralen und dorsalen Epidermisleiste. Als Exkretionsorgane dienen Ventraldrüsen, die bei Secernentea lange, in den lateralen Längsleisten verlaufende Röhren ausbilden. Sie funktionieren als Ionenregulatoren. Endprodukte des Proteinstoffwechsels werden vom Darmepithel ausgeschieden. Meist getrenntgeschlechtlich. Gonaden einfach oder paarig; beim Weibchen ventral ausmündend, beim Männchen in den Enddarm. Marin, limnisch, terrestrisch, bisweilen in extremen Biotopen; viele, auch für den Menschen wichtige Parasiten.

Adenophorea (Aphasmidia): Ohne Phasmiden (postanal-lateral ausmündenden Einstülpungen, in die Drüsenzellen münden). Meist frei lebend, marin und im Süßwasser, einige Parasiten. Mit zahlreichen Ordnungen. *Mononchus, Enoplus, Dorylaimus, Mermis* (Jugendstadien parasitisch in Wirbellosen), *Trichuris, Trichinella* (Parasiten in Darm und Muskulatur von Säugetieren).

Secernentea (Phasmidia): Mit einem Paar Phasmiden. Frei lebende Bodenbewohner oder Parasiten. Mit zahlreichen Ordnungen. *Rhabditis, Turbatrix, Heterodera* und *Globodera* (mit wichtigen Pflanzenparasiten), *Enterobius* (Parasit des Menschen), *Ascaris, Parascaris, Toxocara* (Darmparasiten bei Säugetieren), *Ancylostoma, Dracunculus* (Medinawurm), *Wuchereria, Onchocerca, Loa, Brugia* (Parasiten im Blut- und Lymphgefäßsystem, der Leibeshöhle, der Muskulatur und des Bindegewebes bei Säugetieren).

6. Klasse: Nematomorpha,
Saitenwürmer (300) (Abb. 250 c)

Drehrund, saitenartig dünn, bis 1m lang. Die zellige Epidermis mit einer oder zwei Epidermisleisten und Cuticula. Unter der Epidermis Längsmuskelzellen. Leibeshöhle meist mehr oder weniger von Bindegewebe ausgefüllt. Darm größtenteils zurückgebildet. Exkretionsorgane fehlen. Nervensystem aus einem vorderen Nervenring und einem ventromedianen Markstrang. Getrenntgeschlechtlich. Die schlauchförmigen Gonaden münden in den Enddarm. Larven mit 3 Stilette tragendem, rückziehbarem Rüssel (**Abb. 250 c**). Wenige Arten im Meer, die übrigen in Süßgewässern. Die frisch geschlüpften Larven und die Adulti frei, die Entwicklungsstadien in der Leibeshöhle von Wasser- und Landinsekten (**Abb. 250 c**), die der marinen Formen in decapoden Krebsen. *Gordius, Nectonema.*

7. Klasse: Kinorhyncha (150) (Abb. 250)

Winzig, höchstens 1 mm lang. Der wurmförmige Körper ist in 13 bis 14 „Zonite" gegliedert (**Abb. 250**), die gekennzeichnet sind durch Einschnürungen der Cuticula, Gliederung der Muskulatur und Ganglien im ventralen Nervenstrang. Gehirn ringförmig. Erster Zonit mit Stachelkränzen; kann in den 2. Zonit eingezogen werden. 1 Paar Protonephridien. Getrenntgeschlechtlich, Gonaden paarig. Entwicklung direkt. Marine Bodenbewohner. *Condyloderes, Echinoderes.*

8. Klasse: Priapulida (20) (Abb. 250)

1 mm bis 40 cm lang; Körper zylindrisch. Hautmuskelschlauch mit dicker, geringelter und mit Papillen besetzter Cuticula. Vorderkörper als hakenbesetztes Introvert in den Rumpf einziehbar. Darm gerade, After terminal. Eine Familie am Körperende mit Kiemenanhängen; sonst nur Hautatmung. Leibeshöhle von Muskulatur begrenzt. Nervensystem aus Schlundring und medioventralem Markstrang, der in der Epidermis verläuft. Protonephridien büschelweise einem paarigen Kanal ansitzend, dessen blinde Seitenzweige die Gonaden darstellen. Geschlechter getrennt. Urogenitalöffnungen seitlich vom After gelegen. Entwicklung über eine Larve mit Cuticulapanzer. Marine Sedimentbewohner. *Priapulus, Halicryptus, Tubiluchus* (**Abb. 250**), *Maccabeus.*

Ecdysozoa und Lophotrochozoa: ein neues Konzept

Im Jahre 1997 wurde aufgrund molekularbiologischer Sequenzanalysen (Vergleich der Gene für 18 S – rRNA) eine Neugliederung eines erheblichen Teils der Protostomia vorgeschlagen.

Für Arthropoda (einschließlich Onychophora und Tardigrada) sowie Nematoda, Nematomorpha, Kinorhyncha, Loricifera und Priapulida (diese vier Taxa werden auch unter dem Begriff Cycloneuralia zusammengefasst) errichtete man das Taxon Ecdysozoa.

Eine engere Verwandtschaft der genannten Gruppe war schon einhundert Jahre vorher (1897) in Erwägung gezogen worden; diese Vorstellung hatte sich aber nicht durchgesetzt.

Die erheblichen morphologischen Übereinstimmungen von Annelida und Arthropoda, zusammen Articulata, hatten schon im 19. Jahrhundert zum „Articulaten-Konzept" geführt, mit dem jetzt das „Ecdysozoen-Konzept" konkurriert.

Ecdysozoa haben gemeinsam, dass sie ihre Cuticula häuten (Ecdysis). Auf diesen Vorgang geht auch die Namensgebung zurück. Als morphologische Gemeinsamkeiten werden der Aufbau der Cuticula, das Fehlen von lokomotorischen Cilien sowie das verbreitete Vorkommen aflagellater Spermien angegeben. Diese Sichtweise spiegelt die Komplexität der morphologischen Situation jedoch in keiner Weise wider.

Als weitere große Gruppierung innerhalb der Protostomia werden – ebenfalls seit den späten 1990ern und molekulargenetisch begründet – die Lophotrochozoa angesehen. Sie entsprechen im Wesentlichen dem schon vor Jahrzehnten etablierten Spiralia, deren Verwandtschaft durch eine spezielle Furchung (Spiralfurchung) belegt ist. Zu den Lophotrochozoa zählt man Phoronidea, Bryozoa (Ectoprocta) und Brachiopoda (zusammen Tentaculata oder Lophophorata), Kamptozoa (Entoprocta) und Trochozoa (Annelida, Mollusca, Sipunculida und Nemertini).

Speziell über das Ecdysozoen-Konzept wird in den letzten Jahren sehr intensiv gearbeitet; allerdings sind die Schlussfolgerungen verschiedener Autoren widersprüchlich. Vergleichende Genom-Analysen aus dem Jahre 2007 lassen verstärkt Zweifel an der Tragfähigkeit dieses Konzeptes aufkommen.

9. Klasse: Loricifera (24) (Abb. 250 d)

Bis 400 µm lange marine Organismen, die im Schill der Meere verbreitet sind. Introvert mit Stacheln. Enge verwandtschaftliche Beziehungen zu Kinorhyncha und Priapulida. *Nanaloricus*, *Pliciloricus*.

10. Stamm: **Kamptozoa** (Entoprocta) (150)

Wenige mm große, festsitzende, solitäre oder koloniebildende Tiere mit kelchförmigem, einen Tentakelkranz tragendem Körper, der meist einem beweglichen Stiel aufsitzt. Darm U-förmig gebogen; Mund und After sowie Nephroporus und Geschlechtsorgane öffnen sich innerhalb des Tentakelkranzes. Getrenntgeschlechtlich; selten zwittrig. Mit Metamorphose; Larve vom Trochophoratyp. Häufig auch ungeschlechtliche Fortpflanzung durch Knospen. *Urnatella* im Süßwasser, sonst marin. *Loxosoma*, *Pedicellina*, *Barentsia*.

11. Stamm: **Cycliophora** (2)

1995 errichtete Systemeinheit. Auf Mundwerkzeugen von Krebsen (z.B. Hummer) lebend. Äußerliche Ähnlichkeit mit Kamptozoa. *Symbion*.

12. Stamm: **Mollusca,** Weichtiere (130 000) (Abb. 251)

Bilateral-symmetrische (oder sekundär asymmetrische) Tiere, deren Körper sich aus Kopf, Eingeweidesack und Fuß zusammensetzt. Als Mantel (Pallium) bezeichnet man den Bereich der dorsalen Epidermis samt der sie unterlagernden Bindegewebs- und Muskelschicht, der ursprünglich von einer dicken Cuticula bedeckt wird. Aus letzterer hat sich innerhalb der Weichtiere die Schale gebildet. Die Haut ist reich an Drüsenzellen und sondert in der Regel eine Kalkschale ab, die paarig (Muscheln) oder unpaar (Schnecken und Tintenfische) ist. Das Coelom ist meist stark verkleinert und auf den Herzbeutel und die Gonadenhöhle beschränkt. Das Nervensystem

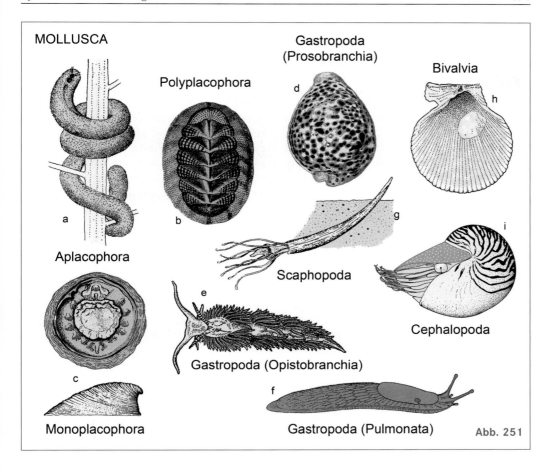

MOLLUSCA

Polyplacophora

Gastropoda
(Prosobranchia)

Bivalvia

Aplacophora

a

b

d

h

Scaphopoda

g

i

Cephalopoda

e

Gastropoda (Opistobranchia)

c

Monoplacophora

f

Gastropoda (Pulmonata)

Abb. 251

erinnert bei den niedrigsten Formen mit seinen längs verlaufenden Marksträngen an das der Plathelminthes; bei höher entwickelten Klassen vereinigen sich die Nervenzellen zu einer Anzahl von Ganglien, die durch Konnektive verbunden sind. Darm mit Mitteldarmdrüse. Mundhöhle in der Regel mit einer ventralen Reibplatte (Radula). Gefäßsystem offen bis fast geschlossen. Dorsal gelegenes, arterielles Herz mit Vorkammern, deren Zahl mit der der Kiemen korreliert. Ursprüngliche Respirationsorgane sind zweireihige Blättchenkiemen (Ctenidien); häufig abgeändert oder ersetzt durch accessorische Kiemen oder durch eine Lunge, die vom Dach der Mantelhöhle gebildet wird. Exkretionsorgane sind Nephridien, gewöhnlich ein Paar; sie stehen mit dem Herzbeutel in Verbindung und können gleichzeitig als Geschlechtswege dienen. Fortpflanzung ausschließlich geschlechtlich; vielfach

tritt in der Entwicklung eine Metamorphose auf durch Ausbildung einer modifizierten Trochophora, der Veliger-Larve.

1. Klasse: Aplacophora, Wurmmollusken (300) (Abb. 251 a)

Körper wurmförmig, ohne Schale; von stacheliger Cuticula bedeckt, die vor allem die Mundregion freilässt. Kopf ohne Augen und Fühler. Mundhöhle mit Zähnen oder Radula. Neben dem Cerebralganglion oft auch Pleural- und Pedalganglion; zwei Paar längsparallele Nervenbahnen, meist Markstränge. Am Körperende eine höhlenförmige Vertiefung, die Mantelhöhle (= Pallialhöhle), in die der After mündet. Ausschließlich marin.

Caudofoveata, Schildfüßer: Körper lang gestreckt, zylindrisch, wenig gegliedert. Der Fußschild unter der Mundöffnung ist wahrscheinlich der Rest des Fußes. Pallialhöhle mit 1 Paar Kiemen, Anus und Genitalöffnungen. Getrenntgeschlechtlich. Trochophora-Larve. Leben grabend in marinen Weichböden. Etwa 70 Arten. *Chaetoderma, Falcidens, Scutopus.*

Solenogastres, Furchenfüßer: Körper lang gestreckt, mit ventromedianer Längsfurche. Darin bei einigen Gattungen eine Längsfalte, die dem Fuß homolog ist. Radula fehlt bei vielen Arten. Zwittrig mit paarigen Gonaden. Entwicklung über eine Hüllglockenlarve. Auf dem Sediment kriechend oder epizoisch. Etwa 180 Arten. *Neomenia, Rhopalomenia* (**Abb. 251 a**).

2. Klasse: Polyplacophora, Käferschnecken (1000) (Abb. 251 b)

Acht dorsale, dachziegelartig sich überdeckende Schalenstücke; Fuß als Kriech- und Haftsohle stark entwickelt. Kopf ohne Augen und Fühler. In der Rinne zwischen Fuß und Mantel (Mantelhöhle) jederseits eine Reihe von Ctenidien. Arterielles Herz in Perikardhöhle (Coelom) mit 2 Vorhöfen. Offenes Blutgefäßsystem. Mundhöhle mit Radula. Entwicklung über eine Larve vom Trochophora-Typus. Leben im Meer, meist in der Gezeitenzone. *Lepidopleurus*; *Lepidochiton, Chiton* (**Abb. 251 b**), *Cryptochiton.*

3. Klasse: Monoplacophora (25) (Abb. 251 c)

Bilateral-symmetrische Molluscen mit einheitlicher, flach mützenförmiger Schale von – ebenso wie der Körper – nahezu kreisförmigem Umriss (**Abb. 251 c**). Mantelhöhle umgibt als tiefe Rinne den ganzen Körper. 8 Paar Dorsoventralmuskeln ziehen von der Schale zum Fuß. Mit den Muskeln alternieren 5–6 Paar einfache Kiemen und 6 Paar Exkretionsorgane. Zwei Paar Gonaden. Nervensystem: seitlich vom Pharynx je ein Cerebralganglion und, kreisförmig den Körper umziehend, 2 Paar Markstränge. *Neopilina* (**Abb. 251 c**), *Vema.*

4. Klasse: Gastropoda, Schnecken (110 000) (Abb. 251 d)

Körper meist asymmetrisch. Kopf, Fuß und Eingeweidesack meist deutlich voneinander ge-

sondert. Kopf meist mit Tentakeln (Fühlern) und Augen. Fuß in der Regel mit Kriechsohle, seltener zum Schwimmen umgebildet. Eingeweidesack meist stark entwickelt und asymmetrisch aufgerollt. Schale bisweilen rückgebildet. Pallialorgane (Kiemen, After, Exkretions- und Geschlechtsöffnungen) nach rechts oder nach vorn verlagert, wobei gewöhnlich eine Kieme, eine Niere und ein Vorhof unterdrückt werden. Fast immer mit Radula, Gonade unpaar.

1. Unterklasse: Streptoneura (Prosobranchia), Vorderkiemer

Mit ursprünglichen Merkmalen. Mantelhöhle vorn. Kiemen vor dem Herzen, die rechte bei abgeleiteten Formen zurückgebildet. Schale fast stets gut entwickelt, in der Regel schraubig, seltener kegelförmig oder rückgebildet. Fuß gewöhnlich mit Operculum. Pleurovisceralkonnektive gekreuzt (Chiastoneurie). Meist getrenntgeschlechtlich. Überwiegend marin.

1. Ordnung: Archaeogastropoda = Diotacardia

Meist 2 Herzvorhöfe, manchmal auch 2 doppelfiedrige Kiemen, die rückgebildet sein können und dann durch sekundäre, ringförmig angeordnete Mantelkiemen ersetzt werden. 2 Nieren, 2 Osphradien. Häufig noch Pedalstränge mit zahlreichen Commissuren. Schaleninnenwand meist mit Perlmuttschicht. *Haliotis, Fissurella, Patella, Trochus, Turbo, Neritina.*

2. Ordnung: Caenogastropoda (Monotocardia)

Herzvorhof, Kieme, Exkretionsorgan und Osphradium in Einzahl.

1. Unterordnung: Mesogastropoda
Mündungsrand der Schale rund oder mit kurzer Siphonalrinne. Artenreich; meist marin, aber auch Süßwasser- und Landschnecken. *Viviparus, Littorina, Cerithium, Janthina, Crepidula, Aporrhais, Pterotrachea, Cypraea* (**Abb. 251 d**).

2. Unterordnung: Neogastropoda (Stenoglossa)
Schale mit langer Siphonalrinne: hochentwickelte, ausschließlich marine Formen. *Murex, Buccinum, Mitra, Conus.*

2. Unterklasse: Euthyneura

Keine Überkreuzung der Pleuroviszeralstränge. Fast alle zwittrig.

1. Überordnung: Opisthobranchia, Hinterkiemer (Abb. 251 e)

Mantelhöhle rechts, oft reduziert oder fehlend. Kieme und Herzvorhof (beide in Einzahl) liegen hinter dem Herzen. Eine Niere. Die Visceralkonnektive nur bei einer altertümlichen Gruppe überkreuzt, sonst gerade. Die Schale meist schwach entwickelt, dünn, häufig von Mantellappen überwachsen oder ganz fehlend. Zwitter. Fast ausschließlich marin. *Bulla, Philine, Aplysia, Clione, Elysia, Polycera, Doris, Facelina* (**Abb. 251 e**).

2. Überordnung: Pulmonata, Lungenschnecken (Abb. 251 f)

Schale selten zurückgebildet. Mantelhöhle rechts vorne, ohne Kiemen, ihre gefäßreiche Decke funktioniert als Lunge. Vorkammer vor dem Herzen. Nervensystem symmetrisch und konzentriert durch Verlagerung der Ganglien in den Schlundring. Zwitter. Land und Süßwasser.

1. Ordnung: Basommatophora

1 Paar Fühler. Augen liegen an der Fühlerbasis. Immer mit Schale. Atemhöhle mancher Arten zeitweise oder dauernd mit Wasser gefüllt, bei anderen Lungen zurückgebildet. Gasaustausch dann über die Haut oder durch sekundäre Kiemen. Meeresstrand und Süßwasser. *Physa, Lymnaea, Planorbis, Ancylus.*

2. Ordnung: Stylommatophora

Augen an der Spitze eines Paares einstülpbarer Fühler, vor denen meist noch ein weiteres Fühlerpaar sitzt. Schale bei vielen Arten reduziert, oft überwachsen, Mantelhöhle und Lunge fehlen dagegen nur einigen Arten. *Arion* (**Abb. 251 f**), *Limax, Cepaea, Helix.*

5. Klasse: Scaphopoda, Kahnfüßer (350) (Abb. 251 g)

Die Schale ist ein langer Köcher, der an beiden Seiten offen (**Abb. 251 g**) ist. Kopf rückgebildet;

Fuß stempelförmig, zum Graben dienend. Neben dem Mund entspringen zahlreiche Tentakel (Captacula). Im Meeresboden. *Dentalium.*

6. Klasse: Bivalvia = Lamellibranchiata, Muscheln (20 000) (Abb. 251 h)

Körper seitlich zusammengedrückt. Kopf stark zurückgebildet, nur durch Mund und Mundlappen repräsentiert. Ohne Radula und Kiefer. Kleinpartikelfresser. Nahrung wird meist mit dem Atemwasser durch das Wimperepithel der Kiemenoberfläche herbeigestrudelt, sortiert und dem Mund zugeführt. Die paarigen Mantellappen umgeben, an der dorsalen Mittellinie entspringend, meist den ganzen Körper; sie scheiden die zweiklappige und in der Regel symmetrische Schale aus. Die beiden Klappen haben dorsal im Schloss gelenkigen Kontakt und sind dort durch ein elastisches Ligament miteinander verbunden. Fuß keilförmig. Nervensystem symmetrisch, Cerebralganglion durch lange Konnektive mit Pedal- und Visceralganglion verbunden. Darm stark gewunden, mit seinem Endabschnitt meist durch Herzbeutel und Herzkammer hindurchziehend. Atemorgane nur noch selten Ctenidien, meist Fadenkiemen (Filibranchien) oder Blattkiemen (Eulamellibranchien). Herz mit zwei Vorkammern. 1 Paar Nieren. 1 Paar Gonaden, die durch die Nieren münden oder eigene Ausführgänge besitzen. Marin und limnisch. Die Systematik der Bilvalvia ist besonders problembehaftet. Die folgende Gliederung ist stark vereinfacht.

1. Ordnung: Protobranchia

Die urtümlichsten rezenten Muscheln. Mit Ctenidien. Schloss oft mit vielen gleichartigen Zähnen (taxodont). Kein Byssus. Nahrungsaufnahme nicht durch Kiemen, sondern durch 2 lange Mundlappenfortsätze, die aus der Schale vorgestreckt werden, mit je einer Wimperrinne Nahrung vom Boden aufkehren und dem Mund zuführen. *Nucula, Portlandia (Yoldia).*

2. Ordnung: Filibranchia (Pteriomorpha)

Fadenkiemen. Ohne Siphonen. Vorderer Schließmuskel verkleinert oder fehlend. Frei oder mit Byssus festgeheftet, manche Arten auf der Unterlage festgewachsen. *Arca, Glycymeris, Mytilus, Lithophaga, Pinna, Pinctada* (Perlmuschel), *Pecten, Chlamys* (**Abb. 251 h**), *Ostrea*.

3. Ordnung: Eulamellibranchia

Mit oft gefalteten Blattkiemen. Mantel häufig mit Siphonen. Meist zwei Schließmuskeln. Die größte Gruppe der Bivalvia.

Schizodonta (Palaeoheterodonta): Schloss sehr unterschiedlich, bisweilen ohne Zähne, im typischen Fall schizodont (d.h. ein kräftiger, oft gespaltener Mittelzahn der linken Klappe wird von zwei Zähnen der rechten Klappe flankiert). Ohne Byssus. Marin: *Neotrigonia*. Im Süßwasser: *Margaritifera, Unio, Anodonta*.

Heterodonta: Schloss meist heterodont (d.h. mit 1 bis 3 wechselständig ineinander greifenden Haupt- und – davor und dahinter – bis zu 4 leistenförmigen Nebenzähnen). Siphonen mehr oder weniger gut entwickelt. Mit oder ohne Byssus. Blattkiemen; häufig gefaltet. Artenreich. Meist marin, einige im Süßwasser. *Astarte, Pisidium, Sphaerium, Dreissena, Chama, Cardium, Tridacna, Venus, Petricola, Macoma, Scrobicularia*.

Adapedonta: Schloss zahnlos oder mit 1 bis 2 Zähnen. Schale dünn, ohne Perlmuttschicht. Mit und ohne Byssus. Im Sand grabende oder in festem Material bohrende Muscheln. *Ensis, Mactra, Mya, Pholas, Teredo*.

Anomalodesmacea: Schale mit wenig ausgeprägtem Schloss oder ohne Zähne. Schale oft dünn, ungleichklappig, mit Perlmutt. Meist grabende, seltener bohrende Arten. *Pandora, Cochlodesma, Clavagella, Brechites*.

4. Ordnung: Septibranchia

Schale dünn, Siphonen meist kurz. Statt der Kiemen befindet sich in der Mantelhöhle ein durchbrochenes, muskulöses, waagerecht ausgespanntes Septum. Durch dessen rhythmisches Heben und Senken werden mit dem Atemwasser Tiere bis zu 2 mm Größe eingesogen und den muskulösen Mundlappen zugeleitet. Meist in tieferen Zonen der Meere. *Poromya, Cetoconcha, Cuspidaria*.

7. Klasse: Cephalopoda, Kopffüßer (760) (Abb. 251 i)

Kopf groß, Eingeweidesack in dorsoventraler Richtung stark verlängert, Mantel sehr muskulös, Mantelhöhle caudal. Vorderer Abschnitt des Fußes mit dem Kopf verschmolzen und zu Greifarmen umgebildet, hinterer zu einem Trichter, der aus der Mantelhöhe nach außen führt. Schale unpaar, meist ins Innere des Körpers aufgenommen, oft reduziert oder völlig zurückgebildet. Radula und kräftige Kiefer meist vorhanden. Enddarm fast stets mit Anhangsdrüse (Tintenbeutel). Coelom bisweilen geräumig. Nervensystem zu einer den Schlund umgebenden Masse zusammengefasst und in eine knorpelige Kapsel eingeschlossen. Sinnesorgane, besonders Augen und Statocysten, hoch entwickelt. 2 oder 4 Ctenidien. Herz mit 2 oder 4 Vorkammern, außerdem unabhängige Kiemenherzen. 1 oder 2 Paar Nieren. Gonade unpaar, mit 1 oder 2 eigenen Ausführgängen. Getrenntgeschlechtlich. Eier dotterreich; Furchung discoidal. Entwicklung direkt. Marin.

1. Unterklasse: Palcephalopoda = Tetrabranchiata (6)

Mit großer, äußerer, dorsal nach vorn planspiral eingerollter und gekammerter Schale. Trichter rinnenförmig, von zwei getrennten Lappen gebildet. Mit 4 Kiemen, 4 Herzvorkammern und 4 Nierensäcken. Keine Kiemenherzen. Mund von etwa 90 saugnaplosen Tentakeln umstellt. Offene Blasenaugen. Ohne Tintenbeutel. *Nautilus* (**Abb. 251 i**).

2. Unterklasse: Coleoida = Dibranchiata (750)

Mit innerer, mehr oder weniger rudimentärer, oder ohne Schale. Mit 2 Kiemen, 2 Herzvorkammern, 2 Nierensäcken. Mit 8 oder 10 kräftigen, oft sehr langen, saugnapftragenden Armen. Meist mit Tintenbeutel. Männchen fast immer mit Hectocotylus. Mit Muskelzellen verbundene Chromatophoren in der Haut ermöglichen einen raschen Farb- und Musterwechsel und eine hervorragende Farbanpassung. Viele Tiefseeformen mit Leuchtorganen.

Die Ordnungen 1 und 2 werden bisweilen als **Decabrachia** zusammengefasst. Gemeinsame

Merkmale: außer 8 kürzeren 2 längere, gestielte Fangarme. Saugnäpfe gestielt, mit Hornringen. Tintenbeutel, Flossen und Radula stets vorhanden.

1. Ordnung: Sepioidea (150)

Schale als Kalkschulp oder fehlend, oder – bei den Spirulidae – wohl entwickelt, gekammert und planspiral nach vorn unten eingerollt. Mantel rundum mit Flossensaum. Fast alle in Bodennähe lebend. *Spirula*, *Sepia*, *Rossia*, *Sepiola*, *Idiosepius*.

2. Ordnung: Teuthoidea, Kalmare (400)

Schale zu einem elastischen, hornigen Gladius reduziert. Saugnäpfe bisweilen mit Haken. Häufig mit Leuchtorganen. Pelagisch. Form- und artenreich. *Loligo*, *Architeuthis* (bis zu 18 m lang), *Histioteuthis*, *Ommastrephes*, *Chiroteuthis*.

3. Ordnung: Octopoda = Octobrachia, Kraken (200)

Körper sackförmig, meist ohne Flossen. Schale reduziert oder völlig fehlend. *Argonauta* mit großer, sekundärer Schale. Acht Arme. *Octopus*, *Cirroteuthis*, *Opisthoteuthis*, *Argonauta*, *Ozaena* (= *Eledone*).

13. Stamm: Sipunculida (320) (Abb. 252 a)

Körper walzenförmig, vorne verschmälert. Körperdecke ein Hautmuskelschlauch mit Kollagencuticula. Mund von bewimperten Tentakeln umstellt. Darm haarnadelförmig. After dorsal in Höhe der Rüsselbasis. Gehirn über dem Schlund, ein Schlundring führt zum unpaaren Bauchstrang. Körpercoelom einheitlich. Ein weiteres coelomatisches System besteht aus einem den Schlund umgebenden Gefäßring, von dem aus Kanäle in die Tentakel ziehen. Getrenntgeschlechtlich. Spiralfurchung. Larve vom Trochophora-Typ, aber ohne Protonephridien. Marine Bodenbewohner. *Sipunculus* (**Abb. 252 a**), *Phascolosoma*.

14. Stamm: Echiurida (150) (Abb. 252 b)

Körper sackförmig. Hautmuskelschlauch mit dünner Cuticula. Mund überragt von einem langen Kopflappen (Prostomium). Nur wenige Borsten. After terminal. Nervensystem aus Schlundring und davon ausgehendem, unpaarem, ventralem Markstrang. Einheitliches, fast den ganzen Rumpf durchziehendes Coelom. Getrenntgeschlechtlich. Bisweilen Zwergmännchen (mit Protonephridien). Metamorphose; Larve trochophoraähnlich. Marine Bodenbewohner. *Echiurus*, *Bonellia* (**Abb. 252 b**).

15. Stamm: Annelida, Ringelwürmer (17 000)

Wurmförmig, segmentiert. Epidermis mit Kollagencuticula. Hautmuskelschlauch aus Längs-, Ring- und Diagonalmuskeln. Körper gegliedert in Prostomium (vor dem Mund gelegen, ohne Coelomhöhle), Rumpfsegmente (Metameren) mit je einem Coelomsackpaar und Pygidium, dem wiederum coelomfreien letzten Abschnitt. Nicht selten sind ein oder einige Rumpfsegmente mit dem Prostomium zur Bildung eines Kopfes verschmolzen (Cephalisation). Pro Metamer häufig außer den paarigen Coelomsäcken je ein Paar Ganglien, Nephridien, Gonaden und Parapodien. Die Ganglien eines Segments sind untereinander durch eine Kommissur, aufeinander folgende Ganglien durch Konnektive verbunden. Das über dem Schlund gelegene Cerebralganglion (Gehirn) hat über den Schlund umgreifende Konnektive Anschluss an die ventrale Ganglienkette (Bauchmark). Blutgefäßsystem meist geschlossen. Gasaustausch über die Körperoberfläche oder durch Kiemen. Getrenntgeschlechtlich (die Mehrzahl) oder Zwitter. Ungeschlechtliche Fortpflanzung selten. Spiralfurchung. Bei marinen Arten als typische Larvenform die Trochophora. Marin und limnisch, eine geringe Anzahl terrestrisch.

1. Klasse: Polychaeta, Vielborster (13 000) (Abb. 252 c)

Meist lang gestreckte Anneliden mit homonomer oder heteronomer Segmentierung. Prostomium meist mit paarigen Antennen und/oder Palpen.

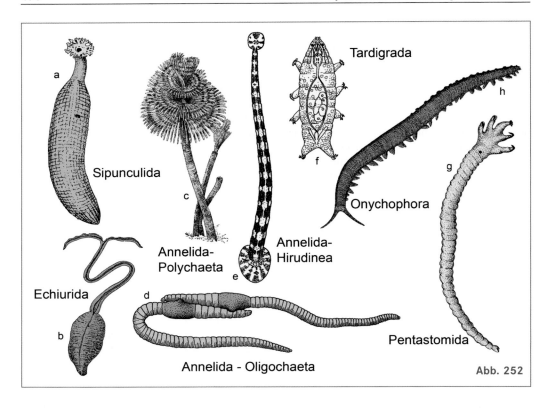

a

Sipunculida

c

Annelida-
Polychaeta

Echiurida

b   d

Tardigrada

f

h

g

Onychophora

Annelida-
Hirudinea

e

Pentastomida

Annelida - Oligochaeta   Abb. 252

Segmentale, oft aus einem dorsalen und einem ventralen Ast bestehende und durch Muskulatur bewegliche Parapodien. Jeder Ast mit einem Borstenbündel, einer kräftigen Stützborste (Acicula) und einem Cirrus. Coelom und Gefäßsystem wohlentwickelt. Atmung über Parapodien, Tentakelkrone oder Kiemen als parapodiale Anhänge. Meist getrenntgeschlechtlich. In der Regel ein Paar Gonaden pro Segment. Entwicklung häufig indirekt über Trochophora-Larve. Ungeschlechtliche Fortpflanzung selten. Marin; nur wenige im Süßwasser oder in feuchten, terrestrischen Biotopen. Manche sind Kommensalen oder Parasiten auf oder in marinen Wirbellosen.

Mehrere Ordnungen (Amphinomorpha, Nereimorpha = Phyllodocida, Eunicida) werden auch als **Errantia** zusammengefasst. Gemeinsame Merkmale: Segmente, mit Ausnahme der vordersten, von denen sich ein bis einige zur Bildung des Kopfes eng an das Prostomium anschließen können, gleichartig. Bei geschlechtsreifen Tieren mancher Arten der Nereimorpha und Eunicida birgt nur ein meist ziemlich großer Teil der hinteren Segmente Gonaden.

Diese „epitoken" Metameren sind dann anders gestaltet als die davor liegenden „atoken" Segmente. Prostomium oft mit Augen, Palpen und Tentakeln. Parapodien meist wohl entwickelt. Fast ausschließlich frei bewegliche Räuber mit oft kräftigen Kiefern; wenige leben planktisch. *Aphrodita, Phyllodoce, Nereis, Eunice.*

Weitere Ordnungen (Spiomorpha, Drilomorpha, Terebellomorpha, Serpulimorpha) werden auch als **Sedentaria** zusammengefasst. Gemeinsame Merkmale: Körper oft deutlich heteronom segmentiert, Prostomium klein oder undeutlich; meist ohne Anhänge. Pharynx oft reduziert; nie mit Kiefern. Keine Podialganglien. Kiemen, wenn vorhanden, meist auf bestimmte Körperabschnitte beschränkt. Sessil oder halbsessil; meist in Röhren lebend. Mikrophag. Manche Formen mit Tentakelkrone. *Polydora, Capitella, Arenicola, Pectinaria, Serpula, Spirographis* (**Abb. 252 c**).

Als **Archianneliden** werden mehrere, nicht näher miteinander verwandte, durch Rückbildung vereinfachte Familien bezeichnet. Meist klein und Bewohner des Sandlückensystems. *Nerilla, Troglochaetus* (im Süßwasser), *Protodrilus, Polygordius, Dinophilus.*

2. Klasse: Myzostomida

An Crinoidea parasitierende, flache, runde oder ovale Anneliden. Fünf Paar Parapodien mit je einer kräftigen Hakenborste. Schlund zu einem Saugorgan entwickelt. Zwitter. Begattung wechselseitig. Trochophora. Marin. *Myzostoma.*

3. Klasse: Pogonophora

Lang gestreckte, marine Röhrenbewohner. Am Vorderende mit Tentakeln. Mund und After fehlen. Vorwiegend in kalten Meeren, aber auch nahe von heißen, untermeerischen Hydrothermalquellen. *Siboglinum, Riftia.*

4. Klasse: Clitellata, Gürtelwürmer

Parapodien und meist auch Fühler, Cirren und Kiemen fehlen. Wenigstens zur Fortpflanzungszeit Clitellum vorhanden: drüsige, gürtelförmige Umbildung der Epidermis in bestimmten, aufeinander folgenden Segmenten im Bereich der Geschlechtsöffnungen. Gonaden oft auf wenig Segmente beschränkt. Zwitter. Direkte Entwicklung.

1. Unterklasse: Oligochaeta, Wenigborster (3500) (Abb. 252 d)

Innere und äußere Segmentierung deutlich. Borsten in geringer Zahl, segmental meist in vier Gruppen angeordnet. Hoden vor den Ovarien. Proterandrische Zwitter. Im Süßwasser oder terrestrisch, einige marin.

1. Ordnung: Plesiopora

Ein Paar Hoden, ein Paar Ovarien. Ausmündung der paarigen Samenleiter im Segment hinter dem Hodensegment. Terrestrisch, in Süßwasser und Meer. *Aeolosoma, Nais, Dero, Ripistes, Stylaria, Tubifex, Branchiura, Enchytraeus* (**Abb. 252 d**).

2. Ordnung: Prosopora

Ein bis vier Paar Hoden, ein bis drei Paar Ovarien. Mündung der Samenleiter in dem einzigen bzw. im hintersten Hodensegment. Im Süßwasser. *Lumbriculus, Branchiobdella.*

3. Ordnung: Opisthopora

Je ein oder zwei Paar Hoden und Ovarien. Samenleiter münden meist mehrere Segmente hinter den Hodensegmenten. Meist terrestrisch. *Haplotaxis, Lumbricus, Eisenia, Allolobophora, Megascolex.*

2. Unterklasse: Hirudinea, Egel (650) (Abb. 252 e)

Meist abgeflacht. Fast immer mit 32 Segmenten; äußere Metamerie durch sekundäre Ringelung allerdings verwischt. Bis auf *Acanthobdella* ohne Borsten und mit Mund- und Endsaugnapf. Coelom fast immer auf ein Röhrensystem eingeengt, das den Charakter eines Blutgefäßsystems annimmt. Mitteldarm meist mit segmentalen Blindsäcken. Hoden – oft zahlreich – hinter den Ovarien. Innere Befruchtung. Entwicklung direkt, bei zahlreichen Formen im Kokon Larve („Kryptolarve"). Räuber oder Blutsauger.

1. Ordnung: Acanthobdellida, Borstenegel

Körper drehrund; 30 Segmente. Nur hinterer Saugnapf. Coelomsäcke in den ersten fünf Segmenten gut entwickelt. Mit Borsten an den Segmenten 2–6. Nur eine Art: *Acanthobdella peledina.*

2. Ordnung: Rhynchobdellida, Rüsselegel

Primäres Gefäßsystem vorhanden. Coelom auf kanalartige Schläuche eingeengt. Ausstülpbarer Rüssel ohne Kiefer. *Glossiphonia, Theromyzon, Haementeria, Piscicola* (**Abb. 252 e**).

3. Ordnung: Gnathobdellida, Kieferegel

Coelom nur mehr enge Kanäle, die als Blutgefäße dienen. Primäre Blutgefäße zurückgebildet. Mit drei feinbezahnten, halbkreisförmigen, wie

Sägen funktionierenden Kiefern im Schlund. *Hirudo, Haemopis, Haemadipsa.*

4. Ordnung: *Pharyngobdellida,* Schlundegel

Coelom ein enges Kanalsystem, welches das Blutgefäßsystem ersetzt. Weder vorstülpbarer Rüssel noch Kiefer. *Erpobdella.*

5. *Branchiobdellida*

Die systematische Stellung der Branchiobdellida ist umstritten. Sie werden oft auch den Oligochaeta zugeordnet. Sie haben vorn und hinten einen Saugnapf und leben auf Körperoberflächen und Kiemen von Süßwasserdekapoden, z.B. dem Flußkrebs.

16. Stamm: **Tardigrada**, Bärtierchen (700) (Abb. 252 f)

Sehr kleine, äußerlich wenig deutlich in Kopf und vier Segmente gegliederte Tiere. 4 Paar teilweise einziehbare Extremitäten (Stummelfüße) mit Krallen oder Haftscheiben. Epidermis mit chitinhaltiger Cuticula. Muskulatur zu segmentalen Gruppen angeordnet. Am Vorderende Mund und bei ursprünglichen Formen fadenförmige Cirren. Leibeshöhle ein Mixocoel. Atemorgane und Gefäßsystem fehlen. Nervensystem aus Cerebralganglion, Unterschlundganglion und vier, durch Konnektive verbundenen Rumpfganglienpaaren bestehend. Zwei Pigmentbecherocellen auf dem Gehirn. Exkretion durch Epidermis, Enddarm und Malpighische Gefäße. Getrenntgeschlechtlich, legen Eier. Entwicklung direkt. Marin und im Süßwasser, überwiegend in Moos und kleinen temporären Wasseransammlungen, deren Austrocknen sie in Trockenstarre als sog. Tönnchen überdauern. Pflanzenfresser, manche Räuber. *Batillipes, Macrobiotus* (**Abb. 252 f**), *Hypsibius, Milnesium.*

17. Stamm: **Pentastomida**, Zungenwürmer (100) (Abb. 252 g)

Lang gestreckte, bisweilen zungenförmige Parasiten der Atemwege von Landwirbeltieren, v.a. Reptilien. Körper geringelt. Hautmuskelschlauch:

Epidermis mit Chitincuticula, quergestreifte Ring-, Längs- und Transversalmuskulatur. Ursprüngliche Formen haben nicht weit hinter dem Mund zwei Paar ungegliederte, krallenbewehrte Extremitätenpaare, von denen bei den übrigen Arten nur die Krallen erhalten blieben. Leibeshöhle ist ein Mixocoel. Nervensystem nur bei ursprünglichen Arten mit Oberschlundganglion und Bauchmark aus wenigen Ganglienpaaren, sonst nur ein oder einige Ganglienknoten im Vorderkörper. Zirkulations- und Atemorgane fehlen. Getrenntgeschlechtlich. Ovipar. Furchung total. Metamorphose mit Wirtswechsel. *Cephalobaena* (**Abb. 252 g**), *Raillietiella, Reighardia, Porocephalus, Armillifer, Linguatula.*

18. Stamm: **Onychophora** (150) (Abb. 252 h)

Vereinen in ihrer Organisation Anneliden- und Arthropodenmerkmale. Körper wurmförmig mit 13 bis 43 Paar stummelartigen, krallenbewehrten Laufbeinen, die Segmente kennzeichnen. Körperoberfläche geringelt, jedoch nicht segmentiert. Hautmuskelschlauch aus Epidermis mit dünner Chitincuticula und Ring-, Diagonal- und Längsmuskulatur. Kopf mit Mund und je einem Paar geringelter Antennen, sichelförmiger Kiefer, Oralpapillen und kleiner Linsenaugen. Leibeshöhle ist ein Mixocoel. Blutgefäßsystem offen, Herz röhrenförmig mit segmentalen Ostien. Atmung durch unregelmäßig verteilte (pro Segment bis zu 75) Tracheenbüschel. Nervensystem: paariges Oberschlundganglion und 2 ventrale, weit seitlich verlaufende Bauchstränge mit zahlreichen Commissuren. Verdauungstrakt gerade. Exkretion durch segmentale Metanephridien, deren Wimpertrichter in Coelomsäcken liegen. Getrenntgeschlechtlich. Meist lebend gebärend. Räuberisch in Feuchtluftspalten des Bodens usw. Vorwiegend auf der südlichen Hemisphäre. *Peripatus, Peripatopsis.*

19. Stamm: **Arthropoda**, Gliederfüßer (1 Million)

Der Körper hat eine chitinhaltige Cuticula und ist embryonal wie bei den Anneliden in gleichartige Segmente gegliedert, die je ein Paar

Coelomsäcke ausbilden. Im Laufe der Entwicklung gruppieren sich die Segmente zu verschieden gestalteten Körperabschnitten (Tagmata), und die Wände der Coelomsäcke bilden sich in Muskeln, Fettkörper usw. um, sodass sekundäre und primäre Leibeshöhle ein Mixocoel bilden. Bei den ursprünglichen Gruppen bildet jedes Segment 1 Paar Extremitäten aus. Jede Extremität besteht aus einer Anzahl rohrförmiger, starr cuticularisierter Glieder, die durch eine biegsame Gelenkhaut miteinander verbunden sind. Immer ist wenigstens ein Extremitätenpaar zu Mundwerkzeugen oder Antennen umgebildet. Muskulatur quergestreift. Das Zentralnervensystem besteht aus einem über dem Schlund gelegenen Gehirn (Oberschlundganglion) und einem Bauchmark aus hintereinander liegenden, paarigen Ganglien, die durch Konnektive miteinander verbunden sind. Die ursprünglich strickleiterförmig angeordneten Ganglien des Bauchmarks sind einander nicht selten genähert oder zu einer ventralen Ganglienmasse

verschmolzen. Blutkreislauf offen. Atemorgane: Kiemen, Fächerlungen oder Tracheen. Als spezifische Exkretionsorgane dienen Metanephridien oder Malpighische Gefäße. Sinnesorgane reich entwickelt. Fast stets getrenntgeschlechtlich. Furchung fast immer superfiziell. Postembryonale Entwicklung direkt oder indirekt (Metamorphose), immer mit Häutungen verbunden. Weitaus artenreichster Tierstamm.

1. Unterstamm: Chelicerata (Abb. 253)

Der Körper der Chelicerata besteht aus einem sechs Paar Gliedmaßen tragenden Vorderkörper (Prosoma) und einem Hinterkörper (Opisthosoma). Das Prosoma wird häufig von einem einheitlichen Rückenschild überdacht. Das 1. Gliedmaßenpaar sind die Cheliceren, das sind zwei- oder dreigliedrige Extremitäten, die oft eine Schere (Chela) oder eine Subchela tragen. Darm oft mit großen Divertikeln.

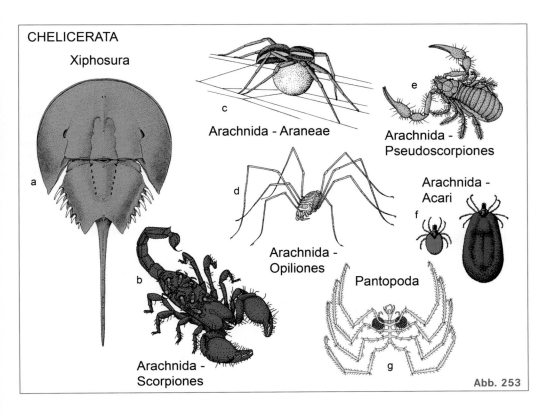

CHELICERATA
Xiphosura
a
Arachnida - Araneae
c
Arachnida - Pseudoscorpiones
e
Arachnida - Opiliones
d
Arachnida - Acari
f
Arachnida - Scorpiones
b
Pantopoda
g
Abb. 253

1. Klasse: Merostomata (5)

Wasserbewohnende, kiemenatmende Chelicerata, die am Opisthosoma breite, blattförmige Extremitäten tragen, an deren Hinterseite jederseits eine Reihe von Kiemenblättern angeheftet ist.

Ordnung: Xiphosura, Schwertschwänze (**Abb. 253 a**). Vorderleib mit breitem, dorsoventral abgeflachtem, halbkreisförmigem Rückenschild. Auf die scherenförmigen Cheliceren folgen 5 Paar Laufbeine, deren Basis einen zum Mund hin gerichteten, ladenartigen Fortsatz aufweist. Hinterkörper mit langem Schwanzstachel und 6 Paar breiten, plattenförmigen Extremitäten, von denen die hinteren 5 Paar blattförmige Kiemen tragen. Herz lang, hinten geschlossen; Blutkreislauf offen, Gefäßsystem jedoch reich entwickelt. Darm mit Mitteldarmdrüse. Aus den Eiern schlüpfen Larven. Marin. *Limulus* (**Abb. 253 a**; nordamerikanische Atlantikküste), *Tachypleus* und *Carcinoscorpius* (Südostasien).

2. Klasse: Arachnida, Spinnentiere (90 000) (Abb. 253 b–f)

Meist Landtiere, deren Atemorgane als Fächerlungen oder als Röhrentracheen entwickelt sind. Opisthosoma in seltenen Fällen mit Rudimenten von Extremitäten (Kämme der Skorpione, Spinnwarzen der Webspinnen), meist jedoch ohne jede Spur von Gliedmaßen. Vorderkörper mit Cheliceren und 5 Beinpaaren, von denen das 1. (Pedipalpen) häufig im Zusammenhang mit der Nahrungsaufnahme umgewandelt ist, wobei der Telopodit häufig zu einem kleinen Taster, manchmal aber zu großen Scheren umgebildet wird. Exkretion durch röhrenförmige, dünne, entodermale Blindschläuche (Malpighische Gefäße) und Nephridien (Coxaldrüsen).

1. Ordnung: Scorpiones, Skorpione (1200) (Abb. 253 b)

Das Prosoma hat eine einheitliche Rückendecke, das Opisthosoma ist geteilt in einen breiten, gegliederten, vorderen Abschnitt und einen schmalen, aus 5 Ringen bestehenden hinteren Teil, dessen letztes Segment eine blasenförmige Giftdrüse trägt, die in einem Stachel endigt. Die Pedipalpen bilden große, waagerecht getragene Scheren. 4 Paar Fächerlungen. *Androctonus, Buthus, Mesobuthus, Pandinus* (**Abb. 253 b**).

2. Ordnung: Uropygi, Geißelskorpione (320)

Habituell den Skorpionen ähnlich. Pedipalpen wie bei diesen Greifwerkzeuge; vielgliedrige Schwanzgeißel. In warmen Klimaten. *Mastigproctus.*

3. Ordnung: Amblypygi, Geißelspinnen (140)

Körper stark abgeflacht; Pedipalpen als Greifwerkzeuge. In warmen Klimaten. *Heterophrynus.*

4. Ordnung: Palpigradi (80)

Prosoma dreigeteilt, Opisthosoma zweigeteilt in ein großes Mesosoma und ein kurzes Metasoma, das einen langen, vielgliedrigen Telsonanhang (Flagellum) trägt. Erstes Beinpaar Tastorgan. Herz und Atemorgane fehlen. *Koenenia.*

5. Ordnung: Araneae, Webspinnen (38 000) (Abb. 253 c)

Prosoma mit einheitlichem Rückenschild, Opisthosoma gestielt, fast immer ungegliedert; mit Spinnwarzen. Cheliceren zweigliedrig, Klaue gegen das Grundglied einschlagbar. Pedipalpen bein- oder tasterartig.

1. Unterordnung: Mesothelae
Opisthosoma deutlich segmentiert. Je 2 Paar Spinnwarzen auf dem 4. und 5. Opisthosomalsegment, also in der Mitte des Hinterkörpers. 2 Paar Fächerlungen. Cheliceren orthognath. Nur 9 Arten. *Liphistius.*

2. Unterordnung: Opisthothelae
Opisthosoma unsegmentiert, sackförmig. Spinnwarzen am Opisthosomaende; die beiden vorderen mittleren zu einem einheitlichen Organ verschmolzen.

Cribellatae: Die vorderen, mittleren Spinnwarzen sind zum Cribellum, einer Platte mit sehr vielen, außerordentlich feinen Spinnspulen, umgebildet. Metatarsus des 4. Laufbeinpaares mit Kräuselkamm (Calamistrum). Palaeocribellatae: Cheliceren orthognath, 2 Paar Fächerlungen. *Hypochilus,* Neocribellatae: Cheliceren labidognath, 1 Paar Fächerlungen. *Eresus, Uloborus.*

Ecribellatae: Ohne Cribellum und Calamistrum. Die vorderen, mittleren Spinnwarzen zum

Colulus verschmolzen. Orthognatha: Cheliceren orthognath, 2 Paar Fächerlungen. *Cteniza, Avicularia, Atypus.* Labidognatha: Cheliceren labidognath, 1 Paar Fächerlungen und 1 Paar Röhrentracheen. *Scytodes, Latrodectus, Araneus, Argiope, Agelena, Tegenaria, Argyroneta, Dolomedes* (**Abb. 253 c**), *Lycosa, Cheiracanthium, Salticus.*

6. Ordnung: *Pseudoscorpiones,* Afterskorpione (3000) (Abb. 253 e)

Der Vorderkörper mit einheitlichem Rückenschild, der ein oder zwei quer verlaufende Furchen zeigen kann. Hinterleib breit ansetzend und gegliedert. Pedipalpen als waagerecht getragene Scheren entwickelt (**Abb. 253 e**), wie bei den Skorpionen. Zwergformen. *Chelifer.*

7. Ordnung: *Opiliones,* Weberknechte (6000) (Abb. 253 d)

Der gegliederte Hinterkörper sitzt in voller Breite dem Vorderkörper an. Vorderkörper meist geteilt in ein ungegliedertes, oft weichhäutiges Proterosoma, das bis zum 2. Laufbeinpaar reicht, sowie zwei folgende Tergite über dem 3. und 4. Laufbein. Pedipalpen teils als Taster, teils als vertikal getragene, bestachelte Raubbeine ausgebildet. Atmung durch stark verzweigte Röhrentracheen. *Opilio* (**Abb. 253 d**), *Phalangium.*

8. Ordnung: *Solifugae,* Walzenspinnen (1000)

Der Vorderkörper gliedert sich dorsal in einen großen, vorderen Abschnitt (Proterosoma), der rückwärts bis zum 2. Laufbein reicht, sowie zwei einfache Tergite, von denen je eines zum Segment des 3. und 4. Laufbeines gehört. Hinterkörper segmentiert. Pedipalpen laufbeinförmig. Erstes Laufbeinpaar schwach, als Tastbein gebraucht. Atmung durch sehr stark verzweigte Röhrentracheen. *Galeodes.*

9. Ordnung: *Ricinulei,* Kapuzenspinnen (60)

Prosoma vorn mit beweglichem Fortsatz, der wie eine Kapuze über die Mundwerkzeuge geklappt werden kann. Opisthosoma segmentiert, setzt breit am Prosoma an. *Cryptocellus.*

10. Ordnung: *Acari,* Milben (48000) (Abb. 253 f)

Zwergformen, die äußerst vielgestaltig sind. Der Körper ist in Gnathosoma und Idiosoma gegliedert. Das Gnathosoma umfasst die Mundgegend (Cheliceren, Pedipalpen) und ist durch eine Falte gegen das Idiosoma (Rumpf) abgegrenzt. In den einzelnen Milbengruppen kann es zu weiteren, sekundären Untergliederungen des Körpers kommen. Pedipalpen ursprünglich tasterförmig. Atmung durch Tracheen oder Atemorgane völlig rückgebildet. Sind an Land in allen möglichen Biotopen verbreitet, kommen auch in Süß- und Salzwasser vor. Zahlreiche Parasiten. *Parasitus, Varroa, Ixodes* (**Abb. 253 f**), *Acarapis, Tetranychus, Demodex, Trombicula, Hydrachna, Acarus, Glycyphagus, Sarcoptes, Eriophyes.*

3. Klasse: **Pantopoda,** Asselspinnen (1000) (Abb. 253 g)

Marin. Körperstamm so schmal, dass Darmdivertikel und der größte Teil der Gonaden nur in den Grundgliedern der Laufbeine Platz finden. Der Hinterleib ist zu einem ganz kurzen, ungegliederten Stummel zurückgebildet. Außer Cheliceren und Pedipalpen, die rudimentär sein können, sind 5–7 Paar weitere Extremitäten vorhanden. *Nymphon* (**Abb. 253 g**), *Pycnogonum.*

2. Unterstamm: **Crustacea,** Krebse (50000) (Abb. 254)

Körper aus Acron, 5 Gliedmaßen tragenden Kopf- sowie einer unterschiedlichen Anzahl von Rumpfmetameren und dem Telson aufgebaut; nur selten in Kopf, Thorax und Abdomen (= Pleon) gegliedert. Meist verschmilzt der Kopf mit einem oder einigen Thoraxsegmenten zum Cephalothorax. Die Tagmata des Körpers sind dann: Cephalothorax, Peraeon (= restliche Thoraxsegmente) und Pleon (Abdomen). Kopf mit 2 Paar Antennen und 3 Paar Mundgliedmaßen (Mandibeln, 1. und 2. Maxillen), zu denen weitere, mehr oder weniger deutlich zu Mundwerkzeugen differenzierte Beinpaare (Maxillipeden) der folgenden Segmente treten können. Pleon meist ohne Extremitäten; wenn Pleopoden vorhanden, sind sie kleiner und von anderer Gestalt als die Peraeopoden. Verbreitet ist der zweireihige Spaltfuß mit Endopodit und Exopodit. Darm oft mit Mitteldarmdrüsen. Die Atmung erfolgt durch Kiemen, die teils durch dünnhäutige Anhänge der Extremitäten (Epipodite), teils durch die zarte, innere Wand einer breiten Kopfduplikatur, des Carapax, gebildet werden. Exkretion durch Nephridien im Segment der 2. Antenne (Antennennephridien) oder der 2. Maxille (Maxillarnephridien) sowie durch Kiemen. Fast immer getrenntgeschlechtlich. Entwicklung meist indirekt. Ursprüngliche Larvenform ist der Nauplius mit 3 Extremitätenpaaren und dem unpaaren Naupliusauge. Weitere Larvenformen sind Zoëa und Megalopa. Vor allem im Meer, auch im Süßwasser und am Land. Viele sind Parasiten und Kommensalen.

1. Klasse: Remipedia (16)

Weitgehende homonom segmentierte Kleinkrebse mariner Höhlen. *Speleonectes.*

2. Klasse: Cephalocarida (10)

Marine Zwergformen, Kopf mit kurzem Carapax. 9 beintragende Thorax- und 10 gliedmaßenlose Pleomeren. Furca sehr lang. Augen degeneriert. Spaltbeine. *Hutchinsoniella.*

3. Klasse: Phyllopoda, Blattfußkrebse (1000)

Die Beine sind meist als Turgorextremitäten (Blattbeine) ausgebildet. Kopf mit einer fast immer großen, seinen Hinterrand weit überragenden, oft schalenartigen Integumentduplikatur (Carapax). Komplexaugen einander genähert oder miteinander verschmolzen. Unpaares Naupliusauge aus 4 Pigmentbecherocellen.

1. Ordnung: Notostraca (Abb. 254 a)

Carapax breit und flach, überdeckt die meisten beintragenden Segmente. 2. Antennen reduziert. Rumpf in zahlreiche Ringe gegliedert mit bis zu 60 Beinpaaren; nur die letzten Segmente gliedmaßenlos. Furca mit 2 langen, geringelten (geißelförmigen) Anhängen. In ephemeren Süßgewässern. *Triops* (**Abb. 254 a**), *Lepidurus.*

2. Ordnung: Conchostraca

Rumpf aus vielen Metameren mit 10 bis 20 Blattbeinpaaren. Carapax zweilappig; umschließt fast immer den ganzen Körper; mit Schließmuskel. Komplexaugen nicht verschmolzen. Furca krallenförmig. In kleinen, ephemeren Gewässern. *Limnadia*, *Leptestheria.*

3. Ordnung: Cladocera, Wasserflöhe (Abb. 118)

Rumpf nur aus wenigen Metameren, höchstens 6 Blattbeinpaare. Carapax zweilappig, umhüllt meist den gesamten Rumpf, aber nie den Kopf. Komplexaugen zu unpaarem Auge verschmolzen. 2. Antennen Hauptfortbewegungsorgane. Furca krallenförmig. Wenige marin, die meisten im Süßwasser. Häufig Heterogonie. *Sida*, *Daphnia*, *Scapholeberis*, *Bosmina*, *Chydorus.* Räuberische Formen mit Stabbeinen und zu Brutsack reduziertem Carapax. *Polyphemus*, *Podon*, *Evadne*, *Leptodora.*

4. Klasse: Anostraca (250)

Langgestreckte, relativ einförmig segmentierte Krebse ohne Carapax. Thoracopoden sind weichhäutige Turgorextremitäten, die der Fortbewegung dienen und Nahrung aus dem Wasser filtrieren und dem Mund zuführen. Paarige, gestielte Komplexaugen. Zur Paarungszeit umklammern die Männchen mit den stark vergrößerten 2. Antennen die Weibchen. *Artemia*, *Branchipus*, *Chirocephalus.*

5. Klasse: Ostracoda, Muschelkrebse (12000) (Abb. 254 b)

Kleinformen, deren ganzer Körper eingehüllt ist in die beiden stark gewölbten Schalen eines zweiklappigen Carapax. Außer den 5 Paar Kopfextremitäten höchstens 2 Paar Rumpfgliedmaßen. Rumpf ungegliedert. 2. Antennen wichtigstes Fortbewegungsorgan. Furca paarig oder unpaar, selten zurückgebildet. Marin und limnisch, meist am Boden, wenige pelagisch. Einige im Waldhumus. *Candona* (**Abb. 254 b**), *Gigantocypris*, *Cypris.*

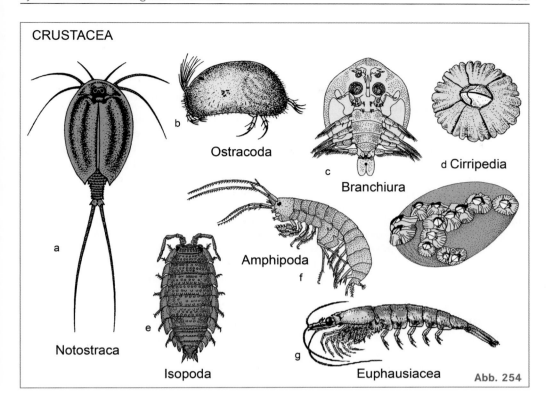

CRUSTACEA

Ostracoda

Branchiura

d Cirripedia

a

Amphipoda
f

Notostraca

e

Isopoda

g

Euphausiacea

Abb. 254

6. Klasse: Copepoda, Ruderfußkrebse, Hüpferlinge (12 000) (Abb. 119)

Kleinkrebse. Das 1., häufig auch das 2. der 6 Thoraxsegmente mit dem Kopf zum Cephalothorax verschmolzen. Extremitäten des 1. Thoraxsegments zu Maxillipeden umgebildet, die übrigen 5 Paar sind kurzgliedrige, gleichartige Spaltbeine. Pleon aus 5 Segmenten, ohne Extremitäten. 1. Antennen sind einästige, sehr lange, häufig reich beborstete Schwebeorgane. Nur Naupliusauge. Zweigeschlechtliche Fortpflanzung; Parthenogenese selten. Im Meer (die überwiegende Zahl der Arten) und in stehenden Süßgewässern, vor allem im Plankton; wenige in feuchten Biotopen an Land. Die zahlreichen parasitischen Arten bilden im weiblichen Geschlecht Körper und Gliedmaßen häufig derartig um, dass sie nicht mehr als Copepoden, ja nicht einmal als Krebse kenntlich sind. Nur ein Copepodenmerkmal behalten auch sie bei: Ihre Eier bleiben in Form eines paarigen oder unpaaren Klumpens

oder Stranges an der Geschlechtsöffnung bis zum Ausschlüpfen der Nauplien hängen. Mit zahlreichen Ordnungen, z.B. Calanoida mit *Calanus* und *Diaptomus*, Harpacticoidea, und Cyclopoidea mit *Cyclops*.

7. Klasse: Branchiura, Fischläuse (130) (Abb. 254 c)

Körper flach scheibenförmig, Kopf und die ersten beiden Thoraxsegmente zum schildförmigen Carapax verschmolzen. Pleon verkürzt, zu einer zweilappigen „Schwanzflosse" reduziert. Antennen hakenbewehrte Klammerorgane. 1. Maxillen mit Klammerhaken oder Saugscheiben. 4 Paar Spaltfüße. Naupliusauge und 1 Paar Komplexaugen. Zu 90% im Süßwasser, der Rest marin. Ectoparasiten an Fischen. *Argulus* (**Abb. 254 c**).

8. Klasse: Mystacocarida (13)

Rumpf aus 11 gleichförmigen Segmenten. Kleinformen (0,5 mm) mit lang gestrecktem Körper, ohne Carapax. Auf die z.T. sehr lang beborsteten Mundwerkzeuge folgen 1 Paar Kieferfüße und nur 4 kurze, eingliedrige Beinpaare. Keine Komplexaugen. *Derocheilocaris.*

9. Klasse: Tantulocarida (28)

Ectoparasiten anderer Krebse im Tiefsee-Benthos. Jugendstadien segmentiert, Adulte sackförmig. *Onceroxenus.*

10. Klasse: Ascothoracica (70)

Parasiten mit lang gestrecktem, gegliedertem Rumpf, der in einer Furca endigt. 1. Antenne trägt Schere, 2. Antenne zurückgebildet. Mundwerkzeuge eingliedrige, spitze Stilette. Die 6 Paar Thoracopoden teils als Spalt-, teils als Stabbeine, manchmal schwach oder gar nicht ausgebildet. 5 Hinterleibssegmente. Carapax 2 große Schalenklappen bildend, die den Körper wenigstens beim Weibchen völlig einhüllen. Keine Komplexaugen. *Ascothorax.*

11. Klasse: Cirripedia, Rankenfüßer (1300) (Abb. 254 d)

Frei lebende, festsitzende oder parasitische Krebse, deren Körper in Anpassung an die Lebensweise starke bis extreme Abwandlungen erfahren hat. Die Nauplien entwickeln sich zur ostracodenähnlichen, zweischaligen Cyprislarve, die sich mit dem Vorderkopf – mithilfe der ersten Antennen – festsetzt.

1. Ordnung: Thoracica

11. Antenne der Cyprislarve mit Haftscheibe und Zementdrüse. Adulti mit stielförmig verlängertem oder zu einer breiten Platte umgeformtem Vorderkopf auf leblosem Material oder auf Tieren festsitzend. Eine vom rumpfnahen Teil des stiel- bzw. plattenförmigen Vorderkopfes ausgehende Hautduplikatur umhüllt als Mantel (= Carapax) schalenartig den Körper. In der Außenschicht der Mantelcuticula sind bewegliche Kalkplatten eingelagert. Komplexaugen, 2. Antennen und Herz fehlen. Keine Pleopoden. Die 6 Paar zweiästigen Thorakalbeine sind zu langen, vielgliedrigen und reich behaarten Rankenfüßen umgebildet, die bei geöffnetem Carapax

Kleinorganismen aus dem Wasser filtern. Meist Zwitter. Mit Stiel: Entenmuscheln (*Lepas*). Ohne Stiel: Seepocken (*Balanus*; **Abb. 250 d**).

2. Ordnung: Acrothoracica

Kleine, parasitische, sackförmige Cirripedia. Carapax ohne Kalkplatten. Nur 4 Paar einästige Thoracopoden. Bohren sich in Schalen von Mollusken ein. *Trypetesa* (= *Alcippe*).

3. Ordnung: Rhizocephala

Endoparasiten bei Decapoden. Nur die Larven als Krebse erkennbar. Die Adulti bestehen aus einem Röhrennetz, das den gesamten Körper des Wirtes durchsetzt. Nach außen ragt nur der Brutsack mit Mantelhöhle, Ganglion und großem Ovarium. Getrenntgeschlechtlich. *Sacculina*, *Peltogaster*.

12. Klasse: Malacostraca (28 000)

Der Rumpf besteht aus 8 Thorax- und primär 7 Hinterleibssegmenten. Im Gegensatz zu den anderen Klassen tragen in den meisten Fällen auch die Abdominalsegmente Beine (Pleopoden). Die Thoracopoden sind – soweit sie nicht zu Maxillipeden differenziert sind – in sehr vielen Fällen als Stabbeine ausgebildet, die denen der Insekten ähneln. Die Pleopoden hingegen sind Spaltbeine, deren Äste einander mehr oder weniger gleichen und die nicht zum Schreiten dienen. Die des 6. Pleonsegments sind zurückgebildet, die des 7. Segments sind als Uropoden anders gestaltet als die übrigen und nach hinten gerichtet. In vielen Fällen bilden sie zusammen mit dem Telson den Schwanzfächer. Vorderdarm mit Kau- und Filtermagen. Als Exkretionsorgane fungieren Antennen- oder Maxillarnephridien, selten beide. Die Geschlechtsöffnung liegt beim Weibchen im 6., beim Männchen im 8. Rumpfsegment. Komplexaugen sind fast immer vorhanden.

1. Unterklasse: Phyllocarida (20)

7 Hinterleibssegmente und Furca vorhanden. Der große, muschelschalenförmige Carapax bedeckt den Thorax. Thoraxextremitäten als Blattbeine, Hinterleibsextremitäten als Spaltbeine

ausgebildet. Augen gestielt. Marin. Einzige **Ordnung**: Leptostraca (10). *Nebalia.*

2. Unterklasse: Syncarida (115)

Kein Carapax. Kopf nicht immer mit dem 1. Thoraxsegment verwachsen. Rumpfsegmente recht gleichförmig. Bei den großen Arten tragen die Thoraxbeine je 2 Epipoditen. 2 Ordnungen: **Anaspidacea**. Oberirdisch lebend. Im Süßwasser. *Anaspides*. **Bathynellacea**. In Brunnen, Grundwasser und im Mesopsammon. Zwergformen. *Bathynella.*

3. Unterklasse: Pancarida (9)

Carapax mit dem 1. Thoracomer verwachsen, ragt nach hinten über weitere Thoraxsegmente hinweg und bildet auf diese Weise bei Weibchen einen dorsalen Brutsack. Der 1. Thoracopod ist zu einem Kieferfuß umgewandelt, die übrigen weisen einen Exopoditen auf. Pleopoden sind nur an den beiden vorderen Abdominalsegmenten vorhanden und eingliedrig. Einzige **Ordnung**: **Thermosbaenacea**. Zwerghafte Bewohner unterirdischer Gewässer und des Mesopsammons. *Thermosbaena.*

4. Unterklasse: Hoplocarida (350)

Der Carapax ist flach, lässt die 4 letzten Thoraxsegmente unbedeckt und überragt die Seitenkante des Thorax nur wenig. Die Thoracopoden 2–5 tragen Subchelae, besonders das 2. ist zu einem sehr starken Raubbein entwickelt. Die 6.–8. Thoraxgliedmaßen sind Laufbeine. Augen auf beweglichen Stielen. Marin. Einzige **Ordnung**: **Stomatopoda**, Fangheuschrecken-Krebse. *Squilla.*

5. Unterklasse: Peracarida, *Ranzenkrebse* (Abb. 254 e, f)

Carapax, wenn vorhanden, vier oder mehr Brustsegmente frei lassend. Mindestens das 1. Brustsegment ist stets mit dem Kopf verschmolzen. Weibchen mit Bruttasche (Marsupium), die aus blattförmigen Anhängen der Beine gebildet ist. Direkte Entwicklung.

1. Ordnung: Mysidacea (1000)

Carapax erstreckt sich über den größten Teil des Thorax, ist aber höchstens mit drei Brustsegmenten verwachsen. Komplexaugen gestielt. Brustbeine mit Schwimmfußästen (Exopoditen). Das erste Fußpaar oder die beiden ersten zu Kieferfüßen umgewandelt. In den Endopoditen der Uropoden findet sich oft eine Statocyste. Marin, vereinzelt im Süßwasser. *Lophogaster*, *Mysis*, *Leptomysis.*

2. Ordnung: Cumacea (1000)

Carapax mit den ersten 3 bis 6 Thoraxsegmenten verwachsen. Augen sitzend, in die Mediane gerückt und mehr oder weniger rückgebildet. Einige Thoracopoden, mit Schwimmfußästen, die ersten drei Fußpaare zu Kieferfüßen umgewandelt. Marin. *Diastylis.*

3. Ordnung: Spelaeogriphacea (2)

Kopf und 1. Thoraxsegment miteinander verschmolzen. Carapax seitliche Atemhöhlen bildend, in denen die Epipoditen der 1. Kieferfüße schwingen, nicht über das 2. Thoraxsegment hinausragend. Pleopoden als breite Schwimmbeine gebildet. *Spelaeogriphus*, augenloses Höhlentier.

4. Ordnung: Tanaidacea, *Scherenasseln* (500)

Carapax kurz, rückgebildet. Kopf mit den ersten beiden Thoraxsegmenten verwachsen. Augen fehlend oder auf kurzen, unbeweglichen Kopfauswüchsen stehend. Das erste Fußpaar zu Kieferfüßen umgewandelt, das zweite mit einer Schere versehen. Pleopoden zweiästig. Marin. *Tanais.*

5. Ordnung: Isopoda, *Asseln* (8000) (Abb. 254 e)

Körper meist dorsoventral abgeflacht. Carapax fehlt. Das erste (selten zweite) Thoraxsegment mit dem Kopf verwachsen. Telson fast stets mit dem letzten Abdominalsegment verwachsen. Augen sitzend. Brustbeine ohne Exopoditen, das erste Paar zu Kieferfüßen umgewandelt. Pleon oft sehr kurz. Pleopoden zweiästig. Herz kurz, ganz oder teilweise im Hinterleib liegend. Teilweise Parasiten und dann stark umgebildet.

Meist marin, doch auch auf dem Lande, vereinzelt im Süßwasser. *Asellus* (Wasserassel), *Oniscus* (Mauerassel), *Porcellio* (Kellerassel; **Abb. 254 e**); *Ligia*, *Idotea*.

6. Ordnung: Amphipoda, *Flohkrebse (6000)* (Abb. 254 f)

Körper meist seitlich abgeflacht. Carapax fehlt. Das erste Thoraxsegment oder die beiden ersten mit dem Kopf verwachsen. Augen sitzend. Brustbeine ohne Exopoditen, das erste Paar zu Kieferfüßen umgewandelt. Pleopoden zweiästig, die 3 vorderen Paare zum Schwimmen, die 3 hinteren zum Springen dienend. Meist marin, auch im Süßwasser und terrestrisch. *Gammarus* (**Abb. 254 f**), *Talitrus*, *Orchestia*, *Caprella*.

6. Unterklasse: Eucarida

Carapax dorsal fast immer mit allen Thoraxsegmenten verwachsen. Augen auf beweglichen Stielen. Herz sackförmig. Meist mit Metamorphose.

1. Ordnung: Euphausiacea, *Leuchtkrebse (85)* (Abb. 254 g)

Kein Beinpaar zu Kieferfüßen umgewandelt. Kiemen frei, in nur einer Reihe am Grundglied der Thorakalbeine (**Abb. 254 g**). Fast stets mit Leuchtorganen versehen. Marin. *Euphausia* (*E. superba*: Antarktischer Krill), *Meganyctiphanes* (**Abb. 254 g**).

2. Ordnung: Decapoda *(10 000) (Abb. 122)*

Die ersten drei Thoracopoden sind zu Kieferfüßen umgewandelt, das folgende Extremitätenpaar in der Regel mit Schere versehen. Kiemen vom Carapax überdeckt, meist in mehreren Reihen, sowohl am Grundglied der Thorakalfüße wie am Körper selbst sitzend. Meist marin, einige Süßwasser- und Landformen.

1. Unterordnung: Natantia
Körper meist seitlich abgeflacht, Abdomen stets länger als Cephalothorax. Abdominalfüße meist wohl entwickelt, zum Schwimmen gebraucht. *Penaeus*, *Alpheus*, *Palaemon*, *Crangon*.

2. Unterordnung: Reptantia
Körper nicht seitlich, aber oft dorsoventral abgeflacht. Abdomen vielfach verkürzt, Abdominalfüße oft reduziert oder fehlend. *Scyllarus*, *Nephrops*, *Homarus*, *Astacus*, *Pagurus*, *Galathea*, *Porcellana*, *Carcinus*, *Eriocheir*, *Pinnotheres*.

3. Unterstamm: Tracheata
1 Paar Antennen. Auf die Mandibeln folgen in den meisten Fällen 2 Paar Maxillen. Die Atmung erfolgt durch Tracheen, die, sich stark verzweigend, den Sauerstoff bis zu den Organen transportieren. Der Darmkanal besitzt niemals ausgedehnte und verästelte Blindschläuche. Die Exkretion wird hauptsächlich von ectodermalen, dünnen Darmblindschläuchen, den Malpighischen Gefäßen, besorgt. Die Nephridialorgane treten stark zurück. Primär Landtiere.

1. Klasse: Myriapoda, *Tausendfüßer* (11 000)

Rumpf besteht aus einer oft recht großen Anzahl gleichartiger, meist beintragender Segmente. Alle Antennenglieder besitzen eigene Muskeln.

1. Unterklasse: Chilopoda, *Hundertfüßer* (2800) (Abb. 255 a)

Rumpf lang gestreckt, aus vielen, gleichartigen Segmenten bestehend, die mit Ausnahme der letzten beiden je ein gut entwickeltes Beinpaar tragen. Das 1. Bein ist zu zangenartigen Kieferfüßen, in denen eine Giftdrüse mündet, umgebildet. Tracheen mit Stigmen an allen oder zahlreichen Segmenten. Herz und gut ausgebildetes Arteriensystem vorhanden. Die Gonaden münden im letzten Segment vor dem After. *Lithobius* (**Abb. 255 a**), *Scolopendra*, *Geophilus*, *Scutigera*.

2. Unterklasse: Symphyla *(120)* (Abb. 255 b)

Mit 12 Laufbeinpaaren und einem Paar Spinngriffel am Körperende. Zwischen den Laufbeinhüften zumindest des 3.–9. Segmentes liegen 1 Paar Ventralsäcke. Die Tracheen münden durch 1 Paar Stigmen am Kopf. *Scutigerella* (**Abb. 255 b**).

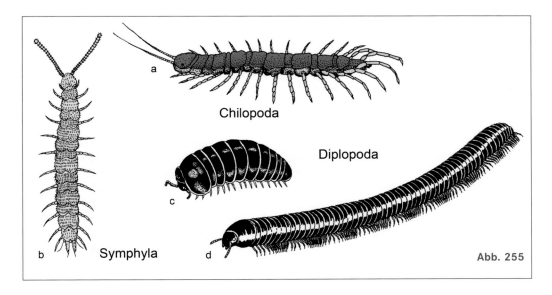

a
Chilopoda

Diplopoda

c

b Symphyla d Abb. 255

3. Unterklasse: Diplopoda, Doppelfüßer (7200) (Abb. 255 c,d)

Abgesehen von den vorderen 4 Ringen tragen die übrigen, meist sehr zahlreichen sämtlich je 2 Beinpaare und besitzen auch 2 Ganglien, stellen also Doppelsegmente dar. 2 Paar Mundwerkzeuge: Mandibeln und die zu einer breiten, den Mundvorraum verschließenden Platte (Gnathochilarium) umgestalteten 1. Maxillen. Cuticula meist mit Kalkeinlagerung, starr. Tracheen- und Blutgefäßsystem vorhanden. Stigmen an fast allen Segmenten. *Polyxenus, Glomeris* (**Abb. 255 c**), *Julus* (**Abb. 255 d**).

4. Unterklasse: Pauropoda, Wenigfüßer (360)

Zwergformen mit überaus dünnem Integument. Die Antennen zweiästig mit Geißelhaaren. Mundwerkzeuge wie Diplopoda. 9 Beinpaare. Tracheen und Gefäßsystem fehlen. *Pauropus*.

2. Klasse: Insecta = Hexapoda, Insekten (1 Million) (Abb. 252, 253)

Körper in Kopf, Brust und Hinterleib gegliedert. Die Brust (Thorax) besteht aus drei Segmenten mit je einem Beinpaar (Hexapoda), Hinterleib (Abdomen) ursprünglich aus 11 Segmenten bestehend, bei den Imagines stets ohne Beine, aber nicht selten mit stark umgebildeten Extremitäten (Gonopoden usw.). Am Kopf ein Paar Antennen, ein Paar Mandibeln, ein Paar Maxillen und ein unpaares Labium, das durch Verschmelzen des 2. Maxillenpaares entstanden ist. Tracheensystem fast immer sehr vollkommen, Blutgefäßsystem einfach. Exkretionsorgane: Malpighische Gefäße. Getrenntgeschlechtlich. Bisweilen Parthenogenese. Entwicklung meist mit Metamorphose. Artenreichste Tierklasse. – Ein kleiner Teil der Insekten ist primär flügellos. Sie werden häufig als Apterygota zusammengefasst. Die geflügelten und sekundär flügellosen übrigen Insekten werden als Pterygota bezeichnet.

a. Entognatha

Meist kleine, primär flügellose Insekten. Metamorphose undeutlich oder fehlend. Mandibeln und Maxillen hochspezialisiert und in einer Tasche versenkt, die vom Labium und den Kopfseiten gebildet wird. Mandibeln mit nur einem Gelenk. Die Antennen sind Gliederantennen, d.h. mit Ausnahme des letzten Gliedes besitzen alle Fühlerglieder eigene Muskulatur. Komplexaugen reduziert oder fehlend.

1. Unterklasse: Diplura (850)

Ursprünglichste Entognatha mit vielgliedrigen Gliederantennen. Augen fehlen. Abdomen schon beim Schlüpfen mit 11 Segmenten. Die ersten 7 Abdominalsegmente mit je einem Paar Styli. Ein Paar lange, fadenförmige oder kurze, zangenartige Cerci am 11. Segment. *Campodea, Projapyx.*

2. Unterklasse: Protura *(700)*

Ohne Antennen und Augen. Das Abdomen erreicht die volle Segmentzahl (11) erst im Laufe der postembryonalen Entwicklung. Stummelförmige Extremitäten am 1. bis 3. und Gonopoden am 8. und 9. Abdominalsegment. *Eosentomon.*

3. Unterklasse: Collembola,
Springschwänze (6500) (Abb. 256 a)

Antennen höchstens 4-gliedrig. Sehr einfache Komplexaugen und 4 einfache Ocellen. Nur 6 Abdominalsegmente. Abdomen mit 3 spezialisierten Extremitätenpaaren; die des 3. und 4. Segments bilden den Springapparat. *Entomobrya* (**Abb. 256 a**), *Isotoma, Sminthurus, Podura.*

b. Ectognatha

Mandibeln und Maxillen arbeiten frei an der Unterseite des Kopfes. Mandibeln nur bei den Archaeognatha mit einem, sonst mit 2 Gelenkköpfen. Die Fühler sind Geißelantennen, d.h. nur das Grundglied (Scapus) besitzt Muskulatur; das 2. Glied (Pedicellus) beherbergt ein als Johnstonsches Organ bezeichnetes Sinnesorgan. Meist mit Komplexaugen und Ocellen. Fast immer mit Flügeln; primär flügellos sind nur die Archaeognatha und Zygentoma. Die Entwicklung erfolgt meist mit mehr oder weniger starker Umwandlung ihrer Gestalt (Metamorphose) und der Lebensweise.

4. Unterklasse: Archaeognatha,
Felsenspringer (450)

Mandibeln mit nur einem Gelenk. Coxen des Meso- und Metathorax mit Styli. Abdomen bereits beim Schlüpfen mit 11 Segmenten, das letzte mit 3 langen, gegliederten Anhängen (ei-

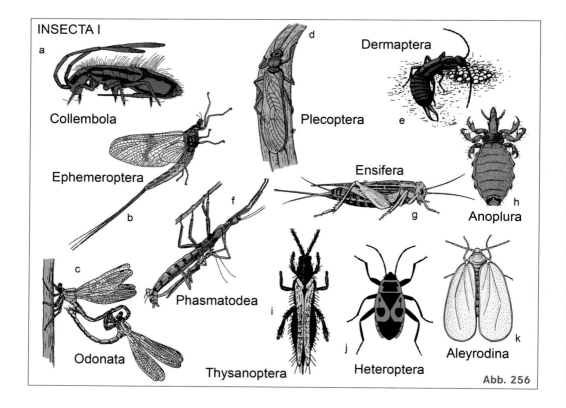

INSECTA I
a
Collembola
Ephemeroptera
b
c
Odonata
d
Plecoptera
Dermaptera
e
Ensifera
f
Phasmatodea
g
h
Anoplura
i
Thysanoptera
j
Heteroptera
k
Aleyrodina
Abb. 256

nem medianen Terminalfaden und zwei seitlichen Cerci), die einen Sprungapparat bilden. *Machilis.*

5. Unterklasse: Zygentoma *(425)*

Mandibeln mit zwei Gelenken an der Kopfkapsel befestigt. Keine Styli am Thorax, höchstens an den Abdominalsegmenten 7 bis 9. Am 11. Abdominalsegment ebenso wie die Archaeognatha mit 2 Cerci und einem Terminalfaden, die jedoch keinen Sprungapparat bilden. *Lepisma* (Silberfischchen).

6. Unterklasse: Pterygota,
Geflügelte Insekten (955 000)

2 Paar Flügel, die aus Hautfalten des 2. und 3. Thoraxsegmentes entstehen und die wiederholt zurückgebildet wurden. Kopf mit Innenskelet (Tentorium). Mandibeln mit 2 Gelenkköpfen. 2 Haupttypen der Metamorphose: Hemimetabolie (unvollkommene Verwandlung), bei der ein Puppenstadium fehlt (Ordnungen 1 bis 19), und Holometabolie (vollkommene Verwandlung) mit Puppenstadium (Ordnungen 20 bis 30).

1. Ordnung: Ephemeroptera, *Eintagsfliegen (2500) (Abb. 256 b)*

Mundwerkzeuge reduziert. Flügelgeäder netzförmig. Hinterleibsende mit zwei langen Cerci, dazu meist noch ein Terminalfilum. Larven wasserlebend, mit abdominalen Kiemengliedmaßen (Tracheenkiemen). *Ephemera* (**Abb. 256 b**), *Ephoron.*

2. Ordnung: Odonata, *Libellen (5600) (Abb. 252 c)*

Kopf und Augen groß. Kauende Mundwerkzeuge. Flügelgeäder netzförmig. Larven wasserlebend, mit Fangmaske (Labium). Merkwürdige Kopulation (Paarungsrad, **Abb. 256 c**). *Calopteryx, Aeshna.*

3. Ordnung: Plecoptera, *Steinfliegen (2200) (Abb. 256 d)*

Mundwerkzeuge etwas reduziert. Flügel mit großem, faltbarem Analteil; Flügelgeäder netzförmig. Abdomen meist mit langen Cerci. Larven

wasserlebend, mit thorakalen Kiemenanhängen. *Perla* (**Abb. 256 d**).

4. Ordnung: Embioptera, *Tarsenspinner (350)*

Kauende Mundgliedmaßen. Vorderbeine mit vergrößertem 1. Tarsus (Spinnbeine). Zwei Cerci. Weibchen flügellos. *Embia.*

5. Ordnung: Notoptera *(26)*

Flügellos, Komplexaugen reduziert oder fehlend. Weibchen mit Legeapparat. Cerci voll ausgebildet. *Grylloblatta.*

6. Ordnung: Dermaptera, *Ohrwürmer (2000) (Abb. 256 e)*

Prothorax beweglich. Vorderflügel zu kurzen Decken reduziert. Hinterflügel fast nur aus dem quer und längs faltbaren Analfächer bestehend. Cerci zu kräftigen Zangen umgewandelt. *Forficula* (**Abb. 256 e**).

7. Ordnung: Mantodea, *Fangschrecken (2300)*

Vorderbeine als Fangbeine ausgebildet. *Mantis.*

8. Ordnung: Blattodea, *Schaben (4000)*

Körper abgeflacht, Kopf wird von schildartig verbreitertem Pronotum ganz oder zum Teil überdeckt. *Blatta, Periplaneta* (**Abb. 133**), *Ectobius.*

9. Ordnung: Isoptera, *Termiten (3000)*

Staaten bildend mit Polymorphismus. Die Arbeiter und Soldaten, also die große Mehrzahl der Individuen, sind Männchen oder Weibchen mit unentwickelten Geschlechtsorganen, ohne Flügel und meist auch ohne Augen. Vorder- und Hinterflügel der Geschlechtstiere einander ähnlich, werden nach dem Hochzeitsflug abgeworfen. Cerci kurz, gegliedert. *Calotermes.*

10. Ordnung: Phasmatodea = Phasmida,
Gespenst- und Stabheuschrecken (3000) (Abb. 256 f)

Meist stab- und blattförmig. Prothorax klein. Flügel oft fehlend. Cerci kurz, höchstens zwei-, meist eingliedrig. Legescheide rudimentär. *Phyllium, Carausius.*

11. Ordnung: Ensifera, *Laubheuschrecken und Grillen (10 000) (Abb. 256 g)*

Fühler lang bis sehr lang. Legeapparat lang gestreckt, säbelförmig, Stridulationsorgane an den Vorderflügeln. Gehörorgane in den Tibien der Vorderbeine. 3. Beinpaar Sprungbeine. *Tettigonia, Gryllus, Acheta* (**Abb. 256 g**), *Gryllotalpa.*

12. Ordnung: Caelifera, *Feldheuschrecken (11 000)*

Fühler kurz. Legeapparat der Weibchen kürzer als bei den Ensifera; stielförmig. Stridulationsorgane werden nie von den Flügeln allein gebildet. Schrillleiste meist an der Hinterschenkelinnenseite, Schrillkante an den Vorderflügeln. Gehörorgane seitlich im 1. Abdominalsegment. *Locusta.*

13. Ordnung: Mantophasmatodea *(2)*

Beschreibung 2002, räuberisch, Afrika.

14. Ordnung: Zoraptera *(30)*

Flügel schmal, behaart; Männchen oft flügellos. Cerci eingliedrig. *Zorotypus.*

15. Ordnung: Psocoptera = Copeognatha, Corrodentia, *Flechtlinge, Staub- und Bücherläuse (4000)*

Kopf groß, prognath, Innenlade der Maxille meißelartig, in die Kopfkapsel eingesenkt. Labiale Spinndrüsen. Flügel oft reduziert. *Liposcelis.*

16. Ordnung: Phthiraptera *(5000) (Abb. 256 h)*

Kleine bis sehr kleine Ectoparasiten an Vögeln und Säugern. Flügellos, Komplexaugen stark reduziert, Ocellen fehlen. Verbringen ihr ganzes Leben vom Ei bis zur Imago auf den Wirten.
Mallophaga, Federlinge, Haarlinge (4500): Mundwerkzeuge kauend, aber stark modifiziert. Klammerbeine. *Trichodectes.*
Anoplura, Läuse (500): Abgeflacht. Mandibeln reduziert, die übrigen Mundteile als Stechborsten ausgebildet. Blut saugend an Säugern. Zum Teil augenlos. Klammerbeine mit einer Klaue. *Pediculus, Pthirus, Haematopinus* (**Abb. 256 h**).

17. Ordnung: Thysanoptera, *Fransenflügler, Blasenfüße (5350) (Abb. 256 i)*

Klein; mit stechend-saugenden Mundwerkzeugen. Rechte Mandibel stark zurückgebildet, die linke zu einer spitzen Stechborste geworden. Die stilettförmigen Lacinien der Maxillen legen sich meist zu einem Saugrohr zusammen. Zwischen den Beinklauen Haftblasen. 2 Paar schmale Flügel mit langen Fransen (**Abb. 256 i**). *Thrips.*

18. Ordnung: Auchenorrhyncha, *Zikaden (43 000)*

Stechrüssel am ventralen Hinterende des Kopfes, jedoch nicht zwischen die Vorderhüften verlagert. Flügel häutig; werden dachartig über dem Rücken aneinander gelegt. 1. Abdominalsegment bei den Männchen mit Trommelorganen, bei beiden Geschlechtern mit Gehörorganen. *Cicada, Cercopis.*

19. Ordnung: Sternorrhyncha, *Pflanzensauger (16 000) (Abb. 256 k)*

Klein, Flügel häutig, dachartig getragen, Weibchen oft flügellos. Basis des Stechrüssels zwischen oder hinter die Hüften der Vorderbeine verlagert. Aphidina (Blattläuse), Coccinea (Schildläuse), Aleyrodina (Mottenschildläuse, **Abb. 256 k**), Psyllina (Blattflöhe).

20. Ordnung: Heteroptera, *Wanzen (40 000) (Abb. 256 j)*

Meist abgeflacht, Stechrüssel am Vorderende des Kopfes, in der Ruhe bauchseitig zurückgeschlagen. Prothorax frei, mit großem Halsschild, Flügel waagerecht getragen. Vorderflügel mit pergamentartigem Basal- und häutigem Endteil. Hinterflügel gewöhnlich der Länge nach faltbar; bisweilen flügellos. *Notonecta, Cimex, Pyrrhocoris* (**Abb. 256 j**), *Triatoma.*

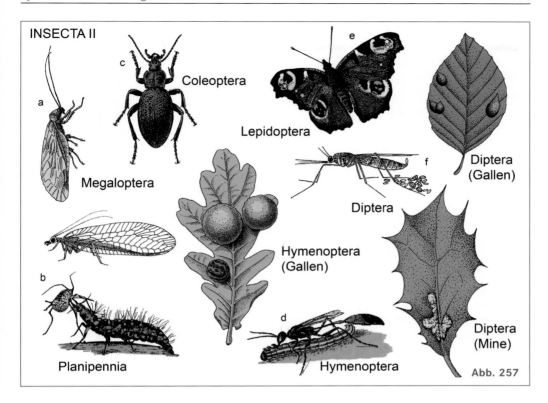

INSECTA II

Coleoptera

Lepidoptera

Megaloptera

Diptera (Gallen)

Diptera

Hymenoptera (Gallen)

Planipennia

Diptera (Mine)

Hymenoptera

Abb. 257

21. Ordnung: *Megaloptera*, *Schlammfliegen* (270) (Abb. 257 a)

Flügel reich geädert, Hinterflügel meist groß, mit faltbarem Analteil. Larven wasserlebend, mit gegliederten Tracheenkiemen am Abdomen. *Sialis* (**Abb. 257 a**).

22. Ordnung: *Raphidioptera*, *Kamelhalsfliegen* (200)

Prothorax halsartig verlängert und sehr beweglich. Flügel mit Pterostigma; Analfeld der Hinterflügel klein, nicht faltbar. Weibchen mit langer Legeröhre. Larven landlebend. *Raphidia*.

23. Ordnung: *Planipennia* (*Neuroptera*), *Netzflügler i. e. S.* (6000) (Abb. 257 b)

Prothorax groß, bisweilen auffallend verlängert. Längsadern der Flügel meist reich verzweigt. Hinterflügel ohne Analfächer, Larven meist landlebend (**Abb. 257 b**, unten); Malpighische Gefäße oft zum Spinnen dienend. *Chrysopa* (**Abb. 257 b**, oben), *Myrmeleon*, *Mantispa*.

24. Ordnung: *Coleoptera*, *Käfer* (360 000) (Abb. 257 c)

Mundwerkzeuge kauend. Vorderflügel zu Elytren umgebildet, die medial mit glatter Naht zusammenstoßen; Hinterflügel häutig, groß, faltbar. *Carabus* (**Abb. 257 c**), *Dytiscus*, *Coccinella*, *Meloe*, *Chrysomela*, *Melolontha*, *Lucanus*, *Cerambyx*, *Curculio*.

25. Ordnung: *Hymenoptera*, *Hautflügler* (132 000) (Abb. 257 d)

Mundwerkzeuge kauend bis leckend-saugend. Flügel häutig, mehrfach völlig reduziert. 1. Abdominalsegment dem Thorax fest angeschlossen. Viele Parasitoide (**Abb. 257 d**, unten) und Gallbildner (**Abb. 257 d**, oben), vielfach Staaten bildend. *Sirex*, *Cynips*, *Formica*, *Apis*.

26. Ordnung: *Trichoptera*, *Köcherfliegen* (10 000)

Mundwerkzeuge leckend, Flügel zart, mehr oder weniger behaart, selten beschuppt. Larven wasserlebend, mit Spinndrüsen. Räuberisch oder pflanzenfressend, dann oft mit Köcher aus organischem oder anorganischem Material, oder Netzfänger. *Phryganea.*

27. Ordnung: Lepidoptera, *Schmetterlinge* (148 500) (Abb. 257 e)

Mandibeln – außer bei Micropterygidae – rückgebildet und Maxillen zum Saugrüssel umgeformt. Flügel beschuppt. Larven typische Raupen, mit kauenden Mundwerkzeugen, Spinndrüsen und Abdominalextremitäten. *Hepialus, Tinea, Zygaena, Bombyx, Sphinx, Papilio, Inachis* (**Abb. 257 e**).

28. Ordnung: Mecoptera, *Schnabelfliegen* (600)

Kopf meist schnabelartig verlängert. Mundteile kauend, selten stechend-saugend. Flügel fast homonom, weder beschuppt noch dicht behaart, bisweilen reduziert. Larven raupenähnlich, landlebend. *Panorpa, Boreus.*

29. Ordnung: Diptera, *Zweiflügler* (*Mücken und Fliegen*) (134 000) (Abb. 257 f)

Mundwerkzeuge leckend oder stechend-saugend. Antennen oft stark verkürzt. Häutige Vorderflügel. Hinterflügel zu Halteren umgebildet. Larven fußlos, zum Teil wasserlebend oder parasitisch, Bildner von Gallen und Minen (**Abb. 257 f**), *Anopheles* (**Abb. 257 f;** bei der Eiablage), *Culex, Tabanus, Musca, Calliphora.*

30. Ordnung: Siphonaptera = Aphaniptera, *Flöhe (2200)*

Seitlich abgeflacht. Mundwerkzeuge stechend-saugend. Sprungbeine. Flügellose, meist blinde Blutsauger an Warmblütern. Larven fußlos. *Pulex, Ctenocephalides, Xenopsylla.*

31. Ordnung: Strepsiptera, *Fächerflügler (600)*

Endoparasiten anderer Insekten. Starker Sexualdimorphismus: Weibchen flügellos, meist madenförmig, Männchen als Imago frei lebend; Mundwerkzeuge verkümmert, Vorderflügel zu Halteren umgebildet. *Stylops.*

20. Stamm: Tentaculata (6000)
(Abb. 258 b–d)

Festsitzend. Körper primär in Pro-, Meso- und Metasoma gegliedert. Alle drei Abschnitte mit Coelom. Das Prosoma ist eine Falte (Epistom) über dem Mund. Das Mesosoma nimmt den vorderen Körperbereich ein; es bildet 2 Arme (Lophophore), die bewimperte Tentakel tragen, in die Ausstülpungen des Mesocoels eindringen. Das mit dem geräumigen Metacoel ausgestattete Metasoma stellt den Hauptteil des Körpers dar; in ihm sind der U-förmige Darm, Gonaden und Metanephridien untergebracht.

1. Klasse: Phoronidea (18) (Abb. 258 b)

Körper lang gestreckt, in eine Chitinröhre eingeschlossen. Kolonieweise lebend. Epistom mit Coelom. Mesosoma mit zwei spiralig eingerollten Lophophoren, die mit einer Doppelreihe von Tentakeln besetzt sind. Metasoma am Körperende verdickt. Hautmuskelschlauch mit Ring- und Längsmuskulatur. Meist getrenntgeschlechtlich. Furchung total. Larve vom Trochophora-Typ: Actinotrocha. Marine Bodenbewohner. *Phoronis* (**Abb. 258 b**).

2. Klasse: Bryozoa, *Moostierchen* (6000) (Abb. 258 c)

Stockbildend. Cuticula oft verkalkt. Tentakelkranz hufeisen- oder kreisförmig um den Mund. Körper in Cystid und Polypid gegliedert. Zwitter. Ungeschlechtliche Fortpflanzung (Knospung) allgemein verbreitet. Polymorphismus häufig. Bei Süßwasserformen Dauerknospen (Statoblasten). Marin und im Süßwasser. *Cristatella, Plumatella, Membranipora* (**Abb. 258 c**), *Flustra.*

3. Klasse: Brachiopoda, *Armfüßer* (280) (Abb. 258 d)

Körper dorsoventral abgeplattet, mit zweiklappiger Kalkschale. Die Tentakel stehen auf zwei spiralig eingerollten Armen. Blutgefäßsystem mit dorsalem Herz. Ein, selten zwei Paar Nephridien, die gleichzeitig als Geschlechtsgänge dienen. Getrenntgeschlechtlich. Festsitzend an meist kurzem Stiel. Marin. *Lingula, Terebratula, Magellania* (**Abb. 258 d**).

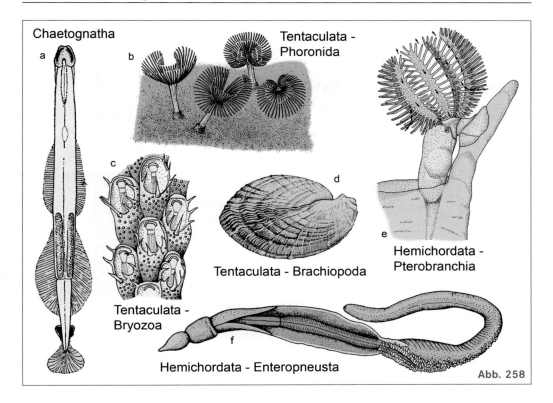

Chaetognatha

Tentaculata - Phoronida

Tentaculata - Bryozoa

Tentaculata - Brachiopoda

Hemichordata - Pterobranchia

Hemichordata - Enteropneusta

Abb. 258

Incertae sedis

21. Stamm: **Chaetognatha,** Pfeilwürmer (100) (Abb. 258 a)

Marine, überwiegend räuberische, glashelle Planktonorganismen. Coelom in 3 Abschnitte gegliedert. Kopf mit cuticularen Greifhaken. Nervensystem mit dorsalem Cerebralganglion, seitlichen Vestibularganglien und Ventralganglion. Blutgefäßsystem und Exkretionsorgane fehlen. Zwitter. Direkte Entwicklung. *Sagitta* (**Abb. 258 a**), *Spadella*.

B. Deuterostomia

Die Hauptanteile des Nervensystems liegen dorsal. Der Urmund (Blastoporus) wird zum After, der Mund bricht sekundär durch. Die stets vorhandene sekundäre Leibeshöhle (Coelom) entsteht durch Abschnürung vom Urdarm. Das Skelet liegt im Innern des Körpers und wird meistens vom Bindegewebe gebildet.

22. Stamm: **Echinodermata,** Stachelhäuter (6000) (Abb. 259)

Viele Organe der adulten Tiere sind fünfstrahlig ausgebildet (pentamere Symmetrie). Mesodermales Skelet, das aus Kalkplatten besteht, denen oft Stacheln aufsitzen.

Das Coelom gliedert sich primär in das jeweils paarige Axo-, Hydro- und Somatocoel. Aus allen Coelomanteilen können sich Kanalsysteme bilden, von denen das Ambulakralsystem vor allem der Fortbewegung, z.T. auch der Nahrungsaufnahme dient. Das Nervensystem liegt zum Teil in der Epidermis und im Darmepithel (ectoneurales System), z.T. in Coelomepithelien und auch im Bindegewebe (hyponeurales und aborales System) und besteht im Wesentlichen aus den Mund umziehenden Ringen und fünf davon ausstrahlenden radiär verlaufenden Nerven. Sinnesorgane wenig entwickelt. Das eigentümliche Axialorgan dient der Ultrafiltration der Blutzellbildung und der Abwehr. Geschlechter fast stets getrennt. Entwicklung mit Metamor-

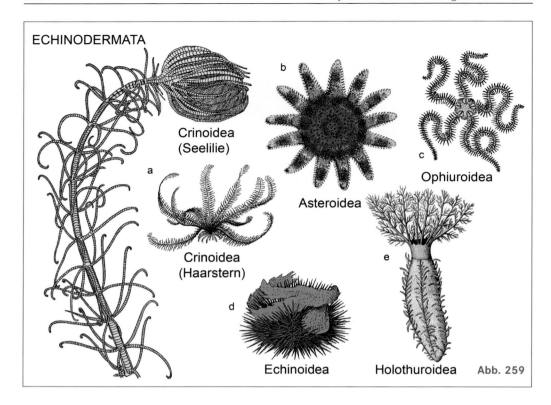

ECHINODERMATA

Crinoidea
(Seelilie)

a

Crinoidea
(Haarstern)

b

Asteroidea

c

Ophiuroidea

d

Echinoidea

e

Holothuroidea

Abb. 259

phose. Larven meist freischwimmend und bilateral-symmetrisch, mit Wimperschnüren und zum Teil mit inneren Skeletstäben ausgestattet. Meist frei beweglich, selten festsitzend, marin.

1. Klasse: Crinoidea, Seelilien (Abb. 259 a) und Haarsterne (620)

Von kelchförmiger Gestalt, Mund nach oben gerichtet, die Seitenwandungen mit polygonalen Kalkplatten gepanzert. Der Körper der Seelilien mittels eines vom aboralen Pol ausgehenden, gegliederten Stieles festsitzend. Haarsterne als Adulte frei beweglich. Am oberen Körperrand stehen fünf (oder zehn) Arme, von denen zweireihige, kleine Blättchen (Pinnulae) entspringen, die die Geschlechtsorgane enthalten. Auf den Mund laufen die Ambulakralfurchen zu, die sich oral über die Arme und Pinnulae hinziehen und von ampullenlosen Tentakeln (Ambulakralfüßchen) flankiert werden, die der Nahrungsaufnahme und nicht der Fortbewegung dienen. Larve: Doliolaria. *Cenocrinus* (**Abb. 259 a**, Seelilie), *Antedon* (**Abb. 259 a**, Haarstern).

2. Klasse: Asteroidea, Seesterne (1600) (Abb. 259 b)

Körper abgeflacht und von einer zentralen Region und 5 (oder mehr) nicht verzweigten, bisweilen stark verkürzten Armen gebildet, die mit breiter Basis in den Zentralkörper übergehen. Die mit Ampullen versehenen Ambulakralfüßchen an einer Längsrinne auf der Oralseite der Arme untergebracht. Mund in der Mitte der Oralfläche, After und Madreporenplatte aboral. Darm sackförmig, mit 5 gegabelten, in die Arme hineinziehenden Blindsäcken (Pylorusdrüsen). Fünf Paar interradialer Gonaden. Larve: Bipinnaria, Brachiolaria. *Solaster* (**Abb. 259 b**), *Linckia, Culcita, Acanthaster, Asterias.*

3. Klasse: Ophiuroidea, Schlangensterne (2000) (Abb. 259 c)

Arme scharf von der zentralen Scheibe abgesetzt, sehr beweglich und bisweilen dichotom verzweigt. Ambulakralfurchen durch orale Platten geschlossen (Epineuralkanal). Ambulakralfüßchen ohne lokomotorische Funktion.

Madreporenplatte auf der Oralseite. Larve: (Ophiopluteus) ähnlich der der Seeigel. *Ophiura*, *Ophiothrix*, *Ophiocomina* (**Abb. 259 c**). Mit verzweigten Armen: *Gorgonocephalus*.

4. Klasse: Echinoidea, Seeigel (950) (Abb. 259 d)

Körper meist kugelig, mitunter ei- oder scheibenförmig. Platten des Hautskelets fast stets fest miteinander verwachsen. Bewegliche, auf halbkugeligen Höckern sitzende Stacheln. Mund oft mit kompliziertem Kauapparat (Laterne des Aristoteles). Madreporenplatte aboral. Die Ambulakralkanäle (Epineuralkanäle) verlaufen an der Innenfläche des Skelets. 5 einfache Gonaden. Larve: Echinopluteus.

Regularia: Körper annähernd kugelig oder abgeflacht. Mund und After polar gelegen. *Cidaris*, *Diadema*, *Echinus*, *Paracentrotus* (**Abb. 259 d**).

Irregularia: Radiärsymmetrie von Bilateralsymmetrie überlagert. Körper abgeplattet, meist mit ovalem Umriss. After randständig. *Clypeaster*, *Spatangus*.

5. Klasse: Holothuroidea, Seewalzen, Seegurken (1200) (Abb. 259 e)

Körper in der Hauptachse verlängert, walzenförmig. Haut meist weich, in der Regel mit verstreuten Kalkplättchen oder -körpern. Stacheln und Pedicellarien fehlen. Hautmuskelschlauch gut entwickelt. Die Ambulakralfüßchen im Umkreis des Mundes zu langen, rückziehbaren Tentakeln ausgewachsen, die übrigen rückgebildet. In eine Enddarmerweiterung münden vielfach zwei verästelte, der Atmung dienende Organe (Wasserlungen). Nur eine Gonade. Larve: Auricularia, Doliolaria. *Cucumaria* (**Abb 259 e**), *Holothuria*, *Pelagothuria* (schwimmend), *Synapta*.

23. Stamm: Hemichordata (100) (Abb. 258 e,f)

Marin, Körper in drei Abschnitte, Pro-, Meso- und Metasoma, mit jeweils eigenen Coelomräumen gegliedert. Im Prosoma Gefäßknäuel (Glomerulus) mit Podocyten (Ultrafiltration). Vorderdarm fast immer zumindest durch 1,

meist durch mehrere Paare von Kiemenspalten durchbrochen. Vorderdarmdivertikel, dessen Aufbau und Lage an Chorda dorsalis erinnern kann. Nervensystem intraepithelial.

1. Klasse: Pterobranchia (29) (Abb. 258 e)

In Gehäusen lebende, eingeschränkt bewegliche und meist kleine Formen mit U-förmig gebogenem Darmtrakt, sodass der After vorn dorsal am Metasoma ausmündet. Metasoma mit kontraktilem Stiel. Können Gehäuse verlassen. Prosoma rundliche Kriechscheibe, Mesosoma mit einem oder mehreren Paaren armartiger Fortsätze (Lophophoren), die Tentakel tragen. Vorderdarm bei *Cephalodiscus* (Mehrzahl der Arten) mit einem Paar Kiemenspalten, die jedoch *Rhabdopleura* fehlen. Entwicklung indirekt. Ungeschlechtliche Vermehrung durch Knospung. *Cephalodiscus* (**Abb. 258 e**), *Rhabdopleura*.

2. Klasse: Enteropneusta, Eichelwürmer (70) (Abb. 258 f)

Wurmförmige, zum Teil große (bis 2,50 m lange) Bewohner des Meeresbodens, deren Prosoma rüssel- oder eichelförmig aussieht und mit einem stielartigen Hals am Mesosoma (Kragen) befestigt ist. Zahlreiche Kiemenspalten. Intraepidermales Nervensystem mit ventralem und dorsalem Längsstrang. Im Kragen dorsal röhrenförmige Epidermiseinsenkung mit reich entwickeltem Nervengewebe (Kragenmark). Getrenntgeschlechtlich. Entwicklung meist indirekt. Die Larve, die planktische Tornaria, zeigt große Übereinstimmung mit manchen Echinodermenlarven. *Saccoglossus*, *Balanoglossus* (**Abb. 254 f**)

24. Stamm: Chordata, Chordatiere (48 600)

Mit dorsalem Achsenskelet, das ursprünglich aus einem ungegliederten, zelligen Stab (Chorda dorsalis) besteht und bei den Vertebrata fast immer im Laufe der Embryonalentwicklung durch die Wirbelsäule ersetzt wird. Zentralnervensystem in Form eines dorsal gelegenen Rohres, das sich aus einem ectodermalen Längsstreifen entwickelt und sich vorn zum Gehirn erweitert.

Vorderer Abschnitt des Darmes mit Kiemenspalten, die wohl primär Nahrungsfilter sind, aber von Anfang an auch Atmungsfunktion haben dürften; diese wird bei den Fischen zur Hauptfunktion. Aus dem Kiemendarm entstehen auch lymphatische und endokrine Organe und bei Tetrapoden die Lungen. Kiemendarm mit Endostyl (Urochordata, Acrania) oder von diesem sich herleitender Schilddrüse (Vertebraten). Gefäßsystem i.A. geschlossen, Herz ventral gelegen. Exkretionsorgane, wenn vorhanden, fast stets typische Nephridien, ursprünglich in segmentaler Ausbildung.

I. Unterstamm: Urochordata (2100)

Körper in Rumpf und Schwanz gegliedert. Der Schwanz verschwindet oft während einer Metamorphose in der Entwicklung. Die Epidermis sondert eine Hülle (Mantel) ab, die bei Ascidien celluloseähnliche Kohlenhydrate enthält. Die Chorda beschränkt sich auf den Schwanz und verliert sich mit diesem oft am Ende der Larvalzeit. Zentralnervensystem besteht primär aus mit Receptorzellen besetztem dorsalen Cerebralganglion und caudal anschließendem einfachen Neuralrohr. Kiemendarm sehr ausgedehnt, mit zwei bis über 1000 Kiemenspalten, die entweder unmittelbar nach außen führen oder in einen Peribranchialraum. Herz wechselt periodisch seine Schlagrichtung. Gefäßsystem i. A. gut entwickelt. Fast stets Zwitter. Ungeschlechtliche Vermehrung sehr verbreitet. Viele Arten sekundär festsitzend. Stets marin.

1. Klasse: Copelata (Appendicularia, Larvacea) (70) (Abb. 260 a)

Mehrheitlich kleine pelagische Tiere. Schwanz und Chorda bleiben bei Adulten erhalten. Ein umschriebener Epidermisbezirk sondert ein kompliziertes Gehäuse ab, das als Filterapparat dient und oft das ganze Tier umschließt. Nur 2 Kiemenspalten, Gehirn mit verschiedenen Zelltypen und Schweresinnesorgan. Fortpflanzung geschlechtlich. *Oikopleura* (**Abb. 260 a**), *Fritillaria*.

Die folgenden zwei Klassen werden als **Tunicata** zusammengefasst:

2. Klasse: Ascidiae, Seescheiden (2000) (Abb. 260 b)

Festsitzende, oft koloniebildende Tiere. Körper sackförmig, kugelig oder zylindrisch. Erwachsen ohne Schwanz und Chorda. Mantel stark entwickelt, mit zahlreichen mesodermalen Zellen. Darm U-förmig, seine hintere Öffnung dorsalwärts verlagert. Oft zahlreiche Kiemenspalten; Peribranchialraum vorhanden. Herz gestreckt oder V-förmig, mit 2 Schrittmachern. Ungeschlechtliche Vermehrung verbreitet; sie führt zur Entstehung von Kolonien (Synascidien). Die frei schwimmenden Larven haben Schwanz mit Chorda, Neuralrohr (mit Cerebralganglion) und gestreckten Darm; sie setzen sich mit dem Vorderpol fest. *Ciona* (**Abb. 260 b**), *Clavelina, Dendrodoa, Botryllus.*

3. Klasse: Thaliacea, Salpen (40) (Abb. 260 c)

Pelagische Gruppe. Körperform: ein vorn und hinten offenes Fass. 4–9 reifenartige Muskelbänder, die bei der Ordnung der Cyclomyaria geschlossen, bei der Ordnung der Desmomyaria ventral unterbrochen sind. Vorderdarm sehr weit, tonnenförmig, mit vielen (Cyclomyaria) oder nur 2 breiten (Desmomyaria) Kiemenspalten in den dahinter liegenden Peribranchialraum mündend. Generationswechsel zwischen einer ungeschlechtlichen Einzelform und einer geschlechtlichen Kettenform. *Doliolum, Salpa, Thalia* (**Abb. 260 c**). Die Ordnung Pyrosomida bildet lang gestreckte, große, frei schwimmende Kolonien. Leuchtbakterienhaltige Organe in den Einzeltieren können intensives Licht erzeugen.

II. Unterstamm: Acrania Leptocardii, Cephalochordata, Lanzettfischchen (30) (Abb. 260 d)

Körper gestreckt, seitlich abgeflacht, beiderseits zugespitzt, ohne abgesonderten Kopfabschnitt, ohne Extremitäten. Ihr Bauplan weist viele Übereinstimmungen mit dem der Wirbeltiere auf. Dorsale Chorda aus Muskelzellplatten, den ganzen Körper durchziehend. Körpermuskulatur segmentiert. Dorsales Neuralrohr, vorn mit in zwei Bereiche gegliedertem Gehirn. Einfache Sinnesorgane, v.a. Lichtreceptoren. Oralöffnung

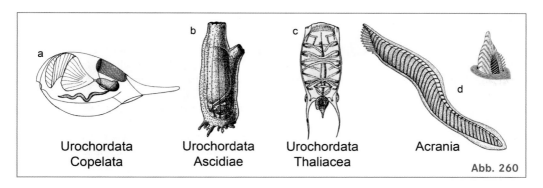

Urochordata Copelata — Urochordata Ascidiae — Urochordata Thaliacea — Acrania

Abb. 260

von Cirren umstellt. Kiemendarm mit zahlreichen schmalen, länglichen Kiemenspalten. Verdauender Darm geradlinig, mit „Leber"-Blindsack. Coelom auf enge spalt- und röhrenförmige Räume beschränkt. Gefäßsystem geschlossen, mit kontraktilen Abschnitten, viele Übereinstimmungen mit dem der Vertebraten. Cyrtopodocyten an Gefäßknäueln. Zahlreiche segmentale, vom Coelom ausgehende Nephridien (Hatscheksches- und Branchialnephridien). Serial angeordnete Gonaden an der Coelomwand, ohne Ausführgänge; getrenntgeschlechtlich. *Branchiostoma* (Amphioxus) (**Abb. 260 d**).

III. Unterstamm: Vertebrata, Wirbeltiere (52 000)

Körper im Allgemeinen gestreckt, aus Kopf, Rumpf, Schwanz und – fast immer – 2 Extremitätenpaaren bestehend. Epidermis mehrschichtig. Die Chorda wird meist während der Entwicklung rückgebildet und durch ein knorpeliges und knöchernes Achsenskelet (Wirbelsäule) ersetzt. Komplexer Schädel. Primär mit Hautskelet. Segmentierung der Rumpfmuskulatur mehr oder weniger deutlich. Zentralnervensystem besteht aus einem hochentwickelten Gehirn und dem Rückenmark. Sinnesorgane hoch differenziert. Vorderdarm mit i.A. bezahnter Mundhöhle und mit Kiemendarm (Pharynx). Zahl der Kiemenspalten im Vergleich mit Acrania verringert. Kiemen werden beim Übergang zum Landleben durch Lungen ersetzt. Postpharyngealer Darm mehr oder weniger gewunden, in der Regel mit Magen; Leber und Pankreas stets vorhanden. Coelom geräumig. Blutgefäßsystem geschlossen, Herz mit 1 oder 2 Kammern (Ven-

trikeln) und 1 oder 2 Vorkammern (Atrien). Exkretionsorgane ursprünglich aus segmental angeordneten Nephridien (Holonephros), später erfolgt Trennung in Pro- und Opisthonephros. Der primäre Harnleiter (Wolffscher Gang) dient bei vielen Fischen und Amphibien auch als Samenleiter und wird bei den Amniota (und auch einigen Anamnia) ausschließlich zum Samenleiter. Das Exkretionsorgan, die Niere, erhält dann einen neuen Harnleiter, den Ureter. Geschlechter fast stets getrennt. In der Regel Oviparie, in manchen Gruppen vereinzelt, bei Mammaliern fast ausschließlich Viviparie. Hochdifferenziertes endokrines System.

1. Überklasse: Agnatha, Kieferlose (Abb. 261 a)

Ohne Kiefer und echte Zähne. In der Körperform an Aale erinnernd. Rezente Formen ohne Schuppen. Ohne paarige Extremitäten. Knorpeliges Skelet. Chorda persistiert, bei Neunaugen mit knorpeligen dorsalen Wirbelbogen besetzt. Geruchsorgan paarig mit unpaarer äußerer Öffnung. Statisches Organ mit nur 1 (Myxinoidea) oder 2 (Petromyzonta) Bogengängen. Darm gestreckt. Bis zu 14 Kiemenspalten.

1. Ordnung: Myxinoidea, Schleimaale (35)

Nasenhypophysengang mit Pharynx verbunden. Mund von Barteln umstellt. Die Augen sind klein (Durchmesser bei *Myxine* etwa ½ mm) und degeneriert; Ciliarkörper und Iris fehlen. Die Kiemen liegen in sackartigen Erweiterungen, die mit dem Vorderdarm über zuführende Kanäle verbunden sind und die je eine eigene Ausmündung (*Eptatretus*) oder einen gemeinsa-

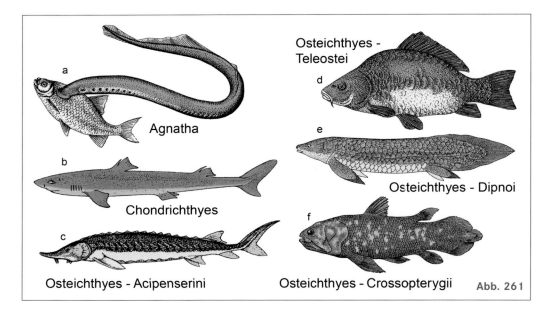

Osteichthyes - Teleostei

d

Agnatha

a

b

Chondrichthyes

e

Osteichthyes - Dipnoi

f

c

Osteichthyes - Acipenserini   Osteichthyes - Crossopterygii   Abb. 261

men Ausführungskanal (*Myxine*) besitzen. Marin. *Eptatretus, Myxine.*

2. Ordnung: Petromyzonta = Hyperoartia, *Neunaugen (40)*

Nasenhypophysengang ohne Verbindung zum Pharynx. Mund bildet Saugscheibe (**Abb. 261 a**). Die 7 Paar Beutelkiemen haben stets getrennte Ausmündungen und gehen von einem besonderen Kiemengang (Ductus branchialis) aus, der ventral vom vorderen Nahrungsdarm liegt und mit diesem vorn in Verbindung steht. Larve (Ammocoetes) noch ohne Saugmund und mit noch unter der Haut verborgenen Augen; aus ihr entwickelt sich bei *Lampetra fluviatilis* nach gut vier Jahren das geschlechtsreife Tier. Larven in Flüssen; Adulte der meisten Arten im Meer, wandern zur Eiablage zurück ins Süßwasser. *Lampetra* (**Abb. 261 a**), *Petromyzon, Geotria.*

2. Überklasse: Gnathostomata

Umfasst alle Wirbeltiere außer den Agnatha. Kiefer vorhanden, die von vorn gelegenem Visceralbogen gebildet werden. Kiefer tragen Zähne. Gleichgewichtsorgan mit 3 Bogengängen. Ursprünglich mit gut entwickeltem Hautschuppenkleid, das den höheren Formen verlo-

ren geht. Herz primär im sauerstoffarmen Teil des Blutkreislaufs hinter den Kiemen gelegen; bei Amphibien und Reptilien zunehmende Trennung in linkes und rechtes Herz, die bei Krokodilen, Vögeln und Säugern vollendet ist.

1. Klasse: Chondrichthyes, Knorpelfische (800) (Abb. 261 b)

Skelet knorpelig, Schädel kompakt. Achsenskelet mit Wirbeln. Haut meist mit Placoidschuppen. Herzkammer mit muskulösem Conus arteriosus, Darm mit gut entwickelter Spiralfalte. Gewöhnlich 5, selten 6–7 typische Kiemenspalten, meist ohne Kiemendeckel; 1. Kiemenspalte klein: Spiraculum (Spritzloch), Kiemensepten vollständig, keine Schwimmblase. Osmotische Balance mit Meerwasser durch hohen Harnstoffgehalt im Blut. Vielgestaltige Verhältnisse der Harn- und Geschlechtswege; innere Befruchtung, oft intrauterine Entwicklung.

1. Ordnung: Elasmobranchii, *Haie (340) und Rochen (430)*

Körperform spindelförmig (Haie) bis abgeflacht (Rochen). Mund quer und ventral. Brustflossen horizontal, Schwanzflosse meist heterozerk. Kein Kiemendeckel. Oft Ovoviviparie und Viviparie. Meist Räuber, vereinzelt Planktonfresser (Riesen- und Walhaie, bis ca. 20 m groß). *Hexanchus, Prionace, Scyliorhinus, Squalus* (**Abb. 261b**), *Raja.*

2. Ordnung: Holocephali, *Chimären (30)*

Haut ohne Schuppen, Schwanzflosse diphyzerk. Chorda persistierend, von schmalen Knorpelringen umgeben, darüber Knorpelbögen. Mund mit Zahnplatten. Kein Spiraculum. 4 Kiemenspalten, von einem häutigen Kiemendeckel überdeckt. Meist in größeren Meerestiefen. *Chimaera, Hydrolagus.*

2. Klasse: Osteichthyes, Knochenfische (ca. 26 000) (Abb. 261 c–f)

Skelet zum Teil oder ganz verknöchert. 5 dicht beieinander liegende Kiemenspalten. Kiemensepten mehr oder weniger verkürzt. Kiemen in einer gemeinsamen Kammer liegend und von einem knöchernen Kiemendeckel überlagert. Lungen-Schwimmblasenorgan vorhanden oder sekundär fehlend. Verbindung zwischen Nieren und Genitalsystem geht durch schrittweises Entstehen eines sekundären Samenleiters verloren.

1. Unterklasse: Actinopterygii, *Strahlenflosser (ca. 24 000)*

In die paarigen Flossen treten außer bei Polypterini keine Muskeln ein. Ihre Basis besteht aus Skeletstücken, an die sich eine Anzahl parallel oder strahlenförmig in die Flosse hineinragender Stücke (Radialia) anschließt. Der Hauptabschnitt der Flossenhaut aber wird gestützt von dünnen, biegsamen, knöchernen Flossenstrahlen (Lepidotrichia), der Flossensaum von biegsamen „Horn"-strahlen, den Actinotrichia. Meist zwei Nasengruben mit je zwei Nasenöffnungen für Wasserein- und -ausstrom.

Die folgenden konventionell unterschiedenen 3 Überordnungen gehen durch fossile Vertreter ohne scharfe Grenze ineinander über.

1. Überordnung: Chondrostei, Altfische (27)
Vielfach altertümliche Merkmale, daneben Rückbildungen und abgeleitete Eigenmerkmale, Schädel der rezenten Formen mit erheblichen knorpeligen Anteilen des Neurocraniums, auch

Körperskelet oft knorpelig (Name). Schwanzflosse heterozerk. Spiraculum vorhanden. Mitteldarm mit Spiralfalte.

1. Ordnung: Polypterini, *Flösselhechte (10)*

Die Rückenflosse besteht aus sehr vielen kurzen Abschnitten. Rhombische, zu festem Panzer zusammengeschlossene Ganoidschuppen. Paarige, gekammerte, ventral in den Schlund mündende Lungen. Süßgewässer Afrikas. *Polypterus, Erpetoichthys.*

2. Ordnung: Acipenserini, *Störartige (25) (Abb. 261 c)*

Der Schädel überragt den sehr unterschiedlich gestalteten Mund mit einem Rostrum. Die Schuppen haben bei den rezenten Arten kein Ganoin, sind entweder ganz verschwunden oder ziehen höchstens in 5 Reihen über den Körper. Große Chorda dorsalis. Keine Wirbelkörper, aber knorpelige Bögen. Unpaare Schwimmblase. *Acipenser* (**Abb. 261 c**), *Polyodon.*

2. Überordnung: Holostei (ca. 10)
Ganoidschuppen, Schädel und Achsenskelet weitgehend verknöchert. Unpaare, gekammerte Schwimmblase, die noch Atemfunktion hat. Schwanzflosse heterozerk. Heute nur noch in Nordamerika. *Amia, Lepisosteus.*

3. Überordnung: Teleostei (ca. 26 000)
(Abb. 261 d)
Die Teleostei mit mehr als 30 Ordnungen schließen sich eng an die vorige Überordnung an. Wirbel amphicoel. Innenskelet der paarigen Flossen sehr kurz. Statt der Ganoidschuppen treten aber meist dünne Ctenoid- oder Cycloidschuppen auf, die sich i.A. dachziegelartig überdecken. Vor dem Herzen Bulbus arteriosus mit nur einem Klappenpaar. Die Schwimmblase ist ungekammert, falls sie nicht fehlt. Enorme Vielfalt bezüglich Anatomie, physiologischer Leistungen, Fortpflanzungsbiologie und Anpassungen an die verschiedenartigsten Lebensräume. Besonders bekannte Ordnungen sind: Anguilliformes (Aalfische), Clupeiformes (Heringsverwandte), Cypriniformes (Karpfenfische, **Abb. 261 d**), Characiformes (Salmler), Siluriformes (Welse), Salmoniformes (Lachsverwandte), Ga-

diformes (Dorschfische), Cyprinodontiformes (Kleinkärpflinge), Perciformes (Barschfische) und Pleuronectiformes (Plattfische).

2. Unterklasse: Sarcopterygii (Choanichthyes) (8)

1. Überordnung: Dipnoi, Lungenfische (6) (Abb. 261 e)

Es sind gekammerte, meist paarige, ventral in den Schlund mündende Lungen mit Lungenarterien und -venen vorhanden. *Neoceratodus* besitzt typische Archipterygien, die bei den anderen Gattungen zu biegsamen Stäben umgewandelt sind. Gut ausgebildete Chorda. Wirbelkörper fehlen, knorpelige Bögen sind vorhanden und können verknöchern. Der Schädel ist weitgehend knorpelig. Zahnreihen verwachsen zu speziellen Zahnplatten. Mitteldarm mit Spiralfalte. Larven mit äußeren Kiemen. *Neoceratodus* (**Abb. 261 e**), *Protopterus*, *Lepidosiren*. Die letzteren beiden können Trockenperioden in Schleimkokons überdauern.

2. Überordnung: Crossopterygii, Quastenflosser (2) (Abb. 261 f)

Die paarigen Flossen enthalten Muskulatur und sind in der basalen Hälfte beschuppt. Vom Skelet der Gliedmaßen palaeozoischer Crossopterygii lässt sich das der Tetrapodengliedmaßen ableiten. Die einzige rezente Gattung der im Palaeozoikum verbreiteten Gruppe hat keine Wirbelkörper, sondern eine persistierende, nicht eingeschnürte Chorda, der knorpelige Bögen aufsitzen. Abgerundete, dachziegelartig angeordnete Cosmoidschuppen. Darm mit Spiralfalte. Unpaare, zu Fettkörper umgewandelte Lunge. Bei den fossilen Rhipidistia (den Vorfahren der Tetrapoda) öffneten sich die Nasenhöhlen durch Choanen in den Rachen. Westlicher Indischer Ozean und vor Sulawesi. *Latimeria* (**Abb. 261 f**).

Tetrapoda, Landwirbeltiere

Die Landwirbeltiere entstanden wohl im Devon. Ihre Ahnen waren Süßwasser besiedelnde Rhipidistia. Die Extremitäten sind kräftig, tragen den Körper und sind über starke Extremitätengürtel mit der Wirbelsäule verbunden. Skelet weitgehend verknöchert. Epidermis verhornt.

Lungenatmung, lediglich bei Amphibienlarven und neotenen Amphibien noch Kiemen.

3. Klasse: Amphibia, Lurche (6400) (Abb. 262 a–c)

Kopf deutlich vom Rumpf abgesetzt. Haut drüsenreich, kaum verhornt. Gelenkverbindung zwischen Schädel und Wirbelsäule durch zwei Condyli occipitales. Primäres Kiefergelenk. Das Hyomandibulare ist zum Gehörknöchelchen (Stapes = Columella) geworden. Rippen, wenn vorhanden, ohne Verbindung mit dem Brustbein. Wirbelsäule und Becken durch einen Sakralwirbel verbunden. Spirakularkanal zum Mittelohr umgebildet. Die Nasenhöhlen stehen über die Choanen mit der Mundhöhle in Verbindung. Atmung durch Kiemen oder Lungen, Kiemen fast nur bei den Larven. Herz mit einer Herzkammer und zwei Vorkammern. Mehr oder minder ausgeprägte Metamorphose. Süßwasser und Land.

1. Ordnung: Urodela, Schwanzlurche (560) (Abb. 262 a)

Viele ursprüngliche Merkmale. Körper lang gestreckt, mit langem Schwanz. Mit 2 Paar kurzen Gliedmaßen, die hinteren bisweilen rückgebildet. Manche Formen dauernd kiemenatmend, manche Arten ohne Lungen. Paukenhöhle fehlt. *Salamandra*, *Triturus* (**Abb. 262 a**), *Proteus*.

2. Ordnung: Gymnophiona, Blindwühlen (175) (Abb. 262 b)

Schlangenförmiger Körper. Extremitätengürtel und Gliedmaßen fehlen. Die Larven verlieren die äußeren Kiemen sofort nach dem Schlüpfen aus dem Ei. Tropische, meist unterirdisch lebende Tiere. *Ichthyophis* (**Abb. 262 b**), *Dermophis*.

3. Ordnung: Anura, Frösche (5600) (Abb. 262 c)

Rumpf breit und verkürzt, ohne Schwanz. Die zwei Paar Gliedmaßen sind stark entwickelt, die größeren Hintergliedmaßen sind Sprung- und Schwimmbeine. Unterkiefer zahnlos. Paukenhöhle meist vorhanden. Larven mit Kiemen. *Xenopus*, *Rana* (**Abb. 262 c**), *Hyla*, *Bufo*, *Bombina*.

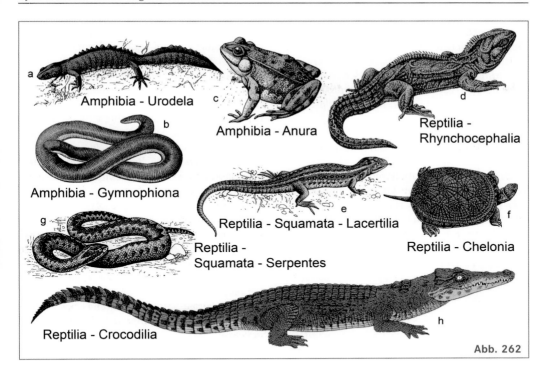

a Amphibia - Urodela

b Amphibia - Gymnophiona

c Amphibia - Anura

d Reptilia - Rhynchocephalia

e Reptilia - Squamata - Lacertilia

f Reptilia - Chelonia

g Reptilia - Squamata - Serpentes

Reptilia - Crocodilia

h

Abb. 262

4. Klasse: Reptilia, Kriechtiere (8700) (Abb. 262 d–h)

Die Reptilien leiten sich von palaeozoischen Amphibien ab. Ihre Haut ist sehr drüsenarm. Die Oberhaut bildet stets Hornschuppen oder -platten, die Cutis oft Knochenplatten aus. Schädel mit unpaarem Condylus occipitalis; primäres Kiefergelenk. Die Bezahnung ist meist homodont. Herzkammer bei den Krokodilen vollständig, sonst unvollständig zweigeteilt. 2 Aortenbögen. Ursprungsgruppe der Vögel und Säugetiere.

1. Ordnung: Rhynchocephalia, Brückenechsen (2) (Abb. 262 d)

Eidechsenähnlich, Schädel diapsid (doppelter Jochbogen); gut entwickeltes Parietalauge. *Sphenodon* (**Abb. 262 d**) auf Neuseeland.

2. Ordnung: Chelonia = Testudines, Schildkröten (220) (Abb. 262 f)

Körper von Knochenpanzer umschlossen, der vorn und hinten offen ist und dem Hornschilde auflagern; Schwanz kurz, Hals relativ lang. Die Knochenplatten der Dorsalseite sind fast stets mit dem Achsenskelet fest verbunden. Bei rezenten Arten keine Zähne vorhanden, aber in der Regel scharfe Hornscheiden auf den Kieferrändern. Besiedeln verschiedenartige aquatische und terrestrische Lebensräume, sind aber vielfach durch den Menschen in ihrer Existenz bedroht. *Testudo, Chelonia, Emys* (**Abb. 262 f**), *Trionyx*.

3. Ordnung: Squamata, Schuppenkriechtiere (7200) (Abb. 262 e,g)

Haut von Schuppen bedeckt. Quadratum beweglich.

1. Unterordnung: Lacertilia, Eidechsen (4350) (Abb. 262 e)

Extremitäten im Allgemeinen gut entwickelt, selten rückgebildet. Schädel gewöhnlich fest und mit Scheitelloch für das noch oft vorhandene Parietalauge. Trommelfell fast immer vorhanden. Meist mit beweglichen Augenlidern und Nickhaut. *Anolis, Hemidactylus, Agama, Lacerta* (**Abb. 262 e**), *Chamaeleo*.

2. Unterordnung: Amphisbaenia,

Doppelschleichen (150)
Wurmförmige, im Boden lebende Tiere mit fast immer reduzierten Gliedmaßen. Nur linker Lungenflügel vorhanden. Augen reduziert und unter der Haut verborgen. *Bipes, Amphisbaena, Blanus, Rhineura.*

3. Unterordnung: Serpentes, Ophidia,

Schlangen (2700) (Abb. 262 g)
Extremitäten und Schultergürtel fast immer vollständig rückgebildet; Gaumen- und Kieferknochen verschiebbar. Häufig mit Giftzähnen ausgerüstet. Augenlider zu einer durchsichtigen „Brille" verwachsen. Linker Lungenflügel mehr oder weniger reduziert. Paukenhöhle fehlt. *Python, Natrix, Elaphe, Naja, Vipera* (**Abb. 262 g**).

4. Ordnung: *Crocodilia, Krokodile (21)*
(Abb. 262 h)

Archosaurier, großer Kopf mit langer Schnauze. Körper gestreckt, mit langem, seitlich zusammengedrückten Schwanz. Haut mit großen Hornschilden, die von Knochenplatten unterlagert sind. Ausgedehnter sekundärer, knöcherner Gaumen. Schädel diapsid. Zähne in Alveolen eingelassen. 3 bis 10 Meter große Tiere, weltweit verfolgt und vom Aussterben bedroht. *Gavialis, Alligator, Crocodylus* (**Abb. 262 h**).

5. Klasse: Aves, Vögel (10 000) (Abb. 263)

Die Vögel leiten sich von mesozoischen Archosauriern ab, denen u.a. die ausgestorbenen Ptero- und Dinosaurier sowie die noch heute existierenden Krokodile zugeordnet werden. Die Haut ist mit Federn bedeckt, manche Teile auch mit Hornschilden. Die Vorderextremitäten sind in Flügel umgewandelt. Die Verbindungen zwischen Beckengürtel und Wirbelsäule sind sehr ausgedehnt und fest, indem außer den zwei ursprünglichen Sakralwirbeln noch zahlreiche Lenden- und Schwanzwirbel mit dem Darmbein verwachsen; die Beckensymphyse ist fast stets offen. Schädel mit relativ großer Hirnkapsel, Quadratum beweglich, Condylus occipitalis unpaar. Zähne fehlen. Die Kiefer bilden einen Schnabel, der von einer stark verhornten Epidermis bedeckt wird.

Diese Hornschicht bildet Strukturen unterschiedlicher Funktion, z.B. scharfe Schneidekanten oder feine Lamellen und Rillen zum Ausseihen von Nahrung im Wasser. Lunge mit Luftsäcken. Das Herz ist vollständig zweigeteilt mit nur einem Aortenbogen (dem rechten). Ovar und Eileiter der rechten Seite sind oft verkümmert. Die Körpertemperatur ist konstant.

Die systematische Gliederung der Vögel beruht heute auf umfangreichen morphologischen und molekularbiologischen Analysen, deren Ergebnisse, die sogar oft übereinstimmen, noch nicht zu einem allgemein akzeptierten System geführt haben. Die vielen Stammbäume und Cladogramme, die in den letzten Jahren veröffentlicht wurden, spiegeln den jeweiligen Kenntnisstand wider und zeigen auch bei den Aves, dass unterschiedliche Techniken und einseitige Zugrundelegung bestimmter Merkmale zu unterschiedlichen Ergebnissen führen. Die hier wiedergegebene systematische Gliederung beruht vor allem auf der Auswertung eines großen morphologischen Datenmaterials, sowie in manchen Details auf der Analyse von mitochondrialer und nukleärer DNA.

Alle heute noch existierenden Vögel bilden die Gruppe der *Neornithes*, die wohl in der Kreidezeit entstanden und sich wahrscheinlich in großer Vielfalt ab dem Beginn des Tertiärs entwickelt haben. Die *Neornithes* gliedern sich in zwei Großgruppen, die *Palaeognathae* und die *Neognathae*. Basis für diese Zweigliederung sind die unterschiedliche Morphologie des knöchernen Gaumens und vieler anderer anatomischer Strukturen, aber auch DNA-Analysen sprechen für diese Zweiteilung aller modernen Vögel.

Die *Palaeognathae* umfassen die *Ratitae* (mit Emus, Kiwis (**Abb. 263 a**)), Nandus, Strauß und den erst vom modernen Menschen ausgerotteten Moas (Neuseeland) und Elephantenvögeln (Madagaskar) und die lateinamerikanischen *Tinamidae* (Steißhühner). Die Palaeognathae sind wohl z. T. auf dem alten Gondwana-Kontinent entstanden.

Die *Neognathae* gliedern sich in die *Galloanserae* (**Abb. 263 e**), die Enten- und Hühnervögel, und die *Neoaves*, die alle anderen Vögel umfassen.

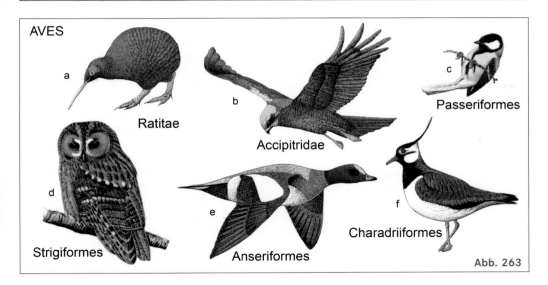

AVES

a

Ratitae

b

Accipitridae

c

Passeriformes

d

Strigiformes

e

Anseriformes

f

Charadriiformes

Abb. 263

Die **Galloanserae** besitzen spezielle Übereinstimmungen, z.B. in der Anatomie des 3. Halswirbels, des Quadratums, des Os lacrimale, des Vomers, der Mandibel und vieler anderer Strukturen. Wie die Palaeognathae besitzen die Galloanserae einen Phallus.

Die **Neoaves** sind trotz der wahrscheinlichen Monophylie eine schwierige und heterogene Gruppe, deren natürliche Systematik in vielen Details noch umstritten ist. Dennoch zeigt sich zunehmend, dass eine ganze Reihe von Gruppen der Neoaves durch gesicherte Verwandtschaft abgegrenzt werden können. Jeweils eigene Gruppen sind z.B. 1. die Kranichverwandten, unter anderem mit den Gruidae (Kranichen) und Rallidae (Rallen), 2. eine große komplexe Gruppe, die in abgestuften Verwandtschaftsverhältnissen unter anderem folgende Einheiten umfasst: a) Gaviidae (Seetaucher), Procellariiformes (Albatrosse und Sturmvögel), Ciconiidae (Störche), Ardeidae (Reiher), Threskiornithidae (Ibisse und Löffler), Spheniscidae (Pinguine), b) eine Gruppierung mit Fregatidae (Fregattvögeln), Sulidae (Tölpeln) und Phalacrocoracidae (Kormoranen), c) eine Gruppierung mit Balaenicipitidae (Schuhschnabel = Abu Markub), Scopidae (Hammerkopf) und Pelecanidae (Pelikanen), 3. die Regenpfeiferverwandtschaft (Charadriiformes, **Abb. 263 f**), 4. eine Gruppe mit Mesitornithidae (den Stelzenrallen Madagaskars) und, als enger verwandte

Schwesterngruppen, Podicipetidae (Lappentauchern) und Phoenicopteridae (Flamingos), 5. Phaethontidae (Tropikvögel), 6. Opisthocomidae (Schopfhuhn = Hoatzin), 7. Musophagidae (Lärmvögel, Pisangfresser), 8. Cuculidae (Kuckucksvögel), 9. Otidae (Trappen), 10. eine Gruppe mit den Columbidae (Tauben, Abb. 219) und Pteroclidae (Flughühnern), 11. eine umstrittene Gruppe mit den Steatornithidae (nur einer Art, dem Fettschwalm, mit Echolokation), Caprimulgidae (Ziegenmelkern) und einer Gruppierung, die unter anderem aus Trochilidae (Kolibris) und Apodidae (Seglern) besteht, 12. eine sehr große heterogene Gruppe, der unter anderem folgende Taxa angehören: a) Trogoniformes (Trogons, mit dem zentralamerikanischen Quetzal), b) Leptosomidae (mit dem Kurol Madagaskars), c) eine große bunte Gruppierung, der in abgestufter Verwandtschaft die Picidae (Spechte), Ramphastidae (Tukane), Bucerotidae (Hornschnäbel = Nashornvögel), Coraciidae (Racken), Meropidae (Bienenfresser), Alcedinidae (Eisvögel) und Upupidae (Wiedehopfe) angehören. 13. Passeriformes (Sperlingsvögel, **Abb. 263 c**), Psittaciformes (Papageien) und Falconidae (Falken) bilden eine enge Verwandtschaftsgruppe. 14. Mit den Passeriformes verwandt sind vermutlich die Strigiformes (Eulen, **Abb. 263 d**), eine Gruppierung mit Accipitridae (**Abb. 263 b**; typische Greifvögel wie z.B. Milane, Weihen, Habichte, Bussarde, Adler und Altweltgeier), Pandionidae (Fischadler) und Sagittariidae (Sekretär), Cathartidae (Neuweltgeier), Cariamidae (Seriemas, Südamerika, in deren Verwandtschaft auch die z.T. riesigen flugunfähigen südamerikanischen Phorusrhacidae („Terrorvögel") gestellt werden, zu denen wohl die größten Neornithes, die es je gab, gehören).

Vielen im Känozoikum ausgestorbenen Gruppen fehlt ein Pendant in der rezenten Vogelfauna, z.b. den Pseudozahnvögeln (Pelagornithidae), deren größte Vertreter eine Flügelspannweite von 5,5 m erreichten.

Die kurz dargestellte Gliederung der Neoaves ist ein Rahmen, in dem sich wahrscheinlich noch Manches verschieben wird. Überraschend ist die engere Verwandtschaft von Lappentauchern und Flamingos, die sowohl morphologisch als auch molekularbiologisch gut gestützt ist.

6. Klasse: Mammalia, Säugetiere (5500) (Abb. 264)

Haut drüsenreich, von Haaren bedeckt; Ernährung der Neugeborenen mit Milch, dem Sekret der Milchdrüsen. Außer bei Prototheria Plazentabildung. Schädel mit 2 Gelenkhöckern zum 1. Halswirbel (Atlas), 2. Halswirbel (Axis) hochspezialisiert mit Drehgelenk zum Atlas. Zahl der Halswirbel meistens 7. Zwischen Squamosum und Dentale bildet sich ein neues (sekundäres) Kiefergelenk aus, während das Quadratum zum Amboss, das Articulare zum Hammer wird, die neben dem Steigbügel als Gehörknöchelchen dienen. Das Trommelfell wird vom Tympanicum umschlossen, das dem Reptilienunterkiefer entstammt (Angulare). Bezahnung ursprünglich diphyodont, d.h. aus Milch- und Dauergebiss bestehend, doch können eine Zahngeneration oder auch beide unterdrückt werden. Zähne in Incisivi, Canini, Praemolaren und Molaren differenziert (Heterodontie). Starke Entwicklung des Endhirns, dessen Rinde bei den höheren Formen Windungen und Furchen ausbildet. Mittelohr stets, äußeres Ohr meist vorhanden; Schnecke lang und meist eingerollt (bis zu 5 Windungen beim Wasserschwein). Vollständiges Diaphragma, das Bauch- und Brusthöhle trennt. Herz vollständig zweigeteilt. Linker Aortenbogen wird zur großen Körperschlagader,

der rechte Aortenbogen geht im Abgangsstück der rechten A. subclavia auf.

Die systematische Gliederung der Säugetiere ist auch unter Einbeziehung von immer mehr molekularbiologischen Daten immer noch in vielen Details umstritten. Streitpunkte betreffen vor allem die Gliederung der Placentalia. Kaum bestritten wird, dass zwei Unterklassen unterschieden werden können, die **Prototheria** und die **Theria**.

1. Unterklasse: Prototheria

Isolierte Gruppe mit manchen ursprünglichen Merkmalen. Ovipar. Australien und Neuguinea.

1. Ordnung: Monotremata, Kloakentiere (6) (Abb. 264 e)

Eier legende Säugetiere mit persistierender Kloake. Große Milchdrüsen, die ein sehr einfaches Mammaorgan bilden. Zum Teil mit temporärem Beutel, Beutelknochen stets vorhanden. Bezahnung sekundär fehlend. *Echidna* (Ameisenigel), *Ornithorhynchus* (Schnabeltier, **Abb. 264 e**).

2. Unterklasse: Theria

Hierzu zählen mit Ausnahme der Monotremata alle rezenten Säugetiere. Sie sind vivipar.

1. Überordnung: Marsupialia, Beuteltiere (265) (Abb. 264 a)

Lebend gebärende Säugetiere mit relativ kleinem Hirnschädel, Hemisphären des Endhirns oft glatt, Beutelknochen vorhanden. Meist zwei getrennte Scheiden, die proximal zu einem unpaaren Sinus vaginalis verschmelzen und distal mittels eines Sinus (Canalis) urogenitalis ausmünden. Uterus stets paarig. Weibchen meist mit Beutel, in dem die sehr frühzeitig geborenen Jungen sich weiterentwickeln. Plazentabildung geht vom Dottersack aus, bei *Perameles* zusätzlich von der Allantois, **Ameridelphia**, *Didelphis, Chironectes, Caenolestes*, in Amerika. **Australidelphia**, australische Region, z.T. bis Ceram und Celebes. *Dasyurus, Sarcophilus, Notoryctes, Phascolarctos* (Koala, **Abb. 264 a**), *Vombatus, Hypsiprymnodon, Dendrolagus* (Baumkänguruh), *Macropus*.

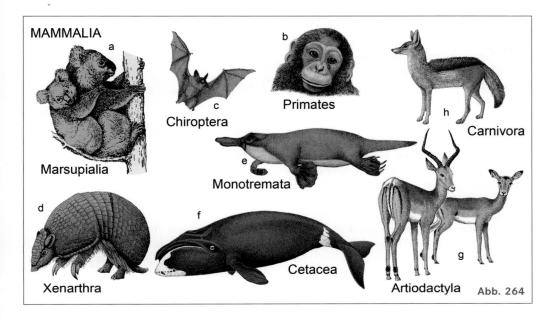

MAMMALIA

a

Marsupialia

c
Chiroptera

b
Primates

e
Monotremata

h
Carnivora

d

Xenarthra

f

Cetacea

g

Artiodactyla Abb. 264

2. Überordnung: Placentalia (Eutheria) (4000)
Lebend gebärende Säugetiere; z.T. starke Entwicklung des Endhirns, oft mit Ausbildung von Windungen und Furchen; Plazentabildung geht vom Trophoblasten und der Allantois aus. Uterus paarig oder streckenweise bis vollkommen unpaar.

Seit Jahrzehnten wird versucht, die verschiedenen Placentalia zu größeren monophyletischen Einheiten zusammenzufassen. Die publizierten Stammbäume, die weitgehend auf morphologischen Merkmalen beruhen, unterscheiden sich zum Teil erheblich von denen, die auf molekularbiologischen Daten beruhen, aber auch von denen, bei denen der Versuch unternommen wurde, morphologische Merkmale sowie proteinbiochemische und DNA-Daten zu kombinieren. Seit langem ist sehr umstritten, ob die klassischen Insectivoren eine natürliche Gruppe bilden. Sowohl rein morphologische Vergleiche als auch viele molekularbiologische Analysen zeigten, dass das unwahrscheinlich ist. Offensichtlich gehören die Insectivoren verschiedenen Placentalia-Gruppierungen an, wobei nicht bestreitbar ist, dass ihnen altertümliche Merkmale gemeinsam sind. Unter den klassischen Insectivoren bilden z.B. a) die Igel, Spitzmäuse und Maulwürfe und

b) die Goldmulle und Tenreks je eine eigene Gruppe, die wahrscheinlich zu verschiedenen größeren Einheiten gehören. Die hier gebrachte kurze Übersicht berücksichtigt vergleichende morphologische, paläontologische und DNA-Befunde und gibt eine Vorstellung vom derzeitigen Diskussionsstand. Es werden vier große Ordnungsgruppen unterschieden, die **Afrotheria**, die **Xenarthra**, die **Laurasiatheria** und die **Euarchontoglires**.

I. Afrotheria
Säugetiergruppen, die wahrscheinlich in Afrika entstanden und deren gemeinsame Verwandtschaft vor allem auf DNA-Übereinstimmungen begründet wird.

1. Ordnung: Macroscelidea, Rüsselspringer (21)

Maus- bis rattengroße Säuger mit rüsselartig verlängerter, beweglicher Schnauze, großen Augen und recht hochentwickeltem Gehirn, Hinterbeine verlängert; Fortbewegung (meist) ein springmausartiges Hüpfen. Afrika. *Macroscelides, Elephantulus, Rhynchocyon.*

2. Ordnung: *Tubulidentata, Erdferkel (1)*

Gut 1 Meter große, nachtaktive Termitenfresser, Afrika. Spärlich behaart, Schnauze lang ausgezogen. Incisivi und Canini fehlen. Backenzähne dauerwachsend und aus zahlreichen Dentinröhrchen aufgebaut. *Orycteropus.*

Paenungulata

Die Verwandtschaft der folgenden drei Ordnungen ist durch morphologische und DNA-Daten recht gut gesichert, sie werden auch als **Paenungulata** zusammengefasst. Der Vergleich mitochondrialer DNA und z.B. der Morphologie des Vordergebisses lässt vermuten, dass Sirenia und Proboscidea etwas enger miteinander verwandt sind als Hyracoidea und Proboscidea.

3. Ordnung: *Proboscidea, Rüsseltiere (3)*

Größte landlebende Säugetiere. Die fünf Zehen tragen nagelähnliche Hufe. Säulenartige Beine. Nase und Oberlippe bilden einen langen Rüssel. Zwei obere Schneidezähne sind immer wachsende Stoßzähne, deretwegen die Elefanten verfolgt werden. Pflanzenfresser mit sehr großen Backenzähnen, die aus mehreren transversalen Lamellen zusammengesetzt sind. *Elephas* (Indischer Elefant) und *Loxodonta* (Afrikanischer Steppen- und Waldelefant).

4. Ordnung: *Sirenia, Seekühe (5)*

Große, dauernd im Wasser lebende, Pflanzen fressende Säugetiere. Vorderextremitäten zu Flossen umgewandelt. Hinterextremitäten geschwunden. Schwanz zu einer horizontalen Flosse verbreitert. Haarkleid stark rückgebildet. Backenzähne zahlreich, mehrhöckerig, vordere Zähne meist rudimentär, Dugongmännchen mit stoßzahnähnlichen oberen Schneidezähnen. *Trichechus* (Karibik, Westafrika), *Dugong* (Rotes Meer bis Australien).

5. Ordnung: *Hyracoidea,* Schliefer (8)

Klein, murmeltierähnlich. Vorn 4, hinten 3 Zehen mit breiten, gekrümmten Nagelhufen. Boden- und baumlebend. Pflanzenfresser. Afrika, Vorderer Orient. *Hyrax.*

Afrosoricida

Sind ein Teil der früheren Insectivoren und umfassen Tenreks sowie Goldmulle.

6. Ordnung: *Tenreca, Borstenigel und Otternspitzmäuse*

Madagaskar, Afrika südlich der Sahara.

7. Ordnung: *Chrysochlorida,* Goldmulle

Kleine, maulwurfsähnliche, unterirdisch lebende Formen. Afrika südlich der Sahara.

II. Xenarthra (Abb. 264 d)

Den heute nur noch in der Neuen Welt mit Schwerpunkt Südamerika vorkommenden Xenarthra gehören Ameisenbären, Faultiere und Gürteltiere (Abb. 264 d) an. Haarkleid normal oder (Gürteltiere) stark rückgebildet und Haut dann mit großen, aneinanderstoßenden Hornplatten und unterliegenden Hautknochen. Gebiss oft in Rückbildung, meist monophyodont und homodont, stets schmelzlos, Brust- und Lendenwirbel mit accessorischen Gelenkfortsätzen. *Bradypus, Myrmecophaga, Dasypus, Tolypeutes* (**Abb. 264 d**).

III. Laurasiatheria

Die Laurasiatheria entstammen wahrscheinlich dem alten Kontinent Laurasia und umfassen recht verschiedenartige Säugetierordnungen. Auch im Falle der Laurasiatheria beruht die Einrichtung dieser mehrere Ordnungen umfassenden Gruppe vor allem auf DNA-Vergleichen, aber auch auf morphologischen Befunden.

Cetartiodactyla

Erstaunlicherweise bilden sehr wahrscheinlich die folgenden zwei Ordnungen, Wale und Paarhufer, eine engere Verwandtschaftsgruppe. Diese Annahme beruht auf immunologischen sowie DNA-Daten und vielen morphologischen sowie paläontologischen Befunden.

1. Ordnung: *Cetacea,* Wale (80) (Abb. 264 f)

Rein wasserlebend und dadurch stark umgewandelt. Körper fischförmig, Haarkleid gewöhnlich vollkommen rückgebildet. Hochentwickeltes Gehirn. Vorderextremität flossenartig, Hinterextremität äußerlich völlig fehlend, ihr Skelet und der Beckengürtel fast völlig rückgebildet, Schwanz zu einer breiten, horizontalen Flosse umgebildet.

1. Unterordnung: Mysticeti, Bartenwale
Marin, sehr groß (Blauwal bis 30 m lang), stark bedroht. Nahrung i.A. Krill. *Eschrichtius, Balaena* (**Abb. 264 f**), *Balaenoptera.*

2. Unterordnung: Odontoceti, Zahnwale
Meist marin, selten limnisch. Nahrung insbesondere Fische und Cephalopoden. *Physeter, Monodon, Delphinus, Phocoena, Platanista, Inia.*

2. Ordnung: Artiodactyla , Paarhufer (154)
(Abb. 264 g)

Dritte und vierte Zehe dominieren, die anderen sind mehr oder weniger rudimentär. Obere Schneidezähne und Eckzähne oft reduziert. Pflanzenfresser. Weltweit.

1. Unterordnung: Suiformes, Schweine, Flusspferde (12)
Gruppe mit vielen ursprünglichen Merkmalen. Extremitäten vierzehig. Eckzähne und obere Schneidezähne stets vorhanden, Backenzähne bunodont. Orbita hinten offen. Nicht wiederkäuend. Haut mit oft spärlichem Haarkleid. Pflanzen- oder Allesfresser. *Hippopotamus, Sus, Phacochoerus.*

2. Unterordnung: Tylopoda; Schwielensohler (Kamele) (4)
Hochbeinig, schlankhalsig. Füße mit Sohlenpolstern, bewegliche, gespaltene, große Oberlippe. Im Oberkiefer 1 Paar, im Unterkiefer 3 Paar Schneidezähne. Eckzähne nach hinten gekrümmt. Wiederkäuend. *Camelus, Lama.*

3. Unterordnung: Ruminantia, Wiederkäuer (138)
Schlank, hochbeinig. Orbita hinten geschlossen. Fast immer mit Horn- oder Geweihbildungen. Treten nur mit der Spitze der 3. und 4. Zehe auf. Obere Schneidezähne fehlen immer, obere Eckzähne oft. Backenzähne selenodont. Wiederkäuend. *Tragulus, Cervus, Giraffa, Antilocapra, Anoa, Syncerus, Bos, Aepyceros, Kobus, Connochaetes.*

3. Ordnung: Perissodactyla, Unpaarhufer (17)
Mittlere Zehe dominiert, die anderen bilden sich in unterschiedlicher Weise zurück. Gebiss vollständig, bisweilen fehlen die Eckzähne. Prämolaren und Molaren von ungefähr der gleichen Größe und Form mit kompliziertem Leistenmuster der Kronen. Große Pflanzenfresser. Mehrzahl von Ausrottung bedroht. *Tapirus, Rhinoceros, Dicerorhinus, Ceratotherium, Diceros, Equus.*

4. Ordnung: Carnivora, Raubtiere (261)
(Abb. 264 h)

Fast stets räuberisch, Schneidezähne klein, Eckzähne, Backenzähne von recht verschiedener Form. Plazenta gürtelförmig.

1. Unterordnung: Fissipedia, Landraubtiere (230)
Terrestrische Raubtiere mit scharfkralligen Extremitäten, getrennten Zehen und schneidendem Gebiss; große, gebogene und spitze Eckzähne und ungleiche Backenzähne, von denen oben der 4. Prämolar und unten der 1. Molar einen Brechscherenapparat bilden. *Ursus, Mustela, Viverra, Genetta, Mungos, Felis, Hyaena, Canis* (**Abb. 264 h**).

2. Unterordnung: Pinnipedia, Robben (31)
Überwiegend im Wasser lebende Raubtiere, von spindelförmigem Körperbau. Schwanz stark verkürzt. Extremitäten zu breiten Ruderflossen umgewandelt. Zehen durch Schwimmhaut verbunden. Eckzähne wenig vorspringend (nur beim Walross stark vergrößert), Backenzähne gleichförmig. Vorwiegend in kälteren Gewässern beider Hemisphären. *Zalophus, Callorrhinus, Odebenus, Monachus, Lobodon, Phoca.*

5. Ordnung: Chiroptera, Fledermäuse (989)
(Abb. 264 c)

Aktiver Flatterflug und meist hochspezialisierter Orientierungsapparat mit Ultraschall. Nackte oder dünnbehaarte Flughaut, die sich zwischen dem 2.–5. Finger, den Seiten des Rumpfes und den Hinterextremitäten ausspannt. Finger der Vorderextremitäten stark verlängert. Gebiss vielgestaltig, an unterschiedliche Ernährungsweisen angepasst (Insekten-, Pollen-, Fruchtfresser,

Blutlecker u.a.). Alte und Neue Welt. *Rousettus, Myotis* (**Abb. 264 c**), *Vespertilio*.

6. Ordnung: Eulipotyphla

Soricidae (Spitzmäuse), Erinaceidae (Igel), Talpidae (Maulwürfe) und wahrscheinlich auch die Solenodontidae (Westindien). Diese Gruppen bilden einen großen Teil der früheren Insectivoren. Hinsichtlich z.B. Gebiss und mitochondrialer DNA-Daten besteht zwischen Eulipothyphla und Fledermäusen eine nähere Verwandtschaft.

7. Ordnung: Pholidota, Schuppentiere (7)

Haut des Rückens mit Hornschuppen in dachziegelartiger Anordnung. Haarkleid fast völlig rückgebildet. Gebiss völlig rückgebildet. Zunge lang, große Speicheldrüsen. Afrika, Süd- und Südostasien. *Manis*.

IV. Euarchontoglires

In der Gruppe der Euarchontoglires werden Glires und Primaten, Dermoptera und Scandentia zusammengefasst. Überraschend ist auf den ersten Blick der Einschluß der Glires in diese Gruppe, wofür besonders molekularbiologische Daten sprechen. Die Berechtigung der Einrichtung der Gruppe der Glires (Rodentia und Lagomorpha) selber ist auch umstritten. Traditionell werden Rodentia und Lagomorpha als nicht näher verwandt angesehen. Zufolge neuerer mitochondrialer DNA-Daten und auch mancher morphologischer Befunde stehen die Lagomorphen den Primaten deutlich näher als die Rodentia.

Glires

1. Ordnung: Rodentia, Nagetiere (ca. 1800)

Im Ober- und Unterkiefer stehen vorn nur je 1 Paar Nagezähne, die zeitlebens wachsen und lediglich an der Vorderseite mit Schmelz überzogen sind. Eckzähne fehlen. Backenzähne mit komplexem Leistenmuster, ganz überwiegend Pflanzenfresser, mitunter omnivor. Das Unterkiefergelenk gestattet im Wesentlichen nur ein Vor- und Zurückschieben des Unterkiefers;

transversale Bewegungen sind nur in geringem Maße möglich. Systematische Gliederung infolge vieler Parallelbildungen schwierig und umstritten. Weltweit. Zahlreiche Lebensformtypen.

In Mitteleuropa Sciuridae (Hörnchen), Castoridae (Biber), Gliridae (Bilche oder Schläfer), Cricetidae (Hamster), Arvicolidae (Wühlmäuse), Muridae (Langschwanzmäuse), Zapodidae (Hüpfmäuse).

2. Ordnung: Lagomorpha, Hasen (67)

Zwei Paar obere Incisivi, die zeitlebens wachsen und ganz mit Schmelz überzogen sind. Eckzähne fehlen. Das Unterkiefergelenk gestattet auch kräftige transversale Bewegungen. Zwei Kotsorten: Harter Darmkot und weicher, vitaminreicher Blinddarmkot, der gefressen wird. Neue und Alte Welt. *Lepus, Oryctolagus, Ochotona*.

Euarchonta

3. Ordnung: Primates (178) (Abb. 264 b)

Meist baumlebende Sohlengänger mit fünfstrahligen Extremitäten, meist mit Plattnägeln und opponierbarem Daumen. Augenhöhlen mehr oder weniger nach vorn gerichtet, zunehmend binokulares Sehen. Viele morphologische und molekularbiologische Befunde machen wahrscheinlich, dass die Primaten in zwei Gruppen unterteilt werden können, die **Strepsirrhini** und die **Haplorrhini**.

Strepsirrhini

1. Unterordnung: Lemuriformes (25)

Maus- bis hundegroße Halbaffen (Makis, Lemuren, Indris, Sifakas, Fingertier). Überwiegend nachtaktive Alles- und Pflanzenfresser. Von Ausrottung bedroht. *Cheirogaleus, Lemur, Propithecus, Indri, Daubentonia*.

2. Unterordnung: Lorisiformes (11)

Meist kleine, nachtaktive, kurzschwänzige Greifkletterer oder langschwänzige Springkletterer mit großen Augen. Afrika, Süd- und Südostasien. *Loris, Nycticebus, Galago*.

Haplorrhini

3. Unterordnung: Tarsiiformes, Koboldmakis (3)

Etwa siebenschläfergroße, nachtaktive Springkletterer. Hinterbeine, besonders Fußwurzel, verlängert. Sehr große, wenig bewegliche Augen. Kopf um fast 180° drehbar. Südostasien. *Tarsius.*

4. Unterordnung: Simiae (139)

Augenhöhle durch Knochenlamelle von der Schläfengrube abgetrennt. Gesichtsschädel mehr oder weniger verkürzt. Eckzähne in der Regel gut entwickelt. Das große, meist reich gefurchte Endhirn überdeckt das Kleinhirn. Uterus einfach. Meist tagaktiv.

Platyrrhini, Neuweltaffen (69)
Vielgestaltige meist tag- oder selten nachtaktive Baumbewohner. Abstand zwischen den beiden Nasenöffnungen groß. 3 Prämolaren. Süd- und Mittelamerika. *Aotes, Callicebus, Saimiri, Cebus, Ateles, Alouatta, Callimico, Callithrix, Saguinus.*

Catarrhini, Altweltaffen (70)
Tagaktiv, bei starkem Verfolgungsdruck auch nachtaktiv. Baumbewohner oder terrestrisch.

Der Abstand zwischen den Nasenlöchern ist schmal. Mit 2 Prämolaren. Afrika.

a. Cercopithecoidea: *Macaca, Papio, Cercocebus, Cercopithecus, Nasalis, Trachypithecus, Colobus.*
b. Hominoidea, Menschenaffen und Mensch: Hylobatidae: Gibbons: *Hylobates,* Hominidae: Orang-Utan (*Pongo*), Gorilla (*Gorilla*), Schimpanse (**Abb. 264 b**) und Bonobo (*Pan*) sowie Mensch (*Homo*).

4. Ordnung: *Dermoptera, Pelzflatterer (2)*

Mit behaarter Flughaut, die sich zwischen Hals und Rumpf, Extremitäten und Schwanz ausspannt und als Fallschirm dient; Finger nicht verlängert. Südostasien. *Galeopithecus.*

5. Ordnung: *Scandentia, Spitzhörnchen (18)*

Etwa 20 cm große, im Habitus an Eichhörnchen erinnernde Säuger mit langem, meist buschigem Schwanz und großen Augen. Daumen abspreiz-, aber nicht opponierbar. Tagaktive, baumlebende Allesfresser. Süd- und Südostasien. *Tupaia, Ptilocercus.*

Abbildungsnachweis für die Bildtafeln

Adam G. (2005), Adam, R. (1993), Alberti, G. (2004), Arntz, W. E. (2005), Behler, J. L. (1979), Benecke, N. (1994), Blunt, J. et al. (2005), Bobke, H. (1995), Böckeler, W. (2004), Brenner, S. (2002), Cochran, D. M. (1961), Diamond, J. (1998), Farfante, I. P. (1988), Foissner, W. (2006), Fraas, E. (1910), Gosliner, M. (1996), Gutt, J. (2005), Haeckel, E. (1904), Hegele, A. (2005), Hintnaus, J. (1988), Janussen, D. (2005), Jonsson, L. (1992), Kempendorf, C. (2004, 2005), König, R. (1979), Kristensen, R. M., Higgins, R. P. (1986), Landman, N. H., Mikkelsen, P. M., Bieler, R., Bronson, B. (2001), Lanzer, M. (2005), Lehmann, U., Hillmer, G. (1997), Levinson, H. u. A. (2001), Liebig, V. (2005), McNamara, K. J. (2004), Mehlhorn, H. (2004), Morkel, C. (2004), Müller, U. C. (2003), Noellert, A. (1992), Parrot, A. (1972), Piekarski, G. (1973), Polz, H. (2005), Proctor, N. S., Lynch, P. J. (1993), Rau, N., Rau, A. (1980), Roth, M. (2005), Schierenberg, E. (1986), Schminke, H. K. (1997), Shirley, T. (1989), Sibley, D. A. (2001), Stich, A. (2005), Storch, V. (1970,1974,1983,1986, 1993, 1997, 2004, 2005), Storch, V., Welsch, U. (1997, 2004, 2005), Welsch, U. (1970, 1974, 2004, 2005), Werzmirzowsky, W. (2005), Wolpert, L. (1998).

Wörterverzeichnis biologischer Fachausdrücke

Abkürzungen: l. = lateinisch; latin. = latinisiert; gr. = griechisch

a-, ab- l. weg von, von, weg
a(n) – gr. ohne, nicht, negativ
Abdomen l. Leib, Bauch; (Hinterleib)
abducens l. wegführend
Abduktor l. abducere, wegführen
Aberration l. aberratio, Ablenkung, Abweichung
aboral l. ab-, weg von; os, oris, Mund; (der Mundöffnung entgegengesetzt)
Acantho- gr. akantha, Dorn, Spitze
Acarus latin. von gr. akarí, Milbe
accessorius l. hinzutretend
Acicula l. kleine Nadel
Acrania gr. a-, ohne; kranîon, Schädel
Acron gr. akros, spitz, hoch
Actin gr. aktí s, aktînos, Strahl
acusticus l. von gr. akouein, hören
ad- (acc-, aff- usw.) l. an, zu, hinzu
Adduktor l. adducere, heranführen
adult l. adultus, geschlechtsreif; erwachsen
Ästhetasken, Ästheten gr. aisthanesthai, empfinden; askós, Schlauch
afferens l. heranbringend, hinzubringend
Agamet gr. agametos, unvermählt
Agamogonie gr. a-, nicht; gamein, begatten; goné, Erzeugung
Agnatha gr. ~; gnathos, Kiefer
Akinese gr. ~; kinesis, Bewegung; (Starre, Bewegungshemmung)
Akontie gr. akontion, Wurfspieß
akrodont, gr. akros, hoch, spitz; odũs, Zahn
Albino l. albus, weiß
Alisphenoid l. ala, Flügel; gr. sphen, Keil
Allantois gr. Verkleinerungsform von allâs (-antos), Wurst, länglicher Sack
allometrisch gr. allos, anders; metron, Maß; (unterschiedliche Wachstumsgeschwindigkeit verschiedener Körperteile)
Alveole l. alveolus, kleine Wanne, kleine Mulde
Ambulakral- l. ambulare, herumwandern; ambulacrum, Wandelgang
Ammocoetes gr. ammos, Sand; koite, Lager
Amnion gr. Schafhaut, von amnós, Lamm
Amoeba gr. amoibé, Wechsel

Amoebocyten gr. ~; latin. cyte, Zelle, von gr. kytos, Gefäß
Amphi-, amphi- gr. ampho, beide; amphis, beiderseits; amphi, um herum
Amphibia gr. ~; bios, Leben; (im Wasser und auf dem Land)
amphicoel gr. ~; koilos, ausgehöhlt
Amphidisk gr. ~; diskos, Scheibe
ana- gr. hinauf, über-, darüber-, hin, wieder
anal l. analis, zum After gehörig; von anus, After
Anastomose gr. ana, weiter; stoma, Mündung; (Querverbindung)
Angulare l. angularis, winkelig; von angulus, Winkel
animal l. animalis, tierisch, lebendig
Anisogamie gr. anisos, ungleich; gamein, (be-)gatten
Anisomyaria gr. ~; Verkleinerungsform von mys, Muskel
Annelida l. an(n)ellus, kleiner Ring
Anodonta gr. an-, ohne; odontes, Zähne
Anonymus gr. ~; onoma (auch onyma), Name
Anostraca gr. ~; ostrakon, Schale
ante- l. vor
Anter-, anterior l. anterior, der vordere, dem Vorderende zu, vorne
Antho- gr. anthos, Blume
Anthozoa gr. ~; zoon, Tier
Anthrop(o)-, Anthropus gr. anthropos, Mensch
anti- gr. anti, gegen
Anura gr. an-, ohne; urá, Schwanz
anus l. After
Apex l. apex, Scheitel
Aphaniptera gr. aphanes, unscheinbar; pteron, Flügel
Aphis gr. Blattlaus
apikal l. apex, apicis, Scheitel, Spitze; (im Bereich der Körperspitze gelegen)
Apis l. Honigbiene
Aplacophora gr. a-, ohne; plax, plakos, Platte, Schild; phoros, Träger
Apo-, apo- gr. von- weg, von etwas fort, entfernt von

Apoda gr. a-, ohne; pūs, podos, Fuß

apomorph gr. apo- von- weg; morphe, die Gestalt

Apopyle s. apo-; gr. pyle, Pforte

Append-, Appendix l. Anhang

Apteryx, Aterygota gr. a-, ohne; pteryx, pterygos, Flügel

Arachnida gr. arachne, Spinne

Aranea l. aranea, Spinne

Archae(o)- gr. archaios, alt

Arolium gr. aroo, pflügen; leios, glatt, kahl

Arrectores pilorum l. arrigere, aufrichten; pilus, Haar

Arthro- gr. arthron, Glied, Gelenk

Arthropoda gr. ~; pūs, podos, Fuß

Articulamentum l. von articulus, Glied, Gelenk

Articulare, Articulata l. articulus, Glied, Gelenk

Asc(o)- gr. askós, Schlauch

Ascaris gr. Eingeweidewurm, von askarizo, ich hüpfe („Springwurm")

ascendens l. aufsteigend

Aschelminthes gr. akós, lederner Schlauch, Sack; helmis, helminthos, Wurm

Aspido- gr. aspis, aspidos, Schild

Astacus gr. astakós, Flusskrebs

Ast(e)r gr. astér, Stern

Astro- gr. ástron, Gestirn

Athecata gr. a-, ohne; theke, Hülle, Behälter

atok gr. a-, ohne; tokos, Nachkommen (steril)

Atri- l. atrium, Eingangshalle, Vorhof

Auchenorrhyncha gr. auchén, Nacken; rhynchos, Schnauze, Rüssel

Aurikel l. auriculus, Öhrchen

Autogamie gr. autos, selbst; gamein, sich gatten

autostyl, gr. ~; stylos, Säule

Autotomie gr. ~; tomé, Schnitt

Aves l. avis, Vogel

axial l. axis, Achse

Axocoel gr. axon, Achse; koiloma, Hohlraum

Axopodien gr. ~; pūs, podos, Fuß

Bas(i)- gr. basis, Grund, Grundlage

Basioccipitale gr. ~; l. occiput, Hinterkopf

Basipodit gr. ~; pūs, podos, Fuß

Basisphenoid gr. ~; sphen, Keil

Basommatophora gr. ~; omma, Auge; phorein, tragen

Bathy- gr. bathys, tief

Batrachia gr. batrachos, Frosch

Bdell- gr. bdella, Blutegel

bi- l. zwei, doppelt

Bilateria l. ~; latus, lateris, Seite

Bio- gr. bios, Leben

Bivalvia l. bi, zwei; valvae, Flügeltür

Blast(o)-, -blast gr. blastos, Keim

Blastostyl gr. ~; stylos, Stiel, Säule

Blatta, Blattariae, Blattoidea l. blatta, Schabe

Blepharoblast gr. blepharon, Wimper; blastos, Keim

Bombyx gr. Seidenraupe

Botryoid- gr. botrys, Traube; ∅ -id-

Brachi(o)- gr. brachion, Arm

Brachy- gr. brachys, kurz

Branch- branchi(o), gr. branchia, Kiemen

Branchialsipho gr. ~; siphon, Röhre

Branchiostoma gr. ~; stoma, Maul

Bronchie gr. bronchos, Luftröhre

Bryozoa gr. bryon, Moos; zoon, Tier

Buccalganglion l. bucca, Backe; gr. ganglion, Knoten

Bulbus l. bulbus, Zwiebel, Knolle

Bulla l. Kapsel

bunodont gr. bunos, Hügel; odontes, Zähne

Bursa l. Tasche, Beutel

Byssos gr. Seide, Flachs

Caecum l. caecus, blind

Caelifera l. caelum, Stichel, Meißel; ferre, tragen

Calamistrum l. Brenneisen zum Kräuseln der Haare

Campanularia l. campanula, Glöckchen

Capitulum, Caput l. caput, Haupt

Carapax span. carapacho, oberer Teil des Schildkrötenpanzers; l. capa, Kappe

Carcinus gr. karkinos, Krebs

Cardia gr. kardia, Herz, Magenmund

cardiaca latin. von gr. ~

Cardo l. Türangel

Carnivora, carnivor l. caro, carnis, Fleisch; vorare, verschlingen

Carotis gr. karotís, von kara, Kopf

Carpus, Carpalia gr. kapos, Handwurzel

Cartilago l. Knorpel

Catarhina gr. kata, hinab; rhis, rhinós, Nase

caudad, schwanzwärts; von l. cauda, Schwanz

caudal l. caudalis, am Schwanz, am Körperende gelegen

Centriol l. centriolum, Verkleinerungsform von gr. kentron, Mitte

centro- latin. centrum, von gr. kentron, Mittelpunkt

Cephal(o)- gr. kephale, Kopf
Cercarie, Cercus gr. kerkos, Schwanz
cerebral, Cerebrum l. cerebrum, Gehirn
-ceros gr. keras, Horn
Cervicalia l. cervix, Nacken
Cestoda gr. kestós, Gürtel
Chaetognatha, -chaet-, gr. chaite, Mähne, Borste; gnathos, Kiefer
Chela, gr. chele, Krebsschere
Chelicerata, Chelicere gr. ~; keras, Horn
Chelonia gr. chelone, Schildkröte
Chiasma gr. Überkreuzung
Chiastoneurie gr. ~; neuron, Nerv
Chilopoda gr. chilioi, tausend (oder: gr. cheilos, Lippe); pūs, podos, Fuß
Chiroptera gr. cheir, Hand; pteron, Flügel
Chloro- gr. chloros, gelbgrün
Chloroplasten gr. ~; plastos, geformt
Choane, Choanocyt gr. choanos, Trichter; latin, cyte, Zelle von gr. kytos, Gefäß
choledochus gr. chole, Galle; doche, Gefäß
chondr- gr. chondros, Knorpel, Kern
Chondrichthyes gr. ~; ichthyes, Fische
Chondrostei gr. ~; osteon, Knochen
Chorda gr. chorde, Darmsaite
Choroidea, Chorion gr. chorion, Hüllmembran
Chromatin gr. chroma, Farbe
Chromatophore gr. ~; phorein, tragen
Chromosom gr. ~; soma, Körper
Chrys(o)- gr. chrysos, Gold
Ciliata l. cilium, Augenlid, Wimper
circum- l. rings herum
Cirripedia, Cirrus l. cirrus, Ranke; pedes, Füße
Cladocera gr. klados, Zweig; keras, Horn
Clitellata, Clitellum l. clitella, Packsattel
Clitoris gr. kleitorís, Kitzler
Clype, Clypeus l. clipeus, Schild
Cnidaria, Cnide, Cnido- gr. knide, Nessel
Cnidocil gr. ~; l. cilium, Wimper
Co(n)- l. cum, mit, zusammen
Coccidia, Cocc- gr. kokkos, Kern der Granatfrucht u.ä.
Cochlea latin., von gr. kochlias, Schnecke
Coecum ∅ Caecum
Coel-, coel gr. koilos, hohl
Coelom gr. koiloma, Hohlraum
Coenosark gr. koinos, gemeinsam; sarx, sarkos, Fleisch
Coenurus gr. ~; urá, Schwanz
Coleoptera gr. koleos, Schwertscheide, pteron, Flügel

Collembola gr. kólla, Leim; embolon, Rammsporn, Keil
Collum l. Hals
Colon gr. kolon, Dickdarm
Colulus l. Verkleinerungsform von colus, Spinnrocken
Columella l. kleine Säule
Commissur l. commissura, Verbindung
co(n)- l. zusammen mit
Conchifera gr. konche, Muschelschale; l. ferre, tragen
Conchiolin gr. konche, Muschelschale, Muschel
Condylus gr. kondylos, Gelenkhöcker
Connectiv l. connectivus, von connectere, verbinden
contra l. gegen, gegenüber, wider, im Widerspruch
Conus latin. von gr. kônos, Kegel
Copeognatha gr. kope, Ruder(griff); gnathos, Kiefer
Copepoda, Copepodit gr. ~; pūs, podos, Fuß
Cor l. Herz
Coracoid gr. korax, korakos, Rabe; eidos, Gestalt (rabenschnabelartig)
Cornea l. corneus, hornig
Corrodentia l. corrodere, zernagen
Cortical- l. zur Rinde (cortex) gehörig
Coxa l. Hüfte
cranial gr. kranion, Schädel; schädelwärts; am Vorderende gelegen
Crasped-, craspedot gr. kraspedon, Rand, Saum
Cribellum l. Verkleinerung von cribrum, Sieb
Crinoidea gr. krinon, Lilie
Crista l. Leiste, Kamm
Crossopterygii gr. krossoi, Quasten; pteryx, Flügel, Flosse
Crustacea l. crusta, Schale, Kruste
Crypt(o)- gr. kryptos, verborgen
Ctenidium, Cteno- gr. kteis, ktenos, Kamm
Cubo- l. cubus, Würfel
Cupula l. Verkleinerung von cupa, Becher, Gewölbe
Cuticula l. Häutchen
Cutis l. Haut
Cyanin gr. kyaneos, schwarzblau
Cyclo-, Cycloid- gr. kyklos, Kreis
Cyrtocyt gr. kyrte, Fischerreuse; kytos, Gefäß
Cyste, Cystid gr. kystis, Blase, Beutel
Cysticercus gr. ~; kerkos, Schwanz
Cyto- gr. kytos, Gefäß

Cytopyge Zellafter, gr. ~; pyge, After, Steiß
Cytostom, Zellmund, gr. ~; stoma, Mund

de(s) l. ab, abwärts, weg
Deca- gr. deka, zehn
Decabrachia gr. ~; brachion, Arm
Decapoda gr. ~; pūs, podos, Fuß
deferens l. herabführend
Demospongiae gr. demos, Volk; l. spongia von gr. spongos, Schwamm
Dentale, Dentin, -dent-, l. dens, dentis, Zahn
Depressor l. deprimere, niederdrücken, senken
Derm-, Dermal-, Dermato- gr. derma, Haut
descendens l. herabsteigend
Desmomyaria gr. desmos, Band; mys, Muskel
Desmonemen gr. ~; nema, Faden
Deutero- gr. deuteros, zweiter
Deuterostomia gr. ~; stoma, Mund
Deutomerit gr. ~; meros, Teil
dexter l. rechts
di- gr. di-, Doppel-
dia-, di- gr. dia, (hin)durch, zwischen
Diaphragma gr. Grenzwand
Diastema gr. Intervall
Diastole gr. diastole, Dehnung, Trennung, Herzerweiterung
dicondyl, Dicondylie gr. di-, Doppel-; kondylos, Gelenkhöcker
Didelphia gr. ~; delphys, Gebärmutter
Diencephalon gr. dia, zwischen; enkephalos, Gehirn
Dinoflagellata gr. dinos, Wirbel, Strudel, l. flagellum, Geißel
Diotocardia gr. di-, Doppel-; ūs, otos, Ohr; kardia, Herz
Diphycerkie gr. diphys, zweigestaltet; kerkos, Schwanz
diphyodont gr. ~; odontes, Zähne
Dipleurula gr. di-, Doppel-; pleura, Seite
Diplopoda gr. diploos, doppelt pūs, podos, Fuß
Dipnoi gr. dipnoos, mit zwei Atemwegen (von pnéo, atmen)
Diptera gr. ~; pteron, Flügel
dis-, di- l. auseinander, zer-
discoidal gr. diskoeidés, scheibenähnlich
Dissepiment l. von dissaeprie, durch eine Wand trennen
distal l. distare, getrennt stehen, weiter von der Körpermitte entfernt (als andere Teile)
dorsal l. dorsalis, auf dem Rücken befindlich; an der Rückenseite

-duct, Ductus l. ductus, Gang
Duodenum l. duodeni, je zwölf
Duplicidentata l. ~; dentatus, bezahnt
Dynein gr. dynamis, Kraft, Stärke

e-, eff-, ex- l. aus-, heraus von, von, ohne, weg, ab-
Echino- gr. echinos, Igel
Echiurida gr. ~; echis, Natter, ūrá, Schwanz
Ecribellatae l. e- ohne; cribrum, Sieb
Ecto- gr. ektos, außen
Ectoderm gr. ~; derma, Haut
ectolecithal gr. ~; lekithos, Dotter
Ectoprocta gr. ~; proktos, After
Edentata l. edentatus, zahnlos
efferent l. efferre, hinaustragen
Egestion- l. egestio, das Fortschaffen
ejaculatorius, l. eiaculatio, Ausstoßung, Samenerguß
ek- gr. aus, heraus
Elaeoblast gr. elaion, Öl; blastos, Keim
Elasmobranchii gr. elasmos, Band, branchia, Kiemen
Elytren gr. elytron, Hülle, Scheide
Embryo gr. embryon, das Ungeborene
en- gr. in, hinein
Encephalon gr. enkephalos, Gehirn
Endit, endo- gr. endon, innen
Endopodit gr. ~; pūs, podos, Fuß
Endostyl gr. ~; stylon, Griffel
Ensifera l. ensis, Schwert; ferre, tragen
Enteron, entero- gr. Eingeweide
Ento-, gr. entos, innerhalb
Ependym gr. ependyma, Oberkleid
Ephemeroptera gr. ephemeros, eintägig; pteron, Flügel
Ephippium gr. ephippion, Satteldecke
Ephyra gr. Meernymphe
Ep(i)- gr. auf, darauf, darüber, daran
Epididymis gr. epi-, dabei; didymos, Zwilling
Epiglottis gr. epi-, darüber; glotta, glossa, Zunge
Epigyne gr. ~; gyne, Weib, Frau
epimastigot gr. epi-, auf, oben; mastix, Peitsche, Geißel
Epimer, Epimerit gr. epi-, daneben; meros, Teil
Epiphyse gr. epiphyomai, auf etwas wachsen
Epipodit gr. epi-, über; pūs, podos, Fuß
Epiprokt gr. ~; proktos, After
Epistropheus gr. erster Halswirbel, von epistrephein, umdrehen, also: Umdreher

Epithel gr. epi, darüber; thêleîn, üppig gedeihen, wachsen

epitok gr. epi, daran; tokos, Geburt

Ergastoplasma gr. ergastes, Arbeiter; plasma, Gebilde

Errantia i. errare, umherirren

Erythrocyt gr. erythros, rot; latin. cyte, Zelle, von gr. kytos, Gefäß

Ethmoid gr. ethmos, Sieb; ∅ -id-

Eu- gr. gut, richtig, echt

Eury-, eury- gr. eurys, breit, mit weitem Spielraum

euryhalin gr. ~; hals, halós, Salz

eurytherm gr. ~; thermós, warm

Euthyneura gr. euthys, gerade; neuron, Band, Sehne

evers l. eversus, nach auswärts gewendet

Evertebrata l. e-, ohne; vertebratus, mit Wirbeln

Ex- l. aus, außen von

Exit, Exopodit gr. exo-, außerhalb; pūs, podos, Fuß

Exkremente l. excrementum, Kot, Faeces

Exkrete, Exkretion l. excretum, Aussonderung

extra- l. außerhalb

Extrusom l. ex-, aus, heraus; trudere, trusi, pressen; gr. soma, Körper

Exumbrella l. ex-, außen; umbrella, Schirm

Facialis l. facies, Gesicht

falciparum l. falx, Sichel; parere, gebären

Fasciola l. kleine Binde

Femur l. Oberschenkel

-fer l. ferre, tragen

fertil l. fertilis, fruchtbar

Fibrille l. Verkleinerung von fibra, Faser

Filibranchia l. filum, Faden; gr. branchia, Kiemen

filiformis l. filum, Faden; forma, Gestalt

Filopodien l. ~; gr. pūs, podos, Fuß

Fiss(i)- l. fissum, gespalten

Flabellum l. Fächer, Wedel

Flagellata, Flagellum l. flagellum, Geißel

Follikel l. folliculus, kleiner Sack

Foramen l. Öffnung, Loch

Foraminifera l. ~; ferre, tragen

frontal, Frontale l. frontalis, zur Stirn gehörig (s. dorsal)

Fundus l. Grund, Boden

Funiculus l. kleiner Strang

Furca l. zweizinkige Gabel

Furcula l. kleine Gabel

Galea l. Helm

Gameten, -gamie gr. gamein, sich gatten, begatten

Gamogonie gr. ~; gone, Zeugung

Gamont gr. ~; on, ontos, seiend

Ganglion gr. Knoten

Gast(e)r(o)- gr. gaster, Bauch, Magen

Gastroneuralia gr. ~; neuron, Nerv

Gemmula l. kleine Knospe

Gen, -gen gr. gignesthai, genésthai, entstehen, werden

Gena l. Wange

Genea-, genea-, geneal gr. geneá, Geschlecht, Abkunft

Genese, -genese gr. genesis, Erzeugung, Entstehung

Geo- gr. gê, Erde

Germarium l. germen, Keim

Glandula l. Drüse

Globulus l. Kügelchen

Glochidium gr. Verkleinerung von glochis, Stachel

Glomerulus l. Verkleinerung von glomus, Knäuel

Gloss-, Glossa, Glott- gr. glossa, glotta, Zunge

Glutinante l. glutinare, kleben

Gnath-, -gnatha gr. gnathos, Kiefer

Gnathobdellida gr. ~; bdella, Blutegel

Gonade, -gon- gr. gone, Erzeugung

Gonapophyse gr. ~; apophysis, Auswuchs, Fortsatz

Gonophor gr. ~; phero, ich trage

Gonotheca gr. ~; theke, Behälter

Granulum l. Verkleinerung von granum, Korn

Gubernaculum l. Steuerruder

Gymno- gr. gymnos, nackt

Gymnophiona gr. ~; ophis, Schlange

-gyne gr. gyne, Frau, Weib

gynandromorph gr. ~; aner, andros, Mann; morphe, Gestalt

Haem-, Häm(o)- gr. haima, Blut

Hämocyanin gr. haima, Blut; kyaneos, schwarzblau

Hämoglobin gr. ~; l. globus, Kugel

halophil gr. hals, Salz; philos, Freund

Haltere gr. halteres, Hanteln

Hamulus l. kleiner Haken (hamus)

Haplo-, haploid gr. (h)aploos, einfach

Haplonemen gr. ~; nema, Faden

Haustellum, Haustrum l. Instrument zum Schöpfen (haurire, haustus)
Hectocotylus gr. hekto-, hundert; kotyle Napf
Heliozoa, Helio- gr. helios, Sonne; zoon, Tier
Helix gr. gewunden
-helminth- gr. helmis, helminthos, Wurm
Hemi- gr. halb
hepato, hepaticus gr. hepar, Leber
Hermaphrodit gr. hermaphroditos, Zwitter
Hetero- gr. heteros, anderer
Heterocerkie gr. ~; kerkos, Schwanz
heterodont gr. ~; odontes, Zähne
Heterogonie gr. ~; gone, Abkunft
heteronom gr. ~; nomos, Regel
Heteroptera gr. ~; pteron, Flügel
Heterotricha gr. ~; thrix, trichos, Haar
heterotroph gr. ~; throphe, Nahrung
hexa- gr. sechs
Hexapoda gr. ~; pūs, podos, Fuß
Hilus l. korrekt: hilum, Einbuchtung, Nabel
Hippo- gr. hippos, Pferd
Histo-, Histozoa gr. histós, Gewebe; zoon, Tier
Holo- gr. holos, ganz
Holocephali gr. ~; kephale, Kopf
Holostei gr. ~; osteon, Knochen
Hom-, hom(o)- gr. homos, gleich, derselbe
Homo, Homin- l. homo, hominis, Mensch
Homocerkie gr. homos, gleich, derselbe; kerkos, Schwanz
Homocoela gr. ~; koilos, hohl
homodont gr. ~; odontes, Zähne
homoiotherm gr. homoios, gleichartig, ähnlich; thermos, warm
homolog gr. homos, gleich; logos, Verhältnis
homonom gr. ~; nomos, Regel
Humerus l. Oberarmknochen
Hyal-, hyalin gr. hyalinos, von hyalos, Glas (durchsichtig)
Hydr(o)- gr. hydor, Wasser
Hydrant, Hydranth gr. ~; anthos, Blume
Hydrocaulus gr. ~; kaulos, Stengel
Hydrocoel gr. ~; koilos, hohl
Hydrozoa gr. ~; zoa, Tiere
hygro- gr. hygros, feucht
Hymeno- gr. hymen, hymenos, Häutchen
Hymenoptera gr. ~; pteron, Flügel
Hyo-, Hyoid gr. hyoeides, y-ähnlich
Hyper, gr. über, hinaus
Hypo- gr. unter
Hypodermis gr. ~; derma, Haut
Hypopharynx gr. pharynx, Schlund

Hypophyse gr. ~; physis, Wuchs
Hypostom gr. ~; stoma, Mund
Hypostracum gr. ~; ostrakon, Schale

Ichthy(o)- gr. ichthys, Fisch
-id gr. -eidés, -artig, -förmig, von eidos, Art
Ileum, Ilium l. Eingeweide, Darmbein
Imago l. Bild, Abbildung (Vollinsekt)
Immersion l. immergere, eintauchen
in- l. a) in, hinein, b) un-, ohne
Incus l. Amboss
Infra- l. unterhalb
Infundibulum l. Trichter
Infusion l. infusio, Aufguss
Ingestion l. ingestio, das Einführen
Inguinal- l. inguina, Weichen, Leistengegend
Insecta l. von insecare, einschneiden, kerben
Inter- l. zwischen, dazwischen
interstitiell l. interstitium, Zwischenraum
Intestinum l. Darm
Intima l. intimus, der Innerste
Intra- l. innerhalb, innen
Introvert l. ~; verto, wenden, umkehren
Intussuszeption l. intus, hinein; suscipere, aufnehmen
invers l. inversus, umgekehrt, abgewendet
Invertebrata l. in-, ohne; vertebra, Wirbel
in vitro l. im Glase
in vivo l. in lebendem Zustand
Iridocyten gr. iris, Regenbogen, latin. cyte, Zelle
Irregularia l. in-, un-; regula, Regel
Ischium l. gr. ischion, Hüftknochen, Sitzbein
Iso- gr. isos, gleich
Isogameten gr. ~; gametes, Gatte
Isogamie gr. ~; gamein, begatten, sich gatten
Isopoda gr. ~; pūs, podos, Fuß
Isoptera gr. ~; pteron, Flügel

Jugale l. jugum, Joch

Kamptozoa gr. kampto, krümme; zoa, Tiere
Karyon gr. Kern
kata-, hinab, durch – hin
Keratin, Keratosa gr. keras, Horn
Kineto-, Kinetosom gr. kinein, bewegen; soma, Körper
Kollagen gr. kolla, Leim; ∅ gen
Konjugation l. conjugatio, Verbindung, Paarung
Konnektiv l. connectivus, von connectere, verbinden

Labellum Labium l. labium, Unterlippe
labidognath gr. labis, Zange; gnathos, Kiefer
Labrum l. Oberlippe
Lacinia l. Zipfel, Fetzen
Lacrimale l. lacrima, Träne
Lagena l. Flasche
Lagomorpha gr. lagos, Hase; morphe, Gestalt
Lamellibranchia l. lamella, Blättchen; gr. branchia, Kiemen
Lamina l. Blatt, Platte
latent, Latenz- l. latere, verborgen sein
lateral, Lateral- l. lateralis, seitlich
Lecitho- gr. lekithos, Dotter
-lemm gr. lemma, Schale, Hülse
Lepido-, Lepidoptera gr. lepis, Schuppe; pteron, Flügel
Lepto- gr. leptos, zart
Leptostraca gr. ~; ostrakon, Schale
Leptotän gr. ~; tainia, Band
Leuc(o)- gr. leukos, weiß
Ligula l. ligula, kleine Zunge
Limn(o)- gr. limne, stehendes Gewässer
Lith(o)- gr. lithos, Stein
Lobo-, Lobus gr. lobós, Lappen
Lobopodien gr. ~; pūs, podos, Fuß
Lophocyt gr. lophos, Helmbusch, Hügel; latin. cyte, Zelle
Lophophor gr. ~; phoreus, Träger
Lysosom gr. lysis, Lösung, Auflösung; soma, Körper

Macr(o)-, Makr(o)- gr. makrós, lang
Madreporenplatte (vielleicht) ital. madre, Mutter; gr. pôros, Kalkstein, oder póros, Loch
Malacostraca gr. malakos, weich, zart; ostrakon, Schale
Malleus l. Hammer
Mallophaga gr. mallos, Wolle; phagein, fressen
Mammalia l. mamma, weibliche Brust
Mandibel, Mandibulare l. mandibula, Unterkiefer (bei Insekten Oberkiefer)
Manubrium l. Griff, Stiel
Marginalia l. marginalis, zum Rand gehörig
Marsupialia l. marsupium, Beutel
Mastig(o)- gr. mastix, mastigos, Geißel
Mastigonema gr. ~; nema, Faden
Mastigophora gr. ~; phoreus, Träger
Maxillare l. Oberkiefer (bei Insekten Unterkiefer)
Mecoptera gr. mekos, Länge; pteron, Flügel
medial l. in der Mitte liegend

Medulla l. Mark
Mega- gr. megas, groß
Meiose gr. meiosis, Verringerung
Mentum l. Kinn
-merit, Mero- gr. meros, Teil
Merozoit gr. ~; zoon, Lebewesen
Mes(o)-, gr. mesos, mitten
Mesencephalon gr. ~; enkephalos, Gehirn
Mesenchym gr. ~; enchyma, das Eingegossene, Füllung
Mesenterium gr. ~; enteron, Eingeweide
Mesoderm gr. ~; derma, Haut
Mesogloea gr. ~; gloios, klebriges Öl
Mesorchium gr. ~; orchis, Hoden
Mesothelae gr. ~; thele, Brustwarze
Meta- gr. meta, nach, hinterher, um- (Veränderung)
Metabolie gr. metabolé, Veränderung
Metacarpus gr. ~; karpos, Handwurzel
Metagenese gr. ~; genesis, Erzeugung
Metamerie gr. ~; meros, Teil
Metamorphose gr. ~; morphosis, Gestaltung
Metanephridium, Metanephros gr. ~; nephros, Niere
Micr-, Mikro- gr. mikros, klein
Mikrovilli gr. ~; l. villus, zottiges Haar
Mikrotulus gr. ~; l. tubulus, Röhrchen
Mitochondrien gr. mitos, Faden; chondros, Korn
Mitose gr. mitosis, fädige Anordnung; von mitos, Faden
Mix(o)-, -mixis gr. meixis, Vermischung
mixotroph gr. ~; trophe, Nahrung
Mollusca i. mollis, weich
Mon(o)- gr. monos, einzig, allein, einzeln
Monoplacophora gr. ~; plax, plakos, Platte, phorein, tragen
Monothalamia gr. ~; thalamos, Kammer
Monotocardia gr. ~; ûs, otos, Ohr; kardia, Herz
Monotremata gr. ~; trema, Öffnung
Morph(o)- gr. morphe, Gestalt
Musca l. Fliege
Mycetocyten gr. mykes, myketos, Pilz; latin. cyte von gr. kytos, Gefäß
Myelencephalon gr. myelos, Mark; enkephalos, Hirn
Myo-, Muskel-, von gr. mys, myos, Maus (Muskel)
Myoblast gr. ~; blastós, Keim
Myofibrille gr. ~; fibrilla von fibra, Faser
Myosin, Muskelprotein, gr. ~

Myotom gr. ~; tome, Abschnitt
Myri- gr. myrios, zahllos
Myriapoda gr. ~; pūs, podos, Fuß
Myrmeleon gr. myrmex, Ameise; leon, Löwe
Myx(o)- gr. myxa, Schleim

Nannoplankton gr. nanos oder nannos, Zwerg; plankton, das Umhergetriebene
Natantia l. natans, schwimmend
Nautilus gr. nautilos, Schiffer
Nekrose, nekrotisch gr. nekros, tot
Nema- gr. nema, nematos, Faden
Nemathelminthes gr. ~; helmis Wurm
Nematomorpha gr. ~; morphe, Gestalt
Nemertini gr. Nemertes, Name einer Nereide
Neo- gr. neos, neu, jung
Neocribellata gr. ~; l. cribellum, kleines Sieb (cribrum)
Neogastropoda gr. ~; Gastropoda, Bauchfüßer, Schnecken
Neotenie gr. ~; teinein, (sich) strecken, tendieren zu (im Jugend- bzw. Larvenstadium verharren)
Nephr(id)- gr. nephros, Niere
Nephridium gr. ~; Verkleinerungsform
Nephromixien gr. ~; ∅ Mix-
Nephrostom gr. ~; stoma, Öffnung, Trichter
Nephrotom gr. ~; tome, Abschnitt
Neur(o)-, Neural-, -neura gr. neuron, Sehne, Nerv
Neurolemm gr. ~; lemma, Schale, Hülse
Neuropil gr. ~; pilos, Filz
Neuroptera gr. ~; pteron, Flügel
Nidamental- l. nidamentum, Nistmaterial; von nidus, Nest
Noctiluca l. nox, Nacht; lux, Licht
Nomenklatur l. nomen, Name; calare, rufen
Noto-, Notum gr. noton, Rücken
Nucleus l. nucleus, Kern
Nudibranchia l. nudus, nackt; gr. branchia, Kiemen
Nummulit l. nummulus, kleines Geldstück

obliquus l. schief, schräg
Occipital- l. occiput, Hinterhaupt
Ocell-, Ocellus l. Verkleinerung von oculus, Auge
Octo- gr. okto, acht
Octobrachia gr. ~; brachion, Arm
Octocorallia gr. ~; korallion, rote Koralle
Oculomotorius l. oculus, Auge; motor, Beweger

Oculus l. Auge
Odont-, -odont gr. odontes, Zähne
Ökologie gr. oikos, Wohnung; logos, Lehre
Oesophagus gr. oisophagos, Schlund
Oestrus gr. oistros, Brunst, Brunft
officinalis l. in der Apotheke (officina) gebräuchlich
Olfactorius l. olfacere, riechen
Oligo- gr. oligos, wenig
Oligochaeta gr. ~; chaite, Borste
Oligotricha gr. ~; thrix, trichos, Haar
oligotroph gr. ~; trophe, Nahrung
Omentum l. Eingeweidenetz
Ommatidium gr. Verkleinerung von omma, Auge
Omni- l. omnis, alles, jeder
Oncosphaera l. uncus, Haken; gr. sphaira, Kugel
Ontogenie gr. on, das Seiende, das Wesen; génesis, Entstehung
Onychophora gr. onyx, Kralle; phoreus, Träger
Oo- gr. oon, Ei
Oocyste gr. ~; kystis, Blase
Ookinet gr. ~; kinetos, beweglich
Ootyp gr. ~; typos, Form, Gepräge
Operculum l. Deckel
Ophi- gr. ophis, Schlange
Ophiuroidea gr. ~; ūra, Schwanz; ∅ -id
Opilio l. Schafhirt
Opistho- gr. opisthen, hinten
Opisthobranchia gr. ~; branchia, Kiemen
Opistonephros gr. ~; nephros, Niere
Opisthosoma gr. ~; soma, Körper
Opisthothelae gr. ~; thele, Brustwarze
Opticus gr. optikós, zum Sehen gehörig
oral l. oralis, zum Mund gehörig, mundwärts
Orbitale l. orbitus, Kreisbahn
Orch-, -orch gr. orchis, Hoden
Ornis, Ornith- gr. ornis, ornithos, Vogel
Ortho- gr. orthos, gerade
orthognath gr. ~; gnathos, Kiefer
Orthoneurie gr. ~; neuron, Nerv (Sehne)
Orthoptera gr. ~; pteron, Flügel
os l. Mund, Maul, Öffnung
os, ossi-, l. os, Knochen
Osculum l. Mündchen
Osphradium gr. osphrainomai, ich wittere
Ostariophysi gr. ostarion, Knöchelchen; physa, Blase
Oste-, -ostei gr. osteon, Knochen
Osteichthyes gr. ~; ichthyes, Fische
Ostium l. Tür

Ostrac(o)-, Ostracoda gr. ostrakon, Schale, Gehäuse

Ostrea l. Auster, Muschel

Ot(o)- gr. ûs, otos, Ohr

Otolith gr. ~; lithos, Stein

Ov(i)- l. ovum, Ei

Ovar, Ovariole, Ovarium l. ovarius, zum Ei gehörig

Oviduct l. ~; ductus, Gang

ovipar l. ~; parere, gebären

Ovipositor l. ~; ponere, stellen, legen

Ovulation l. ovulatio, Eiablage, Eiaustritt

Pachy- gr. pachys, dick

Pachytän gr. ~; tainia, Band

Pädogamie gr. pais, paidos, Kind; gamein, begatten

Pädogenese gr. ~; genesis, Entstehung

Paläo- gr. palaios, alt

Palaeocribellatae gr. ~; l. cribellum, Verkleinerung von cribrum, Sieb

Palatinum l. palatum, Gaumen

Pallium l. Mantel

Palpifer l. palpus, Taster; ferre, tragen

Palpigradi l. ~; gradus, Schritt

Pan-, Pant(o)- gr. pas (pantos), jeder, alles, ganz

Pantopoda gr. ~; pûs, podos, Fuß

Papillae l. papilla, Brustwarze

Papulae l. papula, Bläschen, Knötchen

Para- gr. neben

Parabronchus gr. ~; bronchos, Luftröhre

Paraglossa gr. ~; glossa, Zunge

Paraphyse gr. ~; physis, Wuchs

Parapodium gr. ~; pûs, podos, Fuß

Paraproct dgr. ~; proktos, After

Parasomal- gr. ~; soma, Körper

Parenchym gr. ~; enchyma, das Eingegossene, Füllung

parietal, Parietale l. parietalis, zur Wand gehörig

Parotis gr. para, neben; ûs, otos, Ohr

Pars l. Teil

Parthenogenese gr. parthenos, Jungfrau; genesis, Entstehung

Patella l. Schale, Schüssel

Pecten l. Kamm

Pectoralis l. pectus, pectoris, Brust

Ped-, Pedes l. pes, pedis, Fuß

Pedalganglion l. ~; gr. ganglion, Knoten

Pedicellarie l. pedicella, Verkleinerung von pedica, Fußschlinge

Pedicellus l. Verkleinerung von pediculus, Stängel, Stiel, Füßchen

Pediculus l. Laus

Pedipalpi l. pes, pedis, Fuß; palpus, Taster

Pelagial, pelagisch gr. pelagios, auf offener See

Pellicula l. pellicula, Häutchen

Penetranz l. penetrare, durchdringen

Peniculus l. kleine Bürste

Penta – gr. pente, fünf

Pentamerie gr. ~; meros, Teil

Pentastomida gr. ~; stoma, Mund

Per-, per- l. durch

Peraeon gr. peraió?, hinübertransportieren

Peraeopod gr. ~; pûs, podos, Fuß

Peri- gr. um – herum

Periderm gr. ~; derma, Haut

Perikard gr. ~; kardia, Herz

Perikaryon gr. ~; karyon, Nuss

Periostracum gr. ~; ostrakon, Schale, Gehäuse

Peripatus gr. perípatos, Spaziergang

peripher gr. periphéreia, der Umkreis; am Rande liegend, an der Außenseite

Perisarc gr. peri, um – herum; sarx, sarkos, Fleisch

Perissodactyla gr. perissos, ungerade (Zahl); daktylos, Finger

Peristom gr. peri-, um – herum; stoma, Mund

Peritoneum l. Bauchfell; gr. peritonaios, umspannend

Permeation l. permeare, durchwandern

Petiolus l. Füßchen, Stiel

Petrosum l. petrosus, felsig

-phag, Phago- gr. phagein, fressen

Phagocytose gr. ~; ∅ Cyto-

Phalangen gr. phalanx, phalangos, Walze, Schlachtreihe

Pharynx gr. Schlund

Phasmida gr. phasma, Gespenst

-pher, -phor gr. pherein, tragen, -phoros, -träger

-phil, Phil(o) gr. philein, lieben

-phob, Phobie gr. phobos, Furcht

Phototaxis gr. phos, photos, Licht; taxis, Aufstellung, Ausrichtung

Phragma gr. Zaun, Tennwand

Phyll(o)-, -phyll gr. phyllon, Blatt

Phyllobranchien gr. ~; branchia, Kiemen

Phyllopoda gr. pûs, podos, Fuß

Phylogenie gr. phylon, Stamm; genesis, Entstehung

Physiologie gr. physis, Natur; logos, Lehre

Phyt(o)- gr. phyton, Gewächs, Pflanze

Pilidium gr. pilidion, kleine Filzmütze

Pinakocyt gr. pinax, pinakos, Tafel, Teller; ∅ Cyto-

Pineal- l. pinea, Pinien-(Kiefern-)Kern

Pinn- l. pinna, Feder, Flügel

Pinocytose gr. pino, ich trinke; latin. cyte, Zelle

Pisces l. Fische

Placo-, Placoid- gr. plakos, Platte

Placophora gr. ~; phoreus, Träger

Plankton gr. das Umhergetriebene

Planta l. Fußsohle

Planula l. Verkleinerung von gr. planos, umherirrend

Plasma gr. bildsame Masse

Plasmotomie gr. ~; tome, Schnitt, das Schneiden

Plat(y)- gr. platys, breit, platt

Plathelminthes gr. ~; helmis, helminthos, Wurm

platybasisch gr. ~; basis, Grund

Plazenta l. placenta, Kuchen

Plecoptera gr. plekein, flechten; pteron, Flügel

Pleon gr. pléo, ich schwimme

Pleopod gr. ~; pūs, podos, Fuß

Plerocercoid gr. pleres, voll; kerkos, Schwanz

Pleur(o)-, Pleura, pleural, Pleurum gr. pleura, Seite

Pleurobranchien gr. ~; branchia, Kiemen

pleurodont gr. ~; odus, Zahn

Plexus l. Geflecht

Plica l. Falte

Pod(o)-, -pod- gr. pūs, podos, Fuß

Podobranchien gr. ~; branchia, Kiemen

Pogonophora gr. pogon, Bart; phorein, tragen

poikilotherm gr. poikilos, bunt, mannigfaltig; thermos, warm

Poly- gr. viel

Polychaeta gr. ~; chaite, Borste

Polycladida gr. ~; klados, Zweig

Polymastigina gr. ~; mastix, Geißel

Polymorphismus gr. ~; morphe, Gestalt

Polyp gr. polypūs, von ~ und pūs, Fuß

Polyplacophora gr. polys, viel, plax, plakos, Platte

Polythalamia gr. ~; thalamos, Kammer

Pons l. Brücke

Porifera l. porus, von gr. póros, Loch; ferre, tragen

Post- l. nach, hinter, hinten

posterior l. später, hinten, am Körperende gelegen

Prae- l. vorne, vorher, voran, vor

Praeputium l. Vorhaut

Praetarsus l. prae, vor, vorne; tarsus, Fuß(wurzel)

Priapulida l. nach dem Gott Priapus

Primates l. primas, ein Vornehmer, jemand mit einem Vorrang

Pro- gr. und l. vor

Proboscis gr. proboskís, Rüssel, von pro, vor, und bósko, ich füttere, weide

Procercoid gr. vor; kerkos, Schwanz

Processus l. procedere, hervortreten, fortschreiten

-proct gr. proktos, After

Proglottiden gr. proglottis, Zungenspitze

Pronephros gr. pro, vor; nephros, Niere

Proso- gr. prosõ, vorne, vorwärts

Prosobranchia gr. ~; ∅ Branch-

Prosopyle gr. ~; pyle, Pforte

Prostata gr. prostates, Vorsteher

Prostomium gr. pro, vor; stoma, Mund

Prot(o)- gr. protos, erster

Proterandrie gr. proteron, vorher; anér, andros, Mann

Proterogynie gr. ~; gyne, Weib

Protobranchia gr. ~; branchia, Kiemen

Protocerebrum gr. protos, erster; l. cerebrum, Gehirn

Protocoel gr. ~; koilos, hohl

protomastigot gr. ~; mastix, Peitsche, Geißel

Protomerit gr. ~; meros, Teil

Protonephridien gr. ~; nephros, Niere

Protoplasma gr. ~; plasma, bildsame Masse

Protopodit gr. ~; pūs, podos, Fuß

Protostomia gr. ~; stoma, Mund

Prototroch gr. ~; trochos, Rad

Protozoa gr. ~; zoa, Tiere

proximal l. proximus, der nächste (rumpfwärts, der Körpermitte zu gelegen)

Pseudo- gr. pseudes, falsch

Pseudopodium gr. ~; pūs, podos, Fuß

Pseudostom grt. ~; stoma, Mund

Pter(o)-, petra gr. pteron, Flügel

Pterygoid gr. ~; ∅ -id

Pubis l. Schamgegend, Schambein

Pulmo l. Lunge

Pulvilli l. pulvillus, kleines Poster

-pyge, Pygidium gr. pyge, Steiß, After

Pygostyl gr. ~; stylos, Pfeiler, Stütze

Pyknose, pyknotisch gr. pyknos, dicht, dick

Pylorus gr. pyloros, Pförtner

Pyr(o)- gr. pyr, Feuer

Quadratum l. Quadrat
Quartana l. Viertages-(Fieber, d.h. jeden 3. Tag eintretend), von quartus, der vierte

radial l. radialis, strahlig, in der Radialebene gelegen
Radiolaria l. radiolus, kleiner Strahl, von radius, Strahl
Radula l. Schabeisen
Ramus l. Ast, Zweig
Rana l. Frosch
re- l. zurück, entgegen, nochmal
Receptaculum l. Behälter
Receptor l. receptor, Aufnehmer, Empfänger
Rectum l. rectus, gerade
Redie benannt nach dem Forscher Francesco Redi 1626–1697, Hofarzt in Florenz
Regularia l. regularis, regelmäßig
Reno-, l. ren, renis, Niere
Reptantia l. reptare, kriechen
Respiration l. respiratio, das Atemholen, die Atmung
Reticulum l. kleines Netz
Retina l. rete, Netz
Retractor l. Rückzieher
Rhabdit gr. rhabdos, Stab
Rhabdomer gr. ~; meros, Teil
Rhachis gr. Rückgrat
Rhaph- gr. rhaphe, Naht
Rhin(o)- gr. rhis, rhinos, Nase
Rhizo- gr. rhiza, Wurzel
Rhizopoda gr. ~; pūs, podos, Fuß
Rhopalium gr. Verkleinerung von rhopalon, Keule
Rhynch(o)- gr. rhynchos, Rüssel, Schnauze
Rhynchobdellida gr. ~; bdella, Blutegel
Rhynchota gr. ~; ūs, ōtos Ohr
Rodentia l. rodere, nagen
Rostellum l. kleiner Schnabel
rostral l. rostrum, Schnabel; davor, in Richtung Vorderende
Rostrum l. Schnabel
Rotatoria l. rotator, Dreher
Ruminantia l. ruminare, wiederkäuen

Sacculus l. Säckchen
Sacrum l. sacer, heilig
sagitta l. Pfeil
sagittal l. sagittalis, zur Symmetrieebene gehörig
Sapro- gr. sapros, faulig

Sarco- gr. sarx, Fleisch
Scaphognathit gr. skaphe, Aushöhlung, Nachen, Kahn; gnathos, Kiefer
Scaphopoda gr. ~; pūs, podos, Fuß
Scapula l. Schulterblatt
Scapus l. Schaft, Stiel
Schizo- gr. schizein, spalten
Schizocoel gr. ~; koilos, hohl
Schizogonie gr. ~; gone, Abkunft
Scler-, Skler- gr. skleros, hart
Scleroblast gr. ~; blastos, Keim
Scolex gr. skolex, Wurm
Scutellum, Scutum l. scutum, Schild
Scyph- gr. skyphos, Becher
Scyphistoma gr. ~; stoma, Mund
Sedentaria l. sedentarius, festsitzend
Semaeostomeae gr. semeion (auch mit ai geschrieben), Fahne; stoma, Mund
Semi- l. semis, halb
seminalis l. semen, Samen
Sensillum l. sensus, Sinn
Septibranchia l. saeptum (im Mittelalter auch mit e geschrieben), Zaun, Schranke; gr. branchia, Kiemen
Septum l. ~
sessil l. sessilis, (auf einer Unterlage) aufsitzend
Simiae l. simia, Affe
Simplicidentata l. simplex, einfach; dentatus, bezahnt
sinister l. links
Sinus l. Bucht, Falte
Sipho(n)- gr. siphon, Röhre
Siphonoglyphe gr. ~; glyphe, Furche, Kerbe
Skler(o)-, skler-, Sklerit gr. skleros, hart
-skop- gr. skopein, sehen
Solen(o)- gr. solen, Röhre, Rinne
Solenocyten gr. ~; latin. cyte, Zelle
Solifugae l. sol, Sonne; fuga, Flucht
Som-, Somato-, -som gr. soma, somatos, Körper
Somatopleura gr. ~; pleura, Seite
Species l. Art, Gestalt
Spermatophore gr. sperma, Same; phorein, tragen
Sphenoid, Sphen- gr. sphen, Keil
Sphinkter gr. sphingein, zuschnüren
Spiculum l. Spitze, Stachel
Spina l. Dorn, Stachel, Gräte, Rückgrat
Spir- 1. gr. speira, Windung; 2. l. spirare, atmen
Spiralia l. spiralis, gewunden
Spirographis l. ~; graphe, Schrift
Splanchn- gr. splanchna, Eingeweide

Splanchnopleura gr. ~; pleura, Seite
Spongia, Spongi- l. spongia, Schwamm
Spongioblast gr. ~; blaste, Keim
Sporo-, sporidia gr. sporos, Saat
Sporocyste gr. ~; kystis, Blase
Sporogonie gr. ~; gone, Abkunft
Squamosum l. squamosus, schuppig
Stapes l. (mittelalterlich), Steigbügel
Statoblast l. status, Stellung Lage; gr. blaste, Gebilde
Statocyste l. ~; gr. kystis, Blase
Statolith l. ~; gr. lithos, Stein
Stauro- gr. stauros, Pfahl
Sten-, steno- gr. stenós, eng
Stenotele gr. ~; l. telum, Wurfgeschoss
Stereo- gr. stereos, steif, fest, dreidimensional
Sternorrhyncha gr. sternon, Brustbein; rhynchos, Schnauze, Rüssel
Sternum gr. ~ Brustbein
Stigma gr. Stich, Mal, Fleck
Stipes l. Pfahl, Baumstamm
Stolo l. Wurzelspross
Stom-, Stoma-, -stom gr. stoma, Mund
Stomodaeum gr. daiomai, ich teile ab
Stratum l. Schicht, Lage
Streps-, Strept- gr. streptos, Kette, gewunden
Streptoneurie gr. ~; neuron, Nerv
Strobilation gr. strobilos, Kreisel, Wirbel, Nadelholzzapfen
Styl-, -styl, Styli gr. stylos, Säule, Pfeiler
Stylommatophora gr. ~; omma, Auge; phorein, tragen
Sub- l. sub, unter, in Zusammensetzungen: ein wenig
Subchela l. ~; gr. chele, Krebsschere
Subitan- l. subitaneus, rasch entstehend
Submentum l. sub, unter; mentum, Kinn
subterminal l. sub, unter; terminalis, am Ende befindlich
Subumbrella l. ~; umbrella, Schirm
Suctoria l. suctor, Sauger
Super-, Supra- l. super, supra, über, oberhalb
superficiell l. superficies, Oberfläche
Symbiose gr. symbiosis, Zusammenleben
Syn-, sym- gr. mit, zusammen, gemeinsam
Synapse gr. synapsis, Verknüpfung, Berührungsstelle
Syncytium gr. ~; latin. cyte, Zelle von gr. kytos, Gefäß
Synkaryon gr. ~; karyon, Kern
synonym gr. ~; onoma (oder onyma) Name

Syrinx gr. Hirtenflöte
Systole gr. Kontraktion, von systellomai, ich schrumpfe

Taenia latin. von gr. tainia, Band; taeniola, Bändchen
Tagma, Mehrz. Tagmata; gr. Anordnung, Gruppe
Tapetum l. Teppich
Tardigrada l. tardus, langsam; gradus, Schritt
Tarsalia von Tarsus
Tarsus gr. tarsós, Fußsohle, Fußwurzel
Tax-, Taxo- gr. taxis, Reihe, Ordnung, Einordnung
Taxonomie gr. ~; nomos, Regel, Gesetz
Tectum l. Dach
Tegmentum l. Decke
Tel(o)- gr. telos, Ende, Ziel
Tele- gr. têle, aus der Ferne, fern
Telencephalon gr. telos, Ende, Ziel; enkephalon, Gehirn
Teleostei gr. teleos, vollkommen; osteon, Knochen
telolecithal gr. ~, (hier oberer Pol); lekithos, Dotter
Telson gr. Grenzmark
Tentaculata l. tentaculum, Fühler
Tergit, Tergum l. tergum, Rücken
terminal l. am Ende befindlich
Testacea l. testaceus, mit Schale (testa)
Testis l. Hoden
Tetra- gr. vier
Thalamo-, -thalamia gr. thalamos, Kammer
Thalass(o)- gr. thalassa, Meer
Theca, Thec-, theca gr. theke, Behälter
Theria, -theria gr. therion, (Säuge-)Tier
Thigmo- gr. thigma, Berührung
Thorac(o)-, Thorax gr. thorax, Panzer
Thyr(e)oidea gr. thyreoeidés, schildförmig, von thyreós, Langschild; ∅ -id
Thysanoptera gr. thysanos, Franse; pteron, Flügel
Tibia l. Schienbein
Tok-, -tok gr. tokos, Geburt
Tom-, -tom gr. tome, Schnitt, Abschnitt
Tonsillen l. tonsillae, Mandeln
Tormos gr. Loch, in das ein Zapfen gesteckt wird
Tox(o)- gr. toxikos, giftig
Trachea gr. Luftrühre, von trachys, rauh, steif, fest

Trachee s. Trachea
Trachy- gr. trachys, rauh, fest, starr, steif
Tractus l. tractus, Strang
trans- l. jenseits, über hinaus, über
transversal l. transversalis, quer, schräg liegend
Trematoda gr. trêma, Loch, Saugnapf
Tri- gr. und l., dreifach-
Trich-, Tricho- gr. thrix, trichos, Haar
Trichobothrium gr. ~; bothros, Grube
Trichobranchien gr. ~; branchia, Kiemen
Trichocyste gr. ~; kystis, Blase
Trichoptera gr. ~; pteron, Flügel
Tricladida gr. tri, dreifach; klados, Zweig
Trigeminus l. Drilling
Tritocerebrum gr. tritos, dritter; l. cerebrum, Gehirn
Trivium l. Dreiweg, Scheideweg
Troch(o)-, -troch gr. trochos, Rad, Ring, Scheibe
Trochanter, Trochantinus gr. ~; anteres, gegenüber
Trochlearis latin, trochlea, Rolle, Winde, Flaschenzug, von gr. trochileia
Trochophora gr. trochos, Rad, Reifen; phorein, tragen
Troph(e)-, troph gr. trophe, Ernährung
Trophozoit gr. ~; zoé, Leben
tropibasisch gr. tropis, Kiel; basis, Grund
Tropismen gr. tropos, Wendung
Truncus l. Stamm
Tuba l. Röhre
Tuberculum l. Knötchen
Tubularia l. tubulus, Röhrchen
Tunica, Tunicata l. tunica, Kleid, Rock, Hülle
Turbellaria l. turbare, wirbeln
Turgor l. das Angeschwollensein
Tympanal-, Tympanicum l. tympanum, Handtrommel
Typhlosolis gr. typhlos, blind; Verkleinerungsform von solen, Rinne

Ulna l. Elle
Umbrella l. Schirm
uncinatus l. mit Haken versehen
undulierend l. kleine Wellen schlagend
Unguis l. Nagel, Klaue
Ungulata Huftiere, l. ungula, Huf
Ureter gr. üretér, Harnleiter
Urethra gr. ürethra, Harnröhre
Uro- gr. üra, Schwanz oder gr. üron, Harn
Urodela gr. ~; delos, deutlich, sichtbar
Uropod gr. üra, Schwanz; pūs, Fuß

Uterus l. Gebärmutter
Utriculus l. kleiner Schlauch
Uvula l. kleine Traube

Vagina l. Scheide
vagus l. umherschweifend
Valva l. Türflügel, Klappe
Valvifer l. ~; ferre, tragen
Vas l. Gefäß
vascular l. vasculum, kleines Gefäß
Veliger l. Segel tragend, von velum, Segel; gerere, tragen
Velum l. Segel
Vena l. Blutader
Venter l. Bauch
ventral l. ventralis, an der Bauchseite, zum Bauch gehörig
Ventrikel l. ventriculus, Bäuchlein, Magen; Herzkammer, Gehirnkammer
Vermes l. vermis, Wurm
Vertebra l. Gelenk, speziell Rückenwirbel, von vertere, drehen
Vertebrata l. vertebratus, mit Wirbeln versehen
Vertex l. Scheitel
Vesica, Vesicula l. Blase, Bläschen
Vestibulum l. Vorhof
Villi l. villus, Zotte
Viscera l. Eingeweide
visceral l. visceralis, zu den Eingeweiden gehörig
Visceropleura l. ~; pleura, Seite
Vitellarium l. vitellum, Dotter
vivax l. lebhaft
vivipar l. vivus, lebendig; parere, gebären
Volvente l. volvere, sich rollen (um)
Vomer l. Pflugschar

-xanth- gr. xanthos, gelb
Xanthophyll gr. ~; phyllon, Blatt
Xiph- gr. xiphos, Schwert
Xiphosura gr. ~; üra, Schwanz

Zoëa gr. zoon, Tier aus zoe, Leben
Zonula l. Verkleinerung von gr. zone, Zone
Zoo-, -zoon gr. zoon, Tier
Zoochlorellen gr. ~; chloros, gelbgrün
Zooxanthellen gr. ~; xanthos, gelb
Zyg(o)- gr. zygon, Joch (verbinden, zusammen-)
Zygote gr. ~
Zyste gr. kystis, Blase

Sachwortverzeichnis

Lehrbücher der Biologie

www.spektrum-verlag.de

Die € [D]-Preise enthalten 7 % MwSt (Bücher) bzw. 19 % MwSt. (elektronische Produkte). Der € [A]-Preis ist uns vom dortigen Importeur als Mindestpreis genannt worden. Irrtümer und Preisänderungen vorbehalten. Stand Januar 2009. 20090205

6. Aufl. 2007, 1.224 S., 895 Abb., geb.
€ [D] 79,50 / € [A] 81,73 / CHF 123,50
ISBN 978-3-8274-1800-5

J. M. Berg / J. L. Tymoczko / L. Stryer
Stryer Biochemie
Diese vollständig überarbeitete Neuauflage weist all die innovativen konzeptionell-didaktischen und herausragenden gestalterischen Eigenschaften auf, die die früheren Auflagen zu Bestsellern gemacht haben - die außerordentliche klare und präzise Art der Darstellung, die Aktualität, das elegante, lockere Layout -, und greift in gewohnt verständlicher Form auch die jüngsten Fortschritte auf dem Gebiet der Biochemie auf. Das Werk veranschaulicht den „Kern" der Biochemie - die Schlüsselkonzepte und Grundprinzipien -, schlägt Brücken zwischen verschiedenen Befunden und Untersuchungsansätzen und offenbart damit letztlich sowohl die molekulare Logik des Lebendigen als auch die Bedeutung der Biochemie für die Medizin.

36. Aufl. 2008, 1176 S., 957 Abb., geb.
€ [D] 89,95 / € [A] 92,48 / CHF 140,-
ISBN 978-3-8274-1455-7

A. Bresinsky / C. Körner / J. W. Kadereit / G. Neuhaus /
U. Sonnewald
Strasburger - Lehrbuch der Botanik
Seit 115 Jahren liegt die Stärke des STRASBURGERs in der ausgewogenen Darstellung aller Teilgebiete der Pflanzenwissenschaften. Um stets auf aktuellem Wissensniveau zu sein, haben in dieser 36. Auflage zwei neue Mitglieder des Autorenteams die ersten beiden Teile überarbeitet.

„Nach wie vor die gründlichste und umfassendste Darstellung der Pflanzenwissenschaften."
Prof. Dr. Burkhard Büdel, TU Kaiserslautern

1. Aufl. 2007,
1577 S., 1287 Abb., geb.
€ [D] 69,95 / € [A] 92,- /
CHF 108,50
ISBN 978-3-8274-2007-7

W. K. Purves et al.
herausgegeben von Jürgen Markl
Biologie
Dieses umfassende und didaktisch ausgezeichnete Lehrbuch der gesamten Lebenswissenschaften mit all ihren Teildisziplinen richtet sich an

- Studierende der Biologie, die einen guten Einstieg in das Studium und einen verlässlichen Begleiter an der Universität brauchen - ob Diplom, Bachelor oder Master
- Hochschuldozenten, die in ihrem Unterricht Wert auf herausragende Didaktik und prüfungsrelevantes Wissen legen
- Lehrer, denen die Schulbücher für den Unterricht unzureichend erscheinen und die sich v.a. einen prägnanten und originellen Einstieg in ihre Unterrichtsstunden wünschen
- Staatsexamenskandidaten und Referendare, für die eine gute Präsentation von Lehrstoff in der Biologie essenziell ist
- Schüler in der Sek II/Oberstufe, die über den Tellerrand hinausschauen möchten
- Medizinstudenten, die Lebenswissenschaften nicht nur in Multiple-Choice-Fragen verstehen möchten
- biologieinteressierte Leser, die sich mit kurzen Informationshäppchen nicht zufrieden geben möchten.

„Profunde Einführung in die Breite der aktuellen biologischen Themengebiete."
Prof. Dr. Helmut König, Universität Mainz

Spektrum
AKADEMISCHER VERLAG

▶ Ausführliche Informationen unter www.spektrum-verlag.de

Lehrbücher der Zoologie

Die € [D]-Preise enthalten 7 % MwSt (Bücher) bzw. 19 % MwSt. (elektronische Produkte). Der € [A]-Preis ist uns vom dortigen Importeur als Mindestpreis genannt worden. Irrtümer und Preisänderungen vorbehalten. Stand Januar 2009. 20090205

2. Aufl. 2006, 982 S., 1.197 Abb., geb.
€ [D] 89,50 / € [A] 92,- / CHF 139,-
ISBN 978-3-8274-1575-2

Wilfried Westheide / Reinhard M. Rieger (Hrsg)
Spezielle Zoologie. Teil 1: Einzeller und Wirbellose Tiere
Seit Erscheinen der 1. Auflage hat sich dieses Lehrbuch
der Speziellen Zoologie (Entwicklungsgeschichte,
Morphologie, Fortpflanzung und Systematik der Tiere)
im deutschen Sprachraum bei Studenten und Dozenten
in hervorragender Weise als Lern- und Nachschlagewerk
etabliert.
Neben der Hinzufügung neuer morphologischer, ultrastruktureller Details liegen die wesentlichen Neuerungen
der 2. Auflage vor allem in der Diskussion um das nach
molekularen Ergebnissen zu verändernde System. Das
reichhaltige Abbildungsmaterial wurde verbessert und
durch über 200 neue Zeichnungen und Fotos ergänzt,
darunter 25 völlig neue Stammbaumschemata.

1. Aufl. 2007, 182 S., 325 Abb., kart.
€ [D] 24,95 / € [A] 25,65 / CHF 39,-
ISBN 978-3-8274-1668-1

Heinz Streble / Annegret Bäuerle
Histologie der Tiere - Ein Farbatlas
Für jeden, der sich mit Zoologie und zoologischer For-
schung beschäftigt. Anhand von Dauerpräparaten aus der
histologischen Sammlung des Zoologischen Instituts der
Universität Hohenheim stellen die Autoren beschriftete
Fotos zur Histologie und mikroskopischen Anatomie der
systematischen Gruppen des Tierreiches vor. Aspekte zur
Histopathologie durch Parasiten sind berücksichtigt. Die
Beschriftung der Fotos am Bildrand, der Bezug zwischen
den Strukturen und deren Bezeichnungen sowie kurze
Legenden erlauben direktes Lesen in den Bildern. Der
Bildatlas dient außerdem der Ergänzung von Lehrbüchern
zur Allgemeinen und Systematischen Zoologie.

1. Aufl. 2003, 714 S., 650 Abb., geb.
€ [D] 86,- / € [A] 88,41 / CHF 133,50
ISBN 978-3-8274-0900-3

Wilfried Westheide / Reinhard M. Rieger (Hrsg)
Spezielle Zoologie. Teil 2: Wirbel- oder Schädeltiere
In diesem Band über die Schädel- oder Wirbeltiere
beschreiben 32 Spezialisten die Vielfalt dieser Tiergruppe
anhand von Bau, Funktion und Leistung ihrer Organsysteme und ordnen sie nach Gesichtspunkten der phylogene-
tischen Systematik.
Das Werk gliedert sich in einen Allgemeinen Teil, der die
Grundzüge der Organisation dieser Tiergruppe in moderner Sicht darstellt, und einen umfangreichen Speziellen
Teil, der die einzelnen Untergruppen detailliert abhandelt.

**5. Aufl. 2007, 376 S., 339 Bildtafeln,
kart.**
€ [D] 37,- / € [A] 38,04 / CHF 57,50
ISBN 978-3-8274-1948-4

Rudolf Bährmann
Bestimmung wirbelloser Tiere
Diese Bestimmungstafeln sind langjährig erprobt und
erfreuen sich wegen der instruktiven Strichzeichnungen
und der knappen erläuternden Texte regen Zuspruchs.
Einführende Abschnitte zu den rund 20 Tiergruppen
beschreiben Baueigentümlichkeiten, Besonderheiten der
Lebensweise, Beobachtungs- und Sammelmöglichkeiten
und geben Hinweise zum Artenschutz. In der Neuauflage
wurden viele Stellen verbessert und erweitert, um die
Sicherheit der Bestimmung zu erhöhen.

Printing and Binding: Stürtz GmbH, Würzburg